高校核心课程学习指导丛书

李尚志 / 编著

线性代数学习指导

XIANXING DAISHU XUEXI ZHIDAO

中国科学技术大学出版社

内容简介

本书是理工科院校本科生学习高等代数和线性代数课程的学习辅导书，也可以作为其他读者学习和应用线性代数知识的参考书.

本书按照编者编写的教材《线性代数(数学专业用)》(北京，高等教育出版社，2006.5) 的章节逐一对应编写，也涵盖了《线性代数》(北京，高等教育出版社，2011.6) 的全部内容；各节通过知识导航简要地引入主要知识内容，通过对典型例题的分析、解答、点评，介绍线性代数的基本思想方法；通过“借题发挥”围绕若干个专题介绍利用线性代数思想方法解决实际问题和理论问题的生动实例；还包含了一些后续课程的重要思想方法和内容.

图书在版编目(CIP)数据

线性代数学习指导/李尚志编著.—合肥:中国科学技术大学出版社,2015.1
(2022.4 重印)
ISBN 978-7-312-03426-8

Ⅰ.线…　Ⅱ.李…　Ⅲ.线性代数—高等学校—教学参考资料
Ⅳ.O151.2

中国版本图书馆 CIP 数据核字(2014)第 110602 号

出版　中国科学技术大学出版社
安徽省合肥市金寨路 96 号,230026
http://press.ustc.edu.cn
https://zgkxjsdxcbs.tmall.com

印刷　合肥华星印务有限责任公司

发行　中国科学技术大学出版社

开本　787 mm×1092 mm　1/16

印张　33.25

字数　809 千

版次　2015 年 1 月第 1 版

印次　2022 年 4 月第 4 次印刷

印数　10001—14000 册

定价　68.00 元

前　言

线性代数是大学数学最重要的基础课程之一. 本书的目的是帮助广大学生和其他读者学好这门课程, 掌握线性代数的思想方法, 提高利用线性代数思想方法解决问题的能力. 本书可以作为编者分别为数学专业和非数学专业编写的教材《线性代数 (数学专业用)》(北京, 高等教育出版社, 2006.5, 书中简称为教材 [1]) 和《线性代数》(北京, 高等教育出版社, 2011.6, 书中简称为教材 [2]) 的配套辅导书, 也可作为学习其他线性代数教材的参考书.

大多数课程的辅导书都由两大部分组成：一部分是对课程各章主要内容的概括性介绍, 包括基本概念、基本理论、运算技巧、重点和难点; 另一部分是具有代表性的大量问题的解答和分析. 本书也包括了这两部分, 但具有如下特色:

在介绍各章主要内容的时候, 除了介绍知识和算法, 还通过通俗易懂、引人入胜的例子, 展现了知识引入和发明的主要思路. 编者在为非数学专业编写的《线性代数》教材的内容提要中强调: “本书不是奉天承运皇帝诏曰从天而降的抽象定义和推理, 而是一部由创造发明的系列故事组成的连续剧.” 这本辅导教材也在一定程度上体现了这种风格. 书中各章节对课程内容的介绍没有采用“学习要点”“解题方法” 等常规标题, 而是采用 “知识引入例”“知识导航” 这样的标题, 不是故意作秀, 而是确实希望起到导航作用. 项羽小时候游手好闲, 长辈让他学剑法, 他不干, 说剑法是 “一人敌”, 他要学 “万人敌”, 于是学了兵法, 后来指挥千军万马灭掉了秦军主力, 成为一代英雄. 兵法就是 “万人敌”. 线性代数的具体知识和算法可以说是 “剑法”, 指导思想才是 “兵法”, 编者希望让读者对线性代数的 “兵法” 有所体会, 让 “剑法” 在 “兵法” 的指挥下发挥巨大威力.

习题解答是大部分辅导教材的主要内容, 也是很多学生和教师需要辅导教材的主要原因. 学生不会做教材上的习题, 完成作业有困难, 考试更有困难, 希望找到习题答案. 有些习题甚至课程的主讲老师和助教也不会做, 影响教学任务的完成. 教师和学生对习题解答有强烈的需求. 因此, 影响较大的教材, 几乎都有人 (作者本人或其他人) 做出习题解答, 大受欢迎. 然而, 习题解答在很多时候提供的不是正能量而是负能量. 由于有了习题解答, 不少学生懒得花时间和精力独立思考, 做作业就抄习题解答去交差. 做习题是为了熟练掌握知识, 培养灵活运用知识解决问题的能力, 就好比到操场跑圈锻炼身体. 照抄习题解答就好比坐着汽车到操场转圈, 不能起到锻炼身体的作用. 因此, 很多教师不主张出版习题解答. 我本人主编和参加编写的教材也都不编写习题解答. 这确实对那些具有较强的主动学习意愿和能力的老师、学生和其他读者起到了促进其独立思考的作用. 但另一方面, 也有不少人难以通过自己的独立思考解答习题, 因而影响了对教材的使用效果, 甚至因此而放弃了对教材的使用. 很多读者反映, 即使做出了习题也不知道是否正确. 我们不编写习题解答的目的本来是希望读者独立思考, 但如果读者因此干脆不去做那些题, 或者干脆不读我们的书, 岂不是离独立思考更远了? 对于那些愿意独立思考的读者, 即使有了习题解答也仍然可以先自己思考再去看习题解答. 至于那些不愿意自己思考而直接看解答的读者, 看解答虽然不如自己思考, 但看了解答总比不做题目好. 而且如果看懂了这个题目的解答后能够举一反三做出另外的类似的题目, 那就是真正地懂了.

基于这个考虑, 本书将教材的很多习题作为典型例题给出了解答. 但是我们不希望读者将这些解答作为从天而降的圣旨来照抄或者死记硬背, 记住每个题的解答只会做这一个题. 因此, 在其中很多习题的解答之前先给出了“分析”, 不是讲这个题怎么做, 而是讲这个题怎么想. 解答经常是繁琐的, 想法却往往是简单的. 解法经常是“莫名其妙”从天而降, 想法却必须是自然而然、顺理成章、水到渠成. 自然而然的想法有时是错的, 最自然的做法也是按这个想法先走几步, 发现这条道路的错误之后再改弦更张走上正确的道路. 习题的解答好比“剑法”, 习题的分析就是“兵法”, 我们希望读者不要只重视解答而不重视分析, 只重视做法而不重视想法, 只重视“剑法”而不重视“兵法”. 解答、做法、“剑法”只能解决一道题, 分析、想法、“兵法”才能帮助你举一反三、触类旁通、解决一大批类似的题. 想法不见得是唯一的, “条条道路通罗马”, 我们尽量介绍一种或几种最容易想到又具有推广价值的想法供读者参考. 读者可以采纳, 也可以自己另辟蹊径. 还有些典型例题本来就是教材正文的例题, 特别是教材各章最后一节“更多的例子”中的例题, 本来可以让读者直接去看教材正文中的解答. 但考虑到这些例题太重要太有用, 有些甚至是别的教材中的定理, 为了便于那些没有配套教材的读者独立使用本书, 我们也将这些问题按典型例题处理, 给出了分析、解答、点评.

除了在例题解答之前通过分析来介绍解题思路, 本书的另一个特点是习题解答之后的点评和借题发挥. 点评的内容, 有的是介绍这个题的背景, 说明选用这个题希望达到的目的; 有的是对同一个题的各种解法的优缺点进行比较; 还有的点评是将这个题的解法推广到更一般的情况, 解决更广泛的一类问题. 有的习题用到的解法和知识涉及比较系统的某个专题和知识领域, 简短的点评意犹未尽, 索性多说些话, 扩充成一个专题讲座, 称为 "借题发挥". 其中有些专题是利用线性代数的知识和方法来解决某一类应用问题, 例如幻方的设计、求解线性递归关系; 有些专题则是后续课程的一些内容, 例如矩阵论中的广义逆、利用矩阵的指数函数求解常系数常微分方程组, 等等. 我曾经学过的两本教材——维诺格拉多夫的《数论基础》、阿蒂亚的《交换代数导引》给我留下了深刻印象. 这两本教材的正文叙述比较简明, 但习题很难很多. 其中有些习题其实是更高级的课程例如解析数论、代数几何中的一些基本概念和重要定理. 作者不是直接讲解这些概念和定理, 而是设计一系列的习题让读者在做这些习题的过程中不知不觉发现这些概念和定理. 受这两本教材的启发和影响, 我在线性代数教材中也围绕一些不便于直接讲述的相关知识设计了一系列习题, 让读者在做这些习题的过程中不知不觉发现这些知识. 但是, 我自己在一开始做《数论基础》和《交换代数导引》的习题的时候并不知道其中暗藏着相关课程的知识, 只是就事论事将题目做出来, 并没有领会到其中的奥妙. 在北京大学听了丁石荪先生主讲的 "交换代数" 课, 丁先生一语道破了习题中暗藏的代数几何知识, 才恍然大悟, 豁然开朗. 如果自己不去做这些题, 当然不会豁然开朗. 只是自己去做而没有老师指点, 也不会豁然开朗. 有鉴于此, 在这本学习辅导书上通过点评和借题发挥等形式介绍我自己的教材上这些习题的真实目的, 引导那些愿意花功夫的读者沿着这些习题铺成的路径走得更远.

本书还有一个特色, 就是将繁琐的计算任务交给计算机去完成. 学生学习线性代数课程有两大困难, 一是抽象的概念, 二是繁琐的运算. 本书每章开始的知识导航就是为了破除 "抽象" 这个难关, 通过简单易懂的具体例子来引入概念, 让学生明白 "抽象" 就是很多具体问题的共同点, 就是比具体的 "剑法" 威力更大的 "兵法". 而要破除 "繁琐" 这个难关, 最有效的方法是利用计算机. 学生从小学就学了加减乘除运算, 但在实际应用中的大量繁琐的加减运算都要借助于计算器或计算机. 学生在线性代数课程中花了很多时间学矩阵运算, 也只能在考试时象征性地算一算 2 阶、3 阶方阵, 但在实际应用时却需要算成百上千甚至更高阶的矩阵, 手工运算基本不能胜任, 只能借助于计算机. 人的任务不是去训练这些繁琐的运算, 而是学会将所要解决的问题通过数学建模化为计算机可以计算的形式, 再根据计算机得出的结果得出解决问题的方案. 本书所有的计算都通过具体例子给出了利用计算机软件 Mathematica 或 Matlab 计算的语句和运算结果, 读者可以依样画葫芦, 模仿这些例子进行各种运算, 包括矩阵的加、减、乘、求逆、行列式、特征值、特征向量、若尔当标准形等各种运算. 有具体数据的计算题的答案都可以借助于计算软件来得出. 对计算题的这种解答方式跳出了只应付课程考试的小天地, 更贴近实际应用的需要.

希望本书能够为每个需要学习线性代数的读者提供帮助.

目　次

第 1 章　线性方程组的解法

知识引入例

例 1　求 $1^4+2^4+\cdots+n^4$.

分析　对任意正整数 k, 前 n 个正整数的 k 次幂和 $S_n=1^k+2^k+\cdots+n^k$ 满足条件 $S_n-S_{n-1}=n^k$. 反过来, 如果函数 $f(n)$ 满足条件 $f(n)-f(n-1)=n^k$, 则

$$\begin{aligned}S_n&=1^k+2^k+\cdots+n^k=(f(1)-f(0))+\cdots+(f(n)-f(n-1))\\&=f(n)-f(0)\end{aligned}$$

特别地, 当 $f(0)=0$ 时 $S_n=f(n)$.

当 $f(n)=a_0+a_1n+\cdots+a_mn^m$ 是自变量 n 的 m 次多项式时, 易见

$$f(n)-f(n-1)=a_1[n-(n-1)]+\cdots+a_m[n^m-(n-1)^m]$$

也是 n 的多项式, 最高次项为 a_mmn^{m-1}, 因此是 $m-1$ 次多项式. 取 $m=k+1$, $a_0=f(0)=0$, 用待定系数法求各项系数 $a_1,\cdots,a_{k+1}$ 使 $f(n)-f(n-1)=n^k$, 则 $f(n)=1^k+2^k+\cdots+n^k$.

解　求 5 次多项式 $f(n)=a_1n+a_2n^2+a_3n^3+a_4n^4+a_5n^5$, 使

$$\begin{aligned}f(n)-f(n-1)&=a_1[n-(n-1)]+a_2[n^2-(n-1)^2]+a_3[n^3-(n-1)^3]\\&\quad+a_4[n^4-(n-1)^4]+a_5[n^5-(n-1)^5]\\&=(a_1-a_2+a_3-a_4+a_5)+(2a_2-3a_3+4a_4-5a_5)n\\&\quad+(3a_3-6a_4+10a_5)n^2+(4a_4-10a_5)n^3+5a_5n^4\\&=n^4\end{aligned}$$

各项系数 a_1,a_2,a_3,a_4,a_5 满足 5 元一次方程组

$$\begin{cases}a_1-a_2+a_3-a_4+a_5=0 & (1)\\2a_2-3a_3+4a_4-5a_5=0 & (2)\\3a_3-6a_4+10a_5=0 & (3)\\4a_4-10a_5=0 & (4)\\5a_5=1 & (5)\end{cases}$$

由下而上依次从各方程中解出 $a_5=\dfrac{1}{5},a_4=\dfrac{1}{2},a_3=\dfrac{1}{3},a_2=0,a_1=-\dfrac{1}{30}$. 得到

$$S_n=\frac{1}{5}n^5+\frac{1}{2}n^4+\frac{1}{3}n^3-\frac{1}{30}n=\frac{n(6n^4+15n^3+10n^2-1)}{30}$$ □

本例是一次方程组的一个应用例. 本例的一次方程组等式左边成"三角形", 最后一个方程只含一个未知数 a_5, 可以先解出来, 代入上一个方程再求出 a_4, 由下而上依次求出各未知数的值.

很自然提出问题: 不是三角形方程组怎么办? 很自然想出办法: 通过同解变形变成三角形.

例 2 过平面直角坐标系中的三点 $(1,1),(2,2),(3,0)$ 作抛物线 $y=ax^2+bx+c$, 求抛物线方程.

解 将抛物线上三点坐标代入方程 $y=ax^2+bx+c$, 得到待定系数 a,b,c 满足的方程组

$$\text{(I)}\begin{cases}c+b+a=1 & (1)\\ c+2b+4a=2 & (2)\\ c+3b+9a=0 & (3)\end{cases}$$

这是多项式的待定系数 a,b,c 满足的三元一次方程组. 等式左边不是三角形, 通过同解变形变成三角形来解.

利用中学数学解二元一次方程组的加减消去法, 将方程组 (I) 中后面两个方程分别减去第 1 个方程, 得到两个新方程

$$(2)-(1):b+3a=1 \qquad (2')$$

$$(3)-(1):2b+8a=-1 \qquad (3')$$

用方程 $(2'),(3')$ 分别取代方程组中的后两个方程 (2),(3), 得到新方程组

$$\text{(II)}\begin{cases}c+b+a=1 & (1)\\ b+3a=1 & (2')\\ 2b+8a=-1 & (3')\end{cases}$$

原方程组 (I) 的解都是新方程组 (II) 的解. 反过来, 将方程组 (II) 的后两个方程 $(2'),(3')$ 分别加上方程 (1) 变成原方程 (2),(3), 由方程组 (II) 变回原方程组 (I), 可见新方程组 (II) 的解都是原方程组 (I) 的解. 方程组 (II) 与 (I) 同解.

再用方程组 (II) 中的方程 $(3')$ 减去方程 $(2')$ 的 2 倍, 得到新方程

$$t(3')-2\times(2'):\quad 2a=-3 \qquad (3'')$$

用新方程 $(3'')$ 取代方程组 (II) 的 $(3')$, 得到的新方程组

$$\text{III}\begin{cases}c+b+a=1 & (1)\\ b+3a=1 & (2')\\ 2a=-3 & (3')\end{cases}$$

与方程组 (II) 同解, 从而与 (I) 同解. 方程组 (III) 左边是三角形, 可以依次解出

$$a=-\frac{3}{2},\quad b=\frac{11}{2},\quad c=-3$$

抛物线方程为 $y=-\frac{3}{2}x^2+\frac{11}{2}x-3$. □

例 2 求解方程组 (I) 的关键是通过同解变形消去方程组左边某些方程的未知数, 变成三角形. 将方程组 (I) 的后两个方程分别减去第 1 个方程, 也就是将第 1 个方程 (1) 的 −1 倍加到后两个方程 (2),(3) 消去 c, 得到方程组 (II). 将方程组 (II) 的第 2 个方程 (2′) 的 −2 倍加到第 3 个方程 (3′) 消去 b, 得到三角形方程组 (III).

一般地, 将任何一个方程组中任何一个方程的常数倍加到另一方程, 得到的新方程组与原方程组同解.

例 3　数列的前两项是 1,2, 第三项能否是 0?

分析　小学教师写出前两个数 1,2, 让学生猜下一个数, 往往是希望学生回答下一个数是 3. 如果猜下一个数是 4, 三个数 1,2,4 成等比数列, 也会认为是对的. 但如果猜下一个数是 0, 很可能被老师判为错误.

数列前三项能否依次为 1,2,0? 只要能够找出一个通项公式 $u_n=f(n)$ 使 $f(1)=1, f(2)=2, f(3)=0$, 得到的数列的前三项就是 1,2,0.

解　求通项公式

$$u_n=f(n)=an^2+bn+c$$

满足

$$f(1)=1,\quad f(2)=2,\quad f(3)=0.$$

也就是满足方程组

$$\begin{cases} c+b+a=1 \\ c+2b+4a=2 \\ c+3b+9a=0 \end{cases}$$

这就是例 2 中的方程组 (I). 例 2 中已经求得方程组的唯一解 $a=-\frac{3}{2}, b=\frac{11}{2}, c=-3$.

通项公式为 $u_n=-\frac{3}{2}n^2+\frac{11}{2}n-3$ 的数列的前三项为 1,2,0.

前两项为 1,2 的数列的第三项可以是 0. □

例 2, 例 3 本来是不同的问题, 归结为同一个方程组来求解. 如果一个方法只能解决一个问题, 这叫做具体. 如果一个方法能够解决千千万万个不同的问题, 这叫做抽象. 抽象是数学的特点和特长, 也是数学的魅力和威力之所在.

1.1 线性方程组的同解变形

知识导航

1. 方程组的线性组合

定义 1.1.1 n 个未知数 $x_1,x_2,\cdots,x_n$ 的如下形式的方程

$$a_1x_1+a_2x_2+\cdots+a_nx_n=b \tag{1.1}$$

称为 n 元一次方程, 也称 **n 元线性方程** (linear equation in n variables), 其中一次项系数 $a_1,\cdots,a_n$ 和常数项 b 都是已知数.

如果 $c_1,c_2,\cdots,c_n$ 是 n 个数, 且将 $x_1=c_1,x_2=c_2,\cdots,x_n=c_n$ 代入方程 (1.1) 能使方程变为等式, 即 $a_1c_1+a_2c_2+\cdots+a_nc_n=b$ 成立, 则这一组数 $(c_1,c_2,\cdots,c_n)$ 称为方程 (1.1) 的一个**解** (solution). 数组中的第 i 个数 c_i (即 x_i 的取值) 称为解的第 i 分量.

具有同样 n 个未知数 $x_1,x_2,\cdots,x_n$ 的若干个线性方程组成的方程组

$$\begin{cases} a_{11}x_1+a_{12}x_2+\cdots+a_{1n}x_n=b_1, \\ a_{21}x_1+a_{22}x_2+\cdots+a_{2n}x_n=b_2, \\ \qquad \cdots\cdots \\ a_{m1}x_1+a_{m2}x_2+\cdots+a_{mn}x_n=b_m \end{cases} \tag{1.2}$$

称为 **n 元线性方程组** (linear equations in n variables). 如果一组数 $(c_1,c_2,\cdots,c_n)$ 是方程组 (1.2) 中所有方程的公共解, 也就是说: 将 $x_1=c_1,x_2=c_2,\cdots,x_n=c_n$ 代入方程组的每一个方程, 能使所有这些方程都变为等式, 就称这组数 $(c_1,c_2,\cdots,c_n)$ 为这个方程组的解. □

将方程组 (1.2) 的各方程分别乘以已知常数 $\lambda_1,\lambda_2,\cdots,\lambda_m$ 再相加, 得到的新方程

$$a_1x_1+a_2x_2+\cdots+a_nx_n=b$$

称为原方程组 (1.2) 的**线性组合** (linear combination), 也称为原方程组中各方程的线性组合, 其中 x_j 的系数 $a_j=\lambda_1a_{1j}+\lambda_2a_{2j}+\cdots+\lambda_ma_{mj}$ $(1\leqslant j\leqslant n)$ 等于原方程组各方程的 x_j 的系数的线性组合, 常数项 $b=\lambda_1b_1+\lambda_2b_2+\cdots+\lambda_mb_m$ 等于原来各方程的常数项的线性组合. 如果将第 i 个方程乘 1, 其余方程都乘 0, 得到的线性组合就是第 i 个方程. 可见, 原方程组中每个方程都是整个方程组的线性组合. 如果将所有的方程都乘 0 再相加, 得到的线性组合就是恒等式 $0=0$.

定理 1.1.1 (1) 原方程组的每组解一定是原方程组的每个线性组合的解.

(2) 如果两个方程组互为线性组合, 这两个方程组同解. □

如果两个方程组 (I) 与 (II) 互为线性组合, 就称这两个方程组等价. 解方程组的基本方法, 就是将方程组通过适当的变形化简, 使每次变形前后的方程组等价, 直到最后得到的方程组的解可以立即写出来.

2. 基本的同解变形

定理 1.1.2　方程组的以下三种变形是同解变形:

(1) 交换其中任意两个方程的位置, 其余方程不变.

(2) 将任一个方程乘以一个非零常数 λ, 其余方程不变.

(3) 将任一方程的常数倍加到另一方程上, 其余方程不变. □

定理 1.1.2 所说的线性方程组的三类同解变形, 称为线性方程组的**初等变换** (elementary transformations). 反复利用这三种初等变换, 可以将线性方程组消元, 求出解来.

为叙述方便, 用如下符号表示以上三种同解变形, 其中箭头前后分别是变形前后的方程组, 箭头上方是对所采用的变形的说明.

(I) $\xrightarrow{(i,j)}$ (II).　(将原方程组 (I) 的第 i 个方程与第 j 个方程互换位置)

(I) $\xrightarrow{\lambda(i)}$ (II).　(将原方程组 (I) 第 i 方程乘非零常数 λ)

(I) $\xrightarrow{\lambda(i)+(j)}$ (II).　(将原方程组 (I) 第 i 方程的 λ 倍加到第 j 方程)

3. 数域

利用初等变换求解线性方程组, 总是将原方程组各方程的系数经过加减乘除运算得到新方程组的系数, 最后得出的解也由原方程组各方程的系数经过加减乘除得出. 如果原方程组的系数是有理数, 经过加减乘除得出的解一定还是有理数. 类似地, 系数如果都是实数, 经过加减乘除得出的一定还是实数.

定义 1.1.2　设 F 是复数集合的子集, 包含 0 和 1, 并且在加、减、乘、除运算下封闭 (做除法时除数不为 0), 就称 F 是**数域** (number field). □

如果线性方程组的系数都在某个数域 F 的范围内, 并且这个方程组有唯一解, 则解的分量也都在 F 的范围内.

重要例　复数集合 $\mathbf{C}$, 实数集合 $\mathbf{R}$, 有理数集合 $\mathbf{Q}$ 都是数域. □

例题分析与解答

1.1.1　(1) 求 $1^3+2^3+\cdots+n^3$.

(2) 求 $1^5+2^5+\cdots+n^5$.

解　(1) 求 4 次多项式 $f(n)=a_1n+a_2n^2+a_3n^3+a_4n^4$ 使

$$\begin{aligned}f(n)-f(n-1)&=a_1[n-(n-1)]+a_2[n^2-(n-1)^2]\\&\quad+a_3[n^3-(n-1)^3]+a_4[n^4-(n-1)^4]\\&=(a_1-a_2+a_3-a_4)+(2a_2-3a_3+4a_4)n\\&\quad+(3a_3-6a_4)n^2+4a_4n^3=n^3\end{aligned}$$

各项系数 a_1,a_2,a_3,a_4 满足线性方程组

$$\begin{cases} a_1-a_2+a_3-a_4=0 \\ 2a_2-3a_3+4a_4=0 \\ 3a_3-6a_4=0 \\ 4a_4=1 \end{cases}$$

由下至上依次由各个方程解出

$$a_4=\frac{1}{4},\quad a_3=\frac{6}{3}a_4=\frac{1}{2},\quad a_2=\frac{1}{2}(3a_3-4a_4)=\frac{1}{4},\quad a_1=a_2-a_3+a_4=0$$

$$S_n=f(n)=\frac{1}{4}n^4+\frac{1}{2}n^3+\frac{1}{4}n^2=\left[\frac{n(n+1)}{2}\right]^2$$

(2) 求 6 次多项式 $f(n)=a_1n+a_2n^2+a_3n^3+a_4n^4+a_5n^5+a_6n^6$ 满足条件 $f(n)-f(n-1)=n^5$, 即 $f(n)$ 的各系数 a_i $(1\leqslant i\leqslant 6)$ 满足方程组

$$\begin{cases} a_1-a_2+a_3-a_4+a_5-a_6=0 \\ 2a_2-3a_3+4a_4-5a_5+6a_6=0 \\ 3a_3-6a_4+10a_5-15a_6=0 \\ 4a_4-10a_5+20a_6=0 \\ 5a_5-15a_6=0 \\ 6a_6=1 \end{cases}$$

解之得 $(a_6,a_5,a_4,a_3,a_2,a_1)=\left(\frac{1}{6},\frac{1}{2},\frac{5}{12},0,-\frac{1}{12},0\right)$. 从而

$$S_n=1^5+2^5+\cdots+n^5=f(n)=\frac{1}{6}n^6+\frac{1}{2}n^5+\frac{5}{12}n^4-\frac{1}{12}n^2$$ □

1.1.2 求二次函数 $y=f(x)$ 具有如下对应值:

x	2	3	4
y	7	16	29

解 设 $f(x)=ax^2+bx+c$, 其中 a,b,c 是待定常数. 则

$$\begin{cases} f(2)=c+2b+4a=7 \\ f(3)=c+3b+9a=16 \\ f(4)=c+4b+16a=29 \end{cases} \xrightarrow{-(2)+(3),-(1)+(2)} \begin{cases} c+2b+4a=7 \\ b+5a=9 \\ b+7a=13 \end{cases}$$

$$\xrightarrow{-(2)+(3)} \begin{cases} c+2b+4a=7 \\ b+5a=9 \\ 2a=4 \end{cases} \xrightarrow{\frac{1}{2}(3),-4(3)+(1),-5(3)+(2)} \begin{cases} c+2b=-1 \\ b=-1 \\ a=2 \end{cases}$$

$$\xrightarrow{-2(2)+(1)} \begin{cases} c=1 \\ b=-1 \\ a=2 \end{cases}$$

$$f(x) = 2x^2 - x + 1$$ □

1.1.3 用消元法解线性方程组:

(1) $\begin{cases} x_1 + 2x_2 + 3x_3 = 1 \\ 2x_1 + 2x_2 + 5x_3 = 2 \\ 3x_1 + 5x_2 + x_3 = 3 \end{cases}$　　(2) $\begin{cases} x_2 + x_3 + x_4 = 1 \\ x_1 + x_3 + x_4 = 2 \\ x_1 + x_2 + x_4 = 3 \\ x_1 + x_2 + x_3 = 4 \end{cases}$

解 (1) 原方程组 $\xrightarrow{-2(1)+(2),-3(1)+(3)}$

$$\begin{cases} x_1 + 2x_2 + 3x_3 = 1 \\ -2x_2 - x_3 = 0 \\ -x_2 - 8x_3 = 0 \end{cases} \xrightarrow{-2(3)+(2)} \begin{cases} x_1 + 2x_2 + 3x_3 = 1 \\ 15x_3 = 0 \\ -x_2 - 8x_3 = 0 \end{cases}$$

由最后一个方程组第 2 个方程解出 $x_3 = 0$, 代入第 3 个方程解出 $x_2 = 0$, 再代入第 1 个方程解出 $x_1 = 1$.

原方程组有唯一解 (1,0,0).

(2)　原方程组 $\xrightarrow{(2)+(1),(3)+(1),(4)+(1),\frac{1}{3}(1)}$

$$\begin{cases} x_1 + x_2 + x_3 + x_4 = \dfrac{10}{3} \\ x_1 + x_3 + x_4 = 2 \\ x_1 + x_2 + x_4 = 3 \\ x_1 + x_2 + x_3 = 4 \end{cases} \xrightarrow{-(1)+(2),-(1)+(3),-(1)+(4)} \begin{cases} x_1 + x_2 + x_3 + x_4 = \dfrac{10}{3} \\ -x_2 = -\dfrac{4}{3} \\ -x_3 = -\dfrac{1}{3} \\ -x_4 = \dfrac{2}{3} \end{cases}$$

由最后一个方程组后三个方程分别解出 $x_2 = \dfrac{4}{3}, x_3 = \dfrac{1}{3}, x_4 = -\dfrac{2}{3}$. 代入第 1 个方程解出 $x_1 = \dfrac{7}{3}$.

原方程组有唯一解 $\left(\dfrac{7}{3}, \dfrac{4}{3}, \dfrac{1}{3}, -\dfrac{2}{3}\right)$. □

1.1.4 (1) 证明: 任给 3 个数 y_1, y_2, y_3, 存在函数 $f(n) = an^2 + bn + c$, 使以 $a_n = f(n)$ 为通项公式的数列的前 3 项为 y_1, y_2, y_3.

(2) 在一次智力测验中, 老师给了一个数列的前 3 项 1,2,3, 让学生填写第 4 项. 试证明: 无论在第 4 项填上什么数 y, 都存在一个函数 $f(n) = an^3 + bn^2 + cn + d$, 使以 $a_n = f(n)$ 为通项公式的数列的前 4 项为 $1, 2, 3, y$.

解　(1) $f(n)$ 的各项系数 a, b, c 满足的充分必要条件为

$$\begin{cases} f(1) = c + b + a = y_1 \\ f(2) = c + 2b + 4a = y_2 \\ f(3) = c + 3b + 9a = y_3 \end{cases}$$

经过初等变换化简, 得

$$\xrightarrow{-(2)+(3),-(1)+(2)}\left\{\begin{array}{l}c+b+a=y_1\\ b+3a=y_2-y_1\\ b+5a=y_3-y_2\end{array}\right.\xrightarrow{-(2)+(3)}\left\{\begin{array}{l}c+b+a-y_1\\ b+3a=y_2-y_1\\ 2a=y_3-2y_2+y_1\end{array}\right.$$

由下至上求出 $a=\frac{1}{2}y_1-y_2+\frac{1}{2}y_3$, $b=-\frac{5}{2}y_1+4y_2-\frac{3}{2}y_3$, $c=3y_1-3y_2+y_3$. 从而

$$f(n)=\left(\frac{1}{2}y_1-y_2+\frac{1}{2}y_3\right)n^2+\left(-\frac{5}{2}y_1+4y_2-\frac{3}{2}y_3\right)n+(3y_1-3y_2+y_3)$$

易验证这个多项式 $f(n)$ 满足所要求的条件 $f(n)=y_1,f(2)=y_2,f(3)=y_3$.

(2) 数列 $\alpha=(1,2,3,y)$ 可以写成两个数列之和 $(1,2,3,y)=(1,2,3,4)+(0,0,0,y-4)$. 其中前一个数列 $\beta=(1,2,3,4)$ 的通项公式 $b_n=n$. 要使后一个数列 $\gamma=(0,0,0,y-4)$ 的前三项为 0, 只要取通项公式 $c_n=g(n)=\lambda(n-1)(n-2)(n-3)$ 即可, 其中 λ 是待定常数. 只需再适当选择 λ 使 $c_4=g(4)=\lambda(4-1)(4-2)(4-3)=6\lambda=y-4$, 易见 $\lambda=\frac{1}{6}(y-4)$ 符合要求.

取 $f(n)=n+g(n)=n+\frac{1}{6}(y-4)(n-1)(n-2)(n-3)$, 则以 $a_n=f(n)$ 为通项公式的数列的前 4 项依次为 $1,2,3,y$, 符合要求. □

点评 很容易想到, 习题 1.1.4(2) 可以通过解方程组

$$\left\{\begin{array}{l}f(1)=d+c+b+a=1\\ f(2)=d+2c+4b+8a=2\\ f(3)=d+3c+9b+27a=3\\ f(4)=d+4c+16b+64a=y\end{array}\right.$$

来证明. 只要通过初等变换求出这个方程组的解, 就证明了通项公式的存在性. 不过, 以上的证明显然更简单漂亮. 不难看出, 习题 1.1.4(1) 也可以通过与 (2) 类似的方法来解答. 为此, 只要将数列 (y_1,y_2,y_3) 分解为两个数列之和: $(y_1,y_2,y_3)=(y_1,y_2,2y_2-y_1)+(0,0,y_1-2y_2+y_3)$. 其中前一个数列 $\beta=(y_1,y_2,2y_2-y_1)$ 是以 y_1,y_2 为前两项的等差数列, 通项公式为 $b_n=y_1+(n-1)(y_2-y_1)$. 后一个数列 $\gamma=(0,0,y_1-2y_2+y_3)$ 的前两项为 0, 选通项公式 $c_n=g(n)=\lambda(n-1)(n-2)$ 可符合要求, 再选 λ 使 $c_3=g(3)=2\lambda=y_1-2y_2+y_3$ 即可.

更进一步, 可将数列 $\alpha=(y_1,y_2,y_3)$ 分解为三个数列之和: $\alpha=(y_1,0,0)+(0,y_2,0)+(0,0,y_3)$. 其中 $\alpha_1=(y_1,0,0)$ 的通项公式可取为 $f_1(n)=\lambda_1(n-2)(n-3)$, 使第 2,3 两项 $f_1(2)=f_1(3)=0$, 适当选取 λ_1 可使 $f_1(1)=\lambda_1(1-2)(1-3)=y_1$. 类似地可得到 $\alpha_2=(0,y_2,0)$ 的通项公式 $f_2(n)=\lambda_2(n-1)(n-3)$, 以及 $\alpha_3=(0,0,y_3)$ 的通项公式 $f_3(n)=\lambda_3(n-1)(n-2)$. 于是得到 $\alpha=(y_1,y_2,y_3)$ 的通项公式 $f(n)=f_1(n)+f_2(n)+f_3(n)$. 这个方法显然也可以用来得到通项公式 $a_n=f(n)=f_1(n)+\cdots+f_k(n)$, 使数列的前 k 项等于任意指定的值 $y_1,\cdots,y_k$.

更进一步, 用这个方法可以得到多项式函数 $f(x)$, 使它在任意 k 个不同的自变量值 $x_1,\cdots,x_k$ 所取的函数值 $f(x_1),\cdots,f(x_k)$ 等于任意指定的 $y_1,\cdots,y_k$, 也就是求多项式曲线 $y=f(x)$ 经过直角坐标系中横坐标不同的任意 k 个点 (x_i,y_i). 这样得到的多项式 $f(x)$ 称为**拉格朗日插值多项式**. □

1.1.5 方程组 (U) 经过初等变换 $(\mathrm{U})\xrightarrow{-(1)+(2),-(1)+(3)}(\mathrm{U}_1)\xrightarrow{-3(2)+(3)}(\mathrm{U}_2)\xrightarrow{-\frac{1}{8}(3)}(\mathrm{W})$ 化成

$$(\mathrm{W})\begin{cases}x+y+z=0\\y+3z=-1\\z=-1\end{cases}\qquad(\mathrm{W})$$

写出方程组 (U), 并求出它的解.

解 求每一步初等变换的逆变换得

$$(\mathrm{W})\xrightarrow{-8(3)}\begin{cases}x+y+\ z=0\\y+3z=-1\\-8z=8\end{cases}\xrightarrow{3(2)+(3)}\begin{cases}x+y+\ z=0\\y+3z=-1\\3y+\ z=5\end{cases}$$

$$\xrightarrow{(1)+(2),(1)+(3)}(\mathrm{U})\begin{cases}x+\ y+\ z=0\\x+2y+4z=-1\\x+4y+2z=5\end{cases}$$

原方程组 (U) 与 (W) 同解. 将 (W) 继续通过初等变换化简:

$$(\mathrm{W})\xrightarrow{-(3)+(1),-3(3)+(2)}\begin{cases}x+y=1\\y=2\\z=-1\end{cases}\xrightarrow{-(2)+(1)}\begin{cases}x=-1\\y=2\\z=-1\end{cases}$$

得到原方程组的解 $(-1,2,-1)$. □

1.1.6 (1) 求证: 如果复数集合的子集 P 包含至少一个非零数, 并且对加、减、乘、除 (除数不为 0) 封闭, 则 P 包含 $0,1$, 从而是数域.

(2) 求证: 所有的数域都包含有理数域.

(3) 求证: 集合 $F=\{a+b\sqrt{2}\mid a,b\in\mathbf{Q}\}$ 是数域 (其中 $\mathbf{Q}$ 是有理数域).

(4) 试求包含 $\sqrt[3]{2}$ 的最小的数域.

证明 (1) 设 $0\neq a\in P$, 则 $0=a-a\in P$, $1=\dfrac{a}{a}\in P$, 并且 P 对加减乘除封闭, 因此 P 是数域.

(2) 设 F 是任一数域. 用数学归纳法证明任意正整数 $n\in F$. 首先, $1\in F$. 设正整数 $k\in F$, 则由对加法的封闭性知 $k+1\in F$. 这就证明了所有的正整数 $n\in F$. 又由 $0\in F$ 及 F 对减法封闭得 $-n=0-n\in F$. 因此 F 包含所有的整数.

每个有理数 a 能够写成整数之商 $a=\dfrac{m}{n}$, 其中 m,n 是整数且 $n\neq 0$. 由 F 对除法封闭知 $a=m\div n\in F$.

这就证明了 F 包含所有的有理数, 从而包含全体有理数组成的有理数域 $\mathbf{Q}$.

(3) 取 $a=b=0$ 得 $0=0+0\sqrt{2}\in F$. 取 $a=1,b=0$ 得 $1=a+0\sqrt{2}\in F$.

对 F 中任意两个数 $\alpha=a_1+b_1\sqrt{2},\beta=a_2+b_2\sqrt{2}$ $(a_1,b_1,a_2,b_2\in\mathbf{Q})$, 有

$$\alpha\pm\beta=(a_1+b_1\sqrt{2})\pm(a_2+b_2\sqrt{2})=(a_1\pm a_2)+(b_1\pm b_2)\sqrt{2}$$

$$\alpha\beta=(a_1a_2+2b_1b_2)+(a_1b_2+a_2b_1)\sqrt{2}$$

由 $\mathbf{Q}$ 对加减乘运算封闭知 $a_1\pm a_2,b_1\pm b_2,a_1a_2+2b_1b_2,a_1b_2+a_2b_1\in\mathbf{Q}$. 因此 $\alpha\pm\beta,\alpha\beta\in F$. 这证明了 F 对加减乘运算封闭.

当 $\beta\neq0$ 时

$$\beta^{-1}=\frac{1}{a_2+b_2\sqrt{2}}=\frac{a_2-b_2\sqrt{2}}{(a_2+b_2\sqrt{2})(a_2-b_2\sqrt{2})}=c_2+d_2\sqrt{2}$$

其中

$$c_2=\frac{a_2}{a_2^2-2b_2^2},\quad d_2=\frac{b_2}{a_2^2-2b_2^2}$$

由 $\beta=a_2+b_2\sqrt{2}\neq0$ 有 $a_2\neq0$ 或 $b_2\neq0$.

如果 $b_2=0\neq a_2$, 则 c_2,d_2 的分母 $a_2^2-2b_2=a_2^2\neq0$.

设 $b_2\neq0$. 如果 $a_2^2-2b_2^2=0$, 则 $\left(\dfrac{a_2}{b_2}\right)^2=2$. 两个有理数 a_2,b_2 的商 $\dfrac{a_2}{b_2}$ 仍是有理数, 平方不可能等于 2. 这证明了 c_2,d_2 的分母 $a_2^2-2b_2^2\neq0$. c_2,d_2 由有理数 a_2,b_2 经过加减乘除 (除数不为 0) 得到, 仍是有理数. 这证明了 $\beta^{-1}\in F$. 再由 F 对乘法的封闭性知 $\alpha\div\beta=\alpha\beta^{-1}\in F$.

这就证明了 F 包含 0,1 且对加减乘除 (除数不为 0) 封闭, 是数域.

(4) 设 F 是包含 $\sqrt[3]{2}$ 的最小数域, 则 F 包含有理数域 $\mathbf{Q}$, 并且包含 $\sqrt[3]{2}$ 及其与自身的乘积 $(\sqrt[3]{2})^2=\sqrt[3]{4}$. 于是 F 包含 $1,\sqrt[3]{2},\sqrt[3]{4}$ 与任意有理数 a_0,a_1,a_2 的乘积之和组成的集合

$$E=\{a_0+a_1\sqrt[3]{2}+a_2\sqrt[3]{4}\mid a_0,a_1,a_2\in\mathbf{Q}\}$$

我们证明 E 对加减乘除封闭, 就是包含 $\sqrt[3]{2}$ 的最小数域.

E 中每个数 $\alpha=a_0+a_1\sqrt[3]{2}+a_2\sqrt[3]{4}$ 是一个不超过 2 次的有理系数多项式 $f(x)=a_0+a_1x+a_2x^2$ 将 $x=\sqrt[3]{2}$ 代入得到的值 $f(\sqrt[3]{2})$. 任意两个数 $\alpha=f(\sqrt[3]{2})$ 与 $\beta=g(\sqrt[3]{2})$ 的和、差、积 $\alpha\pm\beta$, $\alpha\beta$ 可以在相应的多项式 $f(x)=a_0+a_1x+a_2x^2,g(x)=b_0+b_1x+b_2x^2$ 的和、差、积 $f(x)\pm g(x),f(x)g(x)$ 中将 $x=\sqrt[3]{2}$ 代入得到.

有理系数多项式 $f(x),g(x)$ 的和、差、积仍是有理系数多项式.

不超过 2 次的多项式 $f(x),g(x)$ 的和与差 $f(x)\pm g(x)$ 仍不超过 2 次, 将 $x=\sqrt[3]{2}$ 代入后得到的 $\alpha\pm\beta$ 仍在 E 中.

乘积 $p(x)=f(x)g(x)$ 是不超过 4 次的有理系数多项式:

$$p(x)=c_0+c_1x+c_2x^2+c_3x^3+c_4x^4$$

其中 $c_i\in\mathbf{Q}$ $(0\leqslant i\leqslant4)$. 由于 $(\sqrt[3]{2})^3=2$, $(\sqrt[3]{2})^4=2\sqrt[3]{2}$,

$$\begin{aligned}\alpha\beta=p(\sqrt[3]{4})&=c_0+c_1\sqrt[3]{2}+c_2\sqrt[3]{4}+2c_3+2c_4\sqrt[3]{2}\\&=(c_0+2c_3)+(c_1+2c_4)\sqrt[3]{2}+c_2\sqrt[3]{4}\in E\end{aligned}$$

只要能够证明当 $\beta=b_0+b_1\sqrt[3]{2}+b_2\sqrt[3]{4}\neq 0$ 时 $\beta^{-1}\in E$, 则 α 与 β 相除得到的商 $\alpha\div\beta=\alpha\beta^{-1}\in E$. 为此, 设法选取 $\gamma\in E$ 使 $\beta\gamma=c$ 为非零有理数, 则 $\beta^{-1}=c^{-1}\gamma\in E$.

当 $b_1=b_2=0$ 时 $\beta=b_0\neq 0$ 是有理数, 当然 $\beta^{-1}=b_0^{-1}\in \mathbf{Q}\subset E$.

当 $b_1\neq 0=b_2$ 时 $\beta=b_0+b_1\sqrt[3]{2}$, 取 $\gamma_1=b_0^2-b_0b_1\sqrt[3]{2}+b_1^2\sqrt[3]{4}\in E$. 则

$$\beta\gamma_1=c_1=b_0^3+(b_1\sqrt[3]{2})^3=b_0^3+2b_1^3\in \mathbf{Q}.$$

且 $c_1\neq 0$, 否则 $\sqrt[3]{2}=-\dfrac{b_0}{b_1}$ 是有理数, 矛盾. 于是 $\beta^{-1}=c_1^{-1}\gamma_1\in E$.

当 $b_1=0\neq b_2$ 时 $\beta=b_0+b_2\sqrt[3]{4}$, 取 $\gamma_2=b_0^2-b_0b_2\sqrt[3]{4}+b_2^2 2\sqrt[3]{2}\in E$, 则

$$\beta\gamma_2=c_2=b_0^3+(b_2\sqrt[3]{4})^3=b_0^3+4b_2^3\in \mathbf{Q}$$

且 $c_2\neq 0$, 否则 $\sqrt[3]{4}=-\dfrac{b_0}{b_2}$ 是有理数, 矛盾. 于是 $\beta^{-1}=c_2^{-1}\gamma_2\in E$.

设 $b_1b_2\neq 0$, 取 $\gamma_3=b_2(b_2\sqrt[3]{2}-b_1)\in E$, 则

$$\begin{aligned}\beta b_2&=(b_2\sqrt[3]{4}+b_1\sqrt[3]{2}+b_0)b_2=(b_2\sqrt[3]{2})^2+b_2b_1\sqrt[3]{2}+b_1^2+(b_0b_2-b_1^2)\\ \beta\gamma_3&=\beta b_2(b_2\sqrt[3]{2}-b_1)=(b_2\sqrt[3]{2})^3-b_1^3+(b_0b_2-b_1^2)(b_2\sqrt[3]{2}-b_1)=c_0+c_1\sqrt[3]{2}\end{aligned}$$

其中 $c_0=2b_2^3-b_0b_1b_2$ 与 $c_1=(b_0b_2-b_1^2)b_2$ 都是有理数. 且由 $\beta\neq 0$ 与 $\gamma_3\neq 0$ 知 $\beta\gamma_3\neq 0$. 前面已证明 $(\beta\gamma_3)^{-1}=(c_0+c_1\sqrt[3]{2})^{-1}\in E$, $\beta^{-1}=\gamma_3(\beta\gamma_3)^{-1}$ 是 E 中两个数 γ_3 与 $(\beta\gamma_3)^{-1}$ 的乘积, 由 E 对乘法的封闭性知 $\beta^{-1}\in E$. □

点评　本题第 (4) 小题对于 E 对乘法和求逆的封闭性的证明采用了比较“笨”的死算的方法. 更好的算法是利用多项式的带余除法. 由于 $\sqrt[3]{2}$ 是有理系数多项式 $m(x)=x^3-2$ 的根. 将两个有理系数多项式 $f(x)$ 与 $g(x)$ 的乘积用 x^3-2 除得到商 $q(x)$ 与余式 $r(x)=c_0+c_1x+c_2x$ 的系数也都是有理数. 在恒等式 $f(x)g(x)=q(x)(x_3-2)+r(x)$ 中将 $x=\sqrt[3]{2}$ 代入, 并注意到 $(\sqrt[3]{2})^3-2=0$, 就得到 $f(\sqrt[3]{2})g(\sqrt[3]{2})=r(\sqrt[3]{2})=c_0+c_1\sqrt[3]{2}+c_2\sqrt[3]{4}\in E$. 这就证明了 E 对乘法的封闭性.

本题第 (3),(4) 小题证明对除法的封闭性都转化为非零数 β 求逆 $\dfrac{1}{\beta}$, 就是将分母 β 有理化. 第 (3) 小题将 $\beta=a_2+b_2\sqrt{2}$ 有理化是中学生熟悉的. 第 (4) 小题将 $\beta=b_0+b_1\sqrt[3]{2}+b_2\sqrt[3]{4}$ 有理化就比较困难了. 最有效的方法是利用如下定理: 对互素的有理系数多项式 $g(x)=b_0+b_1x+b_2x^2$ 与 $m(x)=x^3-2$ 可以做辗转相除法得到有理系数多项式 $u(x),v(x)$ 满足条件

$$u(x)g(x)+v(x)m(x)=1$$

将 $x=\sqrt[3]{2}$ 代入, 并注意到 $m(\sqrt[3]{2})=0$, 就得到 $u(\sqrt[3]{2})g(\sqrt[3]{2})=1$, $\beta^{-1}=g(\sqrt[3]{2})^{-1}=u(\sqrt[3]{2})$ $\in E$.

以上叙述所用到的关于多项式的知识参见第 5 章. 同样的证法还可以得到更一般的结论:

设复数 α 是某个非零有理系数多项式的根, 则存在最低系数的有理系数多项式 $m(x)=x^d+a_{d-1}x^{n-1}+\cdots+a_1x+a_0$ 使 $m(\alpha)=0$. 设 $m(x)$ 的次数为 d, 则

$$E=\{c_0+c_1\alpha+\cdots+c_{d-1}\alpha^{d-1}\mid c_i\in\mathbf{Q},\forall\ 0\leqslant i\leqslant d-1\}$$

是包含 α 的最小的数域. 这样的数 α 称为**代数数**. $m(x)$ 称为 α 的**最小多项式**. 例如, i 与 $\sqrt[3]{2}$ 都是代数数, 最小多项式分别为 x^2+1 与 x^3-2. □

1.1.7 证明:(1) 线性组合的传递性: 如果方程组 II 是方程组 I 的线性组合, 方程组 III 是方程组 II 的线性组合, 则方程组 III 是方程组 I 的线性组合.

(2) 等价的传递性: 如果方程组 I 与方程组 II 等价, 方程组 II 与方程组 III 等价, 则方程组 I 与方程组 III 等价.

证明 设方程组 I 由方程 $\boldsymbol{a}_1,\cdots,\boldsymbol{a}_m$ 组成, 方程组 II 由方程 $\boldsymbol{b}_1,\cdots,\boldsymbol{b}_n$ 组成, 方程组 III 由方程 $\boldsymbol{c}_1,\cdots,\boldsymbol{c}_p$ 组成.

(1) 方程组 II 是 I 的线性组合 $\Rightarrow$ 每个

$$\boldsymbol{b}_i=b_{i1}\boldsymbol{a}_1+\cdots+b_{im}\boldsymbol{a}_m\quad(\forall\ 1\leqslant i\leqslant n)\tag{1.3}$$

其中 $b_{i1},\cdots,b_{im}$ 是某 m 个常数.

方程组 III 是 II 的线性组合 $\Rightarrow$ 每个

$$\boldsymbol{c}_k=c_{k1}\boldsymbol{b}_1+\cdots+c_{kn}\boldsymbol{b}_n\quad(\forall\ 1\leqslant k\leqslant p)\tag{1.4}$$

其中 $c_{k1},\cdots,c_{kn}$ 是某 n 个常数.

将等式 (1.3) 代入 (1.4), 得到

$$\boldsymbol{c}_k=c_{k1}(b_{11}\boldsymbol{a}_1+\cdots+b_{1m}\boldsymbol{a}_m)+\cdots+c_{kn}(b_{n1}\boldsymbol{a}_1+\cdots+b_{nm}\boldsymbol{a}_m)=\lambda_{k1}\boldsymbol{a}_1+\cdots+\lambda_{km}\boldsymbol{a}_m$$

其中每个 $\lambda_{kj}=c_{k1}b_{1j}+\cdots+c_{kn}b_{nj}$ 是常数. 这证明了方程组 III 中每个方程 $\boldsymbol{c}_k$ 是方程组 I 的线性组合. 从而方程组 III 是方程组 I 的线性组合.

(2) 根据 (1) 的结论, 由方程组 II 是 I 的线性组合及 III 是 II 的线性组合可得出 III 是 I 的线性组合. 反过来, 由方程组 II 是 III 的线性组合及 I 是 II 的线性组合可得出 I 是 III 的线性组合. 这就证明了方程组 III 与 I 互为线性组合, 相互等价. □

1.2 矩阵消元法

知识导航

1. 用矩阵表示线性方程组

在利用初等变换解线性方程组的过程中, 实际上只对各方程中各项系数进行了运算 (加、减、乘、除运算), 代表未知数的字母并没有参加运算, 它所起的作用只是用来辨认哪

些是同类项系数可以合并. 为了书写的简便, 更为了突出解方程组中本质的东西 —— 系数的运算, 我们采用分离系数法, 将代表未知数的字母略去, 将等号也略去, 只写出系数来表示各方程.

每个线性方程 $a_{i1}x_1+\cdots+a_{in}x_n=b_i$ 由它的各系数排成一行来表示:

$$(a_{i1},\cdots,a_{in},b_i)$$

线性方程组

$$\begin{cases} a_{11}x_1+a_{12}x_2+\cdots+a_{1n}x_n=b_1 \\ a_{21}x_1+a_{22}x_2+\cdots+a_{2n}x_n=b_2 \\ \qquad\cdots\cdots \\ a_{m1}x_1+a_{m2}x_2+\cdots+a_{mn}x_n=b_m \end{cases} \tag{1.5}$$

用矩形数表

$$\begin{pmatrix} a_{11} & a_{12} & \cdots & a_{1n} & b_1 \\ a_{21} & a_{22} & \cdots & a_{2n} & b_2 \\ \vdots & \vdots & & \vdots & \vdots \\ a_{m1} & a_{m2} & \cdots & a_{mn} & b_m \end{pmatrix} \tag{1.6}$$

来表示. 其中每一行表示一个方程, 同一个未知数的系数上下对齐组成一列, 常数项组成最后一列. 将数表用括号括起来是表示所有的数组成一个整体, 表示一个方程组.

定义 1.2.1　对任意正整数 m,n, 由数域 F 中 $m\times n$ 个数排成 m 行、n 列所得到的数表, 称为 F 上的 $\boldsymbol{m\times n}$ **矩阵** (matrix). 数表中的每个数称为矩阵的一个**元素** (element), 也称为矩阵的一个**分量** (entry), 其中排在第 i 行第 j 列的数称为矩阵的第 (i,j) 元或第 (i,j) 分量. F 上全体 $m\times n$ 矩阵的集合记作 $F^{m\times n}$. □

定义 1.2.2　由数域 F 中 n 个数 a_i $(1\leqslant i\leqslant n)$ 排成的有序数组 $(a_1,a_2,\cdots,a_n)$ 称为 F 上的 $\boldsymbol{n}$ **维向量** (n-dimensional vector), 也称 n 维数组向量, a_i 称为它的第 i 分量. 所有分量都为 0 的向量 $(0,\cdots,0)$ 称为**零向量** (zero vector), 记作 0 (通常也将零向量记作 0, 从上下文可以知道它是表示零向量还是表示数 0, 不会混淆.) F 上全体 n 维向量组成的集合称为 F 上的 $\boldsymbol{n}$ **维向量空间** (n-dimensional vector space), 记作 F^n. 将 F^n 中每个向量写成一行的形式, 就是一个 $1\times n$ 矩阵, 称为 $\boldsymbol{n}$ **维行向量**, F 上全体 n 维行向量组成的集合 $F^{1\times n}$ 称为 $\boldsymbol{n}$ **维行向量空间**. 类似地, $F^{n\times 1}$ 中每个 $n\times 1$ 矩阵也是 n 维向量, 称为 $\boldsymbol{n}$ **维列向量**, $F^{n\times 1}$ 称为 $\boldsymbol{n}$ **维列向量空间**. □

按照以上定义, 系数在数域 F 中的每个 n 元线性方程用 F^{n+1} 中的一个向量表示. 而 n 元线性方程组的每一组解是 F^n 中的一个向量. $F^{m\times n}$ 中每个矩阵的每一行是一个 n 维向量, 每一列是一个 m 维向量. 由 m 个方程组成的 n 元线性方程组 (1.5) 用 (1.6) 中的 $m\times(n+1)$ 矩阵 $\boldsymbol{M}$ 表示, $\boldsymbol{M}$ 的前 n 列由各方程中各未知数的系数组成, 这 n 列组成一个 $m\times n$ 矩阵 $\boldsymbol{A}$, 称为方程组 (1) 的**系数矩阵**. $\boldsymbol{M}$ 由系数矩阵 $\boldsymbol{A}$ 添加常数项组成的列向量 $\boldsymbol{b}$ 得到, 称为**增广矩阵**.

2. 矩阵的初等行变换

将线性方程组用矩阵表示, 线性方程组的初等变换就可以通过矩阵的初等行变换实现.

定义 1.2.3 (1) (向量的加法) 设 $\boldsymbol{\alpha}=(a_1,a_2,\cdots,a_n),\boldsymbol{\beta}=(b_1,b_2,\cdots,b_n)$ 是同一数域 F 上两个 n 维向量, 将它们按分量相加得到的向量 $(a_1+b_1,a_2+b_2,\cdots,a_n+b_n)\in F^n$ 称为这两个向量的和, 记作 $\boldsymbol{\alpha}+\boldsymbol{\beta}$. 同样可以定义多个 (有限个) 向量 $\boldsymbol{\alpha}_1,\boldsymbol{\alpha}_2,\cdots,\boldsymbol{\alpha}_m\in F^n$ 的和 $\boldsymbol{\alpha}_1+\boldsymbol{\alpha}_2+\cdots+\boldsymbol{\alpha}_m\in F^n$, 它的第 j 分量 $(1\leqslant j\leqslant n)$ 等于各 $\boldsymbol{\alpha}_i$ $(1\leqslant i\leqslant m)$ 第 j 分量之和.

(2) (向量与数的乘法) 将任一 $\lambda\in F$ 遍乘任一 $\boldsymbol{\alpha}=(a_1,a_2,\cdots,a_n)\in F^n$ 的各分量, 得到的向量 $(\lambda a_1,\lambda a_2,\cdots,\lambda a_n)\in F^n$ 称为 $\boldsymbol{\alpha}$ 的 λ 倍, 记作 $\lambda\boldsymbol{\alpha}$.

(3) (向量的线性组合) F^n 中的一组向量 $\boldsymbol{\alpha}_1,\cdots,\boldsymbol{\alpha}_m$ 与 F 一组数 $\lambda_1,\cdots,\lambda_m$ 对应相乘再相加, 得到的向量 $\lambda_1\boldsymbol{\alpha}_1+\lambda_2\boldsymbol{\alpha}_2+\cdots+\lambda_n\boldsymbol{\alpha}_m\in F^n$ 称为 $\boldsymbol{\alpha}_1,\boldsymbol{\alpha}_2,\cdots,\boldsymbol{\alpha}_m$ 的线性组合. □

定义 1.2.4 设 $\boldsymbol{A},\boldsymbol{B}$ 是 F 上的两个矩阵, 如果 $\boldsymbol{B}$ 的每一行都是 $\boldsymbol{A}$ 的行的线性组合, $\boldsymbol{A}$ 的每一行也是 $\boldsymbol{B}$ 的行的线性组合, 就称这两个矩阵**行等价** (row equivalent). □

定理 1.2.1 设 F 上的矩阵 $\boldsymbol{A}$ 经过以下变形之一变成矩阵 $\boldsymbol{B}$, 则 $\boldsymbol{A}$ 与 $\boldsymbol{B}$ 行等价:

(1) 将某两行互换位置;

(2) 用 F 中某个非零的数乘以某行;

(3) 将某行的常数倍加到另一行上. □

定义 1.2.5 定理 1.2.1 中所说的三类变形称为矩阵的**初等行变换** (elementary transformation of rows).

为了叙述方便, 我们用矩阵 $\boldsymbol{A}$ 到 $\boldsymbol{B}$ 的箭头来表示 $\boldsymbol{A}$ 经过初等行变换变为 $\boldsymbol{B}$, 箭头上方注明所用的是哪一个变换:

$$(1)\boldsymbol{A}\xrightarrow{(i,j)}\boldsymbol{B};\quad (2)\boldsymbol{A}\xrightarrow{\lambda(i)}\boldsymbol{B};\quad (3)\boldsymbol{A}\xrightarrow{\lambda(i)+(j)}\boldsymbol{B}$$

箭头上的 (i,j) 表示将第 i 行与第 j 行互换, $\lambda(i)$ 表示用非零数 λ 乘以第 i 行, $\lambda(i)+(j)$ 表示将第 i 行的 λ 倍加到第 j 行上.

例题分析与解答

1.2.1 用矩阵消元法解线性方程组:

$$(1)\left\{\begin{array}{l}2x_1+x_2-5x_3+x_4=8\\ x_1-3x_2-6x_4=9\\ 2x_2-x_3+2x_4=-5\\ x_1+4x_2-7x_3+6x_4=0\end{array}\right.;\quad (2)\left\{\begin{array}{l}x_1+3x_2-5x_3-5x_4=2\\ x_1+2x_2+2x_3-2x_4+x_5=-2\\ 2x_1+x_2+3x_3-3x_4=2\\ x_1-4x_2+x_3+x_4-x_5=3\\ x_1+3x_3-x_4+x_5=1\end{array}\right..$$

解　(1)

$$\begin{pmatrix} 2 & 1 & -5 & 1 & 8 \\ 1 & -3 & 0 & -6 & 9 \\ 0 & 2 & -1 & 2 & -5 \\ 1 & 4 & -7 & 6 & 0 \end{pmatrix} \xrightarrow{(1,2),-2(1)+(2),-(1)+(4)} \begin{pmatrix} 1 & -3 & 0 & -6 & 9 \\ 0 & 7 & -5 & 13 & -10 \\ 0 & 2 & -1 & 2 & -5 \\ 0 & 7 & -7 & 12 & -9 \end{pmatrix}$$

$$\xrightarrow{-(2)+(4),-3(3)+(2)} \begin{pmatrix} 1 & -3 & 0 & -6 & 9 \\ 0 & 1 & -2 & 7 & 5 \\ 0 & 2 & -1 & 2 & -5 \\ 0 & 0 & -2 & -1 & 1 \end{pmatrix} \xrightarrow{-2(2)+(3)}$$

$$\begin{pmatrix} 1 & -3 & 0 & -6 & 9 \\ 0 & 1 & -2 & 7 & 5 \\ 0 & 0 & 3 & -12 & -15 \\ 0 & 0 & -2 & -1 & 1 \end{pmatrix} \xrightarrow{\frac{1}{3}(3),2(3)+(4)} \begin{pmatrix} 1 & -3 & 0 & -6 & 9 \\ 0 & 1 & -2 & 7 & 5 \\ 0 & 0 & 1 & -4 & -5 \\ 0 & 0 & 0 & -9 & -9 \end{pmatrix}$$

$$\xrightarrow{-\frac{1}{9}(4),6(4)+(1),-7(4)+(2),4(4)+(3)} \begin{pmatrix} 1 & -3 & 0 & 0 & 15 \\ 0 & 1 & -2 & 0 & -2 \\ 0 & 0 & 1 & 0 & -1 \\ 0 & 0 & 0 & 1 & 1 \end{pmatrix} \xrightarrow{2(3)+(2)}$$

$$\begin{pmatrix} 1 & -3 & 0 & 0 & 15 \\ 0 & 1 & 0 & 0 & -4 \\ 0 & 0 & 1 & 0 & -1 \\ 0 & 0 & 0 & 1 & 1 \end{pmatrix} \xrightarrow{3(2)+(1)} \begin{pmatrix} 1 & 0 & 0 & 0 & 3 \\ 0 & 1 & 0 & 0 & -4 \\ 0 & 0 & 1 & 0 & -1 \\ 0 & 0 & 0 & 1 & 1 \end{pmatrix}$$

最后得到的矩阵代表的方程组

$$\begin{cases} x_1 = 3 \\ x_2 = -4 \\ x_3 = -1 \\ x_4 = 1 \end{cases}$$

的解 $(3, -4, -1, 1)$ 是原方程组的唯一解.

(2) 答案: $\left(-\dfrac{26}{3}, -\dfrac{11}{3}, \dfrac{5}{3}, -6, -\dfrac{4}{3}\right)$ (解答过程略). □

点评　在实际应用中, 通过初等行变换化简矩阵的过程可以借助于计算机软件来完成. 例如, Matlab 和 Mathematica 软件都可以完成这一任务. 以本题第 (2) 小题为例:

在 Mathematica 中输入如下语句:

```
M={{1,3,-5,-5,0,2},{1,2,2,-2,1,-2},{2,1,3,-3,0,2},{1,-4,1,1,-1,3},
      {1,0,3,-1,1,1}}; RowReduce[M]
```

其中 “M=” 之后是依次输入的矩阵各行的元素, 每行各元素用花括号括起来. RowReduce[A] 表示对 $\boldsymbol{M}$ 进行初等行变换化到最简形式. 运行以上语句得到如下输出结果:

$$\left\{\left\{1,0,0,0,0,-\frac{26}{3}\right\},\right.$$
$$\left\{0,1,0,0,0,-\frac{11}{3}\right\},\left\{0,0,1,0,0,\frac{5}{3}\right\},$$
$$\left.\{0,0,0,1,0,-6\},\left\{0,0,0,0,1,-\frac{4}{3}\right\}\right\}$$

所代表的矩阵对应的方程组的唯一解 $\left(-\frac{26}{3},-\frac{11}{3},\frac{5}{3},-6,-\frac{4}{3}\right)$ 就是原方程组的唯一解.

也可用 Matlab 软件完成同样的任务. 在 Matlab 中输入如下语句:

```
M=[1,3,-5,-5,0,2; 1,2,2,-2,1,-2; 2,1,3,-3,0,2; 1,-4,1,1,-1,3; 1,0,3,-1,1,1]; rref(M)
```

得到输出结果:

1.0000	0	0	0	0	−8.6667
0	1.0000	0	0	0	−3.6667
0	0	1.0000	0	0	1.6667
0	0	0	1.0000	0	−6.0000
0	0	0	0	1.0000	−1.3333

注意 Matlab 与 Mathematica 的输入语句和输出结果的区别:

(1) 输入矩阵时, Mathematica 用花括号来分隔不同的行, 再用花括号将所有的行括在一起表示整个矩阵. Matlab 用分号来分隔不同的行, 用方括号将所有的元素括在一起.

(2) Mathematica 用 RowReduce[M] 表示用初等行变换化简矩阵 $\boldsymbol{M}$,Matlab 则用 rref(M).

(3) Mathematica 尽量输出准确值 (分数, 根式等),Matlab 则输出近似值.

关于 Mathematica 与 Matlab 的更详细的介绍, 请参考专门的书籍和资料. □

1.2.2 在空间直角坐标系中, 求三个平面 $9x-3y+z=20$, $x+y+z=0$ 和 $-x+2y+z=-10$ 的公共点集合.

解 公共点集合就是三个线性方程组组成的方程组的解集的图像. 将方程组用矩阵表示, 通过初等行变换将矩阵化简得

$$\begin{pmatrix} 9 & -3 & 1 & 20 \\ 1 & 1 & 1 & 0 \\ -1 & 2 & 1 & -10 \end{pmatrix} \xrightarrow{(1,2),-9(1)+(2),(1)+(3)} \begin{pmatrix} 1 & 1 & 1 & 0 \\ 0 & -12 & -8 & 20 \\ 0 & 3 & 2 & -10 \end{pmatrix}$$
$$\xrightarrow{\frac{1}{4}(2)+(3)} \begin{pmatrix} 1 & 1 & 1 & 0 \\ 0 & -12 & -8 & 20 \\ 0 & 0 & 0 & -5 \end{pmatrix}$$

最后的矩阵第 3 行代表的方程 $0=-5$ 无解. 原方程组无解. 公共点集合是空集. □

点评 在 Mathematica 中输入语句

M = {{9,-3,1,20},{1,1,1,0},{-1,2,1,-10}}; RowReduce[A]

运行结果为

$$\left\{\left\{1,0,\frac{1}{3},0\right\},\left\{0,1,\frac{2}{3},0\right\},\{0,0,0,1\}\right\}$$

化简得到的矩阵第 3 行代表的方程 $0=1$ 无解. 原方程组无解. □

1.2.3 已知两个变量 x,y 之间有某种函数关系 $y=f(x)$, 并且有如下对应值:

x	1	2	3	4
y	2	7	16	29

问 y 是否可能是 x 的二次函数? 如果可能, 试求出满足要求的二次函数.

解 如果 $y=f(x)$ 是二次函数, 则 $y=c+bx+ax^2$, 待定常数 a,b,c 满足方程组

$$\begin{cases} c+b+a=2 \\ c+2b+4a=7 \\ c+3b+9a=16 \\ c+4b+16a=29 \end{cases}$$

对增广矩阵做初等变换化简得

$$\begin{pmatrix} 1 & 1 & 1 & 2 \\ 1 & 2 & 4 & 7 \\ 1 & 3 & 9 & 16 \\ 1 & 4 & 16 & 29 \end{pmatrix} \xrightarrow{-(1)+(i),(\forall i=2,3,4)} \begin{pmatrix} 1 & 1 & 1 & 2 \\ 0 & 1 & 3 & 5 \\ 0 & 2 & 8 & 14 \\ 0 & 3 & 15 & 27 \end{pmatrix} \xrightarrow{-2(2)+(3),-3(2)+(4)}$$

$$\begin{pmatrix} 1 & 1 & 1 & 2 \\ 0 & 1 & 3 & 5 \\ 0 & 0 & 2 & 4 \\ 0 & 0 & 6 & 12 \end{pmatrix} \xrightarrow{\frac{1}{2}(3),-6(3)+(4),-3(3)+(2),-(3)+(1),-(2)+(1)} \begin{pmatrix} 1 & 0 & 0 & 1 \\ 0 & 1 & 0 & -1 \\ 0 & 0 & 1 & 2 \\ 0 & 0 & 0 & 0 \end{pmatrix}$$

最后得到的矩阵所代表的方程组的唯一解 $(c,b,a)=(1,-1,2)$ 就是原方程组的唯一解.

y 可能是 x 的二次函数. 唯一满足条件的二次函数为 $y=1-x+2x^2$. □

1.2.5 在实数范围内解线性方程组

$$\begin{cases} x+3y+2z=4 \\ 2x+5y-3z=-1 \\ 4x+11y+z=7 \end{cases}$$

这个方程组的解集在 3 维空间中的图像 Π 是什么?

将这个方程组的常数项全部变成 0, 得到的方程组的解集在 3 维空间中的图像 Π_0 是什么? Π_0 与 Π 有什么关系?

解 将方程组用矩阵表示并且用初等行变换化简 (化简过程略去, 并且可以用 Mathematica 完成), 得

$$\begin{pmatrix} 1 & 3 & 2 & 4 \\ 2 & 5 & -3 & -1 \\ 4 & 11 & 1 & 7 \end{pmatrix} \to \begin{pmatrix} 1 & 0 & -19 & -23 \\ 0 & 1 & 7 & 9 \\ 0 & 0 & 0 & 0 \end{pmatrix}$$

化简后的矩阵代表的方程组

$$\begin{cases} x-19z=-23 \\ y+7z=9 \end{cases} \Leftrightarrow \begin{cases} x=19z-23 \\ y=-7z+9 \end{cases}$$

解集 $S=\{(19t-23,-7t+9,t)\mid t\in\mathbf{R}\}=\{(-23,9,0)+t(19,-7,1)\mid t\in\mathbf{R}\}$. 它的图像 Π 为动点 P 从固定点 $P_1(-23,9,0)$ 沿与固定向量 $\boldsymbol{u}=(19,-7,1)$ 平行的方向移动得到的直线.

如果将方程组的常数项全部变成 0, 得到的方程组化简为

$$\begin{cases} x-19z=0 \\ y+7z=0 \end{cases}$$

解集为 $S_0=\{t(19,-7,1)\mid t\in\mathbf{R}\}$, 图像 Π_0 是过原点 O 且与 $\boldsymbol{u}=(19,-7,1)$ 平行的直线. 直线 Π_0 与 Π 平行于同一个固定向量 $\boldsymbol{u}$ 且不重合, 因此 Π 与 Π_0 是平行直线. 将 Π_0 平行移动到经过点 $P_1(-23,9,0)$, 就得到直线 Π. □

1.2.6 二元一次方程组

$$\begin{cases} a_1x+b_1y=c_1 \\ a_2x+b_2y=c_2 \end{cases}$$

的系数都是整数.

(1) 它的解是否一定是整数? 说明你的理由.

(2) 如果 $a_1b_2-a_2b_1=\pm1$, 证明以上整系数二元一次方程组的解一定是整数.

解 (1) 整系数二元一次方程组的解不一定是整数. 例如

$$\begin{cases} 2x=1 \\ 3y=1 \end{cases}$$

是整系数二元一次方程组, 它的解为 $\left(\dfrac{1}{2},\dfrac{1}{3}\right)$, 分量不是整数.

(2) 设 $\varepsilon=a_1b_2-a_2b_1=\pm1$, 则 $\varepsilon^{-1}=\varepsilon$. 如果原方程组有解 (x,y), 将等式

$$a_1x+b_1y=c_1 \tag{1.7}$$

$$a_2x+b_2y=c_2 \tag{1.8}$$

分别乘 b_2,b_1 再相减得到

$$(a_1b_2-a_2b_1)x=b_2c_1-b_1c_2 \Rightarrow x=\varepsilon(b_2c_1-b_1c_2)$$

是整数.

类似地, 将等式 (1.7),(1.8) 分别乘 a_1,a_2 再相减得到

$$(a_1b_2-a_2b_1)y=a_1c_2-a_2c_1\Rightarrow y=\varepsilon(a_1c_2-a_2c_1)$$

是整数.

反过来, 将 $(x,y)=(\varepsilon(b_2c_1-b_1c_2),\varepsilon(a_1c_2-a_2c_1))$ 代入原方程组检验, 得

$$a_1\varepsilon(b_2c_1-b_1c_2)+b_1\varepsilon(a_1c_2-a_2c_1)=\varepsilon(a_1b_2-a_2b_1)c_1=\varepsilon^2c_1=c_1$$
$$a_2\varepsilon(b_2c_1-b_1c_2)+b_2\varepsilon(a_1c_2-a_2c_1)=\varepsilon(a_1b_2-a_2b_1)c_2=\varepsilon^2c_2=c_2$$

可见 $(x,y)=(\varepsilon(b_2c_1-b_1c_2),\varepsilon(a_1c_2-a_2c_1))$ 是原方程组的唯一解, 并且由整数组成. □

1.3　一般线性方程组的消元解法

知识导航

1. 最简阶梯形

m 个方程组成的 n 元线性方程组可以用它的未知数系数和常数项组成的 $m\times(n+1)$ 增广矩阵 $\boldsymbol{M}$ 来表示, 再对 $\boldsymbol{M}$ 作一系列初等行变换将 $\boldsymbol{M}$ 化成尽可能简单的矩阵 $\boldsymbol{S}$, 使 $\boldsymbol{S}$ 所代表的线性方程组的解可以立即得出来.

很自然要问: 什么样的矩阵 $\boldsymbol{S}$ 才是符合要求的最简形状? 怎样由 $\boldsymbol{S}$ 写出方程组的解?

定理 1.3.1　每个 $m\times n$ 矩阵 $\boldsymbol{M}$ 可以通过有限次初等行变换化成如下形状的最简阶梯形

$$\boldsymbol{S}=(s_{ij})_{m\times n}=\begin{pmatrix} s_{1j_1} & \cdots & 0 & \cdots & 0 & \cdots & s_{1n}\\ & & s_{2j_2} & \cdots & \vdots & \cdots & s_{2n}\\ & & & \ddots & 0 & & \vdots\\ & & & & s_{rj_r} & \cdots & s_{rn}\\ & & & & & & \boldsymbol{O}\end{pmatrix}$$

满足如下条件:

(1) $\boldsymbol{S}$ 的非零行集中在前 r 行, 最后 $m-r$ 行全为零, 且前 r 行每行最左边的非零元 s_{ij_i} $(1\leqslant i\leqslant r)$ 所在列的编号 $j_1<j_2<\cdots<j_r$.

(2) 每个非零行最左边的非零元 $s_{ij_i}=1$, 它所在的列其余元素全为 0. □

如果矩阵 $\boldsymbol{B}=(b_{ij})$ 中某个非零元 $b_{kt}\neq 0$ 的左方、下方和左下方的所有的元素 b_{ij} $(i\geqslant k$ 且 $j\leqslant t$ 但 $(i,j)\neq(k,t))$ 全为 0, 这个元素 b_{kt} 就称为阶梯元, 所在位置 (k,t) 称为 $\boldsymbol{S}$ 的一个阶梯.

定理 1.3.1 的条件 (1) 就是说 $\boldsymbol{S}$ 的非零行集中在前 r 行并且每行都有一个阶梯. 满足此条件的矩阵称为**阶梯形**. 如果阶梯形矩阵的每个阶梯元等于 1 并且所在列的其余元素都为 0, 满足以上条件 (2), 就称为**最简阶梯形**.

2. 算法

(1) 将矩阵 $\boldsymbol{A}=(a_{ij})_{m\times n}$ 化为阶梯形 $\boldsymbol{T}$.

如果 $\boldsymbol{A}=\boldsymbol{O}$, 已经是最简阶梯形.

设 $\boldsymbol{A}\neq\boldsymbol{O}$, 从左到右第一个不为 0 的列是第 j_1 列. 如果 $a_{1j_1}\neq 0$, 对每个 $i\geqslant 2$, 将 $\boldsymbol{A}$ 的第 1 行的 $-a_{ij_1}a_{1j_1}^{-1}$ 倍加到第 i 行, 可以将 a_{1j_1} 下方元素全部变成 0, a_{1j_1} 成为第一个阶梯元:

$$\boldsymbol{A}\xrightarrow{-a_{ij_1}a_{1j_1}(1)+(i),\forall\ 2\leqslant i\leqslant m}\boldsymbol{A}_1=\begin{pmatrix}0&\cdots&0&a_{1j_1}&\cdots\\&&&&\boldsymbol{A}_{22}\end{pmatrix}$$

其中 $\boldsymbol{A}_{22}$ 是 $(m-1)\times(n-j_1)$ 子矩阵.

如果 $a_{1j_1}=0$, 但 $\boldsymbol{A}$ 的第 j_1 列有另外某个 $a_{kj_1}\neq 0$. 将 $\boldsymbol{A}$ 的第 1 行与第 k 行互换位置就可以化为 $a_{1j_1}\neq 0$ 的情形, 也仍然可用第三类初等变换, 将第 k 行加到第 1 行使第 $(1,j_1)$ 元由 0 变成非零元 a_{kj_1}. 仍可将第 1 行的适当常数倍加到以下各行将第 $(1,j_1)$ 位置变成阶梯.

再对 $\boldsymbol{A}_1$ 第 2 至 m 行重复前面的过程, 构造出一个又一个阶梯, 直到化为阶梯形矩阵 $\boldsymbol{T}$.

(2) 设阶梯形矩阵 $\boldsymbol{T}=(t_{ij})_{m\times n}$ 的前 r 行不为 0, 后 $m-r$ 行全为 0, 按 k 从大到小的顺序依次将每个阶梯元 t_{kj_k} 所在的行乘 $t_{kj_k}^{-1}$ 化为 $t_{kj_k}=1$ 的情形, 再将第 k 行的 $-t_{ij_k}$ 倍加到第 i 行 ($\forall\ 1\leqslant i\leqslant r$) 将阶梯元 t_{kj_k} 上方的元素全部变成 0, 就将 $\boldsymbol{T}$ 化成了最简阶梯形 $\boldsymbol{S}$.

3. 方程组解的讨论

定理 1.3.2 设数域 F 上 n 元线性方程组的 $m\times(n+1)$ 增广矩阵 $\boldsymbol{M}$ 经过有限次初等行变换化成最简阶梯形:

$$\boldsymbol{S}=(s_{ij})_{m\times n}=\begin{pmatrix}s_{1j_1}&\cdots&0&\cdots&0&\cdots&s_{1,n+1}\\&&s_{2j_2}&\cdots&\vdots&\cdots&s_{2,n+1}\\&&&\ddots&0&&\vdots\\&&&&s_{rj_r}&\cdots&s_{r,n+1}\\&&&&&&\boldsymbol{O}\end{pmatrix}$$

共有 r 个阶梯元 $s_{ij_i}=1\ (1\leqslant i\leqslant r)$ 分别位于前 r 行的第 $j_1,j_2,\cdots,j_r$ 列. 则:

(1) 当 $j_r=n+1$ 时, 方程组无解.

(2) 当 $j_r=r=n$ 时, 方程组有唯一解 $(s_{1,n+1},\cdots,s_{n,n+1})$.

(3) 当 $j_r<n$ 时, 方程组有无穷多组解, 通解 $(x_1,\cdots,x_n)$ 中的 $x_j\ (j\notin\{j_1,\cdots,j_r\})$ 可

在 F 中任意取值, 而

$$x_{j_i} = s_{i,n+1} - \sum_{j\notin\{j_1,\cdots,j_r,n+1\}} s_{ij}x_j$$

4. 齐次线性方程组

常数项全为 0 的线性方程组称为齐次线性方程组, 至少有一个解 $(0,\cdots,0)$, 称为零解, 也称为平凡解.

定理 1.3.3 如果齐次线性方程组的未知数个数大于方程个数, 则齐次方程组有非零解, 从而有无穷多组解. □

例题分析与解答

1.3.1 a,b 取什么值时, 下面的方程组有解? 并求出其解.

$$\begin{cases} 3x_1+2x_2+ax_3+x_4-3x_5=4 \\ 5x_1+4x_2+3x_3+3x_4-x_5=3 \\ x_1+x_2+3x_3+2x_4+x_5=1 \\ x_2+2x_3+2x_4+6x_5=-3 \\ x_3+bx_4+x_5=1 \end{cases}$$

解

$$\boldsymbol{M}=\begin{pmatrix} 3 & 2 & a & 1 & -3 & 4 \\ 5 & 4 & 3 & 3 & -1 & 3 \\ 1 & 1 & 3 & 2 & 1 & 1 \\ 0 & 1 & 2 & 2 & 6 & -3 \\ 0 & 0 & 1 & b & 1 & 1 \end{pmatrix} \xrightarrow{(1,3),-5(1)+(2),-3(1)+(3)}$$

$$\begin{pmatrix} 1 & 1 & 3 & 2 & 1 & 1 \\ 0 & -1 & -12 & -7 & -6 & -2 \\ 0 & -1 & a-9 & -5 & -6 & 1 \\ 0 & 1 & 2 & 2 & 6 & -3 \\ 0 & 0 & 1 & b & 1 & 1 \end{pmatrix} \xrightarrow{(2)+(4),-\frac{1}{5}(4),-(2),(2)+(3)}$$

$$\begin{pmatrix} 1 & 1 & 3 & 2 & 1 & 1 \\ 0 & 1 & 12 & 7 & 6 & 2 \\ 0 & 0 & a+3 & 2 & 0 & 3 \\ 0 & 0 & 2 & 1 & 0 & 1 \\ 0 & 0 & 1 & b & 1 & 1 \end{pmatrix} \xrightarrow{-(2)+(1)} \begin{pmatrix} 1 & 0 & -9 & -5 & -5 & -1 \\ 0 & 1 & 12 & 7 & 6 & 2 \\ 0 & 0 & a+3 & 2 & 0 & 3 \\ 0 & 0 & 2 & 1 & 0 & 1 \\ 0 & 0 & 1 & b & 1 & 1 \end{pmatrix}$$

$$\xrightarrow{5(4)+(1),-7(4)+(2),-2(4)+(3),-b(4)+(5)} \boldsymbol{M}_1=\begin{pmatrix} 1 & 0 & 1 & 0 & -5 & 4 \\ 0 & 1 & -2 & 0 & 6 & 5 \\ 0 & 0 & a-1 & 0 & 0 & 1 \\ 0 & 0 & 2 & 1 & 0 & 1 \\ 0 & 0 & 1-2b & 0 & 1 & 1-b \end{pmatrix}$$

当 $a=1$ 时, 矩阵 $\boldsymbol{M}_1$ 的第 3 行代表的方程成为 $0=1$, 无解, 原方程组无解.

以下设 $a\neq 1$, 继续对 $\boldsymbol{M}_1$ 做初等行变换化简:

$$\boldsymbol{M}_1\xrightarrow{5(5)+(1),-6(5)+(2),\frac{1}{a-1}(3)}\begin{pmatrix} 1 & 0 & 6-10b & 0 & 0 & 9-5b \\ 0 & 1 & -8+12b & 0 & 0 & -11+6b \\ 0 & 0 & 1 & 0 & 0 & \dfrac{1}{a-1} \\ 0 & 0 & 2 & 1 & 0 & 1 \\ 0 & 0 & 1-2b & 0 & 1 & 1-b \end{pmatrix}$$

$$\xrightarrow{(10b-6)(3)+(1),(8-12b)(3)+(2),-2(3)+(4),(2b-1)(3)+(5)}\boldsymbol{T}=\begin{pmatrix} 1 & 0 & 0 & 0 & 0 & \dfrac{-5ab+9a+15b-15}{a-1} \\ 0 & 1 & 0 & 0 & 0 & \dfrac{6ab-11a-18b+19}{a-1} \\ 0 & 0 & 1 & 0 & 0 & \dfrac{1}{a-1} \\ 0 & 0 & 0 & 1 & 0 & \dfrac{a-3}{a-1} \\ 0 & 0 & 0 & 0 & 1 & \dfrac{-ab+a+3b-2}{a-1} \end{pmatrix}$$

最后得到的矩阵 $\boldsymbol{T}$ 所代表的方程组有唯一解:

$$\left(\frac{-5ab+9a+15b-15}{a-1},\frac{6ab-11a-18b+19}{a-1},\frac{1}{a-1},\frac{a-3}{a-1},\frac{-ab+a+3b-2}{a-1}\right)$$

这就是原方程组当 $a\neq 1$ 时的唯一解. 原方程组有解的条件为:$a\neq 1$, b 可以任意取值. □

点评 如果要利用 Mathematica 求解本题, 先运行如下语句:

```
M={{3,2,a,1,-3,4},{5,4,3,3,-1,3},{1,1,3,2,1,1},
    {0,1,2,2,6,-3}0,0,1,b,1,1}}; RowReduce[M]//MatrixForm
```

其中 “//MatrixForm” 是要求按矩阵形式输出, 得到

$$\begin{pmatrix} 1 & 0 & 0 & 0 & 0 & \dfrac{-15+9a+15b-5ab}{-1+a} \\ 0 & 1 & 0 & 0 & 0 & \dfrac{19-11a-18b+6ab}{-1+a} \\ 0 & 0 & 1 & 0 & 0 & \dfrac{1}{-1+a} \\ 0 & 0 & 0 & 1 & 0 & \dfrac{-3+a}{-1+a} \\ 0 & 0 & 0 & 0 & 1 & \dfrac{-2+a+3b-ab}{-1+a} \end{pmatrix}$$

这就是本题经化简得到的矩阵 $\boldsymbol{T}$. 不同的是分子分母都按多项式字母的升幂排列而不是按降幂排列. 由于分母 $-1+a$ 当 $a=1$ 时为 0, 还需对 $a=1$ 的情况单独讨论. 再运行如下语句:

```
a=1; RowReduce[A]
```

得到

$$\left\{\left\{1,0,0,0,\frac{2(-3+5b)}{-1+2b},0\right\},\left\{0,1,0,0,\frac{4(-2+3b)}{-1+2b},0\right\},\left\{0,0,1,0,\frac{1}{1-2b},0\right\},\right.$$
$$\left.\left\{0,0,0,1,\frac{2}{-1+2b},0\right\},\{0,0,0,0,0,1\}\right\}$$

化简得到的矩阵第 5 行 (0,0,0,0,0,1) 所代表的方程 $0=1$ 无解, 可见当 $a=1$ 时原方程组无解. 但是, 最后得到的矩阵元素的分母 $-1+2b$ 当 $b=\dfrac{1}{2}$ 为 0, 这使我们怀疑当 $a\neq 1$ 且 $b=\dfrac{1}{2}$ 时原方程组是否有解. 不过, 对于未知数个数与方程个数相同的线性方程组, 判定是否有唯一解的最可靠方法是计算系数方阵 (由未知数系数组成的方阵, 不包括常数项) 的行列式. 关于行列式的更多知识请参见第 3 章. 但利用计算机软件计算和利用行列式却不需要很多知识, 只要将系数方阵 $\boldsymbol{A}$ 按格式输入, 在 Mathematica 中运行 Det[A] 就可以算出行列式 $\det\boldsymbol{A}$. 当 $\det\boldsymbol{A}\neq 0$ 时, 不论常数项取什么值, 方程组一定有唯一解. 以本题为例, 在 Mathematica 中运行如下语句:

```
A={{3,2,a,1,-3},{5,4,3,3,-1},{1,1,3,2,1},{0,1,2,2,6},{0,0,1,b,1}}; Det[A]
```

得到

$$5-5a$$

可见系数矩阵 $\boldsymbol{A}$ 的行列式 $\det\boldsymbol{A}=5-5a$ 与 b 无关. 当 $a\neq 1$ 时, $\det\boldsymbol{A}\neq 0$, 方程组有唯一解; 当 $a=1$ 时, 仅根据行列式 $\det\boldsymbol{A}=0$ 不能断定方程组是否无解, 但根据对增广矩阵化简的结果可知方程组无解.

行列式 $\det\boldsymbol{A}\neq 0$ 时方程组为什么一定有唯一解在任何一本《高等代数》或《线性代数》教材中都有严格的证明. 不过在此我们可以对二元或三元方程组给一个几何的解释.

二元一次方程组

$$\begin{cases} a_1x+b_1y=c_1 \\ a_2x+b_2y=c_2 \end{cases}$$

可以写成向量形式:

$$x\begin{pmatrix} a_1 \\ a_2 \end{pmatrix}+y\begin{pmatrix} b_1 \\ b_2 \end{pmatrix}=\begin{pmatrix} c_1 \\ c_2 \end{pmatrix}$$

即

$$x\overrightarrow{OA}+y\overrightarrow{OB}=\overrightarrow{OC}$$

其中 A,B,C 分别是平面直角坐标系中坐标为 $(a_1,a_2),(b_1,b_2),(c_1,c_2)$ 的点. 系数矩阵 $\boldsymbol{G}=\begin{pmatrix} a_1 & b_1 \\ a_2 & b_2 \end{pmatrix}$ 的行列式 $\det\boldsymbol{G}=|OA||OB|\sin\angle AOB$ 的绝对值 $|\det\boldsymbol{G}|$ 就是以 OA,OB 为邻边的平行四边形的面积, 正负号由 $\sin\angle AOB$ 的符号决定. $\det\boldsymbol{G}\neq 0$ 就是说 OA,OB 不共线, 向量 $\overrightarrow{OA},\overrightarrow{OB}$ 组成平面上的一组基, 可以将任何一个向量 $\overrightarrow{OC}$ 唯一地表示成线性组合, 这意味着方程组有唯一解 (x,y), 也就是 $\overrightarrow{OC}$ 在基 $\{\overrightarrow{OA},\overrightarrow{OB}\}$ 下的坐标.

三元一次方程组

$$\begin{cases} a_1x+b_1y+c_1z=d_1 \\ a_2x+b_2y+c_2z=d_2 \\ a_3x+b_3y+c_3z=d_3 \end{cases}$$

也可以类似地写成几何形式:

$$x\overrightarrow{OA}+y\overrightarrow{OB}+z\overrightarrow{OC}=\overrightarrow{OD}$$

其中 A,B,C,D 分别是空间直角坐标系中坐标为 $(a_1,a_2,a_3),(b_1,b_2,b_3),(c_1,c_2,c_3),(d_1,d_2,d_3)$ 的点. 系数矩阵 $\boldsymbol{G}$ 的行列式 $\det\boldsymbol{G}=\overrightarrow{OA}\cdot(\overrightarrow{OB}\times\overrightarrow{OC})$ 是 $\overrightarrow{OA},\overrightarrow{OB},\overrightarrow{OC}$ 的混合积, 其绝对值是以 OA,OB,OC 为棱的平行六面体的体积. $\det\boldsymbol{G}\neq 0$ 就是说 $\overrightarrow{OA},\overrightarrow{OB},\overrightarrow{OC}$ 不共面, 组成空间的一组基, 可以将空间任意向量 $\overrightarrow{OD}$ 唯一地写成这组基的线性组合, 原方程组有唯一解. □

1.3.2 讨论当 λ 取什么值时下面的方程组有解:

$$\begin{cases} \lambda x_1+x_2+x_3=1 \\ x_1+\lambda x_2+x_3=\lambda \\ x_1+x_2+\lambda x_3=\lambda^2 \end{cases}$$

当方程组有解时求出解来, 并讨论 λ 取什么值时方程组有唯一解, 什么时候有无穷多组解.

解

$$\boldsymbol{M}=\begin{pmatrix} \lambda & 1 & 1 & 1 \\ 1 & \lambda & 1 & \lambda \\ 1 & 1 & \lambda & \lambda^2 \end{pmatrix}\xrightarrow{(2)+(1),(3)+(1)}\boldsymbol{M}_1=\begin{pmatrix} \lambda+2 & \lambda+2 & \lambda+2 & \lambda^2+\lambda+1 \\ 1 & \lambda & 1 & \lambda \\ 1 & 1 & \lambda & \lambda^2 \end{pmatrix}$$

当 $\lambda=-2$ 时, $\boldsymbol{M}_1$ 的第 1 行 (0,0,0,3) 代表的方程 $0=3$ 无解, 原方程组无解.

以下设 $\lambda\neq-2$. 继续用初等行变换化简 $\boldsymbol{M}_1$:

$$\boldsymbol{M}_1\xrightarrow{\frac{1}{\lambda+2}(1),-(1)+(2),-(1)+(3)}\boldsymbol{M}_2=\begin{pmatrix}1&1&1&\dfrac{\lambda^2+\lambda+1}{\lambda+2}\\0&\lambda-1&0&\dfrac{\lambda-1}{\lambda+2}\\0&0&\lambda-1&\dfrac{(\lambda+1)^2(\lambda-1)}{\lambda+2}\end{pmatrix}$$

当 $\lambda=1$, $\boldsymbol{M}_2$ 后两行为 0, 第 1 行代表的方程 $x_1+x_2+x_3=1$ 与原方程组同解, 通解为

$$\{(1,0,0)+t_1(-1,1,0)+t_2(-1,0,1)\mid t_1,t_2\in F\}$$

当 $F=\mathbf{R}$ 是实数域时, 解集在空间直角坐标系中的图像为过点 (1,0,0) 且与向量 $(-1,1,0)$, $(-1,0,1)$ 都平行的平面.

当 $\lambda\neq-2$ 且 $\lambda\neq1$ 时, 将 $\boldsymbol{M}_2$ 进一步化简得

$$\boldsymbol{M}_2\xrightarrow{\frac{1}{\lambda-1}(2),\frac{1}{\lambda-1}(3),-(2)+(1),-(3)+(1)}\boldsymbol{T}=\begin{pmatrix}1&0&0&-\dfrac{\lambda+1}{\lambda+2}\\0&1&0&\dfrac{1}{\lambda+2}\\0&0&1&\dfrac{(\lambda+1)^2}{\lambda+2}\end{pmatrix}$$

$\boldsymbol{T}$ 代表的方程组有唯一解 $\left(-\dfrac{\lambda+1}{\lambda+2},\dfrac{1}{\lambda+2},\dfrac{(\lambda+1)^2}{\lambda+2}\right)$, 也就是原方程组的唯一解.

原方程组当 $\lambda=-2$ 时无解, 当 $\lambda=1$ 时有无穷多解, 其余情况下都有唯一解. □

1.3.3 (1) 求下面的非齐次线性方程组的通解:

$$\begin{cases}x_1+x_2+x_3+x_4+x_5=1\\x_1+2x_2+3x_3+4x_4+5x_5=6\\x_1-x_3-2x_4-3x_5=-4\end{cases}\tag{1.9}$$

(2) 将方程组 (1.9) 的常数项全部换成 0 得到齐次线性方程组 (I). 求方程组 (I) 的通解, 并将通解写成其中几个特解的线性组合的形式.

(3) 方程组 (1.9) 的通解能否写成几个特解的线性组合?

(4) 观察方程组 (1.9) 与 (I) 的通解之间的关系, 你发现什么规律? 试证明你的结论.

解 (1) 将原方程组的增广矩阵 $\boldsymbol{M}$ 通过初等行变换化成最简阶梯形, 从而将方程组化简为

$$\begin{cases}x_1-x_3-2x_4-3x_5=-4\\x_2+2x_3+3x_4+4x_5=5\end{cases}\Leftrightarrow\begin{cases}x_1=x_3+2x_4+3x_5-4\\x_2=-2x_3-3x_4-4x_5+5\end{cases}$$

通解 $S=\{(t_1+2t_2+3t_3-4,-2t_1-3t_2-4t_3+5,t_1,t_2,t_3)\mid t_1,t_2,t_3\in F\}$.

(2) 在方程 (1.9) 的通解 S 中将常数 $-4,5$ 换成 0, 就得到齐次线性方程组 (I) 的通解:

$$\begin{aligned}S_0&=\{(t_1+2t_2+3t_3,-2t_1-3t_2-4t_3,t_1,t_2,t_3)\mid t_1,t_2,t_3\in F\}\\&=\{t_1(1,-2,1,0,0)+t_2(2,-3,0,1,0)+t_3(3,-4,0,0,1)\mid t_1,t_2,t_3\in F\}\end{aligned}$$

通解由 3 个特解 $\boldsymbol{X}_1=(1,-2,1,0,0),\boldsymbol{X}_2=(2,-3,0,1,0),\boldsymbol{X}_3=(3,-4,0,0,1)$ 的全部线性组合 $t_1\boldsymbol{X}_1+t_2\boldsymbol{X}_2+t_3\boldsymbol{X}_3$ 组成.

(3) 方程组 (1.9) 的通解 $\boldsymbol{X}=(t_1+2t_2+3t_3-4,-2t_1-3t_2-4t_3+5,t_1,t_2,t_3)$ 可以写成 4 个向量 $\boldsymbol{Y}_1,\boldsymbol{Y}_2,\boldsymbol{Y}_3,\boldsymbol{X}_0$ 的线性组合的形式:

$$\boldsymbol{X}=t_1\boldsymbol{Y}_1+t_2\boldsymbol{Y}_2+t_3\boldsymbol{Y}_3+\boldsymbol{X}_0 \tag{1.10}$$

$$=t_1(\boldsymbol{Y}_1+\boldsymbol{X}_0)+t_2(\boldsymbol{Y}_2+\boldsymbol{X}_0)+t_3(\boldsymbol{Y}_3+\boldsymbol{X}_0)+(1-t_1-t_2-t_3)\boldsymbol{X}_0 \tag{1.11}$$

其中 $\boldsymbol{Y}_1=(1,-2,1,0,0),\boldsymbol{Y}_2=(2,-3,0,1,0),\boldsymbol{Y}_3=(3,-4,0,0,1),\boldsymbol{X}_0=(-4,5,0,0,0)$, t_1,t_2,t_3 可以在数域 F 中任意取值. 但这 4 个向量中只有 $\boldsymbol{X}_0$ 是方程组 (I) 的特解, $\boldsymbol{Y}_1,\boldsymbol{Y}_2,\boldsymbol{Y}_3$ 代入方程组 (1.9) 的等号左边得到的是 0 而不等于右边的常数项, 它们不是 (1.9) 的特解而是 (I) 的特解. 而且在线性组合式 (1.10) 中, $\boldsymbol{X}_0$ 的系数只能等于 1 而不能取别的值.

令 $\boldsymbol{X}_1=\boldsymbol{X}_0+\boldsymbol{Y}_1,\boldsymbol{X}_2=\boldsymbol{X}_0+\boldsymbol{Y}_2,\boldsymbol{X}_3=\boldsymbol{X}_0+\boldsymbol{Y}_3$, 则 $\boldsymbol{X}_0,\boldsymbol{X}_1,\boldsymbol{X}_2,\boldsymbol{X}_3$ 都是方程组 (1.9) 的特解. 等式 (1.11) 成为

$$\boldsymbol{X}=t_1\boldsymbol{X}_1+t_2\boldsymbol{X}_2+t_3\boldsymbol{X}_3+(1-t_1-t_2-t_3)\boldsymbol{X}_0 \tag{1.12}$$

方程组 (1.9) 的通解 X 被写成了 4 个特解的线性组合.

(4) 观察发现: 方程组 (1.9) 的通解 $t_1\boldsymbol{X}_1+t_2\boldsymbol{X}_2+t_3\boldsymbol{X}_3+\boldsymbol{X}_0$ 可以由一个特解 $\boldsymbol{X}_0$ 加上方程组 (I) 的通解 $\xi=t_1\boldsymbol{X}_1+t_2\boldsymbol{X}_2+t_3\boldsymbol{X}_3$ 得到. 这一结论可以证明如下:

方程组 (1.9),(I) 可以分别写成向量形式:

$$x_1\boldsymbol{a}_1+x_2\boldsymbol{a}_2+x_3\boldsymbol{a}_3+x_4\boldsymbol{a}_4+x_5\boldsymbol{a}_5=\boldsymbol{b} \tag{1.13}$$

$$x_1\boldsymbol{a}_1+x_2\boldsymbol{a}_2+x_3\boldsymbol{a}_3+x_4\boldsymbol{a}_4+x_5\boldsymbol{a}_5=\boldsymbol{0} \tag{1.14}$$

其中

$$\boldsymbol{a}_1=\begin{pmatrix}1\\1\\1\end{pmatrix},\quad \boldsymbol{a}_2=\begin{pmatrix}1\\2\\0\end{pmatrix},\quad \boldsymbol{a}_3\begin{pmatrix}1\\3\\-1\end{pmatrix}$$

$$\boldsymbol{a}_4=\begin{pmatrix}1\\4\\-2\end{pmatrix},\quad \boldsymbol{a}_5=\begin{pmatrix}1\\5\\-3\end{pmatrix},\quad \boldsymbol{b}=\begin{pmatrix}1\\6\\-4\end{pmatrix}$$

如果 $\boldsymbol{X}_0=(x_1,\cdots,x_5)$ 是方程组 (1.13) 的一个特解, $\boldsymbol{\xi}=(\xi_1,\cdots,\xi_5)$ 是方程组 (1.14) 的任一解, 则

$$x_1\boldsymbol{a}_1+\cdots+x_5\boldsymbol{a}_5=\boldsymbol{b},\quad \xi_1\boldsymbol{a}_1+\cdots+\xi_5\boldsymbol{a}_5=\boldsymbol{0}$$

将两式相加得

$$(x_1+\xi_1)\boldsymbol{a}_1+\cdots+(x_5+\xi_5)\boldsymbol{a}_5=\boldsymbol{b}$$

这说明 (1.13) 的特解 $\boldsymbol{X}_0$ 和 (1.14) 的任一解 ξ 之和 $\boldsymbol{X}=\boldsymbol{X}_0+\boldsymbol{\xi}=(x_1+\boldsymbol{\xi}_1,\cdots,x_5+\xi_5)$ 仍是 (1.13) 的解.

如果 $\boldsymbol{Y}=(y_1,\cdots,y_5)$ 是方程组 (1.13) 的任一解, 则将等式

$$y_1\boldsymbol{a}_1+\cdots+y_5\boldsymbol{a}_5=\boldsymbol{b},\quad x_1\boldsymbol{a}_1+\cdots+x_5\boldsymbol{a}_5=\boldsymbol{b}$$

相减得

$$(y_1-x_1)\boldsymbol{a}_1+\cdots+(y_5-x_5)\boldsymbol{a}_5=\boldsymbol{0}$$

这说明 (1.13) 的两个解 $\boldsymbol{Y}$ 与 $\boldsymbol{X}_0$ 之差 $\boldsymbol{\xi}=\boldsymbol{Y}-\boldsymbol{X}_0=(y_1-x_1,\cdots,y_5-x_5)$ 是方程组 (1.14) 的解. $\boldsymbol{Y}=\boldsymbol{\xi}+\boldsymbol{X}_0$ 等于 (1.13) 的特解 $\boldsymbol{X}_0$ 与 (1.14) 的通解之和.

这就证明了 (1.13) 的通解可以由一个特解加上 (1.14) 的通解得到. □

点评　第 (2) 小题将方程组 (1.13) 的通解写成了 3 个特解 $\boldsymbol{X}_1,\boldsymbol{X}_2,\boldsymbol{X}_3$ 的线性组合 $t_1\boldsymbol{X}_1+t_2\boldsymbol{X}_2+t_3\boldsymbol{X}_3$, 系数 t_1,t_2,t_3 可以独立取遍 F 中所有的数. 第 (3) 小题将方程组 (1.14) 的通解写成了 4 个特解 $\boldsymbol{X}_1,\boldsymbol{X}_2,\boldsymbol{X}_3,\boldsymbol{X}_0$ 的线性组合 $t_1\boldsymbol{X}_1+t_2\boldsymbol{X}_2+t_3\boldsymbol{X}_3+t_0\boldsymbol{X}_0$, 其中 t_1,t_2,t_3 可以在 F 中任意选取,$t_0=1-t_1-t_2-t_3$, 也就是要求 4 个系数满足条件 $t_1+t_2+t_3+t_0=1$, 而不能让 4 个系数 t_1,t_2,t_3,t_0 任意选取. 这是方程组 (1.13),(1.14) 的解集的重要区别. □

1.3.4　不解方程组, 判断下面的方程组是否有非零解:

(1) $\begin{cases} x+y+z=0 \\ 2x+y+5z=0 \end{cases}$;　(2) $\begin{cases} x+y+z=0 \\ 2x+y+5z=0 \\ 3x+2y+6z=0 \end{cases}$.

解　(1) 齐次线性方程组至少有零解. 由于未知数个数 3 > 方程个数 2, 方程组有非零解.

(2) 前两个方程组成的方程组的未知数个数 3 > 方程个数 2, 有非零解. 第 3 个方程是前两个方程之和, 前两个方程的公共非零解一定是第 3 个方程的解, 因而也是整个方程组的非零解. 这说明本小题的方程组也有非零解. □

第 2 章　线 性 空 间

知识引入例

例 1　方程组

$$\begin{cases} x+y+z=b_1 \\ x+2y+4z=b_2 \\ x+3y+9z=b_3 \end{cases} \tag{2.1}$$

是否对任意实数 b_1,b_2,b_3 都有唯一解?

解　方程组 (2.1) 可以写成向量形式:

$$x\boldsymbol{a}_1+y\boldsymbol{a}_2+z\boldsymbol{a}_3=\boldsymbol{b} \tag{2.2}$$

其中:

$$\boldsymbol{a}_1=\begin{pmatrix}1\\1\\1\end{pmatrix},\quad \boldsymbol{a}_2=\begin{pmatrix}1\\2\\3\end{pmatrix},\quad \boldsymbol{a}_3=\begin{pmatrix}1\\4\\9\end{pmatrix},\quad \boldsymbol{b}=\begin{pmatrix}b_1\\b_2\\b_3\end{pmatrix}$$

在空间直角坐标系中分别以 $\boldsymbol{a}_1,\boldsymbol{a}_2,\boldsymbol{a}_3,\boldsymbol{b}$ 为坐标作几何向量 $\overrightarrow{OA_1},\overrightarrow{OA_2},\overrightarrow{OA_3},\overrightarrow{OB}$. 如果 $\overrightarrow{OA_1},\overrightarrow{OA_2},\overrightarrow{OA_3}$ 不共面, 则它们组成空间的一组基, 每个 $\overrightarrow{OB}$ 都可以唯一地写成它们的线性组合 $x\overrightarrow{OA_1}+y\overrightarrow{OA_2}+z\overrightarrow{OA_3}$, 唯一解 (x,y,z) 就是坐标.

三个向量 $\overrightarrow{OA_1},\overrightarrow{OA_2},\overrightarrow{OA_3}$ 共面 $\Leftrightarrow$ 其中某个向量是另外两个向量的线性组合 $\Leftrightarrow$ 方程组

$$x\boldsymbol{a}_1+y\boldsymbol{a}_2+z\boldsymbol{a}_3=\boldsymbol{0} \tag{2.3}$$

有非零解. 方程组 (2.3) 即

$$\begin{cases} x+y+z=0 \\ x+2y+4z=0 \\ x+3y+9z=0 \end{cases}$$

它可以由方程组 (2.1) 将常数项全部替换成 0 得到. 解之得唯一解 $(x,y,z)=(0,0,0)$, 这说明 $\overrightarrow{OA_1},\overrightarrow{OA_2},\overrightarrow{OA_3}$ 不共面, 组成空间的一组基, 方程组 (2.1) 总有唯一解. □

仿照本书第 1 章知识引入例的例 2 和例 3, 可以想到例 1 中的方程组的如下两个应用例:

过平面直角坐标系中横坐标为 1,2,3 且不在同一直线上的任意三点 $(1,b_1),(2,b_2),(3,b_3)$, 是否存在唯一一条抛物线 $y=ax^2+bx+c$?

任给三个数 b_1,b_2,b_3, 是否存在唯一的通项公式 $u_n=an^2+bn+c$ 使数列的前三项依次为 b_1,b_2,b_3?

既然在例 1 中已经证明: 不论 b_1,b_2,b_3 取什么值, 方程组 (2.1) 都有唯一解, 就说明上述两个问题的抛物线和通项公式一定存在并且唯一.

例 2 试将例 1 的结论推广到由 n 个 n 元线性方程组成的方程组:

$$\left\{\begin{array}{l} a_{11}x_1+\cdots+a_{1n}x_n=b_1 \\ \quad\cdots\cdots \\ a_{n1}x_1+\cdots+a_{nn}x_n=b_n \end{array}\right. \tag{2.3}$$

解 将方程组 (2.3) 写成向量形式:

$$x_1\boldsymbol{a}_1+\cdots+x_n\boldsymbol{a}_n=\boldsymbol{b} \tag{2.4}$$

其中每个列向量 $\boldsymbol{a}_i=(a_{1i},\cdots,a_{ni})^{\mathrm{T}}$ $(\forall 1\leqslant i\leqslant n)$ 由方程组 (2.3) 中同一个未知数 x_i 在各方程中的系数组成, $\boldsymbol{b}=(b_1,\cdots,b_n)^{\mathrm{T}}$ 由常数项组成.

如果 $(\lambda_1,\cdots,\lambda_n)$ 与 $(\mu_1,\cdots,\mu_n)$ 是方程组 (2.3) 的任意两个解, 则等式

$$\lambda_1\boldsymbol{a}_1+\cdots+\lambda_n\boldsymbol{a}_n=\boldsymbol{b},\quad \mu_1\boldsymbol{a}_1+\cdots+\mu_n\boldsymbol{a}_n=\boldsymbol{b}$$

成立. 将这两个等式相减得

$$(\lambda_1-\mu_1)\boldsymbol{a}_1+\cdots+(\lambda_n-\mu_n)\boldsymbol{a}_n=\boldsymbol{0}$$

这说明 $(\lambda_1-\mu_1,\cdots,\lambda_n-\mu_n)$ 是方程组

$$x_1\boldsymbol{a}_1+\cdots+x_n\boldsymbol{a}_n=\boldsymbol{0} \tag{2.5}$$

的解. 如果方程组 (2.5) 只有唯一解 $\boldsymbol{0}=(0,\cdots,0)$, 则 $(\lambda_1-\mu_1,\cdots,\lambda_n-\mu_n)=(0,\cdots,0)$, $(\lambda_1,\cdots,\lambda_n)=(\mu_1,\cdots,\mu_n)$, 方程组 (2.3) 如果有解, 一定唯一.

下面证明当方程组 (2.5) 只有唯一解 $\boldsymbol{0}$ 时方程组 (2.3) 必有解. 齐次线性方程组

$$x_1\boldsymbol{a}_1+\cdots+x_n\boldsymbol{a}_n+x_0\boldsymbol{b}=\boldsymbol{0} \tag{2.6}$$

有 $n+1$ 个未知数 $x_1,\cdots,x_n,x_0$, n 个方程, 必有非零解 $(x_1,\cdots,x_n,x_0)\neq(0,\cdots,0)$. 如果其中 $x_0=0$, 则 $x_1\boldsymbol{a}_1+\cdots+x_n\boldsymbol{a}_n=\boldsymbol{0}$, $(x_1,\cdots,x_n)\neq(0,\cdots,0)$ 是方程组 (2.5) 的非零解, 与原假定 (方程组 (2.5) 只有唯一解 $\boldsymbol{0}$) 矛盾. 可见在式 (2.6) 的非零解 $(x_1,\cdots,x_n,x_0)$ 中 $x_0\neq 0$, 由等式 (2.6) 得到

$$-\frac{x_1}{x_0}\boldsymbol{a}_1-\cdots-\frac{x_n}{x_0}\boldsymbol{a}_n=\boldsymbol{b}$$

这说明 $\left(-\dfrac{x_1}{x_0},\cdots,-\dfrac{x_n}{x_0}\right)$ 是方程组 (2.4) 的解, 从而是 (2.3) 的解.

这证明了: 如果方程组 (2.5) 只有唯一解 $(0,\cdots,0)$, 则方程组 (2.3) 有唯一解. □

一般地, 如果方程组 (2.5) 只有唯一解 $(x_1,\cdots,x_n)=(0,\cdots,0)$, 则称向量组 $S=\{\boldsymbol{a}_1,\cdots,\boldsymbol{a}_n\}$ **线性无关**. 此时每个 n 维数组向量 $\boldsymbol{b}$ 可以唯一地写成 S 的线性组合. 特别地, 当 $n=3$ 且 $\boldsymbol{a}_i$ 是 3 维实数组时, $\boldsymbol{a}_1,\boldsymbol{a}_2,\boldsymbol{a}_3$ 线性无关就是说它们所代表的几何向量不共面.

2.1 线性相关与线性无关

知识导航

1. 线性相关与线性无关的定义

定义 2.1.1 设 $\boldsymbol{\alpha}_1,\cdots,\boldsymbol{\alpha}_m$ 是数域 F 上的 n 维向量, 如果存在不全为 0 的 $\lambda_1,\cdots,\lambda_m\in F$ 使

$$\lambda_1\boldsymbol{\alpha}_1+\cdots+\lambda_m\boldsymbol{\alpha}_m=0$$

就称向量组 $\{\boldsymbol{\alpha}_1,\cdots,\boldsymbol{\alpha}_m\}$ **线性相关** (linearly dependent).

反过来, 如果对于 $\lambda_1,\cdots,\lambda_m\in F$,

$$\lambda_1\boldsymbol{\alpha}_1+\cdots+\lambda_m\boldsymbol{\alpha}_m=0 \quad\Leftrightarrow\quad \lambda_1=\cdots=\lambda_m=0$$

就称向量组 $\{\boldsymbol{\alpha}_1,\cdots,\boldsymbol{\alpha}_m\}$ **线性无关** (linearly independent). □

算法 将数组向量 $\boldsymbol{\alpha}_1,\cdots,\boldsymbol{\alpha}_m$ 写成列向量 $\boldsymbol{a}_1,\cdots,\boldsymbol{a}_m$, 求解以 $x_1,\cdots,x_m$ 的方程组:

$$x_1\boldsymbol{a}_1+\cdots+x_m\boldsymbol{a}_m=\mathbf{0}$$

当方程组有非零解 $(x_1,\cdots,x_m)\neq(0,\cdots,0)$ 时, $\boldsymbol{\alpha}_1,\cdots,\boldsymbol{\alpha}_m$ 线性相关; 当方程组只有唯一解 $(x_1,\cdots,x_m)=(0,\cdots,0)$ 时, $\boldsymbol{\alpha}_1,\cdots,\boldsymbol{\alpha}_m$ 线性无关.

2. 相关定理

定理 2.1.1 $\boldsymbol{a}_1,\cdots,\boldsymbol{a}_k$ 线性相关 $\Leftrightarrow$ 其中某个向量 $\boldsymbol{a}_i$ 可以写成其余向量 $\boldsymbol{a}_j$ $(j\neq i)$ 的线性组合 $\Leftrightarrow$ 其中某个向量 $\boldsymbol{a}_i$ 可以写成它前面的向量 $\boldsymbol{a}_1,\cdots,\boldsymbol{a}_{i-1}$ 的线性组合.

推论 2.1.1 如果向量组 $\boldsymbol{a}_1,\cdots,\boldsymbol{a}_k$ 中 $\boldsymbol{a}_1\neq\mathbf{0}$, 且每一个向量 $\boldsymbol{a}_i$ $(2\leqslant i\leqslant k)$ 都不是它前面的向量 $\boldsymbol{a}_1,\cdots,\boldsymbol{a}_{i-1}$ 的线性组合, 则 $\boldsymbol{a}_1,\cdots,\boldsymbol{a}_k$ 线性无关. □

定理 2.1.2 如果向量组 $\{\boldsymbol{\alpha}_1,\cdots,\boldsymbol{\alpha}_m\}$ 包含一个子集 $\{\boldsymbol{\alpha}_{i_1},\cdots,\boldsymbol{\alpha}_{i_k}\}$ 线性相关, 那么整个向量组 $\{\boldsymbol{\alpha}_1,\cdots,\boldsymbol{\alpha}_m\}$ 线性相关. 如果向量组 $\{\boldsymbol{\alpha}_1,\cdots,\boldsymbol{\alpha}_m\}$ 线性无关, 那么它的每个子集都线性无关.

定理 2.1.3 设 F^n 中的向量 $\boldsymbol{u}_1,\cdots,\boldsymbol{u}_m$ 线性无关. 如果在每个 $\boldsymbol{u}_j=(a_{1j},\cdots,a_{nj})$ $(1\leqslant j\leqslant m)$ 上再任意添加一个分量成为 F^{n+1} 中的一个向量 $v_j=(a_{1j},\cdots,a_{nj},a_{n+1,j})$, 那么所得到的向量组 $\boldsymbol{v}_1,\cdots,\boldsymbol{v}_m$ 线性无关.

3. n 数组空间中线性无关向量的最大个数

n 数组空间 F^n 中线性无关向量最多有 n 个.

F^n 中任意 n 个线性无关向量 $\boldsymbol{\alpha}_1,\cdots,\boldsymbol{\alpha}_n$ 组成一组基 S, 可以将每个向量 $\boldsymbol{\alpha}\in F^n$ 写成它们的线性组合 $\boldsymbol{\alpha}=x_1\boldsymbol{\alpha}_1+\cdots+x_n\boldsymbol{\alpha}_n$, 系数组 $(x_1,\cdots,x_n)$ 由 $\boldsymbol{\alpha}$ 唯一决定, 称为 $\boldsymbol{\alpha}$ 在这组基下的坐标.

以 n 阶方阵 $\boldsymbol{A}$ 为系数矩阵的齐次线性方程组 $\boldsymbol{AX}=\boldsymbol{0}$ (即 $x_1\boldsymbol{a}_1+\cdots+x_n\boldsymbol{a}_n=\boldsymbol{0}$) 如果只有唯一解 $\boldsymbol{X}=\boldsymbol{0}$, $\boldsymbol{A}$ 的各列 $\boldsymbol{a}_1,\cdots,\boldsymbol{a}_n$ 就组成 F^n 的一组基.

例如, 不论常数项 $b_1,\cdots,b_n$ 取何值, 方程组

$$\begin{cases}x_1=b_1\\ \cdots\cdots\\ x_n=b_n\end{cases}$$

显然只有唯一解 $(x_1,\cdots,x_n)=(b_1,\cdots,b_n)$, 特别地, 当 $(b_1,\cdots,b_n)=(0,\cdots,0)$ 时只有唯一解 $(x_1,\cdots,x_n)=(0,\cdots,0)$. 此方程组的系数矩阵 $I=(\boldsymbol{e}_1,\cdots,\boldsymbol{e}_n)$ 的各列 $\boldsymbol{e}_1,\cdots,\boldsymbol{e}_n$ 组成 F^n 的一组基 $\boldsymbol{E}$, 其中每个 $\boldsymbol{e}_i$ 的第 i 分量为 1、其余分量都为 0. $\boldsymbol{E}$ 称为 F^n 的**自然基**.

例题分析与解答

2.1.1 已知平面直角坐标系中的三点 $A(2,3),B(3,4),C(10,5)$. 将几何向量 $\overrightarrow{OC}$ 表示成 $\overrightarrow{OA},\overrightarrow{OB}$ 的线性组合 $\overrightarrow{OC}=x\overrightarrow{OA}+y\overrightarrow{OB}$, 求系数 x,y.

解 在等式 $x\overrightarrow{OA}+y\overrightarrow{OB}=\overrightarrow{OC}$ 中将向量 $\overrightarrow{OA},\overrightarrow{OB},\overrightarrow{OC}$ 分别替换成它们的坐标 $\begin{pmatrix}2\\3\end{pmatrix},\begin{pmatrix}3\\4\end{pmatrix},\begin{pmatrix}10\\5\end{pmatrix}$, 得到

$$x\begin{pmatrix}2\\3\end{pmatrix}+y\begin{pmatrix}3\\4\end{pmatrix}=\begin{pmatrix}10\\5\end{pmatrix}\tag{2.7}$$

比较向量等式 (2.7) 两边的两个对应分量, 得到两个方程组成方程组:

$$\begin{cases}2x+3y=10\\ 3x+4y=5\end{cases}\tag{2.8}$$

解之得 $(x,y)=(-25,20)$. □

点评 将向量等式 $x\overrightarrow{OA}+y\overrightarrow{OB}=\overrightarrow{OC}$ 替换成坐标等式 (2.7) 时, 不将坐标写成行向量的形式而写成列向量的形式, 可以让各坐标的分量的对应关系更清楚：各个列向量的第一

行就是各坐标的第一分量, 是方程组 (2.8) 第一个方程的各系数, 第二行 (各坐标的第二分量) 是方程组 (2.8) 第二个方程的各系数. 事实上, 将三个列向量从左到右排成矩阵:

$$\begin{pmatrix} 2 & 3 & 10 \\ 3 & 4 & 5 \end{pmatrix}$$

就是线性方程组 (2.8) 的增广矩阵. 反过来, 线性方程组 (2.8) 也可以写成向量形式 (2.7). 更进一步, 任意一个线性方程组:

$$\begin{cases} a_{11}x_1+\cdots+a_{1n}x_n=b_1 \\ \cdots\cdots \\ a_{m1}x_1+\cdots+a_{mn}x_n=b_m \end{cases} \tag{2.9}$$

都可以写成向量形式:

$$x_1\begin{pmatrix} a_{11} \\ \vdots \\ a_{m1} \end{pmatrix}+\cdots+x_n\begin{pmatrix} a_{1n} \\ \vdots \\ a_{mn} \end{pmatrix}=\begin{pmatrix} b_1 \\ \vdots \\ b_m \end{pmatrix} \tag{2.10}$$

看成 m 维列向量空间中 $n+1$ 个向量:

$$\boldsymbol{a}_j=\begin{pmatrix} a_{1j} \\ \vdots \\ a_{mj} \end{pmatrix} \quad (1\leqslant j\leqslant n), \quad \boldsymbol{b}=\begin{pmatrix} b_1 \\ \vdots \\ b_m \end{pmatrix}$$

的线性关系. 特别地, 当 $m=2,3$ 且 a_{ij},b_i 都是实数时, 可以将各个 $\boldsymbol{a}_j,\boldsymbol{b}$ 看成平面或几何空间中的几何向量, 方程组 (2.9) 看成将几何向量 $\boldsymbol{b}$ 表示成各 $\boldsymbol{a}_j$ 的线性组合, 求系数 x_j. 当 $m=n=3$ 时, 就可知方程组 (2.9) 有唯一解的充分必要条件是向量方程 (2.10) 左边的三个几何向量 $\boldsymbol{a}_1,\boldsymbol{a}_2,\boldsymbol{a}_3$ 不共面, 组成几何空间的一组基. 判定 $\boldsymbol{a}_1,\boldsymbol{a}_2,\boldsymbol{a}_3$ 是否共面的另一个方法是计算以它们为棱组成的平行六面体的有向体积 Δ, 也就是以 $\boldsymbol{a}_1,\boldsymbol{a}_2,\boldsymbol{a}_3$ 为三列组成的行列式. $\Delta\neq 0 \Leftrightarrow \boldsymbol{a}_1,\boldsymbol{a}_2,\boldsymbol{a}_3$ 不共面, 组成一组基. 而这些几何性质都可以通过代数运算推广到 n 维空间. □

2.1.2 判定 $\mathbf{R}^3$ 中的下述向量是线性相关还是线性无关:

(1) $\boldsymbol{\alpha}_1=(1,1,1),\boldsymbol{\alpha}_2=(1,2,3),\boldsymbol{\alpha}_3=(1,4,9)$;

(2) $\boldsymbol{\alpha}_1=(1,1,1),\boldsymbol{\alpha}_2=(1,2,3),\boldsymbol{\alpha}_3=(1,4,9),\boldsymbol{\alpha}_4=(1,8,27)$.

解 (1) 向量 $\boldsymbol{\alpha}_1,\boldsymbol{\alpha}_2,\boldsymbol{\alpha}_3$ 线性相关 $\Leftrightarrow$ 方程组 $\lambda_1\boldsymbol{\alpha}_1+\lambda_2\boldsymbol{\alpha}_2+\lambda_3\boldsymbol{\alpha}_3=\mathbf{0}$ 有非零解 $(\lambda_1,\lambda_2,\lambda_3)$. 此方程组即

$$\lambda\begin{pmatrix} 1 \\ 1 \\ 1 \end{pmatrix}+\lambda_2\begin{pmatrix} 1 \\ 2 \\ 3 \end{pmatrix}+\lambda_3\begin{pmatrix} 1 \\ 4 \\ 9 \end{pmatrix}=\begin{pmatrix} 0 \\ 0 \\ 0 \end{pmatrix}$$

其系数矩阵 $\boldsymbol{A}$ 的各列就是 $\boldsymbol{\alpha}_1,\boldsymbol{\alpha}_2,\boldsymbol{\alpha}_3$ 写成的列向量. 通过初等行变换将 $\boldsymbol{A}$ 化为阶梯形:

$$\boldsymbol{A}=\begin{pmatrix} 1 & 1 & 1 \\ 1 & 2 & 4 \\ 1 & 3 & 9 \end{pmatrix}\xrightarrow{-(2)+(3),-(1)+(2)}\begin{pmatrix} 1 & 1 & 1 \\ 0 & 1 & 3 \\ 0 & 1 & 5 \end{pmatrix}\xrightarrow{-(2)+(3)}\begin{pmatrix} 1 & 1 & 1 \\ 0 & 1 & 3 \\ 0 & 0 & 2 \end{pmatrix}$$

所代表的齐次线性方程组:

$$\begin{cases}\lambda_1+\lambda_2+\lambda_3=0\\ \lambda_2+3\lambda_3=0\\ 2\lambda_3=0\end{cases}$$

只有唯一解 $(\lambda_1,\lambda_2,\lambda_3)=(0,0,0)$. 这说明向量 $\boldsymbol{\alpha}_1,\boldsymbol{\alpha}_2,\boldsymbol{\alpha}_3$ 线性无关.

(2) $\boldsymbol{\alpha}_1,\cdots,\boldsymbol{\alpha}_4$ 线性相关 $\Leftrightarrow$ 方程组 $\lambda_1\boldsymbol{\alpha}_1+\cdots+\lambda_4\boldsymbol{\alpha}_4=\mathbf{0}$ 有非零解. 此方程组即

$$\lambda_1\begin{pmatrix}1\\1\\1\end{pmatrix}+\lambda_2\begin{pmatrix}1\\2\\3\end{pmatrix}+\lambda_3\begin{pmatrix}1\\4\\9\end{pmatrix}+\lambda_4\begin{pmatrix}1\\8\\27\end{pmatrix}=\begin{pmatrix}0\\0\\0\end{pmatrix}$$

由 3 个方程组成, 含 4 个未知数. 未知数个数 > 方程个数, 这样的齐次线性方程组一定有非零解 $(\lambda_1,\lambda_2,\lambda_3,\lambda_4)$. 这说明了 4 个向量 $\boldsymbol{\alpha}_1,\cdots,\boldsymbol{\alpha}_4$ 线性相关. □

点评 向量组 $\boldsymbol{S}=\{\boldsymbol{\alpha}_1,\cdots,\boldsymbol{\alpha}_m\}$ 线性相关的定义是: 以 $\lambda_1,\cdots,\lambda_m$ 为未知数的齐次线性方程组

$$\lambda_1\boldsymbol{\alpha}_1+\cdots+\lambda_m\boldsymbol{\alpha}_m=\mathbf{0} \tag{2.11}$$

有非零解. 反之, 如果方程组 (2.11) 只有唯一解 $(0,\cdots,0)$, 则向量组 $\boldsymbol{S}$ 线性无关.

如果 $\boldsymbol{\alpha}_1,\cdots,\boldsymbol{\alpha}_m$ 是数组向量, 不论是行向量还是列向量, 在方程组 (2.11) 中将它们全部写成列向量的形式, 以这些列向量为各列排成的矩阵 $\boldsymbol{A}$ 就是齐次线性方程组 (2.11) 的系数矩阵. 通过一系列初等行变换将 $\boldsymbol{A}$ 化成阶梯形, 就可以知道方程组 (2.11) 是否有非零解, 向量组是否线性相关.

这样, 数组向量是否线性相关的问题就可转化为齐次线性方程组是否有非零解的问题, 通过求解方程组来判定. 当未知数个数大于方程个数时, 不需求解也可以判定方程组有非零解. □

2.1.3 已知空间直角坐标系中的三点 $A(1,1,1),B(1,2,4),C(1,3,9)$, 是否能将空间任意一个向量 $\overrightarrow{OD}$ 写成 $\overrightarrow{OA},\overrightarrow{OB},\overrightarrow{OC}$ 的线性组合? 以 OA,OB,OC 为棱的平行六面体的体积是否等于 0 ?

解 线性方程组 $x\overrightarrow{OA}+y\overrightarrow{OB}+z\overrightarrow{OC}=\mathbf{0}$ 即

$$x\begin{pmatrix}1\\1\\1\end{pmatrix}+y\begin{pmatrix}1\\2\\4\end{pmatrix}+z\begin{pmatrix}1\\3\\9\end{pmatrix}=\begin{pmatrix}0\\0\\0\end{pmatrix}$$

只有唯一解 $(0,0,0)$, 这说明 $\overrightarrow{OA},\overrightarrow{OB},\overrightarrow{OC}$ 不共面, 组成三维几何向量空间中的一组基, 空间任意一个向量 $\overrightarrow{OD}$ 可以写成 $\overrightarrow{OA},\overrightarrow{OB},\overrightarrow{OC}$ 的线性组合. 以 OA,OB,OC 为棱的平行六面体的体积不等于 0. □

点评 以 OA,OB,OC 为棱的平行六面体积的体积 V 等于以 $\overrightarrow{OA},\overrightarrow{OB},\overrightarrow{OC}$ 的坐标为

各列排成的方阵

$$M=\begin{pmatrix}1&1&1\\1&2&3\\1&4&9\end{pmatrix}$$

的行列式 $\det\boldsymbol{M}$ 的绝对值. 行列式的定义、性质和计算是第 3 章的主要内容. 不过, 即使不知道行列式的定义和计算方法, 也可以利用计算机软件计算 $\det\boldsymbol{M}$, 并且根据 $\det\boldsymbol{M}$ 是否等于 0 来判定 $\boldsymbol{M}$ 的各列是否共面 (是否线性相关), 就好比不需要知道三角函数 $\sin x,\cos x$ 怎样计算也可以通过查表或用计算器计算三角函数并用来解决理论和应用问题. 例如, 在 Mathematica 中运行如下语句:

```
M={{1,1,1},{1,2,3},{1,4,9}}; Det[M]
```

就得到输出结果:

```
2
```

这说明 $\det\boldsymbol{M}=2$. 所求体积 $V=2$. $\det\boldsymbol{M}=2$ 是正数, 表示 OA,OB,OC 组成右手系. 如果将 M 的前两列互换位置得到方阵 $\boldsymbol{M}_1$, 以 OB,OA,OC 为三条棱的平行六面体的体积仍是 2, 但 OB,OA,OC 是左手系, 因此应有 $\det\boldsymbol{M}_1=-2$. □

2.1.4 判定 $\mathbf{R}^4$ 中的下述向量是线性相关还是线性无关?

(1) $\boldsymbol{\alpha}_1=(2,0,-1,2),\boldsymbol{\alpha}_2=(0,-2,1,-3),\boldsymbol{\alpha}_3=(3,-1,2,1),\boldsymbol{\alpha}_4=(-2,4,-7,5)$;

(2) $\boldsymbol{\alpha}_1=(1,-1,0,0),\boldsymbol{\alpha}_2=(0,1,-1,0),\boldsymbol{\alpha}_3=(0,0,1,-1),\boldsymbol{\alpha}_4=(-1,0,0,1)$.

答案 (1) 线性相关. (2) 线性相关. □

2.1.5 设 3 维几何空间中建立了直角坐标系. 判定如下 4 点是否共面:

(1) $A(1,1,1), B(1,2,3), C(1,4,9), D(1,8,27)$;

(2) $A(1,1,1), B(1,2,3), C(2,5,8), D(3,7,15)$.

解 只需判定 $\overrightarrow{AB},\overrightarrow{AC},\overrightarrow{AD}$ 是否线性相关.

(1) $\boldsymbol{\beta}_1=\overrightarrow{AB}=(0,1,2),\boldsymbol{\beta}_2=\overrightarrow{AC}=(0,3,8),\boldsymbol{\beta}_3=\overrightarrow{AD}=(0,7,26)$.

方程组 $\lambda_1\boldsymbol{\beta}_1+\lambda_2\boldsymbol{\beta}_2+\lambda_3\boldsymbol{\beta}_3=\mathbf{0}$ 的系数矩阵:

$$\boldsymbol{A}=\begin{pmatrix}0&0&0\\1&3&7\\2&8&26\end{pmatrix}$$

第 1 行全为 0, 所代表的方程 $\mathbf{0}=\mathbf{0}$ 可以从方程组中删去, 只剩下两个方程, 却有 3 个未知数, 肯定有非零解. 这说明向量 $\overrightarrow{AB},\overrightarrow{AC},\overrightarrow{AD}$ 共面. 4 点 A,B,C,D 共面.

(2) $\boldsymbol{\beta}_1=\overrightarrow{AB}=(0,1,2),\boldsymbol{\beta}_2=\overrightarrow{AC}=(1,4,7),\boldsymbol{\beta}_3=\overrightarrow{AD}=(2,6,14)$. 经计算知, 方程组 $\lambda_1\boldsymbol{\beta}_1+\lambda_2\boldsymbol{\beta}_2+\lambda_3\boldsymbol{\beta}_3=\mathbf{0}$ 只有零解. 4 点 A,B,C,D 不共面. □

点评 以上给出的是判定空间中任意 4 点是否共面的一般方法. 第 (1) 小题还有一个更简单的解法:

4 个点的 x 坐标都等于 1, 可见这 4 个点都在同一个平面 $x=1$ 上, 共面.

不过, 这样的解法只适合于比较特殊的情况. □

2.1.6 举例说明若干个两两线性无关的向量，其全体不一定线性无关.

解 平面上 3 个向量 $\boldsymbol{\alpha}_1=(0,1),\boldsymbol{\alpha}_2=(1,1),\boldsymbol{\alpha}_3=(1,2)$ 两两不共线, 两两线性无关, 但 $\boldsymbol{\alpha}_3=\boldsymbol{\alpha}_1+\boldsymbol{\alpha}_2$. 3 个向量线性相关. □

2.1.7 求方程 $\sqrt{x^2+x+1}+\sqrt{2x^2+x+5}=\sqrt{x^2-3x+13}$ 的实数解.

解 令 $u=\sqrt{x^2+x+1},v=\sqrt{2x^2+x+5},w=\sqrt{x^2-3x+13}$. 则原方程成为

$$u+v=w \tag{2.12}$$

设法求常数 λ_1,λ_2 使

$$\lambda_1(x^2+x+1)+\lambda_2(2x^2+x+5)=x^2-3x+13$$

也就是

$$\begin{cases}\lambda_1+2\lambda_2=1\\ \lambda_1+\lambda_2=-3\\ \lambda_1+5\lambda_2=13\end{cases}$$

解此方程组, 得 $\lambda_1=-7,\lambda_2=4$. 可见

$$-7(x^2+x+1)+4(2x^2+x+5)=x^2-3x+13$$

即

$$-7u^2+4v^2=w^2 \tag{2.13}$$

将式 (2.12) 代入 (2.13) 得

$$-7u^2+4v^2=(u+v)^2$$

整理得

$$3v^2-2uv-8u^2=0$$

左边因式分解得

$$(v-2u)(3v+4u)=0 \tag{2.14}$$

易见当 x 为实数时, $x^2+x+1,2x^2+x+5$ 都是正实数, 而 u,v 分别是它们的算术平方根, 恒为正, 因此 $3v+4u>0$. 等式 (2.14) 成立仅当 $v-2u=0$, 即 $v=2u$, 也就是

$$\sqrt{2x^2+x+5}=2\sqrt{x^2+x+1}$$

两边平方, 整理得

$$2x^2+3x-1=0 \quad\Leftrightarrow\quad x=\frac{-3\pm\sqrt{3^2+8}}{4}=\frac{-3\pm\sqrt{17}}{4}$$

经检验, $x=\dfrac{-3\pm\sqrt{17}}{4}$ 确实是原方程的解, 因此就是原方程的全部实数解. □

点评 本题如果直接将无理方程两边平方来消去根号, 经过繁琐的计算将得到 x 的 4 次方程, 很难求解. 本题的上述解答成功的关键是多项式 $x^2+x+1, 2x^2+x+5, x^2-3x+13$ 线性相关, 利用它们之间的线性关系式 (2.13) 求得了方程的解. 本题解答中用到的算法其实都是中学数学学过的, 主要的困难是中学生没有线性相关的概念. 但只要他们能够想到这三个多项式中有可能某一个是其余两个的常数倍之和, 就可以通过解方程组求得这两个常数, 以后的过程就没有实质上的困难了. □

2.1.8 设 k,p 是任意正整数. 证明:

(1) 若向量组 $\boldsymbol{\alpha}_1,\boldsymbol{\alpha}_2,\cdots\boldsymbol{\alpha}_k$ 线性相关, 则 $\boldsymbol{\alpha}_1,\boldsymbol{\alpha}_2,\cdots,\boldsymbol{\alpha}_{k+p}$ 线性相关;

(2) 若向量组 $\boldsymbol{\alpha}_1,\boldsymbol{\alpha}_2,\cdots\boldsymbol{\alpha}_{k+p}$ 线性无关, 则 $\boldsymbol{\alpha}_1,\boldsymbol{\alpha}_2,\cdots,\boldsymbol{\alpha}_k$ 线性无关.

证明 (1) $\boldsymbol{\alpha}_1,\cdots,\boldsymbol{\alpha}_k$ 线性相关 $\Rightarrow$ 存在不全为 0 的 $\lambda_1,\cdots,\lambda_k$ 使 $\lambda_1\boldsymbol{\alpha}_1+\cdots+\lambda_k\boldsymbol{\alpha}_k=\mathbf{0}$ $\Rightarrow \lambda_1\boldsymbol{\alpha}_1+\cdots+\lambda_k\boldsymbol{\alpha}_k+0\boldsymbol{\alpha}_{k+1}+\cdots+0\boldsymbol{\alpha}_{k+p}=\mathbf{0}$, 其中 $\lambda_1,\cdots,\lambda_k,0,\cdots,0$ 不全为 0. 这说明了 $\boldsymbol{\alpha}_1,\cdots,\boldsymbol{\alpha}_{k+p}$ 线性相关.

(2) 如果 $\boldsymbol{\alpha}_1,\cdots,\boldsymbol{\alpha}_k$ 线性相关, 则由 (1) 所证知 $\boldsymbol{\alpha}_1,\cdots,\boldsymbol{\alpha}_{k+p}$ 线性相关, 与本题假设矛盾. 这证明了 $\boldsymbol{\alpha}_1,\cdots,\boldsymbol{\alpha}_k$ 必然线性无关. □

点评 本题的结论是: 含有线性相关子集的集合一定线性相关. 线性无关集合的子集一定线性无关. 或者用一句 "土话" 来说: 越多越相关, 越少越无关. "土话" 比 "官腔"(严格的数学语言) 更容易懂, 普通人更喜欢听, 但可能有漏洞, 有反例. 如果按集合的包含关系来衡量 "多" 与 "少", 将 "被包含" 的子集称为 "少", 这句 "土话" 就是严格的, 没有漏洞. 但如果只是根据向量的个数来衡量多与少, 这句话就有漏洞. 比如: 在三维空间中, 四个或者更多的向量肯定线性相关, 这说明 "越多越相关" 有道理. 但在这个空间中, 三个向量可以线性无关, 两个向量甚至一个向量反而有可能线性相关, 这说明 "越多越相关" 有漏洞. 但是由这两个或者一个线性相关向量添加得到的三个向量肯定线性相关. □

2.1.9 设 k,n,m 是任意正整数, F 是任意数域. 回答下面的问题并说明理由.

(1) 若向量组 $\boldsymbol{\alpha}_1,\boldsymbol{\alpha}_2,\cdots,\boldsymbol{\alpha}_k\in F^n$ 线性无关, 则 $\boldsymbol{\alpha}_1,\boldsymbol{\alpha}_2,\cdots,\boldsymbol{\alpha}_k$ 分别添加 m 个分量构成的 $n+m$ 维向量组 $\tilde{\boldsymbol{\alpha}}_1,\tilde{\boldsymbol{\alpha}}_2,\cdots,\tilde{\boldsymbol{\alpha}}_k\in\mathbf{R}^{n+m}$ 是否一定线性无关?

(2) 若向量组 $\boldsymbol{\alpha}_1,\boldsymbol{\alpha}_2,\cdots,\boldsymbol{\alpha}_k\in F^n$ 线性相关, 则 $\boldsymbol{\alpha}_1,\boldsymbol{\alpha}_2,\cdots,\boldsymbol{\alpha}_k$ 分别添加 m 个分量构成的 $n+m$ 维向量组 $\tilde{\boldsymbol{\alpha}}_1,\tilde{\boldsymbol{\alpha}}_2,\cdots,\tilde{\boldsymbol{\alpha}}_k\in\mathbf{R}^{n+m}$ 是否一定线性相关?

解 (1) 一定线性无关.

向量组 $\boldsymbol{\alpha}_1,\cdots,\boldsymbol{\alpha}_k$ 线性无关 $\Rightarrow$ 方程组

$$\lambda_1\boldsymbol{\alpha}_1+\cdots+\lambda_k\boldsymbol{\alpha}_k=\mathbf{0} \tag{2.15}$$

只有唯一解 $(\lambda_1,\cdots,\lambda_k)=(0,\cdots,0)$. 设每个向量 $\boldsymbol{\alpha}_j=(a_{1j},\cdots,a_{nj})$ 的第 i 分量为 a_{ij}, 则方程组 (2.15) 由 n 个方程

$$a_{i1}\lambda_1+\cdots+a_{ik}\lambda_k=\mathbf{0}\ \ (1\leqslant i\leqslant n) \tag{2.16}$$

组成, 这 n 个方程的公共解只能为 $(0,\cdots,0)$.

将各个 $\boldsymbol{\alpha}_j$ 分别添加 m 个分量构成 $\tilde{\boldsymbol{\alpha}}_j$, 则方程组

$$\lambda_1\tilde{\boldsymbol{\alpha}}_1+\cdots+\lambda_k\tilde{\boldsymbol{\alpha}}_k=\mathbf{0} \tag{2.17}$$

由方程组 (2.16) 再添加 m 个方程组成. 方程组 (2.17) 的解必须也是 (2.16) 中的全部方程的公共解, 只能为 $(0,\cdots,0)$ 而没有非零解. 这说明 $\tilde{\boldsymbol{\alpha}}_1,\cdots,\tilde{\boldsymbol{\alpha}}_k$ 一定线性无关.

(2) 不一定线性相关. 例如, 1 维向量 $\boldsymbol{\alpha}_1=1,\boldsymbol{\alpha}_2=1$ 线性相关, 添加成 2 维向量 $\tilde{\boldsymbol{\alpha}}_1=(1,1),\tilde{\boldsymbol{\alpha}}_2=(1,0)$ 线性无关. 这是因为: 方程组 $\lambda_1\boldsymbol{\alpha}_1+\lambda_2\boldsymbol{\alpha}_2=\mathbf{0}$ 即 $\lambda_1+\lambda_2=0$ 有非零解, 而 $\lambda_1\tilde{\boldsymbol{\alpha}}_1+\lambda_2\tilde{\boldsymbol{\alpha}}_2=\mathbf{0}$ 即

$$\begin{cases}\lambda_1+\lambda_2=0\\ \lambda_1=0\end{cases}$$

增加了一个方程, 只有零解 $(0,0)$. □

点评 本题结论也可以用 "土话" 总结为: 越长越无关, 越短越相关. 这不是说长的一定无关, 短的一定相关. 但如果长的是由短的添加而成, 这句话就一定对. □

2.1.10 (1) 若 $\boldsymbol{\alpha}_1,\boldsymbol{\alpha}_2,\cdots,\boldsymbol{\alpha}_n$ 线性无关, 问 $\boldsymbol{\alpha}_1+\boldsymbol{\alpha}_2,\boldsymbol{\alpha}_2+\boldsymbol{\alpha}_3,\cdots,\boldsymbol{\alpha}_{n-1}+\boldsymbol{\alpha}_n,\boldsymbol{\alpha}_n+\boldsymbol{\alpha}_1$ 是否一定线性无关? 为什么?

(2) 若 $\boldsymbol{\alpha}_1,\boldsymbol{\alpha}_2,\cdots,\boldsymbol{\alpha}_n$ 线性相关, 问 $\boldsymbol{\alpha}_1+\boldsymbol{\alpha}_2,\boldsymbol{\alpha}_2+\boldsymbol{\alpha}_3,\cdots,\boldsymbol{\alpha}_{n-1}+\boldsymbol{\alpha}_n,\boldsymbol{\alpha}_n+\boldsymbol{\alpha}_1$ 是否一定线性相关? 为什么?

解 记 $\boldsymbol{\beta}_i=\boldsymbol{\alpha}_i+\boldsymbol{\alpha}_{i+1}\ (1\leqslant i\leqslant n-1)$, $\boldsymbol{\beta}_n=\boldsymbol{\alpha}_n+\boldsymbol{\alpha}_1$. 则 $\boldsymbol{\beta}_1,\cdots,\boldsymbol{\beta}_n$ 线性无关的充分必要条件为: 方程组 $\lambda_1(\boldsymbol{\alpha}_1+\boldsymbol{\alpha}_2)+\cdots+\lambda_n(\boldsymbol{\alpha}_n+\boldsymbol{\alpha}_1)=\mathbf{0}$ 只有零解. 将方程组左边整理为 $\boldsymbol{\alpha}_1,\cdots,\boldsymbol{\alpha}_n$ 的线性组合, 得

$$(\lambda_1+\lambda_2)\boldsymbol{\alpha}_1+(\lambda_2+\lambda_3)\boldsymbol{\alpha}_2+\cdots+(\lambda_{n-1}+\lambda_n)\boldsymbol{\alpha}_{n-1}+(\lambda_n+\lambda_1)\boldsymbol{\alpha}_n=\mathbf{0}\tag{2.18}$$

由于 $\boldsymbol{\alpha}_1,\cdots,\boldsymbol{\alpha}_n$ 线性无关, (2.18) 成立的充分必要条件是

$$\begin{cases}\lambda_1+\lambda_2=0\\ \cdots\cdots\\ \lambda_{n-1}+\lambda_n=0\\ \lambda_n+\lambda_1=0\end{cases}\tag{2.19}$$

即

$$\lambda_1=-\lambda_2=\lambda_3=\cdots=(-1)^i\lambda_{i+1}=\cdots=(-1)^{n-1}\lambda_n=(-1)^n\lambda_1$$

当 n 为偶数时, 取 $\lambda_1=1$ 得到非零解 $\lambda_i=(-1)^{i-1}$, 即 $(\lambda_1,\cdots,\lambda_n)=(1,1,-1,1,\cdots,-1,1)$. 这说明 $\boldsymbol{\beta}_1,\cdots,\boldsymbol{\beta}_n$ 线性相关.

当 n 为奇数时, $\lambda_1=(-1)^n\lambda_1=-\lambda_1$ 迫使 $\lambda_1=0$, 所有的 $\lambda_i=(-1)^{i-1}\lambda_1=0$. 方程组 (2.19) 只有零解, $\boldsymbol{\beta}_1,\cdots,\boldsymbol{\beta}_n$ 线性无关.

结论是: 当 n 为奇数时一定线性无关, 当 n 是偶数时一定线性相关.

(2) 一定线性相关.

如果 $\boldsymbol{\alpha}_1,\cdots,\boldsymbol{\alpha}_n$ 线性相关, 则其中某个 $\boldsymbol{\alpha}_j$ 可以写成其余 $n-1$ 个向量 $\boldsymbol{\alpha}_{i_1},\cdots,\boldsymbol{\alpha}_{i_{n-1}}$ 的线性组合. 代入方程 (2.18) 左边, 整理成 $\boldsymbol{\alpha}_{i_1},\cdots,\boldsymbol{\alpha}_{i_{n-1}}$ 的线性组合, 方程 (2.18) 变成

$$\mu_1\boldsymbol{\alpha}_{i_1}+\cdots+\mu_{n-1}\boldsymbol{\alpha}_{i_{n-1}}=\mathbf{0}\tag{2.20}$$

其中各个 μ_i 都是 $\lambda_1,\cdots,\lambda_n$ 的线性组合. $\mu_1=\cdots=\mu_{n-1}=0$ 是由 n 个未知数 $\lambda_1,\cdots,\lambda_n$ 的 $n-1$ 个方程组成的齐次线性方程组, 一定有非零解 $(\lambda_1,\cdots,\lambda_n)$. 这样的非零解是方程组 (2.20) 和 (2.18) 的解, 这说明 $\boldsymbol{\beta}_1,\cdots,\boldsymbol{\beta}_n$ 线性相关. □

2.1.11 设复数域上的向量 $\boldsymbol{\alpha}_1,\cdots,\boldsymbol{\alpha}_n$ 线性无关. λ 取什么复数值时, 向量 $\boldsymbol{\alpha}_1-\lambda\boldsymbol{\alpha}_2,\boldsymbol{\alpha}_2-\lambda\boldsymbol{\alpha}_3,\cdots,\boldsymbol{\alpha}_{n-1}-\lambda\boldsymbol{\alpha}_n,\boldsymbol{\alpha}_n-\lambda\boldsymbol{\alpha}_1$ 线性无关?

解 方程组

$$x_1(\boldsymbol{\alpha}_1-\lambda\boldsymbol{\alpha}_2)+x_2(\boldsymbol{\alpha}_2-\lambda\boldsymbol{\alpha}_3)+\cdots+x_n(\boldsymbol{\alpha}_n-\lambda\boldsymbol{\alpha}_1)=\mathbf{0} \tag{2.21}$$

经整理得

$$(x_1-\lambda x_n)\boldsymbol{\alpha}_1+(x_2-\lambda x_1)\boldsymbol{\alpha}_2+\cdots+(x_n-\lambda x_{n-1})\boldsymbol{\alpha}_n=\mathbf{0} \tag{2.22}$$

$\boldsymbol{\alpha}_1,\cdots,\boldsymbol{\alpha}_n$ 线性无关, 方程组 (2.22) 等价于

$$x_1-\lambda x_n=x_2-\lambda x_1=\cdots=x_n-\lambda x_{n-1}=0$$

即 $x_1=\lambda x_n$, $x_i=\lambda x_{i-1}$ $(\forall 2\leqslant i\leqslant n)$. 也就是: $x_1=\lambda^n x_1$, $x_i=\lambda^{i-1}x_1$ $(\forall 2\leqslant i\leqslant n)$.

当 $\lambda^n\neq 1$ 时, $x_1=\lambda^n x_1$ 迫使 $x_1=0$, 从而所有的 $x_i=0$, 方程组 (2.21) 只有零解, 所说向量组线性无关.

当 $\lambda^n=1$ 时, 取 $x_1=1$ 可得到方程组 (2.21) 的非零解 $(1,\lambda,\lambda^2,\cdots,\lambda^{n-1})$, 所说向量组线性相关. □

2.1.12 设 $\boldsymbol{\alpha}_1,\boldsymbol{\alpha}_2,\cdots,\boldsymbol{\alpha}_n$ 是一组 n 维数组向量，已知标准基向量 $\boldsymbol{e}_1,\boldsymbol{e}_2,\cdots,\boldsymbol{e}_n$ 可被它们线性表出，证明 $\boldsymbol{\alpha}_1,\boldsymbol{\alpha}_2,\cdots,\boldsymbol{\alpha}_n$ 线性无关.

证明 如果 $\boldsymbol{\alpha}_1,\cdots,\boldsymbol{\alpha}_n$ 线性相关, 则其中某个 $\boldsymbol{\alpha}_j$ 可以被其余 $n-1$ 个向量 $\boldsymbol{\alpha}_{i_1},\cdots,\boldsymbol{\alpha}_{i_{n-1}}$ 线性表出: $\boldsymbol{\alpha}_j=x_1\boldsymbol{\alpha}_{i_1}+\cdots+x_{n-1}\boldsymbol{\alpha}_{i_{n-1}}$. 代入每个 $\boldsymbol{e}_i$ 被 $\boldsymbol{\alpha}_1,\cdots,\boldsymbol{\alpha}_n$ 线性表出的等式 $\boldsymbol{e}_i=a_{i1}\boldsymbol{\alpha}_1+\cdots+a_{in}\boldsymbol{\alpha}_n$, 经整理后得到 $\boldsymbol{e}_i$ 由 $\boldsymbol{\alpha}_{i_1},\cdots,\boldsymbol{\alpha}_{i_{n-1}}$ 线性表出的等式. 这样, $\boldsymbol{e}_1,\cdots,\boldsymbol{e}_n$ 都可以由 $n-1$ 个向量 $\boldsymbol{\alpha}_{i_1},\cdots,\boldsymbol{\alpha}_{i_{n-1}}$ 线性表出. $n>n-1$ 迫使 $\boldsymbol{e}_1,\cdots,\boldsymbol{e}_n$ 线性相关. 与 $\boldsymbol{e}_1,\cdots,\boldsymbol{e}_n$ 是标准基矛盾. 这就证明了 $\boldsymbol{\alpha}_1,\cdots,\boldsymbol{\alpha}_n$ 不可能线性相关, 只能线性无关. □

2.2 向量组的秩

知识导航

例 不解方程组, 判断下面的方程组是否有非零解:

$$\begin{cases} x+y+z=0 \\ 2x+y+5z=0 \\ 3x+2y+6z=0 \end{cases}$$

解 方程组有三个方程, 但第三个方程是前两个方程之和, 可以将它删去而不改变方程组的解. 剩下的方程组只有两个方程, 未知数个数 $3>$ 方程个数 2, 方程组有非零解. □

只要某个方程是其余两个方程的线性组合, 就说明这个方程是多余的, 可以删去, 原方程组中实质上没有三个方程而只有两个. 如果剩下的两个方程中还有一个是另一个的线性组合, 再删去, 说明原方程组实质上只有一个方程.

一般地, 由 m 个方程组成的方程组如果线性相关, 就有某个方程是其余方程的线性组合, 这个方程就是多余的, 可以删去. 这说明原方程的个数 m “有假”, 删去多余的方程就是“打假”. 将“打假”进行到底, 直到最后剩下的 r 个方程线性无关, 一个也不能少, 并且删去的方程都可以由它们重新线性组合出来. 这 r 个方程称为原方程的极大线性无关组, r 才是原方程组中方程的“真正个数”, 称为方程组的秩.

1. 极大线性无关组

定义 设 V 是数域 F 上的向量空间, S 是 V 中的向量组成的向量组. 如果 S 的子集 $M=\{\boldsymbol{\alpha}_1,\cdots,\boldsymbol{\alpha}_r\}$ 线性无关, 并且将 S 任一向量 $\boldsymbol{\alpha}$ 添加在 M 上所得的向量组 $\{\boldsymbol{\alpha}_1,\cdots,\boldsymbol{\alpha}_r,\boldsymbol{\alpha}\}$ 线性相关, 就称 M 是 S 的**极大线性无关组** (maximal linearly independent system), M 所含向量个数 r 称为 S 的**秩** (rank), 记作 $\operatorname{rank} S$. □

极大线性无关组的判定 设 M 是 S 的线性无关子集, 则 M 是 S 的极大线性无关组 $\Leftrightarrow$ S 是 M 的线性组合.

算法 将 $S=\{\boldsymbol{\alpha}_1,\cdots,\boldsymbol{\alpha}_m\}$ 中各向量 $\boldsymbol{\alpha}_i$ 写成列向量形式 $\boldsymbol{a}_i$, 排成矩阵 $\boldsymbol{A}=(\boldsymbol{a}_1,\cdots,\boldsymbol{a}_m)$. 通过一系列初等行变换将 $\boldsymbol{A}$ 变成阶梯形 $\boldsymbol{U}=(u_{ij})_{n\times m}$, 设 $\boldsymbol{U}$ 的各“阶梯”所在列分别为第 $j_1,\cdots,j_r$ 列, 则 $r=\operatorname{rank} S$. S 的第 $j_1,\cdots,j_r$ 个向量 $\boldsymbol{\alpha}_{j_1},\cdots,\boldsymbol{\alpha}_{j_r}$ 组成 S 的一个极大线性无关组, $r=\operatorname{rank} S$.

算法原理 当 $\boldsymbol{A}$ 经过一系列初等行变换变成 $\boldsymbol{U}$, $\boldsymbol{A}$ 的各列 $\boldsymbol{a}_i$ 经过同样的行变换分别变成 $\boldsymbol{U}$ 的各列 $\boldsymbol{u}_i$, 由 $\boldsymbol{A}$ 的任意若干列组成的子矩阵 $\boldsymbol{A}_1=(\boldsymbol{a}_{i_1},\cdots,\boldsymbol{a}_{i_k})$ 经过同样的行变换变成 $\boldsymbol{U}$ 的对应列组成的矩阵 $\boldsymbol{U}_1=(\boldsymbol{u}_{i_1},\cdots,\boldsymbol{u}_{i_k})$, 齐次线性方程组 $\boldsymbol{A}_1\boldsymbol{X}=\boldsymbol{0}$ 与 $\boldsymbol{U}_1\boldsymbol{X}=\boldsymbol{0}$ 同解, $\boldsymbol{A}_1\boldsymbol{X}=\boldsymbol{0}$ 有 (无) 非零解当且仅当 $\boldsymbol{U}_1\boldsymbol{X}=\boldsymbol{0}$ 有 (无) 非零解, $\boldsymbol{A}_1$ 的各列线性相关 (无关) 当且仅当 $\boldsymbol{U}_1$ 的各列线性相关 (无关). 易见 $\boldsymbol{U}$ 的各阶梯元所在列 $\boldsymbol{u}_{j_1},\cdots,\boldsymbol{u}_{j_r}$ 组成 $\boldsymbol{U}$ 的列向量组的极大线性无关组, 可知 $\boldsymbol{A}$ 的相应的列 $\boldsymbol{a}_{j_1},\cdots,\boldsymbol{a}_{j_r}$ 组成 $\boldsymbol{A}$ 的列向量组的极大线性无关组 (阶梯形矩阵 $\boldsymbol{U}$ 的阶梯元是指每个非零行从左到右的第一个非零元 u_{kt}, 它的左方、下方、左下方所有的元素 $u_{ij}=0$ $(\forall i\geqslant k$ 且 $j\leqslant t)$).

$S=\{\boldsymbol{\alpha}_1,\cdots,\boldsymbol{\alpha}_m\}$ 的任意线性无关子集 $M_0=\{\boldsymbol{\beta}_1,\cdots,\boldsymbol{\beta}_k\}$ 可以扩充为 S 的极大线性无关组, 算法为: 将 S 中所有向量添加在 M_0 后面得到 $M_0\cup S=\{\boldsymbol{\beta}_1,\cdots,\boldsymbol{\beta}_k,\boldsymbol{\alpha}_1,\cdots,\boldsymbol{\alpha}_m\}$, 按上述算法求 $M_0\cup S$ 的极大线性无关组 $M_1=\{\boldsymbol{\beta}_1,\cdots,\boldsymbol{\beta}_k,\boldsymbol{\alpha}_{i_1},\cdots,\boldsymbol{\alpha}_{i_{r-k}}\}$.

2. 秩的唯一性

问题 同一个向量组 S 可以有不同的极大线性无关组 $M=\{\boldsymbol{\alpha}_{i_1},\cdots,\boldsymbol{\alpha}_{i_r}\}$ 与 $M_1=\{\boldsymbol{\alpha}_{j_1},\cdots,\boldsymbol{\alpha}_{j_s}\}$, 如果所包含的向量个数 $r\neq s$, 哪一个作为 $\operatorname{rank} S$?

关键命题 如果向量组 $S_1=\{\boldsymbol{\beta}_1,\cdots,\boldsymbol{\beta}_s\}$ 是 $S=\{\boldsymbol{\alpha}_1,\cdots,\boldsymbol{\alpha}_r\}$ 的线性组合, 则当 $s>r$

时 S_1 线性相关.

证明要点 将 S 的每个线性组合 $x_1\boldsymbol{\alpha}_1+\cdots+x_r\boldsymbol{\alpha}_r$ 写成行向量 $\boldsymbol{A}=(\boldsymbol{\alpha}_1,\cdots,\boldsymbol{\alpha}_r)$ 与列向量 $\boldsymbol{X}=(x_1,\cdots,x_r)^{\mathrm{T}}$ 乘积的形式:

$$x_1\boldsymbol{\alpha}_1+\cdots+x_r\boldsymbol{\alpha}_r=(\boldsymbol{\alpha}_1,\cdots,\boldsymbol{\alpha}_r)\begin{pmatrix}x_1\\ \vdots\\ x_r\end{pmatrix}=\boldsymbol{AX}$$

则

$$\begin{aligned}\boldsymbol{AX}+\boldsymbol{AY}&=(x_1\boldsymbol{\alpha}_1+\cdots+x_r\boldsymbol{\alpha}_r)+(y_1\boldsymbol{\alpha}_1+\cdots+y_r\boldsymbol{\alpha}_r)\\&=(x_1+y_1)\boldsymbol{\alpha}_1+\cdots+(x_r+y_r)\boldsymbol{\alpha}_r=\boldsymbol{A}(\boldsymbol{X}+\boldsymbol{Y})\\ \lambda(\boldsymbol{AX})&=\lambda(x_1\boldsymbol{\alpha}_1+\cdots+x_r\boldsymbol{\alpha}_r)\\&=(\lambda x_1)\boldsymbol{\alpha}_1+\cdots+(\lambda x_r)\boldsymbol{\alpha}_r=\boldsymbol{A}(\lambda\boldsymbol{X})\end{aligned}$$

对任意 $\boldsymbol{X},\boldsymbol{Y}\in F^{r\times 1}$ 及 $\lambda\in F$ 成立.

S_1 中每个向量 $\boldsymbol{\beta}_j$ 可写成 $\boldsymbol{\beta}_j=\boldsymbol{AB}_j$ 的形式, $\boldsymbol{B}_j\in F^{r\times 1}$. 对任意 $\lambda_1,\cdots,\lambda_s\in F$ 有

$$\lambda_1\boldsymbol{\beta}_1+\cdots+\lambda_s\boldsymbol{\beta}_s=\lambda_1(\boldsymbol{AB}_1)+\cdots+\lambda_s(\boldsymbol{AB}_s)=\boldsymbol{A}(\lambda_1\boldsymbol{B}_1+\cdots+\lambda_s\boldsymbol{B}_s)$$

$\boldsymbol{B}_1,\cdots,\boldsymbol{B}_s$ 是 r 维空间 $F^{r\times 1}$ 中 s 个向量, 当 $s>r$ 时线性相关, 存在不全为 0 的 $\lambda_1,\cdots,\lambda_s$ 使 $\lambda_1\boldsymbol{B}_1+\cdots+\lambda_s\boldsymbol{B}_s=\boldsymbol{0}$, 从而 $\lambda_1\boldsymbol{\beta}_1+\cdots+\lambda_s\boldsymbol{\beta}_s=\boldsymbol{0}$, S_1 线性相关.

向量组的等价 如果向量组 S 与 T 互为线性组合, 则称 S 与 T **等价** (equivalent).

向量组 S 与它的每个极大线性无关组等价.

线性组合的传递性 向量组 $S=\{\boldsymbol{\alpha}_1,\cdots,\boldsymbol{\alpha}_r\}$ 的线性组合 $\boldsymbol{AB}_1,\cdots,\boldsymbol{AB}_s$ 的线性组合 $\lambda_1(\boldsymbol{AB}_1)+\cdots+\lambda_r(\boldsymbol{AB}_s)=\boldsymbol{A}(\lambda_1\boldsymbol{B}_1+\cdots+\lambda_s\boldsymbol{B}_s)$ 仍是 S 的线性组合.

等价的传递性 如果向量组 S_1 与 S 等价, 且 S_2 与 S_1 等价, 则 S_2 与 S 等价.

秩的唯一性 S 的任意两个极大线性无关组 $M=\{\boldsymbol{\alpha}_{i_1},\cdots,\boldsymbol{\alpha}_{i_r}\}$ 与 $M_1=\{\boldsymbol{\alpha}_{j_1},\cdots,\boldsymbol{\alpha}_{j_s}\}$ 都与 S 等价, 因而相互等价. 如果 $s>r$, 则由 M_1 是 M 的线性组合知 M_1 线性相关. 如果 $r>s$, 则 M 线性相关. 既然 M,M_1 都线性无关, 只能 $r=s$.

3. 矩阵的秩

矩阵 $\boldsymbol{A}$ 的行向量组的秩称为行秩, 列向量组的秩称为列秩. 初等行变换和初等列变换都不改变 $\boldsymbol{A}$ 的行秩和列秩.

矩阵 $\boldsymbol{A}$ 经过一系列初等行变换变成阶梯形 $\boldsymbol{U}$. $\boldsymbol{U}$ 的行秩与列秩都等于 $\boldsymbol{U}$ 中非零行的个数.

任意矩阵 $\boldsymbol{A}$ 的行秩与列秩相等, 记为 $\operatorname{rank}\boldsymbol{A}$.

例题分析与解答

2.2.1 求由下列向量组成的向量组的一个极大线性无关组与秩:

(1) $\boldsymbol{\alpha}_1=(6,4,1,-1,2)$, $\boldsymbol{\alpha}_2=(1,0,2,3,4)$, $\boldsymbol{\alpha}_3=(1,4,-9,-16,22)$, $\boldsymbol{\alpha}_4=(7,1,0,-1,3)$;

(2) $\boldsymbol{\alpha}_1=(1,-1,2,4),\boldsymbol{\alpha}_2=(0,3,1,2),\boldsymbol{\alpha}_3=(3,0,7,14),\boldsymbol{\alpha}_4=(1,-1,2,0),\boldsymbol{\alpha}_5=(2,1,5,6)$.

解 (1) 答案: 秩为 4, 极大线性无关组由全部 4 个向量组成 (解法略去, 参照本题第 (2) 小题).

(2) 各向量 $\boldsymbol{\alpha}_i$ 写成列向量, 从左到右排成矩阵 $\boldsymbol{A}$, 经过一系列初等行变换化成阶梯形 $\boldsymbol{T}$:

$$\boldsymbol{A}=\begin{pmatrix}1&0&3&1&2\\-1&3&0&-1&1\\2&1&7&2&5\\4&2&14&0&6\end{pmatrix}\xrightarrow{(1)+(2),-2(1)+(3),-4(1)+(4)}\begin{pmatrix}1&0&3&1&2\\0&3&3&0&3\\0&1&1&0&1\\0&2&2&-4&-2\end{pmatrix}$$

$$\xrightarrow{-3(3)+(2),-2(3)+(4)}\begin{pmatrix}1&0&3&1&2\\0&0&0&0&0\\0&1&1&0&1\\0&0&0&-4&-4\end{pmatrix}\xrightarrow{(2,3),(3,4)}\boldsymbol{T}=\begin{pmatrix}1&0&3&1&2\\0&1&1&0&1\\0&0&0&-4&-4\\0&0&0&0&0\end{pmatrix}$$

$\boldsymbol{T}$ 有 3 个非零行, 各行第 1 个非零元分别位于第 1,2,4 列. 向量组 $\{\boldsymbol{\alpha}_1,\cdots,\boldsymbol{\alpha}_5\}$ 秩为 3, 其中第 1,2,4 个向量组成极大线性无关组 $\{\boldsymbol{\alpha}_1,\boldsymbol{\alpha}_2,\boldsymbol{\alpha}_4\}$. □

点评 一般地, 求向量组 $S=\{\boldsymbol{\alpha}_1,\cdots,\boldsymbol{\alpha}_m\}$ 的原理和方法为: 将各 $\boldsymbol{\alpha}_i$ 写成列向量 $\boldsymbol{a}_i$ 排成矩阵 $\boldsymbol{A}=(\boldsymbol{a}_1,\cdots,\boldsymbol{a}_m)$, 将 A 经过一系列初等行变换变成 $\boldsymbol{B}=\{\boldsymbol{b}_1,\cdots,\boldsymbol{b}_m)$, 则 $\boldsymbol{A}$ 的各列 $\boldsymbol{a}_i$ 经过同样的行变换变成 $\boldsymbol{B}$ 的各列, $\boldsymbol{B}$ 的任一部分列向量组成的子集 $M_2=\{b_{j_1},\cdots,b_{j_k}\}$ 线性无关 (或相关) 当且仅当 $\boldsymbol{A}$ 的对应的列向量组成的子集 $M_1=\{\boldsymbol{a}_{j_1},\cdots,\boldsymbol{a}_{j_k}\}$ 线性无关 (或相关). 特别地, 如果 $\boldsymbol{B}$ 是阶梯形矩阵, 则各非零行从左到右第 1 个非零元所在列组成的子集 M_2 是 $\boldsymbol{B}$ 的列向量组的极大线性无关组, 相应地可知 M_1 是 $\boldsymbol{A}$ 的列向量组的极大线性无关组.

矩阵 $\boldsymbol{A}$ 可以经过一系列初等行变换化成最简阶梯形 $\boldsymbol{T}$, 在 Mathematica 中完成此任务的语句为 RowReduce[A]. 在此之前, 应先逐行输入 $\boldsymbol{A}$ 的各元素来输入矩阵 $\boldsymbol{A}$. 要将本题两小题 (1),(2) 中的矩阵化成阶梯形, 可用如下 Mathematica 语句:

```
A1={{6,1,1,7},{4,0,4,1},{1,2,-9,0},{-1,3,-16,-1},{2,4,22,3}};
A2={{1,0,3,1,2},{-1,3,0,-1,1},{2,1,7,2,5},{4,2,14,0,6}};
T1=RowReduce[A1]//MatrixForm; T2=RowReduce[A2]//MatrixForm;
{T1,T2}
```

其中,//MatrixForm 要求将得到的阶梯形矩阵写成矩阵形式以便于观察. 最后一句 {T1,T2} 是将得到的两个阶梯形矩阵 $\boldsymbol{T}1,\boldsymbol{T}2$ 显示出来.

运行结果为:

$$\left\{\begin{pmatrix}1&0&0&0\\0&1&0&0\\0&0&1&0\\0&0&0&1\\0&0&0&0\end{pmatrix},\begin{pmatrix}1&0&3&0&1\\0&1&1&0&1\\0&0&0&1&1\\0&0&0&0&0\end{pmatrix}\right\}$$

□

2.2.2 设 $\boldsymbol{\alpha}_1=(0,1,2,3),\boldsymbol{\alpha}_2=(1,2,3,4),\boldsymbol{\alpha}_3=(3,4,5,6),\boldsymbol{\alpha}_4=(4,3,2,1),\boldsymbol{\alpha}_5=(6,5,4,3)$.

(1) 证明:$\boldsymbol{\alpha}_1,\boldsymbol{\alpha}_2$ 线性无关;

(2) 把 $\boldsymbol{\alpha}_1,\boldsymbol{\alpha}_2$ 扩充成 $\{\boldsymbol{\alpha}_1,\cdots,\boldsymbol{\alpha}_5\}$ 的极大线性无关组.

解 将各 $\boldsymbol{\alpha}_i$ 写成列向量 $\boldsymbol{a}_i$ 排成矩阵 $\boldsymbol{A}=(\boldsymbol{a}_1,\cdots,\boldsymbol{a}_5)$, 将 $\boldsymbol{A}$ 经过一系列初等行变换化成阶梯形 $\boldsymbol{T}$:

$$\boldsymbol{A}=\begin{pmatrix}0&1&3&4&6\\1&2&4&3&5\\2&3&5&2&4\\3&4&6&1&3\end{pmatrix}\to\boldsymbol{T}=\begin{pmatrix}1&0&-2&-5&-7\\0&1&3&4&6\\0&0&0&0&0\\0&0&0&0&0\end{pmatrix}$$

(1) $\boldsymbol{T}$ 的前两列线性无关 $\Rightarrow$ $\boldsymbol{A}$ 的前两列线性无关 $\Rightarrow$ $\boldsymbol{\alpha}_1,\boldsymbol{\alpha}_2$ 线性无关.

(2) $\boldsymbol{T}$ 的前两列组成 $\boldsymbol{T}$ 的列向量组的极大线性无关组 $\Rightarrow$ $\{\boldsymbol{\alpha}_1,\boldsymbol{\alpha}_2\}$ 是 $\{\boldsymbol{\alpha}_1,\cdots,\boldsymbol{\alpha}_5\}$ 的极大线性无关组, 也就是由 $\boldsymbol{\alpha}_1,\boldsymbol{\alpha}_2$ 扩充成的极大线性无关组. □

2.2.3 求下列矩阵的秩, 并求出它们的行向量组和列向量组的一个极大线性无关组.

$$(1)\ \begin{pmatrix}2&-1&-1\\-1&2&-1\\-1&-1&2\end{pmatrix};\qquad(2)\ \begin{pmatrix}1&1&1&1&1\\1&2&3&4&5\\5&4&3&1&2\end{pmatrix}.$$

答案 (1) 秩为 2. 任何两行组成行向量组的极大线性无关组. 任何两列组成列向量组的极大线性无关组.

(2) 秩为 3. 全部 3 行组成行向量组的极大线性无关组. 第 1,2,4 列组成列向量组的极大线性无关组. □

2.2.4 证明: 若 $\boldsymbol{\alpha}_1,\boldsymbol{\alpha}_2,\cdots,\boldsymbol{\alpha}_n$ 线性无关, $\boldsymbol{\alpha}_1,\boldsymbol{\alpha}_2,\cdots,\boldsymbol{\alpha}_n,\boldsymbol{\beta}$ 线性相关, 则 $\boldsymbol{\beta}$ 必可由 $\boldsymbol{\alpha}_1,\boldsymbol{\alpha}_2,\cdots,\boldsymbol{\alpha}_n$ 线性表出.

证法 1 如果 $\boldsymbol{\beta}$ 不能由 $\boldsymbol{\alpha}_1,\cdots,\boldsymbol{\alpha}_n$ 线性表出, 则向量组 $S=\{\boldsymbol{\alpha}_1,\cdots,\boldsymbol{\alpha}_n,\boldsymbol{\beta}\}$ 中每个向量都不能由前面的向量线性表出, S 线性无关, 与已知条件 "S 线性相关" 矛盾. 这证明了 $\boldsymbol{\beta}$ 能由 $\boldsymbol{\alpha}_1,\cdots,\boldsymbol{\alpha}_n$ 线性表出.

证法 2 由 $\boldsymbol{\alpha}_1,\cdots,\boldsymbol{\alpha}_n,\boldsymbol{\beta}$ 线性相关知, 存在不全为 0 的 $\lambda_1,\cdots,\lambda_n,\lambda$ 满足

$$\lambda_1\boldsymbol{\alpha}_1+\cdots+\lambda_n\boldsymbol{\alpha}_n+\lambda\boldsymbol{\beta}=\boldsymbol{0}\tag{2.23}$$

如果 $\lambda=0$, 则 $\lambda_1,\cdots,\lambda_n$ 不全为 0 且 $\lambda_1\boldsymbol{\alpha}_1+\cdots+\lambda_n\boldsymbol{\alpha}_n=\boldsymbol{0}$, 与已知条件 "$\boldsymbol{\alpha}_1,\cdots,\boldsymbol{\alpha}_n$ 线性无关" 矛盾.

因此 $\lambda \neq 0$. 由等式 (2.23) 得

$$\boldsymbol{\beta} = -\frac{\lambda_1}{\lambda}\boldsymbol{\alpha}_1 - \cdots - \frac{\lambda_n}{\lambda}\boldsymbol{\alpha}_n$$ □

2.2.5 证明：如果 $\boldsymbol{\beta}$ 可由 $\boldsymbol{\alpha}_1,\boldsymbol{\alpha}_2,\cdots,\boldsymbol{\alpha}_n$ 线性表出，则 $\boldsymbol{\beta}$ 必可由 $\boldsymbol{\alpha}_1,\boldsymbol{\alpha}_2,\cdots,\boldsymbol{\alpha}_n$ 的极大线性无关组线性表出.

证明 记 $S=\{\boldsymbol{\alpha}_1,\cdots,\boldsymbol{\alpha}_n\}$ 的极大线性无关组为 $M=\{\tilde{\boldsymbol{\alpha}}_1,\cdots,\tilde{\boldsymbol{\alpha}}_r\}$. 则每个 $\boldsymbol{\alpha}_i$ 可由 M 线性表出: $\boldsymbol{\alpha}_i = x_{i1}\tilde{\boldsymbol{\alpha}}_1+\cdots+x_{ir}\tilde{\boldsymbol{\alpha}}_r$. 于是:

$$\begin{aligned}\boldsymbol{\beta} &= \lambda_1\boldsymbol{\alpha}_1+\cdots+\lambda_n\boldsymbol{\alpha}_n\\ &= \lambda_1(x_{11}\tilde{\boldsymbol{\alpha}}_1+x_{1r}\tilde{\boldsymbol{\alpha}}_r)+\cdots+\lambda_n(x_{n1}\tilde{\boldsymbol{\alpha}}_1+\cdots+x_{nr}\tilde{\boldsymbol{\alpha}}_r)\\ &= y_1\tilde{\boldsymbol{\alpha}}_1+\cdots+y_r\tilde{\boldsymbol{\alpha}}_r\end{aligned}$$

其中 $y_j = \lambda_1 x_{1j}+\cdots+\lambda_n x_{nj}$. □

点评 将向量组 $\tilde{\boldsymbol{\alpha}}_1,\cdots,\tilde{\boldsymbol{\alpha}}_r$ 的任何一个线性组合 $x_1\tilde{\boldsymbol{\alpha}}_1+\cdots+x_r\tilde{\boldsymbol{\alpha}}_r$ 写成由向量 $\tilde{\boldsymbol{\alpha}}_1,\cdots,\tilde{\boldsymbol{\alpha}}_r$ 排成的一行 $\boldsymbol{A}=(\tilde{\boldsymbol{\alpha}}_1,\cdots,\tilde{\boldsymbol{\alpha}}_r)$ 与系数 $x_1,\cdots,x_r$ 排成的一列 $\boldsymbol{X}$ 的乘积的形式. 易验证: $\boldsymbol{AX}_1+\boldsymbol{AX}_2=\boldsymbol{A}(\boldsymbol{X}_1+\boldsymbol{X}_2),\lambda(\boldsymbol{AX})=\boldsymbol{A}(\lambda\boldsymbol{X})$.

按照这样的写法, 每个 $\boldsymbol{\alpha}_i=\boldsymbol{AX}_i$, 其中 $\boldsymbol{X}_i=(x_{i1},\cdots,x_{ir})^{\mathrm{T}}$. 于是

$$\begin{aligned}\boldsymbol{\beta} &= \lambda_1\boldsymbol{\alpha}_1+\cdots+\lambda_n\boldsymbol{\alpha}_n = \lambda_1(\boldsymbol{AX}_1)+\cdots+\lambda_n(\boldsymbol{AX}_n)\\ &= \boldsymbol{A}(\lambda_1\boldsymbol{X}_1+\cdots+\lambda_n\boldsymbol{X}_n) = y_1\tilde{\boldsymbol{\alpha}}_1+\cdots+y_r\tilde{\boldsymbol{\alpha}}_r\end{aligned}$$

其中 $(y_1,\cdots,y_r)^{\mathrm{T}}=\lambda_1\boldsymbol{X}_1+\cdots+\lambda_n\boldsymbol{X}_n$. □

2.2.6 设向量组 $\boldsymbol{\alpha}_1,\boldsymbol{\alpha}_2,\cdots,\boldsymbol{\alpha}_n$ 的秩是 r. 求证:

(1) $\boldsymbol{\alpha}_1,\boldsymbol{\alpha}_2,\cdots,\boldsymbol{\alpha}_n$ 中任意 r 个线性无关向量都是极大线性无关组.

(2) 设 $\boldsymbol{\alpha}_1,\cdots,\boldsymbol{\alpha}_n$ 能被其中某 r 个向量 $\boldsymbol{\beta}_1,\cdots,\boldsymbol{\beta}_r$ 线性表出, 则 $\boldsymbol{\beta}_1,\cdots,\boldsymbol{\beta}_r$ 线性无关.

证明 (1) 如果 $S=\{\boldsymbol{\alpha}_1,\cdots,\boldsymbol{\alpha}_n\}$ 中某 r 个线性无关向量 $\tilde{\boldsymbol{\alpha}}_1,\cdots,\tilde{\boldsymbol{\alpha}}_r$ 组成的集合 $\tilde{S}$ 不是 S 的极大线性无关组, 再添加某个 $\tilde{\boldsymbol{\alpha}}_{r+1}\in S$ 得到的 $r+1$ 个向量仍然线性无关. 但由 $\operatorname{rank}S=r$ 知 S 中线性无关向量最多只能是 r 个, 不能是 $r+1$ 个. 这证明了 $\tilde{S}$ 是 S 的极大线性无关组.

(2) $S=\{\boldsymbol{\alpha}_1,\cdots,\boldsymbol{\alpha}_n\}$ 能够被 $B=\{\boldsymbol{\beta}_1,\cdots,\boldsymbol{\beta}_r\}$ 线性表出. B 可以被它的极大线性无关组 $\tilde{B}$ 线性表出. 由线性组合的传递性知 S 能够被 $\tilde{B}$ 线性表出. $\tilde{B}$ 也是 S 的极大线性无关组, $\tilde{B}$ 中的元素个数等于 $r=\operatorname{rank}S$. 这说明 $\tilde{B}$ 由 B 中全部 r 个向量组成, $B=\tilde{B}$ 线性无关. □

2.2.7 证明: 若向量组 (I) 可以由向量组 (II) 线性表出，则 (I) 的秩不超过 (II) 的秩.

证明 向量组 (II) 可以由它的极大线性无关组 $M_2=\{\boldsymbol{\beta}_1,\cdots,\boldsymbol{\beta}_s\}$ 表出, s 是向量组 (II) 的秩. 若向量组 (I) 被 (II) 线性表出, 则 (I) 可被 M_2 线性表出, (I) 的极大线性无关组 $M_1=\{\boldsymbol{\alpha}_1,\cdots,\boldsymbol{\alpha}_r\}$ 也能被 M_2 线性表出, M_1 的向量个数 $r\leqslant s$, 而 r 就是向量组 (I) 的秩. 这证明了 (I) 的秩 r 不超过 (II) 的秩 s. □

2.3 子空间

知识导航

1. 齐次线性方程组的解集

将齐次线性方程组写成向量形式 $x_1\boldsymbol{a}_1+\cdots+x_n\boldsymbol{a}_n=\boldsymbol{0}$. 方程左边的线性组合式写成矩阵 $\boldsymbol{AX}$, 其中 $\boldsymbol{A}=(\boldsymbol{a}_1,\cdots,\boldsymbol{a}_n)$, $\boldsymbol{X}=(x_1,\cdots,x_n)^{\mathrm{T}}$. $\boldsymbol{A}$ 由各个列向量 $\boldsymbol{a}_1,\cdots,\boldsymbol{a}_n$ 排成一行得到, 就是以各 $\boldsymbol{a}_i$ 为各列排成的矩阵, 也就是方程组的系数矩阵. 方程组写成矩阵形式:

$$\boldsymbol{AX}=\boldsymbol{0}$$

记 $V_A=\{\boldsymbol{X}\in F^{n\times 1}\mid \boldsymbol{AX}=\boldsymbol{0}\}$ 为方程组的解集. 则:

(1) 对任意 $\boldsymbol{X}_1,\boldsymbol{X}_2\in V_A$, 有 $\boldsymbol{A}(\boldsymbol{X}_1+\boldsymbol{X}_2)=\boldsymbol{AX}_1+\boldsymbol{AX}_2=\boldsymbol{0}+\boldsymbol{0}=\boldsymbol{0}\Rightarrow \boldsymbol{X}_1+\boldsymbol{X}_2\in V_A$.

(2) 对任意 $\boldsymbol{X}\in V_A$ 和 $\lambda\in F$, 有 $\boldsymbol{A}(\lambda\boldsymbol{X})=\lambda(\boldsymbol{AX})=\lambda\boldsymbol{0}=\boldsymbol{0}\Rightarrow\lambda\boldsymbol{X}\in V_A$.

这两条性质称为 V_A **对加法与数乘封闭**. 满足这两条性质的子集称为 $F^{n\times 1}$ 的子空间. 因此方程组 $\boldsymbol{AX}=\boldsymbol{0}$ 的解集 V_A 是子空间, 称为方程组 $\boldsymbol{AX}=\boldsymbol{0}$ 的**解空间**.

2. 子空间的定义和性质

定义 2.3.1 向量空间 F^n 的非空子集 W 如果满足以下两个条件:

(1) $u,v\in W \quad\Rightarrow\quad u+v\in W$

(2) $u\in W,\lambda\in F \quad\Rightarrow\quad \lambda u\in W$

就称 W 是 F^n 的**子空间** (subspace). 如果 F^n 的子空间 W_1 是子空间 W_2 的子集, 则称 W_1 是 W_2 的子空间. □

子空间 W 必然包含其中任何一个向量 $\boldsymbol{\alpha}$ 的零倍 $0\boldsymbol{\alpha}=\boldsymbol{0}$, 也就是说包含零向量; 并且包含 W 中每个向量 $\boldsymbol{\alpha}$ 的负向量 $(-1)\boldsymbol{\alpha}=-\boldsymbol{\alpha}$.

由子空间 W 对加法和数乘封闭可以得出 W 对线性组合封闭: W 中任意向量 $\boldsymbol{\alpha}_1,\cdots,\boldsymbol{\alpha}_m$ 的任意线性组合 $\lambda_1\boldsymbol{\alpha}_1+\cdots+\lambda_m\boldsymbol{\alpha}_m\in W$.

3. 维数、基与坐标

$V=F^{n\times 1}$ 的子空间 W 的任何一个极大线性无关组 $S=\{\boldsymbol{\alpha}_1,\cdots,\boldsymbol{\alpha}_r\}$ 所含向量个数称为 W 的**维数** (dimension), 记作 $\dim W$, 也就是向量集合 W 的秩 $\operatorname{rank} W$. 每个向量 $\boldsymbol{\alpha}\in W$ 可以唯一地写成 S 的线性组合:

$$\boldsymbol{\alpha}=x_1\boldsymbol{\alpha}_1+\cdots+x_r\boldsymbol{\alpha}_r$$

S 称为 W 的一组**基** (basis), $(x_1,\cdots,x_r)\in F^r$ 称为 $\boldsymbol{\alpha}$ 在基 S 下的**坐标** (coordinates).

坐标的算法　各向量 $\boldsymbol{\alpha}_1,\cdots,\boldsymbol{\alpha}_r,\boldsymbol{\alpha}$ 都是列向量, 等式 $x_1\boldsymbol{\alpha}_1+\cdots+x_r\boldsymbol{\alpha}_r=\boldsymbol{\alpha}$ 是一个非齐次线性方程组 $\boldsymbol{AX}=\boldsymbol{\alpha}$, 其中 $\boldsymbol{A}=(\boldsymbol{\alpha}_1,\cdots,\boldsymbol{\alpha}_r)$ 是由列向量 $\boldsymbol{\alpha}_1,\cdots,\boldsymbol{\alpha}_r$ 排成的 $n\times r$ 系数矩阵, $\boldsymbol{X}=(x_1,\cdots,x_r)^{\mathrm{T}}$. 求解此方程组即可得到 $\boldsymbol{\alpha}$ 的坐标 X.

4. 齐次线性方程组的解空间

维数　n 元齐次线性方程组 $\boldsymbol{AX}=\boldsymbol{0}$ 的解空间 V_A 的维数:

$$\dim V_A=n-\operatorname{rank}\boldsymbol{A}=\text{未知数个数}-\text{方程的真正个数}$$

基础解系　齐次线性方程组 $\boldsymbol{AX}=\boldsymbol{0}$ 的解空间的基称为此方程组的**基础解系** (system of fundamental solutions).

将系数矩阵 $\boldsymbol{A}$ 通过一系列初等行变换化成最简阶梯形 $\boldsymbol{\Lambda}$ 之后, 方程组化为 $\boldsymbol{\Lambda X}=\boldsymbol{0}$, 其中有 r 个未知数 $x_{i_1},\cdots,x_{i_r}$ 可以写成其余 $n-r$ 个可以独立取值的未知数 $x_{i_{r+1}},\cdots,x_{i_n}$ 的线性组合. 这 $n-r$ 个独立未知数所取的值 $t_1,\cdots,t_{n-r}$ 组成每个解 X 的坐标, 坐标 $(t_1,\cdots,t_{n-r})$ 为自然基向量 $\boldsymbol{e}_1,\cdots,\boldsymbol{e}_{n-r}$ 的那些解 $\boldsymbol{X}_1,\cdots,\boldsymbol{X}_{n-r}$ 就组成一个基础解系.

5. 子集生成的子空间

$V=F^{n\times 1}$ 的任意子集 S 的全体线性组合组成的集合 $V(S)$ 是一个子空间, 就是包含 S 的最小的子空间, 称为 S **生成的子空间** (subspace generated by S). S 的每个极大线性无关组 S_0 就是 $V(S)$ 的一组基, $\operatorname{rank}S$ 就是 $V(S)$ 的维数.

V 的向量组 S_1,S_2 等价 $\Leftrightarrow V(S_1)=V(S_2)$. S_1 是 S_2 的线性组合 $\Leftrightarrow S_1\subseteq V(S_2)$.

例题分析与解答

2.3.1　求由以下每个小题中的向量生成的子空间的维数, 并求出一组基.

(1) $\boldsymbol{\alpha}_1=(6,4,1,-1,2),\boldsymbol{\alpha}_2=(1,0,2,3,4),\boldsymbol{\alpha}_3=(1,4,-9,-16,22),\boldsymbol{\alpha}_4=(7,1,0,-1,3)$;

(2) $\boldsymbol{\alpha}_1=(1,-1,2,4),\boldsymbol{\alpha}_2=(0,3,1,2),\boldsymbol{\alpha}_3=(3,0,7,14),\boldsymbol{\alpha}_4=(1,-1,2,0),\boldsymbol{\alpha}_5=(2,1,5,6)$.

分析　利用 2.2 节的算法求出每小题中的向量组 S 的秩 r, 并求出一个极大线性无关组 M, 则 S 生成的子空间 W 的维数等于 r, M 是 W 的一组基.

答案　(1) 所生成的子空间维数等于 4, 全部 4 个向量 $\boldsymbol{\alpha}_1,\cdots,\boldsymbol{\alpha}_4$ 组成一组基.

(2) 所生成的子空间维数等于 3, $\{\boldsymbol{\alpha}_1,\boldsymbol{\alpha}_2,\boldsymbol{\alpha}_4\}$ 组成一组基.

具体算法参照例题 2.2.1.　□

2.3.2 下列方程的解集合 W 是否是 $\mathbf{R}^4$ 的子空间?

(1) $x_1+2x_2=3x_3+4x_4$;

(2) $x_1+2x_2=3x_3+4-x_4$;

(3) $(x_1+2x_2)^2=(3x_3+4x_4)^2$;

(4) $(x_1+2x_2)^2+(3x_3+4x_4)^2=0$.

解　(1) 方程是齐次线性方程, 解集 W 是 $\mathbf{R}^4$ 的子空间.

(2) 零向量 (0,0,0,0) 不是方程的解, 解集合 W 不包含零向量, 不是 $\mathbf{R}^4$ 的子空间.

(3) $(1,-1,1,-1)$ 与 $(1,-1,-1,1)$ 都是方程的解, 含于 W, 但它们的和 $(2,-2,0,0)$ 不是方程的解, 不含于 W. 可见 W 对加法不封闭, 不是 $\mathbf{R}^4$ 的子空间.

(4) 方程与齐次线性方程组

$$\begin{cases} x_1+2x_2=0 \\ 3x_3+4x_4=0 \end{cases}$$

同解, 解集合 W 是 $\mathbf{R}^4$ 的子空间. □

点评 要说明集合 W 不是子空间, 只要举出一个例子说明 W 不符合子空间的某一条性质就够了, 例如, W 对于加法或数乘不封闭, 或不包含零向量. 注意, 不包含零向量也就对数乘不封闭. 这是因为, 如果 W 对于数乘封闭, 必然包含其中任何一个向量 $\boldsymbol{\alpha}$ 的 0 倍 $0\boldsymbol{\alpha}=\mathbf{0}$, 也就是必须包含零向量. 本题第 (2) 小题是非齐次线性方程组, 解集合必然不包含零向量, 一定不是子空间. 第 (3) 小题的解集合 W 是两个齐次线性方程组 $x_1+2x_2=3x_3+4x_4$ 与 $x_1+2x_2=-(3x_3+4x_4)$ 的解集合 W_1,W_2 的并集 $W_1\cup W_2$, 而 W_1,W_2 是两个子空间并且相互不包含, 并集一定对加法不封闭, 不是子空间. 具体叙述时只要找出一个尽量简单的例子说明 W 对加法不封闭就够了, 不必讲别的道理, 以上的道理是用来指引你去找出例子, 只要找到了例子就不必讲理由了.

反过来, 要说明集合 W 是子空间, 必须证明 W 中任意向量 $\boldsymbol{\alpha}$ 的任意常数倍 $\lambda\boldsymbol{\alpha}$ 含于 W, 并且 W 中任意两个向量之和仍然含于 W. 还可以利用定理: 齐次线性方程组的解集合是子空间. 本题 (1),(4) 小题就是这样做的. □

2.3.3 以向量 $\boldsymbol{\alpha}_1=(3,1,0),\boldsymbol{\alpha}_2=(6,3,2),\boldsymbol{\alpha}_3=(1,3,5)$ 为基，求向量 $\boldsymbol{\beta}=(2,-1,2)$ 的坐标.

解 $\boldsymbol{\beta}$ 的坐标 (x,y,z) 是方程组 $x\boldsymbol{\alpha}_1+y\boldsymbol{\alpha}_2+z\boldsymbol{\alpha}_3=\boldsymbol{\beta}$ 即 $\boldsymbol{AX}=\boldsymbol{\beta}$ 的解, 其中:

$$\boldsymbol{A}=\begin{pmatrix} 3 & 6 & 1 \\ 1 & 3 & 3 \\ 0 & 2 & 5 \end{pmatrix}, \quad \boldsymbol{\beta}=\begin{pmatrix} 2 \\ -1 \\ 2 \end{pmatrix}$$

解之得 $(x,y,z)=(-76,41,-16)$. □

点评 求方程组 $\boldsymbol{AX}=\boldsymbol{\beta}$ 的解可以通过将 $(\boldsymbol{A},\boldsymbol{\beta})$ 经过一系列初等行变换化成最简阶梯形 (I,c) 得 $\boldsymbol{X}=c$. 也可以仿照一元一次方程 $ax=b$ 的解 $x=a^{-1}b$ 得到 $\boldsymbol{AX}=\boldsymbol{\beta}$ 的解 $\boldsymbol{X}=\boldsymbol{A}^{-1}\boldsymbol{\beta}$, 其中 $\boldsymbol{A}$ 的逆 $\boldsymbol{A}^{-1}$ 及其与 $\boldsymbol{\beta}$ 的乘积 $\boldsymbol{A}^{-1}\boldsymbol{\beta}$ 的意义和算法在第 4 章中介绍. 但即使不知道意义和算法, 也可以在 Mathematica 中输入矩阵 $\boldsymbol{A}$ 和 $\boldsymbol{\beta}$ 之后再运行如下语句求 $\boldsymbol{X}=\boldsymbol{A}^{-1}\boldsymbol{\beta}$, 其中 Inverse[A] 是计算 $\boldsymbol{A}^{-1}$. Inverse[A] 与 b 之间的黑点表示将两个矩阵 $\boldsymbol{A}^{-1}$ 与 $\boldsymbol{\beta}$ 相乘.

```
A={{3,6,1},{1,3,3},{0,2,5}};b={2,-1,2}; Inverse[A].b
```

得到:

```
{-76,41,-16}
```

就是说方程组 $\boldsymbol{AX}=\boldsymbol{\beta}$ 的解为 $(-76,41,-16)$. □

2.3.4 设向量 $\boldsymbol{\alpha}_1=(1,0,1,0),\boldsymbol{\alpha}_2=(0,1,0,1)$, 将 $\boldsymbol{\alpha}_1,\boldsymbol{\alpha}_2$ 扩充成 $\mathbf{R}^4$ 的一组基.

解 将 $\boldsymbol{\alpha}_1,\boldsymbol{\alpha}_2$ 写成列向量 $\boldsymbol{a}_1,\boldsymbol{a}_2$ 作为前两列, 再将 4 维列向量空间的自然基向量 $\boldsymbol{e}_1,\boldsymbol{e}_2,\boldsymbol{e}_3,\boldsymbol{e}_4$ 依次作为后 4 列, 排成 4×6 矩阵 $\boldsymbol{A}$, 经过行变换化成阶梯形:

$$\boldsymbol{A}=\begin{pmatrix}1&0&1&0&0&0\\0&1&0&1&0&0\\1&0&0&0&1&0\\0&1&0&0&0&1\end{pmatrix}\xrightarrow{-(1)+(3),-(2)+(4)}\boldsymbol{T}=\begin{pmatrix}1&0&1&0&0&0\\0&1&0&1&0&0\\0&0&-1&0&1&0\\0&0&0&-1&0&1\end{pmatrix}$$

$\boldsymbol{T}$ 的前 4 列组成列向量组的极大线性无关组, 这说明 $\boldsymbol{A}$ 也是如此, $\boldsymbol{A}$ 的前 4 列所代表的向量 $\boldsymbol{\alpha}_1,\boldsymbol{\alpha}_2,\boldsymbol{e}_1,\boldsymbol{e}_2$ 组成 $\mathbf{R}^4$ 的基, $\boldsymbol{\alpha}_1,\boldsymbol{\alpha}_2$ 添加自然基向量 $\boldsymbol{e}_1,\boldsymbol{e}_2$ 扩充得到 $\mathbf{R}^4$ 的基. □

2.3.5 设向量 $\boldsymbol{\alpha}_1=(1,1,1,1),\boldsymbol{\alpha}_2=(0,1,-1,-1),\boldsymbol{\alpha}_3=(0,0,1,-1),\boldsymbol{\alpha}_4=(0,0,0,1)$, 试将标准基向量 $\boldsymbol{e}_1,\boldsymbol{e}_2,\boldsymbol{e}_3,\boldsymbol{e}_4$ 用 $\boldsymbol{\alpha}_1,\boldsymbol{\alpha}_2,\boldsymbol{\alpha}_3,\boldsymbol{\alpha}_4$ 线性表出.

解 将 $\boldsymbol{\alpha}_1,\cdots,\boldsymbol{\alpha}_4,\boldsymbol{e}_1,\cdots,\boldsymbol{e}_4$ 写成列向量, 依次作为各列组成 4×8 矩阵 $\boldsymbol{A}$, 经过一系列初等行变换化成最简阶梯形 $\boldsymbol{T}$:

$$\boldsymbol{A}=\begin{pmatrix}1&0&0&0&1&0&0&0\\1&1&0&0&0&1&0&0\\1&-1&1&0&0&0&1&0\\1&-1&-1&1&0&0&0&1\end{pmatrix}\to\boldsymbol{T}=\begin{pmatrix}1&0&0&0&1&0&0&0\\0&1&0&0&-1&1&0&0\\0&0&1&0&-2&1&1&0\\0&0&0&1&-4&2&1&1\end{pmatrix}$$

$\boldsymbol{T}$ 的前 4 列依次是 $\mathbf{R}^4$ 的自然基向量, 后 4 列 $\boldsymbol{b}_1,\cdots,\boldsymbol{b}_4$ 中的每一个 $\boldsymbol{b}_j$ 写成前 4 列的线性组合式:

$$\boldsymbol{b}_j=b_{1j}\boldsymbol{e}_1+b_{2j}\boldsymbol{e}_2+b_{3j}\boldsymbol{e}_3+b_{4j}\boldsymbol{e}_4\tag{2.24}$$

中的系数 $b_{1j},\cdots,b_{4j}$ 依次是 $\boldsymbol{b}_j$ 的各分量. $\boldsymbol{A}$ 的后 4 列 $\boldsymbol{e}_j$ $(1\leqslant j\leqslant 4)$ 写成前 4 列的线性组合也有与 (1) 中同样的系数:

$$\boldsymbol{e}_j=b_{1j}\boldsymbol{a}_1+b_{2j}\boldsymbol{a}_2+b_{3j}\boldsymbol{a}_3+b_{4j}\boldsymbol{a}_4\tag{2.25}$$

将矩阵 $\boldsymbol{T}$ 的后 4 列各分量 b_{ij} 的具体数值代入 (2.25) 可得

$$\boldsymbol{e}_1=\boldsymbol{\alpha}_1-\boldsymbol{\alpha}_2-2\boldsymbol{\alpha}_3-4\boldsymbol{\alpha}_4,\quad \boldsymbol{e}_2=\boldsymbol{\alpha}_2+\boldsymbol{\alpha}_3+2\boldsymbol{\alpha}_4,\quad \boldsymbol{e}_3=\boldsymbol{\alpha}_3+\boldsymbol{\alpha}_4,\quad \boldsymbol{e}_4=\boldsymbol{\alpha}_4.$$ □

2.3.6 求下列每个齐次线性方程组的一个基础解系, 并用它表出全部解.

(1) $\begin{cases}x_1+x_2+x_3+x_4+x_5=0\\x_1+2x_2+3x_3+4x_4+5x_5=0\\x_1-x_3-2x_4-3x_5=0\end{cases}$ (2) $\begin{cases}x_1+x_2+x_3+x_4-4x_5=0\\x_1-2x_2+3x_3-4x_4+2x_5=0\\-x_1+3x_2-5x_3+7x_4-4x_5=0\\x_1+2x_2-x_3+4x_4-6x_5=0\end{cases}$

解 (1) 将系数矩阵 $\boldsymbol{A}$ 经过一系列初等行变换化成最简阶梯形:

$$\boldsymbol{A}=\begin{pmatrix}1&1&1&1&1\\1&2&3&4&5\\1&0&-1&-2&-3\end{pmatrix}\to\begin{pmatrix}1&0&-1&-2&-3\\0&1&2&3&4\\0&0&0&0&0\end{pmatrix}$$

方程组经过同解变形化为

$$\begin{cases} x_1-x_3-2x_4-3x_5=0 \\ x_2+2x_3+3x_4+4x_5=0 \end{cases} \Rightarrow \begin{cases} x_1=x_3+2x_4+3x_5 \\ x_2=-2x_3-3x_4-4x_5 \end{cases}$$

$$\boldsymbol{X}=\begin{pmatrix} x_1 \\ x_2 \\ x_3 \\ x_4 \\ x_5 \end{pmatrix}=\begin{pmatrix} x_3+2x_4+3x_5 \\ -2x_3-3x_4-4x_5 \\ x_3 \\ x_4 \\ x_5 \end{pmatrix}=x_3\begin{pmatrix} 1 \\ -2 \\ 1 \\ 0 \\ 0 \end{pmatrix}+x_4\begin{pmatrix} 2 \\ -3 \\ 0 \\ 1 \\ 0 \end{pmatrix}+x_5\begin{pmatrix} 3 \\ -4 \\ 0 \\ 0 \\ 1 \end{pmatrix}$$

基础解系为 $\boldsymbol{X}_1=(1,-2,1,0,0), \boldsymbol{X}_2=(2,-3,0,1,0), \boldsymbol{X}_3=(3,-4,0,0,1)$.

全部解为 $\boldsymbol{X}=t_1\boldsymbol{X}_1+t_2\boldsymbol{X}_2+t_3\boldsymbol{X}_3=(t_1+2t_2+3t_3,-2t_1-3t_2-4t_3,t_1,t_2,t_3)$.

(2) 与 (1) 类似地将系数矩阵通过初等行变换化成最简标准形 (具体过程略去), 得:

基础解系为 $\boldsymbol{X}_1=(-1,-1,1,1,0), \boldsymbol{X}_2=(2,2,0,0,1)$.

全部解为 $\boldsymbol{X}=t_1\boldsymbol{X}_1+t_2\boldsymbol{X}_2=(-t_1+2t_2,-t_1+2t_2,t_1,t_1,t_2)$. □

2.3.7 已知 F^5 中的向量:

$$\boldsymbol{X}_1=(1,2,3,4,5), \quad \boldsymbol{X}_2=(1,-1,1,-1,1), \quad \boldsymbol{X}_3=(1,2,4,8,16)$$

求一个齐次线性方程组, 使 $\boldsymbol{X}_1,\boldsymbol{X}_2,\boldsymbol{X}_3$ 组成这个方程组的基础解系.

解 $\boldsymbol{X}_1,\boldsymbol{X}_2,\boldsymbol{X}_3$ 是所求方程组每个方程 $a_1x_1+a_2x_2+a_3x_3+a_4x_4+a_5x_5=0$ 的解, 即

$$\begin{cases} a_1+2a_2+3a_3+4a_4+5a_5=0 \\ a_1-a_2+a_3-a_4+a_5=0 \\ a_1+2a_2+4a_3+8a_4+16a_5=0 \end{cases} \tag{2.26}$$

这是关于 $a_1,\cdots,a_5$ 的齐次线性方程组, 解之得基础解系:

$$\boldsymbol{\alpha}_1=(6,1,-4,1,0), \quad \boldsymbol{\alpha}_2=(16,6,-11,0,1)$$

以 $\boldsymbol{\alpha}_1,\boldsymbol{\alpha}_2$ 中的各分量为系数构造齐次线性方程组成方程组:

$$\begin{cases} 6x_1+x_2-4x_3+x_4=0 \\ 16x_1+6x_2-11x_3+x_5=0 \end{cases} \tag{2.27}$$

则 $\boldsymbol{X}_1,\boldsymbol{X}_2,\boldsymbol{X}_3$ 是方程组 (2.27) 的线性无关解. 方程组 (2.27) 的系数矩阵 $\boldsymbol{A}$ 的两行 $\boldsymbol{\alpha}_1,\boldsymbol{\alpha}_2$ 线性无关, $\operatorname{rank}\boldsymbol{A}=2$, 方程组 (2.27) 即 $\boldsymbol{AX}=\boldsymbol{0}$ 的解空间 V_A 维数为 $5-\operatorname{rank}\boldsymbol{A}=5-2=3$. V_A 中 3 个线性无关向量 $\boldsymbol{X}_1,\boldsymbol{X}_2,\boldsymbol{X}_3$ 组成 V_A 的基, 也就是方程组 (2.27) 的基础解系. □

2.3.8 设 S,T 是向量组. 求证: S 与 T 等价 $\Leftrightarrow$ $\operatorname{rank}S=\operatorname{rank}(S\cup T)=\operatorname{rank}T$.

证明 设 S_0,T_0 分别是 S,T 的极大线性无关组, 则 S_0,T_0 所含向量个数 $r=|S_0|=\operatorname{rank}S$, $s=|T_0|=\operatorname{rank}T$.

如果 S 与 T 等价, 则 T 是 S 的线性组合, 而 S 是 S_0 的线性组合, 因此 T 也是 S_0 的线性组合. S 与 T 都是 S_0 的线性组合, 因此 $S\cup T$ 是 S_0 的线性组合, S_0 是 $S\cup T$ 的极大线性无关组, $\operatorname{rank}(S\cup T)=|S_0|=\operatorname{rank}S$. 同理 $\operatorname{rank}(S\cup T)=|T_0|=\operatorname{rank}T$.

反过来, 设 $\text{rank}(S\cup T)=\text{rank}\,S=r=|S_0|$, 则 $S\cup T$ 中由 r 个元素组成的线性无关子集 S_0 是 $S\cup T$ 的极大线性无关组, T 是 S_0 的线性组合从而是 S 的线性组合. 同理, 由 $\text{rank}(S\cup T)=\text{rank}\,T$ 可推出 S 是 T 的线性组合. 因此, $\text{rank}\,S=\text{rank}(S\cup T)=\text{rank}\,T\Rightarrow S$ 与 T 互为线性组合 $\Rightarrow S$ 与 T 等价. □

2.3.9 求证: 两个齐次线性方程组 (I),(II) 同解的充分必要条件是它们互为线性组合.

证明 如果方程组 (I) 是 (II) 的线性组合, 则 (II) 的解都是 (I) 的解. 如果方程组 (I) 与 (II) 互为线性组合, 则 (I) 与 (II) 中每个方程组的解都是另一个方程组的解, 两个方程组同解.

反过来, 设 (I) 与 (II) 同解, 则将两个方程组合并得到的方程组 (III) 也与 (I),(II) 同解. 设方程组 (I),(II) 的系数矩阵的行向量组分别为 S 与 T, 则将 (I),(II) 合并得到的方程组 (III) 的系数矩阵的行向量组为 $S\cup T$. 方程组 (I),(II),(III) 既然同解, 它们的未知数个数 n 当然相同, 解空间维数 $n-\text{rank}\,S, n-\text{rank}\,T, n-\text{rank}(S\cup T)$ 也相同, 因此 $\text{rank}\,S=\text{rank}(S\cup T)=\text{rank}\,T$, 由 2.3.8 的结论知 S 与 T 等价, 也就是 (I) 与 (II) 互为线性组合. □

2.4 非齐次线性方程组

知识导航

1. 有解条件

方程组 $\boldsymbol{AX}=\boldsymbol{b}$ 有解 $\Leftrightarrow \text{rank}(\boldsymbol{A},\boldsymbol{b})=\text{rank}\,\boldsymbol{A}$.

2. 解集结构

设 $\boldsymbol{X}_0$ 是 $\boldsymbol{AX}=\boldsymbol{b}$ 的一个解, 则 $\boldsymbol{AX}=\boldsymbol{b}\Leftrightarrow \boldsymbol{A}(\boldsymbol{X}-\boldsymbol{X}_0)=\boldsymbol{AX}-\boldsymbol{AX}_0=\boldsymbol{\beta}-\boldsymbol{\beta}=\boldsymbol{0}\Leftrightarrow \boldsymbol{X}-\boldsymbol{X}_0\in V_A$. 其中 V_A 是齐次线性方程组的解空间.

设 $\boldsymbol{X}_1,\cdots,\boldsymbol{X}_{n-r}$ 是 $\boldsymbol{AX}=\boldsymbol{0}$ 的一个基础解系, 则 $\boldsymbol{AX}=\boldsymbol{b}$ 的解集为

$$\boldsymbol{X}_0+\lambda_1\boldsymbol{X}_1+\cdots+\lambda_{n-r}\boldsymbol{X}_{n-r}, (\forall\lambda_1,\cdots,\lambda_{n-r}\in F)$$

例题分析与解答

2.4.1 已知 5 元线性方程组的系数矩阵的秩为 3, 且以下向量是它的解:

$$\boldsymbol{X}_1=(1,1,1,1,1),\quad \boldsymbol{X}_2=(1,2,3,4,5),\quad \boldsymbol{X}_3=(1,0,-3,-2,-3)$$

(1) 求方程组的通解.

(2) $\boldsymbol{X}_1+\boldsymbol{X}_2+\boldsymbol{X}_3$ 是否是方程组的解?

(3) $\frac{1}{3}(\boldsymbol{X}_1+\boldsymbol{X}_2+\boldsymbol{X}_3)$ 是否是方程组的解?

解 (1) 设方程组为 $\boldsymbol{AX}=\boldsymbol{\beta}$, 其中 $\boldsymbol{A}$ 为系数矩阵, $\boldsymbol{\beta}$ 为常数项组成的列向量. 则齐次线性方程组 $\boldsymbol{AX}=\boldsymbol{0}$ 的解空间 V_A 的维数 $\dim V_A=5-\operatorname{rank}\boldsymbol{A}=5-3=2$. $\boldsymbol{\eta}_1=\boldsymbol{X}_2-\boldsymbol{X}_1=(0,1,2,3,4)$ 与 $\boldsymbol{\eta}_2=\boldsymbol{X}_3-\boldsymbol{X}_1=(0,-1,-4,-3,-4)$ 都含于 V_A 且线性无关, 组成 V_A 的一组基.

$$V_A=\{t_1\eta_1+t_2\eta_2=(0,t_1-t_2,2t_1-4t_2,3t_1-3t_2,4t_1-4t_2)\mid t_1,t_2\in F\}$$

中所有向量的第一分量都为 0, 而 $\boldsymbol{X}_1$ 的第一分量不为 0, 因此 V_A 不包含 $\boldsymbol{X}_1$.

由此可见 $\boldsymbol{\beta}=\boldsymbol{AX}_1\neq\boldsymbol{0}$, $\boldsymbol{AX}=\boldsymbol{\beta}$ 是非齐次线性方程组, 通解为

$$\boldsymbol{X}_1+t_1\boldsymbol{\eta}_1+t_2\boldsymbol{\eta}_2=(1,1+t_1-t_2,1+2t_1-4t_2,1+3t_1-3t_2,1+4t_1-4t_2)$$

其中 t_1,t_2 可取遍包括 $\boldsymbol{A},\boldsymbol{\beta}$ 的所有元素的任意数域 F.

(2) 由 $\boldsymbol{\beta}\neq\boldsymbol{0}$ 知 $\boldsymbol{A}(\boldsymbol{X}_1+\boldsymbol{X}_2+\boldsymbol{X}_3)=\boldsymbol{AX}_1+\boldsymbol{AX}_2+\boldsymbol{AX}_3=\boldsymbol{\beta}+\boldsymbol{\beta}+\boldsymbol{\beta}=3\boldsymbol{\beta}\neq\boldsymbol{\beta}$, 可见 $\boldsymbol{X}_1+\boldsymbol{X}_2+\boldsymbol{X}_3$ 不是方程组的解.

(3) $\boldsymbol{A}\left(\frac{1}{3}(\boldsymbol{X}_1+\boldsymbol{X}_2+\boldsymbol{X}_3)\right)=\frac{1}{3}(\boldsymbol{AX}_1+\boldsymbol{AX}_2+\boldsymbol{AX}_3)=\frac{1}{3}(3\boldsymbol{\beta})=\boldsymbol{\beta}$. 可见 $\frac{1}{3}(\boldsymbol{X}_1+\boldsymbol{X}_2+\boldsymbol{X}_3)$ 是方程组的解. □

点评 本题第 (2),(3) 小题的结论可做如下推广: 对任意常数 $\lambda_1,\lambda_2,\lambda_3$ 及 $\boldsymbol{X}_0=\lambda_1\boldsymbol{X}_1+\lambda_2\boldsymbol{X}_2+\lambda_3\boldsymbol{X}_3$, 有

$$\boldsymbol{AX}_0=\lambda_1\boldsymbol{AX}_1+\lambda_2\boldsymbol{AX}_2+\lambda_3\boldsymbol{AX}_3=(\lambda_1+\lambda_2+\lambda_3)\boldsymbol{\beta}$$

可见 $\boldsymbol{AX}_0=\boldsymbol{\beta}\Leftrightarrow\lambda_1+\lambda_2+\lambda_3=1$. 因此, $\lambda_1\boldsymbol{X}_1+\lambda_2\boldsymbol{X}_2+\lambda_3\boldsymbol{X}_3$ 是 $\boldsymbol{AX}=\boldsymbol{\beta}$ 的解的充分必要条件是 $\lambda_1+\lambda_2+\lambda_3=1$. 另一方面, $\lambda_1\boldsymbol{X}_1+\lambda_2\boldsymbol{X}_2+\lambda_3\boldsymbol{X}_3$ 是 $\boldsymbol{AX}=\boldsymbol{0}$ 的解的充分必要条件为 $\lambda_1+\lambda_2+\lambda_3=0$. □

2.4.2 回答下列问题, 并说明理由.

(1) 非齐次线性方程组 (I),(II) 同解的充分必要条件是否是 (I),(II) 等价 (即互为线性组合)?

(2) 如果非齐次线性方程组 (I),(II) 有解, 它们同解的充分必要条件是否是 (I),(II) 等价?

解 (1) 方程组 (I),(II) 等价是同解的充分条件, 但不是必要条件. 例如, 方程组:

$$\begin{cases}x+y=0\\x+y-1=0\end{cases}\qquad\begin{cases}x+2y=0\\x+2y-1=0\end{cases}$$

的解集都是空集合, 因此同解, 但每一个方程组都不是另一个的线性组合.

(2) 如果非齐次线性方程组 (I),(II) 有解, 则它们同解的充分必要条件是 (I),(II) 等价.

条件的充分性显然. 只需证明必要性. 设非齐次线性方程组:

$$\text{(I)}\ x_1\boldsymbol{a}_1+\cdots+x_n\boldsymbol{a}_n=\boldsymbol{a}_0\quad 与\quad \text{(II)}\ x_1\boldsymbol{b}_1+\cdots+x_n\boldsymbol{b}_n=\boldsymbol{b}_0$$

同解. 以这两个方程组的增广矩阵 $\boldsymbol{A}=(\boldsymbol{a}_1,\cdots,\boldsymbol{a}_n,\boldsymbol{a}_0)$ 与 $\boldsymbol{B}=(\boldsymbol{b}_1,\cdots,\boldsymbol{b}_n,\boldsymbol{b}_0)$ 为系数矩阵构造齐次线性方程组:

$$\text{(III) } x_1\boldsymbol{a}_1+\cdots+x_n\boldsymbol{a}_n+x_0\boldsymbol{a}_0=\boldsymbol{0} \quad \text{与} \quad \text{(IV) } x_1\boldsymbol{b}_1+\cdots+x_n\boldsymbol{b}_n+x_0\boldsymbol{b}_0=\boldsymbol{0}$$

只要能够由非齐次线性方程组 (I),(II) 同解得出齐次线性方程组 (III),(IV) 同解, 即可得出 (III),(IV) 的系数矩阵 $\boldsymbol{A},\boldsymbol{B}$ 等价, 也就是方程组 (I),(II) 等价.

对每个 $\boldsymbol{\xi}=(x_1,\cdots,x_n)\in F^n$, 记 $(\boldsymbol{\xi},x_0)=(x_1,\cdots,x_n,x_0)\in F^{n+1}$, 则:

$\boldsymbol{\xi}=(x_1,\cdots,x_n)$ 是方程组 (I) 的解 $\Leftrightarrow x_1\boldsymbol{a}_1+\cdots+x_n\boldsymbol{a}_n=\boldsymbol{a}_0$

$\Leftrightarrow x_1\boldsymbol{a}_1+\cdots+x_n\boldsymbol{a}_n-1\boldsymbol{a}_0=\boldsymbol{0}\Leftrightarrow(\boldsymbol{\xi},-1)$ 是方程组 (III) 的解

同理, $\boldsymbol{\xi}$ 是 (II) 的解 $\Leftrightarrow(\boldsymbol{\xi},-1)$ 是 (IV) 的解.

由方程组 (I),(II) 同解知: $\boldsymbol{\xi}$ 是 (I) 的解 $\Leftrightarrow\boldsymbol{\xi}$ 是 (II) 的解.

因此, $(\boldsymbol{\xi},-1)$ 是 (III) 的解 $\Leftrightarrow(\boldsymbol{\xi},-1)$ 是 (IV) 的解.

已知方程组 (I) 至少有一个解 $\boldsymbol{\xi}_0$, 它也是 (I),(II) 的公共解. $\boldsymbol{X}_0=(\boldsymbol{\xi}_0,-1)$ 是 (III),(IV) 的公共解.

现在证明 (III) 的每个解 $\boldsymbol{X}=(x_1,\cdots,x_n,x_0)=(\boldsymbol{\xi},x_0)$ 一定是 (IV) 的解.

如果 $x_0\neq0$, 则齐次方程组 (III) 的解 $\boldsymbol{X}$ 的 $-x_0^{-1}$ 倍 $-x_0^{-1}\boldsymbol{X}=(-x_0^{-1}\boldsymbol{\xi},-1)$ 也是 (III) 的解, 从而是 (IV) 的解. 因而 $-x_0^{-1}\boldsymbol{X}$ 的 $-x_0$ 倍 $\boldsymbol{X}$ 也是 (IV) 的解.

如果 $x_0=0$, 将齐次线性方程组 (III) 这个解 $\boldsymbol{X}=(\boldsymbol{\xi},0)$ 与已知解 $\boldsymbol{X}_0=(\boldsymbol{\xi}_0,-1)$ 相加得到的 $X+\boldsymbol{X}_0=(\boldsymbol{\xi}+\boldsymbol{\xi}_0,-1)$ 也是 (III) 的解, 从而是 (IV) 的解. (IV) 的两个解 $\boldsymbol{X}+\boldsymbol{X}_0$ 与 $\boldsymbol{X}_0$ 之差 $(\boldsymbol{X}+\boldsymbol{X}_0)-\boldsymbol{X}_0=\boldsymbol{X}$ 仍是 (IV) 的解.

这就证明了 (III) 的解都是 (IV) 的解. 同理, (IV) 的解都是 (III) 的解. 齐次线性方程组 (III),(IV) 同解. 将这两个方程组 (III),(IV) 的所有方程共同组成新的齐次线性方程组 (V). 则 (V) 与 (III) 及 (IV) 同解. 记 S,T 分别是 $\boldsymbol{A},\boldsymbol{B}$ 的行向量组, 则 (V) 的系数矩阵 $\boldsymbol{\Sigma}=\begin{pmatrix}\boldsymbol{A}\\\boldsymbol{B}\end{pmatrix}$ 的行向量组为 $S\cup T$, 由 $\boldsymbol{A}$ 与 $\boldsymbol{B}$ 的行向量组合并而成. 三个方程组的解空间 V_Σ,V_A,V_B 相同, 它们的维数相等:

$$(n+1)-\operatorname{rank}\boldsymbol{\Sigma}=(n+1)-\operatorname{rank}\boldsymbol{A}=(n+1)-\operatorname{rank}\boldsymbol{B}$$

因而 $\operatorname{rank}\boldsymbol{\Sigma}=\operatorname{rank}\boldsymbol{A}=\operatorname{rank}\boldsymbol{B}$. 这说明 S 的极大线性无关组 $M(S)$ 也是 $S\cup T$ 的极大线性无关组, T 是 $M(S)$ 的线性组合因而是 S 的线性组合. 同理可知 S 是 T 的线性组合.

这就证明了 $\boldsymbol{A}$ 与 $\boldsymbol{B}$ 的行向量组 S,T 互为线性组合, 相互等价. 也就是方程组 (I),(II) 相互等价. □

点评　2.3 节的例题 2.3.9 证明了齐次线性方程组同解的充分必要条件是它们互为线性组合. 本题对非齐次线性方程组证明了同样的结论, 证明方法是以非齐次线性方程组 (I),(II) 的增广矩阵 $\boldsymbol{A},\boldsymbol{B}$ 为系数矩阵构造齐次线性方程组 (III),(IV), 证明 (I),(II) 同解导致 (III),(IV) 同解, 然后就可以引用 2.3.9 的结论得出 $\boldsymbol{A},\boldsymbol{B}$ 等价. 为了使本题的解答具有独立性, 我们在这里没有直接引用 2.3.9 的结论, 而是将 2.3.9 的证明重新叙述了一遍. □

2.4.3　已知 $\boldsymbol{X}_1,\cdots,\boldsymbol{X}_k$ 是数域 F 上某个非齐次线性方程组的解, $\lambda_1,\cdots,\lambda_k\in F$. 求 $\lambda_1\boldsymbol{X}_1+\cdots+\lambda_k\boldsymbol{X}_k$ 是方程组的解的充分必要条件.

解 将非齐次线性方程组写成矩阵形式 $\boldsymbol{AX}=\boldsymbol{\beta}$, 其中 $\boldsymbol{\beta}\neq\boldsymbol{0}$. 由 $\boldsymbol{X}_1,\cdots,\boldsymbol{X}_k$ 是方程组的解知 $\boldsymbol{AX}_1=\cdots=\boldsymbol{AX}_k=\boldsymbol{\beta}$.

$\lambda_1\boldsymbol{X}_1+\cdots+\lambda_k\boldsymbol{X}_k$ 是方程组的解 $\Leftrightarrow$

$$\begin{aligned}\boldsymbol{\beta}&=\boldsymbol{A}(\lambda_1\boldsymbol{X}_1+\cdots+\lambda_k\boldsymbol{X}_k)=\lambda_1(\boldsymbol{AX}_1)+\cdots+\lambda_k(\boldsymbol{AX}_k)\\&=\lambda_1\boldsymbol{\beta}+\cdots+\lambda_k\boldsymbol{\beta}=(\lambda_1+\cdots+\lambda_k)\boldsymbol{\beta}\end{aligned}$$

由 $\boldsymbol{\beta}\neq\boldsymbol{0}$ 知 $\boldsymbol{\beta}=(\lambda_1+\cdots+\lambda_k)\boldsymbol{\beta}\Leftrightarrow\lambda_1+\cdots+\lambda_k=1$.

这就得到所求充分必要条件为: $\lambda_1+\cdots+\lambda_k=1$. □

2.4.4 已知数域 F 上 n 元非齐次线性方程组的解生成 F^n, 求方程组的系数矩阵的秩.

解 取非齐次线性方程组 $\boldsymbol{AX}=\boldsymbol{\beta}$ 的一组解 $\boldsymbol{X}_1,\cdots,\boldsymbol{X}_n$ 组成 F^n 的一组基.

$n-1$ 个向量 $\boldsymbol{X}_2-\boldsymbol{X}_1,\cdots,\boldsymbol{X}_n-\boldsymbol{X}_1$ 都是齐次线性方程组 $\boldsymbol{AX}=\boldsymbol{0}$ 的解. 设

$$\lambda_2(\boldsymbol{X}_2-\boldsymbol{X}_1)+\cdots+\lambda_n(\boldsymbol{X}_n-\boldsymbol{X}_1)=\boldsymbol{0}$$

则 $-(\lambda_2+\cdots+\lambda_n)\boldsymbol{X}_1+\lambda_2\boldsymbol{X}_2+\cdots+\lambda_n\boldsymbol{X}_n=\boldsymbol{0}$. 由 $\boldsymbol{X}_1,\cdots,\boldsymbol{X}_n$ 线性无关知 $\lambda_2=\cdots=\lambda_n=0$, $\boldsymbol{X}_2-\boldsymbol{X}_1,\cdots,\boldsymbol{X}_n-\boldsymbol{X}_1$ 线性无关. 这说明齐次线性方程组 $\boldsymbol{AX}=\boldsymbol{0}$ 的解空间维数 $n-\operatorname{rank}\boldsymbol{A}\geqslant n-1$, $\operatorname{rank}\boldsymbol{A}\leqslant n-(n-1)=1$.

如果 $\operatorname{rank}\boldsymbol{A}=0$, $\boldsymbol{A}=\boldsymbol{O}$, 则非齐次线性方程组 $\boldsymbol{AX}=\boldsymbol{\beta}$ 无解, 因此 $\operatorname{rank}\boldsymbol{A}=1$. □

点评 也可用如下方法证明 $\boldsymbol{X}_2-\boldsymbol{X}_1,\cdots,\boldsymbol{X}_n-\boldsymbol{X}_1$ 线性无关: 向量组 $\{\boldsymbol{X}_1,\boldsymbol{X}_2,\cdots,\boldsymbol{X}_n\}$ 与 $\{\boldsymbol{X}_1,\boldsymbol{X}_2-\boldsymbol{X}_1,\cdots,\boldsymbol{X}_n-\boldsymbol{X}_1\}$ 互为线性组合, 秩相等, 都为 n. 因此 $\{\boldsymbol{X}_1,\boldsymbol{X}_2-\boldsymbol{X}_1,\cdots,\boldsymbol{X}_n-\boldsymbol{X}_1\}$ 线性无关, 其子集 $\{\boldsymbol{X}_2-\boldsymbol{X}_1,\cdots,\boldsymbol{X}_n-\boldsymbol{X}_1\}$ 线性无关. □

2.5 一般的线性空间

知识导航

1. 线性空间的思想

向量本来是有大小、方向的几何向量, 按平行四边形法则或三角形法则定义加法, 按有向线段的伸缩或反向定义向量与实数的乘法. 但是, 选取了基、建立了坐标之后, 每个向量就用数组表示. 本章 2.1~2.4 节的全部概念和定理都是通过数组向量的加法与数乘得出来的, 不需要用到几何性质. 虽然我们也通过对二维和三维向量的几何性质的讨论来得出代数性质, 但那是为了借助于直观帮助理解并学会应用, 在进行推理的时候其实并没有用到几何.

用平行四边形法则定义的几何向量的加法比较复杂, 数组向量按分量做加法显然简单得多. 为什么可以用简单的数组运算代替复杂的几何向量运算? 是因为它们满足同样的运算律. 其实, 在本章前几节的很多推理中, 既没有用到几何向量的几何性质, 也没有将数组

向量的分量写出来进行运算, 只用到运算律就得出了所需的结论. 例如, 证明较少的向量 $\boldsymbol{\alpha}_1,\cdots,\boldsymbol{\alpha}_r$ 线性组合出的较多的向量 $\boldsymbol{\beta}_1,\cdots,\boldsymbol{\beta}_s$ $(s>r)$ 线性相关, 既没有写出各 $\boldsymbol{\alpha}_i$ 也没有写出各 $\boldsymbol{\beta}_j$ 的各分量, 而是将每个 $\boldsymbol{\beta}_j$ 写成各 $\boldsymbol{\alpha}_i$ 的线性组合的形式 $\boldsymbol{A}\boldsymbol{B}_j$, 通过运算律将各向量 $\boldsymbol{\beta}_j$ 的线性组合写成 $\lambda_1(\boldsymbol{A}\boldsymbol{B}_1)+\cdots+\lambda_s(\boldsymbol{A}\boldsymbol{B}_s)=\boldsymbol{A}(\lambda_1\boldsymbol{B}_1+\cdots+\lambda_s\boldsymbol{B}_s)$ 的形式, 从而将 $\boldsymbol{\beta}_j$ 线性相关的问题转化为方程组 $\lambda_1\boldsymbol{B}_1+\cdots+\lambda_s\boldsymbol{B}_s=\boldsymbol{0}$ 非零解的问题, 也就是数组向量 $\boldsymbol{B}_1,\cdots,\boldsymbol{B}_s$ 的线性相关问题, 变得迎刃而解. 注意, 在这里根本就不必管 $\boldsymbol{\alpha}_i$ 与 $\boldsymbol{\beta}_j$ 是什么, 是几何向量还是数组向量, 是函数还是多项式还是矩阵, 只要他们能做加法、能与数相乘, 以上推理及结论就都能成立.

因此, 不论是什么元素组成的非空集合 V, 只要能够定义 V 中元素之间的加法, 以及 V 中元素与数的乘法, 不论这种加法与乘法怎样进行, 只要满足我们熟悉的一些简单的运算律, 就都可以将 V 中的元素称为向量, V 称为向量空间. 我们对向量所得到的结论 (例如关于线性相关与无关、维数、基、坐标、极大线性无关组、秩的结论) 都适用于这样的向量空间, 而且可以建立坐标将其中的向量用数组来表示, 向量运算用数组运算来表示.

2. 线性空间的定义

定义 2.5.1　设 V 是一个非空集合, F 是一个数域. 如果满足了以下两个条件 V1,V2, 则 V 称为 F 上的**线性空间** (linear space), 也称为**向量空间** (vector space), V 中的元素称为**向量** (vector), F 中的数称为**纯量** (scalar). 有时候, 为了强调 V 是 F 上的线性空间, 也将 V 记为 $V(F)$.

V1. 在 V 中按照某种方式定义了加法, 使得可以将 V 中任意两个元素 $\boldsymbol{\alpha},\boldsymbol{\beta}\in V$ 相加, 得到唯一一个 $\boldsymbol{\alpha}+\boldsymbol{\beta}\in V$.

在 F 中的数与 V 中元素之间按照某种方式定义了乘法, 使得可以由任意 $\lambda\in F$ 和任意 $\boldsymbol{\alpha}\in V$ 相乘得到唯一一个 $\lambda\boldsymbol{\alpha}\in V$. F 与 V 的元素之间的这种乘法也称为向量的数乘.

V2. V 中定义的上述加法与数乘两种运算满足如下的运算律:

(A1)　加法交换律: $\boldsymbol{\alpha}+\boldsymbol{\beta}=\boldsymbol{\beta}+\boldsymbol{\alpha}$ 对任意 $\boldsymbol{\alpha},\boldsymbol{\beta}\in V$ 成立.

(A2)　加法结合律: $(\boldsymbol{\alpha}+\boldsymbol{\beta})+\boldsymbol{\gamma}=\boldsymbol{\alpha}+(\boldsymbol{\beta}+\boldsymbol{\gamma})$ 对任意 $\boldsymbol{\alpha},\boldsymbol{\beta},\boldsymbol{\gamma}\in V$ 成立.

(A3)　零向量: 存在 $\boldsymbol{\theta}\in V$, 使得 $\boldsymbol{\theta}+\boldsymbol{\alpha}=\boldsymbol{\alpha}+\boldsymbol{\theta}=\boldsymbol{\alpha}$ 对任意 $\boldsymbol{\alpha}\in V$ 成立, $\boldsymbol{\theta}$ 称为**零向量** (zero vector), 也可记作 $\boldsymbol{0}$.

(A4)　负向量: 对任意 $\boldsymbol{\alpha}\in V$, 存在 $\boldsymbol{\beta}\in V$ 使 $\boldsymbol{\alpha}+\boldsymbol{\beta}=\boldsymbol{\beta}+\boldsymbol{\alpha}=0$, $\boldsymbol{\beta}$ 称为 $\boldsymbol{\alpha}$ 的**负向量** (negative vector), 记作 $-\boldsymbol{\alpha}$.

(M1)　数乘对向量加法的分配律: 对任意 $\boldsymbol{\alpha},\boldsymbol{\beta}\in V$ 和 $\lambda\in F$, 都有 $\lambda(\boldsymbol{\alpha}+\boldsymbol{\beta})=\lambda\boldsymbol{\alpha}+\lambda\boldsymbol{\beta}$.

(M2)　数乘对纯量加法的分配律: 对任意 $\boldsymbol{\alpha}\in V$ 和 $\lambda,\mu\in F$, 都有 $(\lambda+\mu)\boldsymbol{\alpha}=\lambda\boldsymbol{\alpha}+\mu\boldsymbol{\alpha}$.

(D1)　对任意 $\boldsymbol{\alpha}\in V$ 和 $\lambda,\mu\in F$, 都有 $\lambda(\mu\boldsymbol{\alpha})=(\lambda\mu)\boldsymbol{\alpha}$.

(D2)　对任意 $\boldsymbol{\alpha}\in V$ 和 $1\in F$, 都有 $1\boldsymbol{\alpha}=\boldsymbol{\alpha}$.　□

由以上 8 条基本运算律可以推出我们熟悉的其他一些运算性质. 如:

V 中的零向量唯一. 每个 $\boldsymbol{\alpha}$ 的负向量 $-\boldsymbol{\alpha}$ 唯一且等于 $(-1)\boldsymbol{\alpha}$. $\lambda\boldsymbol{\alpha}=0$ 当且仅当 $\boldsymbol{\alpha}=\boldsymbol{0}$ 或 $\lambda=0$.

同样地可定义线性相关、线性无关、线性组合、等价、子空间、极大线性无关组、秩、维数、基、坐标等.

稍有不同的是：V 中线性无关的向量个数不一定是有限的, 有可能是无限的. 例如, 系数在 F 中、字母为 x 的全体一元多项式 $f(x)=a_0+a_1x+\cdots+a_nx^n$ 组成的线性空间 $F[x]$ 中, $1,x,x^2,\cdots,x^n,\cdots$ 就是无限多个线性无关向量. 因此线性空间 $F[x]$ 的维数是无穷大, 坐标也是无穷数列. 本书只讨论 V 的维数有限的情形: V 可以由有限子集 $S=\{\boldsymbol{\alpha}_1,\cdots,\boldsymbol{\alpha}_N\}$ 做线性组合得到, 此时 S 的极大线性无关组 S_0 是 V 的一组基. V 的每个向量可以在这组基下写成坐标, 用有限维数组向量表示.

本节并不学习新的定理, 而是允许并鼓励读者将数组向量的知识应用到非数组向量组成的线性空间中去.

点评 向量空间定义中的 8 条运算律并非相互独立的. 例如, 加法交换律就可以由其他运算律推出来: 对任意 $\boldsymbol{\alpha},\boldsymbol{\beta}\in V$, 按两种不同方式计算 $\boldsymbol{\sigma}=(1+1)(\boldsymbol{\alpha}+\boldsymbol{\beta})$ 得

$$\begin{aligned}
\boldsymbol{\sigma}&=1(\boldsymbol{\alpha}+\boldsymbol{\beta})+1(\boldsymbol{\alpha}+\boldsymbol{\beta})=(\boldsymbol{\alpha}+\boldsymbol{\beta})+(\boldsymbol{\alpha}+\boldsymbol{\beta}) && \text{(M2,D2)}\\
&=\boldsymbol{\alpha}+(\boldsymbol{\beta}+\boldsymbol{\alpha})+\boldsymbol{\beta} && \text{(A2)}\\
\boldsymbol{\sigma}&=(1+1)\boldsymbol{\alpha}+(1+1)\boldsymbol{\beta}=(1\boldsymbol{\alpha}+1\boldsymbol{\alpha})+(1\boldsymbol{\beta}+1\boldsymbol{\beta}) && \text{(M1,M2)}\\
&=(\boldsymbol{\alpha}+\boldsymbol{\alpha})+(\boldsymbol{\beta}+\boldsymbol{\beta})=\boldsymbol{\alpha}+(\boldsymbol{\alpha}+\boldsymbol{\beta})+\boldsymbol{\beta} && \text{(D2,A2)}\\
(-\boldsymbol{\alpha})+\boldsymbol{\sigma}+(-\boldsymbol{\beta})&=[(-\boldsymbol{\alpha})+\boldsymbol{\alpha}]+(\boldsymbol{\beta}+\boldsymbol{\alpha})+[\boldsymbol{\beta}+(-\boldsymbol{\beta})] && \text{(A4,A2)}\\
&=0+(\boldsymbol{\beta}+\boldsymbol{\alpha})+0=\boldsymbol{\beta}+\boldsymbol{\alpha} && \text{(A4,A3)}\\
(-\boldsymbol{\alpha})+\boldsymbol{\sigma}+(-\boldsymbol{\beta})&=[(-\boldsymbol{\alpha})+\boldsymbol{\alpha}]+(\boldsymbol{\alpha}+\boldsymbol{\beta})+[\boldsymbol{\beta}+(-\boldsymbol{\beta})] && \text{(A4,A2)}\\
&=0+(\boldsymbol{\alpha}+\boldsymbol{\beta})+0=\boldsymbol{\alpha}+\boldsymbol{\beta} && \text{(A4,A3)}
\end{aligned}$$

证明的要点是: 按两种不同顺序展开 $(1+1)(\boldsymbol{\alpha}+\boldsymbol{\beta})$, 得到的式子中部的 $\boldsymbol{\alpha},\boldsymbol{\beta}$ 的排列顺序相反, 左右两边分别加上 $-\boldsymbol{\alpha},-\boldsymbol{\beta}$ 消去 $\boldsymbol{\alpha},\boldsymbol{\beta}$, 就得到 $\boldsymbol{\beta}+\boldsymbol{\alpha}=\boldsymbol{\alpha}+\boldsymbol{\beta}$.

类似地, 设非空集合 G 中定义了乘法将任意 $a,b\in G$ 相乘得到乘积 $ab\in G$, 满足结合律, 存在 $e\in G$ 与每个 $a\in G$ 相乘等于 $ea=a=ae$, 且对每个 $a\in G$ 存在 a^{-1} 满足 $aa^{-1}=a^{-1}a=e$. 定义了这样的乘法的集合 G 称为**群** (group). 如果 $(ab)^2=a^2b^2$ 对任意 $a,b\in G$ 成立, 同样可由 $(ab)(ab)=(aa)(bb)$ 得到 $ba=ab$, 这样的群满足交换律, 称为**交换群** (commutative group). 反之, 如果 G 中的乘法不满足交换律, 则中学熟悉的指数律 $(ab)^2=a^2b^2$ 不成立. □

例题分析与解答

2.5.1 在区间 $(-R,R)$ 上的全体实函数组成的空间中, $1,\cos^2 t,\cos 2t$ 是否线性无关? 并说明理由.

解 由 $\cos 2t=2\cos^2 t-1$ 知 $\lambda_1 1+\lambda_2\cos^2 t+\lambda_3\cos 2t=\mathbf{0}$ 对 $(\lambda_1,\lambda_2,\lambda_3)=(1,-2,1)\neq(0,0,0)$ 成立. $1,\cos^2 t,\cos 2t$ 线性相关, 不是线性无关. □

2.5.2 在全体实系数多项式组成的实数域上的线性空间 $R[x]$ 中, 以下子集合是否构

成子空间:

(1) 对给定的正整数 n, 次数 $<n$ 的实系数多项式的全体以及零多项式组成的集合.

(2) 对给定的正整数 n, 次数 $>n$ 的实系数多项式的全体.

(3) 对给定的实数 a, 满足条件 $f(a)=0$ 的实系数多项式 $f(x)$ 的全体.

(4) 对给定的实数 a, 满足条件 $f(a)\neq 0$ 的实系数多项式 $f(x)$ 的全体.

(5) 满足条件 $f(x)=f(-x)$ 的实系数多项式 $f(x)$ 的全体.

解 (1) 是. 所说集合对加法及与实数的乘法封闭.

(2) 不是. 例如, 子空间必须包含零多项式, 而这个集合不包含.

(3) 是. $f(a)=g(a)=0\Rightarrow (f+g)(a)=0$ 且 $(\lambda f)(a)=\lambda 0=0$, 说明集合对加法及与实数的乘法封闭.

(4) 不是. 这个集合不包含零多项式.

(5) 是. 当 $f(x)=f(-x)$ 且 $g(x)=g(-x)$ 时, $(f+g)(x)=f(x)+g(x)=f(-x)+g(-x)=(f+g)(-x)$, 且 $(\lambda f)(x)=\lambda(f(x))=\lambda(f(-x))=(\lambda f)(-x)$. □

2.5.3 设整数 $k\geqslant 2$, 数域 F 上的线性空间 V 中的向量 $\boldsymbol{\alpha}_1,\cdots,\boldsymbol{\alpha}_k$ 线性相关. 证明: 存在不全为 0 的数 $\lambda_1,\cdots,\lambda_k\in F$, 使得对任何 $\boldsymbol{\alpha}_{k+1}$, 向量组 $\{\boldsymbol{\alpha}_1+\lambda_1\boldsymbol{\alpha}_{k+1},\cdots,\boldsymbol{\alpha}_k+\lambda_k\boldsymbol{\alpha}_{k+1}\}$ 线性相关.

解 $\boldsymbol{\alpha}_1,\cdots,\boldsymbol{\alpha}_k$ 线性相关 $\Rightarrow$ 存在不全为 0 的 $c_1,\cdots,c_k$ 使$c_1\boldsymbol{\alpha}_1+\cdots+c_k\boldsymbol{\alpha}_k=\mathbf{0}$.

由于 $k\geqslant 2$, 以 $c_1,\cdots,c_k$ 为系数、 $\lambda_1,\cdots,\lambda_k$ 为未知数的 k 元一次齐次方程 $c_1\lambda_1+\cdots+c_k\lambda_k=0$ 有非零解 $(\lambda_1,\cdots,\lambda_k)\neq(0,\cdots,0)$.

对任何 $\boldsymbol{\alpha}_{k+1}$, 有

$$\begin{aligned}&c_1(\boldsymbol{\alpha}_1+\lambda_1\boldsymbol{\alpha}_{k+1})+\cdots+c_k(\boldsymbol{\alpha}_k+\lambda_k\boldsymbol{\alpha}_{k+1})\\&=c_1\boldsymbol{\alpha}_1+\cdots+c_k\boldsymbol{\alpha}_k+(c_1\lambda_1+\cdots+c_k\lambda_k)\boldsymbol{\alpha}_{k+1}=\mathbf{0}+0\boldsymbol{\alpha}_{k+1}=\mathbf{0}\end{aligned}$$

其中 $c_1,\cdots,c_k$ 不全为 0, 说明向量组 $\{\boldsymbol{\alpha}_1+\lambda_1\boldsymbol{\alpha}_{k+1},\cdots,\boldsymbol{\alpha}_k+\lambda_k\boldsymbol{\alpha}_{k+1}\}$ 线性相关. □

2.5.4 设向量组 $S=\{\boldsymbol{\alpha}_1,\cdots,\boldsymbol{\alpha}_s\}$ 线性无关, 并且可以由向量组 $T=\{\boldsymbol{\beta}_1,\cdots,\boldsymbol{\beta}_t\}$ 线性表出, 求证:

(1) 向量组 T 与 $S\cup T$ 等价.

(2) 将 S 扩充为 $S\cup T$ 的一个极大线性无关组 $T_1=\{\boldsymbol{\alpha}_1,\cdots,\boldsymbol{\alpha}_s,\boldsymbol{\beta}_{i_{s+1}},\cdots,\boldsymbol{\beta}_{i_{s+k}}\}$, 则 T_1 与 T 等价, 且 $s+k\leqslant t$.

(3) (Steinitz 替换定理) 可以用向量 $\boldsymbol{\alpha}_1,\cdots,\boldsymbol{\alpha}_s$ 替换向量 $\boldsymbol{\beta}_1,\cdots,\boldsymbol{\beta}_t$ 中某 s 个向量 $\boldsymbol{\beta}_{i_1},\cdots,\boldsymbol{\beta}_{i_s}$, 使得到的向量组 $\{\boldsymbol{\alpha}_1,\cdots,\boldsymbol{\alpha}_s,\boldsymbol{\beta}_{i_{s+1}},\cdots,\boldsymbol{\beta}_{i_t}\}$ 与 $\{\boldsymbol{\beta}_1,\cdots,\boldsymbol{\beta}_t\}$ 等价.

证明 (1) S 是 T 的线性组合, T 当然是 T 自身的线性组合. 因此 $S\cup T$ 中所有的向量都是 T 的线性组合. T 是 $S\cup T$ 的子集 T 的线性组合, 因此是 $S\cup T$ 的线性组合. 这证明了 T 与 $S\cup T$ 互为线性组合, 相互等价.

(2) T 与 $S\cup T$ 等价, $S\cup T$ 与它的极大线性无关组 T_1 等价. 由等价的传递性知 T 与 T_1 等价. T_1 的 $s+k$ 个向量都是 T 的线性组合. 如果被 T 线性表出的向量个数 $s+k$ 大于 T 的向量个数 t, T_1 必然线性相关. 既然 T_1 线性无关, 就不能有 $s+k>t$, 只能是 $s+k\leqslant t$.

(3) $S\cup T$ 的极大线性无关组 $T_1=\{\boldsymbol{\alpha}_1,\cdots,\boldsymbol{\alpha}_s,\boldsymbol{\beta}_{i_{s+1}},\cdots,\boldsymbol{\beta}_{i_{s+k}}\}$ 的元素个数 $s+k\leqslant t$,

因此 $s \leqslant t-k$. $T=\{\boldsymbol{\beta}_1,\cdots,\boldsymbol{\beta}_t\}$ 中除了 $\boldsymbol{\beta}_{i_{s+1}},\cdots,\boldsymbol{\beta}_{i_{s+k}}$ 这 k 个向量外剩下的向量个数 $t-k \geqslant s$, 其中至少含有 s 个向量 $\boldsymbol{\beta}_{i_1},\cdots,\boldsymbol{\beta}_{i_s}$, 将 T 中这 s 个向量替换成 $\boldsymbol{\alpha}_1,\cdots,\boldsymbol{\alpha}_s$, 得到的向量组 T_2 既包含 $\boldsymbol{\beta}_{i_{s+1}},\cdots,\boldsymbol{\beta}_{i_{s+k}}$, 也包含 $\boldsymbol{\alpha}_1,\cdots,\boldsymbol{\alpha}_s$, 因此包含 T_1. 我们有 $T_1 \subseteq T_2 \subseteq S\cup T$, 且 T_1 与 $S\cup T$ 都与 $T=\{\boldsymbol{\beta}_1,\cdots,\boldsymbol{\beta}_t\}$ 等价, 因此 T_2 与 T 等价, 如所欲证. □

点评 大多数教材中, 都是先证明了 Steinitz 替换定理 (本题第 (3) 小题), 再得出推论: 被 t 个向量 $\boldsymbol{\beta}_1,\cdots,\boldsymbol{\beta}_t$ 线性表出的线性无关向量 $\boldsymbol{\alpha}_1,\cdots,\boldsymbol{\alpha}_s$ 的个数 $s \leqslant t$. 在我的教材 [1] 中, 这个推论直接由齐次线性方程组有非零解的的条件得出, 作为向量组线性相关与线性无关的最基础的定理之一. 本题就是利用了这个定理推出了 Steinitz 替换定理.

直接用线性相关的定义证明 Steinitz 替换定理, 可以采用如下证法:

2.5.4(3) 证法 2 设线性无关向量集合 $S=\{\boldsymbol{\alpha}_1,\cdots,\boldsymbol{\alpha}_s\}$ 是向量集合 $T=\{\boldsymbol{\beta}_1,\cdots,\boldsymbol{\beta}_t\}$ 的线性组合. 对 s 用数学归纳法证明 Steinitz 替换定理.

当 $s=0$ 时结论自然成立, 无需证明.

设 $s\geqslant 1$, 并设结论已对 $s-1$ 个向量组成的集合 $S_{s-1}=\{\boldsymbol{\alpha}_1,\cdots,\boldsymbol{\alpha}_{s-1}\}$ 成立. 即: $s-1\leqslant t$, 且可用 $\boldsymbol{\alpha}_1,\cdots,\boldsymbol{\alpha}_{s-1}$ 替换 T 中某 $s-1$ 个向量, 得到 $T_{s-1}=\{\boldsymbol{\alpha}_1,\cdots,\boldsymbol{\alpha}_{s-1},\boldsymbol{\beta}_{i_s},\cdots,\boldsymbol{\beta}_{i_t}\}$ 与 T 等价.

$\boldsymbol{\alpha}_s$ 是 T 的线性组合, 从而是 T_{s-1} 的线性组合:

$$\boldsymbol{\alpha}_s=\lambda_1\boldsymbol{\alpha}_1+\cdots+\lambda_{s-1}\boldsymbol{\alpha}_{s-1}+\lambda_s\boldsymbol{\beta}_{i_s}+\cdots+\lambda_t\boldsymbol{\beta}_{i_t} \tag{2.28}$$

如果 $s-1=t$, 或者 $\lambda_s,\cdots,\lambda_t$ 全为 0, 则 $\boldsymbol{\alpha}_s$ 是 $\boldsymbol{\alpha}_1,\cdots,\boldsymbol{\alpha}_{s-1}$ 的线性组合, 与 $\boldsymbol{\alpha}_1,\cdots,\boldsymbol{\alpha}_s$ 线性无关相违, 因此有 $s-1<t$, $s\leqslant t$, 存在正整数 $p\geqslant s$ 且 $p\leqslant t$ 使 $\lambda_p\neq 0$. 将等式 (1) 右边的项 $\lambda_p\boldsymbol{\beta}_{i_p}$ 移到左边, 左边的 $\boldsymbol{\alpha}_s$ 移到右边, 再将等式两边同乘 $-\lambda_p^{-1}$, 就将 $\boldsymbol{\beta}_{i_p}$ 表示成了 $\boldsymbol{\alpha}_i$ $(1\leqslant i\leqslant s)$ 及 $\boldsymbol{\beta}_{i_q}$ $(s\leqslant q\leqslant t, q\neq p)$ 的线性组合. 用 $\boldsymbol{\alpha}_s$ 替换 T_{s-1} 中的 $\boldsymbol{\beta}_{i_p}$, 得到的集合 T_s 与 T_{s-1} 等价从而与 T 等价, 并且 T_s 由 $\boldsymbol{\alpha}_1,\cdots,\boldsymbol{\alpha}_s$ 替换 T 中某 s 个向量得到. □

2.5.5 设向量组 S,T 的秩分别为 s,t, 求证: 向量组 $S\cup T$ 的秩 $\operatorname{rank}(S\cup T)\leqslant s+t$.

证明 将任何一个有限集合 M 所含元素个数记作 $|M|$. 设 S_0,T_0 分别是 S,T 的极大线性无关组, 则 $|S_0|=\operatorname{rank}S=s$, $|T_0|=\operatorname{rank}T=t$.

$S\cup T$ 中的向量或者含于 S, 或者含于 T, 其中含于 S 的都是 S_0 的线性组合, 含于 T 的都是 T_0 的线性组合, 因此 $S\cup T$ 是 $S_0\cup T_0$ 的线性组合, 也就是 $S_0\cup T_0$ 的极大线性无关组 M_0 的线性组合.

由于 M_0 是 $S_0\cup T_0$ 的子集, 所含向量个数 $|M_0|\leqslant|S_0\cup T_0|\leqslant|S_0|\cup|T_0|=s+t$. 因而 $\operatorname{rank}(S\cup T)=|M_0|\leqslant s+t$. □

2.5.6 设向量组 $\boldsymbol{\alpha}_1,\cdots,\boldsymbol{\alpha}_s$ 的秩为 r, 在其中任取 m 个向量 $\boldsymbol{\alpha}_{i_1},\cdots,\boldsymbol{\alpha}_{i_m}$ 组成向量组 S. 求证: S 的秩 $\geqslant r+m-s$.

证明 任取向量组 $\boldsymbol{A}=\{\boldsymbol{\alpha}_1,\cdots,\boldsymbol{\alpha}_s\}$ 的极大线性无关组 $\boldsymbol{A}_0$, 则 $\boldsymbol{A}_0$ 由 r 个向量组成. $\boldsymbol{A}$ 中不含于 $\boldsymbol{A}_0$ 的向量有 $s-r$ 个. S 由 $\boldsymbol{A}$ 中任取的 m 个向量组成, 其中最多只有 $s-r$ 个不含于 $\boldsymbol{A}_0$, 至少有 $m-(s-r)=m+r-s$ 个含于 $\boldsymbol{A}_0$, S 中这 $m+r-s$ 个含于 $\boldsymbol{A}_0$ 的向量线性无关, 因此 $\operatorname{rank}S\geqslant r+m-s$. □

2.5.7 证明: 在次数 $\leqslant n$ 的全体实系数多项式构成的 $n+1$ 维实线性空间中, $1,x-$

$c,(x-c)^2,\cdots,(x-c)^n$ 构成一组基. 并求 $f(x)=a_0+a_1x+\cdots+a_nx^n$ 在这组基下的坐标.

证明 记次数 $\leqslant n$ 的所有实系数多项式构成的实线性空间为 V. 令 $y=x-c$, 则 $x=c+y$, 每个 $f(x)=a_0+a_1x+\cdots+a_nx^n\in V$ 可写成 $f(c+y)=a_0+a_1(c+y)+\cdots+a_n(c+y)^n$ 的形式, 按牛顿二项式定理将其中每个 $(c+y)^m$ $(1\leqslant m\leqslant n)$ 展开为 y 的 m 次多项式 $c^m+mc^{n-1}y+\mathrm{C}_m^2c^{n-2}y^2+\cdots+y^m$, 可将 $f(c+y)$ 整理成 y 的不超过 n 次的多项式:

$$f(c+y)=b_0+b_1y+b_2y^2+\cdots+b_ny^n \tag{2.29}$$

其中 $b_k=\mathrm{C}_k^ka_k+\mathrm{C}_{k+1}^ka_{k+1}c+\cdots+\mathrm{C}_n^ka_nc^{n-k}\in\mathbf{R}$. 再将 $y=x-c$ 代入展开式 (2.29) 得到

$$f(x)=b_01+b_1(x-c)+b_2(x-c)^2+\cdots+b_n(x-c)^n \tag{2.30}$$

这说明每个 $f(x)\in V$ 都是向量组 $S=\{1,x-c,(x-c)^2,\cdots,(x-c)^n\}$ 的线性组合. 在等式 (2.30) 两边取 $x=c$ 得 $f(c)=b_0$, 两边求导数再取 $x=c$ 得 $f'(c)=b_1$. 一般地, 在等式 (2.30) 两边求 k 阶导数再取 $x=c$ 得 $f^{(k)}(c)=(k!)b_k$, 从而 $b_k=\dfrac{f^{(k)}(c)}{k!}$. 代入式 (2.30) 得

$$f(x)=f(c)1+\cdots+\frac{f^{(k)}(c)}{k!}(x-c)^k+\cdots+\frac{f^{(n)}(c)}{n!}(x-c)^n \tag{2.31}$$

特别地, 当 $f(x)=0$ 时所有的 $f^{(k)}(c)=0$, 因而:

$$b_01+b_1(x-c)+\cdots+b_n(x-c)^n=0\Leftrightarrow b_0=b_1=\cdots=b_n$$

这证明了 $S=\{1,x-c,\cdots,(x-c)^n\}$ 线性无关, 是 V 的一组基.

由 (2.31) 知 $f(x)=a_0+a_1x+\cdots+a_nx^n$ 在基 S 下的坐标为

$$\left(f(c),f'(c),\cdots,\frac{f^{(k)}(c)}{k!},\cdots,\frac{f^{(n)}(c)}{n!}\right) \qquad \square$$

点评 本题中的展开式 (2.31) 就是多项式函数 $f(x)$ 在 c 的泰勒展开式.

$f(x)$ 在 S 下的坐标 $(b_0,b_1,\cdots,b_n)$ 也可以由等式 $b_k=\mathrm{C}_k^ka_k+\mathrm{C}_{k+1}^ka_{k+1}c+\cdots+\mathrm{C}_n^ka_nc^{n-k}$ 算出. $\square$

2.5.8 设 V 是复数域上 n 维线性空间, 将它看成实数域 $\mathbf{R}$ 上的线性空间 $V_{\mathbf{R}}$, 对任意 $\boldsymbol{\alpha},\boldsymbol{\beta}\in V_{\mathbf{R}}$ 按复线性空间 V 中的加法定义 $\boldsymbol{\alpha}+\boldsymbol{\beta}$, 对 $\boldsymbol{\alpha}\in V_{\mathbf{R}}$ 及实数 $\lambda\in\mathbf{R}$ 按 V 中向量与 λ (看作复数) 的乘法定义 $\lambda\boldsymbol{\alpha}$. 求实线性空间 $V_{\mathbf{R}}$ 的维数, 并由复线性空间 V 的一组基求出 $V_{\mathbf{R}}$ 的一组基.

解 取 V 在复数域上的一组基 $S=\{\boldsymbol{\alpha}_1,\cdots,\boldsymbol{\alpha}_n\}$. 则每个向量 $\boldsymbol{\alpha}\in V$ 可以唯一地写成 S 在复数域上的线性组合:

$$\boldsymbol{\alpha}=\lambda_1\boldsymbol{\alpha}_1+\cdots+\lambda_n\boldsymbol{\alpha}_n$$

其中每个 $\lambda_k=a_k+b_k\mathrm{i}$, $a_k,b_k\in\mathbf{R}$. 于是:

$$\boldsymbol{\alpha}=(a_1+b_1\mathrm{i})\boldsymbol{\alpha}_1+\cdots+(a_n+b_n\mathrm{i})\boldsymbol{\alpha}_n=a_1\boldsymbol{\alpha}_1+b_1\mathrm{i}\boldsymbol{\alpha}_1+\cdots+a_n\boldsymbol{\alpha}_n+b_n\mathrm{i}\boldsymbol{\alpha}_n$$

这说明每个 $\boldsymbol{\alpha}\in V_{\mathbf{R}}$ 是 $2n$ 个向量 $\boldsymbol{\alpha}_1,\mathrm{i}\boldsymbol{\alpha}_1,\cdots,\boldsymbol{\alpha}_n,\mathrm{i}\boldsymbol{\alpha}_n$ 的实系数线性组合.

设这 $2n$ 个向量的实系数线性组合:

$$x_1\boldsymbol{\alpha}_1+y_1\mathrm{i}\boldsymbol{\alpha}_1+\cdots+x_n\boldsymbol{\alpha}_n+y_n\mathrm{i}\boldsymbol{\alpha}_n=\mathbf{0}$$

其中 $x_1,y_1,\cdots,x_n,y_n\in\mathbf{R}$. 即

$$(x_1+y_1\mathrm{i})\boldsymbol{\alpha}_1+\cdots+(x_n+y_n\mathrm{i})\boldsymbol{\alpha}_n=\mathbf{0}$$

由 $\boldsymbol{\alpha}_1,\cdots,\boldsymbol{\alpha}_n$ 在复数域上线性无关知以上等式中的复系数 $x_1+y_1\mathrm{i},\cdots,x_n+y_n\mathrm{i}$ 全为 0, 因而这些复系数的实部和虚部系数 $x_1,y_1,\cdots,x_n,y_n$ 全为 0. 这证明了 $2n$ 个向量 $\boldsymbol{\alpha}_1,\mathrm{i}\boldsymbol{\alpha}_1,\cdots,\boldsymbol{\alpha}_n,\mathrm{i}\boldsymbol{\alpha}_n$ 在实数域上线性无关, 组成 $\mathbf{R}$ 上向量空间 $V_{\mathbf{R}}$ 的一组基 M. 可见 $\dim V_{\mathbf{R}}=2n$.

一般地, 由复数域上线性空间 V 的任意一组基 $S=\{\boldsymbol{\alpha}_1,\cdots,\boldsymbol{\alpha}_n\}$ 添加各基向量 $\boldsymbol{\alpha}_k$ 的 i 倍 $\mathrm{i}\boldsymbol{\alpha}_k$ 得到 $V_{\mathbf{R}}$ 的一组基 $M=\{\boldsymbol{\alpha}_1,\mathrm{i}\boldsymbol{\alpha}_1,\cdots,\boldsymbol{\alpha}_n,\mathrm{i}\boldsymbol{\alpha}_n\}$. □

2.5.9 设 V 是数域 F 上的线性空间, V 中向量 $\boldsymbol{\alpha},\boldsymbol{\beta},\boldsymbol{\gamma}$ 满足条件 $\boldsymbol{\alpha}+\boldsymbol{\beta}+\boldsymbol{\gamma}=\mathbf{0}$. 求证: $V(\boldsymbol{\alpha},\boldsymbol{\beta})=V(\boldsymbol{\beta},\boldsymbol{\gamma})$.

证明 由 $\boldsymbol{\beta}=0\boldsymbol{\alpha}+1\boldsymbol{\beta}$ 及 $\boldsymbol{\gamma}=(-1)\boldsymbol{\alpha}+(-1)\boldsymbol{\beta}$ 知 $\boldsymbol{\beta},\boldsymbol{\gamma}$ 都是 $\boldsymbol{\alpha},\boldsymbol{\beta}$ 的线性组合, 因此 $\boldsymbol{\beta},\boldsymbol{\gamma}$ 都含于 $V(\boldsymbol{\alpha},\boldsymbol{\beta})$, 它们生成的子空间 $V(\boldsymbol{\beta},\boldsymbol{\gamma})$ 也含于 $V(\boldsymbol{\alpha},\boldsymbol{\beta})$.

反过来, $\boldsymbol{\alpha}=-\boldsymbol{\beta}-\boldsymbol{\gamma}$ 及 $\boldsymbol{\beta}$ 都是 $\boldsymbol{\beta},\boldsymbol{\gamma}$ 的线性组合, 都含于 $V(\boldsymbol{\beta},\boldsymbol{\gamma})$, 因此 $V(\boldsymbol{\alpha},\boldsymbol{\beta})\subseteq V(\boldsymbol{\beta},\boldsymbol{\gamma})$.

$V(\boldsymbol{\alpha},\boldsymbol{\beta})$ 与 $V(\boldsymbol{\beta},\boldsymbol{\gamma})$ 相互包含, 因此 $V(\boldsymbol{\alpha},\boldsymbol{\beta})=V(\boldsymbol{\beta},\boldsymbol{\gamma})$. □

2.5.10 将数域 F 上 n 维 $(n\geqslant 2)$ 数组空间 F^n 中的每个向量 $\boldsymbol{\alpha}=(a_1,a_2,\cdots,a_n)$ 看作一个具有 n 项的数列, 如下集合 W 是否组成 F^n 的一个子空间? 如果是, 求出它的维数及一组基.

(1) F^n 中所有的等比数列组成的集合.

(2) F^n 中所有的等差数列组成的集合.

解 (1) 不是子空间. 对加法不封闭. 例如, 等比数列 $(1,q,\cdots)$ 与 $(-1,q,\cdots)$ 之和 $(0,2q,\cdots)$ 不是等比数列.

(2) 是子空间. 任意两个等差数列之和、任意等差数列的常数倍仍是等差数列. 任意等差数列

$$(a,a+d,\cdots,a+(n-1)d)=a(1,1,\cdots,1)+d(0,1,2,\cdots,n-1)$$

都是两个线性无关等差数列 $(1,1,\cdots,1)$ 及 $(0,1,2,\cdots,n-1)$ 的线性组合. 这两个等差数列组成一组基, 子空间维数是 2. □

2.6 同构与同态

知识导航

1. 向量与坐标的对应

设 V 是 F 上 n 维线性空间, 取定一组基 $S=\{\boldsymbol{\alpha}_1,\cdots,\boldsymbol{\alpha}_n\}$, 将每个向量 $\boldsymbol{\alpha}\in V$ 写成基

的线性组合 $\boldsymbol{\alpha}=x_1\boldsymbol{\alpha}_1+\cdots+x_n\boldsymbol{\alpha}_n$, 得到 $\boldsymbol{\alpha}$ 的坐标 $\sigma(\boldsymbol{\alpha})=(x_1,\cdots,x_n)$. 则 $\sigma:V\to F^n$ 是线性空间 V 与数组空间 F^n 之间的一一对应, 向量的加法及数乘对应于坐标的加法与数乘, 即

$$\sigma(\boldsymbol{\alpha}+\boldsymbol{\beta})=\sigma(\boldsymbol{\alpha})+\sigma(\boldsymbol{\beta}),\quad \sigma(\lambda\boldsymbol{\alpha})=\lambda\sigma(\boldsymbol{\alpha}),\qquad (\forall\boldsymbol{\alpha},\boldsymbol{\beta}\in V,\lambda\in F)$$

2. 同构

定义 2.6.1 设 V,U 是数域 F 上两个线性空间. 如果存在一一映射 $\sigma:V\to U$ 满足条件:

(1) $\sigma(\boldsymbol{\alpha}+\boldsymbol{\beta})=\sigma(\boldsymbol{\alpha})+\sigma(\boldsymbol{\beta}),\ \forall\,\boldsymbol{\alpha},\boldsymbol{\beta}\in V$

(2) $\sigma(\lambda\boldsymbol{\alpha})=\lambda\sigma(\boldsymbol{\alpha}),\quad \forall\,\boldsymbol{\alpha}\in V,\lambda\in F$

就称线性空间 V 与 U **同构** (isomorphic), 称 σ 是 V_1 到 V_2 的**同构映射** (isomorphism). 特别地, 如果 $V_1=V_2$, 则 σ 称为 V_1 的**自同构** (automorphism). □

重要例 (1) 在线性空间 V 中取定一组基之后, 每个向量 $\boldsymbol{\alpha}$ 与它在这组基的坐标 $\sigma(\boldsymbol{\alpha})$ 之间的对应 $\sigma:V\to F^n,\boldsymbol{\alpha}\mapsto\sigma(\boldsymbol{\alpha})$.

(2) 线性空间 V 的恒等变换 $1_V:V\to V,\boldsymbol{\alpha}\mapsto\boldsymbol{\alpha}$. □

同构 $\sigma:V\to U$ 是将一个线性空间 V 连同其运算拷贝到另一个空间 U, 与加法和数乘有关的一切性质都保持. 例如:

V 的零向量映到 U 的零向量: $\sigma(\mathbf{0}_V)=\mathbf{0}_U$, 负向量映到负向量: $\sigma(-\boldsymbol{\alpha})=-\sigma(\boldsymbol{\alpha})$.

线性组合映到线性组合: $\sigma(\lambda_1\boldsymbol{\alpha}_1+\cdots+\lambda_k\boldsymbol{\alpha}_k)=\lambda_1\sigma(\boldsymbol{\alpha}_1)+\cdots+\lambda_k\sigma(\boldsymbol{\alpha}_k)$.

线性相关向量映到线性相关向量. 线性无关向量映到线性无关向量. 基映到基. 维数保持不变: $\dim V=\dim(\sigma(V))$.

因此, 要判定 V 中向量组 S 是线性相关还是线性无关, 或者求 S 的极大线性无关组, 可以选择适当的基将 S 中的向量用坐标来表示, 对这些坐标 (数组向量) 利用前面各节的算法判定线性相关或无关、求极大线性无关组.

3. 同态

定义 2.6.2 设 V,U 是数域 F 上两个线性空间. 如果存在映射 $\varphi:V\to U$, 满足条件:

(1) $\varphi(\boldsymbol{\alpha}+\boldsymbol{\beta})=\varphi(\boldsymbol{\alpha})+\varphi(\boldsymbol{\beta}),\ \forall\,\boldsymbol{\alpha},\boldsymbol{\beta}\in V$

(2) $\varphi(\lambda\boldsymbol{\alpha})=\lambda\varphi(\boldsymbol{\alpha}),\quad \forall\,\boldsymbol{\alpha}\in V,\lambda\in F$

就称 φ 是 V 到 U 的**同态映射** (homomorphism). □

重要例 设 V 是数域 F 上的线性空间, $\boldsymbol{\alpha}_1,\cdots,\boldsymbol{\alpha}_n$ 是 V 中任意 n 个向量, 则映射 $\sigma:F^n\to V,\boldsymbol{X}=(x_1,\cdots,x_n)\mapsto x_1\boldsymbol{\alpha}_1+\cdots+x_n\boldsymbol{\alpha}_n$ 是 F^n 到 V 的同态. σ 是单同态 $\Leftrightarrow$ 向量集合 $S=\{\boldsymbol{\alpha}_1,\cdots,\boldsymbol{\alpha}_n\}$ 线性无关. σ 是满同态 $\Leftrightarrow$ S 生成 V. σ 是同构 $\Leftrightarrow$ S 是 V 的基, 此时 $\boldsymbol{X}$ 是向量 $\sigma(\boldsymbol{X})$ 在基 S 下的坐标. □

定理 2.6.1 设 $\varphi:V_1\to V_2$ 是同态映射, 则:

(1) φ 将 V_1 的零向量 $\mathbf{0}_1$ 映到 V_2 的零向量 $\mathbf{0}_2$.

(2) φ 将每个 $\boldsymbol{\alpha}$ 的负向量映到 $\varphi(\boldsymbol{\alpha})$ 的负向量: $\varphi(-\boldsymbol{\alpha})=-\varphi(\boldsymbol{\alpha})$.

(3) 设 S 是 V_1 的子集合, 则: S 线性相关 $\Rightarrow$ $\varphi(S)$ 线性相关; $\varphi(S)$ 线性无关 $\Rightarrow$ S 线

性无关.

(4) 如果 φ 是同构映射, 则: S 线性相关 (无关) $\Leftrightarrow$ $\varphi(S)$ 相关 (无关), $\operatorname{rank} S = \operatorname{rank}\varphi(S)$, S 是 V_1 的基 $\Leftrightarrow$ $\varphi(S)$ 是 V_2 的基. □

例题分析与解答

2.6.1 设复数域上线性空间 V 中的向量 $\boldsymbol{\alpha}_1,\cdots,\boldsymbol{\alpha}_n$ 线性无关. 对复数 λ 的不同值, 求向量组 $\{\boldsymbol{\alpha}_1+\lambda\boldsymbol{\alpha}_2,\cdots,\boldsymbol{\alpha}_{n-1}+\lambda\boldsymbol{\alpha}_n,\boldsymbol{\alpha}_n+\lambda\boldsymbol{\alpha}_1\}$ 的秩.

解 设 W 是由线性无关子集 $S=\{\boldsymbol{\alpha}_1,\cdots,\boldsymbol{\alpha}_n\}$ 生成的子空间, 则 S 是 W 的一组基, 向量组 $M=\{\boldsymbol{\alpha}_1+\lambda\boldsymbol{\alpha}_2,\cdots,\boldsymbol{\alpha}_{n-1}+\lambda\boldsymbol{\alpha}_n,\boldsymbol{\alpha}_n+\lambda\boldsymbol{\alpha}_1\}$ 中各向量的坐标分别是

$$(1,\lambda,0,\cdots,0),(0,1,\lambda,0,\cdots,0),\cdots,(0,\cdots,0,1,\lambda),(\lambda,0,\cdots,0,1)$$

将这些坐标写成列向量的形式, 排成矩阵 $\boldsymbol{A}$, 则 $\boldsymbol{A}$ 的列向量组的秩就是 M 的秩. 从上到下依次将 $\boldsymbol{A}$ 的第 i 行 $(1\leqslant i\leqslant n-1)$ 的 $-\lambda$ 倍加到第 $i+1$ 行, 将 $\boldsymbol{A}$ 化成上三角阵 $\boldsymbol{T}$:

$$\boldsymbol{A}=\begin{pmatrix}1&0&\cdots&0&\lambda\\ \lambda&1&0&\cdots&0\\ 0&\lambda&\ddots&\ddots&\vdots\\ \vdots&\ddots&\ddots&1&0\\ 0&\cdots&0&\lambda&1\end{pmatrix}\to\boldsymbol{T}=\begin{pmatrix}1&0&\cdots&0&\lambda\\ 0&1&\ddots&\vdots&-\lambda^2\\ 0&0&\ddots&0&\vdots\\ \vdots&\ddots&\ddots&1&-(-\lambda)^{n-1}\\ 0&\cdots&0&0&1-(-\lambda)^n\end{pmatrix}$$

当 $1-(-\lambda)^n=0$ 时, $\operatorname{rank}\boldsymbol{M}=\operatorname{rank}\boldsymbol{A}=\operatorname{rank}\boldsymbol{T}=n-1$, 此时 $\lambda=-\omega^k\ (\forall 0\leqslant k\leqslant n-1)$, 其中 $\omega=\cos\dfrac{2\pi}{n}+i\sin\dfrac{2\pi}{n}$.

当 $\lambda\neq-\omega^k\ (0\leqslant k\leqslant n-1)$ 时, $1-(-\lambda)^n\neq 0$, $\operatorname{rank}\boldsymbol{M}=\operatorname{rank}\boldsymbol{T}=n$. □

2.6.2 将复数集合 $\mathbf{C}$ 看成实数域上的线性空间 $C_{\mathbf{R}}$, 求 $C_{\mathbf{R}}$ 与实数域上 2 维数组空间 $\mathbf{R}^2=\{(x,y)\mid x,y,\in\mathbf{R}\}$ 之间的同构映射 σ, 将 $1+\mathrm{i},1-\mathrm{i}$ 分别映到 $(1,0),(0,1)$.

解 由 $\sigma(1+\mathrm{i})=(1,0),\sigma(1-\mathrm{i})=(0,1)$ 知:

$$\sigma(1)=\sigma\left(\frac{1}{2}((1+\mathrm{i})+(1-\mathrm{i}))\right)=\frac{1}{2}(\sigma(1+\mathrm{i})+\sigma(1-\mathrm{i}))=\frac{1}{2}((1,0)+(0,1))=\left(\frac{1}{2},\frac{1}{2}\right)$$

$$\sigma(\mathrm{i})=\sigma\left(\frac{1}{2}((1+\mathrm{i})-(1-\mathrm{i}))\right)=\frac{1}{2}(\sigma(1+\mathrm{i})-\sigma(1-\mathrm{i}))=\frac{1}{2}((1,0)-(0,1))=\left(\frac{1}{2},-\frac{1}{2}\right)$$

$$\sigma(a+b\mathrm{i})=a\sigma(1)+b\sigma(\mathrm{i})=a\left(\frac{1}{2},\frac{1}{2}\right)+b\left(\frac{1}{2},-\frac{1}{2}\right)=\left(\frac{a+b}{2},\frac{a-b}{2}\right).$$

2.6.3 设 V 是由复数组成的全体无穷数列 $\{a_n\}=\{a_1,a_2,\cdots,a_n,\cdots\}$ 组成的集合, 定义 V 中任意两个数列的加法 $\{a_n\}+\{b_n\}=\{a_n+b_n\}$ 及任意数列与任意复数的乘法 $\lambda\{a_n\}=\{\lambda a_n\}$, 则 V 成为复数域 $\mathbf{C}$ 上线性空间.

(1) 求证: V 中满足条件 $a_n=a_{n-1}+a_{n-2}\ (\forall n\geqslant 3)$ 的全体数列 $\{a_n\}$ 组成 V 的子空间 W. W 的维数是多少?

(2) 对任意 $(a_1,a_2)\in\mathbf{C}^2$, 定义 $\sigma(a_1,a_2)=\{a_1,a_2,\cdots,a_n,\cdots\}\in W$. 求证: σ 是 $\mathbf{C}^2$ 到 W 的同构映射.

(3) 求证: W 中存在一组由等比数列组成的基 M.

(4) 设数列 $\{F_n\}$ 满足条件 $F_1=F_2=1$ 且 $F_n=F_{n-1}+F_{n-2}$. 求 $\{F_n\}$ 在基 M 下的坐标, 并由此求出 $\{F_n\}$ 的通项公式.

解 (1) 设 $\alpha=\{a_n\},\beta=\{b_n\}$ 都属于 W, 满足 $a_n=a_{n-1}+a_{n-2},b_n=b_{n-1}+b_{n-2}$ $(\forall n\geqslant 3)$, $\lambda\in\mathbf{C}$. 则 $\alpha+\beta=\{a_n+b_n\}$ 及 $\lambda\alpha=\{\lambda a_n\}$ 满足:

$a_n+b_n=(a_{n-1}+a_{n-2})+(b_{n-1}+b_{n-2})=(a_{n-1}+b_{n-1})+(a_{n-2}+b_{n-2})$

$\lambda a_n=\lambda(a_{n-1}+a_{n-2})=\lambda a_{n-1}+\lambda a_{n-2}$

这说明 $\alpha+\beta\in W$ 且 $\lambda\alpha\in W$. W 是子空间. 在第 (2) 小题中将证明 W 的维数为 2.

(2) 对任意 $(a_1,a_2)\in\mathbf{C}^2$, 由条件 $a_n=a_{n-1}+a_{n-2}$ 可以唯一确定一个无穷数列 $\alpha=\{a_1,a_2,\cdots\}$ 的各项, 从而确定数列 $\alpha\in W$, 记作 $\sigma(a_1,a_2)$. $(a_1,a_2)\mapsto\sigma(a_1,a_2)$ 是 $\mathbf{C}^2$ 到 W 的映射. 反过来, W 中每个数列 $\alpha=\{a_1,a_2,\cdots\}$ 的前两项组成 $(a_1,a_2)\in\mathbf{C}^2$ 满足 $\sigma(a_1,a_2)=\alpha$. 可见 $\sigma:\mathbf{C}^2\to W$ 是一一映射.

易验证 $\sigma((a_1,a_2)+(b_1,b_2))=\sigma(a_1,a_2)+\sigma(b_1,b_2)$, 且 $\sigma(\lambda(a_1,a_2))=\lambda\sigma(a_1,a_2)$, 可见 σ 保持向量空间的加法与数乘运算, 是 $\mathbf{C}^2$ 到 W 的同构映射. 由此也证明了 $\dim W=\dim\mathbf{C}^2=2$.

(3) 设等比数列 $\alpha=\{a_1,a_1q,\cdots,a_1q^{n-1},\cdots\}$ 的首项 a_1 和公比 q 都不为 0, 则:

$\alpha\in W\Leftrightarrow a_1q^{n-1}=a_1q^{n-2}+a_1q^{n-3}\Leftrightarrow q^2=q+1\Leftrightarrow q^2-q-1=0\Leftrightarrow q=\dfrac{1\pm\sqrt{5}}{2}$

可见, 以 $q_1=\dfrac{1-\sqrt{5}}{2}$ 与 $q_2=\dfrac{1+\sqrt{5}}{2}$ 为公比的等比数列 $\alpha_1=\{1,q_1,\cdots,q_1^{n-1},\cdots\}=\sigma(1,q_1)$ 及 $\alpha_2=\{1,q_2,\cdots,q_2^{n-1},\cdots\}=\sigma(1,q_2)$ 都含于 W. 由 $(1,q_1),(1,q_2)$ 线性无关知 α_1,α_2 线性无关, 组成 2 维空间 W 的一组基 M.

(4) 数列 $\varphi=\{F_n\}=\sigma(1,1)\in W$ 在基 $M=\{\alpha_1,\alpha_2\}$ 下的坐标 (x,y) 满足条件:

$$\varphi=\sigma(1,1)=x\alpha_1+y\alpha_2=x\sigma(1,q_1)+y\sigma(1,q_2)$$

$$\Leftrightarrow(1,1)=x(1,q_1)+y(1,q_2)\Leftrightarrow\begin{cases}x+y=1\\q_1x+q_2y=1\end{cases}$$

$$\Leftrightarrow x=\frac{q_2-1}{q_2-q_1}=\frac{\sqrt{5}-1}{2\sqrt{5}},\quad y=\frac{1-q_1}{q_2-q_1}=\frac{\sqrt{5}+1}{2\sqrt{5}}$$

于是 $\varphi=x\alpha_1+y\alpha_2$, 由等比数列 α_1 与 α_2 的第 n 项 q_1^{n-1} 与 q_2^{n-1} 求得 φ 的第 n 项:

$$F_n=xq_1^{n-1}+yq_2^{n-1}=\frac{(\sqrt{5}-1)(1-\sqrt{5})^{n-1}+(\sqrt{5}+1)(1+\sqrt{5})^{n-1}}{2\sqrt{5}\cdot 2^{n-1}}$$

$$=\frac{(1+\sqrt{5})^n-(1-\sqrt{5})^n}{2^n\sqrt{5}}$$

□

点评 本题中满足条件 $F_1=F_2=1$ 及 $F_n=F_{n-1}+F_{n-2}$ 的数列 $\{F_n\}$ 称为斐波那契数列. 本题中先求出满足条件 $a_n=a_{n-1}+a_{n-2}$ 的两个线性无关等比数列 α_1,α_2, 将 $\{F_n\}$ 分解为两个等比数列 α_1,α_2 的线性组合, 由等比数列的通项公式得到了 $\{F_n\}$ 的通项公式.

□

2.6.4 设 $\mathbf{R}^+$ 是所有的正实数组成的集合. 对任意 $a,b\in\mathbf{R}^+$ 定义 $a\oplus b=ab$ (实数 a,b 按通常乘法的乘积), 对任意 $a\in\mathbf{R}^+$ 和 $\lambda\in\mathbf{R}$ 定义 $\lambda\circ a=a^\lambda$. 求证:

(1) $\mathbf{R}^+$ 按上述定义的加法 $a\oplus b$ 和数乘 $\lambda\circ a$ 成为实数域 $\mathbf{R}$ 上的线性空间.

(2) 实数集合 $\mathbf{R}$ 按通常方式定义加法和乘法看成 $\mathbf{R}$ 上的线性空间, 求证: 通常的这个线性空间 $\mathbf{R}$ 与按上述方式定义的线性空间 $\mathbf{R}^+$ 同构. 并给出这两个空间之间的全部同构映射.

证明 (1) 任意正实数 a,b 的乘积 ab 及方幂 a^λ 仍是正实数, 也就是 $a\oplus b$ 与 $\lambda\circ a$ 仍属于 $\mathbf{R}^+$, 这证明了 $\mathbf{R}^+$ 对 "加法" 运算 $a\oplus b$ 与 "数乘" 运算 $\lambda\circ a$ 封闭.

正实数乘法满足交换律和结合律, 可见 "加法" 运算 $\oplus$ 满足交换律和结合律. $1\oplus a=1a=a$ 对任意 $a\in\mathbf{R}^+$ 成立, 1 是 "加法" 的 "零元". 对每个 $a\in\mathbf{R}^+$ 有 $a^{-1}\in\mathbf{R}^+$ 满足 $a\oplus a^{-1}=aa^{-1}=1$, a^{-1} 是在 "加法" 运算 $\oplus$ 下 a 的 "负元".

对任意 $a,b\in\mathbf{R}^+$ 及 $\lambda,\mu\in\mathbf{R}$ 有 $\lambda\circ(a\oplus b)=(ab)^\lambda=a^\lambda b^\lambda=\lambda\circ a\oplus\lambda\circ b$ 及 $(\lambda+\mu)\circ a=a^{\lambda+\mu}=a^\lambda a^\mu=\lambda\circ a\oplus\mu\circ a$. 这证明了纯量 "乘法"$\circ$ 对 "向量加法" $\oplus$ 及实数加法都满足分配律. 且 $1\circ a=a^1=a$, $(\lambda\mu)\circ a=a^{\lambda\mu}=(a^\mu)^\lambda=\lambda\circ(\mu\circ a)$.

这证明了所定义的加法与纯量乘法满足线性空间 8 条公理. $\mathbf{R}^+$ 在所定义的运算下成为实数域 $\mathbf{R}$ 上的线性空间.

(2) 任取 $1\neq a\in\mathbf{R}^+$, 则 $\sigma:x\mapsto a^x$ 是实数域 $\mathbf{R}$ 到 $\mathbf{R}^+$ 的 1-1 映射. 且

$$\sigma(x+y)=a^{x+y}=a^xa^y=\sigma(x)\oplus\sigma(y),\quad \sigma(\lambda x)=a^{\lambda x}=\lambda\circ\sigma(x)$$

这证明了 σ 是线性空间 $\mathbf{R}$ 到 $\mathbf{R}^+$ 的同构映射.

反过来, 设 $\sigma:\mathbf{R}\to\mathbf{R}^+$ 是同构映射, 则 $\sigma(0)=1$, $a=\sigma(1)\neq\sigma(0)=1$, $\sigma(x)=\sigma(x1)=x\circ\sigma(1)=a^x$.

这证明了 $\sigma:\mathbf{R}\to\mathbf{R}^+,x\mapsto a^x$ $(a\neq 1)$ 就是全部同构映射. □

2.7 子空间的交与和

知识导航

1. 子空间的交

命题 2.7.1 F 上线性空间 V 的任意一组子空间 W_i $(i\in I)$ 的交

$$U=\cap_{i\in I}W_i=\{\alpha\mid\alpha\in W_i,\forall\, i\in I\}$$

仍是 V 的子空间. □

算法 (1) 设 W_1,W_2 分别是齐次线性方程组 $\boldsymbol{A}_1\boldsymbol{X}=\mathbf{0}$ 与 $\boldsymbol{A}_2\boldsymbol{X}=\mathbf{0}$ 的解空间. 则 $W_1\cap W_2$ 是由这两个方程组的方程共同组成的方程组 $\boldsymbol{A}\boldsymbol{X}=\mathbf{0}$ 的解空间, $\boldsymbol{A}$ 由 $\boldsymbol{A}_1,\boldsymbol{A}_2$ 的各行由上而下排列而成. 方程组 $\boldsymbol{A}\boldsymbol{X}=\mathbf{0}$ 的基础解系就是 $W_1\cap W_2$ 的基.

(2) 设 $S_1=\{\boldsymbol{a}_1,\cdots,\boldsymbol{a}_m\}$ 与 $S_2=\{\boldsymbol{b}_1,\cdots,\boldsymbol{b}_s\}$ 分别是 $F^{n\times 1}$ 的子空间 W_1,W_2 的基. 求方程组 $x_1\boldsymbol{a}_1+\cdots+x_m\boldsymbol{a}_m-y_1\boldsymbol{b}_1-\cdots-y_s\boldsymbol{b}_s=\mathbf{0}$ 的解空间 $U\subset F^{(m+s)\times 1}$, 则:

$$W_1\cap W_2=\{x_1\boldsymbol{a}_1+\cdots+x_m\boldsymbol{a}_m \mid (x_1,\cdots,x_m,y_1,\cdots,y_s)\in U\}$$

2. 子空间的和

定义 2.7.1 设 V 是 F 上线性空间, $W_1,\cdots,W_t$ 是 V 的子空间, 定义

$$W_1+\cdots+W_t=\{\beta_1+\cdots+\beta_t \mid \beta_i\in W_i, \forall\, 1\leqslant i\leqslant t\}$$

称为子空间 $W_1,\cdots,W_t$ 的**和** (sum). □

命题 2.7.2 设 V 是数域 F 上的线性空间, $W_1,\cdots,W_t$ 是 V 的子空间, 则:

(1) $W_1+\cdots+W_t$ 是包含 $W_1\cup\cdots\cup W_t$ 的最小子空间.

(2) 取每个 W_i $(1\leqslant i\leqslant t)$ 的一组基 M_i, 则 $M_1\cup\cdots\cup M_t$ 生成的子空间等于 $W_1+\cdots+W_t$.

(3) $\dim(W_1+\cdots+W_t)\leqslant\dim W_1+\cdots+\dim W_t$. □

定理 2.7.1 设 W_1,W_2 是 V 的子空间, 则:

$$\dim(W_1+W_2)=\dim W_1+\dim W_2-\dim(W_1\cap W_2).$$ □

推论 (1) 设 W_1,W_2 是 V 的子空间, 则 $\dim(W_1\cap W_2)\geqslant\dim W_1+\dim W_2-\dim V$. 特别地, 当 $\dim W_1+\dim W_2>\dim V$ 时有 $W_1\cap W_2\neq 0$.

(2) $\dim(W_1+W_2)=\dim W_1+\dim W_2 \Leftrightarrow W_1\cap W_2=0$.

(3) $\dim(W_1+\cdots+W_t)=\dim W_1+\cdots+\dim W_t \Leftrightarrow (W_1+\cdots+W_i)\cap W_{i+1}=0$ 对 $1\leqslant i\leqslant t-1$ 成立. □

3. 子空间的直和

定义 2.7.2 设 $W_1,\cdots,W_t$ 是线性空间 V 的子空间, $W=W_1+\cdots+W_t$. 如果 W 中每个向量 $\boldsymbol{w}$ 的分解式:

$$\boldsymbol{w}=\boldsymbol{w}_1+\cdots+\boldsymbol{w}_t,\quad \boldsymbol{w}_i\in W_i,\forall 1\leqslant i\leqslant t$$

是唯一的, 就称 W 为 $W_1,\cdots,W_t$ 的**直和** (direct sum), 记为 $W_1\oplus\cdots\oplus W_t$. □

定理 2.7.2 以下每个命题都是 $W_1+\cdots+W_t$ 是直和的充分必要条件:

(1) $\boldsymbol{w}_1+\cdots+\boldsymbol{w}_t=0(\boldsymbol{w}_i\in W_i,\forall 1\leqslant i\leqslant t) \;\Leftrightarrow\; \boldsymbol{w}_1=\cdots=\boldsymbol{w}_t=0$

(2) $\dim(W_1+\cdots+W_t)=\dim W_1+\cdots+\dim W_t$.

(3) 各 W_i 的基 M_i $(1\leqslant i\leqslant t)$ 两两的交 $M_i\cap M_j$ $(1\leqslant i<j\leqslant t)$ 是空集, 且并集 $M_1\cup\cdots\cup M_t$ 是 $W_1+\cdots+W_t$ 的一组基.

(4) $(W_1+\cdots+W_i)\cap W_{i+1}=0$ 对 $1\leqslant i\leqslant t-1$ 成立. □

定义 2.7.3 (补空间) 设 W 是 V 的子空间. 如果 V 的子空间 U 满足条件 $W\oplus U=V$, 就称 U 是 W 在 V 中的**补空间** (complement space). □

命题 2.7.3 以下每个命题都是 U 是 W 在 V 中的补空间的充分必要条件:

(1) $\dim W+\dim U=\dim V$ 且 $W\cap U=0$;

(2) W 的基与 U 的基的交是空集, 且并集是 V 的基. □

算法 将 W 的任何一组基 $M_1=\{\alpha_1,\cdots,\alpha_r\}$ 扩充为 V 的一组基 $M=\{\alpha_1,\cdots,\alpha_r,\alpha_{r+1},\cdots,\alpha_n\}$, 则所添加的向量 $\alpha_{r+1},\cdots,\alpha_n$ 生成的子空间 U 就是 W 在 V 中的一个补空间. □

定义 2.7.4 同一数域 F 上若干个线性空间 $V_1,\cdots,V_t$ 的直和:

$$V=\{(\boldsymbol{v}_1,\cdots,\boldsymbol{v}_t)\mid \boldsymbol{v}_i\in V_i,\forall 1\leqslant i\leqslant t\}$$

称为 $V_1,\cdots,V_t$ 的**笛卡尔积** (Cartesian product) (就好像笛卡尔利用实数作为坐标构造实数组一样). 在 V 中定义加法和数乘运算:

$$(\boldsymbol{u}_1,\cdots,\boldsymbol{u}_t)+(\boldsymbol{v}_1,\cdots,\boldsymbol{v}_t)=(\boldsymbol{u}_1+\boldsymbol{v}_1,\cdots,\boldsymbol{u}_t+\boldsymbol{v}_t)$$
$$a(\boldsymbol{v}_1,\cdots,\boldsymbol{v}_t)=(a\boldsymbol{v}_1,\cdots,a\boldsymbol{v}_t)$$

则 V 成为 F 上的线性空间, 称为 $V_1,\cdots,V_t$ 的直和. □

虽然定义 2.7.4 中的 $V_1,\cdots,V_t$ 都不是它们的直和 V 的子空间, 但其中每个 V_i 都可以嵌入 V 成为 V 的子空间, 也就是在 V 中找到一个子空间 $\sigma_i(V_i)$ 与 V_i 同构, 而 V 是所有这些子空间的直和. 为此, 将每个 V_i $(1\leqslant i\leqslant t)$ 中每个向量 v 对应于 $\sigma_i(v_i)=(0_1,\cdots,0_{i-1},v,0_{i+1},\cdots,0_t)\in V$, 其中 0_j 是 W_j 的零向量. 则集合 $\sigma_i(V_i)=\{\sigma_i(v)\mid v\in V_i\}$ 是 V 的子空间, $\sigma_i:V_i\mapsto\sigma_i(V_i)$ 是同构映射. V 是子空间 $\sigma_i(V_i)$ $(1\leqslant i\leqslant t)$ 的直和.

例题分析与解答

2.7.1 给定 F^4 的子空间 W_1 的基 $\{\alpha_1,\alpha_2\}$ 和子空间 W_2 的基 $\{\beta_1,\beta_2\}$, 其中:

$$\begin{cases}\alpha_1=(1,1,0,0)\\ \alpha_2=(0,1,1,0)\end{cases}\qquad\begin{cases}\beta_1=(1,2,3,4)\\ \beta_2=(0,1,2,2)\end{cases}$$

分别求 W_1+W_2, $W_1\cap W_2$ 的维数并各求出一组基.

解 W_1+W_2 由两组基 $S_1=\{\alpha_1,\alpha_2\}$ 与 $S_2=\{\beta_1,\beta_2\}$ 的并集 $S_1\cup S_2$ 的全部线性组合组成. $S_1\cup S_2$ 的极大线性无关组就是 W_1+W_2 的基. 将 $S_1\cup S_2$ 中的 4 个向量写成列向量形式, 排成矩阵 $\boldsymbol{A}$, 通过一系列初等行变换将 $\boldsymbol{A}$ 化成阶梯形, 求出极大线性无关组.

$$\boldsymbol{A}=\begin{pmatrix}1&0&1&0\\1&1&2&1\\0&1&3&2\\0&0&4&2\end{pmatrix}\to\boldsymbol{T}=\begin{pmatrix}1&0&1&0\\0&1&1&1\\0&0&2&1\\0&0&0&0\end{pmatrix}$$

$\boldsymbol{T}$ 的前 3 列组成 $\boldsymbol{T}$ 的列向量组的极大线性无关组, 因此 $S_1\cup S_2$ 的前 3 个向量 $\alpha_1,\alpha_2,\beta_1$ 组成 W_1+W_2 的一组基, $\dim(W_1+W_2)=3$.

$W_1\cap W_2=\{x_1\alpha_1+x_2\alpha_2=y_1\beta_1+y_2\beta_2\mid x_1,x_2,y_1,y_2\in F\}$. 解方程组 $x_1\alpha_1+x_2\alpha_2=y_1\beta_1+y_2\beta_2$, 即

$$x_1\alpha_1+x_2\alpha_2+x_3\beta_1+x_4\beta_2=\mathbf{0} \tag{2.32}$$

(其中 $x_3=-y_1,x_4=-y_2$) 可求得满足要求的所有的 (x_1,x_2).

将方程组 (2.32) 的系数矩阵 $\boldsymbol{A}$ 通过一系列初等行变换化成最简阶梯形:

$$\boldsymbol{A}=\begin{pmatrix}1&0&1&0\\1&1&2&1\\0&1&3&2\\0&0&4&2\end{pmatrix}\to\boldsymbol{\Lambda}=\begin{pmatrix}1&0&0&-\dfrac{1}{2}\\0&1&0&\dfrac{1}{2}\\0&0&1&\dfrac{1}{2}\\0&0&0&0\end{pmatrix}$$

得到方程组 (2.32) 的通解 $(x_1,x_2,x_3,x_4)=(c,-c,-c,2c)$, 因此 $(x_1,x_2)=(c,-c)$. $W_1\cap W_2=\{c\alpha_1-c\alpha_2\mid c\in F\}$. 向量 $\alpha_1-\alpha_2=(1,0,-1,0)$ 组成 $W_1\cap W_2$ 的一组基. $W_1\cap W_2$ 的维数为 1. □

2.7.2　设 W_1,W_2 分别是数域 F 上的线性方程组:

$$\begin{cases}x_1+x_2+x_3=0\\x_2+2x_3+x_4=0\end{cases}\quad 与 \quad\begin{cases}x_1+2x_2+4x_3+2x_4=0\\x_2+4x_3+3x_4=0\end{cases}$$

的解空间, 分别求 W_1+W_2 及 $W_1\cap W_2$ 的维数并各求出一组基.

解　分别解两个方程组, 得到 W_1 的一组基 $S_1=\{(1,-2,1,0),(1,-1,0,1)\}$, W_2 的一组基 $S_2=\{(4,-4,1,0),(4,-3,0,1)\}$. 求得 $S_1\cup S_2$ 的极大线性无关组 $M=\{(1,-2,1,0),(1,-1,0,1),(4,-4,1,0)\}$ 就是 W_1+W_2 的一组基. $\dim(W_1+W_2)=3$.

$W_1\cap W_2$ 就是原题两个方程组合并得到的方程组:

$$\begin{cases}x_1+x_2+x_3=0\\x_2+2x_3+x_4=0\\x_1+2x_2+4x_3+2x_4=0\\x_2+4x_3+3x_4=0\end{cases}$$

的解空间. 解此方程组求得一个基础解系 $\{(0,1,-1,1)\}$ 就是 $W_1\cap W_2$ 的一组基, $\dim(W_1\cap W_2)=1$. □

2.7.3　设 W_1,W_2 分别是数域 F 上齐次线性方程组 $x_1+x_2+\cdots+x_n=0$ 与 $x_1=x_2=\cdots=x_n$ 的解空间. 求证: $F^n=W_1\oplus W_2$.

证明　设 $\boldsymbol{X}_0=(x_1,\cdots,x_n)\in W_1\cap W_2$. 则由 $\boldsymbol{X}_0\in W_2$ 知 $\boldsymbol{X}_0=(x_1,\cdots,x_1)$, 由 $\boldsymbol{X}_0\in W_1$ 知 $nx_1=0$, 从而 $x_1=0$, $\boldsymbol{X}_0=\mathbf{0}$. 这证明了 $W_1\cap W_2=\{\mathbf{0}\}$, $W_1+W_2=W_1\oplus W_2$.

对每个 $\boldsymbol{X}=(x_1,\cdots,x_n)\in F^n$, 取 $c=\dfrac{1}{n}(x_1+\cdots+x_n)$, $\boldsymbol{X}_2=(c,\cdots,c)$, $\boldsymbol{X}_1=\boldsymbol{X}-\boldsymbol{X}_2=(x_1-c,\cdots,x_n-c)$, 由 $(x_1-c)+\cdots+(x_n-c)=(x_1+\cdots+x_n)-nc=0$ 知 $\boldsymbol{X}_1\in W_1,\boldsymbol{X}_2\in W_2$, $\boldsymbol{X}=\boldsymbol{X}_1+\boldsymbol{X}_2\in W_1+W_2$. 可见 $F^n=W_1+W_2=W_1\oplus W_2$. □

2.7.4 举出满足下面条件的例子: 子空间 $W_1,\cdots,W_t$ 的两两的交是 0, 但 $W_1+\cdots+W_t$ 不是直和.

解 在 2 维空间 F^2 中取 3 个向量 $\alpha_0=(1,0),\alpha_1=(1,1),\alpha_2=(2,1)$ 各生成一个一维子空间 W_1,W_2,W_3. 由于 $\alpha_1,\alpha_2,\alpha_3$ 两两线性无关, W_1,W_2,W_3 两两的交是 0. 由 $\alpha_2=\alpha_0+\alpha_1$ 知 $\alpha_1,\alpha_2,\alpha_3$ 线性相关, $W_1+W_2+W_3$ 不是直和. □

2.7.5 设 $F[x]$ 是以数域 F 为系数范围、 x 为字母的全体一元多项式 $f(x)$ 组成的 F 上的线性空间. 求证:

(1) $S=\{f(x)\in F[x]\mid f(-x)=f(x)\}$ 和 $K=\{f(x)\mid f(-x)=-f(x)\}$ 都是 $F[x]$ 的子空间.

(2) $F[x]=S\oplus K$.

证明 (1) 设 $f_1(x),f_2(x)\in S$, $\lambda\in F$, 则:

$$f_1(-x)+f_2(-x)=f_1(x)+f_2(x)\Rightarrow f_1(x)+f_2(x)\in S$$
$$\lambda f_1(-x)=\lambda f_1(x)\Rightarrow \lambda f_1(x)\in S$$

这证明了 S 是 $F[x]$ 的子空间.

设 $f_1(x),f_2(x)\in K$, $\lambda\in F$, 则:

$f_1(-x)+f_2(-x)=-f_1(x)-f_2(x)=-(f_1(x)+f_2(x))\Rightarrow f_1(x)+f_2(x)\in K$

$\lambda f_1(-x)=\lambda(-f_1(x))=-\lambda f_1(x)\Rightarrow \lambda f_1(x)\in K$

这证明了 K 是 $F[x]$ 的子空间.

(2) 设 $f(x)\in S\cap K$, 则对任意 $x\in F$, 由 $f(x)\in S$ 知 $f(-x)=f(x)$, 由 $f(x)\in K$ 知 $f(-x)=-f(x)$. 因此 $f(-x)=f(x)=-f(x), 2f(x)=0, f(x)=0$. 这证明了 $S+K=S\oplus K$.

每个 $f(x)\in F[x]$ 可以写成 $f(x)=f_1(x)+f_2(x)$, 其中 $f_1(x)=\dfrac{1}{2}(f(x)+f(-x))\in S$, $f_2(x)=\dfrac{1}{2}(f(x)-f(-x))\in K$, $f(x)=f_1(x)+f_2(x)\in S+K$. 这证明了 $F[x]=S+K=S\oplus K$. □

2.8 更多的例子

2.8.1 在平面上建立了直角坐标系, A,B 是两圆 $x^2+y^2-x+2y-10=0$ 及 $x^2+y^2+3x-4y-1=0$ 的交点. 求过 A,B 及 $C(2,0)$ 的圆的方程.

解 两圆交点 A,B 的坐标同时满足两圆方程 $x^2+y^2-x+2y-10=0$ 及 $x^2+y^2+3x-4y-1=0$, 因此也满足这两个方程的线性组合:

$$\lambda(x^2+y^2-x+2y-10)+(x^2+y^2+3x-4y-1)=0$$

即

$$(\lambda+1)x^2+(\lambda+1)y^2+(-\lambda+3)x+(2\lambda-4)y-(10\lambda+1)=0 \tag{2.33}$$

其中 λ 是任意实数. 方程 (2.33) 的图像是过 A,B 两点的圆 (当 $\lambda\neq-1$) 或直线 (当 $\lambda=-1$). 选择 λ 的值使 (2.33) 的图像经过点 $C(2,0)$. 为此, 将 $(x,y)=(2,0)$ 代入 (2.33) 得

$$4(\lambda+1)+2(-\lambda+3)-(10\lambda+1)=0$$

解之得 $\lambda=\dfrac{9}{8}$. 代入 (2.33) 得所求方程为

$$\frac{17}{8}x^2+\frac{17}{8}y^2+\frac{15}{8}x-\frac{7}{4}y-\frac{98}{8}=0$$

即

$$x^2+y^2+\frac{15}{17}x-\frac{14}{17}y-\frac{98}{17}=0$$

□

2.8.2 数列 $\{a_n\}$ 满足条件 $a_n=5a_{n-1}-6a_{n-2},\forall n\geqslant 3$. 且 $a_1=a_2=1$. 求通项公式.

解 将数列 $\alpha=\{a_n\}$ 分解为两个等比数列 $\beta=\{b_n\},\gamma=\{c_n\}$ 之和, 使 $b_n=5b_{n-1}-6b_{n-2},c_n=5c_{n-1}-6c_{n-2}$.

将等比数列 $\beta=\{b_n\}$ 的通项公式 $b_n=bq^{n-1}$ 代入关系式 $b_n=5b_{n-1}-6b_{n-2}$ 得 $bq^{n-1}=5bq^{n-2}-6bq^{n-3}$, 得 $q^2=5q-6$, 即 $q^2-5q+6=0$, $q=2$ 或 3.

分别取公比为 2,3 的等比数列 $\beta=\{b,2b,\cdots,2^{n-1}b,\cdots\},\gamma=\{c,3c,\cdots,3^{n-1}c,\cdots\}$. 适当选择待定常数 (首项) b,c 使 $\beta+\gamma$ 的前两项等于 1:

$$\begin{cases} b+c=1\\ 2b+3c=1\end{cases}\Leftrightarrow\begin{cases} b=2\\ c=-1\end{cases}$$

因此 $b_n=2\times 2^{n-1}=2^n$, $c_n=-1\times 3^{n-1}=-3^{n-1}$.

$\{a_n\}$ 的通项公式为 $a_n=b_n+c_n=2^n-3^{n-1}$. □

2.8.3 求多项式 $f(x)$ 使 $f(1)=1$, $f(2)=2$, $f(3)=4$. 这样的多项式 $f(x)$ 是否可能是整系数多项式?

解 对每个多项式 $f(x)$ 记 $\sigma f=(f(1),f(2),f(3))$. 易验证多项式:

$$f_1(x)=\frac{(x-2)(x-3)}{(1-2)(1-3)},\quad f_2(x)=\frac{(x-1)(x-3)}{(2-1)(2-3)},\quad f_3(x)=\frac{(x-1)(x-2)}{(3-1)(3-2)}$$

分别满足 $\sigma f_1=(1,0,0),\sigma f_2=(0,1,0),\sigma f_3=(0,0,1)$. 因而:

$$r(x)=1f_1(x)+2f_2(x)+4f_3(x)=\frac{1}{2}x^2-\frac{1}{2}x+1$$

满足所要求条件 $\sigma r=(r(1),r(2),r(3))=(1,2,4)$.

设 $f(x)$ 也满足同样的条件 $(f(1),f(2),f(3))=(1,2,4)$, 则 $d(x)=f(x)-r(x)$ 满足 $d(1)=d(2)=d(3)=0$, 即 1,2,4 是 $d(x)$ 的根, $d(x)=q(x)(x-1)(x-2)(x-3)$ 对某个多项式 $q(x)$ 成立. 因此, 满足条件的 $f(x)$ 为

$$f(x)=q(x)(x-1)(x-2)(x-3)+r(x)$$

$f(x)$ 被 $(x-1)(x-2)(x-3)$ 除的余式为 $r(x)=\dfrac{1}{2}x^2-\dfrac{1}{2}x+1$.

如果 $f(x)$ 是整系数多项式, 则它被首一的整系数多项式 $(x-1)(x-2)(x-3)$ 除的余式也应是整系数多项式, 不可能是非整系数多项式 $\dfrac{1}{2}x^2-\dfrac{1}{2}x+1$. 这证明了满足条件 $f(1)=1,f(2)=2,f(3)=4$ 的多项式 $f(x)$ 不可能是整系数多项式. □

2.8.4 设 $f_1=(x-1)(x-2)(x-3),f_2=x(x-2)(x-3),f_3=x(x-1)(x-3),f_4=x(x-1)(x-2)$. 试将 $1,x,x^2,x^3$ 分别表示为 f_1,f_2,f_3,f_4 的线性组合.

解 对任意多项式 $f(x)$, 记 $\sigma f=(f(0),f(1),f(2),f(3))$. 易验证:

$$\sigma f_1=(-6,0,0,0),\quad \sigma f_2=(0,2,0,0),\quad \sigma f_3=(0,0,-2,0),\quad \sigma f_4=(0,0,0,6)$$

设 $f(x)=a_1f_1(x)+a_2f_2(x)+a_3f_3(x)+a_4f_4(x)$ 是 $f_i(x)\ (1\leqslant i\leqslant 4)$ 的线性组合, 则由

$$f(0)=-6a_1,\quad f(1)=2a_2,\quad f(2)=-2a_3,\quad f(3)=6a_4$$

得 $(a_1,a_2,a_3,a_4)=\left(-\dfrac{1}{6}f(0),\dfrac{1}{2}f(1),-\dfrac{1}{2}f(2),\dfrac{1}{6}f(3)\right)$.

反过来, 对 $f(x)$ 取 $r(x)=-\dfrac{1}{6}f(0)f_1(x)+\dfrac{1}{2}f(1)f_2(x)-\dfrac{1}{2}f(2)f_3(x)+\dfrac{1}{6}f(3)f_4(x)$. 则 $f(x)-r(x)$ 当 $x=0,1,2,3$ 的取值都是 0, 可见 $f(x)-r(x)$ 被 $x(x-1)(x-2)(x-3)$ 整除. 当 $\deg f(x)\leqslant 3$ 时就得到 $f(x)-r(x)=0$, $f(x)=r(x)$. 分别取 $f(x)$ 为 $1,x,x^2,x^3$ 得

$$\begin{aligned}
1&=-\frac{1}{6}f_1(x)+\frac{1}{2}f_2(x)-\frac{1}{2}f_3(x)+\frac{1}{6}f_3(x)\\
x&=0f_1(x)+\frac{1}{2}f_2(x)-1f_3(x)+\frac{1}{2}f_3(x)\\
x^2&=0f_1(x)+\frac{1}{2}f_2(x)-2f_3(x)+\frac{3}{2}f_3(x)\\
x^3&=0f_1(x)+\frac{1}{2}f_2(x)-4f_3(x)+\frac{9}{2}f_3(x)
\end{aligned}$$

□

借题发挥 2.1 利用子空间思想设计幻方

对正整数 n, 将前 n^2 个正整数 $1,2,\cdots,n^2$ 按适当的顺序填写在 $n\times n$ 的方格表中, 使每行各数之和、每列各数之和、每条对角线 (共两条) 各数之和都相等, 这样得到的方格表称为 n 阶幻方.

我们对 n 为任意奇数, 以及 $n=4,6,8$ 的情形构造 n 阶幻方, 并以它们为例说明怎样对任意 n 构造出 n 阶幻方.

1. 奇数阶幻方

先以 $n=3$ 为例构造出一个幻方. 在 3×3 的方格表的每行填入 0,1,2 使各行、列、对角线各数之和相等, 得到 $\boldsymbol{A}_3,\boldsymbol{B}_3$. 则 $\boldsymbol{X}_3=3\boldsymbol{A}_3+\boldsymbol{B}_3$ 是 0 - 8 幻方, 再加上全由 1 组成的幻

方 $\boldsymbol{H}_3$ 得所需 3 阶幻方 $\boldsymbol{X}_3$:

$$\boldsymbol{A}_3=\begin{array}{|c|c|c|}\hline 1&2&0\\ \hline 0&1&2\\ \hline 2&0&1\\ \hline\end{array},\quad \boldsymbol{B}_3=\begin{array}{|c|c|c|}\hline 0&2&1\\ \hline 2&1&0\\ \hline 1&0&2\\ \hline\end{array},\quad \boldsymbol{H}_3=\begin{array}{|c|c|c|}\hline 1&1&1\\ \hline 1&1&1\\ \hline 1&1&1\\ \hline\end{array}$$

$$\boldsymbol{X}_3=3\boldsymbol{A}_3+\boldsymbol{B}_3+\boldsymbol{H}_3=\begin{array}{|c|c|c|}\hline 4&9&2\\ \hline 3&5&7\\ \hline 8&1&6\\ \hline\end{array}$$

我们将各行、各列、各条对角线元素之和相等的方阵 $(a_{ij})_{n\times n}$ 称为广义幻方, 而不限制其中的元素 a_{ij} 由哪些数组成. 则数域 F 上所有的 n 阶广义幻方组成的集合是 $F^{n\times n}$ 的子空间, 对加法和数乘封闭. 根据广义幻方这个性质, 可以将 1 到 9 的幻方 $\boldsymbol{X}_3$ 分解为较简单的数组成的广义幻方 $\boldsymbol{A}_3,\boldsymbol{B}_3,\boldsymbol{H}_3$ 的线性组合来设计.

具体操作是: 先将 $\boldsymbol{X}_3$ 减去全为 1 组成的 $\boldsymbol{H}_3$, 得到 0 到 8 的幻方 $\boldsymbol{S}_3$, 再将 $\boldsymbol{S}_3=(s_{ij})_{3\times3}$ 分解为 $\boldsymbol{S}_3=3\boldsymbol{A}_3+\boldsymbol{B}_3$, 使 $\boldsymbol{A}_3=(a_{ij})_{3\times3}$ 与 $\boldsymbol{B}_3=(b_{ij})_{3\times3}$ 同一位置的数 a_{ij},b_{ij} 是 $\boldsymbol{S}_3$ 同一位置的 s_{ij} 被 3 除的商与余数, 都在 $\{0,1,2\}$ 中取值. 只要 $\boldsymbol{A}_3,\boldsymbol{B}_3$ 都是由三个 0,1,2 组成的广义幻方, 则 $\boldsymbol{S}_3=3\boldsymbol{A}_3+\boldsymbol{B}_3$ 是广义幻方并且元素在 0 到 8 之间. 注意到 $\boldsymbol{A}_3$ 中取值相等的 $a_{ij}=a_{st}=a_{kl}$ 的 3 个位置 $(i,j),(s,t),(k,l)$ 在 $\boldsymbol{B}_3$ 中对应的元素 b_{ij},b_{st},b_{kl} 两两不同, 则 $\boldsymbol{S}_3=3\boldsymbol{A}_3+\boldsymbol{B}_3$ 中 9 个位置的数两两不同, 0 到 8 的 9 个整数各恰出现一次. 得到的 $\boldsymbol{S}_3$ 就是 0 到 8 的幻方, $\boldsymbol{X}_3=\boldsymbol{S}_3+\boldsymbol{H}_3$ 是 1 到 9 的幻方.

仿照 $n=3$ 的方法可以对每个奇数 n 构造出 n 阶幻方:

先将 $0,1,\cdots,n-1$ 的平均值 $m=\dfrac{n-1}{2}$ 填写在 $\boldsymbol{A}_n$ 的主对角线上, 然后在每行由 m 往后依次增加 1(或减少 $n-1$)、往前依次减少 1 或增加 $n-1$, 填入 $0,1,\cdots,n-1$, 得到 $\boldsymbol{A}_n$. 将 $\boldsymbol{A}_n$ 关于最中间一列 $\left(第\dfrac{n+1}{2}列\right)$ 作轴对称得到 $\boldsymbol{B}_n$.

$$\boldsymbol{A}_n=\begin{array}{|c|c|c|c|}\hline m&m+1&\cdots&m-1\\ \hline m-1&m&\cdots&m-2\\ \hline \vdots&\vdots&\vdots&\vdots\\ \hline m+1&m+2&\cdots&m\\ \hline\end{array},\quad \boldsymbol{B}_n=\begin{array}{|c|c|c|c|}\hline m-1&\cdots&m+1&m\\ \hline m-2&\cdots&m&m-1\\ \hline \vdots&\vdots&\vdots&\vdots\\ \hline m&\cdots&m+2&m+1\\ \hline\end{array}$$

再取全为 1 组成的 n 阶方格表 $\boldsymbol{H}_n$, 则 $\boldsymbol{X}_n=n\boldsymbol{A}_n+\boldsymbol{B}_n+\boldsymbol{H}_n$ 是 n 阶幻方.

例如,

$$\boldsymbol{X}_5=5\times\begin{array}{|c|c|c|c|c|}\hline 2&3&4&0&1\\ \hline 1&2&3&4&0\\ \hline 0&1&2&3&4\\ \hline 4&0&1&2&3\\ \hline 3&4&0&1&2\\ \hline\end{array}+\begin{array}{|c|c|c|c|c|}\hline 1&0&4&3&2\\ \hline 0&4&3&2&1\\ \hline 4&3&2&1&0\\ \hline 3&2&1&0&4\\ \hline 2&1&0&4&3\\ \hline\end{array}+\boldsymbol{H}_5=\begin{array}{|c|c|c|c|c|}\hline 12&16&25&4&8\\ \hline 6&15&19&23&2\\ \hline 5&9&13&17&21\\ \hline 24&3&7&11&20\\ \hline 18&22&1&10&14\\ \hline\end{array}$$

2. 4 阶幻方

取

$A_4=$

0	1	2	3
3	2	1	0
3	2	1	0
0	1	2	3

, $B_4=$

0	3	3	0
1	2	2	1
2	1	1	2
3	0	0	3

H_4 全由 1 组成, 则

$X_4=4A_4+B_4+H_4=$

1	8	12	13
14	11	7	2
15	10	6	3
4	5	9	16

我们已经会构造奇数阶幻方, 又会构造 4 阶幻方. 任意正整数 n 可以写成 $n=2^kt$ 的形式, t 是奇数. 只要能够由每个 m 阶幻方 X_m 造出 $2m$ 阶幻方 X_{2m}, 当 $t\geqslant 3$ 时由 t 阶幻方出发可依次构造出 2^kt 阶幻方, 当 $t=1$ 时由 4 阶幻方出发可依次构造出 2^k 阶幻方, 就能对任意正整数 n 构造出 n 阶幻方了.

3. 由 m 阶幻方构造 $2m$ 阶幻方 (m 为偶数)

先讨论比较容易的情形: m 为偶数.

先以 $m=4$ 为例, 由 4 阶幻方构造 8 阶幻方.

将 4 阶幻方 $X_4=(x_{ij})_{4\times 4}$ 的每个数 x_{ij} 重复 4 次变成一个 2 阶方块, 得到 8 阶广义幻方 B_8:

$X_4=$

1	8	12	13
14	11	7	2
15	10	6	3
4	5	9	16

$\to B_8=$

1	1	8	8	12	12	13	13
1	1	8	8	12	12	13	13
14	14	11	11	7	7	2	2
14	14	11	11	7	7	2	2
15	15	10	10	6	6	3	3
15	15	10	10	6	6	3	3
4	4	5	5	9	9	16	16
4	4	5	5	9	9	16	16

再将构造 4 阶幻方 $X_4=4A_4+B_4+H_4$ 所用的 A_4 整体重复 4 次得到 8 阶广义幻

方 $\boldsymbol{A}_8$:

$$\boldsymbol{A}_8=\begin{array}{|c|c|}\hline \boldsymbol{A}_4 & \boldsymbol{A}_4\\ \hline \boldsymbol{A}_4 & \boldsymbol{A}_4\\ \hline\end{array}=\begin{array}{|cc|cc|cc|cc|}\hline 0&1&2&3&0&1&2&3\\ 3&2&1&0&3&2&1&0\\ \hline 3&2&1&0&3&2&1&0\\ 0&1&2&3&0&1&2&3\\ \hline 0&1&2&3&0&1&2&3\\ 3&2&1&0&3&2&1&0\\ \hline 3&2&1&0&3&2&1&0\\ 0&1&2&3&0&1&2&3\\ \hline\end{array}$$

由 $\boldsymbol{X}_8=16\boldsymbol{A}_8+\boldsymbol{B}_8$ 得到 8 阶幻方:

$$\boldsymbol{X}_8=16\boldsymbol{A}_8+\boldsymbol{B}_8=\begin{array}{|cc|cc|cc|cc|}\hline 1&17&40&56&12&28&45&61\\ 49&33&24&8&60&44&29&13\\ \hline 62&46&27&11&55&39&18&2\\ 14&30&43&59&7&23&34&50\\ \hline 15&31&42&58&6&22&35&51\\ 63&47&26&10&54&38&19&3\\ \hline 52&36&21&5&57&41&32&16\\ 4&20&37&53&9&25&48&64\\ \hline\end{array}$$

(**说明**　不难看出: 将幻方 $\boldsymbol{X}_4$ 的每个元素重复 4 次扩充为 4 阶块得到的 $\boldsymbol{B}_8$ 的每行、每列、每条对角线的各数的和仍相等, 仍是广义幻方. 同样地, 将广义幻方 $\boldsymbol{A}_4$ 整体重复得到的 $\boldsymbol{A}_8$ 也保持广义幻方的性质: 每行、每列、每条对角线的和相等. 再做线性组合 $16\boldsymbol{A}_8+\boldsymbol{B}_8$ 得到的仍是广义幻方.

为了说明 $\boldsymbol{X}_8$ 中的 64 个数各不相同, 前 64 个正整数每个数各出现一次, 我们将 $\boldsymbol{X}_8$ 都看成以 2 阶方阵为块组成的 4×4 分块矩阵 $\boldsymbol{X}_8=(\boldsymbol{X}_{ij})_{4\times 4}$. X 的每块 $\boldsymbol{X}_{ij}$ 由 $\boldsymbol{A}_8,\boldsymbol{B}_8$ 的相应的块 $\boldsymbol{A}_{ij},\boldsymbol{B}_{ij}$ 线性组合得到: $\boldsymbol{X}_{ij}=16\boldsymbol{A}_{ij}+\boldsymbol{B}_{ij}$. 每个 $\boldsymbol{B}_{ij}$ 中的各数等于 $\boldsymbol{X}_4=(x_{ij})_{4\times 4}$ 中同一个元素 x_{ij}, 每个 $\boldsymbol{A}_{ij}$ 由前四个非负整数 0,1,2,3 组成, 不妨称为一个 $0-3$ 块. $\boldsymbol{X}_{ij}$ 中每个整数 x 可以唯一地写成 $x=16a+b$ 的形式, 其中 $0\leqslant a\leqslant 3$, $1\leqslant b\leqslant 16$. a 可以看成 x 被 16 除的“商”, b 看作“余数”, 只不过“余数”b 的取值不是从 0 到 15 而是从 1 到 16. 同一块 $\boldsymbol{X}_{ij}$ 中 4 个数被 16 除的“余数”相同但商各不相同, 不同块 $\boldsymbol{X}_{ij}$ 中的数被 16 除的“余数”不同. 这就说明了为什么 $\boldsymbol{X}_8$ 中的 64 个数两两不同, 取遍前 64 个整数.)

仿照以上方法可以由任意偶数 m 阶幻方 $\boldsymbol{X}_m$ 构造出 $2m$ 阶幻方: 将 $\boldsymbol{X}_m=(x_{ij})_{m\times m}$ 的每个元素重复 4 次变成一个 2 阶方块 $\boldsymbol{B}_{ij}$, 从而 $\boldsymbol{X}_m$ 变成 $2m$ 阶广义幻方 $\boldsymbol{B}_{2m}=(\boldsymbol{B}_{ij})_{m\times m}$. 以构造 4 阶幻方 $\boldsymbol{X}_4=4\boldsymbol{A}_4+\boldsymbol{B}_4+\boldsymbol{H}_4$ 时用到的广义幻方 $\boldsymbol{A}_4$ 重复 $\left(\dfrac{m}{2}\right)^2$ 次, 得到 $\dfrac{m}{2}\times\dfrac{m}{2}$ 分块矩阵

$$\boldsymbol{A}_{2m}=(\boldsymbol{H}_{ij})_{\frac{m}{2}\times\frac{m}{2}}=\begin{array}{|c|c|c|}\hline \boldsymbol{A}_4 & \cdots & \boldsymbol{A}_4\\ \hline \vdots & \cdots & \vdots\\ \hline \boldsymbol{A}_4 & \cdots & \boldsymbol{A}_4\\ \hline\end{array}$$

它的每一块 $\boldsymbol{H}_{ij}$ 都是 $\boldsymbol{A}_4$. 将两个广义幻方 $\boldsymbol{A}_{2m},\boldsymbol{B}_{2m}$ 作线性组合就得到 $2m$ 阶幻方 $\boldsymbol{X}_{2m}=m^2\boldsymbol{A}_{2m}+\boldsymbol{B}_{2m}$.

4. 由 m 阶幻方构造 $2m$ 阶幻方 (m 为奇数)

同样可将 m 阶幻方 $\boldsymbol{X}_m$ 的每个元素 x_{ij} 重复 4 次变成一个 2 阶方块 $\boldsymbol{B}_{ij}$, 得到广义幻方 $\boldsymbol{B}_{2m}=(\boldsymbol{B}_{ij})_{m\times m}$.

只需再构造一个 $2m$ 阶广义幻方 $\boldsymbol{A}_{2m}=(\boldsymbol{A}_{ij})_{m\times m}$ 使每个 2 阶块 $\boldsymbol{A}_{ij}$ 由 0,1,2,3 组成, 则 $\boldsymbol{X}_{2m}=m^2\boldsymbol{A}_{2m}+\boldsymbol{B}_{2m}$ 为所求.

不过, 由于 m 是奇数, 不能以 $\boldsymbol{A}_4$ 为块构造出 $\boldsymbol{A}_{2m}$ 来. 注意到 $\boldsymbol{A}_{2m}=(\boldsymbol{A}_{ij})_{m\times m}$ 的每个 2 阶块 $\boldsymbol{A}_{ij}$ 的四个数 0,1,2,3 的平均值是 1.5. 要求 $\boldsymbol{A}_{2m}$ 是广义幻方, 也就是每行、每列、每条对角线各数之和相等, 也就是要求每行、每列、每条对角线各数的平均值都是 1.5.

我们将 $\boldsymbol{A}_{2m}$ 划分成若干个子集的并集. 如果某子集 $\boldsymbol{K}$ 所含每一行各数的平均值都是 1.5, 就称 $\boldsymbol{K}$ 满足行条件; 如果 $\boldsymbol{K}$ 所含每一列各数的平均值都是 1.5, 就称 $\boldsymbol{K}$ 满足列条件; 如果 $\boldsymbol{K}$ 所含 $\boldsymbol{A}_{2m}$ 的每条对角线各数的平均值都是 1.5, 就称 $\boldsymbol{K}$ 满足对角条件. 如果三个条件同时满足, 就称 $\boldsymbol{K}$ 满足幻方条件. 只要能够适当填写 $\boldsymbol{A}_{2m}$ 划分成的每个子集中各数使各子集都满足幻方条件, 则 $\boldsymbol{A}_{2m}$ 满足幻方条件.

很容易构造出 0,1,2,3 组成的 2 阶块 $\boldsymbol{K}$ 满足行条件、列条件、对角条件中的任意一个, 但不可能同时满足其中两个条件. 例如, 取 $\boldsymbol{K}$ 的第一行两个数和为 3, 则剩下另外两个数组成的第二行之和也为 3, $\boldsymbol{K}$ 满足行条件. 取 $\boldsymbol{K}$ 的第一行 (a,b) 两个数之和不为 3, 以 $(3-a,3-b)$ 作为第二行, 则 $\boldsymbol{K}$ 满足列条件. 为叙述方便, 我们将 $3-a$ 记作 $\tau(a)$, 称为 a 的补, 并且用 $\tau(\boldsymbol{A})$ 表示将 $\boldsymbol{A}$ 中每个元素 a_{ij} 替换成 $3-a_{ij}$ 得到的矩阵, 称为 $\boldsymbol{A}$ 的补.

先以 $m=3$ 为例构造 $\boldsymbol{A}_6$ 满足幻方条件:

$$\boldsymbol{A}_6=\begin{array}{|c|c|c|}\hline \boldsymbol{A}_{11} & \boldsymbol{A}_{12} & \boldsymbol{A}_{13}\\ \hline \boldsymbol{A}_{21} & \boldsymbol{A}_{22} & \boldsymbol{A}_{23}\\ \hline \boldsymbol{A}_{31} & \boldsymbol{A}_{32} & \boldsymbol{A}_{33}\\ \hline\end{array}=\begin{array}{|cc|cc|cc|}\hline 0 & 1 & 2 & 3 & 0 & 3\\ 3 & 2 & 1 & 0 & 1 & 2\\ \hline 0 & 3 & 0 & 1 & 2 & 3\\ 1 & 2 & 2 & 3 & 1 & 0\\ \hline 3 & 0 & 3 & 0 & 3 & 0\\ 2 & 1 & 1 & 2 & 2 & 1\\ \hline\end{array}$$

操作步骤如下:

(i) 先构造中心块 $\boldsymbol{A}_{22}$ 满足对角线条件.

(ii) 以 $\boldsymbol{A}_{22}$ 的第 2 行 (2,3) 作为 $\boldsymbol{A}_{23}$ 的第 1 行, 再将第 1 行取补得到 $\boldsymbol{A}_{23}$ 的第 2 行 (1,0), 则 $\boldsymbol{A}_{23}$ 满足列条件且 $(\boldsymbol{A}_{22},\boldsymbol{A}_{23})$ 满足行条件. 类似地, 将 $\boldsymbol{A}_{22}$ 的第 1 列作为 $\boldsymbol{A}_{32}$ 的第 2 列, 取补得到 $\boldsymbol{A}_{32}$ 第 1 列. 则 $\boldsymbol{A}_{22},\boldsymbol{A}_{23},\boldsymbol{A}_{32}$ 组成的子集满足幻方条件.

(iii) 构造 $(\boldsymbol{A}_{11},\boldsymbol{A}_{12})$ 满足行条件和列条件.

(iv) 取 $\boldsymbol{A}_{11}$ 取补并做转置得到的 $\tau(\boldsymbol{A}_{11})^{\mathrm{T}}$ 作为 $\boldsymbol{A}_{33}$, 再取补得到 $\boldsymbol{A}_{13}=\tau(\boldsymbol{A}_{33})$, 则 $\boldsymbol{A}_{11}$ 与 $\boldsymbol{A}_{33}$ 共同满足对角条件, $\boldsymbol{A}_{13}$ 与 $\boldsymbol{A}_{33}$ 共同满足行条件与列条件.

(v) 取 $\boldsymbol{A}_{31}=\boldsymbol{A}_{33},\boldsymbol{A}_{21}=\boldsymbol{A}_{13}$, 则 $\boldsymbol{A}_{31}$ 与 $\boldsymbol{A}_{13}$ 共同满足对角条件, $\boldsymbol{A}_{21},\boldsymbol{A}_{31}$ 共同满足行条件与列条件.

得到的 $\boldsymbol{A}_6$ 是广义幻方. 将 3 阶幻方 $\boldsymbol{X}_3=(x_{ij})_{3\times 3}$ 的每个元素重复 4 次变成 2 阶块,

得到 $\boldsymbol{B}_6$. 由 $\boldsymbol{X}_6=9\boldsymbol{A}_6+\boldsymbol{B}_6$ 得到 6 阶幻方:

$$\boldsymbol{X}_6=9\times\begin{array}{|cc|cc|cc|}\hline 0&1&2&3&0&3\\ 3&2&1&0&1&2\\ \hline 0&3&0&1&2&3\\ 1&2&2&3&1&0\\ \hline 3&0&3&0&3&0\\ 2&1&1&2&2&1\\ \hline\end{array}+\begin{array}{|cc|cc|cc|}\hline 4&4&9&9&2&2\\ 4&4&9&9&2&2\\ \hline 3&3&5&5&7&7\\ 3&3&5&5&7&7\\ \hline 8&8&1&1&6&6\\ 8&8&1&1&6&6\\ \hline\end{array}=\begin{array}{|cc|cc|cc|}\hline 4&13&27&36&2&29\\ 31&22&18&9&11&20\\ \hline 3&30&5&14&25&34\\ 12&21&23&32&16&7\\ \hline 35&8&28&1&33&6\\ 26&17&10&19&24&15\\ \hline\end{array}$$

以 $\boldsymbol{A}_6$ 为中心往四周扩充, 可对任意奇数 m 得到由 0,1,2,3 组成的 2 阶块组成的广义幻方 $\boldsymbol{A}_{2m}$, 再由 $\boldsymbol{X}_m$ 造出 $\boldsymbol{B}_{2m}$, 就可得到 $2m$ 阶幻方 $\boldsymbol{X}_{2m}$.

以 $m=5$ 为例. 我们以 $0-3$ 块组成的广义幻方 $\boldsymbol{A}_6=(\boldsymbol{D}_{ij})_{3\times3}$ 为中心, 在它的四周"镶嵌"一圈由 $0-3$ 块组成的"边框" $\boldsymbol{\varDelta}_{ij}$, 扩充为 10 阶广义幻方 $\boldsymbol{A}_{10}$:

$$\boldsymbol{A}_{10}=\begin{array}{|c|ccc|c|}\hline \boldsymbol{\varDelta}_{00}&\boldsymbol{\varDelta}_{01}&\boldsymbol{\varDelta}_{02}&\boldsymbol{\varDelta}_{03}&\boldsymbol{\varDelta}_{04}\\ \hline \boldsymbol{\varDelta}_{10}&\boldsymbol{D}_{11}&\boldsymbol{D}_{12}&\boldsymbol{D}_{13}&\boldsymbol{\varDelta}_{14}\\ \boldsymbol{\varDelta}_{20}&\boldsymbol{D}_{21}&\boldsymbol{D}_{22}&\boldsymbol{D}_{23}&\boldsymbol{\varDelta}_{24}\\ \boldsymbol{\varDelta}_{30}&\boldsymbol{D}_{31}&\boldsymbol{D}_{32}&\boldsymbol{D}_{33}&\boldsymbol{\varDelta}_{34}\\ \hline \boldsymbol{\varDelta}_{40}&\boldsymbol{\varDelta}_{41}&\boldsymbol{\varDelta}_{42}&\boldsymbol{\varDelta}_{43}&\boldsymbol{\varDelta}_{44}\\ \hline\end{array}$$

我们在构造 4 阶幻方时所用的广义幻方:

$$\boldsymbol{A}_4=\begin{array}{|cc|cc|}\hline 0&1&2&3\\ 3&2&1&0\\ \hline 3&2&1&0\\ 0&1&2&3\\ \hline\end{array}=\begin{array}{|c|c|}\hline \boldsymbol{K}_1&\boldsymbol{K}_2\\ \hline \boldsymbol{K}_3&\boldsymbol{K}_4\\ \hline\end{array}$$

满足幻方条件, 并且 $\boldsymbol{A}_{11},\boldsymbol{A}_{12}$ 组成的子集满足行条件和列条件. 取 $\boldsymbol{A}_4$ 的 4 块 $\boldsymbol{K}_1,\boldsymbol{K}_2,\boldsymbol{K}_3,\boldsymbol{K}_4$ 分别作为 $\boldsymbol{\varDelta}_{00},\boldsymbol{\varDelta}_{04},\boldsymbol{\varDelta}_{40},\boldsymbol{\varDelta}_{44}$ 安装在 $\boldsymbol{A}_{10}$ 的 4 个角. 将 $\boldsymbol{K}_1,\boldsymbol{K}_2$ 分别作为 $\boldsymbol{\varDelta}_{i0}$ 和 $\boldsymbol{\varDelta}_{i4}$ $(i=1,2,3)$ 安装在 $\boldsymbol{A}_{10}$ 的左侧和右侧. 将 $\boldsymbol{K}_1,\boldsymbol{K}_2$ 的转置 $\boldsymbol{K}_1^{\mathrm{T}},\boldsymbol{K}_2^{\mathrm{T}}$ 作为 $\boldsymbol{\varDelta}_{0i}$ 和 $\boldsymbol{\varDelta}_{4i}$ $(i=1,2,3)$ 安装在 $\boldsymbol{A}_{10}$ 的上方和下方. 这样得到的 $\boldsymbol{A}_{10}$ 就是所需的广义幻方:

$$\boldsymbol{A}_{10}=\begin{array}{|cc|cc|cc|cc|cc|}\hline 0&1&0&3&0&3&0&3&2&3\\ 3&2&1&2&1&2&1&2&1&0\\ \hline 0&1&0&1&2&3&0&3&2&3\\ 3&2&3&2&1&0&1&2&1&0\\ \hline 0&1&0&3&0&1&2&3&2&3\\ 3&2&1&2&2&3&1&0&1&0\\ \hline 0&1&3&0&3&0&3&0&2&3\\ 3&2&2&1&1&2&2&1&1&0\\ \hline 3&2&2&1&2&1&2&1&1&0\\ 0&1&3&0&3&0&3&0&2&3\\ \hline\end{array}$$

类似地, 以 $\boldsymbol{A}_6$ 为中心往外扩充可以对任意奇数 m 得到广义幻方 $\boldsymbol{A}_{2m}=(\boldsymbol{\varDelta}_{ij})_{m\times m}$. □

第3章　行　列　式

知识引入例

例 1　(1) 方程组

$$\begin{cases} x+y+z=b_1 \\ x+2y+4z=b_2 \\ x+3y+9z=b_3 \end{cases} \tag{3.1}$$

是否对任意实数 b_1,b_2,b_3 有唯一解?

(2) 方程组

$$\begin{cases} x_1-x_2+x_3-x_4=b_1 \\ x_1+x_2+x_3+x_4=b_2 \\ x_1+2x_2+4x_3+8x_4=b_3 \\ x_1+3x_2+9x_3+27x_4=b_4 \end{cases}$$

是否对任意复数 b_1,b_2,b_3,b_4 有唯一解?

解　(1) 方程组 (3.1) 可以写成向量形式:

$$x\boldsymbol{a}_1+y\boldsymbol{a}_2+z\boldsymbol{a}_3=\boldsymbol{b} \tag{3.2}$$

其中

$$\boldsymbol{a}_1=\begin{pmatrix}1\\1\\1\end{pmatrix},\quad \boldsymbol{a}_2=\begin{pmatrix}1\\2\\3\end{pmatrix},\quad \boldsymbol{a}_3=\begin{pmatrix}1\\4\\9\end{pmatrix},\quad \boldsymbol{b}=\begin{pmatrix}b_1\\b_2\\b_3\end{pmatrix}$$

分别是以各方程中同一字母的系数或常数项组成的列向量. 在空间直角坐标系中分别以这些列向量为坐标作几何向量 $\overrightarrow{OA_1},\overrightarrow{OA_2},\overrightarrow{OA_3},\overrightarrow{OB}$, 则方程组 (3.2) 成为

$$x\overrightarrow{OA_1}+y\overrightarrow{OA_2}+z\overrightarrow{OA_3}=\overrightarrow{OB}. \tag{3.3}$$

方程组 (3.3) 有唯一解 $\Leftrightarrow$ 向量 $\overrightarrow{OA_1},\overrightarrow{OA_2},\overrightarrow{OA_3}$ 不共面 (组成空间的一组基, 每个 $\overrightarrow{OB}$ 在这组基下有唯一的坐标 (x,y,z)) $\Leftrightarrow$ 以 OA_1,OA_2,OA_3 为棱的平行六面体的有向体积 $\Delta=\boldsymbol{a}_1\cdot(\boldsymbol{a}_2\times\boldsymbol{a}_3)\neq 0$.

以 $\boldsymbol{a}_1,\boldsymbol{a}_2,\boldsymbol{a}_3$ 为各列排成矩阵:

$$\boldsymbol{A}=(\boldsymbol{a}_1,\boldsymbol{a}_2,\boldsymbol{a}_3)=\begin{pmatrix}1&1&1\\1&2&4\\1&3&9\end{pmatrix}$$

称为方程组 (3.1) 的系数矩阵, 则有向体积 Δ 称为方阵 $\boldsymbol{A}$ 的行列式, 记作 $\det\boldsymbol{A}$.

在数学软件 Matlab 中运行如下语句:

```
A=[1,1,1;1,2,4;1,3,9]; det(A)
```

得到 $\det\boldsymbol{A}=2\neq 0$. 可见 $\boldsymbol{a}_1,\boldsymbol{a}_2,\boldsymbol{a}_3$ 不共面, 方程组 (3.1) 对任意 b_1,b_2,b_3 有唯一解.

(3.2) 与 (3.1) 同样可用数学软件 Matlab 计算系数矩阵 $\boldsymbol{A}$ 的行列式. 运行如下语句:

```
A=[1,-1,1,-1;1,1,1,1;1,2,4,8;1,3,9,27]; det(A)
```

得到 $\det\boldsymbol{A}=48\neq 0$. 因此方程组对任意复数 b_1,b_2,b_3,b_4 有唯一解. □

3.1 n 阶行列式的定义

知识导航

虽然可以用计算机软件计算行列式, 但很自然要问: 计算机软件是用什么算法算出行列式来的? 三阶行列式是平行六面体的有向体积, 二阶行列式 $\det(\boldsymbol{a}_1,\boldsymbol{a}_2)$ 是以 $\boldsymbol{a}_1=\overrightarrow{OA_1}$ 与 $\overrightarrow{OA_2}$ 所代表的有向线段 OA_1,OA_2 为两边的平行四边形的有向面积 $|OA_1||OA_2|\sin\angle A_1OA_2$, 当 $n\geqslant 4$ 时的行列式 $\det\boldsymbol{A}$ 是什么? 为什么能由 $\det\boldsymbol{A}\neq 0$ 判定线性方程组 $\boldsymbol{AX}=\boldsymbol{b}$ 有唯一解?

1. 由几何性质导出代数算法

我们先根据二阶和三阶行列式 $\det\boldsymbol{A}$ 的几何意义得出它们的运算性质, 再由性质得出算法, 推广到 n 阶行列式.

长方体或正方体的体积是长、宽、高三条棱长的乘积. 三阶行列式 $\Delta=\det\boldsymbol{A}=\det(\boldsymbol{a}_1,\boldsymbol{a}_2,\boldsymbol{a}_3)$ 是三条棱所代表的向量的混合积 $\boldsymbol{a}_1\cdot(\boldsymbol{a}_2\times\boldsymbol{a}_3)$, 可以看成三个向量 $\boldsymbol{a}_1,\boldsymbol{a}_2,\boldsymbol{a}_3$ 的乘积, 满足:

性质 1(对向量加法的分配律) 例如

$$\det(\boldsymbol{a}_1+c,\boldsymbol{a}_2,\boldsymbol{a}_3)=\det(\boldsymbol{a}_1,\boldsymbol{a}_2,\boldsymbol{a}_3)+\det(\boldsymbol{c},\boldsymbol{a}_2,\boldsymbol{a}_3)$$

性质 2 任何一列的公因子可以提出来. 例如 $\det(\lambda\boldsymbol{a}_1,\boldsymbol{a}_2,\boldsymbol{a}_3)=\lambda\det(\boldsymbol{a}_1,\boldsymbol{a}_2,\boldsymbol{a}_3)$.

三阶行列式既然是有向体积, 还具有性质: 两条棱重合, 体积为 0; 两条棱互换, 右手系变成左手系或左手系变成右手系, 有向体积改变正负号. 即:

性质 3 两列相同, 行列式值为 0. 例如 $\det(\boldsymbol{a}_1,\boldsymbol{a}_1,\boldsymbol{a}_3)=0$.

性质 4 两列互换, 行列式值变号. 例如 $\det(\boldsymbol{a}_1,\boldsymbol{a}_2,\boldsymbol{a}_3)=-\det(\boldsymbol{a}_2,\boldsymbol{a}_1,\boldsymbol{a}_3)$.

以上性质 1,2 是乘法的一般性质, 性质 3,4 是有向体积的特殊性质.

二阶行列式 (平行四边形有向面积) 也具有同样的性质. 根据以上性质, 可以将二阶和三阶行列式展开成自然基组成的行列式的线性组合, 得出计算公式:

二阶行列式 $\Delta=\det(\boldsymbol{a}_1,\boldsymbol{a}_2)$ 的两列 $\boldsymbol{a}_1=a_{11}\boldsymbol{e}_1+a_{21}\boldsymbol{e}_2$ 与 $\boldsymbol{a}_2=a_{12}\boldsymbol{e}_1+a_{22}\boldsymbol{e}_2$ 是两条坐标轴正方向上的单位向量 $\boldsymbol{e}_1,\boldsymbol{e}_2$ 的线性组合, 可以看成两个字母 $\boldsymbol{e}_1,\boldsymbol{e}_2$ 的两个一次多项式的某种乘积 $\boldsymbol{a}_1*\boldsymbol{a}_2$ (不过, 由性质 4 知道这个乘积不满足交换律) 展开成"单项式"之和, 算出值来:

$$\begin{aligned}\Delta&=(a_{11}\boldsymbol{e}_1+a_{21}\boldsymbol{e}_2)*(a_{12}\boldsymbol{e}_1+a_{22}\boldsymbol{e}_2)\\&=a_{11}a_{12}(\boldsymbol{e}_1*\boldsymbol{e}_1)+a_{11}a_{22}(\boldsymbol{e}_1*\boldsymbol{e}_2)+a_{21}a_{12}(\boldsymbol{e}_2*\boldsymbol{e}_1)+a_{21}a_{22}(\boldsymbol{e}_2*\boldsymbol{e}_2)\end{aligned}\tag{3.4}$$

其中 $\boldsymbol{e}_i*\boldsymbol{e}_j=\det(\boldsymbol{e}_i,\boldsymbol{e}_j)$. 由性质 3 知当 $i=j$ 时的 $\boldsymbol{e}_1*\boldsymbol{e}_1=\boldsymbol{e}_2*\boldsymbol{e}_2=0$. $\boldsymbol{e}_1*\boldsymbol{e}_2=\det(\boldsymbol{e}_1,\boldsymbol{e}_2)=1$ 是标准正方形的面积. 由性质 4 得 $\boldsymbol{e}_2*\boldsymbol{e}_1=\det(\boldsymbol{e}_2,\boldsymbol{e}_1)=-\det(\boldsymbol{e}_1,\boldsymbol{e}_2)=-1$. 代入 (3.4) 得二阶行列式计算公式:

$$\Delta=\begin{vmatrix}a_{11}&a_{12}\\a_{21}&a_{22}\end{vmatrix}=a_{11}a_{22}-a_{21}a_{12}\tag{3.5}$$

类似地, 三阶行列式可以展开为

$$\det\boldsymbol{A}=\sum_{1\leqslant i,j,k\leqslant 3}a_{i1}a_{j2}a_{k3}\delta(ijk)\tag{3.6}$$

其中 $\delta(ijk)=\det(\boldsymbol{e}_i,\boldsymbol{e}_j,\boldsymbol{e}_k)$ 是三条坐标上单位向量组成的行列式. 如果 i,j,k 中某两个相同, 由性质 3 知 $\delta(ijk)=0$. 因此展开式 (3.6) 中只剩下 i,j,k 两两不同的情况, 其中 (ijk) 是 1,2,3 的一个排列. 而 $\delta(123)=\det(\boldsymbol{e}_1,\boldsymbol{e}_2,\boldsymbol{e}_3)=1$ 是右手系单位正方体的体积. 其余每个 $\delta(ijk)=\det(\boldsymbol{e}_i,\boldsymbol{e}_j,\boldsymbol{e}_k)$ 可以经过若干次两列互换变成 $\delta(123)=\det(\boldsymbol{e}_1,\boldsymbol{e}_2,\boldsymbol{e}_3)=1$, 因此 $\delta(ijk)=(-1)^s$, 其中 s 是由 $\delta(ijk)$ 变成 $\delta(123)$ 所经过的两列互换的次数, 也就是排列 (ijk) 经过对换变成 (123) 的次数, 每次对换将排列中的某两个数字互换位置.

2. 推广到 n 阶行列式

二阶与三阶行列式的几何意义不能推广到 n 阶, 但以上 4 条基本性质却可以推广到 n 阶, 自然基组成的行列式 $\det(\boldsymbol{e}_1,\boldsymbol{e}_2)=1$ 与 $\det(\boldsymbol{e}_1,\boldsymbol{e}_2,\boldsymbol{e}_3)=1$ 也可以推广到 n 阶成为 $\det\boldsymbol{I}=\det(\boldsymbol{e}_1,\cdots,\boldsymbol{e}_n)=1$, 其中 $\boldsymbol{I}$ 是 n 阶单位阵. 同样可以由这些性质得到 n 阶行列式的计算公式:

$$\det\boldsymbol{A}=\sum_{(i_1\cdots i_n)}\delta(i_1\cdots i_n)a_{i_11}\cdots a_{i_nn}=\sum_{(j_1\cdots j_n)}\delta(j_1\cdots j_n)a_{1j_1}\cdots a_{nj_n}\tag{3.7}$$

其中 $(i_1\cdots i_n),(j_1\cdots j_n)$ 取遍 $1,2,\cdots,n$ 的全体排列, $\delta(i_1\cdots i_n)=(-1)^s$, s 是排列 $(i_1\cdots i_n)$ 经过若干次两个数字的对换变成标准排列 $(12\cdots n)$ 所经过的对换次数.

由排列 $(i_1\cdots i_n)$ 经过若干次对换变成 $(12\cdots n)$ 可能有不同的过程, 经历不同的次数 s, 但不同次数 s 的奇偶性一定相同, 得到相同的 $\delta(i_1\cdots i_n)=(-1)^s$. 按照 $\delta(i_1\cdots i_n)=1$ 或 -1, 分别称 $(i_1\cdots i_n)$ 为偶排列和奇排列. $\delta(i_1\cdots i_n)$ 称为排列 $(i_1\cdots i_n)$ 的奇偶性符号, 也记为 $\mathrm{sgn}(i_1\cdots i_n)$.

有一个统一的模式将每个排列 $(i_1\cdots i_n)$ 经过若干次对换变成标准排列 $(12\cdots n)$: 先将 $(i_1\cdots i_n)$ 中的 1 与它前面的 s_1 个数依次互换位置, 经过 s_1 次对换将 1 排到第 1 位. 再将 2 依次与它前面与 1 之间的 s_2 个数依次互换位置, 经过 s_2 次对换排到第 2 位. 依此类推, 将 $1,2,\cdots,k-1$ 依次排到前 $k-1$ 位之后, 将 k 与它前面与 $k-1$ 之间的 s_k 个数做对换, 排到第 k 位. 经过 $\tau=s_1+s_2+\cdots+s_{n-1}$ 次将 $1,2,\cdots,n-1$ 排到前 $n-1$ 位之后, 最后一位自然就是 n, 排列就变成了 $(12\cdots n)$, 由此得到 $\mathrm{sgn}(i_1\cdots i_n)=(-1)^\tau$. 其实, 不必实际进行对换过程, 一开始就可以从排列 $(i_1\cdots i_n)$ 中直接算出每个 s_k, 它就是排列中排在 k 前面并且比 k 大的数字的个数. 将 $1,2,\cdots,k-1$ 依次与前面的数做对换排到前 $k-1$ 位的过程中, 不改变比 $k-1$ 大的各个数之间的相互顺序, 排在 k 前面并且比 k 大的数字仍是 s_k 个, 就是 k 之前与 $k-1$ 之间的全部数字. 在标准排列 $(12\cdots n)$ 中, 所有的数字按从小到大的顺序排列, 不存在比 k 大的数排在 k 前面, 所有的 $s_k=0$, $\tau=s_1+s_2+\cdots+s_{n-1}=0$. 如果排列中某个 $s_k>0$, 就意味着有 s_k 个比 k 大的数 p 排在 k 前面, 每个这样的 p 与 k 的排列顺序是从大到小而不是从小到大, 这称为一个**逆序**, $\tau=s_1+s_2+\cdots+s_{n-1}$ 就是排列 $(i_1\cdots i_n)$ 中的逆序总数, 称为**逆序数**, 记作 $\tau(i_1\cdots i_n)$. 按照以上的对换方式, 每次对换恰好纠正一个逆序, 将逆序数减少一个, 经过 τ 次对换恰好将逆序全部纠正, 变成标准排列. 因此 $\mathrm{sgn}(i_1\cdots i_n)=(-1)^{\tau(i_1\cdots i_n)}$.

例如, 排列 (4312) 中的 $s_1=2,s_2=2,s_3=1$, 因此 $\tau(4312)=2+2+1=5$, $\mathrm{sgn}(4312)=(-1)^5=-1$.

计算公式 (3.7) 就是行列式的定义. 行列式是 $n!$ 项之和, 当 $n\geqslant 3$ 时直接用定义来计算 $\det\boldsymbol{A}$ 太繁琐. 由定义知道当 $\boldsymbol{A}$ 是上三角阵或下三角阵时 $\det\boldsymbol{A}=a_{11}\cdots a_{nn}$ 只有一项, 等于各对角元之和. 如果能利用行列式的性质、尤其是初等行变换或列变换将一般的方阵化成上三角阵或下三角阵, 行列式的计算和研究可以大大简化. □

例题分析与解答

3.1.1 在直角坐标系中, 已知 A,B 的坐标 $A(a_1,a_2),B(b_1,b_2)$, 试利用几何图形的等积变换求 $\varDelta=\det(\overrightarrow{OA},\overrightarrow{OB})=S_{OAPB}$:

(1) 如图 3.1, 利用 $S_{OAPB}=S_{OCQB}-S_{CQPA}=S_{OCQ_1B_1}-S_{CQ_2P_2A}$.

(2) 如图 3.2, 利用 $S_{OAB}=S_{ODB}+S_{DCAB}-S_{OCA}$.

(3) 如图 3.3, 利用 $S_{OAPB}=S_{OA_1P_1B}$ 说明行列式的性质:

$$\det(\overrightarrow{OA},\overrightarrow{OB})=\det(\overrightarrow{OA}+\lambda\overrightarrow{OB},\overrightarrow{OB})$$

并利用这个性质计算 Δ.

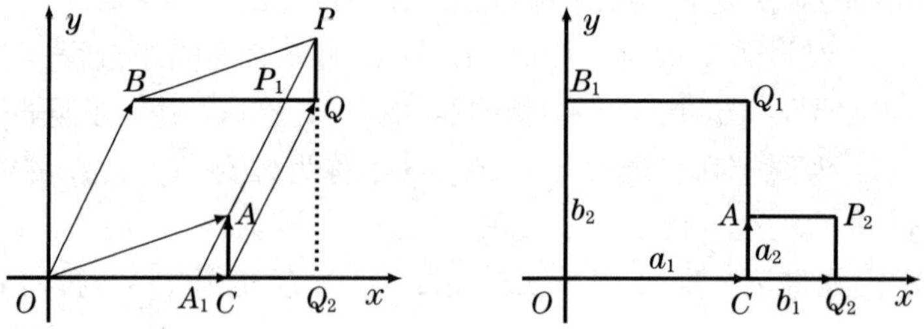

图 3.1

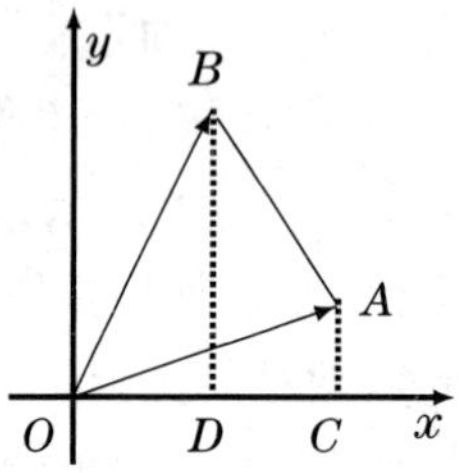

图 3.2

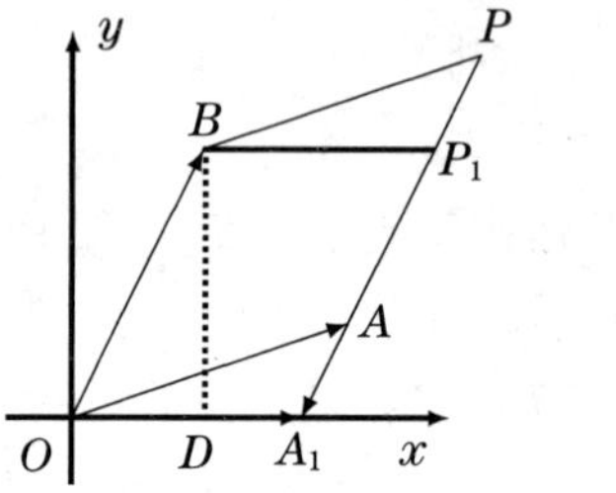

图 3.3

证明 (1) 在图 3.1 中分别过 A,P 作 x 轴的垂线交 x 轴于 C,Q_2. 作平行四边形 $OCQB$, $CQPA$. 直线 PA 将平行四边形 $OCQB$ 分成两个平行四边形 OA_1P_1B 和 A_1CQP_1. 平行四边形 OA_1P_1B 与 $OAPB$ 具有公共底边 OB 且在这条底边上的高相等, 因此面积相等. 类似地, 平行四边形 A_1CQP_1 与 $ACQP$ 在共同的底边 CQ 上的高相等, 平行四边形 $OCQB$ 与 OCQ_1B_1 在共同的底边 OC 上的高相等, 平行四边形 $CAPQ$ 与 CAP_2Q_2 在共同的底边 CA 上的高相等. 因此有

$$\begin{aligned}\Delta=\begin{vmatrix}a_1 & b_1\\ a_2 & b_2\end{vmatrix}&=\det(\overrightarrow{OA},\overrightarrow{OB})=S_{OAPB}=S_{OA_1P_1B}=S_{OCQB}-S_{A_1CQP_1}\\&=S_{OCQ_1B_1}-S_{ACQ_2P_2}=|OC||OB_1|-|CQ_2||CA|=a_1b_2-b_1a_2\end{aligned}$$

(2) 在图 3.2 中分别过 A,B 作 x 轴的垂线交 x 轴于 C,D, 则

$$\begin{aligned}S_{\triangle OAB}&=S_{\triangle ODB}+S_{DCAB}-S_{\triangle OCA}\\&=\frac{1}{2}|OD||DB|+\frac{1}{2}|DC|(|DB|+|CA|)-\frac{1}{2}|OC||CA|\\&=\frac{1}{2}b_1b_2+\frac{1}{2}(a_1-b_1)(b_2+a_2)-\frac{1}{2}a_1a_2\\&=\frac{1}{2}(a_1b_2-b_1a_2)\\ \Delta&=S_{OAPB}=2S_{\triangle OAB}=a_1b_2-b_1a_2\end{aligned}$$

(3) 如图 3.3, $\Delta=\det(\overrightarrow{OA},\overrightarrow{OB})=S_{OAPB}$. 在直线 AP 上取点 A_1, 则 AA_1 与 OB 平行, 因而 $\overrightarrow{AA_1}=\lambda\overrightarrow{OB}$ 对某个实数 λ 成立. $\overrightarrow{OA_1}=\overrightarrow{OA}+\lambda\overrightarrow{OB}$. 作 A_1P_1 与 AP 方向相同、

长度相等, 则平行四边形 OA_1P_1B 与 $OAPB$ 有公共底边 OB, 且在 OB 上的高相等, 因此面积相等, 即

$$\det(\overrightarrow{OA},\overrightarrow{OB}) = S_{OAPB} = S_{OA_1P_1B} = \det(\overrightarrow{OA_1},\overrightarrow{OB}) = \det(\overrightarrow{OA}+\lambda\overrightarrow{OB},\overrightarrow{OB})$$

这就是说: 将行列式 $\Delta = \det(\overrightarrow{OA},\overrightarrow{OB})$ 的第 2 列 $\overrightarrow{OB}$ 的常数倍 $\lambda\overrightarrow{OB}$ 加到第 1 列, 行列式值不变, 可记为

$$\det(\overrightarrow{OA},\overrightarrow{OB}) \xlongequal{\lambda(2)+(1)} \det(\overrightarrow{OA}+\lambda\overrightarrow{OB},\overrightarrow{OB})$$

等号下方的 $\lambda(2)+(1)$ 表示对行列式进行列变换, 将第 2 列的 λ 倍加到第 (1) 列 (如果将 $\lambda(2)+(1)$ 写在等号上方, 则表示进行行变换, 将第 (2) 行的 λ 倍加到第 1 行).

特别地, 可以取 A_1 是直线 AP 与 x 轴的交点, 即选取 λ 使

$$\overrightarrow{OA_1} = \overrightarrow{OA}+\lambda\overrightarrow{OB} = \begin{pmatrix} a_1 \\ a_2 \end{pmatrix} + \lambda\begin{pmatrix} b_1 \\ b_2 \end{pmatrix} = \begin{pmatrix} a_1+\lambda b_1 \\ a_2+\lambda b_2 \end{pmatrix} = \begin{pmatrix} x_1 \\ 0 \end{pmatrix}$$

的 y 坐标 $a_2+\lambda b_2 = 0$, 则应选 $\lambda = -\dfrac{a_2}{b_2}$, 得到

$$\begin{aligned}\Delta = \det(\overrightarrow{OA},\overrightarrow{OB}) &= \det\begin{pmatrix} a_1 & b_1 \\ a_2 & b_2 \end{pmatrix} \xlongequal{-\frac{a_2}{b_2}(2)+(1)} \det\begin{pmatrix} a_1-\dfrac{a_2b_1}{b_2} & b_1 \\ 0 & b_2 \end{pmatrix} \\ &= \det(\overrightarrow{OA_1},\overrightarrow{OB}) = S_{OA_1P_1B} = OA_1 \bullet DB = \left(a_1-\frac{a_2b_1}{b_2}\right)b_2 = a_1b_2-a_2b_1\end{aligned}$$ □

点评 大学生从空间解析几何课程中知道三阶行列式是平行六面体的有向体积. 但很多人不知道二阶行列式是平行四边形的有向面积. 本题让学生利用二阶行列式的几何意义推出行列式的计算公式, 并验证第三类初等变换对行列式的影响, 目的是借此加深学生对行列式的几何意义的直观理解. 以上的验证只讨论了 A,B 在第一象限并且行列式取正号 (从 OA 到 OB 是沿逆时针方向旋转) 的情形. 如果要严格论证, 还应当对 A,B 的坐标及行列式 Δ 取正负号的各种情形一一讨论, 这是几何方法的缺点. 不过, 本题的目的只是为了发扬几何方法的优点 (直观形象), 只要知道应当讨论而且也会进行这种讨论, 就不必真的去一一讨论了.

借题发挥 3.1 行列式的公理化定义

1. 欧几里得的公理化 —将复杂变成显然

大多数《线性代数》教材都将行列式作为第 1 章, 作为线性代数的开始. 大多数《高等代数》第 1 章讲多项式, 这不属于线性代数的内容, 第 2 章讲行列式, 仍然是线性代数的开始. 为什么从行列式开始讲线性代数? 大概是因为行列式需要的预备知识最少, 只要先解释一下什么是排列, 什么是逆序数, 就可以直接给出 n 阶行列式的计算公式来作为行列式的定义了. 这样的讲法在逻辑上可以说是正确的, 但却不容易被学生接受. 学生刚从中学

到大学，在线性代数的第一堂课就被"奉天承运皇帝诏曰"从天而降一个十分繁琐的计算公式作为定义，与中学数学似乎完全没有关系，为什么要这样定义，这样定义的公式有什么用处，能够解决什么问题，完全莫名其妙.

也有一些教材没有采用"奉天承运皇帝诏曰"从天而降的方式直接给出行列式的计算公式. 而是从二元一次方程组

$$\begin{cases} a_1x+b_1y=c_1 \\ a_2x+b_2y=c_2 \end{cases}$$

的求解公式开始引入. 将方程组的两个方程分别乘 b_2,b_1 再相减消去 y，得到 $(a_1b_2-a_2b_1)x=c_1b_2-c_2b_1$. 将两个方程分别乘 a_2,a_1 再相减消去 x 得到 $(a_2b_1-a_1b_2)y=a_2c_1-a_1c_2$. 当 $a_1b_2-a_2b_1\neq 0$ 时就得到唯一解：

$$x=\frac{c_1b_2-c_2b_1}{a_1b_2-a_2b_1},\qquad y=\frac{a_1c_2-a_2c_1}{a_1b_2-a_2b_1}$$

将公共的分母 $\Delta=a_1b_2-a_2b_1$ 定义为二阶行列式. 然后就说：类似地可以得到 n 阶行列式. 这句话可不能让人信服：二元一次方程组比较简单，能够通过加减消去法得出求解公式，n 元一次方程组能够采用类似的方法得出公式吗？且不说一般的 n 元方程组，就是要得出四元一次方程组的求解公式恐怕都难以实现. 即使不怕麻烦得出了求解公式，要观察出它的分母的规律来推广到 n 阶行列式，也难以完成.

怎样将利用二阶行列式得出的二元一次方程组唯一解条件和求解公式推广到复杂的 n 元一次方程组？我们可以从欧几里得几何学的公理化方法得到启发. 欧几里得对几何学最大的贡献，是将复杂纷纭的几何现象归结为少数显而易见的公理，利用这些简单的、显而易见的公理推出复杂的、不显然的定理，构成了丰富多彩的几何学的系统. 这样的思想方法不仅适用于几何学，也被很多不同的科学领域借鉴和采用. 行列式复杂而看起来莫名其妙的计算公式，也可以由少数简单而显而易见的公理推出来.

2. 几何公理的代数描述

本章的知识引入例就是将三元一次方程组唯一解的问题转化为几何问题来解决，利用三阶系数方阵各列为坐标的几何向量为棱的平行六面体体积的几何性质得出代数算法，再推广到 n 阶行列式. 具体地说，本节的知识导航以二阶和三阶行列式的 4 条几何性质导出行列式的计算公式，就是以这 4 条几何性质为公理将任意向量决定的行列式 $\det(\boldsymbol{a}_1,\boldsymbol{a}_2)$ 及 $\det(\boldsymbol{a}_1,\boldsymbol{a}_2,\boldsymbol{a}_3)$ 化简为自然基向量决定的行列式 $\det(\boldsymbol{e}_1,\boldsymbol{e}_2),\det(\boldsymbol{e}_1,\boldsymbol{e}_2,\boldsymbol{e}_3)$ 的倍数，再由 $\det(\boldsymbol{e}_1,\boldsymbol{e}_2)=\det(\boldsymbol{e}_1,\boldsymbol{e}_2,\boldsymbol{e}_3)=1$ 得出行列式计算公式. $\det(\boldsymbol{e}_1,\boldsymbol{e}_2),\det(\boldsymbol{e}_1,\boldsymbol{e}_2,\boldsymbol{e}_3)$ 就是以坐标轴上的单位向量为边或棱的单位正方形的面积或单位正方体的体积. 行列式就是以单位正方形和单位正方体为单位度量平行四边形、平行六面体得到的量数. $\det(\boldsymbol{e}_1,\boldsymbol{e}_2)=\det(\boldsymbol{e}_1,\boldsymbol{e}_2,\boldsymbol{e}_3)=1$ 就是知识导航中的 4 条几何性质之外的第 5 条性质. 以这 5 条性质为公理推出了二阶和三阶行列式计算公式. n 阶行列式没有那么直观的几何意义，却仍然可以满足这 5 条公理，并且可以由这 5 条公理推出计算公式作为行列式的定义.

例题 3.1.1 就是利用几何图形体现二阶行列式这 5 条几何性质的正确性和合理性. 二阶行列式是平行四边形的有向面积. 面积满足两条最显而易见的公理：

A1. 将图形分成若干个不相交的部分的并集, 总面积等于各部分面积之和.

A2. 全等的图形面积相等.

由这两条基本公理可以推出行列式的主要性质.

如图 3.4, 设 $\boldsymbol{a}=\overrightarrow{OA},\boldsymbol{b}=\overrightarrow{OB}$, 则 $\det(\boldsymbol{a},\boldsymbol{b})=S_{OAPB}$ 是平行四边形 $OAPB$ 的有向面积. 将 OA 平均分成 n 段, 分别过各个分点作 OB 的平行线将平行四边形 $OAPB$ 分成 n 个全等的小平行四边形, 其中第一个平行四边形 OA_1P_1B 的面积 $S_{OA_1P_1B}=\dfrac{1}{n}S_{OAPB}$, 也就是 $\det(\overrightarrow{OA_1},\overrightarrow{OB})=\det(\dfrac{1}{n}\boldsymbol{a},\boldsymbol{b})=\dfrac{1}{n}\det(\boldsymbol{a},\boldsymbol{b})$. 将 OA_1 延长 m 倍到 OC 使 $\overrightarrow{OC}=m\overrightarrow{OA_1}$. 则平行四边形 $OCQB$ 由 m 个与 OA_1P_1B 全等的平行四边形组成, $S_{OCQB}=mS_{OA_1P_1B}=\dfrac{m}{n}S_{OAPB}$, 即

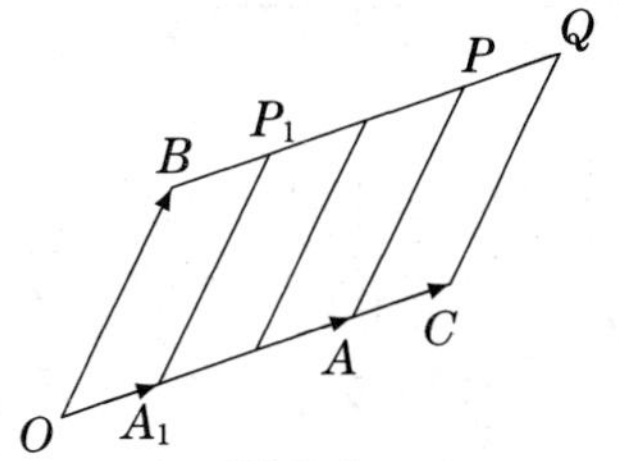

图 3.4

$$\det\left(\frac{m}{n}\boldsymbol{a},\boldsymbol{b}\right)=\det\left(\frac{m}{n}\overrightarrow{OA},\overrightarrow{OB}\right)=\frac{m}{n}\det(\overrightarrow{OA},\overrightarrow{OB})=\frac{m}{n}\det(a,b)$$

这证明了:

$$\det(\lambda\boldsymbol{a},\boldsymbol{b})=\lambda\det(\boldsymbol{a},\boldsymbol{b})\tag{3.8}$$

对所有的有理数 $\lambda=\dfrac{m}{n}$ 成立. 每个实数 λ 可以写成有理数列的极限, 因而公式 (3.8) 也对所有的实数 λ 成立. 同理可知 $\det(\boldsymbol{a},\lambda\boldsymbol{b})=\lambda\det(\boldsymbol{a},\boldsymbol{b})$ 也对所有的实数成立. 这就得到了行列式的一个重要性质:

D1. 行列式任何一列的公因子 λ 可以提到行列式符号外面.

这是本节知识导航所说的行列式性质 2. 描述了第二类初等列变换对行列式的影响:

行列式任何一列乘常数 λ, 行列式的值变成原来的 λ 倍. 记为 $|A|\xrightarrow[\lambda(i)]{}|A_1|=\lambda|A|$ 或 $|A|\overset{\lambda(i)}{=\!=\!=}\lambda^{-1}|A_1|$, 其中 A_1 是 A 经过变换后得到的矩阵.

如果 $\angle AOB=90°$, 平行四边形 $OAPB$ 就是矩形. 在 $\overrightarrow{OA}$ 正方向上取单位向量 $\overrightarrow{OE_1}$, 在 $\overrightarrow{OB}$ 正方向上取单位向量 $\overrightarrow{OE_2}$, 则 $\overrightarrow{OA}=\lambda\overrightarrow{OE_1},\overrightarrow{OB}=\mu\overrightarrow{OE_2}$,

$$\det(\overrightarrow{OA},\overrightarrow{OB})=\det(\lambda\overrightarrow{OE_1},\mu\overrightarrow{OE_2})=\lambda\mu\det(\overrightarrow{OE_1},\overrightarrow{OE_2})=\lambda\mu$$

其中 $\lambda=|OA|,\mu=|OB|$ 分别是 OA,OB 的长度. $\det(\overrightarrow{OE_1},\overrightarrow{OE_2})=1$ 是长度为 1 的线段 OE_1,OE_2 为一组邻边的单位正方形的面积, 等于 1. 得到的计算公式 $\det(\overrightarrow{OA},\overrightarrow{OB})=\lambda\mu$ 就是说矩形的面积等于长与宽的乘积. 这是众所周知的面积公式, 我们利用面积公理 A1,A2 将这个公式证明了一遍. 特别地, 如果 OA 在 x 轴上, OB 在 y 轴上, 则

$$\det(\overrightarrow{OA},\overrightarrow{OB})=\begin{vmatrix}\lambda&0\\0&\mu\end{vmatrix}=\lambda\mu\begin{vmatrix}1&0\\0&1\end{vmatrix}=\lambda\mu$$

其中 $\begin{vmatrix}1&0\\0&1\end{vmatrix}=\det(\boldsymbol{e}_1,\boldsymbol{e}_2)=1$ 是 x 轴和 y 轴正方上的单位向量 $\boldsymbol{e}_1,\boldsymbol{e}_2$ 决定的单位正方形面积, 等于 1. $\det(\overrightarrow{OA},\overrightarrow{OB})=\begin{vmatrix}\lambda&0\\0&\mu\end{vmatrix}=\lambda\mu$ 的几何意义是矩形面积等于长与宽的乘积, 代

数意义是对角形行列式 $\begin{vmatrix} \lambda & 0 \\ 0 & \mu \end{vmatrix}$ 等于对角元 λ,μ 的乘积.

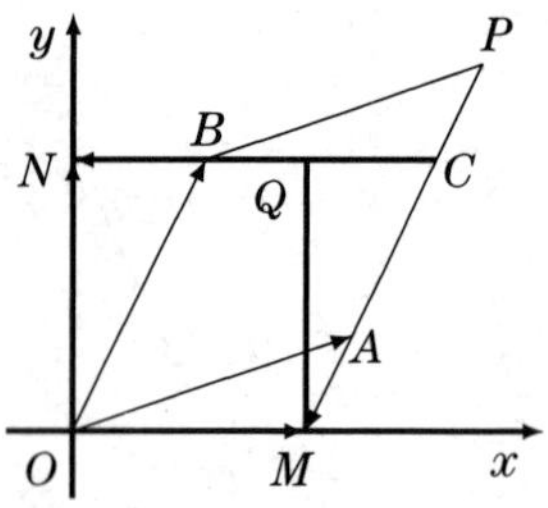

图 3.5

平行四边形面积怎样求？几何方法是将平行四边形用割补法变成矩形再求面积. 如图 3.5, 将平行四边形 $OMCB$ 挖去 $\triangle MQC$ 补到 $\triangle ONB$ 的位置, 就变成矩形 $OMQN$. 设 $\overrightarrow{OM}$ 在 x 轴上, 纵坐标为 0, 坐标为 $\begin{pmatrix} x_1 \\ 0 \end{pmatrix}$, 设 $\overrightarrow{OB} = \begin{pmatrix} a_2 \\ b_2 \end{pmatrix}$, 则 $\overrightarrow{ON} = \overrightarrow{OB} + \overrightarrow{BN}$. 其中 BN 在直线 CB 上, 平行于 OM, 因此 $\overrightarrow{BN} = \lambda\overrightarrow{OM} = \begin{pmatrix} \lambda x_1 \\ 0 \end{pmatrix}$, 由 $\overrightarrow{ON} = \overrightarrow{OB} + \lambda\overrightarrow{OM} = \begin{pmatrix} a_2 + \lambda x_1 \\ b_2 \end{pmatrix}$ 在 y 轴上知它的 x 坐标 $a_2 + \lambda x_1 = 0$, $\overrightarrow{ON} = \begin{pmatrix} 0 \\ b_2 \end{pmatrix}$.

$$\begin{aligned}\begin{vmatrix} x_1 & a_2 \\ 0 & b_2 \end{vmatrix} &= \det(\overrightarrow{OM}, \overrightarrow{OB}) = S_{OMCB} \\ &= S_{OMQN} = \det(\overrightarrow{OM}, \overrightarrow{ON}) = \begin{vmatrix} x_1 & 0 \\ 0 & b_2 \end{vmatrix} = x_1 b_2\end{aligned}$$

这个等式的几何意义就是: 平行四边形 $OMCB$ 的面积 = 底 $x_1 \times$ 高 b_2, 代数意义是: 三角形行列式 $\begin{vmatrix} x_1 & a_2 \\ 0 & b_2 \end{vmatrix}$ 等于对角元 x_1, b_2 的乘积.

将 $\overrightarrow{ON} = \overrightarrow{OB} + \lambda\overrightarrow{OM}$ 代入 $\det(\overrightarrow{OM}, \overrightarrow{OB}) = \det(\overrightarrow{OM}, \overrightarrow{ON})$ 还得到等式:

$$\det(\overrightarrow{OM}, \overrightarrow{OB}) = \det(\overrightarrow{OM}, \overrightarrow{OB} + \lambda\overrightarrow{OM})$$

这个等式成立的理由是 $\triangle MQC \cong \triangle ONB$, 只要求 $BN /\!/ OM$ 即 $\overrightarrow{BN} = \lambda\overrightarrow{OM}$, 既不要求 $\angle MQC = 90°$, 也不要求 OM 在 x 轴上. 因此 $\det(\boldsymbol{a}, \boldsymbol{b}) = \det(\boldsymbol{a}, \boldsymbol{b} + \lambda\boldsymbol{a})$ 对任意向量 $\boldsymbol{a}, \boldsymbol{b}$ 和实数 λ 成立. 同理, $\det(\boldsymbol{a}, \boldsymbol{b}) = \det(\boldsymbol{a} + \lambda\boldsymbol{b}, \boldsymbol{b})$ 对任意 λ 成立. 以图 3.5 的平行四边形 $OAPB$ 为例, 记 $\boldsymbol{a} = \overrightarrow{OA}, \boldsymbol{b} = \overrightarrow{OB}$, 则 $\overrightarrow{OM} = \boldsymbol{a} + \lambda\boldsymbol{b} = \overrightarrow{OA} + \overrightarrow{AM}$, $AM /\!/ OB$, M 是过 A 所作 OB 的平行线 PA 上任意一点. 以 OM, OB 为一组邻边作平行四边形 $OMCB$, 则 $\triangle OMA \cong \triangle BCP$, $S_{OAPB} = S_{OMCB}$, $\det(\overrightarrow{OA}, \overrightarrow{OB}) = \det(\overrightarrow{OM}, \overrightarrow{OB})$. 也就是 $\det(\boldsymbol{a}, \boldsymbol{b}) = \det(\boldsymbol{a} + \lambda\boldsymbol{b}, \boldsymbol{b})$. 这就得到行列式的另一条性质:

D2. 任何一列的常数倍加到另一列, 行列式值不变.

将矩阵 $\boldsymbol{A}$ 的第 i 列的 λ 倍加到第 i 列变成矩阵 $\boldsymbol{A}_1$, 是矩阵的第三类初等列变换, 记为 $\boldsymbol{A} \xrightarrow[\lambda(i)+(j)]{} \boldsymbol{A}_1$. 变换前后的行列式 $|\boldsymbol{A}| = |\boldsymbol{A}_1|$ 相等, 记为 $|\boldsymbol{A}| \overset{\lambda(i)+(j)}{=\!=\!=} |\boldsymbol{A}_1|$.

记图 3.5 中的向量 $\overrightarrow{OA} = \boldsymbol{a} = \begin{pmatrix} a_1 \\ a_2 \end{pmatrix}, \overrightarrow{OB} = b = \begin{pmatrix} b_1 \\ b_2 \end{pmatrix}$. 只要 OB 不在 x 轴上, 即 $b_2 \neq 0$, 与 OB 平行的直线 PA 就与 x 交于一点 M, 也就可以选 λ 使 $\overrightarrow{OM} = \boldsymbol{a} + \lambda\boldsymbol{b} = \begin{pmatrix} a_1 + \lambda b_1 \\ a_2 + \lambda b_2 \end{pmatrix}$ 的 y 坐标 $a_2 + \lambda\boldsymbol{b}_2 = 0$. 为此, 只要取 $\lambda = -\dfrac{a_2}{b_2}$ 就行了. 此时 $\overrightarrow{OM}$ 的 x 坐标

$x_1 = a_1 + \lambda b_1 = a_1 - \dfrac{a_2}{b_2} b_1 = \dfrac{a_1 b_2 - a_2 b_1}{b_2}$. 平行四边形 $OAPB$ 的有向面积 $\det(\boldsymbol{a},\boldsymbol{b})$ 就变成平行四边形 $OMCB$ 的有向面积 $\det(\overrightarrow{OM},\overrightarrow{OB}) = x_1 b_2 = a_1 b_2 - a_2 b_1$, 其中 x_1 是平行四边形 $OMCB$ 的底, b_2 是 $\overrightarrow{OB}$ 的 y 坐标, 也就是平行四边形 $OMCB$ 的高. 用行列式的语言写出这个计算过程, 就是:

$$\Delta = \begin{vmatrix} a_1 & b_1 \\ a_2 & b_2 \end{vmatrix} \xlongequal{-\frac{a_2}{b_2}(2)+(1)} \begin{vmatrix} a_1 b_2 - a_2 b_1 / b_2 & b_1 \\ 0 & b_2 \end{vmatrix} = \frac{a_1 b_2 - a_2 b_1}{b_2} b_2 = a_1 b_2 - a_2 b_1$$

由面积公理 A1,A2 推出的二阶行列式的以上两条性质 D1,D2 可以作为公理推出行列式的其他性质.

在等式 $\det(\lambda \boldsymbol{a},\boldsymbol{b}) = \lambda \det(\boldsymbol{a},\boldsymbol{b})$ (公理 D1) 中取 $\lambda = 0$ 得到 $\det(\boldsymbol{0},\boldsymbol{b}) = 0$. 这是行列式的一条性质:

如果某一列全为 0, 则行列式值为 0.

对任意 $\boldsymbol{a}$ 和 λ 有 $\det(\lambda \boldsymbol{a},\boldsymbol{a}) \xlongequal{-\lambda(2)+(1)} \det(\boldsymbol{0},\boldsymbol{a}) = 0$. 就是说: 两列线性相关, 行列式值为 0. 特别取 $\lambda = 1$ 得 $\det(\boldsymbol{a},\boldsymbol{a}) = 0$, 这就是本节知识导航所说的:

性质 3. 两列相等, 行列式值为 0.

对任意 $\boldsymbol{a},\boldsymbol{b}$, 有

$$\begin{aligned} \det(\boldsymbol{a},\boldsymbol{b}) &\xlongequal{(1)+(2)} \det(\boldsymbol{a},\boldsymbol{b}+\boldsymbol{a}) \xlongequal{-(2)+(1)} \det(-\boldsymbol{b},\boldsymbol{b}+\boldsymbol{a}) \\ &\xlongequal{(1)+(2)} \det(-\boldsymbol{b},\boldsymbol{a}) \xlongequal{-(1)} -\det(\boldsymbol{b},\boldsymbol{a}) \end{aligned}$$

这就得到本节知识导航所说的:

性质 4. 两列互换位置, 行列式值变成原来值的相反数.

记 $|\boldsymbol{A}| \xlongequal{(1,2)} -|\boldsymbol{A}_1|$ 表示将矩阵 A 的第 1,2 两列互换变成 $\boldsymbol{A}_1$, 则 $|\boldsymbol{A}| = -|\boldsymbol{A}_1|$. 这是第一类初等列变换.

利用这条性质可以对 $b_2 = 0$ 的情形计算行列式 $\Delta = \begin{vmatrix} a_1 & b_1 \\ a_2 & 0 \end{vmatrix}$, 只要将它的两列互换就化成上三角行列式:

$$\begin{vmatrix} a_1 & b_1 \\ a_2 & 0 \end{vmatrix} \xlongequal{(1,2)} -\begin{vmatrix} b_1 & a_1 \\ 0 & a_2 \end{vmatrix} = -b_1 a_2 = a_1 b_2 - a_2 b_1$$

可见 $\Delta = a_1 b_2 - a_2 b_1$ 对所有情形都成立.

还需要由 D1,D2 推出本节知识导航所说的性质 1: $\det(\boldsymbol{a},\boldsymbol{b}) + \det(\boldsymbol{c},\boldsymbol{b}) = \det(\boldsymbol{a}+\boldsymbol{c},\boldsymbol{b})$.

当 $\boldsymbol{a},\boldsymbol{c}$ 共线时可以写成同一个非零向量 $\boldsymbol{e}$ 的常数倍 $\boldsymbol{a} = x\boldsymbol{e}_1, \boldsymbol{c} = y\boldsymbol{e}$. 由性质 D1 有

$$\det(\boldsymbol{a},\boldsymbol{b}) = \det(x\boldsymbol{e},\boldsymbol{b}) = x\det(\boldsymbol{e},\boldsymbol{b}), \quad \det(\boldsymbol{c},\boldsymbol{b}) = \det(y\boldsymbol{e},\boldsymbol{b}) = y\det(\boldsymbol{e},\boldsymbol{b})$$

两式相加得

$$\det(\boldsymbol{a},\boldsymbol{b}) + \det(\boldsymbol{c},\boldsymbol{b}) = (x+y)\det(\boldsymbol{e},\boldsymbol{b}) = \det((x+y)\boldsymbol{e},\boldsymbol{b}) = \det(\boldsymbol{a}+\boldsymbol{c},\boldsymbol{b})$$

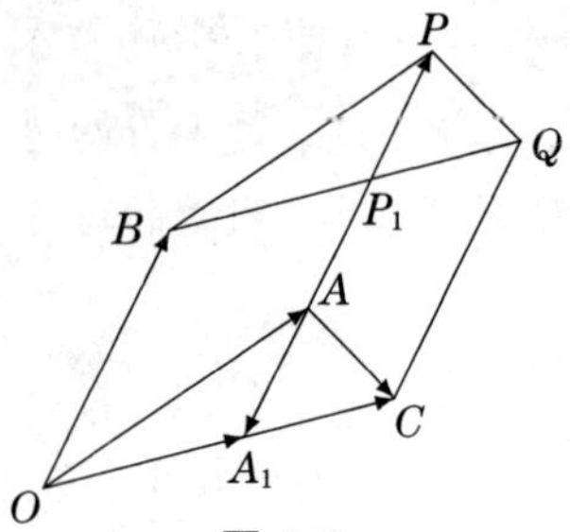

图 3.6

如果 $\boldsymbol{a},\boldsymbol{c}$ 不共线，如图 3.6 中的 $\boldsymbol{a}=\overrightarrow{OA},\boldsymbol{b}=\overrightarrow{AC}$. 从平行四边形 $OAPB,ACQP$ 的并集中挖去 $\triangle PBQ$ 补上 $\triangle OAC$，就得到与这两个平行四边形总面积相等的平行四边形 $OCQB$. 也就是将 $\det(\overrightarrow{OA},\overrightarrow{OB})+\det(\overrightarrow{AC},\overrightarrow{AP})$ 经过第三类初等列变换将 $\boldsymbol{A}$ 移到 $\boldsymbol{A}_1$，变成 $\det(\overrightarrow{OA_1},\overrightarrow{OB})+\det(\overrightarrow{A_1C},\overrightarrow{A_1P_1})=\det(\overrightarrow{OC},\overrightarrow{OB})$.

以上几何推理可以翻译为代数语言叙述如下：

如果 $\boldsymbol{a}+\boldsymbol{c}$ 与 $\boldsymbol{b}$ 线性相关，则 $\boldsymbol{a}+\boldsymbol{c}=\lambda\boldsymbol{b}$ 对某个 $\lambda\in F$ 成立，于是 $\boldsymbol{c}=\lambda\boldsymbol{b}-\boldsymbol{a}$, $\det(\boldsymbol{c},\boldsymbol{b})=\det(\lambda\boldsymbol{b}-\boldsymbol{a},\boldsymbol{b})\xlongequal{-\lambda(2)+(1)}\det(-\boldsymbol{a},\boldsymbol{b})=-\det(\boldsymbol{a},\boldsymbol{b})$.

$$\det(\boldsymbol{a},\boldsymbol{b})+\det(\boldsymbol{c},\boldsymbol{b})=\det(\boldsymbol{a},b)-\det(\boldsymbol{a},\boldsymbol{b})=0=\det(\lambda b,\boldsymbol{b})=\det(\boldsymbol{a}+\boldsymbol{c},\boldsymbol{b}).$$

设 $\boldsymbol{a}+\boldsymbol{c}$ 与 $\boldsymbol{b}$ 线性无关，组成 F^2 的一组基，则有 $x,y\in F$ 使 $\boldsymbol{a}=x(\boldsymbol{a}+\boldsymbol{c})+y\boldsymbol{b}$, $\boldsymbol{c}=(\boldsymbol{a}+\boldsymbol{c})-\boldsymbol{a}=(1-x)(\boldsymbol{a}+\boldsymbol{c})-y\boldsymbol{b}$，于是：

$$\begin{aligned}\det(\boldsymbol{a},\boldsymbol{b})+\det(\boldsymbol{c},\boldsymbol{b})&=\det(x(\boldsymbol{a}+\boldsymbol{c})+y\boldsymbol{b},\boldsymbol{b})+\det((1-x)(\boldsymbol{a}+\boldsymbol{c})-y\boldsymbol{b},\boldsymbol{b})\\&=\det(x(\boldsymbol{a}+\boldsymbol{c}),\boldsymbol{b})+\det((1-x)(\boldsymbol{a}+\boldsymbol{c}),\boldsymbol{b})\\&=\det((x+(1-x))(\boldsymbol{a}+\boldsymbol{c}),\boldsymbol{b})=\det(\boldsymbol{a}+\boldsymbol{c},\boldsymbol{b})\end{aligned}$$

其中的 $x(\boldsymbol{a}+\boldsymbol{c})$ 就是图 3.6 中的 $\overrightarrow{OA_1}$，而 $(1-x)(\boldsymbol{a}+\boldsymbol{c})$ 是 $\overrightarrow{A_1C}$.

3. 公理指挥计算

二阶行列式 $\det(\boldsymbol{a},\boldsymbol{b})$ 满足的两条性质：

性质 1: $\det(\boldsymbol{a}+\boldsymbol{c},\boldsymbol{b})=\det(\boldsymbol{a},\boldsymbol{b})+\det(\boldsymbol{c},\boldsymbol{b})$, $\det(\boldsymbol{a},\boldsymbol{b}+\boldsymbol{c})=\det(\boldsymbol{a},\boldsymbol{b})+\det(\boldsymbol{a},\boldsymbol{c})$

性质 2: $\det(\lambda\boldsymbol{a},\boldsymbol{b})=\lambda\det(\boldsymbol{a},\boldsymbol{b})=\det(\boldsymbol{a},\lambda\boldsymbol{b})$

使我们可以将 $\det(\boldsymbol{a},\boldsymbol{b})$ 看成 $\boldsymbol{a}$ 与 $\boldsymbol{b}$ 的某种乘积，记为 $\boldsymbol{a}*\boldsymbol{b}$. 性质 1 成为 $(\boldsymbol{a}+\boldsymbol{c})*\boldsymbol{b}=\boldsymbol{a}*\boldsymbol{b}+\boldsymbol{c}*\boldsymbol{b}$, $\boldsymbol{a}*(\boldsymbol{b}+\boldsymbol{c})=\boldsymbol{a}*\boldsymbol{b}+\boldsymbol{a}*\boldsymbol{c}$，相当于乘法对加法的分配律. 性质 2 成为 $(\lambda\boldsymbol{a})*\boldsymbol{b}=\lambda(\boldsymbol{a}*\boldsymbol{b})=\boldsymbol{a}*(\lambda\boldsymbol{b})$，相当于乘法结合律及对于数乘的交换律. (注意：将行列式运算 $\det(\boldsymbol{a},\boldsymbol{b})$ 看成的乘法 $\boldsymbol{a}*\boldsymbol{b}$ 只满足分配律不满足交换律，$\boldsymbol{a}*\boldsymbol{b}$ 一般不等于 $\boldsymbol{b}*\boldsymbol{a}$ 而等于 $-\boldsymbol{b}*\boldsymbol{a}$.)

根据这两条性质，可以将 $\det(\boldsymbol{a},\boldsymbol{b})=\boldsymbol{a}*\boldsymbol{b}=(a_1\boldsymbol{e}_1+a_2\boldsymbol{e}_2)*(b_1\boldsymbol{e}_1+b_2\boldsymbol{e}_2)$ 看成以 $\boldsymbol{e}_1,\boldsymbol{e}_2$ 为字母、a_i,b_i 为系数的两个一次多项式的乘积 (只不过"字母"$\boldsymbol{e}_1,\boldsymbol{e}_2$ 之间的乘法不满足交换律而满足 $\boldsymbol{e}_1*\boldsymbol{e}_2=-\boldsymbol{e}_2*\boldsymbol{e}_1$)，展开为 4 个乘积之和：

$$\begin{aligned}\boldsymbol{a}*\boldsymbol{b}&=(a_1\boldsymbol{e}_1+a_2\boldsymbol{e}_2)*(b_1\boldsymbol{e}_1+b_2\boldsymbol{e}_2)\\&=a_1b_1(\boldsymbol{e}_1*\boldsymbol{e}_1)+a_1b_2(\boldsymbol{e}_1*\boldsymbol{e}_2)+a_2b_1(\boldsymbol{e}_2*\boldsymbol{e}_1)+a_2b_2(\boldsymbol{e}_2*\boldsymbol{e}_2)\end{aligned}\tag{3.9}$$

算出自然基向量的乘积 $\boldsymbol{e}_i*\boldsymbol{e}_j=\det(\boldsymbol{e}_i,\boldsymbol{e}_j)$ 代入 (3.9) 就得到 $\boldsymbol{a}*\boldsymbol{b}$ 即 $\det(\boldsymbol{a},\boldsymbol{b})$ 的计算公式. 由行列式性质 3 知每个向量 $\boldsymbol{c}$ 与自己的乘积 $\boldsymbol{c}*\boldsymbol{c}=\det(\boldsymbol{c},\boldsymbol{c})=0$，于是 $\boldsymbol{e}_1*\boldsymbol{e}_1=\boldsymbol{e}_2*\boldsymbol{e}_2=0$. 又知道单位正方形面积 $\boldsymbol{e}_1*\boldsymbol{e}_2=1$. 由性质 4 还有 $\boldsymbol{e}_2*\boldsymbol{e}_1=-\boldsymbol{e}_1*\boldsymbol{e}_2=-1$. 代入 (3.9) 即得

$$\begin{vmatrix}a_1&b_1\\a_2&b_2\end{vmatrix}=a_1b_2-a_2b_1$$

一般地, n 维线性空间 F^n 上的二元函数 $f(\boldsymbol{a},\boldsymbol{b})$ 如果满足与行列式性质 1,2 类似的性质:

$$f(\boldsymbol{a}+\boldsymbol{c},\boldsymbol{b})=f(\boldsymbol{a},\boldsymbol{b})+f(\boldsymbol{c},\boldsymbol{b}),\quad f(\boldsymbol{a},\boldsymbol{b}+\boldsymbol{c})=f(\boldsymbol{a},\boldsymbol{b})+f(\boldsymbol{a},\boldsymbol{c})$$
$$f(\lambda\boldsymbol{a},\boldsymbol{b})=\lambda f(\boldsymbol{a},\boldsymbol{b})=f(\boldsymbol{a},\lambda\boldsymbol{b})$$

就可以将 $f(\boldsymbol{a},\boldsymbol{b})=(\sum\limits_{i=1}^{n}a_i\boldsymbol{\alpha}_i,\sum\limits_{j=1}^{n}a_j\boldsymbol{\alpha}_j)$ 看成乘积 $\boldsymbol{a}*\boldsymbol{b}$ 展开成基向量的乘积 $\boldsymbol{\alpha}_i*\boldsymbol{\alpha}_j$ 的线性组合 $\boldsymbol{a}*\boldsymbol{b}=\sum\limits_{i,j=1}^{n}a_ib_j(\boldsymbol{\alpha}_i*\boldsymbol{\alpha}_j)$, 再将各个 $\boldsymbol{\alpha}_i*\boldsymbol{\alpha}_j=f(\boldsymbol{\alpha}_i,\boldsymbol{\alpha}_j)$ 的值代入就得到 $f(\boldsymbol{a},\boldsymbol{b})$ 的计算公式. 可以按乘法法则来计算的这种二元函数 $f(\boldsymbol{a},\boldsymbol{b})$ 称为双线性函数. 2 维数组空间 F^2 上的双线性函数 $f(\boldsymbol{a},\boldsymbol{b})$ 都可以展开成等式 (3.9) 的形式, 写成自然基向量的乘积 $\boldsymbol{e}_i*\boldsymbol{e}_j=f(\boldsymbol{e}_i,\boldsymbol{e}_j)$ 的线性组合. 例如, 向量的内积 $\boldsymbol{a}$ 就是双线性函数, 将自然基的内积 $\boldsymbol{e}_1*\boldsymbol{e}_1=\boldsymbol{e}_2*\boldsymbol{e}_2=1$ 和 $\boldsymbol{e}_1*\boldsymbol{e}_2=\boldsymbol{e}_2*\boldsymbol{e}_1=0$ 代入 (3.9) 就得到内积计算公式:

$$\boldsymbol{a}=(a_1,a_2)\cdot(b_1,b_2)=a_1b_1+a_2b_2$$

2 维空间 F^2 上的内积 $\boldsymbol{a}$ 与行列式 $\det(\boldsymbol{a},\boldsymbol{b})$ 都是双线性函数, 都能展开成等式 (3.9) 的形式. 所不同的是, 内积 $\boldsymbol{a}$ 看成的乘积 $\boldsymbol{a}*\boldsymbol{b}$ 满足交换律 $\boldsymbol{a}*\boldsymbol{b}=\boldsymbol{b}*\boldsymbol{a}$, 这样的函数称为对称函数. 行列式 $\det(\boldsymbol{a},\boldsymbol{b})$ 看成的乘积不满足交换律 $\boldsymbol{a}*\boldsymbol{b}=\boldsymbol{b}*\boldsymbol{a}$ 而满足 “反交换律”: $\boldsymbol{a}*\boldsymbol{b}=-\boldsymbol{b}*\boldsymbol{a}$ (行列式性质 4), 由 $\boldsymbol{a}*\boldsymbol{a}=-\boldsymbol{a}*\boldsymbol{a}$ 还可以推出 $\boldsymbol{a}*\boldsymbol{a}=0$(行列式性质 3), 这样的函数称为反对称函数. 反对称双线性函数 $f(\boldsymbol{a},\boldsymbol{b})$ 一定满足 $f(\boldsymbol{e}_i,\boldsymbol{e}_i)=0$ 和 $f(\boldsymbol{e}_j,\boldsymbol{e}_i)=-f(\boldsymbol{e}_i,\boldsymbol{e}_j)$. 将 $\boldsymbol{e}_1*\boldsymbol{e}_1=\boldsymbol{e}_2*\boldsymbol{e}_2=0$ 和 $\boldsymbol{e}_2*\boldsymbol{e}_1=-\boldsymbol{e}_1*\boldsymbol{e}_2$ 代入等式 (3.9) 就得到:

$$f(\boldsymbol{a},\boldsymbol{b})=(a_1b_2-a_2b_1)f(\boldsymbol{e}_1,\boldsymbol{e}_2)$$

如果再补充要求 $f(\boldsymbol{e}_1,\boldsymbol{e}_2)=1$, 就得到 $f(\boldsymbol{a},\boldsymbol{b})=a_1b_2-a_2b_1$, 这就是行列式函数 $\det(\boldsymbol{a},\boldsymbol{b})$. 可见, 二阶行列式 $\det(\boldsymbol{a},\boldsymbol{b})$ 就是满足条件 $f(\boldsymbol{e}_1,\boldsymbol{e}_2)=1$ 的反对称双线性函数 $f(\boldsymbol{a},\boldsymbol{b})$. 将满足条件 $f(\boldsymbol{e}_1,\boldsymbol{e}_2)=1$ 的反对称双线性函数称为规范的反对称双线性函数, 这样的函数就是行列式.

一般的 n 维数组空间 F^n 没有几何图形, 不能画图, 不便于定义面积或体积, 但仍然可以将二阶行列式满足的三条性质 (双线性、反对称、规范) 推广到 F^n, 得出类似的计算公式. 将每个 n 维数组写成列向量的形式, 从而将 F^n 写成列向量空间 $F^{n\times 1}$, 则 $F^{n\times 1}$ 上的 n 元函数 $y=f(\boldsymbol{a}_1,\cdots,\boldsymbol{a}_n)\in F$ 可以看成依次以 $\boldsymbol{a}_1,\cdots,\boldsymbol{a}_n$ 为各列排成的方阵 $\boldsymbol{A}=(\boldsymbol{a}_1,\cdots,\boldsymbol{a}_n)$ 为自变量的函数 $y=f(\boldsymbol{A})$, 也就是方阵空间 $F^{n\times n}$ 上的一元函数.

n 线性函数　设 $y=f(\boldsymbol{A})=f(\boldsymbol{a}_1,\cdots,\boldsymbol{a}_n)$ 是 $F^{n\times 1}$ 上的 n 元函数, $\boldsymbol{a}_1,\cdots,\boldsymbol{a}_n$ 依次是方阵 $\boldsymbol{A}$ 的各列. 将 $f(\boldsymbol{A})$ 看成 $\boldsymbol{A}$ 的第 j 列 $\boldsymbol{a}_j$ 的函数, 其余各列不变, 记为 $f_j(\boldsymbol{a}_j)$, 则 $f_j(\boldsymbol{X})=f(\boldsymbol{A}_j(\boldsymbol{X}))$ 就是将 $\boldsymbol{A}$ 的第 j 列替换成 $\boldsymbol{X}$ 得到的方阵 $\boldsymbol{A}_j(\boldsymbol{X})$ 的函数值. 如果每个 f_j 都满足如下两条性质, 就称 f 为 $F^{n\times 1}$ 上的 n 线性函数:

性质 1. $f_j(\boldsymbol{a}_j+\boldsymbol{c}_j)=f_j(\boldsymbol{a}_j)+f_j(\boldsymbol{c}_j)$ 对任意 $\boldsymbol{a}_j,\boldsymbol{c}_j\in F^{n\times 1}$ 成立.

性质 2. $f_j(\lambda\boldsymbol{a}_j)=\lambda f_j(\boldsymbol{a}_j)$ 对任意 $\lambda\in F$ 成立.

反对称函数　如果 f 满足如下条件, 就称为反对称函数: 将 $\boldsymbol{A}$ 的任意两列 $\boldsymbol{a}_i,\boldsymbol{a}_j$ 互换

位置, 函数值 $f(\boldsymbol{A})$ 变成原来值的相反数 $f(\boldsymbol{A}_{i,j})=-f(\boldsymbol{A})$, 其中 $\boldsymbol{A}_{i,j}$ 是将 A 的第 i,j 两列互换得到的矩阵.

如果反对称函数 $f(\boldsymbol{A})$ 的自变量矩阵 $\boldsymbol{A}$ 有某两列 $\boldsymbol{a}_i,\boldsymbol{a}_j$ 相等, 将这两列互换得到的 $\boldsymbol{A}_{i,j}=\boldsymbol{A}$, 此时由 $f(\boldsymbol{A}_{i,j})=-f(\boldsymbol{A})$ 得到 $f(\boldsymbol{A})=-f(\boldsymbol{A})$, $2f(\boldsymbol{A})=0$, $f(\boldsymbol{A})=0$. 由此可知反对称函数 $f(\boldsymbol{A})$ 的一个重要性质: 如果 $\boldsymbol{A}$ 的某两列相等, 则 $f(\boldsymbol{A})=0$.

规范性 如果单位阵 $\boldsymbol{I}=(\boldsymbol{e}_1,\cdots,\boldsymbol{e}_n)$ 的函数值 $f(\boldsymbol{I})=1$, 就称函数 f 是规范的. □

以上性质显然是二阶行列式的性质的推广. n 线性函数的性质允许我们将 $f(\boldsymbol{a}_1,\cdots,\boldsymbol{a}_n)$ 看成 n 个自变量 $\boldsymbol{a}_1,\cdots,\boldsymbol{a}_n$ 的乘积 $\boldsymbol{a}_1*\cdots*\boldsymbol{a}_n$, 性质 1 即 $\boldsymbol{a}_1*\cdots(\boldsymbol{a}_j+\boldsymbol{c}_j)\cdots*\boldsymbol{a}_n=\boldsymbol{a}_1*\cdots*\boldsymbol{a}_j*\cdots*\boldsymbol{a}_n+\boldsymbol{a}_1*\cdots*\boldsymbol{c}_j*\cdots*\boldsymbol{a}_n$ 就是分配律, 性质 2 即 $\boldsymbol{a}_1*\cdots(\lambda\boldsymbol{a}_j)*\cdots*\boldsymbol{a}_n=\lambda(\boldsymbol{a}_1*\cdots*\boldsymbol{a}_j*\cdots*\boldsymbol{a}_n)$ 就是将每个因子的常系数 λ 提到乘积外面来. 每个 $\boldsymbol{a}_j$ 可以写成自然基向量的线性组合 $\boldsymbol{a}_j=a_{1j}\boldsymbol{e}_1+\cdots+a_{nj}\boldsymbol{e}_n$. $f(\boldsymbol{a}_1,\cdots,\boldsymbol{a}_n)$ 是 n 个这样的线性组合的乘积, 可以按照 n 线性函数的两条性质展开为自然基向量的乘积 $\boldsymbol{e}_{i_1}*\cdots*\boldsymbol{e}_{i_n}$ 的线性组合, 得到类似于等式 (3.9) 的等式:

$$y=f(\boldsymbol{a}_1,\cdots,\boldsymbol{a}_n)=\sum_{1\leqslant i_1,\cdots,i_n\leqslant n}a_{i_1 1}a_{i_2 2}\cdots a_{i_n n}f(\boldsymbol{e}_{i_1},\cdots,\boldsymbol{e}_{i_n}) \tag{3.10}$$

只需再计算所有的 $f(\boldsymbol{e}_{i_1},\cdots,\boldsymbol{e}_{i_n})=\delta(i_1\cdots i_n)$ 代入 (3.10), 就得到 $f(\boldsymbol{a}_1,\cdots,\boldsymbol{a}_n)$ 的计算公式.

设 f 不但是 n 线性函数, 还是反对称函数. 如果等式 (3.10) 右边某项 $a_{i_1 1}\cdots a_{i_n}f(\boldsymbol{e}_{i_1},\cdots,\boldsymbol{e}_{i_n})$ 中某两个 i_k,i_j 相同, 则由反对称函数的性质知 $f(\boldsymbol{e}_{i_1},\cdots,\boldsymbol{e}_{i_n})=0$, 这一项等于 0, 可以从等式 (3.10) 右边删去. 剩下的各项中的 $i_1,\cdots,i_n$ 两两不同, 是 $1,2,\cdots,n$ 的一个排列. 记为 $(i_1\cdots i_n)$. 则等式 (3.10) 成为

$$y=f(\boldsymbol{a}_1,\cdots,\boldsymbol{a}_n)=\sum_{(i_1\cdots i_n)}\delta(i_1\cdots i_n)a_{i_1 1}\cdots a_{i_n n} \tag{3.11}$$

其中 $(i_1\cdots i_n)$ 取遍 $1,2,\cdots,n$ 所有的排列, 共有 $n!$ 个; $\delta(i_1\cdots i_n)=f(\boldsymbol{e}_{i_1},\cdots,\boldsymbol{e}_{i_n})$, $\boldsymbol{e}_{i_1},\cdots,\boldsymbol{e}_{i_n}$ 是自然基 $\boldsymbol{e}_1,\cdots,\boldsymbol{e}_n$ 的一个排列.

设 f 是规范的反对称 n 线性函数, 则 $\delta(12\cdots n)=f(\boldsymbol{e}_1,\cdots,\boldsymbol{e}_n)=f(\boldsymbol{I})=1$ 所在的项 $\delta(12\cdots n)a_{11}\cdots a_{nn}=a_{11}\cdots a_{nn}$, 这一项就是 $\boldsymbol{A}$ 的全体对角元的乘积. 其余各项的 $\delta(i_1\cdots i_n)$ 中 $i_1,\cdots,i_n$ 不是按 $1,2,\cdots,n$ 从小到大的顺序排列, 但可以将排列 $(i_1\cdots i_n)$ 中的 n 个数经过若干次两两互换位置变成从小到大的排列顺序, 每一次互换位置称为一个对换, 将 $\delta(i_1\cdots i_n)=f(\boldsymbol{e}_{i_1},\cdots,\boldsymbol{e}_{i_n})$ 中相应的两列互换位置, 引起正负号的改变, 将 $\delta(i_1\cdots i_n)$ 乘以 -1. 如果经过 s 次对换将 $(i_1\cdots i_n)$ 变成了标准排列 $(12\cdots n)$, 则 $(-1)^s\delta(i_1\cdots i_n)=\delta(12\cdots n)=1$, 说明 $\delta(i_1\cdots i_n)=(-1)^s$. 例如, $n=4$, 排列 $(i_1i_2i_3i_4)=(3421)$ 中位于 1 之前有 3 个数 3,4,2, 位于 2 之前且比 2 大的有两个数 3,4, 而 3,4 之前都没有比自己大的数. 将 1 与它前面 3 个数 2,4,3 依次互换位置, 经过 3 次对换将 1 排到正确位置 (第一位), 排列变成 (1342), 其余各数的先后次序没有改变, 2 前面仍有两个比自己大的数, 将 2 与这两个数依次互换位置, 经过 2 次对换排到正确位置 (第二位), 排列变成 (1234). 其余两数 3,4 的先后顺序不变, 它们前面仍都没有比自己大的数. 已经是按从小到大顺序的标准排列. 由

(3421) 变成 (1234) 经过的对换次数 $3+2=5$ 为奇数, 因此 $\delta(3421)=(-1)^5=-1$, 相应的项为 $-a_{31}a_{42}a_{23}a_{41}$. 一般地, 对任意排列 $(i_1\cdots i_n)$, 如果其中有一个比某个 k 大的数 m 排在 k 前面, 就是一次违反从小到大的标准顺序的违规事件, 称为一个逆序. 对每个 k 计算出排在它前面并且比它大的 m 的个数 s_k, 则 $s=s_1+s_2+\cdots+s_{n-1}$ 就是排列 $(i_1,\cdots,i_n)$ 中的逆序的总数 $\tau(i_1,\cdots,i_n)$. 可以按照前面所说方式依次将 $1,2,\cdots,n-1$ 与前面比它大的数互换顺序, 每次对换恰好纠正一个逆序而不改变其他各数的先后顺序, 经过 s 次对换之后恰好将所有逆序纠正完毕, 将排列变成标准排列, 这说明原排列 $(i_1\cdots i_n)$ 对应的函数值 $\delta(i_1\cdots i_n)=f(\boldsymbol{e}_{i_1},\cdots,\boldsymbol{e}_{i_n})=(-1)^s$. 代入等式 (3.10) 就得到了规范反对称 n 线性函数 $f(\boldsymbol{A})$ 的计算公式, $f(\boldsymbol{A})=\det\boldsymbol{A}$ 就是 n 阶行列式.

不难验证, 按照这个计算公式定义的行列式确实满足 n 线性、反对称和规范性的要求, 并且还能够推出其他一系列性质, 验证和推理过程在任何一本线性代数或高等代数教材中都可以找到, 此处就不赘述了.

4. 公理保证功能

本章知识引入例引入行列式是为了判定线性方程组是否有唯一解, 也就是判定系数方阵的列向量组是否线性无关. 这一条借题发挥一开始举的例子是由计算二元一次方程组的求解公式引入二阶行列式. 很自然要问: 按照公理定义的 n 阶行列式能否保持这两个功能: 判定线性无关, 给出线性方程组的求解公式.

在讨论二阶行列式时, 我们将第二类和第三类初等变换对行列式的影响作为公理, 是因为它们的几何意义特别显然——将平行四边形割补为矩形. 利用这两条公理推出了行列式的各种性质, 包括双线性、反对称性, 利用这两条性质与规范性公理 (面积单位) $\det(\boldsymbol{e}_1,\boldsymbol{e}_2)=1$ 得出了行列式的计算公式. 这样的公理体系本来也可以直接推广到 n 阶行列式, 可以仍然利用第二类和第三类初等列变换的影响作为公理推出其他性质再得出计算公式. 然而, 为了在推出计算公式时更加直接了当, 我们没有将"第三类初等列变换保持行列式不变"作为公理, 而是直接将 n 线性、反对称性与规范性作为三条公理得出行列式计算公式. 反过来也很容易推出"第三类初等列变换保持行列式不变"这条重要性质. 在实际计算行列式和进行行列式的理论研究时, 这条性质反而比定义行列式时所用的计算公式用处更广泛, 威力更强大. 在抽象代数中, 将行列式推广到非交换体上的方阵, 仍然是将这条性质作为公理.

定理 (1) 方阵 $\boldsymbol{A}$ 的各列 $\boldsymbol{a}_1,\cdots,\boldsymbol{a}_n$ 如果线性相关, 则 $\det\boldsymbol{A}=0$. 反过来, $\det\boldsymbol{A}\neq 0\Rightarrow$ $\boldsymbol{A}$ 的各列线性无关.

(2) 如果 n 个 n 元线性方程组成的方程组 $x_1\boldsymbol{a}_1+\cdots+x_n\boldsymbol{a}_n=\boldsymbol{b}$ 的系数矩阵 $\boldsymbol{A}$ 的行列式 $\Delta=\det\boldsymbol{A}\neq 0$, 则方程组有唯一解 $x_j=\dfrac{\Delta_j}{\Delta}$, 其中 Δ_j 是将 Δ 的第 j 列替换成 b 得到的矩阵.

证明 (1) $\boldsymbol{A}$ 的各列线性相关 $\Rightarrow$ 其中某一列 $\boldsymbol{a}_i$ 是其余各列 $\boldsymbol{a}_j$ 的线性组合: $\boldsymbol{a}_i=\sum\limits_{j\neq i}\lambda_j\boldsymbol{a}_j$. 将 $\boldsymbol{A}$ 中除了 $\boldsymbol{a}_i$ 之外的每列 $\boldsymbol{a}_j$ $(j\neq i)$ 的 $-\lambda_i$ 倍加到第 i 列, 得到的 $\boldsymbol{A}_i$ 第 i 列为 0, 因此 $\det\boldsymbol{A}=\det\boldsymbol{A}_i=0$.

如果 $\det\boldsymbol{A}\neq 0$, 当然只能 $\boldsymbol{A}$ 的各列线性无关, 否则将导致 $\det\boldsymbol{A}=0$.

(2) $\Delta=\det\boldsymbol{A}\neq 0\Rightarrow\boldsymbol{A}$ 的各列 $\boldsymbol{a}_1,\cdots,\boldsymbol{a}_n$ 线性无关, 组成 $F^{n\times 1}$ 的一组基, 每个 $\boldsymbol{b}\in F^{n\times 1}$ 在这组基下有唯一的坐标 $(x_1,\cdots,x_n)$ 满足条件 $x_1\boldsymbol{a}_1+\cdots+x_n\boldsymbol{a}_n=\boldsymbol{b}$, 也就是方程组的唯一解.

设 $(x_1,\cdots,x_n)$ 是方程组的唯一解, 等式 $x_1\boldsymbol{a}_1+\cdots+x_n\boldsymbol{a}_n=\boldsymbol{b}$ 成立. 用等式两边分别替换同一个行列式 $\Delta=\det\boldsymbol{A}$ 的第 j 列, 得到相等的行列式:

$$\det(\boldsymbol{a}_1,\cdots,\boldsymbol{a}_{j-1},x_1\boldsymbol{a}_1+\cdots+x_n\boldsymbol{a}_n,\boldsymbol{a}_{j+1},\cdots,\boldsymbol{a}_n)=\Delta_j \tag{3.12}$$

将等式左边的行列式中除了第 j 列之外的每一列 $\boldsymbol{a}_i$ $(i\neq j)$ 的 $-x_i$ 倍加到第 j 列上, 消去第 j 列中所有的 $x_i\boldsymbol{a}_i$, 只剩下 $x_j\boldsymbol{a}_j$, 等式变成

$$\det(\boldsymbol{a}_1,\cdots,\boldsymbol{a}_{j-1},x_j\boldsymbol{a}_j,\boldsymbol{a}_{j+1},\cdots,\boldsymbol{a}_n)=\Delta_j$$

将左边的第 j 列的公因子 x_j 提到行列式外, 左边变成 $x_j\Delta$, 等式变成 $x_j\Delta=\Delta_j$, 由此得到 $x_j=\dfrac{\Delta_j}{\Delta}$. □

3.1.2 (1) 求 $\tau(n(n-1)\cdots 21)$, 并讨论排列 $n(n-1)\cdots 21$ 的奇偶性.

(2) 求 $\tau(678354921)$,$\tau(87654321)$ 的奇偶性.

(3) 确定 i,j 使得 $(1245i6j97)$ 分别为奇、偶排列.

解 (1) 在排列 $(n(n-1)\cdots 21)$ 中任取两个数字 i,j 的组合一共有 $n(n-1)/2$ 个, 每两个这样的数字的排列都是从大到小, 都是逆序, 一共有 $n(n-1)/2$ 个逆序. 因此 $\tau(n(n-1)\cdots 21)=n(n-1)/2$.

n 与 $n-1$ 的奇偶性相反, 当且仅当其中的偶数是 4 的倍数时, $n(n-1)/2$ 为偶数.

当 $n=4q$ 或 $4q+1$ (q 为整数), $\tau(n(n-1)\cdots 21)$ 是偶数, 排列是偶排列.

当 $n=4q+2$ 或 $4q+3$ (q 为整数), $\tau(n(n-1)\cdots 21)$ 是奇数, 排列是奇排列.

(2) 对每个正整数 k, 记 s_k 为某排列中排在 k 前面而且比 k 大的数的个数, 则:

$\tau(678354921)=s_1+\cdots+s_8=8+7+3+4+3=25$ 为奇数, 排列为奇排列.

$\tau(87654321)=8\times 7/2=28$ 为偶数, 排列为偶排列.

(3) $\tau(124536897)=s_3+s_7=2+2=4$ 是偶数, (124536897) 为偶排列, 将 3 与 8 互换位置得到的 (124586397) 为奇排列.

3.1.3 证明: 在所有的 n 级排列中 $(n\geqslant 2)$, 奇排列与偶排列的个数相等, 各为 $\dfrac{n!}{2}$ 个.

证明 设 $n!$ 个 n 级排列中有 n_0 个偶排列, n_1 个奇排列, 则 $n_0+n_1=n!$. 已经知道标准排列 $(12\cdots n)$ 是偶排列, 因此 $n_0\geqslant 1$.

将每个偶排列 $\sigma=(i_1i_2i_3\cdots i_n)$ 的前两个数字互换、其余数字不变, 得到一个奇排列 $f(\sigma)=(i_2i_1i_3\cdots i_n)$. 易见不同的偶排列 σ_i,σ_j 得到的奇排列 $f(\sigma_i),f(\sigma_j)$ 也不同. 因此, 由 n_0 个不同的偶排列可以得到 n_0 个不同的奇排列. 奇排列的个数 $n_1\geqslant n_0$. 反过来, 将 n_1 个不同的奇排列的前两个数字互换可以得到 n_1 个不同的偶排列, 这又说明 $n_0\geqslant n_1$. 因此 $n_0=n_1=\dfrac{n!}{2}$. □

3.1.4 排列 $(n(n-1)(n-2)\cdots321)$ 经过多少次相邻两数对换变成自然顺序排列?

解 排列中任一对数字都组成逆序, 共有 $n(n-1)/2$ 个逆序. 每次相邻两数对换至多只能减少一个逆序, 因此至少需要经过 $n(n-1)/2$ 次相邻两数对换才能将逆序数变成 0, 变成自然顺序排列 $(12\cdots n)$.

将 1 依次与前面的 $n-1$ 个数字做相邻两数对换, 将 1 排到第 1 位. 再将 2 依次与它前面的 $n-2$ 个数字做相邻两数对换, 将 2 排到 1 后面, 位居第 2. 依此类推, 当已经将 $1,2,\cdots,k$ 排到前 k 位之后, 再将排列最末尾的 $k+1$ 依次与前面的 $n-(k+1)$ 个数字做相邻两数对换, 将 $k+1$ 排到 k 后面, 位居第 $k+1$. 重复这个过程, 经过 $(n-1)+(n-2)+\cdots+2+1=n(n-1)/2$ 次相邻两数对换, 可以将排列 $(n(n-1)\cdots21)$ 变成按自然顺序的排列 $(12\cdots n)$. □

3.1.5 写出行列式 $\begin{vmatrix} x & 1 & 2 & 3 \\ x & x & 1 & 2 \\ 2 & 3 & x & 1 \\ x & 2 & 3 & x \end{vmatrix}$ 中含 x^4 和 x^3 的项.

解 每项由各列各取一个不同行的元素相乘, 再添上正负号得到. 每列的元素至多只含 x 的 1 次幂. 因此, 含 x^4 的项只能每列都取 x 相乘得到. 其中后 3 列各只有一个元素含 x, 分别位于第 2,3,4 行. 这 3 列分别取了这几个位置的 x 之后, 第 1 列不能再取第 2,3,4 行元素, 只能取第 1 行元素 x, 得到唯一一个含 x^4 的项. 因此, 含 x^4 的项为 x^4.

含 x^3 的项由某 3 列各取 x、剩下一列取常数相乘得到. 如果最后 3 列取 x, 只能分别取自第 2,3,4 列, 第 1 列只能取第 1 行的 x, 相乘仍得 x^4 而不是含 x^3 的项. 因此后 3 列必须有某一列取常数, 与其余两列仅有的 x 及第 1 列某个 x 相乘得到含 x^3 的项. 设已从后 3 列中的某两列取定了 x, 都在主对角线上, 后 3 列剩下一列与已取定这两个 x 不同行的常数只能在第 1 行. 共可得到如下几个含 x^3 的项:

第 2,3 列取 x, 第 4 列取第 1 行的 3, 第 1 列取第 4 行的 x, 得到 $(-1)^{\tau(4231)}\times 3x^3=-3x^3$.

第 2,4 列取 x, 第 3 列取第 1 行的 2, 第 1 列只能取第 3 行的 2, 得到 $-4x^2$, 不含 x^3.

第 3,4 列取 x, 第 2 列取第 1 行的 1, 第 1 列取第 2 行的 x, 得到 $(-1)^{\tau(2134)}\times x^3=-x^3$.

因此, 含 x^3 的项为 $-3x^3-x^3=-4x^3$. □

3.1.6 n 阶行列式 $\Delta(x)=|a_{ij}(x)|_{n\times n}$ 的每一个元素 $a_{ij}(x)$ 都是 x 的可导函数. 则 $\Delta(x)$ 也是 x 的可导函数. 求证: $\Delta(x)$ 的导函数为

$$\Delta'(x)=\sum_{j=1}^{n}\Delta_i(x)$$

其中 $\Delta_i(x)$ 是对 $\Delta(x)$ 的第 i 行各元素求导、其余各行不变得到的行列式.

证明

$$\Delta'(x)=\sum_{(j_1j_2\cdots j_n)}(-1)^{\tau(j_1\cdots j_n)}(a_{1j_1}(x)a_{2j_2}(x)\cdots a_{nj_n}(x))'$$

其中每个

$$(a_{1j_1}(x)a_{2j_2}(x)\cdots a_{nj_n}(x))' = \sum_{i=1}^{n}\Delta_{(j_1\cdots j_n),i}(x) = \sum_{i=1}^{n}a'_{ij_i}(x)\prod_{k\neq i}a_{kj_k}(x)$$

每个 $\Delta_{(j_1\cdots j_n),i}(x)$ 由乘积 $a_{1j_1}(x)\cdots a_{nj_n}(x)$ 中将 $a_{ij_i}(x)$ 替换成它的导函数 $a'_{ij_i}(x)$ 得到,于是:

$$\Delta'(x) = \sum_{(j_1\cdots j_n)}(-1)^{\tau(j_1\cdots j_n)}\sum_{i=1}^{n}\Delta_{(j_1\cdots j_n),i}(x) = \sum_{i=1}^{n}\sum_{(j_1\cdots j_n)}(-1)^{\tau(j_1\cdots j_n)}\Delta_{(j_1\cdots j_n),i}(x) = \sum_{j=1}^{n}\Delta_i(x)$$

□

3.1.7 将 λ 作为变量, a_{ij} $(1\leqslant i,j\leqslant n)$ 作为常数, 则:

$$f(\lambda) = \begin{vmatrix} \lambda - a_{11} & -a_{12} & \cdots & -a_{1n} \\ -a_{21} & \lambda - a_{22} & \cdots & -a_{2n} \\ \vdots & \vdots & & \vdots \\ -a_{n1} & -a_{n2} & \cdots & \lambda - a_{nn} \end{vmatrix}$$

是 λ 的多项式. 求这个多项式的 n 次项和 $n-1$ 次项系数.

解 行列式只有 n 个对角元 $\lambda - a_{ii}$ 各含有一个 λ, 其余元素都不含 λ. 因此只有这 n 个对角元的乘积 $(\lambda-a_{11})(\lambda-a_{22})\cdots(\lambda-a_{nn})$ 才含 λ 的 n 次项, 就是这个乘积的最高次项 λ^n. 因此 $f(\lambda)$ 的 n 次项为 λ^n, 系数为 1.

行列式展开式 $f(\lambda)$ 中的 $n-1$ 项只能由 n 个对角元 $\lambda-a_{ii}$ 中的某 $n-1$ 个相乘产生. 先选定了这 $n-1$ 个对角元之后, 剩下的 1 列中能够与这 $n-1$ 个对角元相乘 (与这 $n-1$ 个对角元位于不同的行) 的也只能是对角元, 这说明 $n-1$ 次项也只能含于 n 个对角元的乘积 $(\lambda-a_{11})\cdots(\lambda-a_{nn})$, 等于这个乘积展开式的 $n-1$ 次项 $-(a_{11}+\cdots+a_{nn})\lambda^{n-1}$, 系数为 $-(a_{11}+\cdots+a_{nn})$. □

3.1.8 计算行列式

(1) $\begin{vmatrix} a_{11} & a_{12} & 0 & 0 & 0 \\ 0 & a_{22} & 0 & 0 & 0 \\ 0 & 0 & b_{11} & 0 & 0 \\ 0 & 0 & b_{21} & b_{22} & 0 \\ 0 & 0 & b_{31} & b_{32} & b_{33} \end{vmatrix}$; (2) $\begin{vmatrix} 0 & 0 & \cdots & 0 & a_{1n} \\ 0 & 0 & \cdots & a_{2,n-1} & a_{2n} \\ \vdots & \vdots & & \vdots & \vdots \\ 0 & a_{n-1,2} & \cdots & a_{n-1,n-1} & a_{n-1,n} \\ a_{n,1} & a_{n,2} & \cdots & a_{n,n-1} & a_{n,n} \end{vmatrix}$.

解 (1) 原行列式

$$\Delta = \begin{vmatrix} a_{11} & a_{12} \\ 0 & a_{22} \end{vmatrix}\begin{vmatrix} b_{11} & 0 & 0 \\ b_{21} & b_{22} & 0 \\ b_{31} & b_{32} & b_{33} \end{vmatrix} = a_{11}a_{22}b_{11}b_{22}b_{33}$$

(2) 将这个行列式 Δ 的第 n 列依次与它前面的 $n-1$ 列作对换, 再将得到的新行列式的第 n 列依次与它前面的 $n-2$ 列作对换, 依此类推, 经过 $(n-1)+(n-2)+\cdots+2+1=$

$n(n-1)/2$ 次两列对换之后, 原来的第 $n,n-1,\cdots,2,1$ 列分别排到了第 $1,2,\cdots,n-1,n$ 列, 得到

$$\Delta=(-1)^{\frac{n(n-1)}{2}}\begin{vmatrix} a_{1n} & 0 & \cdots & 0 & 0 \\ a_{2n} & a_{2,n-1} & \cdots & 0 & 0 \\ \vdots & \vdots & & \vdots & \vdots \\ a_{n-1,n} & a_{n-1,n-1} & \cdots & a_{n-1,2} & 0 \\ a_{nn} & a_{n,n-1} & \cdots & a_{n2} & a_{n1} \end{vmatrix}$$

$$=(-1)^{\frac{n(n-1)}{2}}a_{1n}a_{2,n-1}\cdots a_{n-1,2}a_{n1}$$ □

点评 本题第 (2) 小题也可直接由行列式定义 $\Delta=\sum\limits_{(j_1\cdots j_n)}\delta(j_1\cdots j_n)a_{1j_1}\cdots a_{nj_n}$ 得出结果. 第 1 行 a_{1j} 当 $j_1<n$ 时全为 0, 只须考虑 $j_1=n$ 的情形. 第 2 行 a_{2j_2} 当 $j_2<n-1$ 时全为 0, 且 $j_2\neq j_1=n$, 只考虑 $j_2=n-1$. 依此类推, 除了 $\delta(n(n-1)\cdots 21)a_{1n}a_{2n-1}\cdots a_{n1}=(-1)^{\frac{n(n-1)}{2}}a_{1n}a_{2n-1}\cdots a_{n1}$ 之外其余各项全为 0, Δ 等于这一项. □

3.2 行列式的性质

知识导航

1. 行列式的性质

(1) 行列式转置, 值不变: $\det\boldsymbol{A}=\det\boldsymbol{A}^{\mathrm{T}}$.

(2) 行列式可看成各行 (或各列) 的乘积, 满足对向量加法的分配律:

$$\begin{vmatrix} a_{11} & a_{12} & \cdots & a_{1n} \\ \vdots & \vdots & & \vdots \\ b_{k1}+c_{k1} & b_{k2}+c_{k2} & \cdots & b_{kn}+c_{kn} \\ \vdots & \vdots & & \vdots \\ a_{n1} & a_{n2} & \cdots & a_{nn} \end{vmatrix}$$

$$=\begin{vmatrix} a_{11} & a_{12} & \cdots & a_{1n} \\ \vdots & \vdots & & \vdots \\ b_{k1} & b_{k2} & \cdots & b_{kn} \\ \vdots & \vdots & & \vdots \\ a_{n1} & a_{n2} & \cdots & a_{nn} \end{vmatrix}+\begin{vmatrix} a_{11} & a_{12} & \cdots & a_{1n} \\ \vdots & \vdots & & \vdots \\ c_{k1} & c_{k2} & \cdots & c_{kn} \\ \vdots & \vdots & & \vdots \\ a_{n1} & a_{n2} & \cdots & a_{nn} \end{vmatrix}$$

(3) 将行列式的任意一行 (或列) 乘以常数 λ, 则行列式值变为原来的 λ 倍.

(4) 行列式两行 (或两列) 互换, 行列式的值变为原来值的相反数.

(5) 如果行列式某行 (列) 元素全为 0, 则行列式值为 0.

(6) 如果行列式某两行 (列) 相等或成比例, 则行列式值为 0.

(7) 将行列式的某一行 (列) 的 λ 倍加到另一行 (列), 行列式值不变.

2. 初等变换对行列式的影响

(1) (性质 (4)) 两行 (或两列) 互换, 行列式变号: $\det\boldsymbol{A}\xrightarrow{(ij)}-\det\boldsymbol{A}$.

(2) (性质 (3)) 任一行 (或列) 乘常数 λ, 行列式值乘 λ: $\det\boldsymbol{A}\xrightarrow{\lambda(i)}\lambda\det\boldsymbol{A}$.

(3) (性质 (7)) 任一行 (或列) 的常数倍加到另一行 (或列), 行列式值不变: $\det\boldsymbol{A}\xlongequal{\lambda(i)+(j)}\det\boldsymbol{A}_1$. □

例题分析与解答

3.2.1 计算行列式:

(1) $\begin{vmatrix}1&1&1&1\\1&-1&1&-1\\1&2&3&4\\1&3&5&9\end{vmatrix}$; (2) $\begin{vmatrix}1+a&1&1&1\\1&1-a&1&1\\1&1&1+b&1\\1&1&1&1-b\end{vmatrix}$;

(3) $\begin{vmatrix}x&y&x+y\\y&x+y&x\\x+y&x&y\end{vmatrix}$; (4) $\begin{vmatrix}a^2&(a+1)^2&(a+2)^2&(a+3)^2\\b^2&(b+1)^2&(b+2)^2&(b+3)^2\\c^2&(c+1)^2&(c+2)^2&(c+3)^2\\d^2&(d+1)^2&(d+2)^2&(d+3)^2\end{vmatrix}$;

(5) $\begin{vmatrix}a&b&c&d\\a&a+b&a+b+c&a+b+c+d\\a&2a+b&3a+2b+c&4a+3b+2c+d\\a&3a+b&6a+3b+c&10a+6b+3c+d\end{vmatrix}$.

解 (1) 原行列式

$$\Delta\xlongequal{-(3)+(4),-(1)+(2),-(1)+(3)}\begin{vmatrix}1&1&1&1\\0&-2&0&-2\\0&1&2&3\\0&1&2&5\end{vmatrix}\xlongequal{-(3)+(4),\frac{1}{2}(2),(2)+(3)}2\begin{vmatrix}1&1&1&1\\0&-1&0&-1\\0&0&2&2\\0&0&0&2\end{vmatrix}$$

$$=2\times1\times(-1)\times2\times2=-8$$

(2) 将原行列式 Δ 的第 1 行的 -1 倍加到以下各行, 化为

$$\Delta_1=\begin{vmatrix}1+a & 1 & 1 & 1\\ -a & -a & 0 & 0\\ -a & 0 & b & 0\\ -a & 0 & 0 & -b\end{vmatrix}$$

当 $b\neq 0$ 时, 分别将第 2,3,4 列的 -1 倍、$\dfrac{a}{b}$ 倍、$-\dfrac{a}{b}$ 倍加到第 1 列, 化为

$$\Delta_2=\begin{vmatrix}a+\dfrac{a}{b}-\dfrac{a}{b} & 1 & 1 & 1\\ 0 & -a & 0 & 0\\ 0 & 0 & b & 0\\ 0 & 0 & 0 & -b\end{vmatrix}=a(-a)b(-b)=a^2b^2$$

当 $b=0$ 时, Δ_1 的最后两行相等, 因而 $\Delta_1=0$, $\Delta=a^2b^2$ 仍成立.
原行列式在所有情形下都等于 a^2b^2.
(3) 原行列式 Δ 后两列加到第 1 列, 再提出第 1 列的公因子 $2(x+y)$, 得到

$$\Delta=2(x+y)\begin{vmatrix}1 & y & x+y\\ 1 & x+y & x\\ 1 & x & y\end{vmatrix}$$

$$\xlongequal{-(1)+(2),-(1)+(3)}2(x+y)\begin{vmatrix}1 & y & x+y\\ 0 & x & -y\\ 0 & x-y & -x\end{vmatrix}$$

$$=2(x+y)[x(-x)-(x-y)(-y)]$$

$$=-2(x+y)(x^2-xy+y^2)=-2(x^3+y^3)$$

(4) 按 $j=3,2,1$ 从大到小的顺序, 将原行列式 Δ 的第 j 列的 -1 倍加到第 $j+1$ 列, 得

$$\Delta=\begin{vmatrix}a^2 & 2a+1 & 2a+3 & 2a+5\\ b^2 & 2b+1 & 2b+3 & 2b+5\\ c^2 & 2c+1 & 2c+3 & 2c+5\\ d^2 & 2d+1 & 2d+3 & 2d+5\end{vmatrix}\xlongequal[-(3)+(4),-(2)+(3)]{}\begin{vmatrix}a^2 & 2a+1 & 2 & 2\\ b^2 & 2b+1 & 2 & 2\\ c^2 & 2c+1 & 2 & 2\\ d^2 & 2d+1 & 2 & 2\end{vmatrix}=0$$

以上最后一个行列式最后两列相等, 所以值为 0.
(5) 按 $i=3,2,1$ 从大到小的顺序, 将原行列式 Δ 的第 i 行的 -1 倍加到第 $i+1$ 行, 得

$$=\begin{vmatrix}a & b & c & d\\ 0 & a & a+b & a+b+c\\ 0 & a & 2a+b & 3a+2b+c\\ 0 & a & 3a+b & 6a+3b+c\end{vmatrix}=a\begin{vmatrix}a & a+b & a+b+c\\ a & 2a+b & 3a+2b+c\\ a & 3a+b & 6a+3b+c\end{vmatrix}$$

$$\xlongequal{-(2)+(3),-(1)+(2)} a\begin{vmatrix} a & a+b & a+b+c \\ 0 & a & 2a+b \\ 0 & a & 3a+b \end{vmatrix} = a^2\begin{vmatrix} a & 2a+b \\ a & 3a+b \end{vmatrix}$$

$$\xlongequal{-(1)+(2)} a^2\begin{vmatrix} a & 2a+b \\ 0 & a \end{vmatrix} = a^2 \cdot a^2 = a^4$$

3.2.2 证明: n 阶行列式中，若等于 0 的元素的个数大于 n^2-n, 则行列式为 0.

证明 等于 0 的元素个数大于 $n^2-n \Rightarrow$ 非零元素个数小于 $n^2-(n^2-n)=n$. $\Rightarrow n$ 行之中至少有一行不含非零元, 所有元素全为 0. 这导致行列式为 0. □

3.2.3 证明:

$$(1)\ \begin{vmatrix} b+c & c+a & a+b \\ q+r & r+p & p+q \\ y+z & z+x & x+y \end{vmatrix} = 2\begin{vmatrix} a & b & c \\ p & q & r \\ x & y & z \end{vmatrix};\qquad (2)\ \begin{vmatrix} 1 & a & a^2-bc \\ 1 & b & b^2-ac \\ 1 & c & c^2-ab \end{vmatrix} = 0.$$

证明 (1) 等式左边的行列式后两列加到第 1 列, 并提出第 1 列公因子 2, 得

$$\text{左边} = 2\begin{vmatrix} a+b+c & c+a & a+b \\ p+q+r & r+p & p+q \\ x+y+z & z+x & x+y \end{vmatrix} \xlongequal{-(2)+(1)} 2\begin{vmatrix} b & c+a & a+b \\ q & r+p & p+q \\ y & z+x & x+y \end{vmatrix}$$

$$\xlongequal{-(1)+(3)} 2\begin{vmatrix} b & c+a & a \\ q & r+p & p \\ y & z+x & x \end{vmatrix} \xlongequal{-(3)+(2)} 2\begin{vmatrix} b & c & a \\ q & r & p \\ y & z & x \end{vmatrix} \xlongequal{(2,3),(1,2)} 2\begin{vmatrix} a & b & c \\ p & q & r \\ x & y & z \end{vmatrix} = \text{右边}$$

(2) 等式左边的行列式的第 1 行的 -1 倍加到后两行, 得到

$$\text{左边} = \begin{vmatrix} 1 & a & a^2-bc \\ 0 & b-a & (b^2-a^2)+(bc-ac) \\ 0 & c-a & (c^2-a^2)+(bc-ab) \end{vmatrix} = (b-a)(c-a)\begin{vmatrix} 1 & b+a+c \\ 1 & c+a+b \end{vmatrix} = 0$$

□

3.2.4 计算 n 阶行列式:

$$(1)\ \begin{vmatrix} a_1-b_1 & a_1-b_2 & \cdots & a_1-b_n \\ a_2-b_1 & a_2-b_2 & \cdots & a_2-b_n \\ \vdots & \vdots & & \vdots \\ a_n-b_1 & a_n-b_2 & \cdots & a_n-b_n \end{vmatrix};\qquad (2)\ \begin{vmatrix} a_1 & b_2 & \cdots & b_n \\ c_2 & a_2 & & \\ \vdots & & \ddots & \\ c_n & & & a_n \end{vmatrix};$$

$$(3)\ \begin{vmatrix} 1 & 3 & 3 & \cdots & 3 \\ 3 & 2 & 3 & \cdots & 3 \\ \vdots & \vdots & \ddots & \ddots & \vdots \\ 3 & 3 & \cdots & n-1 & 3 \\ 3 & 3 & \cdots & 3 & n \end{vmatrix};\qquad (4)\ \begin{vmatrix} x & a_1 & a_2 & \cdots & a_{n-1} \\ a_1 & x & a_2 & \cdots & a_{n-1} \\ a_1 & a_2 & x & \cdots & a_{n-1} \\ \vdots & \vdots & \vdots & & \vdots \\ a_1 & a_2 & \cdots & a_{n-1} & x \end{vmatrix}.$$

解 (1) 原行列式 Δ 的第 1 行的 -1 倍加到以下各行, 得到

$$\Delta=\begin{vmatrix} a_1-b_1 & a_1-b_2 & \cdots & a_1-b_n \\ a_2-a_1 & a_2-a_1 & \cdots & a_2-a_1 \\ \vdots & \vdots & & \vdots \\ a_n-a_1 & a_n-a_1 & \cdots & a_n-a_1 \end{vmatrix}$$
$$=(a_2-a_1)\cdots(a_n-a_1)\begin{vmatrix} a_1-b_1 & a_1-b_2 & \cdots & a_1-b_n \\ 1 & 1 & \cdots & 1 \\ \vdots & \vdots & & \vdots \\ 1 & 1 & \cdots & 1 \end{vmatrix}$$

当 $n\geqslant 3$ 时, $\Delta=0$.

当 $n=2$ 时, $\Delta=(a_2-a_1)[(a_1-b_1)-(a_1-b_2)]=(a_2-a_1)(b_2-b_1)$.

(2) 先设 $a_2\cdots a_n\neq 0$. 对 $2\leqslant j\leqslant n$, 将原行列式 Δ 的第 j 列的 $-\dfrac{c_j}{a_j}$ 倍加到第 1 列, 得到

$$\Delta=\begin{vmatrix} a_1-\sum\limits_{j=2}^{n}\dfrac{b_jc_j}{a_j} & b_2 & \cdots & b_n \\ & a_2 & & \\ & & \ddots & \\ & & & a_n \end{vmatrix}=\left(a_1-\sum_{j=2}^{n}\frac{b_jc_j}{a_j}\right)a_2\cdots a_n$$
$$=a_1\cdots a_n-\sum_{j=2}^{n}b_jc_j\prod_{1\leqslant i\leqslant n,i\neq j}a_i$$

行列式 Δ 是它的各元素的多项式, 因此是各元素的连续函数. 如果 $a_1\cdots a_n=0$, 某些 $a_j=0$, 在等式

$$\Delta=a_1\cdots a_n-\sum_{j=2}^{n}b_jc_j\prod_{1\leqslant i\leqslant n,i\neq j}a_i$$

中令这些 a_j 从不为 0 的值趋于 0, 得到的极限说明这个等式对 $a_1\cdots a_n=0$ 的情形仍成立.

(3) 将原行列式的第 3 行的 -1 倍加到其余各行, 得到

$$\Delta=\begin{vmatrix} -2 & 0 & 0 & \cdots & 0 \\ 0 & -1 & 0 & \cdots & 0 \\ 3 & 3 & 3 & \cdots & 3 \\ \vdots & \vdots & \vdots & & \vdots \\ 0 & 0 & 0 & \cdots & n-3 \end{vmatrix}=\begin{vmatrix} -2 & 0 \\ 0 & -1 \end{vmatrix}\begin{vmatrix} 3 & 3 & \cdots & 3 \\ & 1 & & \\ & & \ddots & \\ & & & n-3 \end{vmatrix}=6\times(n-3)!$$

(4) 将原行列式 Δ 的第 $2\sim n$ 列加到第 1 列, 再提取第 1 列的公因子 $x+a_1+\cdots+a_n$,

得

$$\Delta=(x+a_1+\cdots+a_n)\begin{vmatrix}1 & a_1 & a_2 & \cdots & a_{n-1}\\ 1 & x & a_2 & \cdots & a_{n-1}\\ 1 & a_2 & x & \cdots & a_{n-1}\\ \vdots & \vdots & \vdots & & \vdots\\ 1 & a_2 & \cdots & a_{n-1} & x\end{vmatrix}.$$

对 $1\leqslant i\leqslant n-1$, 将第 1 列的 $-a_i$ 倍加到第 $i+1$ 列, 将行列式化成下三角形, 计算出值:

$$\Delta=(x+a_1+\cdots+a_n)\begin{vmatrix}1 & 0 & 0 & \cdots & 0\\ 1 & x-a_1 & 0 & \cdots & 0\\ 1 & a_2-a_1 & x-a_2 & \cdots & 0\\ \vdots & \vdots & \vdots & \ddots & \vdots\\ 1 & a_2-a_1 & \cdots & a_{n-1}-a_{n-2} & x-a_{n-1}\end{vmatrix}$$

$$=(x+a_1+\cdots+a_{n-1})(x-a_1)\cdots(x-a_{n-1}).$$ □

点评 本题第 (1) 小题的行列式的各行都是两个行向量 $(1,\cdots,1)$ 与 $(b_1,\cdots,b_n)$ 的线性组合, 当 $n\geqslant 3$ 时, 由两个行向量线性组合出来的 n 个行向量必然线性相关, 行列式等于 0. □

3.2.5 证明: 奇数阶斜对称方阵的行列式等于 0.

证明 设 $\boldsymbol{A}$ 是 n 阶斜对称方阵, n 是奇数, 则 $\boldsymbol{A}$ 的转置矩阵 $\boldsymbol{A}^{\mathrm{T}}=-\boldsymbol{A}$. 两边取行列式得

$$\det\boldsymbol{A}^{\mathrm{T}}=\det(-\boldsymbol{A})=(-1)^n\det\boldsymbol{A}=-\det\boldsymbol{A}$$

于是 $\det\boldsymbol{A}=\det\boldsymbol{A}^{\mathrm{T}}=-\det\boldsymbol{A}$. 这迫使 $\det\boldsymbol{A}=0$. □

3.3 展开定理

知识导航

1. 按一行或一列展开

$$a_{i1}\boldsymbol{A}_{k1}+\cdots+a_{in}\boldsymbol{A}_{kn}=a_{1i}\boldsymbol{A}_{1k}+\cdots+a_{ni}\boldsymbol{A}_{nk}=\begin{cases}\det\boldsymbol{A}, & k=i\\ 0, & k\neq i\end{cases}$$

其中 $\boldsymbol{A}_{ij}=(-1)^{i+j}\boldsymbol{M}_{ij}$ 是 a_{ij} 在 $\det\boldsymbol{A}$ 中的代数余子式, $\boldsymbol{M}_{ij}$ 是 $\det\boldsymbol{A}$ 中删去第 i 行和第 j 列剩下的元素组成的行列式, 称为 a_{ij} 在 $\det\boldsymbol{A}$ 中的余子式.

2. 按若干行或列展开

任意取定 $1\leqslant i_1<\cdots<i_r\leqslant n$, 将 n 阶行列式 $\det\boldsymbol{A}$ 按第 $i_1,\cdots,i_r$ 行 (或列) 展开:

$$
\begin{aligned}
\det\boldsymbol{A}=&\sum_{1\leqslant k_1<\cdots<k_r\leqslant n}\boldsymbol{A}\begin{pmatrix} i_1 & \cdots & i_r\\ k_1 & \cdots & k_r\end{pmatrix}\\
&\bullet(-1)^{i_1+\cdots+i_r+k_1+\cdots+k_r}\boldsymbol{A}\begin{pmatrix} i_{r+1} & \cdots & i_n\\ k_{r+1} & \cdots & k_n\end{pmatrix}\\
=&\sum_{1\leqslant k_1<\cdots<k_r\leqslant n}\boldsymbol{A}\begin{pmatrix} k_1 & \cdots & k_r\\ i_1 & \cdots & i_r\end{pmatrix}\cdot\\
&\bullet(-1)^{i_1+\cdots+i_r+k_1+\cdots+k_r}\boldsymbol{A}\begin{pmatrix} k_{r+1} & \cdots & k_n\\ i_{r+1} & \cdots & i_n\end{pmatrix}.
\end{aligned}
$$

其中 $(i_1,\cdots,i_n),(k_1,\cdots,k_n)$ 都是 $(1,2,\cdots,n)$ 的排列, 且 $i_{r+1}<\cdots<i_n$, $k_{r+1}<\cdots<k_n$.

例题分析与解答

3.3.1 计算 n 阶行列式:

(1) $\begin{vmatrix} x & y & 0 & \cdots & 0 & 0\\ 0 & x & y & \cdots & 0 & 0\\ \vdots & \vdots & \vdots & & \vdots & \vdots\\ 0 & 0 & 0 & \cdots & x & y\\ y & 0 & 0 & \cdots & 0 & x\end{vmatrix}$; (2) $\begin{vmatrix} x & a & a & \cdots & a\\ -a & x & a & \cdots & a\\ -a & -a & x & \ddots & \vdots\\ \vdots & \vdots & \ddots & \ddots & a\\ -a & -a & \cdots & -a & x\end{vmatrix}$;

(3) $\begin{vmatrix} a+b & a & 0 & \cdots & 0\\ b & a+b & a & \ddots & \vdots\\ 0 & b & a+b & \ddots & 0\\ \vdots & \ddots & \ddots & \ddots & a\\ 0 & \cdots & 0 & b & a+b\end{vmatrix}$; (4) $\begin{vmatrix} x & 0 & \cdots & 0 & a_n\\ -1 & x & \ddots & \vdots & a_{n-1}\\ 0 & \ddots & \ddots & 0 & \vdots\\ \vdots & \ddots & \ddots & x & a_2\\ 0 & \cdots & 0 & -1 & x+a_1\end{vmatrix}$;

(5) $\begin{vmatrix} x^2+1 & x & 0 & \cdots & 0\\ x & x^2+1 & x & \ddots & \vdots\\ 0 & x & x^2+1 & \ddots & 0\\ \vdots & \ddots & \ddots & \ddots & x\\ 0 & \cdots & 0 & x & x^2+1\end{vmatrix}$.

解 (1) 将原行列式 $\varDelta$ 按第 1 列展开得

$$\varDelta = x\begin{vmatrix} x & y & \cdots & 0 & 0 \\ 0 & x & \cdots & 0 & 0 \\ \vdots & \vdots & & \vdots & \vdots \\ 0 & 0 & \cdots & x & y \\ 0 & 0 & \cdots & 0 & x \end{vmatrix} + (-1)^{n+1}y\begin{vmatrix} y & 0 & \cdots & 0 & 0 \\ x & y & \cdots & 0 & 0 \\ \vdots & \vdots & & \vdots & \vdots \\ 0 & 0 & \cdots & y & 0 \\ 0 & 0 & \cdots & x & y \end{vmatrix} = x^n + (-1)^{n+1}y^n$$

(2) 将原行列式记为 $\varDelta_n$. 将第 1 行 $(x,a,\cdots,a)$ 拆成两个行向量之和: $(a,a,\cdots,a)+(x-a,0,\cdots,0)$, 相应地将 $\varDelta_n$ 拆成两个行列式之和, 得

$$\varDelta_n = D_1 + D_2 = \begin{vmatrix} a & a & a & \cdots & a \\ -a & x & a & \cdots & a \\ -a & -a & x & \ddots & \vdots \\ \vdots & \vdots & \ddots & \ddots & a \\ -a & -a & \cdots & -a & x \end{vmatrix} + \begin{vmatrix} x-a & 0 & 0 & \cdots & 0 \\ -a & x & a & \cdots & a \\ -a & -a & x & \ddots & \vdots \\ \vdots & \vdots & \ddots & \ddots & a \\ -a & -a & \cdots & -a & x \end{vmatrix}$$

将 D_1 的第 1 行加到以下各行, 得到 $D_1 = a(x+a)^{n-1}$.

将 D_1 按第 1 行展开, 得到 $D_2 = (x-a)\varDelta_{n-1}$.

于是 $\varDelta_n = a(x+a)^{n-1} + (x-a)\varDelta_{n-1}$.

另一方面, 在 $\varDelta_n$ 中将 a 换成 $-a$, 得到 $\varDelta_n$ 的转置行列式:

$$\varDelta_n^{\mathrm{T}} = (-a)(x-a)^{n-1} + (x+a)\varDelta_{n-1}^{\mathrm{T}}$$

由 $\varDelta_n^{\mathrm{T}} = \varDelta_n$ 及 $\varDelta_{n-1}^{\mathrm{T}} = \varDelta_{n-1}$ 得

$$\varDelta_n = a(x+a)^{n-1} + (x-a)\varDelta_{n-1} = -a(x-a)^{n-1} + (x+a)\varDelta_{n-1}$$

当 $a \neq 0$ 时可解出:

$$\varDelta_{n-1} = \frac{a(x+a)^{n-1} + a(x-a)^{n-1}}{(x+a)-(x-a)} = \frac{a(x+a)^{n-1} + a(x-a)^{n-1}}{2a} = \frac{(x+a)^{n-1} + (x-a)^{n-1}}{2}$$

因此:

$$\varDelta_n = \frac{(x+a)^n + (x-a)^n}{2}$$

当 $a=0$ 时易见 $\varDelta_n = x^n = \dfrac{(x+0)^n + (x-0)^n}{2}$, 因此:

$$\varDelta_n = \frac{(x+a)^n + (x-a)^n}{2}$$

对所有的 a 成立.

(3) 将原来的 n 阶行列式 $\varDelta_n$ 按第 1 行展开得

$$\varDelta_n = (a+b)\varDelta_{n-1} - a\begin{vmatrix} b & a & 0 & \cdots & 0 \\ 0 & a+b & a & \cdots & 0 \\ 0 & b & a+b & \cdots & 0 \\ \vdots & \vdots & \vdots & \ddots & \vdots \\ 0 & 0 & 0 & \cdots & a+b \end{vmatrix}$$

再将上式中最后一个行列式按第 1 列展开得

$$\Delta_n=(a+b)\Delta_{n-1}-ab\Delta_{n-2} \tag{3.13}$$

我们有

$$\Delta_1=a+b,\qquad \Delta_2=\begin{vmatrix} a+b & a \\ b & a+b \end{vmatrix}=(a+b)^2-ab=a^2+ab+b^2 \tag{3.14}$$

以下只需由递推关系式 (3.13) 及初始条件 (3.14) 求出 Δ_n.

条件 (3.13) 可改写为 $\Delta_n-a\Delta_{n-1}=b(\Delta_{n-1}-\Delta_{n-2})$. 对 $n\geqslant 3$ 记 $u_n=\Delta_n-a\Delta_{n-1}$, 则 $u_n=bu_{n-1}$, u_n 是以 b 为公比的等比数列, $u_n=u_2b^{n-2}$. 即

$$\Delta_n-a\Delta_{n-1}=(\Delta_2-a\Delta_1)b^{n-2}=b^n \tag{3.15}$$

在行列式 Δ 中将 a 换成 b, b 换成 a, 则 Δ_n 变成 $\Delta_n^{\mathrm{T}}=\Delta_n$, 值不变. 等式 (3.15) 变成

$$\Delta_n-b\Delta_{n-1}=a^n \tag{3.16}$$

当 $a\neq b$ 时, 将等式 (3.15) 与 (3.16) 两边相减, 得

$$(b-a)\Delta_{n-1}=b^n-a^n \quad\Rightarrow\quad \Delta_{n-1}=\frac{b^n-a^n}{b-a}$$

因此:

$$\Delta_n=\frac{b^{n+1}-a^{n+1}}{b-a} \tag{3.17}$$

将 a 看成常数, b 看成变量, 则原行列式 Δ_n 是 b 的多项式, 因此是 b 的连续函数. 令 $b\to a$, 在 (3.17) 式两边取极限, 可知 $b=a$ 时 Δ_n 就是等式 (3.17) 右边的分式的极限, 也就是函数 $f(x^{n+1})$ 在 $x=a$ 的导数值 $(n+1)a^n$. 因此得

$$\Delta_n=\begin{cases} \dfrac{b^{n+1}-a^{n+1}}{b-a}, & 当\quad a\neq b \\ (n+1)a^n, & 当\quad a=b \end{cases}$$

(4) 按 $i=n,n-1,\cdots,2$ 从大到小的顺序, 依次将原行列式 Δ 的第 i 行的 x 倍加到第 $i-1$ 行, 最后得到

$$\Delta=\begin{vmatrix} 0 & 0 & \cdots & 0 & x^n+a_1x^{n-1}+\cdots+a_{n-1}x+a_n \\ -1 & 0 & \ddots & \vdots & x^{n-1}+a_1x^{n-2}+\cdots+a_{n-2}x+a_{n-1} \\ 0 & \ddots & \ddots & 0 & \vdots \\ \vdots & \ddots & \ddots & 0 & x^2+a_1x+a_2 \\ 0 & \cdots & 0 & -1 & x+a_1 \end{vmatrix}$$

按第 1 行展开得

$$\Delta=(x^n+a_1x^{n-1}+\cdots+a_{n-1}x+a_n)(-1)^{1+n}(-1)^{n-1}$$

$$= x^n + a_1x^{n-1} + \cdots + a_{n-1}x + a_n$$

(5) 记题中的 n 阶行列式为 Δ_n, 则:

$$\Delta_1 = x^2+1, \quad \Delta_2 = (x^2+1)^2 - x^2 = x^4+x^2+1$$

与本题第 (3) 题类似可得

$$\Delta_n = (x^2+1)\Delta_{n-1} - x^2\Delta_{n-2}$$

可改写为

$$\Delta_n - x^2\Delta_{n-1} = \Delta_{n-1} - x^2\Delta_{n-2}, \quad \Delta_n - \Delta_{n-1} = x^2(\Delta_{n-1} - \Delta_{n-2})$$

分别得到

$$\Delta_n - x^2\Delta_{n-1} = \Delta_2 - x^2\Delta_1 = (x^4+x^2+1) - x^2(x^2+1) = 1$$
$$\Delta_n - \Delta_{n-1} = (x^2)^{n-2}(\Delta_2 - \Delta_1) = x^{2n-4}x^4 = x^{2n}$$

将后一等式乘 x^2 减去前一等式, 得 $(x^2-1)\Delta_n = x^{2n+2}-1$.

当 $x^2 \neq 1$ 时得到

$$\Delta_n = \frac{x^{2n+2}-1}{x^2-1} = x^{2n} + x^{2n-2} + \cdots + x^2 + 1$$

显然 Δ_n 是 x 的多项式, 因而是 x 的连续函数. 因此, 当 $x^2=1$ 时,

$$\Delta_n = \lim_{x^2\to 1}(x^{2n} + x^{2n-2} + \cdots + x^2 + 1) = n+1$$

可见 $\Delta_n = x^{2n} + x^{2n-2} + \cdots + x^2 + 1$ 对所有的 x 成立. □

点评

(i) 由递推关系式求行列式

本题第 (1) 小题按第 1 行展开降阶后得到的两个行列式都是三角形, 可以直接算出值. 第 (3),(5) 小题降阶后不能直接算出值, 但得到了 Δ_n 与 $\Delta_{n-1}, \Delta_{n-2}$ 的递推关系式. 关于递推关系式的求解, 详见借题发挥 3.2.

(ii) 拆行或拆列分解行列式

第 (2) 小题如果第 1 行元素全为 a, 将第 1 行的 -1 倍加到以下各行即可将行列式化成三角形. 现在的情况略有差别: 第 1 行除了第 1 元素其余元素都是 a, 可以将第 1 行分解成两个行向量之和 $(a,\cdots,a)+(*,0,\cdots,0)$, 相应地将行列式分解为两个行列式之和, 容易分别算出值来.

(iii) 利用连续性处理分母为 0 的情形

第 (2),(4),(5) 小题计算 Δ_n 时都用到了除法, 得到的表达式中包含了分母 (分别为 $2a, b-a, x^2-1$), 这样的结果仅当分母为 0 时有效. 但易见所求的行列式 Δ_n 都是所含各字母的多项式, 因而都是连续函数. 因此, 当分母为 0 时的行列式值 Δ_n 可以由分母不为 0 的 Δ_n 值当分母趋于 0 时的极限得到.

(iv) 求方阵 $\boldsymbol{A}$ 满足条件 $f(\boldsymbol{A})=\boldsymbol{O}$

第 (4) 小题中的行列式就是方阵

$$\boldsymbol{A}=\begin{pmatrix} 0 & 0 & \cdots & 0 & -a_n \\ 1 & 0 & \cdots & 0 & -a_{n-1} \\ 0 & \ddots & \ddots & \vdots & \vdots \\ \vdots & \ddots & \ddots & 0 & -a_2 \\ 0 & \cdots & 0 & 1 & -a_1 \end{pmatrix}$$

的特征多项式 $\varphi_{\boldsymbol{A}}(x)=|xI-A|$. 反过来, 任给多项式 $f(x)=x^n+a_1x^{n-1}+\cdots+a_{n-1}x+a_n$, 可构造出以上的方阵 $\boldsymbol{A}$ 使它的特征多项式等于 $f(x)$, 并且满足条件 $f(\boldsymbol{A})=\boldsymbol{O}$, $f(x)$ 也是 $\boldsymbol{A}$ 的最小多项式, 也就是使 $f(\boldsymbol{A})=\boldsymbol{O}$ 的最低次数的多项式.

例如, 要构造 2 阶方阵 $\boldsymbol{A}$ 满足 $\boldsymbol{A}\neq\boldsymbol{I}$ 但 $\boldsymbol{A}^3=\boldsymbol{I}$, 也就是 $\boldsymbol{A}^3-\boldsymbol{I}=\boldsymbol{O}$, $(\boldsymbol{A}-\boldsymbol{I})(\boldsymbol{A}^2+\boldsymbol{A}+\boldsymbol{I})=\boldsymbol{O}$. 只要构造出 2 阶方阵 $\boldsymbol{A}$ 使它的特征多项式为 x^2+x+1 即可. 相当于 $n=2$, $a_1=a_2=1$ 的情形, 取

$$\boldsymbol{A}=\begin{pmatrix} 0 & -a_2 \\ 1 & -a_1 \end{pmatrix}=\begin{pmatrix} 0 & -1 \\ 1 & -1 \end{pmatrix}$$

即可.

又如, 要使 3 阶方阵 $\boldsymbol{A}$ 满足条件 $\boldsymbol{A}^3+\boldsymbol{A}-3\boldsymbol{I}=\boldsymbol{O}$, 可取

$$\boldsymbol{A}=\begin{pmatrix} 0 & 0 & 3 \\ 1 & 0 & -1 \\ 0 & 1 & 0 \end{pmatrix}$$

□

3.3.2 证明: 偶数阶斜对称方阵的行列式 $|\boldsymbol{A}|=|a_{ij}|_{n\times n}$ 的所有元素的代数余子式 A_{ij} $(1\leqslant i,j\leqslant n)$ 之和等于 0.

证明 将 $\boldsymbol{A}$ 扩充为 $n+1$ 阶斜对称方阵 $\boldsymbol{B}=(b_{ij})_{n+1,n+1}$, 使它的第 1 行 $(b_{11},\cdots,b_{1,n+1})=(0,1,\cdots,1)$, 第 1 列 $(b_{11},b_{21},\cdots,b_{n+1,1})^{\mathrm{T}}=(0,-1,\cdots,-1)^{\mathrm{T}}$, 而 $\boldsymbol{B}$ 删去第 1 行和第 1 列得到 A, 即

$$|\boldsymbol{B}|=\begin{vmatrix} 0 & 1 & \cdots & 1 \\ -1 & a_{11} & \cdots & a_{1n} \\ \vdots & \vdots & & \vdots \\ -1 & a_{n1} & \cdots & a_{nn} \end{vmatrix}$$

由于 $\boldsymbol{B}$ 是奇数阶斜对称方阵, $\det\boldsymbol{B}=0$.

另一方面, 将 $|\boldsymbol{B}|$ 按第 1 行展开, 得到

$$0=|\boldsymbol{B}|=\sum_{j=0}^{n}b_{1,j+1}B_{1,j+1}=\sum_{j=1}^{n}(-1)^{1+j+1}N_{1,j+1} \tag{3.18}$$

其中 $N_{1,j+1}$ 是 $\boldsymbol{B}$ 的第 $(1,j+1)$ 元素的余子式, $B_{1,j+1}=(-1)^{1+j+1}N_{1,j+1}$ 则是相应的代数余子式. 余子式 $N_{1,j+1}$ 由 $\boldsymbol{A}$ 的行列式 $|\boldsymbol{A}|$ 删去第 j 列再在左边添上全由 -1 组成的 1 列得到.

将每个余子式

$$N_{1,j+1}=\begin{vmatrix}-1 & a_{11} & \cdots & a_{1,j-1} & a_{1,j+1} & \cdots & a_{1n}\\ \vdots & \vdots & & \vdots & \vdots & & \\ -1 & a_{n1} & \cdots & a_{n,j-1} & a_{n,j+1} & \cdots & a_{nn}\end{vmatrix}$$

按第 1 列展开得

$$N_{1,j+1}=\sum_{i=1}^{n}(-1)(-1)^{i+1}(N_{1,j+1})_{i1} \tag{3.19}$$

其中 $(N_{1,j+1})_{i1}$ 是 $N_{1,j+1}$ 的第 $(i1)$ 元素的余子式, 由 $N_{1,j+1}$ 删去第 i 行和第 1 列得到, 也就是由 $|\boldsymbol{A}|$ 删去第 i 行和第 j 列得到的 $n-1$ 阶行列式即 $|\boldsymbol{A}|$ 的第 (i,j) 元素的余子式 M_{ij}. 因此等式 (3.19) 就是

$$N_{1,j+1}=\sum_{i=1}^{n}(-1)^{i}M_{ij}$$

代入 (3.18) 得到

$$0=|\boldsymbol{B}|=\sum_{j=1}^{n}\sum_{i=1}^{n}(-1)^{j}(-1)^{i}M_{ij} \tag{3.20}$$

其中 $(-1)^{j}(-1)^{i}M_{ij}=(-1)^{i+j}M_{ij}$ 就是 $|\boldsymbol{A}|$ 的 (i,j) 元素的代数余子式 A_{ij}. 等式 (3.20) 说明了 $|\boldsymbol{A}|$ 中所有的代数余子式 A_{ij} $(1\leqslant i,j\leqslant n)$ 之和为 0. □

点评 本题的方法和结论可以进一步总结和推广如下: 将 n 阶行列式 $|\boldsymbol{A}|=|a_{ij}|_{n\times n}$ 上方和左方各添加一行和一列, 扩充为 $n+1$ 阶行列式:

$$\Delta=\begin{vmatrix}b_0 & c_1 & \cdots & c_n\\ b_1 & a_{11} & \cdots & a_{1n}\\ \vdots & \vdots & & \vdots\\ b_n & a_{n1} & \cdots & a_{nn}\end{vmatrix}$$

使 $|\boldsymbol{A}|$ 是 Δ 的第 (1,1) 元素的余子式, 则:

$$\Delta=b_0|\boldsymbol{A}|-\sum_{1\leqslant i,j\leqslant n}b_ic_jA_{ij}$$

其中 A_{ij} 是 $|\boldsymbol{A}|$ 的第 (i,j) 元素在 $|A|$ 中的代数余子式.

这个结论在下一题 (第 3 题) 中还会用到.

特别地, 如果 $\boldsymbol{A}$ 是对角阵 $\mathrm{diag}(a_1,\cdots,a_n)$, 至多只有 n 个元素 (对角元) 不为 0, 则当 $i\neq j$ 时 $\boldsymbol{A}$ 的 (i,j) 元的余子式 M_{ij} 不包含两个对角元 a_i,a_j, 至多只有 $n-2$ 个元素不为 0, 因此 $n-1$ 阶子式 $M_{ij}=0$, 代数余子式 $A_{ij}=(-1)^{i+j}M_{ij}=0$. 也就是说, 仅当 $i=j$ 时代数余子式 A_{ii} 有可能不为 0, A_{ii} 等于 a_i 之外其余的对角元 a_j $(1\leqslant j\leqslant n,j\neq i)$ 的乘积.

按照前面的结论就有

$$\Delta=\begin{vmatrix} b_0 & c_1 & \cdots & c_n \\ b_1 & a_1 & \cdots & 0 \\ \vdots & \vdots & & \vdots \\ b_n & 0 & \cdots & a_n \end{vmatrix}=b_0a_1\cdots a_n-\sum_{1\leqslant i\leqslant n}b_ic_i\prod_{j\neq i}a_j$$ □

3.3.3 求证:

$$\begin{vmatrix} a_{11}+x_1 & \cdots & a_{1n}+x_n \\ \vdots & & \vdots \\ a_{n1}+x_1 & \cdots & a_{nn}+x_n \end{vmatrix}=\det\boldsymbol{A}+\sum_{j=1}^n x_j\sum_{k=1}^n A_{kj}$$

其中 $\boldsymbol{A}=(a_{ij})_{n\times n}$, A_{kj} 是 a_{kj} 在 $\det\boldsymbol{A}$ 中的代数余子式.

证明 将等号左边的行列式 Δ 加边, 并将第 1 行的 -1 倍加到以下各行, 得

$$\Delta=\begin{vmatrix} 1 & x_1 & \cdots & x_n \\ 0 & a_{11}+x_1 & \cdots & a_{1n}+x_n \\ \vdots & \vdots & & \vdots \\ 0 & a_{n1}+x_1 & \cdots & a_{nn}+x_n \end{vmatrix}=\begin{vmatrix} 1 & x_1 & \cdots & x_n \\ -1 & a_{11} & \cdots & a_{1n} \\ \vdots & \vdots & & \vdots \\ -1 & a_{n1} & \cdots & a_{nn} \end{vmatrix} \tag{3.21}$$

将 (3.21) 的最后一个行列式 $\tilde{\Delta}$ 按第 1 行展开得

$$\tilde{\Delta}=\det\boldsymbol{A}+\sum_{j=1}^n x_j(-1)^{1+(j+1)}D_j$$

其中 D_j 是 $\tilde{\Delta}$ 的第 1 行第 $j+1$ 列元素 x_j 的余子式, 由 $\det\boldsymbol{A}$ 删去第 j 列并在最左边添加全由 -1 组成的一列组成. 将每个 D_j 按第 1 列展开得

$$D_j=\sum_{k=1}^n(-1)\cdot(-1)^{k+1}(D_j)_{k1}$$

其中 $(D_j)_{k1}$ 是 D_j 的第 $(k,1)$ 元的余子式, 由 D_j 删去第 k 行和第 1 列得到, 也就是由 $\det\boldsymbol{A}$ 删去第 k 行和第 j 列得到, 也就是 $\det\boldsymbol{A}$ 中第 (k,j) 元素 a_{kj} 的余子式 M_{kj}. 于是原行列式

$$\Delta=\tilde{\Delta}=\det\boldsymbol{A}+\sum_{j=1}^n x_j\sum_{k=1}^n(-1)^{j+k}M_{kj}=\det\boldsymbol{A}+\sum_{j=1}^n x_j\sum_{k=1}^n A_{kj}$$

其中 $A_{kj}=(-1)^{k+j}M_{kj}$ 是 a_{kj} 在 $\det\boldsymbol{A}$ 中的代数余子式. □

3.3.4 设 $a_1,a_2,\cdots,a_n$ 是正整数. 证明: n 阶行列式

$$\begin{vmatrix} 1 & a_1 & a_1^2 & \cdots & a_1^{n-1} \\ 1 & a_2 & a_2^2 & \cdots & a_2^{n-1} \\ \vdots & \vdots & \vdots & & \vdots \\ 1 & a_n & a_n^2 & \cdots & a_n^{n-1} \end{vmatrix}$$

能被 $1^{n-1}2^{n-2}\cdots(n-2)^2(n-1)$ 整除.

解 对每个正整数 k, 记 k 次多项式

$$f_k(x)=x(x-1)\cdots(x-k+1)=x^k+\sum_{i=1}^{k-1}b_{ki}x^i$$

按 $k=n,n-1,\cdots,3$ 从大到小的顺序, 对每个 k 将原行列式 Δ 的第 $i+1$ 列 $(1\leqslant i\leqslant k-2)$ 的 b_{ki} 倍加到第 k 列, 在保持行列式值的前提下将 Δ 变成

$$\Delta=\begin{vmatrix}1 & a_1 & f_2(a_1) & \cdots & f_{n-1}(a_1)\\ 1 & a_2 & f_2(a_2) & \cdots & f_{n-1}(a_2)\\ \vdots & \vdots & \vdots & & \vdots\\ 1 & a_n & f_2(a_n) & \cdots & f_{n-1}(a_n)\end{vmatrix} \tag{3.22}$$

对 $3\leqslant k\leqslant n$, 将 (3.22) 中的行列式的第 k 列除以 $(k-1)!$, 则行列式 Δ 变成 $\Delta_1=\Delta/(2!3!\cdots(n-1)!)$, (3.22) 中的 Δ 的第 $(i,j+1)$ 元素由 $f_j(a_i)=a_i(a_i-1)\cdots(a_i-j)$ 变成组合数 $\mathrm{C}_{a_i}^j=\dfrac{a_i(a_i-1)\cdots(a_i-j+1)}{j!}$. 由此得到

$$\Delta_1=\frac{\Delta}{2!3!\cdots(n-1)!}=\begin{vmatrix}1 & \mathrm{C}_{a_1}^1 & \mathrm{C}_{a_1}^2 & \cdots & \mathrm{C}_{a_1}^{n-1}\\ 1 & \mathrm{C}_{a_2}^1 & \mathrm{C}_{a_2}^2 & \cdots & \mathrm{C}_{a_2}^{n-1}\\ \vdots & \vdots & \vdots & & \vdots\\ 1 & \mathrm{C}_{a_n}^1 & \mathrm{C}_{a_n}^2 & \cdots & \mathrm{C}_{a_n}^{n-1}\end{vmatrix}$$

行列式 Δ_1 的各元素 $\mathrm{C}_{a_i}^j$ 都是整数, 因此 Δ_1 是整数. Δ 被 $d=2!3!\cdots(n-1)!=1^n2^{n-1}3^{n-2}\cdots(n-2)^2(n-1)$ 除得到的商 Δ_1 是整数, 因而 Δ 被 d 整除, 如所欲证. □

借题发挥 3.2 线性递推关系式的求解

1. 习题 3.3.1(3),(5) 的解法的推广

习题 3.3.1 的 (3),(5) 两小题都通过展开定理得到了行列式的如下形式的递推关系式:

$$\Delta_n=a\Delta_{n-1}+b\Delta_{n-2} \tag{3.23}$$

将问题归结为由这个递推关系式及初始条件 Δ_1,Δ_2 求出由 Δ_n 组成的数列的通项公式.

上述题目的解答中采用的方法是: 将 a 分解为两数和 x_1+x_2, 将递推关系式 (3.23) 右边的 $x_1\Delta_{n-1}$ 移到左边, 将 (3.23) 改写为

$$\Delta_n-x_1\Delta_{n-1}=x_2\Delta_{n-1}+b\Delta_{n-2} \tag{3.24}$$

如果能选择 x_1 使 $b=-x_1x_2$, 则等式 (3.24) 可写成

$$\Delta_n-x_1\Delta_{n-1}=x_2(\Delta_{n-1}-x_1\Delta_{n-2}) \tag{3.25}$$

这说明各 $u_n=\Delta_n-x_1\Delta_{n-1}$ 组成以 x_2 为公比的等比数列, 有通项公式 $u_n=x_2^{n-2}u_2$, 即

$$\Delta_n-x_1\Delta_{n-1}=x_2^{n-2}(\Delta_2-x_1\Delta_1) \tag{3.26}$$

此时同样也可将等式 (3.23) 即 $\Delta_n=(x_1+x_2)\Delta_{n-1}-x_1x_2\Delta_{n-2}$ 改写成

$$\Delta_n-x_2\Delta_{n-1}=x_1(\Delta_{n-1}-x_2\Delta_{n-2})$$

得到

$$\Delta_n-x_2\Delta_{n-1}=x_1^{n-2}(\Delta_2-x_2\Delta_1) \tag{3.27}$$

当 $x_1\neq x_2$ 时, 将等式 (3.26) 与 (3.27) 相减就可以消去 Δ_n, 得到 Δ_{n-1}, 进而也得到 Δ_n.

怎样找到满足条件 $x_1+x_2=a$ 且 $x_1x_2=-b$ 的 x_1,x_2? 在习题 3.3.1(3),(5) 的解法中是凑出来的. 但由中学数学就知道, 满足此条件的 x_1,x_2 是一元二次方程

$$x^2-ax-b=0$$

的两根. 将递推关系式 (3.23) 改写为 $\Delta_n-b\Delta_{n-1}-c\Delta_{n-2}=0$, 再将其中的 $\Delta_n,\Delta_{n-1},\Delta_{n-2}$ 分别换成 $x^2,x,1$ 就得到 x_1,x_2 满足的方程 $x^2-ax-b=0$, 称为递推关系式 (3.23) 的特征方程. 如果此方程两根 x_1,x_2 不相等, 就可以用以上方法求得满足递推关系式 (3.23) 及初始条件 Δ_1,Δ_2 的 Δ_n.

方程 $x^2-ax-b=0$ 两根相等的情形仅当判别式 $a^2-4b=0$ 即 $b=a^2/4$ 时发生. 在习题 3.3.1(3) 的解题过程中是先求出 $b\neq a^2/4$ 时的解, 再令 $b\to a^2/4$ 求极限得到两根相等时的解. 两根相等时的解也可以按如下方式求出, 此时等式 (3.25) 成为

$$\Delta_n-x_1\Delta_{n-1}=x_1(\Delta_{n-1}-x_1\Delta_{n-2}) \tag{3.28}$$

显然只需考虑 $x_1\neq 0$ 的情形. 将等式 (3.28) 两边同除以 x_1^n 得

$$\frac{\Delta_n}{x_1^n}-\frac{\Delta_{n-1}}{x_1^{n-1}}=\frac{\Delta_{n-1}}{x_1^{n-1}}-\frac{\Delta_{n-2}}{x_1^{n-2}} \tag{3.29}$$

这说明以 $\dfrac{\Delta_n}{x_1^n}$ 为通项的数列是等差数列, 具有通项公式:

$$\frac{\Delta_n}{x_1^n}=\frac{\Delta_1}{x_1}+(n-1)\left(\frac{\Delta_2}{x_1^2}-\frac{\Delta_1}{x_1}\right)$$

从而:

$$\Delta_n=\Delta_1x_1^{n-1}+(n-1)x_1^{n-2}(\Delta_2-x_1\Delta_1)$$

2. 子空间概念的应用

在教材 [1] 第 2 章中, 利用子空间的思想给出了线性递推关系式:

$$u_n=au_{n-1}+bu_{n-2} \tag{3.30}$$

的解法.

易见两个满足条件 (3.30) 的数列之和仍满足条件 (3.30), 满足条件 (3.30) 的数列的常数倍仍满足条件 (3.30). 这说明: 数域 F 上满足递推关系式 (3.30) 的全部数列组成的集合 V 对加法和数乘封闭, 组成子空间. 任给两个数 u_1,u_2 作为数列的前两项, 按照条件 (3.30) 就可以依次算出数列的第 $3,4,\cdots,n$ 项, 数列就完全确定了. 可见, V 中每个数列由前两项 u_1,u_2 唯一决定. V 是 2 维子空间. 只要能设法找出两个线性无关的等比数列 $\{u_n\},\{v_n\}$ 满足条件 (3.30), 组成 V 的基, 则 V 中每个数列 $\{w_n\}$ 可以写成这两个等比数列的线性组合, 从而可以由等比数列的通项公式得出 $\{w_n\}$ 的通项公式.

设公比为 q 的等比数列 $\{u_n\}$ 满足条件 (3.30). 将等比数列的通项公式 $u_n=u_1q^{n-1}$ 代入条件 (3.30) 得

$$u_1q^{n-1}=au_1q^{n-2}+bu_1q^{n-3} \quad \Rightarrow \quad q^2-aq-b=0$$

由一元二次方程的求根公式可以求出满足条件的两根 q_1,q_2.

如果方程 $q^2-aq-b=0$ 有两个不同的根 q_1,q_2, 就可得到两个线性无关的等比数列 $(1,q_1,q_2,\cdots)$, $(1,q_2,q_2^2,\cdots)$ 满足条件 (3.30), 它们的线性组合

$$x(1,q_1,\cdots)+y(1,q_2,\cdots)=(x+y,xq_1+yq_2,\cdots)$$

可取遍满足条件 (3.30) 的所有的数列 $(u_1,u_2,\cdots)$, 只要解二元一次方程组

$$\begin{cases} x+y=u_1 \\ q_1x+q_2y=u_2 \end{cases}$$

求出唯一解 (x,y), 则由两个等比数列的通项公式 xq_1^{n-1},yq_2^{n-1} 可求出 $\{u_n\}$ 的通项公式:

$$u_n=xq_1^{n-1}+yq_2^{n-1}$$

以 3.3.3(3) 题为例. Δ_n 满足递推关系式 $\Delta_n-(a+b)\Delta_{n-1}+ab\Delta_{n-2}=0$. 满足同样递推关系式 $u_n-(a+b)u_{n-1}+abu_{n-2}=0$ 的等比数列 $\{u_n\}$ 的公比 q 是方程 $q^2-(a+b)q+bc=0$ 的根, $q_1=a,q_2=b$. 我们有 $\Delta_1=a+b$, $\Delta_2=(a+b)^2-ab=a^2+ab+b^2$. 解方程组

$$\begin{cases} x+y=a+b \\ ax+by=a^2+ab+b^2 \end{cases}$$

得 $(x,y)=(\dfrac{a^2}{a-b},-\dfrac{b^2}{a-b})$. 从而得到通项公式:

$$\Delta_n=xa^{n-1}+yb^{n-1}=\frac{a^2a^{n-1}-b^2b^{n-1}}{a-b}=\frac{a^{n+1}-b^{n+1}}{a-b}$$

3. 无穷级数法

无穷数列 $(u_1,u_2,\cdots,u_n,\cdots)$ 可以写成无穷级数 $u(x)=u_1+u_2x+u_3x^2+\cdots+u_nx^{n-1}+\cdots$ 来表示. 如果数列各项满足递推关系式 $u_n-au_{n-1}-bu_{n-2}$, 则无穷级数 $u(x)$ 满足

$$(1-ax-bx^2)u(x)=(u_1+u_2x+u_3x^2+\cdots+u_nx^{n-1}+\cdots)$$

$$
\begin{aligned}
&-a(u_1x+u_2x^2+\cdots+u_{n-1}x^{n-1}+\cdots)\\
&-b(u_1x^2+\cdots+u_{n-2}x^{n-1}+\cdots)\\
=&\,u_1+(u_2-au_1)x+\cdots+(u_n-au_{n-1}-bu_{n-2})x^{n-1}+\cdots
\end{aligned}
$$

将 $u_n-au_{n-1}-bu_{n-2}=0$ 代入, 得

$$(1-ax-bx^2)u(x)=u_1+(u_2-au_1)x,\qquad u(x)=\frac{u_1+(u_2-au_1)x}{1-ax-bx^2}$$

设方程 $t^2-at-b=0$ 的两根为 t_1,t_2, 则 $t^2-at-b=(t-t_1)(t-t_2)$. 将 $t=\dfrac{1}{x}$ 代入得到

$$\frac{1}{x^2}-\frac{a}{x}-b=\left(\frac{1}{x}-t_1\right)\left(\frac{1}{x}-t_2\right)$$

两边同乘 x^2 得到 $1-ax-bx^2=(1-t_1x)(1-t_2x)$. 因此:

$$u(x)=\frac{u_1+(u_2-au_1)x}{(1-t_1x)(1-t_2x)}=\frac{A}{1-t_1x}+\frac{B}{1-t_2x}\tag{3.31}$$

其中 A,B 是待定常数, 满足条件:

$$
\begin{aligned}
u_1+(u_2-au_1)x&=A(1-t_2x)+B(1-t_1x)\\
&=(A+B)-(At_2+Bt_1)x
\end{aligned}
$$

可通过解方程组

$$\begin{cases}A+B=u_1\\ t_2A+t_1B=u_2-au_1\end{cases}$$

求出. 利用幂函数的泰勒展开式

$$\frac{1}{1-x}=1+x+x^2+\cdots+x^n+\cdots\tag{3.32}$$

将等式 (3.31) 的右边展开成无穷级数, 得到

$$
\begin{aligned}
u(x)&=A(1+t_1x+\cdots+t_1^{n-1}x^{n-1}+\cdots)+B(1+t_2x+\cdots+t_2^{n-1}x^{n-1}+\cdots)\\
&=(A+B)+(At_1+Bt_2)x+\cdots+(At_1^{n-1}+Bt_2^{n-1})x^{n-1}+\cdots
\end{aligned}
$$

从而得到数列 $\{u_n\}$ 的通项公式:

$$u_n=At_1^{n-1}+Bt_2^{n-1}$$

注意, 泰勒展开式 (3.32) 收敛的条件是 $|x|<1$, 此时 (3.32) 就是无穷递缩等比数列的求和公式. 展开式 (3.32) 也可以在牛顿二项式定理的展开式

$$(1-x)^n=1+n(-x)+\frac{n(n-1)}{2!}(-x)^2+\cdots+\frac{n(n-1)\cdots(n-k+1)}{k!}(-x)^k+\cdots$$

中取 $n=-1$ 得到. 展开式中的 n 可以换成任意实数. 值得注意的是, 当 n 是正整数时, 由二项式定理得到的展开式只有 $n+1$ 项, 以后的各项系数都是 0. 而当 n 不是正整数时, 得到无穷级数, 就是幂函数的泰勒展开式.

本方法的实质是: 利用递推关系式 $u_n-au_{n-1}-bu_{n-2}=0$ 将数列 $(u_1,u_2,\cdots,u_n,\cdots)$ 对应的无穷级数 $u(x)=u_1+u_2x+\cdots+u_nx^{n-1}+\cdots$ 乘多项式 $1-ax-bx^2$ 化成不超过一次的多项式 $u_1+(u_2-au_1)x$, 从而将 $u(x)$ 化成分式. 再将分母 $1-ax-bx^2$ 分解为一次因式 $1-t_1x$, $1-t_2x$ 的乘积, 将分式 $u(x)$ 分解为分别以 $1-t_1x$ 与 $1-t_2x$ 为分母的真分式之和 (见等式 (3.31)). 分母为一次多项式 $1-t_ix$ 的真分式展开得到的无穷级数 $A(1+t_ix+\cdots+t_i^{n-1}x^{n-1}+\cdots)$ 对应的数列 $A,At_i,\cdots,At_i^{n-1},\cdots$ 其实是以 t_i 为公比的等比数列, 这实质上仍是将 $\{u_n\}$ 分解为两个等比数列之和.

如果方程 $t^2-at-b=0$ 的两根 t_1,t_2 相等, 则分式 $u(x)$ 的分母为 $(1-t_1x)^2$, 分式不能分解为分母为一次分式的两个真分式之和. 用 $1-t_1x$ 除 $u(x)$ 的分子得到商 A 和余式 B, 则:

$$u(x)=\frac{A(1-t_1x)+B}{(1-t_1x)^2}=\frac{A}{1-t_1x}+\frac{B}{(1-t_1x)^2}$$

被分解为两个分式之和, 其中第一个分式的分母为 $1-t_1x$, 展开后得到的无穷级数仍对应于等比数列. 第二个分式的分母为 $(1-t_1x)^2$. 用牛顿二项式定理展开 $(1-t_1x)^{-2}$ 得到

$$\frac{B}{(1-t_1x)^2}=B(1+2t_1x+3t_1^2x^2+\cdots+nt_1^{n-1}x^{n-1}+\cdots)$$

得到的通项公式为

$$u_n=At_1^{n-1}+Bnt_1^{n-1}=(A+Bn)t_1^{n-1}$$

4. 高阶线性递推关系式的求解

一般地, 设数列 $(u_1,u_2,\cdots,u_n,\cdots)$ 满足 k 阶递推关系式:

$$u_n=a_1u_{n-1}+\cdots+a_ku_{n-k}$$

则相应的无穷级数 $u(x)=u_1+u_2x+\cdots+u_nx^{n-1}+\cdots$ 被多项式 $g(x)=1-a_1x-a_2x^2-\cdots-a_kx^k$ 乘得到次数比 $g(x)$ 低的多项式 $f(x)$. $u(x)$ 被写成真分式 $\dfrac{f(x)}{g(x)}$. 分母 $g(x)$ 可因式分解为 $(1-t_1x)^{r_1}\cdots(1-t_dx)^{r_d}$. 真分式 $u(x)$ 相应地分解为形如 $\dfrac{A_{ik}}{(1-t_ix)^{i_k}}$ 的分式之和. 利用泰勒展开式将这些分式展开成无穷级数, 就得到 $u(x)$ 的通项公式. □

3.4　克拉默法则

知识导航

定理 3.4.1　系数矩阵是方阵的线性方程组 $\boldsymbol{AX}=\boldsymbol{b}$ 有唯一解 $\Leftrightarrow$ $\det\boldsymbol{A}\neq 0$.

证明　将增广矩阵 $(\boldsymbol{A},\boldsymbol{b})$ 经过一系列初等行变换化成最简阶梯形 $(\boldsymbol{\Lambda},\boldsymbol{c})$, 则方程组 $\boldsymbol{AX}=\boldsymbol{b}$ 与 $\boldsymbol{\Lambda X}=\boldsymbol{c}$ 同解, 有唯一解的充分必要条件为 $\boldsymbol{\Lambda}$ 的对角元全不为 $0 \Leftrightarrow \det\boldsymbol{\Lambda}\neq 0 \Leftrightarrow \det\boldsymbol{A}\neq 0$. □

条件 $\det\boldsymbol{A}\neq 0$ 的必要性的另一证明:

设 $\boldsymbol{A}=(\boldsymbol{a}_1,\cdots,\boldsymbol{a}_n)$ 的各列线性相关, 某列 $\boldsymbol{a}_k$ 是其余各列的线性组合:

$$\boldsymbol{a}_k=\sum_{j\neq k}\lambda_j\boldsymbol{a}_j$$

将行列式 $\det\boldsymbol{A}=\det(\boldsymbol{a}_1,\cdots,\boldsymbol{a}_k,\cdots,\boldsymbol{a}_n)$ 其余每列 $\boldsymbol{a}_j$ 的 $-\lambda_j$ 倍加到第 k 列, 则 $\boldsymbol{a}_k$ 变成 $\boldsymbol{0}$, 而行列式不变:

$$\det\boldsymbol{A}=\det(\boldsymbol{a}_1,\cdots,\boldsymbol{a}_k,\cdots,\boldsymbol{a}_n)=\det(\boldsymbol{a}_1,\cdots,\boldsymbol{0},\cdots,\boldsymbol{a}_n)=0$$

这证明了: $\boldsymbol{A}$ 的各列线性相关 $\Rightarrow$ $\det\boldsymbol{A}=0$.

反过来有: $\det\boldsymbol{A}\neq 0 \Rightarrow \boldsymbol{A}$ 的各列线性无关 $\Rightarrow$ 方程组 $\boldsymbol{AX}=\boldsymbol{b}$ 有唯一解. □

定理 3.4.2 (克拉默法则)　设 $\Delta=\det\boldsymbol{A}\neq 0$, 则方程组 $\boldsymbol{AX}=\boldsymbol{b}$ 的唯一解 $\boldsymbol{X}=(x_1,\cdots,x_n)^{\mathrm{T}}$ 的第 j 分量 $x_j=\dfrac{\Delta_j}{\Delta}$.

证明　设 $(x_1,\cdots,x_n)$ 是方程组 $x_1\boldsymbol{a}_1+\cdots+x_n\boldsymbol{a}_n=\boldsymbol{b}$ 的解, 分别用等式左右两边替换系数行列式 $\Delta=\det(\boldsymbol{a}_1,\cdots,\boldsymbol{a}_3)$ 的第 j 列得

$$\det(\boldsymbol{a}_1,\cdots,x_1\boldsymbol{a}_1+\cdots+x_n\boldsymbol{a}_n,\cdots,\boldsymbol{a}_n)=\det(\boldsymbol{a}_1,\cdots,\boldsymbol{a}_n)$$

此等式右边的行列式就是 Δ_j, 将左边的行列式的第 k 列 $(k\neq j)$ 的 $-x_k$ 倍加到第 j 列, 再提出第 j 列的公因子 x_j, 得到 $x_j\Delta=\Delta_j \Rightarrow x_j=\dfrac{\Delta_j}{\Delta}$. □

例题分析与解答

3.4.1　用 Cramer 法则解线性方程组

$$\begin{cases}2x_1+x_2-5x_3+x_4=4\\x_1-3x_2-6x_4=3\\2x_2-x_3+2x_4=-5\\x_1+4x_2-7x_3+6x_4=0\end{cases}$$

答案 $\Delta=27,\Delta_1=45,\Delta_2=-142,\Delta_3=-19,\Delta_4=65,$

$$(x_1,x_2,x_3,x_4)=\left(\frac{5}{3},-\frac{142}{27},-\frac{19}{27},\frac{65}{27}\right)$$

点评 本题的目的只是让你验证一下 Crammer 法则, 并非提倡用 Crammer 法则求方程组的解. 因此, 可以尝试用计算机算出各个行列式 Δ,Δ_i $(i=1,2,3,4)$ 及 $x_i=\dfrac{\Delta_i}{\Delta}$, 并且可以用计算机求出方程组的解来验证.

Mathematica 计算行列式 $\Delta=\det\boldsymbol{A}$ 及方程组的解的语句为:

```
A={{2,1,-5,1},{1,-3,0,-6},{0,2,-1,2},{1,4,-7,6}}; b={4,3,-5,0};
Print[Det[A]]; Print[Inverse[A].b]
```

其中 $\boldsymbol{A}$ 为系数矩阵, $\boldsymbol{b}$ 为常数项组成的列向量. Det[A] 表示求 $\boldsymbol{A}$ 的行列式. Inverse[A] 表示求 $\boldsymbol{A}^{-1}$. Inverse[A].b 表示将 $\boldsymbol{A}^{-1}$ 与 $\boldsymbol{b}$ 相乘得到方程组的解 $\boldsymbol{A}^{-1}\boldsymbol{b}$.

运行结果为:

27

$$\left\{\frac{5}{3},-\frac{142}{27},-\frac{19}{27},\frac{65}{27}\right\}$$

其中 27 是 $\det\boldsymbol{A}$ 的值. □

3.4.2 设 n 元线性方程组

$$\begin{cases} a_{11}x_1+a_{12}x_2+\cdots+a_{1n}x_n=b_1\\ a_{21}x_1+a_{22}x_2+\cdots+a_{2n}x_n=b_2\\ \qquad\cdots\cdots\cdots\cdots\\ a_{n1}x_1+a_{n2}x_2+\cdots+a_{nn}x_n=b_n \end{cases}$$

的系数矩阵 $\boldsymbol{A}$ 的行列式 $\Delta\neq 0$. 对每个 $1\leqslant j\leqslant n$, 令 $\Delta_j=b_1A_{1j}+\cdots+b_nA_{nj}$ 是在 Δ 中将第 j 列元素分别换成 $b_1,b_2,\cdots,b_n$ 得到的行列式, 将

$$(x_1,\cdots,x_n)=\left(\frac{\Delta_1}{\Delta},\cdots,\frac{\Delta_j}{\Delta},\cdots,\frac{\Delta_n}{\Delta}\right)$$

代入原方程组检验, 证明它确实是原方程组的解.

证明 将 $x_j=\dfrac{\Delta_j}{\Delta}$ 代入第 i 个方程:

$$a_{i1}x_1+\cdots+a_{in}x_n=b_i \tag{3.33}$$

左边, 得

$$\text{左边}=\sum_{j=1}^{n}a_{ij}\frac{\Delta_j}{\Delta}=\frac{1}{\Delta}\sum_{j=1}^{n}a_{ij}\sum_{k=1}^{n}b_kA_{kj} \tag{3.34}$$

$$=\frac{1}{\Delta}\sum_{j=1}^{n}\sum_{k=1}^{n}a_{ij}b_kA_{kj} \tag{3.35}$$

$$=\frac{1}{\Delta}\sum_{k=1}^{n}\sum_{j=1}^{n}a_{ij}b_kA_{kj} \tag{3.36}$$

$$=\frac{1}{\Delta}\sum_{k=1}^{n}b_k\sum_{j=1}^{n}a_{ij}A_{kj} \tag{3.37}$$

其中:

$$\sum_{j=1}^{n}a_{ij}A_{kj}=\begin{cases}0, & 当\quad k\neq i\\ \Delta, & 当\quad k=i\end{cases}$$

代入 (3.37), 得

$$方程\ (3.33)\ 左边=\frac{1}{\Delta}\cdot b_i\Delta=b_i=方程\ (3.33)\ 右边 \tag{3.38}$$

这证明了 $\left(\dfrac{\Delta_1}{\Delta},\cdots,\dfrac{\Delta_j}{\Delta},\cdots,\dfrac{\Delta_n}{\Delta}\right)$ 是原方程组每个方程的解, 因而是原方程组的解. □

点评　在别的线性代数教材中, 本题的证明是教材正文中 Crammer 法则的定理证明的一部分. 但本书编者编写的教材 [1],[2] 先证明了 $\Delta\neq 0$ 时方程组一定有唯一解, 并且证明了如果 $(x_1,\cdots,x_n)$ 满足原方程组, 一定是 $x_j=\dfrac{\Delta_j}{\Delta}$, 因此不必再代入原方程组检验, 而将检验过程留给学生做习题, 作为应用行列式展开定理的一个练习.

借题发挥 3.3　求和号 $\sum$ 的运算

第 3.4.2 题的证明过程是用 $\sum$ 符号叙述的, 可能很多学生对 $\sum$ 的应用不够熟练, 理解起来有困难. 我们对题 3.4.2 的推理过程详细解说如下, 希望以此为例帮助理解和熟悉 $\sum$ 的运算.

方程组第 i 个方程左边 $a_{i1}x_1+\cdots+a_{in}x_n$ 是 n 项 $a_{ij}x_j$ 之和, 其中 i 固定不变, j 取遍 $1,2,\cdots,n$ 就得到各项 $a_{i1}x_1,\cdots,a_{in}x_n$, 这 n 项之和用求和号 $\sum\limits_{j=1}^{n}$ 写为 $\sum\limits_{j=1}^{n}a_{ij}x_j$, 将每个 x_j 用 $\dfrac{\Delta_j}{\Delta}$ 替换, 得到 $\sum\limits_{i=1}^{n}a_{ij}\dfrac{\Delta_j}{\Delta}$, 就是 $a_{i1}\dfrac{\Delta_1}{\Delta}+\cdots+a_{in}\dfrac{\Delta_n}{\Delta}$. 其中各项的 Δ 与 j 的变化无关, 是各项的公分母, 可以提出来. 每个 Δ_j 由常数项 $b_1,\cdots,b_n$ 依次替换 Δ 的第 j 列各元素得到, 将 Δ_j 按第 j 列展开, 得

$$\Delta_j=b_1A_{1j}+\cdots+b_nA_{nj}=\sum_{k=1}^{n}b_kA_{kj}$$

从而得到

$$\sum_{j=1}^{n}a_{ij}\frac{\Delta_j}{\Delta}=\frac{1}{\Delta}\sum_{j=1}^{n}a_{ij}\sum_{k=1}^{n}b_kA_{kj} \tag{3.39}$$

也就是

$$\frac{1}{\Delta}[a_{i1}(b_1A_{11}+\cdots+b_nA_{n1})+\cdots+a_{in}(b_1A_{1n}+\cdots+b_nA_{nn})] \tag{3.40}$$

等式 (3.39) 右边的每个 a_{ij} 与 k 无关, 它与 n 项 b_kA_{kj} $(1\leqslant k\leqslant n)$ 之和的乘积可以按分配律展开:

$$a_{ij}\sum_{k=1}^{n}b_kA_{kj}=\sum_{k=1}^{n}a_{ij}b_kA_{kj}$$

也就是

$$a_{ij}(b_1A_{1j}+\cdots+b_nA_{nj})=a_{ij}b_1A_{1j}+\cdots+a_{ij}b_nA_{nj}$$

对 $j=1,2,\cdots,n$ 成立. 于是式 (3.39) 变形为

$$\frac{1}{\Delta}\sum_{j=1}^{n}\sum_{k=1}^{n}a_{ij}b_kA_{kj} \tag{3.41}$$

也就是将 (3.40) 的方括号中的 $a_{i1},\cdots,a_{in}$ 分别乘到圆括号中, 变形为

$$\frac{1}{\Delta}[(a_{i1}b_1A_{11}+\cdots+a_{i1}b_nA_{n1})+\cdots+(a_{in}b_1A_{1n}+\cdots+a_{in}b_nA_{nn})] \tag{3.42}$$

(3.42) 的方括号中是 n^2 项 $a_{ij}b_kA_{kj}$ 之和, 其中 j,k 取遍 $1,2,\cdots,n$. (3.42) 与 (3.41) 都是先按 j 的不同值将这 n^2 项分成 n 组, j 相同而 k 不同的 n 项分成一组, 每组各项相加得到一个和:

$$S_j=a_{ij}b_1A_{1j}+\cdots+a_{ij}b_nA_{nj}=\sum_{k=1}^{n}a_{ij}b_kA_{kj}$$

就是 (3.42) 中同一个圆括号中的 n 项和. 再将各个 S_j $(1\leqslant j\leqslant n)$ 相加得到 n^2 项的总和. 显然也可以将这 n^2 项重新分组, 将 k 相同而 j 不同的 n 项分成一组, 每组相加得到一个和:

$$\sigma_k=a_{i1}b_kA_{k1}+\cdots+a_{in}b_kA_{kn}$$

也就是将 (3.42) 各圆括号中含同一个 b_k 的各项加起来得到一个 σ_k, 再将各个 σ_k $(1\leqslant k\leqslant n)$ 相加得到 n^2 项的总和 $\sigma_1+\cdots+\sigma_n=S_1+\cdots+S_n$. 也就是说, 可以将 (3.41) 的两个求和号 $\sum\limits_{j=1}^{n}$ 与 $\sum\limits_{k=1}^{n}$ 交换顺序, 改写为

$$\frac{1}{\Delta}\sum_{k=1}^{n}\sum_{j=1}^{n}a_{ij}b_kA_{kj} \tag{3.43}$$

也就是

$$\frac{1}{\Delta}[(a_{i1}b_1A_{11}+\cdots+a_{in}b_1A_{1n})+\cdots+(a_{i1}b_nA_{n1}+\cdots+a_{in}b_nA_{nn})] \tag{3.44}$$

b_k 与 j 无关, 是和式 $\sum\limits_{j=1}^{n}a_{ij}b_kA_{kj}$ 中各项 $a_{ij}b_kA_{kj}$ 的公因子, 可以提到求和号外面, (3.43) 变形为

$$\frac{1}{\Delta}\sum_{k=1}^{n}b_k\sum_{j=1}^{n}a_{ij}A_{kj} \tag{3.45}$$

这也就是将 (3.44) 的每个圆括号中的公因子 b_k 提到圆括号外面, 变形为

$$\frac{1}{\Delta}[b_1(a_{i1}A_{11}+\cdots+a_{in}A_{1n})+\cdots+b_n(a_{i1}A_{n1}+\cdots+a_{in}A_{nn})] \tag{3.46}$$

(3.46) 的每个圆括号内的

$$a_{i1}A_{k1}+\cdots+a_{in}A_{kn}=\sum_{j=1}^{n}a_{ij}A_{kj}$$

是 Δ 中第 k 行各元素的代数余子式 A_{kj} 与第 i 行各元素对应乘积之和, 由展开定理知这个和当 $k\neq i$ 时为 0, 当 $k=i$ 时为 Δ. 将和为 0(即 $k\neq i$) 的各圆括号删去, (3.46) 只剩下第 i 个圆括号, 和为 Δ, (3.46) 的取值为

$$\frac{1}{\Delta}\cdot b_i\Delta=b_i$$

这正是第 i 个方程右边的常数项. □

3.4.3 设 $x_1,\cdots,x_n$ 是任意 n 个不同的数, $y_1,\cdots,y_n$ 是任意 n 个数. 求证: 存在唯一一个次数小于 n 的多项式 $f(x)=a_0+a_1x+\cdots+a_{n-1}x^{n-1}$, 使得对 $1\leqslant i\leqslant n$ 满足条件 $f(x_i)=y_i$.

证明 多项式满足的条件 $f(x_i)=y_i$ $(1\leqslant i\leqslant n)$ 就是

$$\begin{cases}a_0+x_1a_1+\cdots+x_1^{n-1}a_{n-1}=y_1\\ \cdots\cdots\\ a_0+x_na_1+\cdots+x_n^{n-1}a_{n-1}=y_n\end{cases}$$

这是以 $a_0,a_1,\cdots,a_{n-1}$ 为未知数的 n 元一次方程组. 系数行列式

$$\Delta=\begin{vmatrix}1 & x_1 & \cdots & x_1^{n-1}\\ 1 & x_2 & \cdots & x_2^{n-1}\\ \vdots & \vdots & \ddots & \vdots\\ 1 & x_1 & \cdots & x_1^{n-1}\end{vmatrix}$$

就是范德蒙德行列式:

$$\Delta=\prod_{1\leqslant i<j\leqslant n}(x_j-x_i)$$

当 $x_1,\cdots,x_n$ 是 n 个不同的数, $\Delta\neq 0$, 方程组有唯一解. 所要求的多项式存在并且唯一. □

3.4.4 分别求复数 λ 满足下面的条件:

(1) 向量 $(1+\lambda,1-\lambda)$, $(1-\lambda,1+\lambda)\in\mathbf{C}^2$ 线性相关.

(2) 向量 $(\lambda,1,0),(1,\lambda,1),(0,1,\lambda)\in\mathbf{C}^3$ 线性相关.

(3) 方程组

$$\begin{cases}x_2+x_3=\lambda x_1\\ x_1+x_3=\lambda x_2\\ x_1+x_2=\lambda x_3\end{cases}$$

有非零解.

解 (1) 两个向量线性相关 $\Leftrightarrow$ 以它们的坐标为两列的行列式 $\Delta - 0$.

$$\Delta=\begin{vmatrix}1+\lambda & 1-\lambda\\ 1-\lambda & 1+\lambda\end{vmatrix}=(1+\lambda)^2-(1-\lambda)^2=4\lambda=0\Leftrightarrow\lambda=0$$

(2) 三个向量线性相关 $\Leftrightarrow$ 以它们的坐标为三列的行列式 $\Delta=0$.

$$\Delta=\begin{vmatrix}\lambda & 1 & 0\\ 1 & \lambda & 1\\ 0 & 1 & \lambda\end{vmatrix}=\lambda^3-2\lambda=0\Leftrightarrow\lambda=0\quad\text{或}\quad\lambda=\pm\sqrt{2}$$

(3) 方程组即

$$\begin{cases}\lambda x_1-x_2-x_3=0\\ -x_1+\lambda x_2-x_3=0\\ -x_1-x_2+\lambda x_3=0\end{cases}$$

是齐次线性方程组. 系数矩阵为方阵 $\boldsymbol{A}$ 的齐次线性方程组有非零解 $\Leftrightarrow$ $\det\boldsymbol{A}=0$.

本题中:

$$\det\boldsymbol{A}=\begin{vmatrix}\lambda & -1 & -1\\ -1 & \lambda & -1\\ -1 & -1 & \lambda\end{vmatrix}\xlongequal{(2)+(1),(3)+(1)}\begin{vmatrix}\lambda-2 & \lambda-2 & \lambda-2\\ -1 & \lambda & -1\\ -1 & -1 & \lambda\end{vmatrix}$$

$$=(\lambda-2)\begin{vmatrix}1 & 1 & 1\\ -1 & \lambda & -1\\ -1 & -1 & \lambda\end{vmatrix}\xlongequal{(1)+(2),(1)+(3)}(\lambda-2)\begin{vmatrix}1 & 1 & 1\\ 0 & \lambda+1 & 0\\ 0 & 0 & \lambda+1\end{vmatrix}$$

$$=(\lambda-2)(\lambda+1)^2$$

方程组有非零解 $\Leftrightarrow$ $\det\boldsymbol{A}=0\Leftrightarrow\lambda=2$ 或 $\lambda=-1$. □

3.5 更多的例子

3.5.1 计算行列式:

$$(1)\begin{vmatrix}1 & 2 & 3 & \cdots & n\\ x & 1 & 2 & \cdots & n-1\\ x & x & 1 & \cdots & n-2\\ \vdots & \vdots & \vdots & & \vdots\\ x & x & x & \cdots & 1\end{vmatrix};\quad(2)\begin{vmatrix}1+x_1 & 1+x_1^2 & \cdots & 1+x_1^n\\ 1+x_2 & 1+x_2^2 & \cdots & 1+x_2^n\\ \vdots & \vdots & & \vdots\\ 1+x_n & 1+x_n^2 & \cdots & 1+x_n^n\end{vmatrix}$$

解 (1) 按 $i=1,2,\cdots,n-1$ 的顺序依次将原行列式 Δ 的第 $i+1$ 行的 -1 倍加到第 i 行, 得到

$$\Delta=\begin{vmatrix} 1-x & 1 & 1 & \cdots & 1 & 1 \\ 0 & 1-x & 1 & \cdots & 1 & 1 \\ 0 & 0 & 1-x & \cdots & 1 & 1 \\ \vdots & \vdots & \vdots & & \vdots & \vdots \\ 0 & 0 & 0 & \cdots & 1-x & 1 \\ x & x & x & \cdots & x & 1 \end{vmatrix} \tag{3.47}$$

将行列式 (3.47) 的第 1 行的 $-x$ 倍加到第 n 行, 再按 $i=1,2,\cdots,n-2$ 的顺序依次将第 $i+1$ 行的 -1 倍加到第 i 行, 得到

$$\Delta=\begin{vmatrix} 1-x & x & 0 & \cdots & 0 & 0 \\ 0 & 1-x & x & \cdots & 0 & 0 \\ 0 & 0 & 1-x & \cdots & 0 & 0 \\ \vdots & \vdots & \vdots & & \vdots & \vdots \\ 0 & 0 & 0 & \cdots & 1-x & 1 \\ x^2 & 0 & 0 & \cdots & 0 & 1-x \end{vmatrix} \tag{3.48}$$

将行列式按第 n 行展开, 得到

$$\Delta=(1-x)^n+(-1)^{n+1}x^n$$

(2) 原行列式 Δ 加边为 $n+1$ 阶行列式, 再将第 1 行的 -1 倍加到以下各行, 得

$$\Delta=\begin{vmatrix} 1 & 1 & 1 & \cdots & 1 \\ 0 & 1+x_1 & 1+x_1^2 & \cdots & 1+x_1^n \\ 0 & 1+x_2 & 1+x_2^2 & \cdots & 1+x_2^n \\ \vdots & \vdots & \vdots & & \vdots \\ 0 & 1+x_n & 1+x_n^2 & \cdots & 1+x_n^n \end{vmatrix}=\begin{vmatrix} 1 & 1 & 1 & \cdots & 1 \\ -1 & x_1 & x_1^2 & \cdots & x_1^n \\ -1 & x_2 & x_2^2 & \cdots & x_2^n \\ \vdots & \vdots & \vdots & & \vdots \\ -1 & x_n & x_n^2 & \cdots & x_n^n \end{vmatrix}$$

将最后一个行列式的第 1 列 $(1,-1,\cdots,-1)^{\mathrm{T}}$ 拆成两个列向量之差 $(2,0,\cdots,0)^{\mathrm{T}}-(1,1,\cdots,1)^{\mathrm{T}}$, 相应地将 Δ 拆成两个行列式之差:

$$\Delta=\begin{vmatrix} 2 & 1 & 1 & \cdots & 1 \\ 0 & x_1 & x_1^2 & \cdots & x_1^n \\ 0 & x_2 & x_2^2 & \cdots & x_2^n \\ \vdots & \vdots & \vdots & & \vdots \\ 0 & x_n & x_n^2 & \cdots & x_n^n \end{vmatrix}-\begin{vmatrix} 1 & 1 & 1 & \cdots & 1 \\ 1 & x_1 & x_1^2 & \cdots & x_1^n \\ 1 & x_2 & x_2^2 & \cdots & x_2^n \\ \vdots & \vdots & \vdots & & \vdots \\ 1 & x_n & x_n^2 & \cdots & x_n^n \end{vmatrix} \tag{3.49}$$

等式 (3.49) 右边第 1 个行列式 Δ_1 按第 1 列展开并从各行分别提取公因子

$x_1,x_2,\cdots,x_n$ 得到 n 阶范德蒙德行列式 $V(x_1,\cdots,x_n)$:

$$\Delta_1=2\begin{vmatrix} x_1 & x_1^2 & \cdots & x_1^n \\ x_2 & x_2^2 & \cdots & x_2^n \\ \vdots & \vdots & & \vdots \\ x_n & x_n^2 & \cdots & x_n^n \end{vmatrix}=2x_1\cdots x_n\begin{vmatrix} 1 & x_1 & x_1^2 & \cdots & x_1^{n-1} \\ 1 & x_2 & x_2^2 & \cdots & x_2^{n-1} \\ \vdots & \vdots & \vdots & & \vdots \\ 1 & x_n & x_n^2 & \cdots & x_n^{n-1} \end{vmatrix}$$
$$=2x_1\cdots x_n\prod_{1\leqslant i<j\leqslant n}(x_j-x_i)$$

等式 (3.47) 右边第 2 个行列式 Δ_2 就是 $n+1$ 阶范德蒙德行列式

$$V(x_0,x_1,\cdots,x_n)=\prod_{0\leqslant i<j\leqslant n}(x_j-x_i)$$

当 $x_0=1$ 的情形, 因此:

$$\Delta_2=(x_1-1)\cdots(x_n-1)\prod_{1\leqslant i<j\leqslant n}(x_j-x_i)$$

代入式 (3.47) 得

$$\Delta=[2x_1\cdots x_n-(x_1-1)\cdots(x_n-1)]\prod_{1\leqslant i<j\leqslant n}(x_j-x_i)$$ □

3.5.2 已知 $n\geqslant 2$, $a_1a_2\cdots a_n\neq 0$, 求 n 阶行列式:

$$\begin{vmatrix} 0 & a_1+a_2 & \cdots & a_1+a_n \\ a_2+a_1 & 0 & \cdots & a_2+a_n \\ \vdots & \vdots & & \vdots \\ a_n+a_1 & a_n+a_2 & \cdots & 0 \end{vmatrix}$$

分析 除了对角元之外, 原行列式 Δ 的每行可以写成 $(a_i,a_i,\cdots,a_i)+(a_1,a_2,\cdots,a_n)$ 的形式, 写成两个行向量 $(1,\cdots,1)$ 与 $(a_1,\cdots,a_n)$ 的线性组合. 因此考虑将这两个行向量添加在 Δ 上方, 加边为 $n+2$ 阶行列式 $\tilde{\Delta}$, 将 $\tilde{\Delta}$ 的前两行的适当常数倍加到以下各行, 将原来的 Δ 化成对角形.

解 将原来的 n 阶行列式 Δ 加边得

$$\Delta=\tilde{\Delta}=\begin{vmatrix} 1 & 0 & 1 & 1 & \cdots & 1 \\ 0 & 1 & a_1 & a_2 & \cdots & a_n \\ 0 & 0 & 0 & a_1+a_2 & \cdots & a_1+a_n \\ 0 & 0 & a_2+a_1 & 0 & \cdots & a_2+a_n \\ \vdots & \vdots & \vdots & \vdots & & \vdots \\ 0 & 0 & a_n+a_1 & a_n+a_2 & \cdots & 0 \end{vmatrix}$$

将 $n+2$ 阶行列式 $\tilde{\Delta}$ 第 1 行的 $-a_1,\cdots,-a_n$ 倍分别加到第 $3,\cdots,n+2$ 行, 第 2 行的 -1 倍分别加到第 3 至 $n+2$ 行, 得到

$$\tilde{\Delta}=\begin{vmatrix} 1 & 0 & 1 & 1 & \cdots & 1 \\ 0 & 1 & a_1 & a_2 & \cdots & a_n \\ -a_1 & -1 & -2a_1 & 0 & \cdots & 0 \\ -a_2 & -1 & 0 & -2a_2 & \cdots & 0 \\ \vdots & \vdots & \vdots & \vdots & & \vdots \\ -a_n & -1 & 0 & 0 & \cdots & -2a_n \end{vmatrix}$$

对 $1\leqslant i\leqslant n$, 将第 $i+2$ 列的 $-\dfrac{1}{2}$ 倍加到第 1 列, 第 $i+2$ 列的 $-\dfrac{1}{2a_i}$ 倍加到第 2 列, 得到

$$\begin{aligned}\Delta=\tilde{\Delta}&=\begin{vmatrix} 1-\dfrac{n}{2} & -\displaystyle\sum_{i=1}^{n}\dfrac{1}{2a_i} & 1 & 1 & \cdots & 1 \\ -\dfrac{1}{2}\displaystyle\sum_{i=1}^{n}a_i & 1-\dfrac{n}{2} & a_1 & a_2 & \cdots & a_n \\ 0 & 0 & -2a_1 & 0 & \cdots & 0 \\ 0 & 0 & 0 & -2a_2 & \cdots & 0 \\ \vdots & \vdots & \vdots & \vdots & & \vdots \\ 0 & 0 & 0 & 0 & \cdots & -2a_n \end{vmatrix}\\ &=\left[\left(1-\frac{n}{2}\right)^2-\frac{1}{4}\left(\sum_{i=1}^{n}a_i\right)\left(\sum_{j=1}^{n}\frac{1}{a_j}\right)\right](-2)^n a_1\cdots a_n\\ &=(-1)^n 2^{n-2}a_1\cdots a_n\left[(n-2)^2-\left(\sum_{i=1}^{n}a_i\right)\left(\sum_{j=1}^{n}\frac{1}{a_j}\right)\right]\end{aligned}$$

□

点评　本题的解法可以推广到更一般的情形. 只要可以适当改变对角元将 n 阶方阵 $\boldsymbol{A}=(a_{ij})_{n\times n}$ 变成秩为 2 的方阵 $\boldsymbol{B}$, $\boldsymbol{B}$ 每列都是某两个列向量 $(b_1,\cdots,b_n)$ 和 $(c_1,\cdots,c_n)$ 的线性组合 $\lambda_i(b_1,\cdots,b_n)+\mu_i(c_1,\cdots,c_n)$. 则与上题类似可将 $|\boldsymbol{A}|$ 加边为

$$\tilde{\Delta}=\begin{vmatrix} 1 & 0 & b_1 & \cdots & b_n \\ 0 & 1 & c_1 & \cdots & c_n \\ 0 & 0 & a_{11} & \cdots & a_{1n} \\ \vdots & \vdots & \vdots & & \vdots \\ 0 & 0 & a_{n1} & \cdots & a_{nn} \end{vmatrix}$$

对 $1\leqslant i\leqslant n$, 将 $\tilde{\Delta}$ 的第 1 行的 $-\lambda_i$ 倍和第 2 行的 $-\mu_i$ 倍加到第 $i+2$ 行, 可将 $\tilde{\Delta}$ 化为

$$\tilde{\Delta}=\begin{vmatrix} 1 & 0 & b_1 & \cdots & b_n \\ 0 & 1 & c_1 & \cdots & c_n \\ -\lambda_1 & -\mu_1 & d_1 & \cdots & 0 \\ \vdots & \vdots & \vdots & & \vdots \\ -\lambda_n & -\mu_n & 0 & \cdots & d_n \end{vmatrix}$$

再仿照 3.5.2 题的解法将后 n 列的适当常数倍加到前两列可将 $\tilde{\Delta}$ 化成准上三角形, 求出值来. □

3.5.3 计算偶数阶斜对称方阵的行列式 $\Delta=|a_{ij}|_{n\times n}$, 其中主对角线上方所有的元素 $a_{ij}=1\ (1\leqslant i<j\leqslant n)$.

解 将 Δ 按第 1 列拆成两个行列式 Δ_1,Δ_2 之和:

$$\Delta=\begin{vmatrix} 1 & 1 & 1 & \cdots & 1 \\ -1 & 0 & 1 & \cdots & 1 \\ -1 & -1 & 0 & \cdots & 1 \\ \vdots & \vdots & \vdots & & \vdots \\ -1 & -1 & -1 & \cdots & 0 \end{vmatrix}+\begin{vmatrix} -1 & 1 & 1 & \cdots & 1 \\ 0 & 0 & 1 & \cdots & 1 \\ 0 & -1 & 0 & \cdots & 1 \\ \vdots & \vdots & \vdots & & \vdots \\ 0 & -1 & -1 & \cdots & 0 \end{vmatrix}$$

其中 Δ_1,Δ_2 的第 1 列之和等于 Δ 的第 1 列, 其余各列都与 Δ 相同.

将 Δ_1 的第 1 行加到以下各行, 得到

$$\Delta_1=\begin{vmatrix} 1 & 1 & 1 & \cdots & 1 \\ 0 & 1 & 2 & \cdots & 2 \\ 0 & 0 & 1 & \cdots & 2 \\ \vdots & \vdots & \vdots & & \vdots \\ 0 & 0 & 0 & \cdots & 1 \end{vmatrix}=1$$

将 Δ_2 按第 1 列展开得

$$\Delta_2=(-1)\Delta_{n-1}$$

其中 Δ_{n-1} 是奇数阶反对称方阵的行列式, 值为 0. 因此 $\Delta=\Delta_1=1$. □

3.5.4 已知 Δ 是偶数阶斜对称方阵的行列式. 求证: 将 Δ 的所有的元素加上同一个数 λ 得到的行列式 $\Delta_\lambda=\Delta$.

证明 当 $\lambda=0$ 时显然 $\Delta_0=\Delta$, 只需考虑 $\lambda\neq 0$ 的情形.

将 n 阶行列式 $\Delta=|a_{ij}|_{n\times n}$ 加边为 $n+1$ 阶行列式 D, 再按第 1 列拆成两个行列式

D_1, D_2 之和:

$$\Delta = D = \begin{vmatrix} 1 & \lambda & \lambda & \cdots & \lambda \\ 0 & 0 & a_{12} & \cdots & a_{1n} \\ 0 & a_{21} & 0 & \cdots & a_{2n} \\ \vdots & \vdots & \vdots & & \vdots \\ 0 & a_{n1} & a_{n2} & \cdots & 0 \end{vmatrix}$$

$$= \begin{vmatrix} 1 & \lambda & \lambda & \cdots & \lambda \\ -1 & 0 & a_{12} & \cdots & a_{1n} \\ -1 & a_{21} & 0 & \cdots & a_{2n} \\ \vdots & \vdots & \vdots & & \vdots \\ -1 & a_{n1} & a_{n2} & \cdots & 0 \end{vmatrix} + \begin{vmatrix} 0 & \lambda & \lambda & \cdots & \lambda \\ 1 & 0 & a_{12} & \cdots & a_{1n} \\ 1 & a_{21} & 0 & \cdots & a_{2n} \\ \vdots & \vdots & \vdots & & \vdots \\ 1 & a_{n1} & a_{n2} & \cdots & 0 \end{vmatrix}$$

将 D_1 的第 1 行加到以下各行, 得到

$$D_1 = \begin{vmatrix} 1 & \lambda & \lambda & \cdots & \lambda \\ 0 & \lambda & \lambda+a_{12} & \cdots & \lambda+a_{1n} \\ 0 & \lambda+a_{21} & \lambda & \cdots & \lambda+a_{2n} \\ \vdots & \vdots & \vdots & & \vdots \\ 0 & \lambda+a_{n1} & \lambda+a_{n2} & \cdots & \lambda \end{vmatrix} = \Delta_\lambda$$

将 D_2 的第 1 列乘 $-\lambda$, 得到的 $n+1$ 阶行列式

$$-\lambda D_2 = \begin{vmatrix} 0 & \lambda & \lambda & \cdots & \lambda \\ -\lambda & 0 & a_{12} & \cdots & a_{1n} \\ -\lambda & -a_{12} & 0 & \cdots & a_{2n} \\ \vdots & \vdots & \vdots & & \vdots \\ -\lambda & -a_{1n} & -a_{2n} & \cdots & 0 \end{vmatrix}$$

是奇数阶反对称方阵的行列式, 值 $-\lambda D_2 = 0$, 因此 $D_2 = 0$. 由此得到

$$\Delta = D_1 + D_2 = \Delta_\lambda + 0 = \Delta_\lambda$$

点评 如果先证明了 3.5.4 的结论, 将 3.5.3 的偶数阶反对称行列式 Δ 所有的元素同加 1 化成三角阵可得 $\Delta = 1$. 反过来, 不引用 3.5.4 的结论, 可以直接将 3.5.4 的解法用于 3.5.3 得到 $\Delta = 1$. □

3.5.5 求 n 阶范德蒙德 (Vandermonde) 行列式

$$V(x_1, x_2, \cdots, x_n) = \begin{vmatrix} 1 & 1 & \cdots & 1 \\ x_1 & x_2 & \cdots & x_n \\ x_1^2 & x_2^2 & \cdots & x_n^2 \\ \vdots & \vdots & & \vdots \\ x_1^{n-1} & x_2^{n-1} & \cdots & x_n^{n-1} \end{vmatrix}$$

解 $V(x_1,x_2,\cdots,x_n)$ 是 n 个字母 $x_1,x_2,\cdots,x_n$ 的多项式. 每一项具有形式 $\pm x_{i_1}x_{i_2}^2\cdots x_{i_{n-1}}^{n-1}(i_1,i_2,\cdots,i_{n-1}$ 是 $1,2,\cdots,n$ 中选取 $n-1$ 个数的一个排列), 次数为 $1+2+\cdots+(n-1)=\dfrac{n(n-1)}{2}$.

对每个 $1\leqslant i\leqslant n$, 可以将 $V(x_1,\cdots,x_n)$ 看作字母 x_i 的多项式:

$$f(x_i)=a_0+a_1x_i+a_2x_i^2+\cdots+a_kx_i^k,$$

其中的系数 $a_0,a_1,\cdots,a_k$ 都是其余字母 $x_j\ (j\neq i)$ 的多项式. 令字母 x_i 取值 x_j 代入 $f(x_i)$, 也就是在 $V(x_1,\cdots,x_n)$ 中将 x_i 换成 x_j, 得到的新行列式的第 i,j 两列相等, 行列式值为 0. 这说明了 x_i-x_j 是 $V(x_1,\cdots,x_n)$ 的因式. 所有的因式 $x_i-x_j\ (1\leqslant j<i\leqslant n)$ 互素, 都是 $V(x_1,\cdots,x_n)$ 的因式, 它们的乘积 $g(x)=\prod\limits_{1\leqslant j<i\leqslant n}(x_i-x_j)$ 也是 $V(x_1,\cdots,x_n)$ 的因式. 而 $g(x)$ 的次数为 $\dfrac{n(n-1)}{2}$, 与 $V(x_1,\cdots,x_n)$ 相同. 因此:

$$V(x_1,\cdots,x_n)=\lambda\prod_{1\leqslant j<i\leqslant n}(x_i-x_j) \tag{3.50}$$

λ 是待定常数.

等式 (3.50) 左边 $V(x_1,\cdots,x_n)$ 中的主对角线上元素的乘积得到一项 $x_2x_3^2\cdots x_n^{n-1}$, 没有其他的同类项, 系数为 1. 等式 (3.50) 右边 $\prod\limits_{1\leqslant j<i\leqslant n}(x_i-x_j)$ 中的项 $x_2x_3^2\cdots x_n^{n-1}$ 由所有的因子 $x_i-x_j\ (1\leqslant j<i\leqslant n)$ 的第一项 x_i 相乘得到. 因此等式右边 $x_2x_3^2\cdots x_n^{n-1}$ 的系数为 λ. 比较等式 (3.50) 两边 $x_2x_3^2\cdots x_n^{n-1}$ 的系数得 $\lambda=1$, 代入 (3.50) 得

$$V(x_1,\cdots,x_n)=\prod_{1\leqslant j<i\leqslant n}(x_i-x_j)$$

点评 以上解答中用到了多项式的下面的性质: 设 $f(x)=a_0+a_1x+\cdots+a_nx^n$ 是以 x 为字母的多项式, 系数范围 D 可以是某个数域 F, 也可以由系数在 F 中的除了 x 之外其余几个字母的全体多项式组成. 如果某个 $c\in D$ 是 $f(x)$ 的根, 即 $f(c)=a_0+a_1c+\cdots+a_nc^n=0$, 则 $x-c$ 是 $f(x)$ 的因式.

这个性质可以证明如下:

$x-c$ 除 $f(x)$ 得商 $q(x)$ 和余式 $r(x)$, 由于除式 $x-c$ 是一次多项式, 余式 $r(x)$ 是常数 r, 我们有

$$f(x)=q(x)(x-c)+r$$

将 $x=c$ 代入得: $f(c)=r$. 当 $f(c)=0$ 时就得到 $r=0$, 可见 $x-c$ 是 $f(x)$ 的因式.

3.5.5 中算出的行列式是著名的范德蒙德 (Vandermonde) 行列式. 通常的算法是利用初等变换:

对 $k=n-1,\cdots,2,1$ 依次将 $V(x_1,\cdots,x_n)$ 的第 k 行的 $-x_1$ 倍加到第 $k+1$ 行, 得到

$$V(x_1,\cdots,x_n)=\begin{vmatrix} 1 & 1 & \cdots & 1 \\ 0 & x_2-x_1 & \cdots & x_n-x_1 \\ 0 & x_2(x_2-x_1) & \cdots & x_n(x_n-x_1) \\ \vdots & \vdots & & \vdots \\ 0 & x_2^{n-2}(x_2-x_1) & \cdots & x_n^{n-2}(x_n-x_1) \end{vmatrix}$$
$$=\begin{vmatrix} x_2-x_1 & \cdots & x_n-x_1 \\ x_2(x_2-x_1) & \cdots & x_n(x_n-x_1) \\ \vdots & & \vdots \\ x_2^{n-2}(x_2-x_1) & \cdots & x_n^{n-2}(x_n-x_1) \end{vmatrix}$$
$$=(x_2-x_1)\cdots(x_n-x_1)V(x_2,\cdots,x_n)$$

对 n 用数学归纳法可得到与 3.5.5 同样的结论. □

3.5.6 计算行列式:

$$\varDelta=\begin{vmatrix} \frac{1}{a_1+b_1} & \frac{1}{a_1+b_2} & \cdots & \frac{1}{a_1+b_n} \\ \frac{1}{a_2+b_1} & \frac{1}{a_2+b_2} & \cdots & \frac{1}{a_2+b_n} \\ \vdots & \vdots & \vdots & \vdots \\ \frac{1}{a_n+b_1} & \frac{1}{a_n+b_2} & \cdots & \frac{1}{a_n+b_n} \end{vmatrix}.$$

解 对 $1\leqslant i\leqslant n$, 将 $\varDelta_n$ 的第 i 行乘以该行各元素的分母之积 $\prod\limits_{j=1}^{n}(a_i+b_j)$, 得到行列式

$$D_n=\left(\prod_{1\leqslant i,j\leqslant n}(a_i+b_j)\right)\varDelta_n=\begin{vmatrix} f_{11} & \cdots & f_{1n} \\ \vdots & & \vdots \\ f_{n1} & \cdots & f_{nn} \end{vmatrix}$$

D_n 中的每个元素

$$f_{ik}=\left(\prod_{j=1}^{n}(a_i+b_j)\right)\frac{1}{a_i+b_k}=\prod_{1\leqslant j\leqslant n,j\neq k}(a_i+b_j)$$

都是字母 a_i,b_j $(1\leqslant i,j\leqslant n)$ 的 $n-1$ 次多项式. D_n 的每一项都是 n 个 f_{ik} 之积的 ±1 倍, 因而 D_n 是这些字母的 $n(n-1)$ 次多项式.

对任意 $1\leqslant j<i\leqslant n$, 将 $\varDelta_n$ 中的 a_i 换成 a_j 得到的行列式的第 i,j 两行相等, 值为 0. 可见, 在 D_n 中将 a_i 换成 a_j 得到的行列式值也等于零. 这说明 a_i-a_j 是 D_n 的因式. 同样, 将 b_i 换成 b_j 也使 $\varDelta_n$ 变为 0, 从而 D_n 变为 0, 说明 b_i-b_j 也都是 $\varDelta_n$ 的因式.

D_n 的所有这些因式 a_i-a_j, b_i-b_j $(1\leqslant j<i\leqslant n)$ 共有 $2\cdot\dfrac{n(n-1)}{2}=n(n-1)$ 个. 它们两两互素, 因此它们的乘积

$$T=\prod_{1\leqslant j<i\leqslant n}(a_i-a_j)(b_i-b_j)$$

是 D_n 的因式, 而 T 是字母 a_i, a_k $(1\leqslant i,k\leqslant n)$ 的 $n(n-1)$ 次多项式, 与 D_n 次数相同. 因此:

$$D_n=\lambda T$$

λ 是待定常数. 从而:

$$\Delta_n=\lambda\cdot\frac{T}{\prod\limits_{1\leqslant i,k\leqslant n}(a_i+b_k)}=\lambda\cdot\frac{\prod\limits_{1\leqslant j<i\leqslant n}(a_i-a_j)(b_i-b_j)}{\prod\limits_{1\leqslant i,k\leqslant n}(a_i+b_k)} \tag{3.51}$$

取实变量 x, 令 $a_i=\dfrac{1}{2}+ix, b_k=\dfrac{1}{2}-kx$ $(\forall\, 1\leqslant i,k\leqslant n)$, 代入 (3.51) 两边, 并在 $x\to\infty$ 时取极限, 则由

$$\lim_{x\to\infty}\frac{1}{a_i+b_k}=\lim_{x\to\infty}\frac{1}{1+(i-k)x}=\begin{cases}1, & i=k\\ 0, & i\neq k\end{cases}$$

得

$$\lim_{x\to\infty}\Delta_n=\begin{vmatrix}1 & & \\ & \ddots & \\ & & 1\end{vmatrix}=1$$

而

$$\lim_{x\to\infty}\frac{\prod\limits_{1\leqslant j<i\leqslant n}(a_i-a_j)(b_i-b_j)}{\prod\limits_{1\leqslant i,k\leqslant n}(a_i+b_k)}=\lim_{x\to\infty}\frac{\prod\limits_{1\leqslant j<i\leqslant n}(i-j)x\cdot(j-i)x}{\prod\limits_{1\leqslant i,k\leqslant n}(1+(i-k)x)} \tag{3.52}$$

由于当 $j=k$ 时 $1+(i-k)x=1$, 因此 (3.52) 右边的分母等于

$$\prod_{1\leqslant i,k\leqslant n}(1+(i-k)x)=\prod_{1\leqslant j<i\leqslant n}(1+(i-j)x)\cdot(1+(j-i)x)$$

代入式 (3.52) 右边得

$$\begin{aligned}&\lim_{x\to\infty}\frac{\prod\limits_{1\leqslant j<i\leqslant n}(i-j)x\cdot(j-i)x}{\prod\limits_{1\leqslant i,j\leqslant n}(1+(i-j)x)}\\ &=\prod_{1\leqslant j<i\leqslant n}\lim_{x\to\infty}\frac{(i-j)(j-i)}{(\frac{1}{x}+(i-j))(\frac{1}{x}+(j-i))}=\prod_{1\leqslant j<i\leqslant n}1=1\end{aligned} \tag{3.53}$$

可见 $\lambda=1$.

$$\Delta_n=\frac{\prod\limits_{1\leqslant j<i\leqslant n}(a_i-a_j)(b_i-b_j)}{\prod\limits_{1\leqslant i,k\leqslant n}(a_i+b_k)}$$

3.5.7 设实数 a,b,c 不全为 0, α,β,γ 为任意实数, 且

$$\begin{cases} a=b\cos\gamma+c\cos\beta \\ b=c\cos\alpha+a\cos\gamma \\ c=a\cos\beta+b\cos\alpha \end{cases}$$

求证:

$$\cos^2\alpha+\cos^2\beta+\cos^2\gamma+2\cos\alpha\cos\beta\cos\gamma=1$$

证明 已知

$$\begin{cases} -a+b\cos\gamma+c\cos\beta=0 \\ a\cos\gamma-b+c\cos\alpha=0 \\ a\cos\beta+b\cos\alpha-c=0 \end{cases}$$

将上式看成以 (a,b,c) 为未知数的齐次线性方程组. 此方程组有非零解. 因此系数行列式为 0, 即

$$\begin{vmatrix} -1 & \cos\gamma & \cos\beta \\ \cos\gamma & -1 & \cos\alpha \\ \cos\beta & \cos\alpha & -1 \end{vmatrix}=0$$

将左边的行列式展开并整理, 即得

$$\cos^2\alpha+\cos^2\beta+\cos^2\gamma+2\cos\alpha\cos\beta\cos\gamma=1$$ □

第 4 章　矩阵的代数运算

4.1　矩阵的代数运算

知识导航

1. 代数运算

线性运算: 加减法与数乘　按分量运算.

$\boldsymbol{A}=(a_{ij})_{m\times n},\boldsymbol{B}=(b_{ij})_{m\times n}$, $\lambda\in F$, 则 $\boldsymbol{A}\pm\boldsymbol{B}=(a_{ij}\pm b_{ij})_{m\times n}$, $\lambda\boldsymbol{A}=(\lambda a_{ij})_{m\times n}$.

$F^{m\times n}$ 在加法与数乘下成为 mn 维线性空间, $E=\{E_{ij}\mid 1\leqslant i\leqslant m,1\leqslant j\leqslant n\}$ 是自然基, 其中 E_{ij} 的第 (i,j) 分量为 1、其余分量都为 0.

$$\boldsymbol{A}=(a_{ij})_{m\times n}=\sum_{i=1}^{m}\sum_{j=1}^{n}a_{ij}E_{ij}$$

乘法　$\boldsymbol{A}=(a_{ij})_{m\times n},\boldsymbol{B}=(b_{ij})_{n\times p}$, 则 $\boldsymbol{AB}=(c_{ij})_{m\times p}$, 其中:

$$c_{ij}=\sum_{k=1}^{n}a_{ik}b_{kj}$$

是 $\boldsymbol{A}$ 的第 i 行 $\boldsymbol{\alpha}_i$ 与 $\boldsymbol{B}$ 的第 j 列 $\boldsymbol{b}_j$ 的乘积:

$$\boldsymbol{\alpha}_i\boldsymbol{b}_j=(a_{i1},\cdots,a_{in})\begin{pmatrix}b_{11}\\ \vdots\\ b_{1p}\end{pmatrix}=a_{i1}b_{1j}+\cdots+a_{ik}b_{kj}+\cdots+a_{ip}b_{pj}$$

乘法规则为将 $\boldsymbol{\alpha}_i$ 与 $\boldsymbol{b}_j$ 的对应元素的乘积相加, 就好像计算 $\boldsymbol{\alpha}_i$ 与 $\boldsymbol{b}_j$ 的“内积”.

将 $\boldsymbol{A}$ 按行分块, $\boldsymbol{B}$ 按列分块, 则:

$$\boldsymbol{AB}=\begin{pmatrix}\boldsymbol{\alpha}_1\\ \vdots\\ \boldsymbol{\alpha}_m\end{pmatrix}(\boldsymbol{b}_1,\cdots,\boldsymbol{b}_p)=\begin{pmatrix}\boldsymbol{\alpha}_1\boldsymbol{b}_1 & \cdots & \boldsymbol{\alpha}_1\boldsymbol{b}_p\\ \vdots & & \vdots\\ \boldsymbol{\alpha}_m\boldsymbol{b}_1 & \cdots & \boldsymbol{\alpha}_m\boldsymbol{b}_p\end{pmatrix}$$

转置　$\boldsymbol{A}=(a_{ij})_{m\times n}$, 则 $\boldsymbol{A}^{\mathrm{T}}=(a_{ji})_{n\times m}$.

共轭　$\boldsymbol{A}=(a_{ij})_{m\times n}$, 则 $\overline{\boldsymbol{A}}=(\overline{a_{ij}})_{m\times n}$.

2. 运算律

加法与数乘　满足线性空间的 8 条性质.

乘法　(1) 满足对加法的分配律: $(\boldsymbol{A}+\boldsymbol{B})\boldsymbol{C}=\boldsymbol{AC}+\boldsymbol{BC}$, $\boldsymbol{M}(\boldsymbol{A}+\boldsymbol{B})=\boldsymbol{MA}+\boldsymbol{MB}$.

(2) 满足结合律: $(\boldsymbol{AB})\boldsymbol{C}=\boldsymbol{A}(\boldsymbol{BC})$.

(3) 单位阵 $\boldsymbol{I}=\mathrm{diag}(1,\cdots,1)$ 的性质: $\boldsymbol{IA}=\boldsymbol{A}$, $\boldsymbol{BI}=\boldsymbol{B}$.

纯量阵 $\lambda\boldsymbol{I}=\mathrm{diag}(\lambda,\cdots,\lambda)$ 的性质: $(\lambda\boldsymbol{I})\boldsymbol{A}=\lambda\boldsymbol{A}$, $\boldsymbol{B}(\lambda\boldsymbol{I})=\lambda\boldsymbol{B}$.

零矩阵 $\boldsymbol{O}$ 乘矩阵等于零矩阵.

(4) 不满足交换律. 但纯量阵与方阵乘法交换.

(5) 不满足消去律: $\boldsymbol{AB}=\boldsymbol{O}$ 有可能 $\boldsymbol{A},\boldsymbol{B}$ 都不为零.

$\boldsymbol{AB}=\boldsymbol{AC}$ 且 $\boldsymbol{A}\neq\boldsymbol{O}$ 不能得出 $\boldsymbol{B}=\boldsymbol{C}$.

转置　$(\boldsymbol{A}^{\mathrm{T}})^{\mathrm{T}}=\boldsymbol{A}$. $(\boldsymbol{A}+\boldsymbol{B})^{\mathrm{T}}=\boldsymbol{A}^{\mathrm{T}}+\boldsymbol{B}^{\mathrm{T}}$. $(\lambda\boldsymbol{A})^{\mathrm{T}}=\lambda\boldsymbol{A}^{\mathrm{T}}$. 特别注意: $(\boldsymbol{AB})^{\mathrm{T}}=\boldsymbol{B}^{\mathrm{T}}\boldsymbol{A}^{\mathrm{T}}$.

共轭　$\overline{(\boldsymbol{A}+\boldsymbol{B})}=\overline{\boldsymbol{A}}+\overline{\boldsymbol{B}}$. $\overline{\boldsymbol{AB}}=(\overline{\boldsymbol{A}})(\overline{\boldsymbol{B}})$. $\overline{\lambda\boldsymbol{A}}=\overline{\lambda}\,\overline{\boldsymbol{A}}$.

3. 重要例

(i)　内积:

行向量 $\boldsymbol{\alpha}=(a_1,a_2,a_3),\boldsymbol{\beta}=(b_1,b_2,b_3)$ 的内积

$$\boldsymbol{\alpha}\cdot\boldsymbol{\beta}=\boldsymbol{\alpha}\boldsymbol{\beta}^{\mathrm{T}}=a_1b_1+a_2b_2+a_3b_3$$

列向量 a,b 的内积 $\boldsymbol{a}^{\mathrm{T}}\boldsymbol{b}$.

(ii)　线性方程组

线性方程组

$$\begin{cases} a_{11}x_1+\cdots+a_{1n}x_n=b_1 \\ \cdots\cdots\cdots\cdots \\ a_{m1}x_1+\cdots+a_{mn}x_n=b_m \end{cases}$$

可写成矩阵形式 $\boldsymbol{AX}=\boldsymbol{b}$, 其中:

$$\boldsymbol{A}=\begin{pmatrix} a_{11} & \cdots & a_{1n} \\ \vdots & & \vdots \\ a_{m1} & \cdots & a_{mn} \end{pmatrix},\quad \boldsymbol{b}=\begin{pmatrix} b_1 \\ \vdots \\ b_m \end{pmatrix}$$

(iii) 平面旋转的矩阵

$$\boldsymbol{A}=\begin{pmatrix} \cos\alpha & -\sin\alpha \\ \sin\alpha & \cos\alpha \end{pmatrix},\quad \begin{pmatrix} x \\ y \end{pmatrix}\mapsto\begin{pmatrix} x' \\ y' \end{pmatrix}=\boldsymbol{A}\begin{pmatrix} x \\ y \end{pmatrix}$$

用方阵 $\boldsymbol{A}$ 作乘法表示将坐标为 (x,y) 的点绕原点沿逆时针方向旋转角 α 旋转到点 $P'(x',y')$.

例　求 $\boldsymbol{A}^{2012}$.

解 $\boldsymbol{A}$ 表示旋转角 $\boldsymbol{\alpha}$ 的变换. $\boldsymbol{A}^{2012}$ 表示将这个旋转动作重复 2012 次, 就是旋转 2012α.

$$\boldsymbol{A}^{2012}=\begin{pmatrix}\cos 2012\alpha & -\sin 2012\alpha\\ \sin 2012\alpha & \cos 2012\alpha\end{pmatrix}$$

(iv) 运算律应用例

例 求 $\boldsymbol{A}^n$, 其中:

$$\boldsymbol{A}=\begin{pmatrix}a & 1 & 0\\ 0 & a & 1\\ 0 & 0 & a\end{pmatrix}$$

解 $\boldsymbol{A}=a\boldsymbol{I}+\boldsymbol{N}$, 其中:

$$\boldsymbol{N}=\begin{pmatrix}0 & 1 & 0\\ 0 & 0 & 1\\ 0 & 0 & 0\end{pmatrix},\quad \boldsymbol{N}^2=\begin{pmatrix}0 & 0 & 1\\ 0 & 0 & 0\\ 0 & 0 & 0\end{pmatrix},\quad \boldsymbol{N}^3=\boldsymbol{O}$$

由于 $a\boldsymbol{I}$ 与 $\boldsymbol{N}$ 作乘法交换, 可以用牛顿二项式定理展开 $\boldsymbol{A}^n=(a\boldsymbol{I}+\boldsymbol{N})^n$ 得到:

$$\boldsymbol{A}^n=(a\boldsymbol{I})^n+n(a\boldsymbol{I})^{n-1}\boldsymbol{N}+\frac{n(n-1)}{2}(a\boldsymbol{I})^{n-2}\boldsymbol{N}=\begin{pmatrix}a^n & na^{n-1} & \dfrac{n(n-1)}{2}a^{n-2}\\ 0 & a^n & na^{n-1}\\ 0 & 0 & a^n\end{pmatrix}$$

例题分析与解答

4.1.1 设

$$\boldsymbol{A}=\begin{pmatrix}1 & 0 & 1\\ 0 & 2 & 3\end{pmatrix},\quad \boldsymbol{B}=\begin{pmatrix}2 & -1 & 4\\ 1 & 0 & -2\\ 0 & 3 & 1\end{pmatrix},\quad \boldsymbol{C}=\begin{pmatrix}0 & 2\\ -1 & 0\\ 3 & 1\end{pmatrix}$$

计算矩阵 $\boldsymbol{AB},\boldsymbol{B}^2,\boldsymbol{AC},\boldsymbol{CA},\boldsymbol{B}^{\mathrm{T}}\boldsymbol{A}^{\mathrm{T}}$. $\boldsymbol{AC}$ 与 $\boldsymbol{CA}$ 是否相等? $\boldsymbol{AB}$ 与 $\boldsymbol{B}^{\mathrm{T}}\boldsymbol{A}^{\mathrm{T}}$ 是否相等?

解

$$\boldsymbol{AB}=\begin{pmatrix}2 & 2 & 5\\ 2 & 9 & -1\end{pmatrix},\quad \boldsymbol{B}^{\mathrm{T}}\boldsymbol{A}^{\mathrm{T}}=\begin{pmatrix}2 & 2\\ 2 & 9\\ 5 & -1\end{pmatrix},\quad \boldsymbol{B}^2=\begin{pmatrix}3 & 10 & 14\\ 2 & -7 & 2\\ 3 & 3 & -5\end{pmatrix},$$

$$\boldsymbol{AC}=\begin{pmatrix}3 & 3\\ 7 & 3\end{pmatrix},\quad \boldsymbol{CA}=\begin{pmatrix}0 & 4 & 6\\ -1 & 0 & -1\\ 3 & 2 & 6\end{pmatrix}$$

$\boldsymbol{AC}\neq\boldsymbol{CA}$. $\boldsymbol{AB}$ 与 $\boldsymbol{B}^{\mathrm{T}}\boldsymbol{A}^{\mathrm{T}}$ 互为转置.

4.1.2 设

$$(1)\quad \boldsymbol{A}=\begin{pmatrix}-1&-2&-4\\-1&-2&-4\\1&2&4\end{pmatrix},\quad \boldsymbol{B}=\begin{pmatrix}1&2&3\\2&4&6\\3&6&9\end{pmatrix}$$

$$(2)\quad \boldsymbol{A}=\begin{pmatrix}1&0&0\\0&\lambda&0\\0&0&0\end{pmatrix},\quad \boldsymbol{B}=\begin{pmatrix}a&b&c\\c&a&b\\b&c&a\end{pmatrix}$$

计算矩阵 $\boldsymbol{AB},\boldsymbol{BA}$. $\boldsymbol{AB}$ 与 $\boldsymbol{BA}$ 是否相等?

解

$$(1)\ \boldsymbol{AB}=\begin{pmatrix}-17&-34&-51\\-17&-34&-51\\17&34&51\end{pmatrix},\quad \boldsymbol{BA}=\begin{pmatrix}0&0&0\\0&0&0\\0&0&0\end{pmatrix},\quad \boldsymbol{AB}\neq\boldsymbol{BA}$$

$$(2)\ \boldsymbol{AB}=\begin{pmatrix}a&b&c\\\lambda c&\lambda a&\lambda b\\0&0&0\end{pmatrix},\quad \boldsymbol{BA}=\begin{pmatrix}a&b\lambda&0\\c&a\lambda&0\\b&c\lambda&0\end{pmatrix},\quad \boldsymbol{AB}\neq\boldsymbol{BA}$$

4.1.3 计算:

$$(1)\begin{pmatrix}0&1\\-a&0\end{pmatrix}^2;\quad (2)\begin{pmatrix}1&1\\-1&-1\end{pmatrix}^{2005};\quad (3)\begin{pmatrix}0&1\\-1&-1\end{pmatrix}^{2008};$$

$$(4)\begin{pmatrix}1&1\\0&1\end{pmatrix}^n;\quad (5)\begin{pmatrix}\cos\theta&\sin\theta\\-\sin\theta&\cos\theta\end{pmatrix}^n;\quad (6)\begin{pmatrix}\cos\theta&\sin\theta\\\sin\theta&-\cos\theta\end{pmatrix}^n;$$

$$(7)\begin{pmatrix}0&1&&&\\&0&1&&\\&&\ddots&\ddots&\\&&&0&1\\&&&&0\end{pmatrix}_{n\times n}^n;\quad (8)\begin{pmatrix}\lambda&1&&&\\&\lambda&1&&\\&&\ddots&\ddots&\\&&&\lambda&1\\&&&&\lambda\end{pmatrix}_{n\times n}^n;$$

$$(9)\begin{pmatrix}1&1&1\\0&1&1\\0&0&1\end{pmatrix}^n;\quad (10)\begin{pmatrix}0&1&0\\0&0&1\\1&0&0\end{pmatrix}^{2006};\quad (11)\begin{pmatrix}1&1&-1\\2&2&-2\\4&4&-4\end{pmatrix}^{2006}.$$

解 (1) $\begin{pmatrix}0&1\\-a&0\end{pmatrix}^2=\begin{pmatrix}-a&0\\0&-a\end{pmatrix}$.

(2) 由 $\begin{pmatrix} 1 & 1 \\ -1 & -1 \end{pmatrix}^2 = \begin{pmatrix} 0 & 0 \\ 0 & 0 \end{pmatrix}$ 知 $\begin{pmatrix} 1 & 1 \\ -1 & -1 \end{pmatrix}^{2005} = \begin{pmatrix} 0 & 0 \\ 0 & 0 \end{pmatrix}$.

(3) 记 $\boldsymbol{A} = \begin{pmatrix} 0 & 1 \\ -1 & -1 \end{pmatrix}$, 则 $\boldsymbol{A}^3 = \boldsymbol{I}$. 由 $2008 = 3q+1$ (q 是正整数) 得

$$\boldsymbol{A}^{2008} = (\boldsymbol{A}^3)^q \boldsymbol{A} = \boldsymbol{I}^q \boldsymbol{A} = \boldsymbol{A} = \begin{pmatrix} 0 & 1 \\ -1 & -1 \end{pmatrix}$$

(4) $\boldsymbol{A} = \begin{pmatrix} 1 & 1 \\ 0 & 1 \end{pmatrix} = \boldsymbol{I} + \boldsymbol{N}$, 其中 $\boldsymbol{N} = \begin{pmatrix} 0 & 1 \\ 0 & 0 \end{pmatrix}$, $\boldsymbol{N}^2 = \boldsymbol{O}$.
由于 $\boldsymbol{I}$ 与 $\boldsymbol{N}$ 做乘法可交换, 可以用牛顿二项式定理将 $\boldsymbol{A}^n = (\boldsymbol{I} + \boldsymbol{N})^n$ 展开得

$$\boldsymbol{A}^n = \boldsymbol{I} + n\boldsymbol{N} + \frac{n(n-1)}{2!}\boldsymbol{N}^2 + \cdots = \boldsymbol{I} + n\boldsymbol{N} = \begin{pmatrix} 1 & n \\ 0 & 1 \end{pmatrix}$$

(5) 记 $\boldsymbol{A} = \begin{pmatrix} \cos\theta & \sin\theta \\ -\sin\theta & \cos\theta \end{pmatrix}$, 则用 A 左乘 2 维实列向量

$$\tau : \begin{pmatrix} x \\ y \end{pmatrix} \mapsto \begin{pmatrix} x' \\ y' \end{pmatrix} = \boldsymbol{A} \begin{pmatrix} x \\ y \end{pmatrix}$$

的效果是将点 (x,y) 沿顺时针方向旋转角 θ 到点 (x',y'). 而用 $\boldsymbol{A}^n$ 左乘的效果是将旋转变换 τ 进行 n 次, 总效果是绕原点沿顺时针方向旋转角 $n\theta$, 因此:

$$\boldsymbol{A}^n = \begin{pmatrix} \cos n\theta & \sin n\theta \\ -\sin n\theta & \cos n\theta \end{pmatrix}$$

(6) $\boldsymbol{A} = \begin{pmatrix} \cos\theta & \sin\theta \\ \sin\theta & -\cos\theta \end{pmatrix}$ 满足条件 $\boldsymbol{A}^2 = \boldsymbol{I}$. 因此当 $n = 2q$ 是偶数时 $\boldsymbol{A}^n = (\boldsymbol{A}^2)^q = \boldsymbol{I}$, 当 $n = 2q+1$ 是奇数时 $\boldsymbol{A}^n = (\boldsymbol{A}^2)^q \boldsymbol{A} = \boldsymbol{A} = \begin{pmatrix} \cos\theta & \sin\theta \\ \sin\theta & -\cos\theta \end{pmatrix}$.

(7) 所求矩阵等于零.

(8) 记 $\boldsymbol{N} = \begin{pmatrix} 0 & 1 & & \\ & 0 & \ddots & \\ & & \ddots & 1 \\ & & & 0 \end{pmatrix}$, 则 $N^n = 0$. 所求矩阵为 $(\lambda\boldsymbol{I} + \boldsymbol{N})^n$, 可以用牛顿二项式定理展开得

$$(\lambda\boldsymbol{I} + \boldsymbol{N})^n = \lambda^n \boldsymbol{I} + \mathrm{C}_n^1 \lambda^{n-1} \boldsymbol{N} + \mathrm{C}_n^2 \lambda^{n-2} \boldsymbol{N}^2 + \cdots + \mathrm{C}_n^{n-1} \lambda N^{n-1} + \boldsymbol{N}^n$$

$$=\begin{pmatrix}\lambda^n & C_n^1\lambda^{n-1} & C_n^2\lambda^{n-2} & \cdots & C_n^{n-1}\lambda\\ 0 & \lambda^n & C_n^1\lambda^{n-1} & \cdots & C_n^{n-2}\lambda^2\\ 0 & 0 & \lambda^n & \cdots & C_n^{n-3}\lambda^3\\ \vdots & \vdots & \vdots & & \vdots\\ 0 & 0 & 0 & \cdots & \lambda^n\end{pmatrix}$$

(9) 记 $\boldsymbol{N}=\begin{pmatrix}0&1&1\\0&0&1\\0&0&0\end{pmatrix}$, 则 $\boldsymbol{N}^2=\begin{pmatrix}0&0&1\\0&0&0\\0&0&0\end{pmatrix}$, 所求矩阵为

$$(\boldsymbol{I}+\boldsymbol{N})^n=\boldsymbol{I}+n\boldsymbol{N}+\frac{n(n-1)}{2}\boldsymbol{N}^2=\begin{pmatrix}1 & n & n+\dfrac{n(n-1)}{2}\\ 0 & 1 & n\\ 0 & 0 & 1\end{pmatrix}$$

(10) 记 $\boldsymbol{A}=\begin{pmatrix}0&1&0\\0&0&1\\1&0&0\end{pmatrix}$, 则 $\boldsymbol{A}^3=\boldsymbol{I}$. 由 $2006=3q+2$ (其中 q 为正整数) 得所求矩阵:

$$\boldsymbol{A}^{2006}=(\boldsymbol{A}^3)^q\boldsymbol{A}^2=\boldsymbol{A}^2=\begin{pmatrix}0&0&1\\1&0&0\\0&1&0\end{pmatrix}$$

(11) $\boldsymbol{A}$ 的各行分别是同一个行向量 $\boldsymbol{\alpha}=(1,1,-1)$ 的 1,2,4 倍, 因此:

$$\boldsymbol{A}=\begin{pmatrix}\boldsymbol{\alpha}\\2\boldsymbol{\alpha}\\4\boldsymbol{\alpha}\end{pmatrix}=\begin{pmatrix}1\\2\\4\end{pmatrix}\boldsymbol{\alpha}=\boldsymbol{\beta}\boldsymbol{\alpha}$$

其中 $\boldsymbol{\beta}=\begin{pmatrix}1\\2\\4\end{pmatrix}$. 所求矩阵:

$$\boldsymbol{A}^{2006}=\underbrace{(\boldsymbol{\beta\alpha})\cdots(\boldsymbol{\beta\alpha})}_{2006\text{个 }\boldsymbol{\beta\alpha}}=\boldsymbol{\beta}\underbrace{(\boldsymbol{\alpha\beta})\cdots(\boldsymbol{\alpha\beta})}_{2005\text{个 }\boldsymbol{\alpha\beta}}\boldsymbol{\alpha}=\boldsymbol{\beta}(\boldsymbol{\alpha\beta})^{2005}\boldsymbol{\alpha}$$

其中:

$$\boldsymbol{\alpha\beta}=(1,1,-1)\begin{pmatrix}1\\2\\4\end{pmatrix}=-1$$

是常数. 因此所求矩阵为

$$\boldsymbol{A}^{2006}=\boldsymbol{\beta}(-1)^{2005}\boldsymbol{\alpha}=\boldsymbol{\beta}(-1)\boldsymbol{\alpha}=-\boldsymbol{\beta\alpha}=-\boldsymbol{A}=\begin{pmatrix}-1&-1&1\\-2&-2&2\\-4&-4&4\end{pmatrix}$$ □

点评 本题 11 个小题的目的决不是矩阵乘法法则的重复繁琐训练, 而是体现了矩阵乘法在各方面的重要指导思想和应用.

(i) 线性变换

每个 2 阶实方阵 $\boldsymbol{A}$ 乘实数域上列向量 $(x,y)^{\mathrm{T}}$ 变成另一个列向量 $(x',y')^{\mathrm{T}}$:

$$\boldsymbol{X}=\begin{pmatrix} x \\ y \end{pmatrix} \mapsto \begin{pmatrix} x' \\ y' \end{pmatrix} = \boldsymbol{A}\begin{pmatrix} x \\ y \end{pmatrix}$$

引起平面上的变换 σ, 将点 $P(x,y)$ 变到 $P'(x',y')$. 第 (5) 小题的方阵 $\boldsymbol{A}$ 引起的变换 σ 是将每个点绕原点沿顺时针方向旋转角 α, 因此 $\boldsymbol{A}^n$ 是旋转角 $n\alpha$. 第 (6) 小题的方阵 $\boldsymbol{A}$ 引起的变换是关于过原点的直线的轴对称变换, 轴对称重复两次将每个点变回原来的位置, $\sigma^2=1_V$ 是恒等变换, 因此 $\boldsymbol{A}^2=\boldsymbol{I}$. 类似地, 用 3 阶实方阵作乘法引起 3 维几何空间中的变换. 一般地, 用 n 阶方阵 $\boldsymbol{A}$ 作乘法, 因此 n 维空间的变换 $\boldsymbol{X}\mapsto\boldsymbol{AX}$ 称为线性变换. 第 (10) 小题中的 3 阶方阵 $\boldsymbol{A}$ 引起三条坐标轴的轮换变换 $\sigma: Ox\mapsto Oz\mapsto Oy\mapsto Ox$, 是绕直线 $x=y=z$ 的旋转, 由 $\sigma^3=1_V$ 自然有 $\boldsymbol{A}^3=\boldsymbol{I}$. 用第 (10) 小题中的 3 阶方阵 $\boldsymbol{A}$ 左乘任何一个 3 行矩阵 $\boldsymbol{X}$ 引起 $\boldsymbol{X}$ 的 3 行的位置的轮换, 将第 2,3 行各上升了一行, 第 1 行降到最低去填补第 3 行空出来的位置. 这样的行变换重复进行 3 次之后将 $\boldsymbol{X}$ 恢复原状, 也说明 $\boldsymbol{A}^3$ 等于单位阵.

(ii) 运算律的应用

数的乘法公式如 $(a+b)^2=a^2+2ab+b^2$ 牛顿二项式定理 $(a+b)^n=a^n+\mathrm{C}_n^1a^{n-1}b+\cdots+\mathrm{C}_n^ka^{n-k}b^k+\cdots+\mathrm{C}_n^nb^n$ 等, 都是由乘法和加法的运算律得出来的. 将 a,b 换成方阵, 其他运算律仍成立, 但乘法交换律不成立, 因此乘法公式一般也不成立. 但某些方阵作乘法时可交换, 如纯量阵与方阵交换, 此时不但乘法公式成立, 甚至无穷泰勒展开式都成立. 第 (4),(8),(9) 就是用牛顿二项式来计算方阵的正整数次幂的例子, (7) 是这些例子中用到的一个重要方阵的性质.

(iii) 特殊矩阵的乘法性质

有理数的平方根有可能是无理数甚至虚数, $\sqrt{2}$, $\sqrt{-1}$ 就是这样的例子. 但是有理系数方阵的平方却可以等于 $-\boldsymbol{I}$ 或者 $-2\boldsymbol{I}$ 或者 $-a\boldsymbol{I}$, 只要 a 是有理数. 第 (1) 小题就给出了这样的例子. 1 在实数范围内的立方根只能是 1, 第 (3) 小题给出的整系数的方阵 A 却满足 $\boldsymbol{A}^3=I\neq\boldsymbol{A}$. 第 (2),(11) 小题体现的则是秩为 1 的方阵 $\boldsymbol{A}$ 的乘法性质: $\boldsymbol{A}$ 的正整数次幂等于自己的常数倍. □

4.1.4 设 $\boldsymbol{A}=(a_{ij})_{n\times n}\in F^{n\times n}$, 求 $\boldsymbol{e}_i\boldsymbol{A}\boldsymbol{e}_j{}^{\mathrm{T}}$, 其中 $\boldsymbol{e}_i,\boldsymbol{e}_j$ 都是 n 维行向量, $\boldsymbol{e}_i$ 的第 i 分量是 1, $\boldsymbol{e}_j$ 的第 j 分量是 1, 它们的其余分量都是 0.

解 记 $\boldsymbol{e}_i=(\lambda_1,\cdots,\lambda_n),\boldsymbol{e}_j=(\mu_1,\cdots,\mu_n)$, 其中 $\lambda_i=\mu_j=1$, 其余 λ_k,μ_t 都等于 0. 记 $\boldsymbol{A}$ 的第 k 行为 $\boldsymbol{\alpha}_k$. 则:

$$\boldsymbol{e}_i\boldsymbol{A}=(\lambda_1,\cdots,\lambda_n)\begin{pmatrix} \boldsymbol{\alpha}_1 \\ \vdots \\ \boldsymbol{\alpha}_n \end{pmatrix}=\lambda_1\boldsymbol{\alpha}_1+\cdots+\lambda_n\boldsymbol{\alpha}_n=\lambda_i\boldsymbol{\alpha}_i=\boldsymbol{\alpha}_i$$

$$e_iAe_j^{\mathrm T}=\alpha_ie_j^{\mathrm T}=(a_{i1},\cdots,a_{in})\begin{pmatrix}\mu_1\\ \vdots\\ \mu_n\end{pmatrix}=a_{ij}\mu_j=a_{ij}$$

$e_iA=\alpha_i$ 就是 A 的第 i 行, $e_iAe_j^{\mathrm T}=a_{ij}$ 就是 A 的第 (i,j) 元. □

点评　变换 $A\mapsto e_iA$ 取出 A 的第 i 行, $A\mapsto Ae_j^{\mathrm T}$ 取出 A 的第 j 列, $A\mapsto e_iAe_j^{\mathrm T}$ 则取出 A 的第 i 行第 j 列的元素. □

4.1.5　对下面的多项式 $f(x)$ 和方阵 A, 求 $f(A)$.

(1) $f(x)=x^2+x+1,\ A=\begin{pmatrix}0&1\\-1&-1\end{pmatrix}$;

(2) $f(x)=(x-2)^9,\ A=\begin{pmatrix}2&1&1\\0&2&1\\0&0&1\end{pmatrix}$.

答案　(1) $f(A)=O$. (2) $f(A)=O$. □

点评　由第 (1) 小题的 $A^2+A+I=O$ 知 $A^3-I=(A-I)(A^2+A+I)=O$. 也就是说: A 是 x^2+x+1 的 “根”, 因此是 $x^3-1=(x-1)(x^2+x+1)$ 的根, $A^3=I$. 4.1.3 中第 (3) 题就是利用这个事实求出了 $A^{2008}=(A^3)^qA=A$.

由 4.1.3 中第 (7) 题知本题第 (2) 小题的 $(A-2I)^3=O$, 当然 $f(A)=(A-2I)^9=O$. □

4.1.6　如果 $AB=BA$, 就称矩阵 B 与 A 可交换. 分别求与下列 A 可交换的全部方阵.

(1) $A=\begin{pmatrix}1&1\\0&1\end{pmatrix}$; (2) $A=\begin{pmatrix}3&0&0\\0&2&0\\0&0&5\end{pmatrix}$; (3) $A=\begin{pmatrix}0&1&0\\0&0&1\\0&0&0\end{pmatrix}$.

解　(1) 设 $B=(b_{ij})_{2\times 2}$ 是 2 阶方阵, 则:

$$AB=BA\Leftrightarrow AB-B=BA-B\Leftrightarrow (A-I)B=B(A-I)$$

而:

$$(A-I)B=\begin{pmatrix}0&1\\0&0\end{pmatrix}\begin{pmatrix}b_{11}&b_{12}\\b_{21}&b_{22}\end{pmatrix}=\begin{pmatrix}b_{21}&b_{22}\\0&0\end{pmatrix}$$

$$=B(A-I)=\begin{pmatrix}b_{11}&b_{12}\\b_{21}&b_{22}\end{pmatrix}\begin{pmatrix}0&1\\0&0\end{pmatrix}=\begin{pmatrix}0&b_{11}\\0&b_{21}\end{pmatrix}$$

$$\Leftrightarrow\ \begin{cases}b_{21}=0\\ b_{11}=b_{22}\end{cases}\ \Leftrightarrow\ B=\begin{pmatrix}b_1&b_2\\0&b_1\end{pmatrix}=b_1I+b_2(A-I)$$

(2) $A=\mathrm{diag}(\lambda_1,\lambda_2,\lambda_3)$ 是对角阵, 对角元 $\lambda_1=3,\lambda_2=2,\lambda_3=5$ 两两不同. 设 $B=(b_{ij})_{3\times 3}$ 是 3 阶方阵, 则 AB 与 BA 的第 (i,j) 元分别为 λ_ib_{ij} 与 $b_{ij}\lambda_j$.

$AB=BA \Leftrightarrow \lambda_i b_{ij}=b_{ij}\lambda_j\ (\forall\ 1\leqslant i,j\leqslant 3) \Leftrightarrow (\lambda_i-\lambda_j)b_{ij}=0\ (\forall\ 1\leqslant i,j\leqslant 3)$
$\Leftrightarrow b_{ij}=0\ (\forall\ \lambda_i-\lambda_j\neq 0$ 即 $i\neq j) \Leftrightarrow B=\mathrm{diag}(b_{11},b_{22},b_{33})$ 是对角阵.

(3) 设 $B=(b_{ij})_{3\times 3}$, 则

$$AB=\begin{pmatrix} b_{21} & b_{22} & b_{23}\\ b_{31} & b_{32} & b_{33}\\ 0 & 0 & 0\end{pmatrix}=BA=\begin{pmatrix} 0 & b_{11} & b_{12}\\ 0 & b_{21} & b_{22}\\ 0 & b_{31} & b_{32}\end{pmatrix}$$

$$\Leftrightarrow \begin{cases} b_{21}=b_{31}=b_{32}=0\\ b_{11}=b_{22}=b_{33}\\ b_{12}=b_{23}\end{cases} \Leftrightarrow B=\begin{pmatrix} b_1 & b_2 & b_3\\ 0 & b_1 & b_2\\ 0 & 0 & b_1\end{pmatrix}=b_1I+b_2A+b_3A^2$$

点评 任意方阵 A 显然与自己的所有的多项式 $f(A)=a_0I+a_1A+a_2A^2+\cdots+a_mA^m$ 都交换. 反过来, 4.1.6(1),(3) 中与 A 交换的也都是 A 的多项式.

实际上, 第 4.1.6(2) 题中与对角阵 A 交换的任意对角阵 $B=\mathrm{diag}(b_1,b_2,b_3)$ 也都可以写成 A 的多项式. 为看出这一点, 先将对角阵 $E_{11}=\mathrm{diag}(1,0,0),E_{22}=\mathrm{diag}(0,1,0),E_{33}=(0,0,1)$ 写成 A 的多项式. 由于 $A=\mathrm{diag}(\lambda_1,\lambda_2,\lambda_3)$ 的三个对角元两两不同, $A(A-\lambda_2I)(A-\lambda_3I)=\mathrm{diag}(\lambda_1(\lambda_1-\lambda_2)(\lambda_1-\lambda_3),0,0)\neq O$, 因此

$$E_{11}=\frac{1}{\lambda_1(\lambda_1-\lambda_2)(\lambda_1-\lambda_3)}A(A-\lambda_2I)(A-\lambda_3I)=f_1(A)$$

是 A 的多项式, 其中 $f_1(x)=\dfrac{x(x-\lambda_2)(x-\lambda_3)}{\lambda_1(\lambda_1-\lambda_2)(\lambda_1-\lambda_3)}$. 类似地,

$$E_{22}=\frac{1}{\lambda_2(\lambda_2-\lambda_1)(\lambda_2-\lambda_3)}A(A-\lambda_1I)(A-\lambda_3I)=f_2(A)$$
$$E_{33}=\frac{1}{\lambda_3(\lambda_3-\lambda_1)(\lambda_3-\lambda_2)}A(A-\lambda_1I)(A-\lambda_2I)=f_3(A)$$

也都是 A 的多项式, 其中

$$f_2(x)=\frac{x(x-\lambda_1)(x-\lambda_3)}{\lambda_2(\lambda_2-\lambda_1)(\lambda_2-\lambda_3)},\quad f_3(x)=\frac{x(x-\lambda_1)(x-\lambda_2)}{\lambda_3(\lambda_3-\lambda_1)(\lambda_3-\lambda_2)}$$

但是, 并非与每个方阵 A 交换的方阵 B 都是 A 的多项式. 最简单的例子是纯量阵 $A=\lambda I$, 它与所有的同阶方阵 B 交换. 但 A 的多项式只能是纯量阵 μI, 但有大量与 A 同阶的方阵 B 不是纯量阵, 它们也都与 $A=\lambda I$ 交换.

对一般的方阵 A, 要确定与 A 交换的方阵并不容易. 4.1.6 题是几个特殊的情形. 不过, 其中的方法和结论也可以作适当的推广:

与第 4.1.6(2) 题类似地可知: 如果 $A=\mathrm{diag}(a_1,\cdots,a_n)$ 是 n 阶对角阵, 且对角元两两不同: $a_i\neq a_j\ (\forall i\neq j)$, 则与 A 交换的方阵是全体 n 阶对角阵 (对于对角元没有限制, 可以不同也可以相同).

与第 4.1.6(1) 和 4.1.6(3) 题类似地可知: 如果

$$A=\begin{pmatrix}\lambda & 1 & & \\ & \lambda & \ddots & \\ & & \ddots & 1 \\ & & & \lambda\end{pmatrix}.$$

则与 A 交换的方阵是 A 的全体多项式:

$$f(A)=a_0I+a_1(A-\lambda I)+a_2(A-\lambda I)^2+\cdots+a_{n-1}(A-\lambda I)^{n-1}.$$

4.1.7 求证: 与全体 n 阶方阵都交换的 n 阶方阵必然是纯量阵.

证明 设 $A=(a_{ij})_{n\times n}$ 与全体 n 阶方阵都交换.

对任意 $i\neq j$, 取 n 阶方阵 E_{ii} 的第 (i,i) 分量为 1, 其余分量全为 0. 则 $E_{ii}A$ 的第 i 行由 A 的第 i 行乘 1 得到, 与 A 的第 i 行相同, 第 (i,j) 分量为 a_{ij}. 而 AE_{ii} 的第 j 列由 A 的第 j 列乘 0 得到, 全为 0, 第 (i,j) 分量也为 0. 比较等式 $E_{ii}A=AE_{ii}$ 两边的第 (i,j) 分量得 $a_{ij}=0$. 这证明了 A 的非对角元 a_{ij} 必须全部为 0, A 只能是对角阵, $A=\mathrm{diag}(a_{11},\cdots,a_{nn})$.

对每个 $j\neq 1$, 取 n 阶方阵 E_{1j} 的第 $(1,j)$ 分量为 1, 其余分量为 0. 则 AE_{1j} 的第 1 行由 E_{1j} 的第 1 行乘 a_{11} 得到, 第 $(1,j)$ 分量为 a_{11}, $E_{1j}A$ 的第 j 列由 E_{1j} 的第 j 列乘 a_{jj} 得到, 第 $(1,j)$ 分量为 a_{jj}. 比较等式 $AE_{1j}=E_{1j}A$ 两边的第 $(1,j)$ 分量得 $a_{11}=a_{jj}$. 于是 A 的所有的对角元都等于 a_{11}, $A=\mathrm{diag}(a_{11},\cdots,a_{11})=a_{11}I$ 是纯量阵.

反过来, 任何一个 n 阶纯量阵 $A=\lambda I$ 确实与所有的 n 阶方阵交换. □

4.1.8 求证: $F^{n\times n}$ 中与给定的 n 阶方阵 A 交换的全体方阵组成的集合是 F 上的子空间.

证明 设 U 是与 A 交换的全体 n 阶方阵组成的集合, $\lambda\in F$, 则:

$$B_1,B_2\in U\Rightarrow\left\{\begin{array}{l}AB_1=B_1A\\ AB_2=B_2A\end{array}\right.\quad\Rightarrow$$

$$\left\{\begin{array}{ll}A(B_1+B_2)=AB_1+AB_2=B_1A+B_2A=(B_1+B_2)A & \Rightarrow B_1+B_2\in U\\ A(\lambda B_1)=\lambda(AB_1)=\lambda(B_1A)=(\lambda B_1)A & \Rightarrow \lambda B_1\in U\end{array}\right.$$

这证明了 U 对加法与数乘封闭, 是子空间. □

4.1.9 设 $n\geqslant 2$, 是否存在一个方阵 $A\in F^{n\times n}$, 使 $F^{n\times n}$ 中所有的方阵都可以写成 A 的多项式的形式 $a_0I+a_1A+\cdots+a_mA^m$ (m 为任意正整数, $a_0,a_1,\cdots,a_m\in F$)? 并说明理由.

解 不存在这样的方阵 A.

如果存在这样的 A, 则任意两个方阵 B_1,B_2 都可以分别写成 A 的两个多项式 $f_1(A),f_2(A)$, 从而 B_1,B_2 可交换. 但当 $n\geqslant 2$ 时 $F^{n\times n}$ 存在不交换的方阵, 例如 E_{11},E_{12} 不交换: $E_{11}E_{12}=E_{12}\neq O=E_{12}E_{11}$, 它们就不能写成同一个方阵 A 的多项式. □

4.1.10 矩阵 A 称为对称的, 如果 $A^{\mathrm{T}}=A$. 证明: 如果 A 是实对称矩阵且 $A^2=0$, 那么 $A=0$.

证明 设 $\boldsymbol{A}=(a_{ij})_{n\times n}$, 它的第 i 行 $\boldsymbol{\alpha}_i=(a_{i1},\cdots,a_{in})$. 如果 $\boldsymbol{A}^2=\boldsymbol{O}$, 则 $\boldsymbol{A}\boldsymbol{A}^{\mathrm{T}}=\boldsymbol{A}^2=\boldsymbol{O}$, $\boldsymbol{A}\boldsymbol{A}^{\mathrm{T}}$ 的第 (i,i) 元素等于 $\boldsymbol{A}$ 的第 i 行 $\boldsymbol{\alpha}_i$ 与 $\boldsymbol{A}^{\mathrm{T}}$ 的第 i 列 $\boldsymbol{\alpha}_i^{\mathrm{T}}$ 的乘积:

$$\boldsymbol{\alpha}_i\boldsymbol{\alpha}_i^{\mathrm{T}}=a_{i1}^2+\cdots+a_{in}^2=0$$

由于所有的 a_{ij} $(1\leqslant j\leqslant n)$ 都是实数, 它们的平方和等于 0 仅当每个 $a_{ij}=0$.

这证明了 $\boldsymbol{A}$ 的每行所有元素都为 0, 因此 $\boldsymbol{A}=\boldsymbol{O}$. □

4.1.11 设 $\boldsymbol{A},\boldsymbol{B}$ 都是 $n\times n$ 的对称矩阵, 证明:$\boldsymbol{AB}$ 也对称当且仅当 $\boldsymbol{A},\boldsymbol{B}$ 可交换.

证明 $\boldsymbol{AB}$ 对称 $\Leftrightarrow$ $\boldsymbol{AB}=(\boldsymbol{AB})^{\mathrm{T}}=\boldsymbol{B}^{\mathrm{T}}\boldsymbol{A}^{\mathrm{T}}=\boldsymbol{BA}$ 即 $\boldsymbol{A},\boldsymbol{B}$ 可交换. □

4.1.12 记 $S(n,F)=\{\boldsymbol{A}\in F^{n\times n}\mid \boldsymbol{A}^{\mathrm{T}}=\boldsymbol{A}\}$, $K(n,F)=\{\boldsymbol{A}\in F^{n\times n}\mid \boldsymbol{A}^{\mathrm{T}}=-\boldsymbol{A}\}$.

(1) 证明: $S(n,F)$, $K(n,F)$ 都是 $F^{n\times n}$ 的子空间. 分别求它们的维数.

(2) 证明: $F^{n\times n}$ 中任一方阵都可表为一对称矩阵与一反对称矩阵之和.

(3) 证明: $F^{n\times n}=S(n,F)\oplus K(n,F)$.

证明 (1) 对任意 $\lambda\in F$, 有

$$\boldsymbol{A},\boldsymbol{B}\in S(n,F)\Rightarrow\begin{cases}(\boldsymbol{A}+\boldsymbol{B})^{\mathrm{T}}=\boldsymbol{A}^{\mathrm{T}}+\boldsymbol{B}^{\mathrm{T}}=\boldsymbol{A}+\boldsymbol{B} & \Rightarrow \boldsymbol{A}+\boldsymbol{B}\in S(n,F)\\(\lambda\boldsymbol{A})^{\mathrm{T}}=\lambda\boldsymbol{A}^{\mathrm{T}}=\lambda\boldsymbol{A} & \Rightarrow \lambda\boldsymbol{A}\in S(n,F)\end{cases}$$

这证明了 $S(n,F)$ 是子空间.

对任意 $\lambda\in F$, 有

$$\boldsymbol{A},\boldsymbol{B}\in K(n,F)\Rightarrow\begin{cases}(\boldsymbol{A}+\boldsymbol{B})^{\mathrm{T}}=\boldsymbol{A}^{\mathrm{T}}+\boldsymbol{B}^{\mathrm{T}}=-\boldsymbol{A}-\boldsymbol{B}=-(\boldsymbol{A}+\boldsymbol{B}) & \Rightarrow \boldsymbol{A}+\boldsymbol{B}\in K(n,F)\\(\lambda\boldsymbol{A})^{\mathrm{T}}=\lambda\boldsymbol{A}^{\mathrm{T}}=-\lambda\boldsymbol{A} & \Rightarrow \boldsymbol{A}\in K(n,F)\end{cases}$$

这证明了 $K(n,F)$ 是子空间.

每个 n 阶对称方阵 $\boldsymbol{A}=(a_{ij})_{n\times n}\in S(n,F)$ 可写成 $S(n,F)$ 的子集

$$S=\{\boldsymbol{E}_{ii},\boldsymbol{E}_{kj}+\boldsymbol{E}_{jk}\mid 1\leqslant i\leqslant n,1\leqslant k<j\leqslant n\}$$

的线性组合:

$$\boldsymbol{A}=\sum_{i=1}^{n}a_{ii}\boldsymbol{E}_{ii}+\sum_{1\leqslant k<j\leqslant n}a_{kj}(\boldsymbol{E}_{kj}+\boldsymbol{E}_{jk})$$

且线性组合式

$$\sum_{i=1}^{n}x_{ii}\boldsymbol{E}_{ii}+\sum_{1\leqslant k<j\leqslant n}x_{kj}(\boldsymbol{E}_{kj}+\boldsymbol{E}_{jk})=\boldsymbol{X}$$

的系数 x_{ii} 和 x_{kj} 分别是 $\boldsymbol{X}$ 的第 (i,i) 元和第 (k,j) 元, 这说明 $\boldsymbol{X}=\boldsymbol{O}$ 仅当所有的线性组合系数 $x_{ii}=x_{kj}=0$, S 线性相关, 组成 $S(n,F)$ 的基.

$\dim S(n,F)$ 等于 S 所含矩阵个数 $n+(1+2+\cdots+(n-1))=\dfrac{n(n+1)}{2}$.

每个 n 阶斜对称方阵 $\boldsymbol{A}=(a_{ij})_{n\times n}\in K(n,F)$ 可写成 $K(n,F)$ 的子集

$$K=\{\boldsymbol{E}_{ij}-\boldsymbol{E}_{ji}\mid 1\leqslant i<j\leqslant n\}$$

的线性组合:

$$\boldsymbol{A}=\sum_{1\leqslant i<j\leqslant n}a_{ij}(\boldsymbol{E}_{ij}-\boldsymbol{E}_{ji})$$

且 K 线性无关, 组成 $K(n,F)$ 的一组基. $\dim K(n,F)$ 等于 K 所含矩阵个数 $1+2+\cdots+(n-1)=\dfrac{n(n-1)}{2}$.

(2) 任意 $\boldsymbol{A}\in F^{n\times n}$ 可写成 $\boldsymbol{A}=\boldsymbol{A}_1+\boldsymbol{A}_2$, 其中 $\boldsymbol{A}_1=\dfrac{1}{2}(\boldsymbol{A}+\boldsymbol{A}^{\mathrm{T}})$, $\boldsymbol{A}_2=\dfrac{1}{2}(\boldsymbol{A}-\boldsymbol{A}^{\mathrm{T}})$. 易验证 $\boldsymbol{A}_1^{\mathrm{T}}=\boldsymbol{A}_1,\boldsymbol{A}_2^{\mathrm{T}}=-\boldsymbol{A}_2$, 可见 $\boldsymbol{A}_1\in S(n,F),\boldsymbol{A}_2\in K(n,F)$.

(3) 设 $\boldsymbol{B}\in S(n,F)\cap K(n,F)$, 则 $\boldsymbol{B}=\boldsymbol{B}^{\mathrm{T}}=-\boldsymbol{B}\Rightarrow 2\boldsymbol{B}=\boldsymbol{O}\Rightarrow\boldsymbol{B}=\boldsymbol{O}$. 且在 (2) 中已证明 $F^{n\times n}=S(n,F)+K(n,F)$, 这就证明了:

$$F^{n\times n}=S(n,F)\oplus K(n,F)$$ □

4.1.13　设 $\boldsymbol{A}$ 为 2×2 矩阵，证明：如果 $\boldsymbol{A}^k=0, k\geqslant 2$, 那么 $\boldsymbol{A}^2=0$.

证明　如果行列式 $\det\boldsymbol{A}\neq0$, 则齐次线性方程组 $\boldsymbol{AX}=\boldsymbol{0}$ 只有零解. 此时如果 $\boldsymbol{A}^k=\boldsymbol{O}$, 则 $\boldsymbol{A}\boldsymbol{A}^{k-1}=\boldsymbol{A}^k=\boldsymbol{O}$. 记 $\boldsymbol{A}$ 的两行各为 $\boldsymbol{\alpha}_1,\boldsymbol{\alpha}_2$, $\boldsymbol{A}^{k-1}$ 的两列各为 b_1,b_2, 则 $\boldsymbol{\alpha}_1b_1,\boldsymbol{\alpha}_2b_1$ 是零矩阵 $\boldsymbol{A}\boldsymbol{A}^{k-1}$ 的第 1 列元素, 都等于 0, 这说明 $\boldsymbol{A}b_1=\boldsymbol{0}$, $b_1=\boldsymbol{0}$. 同理, 有 $\boldsymbol{\alpha}_1b_2=\boldsymbol{\alpha}_2b_2=0$, $\boldsymbol{A}b_2=\boldsymbol{0}$, $b_2=\boldsymbol{0}$. 可见当 $\det\boldsymbol{A}\neq0$ 时有 $\boldsymbol{A}^k=\boldsymbol{O}\Rightarrow\boldsymbol{A}^{k-1}=\boldsymbol{O}\Rightarrow\boldsymbol{A}^{k-2}=\boldsymbol{O}\Rightarrow\cdots\Rightarrow\boldsymbol{A}=\boldsymbol{O}$, 与 $\det\boldsymbol{A}\neq0$ 矛盾.

因此, 当 $\boldsymbol{A}^k=\boldsymbol{O}$ 时必然 $\det\boldsymbol{A}=0$, $\boldsymbol{A}$ 的两行 $\boldsymbol{\alpha}_1,\boldsymbol{\alpha}_2$ 线性相关, 是同一个行向量 $\boldsymbol{\alpha}$ 的常数倍: $\boldsymbol{\alpha}_1=b_1\boldsymbol{\alpha},\boldsymbol{\alpha}_2=b_2\boldsymbol{\alpha}$. 于是, $\boldsymbol{A}=\begin{pmatrix}b_1\boldsymbol{\alpha}\\ b_2\boldsymbol{\alpha}\end{pmatrix}=b\boldsymbol{\alpha}$, 其中 $b=\begin{pmatrix}b_1\\ b_2\end{pmatrix}$;　$\boldsymbol{A}^2=(b\boldsymbol{\alpha})(b\boldsymbol{\alpha})=b(\boldsymbol{\alpha}b)\boldsymbol{\alpha}=\lambda b\boldsymbol{\alpha}=\lambda\boldsymbol{A}$, 其中 $\lambda=b\boldsymbol{\alpha}$ 是一个数. 这样就有 $\boldsymbol{A}^k=\lambda^{k-1}\boldsymbol{A}$.

$$\boldsymbol{A}^k=\lambda^{k-1}\boldsymbol{A}=\boldsymbol{O}\Rightarrow\lambda^{k-1}=0\Rightarrow\lambda=0\Rightarrow\boldsymbol{A}^2=\lambda\boldsymbol{A}=\boldsymbol{O}$$ □

4.1.14　举出分别满足下列条件的整系数 2 阶方阵 $\boldsymbol{A}$:

(1) $\boldsymbol{A}\neq\boldsymbol{I}$ 但 $\boldsymbol{A}^2=\boldsymbol{I}$;　　(2) $\boldsymbol{A}^2=-\boldsymbol{I}$;　　(3) $\boldsymbol{A}\neq\boldsymbol{I}$ 且 $\boldsymbol{A}^3=\boldsymbol{I}$.

解　(1) $\boldsymbol{A}=\begin{pmatrix}1&0\\0&-1\end{pmatrix}$;　(2) $\boldsymbol{A}=\begin{pmatrix}0&-1\\1&0\end{pmatrix}$;　(3) $\boldsymbol{A}=\begin{pmatrix}0&-1\\1&-1\end{pmatrix}$ □

4.1.15　设 $\boldsymbol{A},\boldsymbol{B},\boldsymbol{I}$ 都是同阶方阵，下列命题成立吗？为什么？

(1) $(\boldsymbol{A}+\boldsymbol{B})^2=\boldsymbol{A}^2+2\boldsymbol{AB}+\boldsymbol{B}^2$;　　(2) 若 $\boldsymbol{AB}=\boldsymbol{B}$, 且 $\boldsymbol{B}\neq0$, 则 $\boldsymbol{A}=\boldsymbol{I}$;

(3) $(\boldsymbol{A}+\boldsymbol{B})^{-1}=\boldsymbol{A}^{-1}+\boldsymbol{B}^{-1}$;　　(5) $\det(\boldsymbol{A}+\boldsymbol{B})=\det(\boldsymbol{A})+\det(\boldsymbol{B})$;

(5) $\det(\lambda\boldsymbol{A})=\lambda\det(\boldsymbol{A})$.

解　都不成立. 各举反例如下:

(1) $\boldsymbol{A}=\begin{pmatrix}1&0\\0&0\end{pmatrix}$, $\boldsymbol{B}=\begin{pmatrix}0&0\\1&0\end{pmatrix}$, 则:

$$(\boldsymbol{A}+\boldsymbol{B})^2=\begin{pmatrix}1&0\\1&0\end{pmatrix}^2=\begin{pmatrix}1&0\\1&0\end{pmatrix}\neq\boldsymbol{A}^2+2\boldsymbol{AB}+\boldsymbol{B}^2=\begin{pmatrix}1&0\\0&0\end{pmatrix}$$

(2) $\boldsymbol{A}=\begin{pmatrix}1&0\\0&0\end{pmatrix}$, $\boldsymbol{B}=\begin{pmatrix}0&1\\0&0\end{pmatrix}$, 则 $\boldsymbol{AB}=\boldsymbol{B}$, $\boldsymbol{B}\neq\boldsymbol{O}$, 但 $\boldsymbol{A}\neq\boldsymbol{I}$.

(3) $\boldsymbol{A}=\boldsymbol{B}=\boldsymbol{I}$, 则 $(\boldsymbol{A}+\boldsymbol{B})^{-1}=(2\boldsymbol{I})^{-1}=\dfrac{1}{2}\boldsymbol{I}\neq\boldsymbol{A}^{-1}+\boldsymbol{B}^{-1}=\boldsymbol{I}+\boldsymbol{I}=2\boldsymbol{I}$.

(4) 取 $\boldsymbol{A}=\boldsymbol{B}=\boldsymbol{I}$ 为 2 阶方阵. 则

$$\det(\boldsymbol{A}+\boldsymbol{B})=\det(2\boldsymbol{I})=4\neq\det\boldsymbol{A}+\det\boldsymbol{B}=1+1=2$$

(5) 取 $\boldsymbol{A}=\boldsymbol{I}$ 为 2 阶方阵, $\lambda=2$, 则 $\det(\lambda\boldsymbol{I})=\lambda^2=4\neq\lambda\det\boldsymbol{I}=\lambda=2$. □

4.2 矩阵的分块运算

知识导航

重要例

(1) 列向量的线性组合:

$$x_1\boldsymbol{a}_1+\cdots+x_n\boldsymbol{a}_n=(\boldsymbol{a}_1,\cdots,\boldsymbol{a}_n)\begin{pmatrix}x_1\\ \vdots\\ x_n\end{pmatrix}=\boldsymbol{AX} \tag{4.1}$$

其中 $\boldsymbol{A}=(\boldsymbol{a}_1,\cdots,\boldsymbol{a}_n)$ 是依次以 $\boldsymbol{a}_1,\cdots,\boldsymbol{a}_n$ 为各列排成的矩阵.

(2) 行向量 $\boldsymbol{a}_1^{\mathrm{T}},\cdots,\boldsymbol{a}_n^{\mathrm{T}}$ 的线性组合

$$x_1\boldsymbol{a}_1^{\mathrm{T}}+\cdots+x_n\boldsymbol{a}_n^{\mathrm{T}}=(x_1,\cdots,x_n)\begin{pmatrix}\boldsymbol{a}_1^{\mathrm{T}}\\ \vdots\\ \boldsymbol{a}_n^{\mathrm{T}}\end{pmatrix}=\boldsymbol{X}^{\mathrm{T}}\boldsymbol{A}^{\mathrm{T}} \tag{4.2}$$

(4.2) 的行向量 $\boldsymbol{X}^{\mathrm{T}}\boldsymbol{A}^{\mathrm{T}}$ 是 (4.1) 的列向量 $\boldsymbol{AX}$ 的转置:

$$(\boldsymbol{AX})^{\mathrm{T}}=\boldsymbol{X}^{\mathrm{T}}\boldsymbol{A}^{\mathrm{T}} \tag{4.3}$$

将 $\boldsymbol{X}$ 替换成矩阵 $\boldsymbol{B}=(\boldsymbol{B}_1,\cdots,\boldsymbol{B}_n)$ 的每一列 $\boldsymbol{B}_i$ 得到 $(\boldsymbol{AB}_i)^{\mathrm{T}}=\boldsymbol{B}_i^{\mathrm{T}}\boldsymbol{A}^{\mathrm{T}}$, 于是 $(\boldsymbol{AB})^{\mathrm{T}}=(\boldsymbol{AB}_1,\cdots,\boldsymbol{AB}_n)^{\mathrm{T}}=\begin{pmatrix}(\boldsymbol{AB}_1)^{\mathrm{T}}\\ \vdots\\ (\boldsymbol{AB}_n)^{\mathrm{T}}\end{pmatrix}=\begin{pmatrix}\boldsymbol{B}_1^{\mathrm{T}}\boldsymbol{A}^{\mathrm{T}}\\ \vdots\\ \boldsymbol{B}_n^{\mathrm{T}}\boldsymbol{A}^{\mathrm{T}}\end{pmatrix}=\begin{pmatrix}\boldsymbol{B}_1^{\mathrm{T}}\\ \vdots\\ \boldsymbol{B}_n^{\mathrm{T}}\end{pmatrix}\boldsymbol{A}^{\mathrm{T}}=\boldsymbol{B}^{\mathrm{T}}\boldsymbol{A}^{\mathrm{T}}$.

(3) 单位阵的乘法性质:

$$\boldsymbol{X}=\begin{pmatrix}x_1\\ \vdots\\ x_n\end{pmatrix}=x_1\begin{pmatrix}1\\ 0\\ \vdots\\ 0\end{pmatrix}+\cdots+x_n\begin{pmatrix}0\\ \vdots\\ 0\\ 1\end{pmatrix}=\begin{pmatrix}1&0&\cdots&0\\ 0&1&\ddots&\vdots\\ \vdots&\ddots&\ddots&0\\ 0&\cdots&0&1\end{pmatrix}\begin{pmatrix}x_1\\ \vdots\\ x_n\end{pmatrix}=\boldsymbol{IX}$$

将每个 x_i 换成 p 维行向量 $\boldsymbol{\alpha}_i$, 得到 $\boldsymbol{IA}=\boldsymbol{A}$, $\boldsymbol{A}$ 是依次以 $\boldsymbol{\alpha}_1,\cdots,\boldsymbol{\alpha}_n$ 为各行排成的矩阵.

(4) $\boldsymbol{A}$ 与 $\boldsymbol{B}$ 相乘, 用 $\boldsymbol{A}$ 依次乘 $\boldsymbol{B}$ 的各列:

$$AB = A(b_1, \cdots, b_p) = (Ab_1, \cdots, Ab_p)$$

(5) **矩阵求逆**: 求 $X = A^{-1}$ 满足 $AX = I$.

将 X, I 按列分块: $X = (X_1, \cdots, X_n), I = (e_1, \cdots, e_n)$, 则:

$$AX = I \Leftrightarrow A(X_1, \cdots, X_n) = (e_1, \cdots, e_n) \Leftrightarrow AX_i = e_i \ (\forall\ 1 \leqslant i \leqslant n)$$

(6) 对角阵的乘法性质:

设 $D = \text{diag}(\lambda_1, \cdots, \lambda_n)$, 设 A 的各行依次为 $\alpha_1, \cdots, \alpha_n$, 则

$$DA = \begin{pmatrix} \lambda_1 & & \\ & \ddots & \\ & & \lambda_n \end{pmatrix} \begin{pmatrix} \alpha_1 \\ \vdots \\ \alpha_n \end{pmatrix} = \begin{pmatrix} \lambda_1\alpha_1 \\ \vdots \\ \lambda_n\alpha_n \end{pmatrix}$$

由 D 的各对角元 $\lambda_1, \cdots, \lambda_n$ 分别乘 A 的各行得到. 类似地, 设 $B = (b_1, \cdots, b_n)$, 则:

$$BD = (b_1, \cdots, b_n) \begin{pmatrix} \lambda_1 & & \\ & \ddots & \\ & & \lambda_n \end{pmatrix} = (b_1\lambda_1, \cdots, b_n\lambda_n)$$

由 B 的各列分别乘 $\lambda_1, \cdots, \lambda_n$ 得到.

例题分析与解答

4.2.1　已知 $A = \begin{pmatrix} 1 & 2 & 3 \\ 2 & 3 & 4 \\ 2 & 4 & 7 \end{pmatrix}$, 求 X_1, X_2, X_3 分别满足下列条件:

$$AX_1 = \begin{pmatrix} 1 \\ 0 \\ 5 \end{pmatrix}, \quad AX_2 = \begin{pmatrix} 0 \\ 2 \\ 3 \end{pmatrix}, \quad AX_3 = \begin{pmatrix} 1 & 1 \\ 2 & 5 \\ 3 & 7 \end{pmatrix}$$

分析　依次将 A 与

$$B_1 = \begin{pmatrix} 1 \\ 0 \\ 5 \end{pmatrix}, \quad B_2 = \begin{pmatrix} 0 \\ 2 \\ 3 \end{pmatrix}, \quad B_3 = \begin{pmatrix} 1 & 1 \\ 2 & 5 \\ 3 & 7 \end{pmatrix}$$

的各列排成矩阵 $B = (A, B_1, B_2, B_3)$. 对 B 作一系列初等行变换将前 3 列组成的 A 变成单位阵 I, 后几列的 B_1, B_2, B_3 经过同样一系列初等行变换分别变成 X_1, X_2, X_3, 是满足条件 $AX_1 = B_1, AX_2 = B_2, AX_3 = B_3$ 的唯一解.

解

$$\begin{pmatrix} 1 & 2 & 3 & 1 & 0 & 1 & 1 \\ 2 & 3 & 4 & 0 & 2 & 2 & 5 \\ 2 & 4 & 7 & 5 & 3 & 3 & 7 \end{pmatrix} \xrightarrow{-2(1)+(2), -2(1)+(3)} \begin{pmatrix} 1 & 2 & 3 & 1 & 0 & 1 & 1 \\ 0 & -1 & -2 & -2 & 2 & 0 & 3 \\ 0 & 0 & 1 & 3 & 3 & 1 & 5 \end{pmatrix}$$

$$\xrightarrow{2(2)+(1),-1(2)}\begin{pmatrix}1&0&-1&-3&4&1&7\\0&1&2&2&-2&0&-3\\0&0&1&3&3&1&5\end{pmatrix}$$

$$\xrightarrow{(3)+(1),-2(3)+(2)}\begin{pmatrix}1&0&0&0&7&2&12\\0&1&0&-4&-8&-2&-13\\0&0&1&3&3&1&5\end{pmatrix}$$

所求解为

$$X_1=\begin{pmatrix}0\\-4\\3\end{pmatrix},\quad X_2=\begin{pmatrix}7\\-8\\3\end{pmatrix},\quad X_3=\begin{pmatrix}2&12\\-2&-13\\1&5\end{pmatrix}$$ □

4.2.2 设 $\boldsymbol{A}$ 是 n 阶方阵, 证明: 存在 n 阶非零方阵 $\boldsymbol{B}$ 使 $\boldsymbol{AB}=0$ 的充分必要条件是 $|\boldsymbol{A}|=0$.

证明 将 $\boldsymbol{B}$ 按列分块为 $\boldsymbol{B}=(\boldsymbol{b}_1,\cdots,\boldsymbol{b}_n)$ 的形式, 其中 $\boldsymbol{b}_j$ 为 B 的第 j 列, 则 $\boldsymbol{AB}=\boldsymbol{A}(\boldsymbol{b}_1,\cdots,\boldsymbol{b}_n)=(\boldsymbol{Ab}_1,\cdots,\boldsymbol{Ab}_n)$ 的第 j 列为 $\boldsymbol{Ab}_j$. $\boldsymbol{AB}=\boldsymbol{O}\Leftrightarrow \boldsymbol{A}$ 的所有各列 $\boldsymbol{Ab}_j=\boldsymbol{0}$.

当 $|\boldsymbol{A}|\neq 0$ 时, $\boldsymbol{AX}=\boldsymbol{0}\Leftrightarrow \boldsymbol{X}=\boldsymbol{0}$, 此时 $\boldsymbol{AB}=\boldsymbol{O}\Rightarrow \boldsymbol{Ab}_j=\boldsymbol{0}\Rightarrow \boldsymbol{b}_j=\boldsymbol{0}\ (\forall 1\leqslant j\leqslant n)\Rightarrow \boldsymbol{B}=\boldsymbol{O}$. 此时不存在 $\boldsymbol{B}\neq\boldsymbol{O}$ 使 $\boldsymbol{AB}=\boldsymbol{O}$.

设 $|\boldsymbol{A}|=0$, 则存在非零向量 $\boldsymbol{X}_1$ 满足 $\boldsymbol{AX}_1=\boldsymbol{0}$. 取 $b_1=\cdots=b_n=\boldsymbol{X}_1$ 得到非零方阵 $\boldsymbol{B}=(\boldsymbol{b}_1,\cdots,\boldsymbol{b}_n)$ 满足 $\boldsymbol{AX}=\boldsymbol{O}$. □

4.2.3 已知 $\boldsymbol{A},\boldsymbol{X}\in F^{3\times 3}$, $\boldsymbol{X}$ 的 3 列 $\boldsymbol{X}_1,\boldsymbol{X}_2,\boldsymbol{X}_3$ 分别满足条件 $\boldsymbol{AX}_1=\lambda_1\boldsymbol{X}_1$, $\boldsymbol{AX}_2=\lambda_2\boldsymbol{X}_2$, $\boldsymbol{AX}_3=\lambda_3\boldsymbol{X}_3$. 求 $\boldsymbol{B}\in F^{3\times 3}$ 使 $\boldsymbol{AX}=\boldsymbol{XB}$.

分析 记 $\boldsymbol{B}=(b_{ij})_{3\times 3}$ 的 3 列分别为 $\boldsymbol{B}_1,\boldsymbol{B}_2,\boldsymbol{B}_3$, 比较

$$\boldsymbol{AX}=\boldsymbol{A}(\boldsymbol{X}_1,\boldsymbol{X}_2,\boldsymbol{X}_3)=(\boldsymbol{AX}_1,\boldsymbol{AX}_2,\boldsymbol{AX}_3)$$
$$\boldsymbol{XB}=\boldsymbol{X}(\boldsymbol{B}_1,\boldsymbol{B}_2,\boldsymbol{B}_3)=(\boldsymbol{XB}_1,\boldsymbol{XB}_2,\boldsymbol{XB}_3)$$

的对应列得

$$\boldsymbol{AX}_j=\boldsymbol{XB}_j=(\boldsymbol{X}_1,\boldsymbol{X}_2,\boldsymbol{X}_3)\begin{pmatrix}b_{1j}\\b_{2j}\\b_{3j}\end{pmatrix}=b_{1j}\boldsymbol{X}_1+b_{2j}\boldsymbol{X}_2+b_{3j}\boldsymbol{X}_3$$

每个 $\boldsymbol{AX}_j=\lambda_j\boldsymbol{X}_j$ 都是 $\boldsymbol{X}$ 的 3 列 $\boldsymbol{X}_1,\boldsymbol{X}_2,\boldsymbol{X}_3$ 的线性组合, 线性组合式的各项系数排成一列就是 $\boldsymbol{B}_j$.

由 $\boldsymbol{AX}_1=\lambda_1\boldsymbol{X}_1=\lambda_1\boldsymbol{X}_1+0\boldsymbol{X}_2+0\boldsymbol{X}_3=(\boldsymbol{X}_1,\boldsymbol{X}_2,\boldsymbol{X}_3)\begin{pmatrix}\lambda_1\\0\\0\end{pmatrix}$, 可取 $\boldsymbol{B}_1=\begin{pmatrix}\lambda_1\\0\\0\end{pmatrix}$.

类似地, 线性组合式 $\boldsymbol{AX}_2=\lambda_2\boldsymbol{X}_2=0\boldsymbol{X}_1+\lambda_2\boldsymbol{X}_2+0\boldsymbol{X}_3$, $\boldsymbol{AX}_3=\lambda_3\boldsymbol{X}_3=0\boldsymbol{X}_1+0\boldsymbol{X}_2+\lambda_3\boldsymbol{X}_3$ 的各项系数可分别组成 $\boldsymbol{B}_2,\boldsymbol{B}_3$.

如果 $\boldsymbol{X}$ 的各列 $\boldsymbol{X}_1,\boldsymbol{X}_2,\boldsymbol{X}_3$ 线性无关, 组成 F^3 的一组基, 则 $\boldsymbol{B}$ 的各列分别是 $\boldsymbol{AX}_1,\boldsymbol{AX}_2,\boldsymbol{AX}_3$ 在这组基下的坐标.

解 $\boldsymbol{AX}=(\boldsymbol{AX}_1,\boldsymbol{AX}_2,\boldsymbol{AX}_3)=(\lambda_1\boldsymbol{X}_1,\lambda_2\boldsymbol{X}_2,\lambda_3\boldsymbol{X}_3)=(\boldsymbol{X}_1,\boldsymbol{X}_2,\boldsymbol{X}_3)\begin{pmatrix}\lambda_1&0&0\\0&\lambda_2&0\\0&0&\lambda_3\end{pmatrix}$

取

$$\boldsymbol{B}=\begin{pmatrix}\lambda_1&0&0\\0&\lambda_2&0\\0&0&\lambda_3\end{pmatrix}$$

即符合要求. □

4.2.4 已知 n 阶方阵 $\boldsymbol{A},\boldsymbol{B}$ 满足条件 $\boldsymbol{AB}=\boldsymbol{BA}$, 求 $\begin{pmatrix}\boldsymbol{A}&\boldsymbol{B}\\0&\boldsymbol{A}\end{pmatrix}^n$.

解 所求矩阵为 $(\boldsymbol{D}+\boldsymbol{N})^n$, 其中:

$$\boldsymbol{D}=\begin{pmatrix}\boldsymbol{A}&\boldsymbol{O}\\\boldsymbol{O}&\boldsymbol{A}\end{pmatrix},\quad \boldsymbol{N}=\begin{pmatrix}\boldsymbol{O}&\boldsymbol{B}\\\boldsymbol{O}&\boldsymbol{O}\end{pmatrix}$$

由 $\boldsymbol{AB}=\boldsymbol{BA}$ 知 $\boldsymbol{DN}=\boldsymbol{ND}$. 因此可用牛顿二项式定理展开得

$$(\boldsymbol{D}+\boldsymbol{N})^n=\boldsymbol{D}^n+n\boldsymbol{D}^{n-1}\boldsymbol{N}+\frac{n(n-1)}{2}\boldsymbol{D}^{n-2}\boldsymbol{N}^2+\cdots$$

易验证 $\boldsymbol{N}^2=\boldsymbol{O}$, 因而 $\boldsymbol{N}^k=\boldsymbol{N}^2\boldsymbol{N}^{k-2}=\boldsymbol{O}$ 对 $k\geqslant 2$ 成立, 因此得到所求矩阵为

$$(\boldsymbol{D}+\boldsymbol{N})^n=\boldsymbol{D}^n+n\boldsymbol{D}^{n-1}\boldsymbol{N}=\begin{pmatrix}\boldsymbol{A}^n&\boldsymbol{O}\\\boldsymbol{O}&\boldsymbol{A}^n\end{pmatrix}+n\begin{pmatrix}\boldsymbol{A}^{n-1}&\boldsymbol{A}^{n-1}\boldsymbol{B}\\\boldsymbol{O}&\boldsymbol{A}^{n-1}\end{pmatrix}=\begin{pmatrix}\boldsymbol{A}^n&n\boldsymbol{A}^{n-1}\boldsymbol{B}\\\boldsymbol{O}&\boldsymbol{A}^n\end{pmatrix}$$

4.2.5 $\boldsymbol{A},\boldsymbol{B}$ 是 n 阶方阵, $\boldsymbol{I}$ 是 n 阶单位阵, 计算 $\begin{pmatrix}\boldsymbol{O}&\boldsymbol{I}\\\boldsymbol{I}&\boldsymbol{O}\end{pmatrix}\begin{pmatrix}\boldsymbol{A}&\boldsymbol{O}\\\boldsymbol{O}&\boldsymbol{B}\end{pmatrix}\begin{pmatrix}\boldsymbol{O}&\boldsymbol{I}\\\boldsymbol{I}&\boldsymbol{O}\end{pmatrix}$.

解

$$\begin{pmatrix}\boldsymbol{O}&\boldsymbol{I}\\\boldsymbol{I}&\boldsymbol{O}\end{pmatrix}\begin{pmatrix}\boldsymbol{A}&\boldsymbol{O}\\\boldsymbol{O}&\boldsymbol{B}\end{pmatrix}\begin{pmatrix}\boldsymbol{O}&\boldsymbol{I}\\\boldsymbol{I}&\boldsymbol{O}\end{pmatrix}=\begin{pmatrix}\boldsymbol{O}&\boldsymbol{B}\\\boldsymbol{A}&\boldsymbol{O}\end{pmatrix}\begin{pmatrix}\boldsymbol{O}&\boldsymbol{I}\\\boldsymbol{I}&\boldsymbol{O}\end{pmatrix}=\begin{pmatrix}\boldsymbol{B}&\boldsymbol{O}\\\boldsymbol{O}&\boldsymbol{A}\end{pmatrix}.$$ □

点评 如果 $n=1$, 则:

$$\begin{pmatrix}\boldsymbol{A}&0\\0&\boldsymbol{B}\end{pmatrix}\xrightarrow{\text{两行互换}}\begin{pmatrix}0&\boldsymbol{B}\\\boldsymbol{A}&0\end{pmatrix}=\begin{pmatrix}0&1\\1&0\end{pmatrix}\begin{pmatrix}\boldsymbol{A}&0\\0&\boldsymbol{B}\end{pmatrix}$$

$$\xrightarrow{\text{两列互换}}\begin{pmatrix}\boldsymbol{B}&0\\0&\boldsymbol{A}\end{pmatrix}=\begin{pmatrix}0&\boldsymbol{B}\\\boldsymbol{A}&0\end{pmatrix}\begin{pmatrix}0&1\\1&0\end{pmatrix}$$

根据分块运算的原理, 当 $n>1$ 时也得到同样的结果. □

4.2.6 已知 $\boldsymbol{A}$ 是 n 阶方阵且满足条件 $\boldsymbol{A}^3=\boldsymbol{I}$. 计算:

(1) $\begin{pmatrix}\boldsymbol{O}&-\boldsymbol{I}_{(n)}\\\boldsymbol{A}&0\end{pmatrix}^{2000}$;　(2) $\begin{pmatrix}\frac{1}{2}\boldsymbol{A}&-\frac{\sqrt{3}}{2}\boldsymbol{A}\\\frac{\sqrt{3}}{2}\boldsymbol{A}&\frac{1}{2}\boldsymbol{A}\end{pmatrix}^{2000}$.

解 (1) 记 $B=\begin{pmatrix} O & -I \\ A & O \end{pmatrix}$, 则 $B^2=\begin{pmatrix} -A & O \\ O & -A \end{pmatrix}$, 所求矩阵为

$$B^{2000}=(B^2)^{1000}=\begin{pmatrix} A^{1000} & O \\ O & A^{1000} \end{pmatrix}$$

其中 $A^{1000}=A^{3\times 333+1}=(A^3)^{333}A=A$. 所求矩阵 $B^{2000}=\begin{pmatrix} A & O \\ O & A \end{pmatrix}$.

(2) 记 $B=\begin{pmatrix} \frac{1}{2}A & -\frac{\sqrt{3}}{2}A \\ \frac{\sqrt{3}}{2}A & \frac{1}{2}A \end{pmatrix}$, 则 $B=PD$, 其中:

$$P=\begin{pmatrix} \frac{1}{2}I & -\frac{\sqrt{3}}{2}I \\ \frac{\sqrt{3}}{2}I & \frac{1}{2}I \end{pmatrix},\quad D=\begin{pmatrix} A & O \\ O & A \end{pmatrix}$$

其中 I 是 n 阶单位阵. 易见 $PD=DP$, 因此 $A^{2000}=(PD)^{2000}=P^{2000}D^{2000}$.

由 $A^{2000}=A^{3\times 666+2}=(A^3)^{666}A^2=A^2$ 得 $D^{2000}=\begin{pmatrix} A^2 & O \\ O & A^2 \end{pmatrix}$.

记

$$S=\begin{pmatrix} \frac{1}{2} & -\frac{\sqrt{3}}{2} \\ \frac{\sqrt{3}}{2} & \frac{1}{2} \end{pmatrix}=\begin{pmatrix} \cos\frac{\pi}{3} & -\sin\frac{\pi}{3} \\ \sin\frac{\pi}{3} & \cos\frac{\pi}{3} \end{pmatrix}$$

则由

$$\begin{aligned} S^{2000}&=S^{3\times 666+2}=(S^3)^{666}S^2 \\ &=\begin{pmatrix} \cos\frac{3\pi}{3} & -\sin\frac{3\pi}{3} \\ \sin\frac{3\pi}{3} & \cos\frac{3\pi}{3} \end{pmatrix}^{666}\begin{pmatrix} \cos\frac{2\pi}{3} & -\sin\frac{2\pi}{3} \\ \sin\frac{2\pi}{3} & \cos\frac{2\pi}{3} \end{pmatrix} \\ &=(-I)^{666}\begin{pmatrix} -\frac{1}{2} & -\frac{\sqrt{3}}{2} \\ \frac{\sqrt{3}}{2} & -\frac{1}{2} \end{pmatrix}=\begin{pmatrix} -\frac{1}{2} & -\frac{\sqrt{3}}{2} \\ \frac{\sqrt{3}}{2} & -\frac{1}{2} \end{pmatrix} \end{aligned}$$

得

$$P^{2000}=\begin{pmatrix} -\frac{1}{2}I & -\frac{\sqrt{3}}{2}I \\ \frac{\sqrt{3}}{2}I & -\frac{1}{2}I \end{pmatrix},\quad B^{2000}=P^{2000}D^{2000}=\begin{pmatrix} -\frac{1}{2}A^2 & -\frac{\sqrt{3}}{2}A^2 \\ \frac{\sqrt{3}}{2}A^2 & -\frac{1}{2}A^2 \end{pmatrix}$$

4.3　可逆矩阵

知识导航

1. 可逆矩阵与矩阵的逆

定义　给定方阵 $\boldsymbol{A}$, 如果存在方阵 $\boldsymbol{B}$ 满足 $\boldsymbol{AB}=\boldsymbol{BA}=\boldsymbol{I}$, 就称 $\boldsymbol{A}$ **可逆** (invertible), $\boldsymbol{B}$ 是 $\boldsymbol{A}$ **的逆** (inverse).

唯一性　设 $\boldsymbol{B},\boldsymbol{B}_1$ 都是 $\boldsymbol{A}$ 的逆, 则 $\boldsymbol{AB}=\boldsymbol{I}=\boldsymbol{AB}_1 \Rightarrow \boldsymbol{BAB}=\boldsymbol{BAB}_1 \Rightarrow \boldsymbol{B}=\boldsymbol{B}_1$. 因此可以记 $\boldsymbol{B}=\boldsymbol{A}^{-1}$.

消去律　可逆方阵 $\boldsymbol{A}$ 可以从矩阵乘法等式两边同一侧 (左侧或右侧) 消去: $\boldsymbol{AX}_1=\boldsymbol{AX}_2$ 两边左乘 $\boldsymbol{A}^{-1}$ 得 $\boldsymbol{X}_1=\boldsymbol{X}_2$, $\boldsymbol{Y}_1\boldsymbol{A}=\boldsymbol{Y}_2\boldsymbol{A}$ 两边右乘 $\boldsymbol{A}^{-1}$ 得 $\boldsymbol{Y}_1=\boldsymbol{Y}_2$.

2. 线性方程组的唯一解

$\boldsymbol{A}$ 可逆 $\Rightarrow$ 矩阵方程 $\boldsymbol{AX}=\boldsymbol{B}_1$ 与 $Y\boldsymbol{A}=\boldsymbol{B}_1$ 分别有唯一解 $\boldsymbol{X}=\boldsymbol{A}^{-1}\boldsymbol{B}_1, Y=\boldsymbol{B}_1\boldsymbol{A}^{-1}$. 特别地, 线性方程组 $\boldsymbol{AX}=\boldsymbol{b}$ 有唯一解 $\boldsymbol{X}=\boldsymbol{A}^{-1}\boldsymbol{b}$.

3. 可逆条件

$\boldsymbol{A}$ 可逆 $\Rightarrow$ 线性方程组 $\boldsymbol{AX}=\boldsymbol{b}$ 对任意 $\boldsymbol{b}$ 有唯一解 $\Rightarrow$ $\det\boldsymbol{A}\neq 0$.

由行列式展开定理易验证 $\boldsymbol{AA}^*=\boldsymbol{A}^*\boldsymbol{A}=(\det\boldsymbol{A})\boldsymbol{I}$ 对

$$\boldsymbol{A}^*=\begin{pmatrix} \boldsymbol{A}_{11} & \cdots & \boldsymbol{A}_{n1} \\ \vdots & & \vdots \\ \boldsymbol{A}_{1n} & \cdots & \boldsymbol{A}_{nn} \end{pmatrix}$$

成立. 由此可得: $\det\boldsymbol{A}\neq 0 \Rightarrow \boldsymbol{A}^{-1}=\dfrac{1}{\det\boldsymbol{A}}\boldsymbol{A}^*$, $\boldsymbol{A}$ 可逆.

因此, $\boldsymbol{A}$ 可逆 $\Leftrightarrow$ $\det\boldsymbol{A}\neq 0$.

4. 算法

将 $n\times 2n$ 矩阵 $(\boldsymbol{A},\boldsymbol{I})$ 经过一系列初等行变换化为 $(\boldsymbol{I},\boldsymbol{X})$, 则 $\boldsymbol{X}=\boldsymbol{A}^{-1}$.

更一般地, 对 n 阶方阵 $\boldsymbol{A}$ 及 $n\times m$ 矩阵 $\boldsymbol{B}$, 将 $n\times(n+m)$ 矩阵 $(\boldsymbol{A},\boldsymbol{B})$ 经过一系列初等行变换化为 $(\boldsymbol{I},\boldsymbol{X})$, 则 $\boldsymbol{X}=\boldsymbol{A}^{-1}\boldsymbol{B}$.

实际应用时, 可以用计算机软件求方阵的逆. 按行将 $\boldsymbol{A}$ 的元素输入, 在 Mathematica 中运行 Inverse[A], 在 Matlab 中运行 Inv(A), 就能得到 $\boldsymbol{A}^{-1}$. 例如,

$$\boldsymbol{A}=\begin{pmatrix} 1 & 1 & 1 \\ 1 & 2 & 4 \\ 1 & 3 & 9 \end{pmatrix}$$

在 Mathematica 中运行:

A={{1,1,1},{1,2,4},{1,3,9}}; Inverse[A]

得到按行输出的 $\boldsymbol{A}^{-1}$:

$$\left\{\{3,-3,1\},\left\{-\frac{5}{2},4,-\frac{3}{2}\right\},\left\{\frac{1}{2},-1,\frac{1}{2}\right\}\right\}$$

如果运行:

Inverse[A]//MatrixForm

就得到矩阵形式的 $\boldsymbol{A}^{-1}$:

$$\begin{pmatrix} 3 & -3 & 1 \\ -\frac{5}{2} & 4 & -\frac{3}{2} \\ \frac{1}{2} & -1 & \frac{1}{2} \end{pmatrix}$$

例题分析与解答

4.3.1 求下列矩阵的逆矩阵:

(1) $\boldsymbol{A}=\begin{pmatrix} 0 & 0 & -4 \\ -1 & 0 & 0 \\ 0 & 2 & 0 \end{pmatrix}$; (2) $\boldsymbol{A}=\begin{pmatrix} 1 & 5 & 3 & 0 \\ 0 & 4 & 6 & 2 \\ 0 & 0 & 9 & 1 \\ 0 & 0 & 0 & 1 \end{pmatrix}$;

(3) $\boldsymbol{A}=\begin{pmatrix} 1 & 1 & 1 & 1 \\ 1 & 1 & -1 & -1 \\ 1 & -1 & 1 & -1 \\ 1 & -1 & -1 & 1 \end{pmatrix}$; (4) $\boldsymbol{A}=\begin{pmatrix} 1 & 2 & 4 & 8 \\ 0 & 1 & 2 & 4 \\ 0 & 0 & 1 & 2 \\ 0 & 0 & 0 & 1 \end{pmatrix}$.

解法 将 n 阶方阵 $\boldsymbol{A}$ 与单位阵 $\boldsymbol{I}$ 排成 $n\times 2n$ 矩阵 $\boldsymbol{B}=(\boldsymbol{A},\boldsymbol{I})$, 通过一系列初等行变换将 $\boldsymbol{B}$ 变成 $(\boldsymbol{I},\boldsymbol{X})$, 则 $\boldsymbol{A}^{-1}=\boldsymbol{X}$. 求得各小题的 $\boldsymbol{A}^{-1}$ 分别如下:

(1) $\begin{pmatrix} 0 & -1 & 0 \\ 0 & 0 & \frac{1}{2} \\ -\frac{1}{4} & 0 & 0 \end{pmatrix}$; (2) $\begin{pmatrix} 1 & -\frac{5}{4} & \frac{1}{2} & 2 \\ 0 & \frac{1}{4} & -\frac{1}{6} & -\frac{1}{3} \\ 0 & 0 & \frac{1}{9} & -\frac{1}{9} \\ 0 & 0 & 0 & 1 \end{pmatrix}$

(3) $\begin{pmatrix} \frac{1}{4} & \frac{1}{4} & \frac{1}{4} & \frac{1}{4} \\ \frac{1}{4} & \frac{1}{4} & -\frac{1}{4} & -\frac{1}{4} \\ \frac{1}{4} & -\frac{1}{4} & \frac{1}{4} & -\frac{1}{4} \\ \frac{1}{4} & -\frac{1}{4} & -\frac{1}{4} & \frac{1}{4} \end{pmatrix}$; (4) $\begin{pmatrix} 1 & -2 & 0 & 0 \\ 0 & 1 & -2 & 0 \\ 0 & 0 & 1 & -2 \\ 0 & 0 & 0 & 1 \end{pmatrix}$.

第 (4) 小题解法 2: 记

$$N=\begin{pmatrix}0&1&0&0\\0&0&1&0\\0&0&0&1\\0&0&0&0\end{pmatrix}$$

则 $\boldsymbol{A}=\boldsymbol{I}+2\boldsymbol{N}+(2\boldsymbol{N})^2+(2\boldsymbol{N})^3$. 由 $[\boldsymbol{I}-2\boldsymbol{N}+(2\boldsymbol{N})^2+(2\boldsymbol{N})^3](\boldsymbol{I}-2\boldsymbol{N})=\boldsymbol{I}-(2\boldsymbol{N})^4=\boldsymbol{I}$ 知

$$\boldsymbol{A}^{-1}=\boldsymbol{I}-2\boldsymbol{N}=\begin{pmatrix}1&-2&0&0\\0&1&-2&0\\0&0&1&-2\\0&0&0&1\end{pmatrix}$$

□

点评 当 $|x|<1$ 时我们有无穷递缩等比数列求和公式:

$$1+x+x^2+\cdots+x^n+\cdots=\frac{1}{1-x}$$

等式左边也就是幂函数 $(1-x)^{-1}$ 的泰勒展开式. 由此可知 $1-x$ 与 $1+x+x^2+\cdots+x^n+\cdots$ 互逆. 当方阵 $\boldsymbol{N}$ 满足 $\boldsymbol{N}^k=\boldsymbol{O}$ 时, 将 $x=\boldsymbol{N}$ 代入可知 $\boldsymbol{I}-\boldsymbol{N}$ 与 $\boldsymbol{I}+\boldsymbol{N}+\boldsymbol{N}^2+\cdots+\boldsymbol{N}^{k-1}$ 互逆. □

4.3.2 设 $\boldsymbol{A}$ 是方阵, $\boldsymbol{A}^k=0$ 对某个正整数 k 成立. 求证下列方阵可逆, 并分别求它们的逆.

(1) $\boldsymbol{I}-\boldsymbol{A}$; (2) $\boldsymbol{I}+\boldsymbol{A}$; (3) $\boldsymbol{I}+\boldsymbol{A}+\dfrac{1}{2!}\boldsymbol{A}^2+\cdots+\dfrac{1}{(k-1)!}\boldsymbol{A}^{k-1}$.

分析 三个小题中的矩阵分别由函数 $f(x)=1-x, f(x)=1+x, f(x)=\mathrm{e}^x=1+x+\dfrac{1}{2!}+\cdots+\dfrac{1}{m!}+\cdots$ 将 x 替换成 $\boldsymbol{A}$ (并将常数项 1 替换成单位阵 $\boldsymbol{I}$) 得到, 可记为 $f(\boldsymbol{A})$. 在 $g(x)=(f(x))^{-1}$ 的泰勒展开式

$$\begin{aligned}&\frac{1}{1-x}=1+x+x^2+\cdots+x^m+\cdots\\&\frac{1}{1+x}=1-x+x^2-\cdots+(-1)^m x^m+\cdots\\&(\mathrm{e}^x)^{-1}=\mathrm{e}^{-x}=1-x+\frac{x^2}{2!}-\cdots+\frac{(-1)^m x^m}{m!}+\cdots\end{aligned}$$

中将 x 替换成 $\boldsymbol{A}$ 得到的矩阵 $g(\boldsymbol{A})$ 就是 $f(\boldsymbol{A})$ 的逆矩阵.

要证明 $g(\boldsymbol{A})=f(\boldsymbol{A})^{-1}$, 只要直接作矩阵乘法证明 $f(\boldsymbol{A})g(\boldsymbol{A})=\boldsymbol{I}$ 就行了.

解 (1) 由 $(\boldsymbol{I}-\boldsymbol{A})(\boldsymbol{I}+\boldsymbol{A}+\boldsymbol{A}^2+\cdots+\boldsymbol{A}^{k-1})=\boldsymbol{I}-\boldsymbol{A}^k=\boldsymbol{I}$ 知

$$(\boldsymbol{I}-\boldsymbol{A})^{-1}=\boldsymbol{I}+\boldsymbol{A}+\boldsymbol{A}^2+\cdots+\boldsymbol{A}^{k-1}$$

(2) 由 $(\boldsymbol{I}+\boldsymbol{A})(\boldsymbol{I}-\boldsymbol{A}+\boldsymbol{A}^2-\cdots+(-1)^{k-1}\boldsymbol{A}^{k-1})=\boldsymbol{I}+(-1)^k\boldsymbol{A}^k=\boldsymbol{I}$ 知

$$(\boldsymbol{I}+\boldsymbol{A})^{-1}=\boldsymbol{I}-\boldsymbol{A}+\boldsymbol{A}^2-\cdots+(-1)^{k-1}\boldsymbol{A}^{k-1}$$

(3) 记 $P=\boldsymbol{I}+\boldsymbol{A}+\dfrac{1}{2!}\boldsymbol{A}^2+\cdots+\dfrac{1}{(k-1)!}\boldsymbol{A}^{k-1}$, 取

$$\boldsymbol{B}=\boldsymbol{I}-\boldsymbol{A}+\frac{1}{2!}\boldsymbol{A}^2-\cdots+\frac{(-1)^{k-1}}{(k-1)!}\boldsymbol{A}^{k-1}$$

则

$$\boldsymbol{PB}=\sum_{0\leqslant t,j\leqslant k-1}\frac{1}{t!}\frac{(-1)^j}{j!}\boldsymbol{A}^{p+q}=\boldsymbol{I}+\sum_{m=1}^{k-1}\left(\sum_{j=0}^{m}\frac{(-1)^j}{(m-j)!j!}\right)\boldsymbol{A}^m$$

其中

$$\begin{aligned}\sum_{t=0}^{m}\frac{(-1)^j}{(m-j)!j!}&=\frac{1}{m!}\sum_{j=0}^{m}(-1)^j\frac{m!}{(m-j)!j!}\\&=\frac{1}{m!}\sum_{j=0}^{m}\mathrm{C}_m^j(-1)^j=\frac{1}{m!}(1-1)^m=0\end{aligned}$$

对 $1\leqslant m\leqslant k-1$ 成立. 因此 $\boldsymbol{PB}=\boldsymbol{I}$,

$$\boldsymbol{P}^{-1}=\boldsymbol{B}=\boldsymbol{I}-\boldsymbol{A}+\frac{1}{2!}\boldsymbol{A}^2-\cdots+\frac{(-1)^{k-1}}{(k-1)!}\boldsymbol{A}^{k-1}.$$

4.3.3 设 $\boldsymbol{X}=\begin{pmatrix}0&\boldsymbol{A}\\\boldsymbol{C}&0\end{pmatrix}$, 已知 $\boldsymbol{A}^{-1},\boldsymbol{C}^{-1}$ 存在，求 $\boldsymbol{X}^{-1}$.

分析 当 $\boldsymbol{A},\boldsymbol{C}$ 是数 (1 阶方阵) 时, 容易求出 2 阶方阵 $\boldsymbol{X}$ 的逆:

$$\boldsymbol{X}^{-1}=\begin{pmatrix}0&\boldsymbol{C}^{-1}\\\boldsymbol{A}^{-1}&0\end{pmatrix}$$

当 $\boldsymbol{A},\boldsymbol{C}$ 是任意阶可逆方阵时, 这个结论也成立.

解 由

$$\begin{pmatrix}0&\boldsymbol{A}\\\boldsymbol{C}&0\end{pmatrix}\begin{pmatrix}0&\boldsymbol{C}^{-1}\\\boldsymbol{A}^{-1}&0\end{pmatrix}=\begin{pmatrix}\boldsymbol{I}&0\\0&\boldsymbol{I}\end{pmatrix}$$

得

$$\boldsymbol{X}^{-1}=\begin{pmatrix}0&\boldsymbol{C}^{-1}\\\boldsymbol{A}^{-1}&0\end{pmatrix}$$ □

4.3.4 求下式中的矩阵 $\boldsymbol{X}$:

(1) $\begin{pmatrix}7&3\\2&1\end{pmatrix}\boldsymbol{X}=\begin{pmatrix}4&5\\3&1\end{pmatrix}$; (2) $\boldsymbol{X}\begin{pmatrix}1&-2&0\\2&1&3\\0&2&1\end{pmatrix}=\begin{pmatrix}1&-1&1\\2&-3&1\\3&-4&1\end{pmatrix}$.

分析 设 $\boldsymbol{A}$ 是可逆方阵. 求解矩阵方程 $\boldsymbol{AX}=\boldsymbol{B}$, 只要通过有限次初等行变换将 $(\boldsymbol{A},\boldsymbol{B})\to(\boldsymbol{I},\boldsymbol{X})$, 则 $\boldsymbol{X}$ 是所求的解 $\boldsymbol{A}^{-1}\boldsymbol{B}$. 当 $\boldsymbol{A}$ 是 2 阶方阵时, 容易通过 $\boldsymbol{A}^{-1}=\dfrac{1}{\det\boldsymbol{A}}\boldsymbol{A}^*$ 求出 $\boldsymbol{A}^{-1}$, 再求出 $\boldsymbol{X}=\boldsymbol{A}^{-1}\boldsymbol{B}$.

将矩阵方程 $\boldsymbol{XA}=\boldsymbol{B}$ 两边同时取转置, 化成 $\boldsymbol{A}^{\mathrm{T}}\boldsymbol{X}^{\mathrm{T}}=\boldsymbol{B}^{\mathrm{T}}$, 通过有限次初等行变换将 $(\boldsymbol{A}^{\mathrm{T}},\boldsymbol{B}^{\mathrm{T}})\to(\boldsymbol{I},\boldsymbol{Y})$, 则 $\boldsymbol{X}=\boldsymbol{Y}^{\mathrm{T}}$ 是所求的解 $\boldsymbol{BA}^{-1}$.

解 (1)

$$\boldsymbol{X}=\begin{pmatrix}7&3\\2&1\end{pmatrix}^{-1}\begin{pmatrix}4&5\\3&1\end{pmatrix}=\begin{pmatrix}1&-3\\-2&7\end{pmatrix}\begin{pmatrix}4&5\\3&1\end{pmatrix}=\begin{pmatrix}-5&2\\13&-3\end{pmatrix}$$

(2)

$$\begin{pmatrix} 1 & 2 & 0 & 1 & 2 & 3 \\ -2 & 1 & 2 & -1 & -3 & -4 \\ 0 & 3 & 1 & 1 & 1 & 1 \end{pmatrix} \xrightarrow{2(1)+(2)} \begin{pmatrix} 1 & 2 & 0 & 1 & 2 & 3 \\ 0 & 5 & 2 & 1 & 1 & 2 \\ 0 & 3 & 1 & 1 & 1 & 1 \end{pmatrix}$$

$$\xrightarrow{-\frac{3}{5}(2)+(3),-5(3)} \begin{pmatrix} 1 & 2 & 0 & 1 & 2 & 3 \\ 0 & 5 & 2 & 1 & 1 & 2 \\ 0 & 0 & 1 & -2 & -2 & 1 \end{pmatrix} \xrightarrow{-2(3)+(2)}$$

$$\begin{pmatrix} 1 & 2 & 0 & 1 & 2 & 3 \\ 0 & 5 & 0 & 5 & 5 & 0 \\ 0 & 0 & 1 & -2 & -2 & 1 \end{pmatrix} \xrightarrow{\frac{1}{5}(2),-2(2)+(1)} \begin{pmatrix} 1 & 0 & 0 & -1 & 0 & 3 \\ 0 & 1 & 0 & 1 & 1 & 0 \\ 0 & 0 & 1 & -2 & -2 & 1 \end{pmatrix}$$

$$\boldsymbol{X} = \begin{pmatrix} -1 & 1 & -2 \\ 0 & 1 & -2 \\ 3 & 0 & 1 \end{pmatrix}$$ □

注　Mathematica 中有现成的语句可以直接求方阵 $\boldsymbol{A}$ 的逆及两个方阵的乘积, 从而可以求出矩阵方程 $\boldsymbol{AX}=\boldsymbol{B}$ 和 $\boldsymbol{YA}=\boldsymbol{B}$ 的解 $\boldsymbol{X}=\boldsymbol{A}^{-1}\boldsymbol{B}$ 和 $\boldsymbol{Y}=\boldsymbol{BA}^{-1}$. 例如, 4.3.4 题第 (2) 小题可以运行如下语句求解:

```
A={{1,-2,0},{2,1,3},{0,2,1}}; B={{1,-1,1}, {2,-3,1},{3,-4,1}};
B.Inverse[A]
```

输出的答案为:

```
{{-1,1,-2},{0,1,-2},{3,0,1}}
```

□

4.3.5　设 $\boldsymbol{A}$ 是 n 阶方阵, 证明: 若 $\boldsymbol{A}^2=\boldsymbol{I}$, 且 $\boldsymbol{A}\neq\boldsymbol{I}$, 则 $\boldsymbol{A}+\boldsymbol{I}$ 非可逆矩阵.

证明　如果 $\boldsymbol{A}+\boldsymbol{I}$ 可逆, 则

$$\begin{aligned} \boldsymbol{A}^2=\boldsymbol{I} &\Rightarrow (\boldsymbol{A}+\boldsymbol{I})(\boldsymbol{A}-\boldsymbol{I})=\boldsymbol{A}^2-\boldsymbol{I}=\boldsymbol{O} \\ &\Rightarrow (\boldsymbol{A}+\boldsymbol{I})^{-1}(\boldsymbol{A}+\boldsymbol{I})(\boldsymbol{A}-\boldsymbol{I})=\boldsymbol{O} \\ &\Rightarrow \boldsymbol{A}-\boldsymbol{I}=\boldsymbol{O}\Rightarrow \boldsymbol{A}=\boldsymbol{I} \end{aligned}$$

与原题条件 $\boldsymbol{A}\neq\boldsymbol{I}$ 矛盾. 这证明了 $\boldsymbol{A}+\boldsymbol{I}$ 不可逆. □

4.3.6　证明:

(1) 可逆对称方阵的逆仍然是对称方阵.

(2) 可逆斜对称方阵的逆仍然是斜对称方阵.

证明　(1) 设 $\boldsymbol{A}$ 是可逆对称方阵, 则 $(\boldsymbol{A}^{-1})^{\mathrm{T}}=(\boldsymbol{A}^{\mathrm{T}})^{-1}=\boldsymbol{A}^{-1}\Rightarrow\boldsymbol{A}^{-1}$ 是对称方阵.

(2) 设 $\boldsymbol{A}$ 是可逆斜对称方阵, 则:

$$(\boldsymbol{A}^{-1})^{\mathrm{T}}=(\boldsymbol{A}^{\mathrm{T}})^{-1}=(-\boldsymbol{A})^{-1}=-\boldsymbol{A}^{-1}\Rightarrow\boldsymbol{A}^{-1}\text{ 是斜对称方阵.}$$

4.3.7　证明:

(1) 上三角阵可逆的充分必要条件是它的对角元全不为零.

(2) 可逆上三角阵的逆仍然是上三角阵.

证明 (1) 上三角方阵

$$A=(a_{ij})_{n\times n}=\begin{pmatrix} a_{11} & a_{12} & \cdots & a_{1n} \\ 0 & a_{22} & \cdots & a_{2n} \\ \vdots & \ddots & \ddots & \vdots \\ 0 & \cdots & 0 & a_{nn} \end{pmatrix}$$

的行列式 $|A|=a_{11}a_{22}\cdots a_{nn}$ 等于各对角元之积.

A 可逆 $\Leftrightarrow |A|=a_{11}a_{22}\cdots a_{nn}\neq 0 \Leftrightarrow$ 对角元 $a_{11},a_{22},\cdots,a_{nn}$ 全不为零.

(2) 对 n 做数学归纳法. 当 $n=1$ 时, $A=a$ 的逆 $A^{-1}=a^{-1}$ 当然是上三角阵.

归纳假设所有的 $n-1$ 阶可逆上三角阵的逆都是上三角阵. 将 n 阶可逆上三角阵 A 分块为

$$A=\begin{pmatrix} A_{11} & A_{12} \\ 0 & a_{nn} \end{pmatrix}$$

其中 A_{11} 是 $n-1$ 阶上三角阵, $A_{12}\in F^{(n-1)\times 1}, A_{21}\in F^{1\times(n-1)}$, $a_{nn}\in F$. 由 A 可逆知 $|A|=|A_{11}|a_{nn}\neq 0$, 因而 $|A_{11}|\neq 0$, A_{11} 可逆, 且 $a_{nn}\neq 0$. 取

$$P=\begin{pmatrix} I_{(n-1)} & -A_{12}a_{nn}^{-1} \\ 0 & 1 \end{pmatrix}$$

则

$$PA=\begin{pmatrix} A_{11} & 0 \\ 0 & a_{nn} \end{pmatrix}, \qquad \begin{pmatrix} A_{11}^{-1} & 0 \\ 0 & a_{nn}^{-1} \end{pmatrix}PA=I$$

$$A^{-1}=\begin{pmatrix} A_{11}^{-1} & 0 \\ 0 & a_{nn}^{-1} \end{pmatrix}P=\begin{pmatrix} A_{11}^{-1} & -A_{11}^{-1}A_{12}a_{nn}^{-1} \\ 0 & a_{nn}^{-1} \end{pmatrix}$$

对 $n-1$ 阶可逆上三角阵 A_{11} 用归纳假设知 A_{11}^{-1} 是上三角阵, 因而 A^{-1} 是上三角阵.

□

点评 本题中选择 P 使 PA 是准对角阵. 这样的 P 是怎样设计出来的?

如果 $n-1=1$, 则分块矩阵 A 中的各块 A_{11},A_{12} 都是数, A 是 2 阶上三角阵. 对 A 进行初等行变换, 将第 2 行的 $-A_{12}a_{nn}^{-1}$ 倍加到第 1 行, 可以将 A 的第 (1,2) 元素变成 0, 从而将 A 变成对角阵:

$$A=\begin{pmatrix} A_{11} & A_{12} \\ 0 & a_{nn} \end{pmatrix}\xrightarrow{-A_{12}a_{nn}^{-1}(2)+(1)}D=\begin{pmatrix} A_{11} & 0 \\ 0 & a_{nn} \end{pmatrix}$$

记 $\lambda=-A_{12}a_{nn}^{-1}$. 记 2 阶方阵 A 的两行分别为 α_1,α_2, 将 2 阶方阵 A 写成按行分块的形式, 则上述初等行变换为

$$A=\begin{pmatrix} \alpha_1 \\ \alpha_2 \end{pmatrix}\xrightarrow{\lambda(2)+(1)}D=\begin{pmatrix} \alpha_1+\lambda\alpha_2 \\ \alpha_2 \end{pmatrix}=\begin{pmatrix} 1 & \lambda \\ 0 & 1 \end{pmatrix}\begin{pmatrix} \alpha_1 \\ \alpha_2 \end{pmatrix}=\begin{pmatrix} 1 & \lambda \\ 0 & 1 \end{pmatrix}A$$

将 $\boldsymbol{A},\boldsymbol{D},\boldsymbol{\lambda}$ 的表达式代入, 就得到 2 阶方阵的乘法等式:

$$\begin{pmatrix} 1 & -\boldsymbol{A}_{12}a_{nn}^{-1} \\ 0 & 1 \end{pmatrix}\begin{pmatrix} \boldsymbol{A}_{11} & \boldsymbol{A}_{12} \\ 0 & a_{nn} \end{pmatrix}=\begin{pmatrix} \boldsymbol{A}_{11} & 0 \\ 0 & a_{nn} \end{pmatrix}$$

将等式中各 2 阶方阵的第 (1,1),(1,2),(2,1) 元素分别替换成 $F^{(n-1)\times(n-1)}, F^{(n-1)\times 1}, F^{1\times(n-1)}$ 中的矩阵, 从而将各 2 阶方阵替换成 n 阶方阵的分块形式, 易验证乘法等式仍成立.

在下一节学习了初等变换与初等方阵的对应关系之后, 可以知道初等行变换 $\boldsymbol{A}\xrightarrow{\lambda(2)+(1)}\boldsymbol{D}$ 可以由矩阵乘法实现: $\boldsymbol{PA}=\boldsymbol{D}$, 其中 $\boldsymbol{P}$ 由单位阵 $\boldsymbol{I}$ 经过同样的初等行变换得到

$$\boldsymbol{I}\xrightarrow{\lambda(2)+(1)}\boldsymbol{P}=\begin{pmatrix} 1 & \lambda \\ 0 & 1 \end{pmatrix}$$ □

4.3.8 设 $\boldsymbol{A}^*$ 表示 n 阶方阵 $\boldsymbol{A}$ 的附属方阵, 证明:

(1) $(\lambda\boldsymbol{A})^*=\lambda^{n-1}\boldsymbol{A}^*$ 对任意数 λ 成立;

(2) $(\boldsymbol{AB})^*=\boldsymbol{B}^*\boldsymbol{A}^*$ 对任意同阶方阵 $\boldsymbol{A},\boldsymbol{B}$ 成立;

(3) 当 $n>2$ 时, $(\boldsymbol{A}^*)^*=(\det\boldsymbol{A})^{n-2}\boldsymbol{A}$; 当 $n=2$ 时, $(\boldsymbol{A}^*)^*=\boldsymbol{A}$.

证明　由 $\boldsymbol{AA}^*=|\boldsymbol{A}|\boldsymbol{I}$ 知, 当 $|\boldsymbol{A}|\neq 0$ 时 $\boldsymbol{A}$ 可逆, $\boldsymbol{A}^{-1}=|\boldsymbol{A}|^{-1}\boldsymbol{A}^*$, $\boldsymbol{A}^*=|\boldsymbol{A}|\boldsymbol{A}^{-1}$.

第一步, 先证明三个小题中的等式对 $|\boldsymbol{A}|\neq 0$ 且 $|\boldsymbol{B}|\neq 0$ 的情形成立.

(1) 当 $\lambda=0$ 时显然 $(\lambda\boldsymbol{A})^*=\boldsymbol{O}=\lambda^{n-1}\boldsymbol{A}^*$ 成立.

设 $\lambda\neq 0$, 则 $|\lambda\boldsymbol{A}|=\lambda^n|\boldsymbol{A}|\neq 0$.

$$(\lambda\boldsymbol{A})^*=|\lambda\boldsymbol{A}|(\lambda\boldsymbol{A})^{-1}=\lambda^n|\boldsymbol{A}|\lambda^{-1}\boldsymbol{A}^{-1}=\lambda^{n-1}|\boldsymbol{A}|\boldsymbol{A}^{-1}=\lambda^{n-1}\boldsymbol{A}^*$$

(2) 当 $|\boldsymbol{A}|\neq 0$ 且 $|\boldsymbol{B}|\neq 0$ 时也有 $|\boldsymbol{AB}|=|\boldsymbol{A}||\boldsymbol{B}|\neq 0$, 因此:

$$(\boldsymbol{AB})^*=|\boldsymbol{AB}|(\boldsymbol{AB})^{-1}=|\boldsymbol{A}||\boldsymbol{B}|\boldsymbol{B}^{-1}\boldsymbol{A}^{-1}=(|\boldsymbol{B}|\boldsymbol{B}^{-1})(|\boldsymbol{A}|\boldsymbol{A}^{-1})=\boldsymbol{B}^*\boldsymbol{A}^*.$$

(3) 当 $|\boldsymbol{A}|\neq 0$ 时, 由 $\boldsymbol{A}^*=|\boldsymbol{A}|\boldsymbol{A}^{-1}$ 还可得到 $|\boldsymbol{A}^*|=|\boldsymbol{A}|^n|\boldsymbol{A}|^{-1}=|\boldsymbol{A}|^{n-1}$ 及 $(\boldsymbol{A}^*)^{-1}=|\boldsymbol{A}|^{-1}\boldsymbol{A}$, 进而:

$$(\boldsymbol{A}^*)^*=|\boldsymbol{A}^*|(\boldsymbol{A}^*)^{-1}=|\boldsymbol{A}|^{n-1}|\boldsymbol{A}|^{-1}\boldsymbol{A}=|\boldsymbol{A}|^{n-2}\boldsymbol{A}$$

当 $n=2$ 时有 $(\boldsymbol{A}^*)^*=|\boldsymbol{A}|^{2-2}\boldsymbol{A}=1\boldsymbol{A}=\boldsymbol{A}$.

第二步, 证明三个等式对所有的情形成立.

对任意实数 x, 记 $\boldsymbol{A}_x=x\boldsymbol{I}+\boldsymbol{A}$, 则 $\boldsymbol{A}_x$ 的行列式

$$|x\boldsymbol{I}+\boldsymbol{A}|=\begin{vmatrix} x+a_{11} & a_{12} & \cdots & a_{1n} \\ a_{21} & x+a_{22} & \cdots & a_{2n} \\ \vdots & \vdots & & \vdots \\ a_{n1} & a_{n2} & \cdots & x+a_{nn} \end{vmatrix}=x^n+\cdots$$

是 x 的 n 次多项式, $(\boldsymbol{A}_x)^*$ 的各元素也是 x 的多项式, 因而 $|\boldsymbol{A}_x|$ 及 $(\boldsymbol{A}_x)^*$ 的各元素都是 x 的连续函数, 当 $x\to 0$ 时 $(\boldsymbol{A}_x)^*$ 的极限等于 $\boldsymbol{A}^*$. 类似地, 记 $\boldsymbol{B}_x=x\boldsymbol{I}+\boldsymbol{B}$, 则 $|\boldsymbol{B}_x|$ 也是 x 的 n 次多项式, 当 $x\to 0$ 时 $(\boldsymbol{B}_x)^*$ 的极限也等于 $\boldsymbol{B}^*$.

n 次多项式 $|\boldsymbol{A}_x|$ 最多有 n 个不同的正实根. 如果 $|\boldsymbol{A}_x|$ 有正实根, 取正实数 $\delta>0$ 小于 $|\boldsymbol{A}_x|$ 的最小正实根. 如果 $|\boldsymbol{A}_x|$ 没有正实根, 任取 $\delta>0$. 则当 $x\in(0,\delta]$ 时都有 $|\boldsymbol{A}_x|\neq 0$. 由第一步知等式

$$(1)\ (\lambda\boldsymbol{A}_x)^*=\lambda^{n-1}(\boldsymbol{A}_x)^*,\qquad (3)\ (\boldsymbol{A}^*)^*=|\boldsymbol{A}|^{n-2}\boldsymbol{A}$$

对所有的 $x\in(0,\delta]$ 成立. 在这两个等式两边令 x 从 δ 单调递减趋于 0, 则每个等式两边的极限仍相等:

$$(1)\ (\lambda\boldsymbol{A})^*=\lambda^{n-1}\boldsymbol{A}^*,\qquad (3)\ (\boldsymbol{A}^*)^*=|\boldsymbol{A}|^{n-2}\boldsymbol{A}$$

类似地, 存在正实数 $\delta>0$ 使 $|\boldsymbol{A}_x|$ 与 $|\boldsymbol{B}_x|$ 在区间 $(0,\delta]$ 内都没有根, 在此范围内都有 $|\boldsymbol{A}_x|\neq 0$ 且 $|\boldsymbol{B}_x|\neq 0$, 从而 $|\boldsymbol{A}_x\boldsymbol{B}_x|=|\boldsymbol{A}_x||\boldsymbol{B}_x|\neq 0$, 等式

$$(2)\ \ (\boldsymbol{A}_x\boldsymbol{B}_x)^*=(\boldsymbol{B}_x)^*(\boldsymbol{A}_x)^*$$

成立. 令 x 从 δ 单调递减趋于 0, 则等式两边的趋于同样的极限:

$$(2)\ (\boldsymbol{A}\boldsymbol{B})^*=\boldsymbol{B}^*\boldsymbol{A}^*$$

命题得证. □

点评 当 $\boldsymbol{A},\boldsymbol{B}$ 可逆时, $\boldsymbol{A}^*,\boldsymbol{B}^*$ 分别是 $\boldsymbol{A}^{-1},\boldsymbol{B}^{-1}$ 的常数倍, 由 $\boldsymbol{A}^{-1},\boldsymbol{B}^{-1}$ 的性质容易得到 $\boldsymbol{A}^*,\boldsymbol{B}^*$ 的相应性质. 这个证明不适用于 $|\boldsymbol{A}|=0$ 或 $|\boldsymbol{B}|=0$ 的情形. 不过, 应当认识到, $|\boldsymbol{A}|=0$ 和 $|\boldsymbol{B}|=0$ 的情形是极少数, $|\boldsymbol{A}|\neq 0$ 与 $|\boldsymbol{B}|\neq 0$ 的情形才是绝大多数. 特别地, 将 $\boldsymbol{A}$ 看成 $\boldsymbol{A}_x=x\boldsymbol{I}+\boldsymbol{A}$ 当 $x=0$ 时的特殊情形, 使 $|\boldsymbol{A}_x|=0$ 的 x 值 (也就是 n 次方程 $|\boldsymbol{A}_x|=0$ 的根) 至多只有 n 个, 除此之外的无穷多个 x 值都使 $|\boldsymbol{A}_x|\neq 0$, 都属于已经解决的情形, 剩下的尚待解决的情形 $x=0$ (即 $\boldsymbol{A}_x=\boldsymbol{A}$) 已经成为被 $|\boldsymbol{A}_x|\neq 0$ 的汪洋大海包围的一个孤岛, 不难被攻克. 上述解法是通过求极限的方法, 从 $|\boldsymbol{A}_x|\neq 0$ 的情形趋近到 $x=0$ 的情形. 还有另一个方法, 利用多项式相等的条件来证明题目中的三个等式对所有的 x 成立从而对 $x=0$ 成立.

记 $\boldsymbol{A}_x=x\boldsymbol{I}+\boldsymbol{A}$, $\boldsymbol{B}_x=x\boldsymbol{I}+\boldsymbol{B}$, 则有无穷多个 x 值使 $|\boldsymbol{A}_x|\neq 0$ 且 $|\boldsymbol{B}_x|\neq 0$, 将题目中的三个等式中的 $\boldsymbol{A},\boldsymbol{B}$ 分别用这些 $\boldsymbol{A}_x,\boldsymbol{B}_x$ 替换得到的等式成立, 各个等式两边相减得到的 n 阶方阵:

$$(\lambda\boldsymbol{A}_x)^*-\lambda^{n-1}\boldsymbol{A}_x^*,\quad (\boldsymbol{A}_x\boldsymbol{B}_x)^*-\boldsymbol{B}_x^*\boldsymbol{A}_x^*,\quad (\boldsymbol{A}_x^*)^*-|\boldsymbol{A}_x|^{n-2}\boldsymbol{A}_x$$

对这无穷多个 x 值都是零方阵, 这无穷多个 x 值使这三个方阵的每个元素都等于 0. 这三个 n 阶方阵的每个元素都是 x 的多项式. 如果其中某个元素不是零多项式, 则它只有有限个根, 不可能有无穷多个 x 值使它等于 0. 矛盾. 这就证明了这三个 n 阶方阵中的每个元素都是 x 的零多项式, 将所有的 x 值代入都等于 0. 特别地, 当 $x=0$ 时这三个 n 阶方阵都等于 0, 题目中的三个等式对所有的 $\boldsymbol{A},\boldsymbol{B}$ 成立. □

4.3.9 设方阵 $\boldsymbol{A}=(a_{ij})_{n\times n}\in F^{n\times n}$ 的行列式 $|\boldsymbol{A}|\neq 0$, $\boldsymbol{\beta}\in F^{n\times 1}$, 则线性方程组 $\boldsymbol{A}\boldsymbol{X}=\boldsymbol{\beta}$ 有唯一解 $\boldsymbol{X}=\boldsymbol{A}^{-1}\boldsymbol{\beta}$. 利用 $\boldsymbol{A}^{-1}$ 的表达式 $\boldsymbol{A}^{-1}=\dfrac{1}{|\boldsymbol{A}|}\boldsymbol{A}^*$ 证明 Cramer 法则.

证明　设 $\boldsymbol{\beta}=(b_1,\cdots,b_n)^{\mathrm{T}}$, 则

$$\boldsymbol{X}=\begin{pmatrix}x_1\\x_2\\\vdots\\x_n\end{pmatrix}=\boldsymbol{A}^{-1}\boldsymbol{\beta}=\frac{1}{|\boldsymbol{A}|}\boldsymbol{A}^*\boldsymbol{\beta}=\frac{1}{|\boldsymbol{A}|}\begin{pmatrix}\boldsymbol{A}_{11}&\boldsymbol{A}_{21}&\cdots&\boldsymbol{A}_{n1}\\\boldsymbol{A}_{12}&\boldsymbol{A}_{22}&\cdots&\boldsymbol{A}_{n2}\\\vdots&\vdots&&\vdots\\\boldsymbol{A}_{1n}&\boldsymbol{A}_{2n}&\cdots&\boldsymbol{A}_{nn}\end{pmatrix}\begin{pmatrix}b_1\\b_2\\\vdots\\b_n\end{pmatrix}$$

的第 i 分量

$$x_i=\frac{\boldsymbol{A}_{1i}b_1+\boldsymbol{A}_{2i}b_2+\cdots+\boldsymbol{A}_{ni}b_n}{|\boldsymbol{A}|}$$

等式右边的分子 $b_1\boldsymbol{A}_{1i}+b_2\boldsymbol{A}_{2i}+\cdots+b_n\boldsymbol{A}_{ni}$ 是将 $|\boldsymbol{A}|$ 的第 i 列用 $\boldsymbol{\beta}$ 替换得到的行列式 Δ_i 按第 i 列展开得到的结果, 等于 Δ_i. 因此有

$$x_i=\frac{\Delta_i}{|\boldsymbol{A}|}\quad(\forall\ 1\leqslant i\leqslant n)$$

这就是 Cramer 法则.　□

4.4　初等矩阵与初等变换

知识导航

1. 矩阵乘法实现初等变换

对 $m\times n$ 矩阵 $\boldsymbol{A}=(\boldsymbol{A}_1,\cdots,\boldsymbol{A}_n)$ 作初等行变换 $\sigma:\boldsymbol{A}=(\boldsymbol{A}_1,\cdots,\boldsymbol{A}_n)\mapsto(\sigma(\boldsymbol{A}_1),\cdots,\sigma(\boldsymbol{A}_n))$, 也就是将 $\boldsymbol{A}$ 的每一列作同样的初等行变换.

容易验证: 两个 m 维列向量 $\boldsymbol{X}_1,\boldsymbol{X}_2$ 之和 $\boldsymbol{X}_1+\boldsymbol{X}_2$ 的变换 $\sigma(\boldsymbol{X}_1+\boldsymbol{X}_2)=\sigma(\boldsymbol{X}_1)+\sigma(\boldsymbol{X}_2)$, 等于 $\boldsymbol{X}_1,\boldsymbol{X}_2$ 的变换效果 $\sigma(\boldsymbol{X}_1),\sigma(\boldsymbol{X}_2)$ 之和. $\boldsymbol{X}$ 的常数倍 $a\boldsymbol{X}$ 的变换效果 $\sigma(a\boldsymbol{X})=a\sigma(\boldsymbol{X})$, 等于 $\boldsymbol{X}$ 的变换效果 $\sigma(\boldsymbol{X})$ 的 a 倍. 由此可知: 若干个 m 维列向量 $\boldsymbol{X}_1,\cdots,\boldsymbol{X}_n$ 的线性组合的变换效果:

$$\sigma(a_1\boldsymbol{X}_1+\cdots+a_n\boldsymbol{X}_n)=a_1\sigma(\boldsymbol{X}_1)+\cdots+a_n\sigma(\boldsymbol{X}_n)$$

特别地, 将每个列向量 $\boldsymbol{X}=(x_1,\cdots,x_m)^{\mathrm{T}}$ 分解为自然基 $\boldsymbol{e}_1,\cdots,\boldsymbol{e}_m$ 的线性组合 $\boldsymbol{X}=x_1\boldsymbol{e}_1+\cdots+x_m\boldsymbol{e}_m$ 得到

$$\sigma(\boldsymbol{X})=x_1\sigma(\boldsymbol{e}_1)+\cdots+x_m\sigma(\boldsymbol{e}_m)=(\sigma(\boldsymbol{e}_1),\cdots,\sigma(\boldsymbol{e}_m))\begin{pmatrix}x_1\\\vdots\\x_m\end{pmatrix}=\boldsymbol{PX}$$

其中 $\boldsymbol{P}=(\sigma(\boldsymbol{e}_1),\cdots,\sigma(\boldsymbol{e}_m))$ 是由单位阵 $\boldsymbol{I}=(\boldsymbol{e}_1,\cdots,\boldsymbol{e}_m)$ 的各列经过初等行变换 σ 得到的列向量 $\sigma(\boldsymbol{e}_1),\cdots,\sigma(\boldsymbol{e}_m)$ 排成的矩阵, 也就是单位阵 $\boldsymbol{I}$ 经过初等行变换 σ 得到的矩阵 $\sigma(\boldsymbol{I})$. 对 m 维列向量 $\boldsymbol{X}$ 作初等行变换 $\sigma:\boldsymbol{X}\mapsto\boldsymbol{PX}$ 可以用矩阵 $\boldsymbol{P}$ 左乘 $\boldsymbol{X}$ 实现.

单位阵 $\boldsymbol{I}$ 经过一次初等行变换 σ 得到的方阵 $\boldsymbol{P}=\sigma(\boldsymbol{I})$ 称为**初等方阵**. 对任意 $m\times n$ 矩阵 $\boldsymbol{A}=(\boldsymbol{A}_1,\cdots,\boldsymbol{A}_n)$ 作任意初等行变换 σ

$$\sigma(\boldsymbol{A})=(\sigma(\boldsymbol{A}_1),\cdots,\sigma(\boldsymbol{A}_n))=(\boldsymbol{P}\boldsymbol{A}_1,\cdots,\boldsymbol{P}\boldsymbol{A}_n)=\boldsymbol{P}\boldsymbol{A}$$

可以用初等方阵 $\boldsymbol{P}=\sigma(\boldsymbol{I})$ 左乘 $\boldsymbol{A}$ 实现.

对矩阵 $\boldsymbol{A}$ 作初等列变换 σ, 可以先对 $\boldsymbol{A}$ 的转置矩阵 $\boldsymbol{A}^{\mathrm{T}}$ 作相应的初等行变换 $\sigma'(\boldsymbol{A}^{\mathrm{T}})=\boldsymbol{P}\boldsymbol{A}^{\mathrm{T}}$, 再转置得到 $\sigma(\boldsymbol{A})=(\boldsymbol{P}\boldsymbol{A}^{\mathrm{T}})^{\mathrm{T}}=\boldsymbol{A}\boldsymbol{P}^{\mathrm{T}}$, 也就是将 $\boldsymbol{A}$ 右乘 $\boldsymbol{P}^{\mathrm{T}}$ 得到, 其中 $\boldsymbol{P}=\sigma'(\boldsymbol{I})$ 是将单位阵 $\boldsymbol{I}$ 进行初等行变换 σ' 得到的初等方阵, 而 $\boldsymbol{P}^{\mathrm{T}}=\boldsymbol{I}\boldsymbol{P}^{\mathrm{T}}=\sigma(\boldsymbol{I})$ 是对单位阵 $\boldsymbol{I}$ 作初等列变换 σ 得到的方阵.

2. 初等方阵的具体形式

(1) 将单位阵第 i,j 两行互换得到 $\boldsymbol{P}_{ij}=\boldsymbol{I}+\boldsymbol{E}_{ij}+\boldsymbol{E}_{ji}-\boldsymbol{E}_{ii}-\boldsymbol{E}_{jj}$, 因此 $\boldsymbol{A}\xrightarrow{(ij)}\boldsymbol{P}_{ij}\boldsymbol{A}$, 且由 $\boldsymbol{P}_{ij}^{\mathrm{T}}=\boldsymbol{P}_{ij}$ 知初等列变换 $\boldsymbol{A}\xrightarrow[(ij)]{}\boldsymbol{A}\boldsymbol{P}_{ij}$.

(2) $\boldsymbol{I}\xrightarrow{\lambda(i)}\boldsymbol{D}_i(\lambda)=\boldsymbol{I}+(\lambda-1)\boldsymbol{E}_{ii}$, 因此 $\boldsymbol{A}\xrightarrow{\lambda(i)}\boldsymbol{D}_i(\lambda)\boldsymbol{A}$, $\boldsymbol{A}\xrightarrow[\lambda(i)]{}\boldsymbol{A}\boldsymbol{D}_i(\lambda)$.

(3) $\boldsymbol{I}\xrightarrow{\lambda(j)+(i)}\boldsymbol{T}_{ij}(\lambda)=\boldsymbol{I}+\lambda\boldsymbol{E}_{ij}$, 因此 $\boldsymbol{A}\xrightarrow{\lambda(j)+(i)}\boldsymbol{T}_{ij}(\lambda)\boldsymbol{A}$, 且由 $\boldsymbol{T}_{ij}(\lambda)=\boldsymbol{T}_{ji}(\lambda)^{\mathrm{T}}$ 知 $\boldsymbol{A}\xrightarrow[\lambda(j)+(i)]{}\boldsymbol{A}\boldsymbol{T}_{ji}(\lambda)$.

例题分析与解答

4.4.1 证明: 只用初等行变换和将某两列对换, 可以将任意矩阵 $\boldsymbol{A}$ 化为 $\begin{pmatrix}\boldsymbol{I}_{(r)} & \boldsymbol{B}\\ 0 & 0\end{pmatrix}$ 的形式, 其中 $r=\operatorname{rank}\boldsymbol{A}$.

证明 如果 $\boldsymbol{A}=\boldsymbol{O}$ 是零矩阵, 已经具有所说形式, $r=0$. 以下只需考虑 $\boldsymbol{A}\neq\boldsymbol{O}$ 的情形.

对矩阵的行数 m 作数学归纳法, 证明任意 $m\times n$ 矩阵 $\boldsymbol{A}$ 可通过初等行变换和两列对换化成所说的形式.

当 $m=1$ 时, $\boldsymbol{A}=(a_1,\cdots,a_n)$ 只有一行. 如果 $a_1\neq 0$, 将 $\boldsymbol{A}$ 的第 1 行乘 a_1^{-1} 即化为 $\boldsymbol{A}_1=(1,b_2,\cdots,b_n)=(1,\boldsymbol{B})$ 的形式, 符合要求. 如果 $a_1=0$, 必有某个 $a_i\neq 0$, 将 $\boldsymbol{A}$ 的第 1 列与第 i 列互换, 即化为 $a_1\neq 0$ 的情形, 已经解决.

现在设 $m>1$, 并设 $m-1$ 行的矩阵都可以通过有限次初等行变换和两列互换化成所说形式, 证明 $m\times n$ 矩阵 $\boldsymbol{A}=(a_{ij})_{m\times n}$ 可通过有限次初等行变换和两列互换化成所说形式.

先设 $a_{11}\neq 0$. 将 $\boldsymbol{A}$ 的第 1 行乘 a_{11}^{-1} 可将 $\boldsymbol{A}$ 的第 (1,1) 元素化为 1, 其余各行不变. 对第 1 列第 2$\sim m$ 行的每个非零元 $a_{i1}\neq 0$, 将 $\boldsymbol{A}$ 的第 1 行的 $-a_{i1}$ 倍加到第 i 列, 可将第 $(i,1)$ 元素化为 0. 经过这些行变换, 就将 $\boldsymbol{A}$ 变成了 $\tilde{\boldsymbol{A}}=(\tilde{a}_{ij})_{m\times n}$, 使它的第 1 列具有形式

$(1,0,\cdots,0)^{\mathrm{T}}$:

$$\tilde{\boldsymbol{A}}=\begin{pmatrix}1&\tilde{a}_{12}&\cdots&\tilde{a}_{1n}\\0&\tilde{a}_{22}&\cdots&\tilde{a}_{2n}\\\vdots&\vdots&&\vdots\\0&\tilde{a}_{m2}&\cdots&\tilde{a}_{mn}\end{pmatrix}=\begin{pmatrix}1&\boldsymbol{A}_{12}\\0&\boldsymbol{A}_{22}\end{pmatrix}$$

其中 $\boldsymbol{A}_{12}$ 是 $1\times(n-1)$ 矩阵, $\boldsymbol{A}_{22}$ 是 $(m-1)\times(n-1)$ 矩阵. 由归纳假设, $m-1$ 行的矩阵 $\boldsymbol{A}_{22}$ 可通过有限次初等行变换和两列互换化成所说形状. 也就是说, 经过有限次对矩阵 $\tilde{\boldsymbol{A}}$ 的后 $m-1$ 行做初等行变换或后 $n-1$ 列两列互换, 可以将 $\tilde{\boldsymbol{A}}$ 化为

$$\boldsymbol{C}=(c_{ij})_{m\times n}=\begin{pmatrix}1&\boldsymbol{C}_{12}&\boldsymbol{C}_{13}\\0&\boldsymbol{I}_{(r-1)}&\boldsymbol{C}_{23}\\0&\boldsymbol{O}&\boldsymbol{O}\end{pmatrix}$$

的形式, 其中 $\boldsymbol{C}_{12}=(c_{12},\cdots,c_{1r})$ 是 $1\times(r-1)$ 矩阵, $\boldsymbol{I}_{(r-1)}$ 是 $r-1$ 阶单位阵. 对 $\boldsymbol{C}_{12}$ 的每个非零元 $c_{1j}\neq 0$ $(2\leqslant j\leqslant r)$, 将 $\boldsymbol{C}$ 的第 j 行的 $-c_{1j}$ 倍加到第 1 行, 可将 c_{1j} 变成 0. 经过这些初等行变换可以将 $\boldsymbol{C}_{12}$ 的所有元素变成 0, 将 $\boldsymbol{C}$ 化为

$$\tilde{\boldsymbol{C}}=\begin{pmatrix}1&0&\tilde{\boldsymbol{C}}_{13}\\0&\boldsymbol{I}_{(r-1)}&\boldsymbol{C}_{23}\\0&\boldsymbol{O}&\boldsymbol{O}\end{pmatrix}=\begin{pmatrix}\boldsymbol{I}_{(r)}&\boldsymbol{B}\\\boldsymbol{O}&\boldsymbol{O}\end{pmatrix}$$

其中 $\boldsymbol{B}=\begin{pmatrix}\tilde{\boldsymbol{C}}_{13}\\\boldsymbol{C}_{23}\end{pmatrix}$.$\tilde{\boldsymbol{C}}$ 具有所要求的形状.

现在设 $\boldsymbol{A}=(a_{ij})_{m\times n}$ 的第 (1,1) 元素 $a_{11}=0$. 如果 $\boldsymbol{A}$ 的第 1 列有某个 $a_{i1}\neq 0$, 将 $\boldsymbol{A}$ 的第 1 行与第 i 行互换, 则非零元 c_{i1} 被换到第 (1,1) 位置, 化为 $a_{11}\neq 0$ 的情形. 如果 $\boldsymbol{A}$ 的第 1 列全为 0, 由 $\boldsymbol{A}\neq\boldsymbol{O}$ 知必有另外某列某元素 $a_{ij}\neq 0$. 将 $\boldsymbol{A}$ 的第 1 列与第 j 列互换, 可将 a_{ij} 换到第 1 列, 如果 $i\neq 1$, 再将第 1 行与第 i 行互换即可将 a_{ij} 换到第 (1,1) 位置, 总可以化为 $a_{11}\neq 0$ 的已解决情形.

这就对所有的情形都证明了, $\boldsymbol{A}$ 可以通过有限次初等行变换和两列互换化成所说形状.

□

4.4.2 (1) 将 $\begin{pmatrix}\lambda&0\\0&\lambda^{-1}\end{pmatrix}$ 与 $\begin{pmatrix}0&1\\-1&0\end{pmatrix}$ 分别写成形如 $\begin{pmatrix}1&s\\0&1\end{pmatrix}$ 和 $\begin{pmatrix}1&0\\s&1\end{pmatrix}$ 的初等方阵的乘积.

(2) 证明: 行列式等于 1 的 2 阶方阵 $\boldsymbol{A}$ 都可以写成形如 $\begin{pmatrix}1&s\\0&1\end{pmatrix}$ 和 $\begin{pmatrix}1&0\\s&1\end{pmatrix}$ 的初等方阵的乘积.

解　(1) 我们有

$$\begin{pmatrix}\lambda&0\\0&\lambda^{-1}\end{pmatrix}\xrightarrow{\lambda^{-1}(1)+(2)}\begin{pmatrix}\lambda&0\\1&\lambda^{-1}\end{pmatrix}\xrightarrow{(1-\lambda)(2)+(1)}\begin{pmatrix}1&\lambda^{-1}-1\\1&\lambda^{-1}\end{pmatrix}\xrightarrow{-(1)+(2)}\begin{pmatrix}1&\lambda^{-1}-1\\0&1\end{pmatrix}$$

将每个初等行变换通过左乘初等方阵来实现, 得到

$$\begin{pmatrix} 1 & 0 \\ -1 & 1 \end{pmatrix}\begin{pmatrix} 1 & 1-\lambda \\ 0 & 1 \end{pmatrix}\begin{pmatrix} 1 & 0 \\ \lambda^{-1} & 1 \end{pmatrix}\begin{pmatrix} \lambda & 0 \\ 0 & \lambda^{-1} \end{pmatrix}=\begin{pmatrix} 1 & \lambda^{-1}-1 \\ 0 & 1 \end{pmatrix}$$

依次用等式左边前三个方阵的逆左乘等式两边, 得到

$$\begin{pmatrix} \lambda & 0 \\ 0 & \lambda^{-1} \end{pmatrix}=\begin{pmatrix} 1 & 0 \\ -\lambda^{-1} & 1 \end{pmatrix}\begin{pmatrix} 1 & \lambda-1 \\ 0 & 1 \end{pmatrix}\begin{pmatrix} 1 & 0 \\ 1 & 1 \end{pmatrix}\begin{pmatrix} 1 & \lambda^{-1}-1 \\ 0 & 1 \end{pmatrix}$$

类似地, 有

$$\begin{aligned} &\begin{pmatrix} 0 & 1 \\ -1 & 0 \end{pmatrix}\xrightarrow{-(2)+(1)}\begin{pmatrix} 1 & 1 \\ -1 & 0 \end{pmatrix}\xrightarrow{(1)+(2)}\begin{pmatrix} 1 & 1 \\ 0 & 1 \end{pmatrix} \\ \Rightarrow\quad &\begin{pmatrix} 1 & 0 \\ 1 & 1 \end{pmatrix}\begin{pmatrix} 1 & -1 \\ 0 & 1 \end{pmatrix}\begin{pmatrix} 0 & 1 \\ -1 & 0 \end{pmatrix}=\begin{pmatrix} 1 & 1 \\ 0 & 1 \end{pmatrix} \\ \Rightarrow\quad &\begin{pmatrix} 0 & 1 \\ -1 & 0 \end{pmatrix}=\begin{pmatrix} 1 & 1 \\ 0 & 1 \end{pmatrix}\begin{pmatrix} 1 & 0 \\ -1 & 1 \end{pmatrix}\begin{pmatrix} 1 & 1 \\ 0 & 1 \end{pmatrix} \end{aligned}$$

(2) 设 $\boldsymbol{A}=\begin{pmatrix} a & b \\ c & d \end{pmatrix}$, $|\boldsymbol{A}|=1$.

如果 $c\neq 0$, 则:

$$\boldsymbol{A}\xrightarrow{(1-a)c^{-1}(2)+(1)}\begin{pmatrix} 1 & b_1 \\ c & d \end{pmatrix}\xrightarrow{-c(1)+(2)}\boldsymbol{B}=\begin{pmatrix} 1 & b_1 \\ 0 & d_1 \end{pmatrix}$$

其中 $b_1=b+(1-a)c^{-1}d$, $d_1=|\boldsymbol{B}|=|\boldsymbol{A}|=1$. 将初等行变换通过左乘初等方阵来实现, 得到

$$\begin{pmatrix} 1 & 0 \\ -c & 1 \end{pmatrix}\begin{pmatrix} 1 & (1-a)c^{-1} \\ 0 & 1 \end{pmatrix}\boldsymbol{A}=\boldsymbol{B}=\begin{pmatrix} 1 & b_1 \\ 0 & 1 \end{pmatrix}$$

从而:

$$\boldsymbol{A}=\begin{pmatrix} 1 & (a-1)c^{-1} \\ 0 & 1 \end{pmatrix}\begin{pmatrix} 1 & 0 \\ c & 1 \end{pmatrix}\begin{pmatrix} 1 & b_1 \\ 0 & 1 \end{pmatrix}$$

是所说类型的初等方阵 (即第 3 类初等方阵) 的乘积.

如果 $c=0$, 则由 $\boldsymbol{A}$ 可逆知 $a\neq 0$,

$$\boldsymbol{A}_1=\begin{pmatrix} 1 & 0 \\ 1 & 1 \end{pmatrix}\boldsymbol{A}=\begin{pmatrix} 1 & 0 \\ 1 & 1 \end{pmatrix}\begin{pmatrix} a & b \\ 0 & d \end{pmatrix}=\begin{pmatrix} a & b \\ a & b+d \end{pmatrix},\quad \boldsymbol{A}=\begin{pmatrix} 1 & 0 \\ -1 & 1 \end{pmatrix}\boldsymbol{A}_1$$

我们有 $|\boldsymbol{A}_1|=|\boldsymbol{A}|=1$, 且 $\boldsymbol{A}_1$ 的第 (2,1) 元素 $a\neq 0$. 前面已证这样的 $\boldsymbol{A}_1$ 可以写成第 3 类初等方阵 $\boldsymbol{P}_1,\boldsymbol{P}_2,\boldsymbol{P}_3$ 的乘积, $\boldsymbol{P}_0=\begin{pmatrix} 1 & 0 \\ -1 & 1 \end{pmatrix}$ 也是同样类型的第 3 类初等方阵, 因此 $\boldsymbol{A}=\boldsymbol{P}_0\boldsymbol{P}_1\boldsymbol{P}_2\boldsymbol{P}_3$ 是第 3 类初等方阵的乘积. □

4.4.3 设 $\boldsymbol{A}$ 是 n 阶可逆方阵, $\boldsymbol{I}$ 是 n 阶单位阵, $\boldsymbol{B}$ 是 $n\times m$ 矩阵. 利用初等矩阵与初等变换的关系, 证明:

(1) 将 $n\times 2n$ 矩阵 $(\boldsymbol{A}\ \boldsymbol{I})$ 经过一系列初等行变换化为 $(\boldsymbol{I}\ \boldsymbol{X})$ 的形式, 则 $\boldsymbol{X}=\boldsymbol{A}^{-1}$.

(2) 将 $n\times(n+m)$ 矩阵 $(\boldsymbol{A}\ \boldsymbol{B})$ 经过一系列初等行变换化为 $(\boldsymbol{I}\ \boldsymbol{X})$ 的形式, 则 $\boldsymbol{X}=\boldsymbol{A}^{-1}\boldsymbol{B}$.

证明 (1) 每个初等行变换可以通过左乘某个初等方阵实现. 设将 $(\boldsymbol{A}\ \boldsymbol{I})$ 变成 $(\boldsymbol{I}\ \boldsymbol{X})$ 的一系列初等行变换可以分别通过左乘初等方阵 $\boldsymbol{P}_1,\boldsymbol{P}_2,\cdots,\boldsymbol{P}_k$ 实现, 则:

$$(\boldsymbol{I},\boldsymbol{X})=\boldsymbol{P}_k\cdots\boldsymbol{P}_2\boldsymbol{P}_1(\boldsymbol{A},\boldsymbol{I})=\boldsymbol{P}(\boldsymbol{A},\boldsymbol{I})=(\boldsymbol{P}\boldsymbol{A},\boldsymbol{P})$$

其中 $\boldsymbol{P}=\boldsymbol{P}_k\cdots\boldsymbol{P}_2\boldsymbol{P}_1$. 比较 $(\boldsymbol{P}\boldsymbol{A},\boldsymbol{P})=(\boldsymbol{I},\boldsymbol{X})$ 的对应块得 $\boldsymbol{P}\boldsymbol{A}=\boldsymbol{I},\boldsymbol{P}=\boldsymbol{X}$. 从而 $\boldsymbol{X}=\boldsymbol{P}=\boldsymbol{A}^{-1}$.

(2) 设 $(\boldsymbol{A},\boldsymbol{B})$ 通过一系列初等行变换变成 $(\boldsymbol{I},\boldsymbol{X})$, 其中各个初等行变换依次通过左乘初等方阵 $\boldsymbol{P}_1,\boldsymbol{P}_2,\cdots,\boldsymbol{P}_k$ 实现. 比较 $\boldsymbol{P}_k\cdots\boldsymbol{P}_2\boldsymbol{P}_1(\boldsymbol{A},\boldsymbol{B})=\boldsymbol{P}(\boldsymbol{A},\boldsymbol{B})=(\boldsymbol{P}\boldsymbol{A},\boldsymbol{P}\boldsymbol{B})=(\boldsymbol{I},\boldsymbol{X})$ 的对应块得 $\boldsymbol{P}\boldsymbol{A}=\boldsymbol{I},\boldsymbol{X}=\boldsymbol{P}\boldsymbol{B}$. 从而 $\boldsymbol{P}=\boldsymbol{A}^{-1},\boldsymbol{X}=\boldsymbol{A}^{-1}\boldsymbol{B}$. □

4.4.4 (1) 设 $\boldsymbol{P}$ 是 n 阶初等方阵, $\boldsymbol{A}$ 是 n 阶方阵. 求证: $|\boldsymbol{P}\boldsymbol{A}|=|\boldsymbol{P}||\boldsymbol{A}|$, $|\boldsymbol{A}\boldsymbol{P}|=|\boldsymbol{A}||\boldsymbol{P}|$.

(2) 将 n 阶方阵 $\boldsymbol{A}$ 写成 $\boldsymbol{A}=\boldsymbol{P}_1\cdots\boldsymbol{P}_t\begin{pmatrix}\boldsymbol{I}_{(r)} & 0\\ 0 & \boldsymbol{O}\end{pmatrix}\boldsymbol{Q}_1\cdots\boldsymbol{Q}_s$ 的形式, 使其中 $\boldsymbol{P}_i,\boldsymbol{Q}_j$ $(1\leqslant i\leqslant t,1\leqslant j\leqslant s)$ 都是初等方阵. 对任意 n 阶方阵 $\boldsymbol{B}$, 求证:

$$|\boldsymbol{A}\boldsymbol{B}|=|\boldsymbol{P}_1|\cdots|\boldsymbol{P}_t|\left|\begin{pmatrix}\boldsymbol{I}_{(r)} & 0\\ 0 & \boldsymbol{O}\end{pmatrix}\right||\boldsymbol{Q}_1|\cdots|\boldsymbol{Q}_s||\boldsymbol{B}|=|\boldsymbol{A}||\boldsymbol{B}|$$

证明 (1) 分三类初等方阵讨论:

先设 $\boldsymbol{P}=\boldsymbol{P}_{ij}$ 由单位阵 $\boldsymbol{I}$ 的第 i,j 两行互换得到, 则 $|\boldsymbol{P}|=-|\boldsymbol{I}|=-1$. 且 $\boldsymbol{P}\boldsymbol{A}$ 由 $\boldsymbol{A}$ 的第 i,j 两行互换得到, $\boldsymbol{A}\boldsymbol{P}$ 由 $\boldsymbol{A}$ 的第 i,j 两列互换得到. 因而 $|\boldsymbol{P}\boldsymbol{A}|=-|\boldsymbol{A}|=|\boldsymbol{P}||\boldsymbol{A}|$, $|\boldsymbol{A}\boldsymbol{P}|=-|\boldsymbol{A}|=|\boldsymbol{A}||\boldsymbol{P}|$.

再设 $\boldsymbol{P}=\boldsymbol{D}_i(\lambda)$ 是由单位阵的第 i 行乘 λ 得到的对角阵. 一般地, 对任意对角阵 $\boldsymbol{D}=\mathrm{diag}(\lambda_1,\cdots,\lambda_n)$, $\boldsymbol{D}\boldsymbol{B}$ 与 $\boldsymbol{B}\boldsymbol{D}$ 分别由 $\boldsymbol{B}$ 的各行或各列分别乘 $\lambda_1,\cdots,\lambda_n$ 得到, 因而 $|\boldsymbol{D}\boldsymbol{B}|=|\boldsymbol{B}\boldsymbol{D}|=\lambda_1\cdots\lambda_n|\boldsymbol{B}|=|\boldsymbol{D}||\boldsymbol{B}|$. 当 $\boldsymbol{P}=\boldsymbol{D}_i(\lambda)$ 是初等对角阵时当然也有 $|\boldsymbol{P}\boldsymbol{B}|=|\boldsymbol{B}\boldsymbol{P}|=|\boldsymbol{P}||\boldsymbol{B}|$.

再设 $\boldsymbol{P}=\boldsymbol{T}_{ij}(\lambda)$ 由单位阵的第 j 行的 λ 倍加到第 i 行得到, 则 $|\boldsymbol{P}|=|\boldsymbol{I}|=1$. 且 $\boldsymbol{P}\boldsymbol{A}$ 由 $\boldsymbol{A}$ 的第 j 行的 λ 倍加到第 i 行得到, $\boldsymbol{A}\boldsymbol{P}$ 由 $\boldsymbol{A}$ 的第 i 列的 λ 倍加到第 j 列得到, 因而 $|\boldsymbol{P}\boldsymbol{A}|=|\boldsymbol{A}|=|\boldsymbol{P}||\boldsymbol{A}|$, $|\boldsymbol{A}\boldsymbol{P}|=|\boldsymbol{A}|=|\boldsymbol{A}||\boldsymbol{P}|$.

(2) $\boldsymbol{A}=\boldsymbol{P}_1\cdots\boldsymbol{P}_t\boldsymbol{S}\boldsymbol{Q}_1\cdots\boldsymbol{Q}_s$, 其中 $\boldsymbol{S}=\begin{pmatrix}\boldsymbol{I}_{(r)} & 0\\ 0 & 0\end{pmatrix}$ 是对角阵, $\boldsymbol{P}_i,\boldsymbol{Q}_j$ 是初等方阵.

在 (1) 中已经证明了任意 n 阶初等方阵或对角阵 $\boldsymbol{P}$ 与 n 阶方阵 $\boldsymbol{B}$ 的乘积 $\boldsymbol{P}\boldsymbol{B}$ 的行列式 $|\boldsymbol{P}\boldsymbol{B}|=|\boldsymbol{P}||\boldsymbol{B}|$.

记 $\boldsymbol{A}_i=\boldsymbol{P}_i$ $(1\leqslant i\leqslant t)$, $\boldsymbol{A}_{t+1}=\boldsymbol{S}$, $\boldsymbol{A}_{t+1+j}=\boldsymbol{Q}_j$ $(1\leqslant j\leqslant s)$, 则 $\boldsymbol{A}$ 与任意 n 阶方阵 $\boldsymbol{B}$ 的乘积 $\boldsymbol{A}\boldsymbol{B}=\boldsymbol{A}_1\cdots\boldsymbol{A}_m\boldsymbol{B}$ 可由 $\boldsymbol{B}$ 左乘 $m=t+1+s$ 个初等方阵或对角阵 $\boldsymbol{A}_i$ 得到. 我们对 m 作数学归纳法证明:

$$|\boldsymbol{AB}|=|\boldsymbol{A}_1|\cdots|\boldsymbol{A}_m||\boldsymbol{B}|$$

当 $m-1$ 时, $\boldsymbol{A}=\boldsymbol{A}_1$ 是初等方阵或对角阵, 已经知道 $|\boldsymbol{AB}|=|\boldsymbol{A}_1||\boldsymbol{B}|$.

设 $m>1$, 且 $|\boldsymbol{A}_1\cdots\boldsymbol{A}_{m-1}\boldsymbol{B}|=|\boldsymbol{A}_1|\cdots|\boldsymbol{A}_{m-1}||\boldsymbol{B}|$ 对任意 n 阶方阵 $\boldsymbol{B}$ 成立. 于是

$$|\boldsymbol{AB}|=|\boldsymbol{A}_1\cdots\boldsymbol{A}_{m-1}(\boldsymbol{A}_m\boldsymbol{B})|=|\boldsymbol{A}_1|\cdots|\boldsymbol{A}_{m-1}||\boldsymbol{A}_m\boldsymbol{B}|$$

再将 $|\boldsymbol{A}_m\boldsymbol{B}|=|\boldsymbol{A}_m||\boldsymbol{B}|$ 代入, 得到 $|\boldsymbol{AB}|=|\boldsymbol{A}_1|\cdots|\boldsymbol{A}_m||\boldsymbol{B}|$.

特别地, 可以取 $\boldsymbol{B}$ 为 n 阶单位阵 $\boldsymbol{I}$, 得到

$$|\boldsymbol{A}|=|\boldsymbol{AI}|=|\boldsymbol{A}_1|\cdots|\boldsymbol{A}_m||\boldsymbol{I}|=|\boldsymbol{P}_1|\cdots|\boldsymbol{P}_t||\boldsymbol{S}||\boldsymbol{Q}_1|\cdots|\boldsymbol{Q}_s|$$

再代入 $|\boldsymbol{AB}|=|\boldsymbol{A}_1|\cdots|\boldsymbol{A}_m||\boldsymbol{B}|$ 中即得

$$|\boldsymbol{AB}|=|\boldsymbol{A}||\boldsymbol{B}| \qquad \square$$

点评 本题对两个同阶方阵 $\boldsymbol{A},\boldsymbol{B}$ 乘积的行列式公式 $|\boldsymbol{AB}|=|\boldsymbol{A}||\boldsymbol{B}|$ 给出了一个证明. 证明的基本思想方法是将 $\boldsymbol{A}$ 分解为初等方阵 $\boldsymbol{P}_i,\boldsymbol{Q}_j$ 与对角阵 $\boldsymbol{S}$ 的乘积. 先对 $\boldsymbol{A}$ 是初等方阵或对角阵的情形证明 $|\boldsymbol{AB}|=|\boldsymbol{A}||\boldsymbol{B}|$, 再对任意的方阵 $\boldsymbol{A}$ 证明这个公式.

这个证明过程中对三类初等方阵 $\boldsymbol{P}$ 分别讨论了从 $|\boldsymbol{B}|$ 到 $|\boldsymbol{PB}|$ 的变化情况. 由于第三类初等变换不改变行列式的值, 为了简化证明, 我们可以不用前两类初等方阵, 将 $\boldsymbol{A}$ 只分解为第三类初等方阵与对角阵的乘积.

首先对 n 作数学归纳法证明: 任意 n 阶方阵 $\boldsymbol{A}$ 可以经过有限次第三类初等行变换和列变换变成对角阵 $\boldsymbol{S}=\mathrm{diag}(\lambda_1,\cdots,\lambda_n)$ 的形式.

$n=1$ 时 $\boldsymbol{A}$ 已经是对角阵.

设 $n>1$, 且 $n-1$ 阶方阵可以通过有限次第三类初等变换变成对角阵, 证明 n 阶方阵 $\boldsymbol{A}=(a_{ij})_{n\times n}$ 也可以通过有限次第三类初等变换变成对角阵.

先设 $a_{11}\neq 0$. 对每个 $2\leqslant i\leqslant n$, 将 $\boldsymbol{A}$ 的第 1 行的 $-a_{i1}a_{11}^{-1}$ 加到第 i 行可以将 a_{i1} 变成 0, 将第 1 列的 $-a_{11}^{-1}a_{1i}$ 倍加到第 i 列可以将 a_{1i} 变成 0. 这样就通过了有限次第三类初等行变换和列变换将 $\boldsymbol{A}$ 变成

$$\boldsymbol{A}_1=\begin{pmatrix} a_{11} & \boldsymbol{O} \\ \boldsymbol{O} & \boldsymbol{A}_{22}\end{pmatrix}$$

按照归纳假设, $n-1$ 阶方阵可以通过有限次第三类初等方阵变成对角阵 $\mathrm{diag}(\lambda_2,\cdots,\lambda_n)$, 也就是说: 对 $\boldsymbol{A}_1$ 的后 $n-1$ 行和后 $n-1$ 列作第三类初等变换可以将 $\boldsymbol{A}_1$ 变成对角阵 $\mathrm{diag}(a_{11},\lambda_2,\cdots,\lambda_n)$.

再设 $a_{11}=0$. 如果 $\boldsymbol{A}$ 的第 1 列有某个 $a_{i1}\neq 0$, 将 $\boldsymbol{A}$ 的第 i 行加到第 1 行, 则 $\boldsymbol{A}$ 的第 (1,1) 元由 0 变成非零元 a_{i1}. 如果 $\boldsymbol{A}$ 的第 1 行有某个 $a_{1j}\neq 0$, 将 $\boldsymbol{A}$ 的第 j 列加到第 1 列, 则 $\boldsymbol{A}$ 的第 (1,1) 元由 0 变成非零元 a_{1j}. 都化为已解决的情况. 剩下的情形是 $\boldsymbol{A}$ 的第 1 列与第 1 行都是零, 则

$$\boldsymbol{A}=\begin{pmatrix} 0 & \boldsymbol{O} \\ \boldsymbol{O} & \boldsymbol{A}_{22}\end{pmatrix}$$

由归纳假设可以对 $\boldsymbol{A}$ 的后 $n-1$ 行和 $n-1$ 列作第三类初等变换将 $\boldsymbol{A}$ 变成对角阵.

这就证明了 $\boldsymbol{A}$ 可以通过有限次第三类初等变换变成对角阵 $\boldsymbol{S}=\mathrm{diag}(\lambda_1,\cdots,\lambda_n)$. 反过来, $\boldsymbol{S}$ 也可以经过有限次第三类初等变换变成 $\boldsymbol{A}$. 每个第三类初等变换可以用某个第三类初等矩阵作乘法实现, 因此:

$$\boldsymbol{A}=\boldsymbol{P}_1\cdots\boldsymbol{P}_t\boldsymbol{S}\boldsymbol{P}_{t+1}\cdots\boldsymbol{P}_m$$

其中 $\boldsymbol{P}_1,\cdots,\boldsymbol{P}_m$ 是第三类初等矩阵. 用第三类初等矩阵作乘法相当于做第三类初等变换, 不改变行列式. 因此 $|\boldsymbol{A}|=|\boldsymbol{S}|=\lambda_1\cdots\lambda_n$. 对任意方阵 $\boldsymbol{B}$, 有

$$\boldsymbol{AB}=\boldsymbol{P}_1\cdots\boldsymbol{P}_t\boldsymbol{S}\boldsymbol{P}_{t+1}\cdots\boldsymbol{P}_m\boldsymbol{B}$$

$\boldsymbol{B}$ 经过有限次第三类初等行变换变成 $\boldsymbol{B}_1=\boldsymbol{P}_{t+1}\cdots\boldsymbol{P}_m\boldsymbol{B}$, 行列式不变. $\boldsymbol{B}_1$ 的各行分别乘 $\boldsymbol{S}=\mathrm{diag}(\lambda_1,\cdots,\lambda_n)$ 的对角元得到 $\boldsymbol{SB}_1$, 行列式变成 $|\boldsymbol{SB}_1|=\lambda_1\cdots\lambda_n|\boldsymbol{B}_1|=|\boldsymbol{S}||\boldsymbol{B}_1|$. $\boldsymbol{SB}_1$ 再经过有限次第三类初等行变换变成 $\boldsymbol{AB}=\boldsymbol{P}_1\cdots\boldsymbol{P}_t\boldsymbol{SB}_1$, 行列式仍不变, 因此:

$$|\boldsymbol{AB}|=|\boldsymbol{SB}_1|=|\boldsymbol{S}||\boldsymbol{B}_1|=|\boldsymbol{A}||\boldsymbol{B}|.$$

4.4.5 (1)　已知 $\boldsymbol{A}=\begin{pmatrix} a & b\\ c & d\end{pmatrix}$, $a\neq 0$. 求 2 阶初等方阵 $\boldsymbol{P},\boldsymbol{Q}$ 使 $\boldsymbol{PAQ}$ 具有形式 $\begin{pmatrix} a & 0\\ 0 & d_1\end{pmatrix}$.

(2) 设 $\boldsymbol{A},\boldsymbol{B},\boldsymbol{C},\boldsymbol{D}\in F^{n\times n}$ 且 $\boldsymbol{A}$ 可逆, 求 $2n$ 阶可逆方阵 $\boldsymbol{P},\boldsymbol{Q}$ 使 $\boldsymbol{P}\begin{pmatrix} \boldsymbol{A} & \boldsymbol{B}\\ \boldsymbol{C} & \boldsymbol{D}\end{pmatrix}\boldsymbol{Q}$ 具有形式 $\begin{pmatrix} \boldsymbol{A} & 0\\ 0 & \boldsymbol{D}_1\end{pmatrix}$, 其中 $\boldsymbol{D}_1$ 是某个 n 阶方阵.

解　(1) $\boldsymbol{A}$ 可以通过初等行变换和列变换变成对角阵:

$$\boldsymbol{A}=\begin{pmatrix} a & b\\ c & d\end{pmatrix}\xrightarrow{-ca^{-1}(1)+(2)}\begin{pmatrix} a & b\\ 0 & d-ca^{-1}b\end{pmatrix}\xrightarrow[-a^{-1}b(1)+(2)]{}\begin{pmatrix} a & 0\\ 0 & d_1\end{pmatrix}$$

其中 $d_1=d-ca^{-1}b$. 令

$$\boldsymbol{I}\xrightarrow{-ca^{-1}(1)+(2)}\boldsymbol{P}=\begin{pmatrix} 1 & 0\\ -ca^{-1} & 1\end{pmatrix},\quad \boldsymbol{I}\xrightarrow[-a^{-1}b(1)+(2)]{}\boldsymbol{Q}=\begin{pmatrix} 1 & -a^{-1}b\\ 0 & 1\end{pmatrix}$$

则:

$$\boldsymbol{PAQ}=\begin{pmatrix} 1 & 0\\ -ca^{-1} & 1\end{pmatrix}\begin{pmatrix} a & b\\ c & d\end{pmatrix}\begin{pmatrix} 1 & -a^{-1}b\\ 0 & 1\end{pmatrix}=\begin{pmatrix} a & 0\\ 0 & d_1\end{pmatrix}\tag{4.4}$$

(2) 将等式 (4.4) 中的数 $a,b,c,d,1,0$ 分别替换成 n 阶方阵 $\boldsymbol{A},\boldsymbol{B},\boldsymbol{C},\boldsymbol{D},\boldsymbol{I},\boldsymbol{O}$, 得到

$$\begin{pmatrix} \boldsymbol{I} & \boldsymbol{O}\\ -\boldsymbol{CA}^{-1} & \boldsymbol{I}\end{pmatrix}\begin{pmatrix} \boldsymbol{A} & \boldsymbol{B}\\ \boldsymbol{C} & \boldsymbol{D}\end{pmatrix}\begin{pmatrix} \boldsymbol{I} & -\boldsymbol{A}^{-1}\boldsymbol{B}\\ \boldsymbol{O} & \boldsymbol{I}\end{pmatrix}=\begin{pmatrix} \boldsymbol{A} & \boldsymbol{O}\\ \boldsymbol{O} & \boldsymbol{D}_1\end{pmatrix}\tag{4.5}$$

其中 $\boldsymbol{D}_1=\boldsymbol{D}-\boldsymbol{CA}^{-1}\boldsymbol{B}$. □

4.5 矩阵乘法与行列式

知识导航

1. 线性变换矩阵的行列式

例 1 如图 4.1 所示, 求椭圆 $\dfrac{x^2}{a^2}+\dfrac{y^2}{b^2}=1$ ($a>b>0$) 的面积, 并求出它的内接四边形的最大面积.

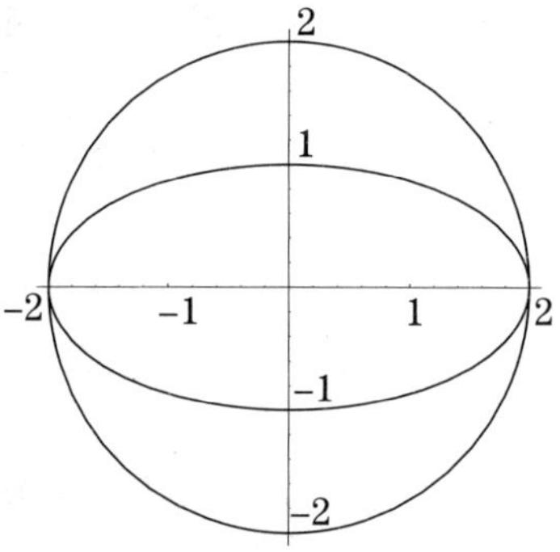

图 4.1

分析与解答 将椭圆在 y 轴方向"拉长"到 $\dfrac{a}{b}$ 倍得到圆 $x^2+y^2=a^2$. 反过来, 将圆 $x^2+y^2=a^2$ 在 y 轴方向按比例 $\dfrac{b}{a}$ "压缩"得到所说的椭圆.

在 y 轴方向上的"压缩"可以通过平面上的线性变换 $(x,y)\mapsto\left(x,\dfrac{b}{a}y\right)$ 来实现. 经过这个压缩变换, 所有图形的面积都被压缩了同样的比例, 变成原来的 $\dfrac{b}{a}$ 倍.

圆面积 πa^2 "压缩"成椭圆面积 $\dfrac{b}{a}\cdot\pi a^2=\pi ab$.

圆内接四边形最大面积 (内接正方形面积) $2a^2$ 压缩成椭圆内接四边形最大面积 $\dfrac{a}{b}\cdot 2a^2=2ab$. □

一般地, 平面上的线性变换 $\boldsymbol{X}\mapsto\boldsymbol{AX}$ 将所有的图形的面积放大或缩小同一个倍数 $\lambda=\det\boldsymbol{A}$, 等于变换矩阵 $\boldsymbol{A}$ 的行列式. 行列式 $\det\boldsymbol{A}$ 的正负号表示是保持还是改变图形旋转方向 (逆时针方向还是顺时针方向). 本例中将圆压缩成椭圆的变换 $(x,y)\mapsto\left(x,\dfrac{b}{a}y\right)$ 的矩阵 $\boldsymbol{A}=\mathrm{diag}\left(1,\dfrac{b}{a}\right)$, 行列式 $\det\boldsymbol{A}=\dfrac{b}{a}$, 图形面积都被压缩成原来的 $\dfrac{b}{a}$, 旋转方向不变.

类似地, 三维几何空间的线性变换 $\boldsymbol{X}\mapsto\boldsymbol{AX}$ 将图形的体积放大或缩小同一个倍数 $\det\boldsymbol{A}$, $\det\boldsymbol{A}$ 的符号表示是保持还是改变图形的旋转方向 (右手系还是左手系).

例 2 求曲线 $x^2+2xy+5y^2=4$ 所围面积.

分析 将方程左边配方为 $(x+y)^2+(2y)^2$, 令 $x'=x+y,y'=2y$, 则曲线方程变成

$x'^2+y'^2=4$. 这也就是将直角坐标系 $\boldsymbol{O}xy$ 中的曲线 $x^2+2xy+5y^2=4$ 经过线性变换

$$\sigma:\begin{pmatrix}x\\y\end{pmatrix}\mapsto\begin{pmatrix}x'\\y'\end{pmatrix}=\begin{pmatrix}1&1\\0&2\end{pmatrix}\begin{pmatrix}x\\y\end{pmatrix}$$

变成直角坐标系 $\boldsymbol{O}x'y'$ 中的圆 $x'^2+y'^2=4$. 圆面积为 4π. 线性变换 σ 的矩阵的行列式为 2, 因此 σ 将面积放大到 2 倍. 原来曲线所围面积为 $\frac{1}{2}(4\pi)=2\pi$. □

如果先经过变换 $\sigma:\boldsymbol{X}\mapsto\boldsymbol{AX}$ 将面积或体积放大或缩小到 $\lambda=\det\boldsymbol{A}$ 倍, 再经过变换 $\tau:\boldsymbol{X}\mapsto\boldsymbol{BA}$ 放大或缩小到 $\mu=\det\boldsymbol{B}$ 倍, 复合变换 $\tau\sigma:\boldsymbol{X}\mapsto(\boldsymbol{BA})\boldsymbol{X}$ 的放缩倍数就应当是

$$\det(\boldsymbol{BA})=\mu\lambda=(\det\boldsymbol{B})(\det\boldsymbol{A})$$

2. 方阵乘积的行列式

定理　对任意两个同阶方阵 $\boldsymbol{A},\boldsymbol{B}$, 有 $\det(\boldsymbol{AB})=(\det\boldsymbol{A})(\det\boldsymbol{B})$.

证明要点　$\boldsymbol{A}$ 可以通过一系列第三类初等行变换变成阶梯型 $\boldsymbol{T}$, 也就是左乘一系列第三类初等矩阵 $\boldsymbol{P}_1,\cdots,\boldsymbol{P}_k$ 变成 $\boldsymbol{T}=\boldsymbol{P}_k\cdots\boldsymbol{P}_1\boldsymbol{A}$, $\det\boldsymbol{T}=\det\boldsymbol{A}$. 与此同时, $\boldsymbol{AB}$ 也被左乘这些初等矩阵变成 $(\boldsymbol{P}_k\cdots\boldsymbol{P}_k)(\boldsymbol{AB})=(\boldsymbol{P}_k\cdots\boldsymbol{P}_1\boldsymbol{A})\boldsymbol{B}=T\boldsymbol{B}$, 也就是经过一系列第三类初等行变换变成 $\boldsymbol{TB}$, $\det(\boldsymbol{AB})=\det(\boldsymbol{TB})$.

如果 $\det\boldsymbol{A}=0$, 各行线性相关, 则化成的阶梯形 $\boldsymbol{T}$ 的最后一行为$\boldsymbol{0}$, $\boldsymbol{TB}$ 的最后一行也为 $\boldsymbol{0}$, $\det(\boldsymbol{AB})=\det(\boldsymbol{TB})=0=(\det\boldsymbol{A})(\det\boldsymbol{B})$ 成立.

如果 $\det\boldsymbol{A}\neq 0$, 则 $\boldsymbol{A}$ 可通过一系列第三类初等行变换变成对角阵 $\boldsymbol{T}=\mathrm{diag}(\lambda_1,\cdots,\lambda_n)$, $\boldsymbol{TB}$ 由 $\boldsymbol{B}$ 的各列分别乘 $\lambda_1,\cdots,\lambda_n$ 得到, 因此

$$\det(\boldsymbol{AB})=\det(\boldsymbol{TB})=\lambda_1\cdots\lambda_n\det\boldsymbol{B}=(\det\boldsymbol{T})(\det\boldsymbol{B})=(\det\boldsymbol{A})(\det\boldsymbol{B}).$$ □

3. 矩阵乘积的行列式

设 $\boldsymbol{A}\in F^{n\times m},\boldsymbol{B}\in F^{m\times n}$, 则:

(1) 当 $n=m$ 时, $\boldsymbol{A},\boldsymbol{B}$ 是方阵, $\det(\boldsymbol{AB})=\det\boldsymbol{A}\det\boldsymbol{B}$.

(2) 当 $n>m$ 时, 由 $\mathrm{rank}(\boldsymbol{AB})\leqslant\mathrm{rank}\,\boldsymbol{A}\leqslant m<n$ 知 $\det(\boldsymbol{AB})=0$.

也可将 $\boldsymbol{A}$ 添加 $n-m$ 个全零列、$\boldsymbol{B}$ 添加 $n-m$ 个全零行, 分别补成 n 阶方阵, 得到

$$(\boldsymbol{A},\boldsymbol{O})\begin{pmatrix}\boldsymbol{B}\\\boldsymbol{O}\end{pmatrix}=\boldsymbol{AB}+\boldsymbol{OO}=\boldsymbol{AB},\qquad \det(\boldsymbol{AB})=\det(\boldsymbol{A},\boldsymbol{O})\det\begin{pmatrix}\boldsymbol{B}\\\boldsymbol{O}\end{pmatrix}=0$$

(3) 当 $n<m$ 时,

$$\det(\boldsymbol{AB})=\sum_{1\leqslant k_1<\cdots<k_n\leqslant m}\boldsymbol{A}\begin{pmatrix}1&2&\cdots&n\\k_1&k_2&\cdots&k_n\end{pmatrix}\boldsymbol{B}\begin{pmatrix}k_1&k_2&\cdots&k_n\\1&2&\cdots&n\end{pmatrix}$$

其中, $\boldsymbol{A}\begin{pmatrix}1&2&\cdots&n\\k_1&k_2&\cdots&k_n\end{pmatrix}$ 是 $\boldsymbol{A}$ 的第 $1,2,\cdots,n$ 行和第 $k_1,\cdots,k_n$ 列交叉位置的元素组成的行列式, $\boldsymbol{B}\begin{pmatrix}k_1&k_2&\cdots&k_n\\1&2&\cdots&n\end{pmatrix}$ 是由 $\boldsymbol{B}$ 的第 $k_1,\cdots,k_n$ 行和第 $1,2,\cdots,n$ 列交叉位置的元素组成的行列式. □

例题分析与解答

4.5.1 设 $\boldsymbol{A}$ 是 n 阶可逆方阵, $\boldsymbol{\alpha}=(a_1,a_2,\cdots,a_n)^{\mathrm{T}}$, 证明:

$$\det(\boldsymbol{A}-\boldsymbol{\alpha}\boldsymbol{\alpha}^{\mathrm{T}})=(1-\boldsymbol{\alpha}^{\mathrm{T}}\boldsymbol{A}^{-1}\boldsymbol{\alpha})\cdot\det(\boldsymbol{A})$$

证明 $\boldsymbol{A}-\boldsymbol{\alpha}\boldsymbol{\alpha}^{\mathrm{T}}=\boldsymbol{A}(\boldsymbol{I}-\boldsymbol{A}^{-1}\boldsymbol{\alpha}\boldsymbol{\alpha}^{\mathrm{T}})$, 等式两边取行列式得

$$\begin{aligned}\det(\boldsymbol{A}-\boldsymbol{\alpha}\boldsymbol{\alpha}^{\mathrm{T}})&=(\det\boldsymbol{A})\cdot\det(\boldsymbol{I}_{(n)}-(\boldsymbol{A}^{-1}\boldsymbol{\alpha})\boldsymbol{\alpha}^{\mathrm{T}})\\&=(\det\boldsymbol{A})\cdot\det(\boldsymbol{I}_{(1)}-\boldsymbol{\alpha}^{\mathrm{T}}\boldsymbol{A}^{-1}\boldsymbol{\alpha})=(1-\boldsymbol{\alpha}^{\mathrm{T}}\boldsymbol{A}^{-1}\boldsymbol{\alpha})\cdot\det\boldsymbol{A}\end{aligned}$$ □

点评 本题不但用到了方阵乘积的行列式公式 $\det(\boldsymbol{AB})=\det\boldsymbol{A}\cdot\det\boldsymbol{B}$, 还用到了公式

$$\det(\boldsymbol{I}_{(n)}-\boldsymbol{AB})=\det(\boldsymbol{I}_{(m)}-\boldsymbol{BA}) \tag{4.6}$$

其中 $\boldsymbol{A},\boldsymbol{B}$ 分别是任意 $n\times m$ 矩阵和 $m\times n$ 矩阵. 公式 (4.6) 的证明如下:

易验证分块乘法等式

$$\begin{pmatrix}\boldsymbol{I}_{(m)} & \boldsymbol{O}\\ \boldsymbol{A} & \boldsymbol{I}_{(n)}-\boldsymbol{AB}\end{pmatrix}\begin{pmatrix}\boldsymbol{I}_{(m)} & -\boldsymbol{B}\\ \boldsymbol{O} & \boldsymbol{I}_{(n)}\end{pmatrix}\begin{pmatrix}\boldsymbol{I}_{(m)} & \boldsymbol{O}\\ \boldsymbol{A} & \boldsymbol{I}_{(n)}\end{pmatrix}=\begin{pmatrix}\boldsymbol{I}_{(m)}-\boldsymbol{BA} & -\boldsymbol{B}\\ \boldsymbol{O} & \boldsymbol{I}_{(n)}\end{pmatrix} \tag{4.7}$$

在等式 (4.7) 两边取行列式, 即得欲证的公式 (4.6):

$$\det(\boldsymbol{I}_{(n)}-\boldsymbol{AB})=\det(\boldsymbol{I}_{(m)}-\boldsymbol{BA})$$

当 $n>m$ 时, 利用公式 (4.6) 可以将高阶行列式 $\det(\boldsymbol{I}_{(n)}-\boldsymbol{AB})$ 变成低阶行列式 $\det(\boldsymbol{I}_{(m)}-\boldsymbol{BA})$ 来计算. 尤其是 $m=1$ 的情形, 此时 $\det(\boldsymbol{I}_{(1)}-\boldsymbol{BA})=1-\boldsymbol{BA}$ 就是一个数, 不用再算. 如本题和下题都是这种情况.

当 $m=2$ 时, 2 阶行列式 $\det(\boldsymbol{I}_{(2)}-\boldsymbol{BA})$ 也不难算出. 例如, 3.5.2 题, 求方阵

$$\boldsymbol{S}=\begin{pmatrix}0 & a_1+a_2 & \cdots & a_1+a_n\\ a_2+a_1 & 0 & \cdots & a_2+a_n\\ \vdots & \vdots & & \vdots\\ a_n+a_1 & a_n+a_2 & \cdots & 0\end{pmatrix}$$

的行列式 $|\boldsymbol{S}|$. 将 $\boldsymbol{S}$ 加上对角阵 $\boldsymbol{D}=\mathrm{diag}(2a_1,2a_2,\cdots,2a_n)$ 之后得到的 $\boldsymbol{N}=(a_i+a_j)_{n\times n}$ 的每行 $(a_i+a_1,\cdots,a_i+a_n)=a_i(1,\cdots,1)+(a_1,\cdots,a_n)$ 都是两个行向量 $\boldsymbol{\varepsilon}=(1,\cdots,1)$ 与 $\boldsymbol{\alpha}=(a_1,\cdots,a_n)$ 的线性组合, 可将 $\boldsymbol{S}+\boldsymbol{D}$ 写成两列的矩阵 $\boldsymbol{A}$ 和两行的矩阵 $\boldsymbol{B}$ 的乘积:

$$\boldsymbol{S}+\boldsymbol{D}=\begin{pmatrix}a_1 & 1\\ \vdots & \vdots\\ a_n & 1\end{pmatrix}\begin{pmatrix}1 & \cdots & 1\\ a_1 & \cdots & a_n\end{pmatrix}=\boldsymbol{AB}$$

于是当 $a_1\cdots a_n\neq 0$ 时有 $\boldsymbol{S}=-\boldsymbol{D}+\boldsymbol{AB}=-\boldsymbol{D}(\boldsymbol{I}_{(n)}-\boldsymbol{D}^{-1}\boldsymbol{AB})$, 则

$$|\boldsymbol{S}|=|-\boldsymbol{D}||\boldsymbol{I}_{(n)}-\boldsymbol{D}^{-1}\boldsymbol{AB}|=(-1)^n a_1\cdots a_n|\boldsymbol{I}_{(2)}-\boldsymbol{BD}^{-1}\boldsymbol{A}|,$$

其中的 2 阶行列式 $|\boldsymbol{I}_{(2)}-\boldsymbol{B}\boldsymbol{D}^{-1}\boldsymbol{A}|$ 不难算出. □

4.5.2 设 $\boldsymbol{\beta}=(b_1,b_2,\cdots,b_n)$, 其中 $b_i\neq 0\ (i=1,2,\cdots,n)$, $\boldsymbol{A}=\mathrm{diag}(b_1,b_2,\cdots,b_n)$, 求 $\det(\boldsymbol{A}-\boldsymbol{\beta}^{\mathrm{T}}\boldsymbol{\beta})$.

解 在等式 $\boldsymbol{A}-\boldsymbol{\beta}^{\mathrm{T}}\boldsymbol{\beta}=\boldsymbol{A}(\boldsymbol{I}-\boldsymbol{A}^{-1}\boldsymbol{\beta}^{\mathrm{T}}\boldsymbol{\beta})$ 两边取行列式得

$$\begin{aligned}\det(\boldsymbol{A}-\boldsymbol{\beta}^{\mathrm{T}}\boldsymbol{\beta})&=|\boldsymbol{A}||\boldsymbol{I}-\boldsymbol{A}^{-1}\boldsymbol{\beta}^{\mathrm{T}}\boldsymbol{\beta}|=|\boldsymbol{A}||1-\boldsymbol{\beta}\boldsymbol{A}^{-1}\boldsymbol{\beta}^{\mathrm{T}}|\\&=|\boldsymbol{A}|\left(1-(b_1,\cdots,b_n)\begin{pmatrix}1\\\vdots\\1\end{pmatrix}\right)=b_1\cdots b_n(1-b_1-\cdots-b_n)\end{aligned}$$

4.5.3 举出矩阵 $\boldsymbol{A},\boldsymbol{B}$ 使 $\det(\boldsymbol{AB})\neq\det(\boldsymbol{BA})$. 满足此条件的 $\boldsymbol{A},\boldsymbol{B}$ 是否可能是方阵? 为什么?

解 令 $\boldsymbol{A}=(1,0),\boldsymbol{B}=(1,0)^{\mathrm{T}}$, 则:

$$\boldsymbol{AB}=(1,0)\begin{pmatrix}1\\0\end{pmatrix}=1,\quad \boldsymbol{BA}=\begin{pmatrix}1\\0\end{pmatrix}(1,0)=\begin{pmatrix}1&0\\0&0\end{pmatrix}$$

满足条件 $|\boldsymbol{AB}|=1\neq 0=|\boldsymbol{BA}|$.

如果 $\boldsymbol{A},\boldsymbol{B}$ 都是方阵, 要使 $\boldsymbol{AB},\boldsymbol{BA}$ 有意义, $\boldsymbol{A},\boldsymbol{B}$ 必须是同阶方阵. 此时一定有 $|\boldsymbol{AB}|=|\boldsymbol{A}||\boldsymbol{B}|=|\boldsymbol{B}||\boldsymbol{A}|=|\boldsymbol{BA}|$. 因此, 满足条件 $|\boldsymbol{AB}|\neq|\boldsymbol{BA}|$ 的 $\boldsymbol{A},\boldsymbol{B}$ 不可能是方阵. □

4.5.4 设 $\boldsymbol{A}\in F^{n\times m},\boldsymbol{B}\in F^{m\times n}$. 求证: 多项式 $\lambda^m|\lambda\boldsymbol{I}_{(n)}-\boldsymbol{AB}|=\lambda^n|\lambda\boldsymbol{I}_{(m)}-\boldsymbol{BA}|$.

证明 当 $\lambda=0$ 时, 等式左右两边都等于 0, 等号成立.

设 $\lambda\neq 0$, 则:

$$\begin{aligned}\lambda^m|\lambda\boldsymbol{I}_{(n)}-\boldsymbol{AB}|&=\lambda^m\lambda^n|\boldsymbol{I}_{(n)}-\lambda^{-1}\boldsymbol{AB}|=\lambda^n|\lambda\boldsymbol{I}_{(m)}||\boldsymbol{I}_{(m)}-\boldsymbol{B}\lambda^{-1}\boldsymbol{A}|\\&=\lambda^n|\lambda\boldsymbol{I}_{(m)}(\boldsymbol{I}_{(m)}-\lambda^{-1}\boldsymbol{BA})|=\lambda^n|\lambda\boldsymbol{I}_{(m)}-\boldsymbol{BA}|\end{aligned}$$ □

4.5.5 求行列式

(1) $\begin{vmatrix}(a_0+b_0)^n&(a_0+b_1)^n&\cdots&(a_0+b_n)^n\\(a_1+b_0)^n&(a_1+b_1)^n&\cdots&(a_1+b_n)^n\\\vdots&\vdots&&\vdots\\(a_n+b_0)^n&(a_n+b_1)^n&\cdots&(a_n+b_n)^n\end{vmatrix}$;

(2) $\begin{vmatrix}\sin\theta_1&\sin 2\theta_1&\cdots&\sin n\theta_1\\\sin\theta_2&\sin 2\theta_2&\cdots&\sin n\theta_2\\\vdots&\vdots&&\vdots\\\sin\theta_n&\sin 2\theta_n&\cdots&\sin n\theta_n\end{vmatrix}$.

分析 第 (1) 小题所求行列式 $\det\boldsymbol{S}$ 的第 $(i+1,j+1)$ 元素

$$s_{i+1,j+1}=(a_i+b_j)^n=a_i^n1+\mathrm{C}_n^1a_i^{n-1}b_j+\cdots+\mathrm{C}_n^{n-1}a_ib_j^{n-1}+\mathrm{C}_n^n1b_j^n$$

$$= (a_i^n, \mathrm{C}_n^1 a_i^{n-1}, \cdots, \mathrm{C}_n^n) \begin{pmatrix} 1 \\ b_i \\ \vdots \\ b_i^n \end{pmatrix}$$

$$= (a_i^n, a_i^{n-1}, \cdots, 1) \begin{pmatrix} 1 & & & \\ & \mathrm{C}_n^1 & & \\ & & \ddots & \\ & & & \mathrm{C}_n^n \end{pmatrix} \begin{pmatrix} 1 \\ b_j \\ \vdots \\ b_j^n \end{pmatrix} = \boldsymbol{\alpha}_i \boldsymbol{D} \boldsymbol{\beta}_j^{\mathrm{T}}$$

其中 $\boldsymbol{\alpha}_i = (a_i^n, a_i^{n-1}, \cdots, a_i, 1), \boldsymbol{\beta}_j = (1, b_j, \cdots, b_j^n)$ 是 $n+1$ 维行向量, $\boldsymbol{D} = \mathrm{diag}(\mathrm{C}_n^0, \mathrm{C}_n^1, \cdots, \mathrm{C}_n^n)$ 是由组合数 $\mathrm{C}_n^k = \frac{n(n-1)\cdots(n-k+1)}{k!}$ $(0 \leqslant k \leqslant n)$ 组成的 $n+1$ 阶对角阵. 于是:

$$\boldsymbol{S} = \begin{pmatrix} \boldsymbol{\alpha}_0 \boldsymbol{D} \boldsymbol{\beta}_0^{\mathrm{T}} & \boldsymbol{\alpha}_0 \boldsymbol{D} \boldsymbol{\beta}_1^{\mathrm{T}} & \cdots & \boldsymbol{\alpha}_0 \boldsymbol{D} \boldsymbol{\beta}^n \\ \boldsymbol{\alpha}_1 \boldsymbol{D} \boldsymbol{\beta}_0^{\mathrm{T}} & \boldsymbol{\alpha}_1 \boldsymbol{D} \boldsymbol{\beta}_1^{\mathrm{T}} & \cdots & \boldsymbol{\alpha}_1 \boldsymbol{D} \boldsymbol{\beta}^n \\ \vdots & \vdots & \cdots & \vdots \\ \boldsymbol{\alpha}_n \boldsymbol{D} \boldsymbol{\beta}_0^{\mathrm{T}} & \boldsymbol{\alpha}_n \boldsymbol{D} \boldsymbol{\beta}_1^{\mathrm{T}} & \cdots & \boldsymbol{\alpha}_n \boldsymbol{D} \boldsymbol{\beta}_n^{\mathrm{T}} \end{pmatrix} = \begin{pmatrix} \boldsymbol{\alpha}_0 \\ \boldsymbol{\alpha}_1 \\ \vdots \\ \boldsymbol{\alpha}_n \end{pmatrix} \boldsymbol{D}(\boldsymbol{\beta}_0, \boldsymbol{\beta}_1, \cdots, \boldsymbol{\beta}_n) = \boldsymbol{ADB}$$

$$= \begin{pmatrix} a_0^n & a_0^{n-1} & \cdots & 1 \\ a_1^n & a_1^{n-1} & \cdots & 1 \\ \vdots & \vdots & & \vdots \\ a_n^n & a_n^{n-1} & \cdots & 1 \end{pmatrix} \begin{pmatrix} 1 & & & \\ & \mathrm{C}_n^1 & & \\ & & \ddots & \\ & & & \mathrm{C}_n^n \end{pmatrix} \begin{pmatrix} 1 & 1 & \cdots & 1 \\ b_0 & b_1 & \cdots & b_n \\ \vdots & \vdots & & \vdots \\ b_0^n & b_1^n & \cdots & b_n^n \end{pmatrix} \tag{4.8}$$

$\boldsymbol{S}$ 被分解为三个方阵的乘积 $\boldsymbol{S} = \boldsymbol{ADB}$, 其中 $\boldsymbol{A}$ 是依次以 $\boldsymbol{\alpha}_0, \boldsymbol{\alpha}_1, \cdots, \boldsymbol{\alpha}_n$ 为各行组成的方阵, $\boldsymbol{B}$ 是依次以 $\boldsymbol{\beta}_0^{\mathrm{T}}, \boldsymbol{\beta}_1^{\mathrm{T}}, \cdots, \boldsymbol{\beta}_n^{\mathrm{T}}$ 为各列组成的方阵, $\boldsymbol{D} = \mathrm{diag}(1, \mathrm{C}_n^1, \cdots, \mathrm{C}_n^n)$ 是对角阵. $|\boldsymbol{S}| = |\boldsymbol{A}||\boldsymbol{D}||\boldsymbol{B}|$ 被分解为三个行列式的乘积. 其中对角阵 $\boldsymbol{D}$ 的行列式易求出; 范得蒙德行列式 $|\boldsymbol{B}|$ 也有现成的公式计算出来; 将 $|\boldsymbol{A}|$ 经过若干次两列互换将各列的排列顺序完全颠倒, 也化为范得蒙德行列式.

类似地, 第 (2) 题中的行列式也可以分解为几个方阵的乘积. 不过, 为实现这样的分解, 需要先将其中的各个元素 $\sin m\theta_i$ 写成 $\sin\theta_i, \cos\theta_i$ 的多项式的形状.

解 (1) 行列式 $|\boldsymbol{S}|$ 的方阵 $\boldsymbol{S}$ 可分解为两个方阵的乘积 $\boldsymbol{AB}$, 从而 $|\boldsymbol{S}|$ 分解为 $|\boldsymbol{A}||\boldsymbol{B}|$:

$$|\boldsymbol{S}| = \begin{vmatrix} a_0^n + \mathrm{C}_n^1 a_0^{n-1} b_0 + \cdots + \mathrm{C}_n^n b_0^n & \cdots & a_0^n + \mathrm{C}_n^1 a_0^{n-1} b_n + \cdots + \mathrm{C}_n^n b_n^n \\ \vdots & & \vdots \\ a_n^n + \mathrm{C}_n^1 a_n^{n-1} b_0 + \cdots + \mathrm{C}_n^n b_0^n & \cdots & a_n^n + \mathrm{C}_n^1 a_n^{n-1} b_n + \cdots + \mathrm{C}_n^n b_n^n \end{vmatrix}$$

$$= \left| \begin{pmatrix} a_0^n & \mathrm{C}_n^1 a_0^{n-1} & \cdots & \mathrm{C}_n^n \\ a_1^n & \mathrm{C}_n^1 a_1^{n-1} & \cdots & \mathrm{C}_n^n \\ \vdots & \vdots & & \vdots \\ a_n^n & \mathrm{C}_n^1 a_n^{n-1} & \cdots & \mathrm{C}_n^n \end{pmatrix} \begin{pmatrix} 1 & 1 & \cdots & 1 \\ b_0 & b_1 & \cdots & b_n \\ \vdots & \vdots & & \vdots \\ b_0^n & b_1^n & \cdots & b_n^n \end{pmatrix} \right| = |\boldsymbol{A}||\boldsymbol{B}| \tag{4.9}$$

其中第 2 个行列式 $|\boldsymbol{B}|$ 是范得蒙德行列式:

$$|\boldsymbol{B}|=\begin{vmatrix}1 & 1 & \cdots & 1\\ b_0 & b_1 & \cdots & b_n\\ \vdots & \vdots & & \vdots\\ b_0^n & b_1^n & \cdots & b_n^n\end{vmatrix}=\sum_{0\leqslant i<j\leqslant n}(b_j-b_i)$$

第 1 个行列式 $|\boldsymbol{A}|$ 的第 $2\sim n$ 列分别提取公因子 $\mathrm{C}_n^1,\cdots,\mathrm{C}_n^{n-1}$, 再通过若干次两列互换将各列顺序颠倒, 化为范得蒙德行列式. 两列颠倒的顺序是: 先将最后一列依次与前面 n 列互换顺序, 再将新的最后一列依次与前面 $n-1$ 列互换顺序 …… 依此类推, 经过 $n+(n-1)+\cdots+2+1=\dfrac{n(n+1)}{2}$ 次两列互换实现各列顺序的完全颠倒.

$$\begin{aligned}|\boldsymbol{A}|&=\mathrm{C}_n^1\mathrm{C}_n^2\cdots\mathrm{C}_n^{n-1}\begin{vmatrix}a_0^n & a_0^{n-1} & \cdots & 1\\ a_1^n & a_1^{n-1} & \cdots & 1\\ \vdots & \vdots & & \vdots\\ a_n^n & a_n^{n-1} & \cdots & 1\end{vmatrix}\\ &=\mathrm{C}_n^1\mathrm{C}_n^2\cdots\mathrm{C}_n^{n-1}\cdot(-1)^{\frac{n+(n-1)+\cdots+2+1}{2}}\begin{vmatrix}1 & a_0 & a_0^2 & \cdots & a_0^n\\ 1 & a_1 & a_1^2 & \cdots & a_1^n\\ \vdots & \vdots & \vdots & & \vdots\\ 1 & a_n & a_n^2 & \cdots & a_n^n\end{vmatrix}\\ &=(-1)^{\frac{n(n+1)}{2}}\mathrm{C}_n^1\mathrm{C}_n^2\cdots\mathrm{C}_n^{n-1}\sum_{1\leqslant i<j\leqslant n}(a_j-a_i)\end{aligned}$$

于是得到所求行列式的值:

$$|\boldsymbol{S}|=(-1)^{\frac{n(n+1)}{2}}\mathrm{C}_n^1\cdots\mathrm{C}_n^{n-1}\prod_{0\leqslant i<j\leqslant n}(a_j-a_i)(b_j-b_i)$$

(2) 先用数学归纳法证明:

$$\cos m\theta=f(\cos\theta)=2^{m-1}\cos^m\theta+\cdots \tag{4.10}$$

$$\sin m\theta=(\sin\theta)g(\cos\theta)=(\sin\theta)(2^{m-1}\cos^{m-1}\theta+\cdots) \tag{4.11}$$

对所有的正整数 m 成立, 其中 $f(x)=2^{m-1}x^{m-1}+\cdots$ 与 $g(x)=2^{m-1}x^m+\cdots$ 分别是 $m-1$ 次和 m 多项式, 首项系数都是 2^{m-1}, 等式 (4.10),(4.11) 中的省略号表示 $\cos\theta$ 的更低次数的多项式.

当 $m=1$, $\cos\theta=f(\cos\theta)$ 及 $\sin\theta=(\sin\theta)g(\cos\theta)$ 对 $f(x)=x$ 及 $g(x)=1$ 成立.

设 $m>1$, 且等式 (4.10),(4.11) 已对 $m-1$ 成立, 即 $\cos(m-1)\theta=2^{m-2}\cos^{m-1}\theta+\cdots$, $\sin(m-1)\theta=(\sin\theta)(2^{m-2}\cos^{m-2}\theta+\cdots)$ 于是:

$$\begin{aligned}\cos m\theta&=\cos(m-1)\theta\cos\theta-\sin(m-1)\theta\sin\theta\\ &=(2^{m-2}\cos^{m-1}\theta+\cdots)\cos\theta-(\sin\theta)(2^{m-2}\cos^{m-2}\theta+\cdots)\sin\theta\end{aligned}$$

$$
\begin{aligned}
&= (2^{m-2}\cos^m\theta+\cdots)-(1-\cos^2\theta)(2^{m-2}\cos^{m-2}\theta+\cdots)\\
&= 2^{m-1}\cos^m\theta+\cdots\\
\sin m\theta &= \sin(m-1)\theta\cos\theta+\cos(m-1)\theta\sin\theta\\
&= \sin\theta(2^{m-2}\cos^{m-2}\theta+\cdots)\cos\theta+(2^{m-2}\cos^{m-1}\theta+\cdots)\sin\theta\\
&= \sin\theta(2^{m-1}\cos^{m-1}\theta+\cdots)
\end{aligned}
$$

根据数学归纳法原理, 等式 (4.10),(4.11) 对所有的正整数 m 成立, 于是所求行列式 $|\boldsymbol{S}|$ 的矩阵

$$
\boldsymbol{S}=\begin{pmatrix}
\sin\theta_1 & \sin\theta_1(2\cos\theta_1) & \cdots & \sin\theta_1(2^{n-1}\cos^{n-2}\theta_1+\cdots)\\
\sin\theta_2 & \sin\theta_2(2\cos\theta_2) & \cdots & \sin\theta_2(2^{n-1}\cos^{n-2}\theta_2+\cdots)\\
\vdots & \vdots & & \vdots\\
\sin\theta_n & \sin\theta_n(2\cos\theta_n) & \cdots & \sin\theta_n(2^{n-1}\cos^{n-2}\theta_n+\cdots)
\end{pmatrix} \tag{4.12}
$$

$$
=\begin{pmatrix}
\sin\theta_1 & & \\
 & \ddots & \\
 & & \sin\theta_n
\end{pmatrix}
\begin{pmatrix}
1 & \cos\theta_1 & \cdots & \cos^{n-1}\theta_1\\
1 & \cos\theta_2 & \cdots & \cos^{n-1}\theta_2\\
\vdots & \vdots & & \vdots\\
1 & \cos\theta_1 & \cdots & \cos^{n-1}\theta_n
\end{pmatrix}
\begin{pmatrix}
1 & * & \cdots & *\\
 & 2 & \cdots & *\\
 & & \ddots & \vdots\\
 & & & 2^{n-1}
\end{pmatrix}
$$

$|\boldsymbol{S}|$ 等于最后一个等号右边的三个方阵的行列式的乘积. 其中第 1 个方阵是对角阵, 第 3 个方阵是上三角阵, 行列式等于各对角元的乘积 $\sin\theta_1\cdots\sin\theta_n$ 及 $2^{1+2+\cdots+(n-1)}=2^{n(n-1)/2}$. 第 2 个方阵是范得蒙德行列式. 由此得到

$$
|\boldsymbol{S}|=2^{n(n-1)/2}\sin\theta_1\sin\theta_2\cdots\sin\theta_n\prod_{1\leqslant i<j\leqslant n}(\cos\theta_j-\cos\theta_i)
$$
□

点评 本题的关键是将行列式所对应的方阵分解为两个方阵的乘积, 使这两个方阵的行列式容易计算. 当你对矩阵乘法不太熟练的时候, 要想出这种分解不太容易, 但对于已经想出的分解式用矩阵乘法进行验证却相对容易一些. 本题一开始的分析就是帮助你用分块运算的观点自然地得到矩阵的分解. 但在对解法的叙述中, 却可以直接写出矩阵乘法分解式而无需讲任何理由, 理由就是: 直接用矩阵乘法法则验证, 这是学过线性代数的人都应当会的. 注意, 在分析中我们将方阵分解为三个方阵的乘积, 在解法中却只分解为两个方阵的乘积. 这是因为, 如果不用分块运算, 直接想出和验证三个方阵的乘积比较困难, 而分成两个方阵的乘积就容易些. 求行列式的时候, 将第一个行列式各列提取公因子, 实际上就是将第一个方阵进一步分解出了一个对角阵, 但我们不用矩阵乘法分解而用行列式性质来叙述, 更容易为一般读者理解.

第 (1) 小题中, 将以 $(a_i^n,a_i^{n-1},\cdots,1)$ 为各行组成的行列式经过两列互换导致了一个正负号 $(-1)^{\frac{n(n+1)}{2}}$. 也可在两列互换之后再经过同样多次数的两行互换, 将行的顺序也完全颠倒, 这样就可将正负号消去, 得到更简洁的答案:

$$
|\boldsymbol{S}|=\mathrm{C}_n^1\cdots\mathrm{C}_n^{n-1}\prod_{0\leqslant i<j\leqslant n}(a_i-a_j)(b_j-b_i)
$$
□

4.6 秩与相抵

知识导航

1. 行列式与秩

n 阶方阵 $\boldsymbol{A}$ 的行列式 $\det\boldsymbol{A}\neq 0 \Leftrightarrow \boldsymbol{A}$ 的各行线性无关、各列线性无关, 行秩、列秩都等于 n.

矩阵 $\boldsymbol{A}$ 中某 k 行 (第 $i_1,\cdots,i_k$ 行) 和某 k 列 (第 $j_1,\cdots,j_k$ 列) 交叉位置的元素组成的行列式 $\boldsymbol{A}\begin{pmatrix} i_1 & \cdots & i_k \\ j_1 & \cdots & j_k \end{pmatrix}$ 称为 k 阶子式. 如果 $\boldsymbol{A}$ 的某个 k 阶子式不为 0, 这个 k 阶子式所占有的那 k 行线性无关, 所占有那 k 列线性无关, $\boldsymbol{A}$ 的行秩与列秩都 $\geqslant k$.

定义　矩阵 $\boldsymbol{A}$ 中非零子式的最大阶数 r 称为 $\boldsymbol{A}$ 的秩, 记为 $\operatorname{rank}\boldsymbol{A}=r$. r 也是 $\boldsymbol{A}$ 的行向量组和列向量组的秩. □

$\operatorname{rank}\boldsymbol{A}=r \Leftrightarrow \boldsymbol{A}$ 含有 k 阶非零子式 $(\forall k\leqslant r)$ 且不含 s 阶非零子式 $(\forall s>r)$.

2. 相抵

定义　设 $\boldsymbol{A},\boldsymbol{B}\in F^{m\times n}$. 如果存在可逆方阵 $\boldsymbol{P},\boldsymbol{Q}$ 满足 $\boldsymbol{PAQ}=\boldsymbol{B}$, 就称 $\boldsymbol{A}$ 与 $\boldsymbol{B}$ **相抵** (equivalent).

性质　(1) $\boldsymbol{A},\boldsymbol{B}$ 相抵 $\Leftrightarrow \boldsymbol{A}$ 可以经过一系列初等行变换和初等列变换变成 $\boldsymbol{B}$.

(2) $\boldsymbol{A},\boldsymbol{B}$ 相抵 $\Leftrightarrow \operatorname{rank}\boldsymbol{A}=\operatorname{rank}\boldsymbol{B}$.

(3) 满足等价关系 3 条件:

(a) 自反性: $\boldsymbol{A}$ 相抵于自身.

(b) 对称性: 若 $\boldsymbol{A}$ 相抵于 $\boldsymbol{B}$, 则 $\boldsymbol{B}$ 相抵于 $\boldsymbol{A}$.

(c) 传递性: 若 $\boldsymbol{A}$ 相抵于 $\boldsymbol{B}$, $\boldsymbol{B}$ 相抵于 $\boldsymbol{C}$, 则 $\boldsymbol{A}$ 相抵于 $\boldsymbol{C}$.

(4) 相抵标准形: 每个 $\boldsymbol{A}$ 相抵于标准形

$$\begin{pmatrix} \boldsymbol{I}_{(r)} & \boldsymbol{O} \\ \boldsymbol{O} & \boldsymbol{O} \end{pmatrix}$$

其中 $r=\operatorname{rank}\boldsymbol{A}$.

3. 秩的有用性质

(1) $\operatorname{rank}\begin{pmatrix} \boldsymbol{A} & \boldsymbol{O} \\ \boldsymbol{O} & \boldsymbol{B} \end{pmatrix}=\operatorname{rank}\boldsymbol{A}+\operatorname{rank}\boldsymbol{B}$.

(2) $\operatorname{rank}\begin{pmatrix} \boldsymbol{A} & \boldsymbol{O} \\ \boldsymbol{C} & \boldsymbol{B} \end{pmatrix}\geqslant\operatorname{rank}\boldsymbol{A}+\operatorname{rank}\boldsymbol{B}$.

(3) $\boldsymbol{A}$ 的子矩阵 $\boldsymbol{A}_1$ 的秩 $\operatorname{rank}\boldsymbol{A}_1\leqslant\operatorname{rank}\boldsymbol{A}$.

例题分析与解答

4.6.1 求下列矩阵的秩:

(1) $\boldsymbol{A}=\begin{pmatrix}-1 & 2 & 3 & 7\\ 1 & 0 & 3 & 2\\ 4 & -3 & 5 & 2\end{pmatrix}$; (2) $\boldsymbol{B}=\begin{pmatrix}1 & 5 & 3 & 0\\ 0 & 4 & 6 & 2\\ 2 & 0 & 9 & 1\\ -1 & 3 & 0 & 1\end{pmatrix}$.

解法 通过一系列初等行变换将 $\boldsymbol{A},\boldsymbol{B}$ 化成阶梯形, 阶梯形矩阵的非零行的个数即是原来矩阵的秩.

答案 (1) $\operatorname{rank}\boldsymbol{A}=3$; (2) $\operatorname{rank}\boldsymbol{B}=3$. □

4.6.2 证明: 任意一个秩为 r 的矩阵都可以表示为 r 个秩为 1 的矩阵之和.

证明 设 $\operatorname{rank}\boldsymbol{A}=r$, 则存在可逆方阵 $\boldsymbol{P},\boldsymbol{Q}$ 使 $\boldsymbol{A}=\boldsymbol{PSQ}$, 其中:

$$\boldsymbol{S}=\begin{pmatrix}\boldsymbol{I}_{(r)} & \boldsymbol{O}\\ \boldsymbol{O} & \boldsymbol{O}\end{pmatrix}$$

$\boldsymbol{S}$ 可写成 r 个秩为 1 的矩阵之和: $\boldsymbol{S}=\boldsymbol{E}_{11}+\cdots+\boldsymbol{E}_{rr}$, 其中 $\boldsymbol{E}_{ii}$ 的第 (i,i) 元素为 1, 其余元素为 0.

于是 $\boldsymbol{A}=\boldsymbol{P}(\boldsymbol{E}_{11}+\cdots+\boldsymbol{E}_{rr})\boldsymbol{Q}=\boldsymbol{A}_1+\cdots+\boldsymbol{A}_r$, 其中每个 $\boldsymbol{A}_i=\boldsymbol{PE}_{ii}\boldsymbol{Q}$ 的秩 $\operatorname{rank}\boldsymbol{A}_i=\operatorname{rank}\boldsymbol{E}_{ii}=1$. □

4.6.3 (矩阵的满秩分解) 设 $\boldsymbol{A}=F^{m\times n}$ 且 $\operatorname{rank}\boldsymbol{A}=r>0$. 求证: 存在 $\boldsymbol{B}\in F^{m\times r}$ 和 $\boldsymbol{C}\in F^{r\times n}$ 且 $\operatorname{rank}\boldsymbol{B}=\operatorname{rank}\boldsymbol{C}=r$, 使 $\boldsymbol{A}=\boldsymbol{BC}$.

解 存在可逆方阵 $\boldsymbol{P},\boldsymbol{Q}$ 使

$$\boldsymbol{A}=\boldsymbol{P}\begin{pmatrix}\boldsymbol{I}_{(r)} & \boldsymbol{O}\\ \boldsymbol{O} & \boldsymbol{O}\end{pmatrix}\boldsymbol{Q}=\boldsymbol{P}\begin{pmatrix}\boldsymbol{I}_{(r)}\\ \boldsymbol{O}\end{pmatrix}\begin{pmatrix}\boldsymbol{I}_{(r)} & \boldsymbol{O}\end{pmatrix}\boldsymbol{Q}=\boldsymbol{BC}$$

其中:

$$\boldsymbol{B}=\boldsymbol{P}\begin{pmatrix}\boldsymbol{I}_{(r)}\\ \boldsymbol{O}\end{pmatrix}\in F^{m\times r},\quad \boldsymbol{C}=\begin{pmatrix}\boldsymbol{I}_{(r)} & \boldsymbol{O}\end{pmatrix}\boldsymbol{Q}$$

且由 $\boldsymbol{P},\boldsymbol{Q}$ 可逆知

$$\operatorname{rank}\boldsymbol{B}=\operatorname{rank}\begin{pmatrix}\boldsymbol{I}_{(r)}\\ \boldsymbol{O}\end{pmatrix}=r,\quad \operatorname{rank}\boldsymbol{C}=\operatorname{rank}\begin{pmatrix}\boldsymbol{I}_{(r)} & \boldsymbol{O}\end{pmatrix}=r$$ □

点评 4.6.2 与 4.6.3 题的思路相同: 要对任意矩阵 $\boldsymbol{A}$ 达到题目要求不大容易, 先将 $\boldsymbol{A}$ 相抵到最简单的标准形 $\boldsymbol{S}$ 使 $\boldsymbol{A}=\boldsymbol{PSQ}$, 对 $\boldsymbol{S}$ 很容易达到题目要求, 写成 r 个秩 1 矩阵之和, 或写成两个秩 r 的满秩矩阵之积. 再通过相抵变换由 $\boldsymbol{S}$ 回到 $\boldsymbol{A}$, 就对 $\boldsymbol{A}$ 达到了题目要求.

我们将这种思路称为"凌波微步". 凌波微步是金庸武侠小说中的人物段誉学到的逃命功夫. 我们将它引申为: 打不赢就跑, 跑到打得赢的地方再打. 对一般的矩阵 $\boldsymbol{A}$ 打不赢, 就跑到最简单的标准形 $\boldsymbol{S}$ 那里去打, 然后再回到 $\boldsymbol{A}$. □

4.6.4　已知方阵 $\boldsymbol{A}=(a_{ij})_{n\times n}$ 的秩等于 1, $\lambda=a_{11}+\cdots+a_{nn}$.

(1) 求证: $\boldsymbol{A}^2=\lambda\boldsymbol{A}$;

(2) 求 $\det(\boldsymbol{I}+\boldsymbol{A})$;

(3) 当 $\boldsymbol{I}+\boldsymbol{A}$ 可逆时求 $(\boldsymbol{I}+\boldsymbol{A})^{-1}$.

证明　存在可逆方阵 $\boldsymbol{P},\boldsymbol{Q}$ 将秩 1 的方阵 $\boldsymbol{A}$ 相抵于标准形:

$$\boldsymbol{A}=\boldsymbol{P}\begin{pmatrix}1&0\\0&\boldsymbol{O}\end{pmatrix}\boldsymbol{Q}=\boldsymbol{P}\begin{pmatrix}1\\0\\\vdots\\0\end{pmatrix}(1,0,\cdots,0)\boldsymbol{Q}=\boldsymbol{\alpha\beta}$$

其中:

$$\boldsymbol{\alpha}=\boldsymbol{P}\begin{pmatrix}1\\0\\\vdots\\0\end{pmatrix}=\begin{pmatrix}a_1\\\vdots\\a_n\end{pmatrix},\quad \boldsymbol{\beta}=(1,0,\cdots,0)\boldsymbol{Q}=(b_1,\cdots,b_n)$$

分别是 n 维的非零列向量和行向量. 于是:

$$\boldsymbol{A}=(a_{ij})_{n\times n}=\boldsymbol{\alpha\beta}=\begin{pmatrix}a_1b_1&\cdots&a_1b_n\\\vdots&&\vdots\\a_nb_1&\cdots&a_nb_n\end{pmatrix}$$

的第 (i,j) 元 $a_{ij}=a_ib_j$. $\lambda=a_{11}+\cdots+a_{nn}=a_1b_1+\cdots+a_nb_n=\boldsymbol{\beta\alpha}$.

(1) $\boldsymbol{A}^2=(\boldsymbol{\alpha\beta})(\boldsymbol{\alpha\beta})=\boldsymbol{\alpha}(\boldsymbol{\beta\alpha})\boldsymbol{\beta}=\lambda\boldsymbol{\alpha\beta}=\lambda\boldsymbol{A}$.

(2) $\det(\boldsymbol{I}+\boldsymbol{A})=\det(\boldsymbol{I}+\boldsymbol{\alpha\beta})=1+\boldsymbol{\beta\alpha}=1+\lambda$.

(3) 记 $\boldsymbol{B}=\boldsymbol{I}+\boldsymbol{A}$, 则 $\boldsymbol{A}=\boldsymbol{B}-\boldsymbol{I}$, 代入 $\boldsymbol{A}^2=\lambda\boldsymbol{A}$ 得 $(\boldsymbol{B}-\boldsymbol{I})^2=\lambda(\boldsymbol{B}-\boldsymbol{I})$. 整理得 $\boldsymbol{B}^2-(2+\lambda)\boldsymbol{B}+(1+\lambda)\boldsymbol{I}=\boldsymbol{O}$, $\boldsymbol{B}(\boldsymbol{B}-(2+\lambda)\boldsymbol{I})=-(1+\lambda)\boldsymbol{I}$. $\boldsymbol{I}+\boldsymbol{A}$ 可逆 $\Leftrightarrow$ $\det(\boldsymbol{I}+\boldsymbol{A})=1+\lambda\neq 0$, 此时 $\boldsymbol{B}\cdot\left(-\dfrac{1}{1+\lambda}\right)(\boldsymbol{B}-(2+\lambda)\boldsymbol{I})=\boldsymbol{I}$. 于是:

$$\begin{aligned}(\boldsymbol{I}+\boldsymbol{A})^{-1}=\boldsymbol{B}^{-1}&=\left(-\frac{1}{1+\lambda}\right)(\boldsymbol{B}-(2+\lambda)\boldsymbol{I})\\&=\left(-\frac{1}{1+\lambda}\right)(\boldsymbol{I}+\boldsymbol{A}-(2+\lambda)\boldsymbol{I})=\boldsymbol{I}-\frac{1}{1+\lambda}\boldsymbol{A}\end{aligned}$$ □

点评　第 (3) 小题求 $(\boldsymbol{I}+\boldsymbol{A})^{-1}$ 也可用待定系数法求 x 满足条件 $(\boldsymbol{I}+x\boldsymbol{A})(\boldsymbol{I}+\boldsymbol{A})=\boldsymbol{I}$. 将等式左边展开并合并同类项得 $\boldsymbol{I}+(x+1+\lambda x)\boldsymbol{A}=\boldsymbol{I}$, 只要选 x 使 $x+1+\lambda x=0$ 即符合要求. 此时 $x=-\dfrac{1}{1+\lambda}$. 由此得到

$$(\boldsymbol{I}+\boldsymbol{A})^{-1}=\boldsymbol{I}-\frac{1}{1+\lambda}\boldsymbol{A}$$ □

4.6.5　设 $\boldsymbol{A},\boldsymbol{B}$ 是行数相同的矩阵, $(\boldsymbol{A},\boldsymbol{B})$ 是由 $\boldsymbol{A},\boldsymbol{B}$ 并排组成的矩阵. 证明:

$$\text{rank}(\boldsymbol{A},\boldsymbol{B}) \leqslant \text{rank}\,\boldsymbol{A}+\text{rank}\,\boldsymbol{B}$$

证明 设 $\boldsymbol{A}\in F^{m\times n}$, $\boldsymbol{B}\in F^{m\times p}$, 取

$$\boldsymbol{T}=\begin{pmatrix} \boldsymbol{I}_{(m)} & \boldsymbol{O} \\ \boldsymbol{I}_{(m)} & \boldsymbol{I}_{(m)} \end{pmatrix},\quad \boldsymbol{S}=\begin{pmatrix} \boldsymbol{A} & \boldsymbol{O} \\ \boldsymbol{O} & \boldsymbol{B} \end{pmatrix},\quad \boldsymbol{TS}=\begin{pmatrix} \boldsymbol{A} & \boldsymbol{O} \\ \boldsymbol{A} & \boldsymbol{B} \end{pmatrix}$$

由于 $\det\boldsymbol{T}=1$, $\boldsymbol{T}$ 是可逆方阵, 因而 $\text{rank}(\boldsymbol{TS})=\text{rank}\,\boldsymbol{S}=\text{rank}\,\boldsymbol{A}+\text{rank}\,\boldsymbol{B}$.

$r=\text{rank}(\boldsymbol{A},\boldsymbol{B})$ 是 $(\boldsymbol{A},\boldsymbol{B})$ 的非零子式的最大阶数. 由于 $(\boldsymbol{A},\boldsymbol{B})$ 是 $\boldsymbol{TS}$ 的子矩阵, $(\boldsymbol{A},\boldsymbol{B})$ 的 r 阶非零子式也是 $\boldsymbol{TS}$ 的非零子式, 这说明 $\boldsymbol{TS}$ 的非零子式的最大阶数 $\geqslant r$, 也就是

$$\text{rank}\,\boldsymbol{A}+\text{rank}\,\boldsymbol{B}=\text{rank}\,\boldsymbol{S}=\text{rank}(\boldsymbol{TS})\geqslant r=\text{rank}(\boldsymbol{A},\boldsymbol{B}).$$

点评 在证明关于矩阵的秩的如下等式和不等式时, 经常用到秩的如下性质:

(1) 任意矩阵 $\boldsymbol{A}$ 乘可逆方阵 $\boldsymbol{P},\boldsymbol{Q}$, 秩不变: $\text{rank}\,\boldsymbol{A}=\text{rank}(\boldsymbol{PAQ})$.

(2) 对任意矩阵 $\boldsymbol{A},\boldsymbol{B}$, 有 $\text{rank}\begin{pmatrix} \boldsymbol{A} & \boldsymbol{O} \\ \boldsymbol{O} & \boldsymbol{B} \end{pmatrix}=\text{rank}\,\boldsymbol{A}+\text{rank}\,\boldsymbol{B}$.

(3) 对任意 $\boldsymbol{A}\in F^{m\times n},\boldsymbol{B}\in F^{p\times q},\boldsymbol{C}\in F^{p\times n}$, 有 $\text{rank}\begin{pmatrix} \boldsymbol{A} & \boldsymbol{O} \\ \boldsymbol{C} & \boldsymbol{B} \end{pmatrix}\geqslant \text{rank}\,\boldsymbol{A}+\text{rank}\,\boldsymbol{B}$.

(4) $\boldsymbol{A}$ 的子矩阵 $\boldsymbol{B}$ 的秩 $\text{rank}\,\boldsymbol{B}\leqslant\text{rank}\,\boldsymbol{A}$.

关于这些性质的证明, 参见教材 [1].

本题用到了以上性质 (1),(2),(4), 下题将用到 (1),(2).

本题也可以用几何方法证明: 设 $\text{rank}\,\boldsymbol{A}=r,\text{rank}\,\boldsymbol{B}=s$. 则 $\boldsymbol{A}$ 与 $\boldsymbol{B}$ 的列向量组的极大线性无关组 $J_1=\{\boldsymbol{a}_{i_1},\cdots,\boldsymbol{a}_{i_r}\}$ 与 $J_2=\{\boldsymbol{b}_{j_1},\cdots,\boldsymbol{b}_{j_s}\}$ 所含向量个数分别为 r 与 s. $\boldsymbol{A}$ 的列向量都是 J_1 的线性组合, $\boldsymbol{B}$ 的列向量都是 J_2 的线性组合. $(\boldsymbol{A},\boldsymbol{B})$ 的列向量组是 $\boldsymbol{A},\boldsymbol{B}$ 的列向量组 $C(\boldsymbol{A}),C(\boldsymbol{B})$ 的并集, 都是 $J_1\cup J_2$ 的线性组合, $J_1\cup J_2$ 的极大线性无关组所含向量个数就是 $\text{rank}(\boldsymbol{A},\boldsymbol{B})$, 不超过 $J_1\cup J_2$ 的元素个数 $r+s=\text{rank}\,\boldsymbol{A}+\text{rank}\,\boldsymbol{B}$. □

4.6.6 设 n 阶方阵 $\boldsymbol{A}$ 满足条件 $\boldsymbol{A}^2=\boldsymbol{I}$, 求证: $\text{rank}(\boldsymbol{A}-\boldsymbol{I})+\text{rank}(\boldsymbol{A}+\boldsymbol{I})=n$.

证明 我们有

$$\boldsymbol{S}_1=\begin{pmatrix} \boldsymbol{I} & \boldsymbol{O} \\ -\frac{1}{2}\boldsymbol{I} & \boldsymbol{I} \end{pmatrix}\begin{pmatrix} \boldsymbol{A}-\boldsymbol{I} & \boldsymbol{O} \\ \boldsymbol{O} & \boldsymbol{A}+\boldsymbol{I} \end{pmatrix}\begin{pmatrix} \boldsymbol{I} & \boldsymbol{O} \\ \frac{1}{2}\boldsymbol{I} & \boldsymbol{I} \end{pmatrix}=\begin{pmatrix} \boldsymbol{A}-\boldsymbol{I} & \boldsymbol{O} \\ \boldsymbol{I} & \boldsymbol{A}+\boldsymbol{I} \end{pmatrix}$$

$$\boldsymbol{S}_2=\begin{pmatrix} \boldsymbol{I} & -\boldsymbol{A}+\boldsymbol{I} \\ \boldsymbol{O} & \boldsymbol{I} \end{pmatrix}\boldsymbol{S}_1\begin{pmatrix} \boldsymbol{I} & -\boldsymbol{A}-\boldsymbol{I} \\ \boldsymbol{O} & \boldsymbol{I} \end{pmatrix}=\begin{pmatrix} \boldsymbol{O} & \boldsymbol{I}-\boldsymbol{A}^2 \\ \boldsymbol{I}_{(n)} & \boldsymbol{O} \end{pmatrix}=\begin{pmatrix} \boldsymbol{O} & \boldsymbol{O} \\ \boldsymbol{I}_{(n)} & \boldsymbol{O} \end{pmatrix}$$

于是:

$$\begin{aligned}\text{rank}(\boldsymbol{A}-\boldsymbol{I})+\text{rank}(\boldsymbol{A}+\boldsymbol{I})&=\text{rank}\begin{pmatrix} \boldsymbol{A}-\boldsymbol{I} & \boldsymbol{O} \\ \boldsymbol{O} & \boldsymbol{A}+\boldsymbol{I} \end{pmatrix}\\ &=\text{rank}\,\boldsymbol{S}_1=\text{rank}\,\boldsymbol{S}_2=n\end{aligned}$$

□

4.6.7 设 $\boldsymbol{A}^*$ 表示 n 阶方阵 $\boldsymbol{A}$ 的附属方阵, 证明:

(1) $\text{rank}\,\boldsymbol{A}^*=n \Leftrightarrow \text{rank}\,\boldsymbol{A}=n$;

(2) $\text{rank}\,\boldsymbol{A}^*=1 \Leftrightarrow \text{rank}\,\boldsymbol{A}=n-1$;

(3) $\operatorname{rank}\boldsymbol{A}^*=0 \Leftrightarrow \operatorname{rank}\boldsymbol{A}<n-1$.

证明 首先, 由于 $\boldsymbol{A}^*$ 的每个元素 $\boldsymbol{A}_{ji}=(-1)^{j+i}\boldsymbol{M}_{ji}$, $\boldsymbol{M}_{ji}$ 是 $\boldsymbol{A}$ 的一个 $n-1$ 阶子式. 反过来, $\boldsymbol{A}$ 的每个 $n-1$ 阶子式都是某个 $\boldsymbol{M}_{ji}$. 由此得到:

$\operatorname{rank}\boldsymbol{A}^*=0 \Leftrightarrow \boldsymbol{A}^*=\boldsymbol{O} \Leftrightarrow \boldsymbol{A}$ 的所有的 $n-1$ 阶子式 $\boldsymbol{M}_{ji}=\boldsymbol{0} \Leftrightarrow \operatorname{rank}\boldsymbol{A}<n-1$.

这证明了结论 (3) 成立.

现在设 $\operatorname{rank}\boldsymbol{A}^*\neq 0$, 即 $\operatorname{rank}\boldsymbol{A}\geqslant n-1$.

先设 $\operatorname{rank}\boldsymbol{A}=n$, 则行列式 $|\boldsymbol{A}|\neq 0$, 由 $\boldsymbol{A}\boldsymbol{A}^*=|\boldsymbol{A}|\boldsymbol{I}$ 可逆知 $\boldsymbol{A}^*$ 可逆, $\operatorname{rank}\boldsymbol{A}^*=n$.

再设 $\operatorname{rank}\boldsymbol{A}=n-1$, $|\boldsymbol{A}|=0$, 则 $\boldsymbol{A}\boldsymbol{A}^*=|\boldsymbol{A}|\boldsymbol{I}=\boldsymbol{O}$. 我们证明 $\operatorname{rank}\boldsymbol{A}^*\leqslant n-\operatorname{rank}\boldsymbol{A}$ 成立. 一般地, 我们证明: 对任意 n 阶方阵 $\boldsymbol{A},\boldsymbol{B}$ 有: $\boldsymbol{A}\boldsymbol{B}=\boldsymbol{O}\Rightarrow \operatorname{rank}\boldsymbol{B}\leqslant n-\operatorname{rank}\boldsymbol{A}$. 设 $\operatorname{rank}\boldsymbol{A}=r$, 则存在可逆方阵 $\boldsymbol{P},\boldsymbol{Q}$ 使

$$\boldsymbol{A}=\boldsymbol{P}\begin{pmatrix}\boldsymbol{I}_{(r)} & \boldsymbol{O}\\ \boldsymbol{O} & \boldsymbol{O}\end{pmatrix}\boldsymbol{Q}$$

于是:

$$\boldsymbol{A}\boldsymbol{B}=\boldsymbol{P}\begin{pmatrix}\boldsymbol{I}_{(r)} & \boldsymbol{O}\\ \boldsymbol{O} & \boldsymbol{O}\end{pmatrix}\boldsymbol{Q}\boldsymbol{B}=\boldsymbol{P}\begin{pmatrix}\boldsymbol{I}_{(r)} & \boldsymbol{O}\\ \boldsymbol{O} & \boldsymbol{O}\end{pmatrix}\begin{pmatrix}\boldsymbol{B}_1\\ \boldsymbol{B}_2\end{pmatrix}=\boldsymbol{P}\begin{pmatrix}\boldsymbol{B}_1\\ \boldsymbol{O}\end{pmatrix}=\boldsymbol{O}$$

其中 $\boldsymbol{B}_1$ 与 $\boldsymbol{B}_2$ 分别是 $\boldsymbol{Q}\boldsymbol{B}$ 的前 r 行和后 $n-r$ 行组成的矩阵. 由 $\boldsymbol{P},\boldsymbol{Q}$ 可逆知

$$\boldsymbol{P}\begin{pmatrix}\boldsymbol{B}_1\\ \boldsymbol{O}\end{pmatrix}=\boldsymbol{O}\ \Rightarrow\ \boldsymbol{B}_1=\boldsymbol{O}\ \Rightarrow\ \boldsymbol{Q}\boldsymbol{B}=\begin{pmatrix}\boldsymbol{O}_{(r\times n)}\\ \boldsymbol{B}_2\end{pmatrix}\ \Rightarrow$$
$$\operatorname{rank}\boldsymbol{B}=\operatorname{rank}\boldsymbol{Q}\boldsymbol{B}=\operatorname{rank}\boldsymbol{B}_2\leqslant n-r=n-\operatorname{rank}\boldsymbol{A}$$

于是 $\operatorname{rank}\boldsymbol{A}=n-1\ \Rightarrow\ \boldsymbol{A}\boldsymbol{A}^*=\boldsymbol{O}\ \Rightarrow\ \operatorname{rank}\boldsymbol{A}^*\leqslant n-\operatorname{rank}\boldsymbol{A}=n-(n-1)=1$. 再由 $\operatorname{rank}\boldsymbol{A}^*>0$ 得 $\operatorname{rank}\boldsymbol{A}^*=1$. 这就证明了结论 (1),(2) 成立:

$$\operatorname{rank}\boldsymbol{A}=n\Leftrightarrow\operatorname{rank}\boldsymbol{A}^*=n\ ;\qquad \operatorname{rank}\boldsymbol{A}=n-1\Leftrightarrow\operatorname{rank}\boldsymbol{A}^*=1.$$ □

点评 上题中对 n 阶方阵 $\boldsymbol{A},\boldsymbol{B}$ 证明了 $\boldsymbol{A}\boldsymbol{B}=\boldsymbol{O}\Rightarrow\operatorname{rank}\boldsymbol{B}\leqslant n-\operatorname{rank}\boldsymbol{A}$. 其实, 同样的证明和结论对任意 $\boldsymbol{A}\in F^{m\times n}$ 和 $\boldsymbol{B}\in F^{n\times p}$ 也都成立. 除此以外, 还可以用另外几种证明方法得到同样的结论, 如:

证法 2 将 $\boldsymbol{B}$ 按列分块为 $\boldsymbol{B}=(\boldsymbol{B}_1,\cdots,\boldsymbol{B}_p)$, 其中 $\boldsymbol{B}_j$ 为 $\boldsymbol{B}$ 的第 j 列. 则 $\boldsymbol{A}\boldsymbol{B}=(\boldsymbol{A}\boldsymbol{B}_1,\cdots,\boldsymbol{A}\boldsymbol{B}_p)=\boldsymbol{O}\Leftrightarrow\boldsymbol{A}\boldsymbol{B}_j=\boldsymbol{0}$ $(\forall 1\leqslant j\leqslant p)\Leftrightarrow\boldsymbol{B}$ 的各列 $\boldsymbol{B}_j$ 都含于齐次线性方程组 $\boldsymbol{A}\boldsymbol{X}=\boldsymbol{0}$ 的解空间 $V_{\boldsymbol{A}}$. 已经知道 $\dim V_{\boldsymbol{A}}=n-\operatorname{rank}\boldsymbol{A}$, $V_{\boldsymbol{A}}$ 的子集 $\{\boldsymbol{B}_1,\cdots,\boldsymbol{B}_p\}$ 最多有 $n-\operatorname{rank}\boldsymbol{A}$ 个线性无关向量, 因此 $\operatorname{rank}\boldsymbol{B}\leqslant n-\operatorname{rank}\boldsymbol{A}$.

证法 3 由

$$\begin{pmatrix}\boldsymbol{I} & -\boldsymbol{A}\\ \boldsymbol{O} & \boldsymbol{I}\end{pmatrix}\begin{pmatrix}\boldsymbol{A} & \boldsymbol{O}\\ \boldsymbol{I}_{(n)} & \boldsymbol{B}\end{pmatrix}\begin{pmatrix}\boldsymbol{I} & -\boldsymbol{B}\\ \boldsymbol{O} & \boldsymbol{I}\end{pmatrix}=\begin{pmatrix}\boldsymbol{O} & -\boldsymbol{A}\boldsymbol{B}\\ \boldsymbol{I}_{(n)} & \boldsymbol{O}\end{pmatrix}=\begin{pmatrix}\boldsymbol{O} & \boldsymbol{O}\\ \boldsymbol{I}_{(n)} & \boldsymbol{O}\end{pmatrix}$$

得

$$\operatorname{rank}\boldsymbol{A}+\operatorname{rank}\boldsymbol{B}\leqslant\operatorname{rank}\begin{pmatrix}\boldsymbol{A} & \boldsymbol{O}\\ \boldsymbol{I}_{(n)} & \boldsymbol{B}\end{pmatrix}=\begin{pmatrix}\boldsymbol{O} & \boldsymbol{O}\\ \boldsymbol{I}_{(n)} & \boldsymbol{O}\end{pmatrix}=n$$

即 $\operatorname{rank}\boldsymbol{B}\leqslant n-\operatorname{rank}\boldsymbol{A}$. □

4.6.8 平面上任给 5 个不同的点 $(x_i,y_i)(1\leqslant i\leqslant 5)$ 是否存在二次方程 $ax^2+bxy+cy^2+dx+hy+k=0$ (a,b,c,d,h,k 是常数) 的图像曲线经过这 5 个点? 如果存在, 是否唯一?

解 问题归结为二次方程的 6 个系数 a,b,c,d,h,k 满足的 5 个方程组成的齐次线性方程组

$$\begin{cases}ax_1^2+bx_1y_1+cy_1^2+dx_1+hy_1+k=0\\ax_2^2+bx_2y_2+cy_2^2+dx_2+hy_2+k=0\\ax_3^2+bx_3y_3+cy_3^2+dx_3+hy_3+k=0\\ax_4^2+bx_4y_4+cy_4^2+dx_4+hy_4+k=0\\ax_5^2+bx_5y_5+cy_5^2+dx_5+hy_5+k=0\end{cases}\tag{4.13}$$

是否有非零解, 以及解空间的维数. 注意方程组的每个非零解 (a,b,c,d,h,k) 中的未知数系数 a,b,c,d,h 不能全部是 0(否则 k 也只能是 0), 因而必然决定一条曲线 $ax^2+bxy+cy^2+dx+hy+k=0$ 经过全部 5 个点. 两条曲线 $ax^2+bxy+cy^2+dx+hy+k=0$ 与 $a_1x^2+b_1xy+c_1y^2+d_1x+h_1y+k_1=0$ 重合的充分必要条件是所对应的两个非零解 $(a,b,c,d,h,k),(a_1,b_1,c_1,d_1,h_1,k_1)$ 共线, 因此, 所求曲线唯一的充分必要条件是齐次线性方程组 (4.13) 的解空间维数等于 1, 系数矩阵的秩等于 5.

设给定的 6 个点中最多有 s 个点在同一条直线上, 则 $2\leqslant s\leqslant 5$. 不妨将 5 个点重新排列顺序使前 s 个点 $(x_1,y_1),\cdots,(x_s,y_s)$ 在同一直线上, 并且以其中第一个点 (x_1,y_1) 为原点、这 s 个点所在的直线作为 x 轴重新建立平面直角坐标系, 化为 $x_1=y_1=y_2=\cdots=y_s=0$ 的情形. 由 $(x_1,y_1)=(0,0)$ 满足的第一个方程得 $k=0$. 于是方程组 (4.13) 变成 5 个未知数 a,d,b,c,h 满足的齐次线性方程组:

$$\begin{cases}ax_2^2+dx_2=0\\ax_3^2+dx_3+bx_3y_3+cy_3^2+hy_3=0\\ax_4^2+dx_4+bx_4y_4+cy_4^2+hy_4=0\\ax_5^2+dx_5+bx_5y_5+cy_5^2+hy_5=0\end{cases}\tag{4.14}$$

系数矩阵:

$$\boldsymbol{A}=\begin{pmatrix}x_2^2&x_2&0&0&0\\x_3^2&x_3&x_3y_3&y_3^2&y_3\\x_4^2&x_4&x_4y_4&y_4^2&y_4\\x_5^2&x_5&x_5y_5&y_5^2&y_5\end{pmatrix}$$

其中 $x_2,\cdots,x_s$ 是 $s-1$ 个不同的非零实数, $y_j\neq 0$ 对 $s+1\leqslant j\leqslant 5$ 成立.

以下分 $s=2,3,4,5$ 四种不同情形计算方程组 (4.14) 的解空间的维数 $5-\operatorname{rank}\boldsymbol{A}$.

情形 1 $s=2$. 此时 y_3,y_4,y_5 都不为 0. 且 5 点当中任何 3 点不在同一条直线上. 系

数矩阵 $\boldsymbol{A}$ 的后 4 列组成的方阵 $\boldsymbol{A}_1$ 的行列式

$$\Delta=\begin{vmatrix} x_2 & 0 & 0 & 0\\ x_3 & x_3y_3 & y_3^2 & y_3\\ x_4 & x_4y_4 & y_4^2 & y_4\\ x_5 & x_5y_5 & y_5^2 & y_5\end{vmatrix}=x_2\cdot y_3y_4y_5\begin{vmatrix} x_3 & y_3 & 1\\ x_4 & y_4 & 1\\ x_5 & y_5 & 1\end{vmatrix}$$

其中:

$$\Delta_2=\begin{vmatrix} x_3 & y_3 & 1\\ x_4 & y_4 & 1\\ x_5 & y_5 & 1\end{vmatrix}\xlongequal{-(3)+(1),-(3)+(2)}\begin{vmatrix} x_3-x_5 & y_3-y_5 & 0\\ x_4-x_5 & y_4-y_5 & 0\\ x_5 & y_5 & 1\end{vmatrix}=\begin{vmatrix} x_3-x_5 & y_3-y_5\\ x_4-x_5 & y_4-y_5\end{vmatrix}$$

由于 3 点 $(x_i,y_i)(i=3,4,5)$ 不共线, 向量 (x_3-x_5,y_3-y_5) 与 (x_4-x_5,y_4,y_5) 不共线, 行列式 $\Delta_2\neq 0$, 因而 $\Delta=x_2y_3y_4y_5\Delta_2\neq 0$. 这说明 $\operatorname{rank}\boldsymbol{A}=4$, 方程组 (4.14) 的解空间维数为 1 , 过 5 点有唯一的二次曲线.

情形 2　$s=3$. 此时 $y_3=0$, $y_4y_5\neq 0$, 且 $(x_4,y_4)\neq(x_5,y_5)$.

如果 $x_4\neq x_5$, 则 $\boldsymbol{A}$ 的第 1,2,3,5 列组成的行列式

$$\Delta_1=\begin{vmatrix} x_2^2 & x_2 & 0 & 0\\ x_3^2 & x_3 & 0 & 0\\ x_4^2 & x_4 & x_4y_4 & y_4\\ x_5^2 & x_5 & x_5y_5 & y_5\end{vmatrix}=\begin{vmatrix} x_2^2 & x_2\\ x_3^2 & x_3\end{vmatrix}\begin{vmatrix} x_4y_4 & y_4\\ x_5y_5 & y_5\end{vmatrix}=x_2x_3\begin{vmatrix} x_2 & 1\\ x_3 & 1\end{vmatrix}y_4y_5\begin{vmatrix} x_4 & 1\\ x_5 & 1\end{vmatrix}\neq 0$$

如果 $y_4\neq y_5$, 则 $\boldsymbol{A}$ 的第 1,2,4,5 列组成的行列式

$$\Delta_2=\begin{vmatrix} x_2^2 & x_2 & 0 & 0\\ x_3^2 & x_3 & 0 & 0\\ x_4^2 & x_4 & y_4^2 & y_4\\ x_5^2 & x_5 & y_5^2 & y_5\end{vmatrix}=x_2x_3\begin{vmatrix} x_2 & 1\\ x_3 & 1\end{vmatrix}y_4y_5\begin{vmatrix} y_4 & 1\\ y_5 & 1\end{vmatrix}\neq 0$$

两种情形下都能得到 $\boldsymbol{A}$ 的 4 阶子式不为 0, 仍有 $\operatorname{rank}\boldsymbol{A}=4$, 方程组 (4.14) 的解空间维数等于 1, 过 5 点有唯一的二次曲线. 实际上, 此时过前三点 $(x_i,0)$ $(i=1,2,3)$ 有唯一直线 $y=0$. 过最后两点 $(x_4,y_4),(x_5,y_5)$ 有唯一直线 $bx+cy+h=0$, 两条直线的并集就是二元二次方程 $y(bx+cy+h)=0$ 即 $bxy+cy^2+hy=0$ 的图像, 经过所给的 5 个点.

情形 3　$s=4$. 此时过前 4 点 $(x_i,0)$ $(i=1,2,3,4)$ 有唯一直线 $y=0$, 过第 5 点 (x_5,y_5) 任作一条直线 $bx+cy+h=0$, 这条直线与直线 $y=0$ 的并集就是二元二次方程 $y(bx+cy+h)=0$ 的图像, 经过所给的 5 个点. 由于过第 5 点的直线 $bx+cy+h=0$ 不唯一, 这条直线与直线 $y=0$ 的并集也不唯一. 也就是说: 经过给定 5 点的二次方程 $y(bx+cy+h)=0$ 的图像不唯一.

情形 4　$s=5$. 此时 5 个点 $(x_i,0)$ $(i=1,2,3,4,5)$ 全部在直线 $y=0$ 上, 因而在二次方程 $y(bx+cy+h)=0$ 的图像上, 其中 b,c,h 可任意选取. 得到的二次方程图像是直线 $y=0$ 与任一条直线的并集, 显然不唯一. □

点评 本题的四种情况中, 第一种情形 (5 个点中任意 3 点都不共线) 下的二元二次方程 $f(x,y)=0$ 的图像是圆锥曲线: 圆、椭圆、抛物线、双曲线, 其余三种情况下的图像都是两条直线的并集. 从代数的角度看: 后三种情况下的二元二次多项式 $f(x,y)=ax^2+bxy+cy^2+dx+hy+k$ 可以分解为两个一次多项式的乘积 $f(x,y)=f_1(x,y)f_2(x,y)$, 其中 $f_i(x,y)=a_ix+b_iy+c_i$, 方程 $f_1(x,y)f_2(x,y)=0$ 的解 (x,y) 满足 $f_1(x,y)=0$ 或 $f_2(x,y)=0$, 解集是两个一次方程 $f_1(x,y)=0$ 与 $f_2(x,y)=0$ 的解集的并集, 二次方程 $f_1(x,y)f_2(x,y)=0$ 的图像是两条直线 $f_1(x,y)=0$ 与 $f_2(x,y)=0$ 的并集. 在更特殊的情形下, 这两条直线是同一条直线: $f_2(x,y)=kf_1(x,y)$ 对某个非零常数 k 成立, 二次方程成为 $kf_1^2(x,y)=0$, 图像仍是一条直线 $f_1(x,y)=0$ 而不是两条直线.

更一般的情形, 如果二元函数 $f(x,y)$ 可以分解为两个函数的乘积

$$f(x,y)=f_1(x,y)f_2(x,y),$$

则方程 $f(x,y)=0$ 的图像是两个图像 $f_1(x,y)=0$ 与 $f_2(x,y)=0$ 的并集. 反过来, 两条曲线 $f_1(x,y)=0$ 与 $f_2(x,y)=0$ 的并集可以写成一个方程 $f_1(x,y)f_2(x,y)=0$ 的图像. 例如, 二次方程 $x^2-y^2=0$ 的左边可以分解为 $(x+y)(x-y)$, 图像就是两条直线 $x+y=0$ 与 $x-y=0$ 的并集. 反过来, 方程 $x^2-y^2=1$ (即 $x^2-y^2-1=0$) 的图像是双曲线, 由两条互不连接连续曲线组成 (称为双曲线的两支), 但其中每一支都不可能写成一个单独的方程 $f_1(x,y)=0$ 的图像, 这是因为多项式 x^2-y^2-1 不能分解为两个多项式 $f_1(x,y),f_2(x,y)$ 的乘积. □

4.7 更多的例子

4.7.1 对任意方阵 $\boldsymbol{A}=(a_{ij})_{n\times n}$, 将 $\boldsymbol{A}$ 的对角线元素之和 $a_{11}+\cdots+a_{nn}$ 称作 $\boldsymbol{A}$ 的**迹** (trace), 记为 $\mathrm{tr}\,\boldsymbol{A}$. 求证: $\mathrm{tr}\,(\boldsymbol{AB})=\mathrm{tr}\,(\boldsymbol{BA})$.

证法 1 设 $\boldsymbol{A}=(a_{ij})_{n\times n},\boldsymbol{B}=(b_{ij})_{n\times n}$. 记 $(\boldsymbol{AB})(i,j)$ 为 $\boldsymbol{AB}$ 的第 (i,j) 元素, $(\boldsymbol{BA})(i,j)$ 为 $\boldsymbol{BA}$ 的第 (i,j) 元素, 则:

$$(\boldsymbol{AB})(i,j)=\sum_{k=1}^{n}a_{ik}b_{kj},\qquad (\boldsymbol{BA})(i,j)=\sum_{k=1}^{n}b_{ik}a_{kj}$$

$$\mathrm{tr}\,(\boldsymbol{AB})=\sum_{i=1}^{n}(\boldsymbol{AB})(i,i)=\sum_{i=1}^{n}\sum_{j=1}^{n}a_{ij}b_{ji} \tag{4.15}$$

$$\mathrm{tr}\,(\boldsymbol{BA})=\sum_{j=1}^{n}(\boldsymbol{BA})(j,j)=\sum_{j=1}^{n}\sum_{i=1}^{n}b_{ji}a_{ij} \tag{4.16}$$

按照等式 (4.15), $\mathrm{tr}\,(\boldsymbol{AB})$ 是依次将 $\boldsymbol{A}$ 的各行的每个元素 a_{ij} 与 $\boldsymbol{B}$ 的元素 b_{ji} 相乘, 再将所有这些乘积相加. 按照等式 (4.16), $\mathrm{tr}\,(\boldsymbol{BA})$ 是依次将 $\boldsymbol{A}$ 的各列的每个元素 a_{ij} 与 $\boldsymbol{B}$ 的元

素 b_{ji} 相乘, 再将所有这些乘积相加. 尽管相加的顺序不同, 但都是同样 n^2 个乘积 $a_{ij}b_{ji}$ 相加, 得到的和相等: $\mathrm{tr}(\boldsymbol{AB})=\mathrm{tr}(\boldsymbol{BA})$.

证法 2　$\boldsymbol{AB}$ 的第 (i,i) 对角元 $(\boldsymbol{AB})(i,i)$ 等于 $\boldsymbol{A}$ 的第 i 行 $\boldsymbol{\alpha}_i=(a_{i1},\cdots,a_{in})$ 与 $\boldsymbol{B}$ 的第 i 列 $\boldsymbol{b}_i=(b_{1i},\cdots,b_{ni})^{\mathrm{T}}$ 的乘积 $\boldsymbol{\alpha}_i\boldsymbol{b}_i=a_{i1}b_{1i}+\cdots+a_{in}b_{1i}$ 等于行向量 $\boldsymbol{\alpha}_i$ 与列向量 $\boldsymbol{b}_i$ 对应元素乘积之和. $\boldsymbol{B}$ 的第 i 列的各元素也就是 $\boldsymbol{B}^{\mathrm{T}}$ 的第 i 行的各元素. 因此 $(\boldsymbol{AB})(i,i)$ 等于 $\boldsymbol{A}$ 与 $\boldsymbol{B}^{\mathrm{T}}$ 的第 i 行对应元素的乘积之和, $\mathrm{tr}(\boldsymbol{AB})=(\boldsymbol{AB})(1,1)+\cdots+(\boldsymbol{AB})(n,n)$ 则等于 $\boldsymbol{A}$ 与 $\boldsymbol{B}^{\mathrm{T}}$ 的所有各行对应元素的乘积之和, 也就是 $\boldsymbol{A}$ 与 $\boldsymbol{B}^{\mathrm{T}}=(\tilde{b}_{ij})_{n\times n}$ 的所有位置对应元素的乘积之和:

$$\mathrm{tr}(\boldsymbol{AB})=\sum_{1\leqslant i,j\leqslant n}a_{ij}\tilde{b}_{ij}=\sum_{1\leqslant i,j\leqslant n}a_{ij}b_{ji}$$

同理, $\mathrm{tr}(\boldsymbol{BA})$ 等于 $\boldsymbol{B}$ 与 $\boldsymbol{A}^{\mathrm{T}}$ 的所有位置对应元素的乘积之和, 也就是 $\boldsymbol{B}^{\mathrm{T}}$ 与 $\boldsymbol{A}$ 的所有位置对应元素的乘积之和:

$$\mathrm{tr}(\boldsymbol{BA})=\sum_{1\leqslant i,j\leqslant n}b_{ji}a_{ij}$$

可见 $\mathrm{tr}(\boldsymbol{AB})$ 与 $\mathrm{tr}(\boldsymbol{BA})$ 是同样 n^2 个乘积 $a_{ij}b_{ji}$ 之和, 当然相等. □

点评　由本题的结论可以知道: $\mathrm{tr}(\boldsymbol{AB}^{\mathrm{T}})=\mathrm{tr}(\boldsymbol{A}^{\mathrm{T}}\boldsymbol{B})$ 等于 $\boldsymbol{A}=(a_{ij})_{n\times n}$ 与 $\boldsymbol{B}=(b_{ij})_{n\times n}$ 的所有位置对应元素的乘积 $a_{ij}b_{ij}$ 之和. 特别地, $\mathrm{tr}(\boldsymbol{AA}^{\mathrm{T}})=\mathrm{tr}(\boldsymbol{A}^{\mathrm{T}}\boldsymbol{A})$ 等于 $\boldsymbol{A}$ 的每个元素 a_{ij} 与自己的乘积之和, 也就是各元素的平方 a_{ij}^2 之和. 特别地, 如果 $\boldsymbol{A}$ 的元素都是实数, 则:

$$\mathrm{tr}(\boldsymbol{AA}^{\mathrm{T}})=\sum_{1\leqslant i,j\leqslant n}a_{ij}^2=0\ \Leftrightarrow\ \text{所有的 } a_{ij}=0\ \Leftrightarrow\ \boldsymbol{A}=\boldsymbol{O}$$ □

4.7.2　设 n 阶方阵 $\boldsymbol{A}$ 满足条件 $\boldsymbol{A}^2=\boldsymbol{A}$, 求证: $\mathrm{rank}\,\boldsymbol{A}=\mathrm{tr}\,\boldsymbol{A}$.

证明　教材 [1] 中已证明了满足条件 $\boldsymbol{A}^2=\boldsymbol{A}$ 的方阵可以写成

$$\boldsymbol{A}=\boldsymbol{P}\begin{pmatrix}\boldsymbol{I}_{(r)} & \boldsymbol{O}\\ \boldsymbol{O} & \boldsymbol{O}\end{pmatrix}\boldsymbol{P}^{-1}\tag{4.17}$$

的形式, 其中 $\boldsymbol{P}$ 是某个可逆方阵, $r=\mathrm{rank}\,\boldsymbol{A}$. 于是

$$\mathrm{tr}\,\boldsymbol{A}=\mathrm{tr}\left(\left(\boldsymbol{P}\begin{pmatrix}\boldsymbol{I}_{(r)} & \boldsymbol{O}\\ \boldsymbol{O} & \boldsymbol{O}\end{pmatrix}\right)\boldsymbol{P}^{-1}\right)=\mathrm{tr}\left(\boldsymbol{P}^{-1}\left(\boldsymbol{P}\begin{pmatrix}\boldsymbol{I}_{(r)} & \boldsymbol{O}\\ \boldsymbol{O} & \boldsymbol{O}\end{pmatrix}\right)\right)$$
$$=\mathrm{tr}\begin{pmatrix}\boldsymbol{I}_{(r)} & \boldsymbol{O}\\ \boldsymbol{O} & \boldsymbol{O}\end{pmatrix}=r=\mathrm{rank}\,\boldsymbol{A}$$ □

4.7.3　求证: 不存在方阵 $\boldsymbol{A},\boldsymbol{B}\in F^{n\times n}$ 使 $\boldsymbol{AB}-\boldsymbol{BA}=\boldsymbol{I}$.

证明　设存在 $\boldsymbol{A},\boldsymbol{B}$ 使等式 $\boldsymbol{AB}-\boldsymbol{BA}=\boldsymbol{I}_{(n)}$ 成立. 等式两边的方阵的迹应当相等:

$$\mathrm{tr}(\boldsymbol{AB}-\boldsymbol{BA})=\mathrm{tr}\,\boldsymbol{I}_{(n)}$$

但

$$\mathrm{tr}(\boldsymbol{AB}-\boldsymbol{BA})=\mathrm{tr}(\boldsymbol{AB})-\mathrm{tr}(\boldsymbol{BA})=0\neq\mathrm{tr}\,\boldsymbol{I}_{(n)}=n.$$

这个矛盾证明了不存在满足条件的方阵 $\boldsymbol{A},\boldsymbol{B}$. □

4.7.4 设 $\boldsymbol{A},\boldsymbol{B}$ 是同阶方阵, 求证: $\operatorname{rank}(\boldsymbol{AB}-\boldsymbol{I}) \leqslant \operatorname{rank}(\boldsymbol{A}-\boldsymbol{I})+\operatorname{rank}(\boldsymbol{B}-\boldsymbol{I})$.

证明

$$\begin{aligned}\operatorname{rank}(\boldsymbol{A}-\boldsymbol{I})+\operatorname{rank}(\boldsymbol{B}-\boldsymbol{I}) &= \operatorname{rank}\begin{pmatrix} \boldsymbol{A}-\boldsymbol{I} & \boldsymbol{O} \\ \boldsymbol{O} & \boldsymbol{B}-\boldsymbol{I} \end{pmatrix} \\ &= \operatorname{rank}\left(\begin{pmatrix} \boldsymbol{I} & \boldsymbol{I} \\ \boldsymbol{O} & \boldsymbol{I} \end{pmatrix}\begin{pmatrix} \boldsymbol{A}-\boldsymbol{I} & \boldsymbol{O} \\ \boldsymbol{O} & \boldsymbol{B}-\boldsymbol{I} \end{pmatrix}\begin{pmatrix} \boldsymbol{I} & \boldsymbol{B} \\ \boldsymbol{O} & \boldsymbol{I} \end{pmatrix}\right) \\ &= \operatorname{rank}\begin{pmatrix} \boldsymbol{A}-\boldsymbol{I} & \boldsymbol{AB}-\boldsymbol{I} \\ \boldsymbol{O} & \boldsymbol{B}-\boldsymbol{I} \end{pmatrix} \geqslant \operatorname{rank}(\boldsymbol{AB}-\boldsymbol{I})\end{aligned}$$ □

点评 首先想到的是 $\operatorname{rank}(\boldsymbol{A}-\boldsymbol{I})+\operatorname{rank}(\boldsymbol{B}-\boldsymbol{I})$ 等于如下准对角阵的秩:

$$\boldsymbol{S}=\begin{pmatrix} \boldsymbol{A}-\boldsymbol{I} & \boldsymbol{O} \\ \boldsymbol{O} & \boldsymbol{B}-\boldsymbol{I} \end{pmatrix}$$

将 $\boldsymbol{S}$ 左乘和右乘适当的可逆方阵 $\boldsymbol{P},\boldsymbol{Q}$, 使得到的方阵 $\boldsymbol{S}_1=\boldsymbol{PSQ}$ 含有子矩阵 $\boldsymbol{AB}-\boldsymbol{I}$, 则子矩阵的秩 $\operatorname{rank}(\boldsymbol{AB}-\boldsymbol{I}) \leqslant \operatorname{rank}\boldsymbol{S}_1=\operatorname{rank}\boldsymbol{S}$.

怎样设计乘法等式 $\boldsymbol{PSQ}$? 当 $\boldsymbol{A},\boldsymbol{B}$ 是数时, 设法让 2 阶方阵 $\boldsymbol{S}$ 通过初等变换得到 $\boldsymbol{AB}-\boldsymbol{I}$:

$$\boldsymbol{S}=\begin{pmatrix} \boldsymbol{A}-\boldsymbol{I} & 0 \\ 0 & \boldsymbol{B}-\boldsymbol{I} \end{pmatrix} \xrightarrow[(1)\boldsymbol{B}+(2)]{} \begin{pmatrix} \boldsymbol{A}-\boldsymbol{I} & \boldsymbol{AB}-\boldsymbol{B} \\ 0 & \boldsymbol{B}-\boldsymbol{I} \end{pmatrix} \xrightarrow{(2)+(1)} \begin{pmatrix} \boldsymbol{A}-\boldsymbol{I} & \boldsymbol{AB}-\boldsymbol{I} \\ 0 & \boldsymbol{B}-\boldsymbol{I} \end{pmatrix}$$

将初等变换用初等矩阵作乘法来实现, 在得到的乘法等式中将 $\boldsymbol{A},\boldsymbol{B}$ 由 “数” 换成块仍成立. □

4.7.5 设 $\boldsymbol{A} \in F^{m\times n}, \operatorname{rank}\boldsymbol{A}=r$.

(1) 从 $\boldsymbol{A}$ 中任意取出 s 行组成 $s\times n$ 矩阵 $\boldsymbol{B}$, 证明: $\operatorname{rank}\boldsymbol{B} \geqslant r+s-m$;

(2) 从 $\boldsymbol{A}$ 中任意指定 s 个行和 t 个列, 这些行和列的交叉位置的元素组成的 $s\times t$ 矩阵记为 $\boldsymbol{D}$, 求证: $\operatorname{rank}\boldsymbol{D} \geqslant r+s+t-m-n$.

证明 (1) $\boldsymbol{A}$ 的秩为 r, 含有 r 个线性无关的行. 从 $\boldsymbol{A}$ 中任意取出 s 行组成 $\boldsymbol{B}$, 也就是删去其余 $m-s$ 行, 剩下的 s 行组成 $\boldsymbol{B}$. 原来的 r 个线性无关的行至多有 $m-s$ 个被删去, 至少还剩下 $r-(m-s)=r+s-m$ 个线性无关的行进入 $\boldsymbol{B}$. 这证明了 $\operatorname{rank}\boldsymbol{B} \geqslant r+s-m$.

(2) 先从 $\boldsymbol{A}$ 中指定 s 个行, 也就是删去 $m-s$ 行得到 $\boldsymbol{B}$, 由 (1) 已证 $\operatorname{rank}\boldsymbol{B} \geqslant r+s-m$. 于是 $\boldsymbol{B}$ 至少包含 $r+s-m$ 个线性无关的列. 在 $\boldsymbol{B}$ 的 n 列中任意指定 t 列, 删去其余 $n-t$ 列得到 $\boldsymbol{D}$, $\boldsymbol{B}$ 中的 $r+s-m$ 个线性无关列至多被删去 $n-t$ 个, 至少还剩 $r+s-m-(n-t)=r+s+t-m-n$ 个线性无关列进入 $\boldsymbol{D}$ 中. 这证明了 $\operatorname{rank}\boldsymbol{D} \geqslant r+s+t-m-n$. □

4.7.6 对 n 阶方阵 $\boldsymbol{A}=(a_{ij})_{n\times n}$ 和 $\boldsymbol{B}=(b_{ij})_{n\times n}$, 通过对等式

$$\begin{vmatrix} a_{11} & a_{12} & \cdots & a_{1n} & 0 & 0 & \cdots & 0 \\ a_{21} & a_{22} & \cdots & a_{2n} & 0 & 0 & \cdots & 0 \\ \vdots & \vdots & & \vdots & \vdots & \vdots & & \vdots \\ a_{n1} & a_{n2} & \cdots & a_{nn} & 0 & 0 & \cdots & 0 \\ -1 & 0 & \cdots & 0 & b_{11} & b_{12} & \cdots & b_{1n} \\ 0 & -1 & \cdots & 0 & b_{21} & b_{22} & \cdots & b_{2n} \\ \vdots & \vdots & & \vdots & \vdots & \vdots & & \vdots \\ 0 & 0 & \cdots & -1 & b_{n1} & b_{n2} & \cdots & b_{nn} \end{vmatrix}$$

$$= \begin{vmatrix} a_{11} & a_{12} & \cdots & a_{1n} \\ a_{21} & a_{22} & \cdots & a_{2n} \\ \vdots & \vdots & & \vdots \\ a_{n1} & a_{n2} & \cdots & a_{nn} \end{vmatrix} \begin{vmatrix} b_{11} & b_{12} & \cdots & b_{1n} \\ b_{21} & b_{22} & \cdots & b_{2n} \\ \vdots & \vdots & & \vdots \\ b_{n1} & b_{n2} & \cdots & b_{nn} \end{vmatrix}$$

左边作初等行变换证明行列式的性质: $|\boldsymbol{AB}|=|\boldsymbol{A}||\boldsymbol{B}|$.

证明 将等式左边的 $2n$ 阶行列式记为 Δ_1. 对 $i=1,2,\cdots,n$, 将 Δ_1 的第 $n+1\sim 2n$ 行分别乘 $a_{i1},\cdots,a_{in}$ 加到第 i 行, 将第 i 行原来的前 n 个元素 $a_{i1},\cdots,a_{in}$ 都变成 0, 后 n 个 0 变成 $\boldsymbol{B}$ 的各行的 $a_{i1},\cdots,a_{in}$ 倍之和, 也就是变成 $\boldsymbol{AB}=(c_{ij})_{n\times n}$ 的第 i 行:

$$a_{i1}(b_{11},\cdots,b_{1n})+\cdots+a_{in}(b_{n1},\cdots,b_{nn})$$

经过这些变换之后, 将前 n 行的前 n 列元素全部变成 0, 前 n 行后面 n 列元素组成 $\boldsymbol{AB}$. 以上所用的变换都是第 3 类初等行变换, 不改变行列式的值, 将等式左边的行列式变成

$$\Delta_2=\begin{vmatrix} \boldsymbol{O} & \boldsymbol{AB} \\ -\boldsymbol{I}_{(n)} & \boldsymbol{B} \end{vmatrix} = \begin{vmatrix} 0 & 0 & \cdots & 0 & c_{11} & c_{12} & \cdots & c_{1n} \\ 0 & 0 & \cdots & 0 & c_{21} & c_{22} & \cdots & c_{2n} \\ \vdots & \vdots & & \vdots & \vdots & \vdots & & \vdots \\ 0 & 0 & \cdots & 0 & c_{n1} & c_{n2} & \cdots & c_{nn} \\ -1 & 0 & \cdots & 0 & b_{11} & b_{12} & \cdots & b_{1n} \\ 0 & -1 & \cdots & 0 & b_{21} & b_{22} & \cdots & b_{2n} \\ \vdots & \vdots & & \vdots & \vdots & \vdots & & \vdots \\ 0 & 0 & \cdots & -1 & b_{n1} & b_{n2} & \cdots & b_{nn} \end{vmatrix} \tag{4.18}$$

对 $j=1,2,\cdots,n$, 将行列式 Δ_2 的第 j 列与第 $n+j$ 列互换, 经过 n 次两列互换, 得到

$$\Delta_2=(-1)^n\begin{vmatrix} \boldsymbol{AB} & \boldsymbol{O} \\ \boldsymbol{B} & -\boldsymbol{I} \end{vmatrix}=(-1)^n|\boldsymbol{AB}||-\boldsymbol{I}_{(n)}|=(-1)^n|\boldsymbol{AB}|(-1)^n=|\boldsymbol{AB}|$$

另一方面, $\Delta_2=\Delta_1=|\boldsymbol{A}||\boldsymbol{B}|$, 由此得到 $|\boldsymbol{A}||\boldsymbol{B}|=|\boldsymbol{AB}|$. □

点评 本题的证明方法是目前国内大多数线性代数教材对行列式乘法公式 $|\boldsymbol{AB}|=|\boldsymbol{A}||\boldsymbol{B}|$ 的证明. 证明过程在逻辑上当然正确无误, 但是一开始为什么要构造这样一个 $2n$ 阶

行列式 Δ_1, 它经过初等行变换将左上角的 $\boldsymbol{A}$ 变成零方阵之后右上角为什么正好变成 $\boldsymbol{AB}$, 显得莫名其妙. 我们从分块运算的观点为这一证明过程给出一个比较自然的解释.

我们希望通过矩阵乘法和初等变换将行列式 $|\boldsymbol{A}|$ 与 $|\boldsymbol{B}|$ 的乘积 $|\boldsymbol{A}||\boldsymbol{B}|$ 与 $|\boldsymbol{AB}|$ 联系起来. 为此, 构造形如

$$\boldsymbol{S}=\begin{pmatrix}\boldsymbol{A} & 0\\ \boldsymbol{C} & \boldsymbol{B}\end{pmatrix}$$

的 $2n$ 阶方阵, 它的行列式 $|\boldsymbol{S}|=|\boldsymbol{A}||\boldsymbol{B}|$, 其中 $\boldsymbol{C}$ 可以选择任意 n 阶方阵. 如果 $\boldsymbol{A},\boldsymbol{B},\boldsymbol{C}$ 都是数, 将 2 阶方阵 $\boldsymbol{S}$ 的第 2 行乘 $\boldsymbol{A}$ 加到第 1 行, 可以在右上角产生 $\boldsymbol{AB}$. 这个初等行变换可以通过初等方阵作乘法实现:

$$\boldsymbol{S}\xrightarrow{\boldsymbol{A}(2)+(1)}\begin{pmatrix}\boldsymbol{A}+\boldsymbol{AC} & \boldsymbol{AB}\\ \boldsymbol{C} & \boldsymbol{B}\end{pmatrix}=\begin{pmatrix}1 & \boldsymbol{A}\\ \boldsymbol{O} & 1\end{pmatrix}\begin{pmatrix}\boldsymbol{A} & 0\\ \boldsymbol{C} & \boldsymbol{B}\end{pmatrix}\tag{4.19}$$

右端的矩阵乘法等式对 $\boldsymbol{A},\boldsymbol{B},\boldsymbol{C}$ 是 n 阶方阵时仍然成立:

$$\begin{pmatrix}\boldsymbol{I}_{(n)} & \boldsymbol{A}\\ \boldsymbol{O} & \boldsymbol{I}_{(n)}\end{pmatrix}\begin{pmatrix}\boldsymbol{A} & 0\\ \boldsymbol{C} & \boldsymbol{B}\end{pmatrix}=\begin{pmatrix}\boldsymbol{A}+\boldsymbol{AC} & \boldsymbol{AB}\\ \boldsymbol{C} & \boldsymbol{B}\end{pmatrix}$$

选择 $\boldsymbol{C}$ 为 $-\boldsymbol{I}$, 则等式 (4.19) 等号左边的矩阵左上角的块 $\boldsymbol{A}+\boldsymbol{AC}$ 为零, 得到:

$$\begin{pmatrix}\boldsymbol{I} & \boldsymbol{A}\\ \boldsymbol{O} & \boldsymbol{I}\end{pmatrix}\begin{pmatrix}\boldsymbol{A} & \boldsymbol{O}\\ -\boldsymbol{I} & \boldsymbol{B}\end{pmatrix}=\begin{pmatrix}\boldsymbol{O} & \boldsymbol{AB}\\ -\boldsymbol{I}_{(n)} & \boldsymbol{B}\end{pmatrix}\tag{4.20}$$

经过 n 次两列互换可将等式 (4.20) 右边的方阵化为准三角阵 $\begin{pmatrix}\boldsymbol{AB} & \boldsymbol{O}\\ \boldsymbol{B} & -\boldsymbol{I}_{(n)}\end{pmatrix}$, 它的行列式就是 $(-1)^n|\boldsymbol{AB}|$, 这就可以将 $|\boldsymbol{A}||\boldsymbol{B}|$ 与 $|\boldsymbol{AB}|$ 联系起来了.

剩下的最后一个问题是: 等式 (4.20) 左边将方阵 $\boldsymbol{S}=\begin{pmatrix}\boldsymbol{A} & 0\\ -\boldsymbol{I} & \boldsymbol{B}\end{pmatrix}$ 左乘 $\boldsymbol{T}=\begin{pmatrix}\boldsymbol{I} & \boldsymbol{A}\\ \boldsymbol{O} & \boldsymbol{I}\end{pmatrix}$ 之后为什么行列式不变, 得到的 $\boldsymbol{TS}$ 的行列式 $|\boldsymbol{TS}|=(-1)^n|\boldsymbol{AB}|(-1)^n=|\boldsymbol{AB}|$ 为什么仍与 $|\boldsymbol{S}|=|\boldsymbol{A}||\boldsymbol{B}|$ 相等?

当 $\boldsymbol{A}$ 是数时, $\boldsymbol{T}=\boldsymbol{T}_{12}(\boldsymbol{A})$ 是第三类初等方阵, $|\boldsymbol{S}|\to|\boldsymbol{TS}|$ 是第三类初等行变换, 行列式不变.

当 $\boldsymbol{A}$ 是 n 阶方阵而不是数时, $\boldsymbol{T}$ 不一定是初等方阵, 这个理由就不能成立. 如果利用行列式乘法公式, 可以由 $|\boldsymbol{T}|=1$ 得到 $|\boldsymbol{TS}|=|\boldsymbol{T}||\boldsymbol{S}|=1|\boldsymbol{S}|=|\boldsymbol{S}|$. 但本题的目的就是证明行列式乘法公式, 不能用这个乘法公式来自己证明自己.

但是, 如果能够将 $\boldsymbol{T}$ 分解为有限个第三类初等方阵 $\boldsymbol{T}_1,\cdots,\boldsymbol{T}_m$ 的乘积 $\boldsymbol{T}=\boldsymbol{T}_m\cdots\boldsymbol{T}_1$, 则 $\boldsymbol{S}\to\boldsymbol{TS}$ 可以通过依次左乘各个第三类初等方阵 $\boldsymbol{T}_i$ $(1\leqslant i\leqslant m)$ 来实现, 每次左乘一个 $\boldsymbol{T}_i$ 都是第三类初等行变换, 不改变行列式, 总效果仍然不改变行列式.

$\boldsymbol{A}=(a_{ij})_{n\times n}$ 可以分解为 n^2 个 n 阶方阵 $\boldsymbol{K}_{ij}$ 之和, 每个 $\boldsymbol{K}_{ij}$ 的第 (i,j) 元素与 $\boldsymbol{A}$ 相同, 等于 a_{ij}, 其余元素都为 0. 对 $1\leqslant i,j\leqslant n$, 记

$$\boldsymbol{T}_{i,n+j}(a_{ij})=\begin{pmatrix}\boldsymbol{I} & \boldsymbol{K}_{ij}\\ \boldsymbol{O} & \boldsymbol{I}\end{pmatrix}$$

是在 $\boldsymbol{T}$ 中将 $\boldsymbol{A}$ 换成 $\boldsymbol{K}_{ij}$ 得到的方阵, 也就是将 $2n$ 阶单位阵的第 $(i,n+j)$ 元素换成 a_{ij} 得到的方阵, 则 $\boldsymbol{T}$ 可以分解为所有的 $\boldsymbol{T}_{i,n+j}(a_{ij})$ 的乘积. 用每个 $\boldsymbol{T}_{i,n+j}(a_{ij})$ 左乘任意 $2n$ 阶方阵 $\boldsymbol{M}$, 效果是将第 $n+j$ 行的 a_{ij} 倍加到第 i 行, 不改变行列式. 从 $\boldsymbol{S}$ 出发对所有的 $1\leqslant i,j\leqslant n$ 依次作这样的初等行变换, 行列式始终不变, 总效果是将 $\boldsymbol{S}$ 左乘 $\boldsymbol{T}$ 变成 $\boldsymbol{TS}$, 实现了矩阵乘法等式 (4.20). 这就解释了为什么题 4.7.6 中的一系列初等行变换能在将最初的 $2n$ 阶左上角全部变成 0 的同时将右上角变成了 $\boldsymbol{AB}$. □

4.7.7 求行列式

$$\begin{vmatrix} s_0 & s_1 & s_2 & \cdots & s_{n-1} & 1 \\ s_1 & s_2 & s_3 & \cdots & s_n & x \\ \vdots & \vdots & \vdots & & \vdots & \vdots \\ s_n & s_{n+1} & s_{n+2} & \cdots & s_{2n-1} & x^n \end{vmatrix}$$

其中 $s_k=x_1^k+x_2^k+\cdots+x_n^k\ (\forall\ k=1,2,\cdots)$

分析 所求行列式 $|\boldsymbol{S}|$ 前 n 列第 (i,j) 元素为

$$s_{i+j-2}=x_1^{i+j-2}+\cdots+x_n^{i+j-2}=(x_1^{i-1},\cdots,x_n^{i-1},x^{i-1})(x_1^{j-1},\cdots,x_n^{j-1},0)^{\mathrm{T}}$$

第 $n+1$ 列第 $(i,n+1)$ 元素为

$$x^{i-1}=(x_1^{i-1},\cdots,x_n^{i-1},x^{i-1})(0,\cdots,0,1)^{\mathrm{T}}$$

因此可将 $n+1$ 阶方阵 $\boldsymbol{S}$ 分解为两个方阵 $\boldsymbol{A},\boldsymbol{B}$ 的乘积, 其中 $\boldsymbol{A}$ 的第 i 行 $\boldsymbol{\alpha}_i=(x_1^{i-1},\cdots,x_n^{i-1},x^{i-1})$, $\boldsymbol{B}$ 的第 j 列 $\boldsymbol{b}_j=(x_1^{j-1},\cdots,x_n^{j-1},0)^{\mathrm{T}}$ (当 $1\leqslant j\leqslant n$), 第 $n+1$ 列 $\boldsymbol{b}_{n+1}=(0,\cdots,0,1)^{\mathrm{T}}$.

解 易验证

$$\boldsymbol{S}=\begin{pmatrix} s_0 & s_1 & s_2 & \cdots & s_{n-1} & 1 \\ s_1 & s_2 & s_3 & \cdots & s_n & x \\ \vdots & \vdots & \vdots & & \vdots & \vdots \\ s_n & s_{n+1} & s_{n+2} & \cdots & s_{2n-1} & x^n \end{pmatrix}$$

$$=\begin{pmatrix} 1 & \cdots & 1 & 1 \\ x_1 & \cdots & x_n & x \\ \vdots & & \vdots & \vdots \\ x_1^n & \cdots & x_n^n & x^n \end{pmatrix}\begin{pmatrix} 1 & x_1 & \cdots & x_1^{n-1} & 0 \\ \vdots & \vdots & & \vdots & \vdots \\ 1 & x_n & \cdots & x_n^{n-1} & 0 \\ 0 & 0 & \cdots & 0 & 1 \end{pmatrix}$$

后一个等号两边取行列式得

$$|\boldsymbol{S}|=\left(\prod_{1\leqslant i\leqslant n}(x-x_i)\prod_{1\leqslant i<j\leqslant n}(x_j-x_i)\right)\prod_{1\leqslant i<j\leqslant n}(x_j-x_i)$$

$$=\prod_{1\leqslant i\leqslant n}(x-x_i)\prod_{1\leqslant i<j\leqslant n}(x_j-x_i)^2$$

□

4.7.8 设 $\boldsymbol{A}$ 是 n 阶方阵, 证明:

(1) 如果 $\operatorname{rank}\boldsymbol{A}^m=\operatorname{rank}\boldsymbol{A}^{m+1}$ 对某个正整数 m 成立, 则 $\operatorname{rank}\boldsymbol{A}^m-\operatorname{rank}\boldsymbol{A}^{m+k}$ 对所有的正整数 k 成立.

(2) $\operatorname{rank}\boldsymbol{A}^n=\operatorname{rank}\boldsymbol{A}^{n+k}$ 对所有的正整数 k 成立.

证明 对每个正整数 k, 记 V_k 为齐次线性方程组 $\boldsymbol{A}^k\boldsymbol{X}=\boldsymbol{0}$ 的解空间, 则 $\dim V_k=n-\operatorname{rank}\boldsymbol{A}^k$, 于是 $\operatorname{rank}\boldsymbol{A}^m=\operatorname{rank}\boldsymbol{A}^{m+k}\ \Leftrightarrow\ \dim V_m=\dim V_{m+k}$.

对任意正整数 k 与 s, 有

$$\boldsymbol{X}\in V_k\ \Rightarrow\ \boldsymbol{A}^k\boldsymbol{X}=\boldsymbol{0}\ \Rightarrow\ \boldsymbol{A}^{k+s}\boldsymbol{X}=\boldsymbol{A}^s(\boldsymbol{A}^k\boldsymbol{X})=\boldsymbol{0}\ \Rightarrow\ \boldsymbol{X}\in V_{k+s}$$

这证明了 $V_k\subseteq V_{k+s}$.

(1) 由前面所证明, 已有 $V_m\subseteq V_{m+k}$. 只要再证明 $V_{m+k}\subseteq V_k$, 就有 $V_m=V_{m+k}$, 从而 $\operatorname{rank}\boldsymbol{A}^m=\operatorname{rank}\boldsymbol{A}^{m+k}$.

$\operatorname{rank}\boldsymbol{A}^m=\operatorname{rank}\boldsymbol{A}^{m+1}\Rightarrow\dim V_m=\dim V_{m+1}$. 再由 $V_m\subseteq V_{m+1}$ 得 $V_m=V_{m+1}$.

$$\begin{aligned}\boldsymbol{X}\in V_{m+k}\ &\Rightarrow\ \boldsymbol{A}^{m+1}(\boldsymbol{A}^{k-1}\boldsymbol{X})=\boldsymbol{A}^{m+k}\boldsymbol{X}=\boldsymbol{0}\ \Rightarrow\ \boldsymbol{A}^{k-1}\boldsymbol{X}\in V_{m+1}=V_m\\ &\Rightarrow\ \boldsymbol{A}^{m+k-1}\boldsymbol{X}=\boldsymbol{A}^m(\boldsymbol{A}^{k-1}\boldsymbol{X})=\boldsymbol{0}\ \Rightarrow\ \boldsymbol{X}\in V_{m+k-1}\end{aligned}$$

这证明了 $V_{m+k}\subseteq V_{m+k-1}$, 从而 $V_{m+k}=V_{m+k-1}$ 对任意正整数 k 成立, 于是有

$$V_{m+k}=V_{m+k-1}=V_{m+k-2}=\cdots=V_{m+1}=V_m\ \Rightarrow\ \operatorname{rank}\boldsymbol{A}^{m+k}=\operatorname{rank}\boldsymbol{A}^m$$

(2) 已对任意正整数 k,s 证明 $V_k\subseteq V_{k+s}$, 于是 $\dim V_k=n-\operatorname{rank}\boldsymbol{A}^k\leqslant\dim V_{k+s}=n-\operatorname{rank}\boldsymbol{A}^{k+s}$, $\operatorname{rank}\boldsymbol{A}^k\geqslant\operatorname{rank}\boldsymbol{A}^{k+s}$.

如果有某个 $m\leqslant n$ 使 $\operatorname{rank}\boldsymbol{A}^m=\operatorname{rank}\boldsymbol{A}^{m+1}$. 则由 (1) 所证明 $\operatorname{rank}\boldsymbol{A}^{m+k}$ 对所有正整数 k 成立, 当然 $\operatorname{rank}\boldsymbol{A}^{n+k}=\operatorname{rank}\boldsymbol{A}^{m+(n-m+k)}=\operatorname{rank}\boldsymbol{A}^m=\operatorname{rank}\boldsymbol{A}^{m+(n-m)}=\operatorname{rank}\boldsymbol{A}^n$ 对所有正整数 k 成立.

设不存在 $m\leqslant n$ 使 $\operatorname{rank}\boldsymbol{A}^m=\operatorname{rank}\boldsymbol{A}^{m+1}$, 即对所有的 $m\leqslant n$ 有 $\operatorname{rank}\boldsymbol{A}^m\neq\operatorname{rank}\boldsymbol{A}^{m+1}$, 从而 $\operatorname{rank}\boldsymbol{A}^m>\operatorname{rank}\boldsymbol{A}^{m+1}$, $\operatorname{rank}\boldsymbol{A}^m\geqslant\operatorname{rank}\boldsymbol{A}^{m+1}+1$. 从而当 $m+k\leqslant n+1$ 时有 $\operatorname{rank}\boldsymbol{A}^m\geqslant\operatorname{rank}\boldsymbol{A}^{m+k}+k$, 于是有 $\operatorname{rank}\boldsymbol{A}=\operatorname{rank}\boldsymbol{A}^1\geqslant\operatorname{rank}\boldsymbol{A}^{1+n}+n\geqslant n$. 这迫使 $\operatorname{rank}\boldsymbol{A}=n$, $\boldsymbol{A}$ 可逆, 但此时 $\boldsymbol{A}^2$ 也可逆, $\operatorname{rank}\boldsymbol{A}^2=n=\operatorname{rank}\boldsymbol{A}$, 与假定的 $\operatorname{rank}\boldsymbol{A}>\operatorname{rank}\boldsymbol{A}^2$ 相违. 这证明了不可能对所有的 $m\leqslant n$ 都成立 $\operatorname{rank}\boldsymbol{A}^m\neq\operatorname{rank}\boldsymbol{A}^{m+1}$. □

4.7.9 设 $\boldsymbol{A}\in F^{m\times n}$, 求证: $\operatorname{rank}(\boldsymbol{I}_{(m)}-\boldsymbol{A}\boldsymbol{A}^{\mathrm{T}})-\operatorname{rank}(\boldsymbol{I}_{(n)}-\boldsymbol{A}^{\mathrm{T}}\boldsymbol{A})=m-n$.

证明 易验证矩阵乘法等式:

$$\begin{pmatrix}\boldsymbol{I}_{(m)} & \boldsymbol{A}\\ \boldsymbol{O} & \boldsymbol{I}_{(n)}\end{pmatrix}\begin{pmatrix}\boldsymbol{I}_{(m)}-\boldsymbol{A}\boldsymbol{A}^{\mathrm{T}} & \boldsymbol{O}\\ \boldsymbol{O} & \boldsymbol{I}_{(n)}\end{pmatrix}\begin{pmatrix}\boldsymbol{I}_{(m)} & \boldsymbol{O}\\ \boldsymbol{A}^{\mathrm{T}} & \boldsymbol{I}_{(n)}\end{pmatrix}=\begin{pmatrix}\boldsymbol{I}_{(m)} & \boldsymbol{A}\\ \boldsymbol{A}^{\mathrm{T}} & \boldsymbol{I}_{(n)}\end{pmatrix}$$

$$\begin{pmatrix}\boldsymbol{I}_{(m)} & \boldsymbol{O}\\ -\boldsymbol{A}^{\mathrm{T}} & \boldsymbol{I}_{(n)}\end{pmatrix}\begin{pmatrix}\boldsymbol{I}_{(m)} & \boldsymbol{A}\\ \boldsymbol{A}^{\mathrm{T}} & \boldsymbol{I}_{(n)}\end{pmatrix}\begin{pmatrix}\boldsymbol{I}_{(m)} & -\boldsymbol{A}\\ \boldsymbol{O} & \boldsymbol{I}_{(n)}\end{pmatrix}=\begin{pmatrix}\boldsymbol{I}_{(m)} & \boldsymbol{O}\\ \boldsymbol{O} & \boldsymbol{I}_{(n)}-\boldsymbol{A}^{\mathrm{T}}\boldsymbol{A}\end{pmatrix}$$

由此可得

$$\operatorname{rank}\begin{pmatrix}\boldsymbol{I}_{(m)}-\boldsymbol{A}\boldsymbol{A}^{\mathrm{T}} & \boldsymbol{O}\\ \boldsymbol{O} & \boldsymbol{I}_{(n)}\end{pmatrix}=\operatorname{rank}\begin{pmatrix}\boldsymbol{I}_{(m)} & \boldsymbol{A}\\ \boldsymbol{A}^{\mathrm{T}} & \boldsymbol{I}_{(n)}\end{pmatrix}=\operatorname{rank}\begin{pmatrix}\boldsymbol{I}_{(m)} & \boldsymbol{O}\\ \boldsymbol{O} & \boldsymbol{I}_{(n)}-\boldsymbol{A}^{\mathrm{T}}\boldsymbol{A}\end{pmatrix}$$

即

$$\operatorname{rank}(\boldsymbol{I}_{(m)}-\boldsymbol{A}\boldsymbol{A}^{\mathrm{T}})+n=m+\operatorname{rank}(\boldsymbol{I}_{(n)}-\boldsymbol{A}^{\mathrm{T}}\boldsymbol{A})$$
$$\operatorname{rank}(\boldsymbol{I}_{(m)}-\boldsymbol{A}\boldsymbol{A}^{\mathrm{T}})-\operatorname{rank}(\boldsymbol{I}_{(n)}-\boldsymbol{A}^{\mathrm{T}}\boldsymbol{A})=m-n \qquad \square$$

4.7.10 (矩阵的广义逆)　(1) 对任意矩阵 $\boldsymbol{A}\in F^{m\times n}$, 存在矩阵 $\boldsymbol{A}^{-}\in F^{n\times m}$ 满足条件 $\boldsymbol{A}\boldsymbol{A}^{-}\boldsymbol{A}=\boldsymbol{A}$. 什么条件下 $\boldsymbol{A}^{-}$ 由 $\boldsymbol{A}$ 唯一决定? ($\boldsymbol{A}^{-}$ 称为 $\boldsymbol{A}$ 的**广义逆** (generalized inverse matrix).)

(2) 设 $\boldsymbol{A}\in F^{m\times n},\boldsymbol{\beta}\in F^{m\times 1}$. $\boldsymbol{A}^{-}\in F^{n\times m}$ 满足条件 $\boldsymbol{A}\boldsymbol{A}^{-}\boldsymbol{A}=\boldsymbol{A}$. 求证:

线性方程组 $\boldsymbol{A}\boldsymbol{X}=\boldsymbol{\beta}$ 有解的充分必要条件是 $\boldsymbol{A}\boldsymbol{A}^{-}\boldsymbol{\beta}=\boldsymbol{\beta}$;

方程组有解时的通解为 $\boldsymbol{X}=\boldsymbol{A}^{-}\boldsymbol{\beta}+(\boldsymbol{I}-\boldsymbol{A}^{-}\boldsymbol{A})\boldsymbol{Y}$ ($\forall\ \boldsymbol{Y}\in F^{m\times 1}$).

解　(1) 对任意 $\boldsymbol{A}\in F^{m\times n}$, 存在可逆方阵 $\boldsymbol{P},\boldsymbol{Q}$ 将 $\boldsymbol{A}$ 相抵到标准形:

$$\boldsymbol{S}=\boldsymbol{P}\boldsymbol{A}\boldsymbol{Q}=\begin{pmatrix}\boldsymbol{I}_{(r)} & \boldsymbol{O}\\ \boldsymbol{O} & \boldsymbol{O}\end{pmatrix},\qquad \boldsymbol{A}=\boldsymbol{P}^{-1}\boldsymbol{S}\boldsymbol{Q}^{-1}$$

$\boldsymbol{A}^{-}$ 满足的条件 $\boldsymbol{A}\boldsymbol{A}^{-}\boldsymbol{A}=\boldsymbol{A}$ 成为

$$\boldsymbol{P}^{-1}\boldsymbol{S}\boldsymbol{Q}^{-1}\boldsymbol{A}^{-}\boldsymbol{P}^{-1}\boldsymbol{S}\boldsymbol{Q}^{-1}=\boldsymbol{P}^{-1}\boldsymbol{S}\boldsymbol{Q}^{-1} \tag{4.21}$$

等式 (4.21) 两边分别左乘 $\boldsymbol{P}$, 右乘 $\boldsymbol{Q}$, 并记 $\boldsymbol{B}=\boldsymbol{Q}^{-1}\boldsymbol{A}^{-}\boldsymbol{P}^{-1}$, 则等式 (4.21) 成为 $\boldsymbol{S}\boldsymbol{B}\boldsymbol{S}=\boldsymbol{S}$, 即

$$\begin{pmatrix}\boldsymbol{I}_{(r)} & \boldsymbol{O}\\ \boldsymbol{O} & \boldsymbol{O}\end{pmatrix}\boldsymbol{B}\begin{pmatrix}\boldsymbol{I}_{(r)} & \boldsymbol{O}\\ \boldsymbol{O} & \boldsymbol{O}\end{pmatrix}=\begin{pmatrix}\boldsymbol{I}_{(r)} & \boldsymbol{O}\\ \boldsymbol{O} & \boldsymbol{O}\end{pmatrix} \tag{4.22}$$

将 $\boldsymbol{B}$ 分块为 $\boldsymbol{B}=\begin{pmatrix}\boldsymbol{B}_{11} & \boldsymbol{B}_{12}\\ \boldsymbol{B}_{21} & \boldsymbol{B}_{22}\end{pmatrix}$, 使 $\boldsymbol{B}_{11}\in F^{r\times r}$, 代入等式 (4.22), 得

$$\begin{pmatrix}\boldsymbol{B}_{11} & \boldsymbol{O}\\ \boldsymbol{O} & \boldsymbol{O}\end{pmatrix}=\begin{pmatrix}\boldsymbol{I}_{(r)} & \boldsymbol{O}\\ \boldsymbol{O} & \boldsymbol{O}\end{pmatrix}$$

可见 (4.22) 成立的充分必要条件为 $\boldsymbol{B}_{11}=\boldsymbol{I}_{(r)}$, 即

$$\boldsymbol{P}^{-1}\boldsymbol{A}^{-}\boldsymbol{Q}^{-1}=\boldsymbol{B}=\begin{pmatrix}\boldsymbol{I}_{(r)} & \boldsymbol{B}_{12}\\ \boldsymbol{B}_{22} & \boldsymbol{B}_{22}\end{pmatrix},\qquad \boldsymbol{A}^{-}=\boldsymbol{P}\begin{pmatrix}\boldsymbol{I}_{(r)} & \boldsymbol{B}_{12}\\ \boldsymbol{B}_{22} & \boldsymbol{B}_{22}\end{pmatrix}\boldsymbol{Q} \tag{4.23}$$

将 (4.21) 和 (4.23) 代入可验证所要求的条件 $\boldsymbol{A}\boldsymbol{A}^{-}\boldsymbol{A}=\boldsymbol{A}$ 满足.

等式 (4.23) 中的 $\boldsymbol{B}_{12}\in F^{r\times(m-r)},\boldsymbol{B}_{21}\in F^{(n-r)\times r},\boldsymbol{B}_{22}\in F^{(n-r)\times(m-r)}$ 可以任取. 因此, 当 $m>r$ 或 $n>r$ 时 $\boldsymbol{A}^{-}$ 不唯一, 仅当 $r=m=r$ 即 $\boldsymbol{A}$ 是可逆方阵时, $\boldsymbol{A}^{-}$ 唯一. 此时 $\boldsymbol{B}=\boldsymbol{I}$, $\boldsymbol{A}^{-}=\boldsymbol{P}\boldsymbol{Q}=\boldsymbol{A}^{-1}$ 就是 $\boldsymbol{A}$ 的逆. 因此 $\boldsymbol{A}^{-}$ 确实是 $\boldsymbol{A}$ 的逆 $\boldsymbol{A}^{-1}$ 的推广, 有资格称为 “广义逆”.

(2) 设 $\boldsymbol{A}^{-}$ 满足条件 $\boldsymbol{A}\boldsymbol{A}^{-}\boldsymbol{A}=\boldsymbol{A}$. 如果方程组 $\boldsymbol{A}\boldsymbol{X}=\boldsymbol{\beta}$ 有解 $\boldsymbol{X}_1$, 则:

$$\boldsymbol{A}\boldsymbol{X}_1=\boldsymbol{\beta}\ \Rightarrow\ \boldsymbol{\beta}=(\boldsymbol{A}\boldsymbol{A}^{-}\boldsymbol{A})\boldsymbol{X}_1=(\boldsymbol{A}\boldsymbol{A}^{-})(\boldsymbol{A}\boldsymbol{X}_1)=\boldsymbol{A}\boldsymbol{A}^{-}\boldsymbol{\beta}$$

反过来, 当 $\beta = \boldsymbol{A}\boldsymbol{A}^-\beta$ 时, $\boldsymbol{X}_0 = \boldsymbol{A}^-\beta$ 满足 $\boldsymbol{A}\boldsymbol{X}_0 = \beta$, 是方程组 $\boldsymbol{A}\boldsymbol{X} = \beta$ 的一个解.

方程组 $\boldsymbol{A}\boldsymbol{X} = \beta$ 的通解 $\boldsymbol{X}$ 具有形式 $\boldsymbol{X} = \boldsymbol{A}^-\beta + \boldsymbol{\xi}$, 其中 $\boldsymbol{\xi}$ 是齐次线性方程组 $\boldsymbol{A}\boldsymbol{\xi} = \boldsymbol{0}$ 的通解. 对任意 $\boldsymbol{Y} \in F^{m\times 1}$ 有 $\boldsymbol{A}(\boldsymbol{I} - \boldsymbol{A}^-\boldsymbol{A})\boldsymbol{Y} = (\boldsymbol{A} - \boldsymbol{A}\boldsymbol{A}^-\boldsymbol{A})\boldsymbol{Y} = \boldsymbol{O}\boldsymbol{Y} = \boldsymbol{0}$, 可见 $\boldsymbol{\xi} = (\boldsymbol{I} - \boldsymbol{A}^-\boldsymbol{A})\boldsymbol{Y}$ 是 $\boldsymbol{A}\boldsymbol{\xi} = \boldsymbol{0}$ 的解. 反过来, $\boldsymbol{A}\boldsymbol{\xi} = \boldsymbol{0}$ 的每个解 $\boldsymbol{\xi} = \boldsymbol{\xi} - \boldsymbol{A}^-\boldsymbol{0} = \boldsymbol{\xi} - \boldsymbol{A}^-\boldsymbol{A}\boldsymbol{\xi} = (\boldsymbol{I} - \boldsymbol{A}^-\boldsymbol{A})\boldsymbol{\xi}$ 具有 $(\boldsymbol{I} - \boldsymbol{A}^-\boldsymbol{A})\boldsymbol{Y}$ 的形式 (相当于取 $\boldsymbol{Y} = \boldsymbol{\xi}$). 因此 $(\boldsymbol{I} - \boldsymbol{A}^-\boldsymbol{A})\boldsymbol{Y}$ 是齐次线性方程组 $\boldsymbol{A}\boldsymbol{X} = \boldsymbol{0}$ 的通解, $\boldsymbol{A}^-\beta + (\boldsymbol{I} - \boldsymbol{A}^-\boldsymbol{A})\boldsymbol{Y}$ 是 $\boldsymbol{A}\boldsymbol{X} = \beta$ 的通解. □

点评 广义逆是线性代数的后续课程 “矩阵论” 的重要内容之一. 本题介绍的只是最简单的初步知识.

当 $\boldsymbol{A}$ 是 n 阶可逆方阵时, 存在逆方阵 $\boldsymbol{A}^{-1}$ 使 $\boldsymbol{A}\boldsymbol{A}^{-1} = \boldsymbol{A}^{-1}\boldsymbol{A} = \boldsymbol{I}$ 与所有的 $n \times m$ 矩阵 $\boldsymbol{X}$ 的乘积 $\boldsymbol{I}\boldsymbol{X} = \boldsymbol{X}$. 因此方程组 $\boldsymbol{A}\boldsymbol{X} = \beta$ 有唯一解 $\boldsymbol{X} = \boldsymbol{A}^{-1}\beta$ 满足 $\boldsymbol{A}\boldsymbol{X} = \boldsymbol{A}(\boldsymbol{A}^{-1}\beta) = \beta$. 注意到 $\boldsymbol{A}(\boldsymbol{A}^{-1}\beta) = (\boldsymbol{A}\boldsymbol{A}^{-1})\beta = \beta$ 所用到的只是 $\boldsymbol{A}\boldsymbol{A}^{-1} = \boldsymbol{I}$ 左乘 β 得到 β 本身, 当 $\boldsymbol{A}$ 不可逆时, 只要能够找到一个方阵 $\boldsymbol{A}^-$ 使 $\boldsymbol{A}\boldsymbol{A}^-$ 与 β 相乘的表现相当于单位阵, 满足 $(\boldsymbol{A}\boldsymbol{A}^-)\beta = \beta$, 则 $\boldsymbol{A}^-\beta$ 仍是方程组 $\boldsymbol{A}\boldsymbol{X} = \beta$ 的解, $\boldsymbol{A}^-$ 的作用就有些像 $\boldsymbol{A}$ 的逆了. 注意到使 $\boldsymbol{A}\boldsymbol{X} = \beta$ 有解的 β 都可以写成 $\boldsymbol{A}\boldsymbol{X}_1$ 的形式, 只要 $\boldsymbol{A}\boldsymbol{A}^-$ 左乘 $\boldsymbol{A}$ 的表现相当于单位阵, 满足 $(\boldsymbol{A}\boldsymbol{A}^-)\boldsymbol{A} = \boldsymbol{A}$, 对于使方程组 $\boldsymbol{A}\boldsymbol{X} = \beta$ 有解 $\boldsymbol{X}_0$ 的所有的 β 就都相当于单位阵, 满足 $(\boldsymbol{A}\boldsymbol{A}^-)\beta = (\boldsymbol{A}\boldsymbol{A}^-)(\boldsymbol{A}\boldsymbol{X}_0) = \boldsymbol{A}\boldsymbol{X}_0 = \beta$. 满足这样的条件 $\boldsymbol{A}\boldsymbol{A}^-\boldsymbol{A} = \boldsymbol{A}$ 的 $\boldsymbol{A}^-$ 就是本题中的广义逆.

更一般地, 当 $\boldsymbol{A}, \boldsymbol{B}$ 是可逆方阵时, $\boldsymbol{A}\boldsymbol{X}\boldsymbol{B} = \boldsymbol{D}$ 有唯一解 $\boldsymbol{X} = \boldsymbol{A}^{-1}\boldsymbol{D}\boldsymbol{B}^{-1}$. 当 $\boldsymbol{A}, \boldsymbol{B}$ 不可逆或不是方阵时, 同样可以得到矩阵方程 $\boldsymbol{A}\boldsymbol{X}\boldsymbol{B} = \boldsymbol{D}$ 有解的充分必要条件 $\boldsymbol{A}\boldsymbol{A}^-\boldsymbol{D}\boldsymbol{B}^-\boldsymbol{B} = \boldsymbol{D}$, 并且在有解时得到通解 $\boldsymbol{X} = \boldsymbol{A}^-\boldsymbol{D}\boldsymbol{B}^- + \boldsymbol{Y} - \boldsymbol{A}^-\boldsymbol{A}\boldsymbol{Y}\boldsymbol{B}\boldsymbol{B}^-$, 其中 $\boldsymbol{Y}$ 是使乘法有意义的任意矩阵.

方阵 $\boldsymbol{A}$ 的逆 $\boldsymbol{A}^{-1}$ 还满足一些别的条件, 如 $\boldsymbol{A}^{-1}\boldsymbol{A}\boldsymbol{A}^{-1} = \boldsymbol{A}^{-1}$, $\boldsymbol{A}\boldsymbol{A}^{-1} = \boldsymbol{A}^{-1}\boldsymbol{A} = \boldsymbol{I}$ 是实对称方阵, 等等. 将这些条件加以推广, 可以将满足全部 4 个条件 $\boldsymbol{A}\boldsymbol{X}\boldsymbol{A} = \boldsymbol{A}$, $\boldsymbol{X}\boldsymbol{A}\boldsymbol{X} = \boldsymbol{X}$, $\overline{(\boldsymbol{A}\boldsymbol{X})}^{\mathrm{T}} = \boldsymbol{A}\boldsymbol{X}$, $\overline{(\boldsymbol{X}\boldsymbol{A})}^{\mathrm{T}} = \boldsymbol{X}\boldsymbol{A}$ 或满足其中一部分条件的矩阵 $\boldsymbol{X}$ 称为 $\boldsymbol{A}$ 的广义逆. 随着所满足的条件的不同, 可以得到不同类型的广义逆, 用于解决不同的问题. □

第 5 章　多　项　式

知识导航

从未知数到不定元

初中数学就学习了多项式的初步知识, 知道多项式 $f(x)$ 是一个未知数 (变量) x 的非负整数次幂 $1,x,x^2,\cdots,x^n$ 的常数倍之和 $a_0+a_1x+\cdots+a_nx^n$, 并且会利用运算律 (交换律, 结合律, 分配律) 做两个多项式 $f(x),g(x)$ 的加减乘法. 多项式的运算性质其实与 x 是否代表未知数无关, 只与运算律有关. 即使 x 不代表数而代表别的东西 (例如代表方阵), 只要运算律仍成立, 由运算性质得到的结果仍成立.

例 1　设方阵 $\boldsymbol{A}=\begin{pmatrix}1&1&0\\0&1&1\\0&0&1\end{pmatrix}$. 求一个方阵 $\boldsymbol{B}$ 满足条件 $\boldsymbol{B}^2=\boldsymbol{A}$.

解　取

$$\boldsymbol{N}=\boldsymbol{A}-\boldsymbol{I}=\begin{pmatrix}0&1&0\\0&0&1\\0&0&0\end{pmatrix}$$

则易验证 $\boldsymbol{N}^3=\boldsymbol{O}$. 由乘法公式 $(a+b+c)^2=a^2+2ab+b^2+2ac+2bc+c^2$ 得

$$\begin{aligned}\boldsymbol{B}^2&=\left(\boldsymbol{I}+\frac{1}{2}\boldsymbol{N}-\frac{1}{8}\boldsymbol{N}^2\right)^2\\&=\boldsymbol{I}+2\times\frac{1}{2}\boldsymbol{N}+\left(\frac{1}{2}\right)^2\boldsymbol{N}^2-2\times\frac{1}{8}\boldsymbol{N}^2-2\times\frac{1}{2}\times\frac{1}{8}\boldsymbol{N}^3+\left(\frac{1}{8}\right)^2\boldsymbol{N}^4\end{aligned}\tag{5.1}$$

将 $\boldsymbol{N}^3=\boldsymbol{O}$ 代入得

$$\boldsymbol{B}^2=\boldsymbol{I}+\boldsymbol{N}+\frac{1}{4}\boldsymbol{N}^2-\frac{1}{4}\boldsymbol{N}^2=\boldsymbol{I}+\boldsymbol{N}=\boldsymbol{A}$$

可见

$$\boldsymbol{B}=\boldsymbol{I}+\frac{1}{2}\boldsymbol{N}-\frac{1}{8}\boldsymbol{N}^2=\begin{pmatrix}1&\frac{1}{2}&-\frac{1}{8}\\0&1&\frac{1}{2}\\0&0&1\end{pmatrix}$$

满足条件 $\boldsymbol{B}^2=\boldsymbol{A}$. □

例 1 的解答直接由 $\boldsymbol{N}=\boldsymbol{A}-\boldsymbol{I}$ 和 $\boldsymbol{B}=\boldsymbol{I}+\frac{1}{2}\boldsymbol{N}-\frac{1}{8}\boldsymbol{N}^2$ 给出了 B, 直接计算得到等式 (5.1), 再将 $\boldsymbol{N}^3=\boldsymbol{O}$ 代入验证了 $\boldsymbol{B}^2=\boldsymbol{I}+\boldsymbol{N}=\boldsymbol{A}$. 不难发现, 在计算等式 (5.1) 的过程中并没有将 $\boldsymbol{N}$ 的各个分量写出来进行矩阵运算, 将 $\boldsymbol{N}$ 换成任何一个数或者代数式, 等式 (5.1) 照样成立. 等式 (5.1) 由乘法公式 $(a+b+c)^2=a^2+2ab+b^2+2ac+2bc+c^2$ 得出. 这个乘法公式对任意三个数 a,b,c 成立, 但公式的证明却并不需要知道 a,b,c 的具体数值才能计算, 而是利用运算律将乘法算式 $(a+b+c)(a+b+c)$ 展开成单项式之和, 再合并同类项得到. 所用的运算律包括加法与乘法各自的结合律、交换律, 以及乘法对于加法的分配律. 然而, 这些运算律并非只有当 a,b,c 代表数的时候才成立. a,b,c 也可以代表别的对象, 只要这些对象可以做加法和乘法并且同样满足所用到的这些运算律, 由这些运算律得出的这个乘法公式就同样成立. 本题中的 a,b,c 代表 3 个同阶方阵. 一般地, 同阶方阵的加法和乘法满足除了乘法交换律以外的其余运算律, 但在做乘法时有可能不交换. 因此, $(a+b+c)^2$ 的展开式当 a,b,c 代表同阶方阵时不一定成立. 但本题中 a,b,c 代表的三个方阵 $\boldsymbol{I},\frac{1}{2}\boldsymbol{N},-\frac{1}{8}\boldsymbol{N}^2$ 是同一方阵 N 的三个多项式, 做乘法时可交换, 因此 $(a+b+c)^2$ 的展开式成立.

事实上, 等式 (5.1) 并非专门针对方阵 $\boldsymbol{N}$ 得出的. 既然在计算过程中没有将方阵 $\boldsymbol{N}$ 的具体元素写出来, 也没有用到 $\boldsymbol{N}$ 的任何特殊性质, 而只是将 $\boldsymbol{N}$ 作为一个字母进行运算, 就可以把 $\boldsymbol{N}$ 换成字母 x, 利用同样的运算律经过同样的运算得到等式:

$$\left(1+\frac{1}{2}x-\frac{1}{8}x^2\right)^2=1+x-\frac{1}{8}x^3+\frac{1}{16}x^4 \tag{5.2}$$

等式左边是 2 次多项式 $f(x)=1+\frac{1}{2}x-\frac{1}{8}x^2$ 的平方, 右边是将这个平方式展开再合并同类项得到的结果, 这完全是个多项式等式, 与其中的 x 代表数还是代表矩阵没有关系. 将 x 换成方阵 $\boldsymbol{N}$, 并且将 $\boldsymbol{N}$ 的特殊性质 $\boldsymbol{N}^3=\boldsymbol{O}$ 代入, 就得到本题所需要的结果.

本题直接给出了一个方阵 $\boldsymbol{B}$, 然后验证 $\boldsymbol{B}^2=\boldsymbol{A}$. 其实, 验证的过程还可以更简单一些, 直接用矩阵乘法就可以计算出 $\boldsymbol{B}^2=\boldsymbol{A}$. 题目中只要求给出一个 $\boldsymbol{B}$ 满足 $\boldsymbol{B}^2=\boldsymbol{A}$, 没有要求得出矩阵方程 $\boldsymbol{X}^2=\boldsymbol{A}$ 的全部解. 只要猜出一个 $\boldsymbol{B}$ 然后验证 $\boldsymbol{B}^2=\boldsymbol{A}$ 就行了. 很自然提出问题: 这样的 $\boldsymbol{B}$ 是怎样猜出来的? 能不能有一个必胜的方法对任意方阵 $\boldsymbol{A}$ 求出矩阵方程 $\boldsymbol{X}^2=\boldsymbol{A}$ 的全部解, 或者在有解时求出至少一个解 $\boldsymbol{X}$? 如果不能对任意 $\boldsymbol{A}$ 求出一个 $\boldsymbol{X}$, 哪怕只对某一类方阵 $\boldsymbol{A}$ 求出方程 $\boldsymbol{X}^2=\boldsymbol{A}$ 的一个解也好.

本题中将 $\boldsymbol{A}$ 写成了 $\boldsymbol{A}=\boldsymbol{I}+\boldsymbol{N}$ 的形式来求平方根 $\boldsymbol{B}$. 一般地, 当 x 在足够小的区间 $[-c,c]$ 内变化时, $1+x$ 的算术平方根 $f(x)=(1+x)^{\frac{1}{2}}$ 可以展开成泰勒级数:

$$\begin{aligned}T(x)=(1+x)^{\frac{1}{2}}&=1+\frac{1}{2}x+\frac{\frac{1}{2}\left(\frac{1}{2}-1\right)}{2}x^2+\cdots\\&=1+\frac{1}{2}x-\frac{1}{8}x^2+\cdots\end{aligned} \tag{5.3}$$

得到等式:

$$\left(1+\frac{1}{2}x-\frac{1}{8}x^2+\cdots\right)^2=1+x \tag{5.4}$$

等式 (5.3) 与 (5.4) 中的省略号代表 x 的 3 次及更高次项之和. 例 1 中的 $\boldsymbol{N}$ 的 3 次及更高次幂等于零, 将 $x=\boldsymbol{N}$ 代入等式 (5.4) 之后省略号所代表的所有的项全部变成零, 等式 (5.4) 变成 $\left(\boldsymbol{I}+\dfrac{1}{2}\boldsymbol{N}-\dfrac{1}{8}\boldsymbol{N}^2\right)^2=\boldsymbol{I}+\boldsymbol{N}$, 就得到了 $\boldsymbol{A}=\boldsymbol{I}+\boldsymbol{N}$ 的一个平方根 $\boldsymbol{T}(\boldsymbol{N})=\boldsymbol{I}+\dfrac{1}{2}\boldsymbol{N}-\dfrac{1}{8}\boldsymbol{N}^2$. 更严格的叙述方式是: 将等式 (5.4) 左边括号内的无穷级数 $T(x)$ 中由省略号表示的所有的项删去, 也就是删去 3 次及更高次的项之和 $R(x)=c_3x^3+\cdots+c_nx^n+\cdots=x^3\rho(x)$, 无穷级数 $T(x)$ 变成 2 次多项式 $f(x)=1+\dfrac{1}{2}x-\dfrac{1}{8}x^2=T(x)-x^3\rho(x)$, $T^2(x)=1+x$ 变成 4 次多项式:

$$f^2(x)=(T(x)-x^3\rho(x))^2=1+x+x^3(-2T(x)\rho(x)+x^3\rho^2(x)) \tag{5.5}$$

所增加的部分是 x^3 与区间 $[-c,c]$ 上的有界函数 $\rho_1(x)=-2T(x)\rho(x)+x^3\rho^2(x)$ 的乘积, 仍应是 x 的 3 次及更高次项之和. 这说明等式 (5.2) 的结果 $\left(1+\dfrac{1}{2}x-\dfrac{1}{8}x^2\right)^2=1+x+x^3\rho(x)$ 是必然的, 将 $x=\boldsymbol{N}$ 代入得到 $(f(\boldsymbol{N}))^2=\boldsymbol{I}+\boldsymbol{N}+\boldsymbol{N}^3\rho(\boldsymbol{N})=\boldsymbol{I}+\boldsymbol{N}=\boldsymbol{A}$.

以上解法的要点是将 $x=\boldsymbol{N}$ 代入多项式等式 $f^2(x)=1+x+x^3\rho_1(x)$ 得到了 $(f(\boldsymbol{N}))^2=\boldsymbol{I}+\boldsymbol{N}$. 这说明, 多项式 $f(x)$ 的字母 x 不仅可以代表数, 也可以代表更广泛的对象. x 不一定代表数, 不宜将 x 再称为 "数", 而应将它改称为 "元". 而且, 称 x"未知" 也不妥. 例如, 在给出一元二次方程 $ax^2+bx+c=0$ 的求根公式时, 称 x 为 "未知数", a,b,c 为 "已知数". 但其实 a,b,c 也用字母代表而没有给出明确的数值, 也是可以改变的. 如果 a,b,c 只能为固定的数值而不能改变, 例如只能为 $a=1,b=2,c=-3$, 给出的求根公式只能解一个方程 $x^2+2x-3=0$ 而不能解别的方程, 求根公式就缺乏通用性而没有多大用处. 既然 a,b,c,x 都可以变动, 为什么要称 a,b,c 为 "已知数", x 为 "未知数" 呢? 这是因为, 将 $ax^2+bx+c=0$ 看成一元二次方程, 是先确定 a,b,c 的值, 然后再求 x 的值使等式成立. 因此, a,b,c 与 x 的差别不是谁已知谁未知, 而是谁先确定谁后确定. 先确定的就是已知, 后确定的就是未知. 如果先确定 x 后确定 a,b,c, 则 $ax^2+bx+c=0$ 就是以 a,b,c 为未知数的 3 元一次方程. 类似地, 在代数式 $f(x)=a_nx^n+a_{n-1}x^{n-1}+\cdots+a_1x+a_0$ 中将 $a_n,a_{n-1},\cdots,a_1,a_0$ 的数值预先确定不动, 考虑当 x 变化时 $f(x)$ 的变化情况, f 就是多项式函数.

既然我们允许 x 不限于代表数而可以代表别的对象, 不宜将 x 再称为 "数" 而改称为 "元", 在研究多项式 $f(x)=a_nx^n+a_{n-1}x^{n-1}+\cdots+a_1x+a_0$ 时先将系数 $a_n,a_{n-1},\cdots,a_1,a_0$ 确定不动而 x 不确定, 多项式中的字母 x 就称为**不定元**, 也称为**未定元**, 也将其称为**字母**, 或称为**文字**. 你可能会想, x 是字母, 系数 $a_n,a_{n-1},\cdots,a_1,a_0$ 不也是字母吗? 初中数学就开始用字母代表数, 就是因为一个字母可以代表很多不确定的数. 但在多项式中, x 这个字母所代表的是范围广泛而且不确定的对象, 而 $a_n,a_{n-1},\cdots,a_1,a_0$ 代表已经确定的系数, 二者相比之下, 我们只将 x 看成字母, 而将这些系数都看成数而不看成字母. 正是因为 x 不确定, 由多项式运算得出的等式中, 可以在系数不变的情况下将 x 替换成各种各样不同的对象, 包括替换成不同的数值, 不同的方阵以及不同的别的对象, 只要替换前后满足**同样的运算律**, 得到的等式就仍然正确.

例 1 中的方法可以推广, 对某个正整数 k 满足条件 $\boldsymbol{N}^k=\boldsymbol{O}$ 的方阵 $\boldsymbol{N}$ 求出 $\boldsymbol{I}+\boldsymbol{N}$

的一个 m 次方根 $\boldsymbol{B}=T(\boldsymbol{N})$, 其中 $T(x)$ 是 $(1+x)^{\frac{1}{m}}$ 的泰勒展开式. 更进一步, 利用第 7 章介绍的若尔当标准形的理论可以将任意方阵 $\boldsymbol{A}$ 写成 $\boldsymbol{A}=\boldsymbol{P}^{-1}\boldsymbol{J}\boldsymbol{P}$ 的形式, 其中 $\boldsymbol{J}=\mathrm{diag}(\boldsymbol{J}_1,\cdots,\boldsymbol{J}_t)$ 的每个非零对角块 $\boldsymbol{J}_i=\lambda_i\boldsymbol{I}+\boldsymbol{N}_i$, $\boldsymbol{N}_i^{k_i}=\boldsymbol{O}$, 当 $m\geqslant 2$ 时, 仅当 $\lambda_i\neq 0$ 时 $\boldsymbol{J}_i$ 存在 m 次方根, 且可用前述方式求出 $\boldsymbol{J}_i=\lambda_i(\boldsymbol{I}+\lambda_i^{-1}\boldsymbol{N}_i)$ 的方根, 从而得出 $\boldsymbol{A}$ 的方根.

5.1 域上多项式的定义和运算

知识导航

1. 多项式的定义

定义 5.1.1 设 F 是任一数域, x 是一个字母 (称为不定元), n 是任意非负整数, $a_0,a_1,\cdots,a_n\in F$, 则形如

$$a_0+a_1x+a_2x^2+\cdots+a_nx^n \tag{5.6}$$

的表达式称为域 F 上的一个**多项式** (polynomial). 其中 a_kx^k 称为这个多项式的 k 次项, a_k 称为 k 次项的**系数** (coefficient). (5.6) 中没有写出次数高于 n 的项, 它们的系数 a_k $(k>n)$ 全为 0.

各项系数全部为 0 的多项式称为零多项式, 记为 0. □

复数域 $\boldsymbol{C}$ 上的多项式称为复系数多项式, 实数域 $\boldsymbol{R}$ 上的多项式称为实系数多项式, 有理数域 $\boldsymbol{Q}$ 上的多项式称为有理系数多项式.

定义 5.1.2 $F[x]$ 中两个多项式 $f(x)=a_0+a_1x+\cdots+a_nx^n$ 与 $g(x)=b_0+b_1x+\cdots+b_mx^m$ 相等的充分必要条件是: 它们的同次项系数全部对应相等, 即

$$f(x)=g(x) \quad\Leftrightarrow\quad a_k=b_k\ (\forall k\geqslant 0)$$

非零多项式 $f(x)$ 可以写成 $f(x)=a_0+a_1x+a_2x^2+\cdots+a_nx^n$ 的形式使 $a_n\neq 0$, 此时称 n 次项 a_nx^n 为这个多项式 $f(x)$ 的**首项** (leader), 称 a_n 为**首项系数** (leading coefficient), n 称为 $f(x)$ 的**次数** (degree), 记为 $\deg f(x)$. 如果首项系数为 1, 就称这个多项式为**首一多项式** (monic polynomial). □

非零常数 c 的次数是 0.

零多项式没有次数 (**注:** 不要认为零多项式的次数是 0, 只有非零常数的次数才是 0).

2. 多项式的加、减、乘运算

对 $F[x]$ 中任意两个多项式 $f(x)=a_0+a_1x+\cdots+a_nx^n$ 与 $g(x)=b_0+b_1x+\cdots+b_mx^m$, 按运算律展开 $f(x)+g(x)$ 与 $f(x)g(x)$ 并合并同类项, 得到这两个多项式之和与乘积:

$$f(x)+g(x)=(a_0+b_0)+(a_1+b_1)x+\cdots+(a_N+b_N)x^N$$

其中 $N=\max\{n,m\}$, 是 n,m 中的最大数;

$$f(x)g(x)=c_0+c_1x+\cdots+c_{m+n}x^{m+n}$$

其中 k 次项 x^k 的系数是

$$c_k=\sum_{j=0}^{k}a_jb_{k-j}=a_0b_k+a_1b_{k-1}+\cdots+a_{k-1}b_1+a_kb_0$$

这样定义的加法和乘法满足交换律、结合律、乘法对于加法的分配律.

对任意 $g(x)=b_0+b_1x+\cdots+b_mx^m\in F[x]$, $g(x)+0=g(x)$ 成立; 并且 $g(x)+(-g(x))=0$ 对 $-g(x)=-b_0-b_1x-\cdots-b_mx^m\in F[x]$ 成立. 因此可以对任意 $f(x),g(x)\in F[x]$ 定义减法:

$$f(x)-g(x)=f(x)+(-g(x))$$

多项式的乘法还满足: $f(x)g(x)=0 \quad\Leftrightarrow\quad f(x)=0$ 或者 $g(x)=0$. 由此可导出:

$$\left\{\begin{array}{l} f(x)g(x)=f(x)h(x) \\ f(x)\neq 0 \end{array}\right\} \quad\Rightarrow\quad g(x)=h(x)$$

就是说: 不等于零的公因子 $f(x)$ 可以从等式 $f(x)g(x)=f(x)h(x)$ 两边同时消去. 这个性质称为**消去律** (eliminative law).

对于不等于零的多项式 $f(x),g(x)$, 有

$$\deg(f(x)+g(x))\leqslant\max\{\deg(f(x)),\deg(g(x))\}$$

$$\deg(f(x)g(x))=\deg f(x)+\deg g(x)$$

数域 F 上以 x 为字母的全体多项式组成的集合记作 $F[x]$. $F[x]$ 对多项式的加、减、乘运算封闭, 我们称它为数域 F 上的一元**多项式环** (polynomial ring).

3. 整除

对 $f(x),g(x)\in F[x]$, 如果存在 $q(x)\in F[x]$ 使 $f(x)=g(x)q(x)$, 就称 $g(x)$ 整除 $f(x)$, 记作 $g(x)|f(x)$. 此时称 $f(x)$ 是 $g(x)$ 的**倍式** (multiple), $g(x)$ 是 $f(x)$ 的**因式** (factor,divisor), $q(x)$ 是 $g(x)$ 除 $f(x)$ 的商. 反过来, 如果不存在 $q(x)\in F[x]$ 使 $f(x)=g(x)q(x)$, 就说 $g(x)$ 不整除 $f(x)$, 记为 $g(x)\nmid f(x)$.

多项式的整除具有如下性质:

(1) 如果 $f(x)|g(x)$ 且 $g(x)|f(x)$, 则 $f(x)=cg(x)$ 对某个非零常数 c 成立.

(2) 如果 $f(x)|g(x)$ 且 $g(x)|h(x)$, 则 $f(x)|h(x)$.

(3) 如果 $f(x)$ 同时整除若干个多项式 $g_1(x),\cdots,g_k(x)$, 则 $f(x)$ 整除这些多项式的任意倍式之和 $u_1(x)g_1(x)+\cdots+u_k(x)g_k(x)$,其中$u_1(x),\cdots,u_k(x)\in F[x]$.

性质 (3) 中的 $f(x)$ 是 $g_1(x),\cdots,g_k(x)$ 的公共因式, 称为 $g_1(x),\cdots,g_k(x)$ 的公因式. 类似地, 若干个多项式 $g_1(x),\cdots,g_k(x)$ 的公共倍式称为这些多项式的公倍式. 性质 (3) 就是说: 若干个多项式 $g_1(x),\cdots,g_k(x)$ 的公因式 $d(x)$ 也是这些多项式的任意倍式之和的因式.

由性质 (2) 知道, $g_1(x),\cdots,g_k(x)$ 的公因式 $f(x)$ 所有的因式也都是 $g_1(x),\cdots,g_k(x)$ 的公因式.

如果 $g_1(x),\cdots,g_k(x)$ 的某个公因式 $d(x)$ 是所有的公因式的公倍式, 就称 $d(x)$ 是 $g_1(x),\cdots,g_k(x)$ 的最大公因式.

4. 带余除法

$F[x]$ 中任意两个多项式 $g(x),f(x)$ 之间不一定有整除关系. $f(x)$ 不一定是 $g(x)$ 的倍式, 但总可以选择 $g(x)$ 的倍式 $q(x)g(x)$ 与 $f(x)$ 尽可能"接近", 差距 $r(x)=f(x)-q(x)g(x)$ 尽可能"小". 最小的差距当然是 $r(x)=0$, 这只有当 $f(x)=q(x)g(x)$ 即 $g(x)$ 整除 $f(x)$ 时才能实现, 此时 $q(x)$ 就是 $g(x)$ 除 $f(x)$ 的商. 如果 $g(x)$ 不整除 $f(x)$, 我们希望选择 $q(x)$ 使 $r(x)=f(x)-q(x)g(x)$ 的次数最小. 如果 $g(x)=0$, 对所有的 $q(x)$ 都只能有 $r(x)=f(x)$, 无法改变. 当 $g(x)\neq 0$ 时, 可以证明: 存在唯一的 $q_1(x)$ 使 $r_1(x)=f(x)-q_1(x)g(x)$ 的次数低于 $g(x)$, 其余所有的 $r(x)=f(x)-q(x)g(x)$ 的次数都高于 $r_1(x)$, 因而 $r_1(x)$ 是其中次数最低的 $r(x)$. 这样的 $q_1(x)$ 称为 $g(x)$ 除 $f(x)$ 的商, $r_1(x)$ 称为余式. 这个结论就是:

定理 5.1.1 设 $f(x),g(x)\in F[x]$ 且 $g(x)\neq 0$, 则存在唯一的 $q(x),r(x)\in F[x]$ 同时满足以下两个条件:

(1) $f(x)=q(x)g(x)+r(x)$;

(2) $r(x)=0$ 或者 $\deg r(x)<\deg g(x)$. □

定理 5.1.1 中由 $f(x),g(x)$ 唯一决定的 $q(x)$ 称为 $g(x)$ 除 $f(x)$ 的**商** (integral quotient), $r(x)$ 称为 $g(x)$ 除 $f(x)$ 的**余式** (remainder), 余式 $r(x)=0\Leftrightarrow g(x)|f(x)$.

例题分析与解答

5.1.1 设 $f(x)=3x^3+5x^2-x+5$, $g(x)=x^2+2x+3$.

(1) 求 $g(x)$ 除 $f(x)$ 的商 $q(x)$ 和余式 $r(x)$.

(2) 求 $f(x),g(x)$ 的首项系数为 1 的最大公因式 $d(x)$.

(3) 将 $f(x),g(x)$ 的首项系数为 1 的最大公因式 $d(x)$ 表示成 $f(x),g(x)$ 的倍式之和 $d(x)=u(x)f(x)+v(x)g(x)$.

解

$q_1(x)$	$g(x)$	$f(x)$	$q(x)$
$-\frac{1}{8}x-\frac{3}{8}$	x^2+2x+3	$3x^3+5x^2-x+5$	$3x-1$
	x^2-x	$3x^3+6x^2+9x$	
	$3x+3$	$-x^2-10x+5$	
	$3x-3$	$-x^2-2x-3$	
	$r_1(x)=6$	$r(x)=-8x+8$	

(1) $q(x)=3x-1, r(x)=-8x+8$.

(2) $f(x)$ 与 $g(x)$ 的每个公因式 $d(x)$ 都是它们的倍式之和 $r(x)=f(x)-q(x)g(x)$ 的因式, 因而是 $g(x)$ 与 $r(x)$ 的公因式. 反过来, $g(x)$ 与 $r(x)$ 的每个公因式也是 $f(x)=q(x)g(x)+r(x)$ 的因式, 因而是 $f(x)$ 与 $g(x)$ 的公因式. 这证明了: $g(x)$ 与 $r(x)$ 的全部公因式就是 $f(x)$ 与 $g(x)$ 的全部公因式.

再用 $r(x)$ 除 $g(x)$ 得商 $q_1(x)=-\dfrac{1}{8}x-\dfrac{3}{8}$, 余式 $r_1(x)=6$. 与前面同理可知 $r(x)$ 与 $r_1(x)$ 的全部公因式就是 $g(x)$ 与 $r(x)$ 的全部公因式, 从而是 $f(x)$ 与 $g(x)$ 的全部公因式.

$r(x)$ 与 $r_1(x)=6$ 的公因式 $d(x)$ 必须整除非零常数 $r_1(x)=6$, 只能为非零常数 d. 反过来, 每个非零常数 d 整除任何多项式, 显然是 $r(x),r_1(x)$ 的公因式. 由此可知, 全体非零常数就是 $r(x)$ 与 $r_1(x)$ 的全体公因式, 也就是 $f(x)$ 与 $g(x)$ 的全体公因式. 其中首项系数为 1 的非零常数只有 1, 它也是所有非零常数的公倍式, 因而是 $f(x),g(x)$ 的最大公因式.

$f(x)$ 与 $g(x)$ 的首项系数为 1 的最大公因式只有一个, 等于 1.

(3) 将 $r(x)=f(x)-q(x)g(x)$ 代入 $6=r_1(x)=g(x)-q_1(x)r(x)$ 得

$$\begin{aligned}6&=g(x)-q_1(x)(f(x)-q(x)g(x))=-q_1(x)f(x)+(1+q_1(x)q(x))g(x)\\&=\left(\frac{1}{8}x+\frac{3}{8}\right)f(x)+\left(-\frac{3}{8}x^2-x+\frac{11}{8}\right)g(x)\end{aligned}$$

等式两边同除以 6 得

$$\left(\frac{1}{48}x+\frac{1}{16}\right)f(x)+\left(-\frac{1}{16}x^2-\frac{1}{6}x+\frac{11}{48}\right)g(x)=1$$

□

借题发挥 5.1 辗转相除法

1. 辗转相除法

在本书的配套教材 [1] 中, 两个多项式 $f(x),g(x)$ 的最大公因式的定义、性质、算法在第 5.2 节详细介绍的. 在第 5.1 节第一个习题就要求计算最大公因式, 目的是让初学者自己将这些内容预先研究一遍. 5.1.1 题第 (2) 小题计算 $f(x),g(x)$ 的最大公因式的关键是: $f(x),g(x)$ 的最大公因式也就是 $g(x)$ 与 $r(x)=f(x)-q(x)g(x)$ 的最大公因式, 进而是 $r(x)$ 与 $r_1(x)=g(x)-q_1(x)r(x)$ 的最大公因式. 这个算法可以推广到任意两个非零多项式 $f(x),g(x)$:

不妨设 $\deg f(x)\geqslant\deg g(x)$. 用 $g(x)$ 除 $f(x)$ 求余式 $r_1(x)=f(x)-q_1(x)g(x)$, 当 $r_1(x)\neq 0$ 时再用 $r_1(x)$ 除 $g(x)$ 求余式 $r_2(x)=g(x)-q_2(x)r_1(x)$. 重复此过程得到次数越来越低的多项式 $f(x),g(x),r_1(x),\cdots,r_k(x)$, 其中每个 $r_k(x)=r_{k-2}(x)-q_k(x)r_{k-1}(x)$ 是 $r_{k-1}(x)$ 除 $r_{k-2}(x)$ 的余式 (为叙述方便, 记 $g(x)=r_0(x),f(x)=r_{-1}(x)$). 每两个相邻的 $r_{k-1}(x)$ 与 $r_k(x)$ 的全部最大公因式都等于 $f(x)$ 与 $g(x)$ 的全部最大公因式. 由于 $r_k(x)$ 的次数不断降低, 经过有限个步骤之后必然得到某个 $r_{m+1}(x)=0\neq r_m(x)$, $r_m(x)$ 的全部因式就是 $r_m(x)$ 与 0 的全部公因式, 也就是 $f(x)$ 与 $g(x)$ 的全部公因式, $r_m(x)$ 的全体非零常数倍 $\lambda r_m(x)$ 就是全部最大公因式. 设 $r_m(x)$ 的首项系数为 c, 则 $c^{-1}r_m(x)$ 就是 $f(x)$ 与 $g(x)$ 的唯一一个首项为 1 的最大公因式, 通常将它记为 $(f(x),g(x))$. 它的全体非零

常数倍 $\lambda(f(x),g(x))$ 就是 $f(x),g(x)$ 的全体最大公因式. 而 $(f(x),g(x))$ 的全体因式就是 $f(x),g(x)$ 的全体公因式.

通过不断作带余除法求最大公因式的这个算法称为**辗转相除法**.

5.1.1 题第 (3) 小题将 $(f(x),g(x))$ 表示为 $f(x),g(x)$ 的倍式之和 $(f(x),g(x))=u(x)f(x)+v(x)g(x)$, 这个算法也可以推广到任意两个不全为零的多项式 $f(x),g(x)$:

由 $f(x),g(x)$ 出发经过辗转相除法得出一系列余式 $r_1(x),\cdots,r_m(x),r_{m+1}(x)$, 其中每个余式 $r_k(x)=r_{k-2}(x)-q_k(x)r_{k-1}(x)$ 是前两个余式的倍式之和 (约定 $r_0(x)=g(x),r_{-1}(x)=f(x)$). 当 $r_m(x)\neq 0=r_{m+1}(x)$ 时,

$$d(x)=(f(x),g(x))=c^{-1}r_m(x)=c^{-1}r_{m-2}(x)-c^{-1}q_m(x)r_{m-1}(x)$$

因而也是 $r_m(x)$ 前面两个余式 $r_{m-2}(x),r_{m-1}(x)$ 的倍式之和. 再将 $r_{m-1}(x)=r_{m-3}(x)-q_{m-1}(x)r_{m-2}(x)$ 代入并整理, 可将 $d(x)$ 表示为更前面两个余式 $r_{m-3}(x),r_{m-2}(x)$ 的倍式之和. 一般地, 如果已经将 $d(x)$ 表示成 $r_{k-1}(x),r_k(x)$ 的倍式之和 $d(x)=u_{k-1}(x)r_{k-1}(x)+u_k(x)r_k(x)$, 再将 $r_k(x)=r_{k-2}(x)-q_k(x)r_{k-1}(x)$ 代入并整理, 可将 $d(x)$ 表示为 $r_{k-2}(x)$, $r_{k-1}(x)$ 的倍式之和. 重复这个过程, 经过有限次的代入和整理, 最后可将 $d(x)$ 表示成 $f(x)$ 与 $g(x)$ 的倍式之和 $d(x)=u(x)f(x)+v(x)g(x)$.

2. 利用计算机软件

本题中的运算可以通过计算机软件来完成. 在 Mathematica 中输入以 x 为字母的两个多项式 f,g 之后, 分别运行下列语句得到用 $g(x)$ 除 $f(x)$ 的商 $q(x)$ 和余式 $r(x)$:

PolynomialQuotient[f,g,x]; PolynomialRemainder[f,g,x]

PolynomialGCD[f,g]

以 5.1.1 题为例, 输入如下语句并运行:

```
f=3x^3+5x^2-x+5; g = x^2+2x+3;
q = PolynomialQuotient[f,g,x]; r = PolynomialRemainder[f,g,x];
q1 = PolynomialQuotient[g,r,x]; r1 = PolynomialRemainder[g,r,x];
Print[{q, r, q1, r1}]
```

最后一句是把 $q(x),r(x),q_1(x),r_1(x),(f(x),g(x))$ 依次 Print 出来. 运行得到如下结果:

$$\left\{-1+3x,8-8x,-\frac{3}{8}-\frac{x}{8},6,1\right\}$$

就是说: $q(x)=-1+3x$, $r(x)=8-8x$, $q_1(x)=\dfrac{3}{8}-\dfrac{x}{8}$, $r_1=6$. $r_1=6$ 是 $f(x),g(x)$ 的最大公因式. 首项为 1 的最大公因式 $(f(x),g(x))=1$.

还可直接运行如下语句得到最大公因式 $(f(x),g(x))$:

```
PolynomialGCD[f,g,x]
```

输出结果为 1.

求

$$u(x)=-\frac{q_1(x)}{r_1},\quad v(x)=\frac{1+q_1(x)q(x)}{r_1},\quad u(x)f(x)+v(x)g(x)$$

的运算也可以用如下 Mathematica 语句来实现:

```
u = -q1/r1; v = (1 + q1*q)/r1;
```

Expand[{-q1/r1, (1 + q1*q)/r1, u*f + v*g}]

其中 Expand 将其中的多项式的和、差、积展开合并成标准形式. 例如, 其中的 (1+q1*q)/r1 表示要将 $q_1(x)$ 与 $q(x)$ 相乘再加 1 再被常数 r_1 除, 得到多项式 $v(x)$. 如果没有 Expand, 输出的 $v(x)$ 将是没有经过整理的算式 $\frac{1}{6}\left(1+\left(-\frac{3}{8}-\frac{x}{8}\right)(-1+3x)\right)$, 这显然并不是我们所要求的.

以上语句的运行结果为:

$$\left\{\frac{1}{16}+\frac{x}{48},\ \frac{11}{48}-\frac{x}{6}-\frac{x^2}{16},\ 1\right\}$$

就是说 $u(x)=\frac{1}{16}+\frac{x}{48}$, $v(x)=\frac{11}{48}-\frac{x}{6}-\frac{x^2}{16}$, 且 $u(x)f(x)+v(x)g(x)=1$ 确实成立.

还可运行如下语句直接得到 $u(x),v(x)$ 满足条件 $u(x)f(x)+v(x)g(x)=1$:

Expand[PolynomialExtendedGCD[3x^3+5x^2-x+5, x^2+2x+3, x]]

运行结果为:

$$\left\{1,\frac{1}{16}+\frac{x}{48},\frac{11}{48}-\frac{x}{6}-\frac{x^2}{16}\right\}$$

□

5.1.2 (1) p,q,m 满足什么条件时, $(x-m)^2$ 整除 x^3+px+q?

(2) p,q 满足什么条件时, 存在 m 使 $(x-m)^2$ 整除 x^3+px+q?

解 (1) 令 $y=x-m$, 则 $x=m+y$,

$$\begin{aligned}f(x)=x^3+px+q=f(m+y)&=(m+y)^3+p(m+y)+q\\&=(m^3+pm+q)+(3m^2+p)y+3my^2+y^3=g(y)\end{aligned}$$

则 $(x-m)^2|f(x)$ 的充分必要条件为 $y^2|g(y)$, 也就是: $m^3+pm+q=3m^2+p=0$.

(2) 要使满足条件的 m 存在, 需要以 m 为未知数的以下方程组有解:

$$\begin{cases}m^3+pm+q=0\\3m^2+p=0\end{cases}\tag{5.7}$$

$f(m)=m^3+pm+q$ 与 $g(m)=3m^2+p$ 都是以 m 为字母的多项式. 用 $g(m)=3m^2+p$ 除 $f(m)=m^3+pm+q$ 得到余式:

$$r(m)=f(m)-\frac{1}{3}mg(x)=\frac{2}{3}pm+q$$

则 $f(m)=g(m)=0\Rightarrow r(m)=0$. 且由 $f(m)=\frac{1}{3}mg(m)+r(m)$ 知 $g(m)=r(m)=0\Rightarrow f(m)=0$. 这说明 $f(m)=g(m)=0\Leftrightarrow g(m)=r(m)=0$, 即方程组 (5.7) 与

$$\begin{cases}3m^2+p=0\\\frac{2}{3}pm+q=0\end{cases}\tag{5.8}$$

同解. 方程组 (5.8) 有解的条件就是 p,q 应满足的条件.

当 $p\neq 0$ 时, 方程组 (5.8) 第 2 个方程总有唯一解 $m=-\frac{3q}{2p}$, 代入第 1 个方程, 整理得

$$3\left(-\frac{3q}{2p}\right)^2+p=0\ \Leftrightarrow\ 27q^2+4p^3=0$$

当 $p=0$ 时, 方程组 (5.8) 第 2 个方程仅当 $q=0$ 时有解, 而第 1 个方程有唯一解 $m=0$. 此时方程组 (2) 有解的条件 $q=0$ 仍相当于 $27q^2+4p^3=0$.

因此, 不论 p 是否为 0, p,q 所满足的条件都是 $27q^2+4p^3=0$. □

借题发挥 5.2 多项式的导数

1. 重根的判别法

本题的思路很简单: 将 $f(x)=x^3+px+q$ 写成 $y=x-m$ 的多项式:

$$f(x)=b_0+b_1(x-m)+b_2(x-m)^2+b_3(x-m)^3 \tag{5.9}$$

$f(x)$ 被 $(x-m)^2$ 除的余式 $r(x)=b_0+b_1(x-m)$, 整除条件当然就是 $r(x)=0$ 即 $b_0=b_1=0$. 在等式 (5.9) 两边同时取 $x=m$ 可知 $b_0=f(m)=m^3+pm+q$. 不难看出题目中算出来的 $b_1=3m^2+p$ 就是 $f(x)$ 的导数 $f'(x)=3x^2+p$ 当 $x=m$ 时的取值 $f'(m)$. 这是理所当然的: 等式 (5.9) 就是 $f(x)$ 在 m 的泰勒展开式:

$$f(x)=f(m)+f'(m)(x-m)+\frac{f^{(2)}(m)}{2!}(x-m)^2+\frac{f^{(3)}(m)}{3!}(x-m)^3$$

当然应当 $b_1=f'(m)$. 或者, 当 $x\neq m$ 时将等式 (5.9) 两边同减 $b_0=f(m)$ 再用 $x-m$ 除:

$$\frac{f(x)-f(m)}{x-m}=b_1+b_2(x-m)+b_3(x-m)^2$$

再令 $x\to m$ 取极限, 仍得到 $f'(m)=b_1$.

本题的解法可以推广到任意的多项式 $f(x)$. 一般地, 如果 $x-m$ 整除 $f(x)$, 则 m 就是 $f(x)$ 的根. 如果 $(x-m)^2$ 整除 $f(x)$, 则 m 称为 $f(x)$ 的**重根**. 题 5.1.2 第 (1) 小题所求的就是 m 是 $f(x)$ 的重根的条件, 得到的结论是: $f(m)=f'(m)=0$, 就是说 m 是 $f(x)$ 与 $f'(x)$ 的公共根. 而第 (2) 小题所求的是 $f(x)$ 有重根的条件, 计算的依据 (方程组 (5.7)) 就是: $f(x)$ 与 $f'(x)$ 有公共根. $f(x)$ 与 $f'(x)$ 的公共根就是最大公因式 $(f(x),f'(x))$ 的根. 因此, 问题归结为 $(f(x),f'(x))$ 是否有根. 如果 $f(x)$ 与 $f'(x)$ 互素, $(f(x),f'(x))=1$ 当然没有根, $f(x)$ 一定没有重根. 反过来, $f(x)$ 有重根的必要条件是 $f(x),f'(x)$ 不互素, $\deg(f(x),f'(x))\geqslant 1$. 在复数范围内, 这个条件保证了 $(f(x),f'(x))$ 一定有根, 因而也是充分条件. 在其他情形下就需要具体问题具体分析. 5.1.2 题中的 $f(x)$ 是三次多项式, 在辗转相除法过程中得到的一次多项式 $\frac{2p}{3}m+q=0$ 在原来的系数 p,q 所在的数域内一定有根, 因此所得到的 $(f(x),f'(x))\neq 1$ 的条件 $27q^2+4p^3=0$ 仍是 $f(x)$ 有重根的充分必要条件.

一般地, 如果 $h(x)$ 是 $f(x)$ 的因式, 且 $h(x)^2$ 也是 $f(x)$ 的因式, 就称 $h(x)$ 是 $f(x)$ 的重因式. $\deg(f(x),f'(x))\geqslant 1$ 不一定是 $f(x)$ 有重根的充分条件, 但一定是 $f(x)$ 有重因式的充分必要条件.

2. 多项式导数的代数定义

导数

$$f'(m)=\lim_{x\to m}\frac{f(x)-f(m)}{x-m}$$

是通过极限定义的, 只对实函数 $f(x)$ 才有意义. 本题中将 $x=m+y$ 代入多项式 $f(x)$, 并将 $f(m+y)$ 看成 y 的多项式展开成 $f(m+y)=b_0+b_1y+b_2y^2+\cdots+b_my^m$, 其中各项系数 b_i 都是 m 的多项式, 则常数项 $b_0=f(m)$, 一次项系数 b_1 就是导数 $f'(m)$. 求 b_1 的过程却没有用到极限运算, 只用到多项式 $f(x)$ 的各系数与字母 m 之间的加、减、乘运算. b_1 可以作为多项式 $f(x)$ 在 m 的导数 $f'(m)$ 的定义. 例如, 当 $f(x)=x^n$ 时, 用牛顿二项式定理展开 $f(m+y)=(m+y)^n$ 得

$$f(m+y)=(m+y)^n=m^n+nm^{n-1}y+(\cdots)y^2$$

其中的一次项系数 nm^{n-1} 就是 $f'(m)$, 将 m 替换成 x 就得到 $f'(x)=nx^{n-1}$. $(\cdots)y^2$ 表示 2 次及更高次的项, 是 y^2 的倍式. 我们只关心 $f(m+y)$ 中低于 2 次的项, 可以将 y^2 的倍式都忽略不计, 用同余式

$$f(m+y)\equiv f(m)+f'(m)y \pmod{y^2}$$

来表示同余号 $\equiv$ 两边的 $f(x)$ 与 $f(m)+f'(m)y$ 之差是 y^2 的倍式. 对任意 $f(x),g(x)$, 由

$$\begin{aligned}f(m+y)g(m+y)&\equiv(f(m)+f'(m)y)(g(m)+g'(m)y)\\&=f(m)g(m)+(f(m)g'(m)+f'(m)g(m))y+f'(m)g'(m)y^2\\&\equiv f(m)g(m)+(f(m)g'(m)+f'(m)g(m))y \pmod{y^2}\\(f(m+y))^n&\equiv(f(m)+f'(m)y)^n\\&\equiv f(m)^n+nf(m)^{n-1}f'(m)y \pmod{y^2}\end{aligned}$$

得到 $f(x)g(x)$ 及 $f(x)^n$ 在 m 的导数分别是 $f(m)g'(m)+f'(m)g(m)$ 与 $nf(m)^{n-1}f'(m)$. 将 m 换成 x 得到公式:

$$(f(x)g(x))'=f(x)g'(x)+f'(x)g(x),\qquad (f(x)^n)'=nf(x)^{n-1}f'(x)$$

设 $p(x)$ 是 $f(x)$ 的 k 重不可约因式, 即 $p(x)^k$ 整除 $f(x)$ 而 $p(x)^{k+1}$ 不整除, $f(x)=p(x)^kq(x)$, 且 $q(x)$ 不被 $p(x)$ 整除, 则:

$$f'(x)=p(x)^kq'(x)+kp(x)^{k-1}p'(x)q(x)=p(x)^{k-1}(p(x)q'(x)+kp'(x)q(x))$$

当且仅当 $p(x)$ 是 $f(x)$ 的重因式即 $k\geqslant 2$ 时 $p(x)$ 是 $f'(x)$ 的因子, 从而是 $(f(x),f'(x))$ 的因子. 如果 $f(x)$ 没有重因式, 则 $f(x)$ 的所有的不可约因式都不是 $f'(x)$ 的因式, $(f(x),f'(x))=1$. 这证明了: $f(x)$ 有重因式 $\Leftrightarrow \deg(f(x),f'(x))\geqslant 1$

以上对于多项式导数的定义及性质的推理只用到多项式的加、减、乘运算, 并没有用到极限运算. 因此, 得到的结论不但对能够求极限的系数范围 (数域) 成立, 对于不能求极限的系数范围也成立. 例如, 任取一个素数 p, 将每个整数 $a\in \boldsymbol{Z}$ 用它被 p 除的余数 $\overline{a}$ 代表, 组成同余类环 $Z_p=\{\overline{0},\overline{1},\cdots,\overline{p-1}\}$, 并对其中任意两个元素 $\overline{a},\overline{b}$ 定义加、减、乘法: $\overline{a}\pm\overline{b}=\overline{a\pm b},\overline{a}\cdot\overline{b}=\overline{ab}$, 则对任意 $\overline{a}\neq\overline{0}$, 即 $p\nmid a$, 存在整数 u,v 满足 $au+pv=1$, 从而 $\overline{a}\cdot\overline{u}=\overline{1}$, $\overline{u}=\overline{a}^{-1}$. 这说明 Z_p 是域. 每个整系数多项式 $f(x)=a_0+a_1x+\cdots+a_nx^n$ 可以看成域 Z_p 上的多项式 $\phi(x)=\overline{a_0}+\overline{a_1}x+\cdots+\overline{a_n}x^n$. Z_p 中不能比较大小, 因而不能定义极限运算. 但对 Z_p 上的多项式仍可以按照前述方式定义导数, 前述重因式判别准则仍成立.

3. 一般函数的导数

我们将多项式函数 $f(x)$ 展开成 $y=x-m$ 的多项式 $f(m+y)=c_0+c_1y+\cdots+c_ny^n=c_0+c_1(x-m)+\cdots+c_n(x-m)^n$, 将一次项系数 c_1 定义为 $f(x)$ 在 m 的导数 $f'(m)$. $\Delta x=x-m$ 的一次函数 $\phi(\Delta)=f(m)+f'(m)\Delta x$ 与 $f(x)$ 之差 $\Delta f(x)=f(x)-\phi(\Delta x)$ 是 $(\Delta x)^2$ 的倍式. 我们用 $x\to m$ 表示 x 无限接近 m, 也就是 $\Delta x=x-m\to 0$, $|\Delta x|$ 在变化过程中可以小于任意给定的正数 δ. 这样的 Δx 称为**无穷小**. 当 $\Delta x\to 0$ 时, 不但用一次函数 $\phi(\Delta)$ 代替 $f(x)$ 所产生的误差 $\Delta f(x)=f(x)-\phi(\Delta x)$ 是无穷小, 而且 $\Delta f(x)$ 与 Δx 之比无限接近于 Δx 的某个常数倍, 仍是无穷小. 也就是说, $\Delta f(x)$ 是无穷小量 Δx 的无穷小倍, 称为 Δx 的高阶无穷小, 记为 $o(\Delta x)$.

对于不是多项式的函数 $f(x)$, 我们不能将 $f(x)$ 展开成 $\Delta x=x-m$ 的多项式, 但如果仍然能够找到 Δx 的某个一次函数 $\phi(\Delta x)=c_0+c_1\Delta x$ 使得用 $\phi(\Delta x)$ 代替 $f(x)$ 所产生的误差 $\Delta f(x)=f(x)-\phi(\Delta x)$ 是 Δx 的高阶无穷小, 则 $\phi(\Delta x)=c_0+c_1\Delta x$ 的常数项 c_0 仍等于 $f(m)$, 一次项系数仍记为 $f'(m)$, 称为 $f(x)$ 在 m 的导数, $\phi(\Delta x)=f(m)+f'(m)(\Delta x)$ 是在点 $x=m$ 附近与 $f(x)$ 最接近的一次函数, 它的图象 $y=f(m)+f'(m)(x-m)$ 是函数 $y=f(x)$ 在点 $(m,f(m))$ 的切线. 我们在前面用同余式 $f(x)\equiv f(m)+f'(m)(x-m)(\mathrm{mod}\,(x-m)^2)$ 表示多项式 $f(x)$ 与一次多项式 $f(m)+f'(x-m)$ 之差是 $(x-m)^2$ 的倍式, 得出了导数的一些性质. 将其中的 $(\mathrm{mod}\,(x-m)^2)$ 替换成 $(\mathrm{mod}\,o(x-m))$, 就可以同样写

$$f(x)\equiv f(m)+f'(m)(x-m)(\mathrm{mod}\,o(x-m))$$

来表示函数 $f(x)$ 与一次函数 $f(m)+f'(m)(x-m)$ 之差是 $\Delta x=x-m$ 的高阶无穷小, 同样得到导数的性质:

$$(f(x)g(x))'=f(x)g'(x)+f'(x)g(x),\qquad (f(x)^n)'=nf(x)^{n-1}f'(x)$$

以及更多的性质. 更详细的讨论就不在这里进行了. □

5.1.3 求多项式 $u(x),v(x)$ 使 $u(x)(x-1)^2+v(x)(x+1)^3=1$.

解

$q_1(x)$	$g(x)$	$f(x)$	$q(x)$
$\frac{1}{12}x-\frac{5}{36}$	x^2-2x+1	x^3+3x^2+3x+1	$x+5$
	$x^2-\frac{1}{3}x$	x^3-2x^2+x	
	$-\frac{5}{3}x+1$	$5x^2+2x+1$	
	$-\frac{5}{3}x+\frac{5}{9}$	$5x^2-10x+5$	
	$r_1(x)=\frac{4}{9}$	$r(x)=12x-4$	

我们有

$$\frac{4}{9}=g(x)-q_1(x)r(x)=g(x)-q_1(x)(f(x)-q(x)g(x))=-q_1(x)f(x)+(1+q_1(x)q(x))g(x)$$

取

$$v(x)=-\frac{9}{4}q_1(x)=-\frac{3}{16}x+\frac{5}{16}$$

$$u(x)=\frac{9}{4}(1+q_1(x)q(x))=\frac{3}{16}x^2+\frac{5}{8}x+\frac{11}{16}$$

则 $u(x)g(x)+v(x)f(x)=1$ 符合要求. □

5.1.4 (综合除法)　设 $f(x)=a_nx^n+a_{n-1}x^{n-1}+\cdots+a_1x+a_0$ 是数域 F 上的多项式, $c\in F$. 求证: $x-c$ 除 $f(x)$ 的商 $q(x)=b_{n-1}x^{n-1}+b_{n-2}x^{n-2}+\cdots+b_1x+b_0$ 和余式 r 可以用如下的算法得出:

$$\begin{array}{c|ccccccc}
c & & a_n & a_{n-1} & \cdots & a_i & \cdots & a_1 & a_0 \\
 & +) & & cb_{n-1} & \cdots & cb_i & \cdots & cb_1 & cb_0 \\
\hline
 & & b_{n-1} & b_{n-2} & \cdots & b_{i-1} & \cdots & b_0 & r
\end{array}$$

其中 $b_{n-1}=a_n$, $b_{i-1}=a_i+cb_i$ $(\forall\ 1\leqslant i\leqslant n)$, $r=a_0+cb_0$.

证明　取 $q_1(x)=b_{n-1}x^{n-1}+b_{n-2}x^{n-2}+\cdots+b_1x+b_0$, $r_1=a_0+cb_0$, 则:

$$q_1(x)(x-c)+r_1=b_{n-1}x^n+(b_{n-2}-cb_{n-1})x^{n-1}+\cdots+(b_0-cb_1)x-cb_0+(a_0+cb_0) \quad (5.10)$$

将 $b_{n-1}=a_n$, $b_{i-1}=a_i+cb_i$ $(\forall\ 1\leqslant i\leqslant n)$ 代入等式 (5.10) 右边, 整理得

$$q_1(x)(x-c)+r_1=a_nx^n+a_{n-1}x^{n-1}+\cdots+a_1x+a_0=f(x)$$

这证明了 $q_1(x),r_1$ 分别是 $x-c$ 除 $f(x)$ 的商和余式. □

点评　以上的证明只是验证而不是发现. 本题目的重点也不是教你证明或发明这个方法, 而是教你用这个方法来求 $x-c$ 除多项式的商和余式, 比用除法竖式更简捷些.

如果希望自己将这个方法 "发明" 出来, 只要观察做除法的竖式就可发现规律:

$g(x)$	$f(x)$	$q(x)$
$x-c$	$a_nx^n+a_{n-1}x^{n-1}+a_{n-2}x^{n-2}+\cdots$	$b_{n-1}x^{n-1}+b_{n-2}x^{n-3}+\cdots$
	$b_{n-1}x^n-cb_{n-1}x^{n-1}$	
	$f_1(x)=\quad b_{n-2}x^{n-1}+a_{n-2}x^{n-2}+\cdots$	
	$b_{n-2}x^{n-1}-cb_{n-2}x^{n-2}$	
	$f_2(x)=\quad b_{n-3}x^{n-2}+\cdots$	

用 $x-c$ 的首项 x 除 $f(x)=a_nx^n+\cdots$ 的首项得到商 $q(x)$ 的首项 $b_{n-1}x^{n-1}=a_nx^{n-1}$, 其系数 $b_{n-1}=a_n$. 如以上竖式所示, 剩下的

$$f_1(x)=f(x)-b_{n-1}x^{n-1}(x-c)=b_{n-2}x^{n-1}+a_{n-2}x^{n-2}+\cdots+a_1x+a_0$$

的 $n-1$ 次项系数 $b_{n-2}=a_{n-1}+cb_{n-1}$. 用 $f_1(x)$ 代替 $f(x)$ 重复刚才的过程, 得到商的下一项 $b_{n-2}x^{n-2}$, 再剩下

$$f_2(x)=f_1(x)-b_{n-2}x^{n-2}(x-c)=b_{n-3}x^{n-2}+a_{n-3}x^{n-3}+\cdots+a_1x+a_0$$

重复这个过程可以依次得到商 $q(x)=b_{n-1}x^{n-1}+\cdots+b_1x+b_0$ 的各项系数 $b_{i-1}=a_i+cb_i$ $(1\leqslant i\leqslant n)$, 最后剩下的 $f_n(x)=b_{-1}=a_0+cb_0$ 就是余数 r. □

5.1.5 利用综合除法求 $g(x)$ 除 $f(x)$ 的商 $q(x)$ 和余式 $r(x)$:

(1) $f(x)=2x^4-5x+8,\ g(x)=x+3$;

(2) $f(x)=x^3-x+2,\ g(x)=x+i$.

解 (1)

$$\begin{array}{r|rrrrrr} -3 & & 2 & 0 & 0 & -5 & 8 \\ & +) & & -6 & 18 & -54 & 177 \\ \hline & & 2 & -6 & 18 & -59 & 185 \end{array}$$

$$q(x)=2x^3-6x^2+18x-59,\quad r=185$$

(2)

$$\begin{array}{r|rrrrr} -i & & 1 & 0 & -1 & 2 \\ & +) & & -i & -1 & 2i \\ \hline & & 1 & -i & -2 & 2+2i \end{array}$$

$$q(x)=x^2-ix-2,\quad r=2+2i$$

□

5.1.6 将 $f(x)$ 表示成 $x-c$ 的方幂和的形式: $b_0+b_1(x-c)+b_2(x-c)^2+\cdots$

(1) $f(x)=x^5,\ c=-1$;

(2) $f(x)=x^4+x^3+x^2+x+1,\ c=2$.

解 (1) 令 $y=x+1$, 则 $x=y-1$,

$$\begin{aligned} f(x)&=(y-1)^5=y^5-5y^4+10y^3-10y^2+5y-1\\ &=-1+5(x+1)-10(x+1)^2+10(x+1)^3-5(x+1)^4+(x+1)^5 \end{aligned}$$

(2) 令 $y=x-2$, 则 $x=y+2$,

$$\begin{aligned} f(x)&=\frac{x^5-1}{x-1}=\frac{(y+2)^5-1}{(y+2)-1}=\frac{y^5+10y^4+40y^3+80y^2+80y+31}{y+1}\\ &=y^4+9y^3+31y^2+49y+31\\ &=31+49(x-2)+31(x-2)^2+9(x-2)^3+(x-2)^4 \end{aligned}$$

□

5.1.7 设非零的实系数多项式 $f(x)$ 满足条件 $f(f(x))=(f(x))^k$, 其中 k 是给定的正整数, 求 $f(x)$.

解 设 $f(x)=a_nx^n+\cdots+a_1x+a_0,\ d(x)=f(x)-x^k$, 则 $d(f(x))=f(f(x))-(f(x))^k=0$. 我们证明 $d(x)=0$ 从而 $f(x)=x^k$.

若不然, 设 $d(x)=b_mx^m+\cdots+b_1x+b_0\neq 0$, 其中 $b_m\neq 0$, 则:

$$d(f(x))=b_m(f(x))^m+\cdots+b_1f(x)+b_0=b_m(a_nx^n+\cdots)^m+\cdots=b_ma_n^mx^{nm}+\cdots$$

有最高次项 $b_ma_n^mx^{nm}\neq 0$, 与 $d(f(x))=f(f(x))-(f(x))^k=0$ 矛盾.

这证明了 $d(x)=0,\ f(x)=x^k$.

□

点评　以上论证的关键是: 已经知道 $d(f(x))=0$ 对 $d(x)=f(x)-x^k$ 成立, 用反证法证明 $d(x)=0$. 本题采取的方法是当 $d(x)\neq 0$ 计算 $d(f(x))$ 的次数得出矛盾. 另一种思路是考虑 $d(f(x))$ 的取值来得出矛盾. 已经知道 $d(f(x))=0$, 说明 $d(y)=0$ 对所有的 $y=f(x)$ 成立. 一般地, 即使多项式 $d(x)$ 不为 0, 也可以对某些 y 取值 $d(y)=0$, 这样的 y 就称为 $d(x)=0$ 的根. 但是, 非零多项式 $d(x)$ 的根的个数是有限的, 不能超过 $d(x)$ 的次数. 如果有无穷多个 y 使 $d(y)=0$, 必然要求 $d(x)=0$. 当 x 取遍无穷多个实数值时, $y=f(x)$ 也必然有无穷多个不同的值, 这无穷多个不同的 y 都使 $d(y)=0$, 这就能断定 $d(x)=0$ (恒等于 0). 有很多理由说明 $y=f(x)$ 取得无穷多个不同的值. 例如, 当 $x\to\infty$ 时 $f(x)$ 趋于无穷, 必然取得无穷多不同的值. 事实上, 如果 $d(x)\neq 0$, 则当 $x\to\infty$ 时 $y\to\infty$ 导致 $d(y)\to\infty$, 这就与 $d(f(x))=d(y)=0$ 矛盾了. □

5.1.8　给定正整数 $k\geqslant 2$, 求非零的实系数多项式 $f(x)$ 满足条件 $f(x^k)=(f(x))^k$.

解　设 $f(x)=a_nx^n+a_{n-1}x^{n-1}+\cdots+a_1x+a_0$, $a_n\neq 0$. 比较 $f(x^k)=a_nx^{nk}+\cdots$ 与 $(f(x))^k=a_n^kx^{nk}+\cdots$ 的首项系数得 $a_n=a_n^k$ 从而 $a_n^{k-1}=1$. 当 k 为偶数时 $k-1$ 为奇数, $a_n^{k-1}=1\Leftrightarrow a_n=1$. 当 k 为奇数时, $a_n=\pm 1$.

如果 $f(x)=a_nx^n$ 只有一项不为 0, 则当 $a_n=1$, 或 k 为奇数且 $a_n=-1$, $f(x)=a_nx^n$ 已经符合要求.

以下设 $f(x)$ 至少有两个不同次数的非零项, 除了首项 a_nx^n 之外的最高次非零项为 a_mx^m, 即 $f(x)=a_nx^n+a_mx^m+\cdots+a_1x+a_0$, 其中 $m<n$, $a_n\neq 0$ 且 $a_m\neq 0$. 比较

$$f(x^k)=a_nx^{nk}+a_mx^{mk}+\cdots$$

$$(f(x))^k=(a_nx^n+a_mx^m+\cdots)^k=a_n^kx^{nk}+ka_n^{n-1}a_mx^{n(k-1)+m}+\cdots$$

的第二个非零项 (除了首项之外的最高次非零项). $f(x^k)$ 的第二个非零项 a_mx^{mk} 次数为 mk, $(f(x))^k$ 的第二个非零项 $ka_n^{n-1}a_mx^{(n-1)k+m}$ 的次数为 $n(k-1)+m$, 而

$$n(k-1)+m-mk=n(k-1)-m(k-1)=(n-m)(k-1)>0$$

这说明两个多项式 $f(x^k)$ 与 $(f(x))^k$ 的第二个非零项的次数不同, 这两个多项式不可能相等.

因此, 满足条件的 $f(x)$ 只能是 x^n (当 k 为偶数) 或 $\pm x^n$ (当 k 为奇数). □

5.2　最大公因式

知识导航

1. 最大公因式的定义

定义 5.2.1　设 $f(x),g(x)\in F[x]$. 如果 $h(x)|f(x)$ 且 $h(x)|g(x)$, 则称 $h(x)$ 是 $f(x),g(x)$

的**公因式** (common factor). 如果 $d(x)$ 是 $f(x),g(x)$ 的公因式, 并且 $f(x),g(x)$ 的所有的公因式都整除 $d(x)$, 就称 $d(x)$ 是 $f(x),g(x)$ 的**最大公因式** (greatest common factor). □

唯一性 当 $f(x)=g(x)=0$ 时, 最大公因式等于 0, 是唯一的, 记为 $(f(x),g(x))$.

设 $f(x)$ 与 $g(x)$ 不全为 0, 如果它们的最大公因式存在, 则最大公因式不为 0, 且任何两个最大公因式 $d_1(x),d_2(x)$ 相互整除, 因而存在非零常数 λ 使 $d_2(x)=\lambda d_1(x)$. 反过来, $d_1(x)$ 的所有的非零常数倍 $\lambda d_1(x)$ 都是 $f(x),g(x)$ 的最大公因式, 也就是全部最大公因式, 其中必有唯一一个的首项系数为 1, 记为 $(f(x),g(x))$.

2. 存在性及算法 (辗转相除法)

不妨设 $g(x)\neq 0$.

如果 $f(x)=0$, 则 $(f(x),g(x))=(0,g(x))=b^{-1}g(x)$, b 是 $g(x)$ 的首项系数.

当 $f(x),g(x)$ 都不为零时, 不妨设 $\deg f(x)\geqslant \deg g(x)$, 可求出一系列多项式:

$$f(x),g(x),r_1(x),\cdots,r_k(x),\cdots$$

使 $r_k(x)$ 是 $r_{k-1}(x)$ 除 $r_{k-1}(x)$ 的余式, 其中 $r_{-1}(x)=f(x),r_0(x)=g(x)$, $\deg r_{k-1}(x)>\deg r_k(x)$, 直到某个 $r_{m+1}(x)=0\neq r_m(x)$ 为止. 则:

$$(f(x),g(x))=(g(x),r_1(x))=\cdots=(r_{k-1}(x),r_k(x))=\cdots$$

从而 $(f(x),g(x)=(r_m(x),0))=c^{-1}r_m(x)$, c 是 $r_m(x)$ 的首项系数.

3. 最大公因式 $(f(x),g(x))$ 表示成 $f(x),g(x)$ 倍式之和

定理 5.2.1 (裴蜀定理) $f(x),g(x)\in F[x]$ 的最大公因式 $d(x)$ 可以表示成为 $f(x),g(x)$ 的倍式之和, 即存在 $u(x),v(x)\in F[x]$ 使 $d(x)=u(x)f(x)+v(x)g(x)$. □

算法 1 利用辗转相除法求出 $r_1(x),\cdots,r_m(x),r_{m+1}(x)$ 使每个 $r_k(x)$ 是 $r_{k-1}(x)$ 除 $r_{k-2}(x)$ 的余式, $r_{-1}(x)=f(x),r_0(x)=g(x)$, 且 $r_m(x)\neq 0=r_{m+1}(x)$, 则 $d(x)=c^{-1}r_m(x)$, c 是 $r_m(x)$ 的首项系数, 并得到 m 个等式:

$$r_k(x)=r_{k-2}(x)-q_k(x)r_{k-1}(x)\quad (\forall\ k=1,2,\cdots,m-1,m)$$

将每个余式 $r_k(x)$ 表示为前两个余式 $r_{k-2}(x),r_{k-1}(x)$ 的倍式之和, 将其中最后一个等式 $r_m(x)=r_{m-2}(x)-q_m(x)r_{m-1}(x)$ 代入 $d(x)=c^{-1}r_m(x)$ 把 $d(x)$ 表示为 $r_{m-2}(x),r_{m-1}(x)$ 的倍式之和. 一般地, 如果已经将 $d(x)$ 表示为 $r_{k-1}(x),r_k(x)$ 的倍式之和 $d(x)=u_{k-1}(x)r_{k-1}(x)+u_k(x)r_k(x)$, 将 $r_k(x)=r_{k-2}(x)-q_k(x)r_{k-1}(x)$ 代入并整理, $d(x)$ 就表示为 $r_{k-2}(x),r_{k-1}(x)$ 的倍式之和. 重复这个过程, 最后将 $d(x)$ 表示成 $f(x),g(x)$ 的倍式之和 $d(x)=u(x)f(x)+v(x)g(x)$.

算法 2 设 $u(x)f(x)+v(x)g(x)=d(x)=(f(x),g(x))$, $f(x)=f_1(x)d(x),g(x)=g_1(x)d(x)$, 则 $u(x)f_1(x)+v(x)g_1(x)=1=(f_1(x),g_1(x))$, 且

$$u_1(x)f_1(x)+v_1(x)g_1(x)=1 \tag{5.11}$$

对 $u_1(x)=u(x)-h(x)g_1(x),v_1(x)=v(x)+h(x)f_1(x)$ 成立, 其中 $h(x)$ 是 $F[x]$ 中任意多项式. 特别地, 取 $h(x)$ 等于 $g_1(x)$ 除 $u(x)$ 的商, 则 $u_1(x)$ 是余式, $\deg u_1(x)<t=\deg g_1(x)$, 从而 $\deg v_1(x)<s=\deg f_1(x)$.

将 $u_1(x)=a_0+a_1x+\cdots+a_{t-1}x^{t-1}$ 及 $v_1(x)=b_0+b_1x+\cdots+b_{s-1}x^{s-1}$ 代入等式 (5.11), 经过整理后比较等号两边的各项系数, 可得到 $u_1(x),v_1(x)$ 的各项系数 a_i,b_j 所满足的线性方程组, 从中解出 a_i,b_j, 得到 $u_1(x),v_1(x)$.

4. 互素的多项式

定义 5.2.2 如果 $(f(x),g(x))=1$, 就称 $f(x)$ 与 $g(x)$ **互素** (relatively prime). □

定理 5.2.2 $f(x),g(x)$ 互素 $\Leftrightarrow$ 存在 $u(x),v(x)\in F[x]$ 使 $u(x)f(x)+v(x)g(x)=1$. □

对若干个多项式 $f_1(x),\cdots,f_s(x)$, 同样可定义最大公因式 $d(x)$ 满足: $d(x)$ 是所有 $f_i(x)$ $(1\leqslant i\leqslant s)$ 的公共因式, 并且被所有的公因式整除. 同样有:

定理 5.2.3 对 $f_1(x),\cdots,f_s(x)\in F[x]$ 的任意一个最大公因式 $d(x)$, 存在 $u_1(x),\cdots,u_s(x)\in F[x]$ 使

$$u_1(x)f_1(x)+\cdots+u_s(x)f_s(x)=d(x)$$ □

当 $(f_1(x),\cdots,f_s(x))=1$ 时我们同样称 $f_1(x),\cdots,f_s(x)$ 互素. 同样有:

定理 5.2.4 $f_k(x)\in F[x]$ $(1\leqslant k\leqslant s)$ 互素的充分必要条件是: 存在 $F[x]$ 中的一组多项式 $u_k(x)$ $(1\leqslant k\leqslant s)$ 使

$$u_1(x)f_1(x)+\cdots+u_s(x)f_s(x)=1.$$ □

5. 同余式

定义 5.2.3 对任意 $f_1(x),f_2(x),g(x)\in F[x]$, 如果 $g(x)|(f_1(x)-f_2(x))$, 就称 $f_1(x)$ 与 $f_2(x)$ 模 $g(x)$ **同余** (congruent modulo $g(x)$), 记为 $f_1(x)\equiv f_2(x)(\bmod g(x))$. 当 $g(x)\neq 0$ 时, 这也就是说 $f_1(x),f_2(x)$ 被 $g(x)$ 除的余式相等. 表示多项式同余的式子称为**多项式的同余式** (congruence of polynomials). □

命题 5.2.1 由 $f_1(x)\equiv h_1(x)\bmod g(x)$, $f_2(x)\equiv h_2(x)(\bmod g(x))$ 可得到:

$$f_1(x)\pm f_2(x)\equiv h_1(x)\pm h_2(x)(\bmod g(x))$$
$$f_1(x)f_2(x)\equiv h_1(x)h_2(x)(\bmod g(x))$$

$f(x),g(x)$ 互素的充分必要条件 $u(x)f(x)+v(x)g(x)=1$ 可以用同余式表达为

$$u(x)f(x)\equiv 1(\bmod g(x))$$

因此有:

引理 5.2.1 $f(x),g(x)\in F[x]$ 互素 $\Leftrightarrow$ 存在 $u(x)\in F[x]$ 使

$$u(x)f(x)\equiv 1(\bmod g(x))$$ □

引理 5.2.1 的互素条件可以理解为: $f(x)$ 模 $g(x)$ 可逆. $u(x)$ 是 $f(x)$ 模 $g(x)$ 的逆.

由此自然想到:

(1) $f_1(x),\cdots,f_s(x)$ 模 $g(x)$ 可逆 $\Rightarrow$ 它们的乘积 $f_1(x)\cdots f_s(x)$ 模 $g(x)$ 可逆.

(2) 如果 $f_1(x)f_2(x)\equiv 0(\operatorname{mod} g(x))$ 且 $f_1(x)$ 模 $g(x)$ 可逆, 逆为 $u_1(x)$, 则可在 $f_1(x)f_2(x)\equiv 0(\operatorname{mod} g(x))$ 两边同乘 $u_1(x)$ 消去 $f_1(x)$ 得到 $f_2(x)\equiv 0(\operatorname{mod} g(x))$.

翻译成多项式互素的语言, 就是:

定理 5.2.5 (1) 如果 $f_1(x),\cdots,f_s(x)$ 都与 $g(x)$ 互素, 则它们的乘积 $f_1(x)\cdots f_s(x)$ 与 $g(x)$ 互素.

(2) 如果 $f_1(x)$ 与 $g(x)$ 互素, 且 $g(x)|(f_1(x)f_2(x))$, 则 $g(x)|f_2(x)$. □

由此可得出:

定理 5.2.6 (中国剩余定理) 设 $g_1(x),\cdots,g_s(x)$ 是数域 F 上任意一组两两互素的多项式, $f_1(x),\cdots,f_s(x)$ 是 $F[x]$ 中任意一组多项式, 则存在 $f(x)\in F[x]$ 使

$$f(x)\equiv f_i(x)(\operatorname{mod} g_i(x))$$

对 $1\leqslant i\leqslant s$ 成立.

例题分析与解答

5.2.1 求下列多项式的最大公因式和公共根:

$$f(x)=x^3-2x^2+2x-1,\quad g(x)=x^4-x^3+2x^2-x+1$$

并将它们的最大公因式 $(f(x),g(x))$ 写成 $u(x)f(x)+v(x)g(x)=(f(x),g(x))$ 的形式.

解

$q_2(x)$	$f(x)$	$g(x)$	$q_1(x)$
$\frac{1}{2}x-\frac{1}{2}$	x^3-2x^2+2x-1	$x^4-x^3+2x^2-x+1$	$x+1$
	x^3-x^2+x	$x^4-2x^3+2x^2-x$	
	$-x^2+x-1$	x^3+1	
	$-x^2+x-1$	x^3-2x^2+2x-1	
	$r_2(x)=0$	$r_1(x)=2x^2-2x+2$	

最大公因式:

$$(f(x),g(x))=\frac{1}{2}r_1(x)=x^2-x+1$$

它的根 $\dfrac{1\pm\sqrt{3}i}{2}$ 就是 $f(x),g(x)$ 的全部公共根.

$$(f(x),g(x))=\frac{1}{2}(g(x)-q_1(x)f(x))=u(x)f(x)+v(x)g(x)$$

其中 $u(x)=-\dfrac{1}{2}q_1(x)=-\dfrac{1}{2}x-\dfrac{1}{2},\ v(x)=\dfrac{1}{2}$. □

5.2.2 设 $P[x]$ 中的多项式 $f(x),g(x)$ 互素, 求证: 存在唯一一组 $u(x),v(x)\in P[x]$ 使 $u(x)f(x)+v(x)g(x)=1$ 且 $\deg u(x)<\deg g(x),\deg v(x)<\deg f(x)$.

证明 由 $(f(x),g(x))=1$ 知, 存在 $P[x]$ 中的多项式 $h(x),w(x)$ 使

$$h(x)f(x)+w(x)g(x)=1\tag{5.12}$$

设 $h(x)$ 被 $g(x)$ 除的商为 $q(x)$, 余式为 $u(x)$, 将等式 (5.12) 与等式

$$q(x)g(x)f(x)-q(x)f(x)g(x)=0 \tag{5.13}$$

两边相减, 得

$$(h(x)-q(x)g(x))f(x)+(w(x)+q(x)f(x))g(x)=1 \tag{5.14}$$

将 $u(x)=h(x)-q(x)g(x)$ 代入等式 (5.14), 并记 $v(x)=w(x)+q(x)f(x)$, 得

$$u(x)f(x)+v(x)g(x)=1 \tag{5.15}$$

其中的余式 $u(x)$ 的次数 $\deg u(x)<\deg g(x)$. 且由 $v(x)g(x)=1-u(x)f(x)$ 知

$$\deg v(x)g(x)=\deg u(x)f(x)$$

即

$$\deg v(x)+\deg g(x)=\deg u(x)+\deg f(x)<\deg g(x)+\deg f(x)$$

从而 $\deg v(x)<\deg f(x)$.

如果还有 $u_1(x),v_1(x)$ 满足条件 $\deg u_1(x)<\deg g(x),\deg v_1(x)<\deg f(x)$ 及

$$u_1(x)f(x)+v_1(x)g(x)=1 \tag{5.16}$$

将等式 (5.15),(5.16) 两边相减得

$$(u(x)-u_1(x))f(x)+(v(x)-v_1(x))g(x)=0$$

即

$$(u(x)-u_1(x))f(x)=(v_1(x)-v(x))g(x) \tag{5.17}$$

$g(x)$ 整除等式 (5.17) 右边, 因而整除等式 (5.17) 左边的 $(u(x)-u_1(x))f(x)$. 由 $g(x),f(x)$ 互素知 $g(x)$ 整除 $u(x)-u_1(x)$. 由于 $u(x),u_1(x)$ 的次数都低于 $g(x)$, 当它们的差 $u(x)-u_1(x)$ 不为 0 时次数必然低于 $g(x)$, 不可能被 $g(x)$ 整除, 这迫使 $u(x)-u_1(x)=0$. 代入 (5.17) 知 $v_1(x)-v(x)=0$. 因此 $u(x)=u_1(x)$ 且 $v(x)=v_1(x)$. 这证明了满足原题条件的 $u(x),v(x)$ 的唯一性. □

5.2.3 对如下多项式 $f(x),g(x)$ 求次数最低的多项式 $u(x),v(x)$ 使 $u(x)f(x)+v(x)g(x)=1$:

(1) $f(x)=x^3,\ g(x)=(x-3)^2$;

(2) $f(x)=x^3-3,\ g(x)=x^2-2x+3$.

解法 1 (1) 作辗转相除法求得 $r_1(x)=f(x)-q_1(x)g(x),r_2(x)=g(x)-q_2(x)r_1(x)$ 如下:

$q_1(x)$	$f(x)$	$g(x)$	$q_2(x)$
$x+6$	x^3	x^2-6x+9	$\dfrac{1}{27}x-\dfrac{4}{27}$
	x^3-6x^2+9x	x^2-2x	
	$6x^2-9x$	$-4x+9$	
	$6x^2-36x+54$	$-4x+8$	
	$r_1(x)=\ 27x-54$	$r_2(x)=\ 1$	

其中 $q_1(x)=x+6$, $r_1(x)=27x-54$, $q_2(x)=\dfrac{1}{27}x-\dfrac{4}{27}$, $r_2(x)=1$.

$$\begin{aligned}r_2(x)&=g(x)-q_2(x)r_1(x)=g(x)-q_2(x)(f(x)-q_1(x)g(x))\\&=-q_2(x)f(x)+(1+q_2(x)q_1(x))g(x)\end{aligned}$$

取 $u(x)=-q_2(x)=-\dfrac{x}{27}+\dfrac{4}{27}$, $v(x)=1+q_2(x)q_1(x)=\dfrac{x^2+2x+3}{27}$, 则 $u(x)f(x)+v(x)g(x)=r_2(x)=1$, 恰如所需.

(2) $f(x)$ 被 $g(x)$ 除得到商 $q_1(x)=x+2$, 余式 $r_1(x)=x-9$. $g(x)$ 被 $r_1(x)$ 除得到商 $q_2(x)=x+7$, 余式 $r_2(x)=66$. 与 (1) 同样有

$$-q_2(x)f(x)+(1+q_2(x)q_1(x))g(x)=r_2(x)=66$$

于是

$$u(x)=\frac{-q_2(x)}{66}=-\frac{x+7}{66},\qquad v(x)=\frac{1+q_2(x)q_1(x)}{66}=\frac{x^2+9x+15}{66}$$

符合原题要求.

解法 2 (1) 设 $u(x)=u_1x+u_0$, $v(x)=v_2x^2+v_1x+v_0$, 则

$$\begin{aligned}&(u_1x+u_0)x^3+(v_2x^2+v_1x+v_0)(x^2-6x+9)=1\\&u_1x^4+u_0x^3+v_2(x^4-6x^3+9x^2)+v_1(x^3-6x^2+9x)+v_0(x^2-6x+9)=1\end{aligned}$$

将其中的多项式在基 $\{x^4,x^3,x^2,x,1\}$ 下用坐标表示, 写成列向量的形式, 得到 u_1,u_0,v_2,v_1,v_0 满足的方程组:

$$u_1\begin{pmatrix}1\\0\\0\\0\\0\end{pmatrix}+u_0\begin{pmatrix}0\\1\\0\\0\\0\end{pmatrix}+v_2\begin{pmatrix}1\\-6\\9\\0\\0\end{pmatrix}+v_1\begin{pmatrix}0\\1\\-6\\9\\0\end{pmatrix}+v_0\begin{pmatrix}0\\0\\1\\-6\\9\end{pmatrix}=\begin{pmatrix}0\\0\\0\\0\\1\end{pmatrix}$$

解之得 $(u_1,u_0,v_2,v_1,v_0)=\left(-\dfrac{1}{27},\dfrac{4}{27},\dfrac{1}{27},\dfrac{2}{27},\dfrac{1}{9}\right)$, 因此

$$u(x)=-\frac{1}{27}x+\frac{4}{27},\quad v(x)=\frac{1}{27}x^2+\frac{2}{27}x+\frac{1}{9}.$$

(2) 与 (1) 类似地解方程组 $u_0xf(x)+u_1f(x)+v_2x^2g(x)+v_1xg(x)+v_0g(x)=1$, 即

$$\begin{pmatrix}1&0&1&0&0\\0&1&-2&1&0\\0&0&3&-2&1\\-3&0&0&3&-2\\0&-3&0&0&3\end{pmatrix}\begin{pmatrix}u_1\\u_0\\v_2\\v_1\\v_0\end{pmatrix}=\begin{pmatrix}0\\0\\0\\0\\1\end{pmatrix}$$

得 $(u_1,u_0,v_2,v_1,v_0)=\left(-\dfrac{1}{66},-\dfrac{7}{66},\dfrac{1}{66},\dfrac{3}{22},\dfrac{5}{22}\right)$, 从而

$$u(x)=-\frac{1}{66}x-\frac{7}{66},\quad v(x)=\frac{1}{66}x^2+\frac{3}{22}x+\frac{5}{22}$$

□

借题发挥 5.3　结式

题 5.2.3 解法 2 的计算也许比解法 1 繁琐一些, 但思路更清晰, 而且将问题转化为解线性方程组 $\boldsymbol{AX}=\boldsymbol{B}$, 繁琐的计算可以通过电脑软件来完成. 例如, 对题 5.2.3 第 (2) 小题, 在 Mathematica 中运行如下命令就得到方程组的解:

```
A={{1,0,1,0,0},{0,1,-2,1,0},{0,0,3,-2,1},{-3,0,0,3,-2},{0,-3,0,0,3}}; B={0,0,0,0,1};
Inverse[A].B
```

题 5.2.3 的方程组 $\boldsymbol{AX}=\boldsymbol{B}$ 的系数矩阵的各列依次由多项式 $xf(x),f(x),x^2g(x),xg(x),g(x)$ 的各项系数按降幂从上到下排列得到 (从 4 次项到常数项). $f(x)=x^3-3$ 的 4 个系数 $1,0,0,-3$ 在第 1 列从上到下排在前 4 行, 在第 2 列各往下移一行; $g(x)=x^2+2x+3$ 的系数在第 3 列从上到下排在前 3 行, 每往后一列各往下移一行.

一般地, 对任意多项式 $f(x)=a_nx^n+\cdots+a_1x+a_0$, $g(x)=b_mx^m+\cdots+b_1x+b_0$ 及 $h(x)=h_{m+n-1}x^{m+n-1}+\cdots+h_1x+h_0$, 要求出 $u(x)=u_{m-1}x^{m-1}+\cdots+u_1x+u_0$ 及 $v(x)=v_{n-1}x^{n-1}+\cdots+v_1x+v_0$ 满足 $u(x)f(x)+v(x)g(x)=h(x)$, 则 $u(x),v(x)$ 的系数满足:

$$u_{m-1}x^{m-1}f(x)+\cdots+u_0f(x)+v_{n-1}x^{n-1}g(x)+\cdots+v_0g(x)=h(x)$$

也就是满足线性方程组 $\boldsymbol{AX}=\boldsymbol{B}$, 其中:

$$\boldsymbol{A}=\begin{pmatrix} a_n & & & b_m & & \\ a_{n-1} & \ddots & & b_{m-1} & b_m & \\ \vdots & & a_n & \vdots & & \ddots \\ a_1 & & & b_0 & \vdots & b_m \\ a_0 & \ddots & \vdots & & b_0 & \vdots \\ & \ddots & a_1 & & \ddots & b_1 \\ & & a_0 & & & b_0 \end{pmatrix},\quad \boldsymbol{B}=\begin{pmatrix} h_{m+n-1} \\ \vdots \\ h_1 \\ h_0 \end{pmatrix}$$

如果 $\det\boldsymbol{A}\neq 0$, 则方程组 $\boldsymbol{AX}=\boldsymbol{B}$ 对所有的 $\boldsymbol{B}$ 都有解, 对 $\boldsymbol{B}=(0,\cdots,0,1)^{\mathrm{T}}$ 即 $h(x)=1$ 有解使 $u(x)f(x)+v(x)g(x)=1$ 成立, $f(x),g(x)$ 互素. 反过来, 如果 $f(x),g(x)$ 互素, 则存在多项式 $u_1(x),v_1(x)$ 使 $u_1(x)f(x)+v_1(x)g(x)=1$, 从而 $u_1(x)h(x)f(x)+v_1(x)h(x)g(x)=h(x)$ 对次数 $<m+n$ 的任意 $h(x)$ 成立, 取 $u(x)=u_1(x)h(x)-q(x)g(x)$ 是 $u_1(x)h(x)$ 被 $g(x)$ 除的余式, 则 $u(x)f(x)+v(x)g(x)=h(x)$ 对 $v(x)=v_1(x)h(x)+q(x)f(x)$ 成立, $\deg u(x)<m$, $\deg v(x)<n$, 这说明方程 $\boldsymbol{AX}=\boldsymbol{B}$ 对任意 $\boldsymbol{B}$ 有解, $\det\boldsymbol{A}\neq 0$.

由此可见: $f(x),g(x)$ 互素 $\Leftrightarrow$ $\det\boldsymbol{A}\neq 0$.

可以根据 $\det\boldsymbol{A}$ 是否等于 0 来判定 $f(x),g(x)$ 是否互素. $\det\boldsymbol{A}$ 是由 $f(x),g(x)$ 的系数排成的行列式, 称为 $f(x),g(x)$ 的**结式** (resultant), 记作 $R(f,g)$. (通常是将 $\boldsymbol{A}$ 的转置矩阵的行列式 $\det\boldsymbol{A}^{\mathrm{T}}$ 定义为结式, 它的各行依次由 $x^{m-1}f(x),\cdots,xf(x),f(x),x^{n-1}g(x),\cdots,xg(x),g(x)$ 的系数按降幂顺序 (从 $m+n-1$ 次项到常数项) 排成.) □

5.2.4 如果两个整系数三次方程有公共的无理根, 那么它们还有另一个公共根.

证明 整系数三次多项式 $f(x),g(x)$ 的最大公因式 $d(x)$ 一定是有理系数多项式. 方程 $f(x)=0$ 与 $g(x)=0$ 的全部公共根也就是 $d(x)=0$ 的全部根, 其中有一个公共根 $\boldsymbol{\alpha}$ 是无理数.

如果 $d(x)=0$ 除了 α 之外没有别的根, 则 $d(x)=(x-\alpha)^m=x^m-m\alpha x^{m-1}+\cdots$ 有理系数多项式 $d(x)$ 的 $m-1$ 项系数 $a_{m-1}=-m\alpha$ 应是有理数, 这导致 $\alpha=-\dfrac{a_{m-1}}{m}$ 是有理数, 与原假设 α 是无理数矛盾. 这证明了整系数方程 $f(x)=0,g(x)=0$ 除了公共的无理根 α 之外必有另一个公共根. □

点评 注意到本题的解法没有用到 $f(x)=0,g(x)=0$ 是三次方程这个条件, 不论它们是多少次, 以上证明方法都正确. 本题是某年的波兰中学生数学竞赛题. 有理系数多项式的最大公因式是有理系数多项式这个结论是通过辗转相除法得出来的, 中学生没有学过. 可以改为只利用带余除法的如下证法:

整系数三次多项式 $f(x)$ 被 $g(x)$ 除, 得到的商 λ 是有理数, 余式 $r_1(x)=f(x)-\lambda g(x)$ 是有理系数多项式. $f(x)=0,g(x)=0$ 的全部公共根都是 $r_1(x)=0$ 的根. 反过来, 由 $f(x)=\lambda g(x)+r_1(x)$ 知 $r_1(x)=0$ 与 $g(x)=0$ 的全部公共根也都是 $f(x)=0$ 的根, 从而是 $f(x)=0$ 与 $g(x)=0$ 的公共根. 这说明了 $f(x)=0$ 与 $g(x)=0$ 的全部公共根就是 $g(x)=0$ 与 $r_1(x)=0$ 的全部公共根.

如果 $r_1(x)=0$, 则 $g(x)$ 是 $f(x)$ 的因式, $g(x)=0$ 的全部根就是 $f(x)=0$ 与 $g(x)=0$ 的全部公共根. 与上述解法同样可证 $g(x)=0$ 除了无理根 α 之外还有另一个公共根.

设 $r_1(x)\neq 0$, 由于 $r_1(x)=0$ 有无理根 α, $r_1(x)$ 不能是非零常数, 只能是一次或二次多项式. 如果 $r_1(x)$ 是一次多项式, 有理系数一次方程 $r_1(x)=0$ 只有唯一的根, 是有理数, 无理数 α 不可能是它的根. 因此 $r_1(x)$ 是有理系数二次多项式. 用 $r_1(x)$ 除 $g(x)$ 得到的商 $q_2(x)$ 和余式 $r_2(x)$ 都是有理系数多项式, 由 $r_2(x)=g(x)-q_2(x)r_1(x)$ 及 $g(x)=q_2(x)r_1(x)+r_2(x)$ 知方程 $r_2(x)=0$ 与 $r_1(x)=0$ 的全部公共根就是 $r_1(x)=0$ 与 $g(x)=0$ 的全部公共根, 也就是 $g(x)=0$ 与 $f(x)=0$ 的全部根, 其中至少有一个无理根 α. 由 $r_1(\alpha)=0$ 知 $r_1(x)$ 不是非零常数, 也不可能是一次多项式 (有理系数一次多项式的唯一根为有理数, 没有无理根). 这迫使 $r_2(x)$ 是零多项式, $r_1(x)$ 的全部根就是 $r_1(x)$ 与 $r_2(x)$ 的全部公共根, 因而是 $f(x)$ 与 $g(x)$ 的全部公共根. 有理系数二次多项式 $r_1(x)=ax^2+bx+c$ 的两根 α,β 之和 $-\dfrac{b}{a}$ 是有理数, 不可能等于无理数 2α, 因而另一根 $\beta\neq\alpha$, 方程 $f(x)=0$ 与 $g(x)=0$ 有两个不同的根 α,β.

以上解法虽然没有直接用辗转相除法, 但先用 $g(x)$ 除 $f(x)$ 得到余式 $r_1(x)$, 当 $r_1(x)\neq 0$ 时又用它除 $g(x)$ 得到余式 $r_2(x)$, 实际上是在做辗转相除法. □

5.2.5 将分数 $\dfrac{1}{\sqrt[3]{9}-2\sqrt[3]{3}+3}$ 的分子分母同乘以适当的数, 将分母化成有理数.

解 记 $g(x)=x^2-2x+3$, 则所说分数的分母等于 $g(\sqrt[3]{3})$. 另一方面, $\sqrt[3]{3}$ 是多项式 $f(x)=x^3-3$ 的根. 按第 5.2.3 题的方法可以求得多项式 $-x-7,x^2+9x+15$ 满足条件:

$$(-x-7)(x^3-2)+(x^2+9x+15)(x^2-2x+3)=66$$

将 $x=\sqrt[3]{3}$ 代入得 $(\sqrt[3]{9}+9\sqrt[3]{3}+15)(\sqrt[3]{9}-2\sqrt[3]{3}+3)=66$, 因此:

$$\frac{1}{\sqrt[3]{9}-2\sqrt[3]{3}+3}=\frac{\sqrt[3]{9}+9\sqrt[3]{3}+15}{(\sqrt[3]{9}+9\sqrt[3]{3}+15)(\sqrt[3]{9}-2\sqrt[3]{3}+3)}=\frac{\sqrt[3]{9}+9\sqrt[3]{3}+15}{66}$$ □

5.2.6 设 $f(x)$ 是 $2n-1$ 次多项式, n 为正整数, $f(x)+1$ 被 $(x-1)^n$ 整除, $f(x)-1$ 被 $(x+1)^n$ 整除, 求 $f(x)$.

解法 1 $(f(x)+1)'=f'(x)$ 被 $(x-1)^{n-1}$ 整除, $(f(x)-1)'=f'(x)$ 被 $(x+1)^{n-1}$ 整除. $f'(x)$ 同时被 $(x-1)^{n-1}$ 与 $(x+1)^{n-1}$ 整除, 因而被 $(x-1)^{n-1}(x+1)^{n-1}$ 整除. 由 $\deg f(x)=2n-1$ 知 $\deg f'(x)=2n-2$, 因此 $f'(x)=\lambda(x-1)^{n-1}(x+1)^{n-1}$, λ 是待定常数.

$f(x)$ 是 $\lambda(x-1)^{n-1}(x+1)^{n-1}$ 的原函数, 由分部积分公式得

$$\begin{aligned}f(x)&=\int\lambda(x-1)^{n-1}(x+1)^{n-1}\mathrm{d}x=\frac{\lambda}{n}\int(x+1)^{n-1}\mathrm{d}(x-1)^n\\&=\frac{\lambda}{n}(x-1)^n(x+1)^{n-1}-\lambda\frac{n-1}{n}\int(x-1)^n(x+1)^{n-2}\mathrm{d}x\end{aligned}$$

一般地, 对任意正整数 k, 有

$$\begin{aligned}&\int(x-1)^{n+k-1}(x+1)^{n-k-1}\mathrm{d}x\\&=\frac{1}{n+k}(x-1)^{n+k}(x+1)^{n-k-1}-\frac{n-k-1}{n+k}\int(x-1)^{n+k}(x+1)^{n-k-2}\mathrm{d}x\end{aligned}$$

反复利用这个公式得

$$\begin{aligned}f(x)&=\lambda\int(x-1)^{n-1}(x+1)^{n-1}\mathrm{d}x\\&=\lambda\left[\frac{1}{n}(x-1)^n(x+1)^{n-1}-\frac{n-1}{n}\int(x-1)^n(x-1)^{n-2}\mathrm{d}x\right]=\cdots\\&=\frac{\lambda}{n}(x-1)^n(x+1)^{n-1}-\frac{\lambda(n-1)}{n(n+1)}(x-1)^{n+1}(x+1)^{n-2}+\cdots\\&\quad+(-1)^k\frac{\lambda(n-1)\cdots(n-k)}{n(n+1)\cdots(n+k)}(x-1)^{n+k}(x+1)^{n-k-1}+\cdots\\&\quad+(-1)^{n-1}\frac{\lambda(n-1)!}{n(n+1)\cdots(2n-1)}(x-1)^{2n-1}+c\end{aligned}\tag{5.18}$$

将 $x=1$ 代入 (5.18) 得 $f(1)=c$. 再由 $f(x)+1$ 被 $(x-1)^n$ 整除得 $f(x)+1=q_1(x)(x-1)^n$, 将 $x=1$ 代入得 $f(1)+1=0$. 从而 $f(1)=-1$, $c=-1$.

另一方面, 由 $f(x)-1$ 被 $(x+1)^n$ 整除得 $f(x)-1=q_2(x)(x+1)^n$, 将 $x=-1$ 代入得 $f(-1)-1=0$, $f(-1)=1$. 将 $x=-1$ 和 $c=-1$ 代入 (5.18) 得

$$f(-1)=(-1)^{n-1}\frac{\lambda(n-1)!}{n(n+1)\cdots(2n-1)}(-1-1)^{2n-1}-1=1$$

解出:

$$\lambda=\frac{2(n+1)\cdots(2n-1)}{(-1)^{3n-2}2^{2n-1}(n-1)!}=\frac{(-1)^n n(n+1)\cdots(2n-1)}{2^{2n-2}(n-1)!}$$

代入 (5.18) 知 $(x-1)^{n+k}(x+1)^{n-k-1}$ 的系数为

$$\frac{(-1)^n n(n+1)\cdots(2n-1)}{2^{2n-2}(n-1)!}\cdot(-1)^k\frac{(n-1)\cdots(n-k)}{n(n+1)\cdots(n+k)}$$

$$= \frac{(-1)^{n+k}(n+k+1)\cdots(2n-1)}{2^{2n-2}(n-k-1)!} = \frac{(-1)^{n+k}}{2^{2n-2}}\mathrm{C}_{2n-1}^{n-k-1}$$

因此得

$$f(x) = \left(\sum_{0\leqslant k\leqslant n-1}\frac{(-1)^{n+k}}{2^{2n-2}}\mathrm{C}_{2n-1}^{n-k-1}(x-1)^{n+k}(x+1)^{n-k-1}\right) - 1$$

解法 2 令

$$\begin{aligned}f(x) =& a_0(x-1)^n(x+1)^{n-1} + a_1(x-1)^{n+1}(x+1)^{n-2} + \cdots \\ &+ a_k(x-1)^{n+k}(x+1)^{n-k-1} + \cdots + a_{n-1}(x-1)^{2n-1} - 1\end{aligned}$$

其中 $a_0, a_1, \cdots, a_k, \cdots, a_{n-1}$ 是待定常数. 则 $f(x)+1$ 被 $(x-1)^n$ 整除. 设法选择各待定常数 $a_k\ (0\leqslant k\leqslant n-1)$ 使 $f(x)-1$ 被 $(x+1)^n$ 整除. 为此, 只需使 $f(x)-1$ 的导数 $f'(x)$ 被 $(x+1)^{n-1}$ 整除, 并且 $f(x)-1$ 被 $x+1$ 整除.

$f'(x)$ 等于各个 $a_k(x-1)^{n+k}(x+1)^{n-k-1}\ (0\leqslant k\leqslant n-1)$ 的导数之和, 将各个

$$\begin{aligned}(a_k(x-1)^{n+k}(x+1)^{n-k-1})' = &(n+k)a_k(x-1)^{n+k-1}(x+1)^{n-k-1} \\ &+ (n-k-1)a_k(x-1)^{n+k}(x+1)^{n-k-2}\end{aligned}$$

相加并合并同类项, 得

$$f'(x) = na_0(x-1)^{n-1}(x+1)^{n-1} + \sum_{k=1}^{n-1}((n+k)a_k + (n-k)a_{k-1})(x-1)^{n+k-1}(x+1)^{n-k-1}$$

选择 $a_k\ (1\leqslant k\leqslant n-1)$ 使各个 $(x-1)^{n+k-1}(x+1)^{n-k-1}\ (1\leqslant k\leqslant n-1)$ 的系数为

$$(n+k)a_k + (n-k)a_{k-1} = 0, \quad a_k = -\frac{n-k}{n+k}a_{k-1} = (-1)^k\frac{(n-1)\cdots(n-k)}{(n+1)\cdots(n+k)}a_0$$

则 $f'(x) = a_0(x-1)^{n-1}(x+1)^{n-1}$ 被 $(x+1)^{n-1}$ 整除, 此时:

$$\begin{aligned}f(x) = a_0[&(x-1)^n(x+1)^{n-1} - \cdots + (-1)^k\frac{(n-1)\cdots(n-k)}{(n+1)\cdots(n+k)}(x-1)^{n+k}(x+1)^{n-k-1} \\ &+ \cdots + (-1)^{n-1}\frac{(n-1)!}{(n+1)\cdots(2n-1)}(x-1)^{2n-1}] - 1\end{aligned}$$

再选 a_0 使 $f(x)-1$ 被 $x+1$ 整除, 也就是选 $f(-1)-1=0$.

$$\begin{aligned}&f(-1) - 1 = a_0(-1)^{n-1}\frac{(n-1)!}{(n+1)\cdots(2n-1)}(-1-1)^{2n-1} - 2 = 0 \\ \Leftrightarrow\quad & a_0 = (-1)^{(n-1)+(2n-1)}\frac{2(n+1)\cdots(2n-1)}{2^{2n-1}(n-1)!} = \frac{(-1)^n(n+1)\cdots(2n-1)}{2^{2n-2}(n-1)!}\end{aligned}$$

因此:

$$a_k = \frac{(-1)^n(n+1)\cdots(2n-1)}{2^{2n-2}(n-1)!}\cdot(-1)^k\frac{(n-1)\cdots(n-k)}{(n+1)\cdots(n+k)} = \frac{(-1)^{n+k}}{2^{2n-2}}\mathrm{C}_{2n-1}^{n-k-1}$$

$$f(x)=\left(\sum_{0\leqslant k\leqslant n-1}\frac{(-1)^{n+k}}{2^{2n-2}}\mathrm{C}_{2n-1}^{n-k-1}(x-1)^{n+k}(x+1)^{n-k-1}\right)-1.$$ □

5.2.7 求次数最低的多项式 $f(x)$, 使它被 x^3 除的余式为 x^2+2x+3, 被 $(x-3)^2$ 除的余式为 $3x-7$.

解 在 5.2.3(1) 题中已经求出 $u(x)=\dfrac{-x+4}{27}$ 及 $v(x)=\dfrac{x^2+2x+3}{27}$ 满足条件:

$$u(x)x^3+v(x)(x-3)^2=1$$

因此, $f_1(x)=v(x)(x-3)^2=1-u(x)x^3$ 被 x^3 除余 1, 被 $(x-3)^2$ 除余 0; $1-f_1(x)$ 被 x^3 除余 0, 被 $(x-3)^2$ 除余 1.

$$\begin{aligned}h(x)&=(x^2+2x+3)f_1(x)+(3x-7)(1-f_1(x))\\&=(x^2-x+10)\frac{x^2+2x+3}{27}(x-3)^2+(3x-7)\\&=\frac{x+1}{27}x^3(x-3)^2+\frac{11x^2+17x+30}{27}(x-3)^2+3x-7\end{aligned}$$

被 x^3 除余 x^2+2x+3, 被 $(x-3)^2$ 除余 $3x-7$. $h(x)$ 被 $x^3(x-3)^2$ 除的余式 $f(x)$ 是具有同样性质的次数最低的多项式.

$$\begin{aligned}f(x)&=\frac{11x^2+17x+30}{27}(x-3)^2+3x-7\\&=\frac{11}{27}x^4-\frac{49}{27}x^3+x^2+2x+3\end{aligned}$$ □

5.2.8 已知多项式 $r_1(x)=x^2+2x+3$, $r_2(x)=3x-7$. 矩阵 $\boldsymbol{A}=\begin{pmatrix}\boldsymbol{A}_1&0\\0&\boldsymbol{A}_2\end{pmatrix}$, $\boldsymbol{B}=\begin{pmatrix}\boldsymbol{B}_1&0\\0&\boldsymbol{B}_2\end{pmatrix}$, 其中:

$$\boldsymbol{A}_1=\begin{pmatrix}0&1&0\\&0&1\\&&0\end{pmatrix},\quad \boldsymbol{A}_2=\begin{pmatrix}3&1\\0&3\end{pmatrix},\quad \boldsymbol{B}_1=\begin{pmatrix}3&2&1\\0&3&2\\0&0&3\end{pmatrix},\quad \boldsymbol{B}_2=\begin{pmatrix}2&3\\0&2\end{pmatrix}$$

试验证 $r_1(\boldsymbol{A}_1)=\boldsymbol{B}_1, r_2(\boldsymbol{A}_2)=\boldsymbol{B}_2$. 并求一个最低次数的多项式 $f(x)$ 使 $f(\boldsymbol{A})=\boldsymbol{B}$.

解 我们有

$$\boldsymbol{A}_1^2=\begin{pmatrix}0&0&1\\0&0&0\\0&0&0\end{pmatrix},\quad \boldsymbol{A}_1^3=O,\quad (\boldsymbol{A}_2-3\boldsymbol{I})^2=\boldsymbol{O}$$

因而:

$$r_1(\boldsymbol{A}_1)=\begin{pmatrix}0&0&1\\0&0&0\\0&0&0\end{pmatrix}+2\begin{pmatrix}0&1&0\\&0&1\\&&0\end{pmatrix}+3\boldsymbol{I}=\begin{pmatrix}3&2&1\\0&3&2\\0&0&3\end{pmatrix}=\boldsymbol{B}_1$$

$$r_2(\boldsymbol{A}_2)=3\begin{pmatrix}3&1\\0&3\end{pmatrix}-7\begin{pmatrix}1&0\\0&1\end{pmatrix}=\begin{pmatrix}2&3\\0&2\end{pmatrix}=\boldsymbol{B}_2$$

在 5.2.7 题中已经求得最低次数的 $f(x)=\dfrac{11}{27}x^4-\dfrac{49}{27}x^3+x^2+2x+3$ 被 x^3 除的余式为 $r_1(x)=x^2+2x+3$, 被 $(x-3)^2$ 除的余式为 $r_2(x)=3x-7$. $f(x)=q_1(x)x^3+r_1(x)=q_2(x)(x-3)^2+r_2(x)$. 于是:

$$f(\boldsymbol{A}_1)=q_1(\boldsymbol{A}_1)\boldsymbol{A}_1^3+r_1(\boldsymbol{A}_1)=q_1(\boldsymbol{A}_1)\boldsymbol{O}+\boldsymbol{B}_1=\boldsymbol{B}_1$$
$$f(\boldsymbol{A}_2)=q_2(\boldsymbol{A}_2)(\boldsymbol{A}_2-3\boldsymbol{I})^2+r_2(\boldsymbol{A}_2)=\boldsymbol{B}_2$$
$$f(\boldsymbol{A})=\begin{pmatrix}f(\boldsymbol{A}_1)&\boldsymbol{O}\\\boldsymbol{O}&f(\boldsymbol{A}_2)\end{pmatrix}=\begin{pmatrix}\boldsymbol{B}_1&\boldsymbol{O}\\\boldsymbol{O}&\boldsymbol{B}_2\end{pmatrix}=\boldsymbol{B}$$ □

5.2.9 设多项式 $f_1(x),\cdots,f_k(x)$ 的最大公因式等于 1, $\boldsymbol{A}\in F^{n\times n}$, $\boldsymbol{X}\in F^{n\times 1}$. 求证: 如果 $f_i(\boldsymbol{A})\boldsymbol{X}=0$ 对 $1\leqslant i\leqslant k$ 成立, 则 $\boldsymbol{X}=0$.

解 存在多项式 $u_1(x),\cdots,u_k(x)$ 满足 $u_1(x)f_1(x)+\cdots+u_k(x)f_k(x)=1$, 因而:

$$\boldsymbol{X}=\boldsymbol{I}\boldsymbol{X}=u_1(\boldsymbol{A})f_1(\boldsymbol{A})\boldsymbol{X}+\cdots+u_k(\boldsymbol{A})f_k(\boldsymbol{A})\boldsymbol{X}=0+\cdots+0=0$$ □

5.3 因式分解定理

知识导航

1. 可约性

定义 5.3.1 如果 $F[x]$ 中次数 $\geqslant 1$ 的多项式 $f(x)$ 能够分解为 $F[x]$ 中两个次数 $\geqslant 1$ 的多项式 $f_1(x),f_2(x)$ 的乘积, 就称 $f(x)$ 在数域上**可约** (reducible). 如果不能作这样的分解, 就称 $f(x)$ 是数域 F 上的**不可约多项式** (irreducible polnomial). □

2. 唯一分解定理

定理 5.3.1 (因式分解及唯一性定理) 数域 F 上每一个次数 $\geqslant 1$ 的多项式 $f(x)$ 可以分解为 $F[x]$ 中有限个不可约多项式的乘积, 并且分解式在如下的意义下是唯一的: 如果有两个分解式

$$f(x)=p_1(x)\cdots p_s(x)=q_1(x)\cdots q_t(x)$$

则 $t=s$, 且将不可约因式 $q_1(x),\cdots,q_s(x)$ 适当地排列之后可以使 $q_i(x)=c_ip_i(x)$ 对 $1\leqslant i\leqslant s$ 成立, 其中 $c_1,\cdots,c_s$ 是 F 中的非零常数. □

例 在有理数域上对 $x^{15}-1$ 进行因式分解.

解

$$
\begin{aligned}
x^{15}-1&=(x^3)^5-1=(x^3-1)(x^{12}+x^9+x^6+x^3+1)\\
&=(x-1)(x^2+x+1)(x^{12}+x^9+x^6+x^3+1)
\end{aligned}
\tag{5.19}
$$

另一方面:

$$
\begin{aligned}
x^{15}-1&=(x^5)^3-1=(x^5-1)(x^{10}+x^5+1)\\
&=(x-1)(x^4+x^3+x^2+x+1)(x^{10}+x^5+1)
\end{aligned}
\tag{5.20}
$$

比较分解式 (5.19),(5.20). 分解式 (5.20) 中的二次因式 x^2+x+1 没有有理根 (实际上没有实根), 因此是有理数域上的不可约多项式. 根据因式分解的唯一性定理, x^2+x+1 应当是分解式 (5.20) 中某个因式的因式. 易见 x^2+x+1 不整除 $x-1$ 及 $x^4+x^3+x^2+x+1$. 做除法可知 x^2+x+1 整除 $x^{10}+x^5+1$, 商为 $x^8-x^7+x^5-x^4+x^3-x+1$. 于是由分解式 (5.20) 得

$$
\begin{aligned}
x^{15}-1=&(x-1)(x^2+x+1)(x^4+x^3+x^2+x+1)\\
&\cdot(x^8-x^7+x^5-x^4+x^3-x+1)
\end{aligned}
\tag{5.21}
$$

这就是 $x^{15}-1$ 在有理数域上的分解式. □

注　以上例题中实际上将 $x^{15}-1$ 分解成了不可约有理因式的乘积. 严格说来, 还应证明其中各因式在有理数域上不可约, 才能算是这个题的完整解答. 但目前我们还不能完成这样的证明. 完整的证明可参见 5.5 节的借题发挥 5.6 分圆多项式.

3. 标准分解式

在多项式 $f(x)$ 分解为不可约因式的乘积的分解式

$$f(x)=p_1(x)\cdots p_s(x)$$

中, 将每一个不可约因式 $p_i(x)$ 的首项系数提出来, 将它化为首一的不可约多项式, 并且将相同的 $p_i(x)$ 的乘积写成 $p_i(x)$ 的幂的形式, 这样就将 $f(x)$ 的分解式写成

$$f(x)=cp_1(x)^{n_1}p_2(x)^{n_2}\cdots p_k(x)^{n_k}$$

的形式, 其中的 $p_i(x)$ $(1\leqslant i\leqslant k)$ 是两两不同的首一的不可约因式, 而 $n_1,\cdots,n_k$ 都是正整数. 这样的分解式称为**标准分解式** (standard decomposition).

根据 $f(x),g(x)\in F[x]$ 的标准分解式可以直接写出 $f(x),g(x)$ 的最大公因式:

$$(f(x),g(x))=p_1(x)^{m_1}\cdots p_r(x)^{m_r}$$

其中 $p_1(x),\cdots,p_r(x)$ 是在 $f(x),g(x)$ 的标准分解式中同时出现的不可约因式, 每个 $p_i(x)$ $(1\leqslant i\leqslant r)$ 的幂指数 m_i 是 $p_i(x)$ 在 $f(x),g(x)$ 中的方幂指数中较小的一个. 特别地, 如果 $f(x),g(x)$ 的标准分解式中没有公共的不可约因式, 则 $(f(x),g(x))=1$.

不过, 将给定的多项式 $f(x),g(x)$ 分解为标准分解式非常困难, 求最大公因式 $(f(x),g(x))$ 的最有效的方法还是辗转相除法.

例题分析与解答

5.3.1 在有理数域上分解因式 $x^{18}+x^{15}+x^{12}+x^9+x^6+x^3+1$.

解

$$\begin{aligned}f(x)&=x^{18}+x^{15}+x^{12}+x^9+x^6+x^3+1=\frac{x^{21}-1}{x^3-1}\\&=\frac{(x^7-1)(x^{14}+x^7+1)}{(x-1)(x^2+x+1)}\\&=(x^6+x^5+x^4+x^3+x^2+x+1)(x^{12}-x^{11}+x^9-x^8+x^6-x^4+x^3-x+1)\end{aligned}$$ □

点评 本题最后得到的两个因式分别是分式 $\dfrac{x^7-1}{x-1}$ 和 $\dfrac{x^{14}+x^7+1}{x^2+x+1}$ 的分子分母相除得到. 前一个分式显然能够整除, 后一个分式为什么能够整除就显得偶然. 我们来指出它的必然性:

题目的解答中已经在有理数域上将 $x^{21}-1$ 分解为三个因式的乘积:

$$x^{21}-1=(x-1)(x^6+x^5+x^4+x^3+x^2+x+1)(x^{14}+x^7+1)$$

x^3-1 也是 $x^{21}-1$ 的因式, 而 x^2+x+1 是 x^3-1 的不可约因式, 因此 x^2+x+1 是 $x^{21}-1$ 的不可约因式, 从而是 $x^{21}-1$ 的上述分解得到的三个因式之中某一个的不可约因式. 易验证 x^2+x+1 不能整除前两个因式 $x-1, x^6+x^5+x^4+x^3+x^2+x+1$, 必然整除最后一个因式 $x^{14}+x^7+1$.

在 5.5 节的借题发挥 5.6 中我们将讨论任意 x^n-1 在有理数域上的因式分解, 并找出所有的 x^n-1 不可约因式. 根据那里的一般性结论可以知道本题得到的两个因式在有理数域上不可约. □

5.3.2 利用多项式的因式分解的唯一性, 证明 x^4-10x^2+1 在有理数域上不可约.

解 先将多项式 $f(x)=x^4-10x^2+1$ 在复数范围内分解:

$$\begin{aligned}f(x)&=(x^4-2x^2+1)-8x^2=(x^2-1)^2-(2\sqrt{2}x)^2\\&=(x^2+2\sqrt{2}x-1)(x^2-2\sqrt{2}x-1)\\&=(x+\sqrt{2}+\sqrt{3})(x+\sqrt{2}-\sqrt{3})(x-\sqrt{2}+\sqrt{3})(x-\sqrt{2}-\sqrt{3})\end{aligned}\quad(5.22)$$

$f(x)$ 被分解成了实数域上 4 个一次因式 $x-\alpha_i$ 的乘积, 其中 α_i $(i=1,2,3,4)$ 是 $f(x)$ 的 4 个根 $\pm(\sqrt{2}\pm\sqrt{3})$. 如果 $f(x)$ 在有理数域上可约, 可以分解为有理数域上两个至少 1 次的首一多项式 $f_1(x),f_2(x)$ 的乘积. 且不妨设 $1\leqslant \deg f_1(x)\leqslant \deg f_2(x)$, 则由 $\deg f_1(x)+\deg f_2(x)=4$ 知 $\deg f_1(x)=1$ 或 2. 由实数域上因式分解的唯一性知: 将 $f_1(x),f_2(x)$ 在实数范围内分解为不可约因式的乘积, 就得到分解式 (5.22). 也就是说: $f_1(x)$ 与 $f_2(x)$ 都是分解式 (5.22) 中的某些一次因式 $x-\alpha_i$ 的乘积. 特别地, $f_1(x)$ 是某一个或者某两个 $x-\alpha_i$ 的乘积.

由于每个根 α_i 都是无理数, 每个一次因式 $x-\alpha_i$ 都不是有理系数多项式, 不能等于有

理系数多项式 $f_1(x)$. 因此 $f_1(x)$ 不能是 1 次. 只能是 2 次, 等于某两个 $x-\alpha_i, x-\alpha_j$ 的乘积:

$$f_1(x)=(x-\alpha_i)(x-\alpha_j)=x^2-(\alpha_i+\alpha_j)x+\alpha_i\alpha_j$$

系数 $-(\alpha_i+\alpha_j), \alpha_i\alpha_j$ 是有理数. 但 4 个根 $\pm(\sqrt{2}\pm\sqrt{3})$ 中能使 $-(\alpha_i+\alpha_j)$ 是有理数的两个根 α_i,α_j 只有 $\alpha_j=-\alpha_i$, 这就迫使 $\alpha_i\alpha_j=-\alpha_i^2=(2+3)\pm 2\sqrt{6}=5\pm 2\sqrt{6}$, 一定不是有理数. 这个矛盾就证明了 $f(x)$ 在有理数域上不可约. □

5.4 多项式的根

知识导航

1. 多项式的根与一次因式

定义 5.4.1 在多项式 $f(x)=a_0+a_1x+a_2x^2+\cdots+a_nx^n\in F[x]$ 中将 x 换成数 $c\in F$, 得到的数 $a_0+a_1c+a_2c^2+\cdots+a_nc^n\in F$ 称为 $f(x)$ 当 $x=c$ 时的值, 记作 $f(c)$. 如果 $f(c)=0$, 就称 c 是 $f(x)$ 的一个**根** (root) 或**零点** (zero point). □

多项式 $f(x)$ 中的字母 x 本来不是代表一个数. 当我们将 x 用来代表 F 中数的时候, 就是将 $f(x)$ 看成定义域 F 上的一个函数 $f: c\mapsto f(c)$. 另一方面, 对任意一个给定的数 $c\in F$, $f(x)\mapsto f(c)$ 定义了 $F[x]$ 到 F 中的一个映射, 这个映射保持加法、减法、乘法, 即

$$f(x)+g(x)=s(x),\quad f(x)-g(x)=h(x),\quad f(x)g(x)=p(x)$$
$$\Rightarrow f(c)+g(c)=s(c),\quad f(c)-g(c)=h(c),\quad f(c)g(c)=p(c)$$

也就是说: 在多项式的等式中将 x 替换成 F 中任何一个数 c, 都得到关于数的等式. 在这个意义上, 我们将多项式的等式称为恒等式. 反过来, 两个不相等的多项式 $f(x),g(x)$ 却可能在某些 $c\in F$ 具有相同的值 $f(c)=g(c)$, 此时 c 是方程 $f(x)=g(x)$ 的解.

定理 5.4.1 (余数定理) 用一次因式 $x-c$ 除多项式 $f(x)$, 得到的余式等于常数 $f(c)$.

(因式定理) $(x-c)|f(x)\Leftrightarrow f(c)=0$. □

定理 5.4.2 (1) 设 $0\neq f(x)\in F[x]$, 且 $\deg f(x)=n$, 则 $f(x)$ 在 F 中不同的根的个数不超过 n.

(2) 设 $F[x]$ 中的多项式 $f(x),g(x)$ 的次数都不超过 n. 如果有 $n+1$ 个不同的数 c_i 使 $f(c_i)=g(c_i)$ $(1\leqslant i\leqslant n+1)$, 则 $f(x)=g(x)$. 特别地, 如果有无穷多个不同的数 c 使 $f(c)=g(c)$, 则 $f(x)=g(x)$. □

例 设 $\boldsymbol{A},\boldsymbol{B},\boldsymbol{C},\boldsymbol{D}$ 是数域 F 上 n 阶方阵, 且 $\boldsymbol{AC}=\boldsymbol{CA}$. 求证:

$$\begin{vmatrix}\boldsymbol{A} & \boldsymbol{B}\\ \boldsymbol{C} & \boldsymbol{D}\end{vmatrix}=|\boldsymbol{AD}-\boldsymbol{CB}| \tag{5.23}$$

证明 当 $|A|\neq 0$ 时 A 可逆, 在等式

$$\begin{pmatrix} I & O \\ -CA^{-1} & I \end{pmatrix}\begin{pmatrix} A & B \\ C & D \end{pmatrix}=\begin{pmatrix} A & B \\ O & D-CA^{-1}B \end{pmatrix}$$

两边同时取行列式, 得

$$\begin{vmatrix} A & B \\ C & D \end{vmatrix}=\begin{vmatrix} A & B \\ O & D-CA^{-1}B \end{vmatrix}=|A|\cdot|D-CA^{-1}B|=|A(D-CA^{-1}B)|$$
$$=|AD-ACA^{-1}B|=|AD-CAA^{-1}B|=|AD-CB|$$

剩下需要考虑的情形是 $|A|=0$. 令 $A_\lambda=\lambda I_{(n)}+A$. 记 $A=(a_{ij})_{n\times n}$. 则 $A_\lambda C=CA_\lambda$ 成立, 且

$$f(\lambda)=|A_\lambda|=|\lambda I+A|=\begin{vmatrix} \lambda+a_{11} & a_{12} & \cdots & a_{1n} \\ a_{21} & \lambda+a_{22} & \cdots & a_{2n} \\ \vdots & \vdots & & \vdots \\ a_{n1} & a_{n2} & \cdots & \lambda+a_{nn} \end{vmatrix}=\lambda^n+\cdots$$

是 λ 的 n 次多项式, 在 F 中至多只有 n 个不同的根. 而 F 中有无穷多个不同的数 c 不是 $f(\lambda)$ 的根, 对所有这些 c 都有 $|A_c|=f(c)\neq 0$, 因而:

$$\begin{vmatrix} A_\lambda & B \\ C & D \end{vmatrix}=|A_\lambda D-CB| \tag{5.24}$$

对 λ 的无穷多个不同的值成立. 由定理 5.4.2(2) 知等式 (5.24) 对所有的 λ 成立. 取 $\lambda=0$ 得到

$$\begin{vmatrix} A & B \\ C & D \end{vmatrix}=|AD-CB|.$$

这就证明了等式 (5.23) 在所有的情形下成立. □

2. 重因式与重根

定义 5.4.2 如果不可约多项式 $p(x)$ 是多项式 $f(x)$ 的因式, $p(x)^k\mid f(x)$ 且 $p(x)^{k+1}\nmid f(x)$, 就称 $p(x)$ 是 $f(x)$ 的k **重因式** (k-ple factor), k 是因式 $p(x)$ 在 $f(x)$ 中的**重数** (multiple number). 如果 $k=1$, $p(x)$ 称为 $f(x)$ 的**单因式** (single factor); 如果 $k>1$, 那么 $p(x)$ 称为 $f(x)$ 的**重因式** (multiple factor). 如果 $x-c$ 是 $f(x)$ 的 k 重因式, 就称 c 是 $f(x)$ 的k **重根** (k-ple root), k 是 $f(x)$ 的根 c 的重数. 当 $k=1$ 时称 c 是 $f(x)$ 的**单根** (single root), 当 $k>1$ 时称 c 是 $f(x)$ 的**重根** (multiple root). □

设 $f(x)\in F[x]$. 将 x 当作常数, 另一字母 u 作为变量, 将 $f(x+u)$ 展开成 u 的多项式:

$$f(x+u)=f_0(x)+f_1(x)u+f_2(x)u^2+\cdots+f_n(x)u^n \tag{5.25}$$

令 $u=0$ 可知常数项 $f_0(x)=f(x)$, 一次项系数 $f_1(x)$ 定义为多项式 $f(x)$ 的导数 $f'(x)$. 根据这个定义易对 $f(x)=a_0+a_1x+\cdots+a_kx^k+\cdots+a_nx^n$ 求得

$$f'(x) = a_1 + \cdots + ka_kx^{k-1} + \cdots + na_nx^{n-1}$$

按照这个定义, 有:

定理 5.4.3　$f(x) \in F[x]$ 有重因式 $\Leftrightarrow (f(x), f'(x) \neq 1$. $(f(x), f'(x))$ 的每个不可约因式 $p(x)$ 都是 $f(x)$ 的重因式. 如果不可约多项式 $p(x)$ 是 $(f(x), f'(x))$ 的 k 重因式, 那么它是 $f(x)$ 的 $k+1$ 重因式. □

注　在展开式 (5.25) 中将 x 换成常数 c, u 换成 $x-c$, 得到的

$$f(x) = f_0(c) + f_1(c)(x-c) + f_2(c)(x-c)^2 + \cdots + f_n(c)(x-c)^n$$

就是多项式 $f(x)$ 在 $x=c$ 的泰勒展开式, 其中的一次项系数 $f_1(c)$ 当然就是导数 $f'(c)$. c 是重根的条件 $(x-c)^2|f(x)$ 当然就成为 $f(c) = f'(c) = 0$ 即 c 是 $f(x), f'(x)$ 的公共根. 参见本章 5.1 节的借题发挥 5.2.

由此可见, 导数的这种定义与微积分书上的定义是一致的. 这种定义的优点是: 只用到多项式的加减乘运算, 不涉及极限, 不需要不等式, 因而也适用于有限域上的多项式. □

3. 复数域上多项式的因式分解

定理 5.4.4 (代数基本定理)　次数 $\geqslant 1$ 的复系数多项式 $f(x)$ 至少有一个复数根. □

定理 5.4.5　(1) 复数域 $\mathbf{C}$ 上每个次数 $n \geqslant 1$ 的多项式 $f(x) = a_nx^n + a_{n-1}x^{n-1} + \cdots + a_1x + a_0$ 都可以唯一地分解为一次因式的乘积, 标准分解式为

$$f(x) = a_n(x-c_1)^{n_1} \cdots (x-c_t)^{n_t}$$

其中 $f(x)$ 的所有的不同的根 $c_1, \cdots, c_t$, 正整数 $n_1, \cdots, n_t$ 分别是各个根的重数.

(2) (韦达定理)　设 $x_1, \cdots, x_n$ 是 $f(x) = a_nx^n + a_{n-1}x^{n-1} + \cdots + a_1x + a_0$ 的全部根 (可能重复), 则对每个 $1 \leqslant k \leqslant n$, 有

$$\sigma_k = \sum_{1 \leqslant i_1 < \cdots < i_k \leqslant n} x_{i_1} \cdots x_{i_k} = (-1)^k \frac{a_{n-k}}{a_n}$$

对 $1 \leqslant k \leqslant n$ 成立, σ_k 是 n 个根 $x_1, \cdots, x_n$ 中每次取 k 个相乘得到的所有乘积之和. □

4. 实数域上多项式的因式分解

引理 5.4.1　如果虚数 $z = a + b\mathrm{i}$ $(a, b \in \mathbf{R},\ b \neq 0)$ 是实系数多项式 $f(x)$ 的根, z 的共轭 $\overline{z} = a - b\mathrm{i}$ 一定也是 $f(x)$ 的根, 以 $a \pm b\mathrm{i}$ 为根的实系数二次多项式 $p(x) = x^2 - 2ax + (a^2 + b^2)$ 是 $f(x)$ 的不可约因式. □

定理 5.4.6　(1) 实系数不可约多项式的次数为 1 次或 2 次.

(2) 次数 $\geqslant 1$ 的实系数多项式 $f(x)$ 唯一地分解为一次或二次实系数不可约多项式的乘积. □

5. 单位根

定义 5.4.3　多项式 $x^n - 1$ 有 n 个不同的复数根:

$$\omega_k = \cos\frac{2k\pi}{n} + \mathrm{i}\sin\frac{2k\pi}{n} \quad (\forall\ k = 0, 1, 2, \cdots, n-1)$$

称为 n 次**单位根** (root of unity). □

如果将 n 次单位根 ω_k 用复平面上的点 A_k $(k=0,1,2,\cdots,n-1)$ 表示出来, 它们就是以原点为圆心的单位圆的一个内接正 n 边形的 n 个顶点.

x^n-1 在复数域上的标准分解式为

$$x^n-1=(x-1)(x-\omega_1)(x-\omega_2)\cdots(x-\omega_{n-1})$$

由于 x^n-1 的 $n-1$ 项系数为 0, x^n-1 的 n 个根 ω_k $(0\leqslant k\leqslant n-1)$ 之和:

$$1+\omega_1+\omega_2+\cdots+\omega_{n-1}=0$$

从而

$$\omega_1+\omega_2+\cdots+\omega_{n-1}=-1$$

记 $\omega=\omega_1=\cos\dfrac{2\pi}{n}+\mathrm{i}\sin\dfrac{2\pi}{n}$, 则 $\omega_k=\omega^k$ $(\forall\ 0\leqslant k\leqslant n-1)$. 也就是说: n 个单位根都可以表示为其中一个单位根 $\omega=\omega_1$ 的幂. 一般地, 如果所有的 n 次单位根 ω_k $(0\leqslant k\leqslant n-1)$ 都能写成某个给定的 n 次单位根 ω_m 的幂, 就称 ω_m 为 n 次**本原单位根** (primitive root of unity). 由 $\omega_k=\omega_1^k$ $(0\leqslant k\leqslant n-1)$ 知道 ω_1 是 n 次本原单位根.

每个 n 次单位根 ω^k 存在最小的正整数 m 使 $(\omega^k)^m=1\Leftrightarrow n|mk\Leftrightarrow \dfrac{n}{(n,k)}|m\Rightarrow m=\dfrac{n}{(n,k)}$. ω^k 是 m 次本原单位根. m 称为 ω^k 的乘法周期, 它一定是 n 的因子.

特别地, ω^k 是 n 次本原单位根的充分必要条件是: $(k,n)=1$, 即 k 与 n 互素.

x^n-1 的虚根 ω^k 与 $\omega^{n-k}=\overline{\omega^k}$ 相互共轭, 对应的一次因式的乘积:

$$(x-\omega^k)(x-\omega^{-k})=x^2-2x\cos\frac{2k\pi}{n}+1$$

是不可约实系数多项式. 因此, x^n-1 在实数域上的标准分解式为

$$x^n-1=\begin{cases}(x-1)\displaystyle\prod_{k=1}^{d}\left(x^2-2x\cos\frac{2k\pi}{n}+1\right), & \text{当 } n \text{ 为奇数 } 2d+1\\ (x-1)(x+1)\displaystyle\prod_{k=1}^{d-1}\left(x^2-2x\cos\frac{2k\pi}{n}+1\right), & \text{当 } n \text{ 为偶数 } 2d\end{cases}$$

关于 x^n-1 在有理数域上的分解, 参见 5.5 节中的借题发挥 5.6 分圆多项式.

例题分析与解答

5.4.1 证明: 如果 $(x-1)\mid f(x^n)$, 则 $(x^n-1)\mid f(x^n)$.

证明 $(x-1)\mid f(x^n)\Rightarrow 0=f(1^n)=f(1)\Rightarrow (y-1)\mid f(y)\Rightarrow f(y)=q(y)(y-1)$

$\Rightarrow f(x^n)=q(x^n)(x^n-1)\Rightarrow (x^n-1)\mid f(x^n)$. □

5.4.2 证明: 如果 $(x^2+x+1)\mid(f_1(x^3)+xf_2(x^3))$, 则 $(x-1)$ 同时整除 $f_1(x)$ 与 $f_2(x)$.

证明 存在多项式 $q(x)$ 使

$$f_1(x^3)+xf_2(x^3)=q(x)(x^2+x+1) \tag{5.26}$$

$\omega=-\dfrac{1}{2}+\dfrac{\sqrt{3}}{2}\mathrm{i}$ 及 $\overline{\omega}=-\dfrac{1}{2}-\dfrac{\sqrt{3}}{2}\mathrm{i}$ 都是 x^2+x+1 的根, 也是 x^3-1 的根. 分别将 $x=\omega$ 和 $x=\overline{\omega}$ 代入 (5.26), 得到两个等式:

$$f_1(1)+\omega f_2(1)=0 \tag{5.27}$$

$$f_1(1)+\overline{\omega} f_2(1)=0 \tag{5.28}$$

两式相减得到 $(\omega-\overline{\omega})f_2(1)=0$, 即 $\sqrt{3}\mathrm{i}f_2(1)=0$, 从而 $f_2(1)=0$. 代入 (5.27) 得 $f_1(1)=0$.

由 $f_1(1)=0$ 得 $(x-1)\mid f_1(x)$. 由 $f_2(1)=0$ 得 $(x-1)\mid f_2(x)$. □

5.4.3 求证: (1) $1,\sqrt[3]{2},\sqrt[3]{4}$ 在有理数域 Q 上线性无关.

(2) 如果 $\sqrt[3]{2}$ 是有理系数多项式 $f(x)$ 的根, 则 $\sqrt[3]{2}\omega$ 与 $\sqrt[3]{2}\omega^2$ 也是 $f(x)$ 的根, 其中 $\omega=-\dfrac{1}{2}+\dfrac{\sqrt{3}}{2}\mathrm{i}$.

证明 (1) 假如 $1,\sqrt[3]{2},\sqrt[3]{4}$ 在有理数域 Q 上线性相关, 则存在不全为 0 的有理数 $\lambda_0,\lambda_1,\lambda_2$ 使 $\lambda_0 1+\lambda_1\sqrt[3]{2}+\lambda_2\sqrt[3]{4}=0$, $\sqrt[3]{2}$ 是有理系数非零多项式 $g(x)=\lambda_0+\lambda_1 x+\lambda_2 x^2$ 的根.

另一方面, 已经知道 $\sqrt[3]{2}$ 是有理系数多项式 $m(x)=x^3-2$ 的根, 因而是 $m(x)$ 与 $g(x)$ 的公共根, 从而是 $m(x)$ 与 $g(x)$ 的最大公因式 $d(x)$ 的根. $d(x)$ 也是有理系数多项式, 其次数 $\deg d(x)\leqslant\deg g(x)\leqslant 2$.

如果 $\deg d(x)=1$, 则有理系数一次多项式 $d(x)$ 只有唯一根是有理数, 无理数 $\sqrt[3]{2}$ 不可能是 $d(x)$ 的根. 矛盾. 如果 $\deg d(x)=2$, 则 $d(x)$ 除 x^3-2 的商 $q(x)$ 是有理系数一次多项式, 有唯一的有理根 α, α 也是 x^3-2 的根, 但 x^3-2 没有有理根. 仍矛盾.

可见 $1,\sqrt[3]{2},\sqrt[3]{4}$ 在有理数域 Q 上不可能线性相关, 只能线性无关.

(2) $\sqrt[3]{2}$ 是 $f(x)$ 与 x^3-2 的公共根, 因而是 $f(x)$ 与 x^3-2 的最大公因式 $d(x)$ 的根. $d(x)$ 由有理系数多项式 $f(x)$ 与 x^3-2 经过辗转相除法得到, 因而也是有理系数多项式. $d(x)$ 是 x^3-2 的因式, 次数不超过 x^3-2, 至多为 3 次.

如果 $\deg d(x)\leqslant 2$, 则 $d(x)=a_0+a_1x+a_2x^2$, 由 $d(x)\neq 0$ 知 a_0,a_1,a_2 不全为 0. 且由 $\sqrt[3]{2}$ 是 $d(x)$ 的根知 $d(\sqrt[3]{2})=a_0+a_1\sqrt[3]{2}+a_2(\sqrt[3]{2})^2=a_0 1+a_1\sqrt[3]{2}+a_2\sqrt[3]{4}=0$. 由于 a_0,a_1,a_2 是不全为 0 的有理数, 这说明 $1,\sqrt[3]{2},\sqrt[3]{4}$ 在有理数域 Q 上线性相关, 与本题第 (1) 小题的结论矛盾. 这证明了 $d(x)$ 的次数 $\deg d(x)$ 不可能 $\leqslant 2$, 只能等于 3. x^3-2 被 $d(x)$ 除的商为常数 λ, 且由 $d(x)=\lambda^{-1}(x^3-2)$ 首项系数为 1 知 $d(x)=x^3-2$, $f(x)=q(x)(x^3-2)$, x^3-2 的根 $\sqrt[3]{\omega}$ 与 $\sqrt[3]{2}\omega^2$ 都是 $f(x)$ 的根. □

5.4.4 (1) 求以 $2+\sqrt{3}$ 为根的最低次数的首一的有理系数多项式 $g(x)$.

(2) 设 $f(x)=x^5-4x^4+3x^3-2x^2+x-1$, 求 $f(2+\sqrt{3})$.

(3) 用 (1) 中求出的 $g(x)$ 除 $f(x)=x^5-4x^4+3x^3-2x^2+x-1$ 得到商 $q(x)$ 和余式 $r(x)$, 将 $f(x)$ 写成 $f(x)=q(x)g(x)+r(x)$ 的形式, 再将 $x=2+\sqrt{3}$ 代入求 $f(2+\sqrt{3})$, 是否比 (2) 中更简便?

(4) 设 $h(x)$ 是任一有理系数多项式, $2+\sqrt{3}$ 是 $h(x)$ 的根, 求证: $g(x)$ 整除 $h(x)$, 并且 $2-\sqrt{3}$ 也是 $h(x)$ 的根.

解 (1) 令 $x=2+\sqrt{3}$, 则 $x-2=\sqrt{3}$, 两边平方得 $(x-2)^2=3$, 即 $(x-2)^2-3=0$,

$2+\sqrt{3}$ 是有理系数 2 次多项式 $g(x)=(x-2)^2-3=x^2-4x+1$ 的根.

有理系数一次多项式 $ax+b$ 的唯一的根 $-\dfrac{b}{a}$ 是有理数, 不可能是无理数 $2+\sqrt{3}$, 因此 $g(x)=x^2-4x+1$ 就是以 $2+\sqrt{3}$ 为根的最低次数的首一的有理系数多项式.

如果 $2+\sqrt{3}$ 也是有理系数多项式 $h(x)$ 的根, 则用 $g(x)$ 除 $h(x)$ 得到的余式 $r(x)=h(x)-q(x)g(x)$ 满足 $r(2+\sqrt{3})=h(2+\sqrt{3})-q(2+\sqrt{3})g(2+\sqrt{3})=0-q(2+\sqrt{3})0=0$. 如果 $r(x)\neq 0$, 则 $r(x)$ 有首项系数 $\lambda\neq 0$, $\lambda^{-1}r(x)$ 就是比 $g(x)$ 次数更低的有理系数首一多项式, 与 $g(x)$ 的次数最低相矛盾. 因此 $r(x)=0$, $h(x)=q(x)g(x)$ 被 $g(x)$ 整除. 满足此条件且次数最低的首一多项式 $h(x)$ 只能等于 $g(x)$, 是唯一的.

(2) 记 $\alpha=2+\sqrt{3}$, 则由 α 是 x^2-4x+1 的根知 $\alpha^2-4\alpha+1=0$, 从而:

$$\begin{aligned}
&\alpha^2=4\alpha-1,\quad \alpha^3=\alpha(4\alpha-1)=4\alpha^2-\alpha=4(4\alpha-1)-\alpha=15\alpha-4\\
&\alpha^4=\alpha(15\alpha-4)=15(4\alpha-1)-4\alpha=56\alpha-15\\
&\alpha^5=\alpha(56\alpha-15)=56(4\alpha-1)-15\alpha=209\alpha-56\\
&f(\alpha)=\alpha^5-4\alpha^4+3\alpha^2-2\alpha+\alpha-1\\
&\qquad=209\alpha-56-4(56\alpha-15)+3(15\alpha-4)-2(4\alpha-1)+\alpha-1\\
&\qquad=23\alpha-7=23(2+\sqrt{3})-7=39+23\sqrt{3}
\end{aligned}$$

(3) 用 $g(x)$ 除 $f(x)$ 得到商 $q(x)=x^3+2x+6$ 和余式 $r(x)=23x-7$. 将 $x=2+\sqrt{3}$ 代入 $f(x)=q(x)g(x)+23x-7$ 并注意到 $g(2+\sqrt{3})=0$, 得

$$f(2+\sqrt{3})=23(2+\sqrt{3})-7=39+23\sqrt{3}$$

(4) $g(x)=x^2-4x+1=(x-2)^2-3$ 有两个根 $2\pm\sqrt{3}$. 在 (1) 中已经证明了以 $2+\sqrt{3}$ 为根的有理系数多项式 $h(x)$ 被 $g(x)=x^2-4x+1$ 整除, 因此 $g(x)$ 的另一个根 $2-\sqrt{3}$ 也是 $h(x)$ 的根. □

借题发挥 5.4　最小多项式

1. 代数数的最小多项式

5.4.3 中的无理数 $\sqrt[3]{2}$ 是有理系数多项式 x^3-2 的根, 5.4.3(2) 证明了以 $\sqrt[3]{2}$ 为根的有理系数非零多项式 $f(x)$ 都是 x^3-2 的倍式, 其中最低次数的首一多项式 $d(x)=x^3-2$. $d(x)$ 的另外两个根是虚数 $\sqrt[3]{2}\omega$ 与 $\sqrt[3]{2}\omega^2$, 它们也一定都是 $f(x)$ 的根.

5.4.4 中的无理数 $2+\sqrt{3}$ 也是有理系数多项式的根, 5.4.4(1) 找出了以 $2+\sqrt{3}$ 为根的最低次数的有理系数多项式 $g(x)=x^2-4x+1$, 以 $2+\sqrt{3}$ 为根的有理系数多项式 $f(x)$ 都是 $g(x)$ 的倍式, $2+\sqrt{3}$ 也一定是 $f(x)$ 的根.

一般地, 如果 α 是某个有理系数多项式的根, 就称 α 为**代数数**. 对每个代数数 α, 存在以 α 为根的次数最低的有理系数首一多项式 $m_\alpha(x)$, 称为 α 在有理数域上的**最小多项式**. 更一般地, 如果 α 是任意域 F 上某个多项式的根, 则在域 F 上存在以 α 为根的次数最低的首一多项式 $m_\alpha(x)$, 称为 α 在域上的**最小多项式**. 与 5.4.3 和 5.4.4 同理可证: 域 F 上以

α 为根的任一多项式 $h(x)$ 都被 $m_\alpha(x)$ 整除. 由此也可知道, 每个 α 的最小多项式 $m_\alpha(x)$ 是唯一的. 并且还知道: $m_\alpha(x)$ 的根都是 $h(x)$ 的根.

按照这个术语, 无理数 $2+\sqrt{3}$ 与 $2-\sqrt{3}$ 都是代数数, 它们在有理数域上的最小多项式都是 x^2-4x+1, 而它们在实数域上的最小多项式分别是 $x-\sqrt[3]{2}$ 与 $x-(2+\sqrt{3})$.

无理数 $\sqrt[3]{2}$ 与虚数 $\sqrt[3]{2}\omega,\sqrt[3]{2}\omega^2$ 也都是代数数, 它们在有理数域上的最小多项式都是 x^3-2. $\sqrt[3]{2}$ 在实数域上的最小多项式是 $x-\sqrt[3]{2}$. $\sqrt[3]{2}\omega,\sqrt[3]{2}\omega^2$ 在复数数上的最小多项式分别是 $x-\sqrt[3]{2}\omega$ 与 $x-\sqrt[3]{2}\omega^2$, 但这两个多项式都不是实系数多项式, 因此不是它们在实数域上的最小多项式. 这两个一次多项式的乘积 $(x-\sqrt[3]{2}\omega)(x-\sqrt[3]{2}\omega^2)=\dfrac{x^3-2}{x-\sqrt[3]{2}}=x^2+\sqrt[3]{2}x+\sqrt[3]{4}$ 才是 $\sqrt[3]{2}\omega,\sqrt[3]{2}\omega^2$ 在实数域上的最小多项式.

另外的例子是: 虚数单位 i 在有理数域和实数域上的最小多项式都是 x^2+1; 3 次方程 $x^3-1=0$ 的虚根 $\omega=\dfrac{-1+\sqrt{3}\mathrm{i}}{2}$ 在有理数域和实数域上的最小多项式不是 x^3-1 而是 $\dfrac{x^3-1}{x-1}=x^2+x+1$.

2. 共轭

虚数单位 i 在实数域上的最小多项式是 x^2+1. 如果 i 也是实系数多项式 $f(x)$ 的根, 则 x^2+1 整除 $f(x)$, x^2+1 的另一个根 $-\mathrm{i}$ 也是 $f(x)$ 的根. x^2+1 是 i 与 $-\mathrm{i}$ 在实数域上共同的最小多项式.

如果复数 $a+b\mathrm{i}$ (a,b 都是实数) 是实系数多项式 $f(x)$ 的根, 则由 $f(a+b\mathrm{i})=0$ 知 i 是实系数多项式 $f(a+bx)$ 的根, 因此 $-\mathrm{i}$ 也是 $f(a+bx)$ 的根, $f(a-b\mathrm{i})=0$, 这说明 $a-b\mathrm{i}$ 也是实系数多项式 $f(x)$ 的根. 如果 $a+b\mathrm{i}$ 是虚数, $b\neq 0$, 则以 $a+b\mathrm{i}$ 为根的实系数多项式 $f(x)$ 至少有两个不同的根 $a+b\mathrm{i}$ 与 $a-b\mathrm{i}$, 因而被 $g(x)=[x-(a+b\mathrm{i})][x-(a-b\mathrm{i})]=(x-a)^2+b^2=x^2-2ax+a^2+b^2$ 整除. $g(x)$ 是 $a+b\mathrm{i}$ 与 $a-b\mathrm{i}$ 在实数域上共同的最小多项式.

在耕地时, 如果用两头牛共同来拉一个犁, 需要用固定在同一根直木棍上的两根弯曲木棍架在两头牛的脖子上, 将两头牛控制得步伐一致, 这样的棍子叫做“轭”. 相互共轭的两个虚数 $a+b\mathrm{i}$ 与 $a-b\mathrm{i}$ 也是同拉一个“犁”的“两头牛”, 拉的“犁”就是实系数多项式, 也有一根共同的“轭”来控制它们, 就是它们在实数域上共同的最小多项式 $g(x)=x^2-2ax+a^2+b^2$. 我们称复数 $a+b\mathrm{i}$ 与 $a-b\mathrm{i}$ **共轭**, 表示它们在实数域上共用一个最小多项式, 同时是或者同时不是给定的实系数多项式的根. 准确地说, 复数 $a+b\mathrm{i},a-b\mathrm{i}$ 是**在实数域上共轭**.

$2+\sqrt{3}$ 与 $2-\sqrt{3}$ 在实数域上有不同的最小多项式 $x-(2+\sqrt{3})$ 与 $x-(2-\sqrt{3})$, 它们在实数域上的共轭都是它们自己, 相互并不共轭. 但它们在有理数域上共用一个最小多项式 x^2-4x+1, 因此它们在有理数域上共轭.

刚才我们是由 i 在实数域上共用的最小多项式 x^2+1 得出了任意复数 $a+b\mathrm{i}$ (a,b 是实数) 在实数域上的共轭 $a-b\mathrm{i}$ 和最小多项式 $[x-(a+b\mathrm{i})][x-(a-b\mathrm{i})]=x^2-2ax+a^2+b^2$. 类似地, 形如 $a+b\sqrt{d}$ (a,b,d 是有理数) 在有理数域上的最小多项式可以由 $\sqrt{d}$ 的最小多项式 x^2-d 得出:

x^2-d 的两个根 $\sqrt{d}$ 与 $-\sqrt{d}$ 相互共轭. 如果 $a+b\sqrt{d}$ 是有理系数多项式 $f(x)$ 的根, 则由 $f(a+b\sqrt{d})=0$ 可知 $\sqrt{d}$ 是有理系数多项式 $f(a+bx)$ 的根, 因此 $-\sqrt{d}$ 也是 $f(a+bx)$ 的根, 即 $f(a-b\sqrt{d})=0$, $a-b\sqrt{d}$ 是 $f(x)$ 的根. $f(x)$ 至少有两个不同的根 $a\pm b\sqrt{d}$, 因此被有理系数多项式 $m(x)=[x-(a+b\sqrt{d})][x-(a-b\sqrt{d})]=x^2-2ax+a^2-b^2d$ 整除. 这证明了 $a+b\sqrt{d}$ 在有理数域上的最小多项式是 $m(x)=x^2-2ax+a^2-b^2d$, 共轭是 $a-b\sqrt{d}$, 它可以在 $a+b\sqrt{d}$ 中将 $\sqrt{d}$ 替换成其共轭 $-\sqrt{d}$ 得到.

更进一步, 设 E 是任意数域, $a,b,d\in E$ 且 $a+b\sqrt{d}\notin E$, 则 $a+b\sqrt{d}$ 在 E 上的共轭是 $a-b\sqrt{d}$, 最小多项式是 $m(x)=[x-(a+b\sqrt{d})][x-(a-b\sqrt{d})]=x^2-2ax+a^2-b^2d$.

由此可以得到 5.4.4(1) 的另一解法:

$g(x)=[x-(2+\sqrt{3})][x-(2-\sqrt{3})]=x^2-4x+1$ 是以 $2+\sqrt{3}$ 为根的有理系数首一多项式, 次数为 2. 有理系数一次多项式 $ax+b$ 只有唯一根 $-\dfrac{b}{a}$ 是有理数, 不可能是无理数 $2+\sqrt{3}$. 因此 $g(x)$ 就是满足要求的最低次数的多项式.

这一解法的要点是看出了 $2+\sqrt{3}$ 在有理数域上的共轭是 $2-\sqrt{3}$. 但在解法叙述中不需说明更不需证明这一点, 而是直接以 $2+\sqrt{3}$ 与 $2-\sqrt{3}$ 为根造出了次数为 2 的首一多项式 $g(x)$, 由 $g(x)$ 的系数为有理数就足以证明它是最小多项式.

5.4.3 证明了 x^3-2 是无理数 $\sqrt[3]{2}$ 在有理数域上的最小多项式. 这个最小多项式 x^3-2 有 3 个复数根 $\sqrt[3]{2}$, $\sqrt[3]{2}\omega$, $\sqrt[3]{2}\omega^2$, 其中 $\omega=-\dfrac{1}{2}+\dfrac{\sqrt{3}}{2}\mathrm{i}$. 这三个根虽然只有一个是实数, 另外两个是虚数, 但它们在有理数域上仍然共轭, 任何一个有理系数多项式如果以它们之中某一个为根, 必然以其余两个为根. 这是由"三头牛"组成一个"拉犁互助组", 共同拉有理系数多项式的"犁".

3. 数域的代数扩张

5.4.4 第 (2),(3) 小题给出了一个 5 次多项式 $f(x)$, 要求将 $x=2+\sqrt{3}$ 代入计算 $f(2+\sqrt{3})$ 的值. 直接计算很繁琐, 我们采用了两种不同的方式来简化运算. 两种方式的依据都是 $\alpha=2+\sqrt{3}$ 在有理数域 $\mathbf{Q}$ 上的最小多项式 $g(x)=x^2-4x+1$.

5.4.4(3) 的方法是: 用 $g(x)$ 除 $f(x)$ 得到余式 $r(x)$ 和商 $q(x)$, 由 $f(x)=q(x)g(x)+r(x)$ 及 $g(\alpha)=0$ 得到 $f(\alpha)=r(\alpha)$. 由于 $r(x)=c+dx$ 不超过 1 次, 将 $f(\alpha)$ 替换成 $r(\alpha)=c+d\alpha$ 来计算可以简化运算.

5.4.4(2) 的方法是: 由 $g(\alpha)=\alpha^2-4\alpha+1$ 得到 $\alpha^2=4\alpha-1$. 在 $f(\alpha)$ 中不断将 α^2 替换成 $4\alpha-1$ 可以降低 α 的次数, 直到将 $f(\alpha)$ 化成 α 的不超过一次的多项式再计算.

一般地, 只要 α 是数域 F 上存在最小多项式 $m_\alpha(x)$, 就可以采用以上两种方法将 α 在 F 上的所有的多项式函数 $f(\alpha)$ 化成次数比 $m_\alpha(x)$ 更低的多项式函数 $r(\alpha)$ 来计算.

例如 -1 的任一平方根 i 在实数域 $\mathbf{R}$ 上的最小多项式 x^2+1 是 2 次, 因此 i 的实系数多项式函数 $f(\mathrm{i})$ 可以写成不超过一次的多项式函数 $a+b\mathrm{i}$ $(a,b\in\mathbf{R})$. 全体实系数多项式组成的集合 $R[x]$ 对加、减、乘运算封闭, 称为实系数一元多项式环. 将 i 代入全体实系数多项式得到的数的集合

$$R[\mathrm{i}]=\{f(\mathrm{i})\mid f(x)\in R[x]\}=\{a+b\mathrm{i}\mid a,b\in\mathbf{R}\}$$

虽然两个一次实系数多项式 $r_1(x)=a+bx$ 与 $r_2(x)=c+dx$ 的乘积 $r_1(x)r_2(x)=(a+bx)(c+dx)=ac+(ad+bc)x+bdx^2$ 超过 1 次, 但在计算 $x=\mathrm{i}$ 时的函数值时可以用 x^2+1 除 $r_1(x)r_2(x)$ 求余式 $r(x)$ 化为不超过 1 次. 事实上, 由于 x^2 被 x^2+1 除的余式为 -1, 只要在二次多项式 $r_1(x)r_2(x)$ 中将 x^2 替换成 -1, 就得到余式 $r(x)=ac+(ad+bc)x+bd(-1)$, 从而得到

$$r_1(\mathrm{i})r_2(\mathrm{i})=ac+(ad+bc)\mathrm{i}+(bd)(-1)=(ac-bd)+(ad+bc)\mathrm{i}$$

这其实就是将 $x=\mathrm{i}$ 代入 $r_1(x)r_2(x)$ 之后再将 $\mathrm{i}^2=-1$ 代入. 这正是在中学数学中就已学过的复数的运算. $R[\mathrm{i}]$ 就是全体复数组成的集合. 它不但对加、减、乘运算封闭. 而且其中的非零复数 $a+b\mathrm{i}$ 满足 $(a+b\mathrm{i})(a-b\mathrm{i})=a^2+b^2>0$, 从而 $(a+b\mathrm{i})\cdot\dfrac{1}{a^2+b^2}(a-b\mathrm{i})=1$, 说明 $a+b\mathrm{i}$ 可逆. 因而 $R[\mathrm{i}]$ 是比实数域 $\mathbf{R}$ 更大的数域, 称为复数域.

类似地, 无理数 $\alpha=2+\sqrt{3}$ 在有理数域上的全体多项式函数 $f(\alpha)$ ($f(x)\in Q[x]$) 组成的 $Q[\alpha]$ 也是数环, 其中每个 $f(\alpha)$ 也可化成不超过一次的多项式函数 $r(\alpha)=a+b\alpha$, 其中 $r(x)=a+bx$ 是 $f(x)$ 被 x^2-4x+1 除的余式.

我们证明对 $R[\alpha]$ 中的每个非零数 $a+b\alpha$ 都存在倒数 $c+d\alpha\in R[\alpha]$ 满足 $(a+b\alpha)(c+d\alpha)=1$, 从而 $Q[\alpha]$ 也是比 $\mathbf{R}$ 更大的数域.

由于 α 的最小多项式 $g(x)=x^2-4x+1$ 没有有理根, 在有理数域上不可约, 当 $a+bx\neq 0$ 时 $a+bx$ 与 $g(x)$ 的最大公因式只能是 1, 存在有理系数多项式 $u(x),v(x)$ 满足 $u(x)(a+bx)+v(x)g(x)=1$. 将 $x=\alpha$ 代入得到 $u(\alpha)(a+b\alpha)=1$, 这说明 $Q[\alpha]$ 中的任一非零元 $a+b\alpha$ 有逆 $u(\alpha)=c+d\alpha\in Q[\alpha]$.

前面求复数 $a+b\mathrm{i}$ 的逆是先计算 $a+b\mathrm{i}$ 与它的共轭 $a-b\mathrm{i}$ 的乘积得到非零实数 a^2+b^2. 也可仿照这个方法来计算 $a+b\alpha\neq 0$ 的逆. $\alpha=2+\sqrt{3}$ 与它在有理数域上的共轭 $\tilde{\alpha}=2-\sqrt{3}$ 之和为 4, 乘积 $\alpha\tilde{\alpha}=2^2-(\sqrt{3})^2=1$, 因此 $\tilde{\alpha}=4-\alpha$. $a+b\alpha$ 在有理数域上的共轭为 $a+b(4-\alpha)$, 且

$$(a+b\alpha)(a+b(4-\alpha))=a^2+4ab+b^2\alpha(4-\alpha)=a^2+4ab+b^2$$

当 $b=0$ 时 $a+b\alpha=a\neq 0$ 是有理数, 逆为 a^{-1}. 当 $b\neq 0$ 时一定有 $a^2+4ab+b^2\neq 0$ (如果 $a^2+4ab+b^2=0$, 则 $\left(-\dfrac{a}{b}\right)^2-4\left(-\dfrac{a}{b}\right)+1=0$, α 的最小多项式 x^2+4x+1 有有理根 $-\dfrac{a}{b}$, 矛盾). 由此得 $(a+b\alpha)^{-1}=(a^2+4ab+b^2)^{-1}(a+4b-b\alpha)$.

一般地, 如果 α 在数域 F 上有最小多项式 $m_\alpha(x)$, 次数为 d, 则 α 在数域 F 上的全体多项式函数组成的环 $F[\alpha]=\{f(\alpha)\mid f(x)\in F[x]\}$, $F[\alpha]=\{c_0+c_1\alpha+\cdots+c_{d-1}\alpha^{d-1}\mid c_i\in F,\forall 0\leqslant i\leqslant d-1\}$ 是域. $F[\alpha]$ 中任意两个元素 $r_1(\alpha)r_2(\alpha)$ 的乘积等于 $r(\alpha)$, 其中 $r(x)$ 为多项式乘积 $r_1(x)r_2(x)$ 被 $m_\alpha(x)$ 除的余式.

其实, 求 $F[\alpha]$ 中两个元素 $r_1(\alpha),r_2(\alpha)$ 的和、差就是求对应的两个多项式 $r_1(x),r_2(x)$ 的和、差, 求乘积 $r_1(\alpha)r_2(\alpha)=r(\alpha)$ 则是将多项式的乘积 $r_1(x)r_2(x)$ 除以 $m_\alpha(x)$ 求余式. 这样的运算并不需要找到 α, 只要找到 F 上不可约的多项式 $m(x)$ 就可以照样进行. 一般地, 对任意域 F 上的任意不可约多项式 $m(x)$, 设 $m(x)$ 的次数为 d, $F_d[x]=\{c_0+c_1x+\cdots+c_{d-1}x^{d-1}\mid c_i\in F,\forall i\}$ 为 F 上次数低于 d 的多项式的全体组成的集合, 则 $F_d[x]$ 对多项式的加减法及数乘运算封闭, 是 F 上的 d 维空间. 定义 $F_d[x]$ 中两个多

项式 $r_1(x),r_2(x)$ 的乘积 $r_1(x)*r_2(x)=r(x)$ 为多项式乘积 $r_1(x)r_2(x)$ 被 $m(x)$ 除的余式，则 $F_d[x]$ 按这样的加、减、乘运算封闭，成为一个域. 在这个域中，F 中的数的运算性质与普通多项式运算完全相同，而 x 的运算性质不同，我们将 x 改记为 α 以示它与多项式的不定元的区别，特别地，$m(\alpha)$ 等于 $m(x)$ 除以自己的余式，等于 0. 可见 α 是 $m(x)$ 的根，$m(x)$ 是 α 在 F 上的最小多项式，$F_d[\alpha]$ 就是 α 在 F 上的全体多项式函数组成的域 $F[\alpha]$. 当 $d>1$ 时 $F[\alpha]$ 是比 F 更大的域，称为 F 的**扩域**.

用这个方法不但可以构造出数域 F 的扩域，还可以构造出其他的域 F 的扩域. 例如，在整数 0,1 组成的集合 Z_2 中定义加、减、乘运算使任意两个数 a,b 的和、差、积等于按整数运算得到的 $a+b,a-b,ab$ 除以 2 的余数，特别地，有 $1+1=0$, $-1=1$, 则 Z_2 是一个域，称为二元域. Z_2 上的多项式 $m(x)=x^2+x+1$ 不可约 (因为 Z_2 中所有的元素 0,1 都不是它的根). Z_2 上不超过一次的多项式 $a+bx$ 一共只有 4 个: $0,1,x,1+x$, 组成的集合 E 中按多项式运算定义加减法，定义两个元素的乘积为多项式乘积被 $m(x)$ 除的余式，则 $E=\{0,1,\alpha,1+\alpha\}$ 是 4 个元素组成的域，其中 α 具有乘法性质 $\alpha^2+\alpha+1=0$ 即 $\alpha^2=\alpha+1$. 我们有 $\alpha(\alpha+1)=1$ 从而 α 与 $\alpha+1$ 互逆.

4. 方阵的最小多项式

方阵也可以是多项式的“根”，也有最小多项式. 例如，2 阶实方阵 $\boldsymbol{J}=\begin{pmatrix}0&-1\\1&0\end{pmatrix}$ 表示平面上绕原点沿逆时针旋转 90° 的变换，$\boldsymbol{J}^2$ 表示旋转 180°，因此 $\boldsymbol{J}^2=-\boldsymbol{I}$, $\boldsymbol{J}^2+\boldsymbol{I}=\boldsymbol{O}$, $\boldsymbol{J}$ 就是方程 $x^2+1=0$ 的根，x^2+1 是 $\boldsymbol{J}$ 的最小多项式. $\boldsymbol{J}$ 在加、减、乘等代数运算中的性质与 x^2+1 的虚根 i 相同，$\boldsymbol{J}$ 就是 i 的矩阵版本，$\boldsymbol{J}$ 所代表的旋转变换就是 i 的几何版本. 方阵

$$\boldsymbol{A}=\begin{pmatrix}\cos\alpha&-\sin\alpha\\\sin\alpha&\cos\alpha\end{pmatrix}=(\cos\alpha)\boldsymbol{I}+(\sin\alpha)\boldsymbol{J}$$

所代表的线性变换 $\rho_\alpha:\boldsymbol{X}\mapsto\boldsymbol{AX}$ 是平面上绕原点沿逆时针方向旋转角 α. 实数域上 2 维列向量 $\boldsymbol{X}=(x,y)^{\mathrm{T}}$ 可以写成 $x\boldsymbol{e}_1+y\boldsymbol{e}_2=x\boldsymbol{e}_1+y\boldsymbol{J}\boldsymbol{e}_1=(x\boldsymbol{I}+y\boldsymbol{J})\boldsymbol{e}_1$, 其中 $\boldsymbol{e}_1=(1,0)^{\mathrm{T}}$. 则

$$\rho_a:\boldsymbol{X}=(x\boldsymbol{I}+y\boldsymbol{J})\boldsymbol{e}_1\mapsto\boldsymbol{AX}=((\cos\alpha)\boldsymbol{I}+(\sin\alpha)\boldsymbol{J})(x\boldsymbol{I}+y\boldsymbol{J})\boldsymbol{e}_1$$

将 $\boldsymbol{J}$ 写成 i, 向量 $\boldsymbol{X}=(x\boldsymbol{I}+y\boldsymbol{J})\boldsymbol{e}_1$ 用 $x+y\mathrm{i}$ 表示，则 $\rho_\alpha:x+y\mathrm{i}\mapsto(\cos\alpha+\mathrm{i}\sin\alpha)(x+y\mathrm{i})$ 可以用复数 $\cos\alpha+\mathrm{i}\sin\alpha$ 乘 $x+y\mathrm{i}$ 实现. □

5.4.5 求多项式 x^3+px+q 有重根的条件.

解法 1 $f(x)=x^3+px+q$ 的重根也是 $f'(x)=3x^2+p$ 的根，进而是 $r_1(x)=f(x)-\left(\frac{1}{3}x\right)f'(x)=\frac{2}{3}px+q$ 的根.

当 $p\neq0$ 时，$r_1(x)$ 有唯一根 $-\frac{3q}{2p}$. $f(x)$ 有重根 $\Leftrightarrow f'\left(-\frac{3q}{2p}\right)=\frac{27q^2}{4p^2}+p=0\Leftrightarrow 27q^2+4p^3=0$.

当 $p=0$ 时，$f'(x)=3x^2$ 只有唯一根 0, $f(x)$ 有重根 $\Leftrightarrow f(0)=q=0\Leftrightarrow 27q^2+4p^3=0$. 在两种情形下，$f(x)$ 有重根的条件都是 $27q^2+4p^3=0$.

解法 2 $f(x)$ 有重根 $\Leftrightarrow f(x)=x^3+px+q$ 与 $f'(x)=3x^2+p$ 的最大公因式的次数

$\geqslant 1 \Leftrightarrow f(x)$ 与 $f'(x)$ 的结式 $R(f,f')=0$, 即

$$R(f,f')=\begin{vmatrix}1&0&p&q&0\\0&1&0&p&q\\3&0&p&0&0\\0&3&0&p&0\\0&0&3&0&p\end{vmatrix}\xlongequal{-3(1)+(3),-3(2)+(4)}\begin{vmatrix}1&0&p&q&0\\0&1&0&p&q\\0&0&-2p&-3q&0\\0&0&0&-2p&-3q\\0&0&3&0&p\end{vmatrix}$$

$$=\begin{vmatrix}-2p&-3q&0\\0&-2p&-3q\\3&0&p\end{vmatrix}=4p^3+27q^2=0$$ □

5.4.6 证明: 多项式 $1+x+\dfrac{x^2}{2!}+\cdots+\dfrac{x^n}{n!}$ 没有重根.

证明 $f(x)=1+x+\dfrac{x^2}{2!}+\cdots+\dfrac{x^n}{n!}$ 的重根也是 $f'(x)=1+x+\dfrac{x^2}{2!}+\cdots+\dfrac{x^{n-1}}{(n-1)!}$ 的根, 进而是 $h(x)=f(x)-f'(x)=\dfrac{x^n}{n!}$ 的根. $h(x)$ 的根只能是 0; 而 $f(0)=1\neq 0$, 说明 0 不是 $f(x)$ 的根. 可见 $f(x)$ 与 $h(x)$ 没有公共根, 因而 $f(x)$ 与 $f'(x)$ 没有公共根, $f(x)$ 没有重根. □

5.4.7 (1) m,n,p 是任意正整数, 证明:

$$(x^2+x+1)\mid(x^{3m}+x^{3n+1}+x^{3p+2})$$

(2) n_1,n_2,n_3,n_4,n_5 是任意正整数, 证明:

$$(x^4+x^3+x^2+x+1)\mid(x^{5n_1}+x^{5n_2+1}+x^{5n_3+2}+x^{5n_4+3}+x^{5n_5+4})$$

分析 由于 x^2+x+1 整除 x^3-1, x^3 被 x^2+x+1 除的余式等于 1. 在任何一个多项式 $f(x)$ 中将 x^3 换成 1, 被 x^2+x+1 除的余式不变. 类似地, 由 $x^4+x^3+x^2+x+1$ 整除 x^5-1 知在 $f(x)$ 中将 x^5 换成 1, 被 $x^4+x^3+x^2+x+1$ 除的余式不变.

证明 对任意多项式 $f_1(x),f_2(x),g(x)$, 记 $f_1(x)\equiv f_2(x)(\bmod g(x))$ 来表示 $g(x)$ 整除 $f_1(x)-f_2(x)$, 也就是 $f_1(x)$ 与 $f_2(x)$ 被 $g(x)$ 除的余式相同.

(1) 由 $(x^2+x+1)|(x^3-1)$ 知 $x^3\equiv 1(\bmod\,(x^2+x+1))$, 因而:

$$\begin{aligned}x^{3m}+x^{3n+1}+x^{3p+2}&=(x^3)^m+(x^3)^n x+(x^3)^p x^2\equiv 1^m+1^n x+1^p x^2\\&\equiv 1+x+x^2\equiv 0(\bmod\,(x^2+x+1))\end{aligned}$$

即 $(x^2+x+1)|(x^{3m}+x^{3n+1}+x^{3p+2})$.

(2) 由 $(x^4+x^3+x^2+x+1)|(x^5-1)$ 知 $x^5\equiv 1(\bmod\,(x^4+x^3+x^2+x+1))$, 因而:

$$\begin{aligned}&x^{5n_1}+x^{5n_2+1}+x^{5n_3+2}+x^{5n_4+3}+x^{5n_5+4}\\=&(x^5)^{n_1}+(x^5)^{n_2}x+(x^5)^{n_3}x^2+(x^5)^{n_4}x^3+(x^5)^{n_5}x^4\\\equiv&1^{n_1}+1^{n_2}x+1^{n_3}x^2+1^{n_4}x^3+1^{n_5}x^4\end{aligned}$$

$$\equiv 1+x+x^2+x^3+x^4\equiv 0(\mathrm{mod}\,(x^4+x^3+x^2+x+1))$$

即 $(x^4+x^3+x^2+x+1)\mid(x^{5n_1}+x^{5n_2+1}+x^{5n_3+2}+x^{5n_4+3}+x^{5n_5+4})$. □

点评 以上证明过程也可不用同余式叙述, 而 "翻译" 成用整除的语言来叙述. 例如, 第 (1) 小题叙述为:

对任意正整数 m, 由

$$\begin{aligned}x^{3m}-1&=(x^3-1)[(x^3)^{m-1}+\cdots+x^3+1]\\&=(x^2+x+1)(x-1)[(x^3)^{m-1}+\cdots+x^3+1]\end{aligned}$$

知 $x^{3m}-1$ 被 x^2+x+1 整除. 我们有

$$x^{3m}+x^{3n+1}+x^{3p+2}=(x^{3m}-1)+(x^{3n}-1)x+(x^{3p}-1)x^2+(1+x+x^2)$$

由于 $x^{3m}-1,x^{3n}-1,x^{3p}-1$ 及 $1+x+x^2$ 被 x^2+x+1 整除, 因此 $x^{3m}+x^{3n+1}+x^{3p+2}$ 被 x^2+x+1 整除.

第 (2) 小题的证明也可类似地叙述. □

5.4.8 设 a,b,c 是方程 $x^3+qx+r=0$ 的根, 写出根为 $\dfrac{b+c}{a^2},\dfrac{c+a}{b^2},\dfrac{a+b}{c^2}$ 的三次方程.

解法 1 由韦达定理知方程 $x^3+qx+r=0$ 的三根 a,b,c 满足:

$$a+b+c=0,\quad ab+ac+bc=q,\quad abc=-r.$$

因而 $b+c=-a$, $\dfrac{b+c}{a^2}=-\dfrac{1}{a}$. 类似地有 $\dfrac{c+a}{b^2}=-\dfrac{1}{b}$, $\dfrac{a+b}{c^2}=-\dfrac{1}{c}$. 以 $-\dfrac{1}{a},-\dfrac{1}{b},-\dfrac{1}{c}$ 为根的三次方程的左边为

$$\begin{aligned}&\left(x+\frac{1}{a}\right)\left(x+\frac{1}{b}\right)\left(x+\frac{1}{c}\right)\\&=x^3+\left(\frac{1}{a}+\frac{1}{b}+\frac{1}{c}\right)x^2+\left(\frac{1}{ab}+\frac{1}{ac}+\frac{1}{bc}\right)x+\frac{1}{abc}\\&=x^3+\frac{ab+ac+bc}{abc}x^2+\frac{a+b+c}{abc}x+\frac{1}{abc}=x^3+\frac{q}{-r}x^2+\frac{0}{-r}x+\frac{1}{-r}\\&=x^3-\frac{q}{r}x^2-\frac{1}{r}\end{aligned}$$

所求三次方程为 $x^3-\dfrac{q}{r}x^2-\dfrac{1}{r}=0$, 也就是 $rx^3-qx^2-1=0$.

解法 2 与解法 1 同样可知 $a+b+c=0$, 从而 $\dfrac{b+c}{a^2},\dfrac{c+a}{b^2},\dfrac{a+b}{c^2}$ 分别等于 $-\dfrac{1}{a},-\dfrac{1}{b},-\dfrac{1}{c}$. 要以这三个数为根造一个新的三次方程, 原方程 $x^3+qx+q=0$ 的三个根 a,b,c 都不能为 0.

令 $x=-\dfrac{1}{y}$, 则 $y=-\dfrac{1}{x}$,

$$y^3+qy+r=0\ \Leftrightarrow\ \left(-\frac{1}{x}\right)^3+q\left(-\frac{1}{x}\right)+r=0\ \Leftrightarrow\ rx^3-qx^2-1=0$$

由 $y^3+qy+r=0$ 的三根是 a,b,c 即知 $rx^3-qx^2-1=0$ 的三根是 $-\frac{1}{a},-\frac{1}{b},-\frac{1}{c}$. □

点评 解法 2 可以推广到任意的 n 次方程. 设 $a_nx^n+a_{n-1}x^{n-1}+\cdots+a_1x+a_0=0$ 的 n 个根 $x_1,\cdots,x_n$ 都不为 0, 则以各根的倒数 $\frac{1}{x_i}$ 为根的方程为

$$a_n\left(\frac{1}{x}\right)^n+a_{n-1}\left(\frac{1}{x}\right)^{n-1}+\cdots+a_1\left(\frac{1}{x}\right)+a_0=0$$

整理得 $a_0x^n+a_1x^{n-1}+\cdots+a_{n-1}x+a_n=0$. 以各 x_i 的负倒数 $-\frac{1}{x_i}$ $(1\leqslant i\leqslant n)$ 为根的方程则为 $a_0x^n-a_1x^{n-1}+\cdots+(-1)^{n-1}a_{n-1}x+(-1)^na_n=0$. □

5.4.9 求证方程 $x^3-x^2-\frac{1}{2}x-\frac{1}{6}=0$ 的根不可能全为实数.

证法 1 如果方程的三个根 a,b,c 都是实数, 则应有 $a^2b^2+a^2c^2+b^2c^2\geqslant 0$. 但由

$$\begin{aligned}f(x)&=x^3-x^2-\frac{1}{2}x-\frac{1}{6}=(x-a)(x-b)(x-c)\\&=x^3-(a+b+c)x^2+(ab+ac+bc)x-abc\end{aligned}$$

得

$$\begin{aligned}&a+b+c=1,\quad ab+ac+bc=-\frac{1}{2},\quad abc=\frac{1}{6}\\&a^2b^2+a^2c^2+b^2c^2=(ab+bc+ac)^2-2abc(a+b+c)\\&\qquad=\left(-\frac{1}{2}\right)^2-2\times\frac{1}{6}\times 1=-\frac{1}{12}\end{aligned}$$

可见 a,b,c 不可能全为实数.

证法 2 设方程的三个根 a,b,c 全为实数, 则 a^2,b^2,c^2 全为非负实数. 由 $f(x)=x^3-x^2-\frac{1}{2}x-\frac{1}{6}=(x-a)(x-b)(x-c)$ 得

$$\begin{aligned}&(x^2-a^2)(x^2-b^2)(x^2-c^2)\\&\quad=(x-a)(x-b)(x-c)\cdot(x+a)(x+b)(x+c)\\&\quad=f(x)[-f(-x)]=\left(x^3-x^2-\frac{1}{2}x-\frac{1}{6}\right)\left(x^3+x^2-\frac{1}{2}x+\frac{1}{6}\right)\\&\quad=\left(x^3-\frac{1}{2}x\right)^2-\left(x^2+\frac{1}{6}\right)^2=x^6-2x^4-\frac{1}{12}x^2-\frac{1}{36}\end{aligned}\tag{5.29}$$

另一方面:

$$(x^2-a^2)(x^2-b^2)(x^2-c^2)=x^6-(a^2+b^2+c^2)x^4+(a^2b^2+a^2c^2+b^2c^2)x^2-a^2b^2c^2\tag{5.30}$$

比较等式 (5.29),(5.30) 最右边的 x^2 项系数得

$$a^2b^2+a^2c^2+b^2c^2=-\frac{1}{12}\tag{5.31}$$

当 a,b,c 全为实数时应有 $a^2b^2+a^2c^2+b^2c^2\geqslant 0$, 与 (5.31) 矛盾, 可见 a,b,c 不全为实数. □

点评 本题两个证法都是通过计算 $a^2b^2+a^2c^2+b^2c^2$ 来说明 a,b,c 不全为实数. 证法 1 更简明, 但没有说明怎么想出来的. 证法 2 繁琐一些, 但思路更自然: 计算出三个数 a^2,b^2,c^2 的和、两两乘积的和、三个数的乘积, 只要其中有一个 <0, 就证明了 a,b,c 不全为实数. □

5.4.10 分别在复数域、实数域上将下列多项式分解为不可约多项式的乘积:

(1) x^4+4; (2) $(x-1)^n+(x+1)^n$;

(3) $x^{12}-1$; (4) $x^{2n}+x^n+1$.

解 (1) 实数范围内的分解式:

$$x^4+4=x^4+4x^2+4-4x^2=(x^2+2)^2-(2x)^2=(x^2+2+2x)(x^2+2-2x)$$

两个二次因式都没有实根, 在实数范围内不可约.

由 $x^2\pm 2x+2=(x\pm 1)^2+1=(x\pm 1+\mathrm{i})(x\pm 1-\mathrm{i})$ 得复数范围内的分解式:

$$x^4+4=(x+1+\mathrm{i})(x+1-\mathrm{i})(x-1+\mathrm{i})(x-1-\mathrm{i})$$

(2) 原式 $f(x)=(x-1)^n+(x+1)^n$ 是实数域上 n 次多项式, 求出它的全部复数根即可得到复数域上的分解式, 再将相互共轭的虚系数因式相乘, 就得到实数域上所有的不可约因式.

由 $f(-1)=(-2)^n\neq 0$ 知 -1 不是方程 $f(x)=0$ 的根, 因此可以方程两边同除以 $(x+1)^n$, 化为

$$\left(\frac{x-1}{x+1}\right)^n+1=0 \Leftrightarrow \left(\frac{x-1}{x+1}\right)^n=-1 \Leftrightarrow \frac{x-1}{x+1}=\omega_k \quad (1\leqslant k\leqslant n)$$

其中 $\omega_k=\cos\dfrac{(2k-1)\pi}{n}+\mathrm{i}\sin\dfrac{(2k-1)\pi}{n}=\omega^{2k-1}$, $\quad \omega=\omega_1=\cos\dfrac{\pi}{n}+\mathrm{i}\sin\dfrac{\pi}{n}$.

对每个 $1\leqslant k\leqslant n$, 由 $\dfrac{x-1}{x+1}=\omega_k$ 解出:

$$\begin{aligned} x&=\frac{1+\omega_k}{1-\omega_k}=\frac{(1+\omega_k)(1-\overline{\omega_k})}{(1-\omega_k)(1-\overline{\omega_k})}=\frac{\omega_k-\overline{\omega_k}}{2-(\omega_k+\overline{\omega_k})}\\ &=\frac{2\mathrm{i}\sin\dfrac{(2k-1)\pi}{n}}{2-2\cos\dfrac{(2k-1)\pi}{n}}=\mathrm{i}\cot\frac{(2k-1)\pi}{2n}\end{aligned}$$

$\mathrm{i}\cot\dfrac{(2k-1)\pi}{2n}$ $(1\leqslant k\leqslant n)$ 是 $f(x)$ 的 n 个不同的复数根. $f(x)=2x^n+\cdots$ 的首项系数为 2, 在复数范围内分解为

$$f(x)=2\left(x-\mathrm{i}\cot\frac{\pi}{2n}\right)\left(x-\mathrm{i}\cot\frac{3\pi}{2n}\right)\cdots\left(x-\mathrm{i}\cot\frac{(2n-1)\pi}{2n}\right)$$

每个 $\mathrm{i}\cot\dfrac{(2k-1)\pi}{2n}$ 与 $\mathrm{i}\cot\dfrac{(2n-2k+1)\pi}{2n}=\mathrm{i}\cot(\pi-\dfrac{(2k-1)\pi}{n})=-\mathrm{i}\cot\dfrac{(2k-1)\pi}{2n}$ 互为相反数, 相互共轭. 当 $1\leqslant k\leqslant\dfrac{n}{2}$ 时, $\cot\dfrac{(2k-1)\pi}{2n}\neq 0$, 相互共轭的虚根 $\pm\mathrm{i}\cot\dfrac{(2k-1)\pi}{2n}$ 对应的一次因式的乘积

$$f_k(x)=\left(x-\mathrm{i}\cot\frac{(2k-1)\pi}{2n}\right)\left(x+\mathrm{i}\cot\frac{(2k-1)\pi}{2n}\right)=\left(x^2+\cot^2\frac{(2k-1)\pi}{2n}\right)$$

是实数域上不可约二次多项式. 当 n 为偶数时, $f(x)$ 在实数域上分解为 $\frac{n}{2}$ 个不可约二次因式 $f_k(x)$ $\left(1\leqslant k\leqslant \frac{n}{2}\right)$ 的乘积:

$$f(x)=2\left(x^2+\cot^2\frac{\pi}{2n}\right)\left(x^2+\cot^2\frac{3\pi}{2n}\right)\cdots\left(x^2+\cot^2\frac{(n-1)\pi}{2n}\right)$$

当 n 为奇数时, $f(x)$ 的常数项为 0, 有实根 0 (当 $k=\frac{n+1}{2}$ 时, $\cot\frac{(2k-1)\pi}{2n}=\cot\frac{\pi}{2}=0$), $f(x)$ 在实数域上被分解为一次因式与 $\frac{n-1}{2}$ 个不可约二次因式 $f_k(x)$ $\left(1\leqslant k\leqslant\frac{n-1}{2}\right)$ 的乘积:

$$f(x)=2x\left(x^2+\cot^2\frac{\pi}{2n}\right)\left(x^2+\cot^2\frac{3\pi}{2n}\right)\cdots\left(x^2+\cot^2\frac{(n-2)\pi}{2n}\right)$$

(3) $x^{12}-1$ 的全部复数根为 $\omega_k=\cos\frac{2k\pi}{12}+\mathrm{i}\sin\frac{2k\pi}{12}=\cos\frac{k\pi}{6}+\mathrm{i}\sin\frac{k\pi}{6}=\omega^k$, 其中 $1\leqslant k\leqslant 12$, $\omega=\omega_1$. 于是在复数域上有分解式:

$$\begin{aligned}x^{12}-1&=(x-1)(x-\omega)(x-\omega^2)\cdots(x-\omega^{11})\\&=(x-1)\left(x-\frac{\sqrt{3}}{2}-\frac{1}{2}\mathrm{i}\right)\left(x-\frac{1}{2}-\frac{\sqrt{3}}{2}\mathrm{i}\right)(x-\mathrm{i})\left(x+\frac{1}{2}-\frac{\sqrt{3}}{2}\mathrm{i}\right)\left(x+\frac{\sqrt{3}}{2}-\frac{1}{2}\mathrm{i}\right)\\&\quad\cdot(x+1)\left(x+\frac{\sqrt{3}}{2}+\frac{1}{2}\mathrm{i}\right)\left(x+\frac{1}{2}+\frac{\sqrt{3}}{2}\mathrm{i}\right)(x+\mathrm{i})\left(x-\frac{1}{2}+\frac{\sqrt{3}}{2}\mathrm{i}\right)\left(x-\frac{\sqrt{3}}{2}+\frac{1}{2}\mathrm{i}\right)\end{aligned}$$

其中有两个因式 $x-1,x+1$ 是实系数一次多项式, 其余每一对共轭虚根 ω^k,ω^{12-k} $(1\leqslant k\leqslant 5)$ 对应的一次因式的乘积

$$f_k(x)=(x-\omega^k)(x-\overline{\omega^k})=x^2-2x\cos\frac{k\pi}{6}+1$$

是实数域上不可约二次因式, 当 $k=1,2,\cdots,5$ 时分别等于 $x^2-\sqrt{3}x+1,x^2-x+1,x^2+1,x^2+x+1,x^2+\sqrt{3}x+1$. 实数域上的分解式为

$$\begin{aligned}x^{12}-1=&(x-1)(x+1)(x^2-\sqrt{3}x+1)(x^2-x+1)\\&\cdot(x^2+1)(x^2+x+1)(x^2+\sqrt{3}x+1)\end{aligned}$$

(4) $f(x)=x^{2n}+x^n+1$ 是 $x^{3n}-1=(x^n-1)(x^{2n}+x^n+1)$ 被 x^n-1 除的商. $x^{3n}-1=0$ 的全部复数根为 $\omega_k=\cos\frac{2k\pi}{3n}+\mathrm{i}\sin\frac{2k\pi}{3n}=\omega^k$ $(0\leqslant k\leqslant 3n-1)$, 其中 $\omega=\omega_1$. 所有这些 ω^k 中, 除了 x^n-1 的根 ω^k $(k=3t,\forall 0\leqslant t\leqslant n-1)$ 之外, 其余的 ω^k $(k=3t+1$ 或 $3t+2$, $\forall 0\leqslant t\leqslant n-1)$ 就是 $f(x)$ 的全部根. $f(x)$ 在复数范围内的分解式为

$$f(x)=\prod_{t=0}^{n}(x-\omega^{3t+1})(x-\omega^{3t+2})$$

每个 ω^{3t+1} $(0\leqslant t\leqslant n-1)$ 与其共轭虚根 $\overline{\omega^{3t+1}}=\omega^{3n-3t-1}=\omega^{3(n-t-1)+2}$ 决定的一次因式的乘积

$$f_k(x)=(x-\omega^{3t+1})(x-\overline{\omega^{3t+1}})=x^2-2x\cos\frac{2(3t+1)\pi}{3n}+1$$

是实数域上不可约因式, $f(x)$ 在实数域上分解为这 n 个二次不可约因式 $f_k(x)$ 之积:

$$x^{2n}+x^n+1=\prod_{t=0}^{n-1}\left(x^2-2x\cos\frac{2(3t+1)\pi}{3n}+1\right) \qquad \square$$

5.5 有理系数多项式

知识导航

1. 整数环的性质

全体整数组成的集合记作 $\mathbf{Z}$. 以 x 为字母的整系数多项式 $a_0+a_1x+\cdots+a_nx^n$ $(0\leqslant n\in\mathbf{Z},\ a_0,a_1,\cdots,a_n\in\mathbf{Z})$ 组成的集合记作 $Z[x]$.

$\mathbf{Z}$ 对除法不封闭, 即使限定除数不为 0 也不封闭. 因此, $\mathbf{Z}$ 不是数域. 但是 $\mathbf{Z}$ 对加、减、乘法封闭, 我们称 $\mathbf{Z}$ 是**整数环** (ring of integers).

整数环 $\mathbf{Z}$ 的很多性质与数域 F 上的多项式环 $F[x]$ 类似:

(1) (整除性) 对任意 $a,b\in\mathbf{Z}$, 如果存在 q 使 $a=qb$, 就称 b 整除 a, 记作 $b|a$, 并且称 b 是 a 的因子 (也称 b 是 a 的约数), a 是 b 的倍数. 而 $b\nmid a$ 表示 b 不整除 a.

(2) (带余除法) 对任意 $a,b\in\mathbf{Z}$ 且 $b\neq 0$, 存在唯一的 $q,r\in\mathbf{Z}$ 且 $0\leqslant r<|b|$ 使 $a=qb+r$, 其中 q 称为 b 除 a 的商, r 称为余数.

(3) (最大公因子) 对任意 $a,b\in\mathbf{Z}$, 如果 $c\in\mathbf{Z}$ 既能整除 a, 又能整除 b, 就称 c 是 a,b 的公因子 (也称公约数). 如果 d 是 a,b 的公因子, 并且 a,b 所有的公因子都整除 d, 就称 d 是 a,b 的最大公因子 (也称最大公约数). 当 $a=b=0$ 时, a,b 的最大公因子等于 0. 当 a,b 不全为 0 时有唯一的最大公因子 $d>0$, 记为 (a,b), a,b 的全部最大公因子为 $\pm(a,b)$. 通过辗转相除法可以求得最大公因子 (a,b), 并且可以求得整数 u,v 使 $ua+vb=(a,b)$. 对多个整数 $a_1,\cdots,a_s$ 也可以类似地定义最大公因子 $(a_1,\cdots,a_s)$, 并且也有类似的性质: 存在 $u_1,\cdots,u_s$ 使 $u_1a_1+\cdots+u_sa_s=(a_1,\cdots,a_s)$.

(4) (同余) 设 $a,b,c\in\mathbf{Z}$. 如果 $c|(a-b)$, 就称 a 与 b 模 c 同余, 记为 $a\equiv b\bmod c$. 当 $c\neq 0$ 时这就是说 c 除 a,b 的余数相等. 我们有

$$\begin{aligned}&a_1\equiv b_1(\bmod c)\ 且\ a_2\equiv b_2(\bmod c)\\&\Rightarrow a_1\pm b_1\equiv a_2\pm b_2(\bmod c),\quad a_1b_1\equiv a_2b_2(\bmod c)\end{aligned}$$

(5) (互素) 如果 $(a_1,\cdots,a_s)=1$, 就称 $a_1,\cdots,a_s$ 互素.

a,b 互素 $\Leftrightarrow$ 存在 $u,v\in\mathbf{Z}$ 使 $ua+vb=1$ $\Leftrightarrow$ 存在 $u\in\mathbf{Z}$ 使 $ua\equiv 1(\bmod b)$.

$a_1,\cdots,a_s$ 互素 $\Leftrightarrow$ 存在整数 $u_1,\cdots,u_s$ 使 $u_1a_1+\cdots+u_sa_s=1$.

如果整数 $a_1,\cdots,a_s$ 都与 b 互素, 它们的乘积 $a_1\cdots a_s$ 也与 b 互素.

如果 $c|(ab)$ 并且 c,a 互素, 那么 $c|b$.

(6) (素数) 设正整数 $p>1$, 并且除了 $1,p$ 以外没有其他的正整数因子, 就称 p 是**素数** (prime).

整数 a 与素数 p 互素 $\Leftrightarrow a$ 不被 p 整除.

如果素数 p 整除若干个整数 $a_1,\cdots,a_s$ 的乘积, 那么 p 整除其中某一个整数 a_i.

如果 q 是某个素数 p 的正整数次幂: $q=p^m$, 则对任意 $a_1,\cdots,a_s\in\mathbf{Z}$ 有

$$(a_1+\cdots+a_s)^q\equiv a_1^q+\cdots+a_s^q \pmod p \tag{5.32}$$

(7) (素因子分解) 每个 >1 的正整数都能分解成素数的乘积 $a=p_1\cdots p_s$. 如果不计较素数因子 $p_1,\cdots,p_s$ 的排列顺序, 这个分解式由 a 唯一决定, 并且可以写成标准分解式 $a=q_1^{n_1}\cdots q_s^{n_s}$ 的形式, 其中 $q_1,\cdots,q_s$ 是不同的素数, $n_1,\cdots,n_s$ 是正整数.

2. 本原多项式

定义 5.5.1 设 $g(x)=b_0+b_1x+\cdots+b_mx^m$ 是不为 0 的整系数多项式, 并且各项系数 $b_0,b_1,\cdots,b_m$ 的最大公因子等于 1, 就称 $g(x)$ 是**本原多项式** (primitive polynomial). □

引理 5.5.1 每个非零的有理系数多项式 $f(x)$ 都能写成某个本原多项式 $g(x)$ 的有理常数倍 $f(x)=cg(x)$, 其中 $0\neq c\in\mathbf{Q}$. □

定理 5.5.1 (高斯引理) 两个本原多项式的乘积仍是本原多项式. □

推论 5.5.1 设 $f(x),g(x)\in Z[x]$, 并且 $g(x)$ 是本原多项式. 如果 $g(x)$ 整除 $f(x)$, 则 $g(x)$ 除 $f(x)$ 的商 $q(x)$ 是整系数多项式, 并且当 $f(x)$ 是本原多项式时 $q(x)$ 也是本原多项式. □

定理 5.5.2 如果 $f(x)\in Z[x]$ 可以分解为两个次数 $\geqslant 1$ 的有理系数多项式的乘积, 那么 $f(x)$ 是次数 $\geqslant 1$ 的两个整系数多项式的乘积. □

3. 有理根定理

由推论 5.5.1 还可以得出关于整系数多项式的有理根的如下定理:

定理 5.5.3 (有理根定理) 设 $f(x)=a_nx^n+\cdots+a_1x+a_0\in Z[x]$, 其中 $a_n\neq 0$. 如果有理数 $c=\dfrac{s}{t}$ 是 $f(x)$ 的根, 其中 $s,t\in\mathbf{Z}$ 且 $(s,t)=1$, 则 $t|a_n$ 且 $s|a_0$. □

4. 整系数多项式不可约的一个判别法

定理 5.5.4 (爱森斯坦因判别法) 设

$$f(x)=a_nx^n+a_{n-1}x^{n-1}+\cdots+a_1x+a_0\in Z[x]$$

如果存在某个素数 p 同时满足以下条件:

(1) $p\nmid a_n$

(2) $p\,|\,a_i,\ \forall\, 0\leqslant i\leqslant n-1$

(3) $p^2\nmid a_0$

则 $f(x)$ 在有理数域上不可约. □

例题分析与解答

5.5.1 在有理数域上将下列多项式分解为不可约多项式的乘积:

(1) x^4+4 ; (2) $x^{12}-1$.

解 (1) $x^4+4=x^4+4x^2+4-4x^2=(x^2+2)^2-(2x)^2=(x^2+2x+2)(x^2-2x+2)$. $x^2\pm 2x+2=(x\pm 1)^2+1$ 无实根, 在实数域上不可约, 在有理数域上当然也不可约.

$$\begin{aligned}(2)\ x^{12}-1&=(x^6+1)(x^6-1)=(x^2+1)(x^4-x^2+1)(x^3+1)(x^3-1)\\&=(x^2+1)(x^4-x^2+1)(x+1)(x^2-x+1)(x-1)(x^2+x+1)\end{aligned}$$

最后得到的 6 个因式中, 一次因式 $x-1,x+1$ 当然不可约. 二次因式 x^2+1,x^2-x+1,x^2+x+1 的判别式都 <0, 这些二次因式都没有实根, 在实数域上不可约, 在有理数域上当然也不可约. 剩下的四次因式 x^4-x^2+1 在实数域上可以分解为

$$\begin{aligned}x^4-x^2+1&=(x^4+2x^2+1)-3x^2=(x^2+1)^2-(\sqrt{3}x)^2\\&=(x^2+\sqrt{3}x+1)(x^2-\sqrt{3}x+1)\end{aligned}$$

得到的两个实二次因式都没有实根, 因此在实数域上不可约. 由唯一因子分解定理知: x^4-x^2+1 的有理因式只能是这两个实因式的某一个或者两个之积. 但这两个实因式都不是有理系数多项式, 因此有理因式只能是它们的乘积 x^4-x^2+1. 这证明了 x^4-x^2+1 在有理数域上不可约. □

5.5.2 整系数多项式 $f(x)$ 能否同时满足 $f(10)=10,f(20)=20,f(30)=40$?

分析 用非零多项式 $g(x)=b_mx^m+\cdots+b_1x+b_0$ 除多项式 $f(x)=a_nx^n+\cdots+a_1x+a_0$, 只有 $g(x)$ 的首项系数 b_m 作为除数参加了除法运算, 其余系数参加的只有加、减、乘运算. 因此, 当 $b_m=1$ 时实际上没有除法运算, 商 $q(x)$ 与 $r(x)$ 的系数由 $f(x),g(x)$ 的系数经过加、减、乘运算得到. 如果 $f(x),g(x)$ 的系数都是整数, 当 $b_m=1$ (或 -1) 时, 商和余式的系数也都是整数. 特别地, 如果 a 是整数, 则整系数多项式 $f(x)$ 被 $x-a$ 除的商 $q(x)$ 是整系数多项式, 余式 $r=f(a)$ 也是整数.

解 整系数多项式不能同时满足这些条件.

对任意整数 a, 整系数多项式 $f(x)$ 被 $x-a$ 除的商 $q(x)$ 是整系数多项式, 余式 $r=f(a)$ 是整数. 在恒等式 $f(x)=q(x)(x-a)+f(a)$ 即 $f(x)-f(a)=q(x)(x-a)$ 中令 x 取任意整数值 b, 得到 $f(b)-f(a)=q(b)(b-a)$, 其中 $q(b)$ 是整数, 这说明当 $b\neq a$ 时整数 $b-a$ 整除 $f(b)-f(a)$.

如果整系数多项式 $f(x)$ 满足 $f(10)=10,f(20)=20,f(30)=40$, 则 $f(30)-f(10)=40-10=30$ 应被 $30-10=20$ 整除. 但 20 不整除 30, 这个矛盾说明满足条件的整系数多项式 $f(x)$ 不存在. □

5.5.3 设 $a_1,a_2,\cdots,a_n$ 是两两不同的整数, 求证下列多项式在有理数域上不可约:

(1) $(x-a_1)(x-a_2)\cdots(x-a_n)-1$; (2) $(x-a_1)^2(x-a_2)^2\cdots(x-a_n)^2+1$.

证明 (1) 如果整系数多项式 $f(x)=(x-a_1)(x-a_2)\cdots(x-a_n)-1$ 在有理数域上可约, 那么它可以分解为两个至少一次的整系数多项式的乘积 $f(x)=f_1(x)f_2(x)$. 不妨设

$m=\deg f_1(x)\geqslant k=\deg f_2(x)$, 则由 $m+k=n$ 知 $1\leqslant k\leqslant m<n$.

$f_1(x)=b_mx^m+\cdots$ 与 $f_2(x)=c_kx^k+\cdots$ 的首项系数之积 b_mc_k 等于 $f(x)$ 的首项系数 1, 因而 $b_m=c_m=\pm 1$. 当 $b_m=c_m=-1$ 时可用 $-f_1(x),-f_2(x)$ 分别代替 $f_1(x),f_2(x)$, 化为 $b_m=c_k=1$ 的情形. 对每个整数 a_i, $f_1(a_i)$ 与 $f_2(a_i)$ 都是整数, 且它们的乘积 $f_1(a_i)f_2(a_i)=f(a_i)=-1$, 这样的两个整数 $f_1(a_i)$ 与 $f_2(a_i)$ 只能其中一个为 1, 另一个为 -1. 二者之和 $f_1(a_i)+f_2(a_i)=1+(-1)=0$, 取 $s(x)=f_1(x)+f_2(x)$, 就有 n 个不同的整数 $a_1,\cdots,a_n$ 都使 $s(a_i)=0$ $(1\leqslant i\leqslant n)$. $s(x)$ 的最高次项系数等于 1(当 $m>k$) 或 2(当 $m=k$), 因此不是零多项式, 且 $1\leqslant k\leqslant \deg s(x)\leqslant m<n$. 次数低于 n 的非零多项式 $s(x)$ 有 n 个不同的根 $a_1,\cdots,a_n$, 矛盾. 这就证明了 $f(x)$ 在有理数域上不可约.

(2) 如果整系数多项式 $f(x)=(x-a_1)^2(x-a_2)^2\cdots(x-a_n)^2+1$ 在有理数域上可约, 则 $f(x)$ 可分解为两个至少一次的整系数多项式 $f_1(x),f_2(x)$ 的乘积. 仍可设 $\deg f_1(x)=m\geqslant k=\deg f_2(x)\geqslant 1$, $m+k=2n$. 仍可由 $f_1(x)=b_mx^m+\cdots$ 与 $f_2(x)=c_kx^k+\cdots$ 的首项系数乘积 $b_mc_k=1$ 知 $b_m=c_k=\pm 1$, 当 $b_m=-1$ 时可用 $-f_1(x),-f_2(x)$ 分别代替 $f_1(x),f_2(x)$ 化为 $b_m=c_k=1$ 的情形. 因而当 $x\to+\infty$ 时 $f_1(x)\to+\infty$ 且 $f_2(x)\to+\infty$. 注意当 x 取任意实数值时总有 $f(x)=(x-a_1)^2\cdots(x-a_n)^2+1\geqslant 1>0$, 方程 $f(x)=0$ 无实根. 如果存在 $x\in\mathbf{R}$ 使 $f_1(x)<0$, 则由连续函数介值定理知存在 $x\in\mathbf{R}$ 使 $f_1(x)=0$ 从而 $f(x)=f_1(x)f_2(x)=0$, 矛盾. 可见当 $x\in\mathbf{R}$ 时 $f_1(x),f_2(x)$ 的值都只能取正实数.

对每个 a_i $(1\leqslant i\leqslant n)$, $f_1(a_i)$ 与 $f_2(a_i)$ 都是正整数且乘积 $f_1(a_i)f_2(a_i)=f(a_i)=1$, 这迫使 $f_1(a_i)=f_2(a_i)=1$, $f_1(a_i)-1=f_2(a_i)-1=0$, 多项式 $f_1(x)-1$ 与 $f_2(x)-1$ 都有 n 个不同的根 $a_1,\cdots,a_n$. 这迫使 $m\geqslant k\geqslant n$. 再由 $m+k=2n$ 知只能有 $m=k=n$, $f_1(x)-1=f_2(x)-1=(x-a_1)(x-a_2)\cdots(x-a_n)$. 于是:

$$
\begin{aligned}
f_1(x)=f_2(x)&=(x-a_1)(x-a_2)\cdots(x-a_n)+1\\
f(x)&=(x-a_1)^2(x-a_2)^2\cdots(x-a_n)^2+1\\
&=[(x-a_1)(x-a_2)\cdots(x-a_n)+1]^2
\end{aligned}
\tag{5.33}
$$

将等式 (5.33) 右边展开, 两边消去相同的项, 得到 $2(x-a_1)(x-a_2)\cdots(x-a_n)=0$. 只要取 x 不等于任何一个 a_i, 就可使 $2(x-a_1)(x-a_2)\cdots(x-a_n)\neq 0$, 从而使等式 (5.33) 不成立. 这个矛盾证明了 $f(x)$ 在有理数域上不可约. □

5.5.4 利用 3 倍角公式 $\cos 3\alpha=4\cos^3\alpha-3\cos\alpha$ 证明 $\cos 20^\circ$ 是无理数.

证明 设 $\alpha=20^\circ$, $x=\cos\alpha$, 则 $4\cos^3\alpha-3\cos\alpha=\cos 3\alpha=\cos 60^\circ=\dfrac{1}{2}$, 即

$$
4x^3-3x=\frac{1}{2}\ \Leftrightarrow\ 8x^3-6x-1=0\ \Leftrightarrow\ y^3-3y-1=0
$$

其中 $y=2x=2\cos 20^\circ$. 只要证明 y 不是有理数, 则 $\cos 20^\circ=\dfrac{y}{2}$ 不是有理数.

如果 y 是有理数, 则它是方程 $y^3-3y-1=0$ 的有理根. 由有理根定理知: 整系数方程 $y^3-3y-1=0$ 如果有有理根 y_0, 写成既约分数 $y_0=\dfrac{s}{t}$, 则分母 t 整除方程的首项系数 1, 分子 s 整除方程的常数项 -1. 这迫使 $|s|=|t|=1$, $y_0=\dfrac{s}{t}=\pm 1$. 但 $1^3-3\times 1-1=-3\neq 0$, $(-1)^3-3(-1)-1=1\neq 0$, 这说明 ± 1 都不是方程 $y^3-3y-1=0$ 的根, 此方程没有有理根. $y=2\cos 20^\circ$ 不是有理数, 实数 $\cos 20^\circ$ 不是有理数而是无理数. □

借题发挥 5.5　三等分角的尺规作图

题 5.5.4 的结论与三等分角的尺规作图问题有关.

三等分角的尺规作图, 就是用无刻度的直尺和圆规将任意已知角 α 三等分, 作出角 $\dfrac{\alpha}{3}$.

圆规直尺使用规则是: 直尺只能用来过两个已知点作直线. 圆规只能以已知点为圆心、已知线段长为半径作圆. 新的点只能由所作的直线或圆相交得到.

如果能够用尺规作图将任意角三等分, 当然就能将 60° 的角三等分, 作出 20° 的角. 如果连这个特殊角都不能三等分, 就说明不存在将任意角三等分的尺规作图法. (反过来, 即使能够将某些特殊角三等分, 只要能够找到不能三等分的角, 也说明一般的作图法不存在.)

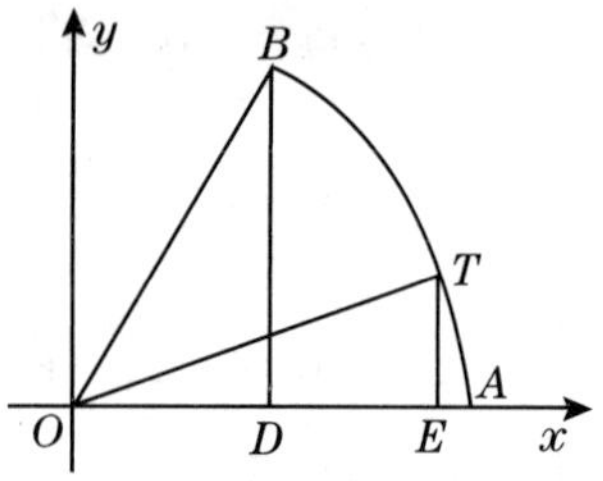

图 5.1

任意取定单位长度作为 1. 以 O 为圆心、单位长为半径画弧分别交 60° 角的两边于 A,B, 如图 5.1 所示. 过 B 作 OA 的垂线交 OA 于 D, 得到 $|OD|=\cos 60^\circ=\dfrac{1}{2}$. 如果能够作 $\angle AOT=\dfrac{1}{3}\times 60^\circ=20^\circ$, 则能够过 OT 与圆弧的交点 T 作 $TE\perp OA$, 交 OA 于 E, 得到线段长 $t=|OE|=\cos 20^\circ$. 反过来, 如果能够作线段长 $t=\cos 20^\circ$, 在 OA 上截取 $|OE|=t$, 过 E 作 OA 的垂线交圆弧 AB 于 T, 就得到了 $\angle AOT=20^\circ$.

这样, 就将问题归结为: 已知两条线段 $1,\cos 20^\circ=\dfrac{1}{2}$, 求作 $t=\cos 20^\circ$.

容易验证: 利用尺规作图可以由单位线段及长度为 a,b 的任意两条线段 a,b 作出长度为 a,b 的和差积商及平方根的线段.

由已知长度 1 经过加减乘除可以得到全体有理数, 将能作的线段长度集合扩大到了有理数域 $\mathbf{Q}$. 再取任一有理数 d_1 使它的平方根 $\sqrt{d_1}\notin\mathbf{Q}$, 将 $\sqrt{d_1}$ 与 $\mathbf{Q}$ 中的数作加减乘除, 可以作出比 $\mathbf{Q}$ 更大的数域 $E_1=\{a+b\sqrt{d_1}\mid a,b\in\mathbf{Q}\}$ 中的任何一个数. 重复这个过程, 将可作的线段长度扩充到数域 E_n 之后, 再取 $d_n\in E_n$ 使 $\sqrt{d_n}\notin E_n$, 与 E_n 中的数作加减乘除可以作出更大的数域 $E_{n+1}=\{a+b\sqrt{d_{n+1}}\mid a,b\in E_n\}$ 中的任意数. 设 P_1,P_2 是以某个 E_n 中的数为坐标的任意两点, 则过 P_1,P_2 所作直线方程 $Ax+By+C=0$ 的系数可以由 P_1,P_2 的坐标经过加减乘除得到, 以 P_1 为圆心、以 E_n 中某数为半径 r 的圆的方程 $x^2+y^2+Dx+Ey+F=0$ 的系数可以由 P_1 的坐标及 r 经过加减乘除得到. 易验证两条直线交点坐标 (即二元一次方程组的解) 由直线方程系数经过加减乘除得到, 直线与圆、圆与圆的交点坐标由两方程系数经过加减乘除及开平方运算得到. 总之, 经过尺规作图得到的新的线段长由 E_n 中的数作加减乘除及开平方运算得到, 一定属于某个 E_m. 只要证明 $t=\cos 20^\circ$ 不属于任何一个 E_n, 就说明了 t 不可作, 从而角 $\angle AOT=20^\circ$ 不可作. $2t$ 是有理系数多项式 $g(y)=y^2-3y-1$ 的根. 只要证明 $g(y)$ 在上述任何一个数域 E_n 内都没有根, 就证明了 $2t\notin E_n$ 从而 $t\notin E_n$, t 不能由尺规作图得到.

本节 5.5.4 已经证明 $g(y)=y^2-3y-1$ 在有理数域 $\mathbf{Q}$ 内没有根. 不妨记 $E_0=\mathbf{Q}$.

假设 $g(y)$ 在某个 E_n 内有根 $\boldsymbol{\beta}_1=a+b\sqrt{d_n}$, 其中 $a,b,d_n\in E_{n-1}$, 则 $n\geqslant 1$. 我们证

明这将导致 $g(y)$ 在 E_{n-1} 中有根. 如果 $\boldsymbol{\beta}_1\in E_{n-1}$, $\boldsymbol{\beta}_1$ 就是 $g(y)$ 在 E_{n-1} 内的根. 设 $\boldsymbol{\beta}_1\notin E_{n-1}$, 则 $\sqrt{d_n}\notin E_n$ 且 $b\neq 0$. 由于 $g(y)=y^3-3y-1$ 的系数都含于 E_{n-1}, 因此 $\boldsymbol{\beta}_1$ 在 E_{n-1} 上的共轭 $\boldsymbol{\beta}_2=a-b\sqrt{d_n}$ 也是 $g(y)$ 的根. 由韦达定理知 $g(y)$ 的三个根之和等于 0, 因此第三个根 $\boldsymbol{\beta}_3=-(\boldsymbol{\beta}_1+\boldsymbol{\beta}_2)=-2a\in E_{n-1}$, $\boldsymbol{\beta}_3$ 就是 $g(y)$ 在 E_{n-1} 内的根.

如果 $n-1\geqslant 1$, 由 $g(y)$ 在 E_{n-1} 内有根又导致它在 E_{n-2} 内有根, 当 $n-2\geqslant 1$ 时又导致 $g(y)$ 在 E_{n-3} 有根. 重复此过程, 最后得到 $g(y)$ 在 $E_0=\mathbf{Q}$ 内有根, 矛盾.

这就证明了 $g(y)$ 在任何一个 E_n $(n\geqslant 0)$ 内都没有根, $g(y)$ 的根 $2t=2\cos 20^\circ$ 不含于任何一个 E_n, t 不含于任何一个 E_n, 不能由尺规作图作出, 20° 角不能由尺规作图作出. □

5.5.5 求下列多项式的全体复数根:

(1) x^3+3x+4; (2) x^4-6x^2-3x+2.

解 (1) 多项式 $f(x)=x^3+3x+4$ 如果有有理根 $\dfrac{s}{t}$ (s,t 互素且 $t>0$), 则分母 t 整除最高项系数 1, 分子 s 整除常数项 4, 因此 $t=1$, $s\in\{\pm1,\pm2,\pm4\}$. 易见多项式没有正根, 只可能是 $-1,-2$ 或 -4.

易验证 $f(-1)=0$, 从而 -1 是根. $f(x)=(x+1)f_1(x)$, $f_1(x)=x^2-x+4$.

用一元二次方程求根公式得到 $f_1(x)$ 的两根 $\dfrac{1}{2}\pm\dfrac{1}{2}\sqrt{17}\mathrm{i}$.

所求多项式共有 3 个复数根 $-1,\dfrac{1}{2}\pm\dfrac{1}{2}\sqrt{17}\mathrm{i}$.

(2) 多项式 $f(x)=x^4-6x^2-3x+2$ 的有理根只能是 $\pm1,\pm2$. 易验证 $f(-1)=0$.

$f(x)=(x+1)f_1(x)$, $f_1(x)=x^3-x^2-5x+2$. 易验证 $f_1(-2)=0$.

$f_1(x)=(x+2)f_2(x)$, $f_2(x)=x^2-3x+1$. 用求根公式得到 $f_2(x)$ 的两根 $\dfrac{3}{2}\pm\dfrac{1}{2}\sqrt{5}$.

所求多项式共有 4 个复数根 $-1,-2,\dfrac{3}{2}\pm\dfrac{1}{2}\sqrt{5}$. □

5.5.6 下列多项式在有理数域上是否可约? 并说明理由.

(1) x^6+x^3+1;

(2) $x^4+4kx+1$, k 为整数;

(3) x^p+px+1, p 为奇素数.

分析 本题的多项式 $f(x)$ 都是整系数多项式. 如果 $f(x)$ 在有理数域上可约, 则它可以分解为两个至少 1 次的整系数多项式 $f_1(x),f_2(x)$ 的乘积. 对每个整数 c, 取 $y=x-c$, 将 $x=y+c$ 代入分解式 $f(x)=f_1(x)f_2(x)$ 可得 $f(y+c)=f_1(y+c)f_2(y+c)$, 这说明以 y 为字母的整系数多项式 $g(y)=f(y+c)$ 可以分解为两个至少 1 次的整系数多项式 $f_1(y+c),f_2(y+c)$ 的乘积. 反过来, 如果能够证明 $f(y+c)$ 在整数环上不可约, 则 $f(x)$ 在有理数域上不可约.

解 (1) $f(x)=x^6+x^3+1$ 不可约. 理由如下:

令 $x=y+1$, 则 $y=x-1$ 的整系数多项式

$$f(y+1)=(y+1)^6+(y+1)^3+1=y^6+6y^5+15y^4+21y^3+18y^2+9y+3$$

的首项系数不被 3 整除, 其余各项被 3 整除, 常数项 3 不被 3^2 整除. 由爱森斯坦因判别法知 $f(y+1)$ 在整数环上不可约. 因此 $f(x)$ 在有理数域上不可约.

(2) $f(x)=x^4+4kx+1$ 不可约. 理由如下:

令 $x=y+1$, 则 $y=x-1$ 的整系数多项式

$$f(y+1)=(y+1)^4+4k(y+1)+1=y^4+4y^3+6y^2+(4y+4)y+4k+2$$

的首项系数不被 2 整除, 其余各项系数被 2 整除, 常数项不被 4 整除. 由爱森斯坦因判别法知 $f(y+1)$ 在整数环上不可约. 因此 $f(x)$ 在有理数域上不可约.

(3) $f(x)=x^p+px+1$ 不可约. 理由如下:

令 $x=y-1$, 则 $y=x+1$ 的整系数多项式

$$f(y-1)=(y-1)^p+p(y-1)+1\equiv y^p+(-1)^p+1\equiv y^p(\bmod p)$$

这说明 $f(y-1)$ 的最高次项 (p 次项) 系数不被 p 整除, 其余各项系数都被 p 整除. 而 $f(y-1)=(y-1)^p+p(y-1)+1$ 的常数项为 $(-1)^p-p+1=-p$ 不被 p^2 整除. 由爱森斯坦因判别法知 $f(y-1)$ 在整数环上不可约. 因此 $f(x)$ 在有理数域上不可约. □

5.5.7 设 a,b,c 都是非零的有理数, 且 $\dfrac{a}{b}+\dfrac{b}{c}+\dfrac{c}{a}$ 与 $\dfrac{b}{a}+\dfrac{c}{b}+\dfrac{a}{c}$ 都是整数, 求证 $|a|=|b|=|c|$.

解 以 $x_1=\dfrac{a}{b},x_2=\dfrac{b}{c},x_3=\dfrac{c}{a}$ 为根构造多项式:

$$f(x)=(x-x_1)(x-x_2)(x-x_3)=x^3-\sigma_1x^2+\sigma_2x-\sigma_3$$

其中:

$$\sigma_1=\frac{a}{b}+\frac{b}{c}+\frac{c}{a},\quad \sigma_2=\frac{a}{b}\frac{b}{c}+\frac{a}{b}\frac{c}{a}+\frac{b}{c}\frac{c}{a}=\frac{a}{c}+\frac{c}{b}+\frac{b}{a},\quad \sigma_3=\frac{a}{b}\frac{b}{c}\frac{c}{a}=1$$

都是整数. 因此 $f(x)$ 是整系数多项式. $f(x)$ 的三个根 x_1,x_2,x_3 都是非零有理数之比, 仍是有理数.

整系数多项式 $f(x)$ 的有理根 $\dfrac{s}{t}$ (s,t 是互素的整数) 的分子 s 与分母 t 分别整除 $f(x)$ 的常数项和最高次项系数. 但 $f(x)$ 的常数项为 -1, 最高次项系数为 1, 它们的因子 s,t 的绝对值 $|s|,|t|$ 都只能是 1, 因此每个有理根 x_i 的绝对值 $|x_i|=1$, 即

$$\left|\frac{a}{b}\right|=\left|\frac{b}{c}\right|=\left|\frac{c}{a}\right|=1\Rightarrow|a|=|b|=|c|$$ □

5.5.8 设 a,b,n 是非零整数, $n\geqslant2$, 且 $ab|(a+b)^n$, 求证 $b|a^{n-1}$.

证明 以有理数 $x_1=\dfrac{a^{n-1}}{b}$ 及 $x_2=\dfrac{b^{n-1}}{a}$ 为根构造多项式 $f(x)=(x-x_1)(x-x_2)=x^2-px+q$, 则由

$$\frac{(a+b)^n}{ab}=\frac{a^{n-1}}{b}+(\mathrm{C}_n^1a^{n-2}+\mathrm{C}_n^2a^{n-3}b+\cdots+\mathrm{C}_n^{n-1}b^{n-2})+\frac{b^{n-1}}{a}$$

是整数知 $p=x_1+x_2=\dfrac{a^{n-1}}{b}+\dfrac{b^{n-1}}{a}$ 是整数, 又 $q=x_1x_2=\dfrac{a^{n-1}}{b}\dfrac{b^{n-1}}{a}=a^{n-2}b^{n-2}$ 是整数, 因此 x_1,x_2 是整系数多项式 $f(x)=x^2-px+q$ 的有理根. 由有理根定理知 $f(x)$ 的有理根 $\dfrac{s}{t}$ (s,t 是互素的整数) 的分母 $t|1$, $t=\pm1$, $\dfrac{s}{t}=\pm s$ 是整数. 因而 $f(x)$ 的有理根 $\dfrac{a^{n-1}}{b},\dfrac{b^{n-1}}{a}$ 都是整数, $b|a^{n-1}$ 成立. □

借题发挥 5.6　分圆多项式

在第 5.3 节知识导航例题中讨论了 $x^{15}-1$ 在有理数域上的因式分解. 5.3.1 中讨论了 $x^{21}-1$ 的因式 $x^{18}+x^{15}+x^{12}+x^9+x^6+x^3+1$ 在有理数域上的因式分解. 5.5.1(2) 中讨论了 $x^{12}-1$ 在有理数域的因式分解. 5.5.6(1) 中的 x^6+x^3+1 其实是 x^9-1 的因式. 现在我们对任意正整数 n 讨论 x^n-1 在有理数域上的因式分解, 找出 x^n-1 在有理数域上所有的不可约因式.

1. x^n-1 在有理数域上的分解

例 1　在有理数域上将 $x^{15}-1$ 分解为不可约因式的乘积.

解　先在复数域上把 $x^{15}-1$ 分解为一次因式的乘积. 方程 $x^{15}-1=0$ 即 $x^{15}=1$ 的所有的复数根为 $\omega_k=\cos\dfrac{2k\pi}{15}+\mathrm{i}\sin\dfrac{2k\pi}{15}$ $(0\leqslant k\leqslant 14)$. 所有的根 ω_k 都是一个根 $\omega=\omega_1$ 的幂: $\omega_k=\omega^k$. 在复数域上 $x^{15}-1$ 被分解为 15 个一次因式 $x-\omega^k$ $(0\leqslant k\leqslant 14)$ 的乘积:

$$x^{15}-1=\prod_{k=0}^{14}(x-\omega^k)$$

我们希望把 15 个根分成若干组, 使每组的那些根 ω^k 对应的一次因式 $x-\omega_k$ 的乘积是有理系数不可约多项式 $f_i(x)$, 则 $x^{15}-1$ 被分解为这些因式 $f_i(x)$ 的乘积.

$x^{15}-1$ 的所有的根 ω^k 都满足 $(\omega^k)^{15}=1$, 因此存在最小的正整数 $r\leqslant 15$ 使 $(\omega^k)^r=1$. r 称为 ω^k 的**乘法周期**. 由 $(\omega^k)^r=\cos\dfrac{2kr\pi}{15}+\mathrm{i}\sin\dfrac{2rk\pi}{15}=1$ 知 $\dfrac{rk}{15}$ 应是整数. 将 $\dfrac{rk}{15}$ 的分子分母同除以 k 与 15 的最大公约数 $d=(k,15)$, 得到的 $\dfrac{rk_1}{m}$ 仍为整数, 其中 $k_1=\dfrac{k}{d}$ 与 $m=\dfrac{15}{d}$ 互素, 因而 $m|r$, 满足此条件的最小正整数 $r=m=\dfrac{15}{(k,15)}$ 是 15 的因子, 只能取 1,3,5 或 15.

将 15 个根 ω^k 按乘法周期 r 的 4 个不同值分成 4 组, 每组的各个根具有同一个乘法周期 r, 将这些根对应的各一次因式 $x-\omega^k$ 的乘积记为 $\varPhi_r(x)$, 则 $x^{15}-1$ 分解为 4 个 $\varPhi_r(x)$ 的乘积.

乘法周期 $r=1=\dfrac{15}{(15,k)}$, $(15,k)=15$, $k=0$, 只有一个根 $\omega^0=1$, $\varPhi_1(x)=x-1$.

乘法周期 $r=3=\dfrac{15}{(15,k)}$, $(15,k)=5$, $k=5t$ $(t=1,2)$, 共有两个根 ω^5,ω^{10}, 它们都是 x^3-1 的根但不是 $x-1$ 的根, 因此是 $\dfrac{x^3-1}{x-1}$ 的全部根.

$$\varPhi_3(x)=(x-\omega^5)(x-\omega^{10})=\frac{x^3-1}{x-1}=x^2+x+1$$

乘法周期 $r=5=\dfrac{15}{(15,k)}$, $(15,k)=3$, $k=3t$ $(t=1,2,3,4)$, 共有 4 个根 $\omega^3,\omega^6,\omega^9,\omega^{12}$, 它们都是 x^5-1 的根但不是 $x-1$ 的根, 因而:

$$\varPhi_5(x)=\prod_{t=1}^{4}(x-\omega^{3t})=\frac{x^5-1}{x-1}=x^4+x^3+x^2+x+1$$

$r=15$, $(15,k)=1$. 共有 8 个根 ω^k $(k=1,2,4,7,8,11,13,14)$, 它们都是 $x^{15}-1$ 的根但不是 $x-1,x^3-1,x^5-1$ 的根, 因此不是 $\Phi_1(x),\Phi_3(x),\Phi_5(x)$ 的根, 因而:

$$\begin{aligned}
\Phi_{15}(x) &= \prod_{(15,k)=1}(x-\omega^k) = \frac{x^{15}-1}{\Phi_1(x)\Phi_3(x)\Phi_5(x)} = \frac{x^{15}-1}{(x^5-1)\Phi_3(x)} \\
&= \frac{x^{10}+x^5+1}{x^2+x+1} = \frac{x(x^9-1)+x^2(x^3-1)+x^2+x+1}{x^2+x+1} \\
&= x(x-1)(x^6+x^3+1)+x^2(x-1)+1 \\
&= x^8-x^7+x^5-x^4+x^3-x+1 \\
x^{15}-1 &= (x-1)(x^2+x+1)(x^4+x^3+x^2+x+1) \\
&\quad \cdot(x^8-x^7+x^5-x^4+x^3-x+1)
\end{aligned}$$

稍后将证明所有的 $\Phi_r(x)$ 在有理数域上的不可约性. 以上分解式确实是 $x^{15}-1$ 在有理数域上的不可约分解. □

例 1 中 $x^{15}-1$ 的分解可以推广到任意 x^n-1, 其中 n 是任意正整数. x^n-1 有 n 个不同的复数根 $\omega^k(0\leqslant k\leqslant n-1)$, 其中 $\omega=\cos\dfrac{2\pi}{n}+\mathrm{i}\sin\dfrac{2\pi}{n}$. 因而 x^n-1 在复数范围内分解为 n 个一次因式 $x-\omega^k$ $(0\leqslant k\leqslant n-1)$ 的乘积. 对每个根 ω^k 存在最小的正整数 r 满足 $(\omega^k)^r=1$, $r=\dfrac{n}{(n,k)}$ 是 n 的因子, 称为 ω^k 的乘法周期. 对 n 的每个因子 r, 以 r 为乘法周期的全体 ω^k 为根构造多项式:

$$\Phi_r(x) = \prod_{1\leqslant t<r,(t,n)=1}(x-\omega^{tn/r})$$

则 $\Phi_r(x)$ 的全部根由 x^r-1 的全部根去掉所有 x^d-1 $(d|r$ 且 $d<r)$ 的根得到, 因而:

$$\Phi_r(x) = \frac{x^r-1}{\displaystyle\prod_{1\leqslant d<r,d|r}\Phi_d(x)}$$

由 $\Phi_1(x)=x-1$ 开始可以根据此式计算出所有的 $\Phi_r(x)$, 并且知道它们都是整系数多项式. 例如, 对素数 p 有 $\Phi_p(x)=\dfrac{x^p-1}{x-1}=x^{p-1}+\cdots+x+1$, $\Phi_{p^2}(x)=\Phi_p(x^p)$, 对两个不同素数 p,q 有 $\Phi_{pq}(x)=\dfrac{x^{pq}-1}{(x^p-1)\Phi_q(x)}$, 等等.

例 2 求 $\Phi_{12}(x)$.

解

$$\Phi_{12}(x) = \frac{x^{12}-1}{\Phi_1(x)\Phi_2(x)\Phi_3(x)\Phi_4(x)\Phi_6(x)}$$

其中 $\Phi_1(x)\Phi_2(x)\Phi_3(x)\Phi_6(x)=x^6-1$.

$$\Phi_4(x) = \frac{x^4-1}{\Phi_1(x)\Phi_2(x)} = \frac{x^4-1}{x^2-1} = x^2+1$$

因而

$$\Phi_{12}(x) = \frac{x^{12}-1}{(x^6-1)(x^2+1)} = \frac{x^6+1}{x^2+1} = x^4-x^2+1$$ □

2. 分圆多项式的不可约性

现在证明所有的分圆多项式 $\Phi_r(x)$ 在有理数域上不可约. 先以例 1 中的 $\Phi_{15}(x)$ 为例.

例 3　证明分圆多项式 $\Phi_{15}(x)$ 在有理数域上不可约.

分析　ω 是 $\Phi_{15}(x)$ 的根, 因此是 $\Phi_{15}(x)$ 的某个不可约有理因式 $f_1(x)$ 的根. 如果能证明 $f_1(x)$ 的每个根 η 的平方 η^2 也是 $f_1(x)$ 的根, 这将导致 $\omega^2,\omega^4,\omega^8$ 也是 $f_1(x)$ 的根, 并且 ω^t $(t=1,2,4,8)$ 的共轭 $\omega^{-t}=\omega^{15-t}$ 即 $\omega^{14},\omega^{13},\omega^{11},\omega^7$ 也都是 $f_1(x)$ 的根, 于是 $\Phi_{15}(x)$ 的 8 个根 ω^k $(k=1,2,4,7,8,11,13,14)$ 都是 $f_1(x)$ 的根, 导致 $f_1(x)=\Phi_{15}(x)$, 就证明了 $\Phi_{15}(x)=f_1(x)$ 不可约.

假如 $\Phi_{15}(x)$ 可约, 则不可约因式 $f_1(x)$ 一定有某个根 η 的平方 η^2 不是 $f_1(x)$ 的根, 因此 η^2 是 $\Phi_{15}(x)$ 的另外某个不可约有理因式 $f_2(x)$ 的根. $\Phi_{15}(x)$ 分解为至少两个不可约有理因式的乘积:

$$\Phi_{15}(x)=f_1(x)f_2(x)\cdots f_m(x)$$

由 $f_1(\eta)=0$ 与 $f_2(\eta^2)=0$ 知 η 是 $f_1(x)$ 与 $f_2(x^2)$ 的公共根, 因而是它们的最大公因式 $(f_1(x),f_2(x^2))$ 的根, 可见 $f_1(x)$ 与 $f_2(x^2)$ 有非平凡 (次数至少 1) 的公因式. 如果能够由此说明 $f_1(x)$ 与 $f_2(x)$ 也有非平凡的公因式 $d(x)$, 则 $(d(x))^2$ 是 $\Phi_{15}(x)$ 的因式从而是 $x^{15}-1$ 的因式, $d(x)$ 是 $x^{15}-1$ 的重因式. 但 $x^{15}-1$ 与它的导数 $15x^{14}$ 互素, 不可能有重因式, 这个矛盾就能证明 $\Phi_{15}(x)$ 不可约.

在有理数域上并不能由 $f_1(x),f_2(x^2)$ 有非平凡公因式推出 $f_1(x),f_2(x)$ 有非平凡公因式. 我们将每个整系数多项式 $f(x)=a_0+a_1x+\cdots+a_mx^m$ 的每个系数 a_i 看成模 2 的同余类 $\overline{a_i}=\overline{0}$ (当 a_i 是偶数) 或 $\overline{1}$ (当 a_i 为奇数), 将 $f(x)$ 看成二元域 $Z_2=\{\overline{0},\overline{1}\}$ 上的多项式 $\overline{f}(x)=\overline{a_0}+\overline{a_1}x+\cdots+\overline{a_m}x^m$, 则由 $f_2(x^2)\equiv(f_2(x))^2(\mathrm{mod}\,2)$ 可知, $\overline{f_2}(x^2)=(\overline{f_1}(x))^2$, Z_2 上两个多项式 $\overline{f_1}(x)$ 与 $\overline{f_2}(x^2)=(\overline{f_2}(x))^2$ 的不可约公因式 $\overline{h}(x)$ 也是 $\overline{f_1}(x)$ 与 $\overline{f_2}(x)$ 的公因式, $\overline{h}(x)^2$ 是 $\overline{\Phi_{15}}(x)$ 的因式从而是 $\overline{1}x^{15}-\overline{1}$ 的因式, $\overline{h}(x)$ 是 $\overline{1}x^{15}-\overline{1}$ 的重因式. 但 $\overline{1}x^{15}-\overline{1}$ 的导数 $\overline{15}x^{14}=\overline{1}x^{14}$ 与 $\overline{1}x^{15}-\overline{1}$ 互素, 说明 Z_2 上的多项式 $\overline{1}x^{15}-\overline{1}$ 也没有重因式. 这个矛盾就说明 $\Phi_{15}(x)$ 在有理数域上不可约.

证明　$\omega=\cos\dfrac{2\pi}{15}+\mathrm{i}\sin\dfrac{2\pi}{15}$ 是 $\Phi_{15}(x)$ 的某个不可约因式 $f_1(x)$ 的根. 我们证明 $f_1(x)$ 的每个根 η 的平方 η^2 也是 $f_1(x)$ 的根. 若不然, 设 $f_1(x)$ 的某个根 η 的平方 η^2 不是 $f_1(x)$ 的根. 设 $\eta=\omega^k$, 则 $(k,15)=1\Rightarrow(2k,15)=1\Rightarrow\eta^2=\omega^{2k}$ 是 $\Phi_{15}(x)$ 的根, 从而 η^2 是 $\Phi_{15}(x)$ 的另一个不可约因式 $f_2(x)$ (不同于 $f_1(x)$) 的根.

由 $f_1(\eta)=f_2(\eta^2)=0$ 知 η 是 $f_1(x)$ 与 $f_2(x^2)$ 的公共根, 因而是它们的最大公因式 $d(x)=(f_1(x),f_2(x^2))$ 的根. $d(x)$ 是 $f_1(x)$ 的有理系数因式, 且有根 η, 因此 $\deg d(x)\geqslant 1$. 由 $f_1(x)$ 在有理数域上不可约知 $f_1(x)=d(x)$ 是 $f_2(x^2)$ 的因式, $f_2(x^2)=q(x)f_1(x)$ 对某个整系数多项式 $q(x)$ 成立.

将每个整系数多项式 $f(x)$ 的各项系数 a_i 用它们被 2 除的余数 0 或 1 代替, 看成模 2 的同余类环 (二元域) $Z_2=\{\overline{0},\overline{1}\}$ 中的元素, 得到 Z_2 上的多项式 $\overline{f}(x)$. 则 $\overline{f_2}(x^2)=\overline{f_2}(x)^2$. $\overline{q}(x)\,\overline{f_1}(x)=\overline{f_2}(x^2)=(\overline{f_2}(x))^2$, $\overline{f_1}(x)$ 的任一不可约因式 $\overline{h}(x)$ 都是 $\overline{f_2}(x)$ 的因式, 因此 $\overline{h}(x)^2$ 是 $\overline{\Phi_{15}}(x)=\overline{f_1}(x)\overline{f_2}(x)\cdots\overline{f_m}(x)$ 的因式, 从而是 $\overline{1}x^{15}-\overline{1}$ 的因式. 因而 $\overline{h}(x)$ 是 $\overline{1}x^{15}-\overline{1}$ 的

重因式. 但 $\bar{1}x^{15}-\bar{1}$ 的导数 $\overline{15}x^{14}=\bar{1}x^{14}$ 满足 $(\bar{1}x)(\bar{1}x^{14})-(\bar{1}x^{15}-\bar{1})=\bar{1}$, 可见 $\bar{1}x^{15}-\bar{1}$ 与它的导数互素, $\bar{1}x^{15}-\bar{1}$ 不可能有次数 $\geqslant 1$ 的重因式, 矛盾. 这证明了 $f_1(x)$ 的每个根 η 的平方仍然是 $f_1(x)$ 的根.

于是, 由 ω 是 $\Phi_{15}(x)$ 的根知道 $\omega^2,\omega^4,\omega^8$ 都是 $\Phi_{15}(x)$ 的根. 由于 $\Phi_{15}(x)$ 是实系数多项式, 这些根 ω^t $(t=1,2,4,8)$ 的共轭 $\omega^{-t}=\omega^{15-t}$ $(15-t=14,13,11,7)$ 也是 $f_1(x)$ 的根. $\Phi_{15}(x)$ 的 8 个复数根 ω^k $((k,15)=1)$ 都是 $f_1(x)$ 的根, $\Phi_{15}(x)$ 是 $f_1(x)$ 的因式. 由 $f_1(x)$ 不可约知 $\Phi_{15}(x)=f_1(x)$. 这证明了 $\Phi_{15}(x)$ 不可约因式 $f_1(x)$ 等于 $\Phi_{15}(x)$ 本身, 因此 $\Phi_{15}(x)$ 在有理数域上不可约. □

例 3 证明了 $\Phi_{15}(x)$ 的每个不可约有理系数因式 $f_1(x)$ 的复数根 η 的平方 η^2 仍是 $f_1(x)$ 的根, 其实是证明了 $x^{15}-1$ 的每个不可约有理系数因式 $f_1(x)$ 的复数根 η 的平方 η^2 仍是 $f_1(x)$ 的根. 证明的关键是: 将每个整系数多项式 $f(x)$ 看成模 2 的同余类环 Z_2 (二元域) 上的多项式 $\overline{f}(x)$ 之后, $\bar{1}x^{15}-\bar{1}$ 的导数 $\overline{15}x^{14}=\bar{1}x^{14}$ 不为 $\bar{0}$, 与 $\bar{1}x^{15}-\bar{1}$ 互素, 因而 $\bar{1}x^{15}-\bar{1}$ 没有重因式. 将 15 换成任何一个正整数 n, 2 换成不整除 n 的任何一个素数 p, 将 x^n-1 看成模 p 的同余类环 Z_p (p 元域) 上的多项式 $\bar{1}x^n-\bar{1}$, 它的导数 $\bar{n}x^{n-1}$ 仍不为 $\bar{0}$, 仍与 $\bar{1}x^n-\bar{1}$ 互素, $\bar{1}x^n-\bar{1}$ 仍没有重因式. 仍能够仿照例 2 证明 x^n-1 的每个不可约有理系数因式 $f_1(x)$ 的每个根 η 的 p 次幂 η^p 仍是 $f_1(x)$ 的根. $\Phi_n(x)$ 的每个根都是一个根 $\omega=\cos\dfrac{2\pi}{n}+\mathrm{i}\sin\dfrac{2\pi}{n}$ 的幂 ω^k, 其中 k 与 n 互素, 将 k 分解为素因子的乘积 $k=p_1\cdots p_s$, 则每个素因子 p_i 与 n 互素. ω 是 $\Phi_n(x)$ 的某个不可约有理系数因式 $f_1(x)$ 的根, 从 ω 出发依次作 p_1 次, p_2 次, $\cdots$, p_s 次幂得到的 $\omega^{p_1\cdots p_s}=\omega^k$ 也是 $f_1(x)$ 的根. 这证明了 $\Phi_n(x)$ 的所有的根 ω^k $((k,n)=1)$ 都是 $f_1(x)$ 的根, $\Phi_n(x)=f_1(x)$ 在有理数域上不可约. 也就是:

定理 对任意正整数 n, 分圆多项式 $\Phi_n(x)$ 是有理数域上的不可约多项式. □

5.6 多元多项式

知识导航

1. 多元多项式的定义和运算

定义 5.6.1 设 $x_1,\cdots,x_n$ 是 n 个相互无关的字母,

$$S=\{x_1^{k_1}\cdots x_n^{k_n}\mid k_1,\cdots,k_n\in\mathbf{N}\}$$

是这 n 个字母的非负整数次幂的乘积的全体组成的集合, 其中 $\mathbf{N}$ 是全体非负整数组成的集合. S 中任意有限个不同元素 $X_1,\cdots,X_s$ 的常数倍之和 $f(x_1,\cdots,x_n)=a_1X_1+\cdots+a_sX_s$, 称为 $x_1,\cdots,x_n$ 的一个**多项式** (polynomial). 其中每个常数倍 a_iX_i 称为这个多项式的一项, 常数 a_i 称为这一项的系数. $f(x_1,\cdots,x_n)$ 也可以看成 S 中全体元素的线性组合 $\sum\limits_{X\in S}a_XX$, 其中 X_i $(1\leqslant i\leqslant s)$ 的系数 $a_{X_i}=a_i$, 其余 X 的系数 a_X 全为 0. 同样 n 个字母 $x_1,\cdots,x_n$

的两个多项式

$$f(x_1,\cdots,x_n)=\sum_{X\in S}a_XX,\quad g(x_1,\cdots,x_n)=\sum_{X\in S}b_XX$$

相等的充分必要条件是: 每个 $X\in S$ 在这两个多项式中的系数都相等: $a_X=b_X$ $(\forall X\in S)$.

多项式 $f(x_1,\cdots,x_n)$ 的各项系数如果全部含于数域 F, 就称这个多项式为数域 F 上的多项式. $x_1,\cdots,x_n$ 在数域 F 上全体多项式组成的集合记作 $F[x_1,\cdots,x_n]$. □

如果 $X=x_1^{k_1}\cdots x_n^{k_n}\in S$ 中某些字母 x_i 的指数 $k_i=0$, 这些字母的幂 $x_i^0=1$ 就可以从乘积 X 中略去不写, X 是指数不为 0 的那些字母 x_j 的正整数次幂 $x_j^{k_j}$ 的乘积. 特别地, 如果所有字母的指数 $k_1=\cdots=k_n=0$ 全为 0, 则乘积 $X=x_1^0\cdots x_n^0=1$ 等于常数 1.

S 中每个元素 $X_1=x_1^{k_1}\cdots x_n^{k_n}$ 的常数倍 aX_1 也是一个多项式, 只由一项组成, 其中 X_1 的系数为 a, 其余所有的 $X\in S$ 的系数都等于 0. 这样的多项式 aX_1 称为**单项式** (monomial), a 称为这个单项式的系数. 每个多项式 $f(x_1,\cdots,x_n)$ 都是有限个单项式之和, 其中每个单项式是这个多项式的一项, 各个单项式的系数就是各项系数. S 的元素 $X_1=1X_1$ 本身也是一个单项式, 系数为 1, 可以略去不写.

如果单项式 $ax_1^{k_1}\cdots x_n^{k_n}$ 的系数 $a\neq 0$, 则各个字母的指数之和 $k_1+\cdots+k_n$ 称为这个单项式的次数. 特别地, 次数为 0 的单项式 $ax_1^0\cdots x_n^0=a$ 就是非零常数. 系数为 0 的单项式 $0x_1^{k_1}\cdots x_n^0=0$ 等于常数 0, 不规定它的次数. 这与对于一元多项式的规定是一致的: 非零常数为 0 次, 常数 0 不规定次数.

多项式 $f(x_1,\cdots,x_n)$ 中系数不为 0 的各项次数的最大值称为这个多项式的**次数** (degree), 记为 $\deg f(x_1,\cdots,x_n)$. 如果 $f(x_1,\cdots,x_n)$ 中所有的非零的项的次数都等于同一个值 $m\geqslant 1$, 就称 $f(x_1,\cdots,x_n)$ 是 m 次**齐次多项式** (homogeneous polynomial).

$F[x_1,\cdots,x_n]$ 是 S 在数域 F 上的有限线性组合 (有限个元素的线性组合) 的全体组成的集合, 也就是 S 生成的线性空间. 其中任何两个多项式

$$f(x_1,\cdots,x_n)=\sum_{X\in S}a_XX,\quad g(x_1,\cdots,x_n)=\sum_{X\in S}b_XX$$

可以按照向量的运算法则相加减:

$$f(x_1,\cdots,x_n)\pm g(x_1,\cdots,x_n)=\sum_{X\in S}a_XX\pm\sum_{X\in S}b_XX=\sum_{X\in S}(a_X\pm b_X)X$$

也就是将 S 中每个 X 在两个多项式中的系数 a_X,b_X 相加减得到 X 在 $f(x_1,\cdots,x_n)\pm g(x_1,\cdots,x_n)$ 中的系数 $a_X\pm b_X$.

如果若干个单项式 $a_1X_1,\cdots,a_tX_t$ 的字母部分 $X_1,\cdots,X_t$ 完全相同: $X_1=X_2=\cdots=X_t=x_1^{k_1}\cdots x_n^{k_n}$, 也就是说: 每个字母 x_i 在 $X_1,\cdots,X_t$ 中的指数都相同, 这些单项式就称为同类项, 是同一个 $X_1\in S$ 的常数倍 $a_1X,\cdots,a_tX$. 若干个同类项相加, 得到的和

$$a_1X_1+\cdots+a_tX_1=(a_1+\cdots+a_t)X_1$$

只有一项, 也是原来各项的同类项, 系数 $a_1+\cdots+a_t$ 等于原来各同类项系数之和. 将若干个同类项相加 (也就是系数相加) 变成一项, 这样的运算称为合并同类项. 有限个多项式的加法, 就是将各个多项式中的各项全部加在一起, 再将其中的同类项合并.

定义 5.7.1 中规定两个多项式 $f(x_1,\cdots,x_n),g(x_1,\cdots,x_n)$ 相等的充分必要条件是它们的同类项系数相等. 也就是规定它们的差 $d(x_1,\cdots,x_n)$ 等于 0 的充分必要条件是 $d(x_1,\cdots,x_n)$ 的各项系数全部为 0. 换句话说, 就是规定 S 中任意有限个不同元素 $X_1,\cdots,X_s$ 的线性组合 $\lambda_1X_1+\cdots+\lambda_sX_s=0$ 的充分必要条件是线性组合系数 $\lambda_1=\cdots=\lambda_s=0$. 这就是说: S 在 F 上线性无关, 是 $F[x_1,\cdots,x_n]$ 的一组基, 每个多项式 $f(x_1,\cdots,x_n)$ 的各项系数组成 $f(x_1,\cdots,x_n)$ 在基 S 下的坐标. 有限个多项式相加就是按它们的坐标相加.

$F[x_1,\cdots,x_n]$ 中任意两个多项式 $f(x_1,\cdots,x_n),g(x_1,\cdots,x_n)$ 可以按如下方式定义乘积:

$$f(x_1,\cdots,x_n)g(x_1,\cdots,x_n)=(\sum_{X\in S}a_XX)(\sum_{Y\in S}b_YY)=\sum_{X,Y\in S}(a_Xb_Y)(XY)$$

其中 S 中任意两个元素 X,Y 的乘积:

$$XY=(x_1^{k_1}\cdots x_n^{k_n})(x_1^{m_1}\cdots x_n^{m_n})=x_1^{k_1+m_1}\cdots x_n^{k_n+m_n}\in S$$

也就是说: 将 $f(x_1,\cdots,x_n)$ 的每一项 a_XX 与 $g(x_1,\cdots,x_n)$ 的每一项 b_YY 相乘得到一个单项式 $(a_Xb_Y)(XY)$, 再将所得到的所有这些单项式之和合并同类项, 就得到两个多项式的乘积 $f(x_1,\cdots,x_n)g(x_1,\cdots,x_n)$.

多项式集合 $F[x_1,\cdots,x_n]$ 对加、减、乘运算封闭, 称为 F 上n **元多项式环** (ring of polynomials in n variables).

注 一般地, 任意域 F 上任意线性空间 V 中, 只要定义了 V 的一组基 S 中任意两个向量 α_i,α_j 的乘积 $\alpha_i\cdot\alpha_j\in V$ (包括 α_i 与自身的乘积 $\alpha_i\cdot\alpha_i$), 就可以按同样方式定义 V 中任意两个向量的乘积:

$$\alpha\cdot\beta=(\sum_{X\in S}a_XX)\cdot(\sum_{Y\in S}a_YY)=\sum_{X,Y\in S}(a_Xb_Y)XY$$

使 V 对加减乘运算封闭, 成为一个环. 由于 V 还是域 F 上的线性空间, 还对与 F 中元素的数乘封闭, 这样的线性空间称为 F 上的代数. 例如, 数域 F 上全体 n 阶方阵组成的集合 $F^{n\times n}$ 是 F 上 n^2 维线性空间, 其中只有一个分量 (位于第 i 行第 j 列) 的方阵 $\boldsymbol{E}_{ij}$ $(1\leqslant i,j\leqslant n)$ 的全体组成一组基 S, S 中任意两个方阵定义了乘法 $\boldsymbol{E}_{ij}\boldsymbol{E}_{kt}=\boldsymbol{E}_{it}$ (当 $j=k$) 或 $=\boldsymbol{O}$ (当 $j\neq k$), 按照上述方式对 $F^{n\times n}$ 中任意两个方阵定义的乘积就与以前定义的矩阵是一致的. $F^{n\times n}$ 对矩阵的加减乘法封闭, 称为**全方阵环**, 并且是数域 F 上的代数.

2. 字典式排列法

一元多项式的降幂排列法, 是将多项式 $f(x)$ 的各项 a_kx^k 按照指数 k 从大到小的顺序排列, 写成 $f(x)=a_nx^n+a_{n-1}x^{n-1}+\cdots+a_1x+a_0$ 的形式. k 就是这一项 ax^k 的次数, 次数相同的两项 ax^k,bx^k 一定是同类项. 多元多项式的每个非零项 $ax_1^{k_1}\cdots x_n^{k_n}$ 也定义了次数 $k_1+\cdots+k_n$, 也可以将各项按次数从高到低的顺序排列. 但是, 次数相同的两项 $ax_1^{k_1}\cdots x_n^{k_n}$ 与 $bx_1^{m_1}\cdots x_n^{m_n}$ 只是指数和相等: $k_1+\cdots+k_n=m_1+\cdots+m_n$, 不一定是同类项, 只有指数组相等 $(k_1,\cdots,k_n)=(m_1,\cdots,m_n)$ 的两项才是同类项. 可见, 只是用指数和作

为各项次数的分类方法太粗糙. 将每一项各字母指数组成的 n 维向量 $(k_1,\cdots,k_n)$ 看成这一项的 "综合次数", 排出高低顺序, 才是更精细的分类. 为了比较两个不是同类项的单项式 $ax_1^{k_1}\cdots x_n^{k_n}$ 与 $bx_1^{i_1}\cdots x_n^{i_n}$ 的先后顺序, 将它们的指数组 $(k_1,\cdots,k_n),(m_1,\cdots,m_n)$ 相减, 得到的差 $\delta=(k_1-m_1,\cdots,k_n-m_n)$ 从左到右第一个非零分量如果是正整数, 就认为 "综合次数" $(k_1,\cdots,k_n)$ 高于 $(m_1,\cdots,m_n)$, 按 "综合次数" 由高到低的顺序将 $ax_1^{k_1}\cdots x_n^{k_n}$ 排在 $bx_1^{m_1}\cdots x_n^{m_n}$ 前面. 反过来, 如果 δ 的第一个非零分量是负整数, 就说明 $(k_1,\cdots,k_n)$ 低于 $(m_1,\cdots,m_n)$, 就要将 $bx_1^{m_1}\cdots x_n^{m_n}$ 排在前面. 这样的排序方式称为字典式排列.

换句话说, 字典式排列就是先将各项按 x_1 的降幂排列. x_1 的指数相同的项, 按 x_2 的降幂排列. 一般地, 如果某两项前 t 个字母 $x_1,\cdots,x_t$ 的指数对应相同, x_{t+1} 的指数不同, 就按 x_{t+1} 的降幂排列. 这就好像是各个单词在字典中的排列顺序一样, 先按两个单词第一个字母的先后顺序排列. 前 t 个字母相同、第 $t+1$ 个字母不同的, 按第 $t+1$ 个字母先后顺序排列.

将多项式 $f(x_1,\cdots,x_n)$ 的各项按字典式排列, 排在最前面的非零项称为首项. 容易验证: 两个多项式 $f(x_1,\cdots,x_n)$ 与 $g(x_1,\cdots,x_n)$ 的首项的乘积等于它们的乘积 $f(x_1,\cdots,x_n)g(x_1,\cdots,x_n)$ 的首项. 特别地: 两个非零多项式的乘积不等于零.

与域上一元多项式环 $F[x]$ 不同, 对 $F[x_1,\cdots,x_n]$ 中的两个非零多项式一般不能作带余除法. 但是, 与 $F[x]$ 类似, $F[x_1,\cdots,x_n]$ 中的非常数的多项式也能够唯一分解为不可约多项式的乘积. 这个命题的证明超出本书的范围, 在这里就不给出了.

3. 多项式环上的多项式

$F[x_1,\cdots,x_n]$ 中的 n 元多项式 $f(x_1,\cdots,x_n)$ 可以看作其中任何一个字母 x_k 的一元多项式, 它的系数是其余字母 $x_1,\cdots,x_{k-1},x_{k+1},\cdots,x_n$ 的多项式. 例如, 将 $f(x_1,\cdots,x_n)$ 看成 x_1 的多项式, 写成

$$\begin{aligned}g(x_1)=&a_m(x_2,\cdots,x_n)x_1^m+a_{m-1}(x_2,\cdots,x_n)x_1^{m-1}\\&+\cdots+a_1(x_2,\cdots,x_n)x_1+a_0(x_2,\cdots,x_n),\end{aligned}$$

其中 $a_i(x_2,\cdots,x_n)\in F[x_2,\cdots,x_n]$, $\forall\ 0\leqslant i\leqslant m$.

将多元多项式看成一元多项式之后, 就可以利用一元多项式的某些结论, 例如余数定理和因式定理. 我们有:

定理 5.6.1 设 $f(x)=a_mx^m+\cdots+a_1x+a_0\in D[x]$, $a_0,a_1,\cdots,a_m\in D$, 其中 D 是整数环 Z 或 $D=F[x_1,\cdots,x_n]$ 是不同于 x 的其他一些字母 $x_1,\cdots,x_n$ 在域 F 上的全体多项式组成的 n 元多项式环. 则对任意 $a\in D$, 可以用 $x-a$ 除 $f(x)$ 得到唯一的商 $q(x)\in D[x]$ 和余式 $r=f(a)\in D$, 使

$$f(x)=q(x)(x-a)+r$$

特别地, $(x-a)\mid f(x)\Leftrightarrow f(a)=0$. □

注意: 在余数定理的证明中用到了带余除法. 对 $D[x]$ 中任意两个非零多项式一般不能作带余除法. 但 $x-a$ 的首项系数是 1, 用 $x-a$ 除任意 $f(x)\in D[x]$ 时实际上并不涉及 D

中元素的除法, 只涉及加、减、乘运算, 因此余数定理及因式定理的证明及结论仍然能够成立.

4. 对称多项式

中学数学讲了关于一元二次方程 $ax^2+bx+c=0$ 的根与系数的关系的韦达定理: 两根 x_1,x_2 之和 $x_1+x_2=-\dfrac{b}{a}$, 两根之积 $x_1x_2=\dfrac{c}{a}$. 并且布置了这样的习题: 不解方程, 求两根的平方和 $x_1^2+x_2^2$、立方和 $x_1^3+x_2^3$、倒数和 $\dfrac{1}{x_1}+\dfrac{1}{x_2}$. 所求的都是两根 x_1,x_2 的函数 $f(x_1,x_2)$, 并且是多项式函数或者分式函数, 所要求的解法不是先求出两根 x_1,x_2 再求这些函数, 而是将这些函数表示成两根之和 $\sigma_1=x_1+x_2$ 和乘积 $\sigma_2=x_1x_2$ 的多项式或分式, 例如:

$$x_1^2+x_2^2=(x_1+x_2)^2-2x_1x_2=\sigma_1^2-2\sigma_2$$
$$x_1^3+x_2^3=(x_1+x_2)^3-3x_1x_2(x_1+x_2)=\sigma_1^3-3\sigma_1\sigma_2$$
$$\frac{1}{x_1}+\frac{1}{x_2}=\frac{x_1+x_2}{x_1x_2}=\frac{\sigma_1}{\sigma_2}$$

利用方程的系数求出 σ_1,σ_2, 从而求出这些 $f(x_1,x_2)$. 两根之和 σ_1 及积 σ_2 都是两根 x_1,x_2 的函数. 并且, 将其中的 x_1 换成 x_2, x_2 换成 x_1, 这两个函数 σ_1,σ_2 都不改变. 这样的函数称为 x_1,x_2 的对称函数, 就好比轴对称图形经过轴对称变换之后形状不变, 中心对称图形绕中心旋转 180° 不变. 由对称函数经过加减乘得到的多项式或者再经过除法得到的分式仍是对称函数. 反过来, 只有两根的对称函数 $f(x_1,x_2)$ 才有可能由对称函数 σ_1,σ_2 经过加减乘除算出来. 例如中学教材要求利用韦达定理计算的 $x_1^2+x_2^2$, $x_1^3+x_2^3$, $\dfrac{1}{x_1}+\dfrac{1}{x_2}$ 都是对称函数. 在这类习题中从来没有要求计算两根之差, 因为在两根之差 x_1-x_2 中将 x_1,x_2 互换就变成 $x_2-x_1=-(x_1-x_2)$, 与 x_1-x_2 不相等, 不是对称函数, 不能由对称函数 x_1+x_2 与 x_1x_2 通过加减乘除得出. 不过, $(x_1-x_2)^2$ 是对称多项式函数, 可以由 σ_1,σ_2 经过加减乘算出进而由方程系数算出:

$$(x_1-x_2)^2=(x_1+x_2)^2-4x_1x_2=\sigma_1^2-4\sigma_2=\left(-\frac{b}{a}\right)^2-4\frac{c}{a}=\frac{b^2-4ac}{a^2}$$

再开平方得到两个平方根就是 $\pm(x_1-x_2)$, 由 $x_1+x_2=-\dfrac{b}{a}$ 与 x_1-x_2 可以算出两根 x_1,x_2 为

$$\frac{(x_1+x_2)\pm(x_1-x_2)}{2}=\frac{1}{2}\left(-\frac{b}{a}\pm\frac{\sqrt{b^2-4ac}}{a}\right)=\frac{-b\pm\sqrt{b^2-4ac}}{2a}$$

这就是求根公式.

当 $n\geqslant 5$ 时一元 n 次方程不可能有由方程的各项系数算出根的公式, 但仍然有韦达定理. 韦达定理不需要由求根公式来发明和证明, 只要利用因式分解就可得出. 按照高斯证明的代数基本定理, 一元 n 次复系数多项式 $f(x)=a_0x^n+a_1x^{n-1}+\cdots+a_{n-1}x+a_n$ 至少有一个复数根 x_1 满足 $f(x_1)=0$. 由因式定理知 $x-x_1$ 是 $f(x)$ 的因式, $f(x)=(x-x_1)f_1(x)$, 当 $n=\deg f(x)\geqslant 2$ 时 $\deg f_1(x)=n-1\geqslant 1$, $f_1(x)$ 至少有一个复数根 x_2 满足 $f_1(x_1)=0$, 从而 $x-x_2$ 是 $f_1(x)$ 的因式: $f_1(x)=(x-x_2)f_2(x)$. 重复这个过程, 得到 $f(x)$ 的分解式:

$$f(x)=(x-x_1)(x-x_2)\cdots(x-x_n)a_0$$

展开得

$$\begin{aligned}f(x)&=a_0[x^n+\cdots+(-1)^k\sigma_k x^{n-k}+\cdots+(-1)^n a_n]\\&=a_0x^n+a_1x^{n-1}+\cdots+a_kx^{n-k}+\cdots+a_{n-1}x+a_n\end{aligned}$$

其中 σ_k 是从 n 个根 $x_1,\cdots,x_n$ 中每次取 k 个相乘的所有这些乘积之和. 比较第二个等号两边的 x^k 的系数得 $a_0(-1)^k\sigma_k=a_k$, $\sigma_k=\dfrac{(-1)^k a_k}{a_0}$, 这就是一元 n 次方程的韦达定理.

将 n 个根 $x_1,\cdots,x_n$ 的顺序作任意置换, 从而将 n 个一次因式 $x-x_1,\cdots,x-x_n$ 的顺序作任意置换, 不改变它们的乘积 $(x-x_1)\cdots(x-x_n)=x^n-\sigma_1x^{n-1}+\cdots+(-1)^k\sigma_kx^{n-k}+\cdots+(-1)^n\sigma_n$, 因而也不改变乘积的各项系数 $(-1)^k\sigma_k$. 这说明每个 σ_k 都是 $x_1,\cdots,x_n$ 对称多项式函数. 更重要的结论是: $x_1,\cdots,x_n$ 的每一个对称多项式都可以由这 n 个对称多项式 σ_k $(1\leqslant k\leqslant n)$ 经过加减乘法算出来.

定义 5.6.2 设 $f(x_1,x_2,\cdots,x_n)\in F[x_1,x_2,\cdots,x_n]$. 如果将 $f(x_1,x_2,\cdots,x_n)$ 中的字母 $x_1,x_2,\cdots,x_n$ 分别替换成 $x_{i_1},x_{i_2},\cdots,x_{i_n}$, 其中 $(i_1i_2\cdots i_n)$ 是 $1,2,\cdots,n$ 的任意一个排列, 得到的多项式 $f(x_{i_1},x_{i_2},\cdots,x_{i_n})$ 都与 $f(x_1,x_2,\cdots,x_n)$ 相等, 就称 $f(x_1,x_2,\cdots,x_n)$ 是 $x_1,x_2,\cdots,x_n$ 的**对称多项式** (symmetric polynomial). □

对于任意正整数 $k\leqslant n$, 从 n 个字母 $x_1,\cdots,x_n$ 中每次取 k 个相乘, 得到的所有乘积之和

$$\sigma_k(x_1,x_2,\cdots,x_n)=\sum_{1\leqslant i_1<\cdots<i_k\leqslant n}x_{i_1}x_{i_2}\cdots x_{i_k}$$

是 $x_1,x_2,\cdots,x_n$ 的对称多项式. 这样得到的 n 个对称多项式 $\sigma_1,\sigma_2,\cdots,\sigma_n$ 称为 $x_1,\cdots,x_n$ 的**初等对称多项式** (fundamental symmetric polynomial), 也称**基本对称多项式**.

定理 5.6.2 (对称多项式基本定理) 任何一个 n 元对称多项式 $f(x_1,x_2,\cdots,x_n)$ 都可以表示为 $x_1,x_2,\cdots,x_n$ 的基本对称多项式 σ_k $(1\leqslant k\leqslant n)$ 的多项式, 也就是说: 存在 n 元多项式 $\phi_n(y_1,y_2,\cdots,y_n)$ 使

$$f(x_1,x_2,\cdots,x_n)=\phi(\sigma_1,\sigma_2,\cdots,\sigma_n)$$ □

例题分析与解答

5.6.1 证明: 二元多项式 x^2+y^2-1 在任意数域上都不可约.

证明 将 $f(x,y)=x^2+y^2-1$ 看成 x 的 2 次多项式 $g(x)$, 系数范围是数域 F 上以 y 为字母的多项式环 $F[y]$.

$y+1$ 是 $F[y]$ 中不可约多项式, 不整除 $g(x)$ 的 2 次项系数 1, 整除 1 次项系数 0 和常数项 y^2-1, 但 $(y+1)^2$ 不整除常数项 y^2-1. 根据爱森斯坦因判别法, $g(x)$ 在系数范围 $f[y]$ 内不可约, 也就是 $f(x,y)$ 在数域 F 上不可约. □

5.6.2 在复数域上分解因式: $f(x,y,z)=-x^3-y^3-z^3+x^2(y+z)+y^2(x+z)+z^2(x+y)-2xyz$.

解 将 $f(x,y,z)$ 看成 x 的多项式:

$$\begin{aligned}g(x)&=-x^3+(y+z)x^2+(y^2+z^2-2yz)x-y^3-z^3+y^2z+z^2y\\&=-x^3+(y+z)x^2+(y-z)^2x-(y+z)(y-z)^2\\&=-x^2[x-(y+z)]+(y-z)^2[x-(y+z)]\\&=(x-y-z)[(y-z)^2-x^2]\\&=(x-y-z)(y-z+x)(y-z-x)\end{aligned}$$

□

5.6.3 已知 x_1,x_2,x_3 是方程 x^3+px+q 的 3 个复数根, 将 $D=(x_1-x_2)^2(x_1-x_3)^2(x_2-x_3)^2$ 表示成 p,q 的多项式.

解 对 $k=1,2,3$, 记 σ_k 为 3 个根 x_1,x_2,x_3 中每次取 k 个相乘, 所有这些乘积之和, 则:

$$\sigma_1=x_1+x_2+x_3=0,\quad \sigma_2=x_1x_2+x_1x_3+x_2x_3=p,\quad \sigma_3=x_1x_2x_3=-q$$

$$\begin{aligned}D&=[(x_1-x_2)(x_1-x_3)(x_2-x_3)]^2\\&=(x_1^2x_2-x_1^2x_3-x_1x_3x_2+x_1x_3^2-x_1x_2^2+x_1x_2x_3+x_2^2x_3-x_2x_3^2)^2\\&=(A-B)^2\end{aligned}$$

其中 $A=x_1^2x_2+x_2^2x_3+x_3^2x_1$, $B=x_1x_2^2+x_2x_3^2+x_3x_1^2$. 由

$$\sigma_1\sigma_2=(x_1+x_2+x_3)(x_1x_2+x_2x_3+x_3x_1)=\sum_{i\neq j}x_i^2x_j+3x_1x_2x_3=A+B+3\sigma_3$$

得 $A+B=\sigma_1\sigma_2-3\sigma_3$, 于是:

$$\begin{aligned}(\sigma_1\sigma_2-3\sigma_3)^2-D&=(A+B)^2-(A-B)^2=4AB\\&=4(x_1^2x_2+x_2^2x_3+x_3^2x_1)(x_1x_2^2+x_2x_3^2+x_3x_1^2)\\&=4\left[\sum_{1\leqslant i<j\leqslant 3}(x_ix_j)^3+3\sigma_3^2+\sigma_3\sum_{i=1}^{3}x_i^3\right]\end{aligned}\tag{5.34}$$

对任意 3 个数 a,b,c 易验证乘法公式:

$$\begin{aligned}a^3+b^3+c^3-3abc&=(a+b+c)(a^2+b^2+c^2-ab-ac-bc)\\&=(a+b+c)[(a+b+c)^2-3(ab+ac+bc)]\end{aligned}\tag{5.35}$$

在公式 (5.35) 中分别取 a,b,c 为 x_1,x_2,x_3, 并将 $\sigma_1=x_1+x_2+x_3=0$ 代入, 得到

$$x_1^3+x_2^3+x_3^3-3\sigma_3=\sigma_1(\sigma_1^2-3\sigma_2)=0\ \Rightarrow\ x_1^3+x_2^3+x_3^3=3\sigma_3\tag{5.36}$$

在公式 (5.35) 中分别取 a,b,c 为 x_1x_2,x_1x_3,x_2x_3, 并将 $(x_1x_2)(x_1x_3)(x_2x_3)=\sigma_3^2$ 及

$$(x_1x_2)(x_1x_3)+(x_1x_2)(x_2x_3)+(x_1x_3)(x_2x_3)=(x_1+x_2+x_3)x_1x_2x_3=0$$

代入, 得到

$$x_1^3x_2^3+x_1^3x_3^3+x_2^3x_3^3=\sigma_2(\sigma_2^2-3\times 0)+3\sigma_3^2=\sigma_2^3+3\sigma_3^2 \tag{5.37}$$

将式 (5.36), 式 (5.37) 代入式 (5.34), 得到

$$(3\sigma_3)^2-D=4(\sigma_2^3+3\sigma_3^2+3\sigma_3^2+3\sigma_3^2)=4\sigma_2^3+36\sigma_3^2$$
$$D=9\sigma_3^2-(4\sigma_2^3+36\sigma_3^2)=-4\sigma_2^3-27\sigma_3^2=-4p^3-27q^2$$

□

点评　一元二次方程 $x^2+px+q=0$ 的两根 x_1,x_2 之差的平方 $D=(x_1-x_2)^2=(x_1+x_2)^2-4x_1x_2=p^2-4q$ 称为方程 $x^2+px+q=0$ 的判别式. $D=0 \Leftrightarrow$ 两根 x_1,x_2 相等. 如果 p,q 是实数, 则两根为实数 $\Leftrightarrow D=(x_1-x_2)^2\geqslant 0$, 两根为共轭虚数 $\Leftrightarrow x_1-x_2$ 为纯虚数 $\Leftrightarrow D=(x_1-x_2)^2<0$.

每个 3 次方程都可以同除以 3 次项系数化为首项系数为 1 的形式 $y^3+b_1y^2+b_2y+b_3=0$. 再通过变量替换 $y=x-\dfrac{b_1}{3}$ 化成 $\left(x-\dfrac{b_1}{3}\right)^3+b_1\left(x-\dfrac{b_1}{3}\right)^2+b_2\left(x-\dfrac{b_1}{3}\right)+b_3=0$, 将 2 次项系数化为 0, 成为 $x^3+px+q=0$ 的形式. 方程 $x^3+px+q=0$ 的 3 个根 x_1,x_2,x_3 两两之差的平方的乘积 $D=(x_1-x_2)^2(x_1-x_3)^2(x_2-x_3)^2=-4p^3-27q^2$ 称为这个三次方程的判别式, $D=0 \Leftrightarrow$ 方程有重根 (某两个根 x_i,x_j 相等). 当系数 p,q 都为实数时, 方程至少有一个实根. 如果 3 个根都是实数, 则 $D=(x_1-x_2)^2(x_1-x_3)^2(x_2-x_3)^2=-4p^3-27q^2\geqslant 0$. 如果至少有一个虚根, 则有一个实根 (不妨称为 x_1) 和两个共轭虚根 x_2,x_3, 此时 x_1-x_2 与 x_1-x_3 相互共轭, 乘积 $(x_1-x_2)(x_1-x_3)=|x_1-x_2|^2$ 是正实数, x_2-x_3 是纯虚数. 因此 $(x_2-x_3)^2$ 是负实数, D 是负实数.

对一般的一元三次方程 $x^3+a_1x^2+a_2x+a_3=0$, 3 个根 x_1,x_2,x_3 的初等对称多项式满足 $\sigma_1=-a_1,\sigma_2=a_2,\sigma_3=-a_3$. 仍定义 $D=(x_1-x_2)^2(x_1-x_3)^2(x_2-x_3)^2$ 为方程的判别式. 与本题的计算不同的是 σ_1 不一定为 0. 等式 (5.36),(5.37) 分别变成:

$$x_1^3+x_2^3+x_3^3=\sigma_1(\sigma_1^2-3\sigma_2)+3\sigma_3=\sigma_1^3-3\sigma_1\sigma_2+3\sigma_3$$
$$x_1^3x_2^3+x_1^3x_3^3+x_2^3x_3^3=\sigma_2(\sigma_2^2-3\sigma_1\sigma_3)+3\sigma_3^2=\sigma_2^3-3\sigma_1\sigma_2\sigma_3+3\sigma_3^2$$

代入 (5.34) 得到

$$\begin{aligned}D&=(\sigma_1\sigma_2-3\sigma_3)^2-4[(\sigma_2^3-3\sigma_1\sigma_2\sigma_3+3\sigma_3^2)+3\sigma_3^2+\sigma_3(\sigma_1^3-3\sigma_1\sigma_2+3\sigma_3)]\\&=(\sigma_1^2\sigma_2^2-6\sigma_1\sigma_2\sigma_3+9\sigma_3^2)-4\sigma_2^3-36\sigma_3^2-4\sigma_1^3\sigma_3+24\sigma_1\sigma_2\sigma_3\\&=\sigma_1^2\sigma_2^2+18\sigma_1\sigma_2\sigma_3-4\sigma_1\sigma_3-4\sigma_2^3-27\sigma_3^2\\&=a_1^2a_2^2+18a_1a_2a_3-4a_1a_3-4a_2^3-27a_3^2\end{aligned}$$

□

5.6.4　将 $s_k=x_1^k+x_2^k+\cdots+x_n^k$ $(k=2,3,4)$ 表示成 $x_1,x_2,\cdots,x_n$ 的初等对称多项式的多项式.

解　$x_1,\cdots,x_n$ 的初等对称多项式为 σ_t $(1\leqslant t\leqslant n)$, 其中每个

$$s_k=\sum_{1\leqslant i_1<\cdots<i_t\leqslant n}x_{i_1}\cdots x_{i_t}$$

为 n 个字母 $x_1,\cdots,x_n$ 中每次取 t 个相乘的所有这些乘积之和. 我们需要将每个 s_k 表示成 σ_t 的多项式, 也就是: 已知各 $\sigma_1,\cdots,\sigma_n$ 求 s_k.

(1) 求 $s_2=x_1^2+\cdots+x_n^2$.

$$\sigma_1^2=(x_1+\cdots+x_n)^2=\sum_{i=1}^{n}x_i^2+2\sum_{1\leqslant i<j\leqslant n}x_ix_j=s_2+2\sigma_2$$

$$\Rightarrow s_2=\sigma_1^2-2\sigma_2$$

(2) 求 $s_3=x_1^3+\cdots+x_n^3$.

对称多项式 $s_2\sigma_1=(x_1^2+\cdots+x_n^2)(x_1+\cdots+x_n)$ 的首项等于 x_1^3, 因而包含所有 x_i^3 之和 s_3. 除此之外, $s_2\sigma_1$ 还包含 $x_1^2x_2$, 因而包含所有的 $x_j^2x_j$ $(i\neq j)$. 由此得到

$$s_2\sigma_1=s_3+\sum_{i\neq j}x_i^2x_j\ \Rightarrow\ s_3=s_2\sigma_1-\sum_{i\neq j}x_i^2x_j$$

对称多项式 $\sigma_1\sigma_2=(x_1+\cdots)(x_1x_2+\cdots)=x_1^2x_2+\cdots$ 的首项是 $x_1^2x_2$, 因此包含所有的 $x_i^2x_j$ $(i\neq j)$; 除此之外还包含形如 $x_1x_2x_3$ 的项, 3 个因子 x_1,x_2,x_3 中的任一个都可以来自 σ_1, 另外两个来自 σ_2, 因此 $x_1x_2x_3$ 出现 3 次, 合并为 $3x_1x_2x_3$. 由 $\sigma_1\sigma_2$ 的对称性知:

$$\sigma_1\sigma_2=\sum_{i\neq j}x_i^2x_j+3\sigma_3\ \Rightarrow\ \sum_{i\neq j}x_i^2x_j=\sigma_1\sigma_2-3\sigma_3$$

因此:

$$s_3=(\sigma_1^2-2\sigma_2)\sigma_1-(\sigma_1\sigma_2-3\sigma_3)=\sigma_1^3-3\sigma_1\sigma_2+3\sigma_3$$

(3) 求 $s_4=x_1^4+\cdots+x_n^4$.

$$s_2^2=(x_1^2+\cdots+x_n^2)^2=s_4+2\sum_{1\leqslant i<j\leqslant n}x_i^2x_j^2 \tag{5.38}$$

对称多项式 $\sigma^2=(x_1x_2+\cdots)^2=x_1^2x_2^2+\cdots$ 的首项是 $x_1^2x_2^2$, 除此之外还包含 $2(x_1x_2)(x_1x_3)=2x_1^2x_2x_3$ 及 $2(x_1x_2)(x_3x_4)+2(x_1x_3)(x_2x_4)+2(x_1x_4)(x_2x_3)=6x_1x_2x_3x_4$, 因此:

$$\sigma_2^2=\sum_{1\leqslant i<j\leqslant n}x_i^2x_j^2+2\sum_{j\neq i\neq k,j<k}x_i^2x_jx_k+6\sigma_4 \tag{5.39}$$

对称多项式 $\sigma_1\sigma_3=(x_1+\cdots)(x_1x_2x_3+\cdots)=x_1^2x_2x_3+\cdots$ 的首项是 $x_1^2x_2x_3$, 且包含 $x_1(x_2x_3x_4)+x_2(x_1x_3x_4)+x_3(x_1x_2x_4)+x_4(x_1x_2x_3)=4x_1x_2x_3x_4$, 因此

$$\sigma_1\sigma_3=\sum_{j\neq i\neq k,j<k}x_i^2x_jx_k+4\sigma_4 \tag{5.40}$$

由等式 (5.38),(5.39),(5.40) 得

$$\begin{aligned}s_4&=s_2^2-2\sum_{1\leqslant i<j\leqslant n}x_i^2x_j^2\\&=(\sigma_1^2-2\sigma_2)^2-2[\sigma_2^2-2(\sigma_1\sigma_3-4\sigma_4)-6\sigma_4]\end{aligned}$$

$$=\sigma_1^4-4\sigma_1^2\sigma_2+2\sigma_2^2+4\sigma_1\sigma_3-4\sigma_4.$$ □

5.6.5 解方程组

$$\begin{cases} x+y+z+w=10 \\ x^2+y^2+z^2+w^2=30 \\ x^3+y^3+z^3+w^3=100 \\ xuzw=24 \end{cases}$$

解 以 x,y,z,w 为根构造多项式:

$$f(t)=(t-x)(t-y)(t-z)(t-w)=t^4-\sigma_1 t^3+\sigma_2 t^2-\sigma_3 t+\sigma_4$$

其中 σ_k $(k=1,2,3,4)$ 是从 4 个数 x,y,z,w 中每次取 k 个相乘得到的所有乘积之和.

已经知道 $\sigma_1=x+y+z+w=10$, $\sigma_4=xyzw=24$, 且可求得 $\sigma_2=\frac{1}{2}[(x+y+z+w)^2-(x^2+y^2+z^2+w^2)]=\frac{1}{2}(10^2-30)=35$, 于是 $f(t)=t^4-10t^3+35t^2-\sigma_3 t+24$. 由于 $f(t)$ 的 4 个根 x,y,z,w 的乘积 $xyzw=24\neq 0$, 这 4 个根 x,y,z,w 也是 $g(t)=\frac{f(t)}{t}=t^3-10t^2+35t-\sigma_3+\frac{24}{t}$ 的根. 由此得到 $g(x)+g(y)+g(z)+g(w)=0$, 即

$$\begin{aligned}&(x^3+y^3+z^3+w^3)-10(x^2+y^2+z^2+w^2)+35(x+y+z+w)\\&-4\sigma_3+24\left(\frac{1}{x}+\frac{1}{y}+\frac{1}{z}+\frac{1}{w}\right)=0\end{aligned} \tag{5.41}$$

将已知条件中 $x^k+y^k+z^k+w^k$ $(k=1,2,3)$ 的值代入, 并注意到:

$$24\left(\frac{1}{x}+\frac{1}{y}+\frac{1}{z}+\frac{1}{w}\right)=xyzw\left(\frac{1}{x}+\frac{1}{y}+\frac{1}{z}+\frac{1}{w}\right)=\sigma_3$$

等式 (5.41) 成为 $100-10\times 30+35\times 10-4\sigma_3+\sigma_3=0$, 从中解出 $\sigma_3=50$.

于是 $f(t)=t^4-10t^3+35t^2-50t+24$, x,y,z,w 是整系数方程 $f(t)=0$ 的根. 易见当 $t\leqslant 0$ 时 $f(t)>0$, 可见方程的实根只能是正数. 方程 $f(t)=0$ 的有理根只可能是正整数且整除 24.

易验证 $f(1)=0$, 1 是 $f(t)=0$ 的根. 用 $t-1$ 除 $f(t)$ 得到商 $f_1(t)=t^3-9t^2+26t-24$. 易验证 $f_1(2)=0$, 用 $t-2$ 除 $f_1(t)$ 得到商 $f_2(t)=t^2-7t+12$. $f_2(t)=0$ 的两根为 3,4.

方程 $f(t)=0$ 有 4 个不同的根 1,2,3,4, 它们的每一个排列都是原方程组的一个解 (x,y,z,w). □

5.6.6 已知实数 x,y,z 满足 $x+y+z=3, x^2+y^2+z^2=5, x^3+y^3+z^3=7$, 求 $x^4+y^4+z^4$.

解 以 x,y,z 为根构造多项式 $f(t)=(t-x)(t-y)(t-z)=t^3-\sigma_1 t^2+\sigma_2 t-\sigma_3$, 其中 σ_k $(k=1,2,3)$ 是从 3 个数 x,y,z 中每次取 k 个相乘的所有这样的乘积之和.

已经知道 $\sigma_1=x+y+z=3$, 且可求得 $\sigma_2=xy+xz+yz=\frac{1}{2}[(x+y+z)^2-(x^2+y^2+z^2)]=\frac{1}{2}(3^2-5)=2$.

在 $f(t)=t^3-3t^2+2t-\sigma_3$ 中将 t 分别替换成 x,y,z, 得到 3 个等式:

$$x^3-3x^2+2x-\sigma_3=0,\quad y^3-3y^2+2y-\sigma_3=0,\quad z^3-3z^2+2z-\sigma_3=0$$

将这 3 个等式相加得

$$(x^3+y^3+z^3)-3(x^2+y^2+z^2)+2(x+y+z)-3\sigma_3=0$$

将已知条件中的 $x^k+y^k+z^k$ $(k=1,2,3)$ 代入, 得到

$$7-3\times5+2\times3-3\sigma_3=0\ \Rightarrow\ \sigma_3=-\frac{2}{3}\ \Rightarrow\ f(t)=t^3-3t^2+2t+\frac{2}{3}$$

x,y,z 也是多项式 $tf(t)=t^4-3t^3+2t^2+\frac{2}{3}t$ 的根, 等式

$$x^4-3x^3+2x^2+\frac{2}{3}x=0,\quad y^4-3y^3+2y^2+\frac{2}{3}y=0,\quad z^4-3z^3+2z^2+\frac{2}{3}z=0$$

成立. 将这 3 个等式相加得

$$(x^4+y^4+z^4)-3\times7+2\times5+\frac{2}{3}\times3=0\ \Rightarrow\ x^4+y^4+z^4=9$$

□

借题发挥 5.7　对称多项式基本定理的算法实现

本节的 6 个例题围绕两个主题: 前两个例题将多元多项式看成其中一个字母的一元多项式讨论因式分解问题, 其中 5.6.1 证明它不能分解, 5.6.2 则找出了分解式, 后四个例题 5.6.3~5.6.6 则是将对称多项式表示成初等对称多项式的多项式.

本节的知识导航中给出了对称多项式基本定理 (定理 5.6.2), 定理保证所有的对称多项式 $f(x_1,\cdots,x_n)$ 都能表示成初等对称多项式 $\sigma_1,\cdots,\sigma_n$ 的多项式. 但由于篇幅所限, 本节知识导航没有给出这个定理的证明, 也没有给出实现这种表示的具体算法. 5.6.3~5.6.6 的四个例题对一些具体的例子算出了这种表达式. 虽然这些例子有特殊性, 但采用的方法却在一定程度上体现了将一般的对称多项式表示成初等对称多项式的算法的主要思路, 也就是证明对称多项式基本定理的主要思路.

1. 一般算法

首先要指出: 将对称多项式 $f(x_1,\cdots,x_n)$ 每一项 $ax_1^{k_1}\cdots x_n^{k_n}$ 中的各个字母任意交换顺序, 得到的 $ax_{i_1}^{k_1}\cdots x_{i_n}^{k_n}=ax_1^{k_{j_1}}\cdots x_n^{k_{j_n}}$ 也是 $f(x_1,\cdots,x_n)$ 的一项, 其中 $(i_1,\cdots,i_n)$ 与 $(j_1,\cdots,j_n)$ 是 $(1,2,\cdots,n)$ 的排列, 由 $(1,\cdots,n)$ 重新排列成 $(j_1,\cdots,j_n)$ 导致指数组 $(k_1,\cdots,k_n)$ 重新排列成新的一项的指数组 $(k_{j_1},\cdots,k_{j_n})$. 如果 $ax_1^{k_1}\cdots x_n^{k_n}$ 是首项, 将它的指数组 $(k_1,\cdots,k_n)$ 作任意置换得到的指数组都变得更低. 这迫使 $k_1\geqslant k_2\geqslant\cdots\geqslant k_n\geqslant 0$.

要将对称多项式 $f(x_1,\cdots,x_n)$ 表示成初等对称多项式 $\sigma_1,\cdots,\sigma_n$ 的多项式, 先找 $\sigma_1,\cdots,\sigma_n$ 的一个单项式:

$$\begin{aligned}\eta_1&=\lambda\sigma_1^{m_1}\sigma_2^{m_2}\cdots\sigma_n^{m_n}\\&=\lambda(x_1+\cdots)^{m_1}(x_1x_2+\cdots)^{m_2}\cdots(x_1\cdots x_n)^{m_n}\\&=\lambda x_1^{m_1+\cdots+m_n}x_2^{m_2+\cdots+m_n}\cdots x_n^{m_n}+\cdots\end{aligned}$$

使它展开成 $x_1,\cdots,x_n$ 的多项式后的首项与 $f(x_1,\cdots,x_n)$ 的首项 $a_1x_1^{k_1}\cdots x_n^{k_n}$ 相等. 为此, 只需取系数 $\lambda=a_1$, 指数 $m_1,\cdots,m_n$ 满足方程组

$$\begin{cases} m_1+m_2+\cdots+m_n=k_1 \\ m_2+\cdots+m_n=k_2 \\ \cdots\cdots \\ m_n=k_n \end{cases}$$

解之得 $m_i=k_i-k_{i+1}$ ($\forall\ 1\leqslant i\leqslant n-1$), $m_n=k_n$. $\eta_1=a_1\sigma_1^{k_1-k_2}\cdots\sigma_{n-1}^{k_{n-1}-k_n}\sigma_n^{k_n}$.

多项式 $f(x_1,\cdots,x_n)$ 的首项 $a_1x_1^{k_1}\cdots x_n^{k_n}$ 的指数组 $(k_1,\cdots,k_n)$ 可以看成 $f(x_1,\cdots,x_n)$ 的综合次数, 按照字典式排列排出高低顺序, 并且规定零多项式的综合次数最低. 从 $f(x_1,\cdots,x_n)$ 减去 $\sigma_1,\cdots,\sigma_n$ 的单项式 η_1 消去原来的首项, 得到的新的对称多项式 $f_1(x_1,\cdots,x_n)$ 的综合次数比 $f(x_1,\cdots,x_n)$ 低. 再减去 $\sigma_1,\cdots,\sigma_n$ 的下一个单项式 η_2 消去 $f_1(x_1,\cdots,x_n)$ 的首项, 进一步降低综合次数. 重复这个过程, 从 $f(x_1,\cdots,x_n)$ 减去 $\sigma_1,\cdots,\sigma_n$ 的一系列单项式 $\eta_1,\cdots,\eta_i$, 得到的对称多项式

$$f_i(x_1,\cdots,x_n)=f(x_1,\cdots,x_n)-\eta_1-\eta_2-\cdots-\eta_i$$

的综合次数不断降低. 对称多项式中比 $(k_1,\cdots,k_n)$ 更低的综合次数 $(i_1,\cdots,i_n)$ 满足条件 $k_1\geqslant i_1\geqslant\cdots\geqslant i_n\geqslant 0$, 个数不超过 k_1^n, 只有有限多个. $f_i(x_1,\cdots,x_n)$ $(i=1,2,\cdots)$ 的综合次数不断降低, 经过有限多步之后必然得到某个 $f_d(x_1,\cdots,x_n)=0$, $f_{d-1}(x_1,\cdots,x_n)=\eta_d$ 是 $\sigma_1,\cdots,\sigma_n$ 的单项式. $f(x_1,\cdots,x_n)=\eta_1+\cdots+\eta_d$ 是 $\sigma_1,\cdots,\sigma_n$ 的多项式.

利用这个算法可以将任意对称多项式 $f(x_1,\cdots,x_n)$ 表示成初等对称多项式的多项式, 这就证明了对称多项式基本定理.

具体计算的时候, 不一定要求每个 η_i 是 $\sigma_1,\cdots,\sigma_n$ 的单项式. 只要某些比较简单的对称函数 τ_j 已经被表示成 $\sigma_1,\cdots,\sigma_n$ 的多项式 $\phi_j(\sigma_1,\cdots,\sigma_n)$, 就可以用这些 τ_j 经过加减乘法产生 η_i 消去 $f_{i-1}(x_1,\cdots,x_n)$ 的首项, 降低综合次数, 最后再将 $\tau_j=\phi_j(\sigma_1,\cdots,\sigma_n)$ 代入 $f(x_1,\cdots,x_n)=\eta_1+\cdots+\eta_d$ 得到所需结果. 甚至不需要先将 τ_j 表示成 $\phi_j(\sigma_1,\cdots,\sigma_n)$ 再用, 可以先用了再去寻找这样的表达式 ϕ_j. 只要能够将 $f(x_1,\cdots,x_n)$ 表示成综合次数更低的对称多项式 τ_j 的多项式, 就是向正确的方向前进了一步, 然后再将各个 τ_j 表示成综合次数更低的对称多项式的多项式. 这样不断前进下去, 一定能够得到最后的成功.

2. 实例点评

5.6.4 (1) $s_2=x_1^2+\cdots+x_n^2$. 首项 x_1^2 的指数组为 $(2,0,\cdots,0)$.

$$\eta_1=\sigma_1^{2-0}\sigma_2^{0-0}\cdots\sigma_n^0=\sigma_1^2=(x_1+\cdots+x_n)^2=x_1^2+2x_1x_2+\cdots$$
$$f_1=s_2-\sigma_1^2=-2(x_1x_2+\cdots)=-2\sigma_2=\eta_2$$
$$s_2=\eta_1+\eta_2=\sigma_1^2-2\sigma_2.$$

(2) $s_3=x_1^3+\cdots+x_n^3$.

解法 1　首项 x_1^3 的指数组为 $(3,0,\cdots,0)$.

$$\eta_1=\sigma_1^3=(x_1+\cdots+x_n)^3=x_1^3+\cdots$$

$$f_1 = s_3 - \eta_1 = -3x_1^2x_2 + \cdots$$
$$\eta_2 = -3\sigma_1\sigma_2 = -3(x_1 + \cdots)(x_1x_2 + \cdots) = -3(x_1^2x_2 + \cdots)$$
$$f_2 = f_1 - \eta_2 = 3x_1x_2x_3 + \cdots = 3\sigma_3 = \eta_3$$
$$s_3 = \eta_1 + \eta_2 + \eta_3 = \sigma_1^3 - 3\sigma_1\sigma_2 + 3\sigma_3$$

解法 2 利用已经求出的 $s_2 = \sigma_1^2 - 2\sigma_2$ 产生 $\eta_1 = s_2\sigma_1$ 来消去 s_3 的首项 x_1^3:

$$\eta_1 = s_2\sigma_1 = (x_1^2 + \cdots)(x_1 + \cdots) = x_1^3 + \cdots$$
$$f_1 = s_3 - \eta_1 = -x_1^2x_2 + \cdots$$
$$\eta_2 = -\sigma_1^{2-1}\sigma_2 = -(x_1 + \cdots)(x_1x_2 + \cdots) = -x_1^2x_2 + \cdots$$
$$f_2 = f_1 - \eta_2 = 3\sigma_3$$
$$s_3 = \eta_1 + \eta_2 + f_2 = (\sigma_1^2 - 2\sigma_2)\sigma_1 - \sigma_1\sigma_2 + 3\sigma_3 = \sigma_1^3 - 3\sigma_1\sigma_2 + 3\sigma_3$$

(3) $s_4 = x_1^4 + \cdots + x_n^4$.

解法要点 利用 s_2 产生 $\eta_1 = s_2^2 = (x_1^2 + \cdots)^2 = x_1^4 + \cdots$ 消去 s_4 的首项:

$$f_1 = s_4 - s_2^2 = -2x_1^2x_2^2 - \cdots$$

5.6.3 $D = (x_1 - x_2)^2(x_1 - x_3)^2(x_2 - x_3)^2$.

解法要点 写 $D = (A - B)^2 = (A + B)^2 - 4AB$. $A + B, AB$ 是对称多项式并且综合次数低于 D, 先将它们表示为初等对称多项式的多项式, 就得到 D 的表达式. □

3. 利用根与系数的关系

以 $x_1, \cdots, x_n$ 为根构造的一元 n 次多项式

$$\begin{aligned} f(x) &= (x - x_1)\cdots(x - x_n) \\ &= x^n - \sigma_1x^{n-1} + \cdots + (-1)^k\sigma_kx^{n-k} + \cdots + (-1)^n\sigma_n \end{aligned}$$

的各项系数 $(-1)^k\sigma_k$ 与初等对称多项式至多相差正负号. 这种关系可以利用来将对称多项式表示为初等对称多项式的多项式.

例如, 在处理 s_4 的时候最繁琐的计算是处理 $f_1 = s_4 - s_2^2 = -2\sum\limits_{1\leqslant i<j\leqslant n} x_i^2x_j^2$. 如果以 $x_1^2, \cdots, x_n^2$ 为根构造多项式 $g(x) = (x - x_1^2)\cdots(x - x_n^2) = x^n - p_1x^{n-1} + p_2x^{n-2} - \cdots + (-1)^np_n$, 则其中 x^{n-2} 的系数 p_2 就是 $\sum\limits_{1\leqslant i<j\leqslant n} x_i^2x_j^2$. 利用 $f(x)$ 的各项系数 $(-1)^k\sigma_k$ 计算 $g(x)$ 的系数 p_2, 就把 p_2 表示成初等对称多项式 σ_i $(1 \leqslant i \leqslant n)$ 的多项式. 具体计算过程为:

我们有

$$\begin{aligned} g(x) &= (x - x_1)\cdots(x - x_n) \\ &= x^n - \sigma_1x^{n-1} + \cdots + (-1)^k\sigma_kx^{n-k} + \cdots + (-1)^n\sigma_n \\ &= A - B \end{aligned}$$
$$(-1)^ng(-x) = (x + x_1)\cdots(x + x_n)$$

$$
\begin{aligned}
&= x^n + \sigma_1 x^{n-1} + \cdots + \sigma_k x^{n-k} + \cdots + \sigma_n \\
&= A + B
\end{aligned}
$$

其中 $A = x^n + \sigma_2 x^{n-2} + \sigma_4 x^{n-4} + \cdots, B = \sigma_1 x^{n-1} + \sigma_3 x^{n-3} + \cdots$. 于是:

$$
\begin{aligned}
g_1(x) &= (-1)^n g(-x) g(x) = (x^2 - x_1^2) \cdots (x^2 - x_n^2) = A^2 - B^2 \\
&= x^{2n} - (\sigma_1^2 - 2\sigma_2) x^{2n-2} + (\sigma_2^2 - 2\sigma_1\sigma_3 + 2\sigma_4) x^{2n-4} + \cdots
\end{aligned}
$$

将 $(x^2 - x_1^2) \cdots (x^2 - x_n^2)$ 展开, 与最后一个等号右边比较 x^{2n-4} 的系数, 得到

$$
\sum_{1 \leqslant i < j \leqslant n} x_i^2 x_j^2 = \sigma_2^2 - 2\sigma_1\sigma_3 + 2\sigma_4
$$

还可进一步在 $g_1(x)$ 中令 $x^2 = t$, 得到

$$
\begin{aligned}
h(t) &= (t - x_1^2) \cdots (t - x_n^2) \\
&= t^n - (\sigma_1^2 - 2\sigma_2) t^{n-1} + (\sigma_2^2 - 2\sigma_1\sigma_3 + 2\sigma_4) t^{n-2} + \cdots \\
h(t) \cdot (-1)^n h(-t) &= (t^2 - x_1^4) \cdots (t^2 - x_n^4) \\
&= [t^n + (\sigma_2^2 - 2\sigma_1\sigma_3 + 2\sigma_4) t^{n-2} + \cdots]^2 - [(\sigma_1^2 - 2\sigma_2) t^{n-1} + \cdots]^2 \\
&= t^{2n} - [(\sigma_1^2 - 2\sigma_2)^2 - 2(\sigma_2^2 - 2\sigma_1\sigma_3 + 2\sigma_4)] t^{2n-2} + \cdots
\end{aligned}
$$

将 $(t - x_1^4) \cdots (t - x_n^4)$ 展开, 与最后一个等号右边比较 t^{2n-2} 的系数, 直接得到

$$
\begin{aligned}
s_4 = x_1^4 + \cdots + x_n^4 &= (\sigma_1^2 - 2\sigma_2)^2 - 2(\sigma_2^2 - 2\sigma_1\sigma_3 + 2\sigma_4) \\
&= \sigma_1^4 - 4\sigma_1^2\sigma_2 + 4\sigma_1\sigma_3 + 2\sigma_2^2 - 4\sigma_4
\end{aligned}
$$

4. 幂和

除了初等对称多项式 $\sigma_1, \cdots, \sigma_n$, 各字母 $x_1, \cdots, x_n$ 的正整数次幂之和 $s_k = x_1^k + \cdots + x_n^k$ 是最常用的对称多项式. 本节例题 5.6.4 就是将幂和表示为 σ_i 的多项式. 例题 5.6.5 与题 5.6.6 则用到幂和 s_k 与 σ_i 的如下关系式:

例题 5.6.5 以 x,y,z,w 为根构造多项式方程 $f(t) = (t-x)(t-y)(t-z)(t-w) = t^4 - \sigma_1 t^3 + \sigma_2 t^2 - \sigma_3 t + \sigma_4 = 0$. 将方程两边同除以 t 变形为 $t^3 - \sigma_1 t^2 + \sigma_2 t - \sigma_3 + \sigma_4 t^{-1} = 0$, 将 4 个根代入得到 4 个等式相加得到关于幂和的等式:

$$
s_3 - \sigma_1 s_2 + \sigma_2 s_1 - \sigma_3 s_0 + \sigma_4 s_{-1} = 0
$$

其中 $s_0 = x^0 + y^0 + z^0 + w^0 = 4$, $s_{-1} = x^{-1} + y^{-1} + z^{-1} + w^{-1} = \dfrac{\sigma_3}{\sigma_4}$. 根据这个等式由方程组中已知的幂和 s_1, s_2, s_3 求出了 $f(t)$ 的各个系数 $\sigma_1, \sigma_2, \sigma_3$.

例题 5.6.6 仍然用这个方法, 以 x,y,z 为根构造多项式方程 $(t-x)(t-y)(t-z) = t^3 - \sigma_1 t^2 + \sigma_2 t - \sigma_3 = 0$. 将方程两边同乘 t 变形为 $t^4 - \sigma_1 t^3 + \sigma_2 t^2 - \sigma_3 t = 0$, 将 3 个根代入得到的 3 个等式相加, 得到

$$s_4-\sigma_1 s_3+\sigma_2 s_2-\sigma_3 s_2=0$$

根据这个等式可以由 $f(t)$ 的系数及 s_2,s_3 求出 s_4. 更进一步, 将方程 $f(t)=0$ 两边同乘 t^k, 同样将 3 个根代入得到 3 个等式再相加, 得到关于幂和的递推关系式:

$$s_{k+3}-\sigma_1 s_{k+2}+\sigma_2 s_{k+1}-\sigma_3 s_k=0$$

可以由 s_k,s_{k+1},s_{k+2} 求出 $s_{k+3}=\sigma_1 s_{k+2}-\sigma_2 s_{k+1}+\sigma_3 s_k$.

这个方法可以推广到任意 n 个字母 $x_1,\cdots,x_n$ 的幂和. 以 $x_1,\cdots,x_n$ 为根构造多项式方程:

$$f(t)=(t-x_1)\cdots(t-x_n)=t^n-\sigma_1 t^{n-1}+\cdots+(-1)^k\sigma_k t^{n-k}+\cdots+(-1)^n\sigma_n=0$$

两边同乘 t^m (整数 $k\geqslant 0$), 将 n 个根代入得到 n 个等式再相加, 得到幂和的递推关系式:

$$s_{n+m}-\sigma_1 s_{n+m-1}+\cdots+(-1)^k\sigma_k s_{n+m-k}+\cdots+(-1)^n\sigma_n s_m=0 \tag{5.42}$$

可以由 $s_m,s_{m+1},\cdots,s_{n+m-1}$ 求出 s_{n+m}. 从 $m=0$ 开始, 只要知道了前 $n-1$ 个幂和 $s_1,\cdots,s_{n-1}$, 就可以由这些 s_i $(1\leqslant i\leqslant n-1)$ 及 $s_0=n$ 依次求出以后所有的 $s_n,s_{n+1},\cdots$ 所谓"知道", 就是知道由初等对称多项式 $\sigma_1,\cdots,\sigma_n$ 计算这些 s_i 的表达式, 由此就可得出所有的 s_k 的表达式.

递推公式 (5.4.2) 要求预先知道 $n-1$ 个 $s_1,s_2,\cdots,s_{n-1}$, 才能算出以后所有的 s_k. 如果 n 很大, 这个要求就太高了. 能不能降低要求, 从 s_1 处就能依次算出所有的 $s_2,s_3,\cdots,s_k,\cdots$? 如下的递推公式就能做到这一点:

牛顿公式 对 $x_1,\cdots,x_n$ 和正整数 k, 记 $s_k=x_1^k+\cdots+x_n^k$, 并且约定 $s_0=n$, 则:
当 $1\leqslant k\leqslant n$ 时有

$$s_k-\sigma_1 s_{k-1}+\sigma_2 s_{k-2}-\cdots+(-1)^{k-1}\sigma_{k-1}s_1+(-1)^k k\sigma_k=0 \tag{5.43}$$

当 $k>n$ 时有

$$s_k-\sigma_1 s_{k-1}+\sigma_2 s_{k-2}-\cdots+(-1)^n\sigma_n s_{k-n}=0 \tag{5.44}$$

分析 等式 (5.44) 就是等式 (5.42). 为了对 (5.43),(5.44) 给出统一的证明, 先假定 $1\leqslant k\leqslant n$, 证明等式 (5.43) 成立. 当 $k>n$ 时, 对 $x_1,\cdots,x_n$ 添加 $k-n$ 个 0, 也就是添加 $x_{n+1}=\cdots=x_k=0$ 将 n 扩大成 k, 得到等式 (5.43), 再将 $\sigma_{n+1}=\cdots=\sigma_k=0$ 代入就得到等式 (5.44).

以 $x_1,\cdots,x_n$ 为根构造首一多项式:

$$\begin{aligned}f(x)&=(x-x_1)\cdots(x-x_n)\\&=x^n-\sigma_1 x^{n-1}+\sigma_2 x^{n-2}-\cdots+(-1)^{n-1}\sigma_{n-1}x+(-1)^n\sigma_n\end{aligned}$$

求导数得

$$f'(x)=\sum_{i=1}^n\prod_{j\neq i}(x-x_j)=f(x)\left(\frac{1}{x-x_1}+\cdots+\frac{1}{x-x_n}\right) \tag{5.45}$$

等式 (5.45) 右边每个 $\dfrac{1}{x-x_i}$ $(1\leqslant i\leqslant n)$ 可以展开成 $\dfrac{1}{x}$ 的无穷级数:

$$\begin{aligned}\frac{1}{x-x_i}&=\frac{1}{x}\frac{1}{1-\dfrac{x_i}{x}}=\frac{1}{x}\left(1+\frac{x_i}{x}+\frac{x_i^2}{x^2}+\cdots+\frac{x_i^k}{x^k}+\cdots\right)\\&=\frac{1}{x}+\frac{x_i}{x^2}+\cdots+\frac{x_i^k}{x^{k+1}}+\cdots\end{aligned}$$

于是:

$$\begin{aligned}f'(x)&=f(x)\sum_{1\leqslant i\leqslant n}\frac{1}{x-x_i}\\&=(x^n-\sigma_1x^{n-1}+\cdots+(-1)^n\sigma_n)\left(\frac{s_0}{x}+\frac{s_1}{x^2}+\cdots+\frac{s_k}{x^{k+1}}+\cdots\right)\\&=nx^{n-1}+(s_1-s_0\sigma_1)x^{n-2}+\cdots+(s_k-\sigma_1s_{k-1}+\sigma_2s_{k-2}-\cdots)x^{n-k-1}+\cdots\end{aligned}\tag{5.46}$$

另一方面:

$$\begin{aligned}f'(x)&=(x^n-\sigma_1x^{n-1}+\cdots+(-1)^{n-1}\sigma_{n-1}x+(-1)^n\sigma_n)'\\&=nx^{n-1}-(n-1)\sigma_1x^{n-2}+\cdots+(-1)^{n-1}\sigma_{n-1}\end{aligned}\tag{5.47}$$

比较等式 (5.46) 与 (5.47) 的 x^{n-k-1} 的系数, 当 $1\leqslant k\leqslant n$ 时就得到

$$s_k-\sigma_1s_{k-1}+\cdots+(-1)^k\sigma_ks_0=(-1)^k(n-k)\sigma_k$$

再将等式右边移到左边并合并同类项就得到所需结论.

以上分析的关键是将各个 $\dfrac{1}{x-x_i}$ 展开成 $\dfrac{1}{x}$ 的无穷级数再相加得到了各个幂和 s_k. 这个方法的缺点是: 还应当论证无穷级数的收敛性, 以及当无穷级数 (5.46) 与多项式 (5.47) 相等时为什么 x^{n-k-1} 的系数必须相等. 为了避免这个缺点, 我们将等式 (5.45),(5.46),(5.47) 两边都同乘 x^{k+1}, 将需要比较的 x^{n-k-1} 的系数变成 x^n 的系数来比较, 展开式

$$\frac{1}{x-x_i}=\frac{1}{x}+\frac{x_i}{x^2}+\cdots+\frac{x_i^k}{x^{k+1}}+\cdots$$

也被同乘 x^{k+1} 变成

$$\frac{x^{k+1}}{x-x_i}=x^k+x_ix^{k-1}+\cdots+x_i^k+\rho_i(x)$$

其中的余项

$$\rho_i(x)=\frac{x^{k+1}}{x-x_i}-(x^k+x_ix^{k-1}+\cdots+x_i^k)=\frac{x^{k+1}}{x-x_i}-\frac{x^{k+1}-x_i^{k+1}}{x-x_i}=\frac{x_i^{k+1}}{x-x_i}$$

的分子 x_i^{k+1} 就是用 $x-x_i$ 除 x^{k+1} 的余数, $x^k+x_ix^{k-1}+\cdots+x_i^k$ 则是这个带余除法的商. 所有这些余项 $\rho_i(x)$ 与 $f(x)$ 的乘积都是多项式, 且不含 n 次项, 对于 $x^{k+1}f'(x)$ 中 x^n 的系数没有影响. 这就将以上分析中的所有运算限制在多项式范围内, 不涉及无穷级数.

证明　以 $x_1,\cdots,x_n$ 为根构造首一多项式:

$$f(x)=(x-x_1)\cdots(x-x_n)=x^n-\sigma_1x^{n-1}+\cdots+(-1)^n\sigma_n$$

对任意正整数 k, 计算 $f(x)$ 的导数 $f'(x)$ 与 x^{k+1} 的乘积:

$$\begin{aligned} x^{k+1}f'(x) &= \sum_{i=1}^{n}\frac{f(x)x^{k+1}}{x-x_i} = \sum_{i=1}^{n}\frac{f(x)(x^{k+1}-x_i^{k+1})}{x-x_i} + \sum_{i=1}^{n}\frac{f(x)x_i^{k+1}}{x-x_i} \\ &= f(x)\sum_{i=1}^{n}(x^k + x_i x^{k-1} + x_i^2 x^{k-2} + \cdots + x_i^{k-1}x + x_i^k) + \rho(x) \\ &= f(x)(s_0x^k + s_1x^{k-1} + s_2x^{k-2} + \cdots + s_{k-1}x + s_k) + \rho(x) \end{aligned} \tag{5.48}$$

其中:

$$\rho(x) = \sum_{i=1}^{n} x_i^{k+1}\frac{f(x)}{x-x_i} = \sum_{i=1}^{n} x_i^{k+1}\prod_{j\neq i}(x-x_j)$$

是 $n-1$ 次多项式 $\prod\limits_{j\neq i}(x-x_j)$ $(1\leqslant i\leqslant n)$ 的线性组合, 不含 n 次项. 因此 $x^{k+1}f'(x)$ 中 n 次项的系数等于

$$(x^n - \sigma_1x^{n-1} + \sigma_2x^{n-2} - \cdots + (-1)^n\sigma_n)(s_0x^k + s_1x^{k-1} + s_2x^{k-2} + \cdots + s_{k-1}x + s_k)$$

中 n 次项的系数:

$$\begin{cases} s_k - \sigma_1s_{k-1} + \sigma_2s_{k-2} - \cdots + (-1)^k\sigma_ks_0, & 当 1\leqslant k\leqslant n \\ s_k - \sigma_1s_{k-1} + \sigma_2s_{k-2} - \cdots + (-1)^n\sigma_ns_{k-n}, & 当 k\geqslant n \end{cases} \tag{5.49}$$

另一方面, 由 $f(x) = x^n - \sigma_1x^{n-1} + \sigma_2x^{n-2} - \cdots + (-1)^{n-1}\sigma_{n-1}x + (-1)^n\sigma_n$ 知道

$$x^{k+1}f'(x) = nx^{n+k} - (n-1)\sigma_1x^{n+k-1} + \cdots + (-1)^{n-1}\sigma_{n-1}x^{k+1}$$

的 n 次项系数等于

$$\begin{cases} (-1)^k(n-k)\sigma_k, & 当 1\leqslant k\leqslant n \\ 0, & 当 k\geqslant n \end{cases} \tag{5.50}$$

与式 (5.49) 比较得:

当 $1\leqslant k\leqslant n$ 时,

$$s_k - \sigma_1s_{k-1} + \sigma_2s_{k-2} - \cdots + (-1)^{k-1}\sigma_{k-1}s_1 + (-1)^k\sigma_kn = (-1)^k(n-k)\sigma_k$$

从而:

$$s_k - \sigma_1s_{k-1} + \sigma_2s_{k-2} - \cdots + (-1)^{k-1}\sigma_{k-1}s_1 + (-1)^kk\sigma_k = 0$$

这就是需证明的等式 (5.43).

而当 $k\geqslant n$ 时,

$$s_k - \sigma_1s_{k-1} + \sigma_2s_{k-2} - \cdots + (-1)^n\sigma_ns_{k-n} = 0$$

这就是需证明的等式 (5.44). □

利用牛顿公式重做例题 5.6.4, 将幂和 s_2,s_3,s_4 写成对称多项式 $\sigma_1,\sigma_2,\cdots$ 的多项式, 注意其中 $s_1=\sigma_1$.

$$s_2-\sigma_1 s_1+2\sigma_2=0 \Rightarrow s_2=\sigma_1 s_1-2\sigma_2=\sigma_1^2-2\sigma_2$$

$$s_3-\sigma_1 s_2+2\sigma_2 s_1-3\sigma_3=0$$

$$\Rightarrow s_3=\sigma_1 s_2-2\sigma_2 s_1+3\sigma_3=\sigma_1(\sigma_1^2-2\sigma_2)-2\sigma_2\sigma_1+3\sigma_3=\sigma_1^3-3\sigma_1\sigma_2+3\sigma_3$$

$$s_4-\sigma_1 s_3+\sigma_2 s_2-\sigma_3 s_1+4\sigma_4=0$$

$$\Rightarrow s_4=\sigma_1 s_3-\sigma_2 s_2+\sigma_3 s_1-4\sigma_4=\sigma_1(\sigma_1^3-3\sigma_1\sigma_2+3\sigma_3)-\sigma_2(\sigma_1^2-2\sigma_2)+\sigma_3\sigma_1-4\sigma_4$$

$$=\sigma_1^4-4\sigma_1^2\sigma_2+4\sigma_1\sigma_3+2\sigma_2^2-4\sigma_4$$

□

5.7 更多的例子

5.7.1 设 a,b,c 都是实数, 求证 a,b,c 都是正数的充分必要条件是: $a+b+c>0$, $ab+ac+bc>0$, $abc>0$ 同时成立.

证明 条件的必要性显然, 只需证明充分性.

方程 $(x-a)(x-b)(x-c)=0$, 即

$$x^3-(a+b+c)x^2+(ab+ac+bc)x-abc=0 \tag{5.51}$$

的三个根为实数 a,b,c. 当 $a+b+c>0, ab+ac+bc>0, abc>0$ 时, 如果 $x\leqslant 0$, 则方程 (5.51) 左边 <0, 可见方程 (5.51) 的实根 a,b,c 不能 $\leqslant 0$, 只能都是正实数. □

5.7.2 设 $1,\omega_1,\cdots,\omega_{n-1}$ 是 x^n-1 的全部不同的复数根, 求证:

$$(1-\omega_1)(1-\omega_2)\cdots(1-\omega_{n-1})=n$$

证明 在复数范围内有分解式:

$$x^n-1=(x-1)(x-\omega_1)\cdots(x-\omega_{n-1})$$

因此, x^n-1 被 $x-1$ 除得到的商:

$$x^{n-1}+\cdots+x+1=(x-\omega_1)\cdots(x-\omega_{n-1})$$

将 $x=1$ 代入等式两边, 得到

$$n=(1-\omega_1)(1-\omega_2)\cdots(1-\omega_{n-1})$$

5.7.3 求证: $\cos\frac{\pi}{7}-\cos\frac{2\pi}{7}+\cos\frac{3\pi}{7}=\frac{1}{2}$.

解 记 $\omega=\cos\frac{\pi}{7}+\mathrm{i}\sin\frac{\pi}{7}$, 则 $\omega^7=\cos\pi+\mathrm{i}\sin\pi=-1$. 将 $x=\omega$ 代入等式 $(1+x)(1-x+x^2-x^3+x^4-x^5+x^6)=1+x^7$ 得

$$(1+\omega)(1-\omega+\omega^2-\omega^3+\omega^4-\omega^5+\omega^6)=0$$

但 $1+\omega\neq 0$, 因此:

$$1-\omega+\omega^2-\omega^3+\omega^4-\omega^5+\omega^6=0 \tag{5.52}$$

对正整数 $k\leqslant 3$, 由 $\omega^k\omega^{7-k}=\omega^7=-1$ 得 $\omega^{7-k}=-\omega^{-k}$, 也就是 $\omega^6=-\omega^{-1},\omega^5=-\omega^{-2},\omega^4=-\omega^{-3}$. 代入 (5.52) 得

$$1-(\omega+\omega^{-1})+(\omega^2+\omega^{-2})-(\omega^3+\omega^{-3})=0 \tag{5.53}$$

其中每个

$$\omega^k+\omega^{-k}=\left(\cos\frac{k\pi}{7}+\mathrm{i}\sin\frac{k\pi}{7}\right)+\left(\cos\frac{k\pi}{7}-\mathrm{i}\sin\frac{k\pi}{7}\right)=2\cos\frac{k\pi}{7}$$

代入 (5.53) 得到

$$\begin{aligned}&1-2\cos\frac{\pi}{7}+2\cos\frac{2\pi}{7}-2\cos\frac{3\pi}{7}=0\\ \Rightarrow\quad &\cos\frac{\pi}{7}-\cos\frac{2\pi}{7}+\cos\frac{3\pi}{7}=\frac{1}{2}\end{aligned}$$

□

5.7.4 已知 $a_1,a_2,\cdots,a_n$ 是两两不同的数, 求证: 方程组

$$\begin{cases}a_1^{n-1}x_1+a_1^{n-2}x_2+\cdots+a_1x_{n-1}+x_n=-a_1^n\\ a_2^{n-1}x_1+a_2^{n-2}x_2+\cdots+a_2x_{n-1}+x_n=-a_2^n\\ \cdots\cdots\\ a_n^{n-1}x_1+a_n^{n-2}x_2+\cdots+a_nx_{n-1}+x_n=-a_n^n\end{cases}$$

有唯一解. 并求出它的解.

证明 将第 i 个方程的常数项移到左边可化为

$$a_i^n+x_1a_i^{n-1}+x_2a_i^{n-2}+\cdots+x_{n-1}a_i+x_n=0$$

相当于将 a_i 代入 n 次多项式:

$$f(x)=x^n+x_1x^{n-1}+x_2x^{n-2}+\cdots+x_{n-1}x+x_n$$

得到 $f(a_i)=0$, 也就是说 a_i 是 n 次方程 $f(x)=0$ 的根. 原方程组也就是要求 $a_1,\cdots,a_n$ 这 n 个不同的数都是 n 次方程 $f(x)=0$ 的根. 满足这个条件且首项系数为 1 的 n 次多项式 $f(x)$ 是唯一的, 只能是

$$f(x)=(x-a_1)(x-a_2)\cdots(x-a_n)=x^n-\sigma_1x^{n-1}+\sigma_2x^{n-2}+\cdots+(-1)^n\sigma_n$$

其中 σ_k 是 $a_1,\cdots,a_n$ 这 n 个数中每次取 k 个相乘的所有这些乘积之和. 因此, $f(x)$ 的 $n-k$ 次项系数 $x_k=(-1)^k\sigma_k$. 方程组的解 $(x_1,\cdots,x_n)$ 由这个唯一的多项式 $f(x)$ 的系数组成, 只能有唯一解:

$$(x_1,\cdots,x_k,\cdots,x_n)=(-\sigma_1,\cdots,(-1)^k\sigma_k,\cdots,(-1)^n\sigma_n)$$

□

点评 以上的解法并没有解方程组, 只是将方程组所要求的条件转化为对多项式 $f(x)$ 的根的要求, 根据多项式的因式分解式, 也就是根据根与系数的关系 (韦达定理) 得到了满足条件的唯一的多项式 $f(x)$, 由 $f(x)$ 的唯一性得到了原方程组的解的唯一性, 由 $f(x)$ 的系数得到了原方程组的唯一解.

本题也可以用线性方程组的标准解法来求解. 方程组的系数行列式

$$\Delta=\begin{vmatrix} a_1^{n-1} & a_1^{n-2} & \cdots & a_1 & 1\\ a_2^{n-1} & a_2^{n-2} & \cdots & a_2 & 1\\ \vdots & \vdots & & \vdots & \vdots\\ a_n^{n-1} & a_n^{n-2} & \cdots & a_n & 1\end{vmatrix}=\prod_{1\leqslant i<j\leqslant n}(a_i-a_j)$$

是范德蒙得行列式, 由 $a_1,\cdots,a_n$ 两两不同知 $\Delta\neq 0$, 可知方程组有唯一解. 再利用克莱默法则求出方程组的解 $x_k=\dfrac{\Delta_k}{\Delta}$, 其中 Δ_k 是用常数项 $-a_1^n,\cdots,-a_n^n$ 依次代替 Δ 的第 i 列各元素得到的行列式. 计算 Δ_k 的值时, 先将 Δ_k 的第 k 列依次与前 $k-1$ 互换位置变到第 1 列, 再将这一列变号, 化为

$$D_k=(-1)^k\Delta_k=\begin{vmatrix} a_1^n & \cdots & a_1^{n-k+1} & a_1^{n-k-1} & \cdots & a_1 & 1\\ a_2^n & \cdots & a_2^{n-k+1} & a_2^{n-k-1} & \cdots & a_2 & 1\\ \vdots & & \vdots & \vdots & & \vdots & \vdots\\ a_n^n & \cdots & a_n^{n-k+1} & a_n^{n-k-1} & \cdots & a_n & 1\end{vmatrix}$$

将这个行列式的第 k 列与第 $k+1$ 列之间插入一列 $(a_1^{n-k},\cdots,a_n^{n-k})^{\mathrm T}$, 并在第 1 行之上增添一行 $(x^n,x^{n-1},\cdots,x,1)$, 变成 $n+1$ 阶范德蒙德行列式:

$$\begin{aligned}V&=\begin{vmatrix} x^n & x^{n-1} & \cdots & x & 1\\ a_1^n & a_1^{n-1} & \cdots & a_1 & 1\\ \vdots & \vdots & & \vdots & \vdots\\ a_n^n & a_n^{n-1} & \cdots & a_1 & 1\end{vmatrix}=(x-a_1)\cdots(x-a_n)\prod_{1\leqslant i<j\leqslant n}(a_i-a_j)\\ &=(x-a_1)\cdots(x-a_n)\Delta\end{aligned}$$

D_k 就是 V 的第 $(1,k+1)$ 元素 x^{n-k} 在 V 中的余子式, 对应的代数余子式 $(-1)^{1+(k+1)}D_k=(-1)^{1+(k+1)}(-1)^k\Delta_k=\Delta_k$ 就是 $V=(x-a_1)\cdots(x-a_n)\Delta$ 作为 x 的 n 次多项式中的 $n-k$ 次项的系数 $(-1)^k\sigma_k\Delta$, 由此得到

$$x_k=\frac{\Delta_k}{\Delta}=\frac{(-1)^k\sigma_k\Delta}{\Delta}=(-1)^k\sigma_k\qquad(\forall\ 1\leqslant k\leqslant n)$$

与本题上述解法得到的答案相同, 但繁琐得多. □

5.7.5 如果 a,b 是方程 $x^4+x^3-1=0$ 的两个根, 求证 ab 是方程 $x^6+x^4+x^3-x^2-1=0$ 的一个根.

解法 1 设方程 $x^4+x^3-1=0$ 的全部 4 个根为 a,b,c,d, 则 $f(x)=x^4+x^3-1=(x-a)(x-b)(x-c)(x-d)$. 由韦达定理得

$$a+b+c+d=abcd=-1,\quad cd=-\frac{1}{ab}$$

方程 $f(x)=0$ 的根 a 满足条件 $a^4+a^3-1=0$, 即 $a^3(1+a)=1$. 同理 $b^3(1+b)=1$. 两式相乘得

$$(ab)^3(1+a)(1+b)=1 \ \Rightarrow \ (ab)^3(1+a)(1+b)(1+c)(1+d)=(1+c)(1+d)$$

将 $(1+a)(1+b)(1+c)(1+d)=(-1-a)(-1-b)(-1-c)(-1-d)=f(-1)=-1$ 代入得

$$-(ab)^3=(1+c)(1+d)=1+c+d+cd$$

同理 $-(cd)^3=1+a+b+ab$. 于是:

$$\begin{aligned}-(ab)^3-(cd)^3&=2+(c+d+a+b)+ab+cd\\&=2-1+ab+cd=1+ab+cd\\(ab)^3+(cd)^3+1+ab+cd&=0\\(ab)^3-\frac{1}{(ab)^3}+1+ab-\frac{1}{ab}&=0\end{aligned}$$

两边同乘 $(ab)^3$ 得

$$(ab)^6+(ab)^4+(ab)^3-(ab)^2-1=0$$

这证明了 ab 是方程 $x^6+x^4+x^3-x^2-1=0$ 的根.

解法 2 由韦达定理得方程 $x^4+x^3-1=0$ 的 4 个根 a,b,c,d 的初等对称多项式:

$$\sigma_1=a+b+c+d=-1, \quad \sigma_2=ab+ac+ad+bc+bd+cd=0,$$
$$\sigma_3=abc+abd+acd+bcd=0, \quad \sigma_4=abcd=-1$$

以 4 个根 a,b,c,d 每两个的乘积为根的首一多项式:

$$\begin{aligned}g(x)&=(x-ab)(x-ac)(x-ad)(x-bc)(x-bd)(x-cd)\\&=x^6+p_1x^5+p_2x^4+p_3x^3+p_4x^2+p_5x+p_6\end{aligned}$$

的各项系数都是 a,b,c,d 的对称多项式, 可以由初等对称多项式 $\sigma_1,\sigma_2,\sigma_3,\sigma_4$ 计算出来.

易见 $-p_1=\sigma_2=0$, 因此 $p_1=0$, 又有 $p_6=\sigma_4^3=-1$.

$g(x)=x^6+p_2x^4+p_3x^3+p_4x^2+p_5x-1$ 的 6 个根可以分成 3 组, 每组两个根的乘积

$$(ab)(cd)=(ac)(bd)=(ad)(bc)=\sigma_4=-1$$

可见 $g(x)$ 每个根的负倒数仍是 $g(x)$ 的根, 方程 $g(x)=0$ 与 $g\left(-\dfrac{1}{x}\right)=0$ 同解. $g\left(-\dfrac{1}{x}\right)=0$ 即

$$\left(-\frac{1}{x}\right)^6+p_2\left(-\frac{1}{x}\right)^4+p_3\left(-\frac{1}{x}\right)^3+p_4\left(-\frac{1}{x}\right)^2+p_5\left(-\frac{1}{x}\right)-1=0$$

两边同乘 $-x^6$ 化为 $x^6+p_5x^5-p_4x^4+p_3x^3-p_2x^2-1=0$. 与同解方程 $g(x)=0$ 左边比较对应项系数得 $p_5=0,p_4=-p_2$. 因此:

$$g(x)=x^6+p_2x^4+p_3x^3-p_2x^2-1$$

只要求出系数 p_2, p_3 即可. 将 $g(x)$ 写成 3 个二次因式的乘积:

$$
\begin{aligned}
g(x) &= [(x-ab)(x-cd)][(x-ac)(x-bd)][(x-ad)(x-bc)] \\
&= [x^2-(ab+cd)x-1][x^2-(ac+bd)x-1][x^2-(ad+bc)x-1]
\end{aligned}
$$

$g(x)$ 的 4 次项来自 3 个二次因式中每两个的 2 次项与剩下一个的常数项的乘积, 以及每两个因式的一次项的乘积与剩下一个的二次项的乘积, 因此 4 次项系数

$$
\begin{aligned}
p_2 &= -3+(ab+cd)(ac+bd)+(ab+cd)(ad+bc)+(ac+bd)(ad+bc) \\
&= -3+a(abc+abd+acd)+b(abc+abd+bcd) \\
&\quad +c(abc+acd+bcd)+d(abd+acd+bcd) \\
&= -3+a(-bcd)+b(-acd)+c(-abd)+d(-abc) = -3+1+1+1+1=1
\end{aligned}
$$

(注: 由 $abc+abd+acd+bcd=0$ 得 $abc+abd+acd=-bcd$ 等.)

$g(x)$ 的 3 次项来自 3 个二次因式的一次项的乘积, 以及每个因式的二次项与另外某一个的一次项及剩下一个的常数项的乘积, 因此:

$$
\begin{aligned}
p_3 &= -(ab+cd)(ac+bd)(ad+bc)+2(ab+cd+ac+bd+ad+bc) \\
&= -(a^2+b^2+c^2+d^2)(abcd)-(a^2b^2c^2+a^2b^2d^2+a^2c^2d^2+b^2c^2d^2)+2\times 0
\end{aligned}
$$

将 $a^2+b^2+c^2+d^2=\sigma_1^2-2\sigma_2=1, abcd=\sigma_4=-1$ 及

$$
a^2b^2c^2+a^2b^2d^2+a^2c^2d^2+b^2c^2d^2=\sigma_3^2-2\sigma_4\sigma_2=0
$$

代入, 得 $p_3=1$. 于是得到以 ab, ac, ad, bc, bd, cd 为根的方程为

$$
x^6+x^4+x^3-x^2-1=0
$$

解法 3　与解法 2 同样由韦达定理知方程 $x^4+x^3-1=0$ 的 4 个根 a,b,c,d 的初等对称多项式 $\sigma_1,\sigma_2,\sigma_3,\sigma_4$ 的值分别为 $-1,0,0,-1$.

以 $ab+cd, ac+bd, ad+bc$ 为根造一个三次方程 $g(y)=0$, 其中:

$$
\begin{aligned}
& g(y) = (y-(ab+cd))(y-(ac+bd))(y-(ad+bc)) = y^3-py^2+qy-r \\
& p = (ab+cd)+(ac+bd)+(ad+bc) = \sigma_2 = 0 \\
& q = (ab+cd)(ac+bd)+(ab+cd)(ad+bc)+(ac+bd)(ad+bc) \\
& \quad = a(abc+abd+acd)+b(abc+abd+bcd)+c(abc+acd+bcd)+d(abd+acd+bcd) \\
& \quad = a(-bcd)+b(-acd)+c(-abd)+d(-abc) = 4 \\
& r = (ab+cd)(ac+bd)(ad+bc) \\
& \quad = (a^2+b^2+c^2+d^2)(abcd)+(a^2b^2c^2+a^2b^2d^2+a^2c^2d^2+b^2c^2d^2) \\
& \quad = (\sigma_1^2-2\sigma_2)\sigma_4+\sigma_3^2-2\sigma_4\sigma_2 = 1
\end{aligned}
$$

于是 $g(y)=y^3+4y+1$. 将 $y=ab+cd=ab-\dfrac{1}{ab}$ 代入所满足方程 $y^3+4y+1=0$ 得

$$
\left(ab-\frac{1}{ab}\right)^3+4\left(ab-\frac{1}{ab}\right)+1=0
$$

$$(ab)^3-3ab+\frac{3}{ab}-\frac{1}{(ab)^3}+4ab-\frac{4}{ab}+1=0$$

两边同乘 $(ab)^3$ 得

$$(ab)^6+(ab)^4+(ab)^3-(ab)^2-1=0$$

这证明了 ab 是方程 $x^6+x^4+x^3-x^2-1=0$ 的根. □

点评 本题解法 1 比解法 2 和解法 3 更简便. 但是, 解法 1“太绝”, 不容易想到. 更重要的是, 解法 1 太依赖于本题的方程 $x^4+x^3-1=0$ 的特殊性, 难以推广到一般的 n 次方程 $f(x)=0$. 而解法 2 却可以对一般的一元 n 次方程 $f(x)=0$ 求出以两根之积为根的新方程 $g(x)=0$, 也可以对 a,b 分别是两个不同方程 $f_1(x)=0$ 与 $f_2(x)=0$ 的根的情形求出以 ab 为根的新方程.

设一元 n 次方程 $f_1(x)=0$ 的全部根为 $a_1,\cdots,a_n$, 一元 m 次方程 $f_2(x)=0$ 的全部根为 $b_1,\cdots,b_m$, 构造以所有的 a_ib_j $(1\leqslant i\leqslant n,1\leqslant j\leqslant m)$ 为根的多项式:

$$g(x)=\prod_{i=1}^{n}\prod_{j}^{m}(x-a_ib_j)$$

则 $g(x)$ 的系数既是 $a_1,\cdots,a_n$ 的对称多项式 (把各 b_j 看成常数), 也是 $b_1,\cdots,b_m$ 的对称多项式 (把各 a_i 看成常数), 根据对称多项式基本定理, $g(x)$ 的系数可以写成 $f_1(x),f_2(x)$ 的系数的整系数多项式. 如果 a,b 是同一个一元 n 次方程 $f_1(x)=0$ 的两个不同的根, 以 $f_1(x)$ 的 n 个根 $a_1,\cdots,a_n$ 两两的乘积为根构造方程 $g(x)=0$, 则 $g(x)$ 的系数可以写成 $f_1(x)$ 的系数的多项式.

虽然在理论上可以将 $g(x)$ 的系数写成上述的 $f_1(x),f_2(x)$ 的系数的多项式, 但在实际操作中要求出这些多项式, 要由 $f_1(x),f_2(x)$ 的系数算出 $g(x)$ 的系数, 仍然可能是非常繁琐的. 例如, 本题的解法 2 中尽管努力利用所给方程 $x^4+x^3-1=0$ 的特殊性质简化运算, 仍然不算太简便. 但是, 繁琐总比束手无策好. 只要知道了前进方向和计算方法, 繁琐的运算可以通过适当的程序让计算机完成, 甚至可以将程序变成固定的软件来专门完成将对称多项式写成初等对称多项式的多项式的工作.

解法 3 中以 $y_1=ab+cd$, $y_2=ac+bd$, $y_3=ad+bc$ 为三个根的方程的系数之所以是 a,b,c,d 的对称多项式, 是因为 a,b,c,d 的所有置换将 y_1,y_2,y_3 相互置换, 因此将 y_1,y_2,y_3 的初等对称多项式 $\Sigma_1=y_1+y_2+y_3$, $\Sigma_2=y_1y_2+y_1y_3+y_2y_3$, $\Sigma_3=y_1y_2y_3$ 保持不变, 因此 y_1,y_2,y_3 的这三个初等对称多项式也是 a,b,c,d 的对称多项式, 都可以由 a,b,c,d 的初等对称多项式 $\sigma_1,\sigma_2,\sigma_3,\sigma_4$ 经过加、减、乘法算出来.

我们知道有理系数一元一次方程的根都是有理数. 反过来, 每一个有理数 c 都是有理系数一元一次方程 $x-c=0$ 的根. 不过, 一元 n 次有理系数方程的根可能是无理数甚至虚数. 例如 $\sqrt{2}$ 是有理系数一元二次方程 $x^2-2=0$ 的根, 虚数 i 是有理系数一元二次方程 $x^2+1=0$ 的根. 但是, 绝大多数无理数不是任何一个有理系数一元 n 次方程的根. 一般地, 有理系数一元 n 次方程的根称为**代数数**, 除此以外其余的复数都称为**超越数**. 例如, 刚才所举的 $\sqrt{2},\mathrm{i}$ 是代数数, 我们熟悉的无理数 π,e 都是超越数.

我们知道有理数的和差积商 (除数不为 0) 仍是有理数. 对任意两个代数数 a,b, 可以找到分别以它们为根的次数最低的首项系数为 1 的有理系数一元多项式 $f_1(x),f_2(x)$.

如果 $f_1(x)\neq f_2(x)$, 它们的全部根分别为 $a_1,\cdots,a_n$ 与 $b_1,\cdots,b_m$, 其中 $a_1=a,b_1=b$, 则 $a+b,a-b,ab$ 分别是多项式

$$g_1(x)=\prod_{i,j}(x-(a_i+b_j)),\quad g_2(x)=\prod_{i,j}(x-(a_i-b_j)),\quad g_3(x)=\prod_{i,j}(x-a_ib_j)$$

的根, 并且这些多项式的系数都可以由 $f_1(x),f_2(x)$ 的系数 (都是有理数) 经过加减乘运算得出来, 仍是有理数. 由此可见 $a\pm b,ab$ 都是有理系数多项式方程的根, 仍是代数数. 当 $b\neq 0$ 时 $g(x)$ 的常数项不为 0, b^{-1} 是有理系数多项式方程 $x^m g\left(\dfrac{1}{x}\right)=0$ 的根, 同样是代数数, 因而 $\dfrac{a}{b}=ab^{-1}$ 仍是代数数. 这证明了: 代数数的和、差、积、商 (当除数不为 0) 仍是代数数. 全体代数数组成的集合是一个数域. □

5.7.6 将 $s_k=x_1^k+x_2^k+\cdots+x_n^k$ $(k=5,6)$ 表示成 $x_1,x_2,\cdots,x_n$ 的初等对称多项式的多项式.

解 根据牛顿公式:

$$s_k-\sigma_1s_{k-1}+\sigma_2s_{k-2}-\cdots+(-1)^{k-1}\sigma_{k-n+1}s_1+(-1)^kk\sigma_{k-n}$$

可以由 s_i $(1\leqslant i\leqslant k-1)$ 的表达式得到 s_k 的表达式:

$$s_k=\sigma_1s_{k-1}-\sigma_2s_{k-2}+\cdots+(-1)^{k-2}\sigma_{k-1}s_1+(-1)^{k-1}k\sigma_k$$

当 $k>n$ 时, 补充 $x_{n+1}=\cdots=x_k=0$, 在公式中取 $\sigma_{n+1}=\cdots=\sigma_k=0$ 就可得到

$$s_k=\sigma_1s_{k-1}-\sigma_2s_{k-2}+\cdots+(-1)^{n-1}\sigma_ns_{k-n}$$

由 $s_1=\sigma_1$ 出发, 根据公式可得

$$\begin{aligned}&s_2=\sigma_1^2-2\sigma_2,\quad s_3=\sigma_1s_2-\sigma_2s_1+3\sigma_3=\sigma_1^3-3\sigma_1\sigma_2+3\sigma_3\\&s_4=\sigma_1s_3-\sigma_2s_2+\sigma_3s_1-4\sigma_4=\sigma_1^4-4\sigma_1^2\sigma_2+4\sigma_1\sigma_3+2\sigma_2^2-4\sigma_4\end{aligned}$$

于是:

$$\begin{aligned}s_5&=\sigma_1s_4-\sigma_2s_3+\sigma_3s_2-\sigma_4s_1+5\sigma_5\\&=\sigma_1(\sigma_1^4-4\sigma_1^2\sigma_2+4\sigma_1\sigma_3+2\sigma_2^2-4\sigma_4)\\&\quad-\sigma_2(\sigma_1^3-3\sigma_1\sigma_2+3\sigma_3)+\sigma_3(\sigma_1^2-2\sigma_2)-\sigma_4\sigma_1+5\sigma_5\\&=\sigma_1^5-5\sigma_1^3\sigma_2+5\sigma_1^2\sigma_3+5\sigma_1\sigma_2^2-5\sigma_1\sigma_4-5\sigma_2\sigma_3+5\sigma_5\\s_6&=\sigma_1s_5-\sigma_2s_4+\sigma_3s_3-\sigma_4s_2+\sigma_5s_1-6\sigma_6\\&=\sigma_1(\sigma_1^5-5\sigma_1^3\sigma_2+5\sigma_1^2\sigma_3+5\sigma_1\sigma_2^2-5\sigma_1\sigma_4-5\sigma_2\sigma_3+5\sigma_5)\\&\quad-\sigma_2(\sigma_1^4-4\sigma_1^2\sigma_2+4\sigma_1\sigma_3+2\sigma_2^2-4\sigma_4)+\sigma_3(\sigma_1^3-3\sigma_1\sigma_2+3\sigma_3)\\&\quad-\sigma_4(\sigma_1^2-2\sigma_2)+\sigma_5\sigma_1-6\sigma_6\\&=\sigma_1^6-6\sigma_1^4\sigma_2+6\sigma_1^3\sigma_3+9\sigma_1^2\sigma_2^2-6\sigma_1^2\sigma_4-12\sigma_1\sigma_2\sigma_3\\&\quad+6\sigma_1\sigma_5-2\sigma_2^3+6\sigma_2\sigma_4+3\sigma_3^2-6\sigma_6\end{aligned}$$

□

5.7.7 计算 n 阶行列式:

$$\Delta_n=\begin{vmatrix}1 & x_1 & \cdots & x_1^{k-1} & x_1^{k+1} & \cdots & x_1^n\\ 1 & x_2 & \cdots & x_2^{k-1} & x_2^{k+1} & \cdots & x_2^n\\ \vdots & \vdots & & \vdots & \vdots & & \vdots\\ 1 & x_n & \cdots & x_n^{k-1} & x_n^{k+1} & \cdots & x_n^n\end{vmatrix}$$

解 每一行 $(1,x_i,\cdots,x_i^{k-1},x_i^{k+1},\cdots,x_i^n)$ 的第 k 元素 x_i^{k-1} 到第 $k+1$ 元素 x_i^{k+1} 从 x_i 的 $k-1$ 次幂跳到第 $k+1$ 次幂, 缺少了 k 次幂, 因此不是范德蒙德行列式. 在第 k 列与第 $k+1$ 列之间添加一列补上各 x_i 的 k 次幂, 并在第 n 行之下添加由另一字母 x 的各次幂组成的一行, 成为 $n+1$ 阶范德蒙德行列式:

$$V_{n+1}=\begin{vmatrix}1 & x_1 & \cdots & x_1^k & \cdots & x_1^n\\ \vdots & \vdots & & \vdots & & \vdots\\ 1 & x_n & \cdots & x_n^k & \cdots & x_n^n\\ 1 & x & \cdots & x^k & \cdots & x^n\end{vmatrix}=(x-x_1)\cdots(x-x_n)\prod_{1\leqslant i<j\leqslant n}(x_j-x_i)$$

则所求行列式 Δ_n 是 V_{n+1} 的第 $(n+1,k+1)$ 元素 x^k 的余子式. 对应的代数余子式 $(-1)^{(n+1)+(k+1)}\Delta_n$ 等于 x 的 n 次多项式 V_{n+1} 中 k 次项的系数, 即

$$(-1)^{n+k}\Delta_n=(-1)^{n-k}\sigma_{n-k}\prod_{1\leqslant i<j\leqslant n}(x_j-x_i)$$

$$\Delta_n=\sigma_{n-k}\prod_{1\leqslant i<j\leqslant n}(x_j-x_i)$$

其中 σ_{n-k} 是 n 个数 $x_1,\cdots,x_n$ 中每次取 $n-k$ 个相乘的所有这些乘积之和. □

5.7.8 解二元方程组:

$$\begin{cases}y^2-7xy+4x^2+13x-2y-3=0\\ y^2-14xy+9x^2+28x-4y-5=0\end{cases}$$

解 将两个方程左边的多项式写成 y 的多项式 $f(y)=y^2+(-7x-2)y+(4x^2+13x-3)$ 与 $g(y)=y^2+(-14x-4)y+(9x^2+28x-5)$, 系数是 x 的多项式. 选择 y 使 $f(y),g(y)$ 有公共根, 也就是使它们的结式

$$R(f,g)=\begin{vmatrix}1 & -7x-2 & 4x^2+13x-3 & 0\\ 0 & 1 & -7x-2 & 4x^2+13x-3\\ 1 & -14x-4 & 9x^2+28x-5 & 0\\ 0 & 1 & -14x-4 & 9x^2+28x-5\end{vmatrix}=0$$

对行列式 $R(f,g)$ 进行初等变换化简, 得

$$R(f,g)\xlongequal{-2(1)+(3),-2(2)+(4)}\begin{vmatrix}1 & -7x-2 & 4x^2+13x-3 & 0\\ 0 & 1 & -7x-2 & 4x^2+13x-3\\ -1 & 0 & x^2+2x+1 & 0\\ 0 & -1 & 0 & x^2+2x+1\end{vmatrix}$$

$$\xlongequal{(3)+(1),(4)+(2)}\begin{vmatrix} 0 & -7x-2 & 5x^2+15x-2 & 0 \\ 0 & 0 & -7x-2 & 5x^2+15x-2 \\ -1 & 0 & x^2+2x+1 & 0 \\ 0 & -1 & 0 & x^2+2x+1 \end{vmatrix}$$

$$\xlongequal{\text{按第 1 列展开}} -\begin{vmatrix} -7x-2 & 5x^2+15x-2 & 0 \\ 0 & -7x-2 & 5x^2+15x-2 \\ -1 & 0 & x^2+2x+1 \end{vmatrix}$$

$$\xlongequal{\text{按第 1 列展开}} -(-7x-2)^2(x^2+2x+1)+(5x^2+15x-2)^2$$

$$=(5x^2+15x-2)^2-[(7x+2)(x+1)]^2$$

$$=[(5x^2+15x-2)+(7x^2+9x+2)][(5x^2+15x-2)-(7x^2+9x+2)]$$

$$=(12x^2+24x)(-2x^2+6x-4)$$

$$=-24x(x+2)(x-1)(x-2)$$

当 $x=0,-2,1$ 或 2 时, 原方程组两个方程有公共根 y, 也就是两方程之差 $(7x+2)y-5x^2-15x+2=0$ 的解. 具体计算结果为:

当 $x=0$, $2y+2=0$, $y=-1$. 当 $x=-2$, $-12y+12=0$, $y=1$.

当 $x=1$, $9y-18=0$, $y=2$. 当 $x=2$, $16y-48=0$, $y=3$.

易验证 $(0,-1),(-2,1),(1,2),(2,3)$ 确实是原方程组的解, 因此是原方程组的全部解. □

点评　本题求结式 $h(x)=R(f,g)$ 及对 $h(x)$ 做因式分解求根的运算可以借助于 Mathematica 来完成. 程序语句如下:

```
f[y_] := y^2-(7x+2)y+(4x^2+13x-3);
g[y_] := y^2-(14x+4)y+(9x^2+28x-5);
h = Resultant[f[y],g[y],y]; Print[h]; Factor[h]
```

运行结果为:

$-96x+96x^2+24x^3-24x^4$

$-24(-2+x)(-1+x)x(2+x)$

第 6 章　线性变换

知识引入例

例 1　试求一个通项公式 $u_n=f(n)$, 使它决定的数列的前 99 项依次为 $1,2,\cdots,99$, 第 100 项为 2013.

分析　仿照第 1 章例 3, 可以考虑 $f(n)=a_0+a_1n+\cdots+a_{99}n^{99}$ 是不超过 99 次的多项式, 作为通项公式, 其中的 100 个待定系数 $a_0,a_1,\cdots,a_{99}$ 满足 100 个方程组组成的一次方程组. 不难发现方程组的系数行列式恰是范德蒙德行列式, 不等于 0, 方程组一定有唯一解. 但要真正解出这个方程组比较困难, 即使用计算机来解, 语句的输入输出量也很大. 更巧妙的解法是将数列 $U=(1,2,\cdots,99,2103)$ 分解为两个数列 $U_1=(1,2,\cdots,99,100)$ 与 $U_2=(0,\cdots,0,1913)$ 之和, 分别求出通项公式 $f_1(n),f_2(n)$ 再相加得到 U 的通项公式.

解　数列 $U_1=(1,2,\cdots,99,100)$ 的通项公式 $f_1(n)=n$. 数列 $U_2=(0,\cdots,0,1913)$ 的前 99 项都为 0, 只有最后一项不为 0, 易见多项式 $f_2(n)=\lambda(n-1)\cdots(n-99)$ 当 $n=1,2,\cdots,99$ 时都为 0, 只需选取待定系数 λ 使 $f(100)=\lambda(99!)=1913$. $\lambda=\dfrac{1913}{99!}$ 满足要求. 因此 $f_2(n)=\dfrac{1913}{99!}(n-1)\cdots(n-99)$ 符合要求.

$u_n=f_1(n)+f_2(n)=n+\dfrac{1913!}{99!}(n-1)\cdots(n-99)$ 是数列 $U=U_1+U_2=(1,2,\cdots,99,2013)$ 的通项公式. □

例 2　对任意 b_1,b_2,b_3, 求通项公式 $u_n=f(n)$ 使数列前三项依次为 b_1,b_2,b_3.

解　数列 $U=(b_1,b_2,b_3)$ 可以分解为三个最简单的数列 $\boldsymbol{e}_1=(1,0,0),\boldsymbol{e}_2=(0,1,0),\boldsymbol{e}_3=(0,0,1)$ 的线性组合:

$$U=b_1(1,0,0)+b_2(0,1,0)+b_3(0,0,1)$$

分别求出这三个简单数列的通项公式:

$$f_1(n)=\frac{(n-2)(n-3)}{(1-2)(1-3)}=\frac{1}{2}(n-2)(n-3)$$

$$f_2(n)=-(n-1)(n-3)$$

$$f_3(n)=\frac{1}{2}(n-1)(n-2)$$

再作相应的线性组合就得到数列 (b_1,b_2,b_3) 的通项公式:

$$u_n=f(n)=b_1f_1(n)+b_2f_2(n)+b_3f_3(n)$$

$$= \frac{b_1}{2}(n-2)(n-3) - b_2(n-1)(n-3) + \frac{b_3}{2}(n-1)(n-2) \qquad \square$$

以上两题的巧妙之处都是将比较复杂的数列 U 分解为较简单数列 $U_1,\cdots,U_k$ 的线性组合 $U = c_1U_1 + \cdots + c_kU_k$, 求出各简单数列 U_i 的通项公式 $f_i(n)$, 再作相应的线性组合得到 U 的通项公式 $f(n) = c_1f_1(n) + \cdots + c_kf_k(n)$. 这种巧妙方法之所以能够成功, 是因为通项公式 f 与数列 U 之间的对应关系 $\sigma : f \to U$ 具有美妙的性质:

两个数列 U_1, U_2 的通项公式 f_1, f_2 之和 $f_1 + f_2$, 是这两个数列和 $U_1 + U_2$ 的通项公式, 即 $\sigma(f_1 + f_2) = \sigma(f_1) + \sigma(f_2)$.

数列 U 的通项公式 f 的常数倍 cf, 是数列的同样常数倍 cU 的通项公式, 即 $\sigma(cf) = c\sigma(f)$.

满足这两条性质 $\sigma(f_1 + f_2) = \sigma(f_1) + \sigma(f_2), \sigma(cf) = c\sigma(f)$ 的映射 σ 称为线性映射.

6.1　线性映射

知识导航

1. 线性映射的定义

同一域 F 上两个线性空间之间的映射 $\mathcal{A} : V \to U$, 如果对任意向量 $\boldsymbol{\alpha}, \boldsymbol{\beta} \in V$ 和纯量 $\lambda \in F$ 满足

$$\mathcal{A}(\boldsymbol{\alpha} + \boldsymbol{\beta}) = \mathcal{A}(\boldsymbol{\alpha}) + \mathcal{A}(\boldsymbol{\beta}) \quad \text{及} \quad \mathcal{A}(\lambda\boldsymbol{\alpha}) = \lambda\mathcal{A}(\boldsymbol{\alpha})$$

就称 $\mathcal{A}$ 是**线性映射**. 当 $U = V$ 时称 $\mathcal{A}$ 为 V 上的**线性变换** . 当 $U = F$ 时称 $\mathcal{A}$ 为 V 上的**线性函数**.

2. 线性映射的重要性质

(1) 零向量映到零向量: $\mathcal{A}(\mathbf{0}) = \mathbf{0}$.

(2) 保持线性组合: $\mathcal{A}(\lambda_1\boldsymbol{\alpha}_1 + \cdots + \lambda_k\boldsymbol{\alpha}_k) = \lambda\mathcal{A}(\boldsymbol{\alpha}_1) + \cdots + \lambda_k\mathcal{A}(\boldsymbol{\alpha}_k)$.

(3) 保持线性相关: $\boldsymbol{\alpha}_1, \cdots, \boldsymbol{\alpha}_k$ 线性相关 $\Rightarrow \mathcal{A}(\boldsymbol{\alpha}_1), \cdots, \mathcal{A}(\boldsymbol{\alpha}_k)$ 线性相关.

反过来: $\mathcal{A}(\boldsymbol{\alpha}_1), \cdots, \mathcal{A}(\boldsymbol{\alpha}_k)$ 线性无关 $\Rightarrow \boldsymbol{\alpha}_1, \cdots, \boldsymbol{\alpha}_k$ 线性无关.

如果映射 $\mathcal{A}$ 不满足以上某一条, 就足以断定 $\mathcal{A}$ 不是线性映射. 反过来, 满足性质 (1),(3) 还不足以说明 $\mathcal{A}$ 是线性映射, 但性质 (2) 足以说明 $\mathcal{A}$ 是线性映射. 还可更简单一些: 只要对任意向量 $\boldsymbol{\alpha}, \boldsymbol{\beta}$ 和纯量 $\lambda \in F$ 满足 $\mathcal{A}(\lambda\boldsymbol{\alpha} + \boldsymbol{\beta}) = \lambda\mathcal{A}(\boldsymbol{\alpha}) + \mathcal{A}(\boldsymbol{\beta})$, 就足以说明 $\mathcal{A}$ 是线性映射.

3. 线性映射的矩阵

由线性映射性质 (2) 知道: 线性映射 $\mathcal{A}$ 在 V 的一组基 $M=\{\boldsymbol{\alpha}_1,\cdots,\boldsymbol{\alpha}_n\}$ 上的作用唯一确定了 $\mathcal{A}$ 对任意向量 $\boldsymbol{\alpha}=x_1\boldsymbol{\alpha}_1+\cdots+x_n\boldsymbol{\alpha}_n$ 的作用效果:

$$\mathcal{A}(\boldsymbol{\alpha})=x_1\mathcal{A}(\boldsymbol{\alpha}_1)+\cdots+x_n\mathcal{A}(\boldsymbol{\alpha}_n)=(\mathcal{A}(\boldsymbol{\alpha}_1),\cdots,\mathcal{A}(\boldsymbol{\alpha}_n))\begin{pmatrix}x_1\\ \vdots\\ x_n\end{pmatrix} \tag{6.1}$$

将等式 (6.1) 中的各向量 $\mathcal{A}(\boldsymbol{\alpha}),\mathcal{A}(\boldsymbol{\alpha}_1),\cdots,\mathcal{A}(\boldsymbol{\alpha}_n)$ 在 U 的同一组基 S 下写成坐标 (写成列向量形式) $\boldsymbol{Y},\boldsymbol{b}_1,\cdots,\boldsymbol{b}_n$, 则等式 (6.1) 成为

$$\boldsymbol{Y}=\boldsymbol{AX} \tag{6.2}$$

其中 $\boldsymbol{A}=(\boldsymbol{b}_1,\cdots,\boldsymbol{b}_n)$ 是以 $\boldsymbol{b}_1,\cdots,\boldsymbol{b}_n$ 为各列排成的矩阵, 称为线性映射 $\mathcal{A}$ 在基 M,S 下的矩阵, 满足

$$(\mathcal{A}(\boldsymbol{\alpha}_1),\cdots,\mathcal{A}(\boldsymbol{\alpha}_n))=(\boldsymbol{\beta}_1,\cdots,\boldsymbol{\beta}_m)\boldsymbol{A} \tag{6.3}$$

$\boldsymbol{X}=(x_1,\cdots,x_n)^{\mathrm{T}}$ 是 $\boldsymbol{\alpha}$ 在 V 的基 S 下的坐标.

公式 (6.2) 表明, 将 V,U 在任意基 M,S 下写成列向量空间 $F^{n\times 1},F^{m\times 1}$ 之后, 线性映射 $\mathcal{A}:\boldsymbol{X}\mapsto\boldsymbol{AX}$ 可以用适当的矩阵 $\boldsymbol{A}$ 作乘法来实现. 如果已经知道 $F^{n\times 1}$ 的某一组基 $\boldsymbol{X}_1,\cdots,\boldsymbol{X}_n$ 在 $\mathcal{A}$ 作用下的象 $\boldsymbol{Y}_1,\cdots,\boldsymbol{Y}_n$, 则 $\boldsymbol{A}(\boldsymbol{X}_1,\cdots,\boldsymbol{X}_n)=(\boldsymbol{Y}_1,\cdots,\boldsymbol{Y}_n)$ 即 $\boldsymbol{AK}=\boldsymbol{T}$, 其中 $\boldsymbol{K}=(\boldsymbol{X}_1,\cdots,\boldsymbol{X}_n),\boldsymbol{T}=(\boldsymbol{Y}_1,\cdots,\boldsymbol{Y}_n)$ 且 $\boldsymbol{K}$ 可逆. 由 $\boldsymbol{AK}=\boldsymbol{T}$ 可求出 $\boldsymbol{A}=\boldsymbol{TK}^{-1}$.

反过来, 由于矩阵乘法满足运算律 $\boldsymbol{A}(\lambda\boldsymbol{X}_1+\boldsymbol{X}_2)=\lambda\boldsymbol{AX}_1+\boldsymbol{AX}_2$, 凡是由矩阵乘法定义的映射 $\mathcal{A}:\boldsymbol{X}\mapsto\boldsymbol{AX}$ 都保加法和数乘, 都是线性映射. 简而言之, 线性映射就是用给定的矩阵 $\boldsymbol{A}$ 作乘法引起的映射 $\boldsymbol{X}\mapsto\boldsymbol{AX}$.

4. 线性映射组成的线性空间

同一数域 F 上给定的两个线性空间 V 与 U 之间的线性映射 $\mathcal{A}:V\to U$ 的全体组成一个集合 $L(V,U)$. $L(V,U)$ 中可以定义加法和数乘, 成为 F 上的线性空间. 取定 V 与 U 的基 M 与 S 之后, 每个 $\mathcal{A}\in L(V,U)$ 对应于唯一的矩阵 $\boldsymbol{A}\in F^{m\times n}$, 这种对应关系 $\sigma:\mathcal{A}\mapsto\boldsymbol{A}$ 满足条件 $\sigma(\mathcal{A}+\mathcal{B})=\sigma(\mathcal{A})+\sigma(\mathcal{B})$ 及 $\sigma(\lambda\mathcal{A})=\lambda\sigma(\mathcal{A})$, 是 F 上线性空间 $L(V,U)$ 到 $F^{m\times n}$ 的同构. 由 $\dim F^{m\times n}=mn$ 知道 $\dim L(V,U)=(\dim V)(\dim U)$. $F^{m\times n}$ 的自然基 $E=\{\boldsymbol{E}_{ij}\mid 1\leqslant i\leqslant m,1\leqslant j\leqslant n\}$ 对应于 $L(V,U)$ 的基 $\mathcal{E}=\{\mathcal{E}_{ij}\mid 1\leqslant i\leqslant m,1\leqslant j\leqslant n\}$, 其中 $\mathcal{E}_{ij}$ 的矩阵是 $\boldsymbol{E}_{ij}$, 将 $M=\{\boldsymbol{\alpha}_1,\cdots,\boldsymbol{\alpha}_n\}$ 的基向量 $\boldsymbol{\alpha}_j$ 映到 $\boldsymbol{\beta}_i$, 将其余 $\boldsymbol{\alpha}_k$ $(k\neq i)$ 映到 $\mathbf{0}$.

5. 线性变换与线性函数

当 $U=V$ 时, 线性映射 $\mathcal{A}:V\to V$ 称为 V 上的**线性变换**. 此时显然应当取 $S=M$, 也就是在 V 的同一组基 M 下将 $\boldsymbol{\alpha},\mathcal{A}(\boldsymbol{\alpha})$ 写成坐标 $\boldsymbol{X},\boldsymbol{Y}$, 得到 $\mathcal{A}:\boldsymbol{X}\mapsto\boldsymbol{Y}=\boldsymbol{AX}$. $\boldsymbol{A}$ 称为线性变换 $\mathcal{A}$ 在基 M 下的矩阵.

当 $U=F$ 时, 线性映射 $\mathcal{A}:V\to F$ 称为 V 上的**线性函数**. 此时可以总是取 $S=\{1\}$, 将每个 $b\in F$ 作为它自己的坐标. $\mathcal{A}$ 的矩阵 $\boldsymbol{A}=(f(\boldsymbol{\alpha}_1),\cdots,f(\boldsymbol{\alpha}_n))$ 是一个 n 维行向量, 称

为线性函数 $\mathcal{A}$ 在 V 的基 M 下的矩阵. V 上所有的线性函数组成的线性空间 $L(V,F)$ 记作 V^*, 它与行向量空间 $F^{1\times n}$ 同构, 因此 $\dim V^* = n = \dim V$. V^* 称为 V 的**对偶空间**.

例题分析与解答

6.1.1 判断下面所定义的变换或映射 $\mathcal{A}$, 哪些是线性的, 哪些不是:

(1) 数域 F 上线性空间 V 的变换 $\mathcal{A}:\boldsymbol{\alpha}\mapsto\lambda\boldsymbol{\alpha}+\boldsymbol{\beta}$, 其中 $\lambda\in F$ 与 $\boldsymbol{\beta}\in V$ 预先给定;

(2) 实线性空间 $\mathbf{R}^3$ 的变换 $\mathcal{A}:(x,y,z)\mapsto(x+y+1,y-z,2z-3)$;

(3) F 上线性空间 $F^{n\times n}$ 的变换 $\mathcal{A}:\boldsymbol{X}\mapsto\dfrac{1}{2}(\boldsymbol{X}+\boldsymbol{X}^{\mathrm{T}})$;

(4) 复数域 $\mathbf{C}$ 上线性空间之间的映射 $\mathcal{A}:\mathbf{C}^{n\times m}\to\mathbf{C}^{m\times n}$, $\boldsymbol{X}\mapsto\overline{\boldsymbol{X}}^{\mathrm{T}}$;

(5) 将复数域 $\mathbf{C}$ 和实数域都看作实数域 $\mathbf{R}$ 上的线性空间, 映射 $\mathcal{A}:\mathbf{C}\to\mathbf{C},\boldsymbol{z}\mapsto|\boldsymbol{z}|$;

(6) 将复数域 $\mathbf{C}$ 看作 $\mathbf{C}$ 上的线性空间, $\mathbf{C}$ 的变换 $\mathcal{A}:\boldsymbol{z}\mapsto\overline{\boldsymbol{z}}$.

(7) F 上线性空间之间的映射 $\mathcal{A}:F^{n\times n}\to F$, $\boldsymbol{X}\mapsto\det\boldsymbol{X}$;

(8) F 上线性空间之间的映射 $\mathcal{A}:F^{n\times n}\to F$, $\boldsymbol{X}\mapsto\mathrm{tr}\boldsymbol{X}$;

(9) F 上线性空间 $F^{n\times n}$ 的变换 $\mathcal{A}:\boldsymbol{X}\mapsto\boldsymbol{AXA}$, 其中 $\boldsymbol{A}$ 是 $F^{n\times n}$ 中给定的方阵;

(10) F 上线性空间 $F^{n\times n}$ 的变换 $\mathcal{A}:\boldsymbol{X}\mapsto\boldsymbol{XAX}$, 其中 $\boldsymbol{A}$ 是 $F^{n\times n}$ 中给定的方阵.

解 (1) 当 $\boldsymbol{\beta}\neq\mathbf{0}$ 时, 由 $\mathcal{A}(\mathbf{0})=\boldsymbol{\beta}\neq\mathbf{0}$ 知 $\mathcal{A}$ 不是线性变换. 当 $\boldsymbol{\beta}=\mathbf{0}$ 时是线性变换.

(2) 不是. 因为 $\mathcal{A}(\mathbf{0})=(1,0,-3)\neq\mathbf{0}$.

(3) 是. 因为 $\mathcal{A}(\lambda\boldsymbol{X}+\boldsymbol{Y})=\dfrac{1}{2}((\lambda\boldsymbol{X}+\boldsymbol{Y})+(\lambda\boldsymbol{X}+\boldsymbol{Y})^{\mathrm{T}})=\lambda\dfrac{1}{2}(\boldsymbol{X}+\boldsymbol{X}^{\mathrm{T}})+\dfrac{1}{2}(\boldsymbol{Y}+\boldsymbol{Y}^{\mathrm{T}})=\lambda\mathcal{A}(\boldsymbol{X})+\mathcal{A}(\boldsymbol{Y})$ 对任意 $\boldsymbol{Y}\in F^{n\times n}$ 和 $\lambda\in F$ 成立.

(4) 不是. 线性映射 $\mathcal{A}$ 应对任意 $\boldsymbol{X}\in\mathbf{C}^{m\times n}$ 和 $\lambda\in\mathbf{C}$ 满足 $\mathcal{A}(\lambda\boldsymbol{X})=\lambda\mathcal{A}(\boldsymbol{X})$, 但当 $\boldsymbol{X}\neq\mathbf{0}$ 时 $\mathcal{A}(\mathrm{i}\boldsymbol{X})=\overline{\mathrm{i}\boldsymbol{X}}^{\mathrm{T}}=\bar{\mathrm{i}}\overline{\boldsymbol{X}}^{\mathrm{T}}=-\mathrm{i}\overline{\boldsymbol{X}}^{\mathrm{T}}=-\mathrm{i}\mathcal{A}(\boldsymbol{X})\neq\mathrm{i}\mathcal{A}(\boldsymbol{X})$.

(5) 不是. 线性变换 $\mathcal{A}$ 应满足 $\mathcal{A}((-1)\boldsymbol{z})=(-1)\mathcal{A}(\boldsymbol{z})$. 但当 $\boldsymbol{z}\neq0$ 时 $\mathcal{A}((-1)\boldsymbol{z})=|-\boldsymbol{z}|=|\boldsymbol{z}|=\mathcal{A}(\boldsymbol{z})\neq(-1)\mathcal{A}(\boldsymbol{z})$.

(6) 不是. 线性变换 $\mathcal{A}$ 应对任意 $\lambda,\boldsymbol{z}\in\mathbf{C}$ 满足 $\mathcal{A}(\lambda\boldsymbol{z})=\lambda\mathcal{A}(\boldsymbol{z})$. 但 $\mathcal{A}(\mathrm{i}1)=\overline{\mathrm{i}1}=-\mathrm{i}\neq\mathrm{i}=\mathrm{i}\mathcal{A}(1)$.

(7) 当 $n\geqslant2$ 时 $\mathcal{A}$ 不是线性映射, 当 $n=1$ 时 $\mathcal{A}(x)=x$ 显然是线性映射. 线性映射应对任意 $\boldsymbol{X}\in F^{n\times n}$ 和 $\lambda\in F$ 满足 $\mathcal{A}(\lambda\boldsymbol{X})=\lambda\mathcal{A}(\boldsymbol{X})$. 但当 $\det\boldsymbol{X}\neq0$ 且 $n\geqslant2$ 时 $\mathcal{A}(2\boldsymbol{X})=\det(2\boldsymbol{X})=2^n\det\boldsymbol{X}\neq2\det\boldsymbol{X}=2\mathcal{A}(\boldsymbol{X})$.

(8) 是线性映射. 对任意 $\boldsymbol{X},\boldsymbol{Y}\in F^{n\times n}$ 和 $\lambda\in F$ 有 $\mathcal{A}(\lambda\boldsymbol{X}+\boldsymbol{Y})=\mathrm{tr}(\lambda\boldsymbol{X}+\boldsymbol{Y})=\lambda\mathrm{tr}(\boldsymbol{X})+\mathrm{tr}(\boldsymbol{Y})=\lambda\mathcal{A}(\boldsymbol{X})+\mathcal{A}(\boldsymbol{Y})$.

(9) 是线性变换. 对任意 $\boldsymbol{X},\boldsymbol{Y}\in F^{n\times n}$ 和 $\lambda\in F$ 有 $\mathcal{A}(\lambda\boldsymbol{X}+\boldsymbol{Y})=\boldsymbol{A}(\lambda\boldsymbol{X}+\boldsymbol{Y})\boldsymbol{A}=\lambda\boldsymbol{AXA}+\boldsymbol{AYA}=\lambda\mathcal{A}(\boldsymbol{X})+\mathcal{A}(\boldsymbol{Y})$.

(10) 当 $\boldsymbol{A}\neq\boldsymbol{O}$ 时不是线性变换. 线性变换应满足 $\mathcal{A}(2\boldsymbol{X})=2\mathcal{A}(\boldsymbol{X})$, 选 $\boldsymbol{X}$ 使 $\mathcal{A}(\boldsymbol{X})=\boldsymbol{XAX}\neq\boldsymbol{O}$, 则 $\mathcal{A}(2\boldsymbol{X})=4\boldsymbol{XAX}\neq2\boldsymbol{XAX}=2\mathcal{A}(\boldsymbol{X})$. □

6.1.2 (1) 设 $\mathcal{A},\mathcal{B}$ 是平面上的点绕原点分别旋转角 α,β 的变换. 试分别写出 $\mathcal{A},\mathcal{B}$ 的矩阵 $\boldsymbol{A},\boldsymbol{B}$, 计算 $\mathcal{BA}$ 的矩阵 $\boldsymbol{BA}$, 它表示什么变换?

(2) 设在直角坐标平面上将 x 轴绕原点沿逆时针方向旋转角 α,β 分别得到直线 l_α,l_β. $\mathcal{A},\mathcal{B}$ 是平面上的点分别关于直线 l_α,l_β 作轴对称的变换. 试分别写出 $\mathcal{A},\mathcal{B}$ 的矩阵 $\boldsymbol{A},\boldsymbol{B}$, 计算 $\mathcal{BA}$ 的矩阵 $\boldsymbol{BA}$ 和 $\mathcal{AB}$ 的矩阵 $\boldsymbol{AB}$, 它们分别表示什么变换?

解 (1) 如图 6.1(a) 所示, 旋转变换 $\mathcal{A}:\overrightarrow{OP}\mapsto\overrightarrow{OP'}$ 保持 OP 的长度不变: $|OP'|=|OP|$, 幅角 $\angle XOP=\theta$ 增加 α 变成 $\angle XOP'=\theta+\alpha$. 特别地, 自然基向量 $\boldsymbol{e}_1,\boldsymbol{e}_2$ 分别变成单位向量 $\boldsymbol{e}_1',\boldsymbol{e}_2'$, 幅角分别由 $0,\dfrac{\pi}{2}$ 变成 $\alpha,\alpha+\dfrac{\pi}{2}$. 因此:

$$\mathcal{A}(\boldsymbol{e}_1)=\boldsymbol{e}_1'=\begin{pmatrix}\cos\alpha\\ \sin\alpha\end{pmatrix},\quad \mathcal{A}(\boldsymbol{e}_2)=\boldsymbol{e}_2'=\begin{pmatrix}\cos(\dfrac{\pi}{2}+\alpha)\\ \sin(\dfrac{\pi}{2}+\alpha)\end{pmatrix}=\begin{pmatrix}-\sin\alpha\\ \cos\alpha\end{pmatrix}$$

以 $\boldsymbol{e}_1',\boldsymbol{e}_2'$ 为两列组成 $\boldsymbol{A}$, 将其中的 α 换成 β 得到 $\boldsymbol{B}$:

$$\boldsymbol{A}=\begin{pmatrix}\cos\alpha & -\sin\alpha\\ \sin\alpha & \cos\alpha\end{pmatrix},\quad \boldsymbol{B}=\begin{pmatrix}\cos\beta & -\sin\beta\\ \sin\beta & \cos\beta\end{pmatrix}$$

$$\boldsymbol{BA}=\begin{pmatrix}\cos\beta\cos\alpha-\sin\beta\sin\alpha & -\cos\beta\sin\alpha-\sin\beta\cos\alpha\\ \sin\beta\cos\alpha+\cos\beta\sin\alpha & \cos\beta\sin\alpha-\sin\beta\sin\alpha\end{pmatrix}=\begin{pmatrix}\cos(\beta+\alpha) & -\sin(\beta+\alpha)\\ \sin(\beta+\alpha) & \cos(\beta+\alpha)\end{pmatrix}$$

$\boldsymbol{BA}$ 表示的变换 $\mathcal{BA}:\boldsymbol{X}\mapsto\boldsymbol{BAX}$ 是绕原点旋转角 $\beta+\alpha$.

(2) 如图 6.1(b) 所示, 关于直线 l_α 的轴对称变换 $\mathcal{A}:\overrightarrow{OP}\mapsto\overrightarrow{OP'}$, 保持 $|OP'|=|OP|$, 且将 OP 的幅角 θ 变成 θ' 使 θ,θ' 的平均值 $\dfrac{\theta'+\theta}{2}=\alpha$, 从而 $\theta'=2\alpha-\theta$. 因此:

$$\mathcal{A}(\boldsymbol{e}_1)=\begin{pmatrix}\cos 2\alpha\\ \sin 2\alpha\end{pmatrix},\quad \mathcal{A}(\boldsymbol{e}_2)=\begin{pmatrix}\cos(2\alpha-\dfrac{\pi}{2})\\ \sin(2\alpha-\dfrac{\pi}{2})\end{pmatrix}=\begin{pmatrix}\sin 2\alpha\\ -\cos 2\alpha\end{pmatrix}$$

$$\boldsymbol{A}=\begin{pmatrix}\cos 2\alpha & \sin 2\alpha\\ \sin 2\alpha & -\cos 2\alpha\end{pmatrix}\quad \boldsymbol{B}=\begin{pmatrix}\cos 2\beta & \sin 2\beta\\ \sin 2\beta & -\cos 2\beta\end{pmatrix}$$

$$\begin{aligned}\boldsymbol{BA}&=\begin{pmatrix}\cos 2\beta\cos 2\alpha+\sin 2\beta\sin 2\alpha & \cos 2\beta\sin 2\alpha-\sin 2\beta\cos 2\alpha\\ \sin 2\beta\cos 2\alpha-\cos 2\beta\sin 2\alpha & \sin 2\beta\sin 2\alpha+\cos 2\beta\cos 2\alpha\end{pmatrix}\\ &=\begin{pmatrix}\cos 2(\beta-\alpha) & -\sin 2(\beta-\alpha)\\ \sin 2(\beta-\alpha) & \cos 2(\beta-\alpha)\end{pmatrix}\\ \boldsymbol{AB}&=\begin{pmatrix}\cos 2(\alpha-\beta) & -\sin 2(\alpha-\beta)\\ \sin 2(\alpha-\beta) & \cos 2(\alpha-\beta)\end{pmatrix}\end{aligned}$$

$\boldsymbol{BA}$ 表示的变换 $\mathcal{BA}:\boldsymbol{X}\mapsto\boldsymbol{BAX}$ 是绕原点旋转角 $2(\beta-\alpha)$, $\boldsymbol{AB}$ 表示的变换 $\mathcal{AB}:\boldsymbol{X}\mapsto\boldsymbol{ABX}$ 是绕原点旋转角 $2(\alpha-\beta)$. □

点评 本题要求写出变换 $\mathcal{A}$ 的矩阵, 是假定预先告诉它们是线性变换才能写矩阵, 因此可以由 $\mathcal{A}(\boldsymbol{e}_1),\mathcal{A}(\boldsymbol{e}_2)$ 的坐标为两列组成矩阵 $\boldsymbol{A}$. 严格说起来, 应当先证明 $\mathcal{A}$ 是线性变换才能采用这样的算法, 也就是证明 $\mathcal{A}$ 满足 $\mathcal{A}(\alpha+\beta)=\mathcal{A}(\alpha)+\mathcal{A}(\beta)$ 和 $\mathcal{A}(\lambda\alpha)=\lambda\mathcal{A}(\alpha)$. 证明也不难, 以表示向量 $\alpha=\overrightarrow{OA},\beta=\overrightarrow{OB}$ 的有向线段 OA,OB 为两边作平行四边形 $AOBC$,

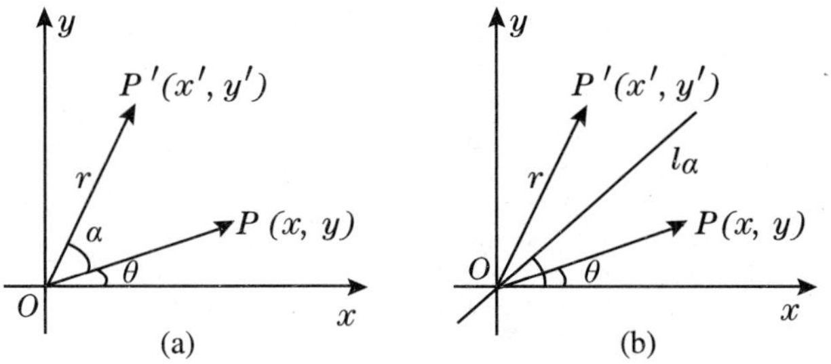

图 6.1

则对角线 OC 对应的向量 $\overrightarrow{OC}=\alpha+\beta$. 本题中的 $\mathcal{A}$ 是旋转或轴对称变换, 保持变换前后的图形全等, 将 $AOBC$ 仍变成平行四边形 $A'OB'C'$, 这说明 $\mathcal{A}(\alpha+\beta)=\overrightarrow{OC'}=\overrightarrow{OA'}+\overrightarrow{OB'}=\mathcal{A}(\alpha)+\mathcal{A}(\beta)$. 类似地, 由 $\overrightarrow{OP}=\lambda\alpha$ 与 $\overrightarrow{OA}=\alpha$ 方向相同 (或相反) 知经过变换得到的 $\overrightarrow{OP'}=\mathcal{A}(\lambda\alpha)$ 与 $\overrightarrow{OA'}=\mathcal{A}(\alpha)$ 方向仍相同 (或相反), 且 $|OP'|=|OP|=|\lambda||OA|=|\lambda||OA'|$, 这说明 $\overrightarrow{OP'}=\lambda\overrightarrow{OA'}$, 即 $\mathcal{A}(\lambda\alpha)=\lambda\mathcal{A}(\alpha)$.

平面上绕原点先旋转角 α, 再旋转 β, 由几何知识知道总的效果是绕原点旋转角 $\beta+\alpha$. 先关于直线 l_α 作轴对称 $\mathcal{A}:\overrightarrow{OP}\mapsto\overrightarrow{OP'}$ 将每个向量 $\overrightarrow{OP}$ 的幅角 θ 变成 $\theta'=2\alpha-\theta$, 再关于 l_β 作轴对称 $\mathcal{B}:\overrightarrow{OP'}\mapsto\overrightarrow{OP''}$ 将幅角由 θ' 变到 $2\beta-\theta'=2\beta-(2\alpha-\theta)=\theta+2(\beta-\alpha)$, 复合变换 $\mathcal{BA}:\overrightarrow{OP}\mapsto\overrightarrow{OP''}$ 将每个 $\overrightarrow{OP}$ 的幅角 θ 加 $2(\beta-\alpha)$ 变成 $\theta+2(\beta-\alpha)$, 效果是绕原点旋转角 $2(\beta-\alpha)$. 同理, $\mathcal{AB}$ 的效果是绕原点旋转角 $2(\alpha-\beta)=-2(\beta-\alpha)$. 平面上两个轴对称变换 $\mathcal{A},\mathcal{B}$ 按不同顺序的复合变换 $\mathcal{AB}$ 与 $\mathcal{BA}$ 都是绕原点的旋转变换, 旋转角度的大小相同, 但旋转方向相反, 是互逆的两个变换: $\mathcal{AB}=(\mathcal{BA})^{-1}$. □

6.1.3 由 2 阶可逆实方阵 $\boldsymbol{A}$ 在直角坐标平面 $\mathbf{R}^2$ 上定义可逆线性变换 $\mathcal{A}:\begin{pmatrix}x\\y\end{pmatrix}\mapsto\boldsymbol{A}\begin{pmatrix}x\\y\end{pmatrix}$.

(1) $\mathcal{A}$ 将平行四边形 $ABCD$ 变到平行四边形 $A'B'C'D'$, 如图 6.2. 求证:
变换后和变换前的面积比 $k=\dfrac{S_{A'B'C'D'}}{S_{ABCD}}=|\det\boldsymbol{A}|$.

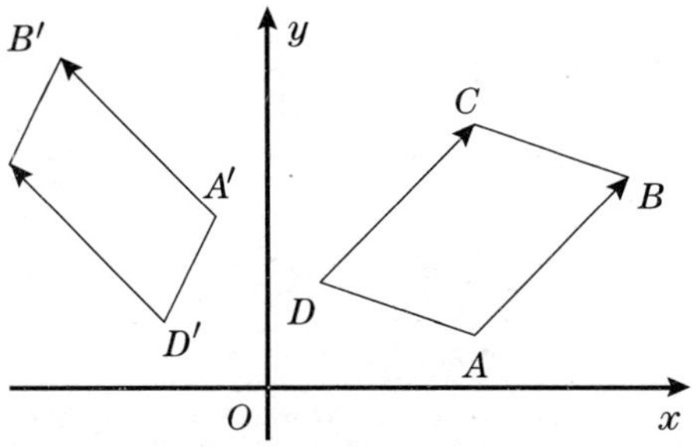

图 6.2

由此可以得出平面上任何图形经过变换 $\mathcal{A}$ 之后的面积为变换前的 $|\det\boldsymbol{A}|$ 倍.

(2) 用线性变换 $\mathcal{A}\begin{pmatrix}x\\y\end{pmatrix}=\begin{pmatrix}1&0\\0&\dfrac{b}{a}\end{pmatrix}\begin{pmatrix}x\\y\end{pmatrix}$ 将圆 $C:x^2+y^2=a^2$ 变成椭圆

$C_1:\dfrac{x^2}{a^2}+\dfrac{y^2}{b^2}=1$. 利用 C_1 与 C 的面积比得出椭圆 C_1 面积公式.

(3) 画出图 6.3 所示的图形经过线性变换 $\mathcal{A}:\begin{pmatrix}x\\y\end{pmatrix}\mapsto\begin{pmatrix}1.2&-0.8\\-0.4&1.1\end{pmatrix}\begin{pmatrix}x\\y\end{pmatrix}$ 得到的图形.

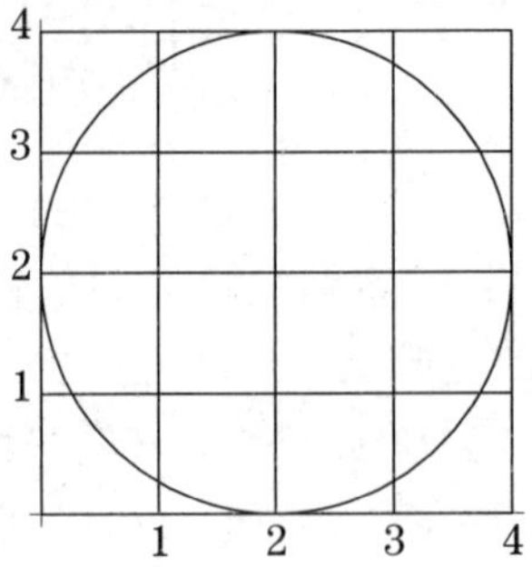

图 6.3

解 (1) 设 A,B,D 的坐标分别为 $\boldsymbol{X}_1,\boldsymbol{X}_2,\boldsymbol{X}_4$, 写成列向量形式. 则 A',B',D' 的坐标分别为 $\boldsymbol{AX}_1,\boldsymbol{AX}_2,\boldsymbol{AX}_4$, $\overrightarrow{AB}=\boldsymbol{X}_2-\boldsymbol{X}_1$, $\overrightarrow{AD}=\boldsymbol{X}_4-\boldsymbol{X}_1$, $\overrightarrow{A'B'}=\boldsymbol{AX}_2-\boldsymbol{AX}_1=\boldsymbol{A}(\boldsymbol{X}_2-\boldsymbol{X}_1)$, $\overrightarrow{A'D'}=\boldsymbol{AX}_4-\boldsymbol{AX}_1=\boldsymbol{A}(\boldsymbol{X}_4-\boldsymbol{X}_1)$.

$$\begin{aligned}
S_{ABCD}&=|\det(\overrightarrow{AB},\overrightarrow{AD})|=|\det(\boldsymbol{X}_2-\boldsymbol{X}_1,\boldsymbol{X}_4-\boldsymbol{X}_1)|\\
S_{A'B'C'D}&=|\det(\overrightarrow{A'B'},\overrightarrow{A'D'})|=|\det(\boldsymbol{A}(\boldsymbol{X}_2-\boldsymbol{X}_1),\boldsymbol{A}(\boldsymbol{X}_4-\boldsymbol{X}_1))|\\
&=\det(\boldsymbol{A}(\boldsymbol{X}_2-\boldsymbol{X}_1,\boldsymbol{X}_4-\boldsymbol{X}_1))=|\det\boldsymbol{A}||\det(\boldsymbol{X}_2-\boldsymbol{X}_1,\boldsymbol{X}_4-\boldsymbol{X}_1)|\\
k&=\frac{S_{A'B'C'D'}}{S_{ABCD}}=|\det\boldsymbol{A}|
\end{aligned}$$

平面上每个图形都可以近似地划分成若干个微小的正方形, 图形面积 S 近似地等于所有这些小正方形面积之和 Σ. 线性变换将每个小正方形变成平行四边形, 面积乘 $|\det\boldsymbol{A}|$, 面积之和 Σ 也乘 $|\det\boldsymbol{A}|$ 变成 $|\det\boldsymbol{A}||\Sigma|$. 当正方形边长 $x\to 0$ 时 Σ 的极限等于 S, 经过线性变换变成的图形面积为 $|\det\boldsymbol{A}|S$, 是原来面积的 S 倍.

(2) 线性变换 $\mathcal{A}$ 的方阵 $\boldsymbol{A}=\operatorname{diag}\left(1,\dfrac{a}{b}\right)$ 的行列式 $\det\boldsymbol{A}=\dfrac{a}{b}$, $\mathcal{A}$ 将所有的面积放大到原来的 $\dfrac{a}{b}$ 倍. 椭圆面积 S 放大为圆面积 $\pi a^2=\dfrac{a}{b}S$, $S=\dfrac{b}{a}\pi a^2=\pi ab$.

(3) 如图 6.4.

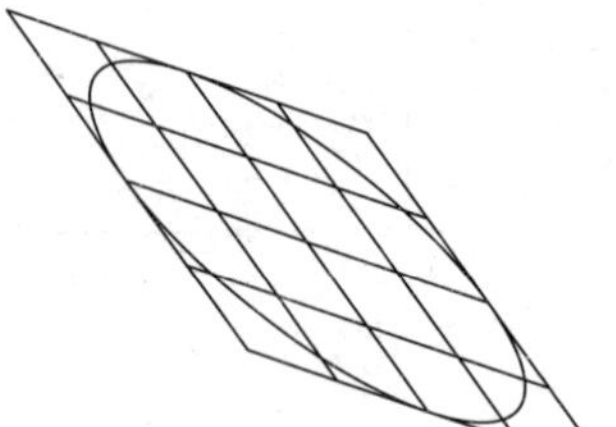

图 6.4

6.1.4 已知 $\alpha_1=(1,-1,1)$, $\alpha_2=(1,2,4)$, $\alpha_3=(1,-2,4)$; $\beta_1=(1,-1)$, $\beta_2=(1,-2)$, $\beta_3=(1,2)$.

(1) 是否存在线性映射 $\mathcal{A}:\mathbf{R}^3\to\mathbf{R}^2$ 将 $\alpha_1,\alpha_2,\alpha_3$ 分别映到 β_1,β_2,β_3?

(2) 是否存在线性映射 $\mathcal{A}:\mathbf{R}^2\to\mathbf{R}^3$ 将 β_1,β_2,β_3 分别映到 $\alpha_1,\alpha_2,\alpha_3$?

解 (1) 将 $\boldsymbol{\alpha}_i,\boldsymbol{\beta}_i$ 写成列向量形式 $\boldsymbol{a}_i,\boldsymbol{b}_i$, 则: $\mathcal{A}:\boldsymbol{X}\mapsto\boldsymbol{AX}$ 满足要求 $\Leftrightarrow$ $\boldsymbol{Aa}_i=\boldsymbol{b}_i$ $(\forall\ 1\leqslant i\leqslant 3)\Leftrightarrow \boldsymbol{A}(\boldsymbol{a}_1,\boldsymbol{a}_2,\boldsymbol{a}_3)=(\boldsymbol{b}_1,\boldsymbol{b}_2,\boldsymbol{b}_3)$ 即 $\boldsymbol{AK}=\boldsymbol{B}$, 其中:

$$\boldsymbol{K}=(\boldsymbol{a}_1,\boldsymbol{a}_2,\boldsymbol{a}_3)=\begin{pmatrix}1&1&1\\-1&2&-2\\1&4&4\end{pmatrix},\quad \boldsymbol{B}=(\boldsymbol{b}_1,\boldsymbol{b}_2,\boldsymbol{b}_3)=\begin{pmatrix}1&1&1\\-1&-2&2\end{pmatrix}$$

分别是以 $\boldsymbol{a}_i$ 为各列和 $\boldsymbol{b}_i$ 为各列排成的矩阵. 由于 $\det\boldsymbol{K}=12\neq 0$, $\boldsymbol{K}$ 可逆, 方程 $\boldsymbol{AK}=\boldsymbol{B}$ 有唯一解 $\boldsymbol{A}=\boldsymbol{B}K^{-1}$. 以这个 $\boldsymbol{A}$ 为矩阵的线性映射 $\mathcal{A}:\boldsymbol{X}\mapsto\boldsymbol{AX}$ 满足条件.

(2) $\mathcal{A}:\boldsymbol{X}\mapsto\boldsymbol{A}_1\boldsymbol{X}$ 满足要求 $\Leftrightarrow \boldsymbol{A}_1\boldsymbol{B}=\boldsymbol{K}\Leftrightarrow \boldsymbol{K}$ 的各行是 $\boldsymbol{B}$ 的各行的线性组合.

$\boldsymbol{K}$ 是可逆方阵, 它的三行线性无关, 而 $\boldsymbol{B}$ 的两个行向量线性组合的 3 个向量必然线性相关而不能线性无关. 因此不存在满足要求的矩阵 $\boldsymbol{A}_1$, 也就不存在满足要求的线性映射 $\mathcal{A}$. □

点评 利用计算机软件可求出第 (1) 小题的线性映射的矩阵:

$$\boldsymbol{A}=\boldsymbol{BM}^{-1}=\begin{pmatrix}1&0&0\\-\dfrac{8}{3}&-1&\dfrac{2}{3}\end{pmatrix}$$

一般地, 对 F^n 中的任意一组基 $\{\alpha_1,\cdots,\alpha_n\}$ 和任意 F^m 中任意 n 个向量 $\beta_1,\cdots,\beta_n$, 同样可以将 α_i,β_i 都写成列向量的形式 $\boldsymbol{a}_i,\boldsymbol{b}_i$, 排成矩阵 $\boldsymbol{K}=(\boldsymbol{a}_1,\cdots,\boldsymbol{a}_n),\boldsymbol{B}=(\boldsymbol{b}_1,\cdots,\boldsymbol{b}_n)$, 则 $\boldsymbol{K}$ 可逆, 以 $\boldsymbol{K}$ 为未知矩阵的方程 $\boldsymbol{AM}=\boldsymbol{B}$ 一定有唯一解 $\boldsymbol{A}=\boldsymbol{BK}^{-1}$, 可见一定有唯一的线性映射 $\mathcal{A}:\boldsymbol{X}\mapsto\boldsymbol{AX}$ 将 $\alpha_1,\cdots,\alpha_n$ 分别映到 $\beta_1,\cdots,\beta_n$. 反过来, 如果 $\alpha_1,\cdots,\alpha_k$ 线性相关, 则不一定存在线性映射将 $\alpha_1,\cdots,\alpha_k$ 映到任意 k 个向量 $\beta_1,\cdots,\beta_k$. 例如, 当 $\operatorname{rank}\{\alpha_1,\cdots,\alpha_k\}<\operatorname{rank}\{\beta_1,\cdots,\beta_k\}$ 时这样的 $\mathcal{A}$ 肯定不存在.

教材中已经从几何观点得出过同样的结论: 只要 $M=\{\alpha_1,\cdots,\alpha_n\}$ 是 V 的一组基, 在 U 的任一组基 S 下写出 U 中任意 n 个向量 $\beta_1,\cdots,\beta_n$ 的坐标 $\boldsymbol{A}_1,\cdots,\boldsymbol{A}_n$, 依次以这些坐标为各列组成矩阵 $\boldsymbol{A}$. 则在基 M,S 下以 $\boldsymbol{A}$ 为矩阵的线性映射 $\mathcal{A}:\boldsymbol{X}\mapsto\boldsymbol{AX}$ 就将 $\alpha_1,\cdots,\alpha_n$ 分别映到 $\boldsymbol{\beta}_1,\cdots,\beta_n$. 在 M,S 确定之后, $\boldsymbol{A}$ 由 $\beta_1,\cdots,\beta_n$ 唯一决定. 这证明了:

定理 对 V 的任意一组基 $S=\{\alpha_1,\cdots,\alpha_n\}$ 和 U 中任意 n 个向量, 存在唯一的线性映射 $\mathcal{A}$ 将 $\alpha_1,\cdots,\alpha_n$ 分别映到 $\beta_1,\cdots,\beta_n$.

如果 $\alpha_1,\cdots,\alpha_k\in V$ 线性无关但不一定是一组基, 则它可以扩充为 V 的一组基 $M=\{\alpha_1,\cdots,\alpha_n\}$. 对任意 $\beta_1,\cdots,\beta_k\in U$, 可以任取 $\beta_{k+1},\cdots,\beta_n\in U$, 则存在线性映射 $\mathcal{A}$ 将每个 $\alpha_i\mapsto\beta_i$ $(1\leqslant i\leqslant n)$, $\mathcal{A}$ 当然将 $\alpha_1,\cdots,\alpha_k$ 分别映到 $\beta_1,\cdots,\beta_k$. 这说明 V 中线性无关的向量可以在线性映射下映到任意 k 个向量. 但当 $\beta_1,\cdots,\beta_k$ 给定之后仍可以任意改变 $\beta_{k+1},\cdots,\beta_n$ 得到不同的 $\mathcal{A}$, 这些不同的 $\mathcal{A}$ 都将 $\alpha_1,\cdots,\alpha_k$ 分别映到 $\beta_1,\cdots,\beta_k$.

如果 $\alpha_1,\cdots,\alpha_k$ 线性相关, 情况就不同了. 如果线性变换 $\mathcal{A}$ 能够将它们分别映到 $\beta_1,\cdots,\beta_k$, 则: $\mathcal{A}(\lambda_1\alpha_1+\cdots+\lambda_k\alpha_k)=\lambda_1\beta_1+\cdots+\lambda_k\beta_k$ 成立. 但当 $\alpha_1,\cdots,\alpha_k$ 线性相关时存在不全为 0 的 $\lambda_1,\cdots,\lambda_k$ 使 $\lambda_1\alpha_1+\cdots+\lambda_k\alpha_k=\mathbf{0}$, 却有可能对某些 $\beta_1,\cdots,\beta_k$ 有

$\lambda_1\beta_1+\cdots+\lambda_k\beta_k\neq\mathbf{0}$, (例如, 当 $\beta_1,\cdots,\beta_k$ 线性无关时就是如此), 线性变换显然不能将零向量 $\lambda_1\alpha_1+\cdots+\lambda_k\alpha_k=\mathbf{0}$ 映到非零向量 $\lambda_1\beta_1+\cdots+\lambda_k\beta_k$. 实际上, 当 $M=\{\alpha_1,\cdots,\alpha_k\}$ 线性相关时存在线性映射 $\mathcal{A}$ 将 $\boldsymbol{M}$ 的极大线性无关组 $M_0=\{\alpha_{i_1},\cdots,\alpha_{i_r}\}$ 中的向量分别映到 $\beta_{i_1},\cdots,\beta_{i_r}$. S 中其余向量 α_i 都能唯一地写成 M_0 的线性组合 $\alpha_i=x_1\alpha_{i_1}+\cdots+x_r\alpha_{i_r}$, 于是应有 $\mathcal{A}(\alpha_i)=x_1\beta_{i_1}+\cdots+x_r\beta_{i_r}$. 如果 $x_1\beta_{i_1}+\cdots+x_{i_r}\beta_{i_r}\neq\beta_i$, 就说明所要求的线性映射不存在. 以例题 6.1.4(2) 为例: 我们有 $\beta_3=4\beta_1-3\beta_2$, 如果存在 $\mathcal{A}$ 满足 $\mathcal{A}(\beta_1)=\alpha_1,\mathcal{A}(\beta_2)=\alpha_2$, 则

$$\begin{aligned}\mathcal{A}(\beta_3)&=\mathcal{A}(4\beta_1-3\beta_2)=4\mathcal{A}(\beta_1)-3\mathcal{A}(\beta_2)=4\alpha_1-3\alpha_2\\&=(1,-10,-8)\neq\alpha_3=(1,-2,4)\end{aligned}$$

可见所要求的线性映射不存在.

在教材中用线性映射的语言论述了以上道理, 本题中则是通过矩阵计算来体现同样的道理. □

6.1.5 求实数域 $\mathbf{R}$ 上 n 维线性空间 $R_n[x]=\{a_0+a_1x+\cdots+a_{n-1}x^{n-1}\mid a_i\in\mathbf{R},\forall\ 0\leqslant i\leqslant n-1\}$ 的一组适当的基, 使微商变换 $\mathcal{D}:f(x)\mapsto f'(x)$ 在这组基下的矩阵为

$$\begin{pmatrix}0&1&&\\&0&\ddots&\\&&\ddots&1\\&&&0\end{pmatrix}$$

解 这组基 $\{f_1(x),\cdots,f_n(x)\}$ 中的多项式 $f_i(x)$ 应满足 $f_k'(x)=f_{k-1}(x),\forall\ 1\leqslant i\leqslant n$. 也就是说, 每个 $f_k(x)$ 是 $f_{k-1}(x)$ 的一个原函数.

例如, 由 $f_1(x)=1$, $f_2(x)=x$, $f_3(x)=\dfrac{1}{2}x^2$, $\cdots$, $f_k(x)=\dfrac{1}{(k-1)!}x^{k-1}$, $\cdots$, $f_n(x)=\dfrac{1}{(n-1)!}x^{n-1}$ 组成的基符合要求. □

点评 更进一步, 对任意常数 a, 由 $f_k(x)=\dfrac{1}{(k-1)!}(x-a)^{k-1}$ $(1\leqslant k\leqslant n)$ 组成的基也符合要求. $f(x)$ 写成这组基下的线性组合 $f(x)=c_0+c_1(x-c)+\cdots+\dfrac{c_{k-1}}{(k-1)!}(x-a)^{k-1}+\cdots+\dfrac{c_{n-1}}{(n-1)!}(x-a)^{n-1}$ 就是 $f(x)$ 在 a 的泰勒展开, 系数 $c_{k-1}=f^{(k-1)}(a)$ 是 $f(x)$ 在 a 的 $k-1$ 阶导数. □

6.1.6 求下列线性变换 $\mathcal{A}$ 在所指定的基 $\boldsymbol{M}$ 下的矩阵:

(1) $\mathbf{R}^3$ 中的投影变换 $\mathcal{A}(x,y,z)=(x,y,0)$, $M=\{(1,0,0),(0,1,0),(0,0,1)\}$;

(2) 次数低于 n 的多项式组成的空间 $R_n[x]$ 的中的微商变换 $\mathcal{A}:f(x)\mapsto f'(x)$, $M=\{1,x,x^2,\cdots,x^{n-1}\}$.

(3) 将复数域 $\mathbf{C}$ 看作实数域 $\mathbf{R}$ 上线性空间, $\mathbf{C}$ 的线性变换 $\mathcal{A}:z\mapsto(a+b\mathrm{i})z$, 基 $M=\{1,\mathrm{i}\}$, 其中 a,b 是给定的实数.

解 (1) 由 $\mathcal{A}(1,0,0)=(1,0,0)$, $\mathcal{A}(0,1,0)=(0,1,0)$, $\mathcal{A}(0,0,1)=(0,0,0)$ 得

$$\boldsymbol{A}=\begin{pmatrix}1&0&0\\0&1&0\\0&0&0\end{pmatrix}$$

(2) 由 $(x^{k-1})'=(k-1)x^{k-2}$ $(\forall\ 1\leqslant k\leqslant n)$ 得

$$\boldsymbol{A}=\begin{pmatrix}0&1&&&\\&0&2&&\\&&0&\ddots&\\&&&\ddots&n-1\\&&&&0\end{pmatrix}$$

(3) $\mathcal{A}(1)=(a+b\mathrm{i})1=a+b\mathrm{i}$, $\mathcal{A}(\mathrm{i})=(a+b\mathrm{i})\mathrm{i}=-b+a\mathrm{i}$. 因此:

$$\boldsymbol{A}=\begin{pmatrix}a&-b\\b&a\end{pmatrix}$$ □

6.1.7 设线性变换 $\mathcal{A}$ 把 $\alpha_1=(0,0,1)$, $\alpha_2=(0,1,1)$, $\alpha_3=(1,1,1)$ 分别变换到 $\mathcal{A}\alpha_1=(2,3,5)$, $\mathcal{A}\alpha_2=(1,0,0)$, $\mathcal{A}\alpha_3=(0,1,-1)$, 分别求 $\mathcal{A}$ 在 F^3 的自然基 $\{\boldsymbol{e}_1,\boldsymbol{e}_2,\boldsymbol{e}_3\}$ 以及基 $\{\alpha_1,\alpha_2,\alpha_3\}$ 下的矩阵.

解 设 $\mathcal{A}$ 在自然基 $\boldsymbol{E}$ 下的矩阵是 $\boldsymbol{A}$, 则在自然基 $\boldsymbol{E}$ 下坐标为 $\boldsymbol{X}$ 的向量被 $\mathcal{A}$ 变成 $\boldsymbol{AX}$. 题中的数组向量 $\alpha_i,\mathcal{A}(\alpha_i)$ $(1\leqslant i\leqslant 3)$ 自身就是它们在自然基下的坐标. 将这些坐标都写成列向量的形式, 则 α_i $(1\leqslant i\leqslant 3)$ 的坐标 $\boldsymbol{a}_i$ 与 $\mathcal{A}(\alpha_i)$ 的坐标 $\boldsymbol{b}_i$ 之间有关系 $\boldsymbol{A}\boldsymbol{a}_i=\boldsymbol{b}_i$. 记

$$\boldsymbol{M}=(\boldsymbol{a}_1,\boldsymbol{a}_2,\boldsymbol{a}_3)=\begin{pmatrix}0&0&1\\0&1&1\\1&1&1\end{pmatrix},\qquad \boldsymbol{K}=(\boldsymbol{b}_1,\boldsymbol{b}_2,\boldsymbol{b}_3)=\begin{pmatrix}2&1&0\\3&0&1\\5&0&-1\end{pmatrix}$$

分别是以 $\boldsymbol{a}_1,\boldsymbol{a}_2,\boldsymbol{a}_3$ 和 $\boldsymbol{b}_1,\boldsymbol{b}_2,\boldsymbol{b}_3$ 为三列组成的矩阵, 则由 $\boldsymbol{A}\boldsymbol{a}_i=\boldsymbol{b}_i$ $(1\leqslant i\leqslant 3)$ 知

$$\boldsymbol{AM}=\boldsymbol{K}\Rightarrow\quad \boldsymbol{A}=\boldsymbol{KM}^{-1}=\begin{pmatrix}-1&-1&2\\1&-3&3\\-1&-5&5\end{pmatrix}$$

$\mathcal{A}$ 在基 $S=\{\alpha_1,\alpha_2,\alpha_3\}$ 下的矩阵 $\boldsymbol{B}$ 的各列分别等于基向量 α_i 的象 $\mathcal{A}(\alpha_i)$ 在基 S 下的坐标 $\boldsymbol{Y}_i$, $\boldsymbol{B}=(\boldsymbol{Y}_1,\boldsymbol{Y}_2,\boldsymbol{Y}_3)$.

一般地, 向量 β 在 S 下的坐标 $\boldsymbol{Y}=(y_1,y_2,y_3)^{\mathrm{T}}$ 满足条件:

$$\beta=y_1\alpha_1+y_2\alpha_2+y_3\alpha_3 \tag{6.4}$$

将数组向量 $\beta,\alpha_1,\alpha_2,\alpha_3$ 分别写成列向量 $\boldsymbol{b},\boldsymbol{a}_1,\boldsymbol{a}_2,\boldsymbol{a}_3$ 的形式, 则等式 (6.4) 成为

$$\boldsymbol{b}=y_1\boldsymbol{a}_1+y_2\boldsymbol{a}_2+y_3\boldsymbol{a}_3=(\boldsymbol{a}_1,\boldsymbol{a}_2,\boldsymbol{a}_3)\begin{pmatrix}y_1\\y_2\\y_3\end{pmatrix}=\boldsymbol{MY}$$

特别地, $\mathcal{A}(\alpha_i)$ 在基 S 下的坐标 $\boldsymbol{Y}_i$ 满足 $\boldsymbol{b}_i=\boldsymbol{M}\boldsymbol{Y}_i$, 因此 $(\boldsymbol{b}_1,\boldsymbol{b}_2,\boldsymbol{b}_3)=\boldsymbol{M}(\boldsymbol{Y}_1,\boldsymbol{Y}_2,\boldsymbol{Y}_3)$, 即

$$\boldsymbol{K}=\boldsymbol{M}\boldsymbol{B}\quad\Rightarrow\quad\boldsymbol{B}=\boldsymbol{M}^{-1}\boldsymbol{K}=\begin{pmatrix}2&0&-2\\1&-1&1\\2&1&0\end{pmatrix}$$ □

6.1.8 设 $\mathcal{A}:F^{1\times 3}\to F^{1\times 2},(x_1,x_2,x_3)\mapsto(x_1,x_2,x_3)\begin{pmatrix}1&2\\2&3\\3&4\end{pmatrix}$.

(1) 求证 $\mathcal{A}$ 是线性映射, 并求出 $\mathcal{A}$ 在 $F^{1\times 3},F^{1\times 2}$ 的自然基下的矩阵.

(2) 求 $\mathcal{A}$ 在基 $M_1=\{\alpha_1,\alpha_2,\alpha_3\},M_2=\{\beta_1,\beta_2\}$ 下的矩阵, 其中:

$$\alpha_1=(1,1,0),\quad\alpha_2=(1,0,1),\quad\alpha_3=(0,1,1),\quad\beta_1=(1,0),\quad\beta_2=(1,1)$$

解 (1) 记

$$\boldsymbol{X}=(x_1,x_2,x_3),\qquad\boldsymbol{A}=\begin{pmatrix}1&2\\2&3\\3&4\end{pmatrix}$$

则由 $\mathcal{A}(\boldsymbol{X})=\boldsymbol{X}\boldsymbol{A}$ 知对任意 $\boldsymbol{X}_1,\boldsymbol{X}_2\in F^{1\times 3}$ 及 $\lambda\in F$ 有

$$\mathcal{A}(\lambda\boldsymbol{X}_1+\boldsymbol{X}_2)=(\lambda\boldsymbol{X}_1+\boldsymbol{X}_2)\boldsymbol{A}=\lambda(\boldsymbol{X}_1\boldsymbol{A})+\boldsymbol{X}_2\boldsymbol{A}=\lambda\mathcal{A}(\boldsymbol{X}_1)+\mathcal{A}(\boldsymbol{X}_2)$$

这证明了 $\mathcal{A}$ 是线性映射. $F^{1\times 3},F^{1\times 2}$ 中的向量 $\boldsymbol{X},\boldsymbol{Y}$ 在自然基下的坐标就是它们自身, 写成列向量的形式 $\boldsymbol{X}^{\mathrm{T}},\boldsymbol{Y}^{\mathrm{T}}$. 则由 $\boldsymbol{Y}=\mathcal{A}(\boldsymbol{X})=\boldsymbol{X}\boldsymbol{A}$ 得 $\boldsymbol{Y}^{\mathrm{T}}=\boldsymbol{A}^{\mathrm{T}}\boldsymbol{X}^{\mathrm{T}}$, $\mathcal{A}$ 在自然基下的矩阵为

$$\boldsymbol{A}^{\mathrm{T}}=\begin{pmatrix}1&2&3\\2&3&4\end{pmatrix}$$

(2) 将 α_i,β_j 写成列向量的形式 $\boldsymbol{a}_i,\boldsymbol{b}_j$ 并排成矩阵:

$$\boldsymbol{P}=(\boldsymbol{a}_1,\boldsymbol{a}_2,\boldsymbol{a}_3)=\begin{pmatrix}1&1&0\\1&0&1\\0&1&1\end{pmatrix},\qquad\boldsymbol{K}=(\boldsymbol{b}_1,\boldsymbol{b}_2)=\begin{pmatrix}1&1\\0&1\end{pmatrix}$$

则 $\mathcal{A}$ 在基 M_1,M_2 下的矩阵 $\boldsymbol{B}=(\boldsymbol{Y}_1,\boldsymbol{Y}_2,\boldsymbol{Y}_3)$ 的第 i 列 $\boldsymbol{Y}_i=(y_{1i},y_{2i})^{\mathrm{T}}$ 是 $\mathcal{A}(\alpha_i)=\boldsymbol{A}^{\mathrm{T}}\boldsymbol{a}_i$ 在基 M_2 下的坐标, 满足条件 $\boldsymbol{A}^{\mathrm{T}}\boldsymbol{a}_i=y_{1i}\boldsymbol{b}_1+y_{2i}\boldsymbol{b}_2=\boldsymbol{K}\boldsymbol{Y}_i$. 于是 $(\boldsymbol{A}^{\mathrm{T}}\boldsymbol{a}_1,\boldsymbol{A}^{\mathrm{T}}\boldsymbol{a}_2,\boldsymbol{A}^{\mathrm{T}}\boldsymbol{a}_3)=\boldsymbol{K}(\boldsymbol{Y}_1,\boldsymbol{Y}_2,\boldsymbol{Y}_3)$, 即 $\boldsymbol{A}^{\mathrm{T}}\boldsymbol{P}=\boldsymbol{K}\boldsymbol{B}$.

$$\begin{aligned}\boldsymbol{B}=\boldsymbol{K}^{-1}\boldsymbol{A}^{\mathrm{T}}\boldsymbol{P}&=\begin{pmatrix}1&1\\0&1\end{pmatrix}^{-1}\begin{pmatrix}1&2&3\\2&3&4\end{pmatrix}\begin{pmatrix}1&1&0\\1&0&1\\0&1&1\end{pmatrix}\\&=\begin{pmatrix}-2&-2&-2\\5&6&7\end{pmatrix}\end{aligned}$$ □

6.1.9 设 $V=F^{2\times 2}$, $\boldsymbol{A}=\begin{pmatrix} a & b \\ c & d \end{pmatrix}\in F^{2\times 2}$. 取 V 的基 $M=\{\boldsymbol{E}_{11},\boldsymbol{E}_{12},\boldsymbol{E}_{21},\boldsymbol{E}_{22}\}$, 其中:

$$\boldsymbol{E}_{11}=\begin{pmatrix} 1 & 0 \\ 0 & 0 \end{pmatrix},\quad \boldsymbol{E}_{12}=\begin{pmatrix} 0 & 1 \\ 0 & 0 \end{pmatrix},\quad \boldsymbol{E}_{21}=\begin{pmatrix} 0 & 0 \\ 1 & 0 \end{pmatrix},\quad \boldsymbol{E}_{22}=\begin{pmatrix} 0 & 0 \\ 0 & 1 \end{pmatrix}$$

(1) 定义 $\boldsymbol{A}$ 的右乘变换 $\boldsymbol{A}_{\rm R}: V\to V, \boldsymbol{X}\mapsto \boldsymbol{XA}$, 求 $\boldsymbol{A}_{\rm R}$ 在基 $\boldsymbol{M}$ 下的矩阵.

(2) 定义 V 的线性变换 $\mathcal{B}:\boldsymbol{X}\mapsto \boldsymbol{AX}-\boldsymbol{XA}$, 证明 $\mathcal{B}$ 不可逆.

(3) 对任意 2 阶方阵 $\boldsymbol{A},\boldsymbol{B}$, 在 $V=F^{2\times 2}$ 中定义线性变换 $\boldsymbol{A}_{\rm L}:\boldsymbol{X}\mapsto \boldsymbol{AX}$, $\boldsymbol{B}_{\rm R}:\boldsymbol{X}\mapsto \boldsymbol{XB}$, 求证: 即使 $\boldsymbol{AB}\neq \boldsymbol{BA}$, 也有 $\boldsymbol{A}_{\rm L}\boldsymbol{B}_{\rm R}=\boldsymbol{B}_{\rm R}\boldsymbol{A}_{\rm L}$.

解 (1) M 的各个基向量 $\boldsymbol{E}_{11},\boldsymbol{E}_{12},\boldsymbol{E}_{21},\boldsymbol{E}_{22}$ 被 $\boldsymbol{A}_{\rm R}$ 作用分别得到

$$\boldsymbol{E}_{11}\boldsymbol{A}=\begin{pmatrix} a & b \\ 0 & 0 \end{pmatrix},\quad \boldsymbol{E}_{12}\boldsymbol{A}=\begin{pmatrix} c & d \\ 0 & 0 \end{pmatrix},\quad \boldsymbol{E}_{21}\boldsymbol{A}=\begin{pmatrix} 0 & 0 \\ a & b \end{pmatrix},\quad \boldsymbol{E}_{22}\boldsymbol{A}=\begin{pmatrix} 0 & 0 \\ c & d \end{pmatrix}$$

将它们分别在基 M 下的坐标写成列向量, 依次排成矩阵

$$\boldsymbol{P}=\begin{pmatrix} a & c & 0 & 0 \\ b & d & 0 & 0 \\ 0 & 0 & a & c \\ 0 & 0 & b & d \end{pmatrix}$$

就是变换 $A_{\rm R}$ 在基 M 下的矩阵.

(2) $\mathcal{B}$ 将所有的纯量阵 $\lambda\boldsymbol{I}$ 都映到 $\mathcal{B}(\lambda\boldsymbol{I})=\boldsymbol{A}(\lambda\boldsymbol{I})-(\lambda\boldsymbol{I})\boldsymbol{A}=\boldsymbol{O}$. 特别是将零方阵 $\boldsymbol{O}$ 和单位方阵 $\boldsymbol{I}$ 都映到同一个象 $\boldsymbol{O}$, 说明 $\mathcal{B}$ 不是单射, 可见它不可逆.

(3) 对任意 $\boldsymbol{X}\in V$, 有 $(\boldsymbol{A}_{\rm L}\boldsymbol{B}_{\rm R})\boldsymbol{X}=\boldsymbol{A}(\boldsymbol{XB})=(\boldsymbol{AX})\boldsymbol{B}=(B_{\rm R}A_{\rm L})\boldsymbol{X}$, 可见 $A_{\rm L}B_{\rm R}=B_{\rm R}A_{\rm L}$.

□

点评 本题的向量空间 V 的向量都是方阵, 也都是数组向量, 但既不是写成一行也不是写成一列, 而是写成两行两列的矩阵, 这样才能够被矩阵 $\boldsymbol{A}$ 右乘和左乘. 但在求线性变换 $A_{\rm R}$ 的矩阵 $\boldsymbol{P}$ 的时候, 仍必须将各个基向量的像 $A_{\rm R}(\boldsymbol{E}_{ij})=\boldsymbol{E}_{ij}\boldsymbol{A}$ 的坐标写成 4 维列向量, 排成 4 阶方阵 $\boldsymbol{P}$. 虽然 $\boldsymbol{P}$ 的元素都来自 $\boldsymbol{A}$, 但 $\boldsymbol{P}$ 与 $\boldsymbol{A}$ 是不同的, 它们在 V 上的作用方式也不同. $\boldsymbol{A}$ 的作用 $\boldsymbol{A}_{\rm R}:\boldsymbol{X}\mapsto \boldsymbol{AX}$ 是从右边去乘 V 中的每个 2 阶方阵 $\boldsymbol{X}$; 用 $\boldsymbol{P}$ 作用则需要先将 2 阶方阵 $\boldsymbol{X}=\begin{pmatrix} a & b \\ c & d \end{pmatrix}$ 在基下写成 4 维列向量 $\boldsymbol{\xi}=(a,b,c,d)^{\rm T}$ 作为坐标, 再用 4 阶方阵 $\boldsymbol{P}$ 左乘 $\boldsymbol{\xi}$, 即 $A_{\rm R}:\boldsymbol{\xi}\mapsto \boldsymbol{P\xi}$. 右乘变换 $A_{\rm R}:\boldsymbol{X}\mapsto \boldsymbol{XA}$ 与左乘变换 $A_{\rm L}:\boldsymbol{X}\mapsto \boldsymbol{AX}$ 是用同一个方阵从两个不同的方向乘 $\boldsymbol{X}$, 而将 $\boldsymbol{X}$ 写成坐标 (4 维列向量) $\boldsymbol{\xi}$ 之后, $A_{\rm R}:\boldsymbol{\xi}\mapsto \boldsymbol{P\xi}$ 与 $A_{\rm L}:\boldsymbol{\xi}\mapsto K\boldsymbol{\xi}$ 则是用不同的方阵 $\boldsymbol{P},\boldsymbol{K}$ 都从左边乘 $\boldsymbol{\xi}$.

本题第 (3) 小题的 $(A_{\rm L}B_{\rm R})\boldsymbol{X}$ 是将 $\boldsymbol{X}$ 先右乘 $\boldsymbol{B}$ 再左乘 $\boldsymbol{A}$, 得到 $\boldsymbol{A}(\boldsymbol{XB})$. 而 $(B_{\rm R}A_{\rm L})\boldsymbol{X}$ 则是将 $\boldsymbol{X}$ 先左乘 $\boldsymbol{A}$ 再右乘 $\boldsymbol{B}$ 得到 $(\boldsymbol{AX})\boldsymbol{B}$. $(\boldsymbol{AX})\boldsymbol{B}=\boldsymbol{A}(\boldsymbol{XB})$ 是由于矩阵乘法的结合律, 与 $\boldsymbol{A},\boldsymbol{B}$ 是否交换没有关系. 如果 $\boldsymbol{A},\boldsymbol{B}$ 都是左乘 (或都是右乘), 则当 $\boldsymbol{AB}\neq\boldsymbol{BA}$ 时 $(A_{\rm L}B_{\rm L})\boldsymbol{X}=\boldsymbol{A}(\boldsymbol{BX})$ 与 $(B_{\rm L}A_{\rm L})\boldsymbol{X}=\boldsymbol{B}(\boldsymbol{AX})$ 就很可能不相等. 如果对 $\boldsymbol{A}=(a_{ij})_{2\times 2}$ 与

$\boldsymbol{B}=(b_{ij})_{2\times 2}$ 分别写出 $A_{\rm L},B_{\rm R}$ 在同一组基下的矩阵 $\boldsymbol{K},\boldsymbol{P}$, 则

$$\boldsymbol{P}=\begin{pmatrix} b_{11} & b_{21} & 0 & 0\\ b_{12} & b_{22} & 0 & 0\\ 0 & 0 & b_{11} & b_{21}\\ 0 & 0 & b_{12} & b_{22}\end{pmatrix},\quad \boldsymbol{K}=\begin{pmatrix} a_{11} & 0 & a_{12} & 0\\ 0 & a_{11} & 0 & a_{12}\\ a_{21} & 0 & a_{22} & 0\\ 0 & a_{21} & 0 & a_{22}\end{pmatrix}$$

观察发现: 尽管 $\boldsymbol{A},\boldsymbol{B}$ 相乘有可能不交换, 但 $\boldsymbol{P},\boldsymbol{K}$ 相乘一定是交换的. 这是理所当然的. 既然左乘变换 $A_{\rm L}:\boldsymbol{\xi}\mapsto\boldsymbol{K}\boldsymbol{\xi}$ 与右乘变换 $B_{\rm R}:\boldsymbol{\xi}\mapsto\boldsymbol{P}\boldsymbol{\xi}$ 交换, 它们的矩阵 $\boldsymbol{K},\boldsymbol{P}$ 相乘当然是交换的.

本题第 (2) 小题通过 $\mathcal{B}$ 将不同的向量 $\boldsymbol{O},\boldsymbol{I}$ 映到同一个 $\boldsymbol{O}$ 知道 $\mathcal{B}$ 不是单射, 因而不可逆. 还可以通过 $\mathcal{B}$ 不是满射来说明 $\mathcal{B}$ 不可逆. 对任意 $\boldsymbol{X}$, 由 $\mathcal{B}(\boldsymbol{X})=\boldsymbol{AX}-\boldsymbol{XB}$ 知 $\operatorname{tr}(\mathcal{B}(\boldsymbol{X}))=\operatorname{tr}(\boldsymbol{AX}-\boldsymbol{XA})=\operatorname{tr}(\boldsymbol{AX})-\operatorname{tr}(\boldsymbol{XA})=0$, 可见当 $\boldsymbol{Y}\in F^{2\times 2}$ 的迹 $\operatorname{tr}\boldsymbol{Y}\neq 0$ 时不存在 $\boldsymbol{X}$ 使 $\mathcal{B}(\boldsymbol{X})=\boldsymbol{Y}$. 例如 $\operatorname{tr}\boldsymbol{I}=2\neq 0$, 因此不存在 $\boldsymbol{X}$ 使 $\mathcal{B}(\boldsymbol{X})=\boldsymbol{I}$, 可见 $\mathcal{B}$ 不是满射. 这也足以说明 $\mathcal{B}$ 不可逆. □

6.1.10 在数域 F 上 x 的全体多项式组成的空间 $F[x]$ 中定义线性变换 $\mathcal{A}:f(x)\mapsto f'(x)$ 及 $\mathcal{B}:f(x)\mapsto xf(x)$. 证明: $\mathcal{AB}-\mathcal{BA}=\mathcal{I}$.

证明 对任意 $f(x)\in F[x]$, 有

$$(\mathcal{AB}-\mathcal{BA})f(x)=(xf(x))'-xf'(x)=(f(x)+xf'(x))-xf'(x)=f(x)=\mathcal{I}f(x)$$

这证明了 $\mathcal{AB}-\mathcal{BA}=\mathcal{I}$. □

点评 本题在线性空间 $F[x]$ 上找到了两个线性变换 $\mathcal{A},\mathcal{B}$ 使 $\mathcal{AB}-\mathcal{BA}=\mathcal{I}$ 是单位变换. 如果有限维线性空间 V 上有两个线性变换 $\mathcal{A},\mathcal{B}$ 满足同样的条件 $\mathcal{AB}-\mathcal{BA}=\mathcal{I}$, 则 $\mathcal{A},\mathcal{B}$ 在 V 的任意一组基下的矩阵 $\boldsymbol{A},\boldsymbol{B}$ 满足相应的等式 $\boldsymbol{AB}-\boldsymbol{BA}=\boldsymbol{I}_{(n)}$. 这导致等式两边的 n 阶方阵 $\boldsymbol{AB}-\boldsymbol{BA}$ 与 $\boldsymbol{I}$ 的迹相等: $\operatorname{tr}(\boldsymbol{AB}-\boldsymbol{BA})=\operatorname{tr}\boldsymbol{I}_{(n)}$. 但由 $\operatorname{tr}(\boldsymbol{AB})=\operatorname{tr}(\boldsymbol{BA})$ 知左边的 $\operatorname{tr}(\boldsymbol{AB}-\boldsymbol{BA})=\operatorname{tr}(\boldsymbol{AB})-\operatorname{tr}(\boldsymbol{BA})=0$, 而右边的 $\operatorname{tr}\boldsymbol{I}_{(n)}=n\neq 0$, 矛盾. 这证明了有限维线性空间 V 上的线性变换 $\mathcal{A},\mathcal{B}$ 不可能满足 $\mathcal{AB}-\mathcal{BA}=\mathcal{I}$. 然而, 本题中的多项式空间 $F[x]$ 的维数是无穷大, 刚才证明的这个结论不能成立, 所以能够找到线性变换 $\mathcal{A},\mathcal{B}$ 满足条件 $\mathcal{AB}-\mathcal{BA}=\mathcal{I}$. □

6.1.11 设 $F_n[x]$ 是数域 F 上次数低于 n 的一元多项式组成的 n 维空间. $\mathcal{A}:f(x)\mapsto f(x+1)$ 与 $\mathcal{D}:f(x)\mapsto f'(x)$ 是 $F_n[x]$ 的线性变换. 求证:

$$\mathcal{A}=\mathcal{I}+\frac{\mathcal{D}}{1!}+\frac{\mathcal{D}^2}{2!}+\cdots+\frac{\mathcal{D}^{n-1}}{(n-1)!}$$

证明 $f(x)\in F[x]$ 在 c 作泰勒展开式, 得

$$f(x)=f(c)+\frac{f'(c)}{1!}(x-c)+\frac{f^{(2)}(c)}{2!}(x-c)^2+\cdots+\frac{f^{(n-1)}(c)}{(n-1)!}(x-c)^{n-1} \tag{6.5}$$

在等式 (6.5) 中将 x,c 分别替换成 $x+1,x$, 则 $x-c$ 替换成 1, 得到

$$f(x+1)=f(x)+\frac{f'(x)}{1!}+\frac{f^{(2)}(x)}{2!}+\cdots+\frac{f^{(n-1)}(x)}{(n-1)!}$$

$$= \left(\mathcal{I} + \frac{\mathcal{D}}{1!} + \frac{\mathcal{D}^2}{2!} + \cdots + \frac{\mathcal{D}^{n-1}}{(n-1)!}\right) f(x)$$

其中 $f(x+1) = \mathcal{A}(f(x))$. 这就证明了

$$\mathcal{A} = \mathcal{I} + \frac{\mathcal{D}}{1!} + \frac{\mathcal{D}^2}{2!} + \cdots + \frac{\mathcal{D}^{n-1}}{(n-1)!} \qquad \square$$

6.1.12　设 $\boldsymbol{A}$ 是 $m \times n$ 实矩阵, 求证: $\mathrm{tr}\,(\boldsymbol{A}^{\mathrm{T}}\boldsymbol{A}) = 0$ 的充分必要条件为 $\boldsymbol{A} = \boldsymbol{0}$.

证明　将 $\boldsymbol{A} = (a_{ij})_{m \times n}$ 按列分块, 写成 $\boldsymbol{A} = (\boldsymbol{a}_1, \cdots, \boldsymbol{a}_n)$, 其中 $\boldsymbol{a}_j = (a_{1i}, \cdots, a_{mi})^{\mathrm{T}}$ 是 $\boldsymbol{A}$ 的第 j 列. 则 $\boldsymbol{a}_j^{\mathrm{T}} = (a_{1j}, \cdots, a_{mj})$ 是 $\boldsymbol{A}^{\mathrm{T}}$ 的第 j 行. $\boldsymbol{B} = \boldsymbol{A}^{\mathrm{T}}\boldsymbol{A} = (b_{ij})_{n \times n}$ 的对角元

$$b_{jj} = \boldsymbol{a}_j^{\mathrm{T}}\boldsymbol{a}_j = (a_{1j}, \cdots, a_{mj}) \begin{pmatrix} a_{1j} \\ \vdots \\ a_{mj} \end{pmatrix} = a_{1j}^2 + \cdots + a_{mj}^2$$

等于 $\boldsymbol{A}$ 的第 j 列各元素的平方和, 因此 $\mathrm{tr}\,(\boldsymbol{A}^{\mathrm{T}}\boldsymbol{A}) = \mathrm{tr}\,\boldsymbol{B} = b_{11} + \cdots + b_{nn}$ 等于 $\boldsymbol{A}$ 的各列平方和之和:

$$\mathrm{tr}\,(\boldsymbol{A}^{\mathrm{T}}\boldsymbol{A}) = \sum_{j=1}^{n}\sum_{i=1} a_{ij}^2$$

也就是 $\boldsymbol{A}$ 的所有的元素的平方和, 因此:

$$\mathrm{tr}\,(\boldsymbol{A}^{\mathrm{T}}\boldsymbol{A}) = 0 \;\Leftrightarrow\; a_{ij} = 0\,(\forall i,j) \;\Leftrightarrow\; \boldsymbol{A} = \boldsymbol{O} \qquad \square$$

点评　迹 $\mathrm{tr}: \boldsymbol{A} \mapsto \mathrm{tr}\,\boldsymbol{A}$ 与行列式 $\det: \boldsymbol{A} \mapsto \det\boldsymbol{A}$ 都是方阵空间 $V = F^{n \times n}$ 到纯量空间 F 中的映射, 也就是 V 上的函数, 并且都是以 $\boldsymbol{A}$ 的 n^2 个元素 a_{ij} 为自变量的多项式函数. $\mathrm{tr}\,\boldsymbol{A} = \sum a_{ii}$ 的每项 a_{ii} 都是一次项, 也就是 n^2 个自变量 a_{ij} 的线性函数, 满足条件 $\mathrm{tr}\,(\lambda\boldsymbol{A} + \boldsymbol{B}) = \lambda\mathrm{tr}\,(\boldsymbol{A}) + \mathrm{tr}\,(\boldsymbol{B})$, 是 V 上的线性函数. 而 $\det\boldsymbol{A} = \sum \delta(j_1 \cdots j_n) a_{1j_1} \cdots a_{nj_n}$ 的每项都是 n 次项, 不满足 $\det(\boldsymbol{A} + \boldsymbol{B}) = \det\boldsymbol{A} + \det\boldsymbol{B}$, 而满足 $\det(\boldsymbol{AB}) = (\det\boldsymbol{A})(\det\boldsymbol{B})$. 另一方面, tr 与矩阵乘法的关系是 $\mathrm{tr}\,(\boldsymbol{AB}) = \mathrm{tr}\,(\boldsymbol{BA})$. 下一个例中将要证明: V 上具有这个性质的线性函数与 tr 只相差一个常数倍.

本题的“诀窍”是: $\mathrm{tr}\,(\boldsymbol{A}^{\mathrm{T}}\boldsymbol{A})$ 等于 $\boldsymbol{A}$ 的各元素的平方和. 只要看出这一点, 问题就迎刃而解了. 将 $\boldsymbol{A}$ 写成按列分块形式 $\boldsymbol{A} = (\boldsymbol{a}_1, \cdots, \boldsymbol{a}_n)$ 之后, $\boldsymbol{A}^{\mathrm{T}}\boldsymbol{A}$ 的第 (i,j) 元 $\boldsymbol{a}_i^{\mathrm{T}}\boldsymbol{a}_j = a_{1i}a_{1j} + \cdots + a_{mi}a_{mj}$ 就是 $\boldsymbol{A}$ 的第 i,j 两列的内积. $\boldsymbol{A}^{\mathrm{T}}\boldsymbol{A}$ 就是 $\boldsymbol{A}$ 的各列相互内积的“档案表”. 内积是二维或三维几何空间中对向量进行度量的重要函数, 由它可以算出长度和角度. 教材 [1] 第 9 章对 n 维空间的内积进行详细的讨论, 并且将 $\boldsymbol{A}^{\mathrm{T}}\boldsymbol{A}$ 这份“档案表”称为 $\boldsymbol{A}$ 的列向量组的“度量方阵”. 按照这个观点, $\boldsymbol{A}^{\mathrm{T}}\boldsymbol{A}$ 的第 i 个对角元就是 $\boldsymbol{A}$ 的第 i 列 $\boldsymbol{a}_i$ 与自己的内积, 等于各元素的平方和, $\mathrm{tr}\,(\boldsymbol{A}^{\mathrm{T}}\boldsymbol{A})$ 当然就是 $\boldsymbol{A}$ 的各元素的平方和. 如果 $\boldsymbol{A}$ 是复数域上的矩阵, 平方和等于 0 不能保证 $\boldsymbol{A} = \boldsymbol{O}$, 但将 $\boldsymbol{A}^{\mathrm{T}}\boldsymbol{A}$ 换成 $\overline{\boldsymbol{A}}^{\mathrm{T}}\boldsymbol{A}$, 则第 (i,i) 对角元

$$\overline{a_{1j}}a_{1j} + \cdots + \overline{a_{mj}}a_{mj} = |a_{1j}|^2 + \cdots + |a_{mj}|^2$$

等于各元素模的平方和, 仍可由 $\mathrm{tr}\,(\overline{\boldsymbol{A}}^{\mathrm{T}}\boldsymbol{A}) = 0$ 得到 $\boldsymbol{A} = \boldsymbol{O}$. $\square$

6.1.13 设 f 是 $F^{n\times n}$ 上的线性函数, 且 $f(\boldsymbol{AB})=f(\boldsymbol{BA})$ 对任意 $\boldsymbol{A},\boldsymbol{B}\in F^{n\times n}$ 成立. 求证: 存在常数 $c\in F$, 使 $f=c\mathrm{tr}$.

证明 当 $n=1$ 时, $\boldsymbol{A}=a$ 是纯量. 设 $f(1)=\lambda$, 则 $f(\boldsymbol{A})=f(a1)=af(1)=a\lambda=\lambda\mathrm{tr}\boldsymbol{A}$. $f=\lambda\mathrm{tr}$ 成立.

以下设 $n\geqslant 2$. f 由它在 $F^{n\times n}$ 的一组基 $M=\{\boldsymbol{E}_{ij}\mid 1\leqslant i,j\leqslant n\}$ 上的作用决定, 其中 E_{ij} 表示第 (i,j) 元为 1、其余元素全为 0 的矩阵.

对任意 k,i,t,j, $\boldsymbol{A}=(a_{ij})_{n\times n}$, 有 $\boldsymbol{E}_{ki}\boldsymbol{E}_{ij}=\boldsymbol{E}_{kj}$, 且当 $i\neq t$ 时 $\boldsymbol{E}_{ki}\boldsymbol{E}_{tj}=\boldsymbol{O}$. 因此:

$$\begin{aligned}
f(\boldsymbol{E}_{ij})&=f(\boldsymbol{E}_{ii}\boldsymbol{E}_{ij})=f(\boldsymbol{E}_{ij}\boldsymbol{E}_{ii})=f(\boldsymbol{O})=0\\
f(\boldsymbol{E}_{ii})&=f(\boldsymbol{E}_{i1}\boldsymbol{E}_{1i})=f(\boldsymbol{E}_{1i}\boldsymbol{E}_{i1})=f(\boldsymbol{E}_{11})\\
f(\boldsymbol{A})&=f(\sum_{1\leqslant i,j\leqslant n}a_{ij}\boldsymbol{E}_{ij})=\sum_{1\leqslant i,j\leqslant n}a_{ij}f(\boldsymbol{E}_{ij})\\
&=(a_{11}+\cdots+a_{nn})f(\boldsymbol{E}_{11})=c\mathrm{tr}\boldsymbol{A}
\end{aligned}$$

其中 $c=f(\boldsymbol{E}_{11})$. 这就证明了 $f=c\mathrm{tr}$. □

6.2 坐标变换

知识导航

1. 基变换与坐标变换

设 $M_1=\{\alpha_1,\cdots,\alpha_n\}$ 与 $M_2=\{\beta_1,\cdots,\beta_n\}$ 是线性空间 V 的两组基. M_2 中每个向量

$$\beta_j=p_{1j}\alpha_1+\cdots+p_{nj}\alpha_n=(\alpha_1,\cdots,\alpha_n)\boldsymbol{P}_j$$

其中列向量 $\boldsymbol{P}_j=(p_{1j},\cdots,p_{nj})^{\mathrm{T}}$ 是 β_j 在基 M_1 下的坐标. 依次以 $\boldsymbol{P}_1,\cdots,\boldsymbol{P}_n$ 为各列排成矩阵 $\boldsymbol{P}=(\boldsymbol{P}_1,\cdots,\boldsymbol{P}_n)=(p_{ij})_{n\times n}$, 称为基 M_1 到 M_2 的**过渡矩阵**. 则两组基之间有变换公式 (基变换公式):

$$(\beta_1,\cdots,\beta_n)=(\alpha_1,\cdots,\alpha_n)\boldsymbol{P}$$

在基变换公式中将各个向量 α_i,β_j 分别用它们在 V 的同一组基 $\boldsymbol{M}$ 下的坐标 (写成列向量形式)$\boldsymbol{a}_i,\boldsymbol{b}_j$ 代替, 则基变换公式变成 (基变换公式矩阵形式):

$$\boldsymbol{T}=\boldsymbol{KP}$$

其中 $\boldsymbol{K}=(\boldsymbol{a}_1,\cdots,\boldsymbol{a}_n)$ 与 $\boldsymbol{T}=(\boldsymbol{b}_1,\cdots,\boldsymbol{b}_n)$ 分别以各 $\boldsymbol{a}_i$ 和 $\boldsymbol{b}_j$ 为各列排成. 由 $\boldsymbol{T}=\boldsymbol{KP}$ 得 (过渡矩阵计算公式):

$$\boldsymbol{P}=\boldsymbol{K}^{-1}\boldsymbol{T}$$

如果取 $M=M_1$, 则 $\boldsymbol{K}=(\boldsymbol{e}_1,\cdots,\boldsymbol{e}_n)=\boldsymbol{I}$, $\boldsymbol{K}=\boldsymbol{P}$. 如果取 $M=M_2$, 则 $\boldsymbol{T}=\boldsymbol{I}$, $\boldsymbol{K}=\boldsymbol{P}^{-1}$ 是基 M_2 到 M_1 的过渡矩阵.

设同一向量 α 在基 M_1,M_2 下的坐标分别是 $\boldsymbol{X}=(x_1,\cdots,x_n)^{\mathrm{T}},\boldsymbol{Y}=(y_1,\cdots,y_n)^{\mathrm{T}}$, 则:

$$\alpha=x_1\alpha_1+\cdots+x_n\alpha_n=y_1\beta_1+\cdots+y_n\beta_n$$

将 α_i,β_j 同它们在同一组基 M 下的坐标 (列向量) $\boldsymbol{a}_i,\boldsymbol{b}_j$ 替换, 等式变成:

$$x_1\boldsymbol{a}_1+\cdots+x_n\boldsymbol{a}_n=y_1\boldsymbol{b}_1+\cdots+y_n\boldsymbol{b}_n \ \Rightarrow\ \boldsymbol{KX}=\boldsymbol{TY}$$

特别地, 取 $M=M_1$, 则 $\boldsymbol{K}=\boldsymbol{I},\boldsymbol{T}=\boldsymbol{P}$, 得到坐标变换公式

$$\boldsymbol{X}=\boldsymbol{PY}$$

反过来, 有 $\boldsymbol{Y}=\boldsymbol{P}^{-1}\boldsymbol{X}$.

2. 线性映射在不同基下的矩阵

设 $\mathcal{A}:V\to U$ 是线性映射. V 的基 M_1 到 M_2 的过渡矩阵是 $\boldsymbol{P}$, $\boldsymbol{U}$ 的基 S_1 到 S_2 的过渡矩阵是 $\boldsymbol{Q}$, 则任一 $\alpha\in V$ 在 M_1,M_2 下的坐标 $\boldsymbol{X},\xi$ 之间有变换关系 $\boldsymbol{X}=\boldsymbol{P\xi}$, $\mathcal{A}(\alpha)\in U$ 在 S_1,S_2 下的坐标 $\boldsymbol{Y},\boldsymbol{\eta}$ 之间有变换关系 $\boldsymbol{Y}=\boldsymbol{Q\eta}$. 设 $\mathcal{A}$ 在基 M_1,S_1 下的矩阵为 $\boldsymbol{A}$, $\mathcal{A}$ 在基 M_2,S_2 下的矩阵为 $\boldsymbol{B}$, 则 $\boldsymbol{Y}=\boldsymbol{AX}$, $\boldsymbol{\eta}=\boldsymbol{B\xi}$. 将 $\boldsymbol{X}=\boldsymbol{P\xi},\boldsymbol{Y}=\boldsymbol{Q\eta}$ 代入 $\boldsymbol{Y}=\boldsymbol{AX}$ 得 $\boldsymbol{Q}\eta=\boldsymbol{AP\xi}$, 从而 $\boldsymbol{\eta}=\boldsymbol{Q}^{-1}\boldsymbol{AP\xi}$. 这就得到

$$\boldsymbol{B}=\boldsymbol{Q}^{-1}\boldsymbol{AP}$$

这说明, 同一个线性映射在不同基下的矩阵 $\boldsymbol{A}$ 与 $\boldsymbol{B}$ 相抵.

当 $U=V$ 时, 线性映射 $\mathcal{A}:V\to U$ 是线性变换, 此时 $S_1=M_1$, $S_2=M_2$, $\boldsymbol{Q}=\boldsymbol{P}$,

$$\boldsymbol{B}=\boldsymbol{P}^{-1}\boldsymbol{AP}$$

满足此条件的方阵 $\boldsymbol{A},\boldsymbol{B}$ 称为相似.

当 $U=F$ 时, $\mathcal{A}:V\to F$ 是 V 上的线性函数, 此时 $S_1=S_2=\{1\}$, $Q=1$, 同一线性函数 $\mathcal{A}$ 在 V 的不同基下的矩阵 $\boldsymbol{A},\boldsymbol{B}$ (都是行向量) 的变换关系是

$$\boldsymbol{B}=\boldsymbol{AP}$$

例题分析与解答

6.2.1　已知 $\mathbf{R}^3$ 的两组基 $M_1=\{\alpha_1,\alpha_2,\alpha_3\}$, $M_2=\{\beta_1,\beta_2,\beta_3\}$, 其中 $\alpha_1=(1,2,3),\alpha_2=(2,1,0),\alpha_3=(1,0,0)$; $\beta_1=(1,1,2),\beta_2=(2,1,3),\beta_3=(4,3,8)$.

(1) 求基 M_1 到 M_2 的过渡矩阵.

(2) 分别求向量 $\alpha=\alpha_1+3\alpha_2-4\alpha_3$ 在基 M_1 和 M_2 下的坐标.

(3) $\mathbf{R}^3$ 的线性变换 $\mathcal{A}$ 将 $\alpha_1,\alpha_2,\alpha_3$ 分别映到 β_1,β_2,β_3, 分别求 $\mathcal{A}$ 在两组基下的矩阵.

解　(1) 过渡矩阵 $\boldsymbol{P}$ 满足 $(\beta_1,\beta_2,\beta_3)=(\alpha_1,\alpha_2,\alpha_3)\boldsymbol{P}$. 将其中的向量 α_i,β_i 分别写成列

向量形式 $\boldsymbol{a}_i,\boldsymbol{b}_i$ 代入得 $\boldsymbol{T}=\boldsymbol{KP}$, 其中:

$$\boldsymbol{K}=(\boldsymbol{a}_1,\boldsymbol{a}_2,\boldsymbol{a}_3)=\begin{pmatrix}1&2&1\\2&1&0\\3&0&0\end{pmatrix},\quad \boldsymbol{T}=(\boldsymbol{b}_1,\boldsymbol{b}_2,\boldsymbol{b}_3)=\begin{pmatrix}1&2&4\\1&1&3\\2&3&8\end{pmatrix}$$

由 $\boldsymbol{T}=\boldsymbol{KP}$ 得

$$\boldsymbol{P}=\boldsymbol{K}^{-1}\boldsymbol{T}=\begin{pmatrix}\dfrac{2}{3}&1&\dfrac{8}{3}\\-\dfrac{1}{3}&-1&-\dfrac{7}{3}\\1&3&6\end{pmatrix}$$

(2) $\alpha=\alpha_1+3\alpha_2-4\alpha_3$ 在 M_1 下的坐标 $\boldsymbol{X}=(1,3,-4)^{\mathrm{T}}$, 在 M_2 下的坐标 $\boldsymbol{Y}$ 满足坐标变换公式 $\boldsymbol{X}=\boldsymbol{PY}$, 从而 $\boldsymbol{Y}=\boldsymbol{P}^{-1}\boldsymbol{X}=(17,3,-5)^{\mathrm{T}}$.

(3) 注意 $\boldsymbol{P}=(\boldsymbol{Y}_1,\boldsymbol{Y}_2,\boldsymbol{Y}_3)$ 的第 i 列 $\boldsymbol{Y}_i$ 是 β_i 在 M_1 下的坐标, $\boldsymbol{P}^{-1}=(\boldsymbol{X}_1,\boldsymbol{X}_2,\boldsymbol{X}_3)$ 的第 i 列 $\boldsymbol{X}_i$ 则是 α_i 在 M_2 下的坐标.

设 $\mathcal{A}$ 在基 M_1,M_2 下的矩阵分别是 $\boldsymbol{A},\boldsymbol{B}$. 将等式 $\mathcal{A}(\alpha_i)=\beta_i$ $(i=1,2,3)$ 两边的向量 α_i,β_i 在基 M_1 下写成坐标 (列向量) $\boldsymbol{e}_i,\boldsymbol{Y}_i$, 则等式成为 $\mathcal{A}:\boldsymbol{e}_i\mapsto\boldsymbol{Y}_i=\boldsymbol{A}\boldsymbol{e}_i$, 即

$$\boldsymbol{A}(\boldsymbol{e}_1,\boldsymbol{e}_2,\boldsymbol{e}_3)=(\boldsymbol{Y}_1,\boldsymbol{Y}_2,\boldsymbol{Y}_3)\ \Rightarrow\ \boldsymbol{AI}=\boldsymbol{P}\ \Rightarrow\ \boldsymbol{A}=\boldsymbol{P}$$

将等式 $\mathcal{A}(\alpha_i)=\beta_i$ 两边的向量在基 M_2 下写成坐标, 得 $\boldsymbol{BX}_i=\boldsymbol{e}_i$ $(i=1,2,3)$, 从而:

$$\boldsymbol{B}(\boldsymbol{X}_1,\boldsymbol{X}_2,\boldsymbol{X}_3)=(\boldsymbol{e}_1,\boldsymbol{e}_2,\boldsymbol{e}_3)\ \Rightarrow\ \boldsymbol{BP}^{-1}=\boldsymbol{I}\ \Rightarrow\ \boldsymbol{B}=\boldsymbol{P}$$

$\mathcal{A}$ 在两组基 M_1,M_2 下的矩阵都是 $\boldsymbol{P}$. □

点评 同一线性变换 $\mathcal{A}$ 在两组不同基 M_1,M_2 下的矩阵 $\boldsymbol{A},\boldsymbol{B}$ 之间有关系 $\boldsymbol{B}=\boldsymbol{P}^{-1}\boldsymbol{AP}$, 其中 $\boldsymbol{P}$ 是 M_1 到 M_2 的过渡矩阵. 但在本题第 (3) 小题中, $\boldsymbol{A}=\boldsymbol{P}$ 与 $\boldsymbol{P}$ 交换, 因此 $\boldsymbol{B}=\boldsymbol{P}^{-1}\boldsymbol{PP}=\boldsymbol{P}=\boldsymbol{A}$. □

6.2.2 设 $F_n[x]$ 是数域 F 上次数低于 n 的全体多项式组成的 n 维线性空间, $M=\{1,x,x^2,\cdots,x^{n-1}\}$ 是它的一组基. 设 $1,\omega_1,\cdots,\omega_{n-1}$ 依次是方程 $x^n-1=0$ 的全部复数根, 其中 $\omega_k=\cos\dfrac{2k\pi}{n}+\mathrm{i}\sin\dfrac{2k\pi}{n}$ $(0\leqslant k\leqslant n-1)$. 对每个 $1\leqslant i\leqslant n$, 取

$$f_i=\prod_{0\leqslant j\leqslant n-1,\,j\neq i}(x-\omega_j)$$

(1) 求证: $M_1=\{f_0,f_1,\cdots,f_{n-1}\}$ 是 $F[x]_n$ 的一组基.

(2) 求 M 到 M_1 的过渡矩阵.

解 (1) n 个多项式 $1,x,x^2,\cdots,x^{n-1}$ 组成 $F_n[x]$ 的一组基 M, 因此 $\dim F_n[x]=n$. 只要证明 M_1 中的 n 个多项式线性无关, 则 M_1 也是 $F_n[x]$ 的一组基.

注意每个 $f_i(x)$ 满足 $f_i(\omega_j)=0$ $(\forall\ 0\leqslant j\leqslant n-1,\ j\neq i)$, 且 $f_i(\omega_i)\neq 0$. 设 $\lambda_0,\cdots,\lambda_{n-1}$ 满足条件:

$$\lambda_0f_0(x)+\lambda_1f_1(x)+\cdots+\lambda_nf_n(x)=0$$

对每个 $0\leqslant i\leqslant n-1$, 将 $x=\omega_i$ 代入以上等式, 得 $\lambda_if_i(\omega_i)=0$, 由 $f_i(\omega_i)\neq 0$ 得 $\lambda_i=0$. 这就证明了 M_1 线性无关, 是 $F_n[x]$ 的一组基.

(2) 对每个 $0\leqslant i\leqslant n-1$, 令 $x=\omega_i y$, 则:

$$
\begin{aligned}
f_i(x)&=\prod_{0\leqslant i\leqslant n-1,j\neq i}(\omega_i y-\omega_j)=\omega_i^{n-1}\prod_{1\leqslant k\leqslant n-1}(y-\omega_k)\\
&=\omega_i^{n-1}\frac{y^n-1}{y-1}=\omega_i^{n-1}(y^{n-1}+y^{n-2}+\cdots+y+1)\\
&=(\omega_i y)^{n-1}+\omega_i(\omega_i y)^{n-2}+\cdots+\omega_i^{n-2}(\omega_i y)+\omega_i^{n-1}\\
&=x^{n-1}+\omega_i x^{n-2}+\cdots+\omega_i^{n-2}x+\omega_i^{n-1}
\end{aligned}
$$

f_i 在基 M 下的坐标为 $\boldsymbol{X}_i=(\omega_i^{n-1},\omega_i^{n-2},\cdots,\omega_i,1)^{\mathrm{T}}$. 依次以这些坐标为各列排成的矩阵

$$
\boldsymbol{P}=(\boldsymbol{X}_0,\cdots,\boldsymbol{X}_{n-1})=\begin{pmatrix}1&\omega_1^{n-1}&\cdots&\omega_{n-1}^{n-1}\\1&\omega_1^{n-2}&\cdots&\omega_{n-1}^{n-2}\\\vdots&\vdots&&\vdots\\1&\omega_1&\cdots&\omega_{n-1}\\1&1&\cdots&1\end{pmatrix}
$$

就是 M 到 M_1 的过渡矩阵. □

6.2.3 设 $\mathcal{A}$ 在基 $\{\alpha_1,\alpha_2,\alpha_3\}$ 下的矩阵 $\boldsymbol{A}=\begin{pmatrix}1&2&3\\3&1&2\\2&3&1\end{pmatrix}$, 求 $\mathcal{A}$ 在下列基下的矩阵:

(1) $\{\alpha_3,\alpha_1,\alpha_2\}$;　　(2) $\{\alpha_1+\alpha_2+\alpha_3,\alpha_1+\alpha_2,\alpha_2+\alpha_3\}$.

解　设基 $M=\{\alpha_1,\alpha_2,\alpha_3\}$ 到 M_1 的过渡矩阵为 $\boldsymbol{P}$, 则 $\mathcal{A}$ 在基 M_1 下的矩阵为 $\boldsymbol{B}=\boldsymbol{P}^{-1}\boldsymbol{A}\boldsymbol{P}$.

(1)

$$
\boldsymbol{P}=\begin{pmatrix}0&1&0\\0&0&1\\1&0&0\end{pmatrix},\qquad \boldsymbol{B}=\boldsymbol{P}^{-1}\boldsymbol{A}\boldsymbol{P}=\begin{pmatrix}1&2&3\\3&1&2\\2&3&1\end{pmatrix}
$$

(2)

$$
\boldsymbol{P}=\begin{pmatrix}1&1&0\\1&1&1\\1&0&1\end{pmatrix},\qquad \boldsymbol{B}=\boldsymbol{P}^{-1}\boldsymbol{A}\boldsymbol{P}=\begin{pmatrix}6&4&6\\0&-1&-1\\0&1&-2\end{pmatrix}
$$

□

6.2.4 设 $R_n[t]$ 是实数域 $\mathbf{R}$ 上以 t 为字母、次数 $<n$ 的多项式及零组成的线性空间. $V=\{f(\cos x)\mid f\in R[x]\}$. 试写出 V 中的基 $M_1=\{1,\cos x,\cos^2 x,\cdots,\cos^{n-1}x\}$ 到 $M_2=\{1,\cos x,\cos 2x,\cdots,\cos(n-1)x\}$ 的过渡矩阵.

解　需要将 M_2 中的每个基向量 $\cos mx$ 写成 M_1 的线性组合, 也就是写成 $\cos x$ 的多项式. 将复数等式 $\cos mx+\mathrm{i}\sin mx=(\cos x+\mathrm{i}\sin x)^m$ 右边展开, 比较等式两边的实部, 得

$$
\cos mx=\sum_{k=0}^{[m/2]}\mathrm{C}_m^{2k}\cos^{m-2k}(-\sin^2 x)^k=\sum_{k=0}^{[m/2]}\mathrm{C}_m^{2k}\cos^{n-2k}x(\cos^2 x-1)^k
$$

$$= \sum_{k=0}^{[m/2]} \mathrm{C}_m^{2k} \cos^{m-2k} x \sum_{t=0}^{k} (-1)^t \mathrm{C}_k^t \cos^{2(k-t)} x = \sum_{t=0}^{[m/2]} \lambda_{tm} \cos^{m-2t} x$$

$$\lambda_{tm} = (-1)^t \sum_{k=t}^{[m/2]} \mathrm{C}_m^{2k} \mathrm{C}_k^t$$

其中 $[m/2]$ 是不超过 $m/2$ 的最大整数.

注意其中 $\cos^m x$ 的系数 $\lambda_{0m} = \mathrm{C}_m^0 + \mathrm{C}_m^2 + \cdots + \mathrm{C}_m^{2[m/2]} = 2^{m-1}$. 这是因为 $2^m = (1+1)^m = \mathrm{C}_m^0 + \mathrm{C}_m^1 + \cdots + \mathrm{C}_m^m$, 且 $0 = (1-1)^m = \mathrm{C}_m^0 - \mathrm{C}_m^1 + \mathrm{C}_m^2 - \cdots + (-1)^m \mathrm{C}_m^m$, 从而 $\mathrm{C}_m^0 + \mathrm{C}_m^2 + \cdots = \mathrm{C}_m^1 + \mathrm{C}_m^3 + \cdots = \frac{1}{2} 2^m = 2^{m-1}$.

这样就得到 M_2 中各向量 $\cos mx$ 在 M_1 下的坐标 X_m. 例如, $1, \cos x$ 的坐标分别是 $\boldsymbol{X}_0 = (1,0,\cdots,0)^{\mathrm{T}}, \boldsymbol{X}_1 = (0,1,0,\cdots,0)^{\mathrm{T}}$, 而:

$$\cos 2x = -1 + 2\cos^2 x, \qquad \cos 3x = -3\cos x + 4\cos^3 x$$

$$\cos 4x = 1 - 8\cos^2 x + 8\cos^4 x, \qquad \cos 5x = 5\cos x - 20\cos^3 x + 16\cos^5 x$$

的坐标依次是

$$\boldsymbol{X}_2 = (-1,0,2,0,\cdots,0)^{\mathrm{T}}, \qquad \boldsymbol{X}_3 = (0,-3,0,4,0,\cdots,0)^{\mathrm{T}}$$

$$\boldsymbol{X}_4 = (1,0,-8,0,8,0,\cdots,0)^{\mathrm{T}}, \qquad \boldsymbol{X}_5 = (0,5,0,-20,0,16,0,\cdots)^{\mathrm{T}}$$

一般地, $\cos mx$ 的坐标 $\boldsymbol{X}_m = (x_{0m}, \cdots, x_{n-1,m})^{\mathrm{T}}$, 其中 $x_{m-2t,m} = \lambda_{tm}$ ($\forall 0 \leqslant t \leqslant [m/2]$), 其余 $x_{im} = 0$. 依次以 $\boldsymbol{X}_0, \boldsymbol{X}_1, \cdots, \boldsymbol{X}_{n-1}$ 为各列排成的矩阵 $\boldsymbol{P}$ 就是 M_1 到 M_2 的过渡矩阵:

$$\boldsymbol{P} = \begin{pmatrix} 1 & 0 & -1 & 0 & \cdots & x_{0,n-1} \\ & 1 & 0 & -3 & \cdots & x_{1,n-1} \\ & & 2 & 0 & \cdots & x_{2,n-1} \\ & & & 4 & \ddots & \vdots \\ & & & & \ddots & 0 \\ & & & & & 2^{n-2} \end{pmatrix}$$ □

6.3 象 与 核

知识导航

1. 线性映射的象与核

线性映射 $\mathcal{A}: V \to U$ 的象 $\mathrm{Im}\,\mathcal{A} = \mathcal{A}(V) = \{\mathcal{A}(\alpha) \mid \alpha \in V\}$, 是 U 的子空间.

核 $\mathrm{Ker}\,\mathcal{A} = \mathcal{A}^{-1}(\mathbf{0}) = \{\alpha \in \mid \mathcal{A}(\alpha) = \mathbf{0}\}$, 是 V 的子空间.

2. 矩阵模型

各取 V,U 的基 M,S 将 V,U 中的向量用坐标 (列向量) 表示, 则线性映射 $\mathcal{A}:\boldsymbol{X}\mapsto\boldsymbol{AX}$, $\boldsymbol{A}$ 是 $\mathcal{A}$ 在基 M,S 下的矩阵.

$\mathrm{Im}\,\mathcal{A}=\{\boldsymbol{AX}\mid\boldsymbol{X}\in F^{n\times 1}\}$ 由 $\boldsymbol{A}$ 的列向量的全体线性组合组成, 就是 $\boldsymbol{A}$ 的列向量空间. $\dim\mathrm{Im}\,\mathcal{A}=\mathrm{rank}\,\boldsymbol{A}$. 并且定义 $\mathcal{A}$ 的秩 $\mathrm{rank}\,\mathcal{A}=\dim\mathrm{Im}\,\mathcal{A}=\mathrm{rank}\,\boldsymbol{A}$.

$\mathrm{Ker}\,\mathcal{A}=\{\boldsymbol{X}\in F^{n\times 1}\mid\boldsymbol{AX}=\boldsymbol{0}\}$ 就是齐次线性方程组 $\boldsymbol{AX}=\boldsymbol{0}$ 的解空间.

$$\dim\mathrm{Ker}\,\mathcal{A}=n-\mathrm{rank}\,\boldsymbol{A}=\dim V-\dim\mathrm{Im}\,\mathcal{A}$$

3. 几何模型

取 $\mathrm{Ker}\,\mathcal{A}$ 的基 $K=\{\boldsymbol{u}_1,\cdots,\boldsymbol{u}_k\}$ 扩充为 V 的基 $M_1=\{\alpha_1,\cdots,\alpha_r,\boldsymbol{u}_1,\cdots,\boldsymbol{u}_k\}$, 则 $\{\mathcal{A}(\alpha_1),\cdots,\mathcal{A}(\alpha_r)\}$ 是 $\mathrm{Im}\,\mathcal{A}$ 的基, 可以扩充为 U 的基 S_1.

反过来, 任取 $\mathrm{Im}\,\mathcal{A}$ 的一组基 $\{\beta_1,\cdots,\beta_r\}$, 其中每个 β_i 在 V 中有原象 α_i 满足 $\mathcal{A}(\alpha_i)=\beta_i$, 则各原象 $\alpha_1,\cdots,\alpha_r$ 与 $\mathrm{Ker}\,\mathcal{A}$ 的任何一组基 $K=\{\boldsymbol{u}_1,\cdots,\boldsymbol{u}_k\}$ 共同组成 V 的一组基 $M_1=\{\alpha_1,\cdots,\alpha_r,\boldsymbol{u}_1,\cdots,\boldsymbol{u}_k\}$.

总之, 可得

$$\dim V=n=r+k=\dim\mathrm{Im}\,\mathcal{A}+\dim\mathrm{Ker}\,\mathcal{A}$$

$\mathcal{A}$ 在基 M_1,S_1 下的矩阵

$$\boldsymbol{D}=\begin{pmatrix}\boldsymbol{I}^{(r)}&\boldsymbol{O}\\\boldsymbol{O}&\boldsymbol{O}\end{pmatrix}$$

由此还可知任何矩阵相抵于上述标准形 $\boldsymbol{D}$.

例题分析与解答

6.3.1 设 V 的线性变换 $\mathcal{A}$ 在基 $M=\{\alpha_1,\alpha_2,\alpha_3\}$ 下的矩阵是 $\boldsymbol{A}=\begin{pmatrix}1&-3&2\\-3&9&-6\\2&-6&4\end{pmatrix}$.

(1) 求 $\mathrm{Ker}\,\mathcal{A}$ 和 $\mathrm{Im}\,\mathcal{A}$;

(2) 将 $\mathrm{Ker}\,\mathcal{A}$ 的一组基扩充为 V 的一组基 M_1, 求 $\mathcal{A}$ 在 M_1 下的矩阵.

解 (1) 通过初等行变换将 $\boldsymbol{A}$ 化为最简阶梯形:

$$\boldsymbol{A}=\begin{pmatrix}1&-3&2\\-3&9&-6\\2&-6&4\end{pmatrix}\to\boldsymbol{T}=\begin{pmatrix}1&-3&2\\0&0&0\\0&0&0\end{pmatrix}$$

方程组 $\boldsymbol{AX}=\boldsymbol{0}$ 的通解为 $\{(3c_1-2c_2,c_1,c_2)\mid c_1,c_2\in F\}$, 所代表的向量组成核空间:

$$\mathrm{Ker}\,\mathcal{A}=\{(3c_1-2c_2)\alpha_1+c_1\alpha_2+c_2\alpha_3\mid c_1,c_2\in F\}$$

$\boldsymbol{A}$ 的第 1 列 $(1,-3,2)^{\mathrm{T}}$ 组成列向量组的极大线性无关组, 生成列向量空间, 所代表的向量 $\{c,-3c,2c)\mid c\in F\}$ 组成象空间:

$$\operatorname{Im}\mathcal{A}=\{c\alpha_1-3c\alpha_2+2c\alpha_3\mid c\in F\}$$

(2) $\operatorname{Ker}\mathcal{A}$ 的基向量 $\beta_1=3\alpha_1+\alpha_2$ 与 $\beta_2=-2\alpha_1+\alpha_3$ 添加 $\beta_3=\alpha_1$ 组成 V 的基 $M_1=\{\beta_1,\beta_2,\beta_3\}$. 写出由基 M 到 M_1 的过渡矩阵 $\boldsymbol{P}$, 则 $\mathcal{A}$ 在 M_1 下的矩阵 $\boldsymbol{B}=\boldsymbol{P}^{-1}\boldsymbol{A}\boldsymbol{P}$.

$$\boldsymbol{P}=\begin{pmatrix}3&-2&1\\1&0&0\\0&1&0\end{pmatrix},\quad \boldsymbol{B}=\boldsymbol{P}^{-1}\boldsymbol{A}\boldsymbol{P}=\boldsymbol{P}^{-1}\begin{pmatrix}0&0&1\\0&0&-3\\0&0&2\end{pmatrix}=\begin{pmatrix}0&0&-3\\0&0&2\\0&0&14\end{pmatrix}.$$ □

点评 基 M_1 由 $\operatorname{Ker}\mathcal{A}$ 的基 $\{\beta_1,\beta_2\}$ 扩充而来, 因此 $\mathcal{A}(\beta_1)=\mathcal{A}(\beta_2)=\mathbf{0}$. $\boldsymbol{B}$ 的前两列必然为零. 对一般的线性映射 $\mathcal{A}:V\to U$, 将 $\operatorname{Ker}\mathcal{A}$ 的基 $\{\boldsymbol{u}_1,\cdots,\boldsymbol{u}_k\}$ 扩充为 V 的基 $M_1=\{\boldsymbol{u}_1,\cdots,\boldsymbol{u}_n\}$, 任取 U 的基 S_1, 则 $\mathcal{A}$ 在基 M_1,S_1 下的矩阵 $\boldsymbol{B}$ 的前 k 列全为零. 如果将 $\operatorname{Ker}\mathcal{A}$ 的基向量排在扩充的向量的后面, 组成基 $M_2=\{\boldsymbol{u}_{k+1},\cdots,\boldsymbol{u}_n,\boldsymbol{u}_1,\cdots,\boldsymbol{u}_k\}$, 则 $\mathcal{A}$ 在 M_2,S_1 下的矩阵后 k 列全为零. □

6.3.2 设 $n\geqslant 1, R_n[x]$ 是次数 $<n$ 的实系数多项式及零组成的线性空间. $R_n[x]$ 上的变换 $\mathcal{D}:f(x)\mapsto f'(x)$ 将每个多项式映到它的导数.

(1) 求 $\mathcal{D}$ 的象和核及其维数, 并验证 $\dim\operatorname{Ker}\mathcal{D}+\dim\operatorname{Im}\mathcal{D}=n$ 成立.

(2) $R_n[x]$ 是否等于 $\mathcal{D}$ 的象与核的直和? 为什么?

解 (1)

$$\begin{aligned}\operatorname{Ker}\mathcal{D}&=\{f(x)\in R_n[x]\mid \mathcal{D}f(x)=0\}=\mathbf{R}\\ \operatorname{Im}\mathcal{D}&=\{\mathcal{D}f(x)\mid f(x)\in R_n[x]\}\\ &=\{a_0+a_1x+\cdots+a_{n-2}x^{n-2}\mid a_i\in\mathbf{R},\forall\ 0\leqslant i\leqslant n-2\}=R_{n-1}[x]\end{aligned}$$

它们的维数分别为 $\dim\operatorname{Ker}\mathcal{D}=\dim\mathbf{R}=1$, $\dim\operatorname{Im}\mathcal{D}=\dim R_{n-1}[x]=n-1$.

则 $\dim\operatorname{Ker}\mathcal{D}+\dim\operatorname{Im}\mathcal{D}=1+(n-1)=n$ 成立.

(2)

$$\begin{aligned}\operatorname{Im}\mathcal{D}\cap\operatorname{Ker}\mathcal{D}&=R_{n-1}[x]\cap\mathbf{R}=\mathbf{R}\neq 0\\ \operatorname{Im}\mathcal{D}+\operatorname{Ker}\mathcal{D}&=R_{n-1}[x]+\mathbf{R}=R_{n-1}[x]\neq R_n[x]\end{aligned}$$

$\mathcal{D}$ 的象与核 $\operatorname{Im}\mathcal{D}$ 与 $\operatorname{Ker}\mathcal{D}$ 之和既不是直和, 也不等于 $R_n[x]$, 因此 $R_n[x]$ 不是 $\mathcal{D}$ 的象与核的直和. □

点评 V 上每个线性变换 $\mathcal{A}$ 的象和核的维数之和一定等于 $\dim V$. 但 V 未必是象和核的直和, 本题提供了一个例子. □

6.3.3 设 $\mathcal{A}:V\to U$ 是有限维线性空间之间的线性映射, W 是 U 的子空间. 求证:

$$\dim\mathcal{A}(W)\geqslant\dim W-\dim V+\operatorname{rank}\mathcal{A}$$

证明 线性映射 $\mathcal{A}$ 的象和核满足维数定理:

$$\dim\operatorname{Ker}\mathcal{A}=\dim V-\dim\operatorname{Im}\mathcal{A}=\dim V-\operatorname{rank}\mathcal{A}\tag{6.6}$$

定义 W 到 U 的映射 $\mathcal{A}|_W: W \to U, w \mapsto \mathcal{A}(w)$, 称为 $\mathcal{A}$ 在 W 上的限制. $\mathcal{A}|_W$ 的象和核同样满足维数定理:

$$\dim \operatorname{Ker} \mathcal{A}|_W = \dim W - \dim \operatorname{Im} \mathcal{A}|_W \tag{6.7}$$

其中 $\operatorname{Im}\mathcal{A}|_W = \mathcal{A}(W)$, 且 $\operatorname{Ker}\mathcal{A}|_W = \operatorname{Ker}\mathcal{A} \cap W \subseteq \operatorname{Ker}\mathcal{A}$. 因此:

$$\dim \operatorname{Ker}\mathcal{A} \geqslant \dim \operatorname{Ker}\mathcal{A}|_W = \dim W - \dim \mathcal{A}(W)$$

将 (6.6) 代入得 $\dim V - \operatorname{rank}\mathcal{A} \geqslant \dim W - \dim \mathcal{A}(W)$, 整理即得

$$\dim \mathcal{A}(W) \geqslant \dim W - \dim V + \operatorname{rank}\mathcal{A}$$

□

6.3.4 设 $\mathcal{A}$ 是有限维线性空间 V 的线性变换. 求证:

$$\operatorname{rank}\mathcal{A} - \operatorname{rank}\mathcal{A}^2 = \dim(\operatorname{Ker}\mathcal{A} \cap \operatorname{Im}\mathcal{A})$$

证明 考虑 $\mathcal{A}$ 在 $\operatorname{Im}\mathcal{A}$ 上的限制 $\mathcal{A}|_{\operatorname{Im}\mathcal{A}}: \operatorname{Im}\mathcal{A} \to V, \alpha \mapsto \mathcal{A}(\alpha)$, 则:

$$\dim \operatorname{Ker}\mathcal{A}|_{\operatorname{Im}\mathcal{A}} = \dim \operatorname{Im}\mathcal{A} - \dim \operatorname{Im}\mathcal{A}|_{\operatorname{Im}\mathcal{A}} \tag{6.8}$$

其中 $\operatorname{Ker}\mathcal{A}|_{\operatorname{Im}\mathcal{A}} = \operatorname{Ker}\mathcal{A} \cap \operatorname{Im}\mathcal{A}$, $\dim \operatorname{Im}\mathcal{A} = \operatorname{rank}\mathcal{A}$. 而 $\operatorname{Im}\mathcal{A}|_{\operatorname{Im}\mathcal{A}} = \mathcal{A}(\mathcal{A}(V)) = \mathcal{A}^2(V)$, 因此 $\dim \operatorname{Im}\mathcal{A}|_{\operatorname{Im}\mathcal{A}} = \dim \mathcal{A}^2(V) = \operatorname{rank}\mathcal{A}^2$. 代入 (6.8) 得

$$\dim(\operatorname{Ker}\mathcal{A} \cap \operatorname{Im}\mathcal{A}) = \operatorname{rank}\mathcal{A} - \operatorname{rank}\mathcal{A}^2$$

如所欲证. □

6.3.5 已知 V 的线性变换 $\mathcal{A}$ 满足条件 $\mathcal{A}^2 = \mathcal{A}$, 求证:

(1) $V = \operatorname{Im}\mathcal{A} \oplus \operatorname{Ker}\mathcal{A}$;

(2) $\mathcal{A}$ 在任何一组基下的矩阵 $\boldsymbol{A}$ 满足条件 $\operatorname{rank}\boldsymbol{A} = \operatorname{tr}\boldsymbol{A}$;

(3) 在适当的基下将 V 的向量用坐标表示, 可以使 $\mathcal{A}$ 具有投影变换的形式:

$$\mathcal{A}: (x_1, \cdots, x_r, x_{r+1}, \cdots, x_n) \mapsto (x_1, \cdots, x_r, 0, \cdots, 0)$$

证明 (1) 设 $\alpha \in \operatorname{Im}\mathcal{A} \cap \operatorname{Ker}\mathcal{A}$, 则 $\alpha \in \operatorname{Im}\mathcal{A} \Rightarrow$ 存在 $\beta \in V$ 使 $\alpha = \mathcal{A}(\beta)$. 再由 $\alpha \in \operatorname{Ker}\mathcal{A}$ 知 $\mathcal{A}(\alpha) = \mathbf{0}$, 于是 $\alpha = \mathcal{A}(\beta) = \mathcal{A}^2(\beta) = \mathcal{A}(\mathcal{A}(\beta)) = \mathcal{A}(\alpha) = \mathbf{0}$. 这证明了 $\operatorname{Im}\mathcal{A} \cap \operatorname{Ker}\mathcal{A} = \{\mathbf{0}\}$. 因而 $W = \operatorname{Im}\mathcal{A} + \operatorname{Ker}\mathcal{A} = \operatorname{Im}\mathcal{A} \oplus \operatorname{Ker}\mathcal{A}$. 再由 $\dim W = \dim \operatorname{Im}\mathcal{A} + \dim \operatorname{Ker}\mathcal{A} = \dim V$ 得 $W = \operatorname{Im}\mathcal{A} \oplus \operatorname{Ker}\mathcal{A} = V$.

(2) 由 $V = \operatorname{Im}\mathcal{A} \oplus \operatorname{Ker}\mathcal{A}$ 知 $\operatorname{Im}\mathcal{A}$ 的任意一组基 $S_1 = \{\alpha_1, \cdots, \alpha_r\}$ 与 $\operatorname{Ker}\mathcal{A}$ 的一组基 $S_0 = \{\beta_1, \cdots, \beta_k\}$ 的并集 $M_1 = \{\alpha_1, \cdots, \alpha_r, \beta_1, \cdots, \beta_k\}$ 是 V 的一组基, 其中每个 $\beta_j \in \operatorname{Ker}\mathcal{A}$ 满足 $\mathcal{A}(\beta_j) = \mathbf{0}$, 每个 $\alpha_i \in \operatorname{Im}\mathcal{A}$ 能够写成 $\alpha_i = \mathcal{A}(\boldsymbol{\gamma}_i)$ 的形式 $(\boldsymbol{\gamma}_i \in V)$, 于是 $\mathcal{A}(\alpha_i) = \mathcal{A}^2(\boldsymbol{\gamma}_i) = \mathcal{A}(\boldsymbol{\gamma}_i) = \alpha_i$ 在基 M 下的坐标为 $\boldsymbol{e}_i$. 于是 $\mathcal{A}$ 在基 M_1 下的矩阵

$$\boldsymbol{A}_1 = (\boldsymbol{e}_1, \cdots, \boldsymbol{e}_r, \mathbf{0}, \cdots, \mathbf{0}) = \begin{pmatrix} \boldsymbol{I}^{(r)} & \boldsymbol{O} \\ \boldsymbol{O} & \boldsymbol{O}^{(k)} \end{pmatrix} \tag{6.9}$$

满足 $\operatorname{tr}\boldsymbol{A}_1 = r = \operatorname{rank}\boldsymbol{A}_1$. $\mathcal{A}$ 在任意一组基 M 下的矩阵 $\boldsymbol{A} = \boldsymbol{P}^{-1}\boldsymbol{A}_1\boldsymbol{P}$, 其中可逆方阵 $\boldsymbol{P}$ 是 M_1 到 M 的过渡矩阵. 我们有 $\operatorname{rank}\boldsymbol{A} = \operatorname{rank}(\boldsymbol{P}^{-1}\boldsymbol{A}_1\boldsymbol{P}) = \operatorname{rank}\boldsymbol{A}_1$, 因而:

$$\operatorname{tr}\boldsymbol{A} = \operatorname{tr}(\boldsymbol{P}^{-1}\boldsymbol{A}_1\boldsymbol{P}) = \operatorname{tr}(\boldsymbol{P}(\boldsymbol{P}^{-1}\boldsymbol{A}_1)) = \operatorname{tr}\boldsymbol{A}_1 = \operatorname{rank}\boldsymbol{A}_1 = \operatorname{rank}\boldsymbol{A}.$$

(3) 按 (2) 中的方式在 $\mathrm{Im}\mathcal{A}$ 的基后面添加 $\mathrm{Ker}\mathcal{A}$ 的基组成 V 的基 M_1, 则 $\mathcal{A}$ 在这组基下的矩阵是等式 (1) 中的对角阵 $\boldsymbol{A}_1=\mathrm{diag}(1,\cdots,1,0,\cdots,0)$. 坐标为 $\boldsymbol{X}-(x_1,\cdots,x_n)^{\mathrm{T}}$ 的向量被 $\mathcal{A}$ 映到向量的坐标为 $\boldsymbol{AX}=(x_1,\cdots,x_r,0,\cdots,0)^{\mathrm{T}}$, 具有所要求的投影变换形式. □

6.3.6 已知 $\mathcal{A}$ 是 V 的线性变换, 设 $r=\mathrm{rank}\mathcal{A}$. 求证: 以下命题都是 $\mathcal{A}^2=\mathcal{O}$ 的充分必要条件:

(1) $\mathrm{Im}\mathcal{A}\subseteq\mathrm{Ker}\mathcal{A}$.

(2) $\mathcal{A}$ 在适当的基下的矩阵为 $\begin{pmatrix}\boldsymbol{O}_{(r)} & \boldsymbol{N}\\ \boldsymbol{O} & \boldsymbol{O}\end{pmatrix}$;

(3) $\mathcal{A}$ 在适当的基下的矩阵为 $\begin{pmatrix}\boldsymbol{O} & \boldsymbol{I}_{(r)} & \\ & \boldsymbol{O} & \\ & & \boldsymbol{O}\end{pmatrix}$.

证明 (1) $\mathcal{A}^2=\mathcal{O}\ \Leftrightarrow\ \mathcal{A}^2(\alpha)=\mathcal{A}(\mathcal{A}(\alpha))=\boldsymbol{0}\ (\forall\alpha\in V)$

$$\Leftrightarrow \mathcal{A}(\alpha)\in\mathrm{Ker}\mathcal{A}\ (\forall\alpha\in V)\Leftrightarrow \mathrm{Im}\mathcal{A}\subseteq\mathrm{Ker}\mathcal{A}$$

这证明了 (1) 是 $\mathcal{A}^2=\mathcal{O}$ 的充分必要条件.

(2) $\mathcal{A}^2=\mathcal{O}\ \Rightarrow\ \mathrm{Im}\mathcal{A}\subseteq\mathrm{Ker}\mathcal{A}\ \Rightarrow$ 可将 $\mathrm{Im}\mathcal{A}$ 的基 $\{\alpha_1,\cdots,\alpha_r\}$ 扩充为 $\mathrm{Ker}\mathcal{A}$ 的基 $\{\alpha_1,\cdots,\alpha_{n-r}\}$, 再扩充为 V 的基 $M_1=\{\alpha_1,\cdots,\alpha_n\}$. $\mathcal{A}$ 在这组基下的矩阵

$$\boldsymbol{A}_1=\begin{pmatrix}\boldsymbol{O}_{(r)} & \boldsymbol{N}\\ \boldsymbol{O} & \boldsymbol{O}\end{pmatrix}$$

反过来, 如果 $\mathcal{A}$ 在某组基下的矩阵具有 $\boldsymbol{A}_1$ 的形式, 则 $\boldsymbol{A}_1^2=\boldsymbol{O}\ \Rightarrow\ \mathcal{A}=\mathcal{O}$.

这证明了 (2) 是 $\mathcal{A}^2=\mathcal{O}$ 的充分必要条件.

(3) 条件 (2) 中的 $\boldsymbol{N}$ 是秩为 r 的 $r\times(n-r)$ 矩阵. 存在 r 阶可逆方阵 $\boldsymbol{P}_1$ 和 $n-r$ 可逆方阵 $\boldsymbol{P}_2$ 将 $\boldsymbol{N}$ 相抵于标准形 $\boldsymbol{P}_1\boldsymbol{N}\boldsymbol{P}_2=(\boldsymbol{I}^{(r)},\boldsymbol{O})$. 取 $\boldsymbol{P}=\begin{pmatrix}\boldsymbol{P}_1^{-1} & \boldsymbol{O}\\ \boldsymbol{O} & \boldsymbol{P}_2\end{pmatrix}$, 则

$$\boldsymbol{A}_2=\boldsymbol{P}^{-1}\boldsymbol{A}_1\boldsymbol{P}=\begin{pmatrix}\boldsymbol{O}_{(r)} & \boldsymbol{P}_1\boldsymbol{N}\boldsymbol{P}_2\\ \boldsymbol{O} & \boldsymbol{O}\end{pmatrix}=\begin{pmatrix}\boldsymbol{O} & \boldsymbol{I}_{(r)} & \\ & \boldsymbol{O} & \\ & & \boldsymbol{O}\end{pmatrix}$$

这证明了: 条件 (2)$\Rightarrow$ 条件 (3). 反过来, 条件 (3) 中的矩阵 $\boldsymbol{A}_2$ 显然也符合条件 (2) 的要求. 因此条件 (3) $\Leftrightarrow$ 条件 (2) $\Leftrightarrow$ $\mathcal{A}^2=\mathcal{O}$. □

6.3.7 V 是数域 F 上 n 维线性空间, f,g 是 V 上两个线性函数. 已知 $\mathrm{Ker}f=\mathrm{Ker}g$, 求证: 存在非零常数 $c\in F$, 使 $g=cf$.

证明 V 上线性函数 f 是 V 到 1 维空间 F 中的映射 $f:V\to F$, 因此 $\dim\mathrm{Im}f\leqslant\dim F=1$, $\dim\mathrm{Ker}f=n-\dim\mathrm{Im}f\geqslant n-1$. 如果 $\dim\mathrm{Ker}f=\dim\mathrm{Ker}g=n$, 则 $g=f=0$, 从而 $g=cf$ 对 $c=1$ 成立. 只需再考虑 $\dim\mathrm{Ker}f=n-1$ 的情形.

将 $\mathrm{Ker}f$ 的一组基 $\{\alpha_2,\cdots,\alpha_n\}$ 扩充为 V 的一组基 $M=\{\alpha_1,\alpha_2,\cdots,\alpha_n\}$. 取 1 组成 F 的基 S, 则 V 到 F 的线性映射 f,g 在基 M,S 下的矩阵分别具有形式 $\boldsymbol{A}=(a,0,\cdots,0)$, $\boldsymbol{B}=(b,0,\cdots,0)$, 其中 $a,b\neq0$. 取 $c=ba^{-1}$, 则 $\boldsymbol{B}=c\boldsymbol{A}$ 成立, 从而 $g=cf$ 成立. □

6.4 线性变换

知识导航

1. 矩阵的相似

设 $\boldsymbol{A},\boldsymbol{B}$ 是数域 F 上两个 n 阶方阵. 如果存在 F 上 n 阶可逆方阵 $\boldsymbol{P}$ 使 $\boldsymbol{B}=\boldsymbol{P}^{-1}\boldsymbol{A}\boldsymbol{P}$, 则称 $\boldsymbol{A}$ 与 $\boldsymbol{B}$ 在域 F 上**相似**.

同一线性变换在不同基 M_1,M_2 下的矩阵 $\boldsymbol{A},\boldsymbol{B}$ 相似: $\boldsymbol{B}=\boldsymbol{P}^{-1}\boldsymbol{A}\boldsymbol{P}$, 其中 $\boldsymbol{P}$ 是 M_1 到 M_2 的过渡矩阵.

2. 相似矩阵的性质

相似矩阵 $\boldsymbol{A},\boldsymbol{B}$ 一定相抵, 因此秩相等 $\operatorname{rank}\boldsymbol{A}=\operatorname{rank}\boldsymbol{B}$. 反过来, 秩相等的同阶方阵未必相似.

对任意正整数 k 有 $(\boldsymbol{P}^{-1}\boldsymbol{A}\boldsymbol{P})^k=\boldsymbol{P}^{-1}\boldsymbol{A}^k\boldsymbol{P}$, 对任意多项式 $f(x)=a_0+a_1x+\cdots+a_mx^m$ 有 $f(\boldsymbol{P}^{-1}\boldsymbol{A}\boldsymbol{P})=\boldsymbol{P}^{-1}f(\boldsymbol{A})\boldsymbol{P}$.

这说明: 如果 $\boldsymbol{A}$ 与 $\boldsymbol{B}$ 相似, 则 $\boldsymbol{A}^k$ 与 $\boldsymbol{B}^k$ 相似, 且对任意多项式 $f(x)$ 有 $f(\boldsymbol{A})$ 与 $f(\boldsymbol{B})$ 相似, 因而 $\operatorname{rank}f(\boldsymbol{A})=\operatorname{rank}f(\boldsymbol{B})$. 特别地, $f(\boldsymbol{A})=\boldsymbol{O}\Leftrightarrow f(\boldsymbol{B})=\boldsymbol{O}$.

相抵方阵 $\boldsymbol{A},\boldsymbol{B}$ 不相似的例子: 存在多项式 $f(x)$ 使 $\operatorname{rank}f(\boldsymbol{A})\neq\operatorname{rank}f(\boldsymbol{B})$.

3. 等价关系

矩阵的相似关系满足等价关系三条件:

(1) 自反性: $\boldsymbol{A}$ 与 $\boldsymbol{A}$ 相似.

(2) 对称性: $\boldsymbol{A}$ 相似于 $\boldsymbol{B}\Rightarrow\boldsymbol{B}$ 相似于 $\boldsymbol{A}$.

(3) 传递性: $\boldsymbol{A}$ 相似于 $\boldsymbol{B}$, 且 $\boldsymbol{B}$ 相似于 $\boldsymbol{C}$, 则 $\boldsymbol{A}$ 相似于 $\boldsymbol{C}$.

例题分析与解答

6.4.1 以下的矩阵 $\boldsymbol{A},\boldsymbol{B}$ 是否相似? 说明理由.

(1) $\boldsymbol{A}=\begin{pmatrix}1&2&3\\0&1&0\\0&0&1\end{pmatrix}, \boldsymbol{B}=\begin{pmatrix}1&2&0\\0&1&3\\0&0&1\end{pmatrix}$.

(2) $A=\begin{pmatrix}1&2&0&0\\0&1&3&0\\0&0&1&0\\0&0&0&1\end{pmatrix}$, $B=\begin{pmatrix}1&2&0&0\\0&1&0&0\\0&0&1&3\\0&0&0&1\end{pmatrix}$.

解 (1) 不相似. 取 $f(x)=x-1$, 则

$$\mathrm{rank}\, f(\boldsymbol{A})=\mathrm{rank}\,(\boldsymbol{A}-\boldsymbol{I})=1\neq f(\boldsymbol{B})=\mathrm{rank}\,(\boldsymbol{B}-\boldsymbol{I})=2$$

(2) 不相似. 取 $f(x)=(x-1)^2$, 则

$$\mathrm{rank}\, f(\boldsymbol{A})=(\boldsymbol{A}-\boldsymbol{I})^2=1\neq \mathrm{rank}\, f(\boldsymbol{B})=(\boldsymbol{B}-\boldsymbol{I})^2=0$$

□

6.4.2 已知数域 F 上方阵 $\boldsymbol{A}$ 满足条件 $\mathrm{rank}\boldsymbol{A}=1$, 求证: $\boldsymbol{A}$ 相似于

$$\mathrm{diag}(a,0,\cdots,0)\ (\text{当 } \boldsymbol{A}^2\neq\boldsymbol{O})\quad \text{或}\quad \mathrm{diag}(\begin{pmatrix}0&1\\0&0\end{pmatrix},0,\cdots,0)\ (\text{当 } \boldsymbol{A}^2=\boldsymbol{O})$$

证明 存在可逆方阵 $\boldsymbol{P}_1,\boldsymbol{Q}_1$ 将秩 1 方阵 $\boldsymbol{A}$ 相抵于标准形 $\boldsymbol{D}_1=\boldsymbol{P}_1\boldsymbol{A}\boldsymbol{Q}_1=\mathrm{diag}(1,0,\cdots,0)$. $\boldsymbol{A}$ 相似于

$$\boldsymbol{A}_1=\boldsymbol{P}_1\boldsymbol{A}\boldsymbol{P}_1^{-1}=\boldsymbol{D}_1(\boldsymbol{Q}_1^{-1}\boldsymbol{P}_1^{-1})=\begin{pmatrix}a&\boldsymbol{\beta}\\\boldsymbol{0}&\boldsymbol{O}\end{pmatrix}$$

其中 (a,β) 是 $\boldsymbol{Q}_1^{-1}\boldsymbol{P}_1^{-1}$ 的第 1 行, β 是 $n-1$ 维行向量.

当 $a\neq0$ 时 $\boldsymbol{A}_1^2\neq\boldsymbol{O}$, 此时 $\boldsymbol{A}^2\neq\boldsymbol{O}$. 取

$$\boldsymbol{P}_2=\begin{pmatrix}1&-a^{-1}\boldsymbol{\beta}\\\boldsymbol{0}&\boldsymbol{I}\end{pmatrix},\quad \boldsymbol{D}=\boldsymbol{A}_1\boldsymbol{P}_2=\begin{pmatrix}a&\beta\\\boldsymbol{0}&\boldsymbol{O}\end{pmatrix}\begin{pmatrix}1&-a^{-1}\beta\\\boldsymbol{0}&\boldsymbol{I}\end{pmatrix}=\begin{pmatrix}a&\boldsymbol{0}\\\boldsymbol{0}&\boldsymbol{O}\end{pmatrix}$$

则 $\boldsymbol{D}=\boldsymbol{P}_2^{-1}\boldsymbol{D}=\boldsymbol{P}_2^{-1}\boldsymbol{A}_1\boldsymbol{P}_2$ 与 $\boldsymbol{A}_1$ 相似从而与 $\boldsymbol{A}$ 相似.

当 $a=0$ 时 $\boldsymbol{A}_1^2=\boldsymbol{O}$, 此时 $\boldsymbol{A}^2=\boldsymbol{O}$. 且由 $\boldsymbol{A}_1\neq\boldsymbol{O}$ 知 $\beta\neq\boldsymbol{O}$. 存在 $n-1$ 阶可逆方阵 $\boldsymbol{Q}_2$ 将非零行向量 β 送到 $\beta\boldsymbol{Q}_2=(1,0,\cdots,0)$. 取 $\boldsymbol{P}_3=\mathrm{diag}(1,\boldsymbol{Q}_2)$. 则

$$\boldsymbol{N}=\boldsymbol{A}_1\boldsymbol{P}_3=\begin{pmatrix}0&\beta\boldsymbol{Q}_2\\\boldsymbol{0}&\boldsymbol{O}\end{pmatrix}=\begin{pmatrix}0&1,0,\cdots,0\\\boldsymbol{0}&\boldsymbol{O}\end{pmatrix}=\mathrm{diag}(\begin{pmatrix}0&1\\0&0\end{pmatrix},0,\cdots,0)$$

且 $\boldsymbol{N}=\boldsymbol{P}_3^{-1}\boldsymbol{N}=\boldsymbol{P}_3^{-1}\boldsymbol{A}_1\boldsymbol{P}_3$ 与 $\boldsymbol{A}_1$ 相似从而与 $\boldsymbol{A}$ 相似.

这就证明了 $\boldsymbol{A}$ 相似于所要求的 $\boldsymbol{D}$ (当 $\boldsymbol{A}^2\neq\boldsymbol{O}$) 或 $\boldsymbol{N}$ (当 $\boldsymbol{A}^2=\boldsymbol{O}$). □

6.4.3 已知数域 F 上方阵 $\boldsymbol{A}$ 满足条件 $\mathrm{rank}\,(\boldsymbol{A}-\boldsymbol{I})=1$ 且 $(\boldsymbol{A}-\boldsymbol{I})^2=0$. 求证: $\boldsymbol{A}$ 相似于 $\mathrm{diag}(\begin{pmatrix}1&1\\0&1\end{pmatrix},1,\cdots,1)$.

证明 设 $\boldsymbol{B}=\boldsymbol{A}-\boldsymbol{I}$, 则 $\mathrm{rank}\boldsymbol{B}=1$ 且 $\boldsymbol{B}^2=\boldsymbol{O}$. 存在可逆方阵 $\boldsymbol{P}_1,\boldsymbol{Q}_1$ 将 $\boldsymbol{B}$ 相抵于 $\boldsymbol{D}_1=\mathrm{diag}(1,0,\cdots,0)$, 于是 $\boldsymbol{B}$ 相似于

$$\boldsymbol{B}_1=\boldsymbol{P}_1\boldsymbol{B}\boldsymbol{P}_1^{-1}=\boldsymbol{D}_1(\boldsymbol{Q}_1^{-1}\boldsymbol{P}_1^{-1})=\begin{pmatrix}a&\beta\\\boldsymbol{0}&\boldsymbol{O}\end{pmatrix}$$

且由 $\boldsymbol{B}_1^2=\boldsymbol{P}_1\boldsymbol{B}^2\boldsymbol{P}_1^{-1}=\boldsymbol{O}\neq\boldsymbol{B}_1$ 知 $a=0$, $\beta\neq\mathbf{0}$. 存在 $n-1$ 阶可逆方阵 $\boldsymbol{Q}_2$ 使 $\beta\boldsymbol{Q}_2=(1,0,\cdots,0)$. 取 $\boldsymbol{P}_2=\mathrm{diag}(1,\boldsymbol{Q}_2)$, 则:

$$\boldsymbol{N}=\boldsymbol{P}_2^{-1}\boldsymbol{B}_1\boldsymbol{P}_2=\mathrm{diag}(\begin{pmatrix}0&1\\0&0\end{pmatrix},0,\cdots,0)=\boldsymbol{P}_2^{-1}\boldsymbol{P}_1\boldsymbol{B}\boldsymbol{P}_1^{-1}\boldsymbol{P}_2$$

取 $\boldsymbol{P}=\boldsymbol{P}_2^{-1}\boldsymbol{P}_1$, 则 $\boldsymbol{B}=\boldsymbol{P}^{-1}\boldsymbol{N}\boldsymbol{P}$. $\boldsymbol{A}=\boldsymbol{I}+\boldsymbol{B}=\boldsymbol{P}^{-1}(\boldsymbol{I}+\boldsymbol{N})\boldsymbol{P}$ 相似于

$$\boldsymbol{I}+\boldsymbol{N}=\mathrm{diag}(\begin{pmatrix}1&1\\0&1\end{pmatrix},1,\cdots,1)$$ □

点评 6.4.3 中已经得出了满足条件 $\boldsymbol{B}^2=\boldsymbol{O}$ 且 $\mathrm{rank}\boldsymbol{B}=1$ 的矩阵 $\boldsymbol{B}$ 的相似标准形 $\boldsymbol{N}$, 本题的要点是由 $\boldsymbol{B}=\boldsymbol{P}^{-1}\boldsymbol{N}\boldsymbol{P}$ 得到 $\boldsymbol{A}=\boldsymbol{I}+\boldsymbol{B}=\boldsymbol{P}^{-1}(\boldsymbol{I}+\boldsymbol{N})\boldsymbol{P}$. 其实就是当 $f(x)=1+x$ 时由 $\boldsymbol{B}$ 相似于 $\boldsymbol{N}$ 得到 $f(\boldsymbol{B})$ 相似于 $f(\boldsymbol{N})$.

满足条件 $(\boldsymbol{A}-\boldsymbol{I})^2=\boldsymbol{O}$ 且 $\mathrm{rank}(\boldsymbol{A}-\boldsymbol{I})=1$ 的方阵 $\boldsymbol{A}$ 称为**平延**, 在典型群的研究中具有重要作用. □

6.4.4 设 $\mathbf{R}^2$ 的线性变换 $\mathcal{A}$ 在 $\alpha_1=(1,0)$, $\alpha_2=(0,-1)$ 组成的基下的矩阵是 $\boldsymbol{A}=\begin{pmatrix}2&-1\\5&-3\end{pmatrix}$, 线性变换 $\mathcal{B}$ 在 $\beta_1=(0,1)$, $\beta_2=(1,1)$ 组成的基下的矩阵是 $\boldsymbol{B}=\begin{pmatrix}1&3\\2&7\end{pmatrix}$, 求线性变换 $\mathcal{A}+\mathcal{B}$, $\mathcal{AB}$ 和 $\mathcal{BA}$ 在基 $\{\beta_1,\beta_2\}$ 下的矩阵.

解 基 $M_1=\{\alpha_1,\alpha_2\}$ 到 $M_2=\{\beta_1,\beta_2\}$ 的过渡矩阵 $\boldsymbol{P}$ 满足 $(\beta_1,\beta_2)=(\alpha_1,\alpha_2)\boldsymbol{P}$. 将 α_i,β_i 写成列向量, 得到

$$\begin{pmatrix}0&1\\1&1\end{pmatrix}=\begin{pmatrix}1&0\\0&-1\end{pmatrix}\boldsymbol{P},\quad \boldsymbol{P}=\begin{pmatrix}1&0\\0&-1\end{pmatrix}^{-1}\begin{pmatrix}0&1\\1&1\end{pmatrix}=\begin{pmatrix}0&1\\-1&-1\end{pmatrix}$$

由 $\mathcal{A}$ 在基 M_1 下的矩阵 $\boldsymbol{A}$ 得到 $\mathcal{A}$ 在 M_2 下的矩阵:

$$\boldsymbol{A}_2=\boldsymbol{P}^{-1}\boldsymbol{A}\boldsymbol{P}=\begin{pmatrix}0&1\\-1&-1\end{pmatrix}^{-1}\begin{pmatrix}2&-1\\5&-3\end{pmatrix}\begin{pmatrix}0&1\\-1&-1\end{pmatrix}=\begin{pmatrix}-4&-11\\1&3\end{pmatrix}$$

由 $\mathcal{A},\mathcal{B}$ 在基 M_2 下的矩阵 $\boldsymbol{A}_2,\boldsymbol{B}$ 得到 $\mathcal{A}+\mathcal{B}$, $\mathcal{AB}$ 和 $\mathcal{BA}$ 在基 M_2 下的矩阵分别为

$$\boldsymbol{A}_2+\boldsymbol{B}=\begin{pmatrix}-3&-8\\3&10\end{pmatrix},\quad \boldsymbol{A}_2\boldsymbol{B}=\begin{pmatrix}-26&-89\\7&24\end{pmatrix},\quad \boldsymbol{B}\boldsymbol{A}_2=\begin{pmatrix}-1&-2\\-1&-1\end{pmatrix}$$ □

6.4.5 求矩阵 $\boldsymbol{P}$ 使 $\boldsymbol{P}^{-1}\begin{pmatrix}1&0&0\\0&2&0\\0&0&3\end{pmatrix}\boldsymbol{P}=\begin{pmatrix}3&0&0\\0&1&0\\0&0&2\end{pmatrix}$.

解 所求条件即

$$\boldsymbol{A}\boldsymbol{P}=\boldsymbol{P}\begin{pmatrix}3&0&0\\0&1&0\\0&0&2\end{pmatrix}$$

其中$\boldsymbol{A}=\begin{pmatrix}1&0&0\\0&2&0\\0&0&3\end{pmatrix}$. 记 $\boldsymbol{P}$ 的第 i 列为 $\boldsymbol{P}_i$. 将 $\boldsymbol{P}$ 写成按列分块的形式 $\boldsymbol{P}=(\boldsymbol{P}_1,\boldsymbol{P}_2,\boldsymbol{P}_3)$ 代入以上等式, 得

$$\boldsymbol{A}(\boldsymbol{P}_1,\boldsymbol{P}_2,\boldsymbol{P}_3)=(\boldsymbol{P}_1,\boldsymbol{P}_2,\boldsymbol{P}_3)\begin{pmatrix}3&0&0\\0&1&0\\0&0&2\end{pmatrix}=(3\boldsymbol{P}_1,\boldsymbol{P}_2,2\boldsymbol{P}_3)$$

即 $\boldsymbol{AP}_1=3\boldsymbol{P}_1,\boldsymbol{AP}_2=\boldsymbol{P}_2,\boldsymbol{AP}_3=2\boldsymbol{P}_3$. 易见 $\boldsymbol{P}_1=\boldsymbol{e}_3,\boldsymbol{P}_2=\boldsymbol{e}_1,\boldsymbol{P}_3=\boldsymbol{e}_2$ 符合要求, 于是:

$$\boldsymbol{P}=(\boldsymbol{e}_3,\boldsymbol{e}_1,\boldsymbol{e}_2)=\begin{pmatrix}0&1&0\\0&0&1\\1&0&0\end{pmatrix}$$

符合要求. □

点评 本题的解法可以推广如下: 对已知的 $\boldsymbol{A},\boldsymbol{B}$ 求 $\boldsymbol{P}$ 满足 $\boldsymbol{B}=\boldsymbol{P}^{-1}\boldsymbol{AP}$ 即 $\boldsymbol{AP}=\boldsymbol{PB}$. 如果 $\boldsymbol{B}=\mathrm{diag}(\lambda_1,\cdots,\lambda_n)$ 是对角阵, 则 $\boldsymbol{P}=(\boldsymbol{P}_1,\cdots,\boldsymbol{P}_n)$ 的各列 $\boldsymbol{P}_i$ 满足条件 $\boldsymbol{AP}_i=\lambda_i\boldsymbol{P}_i$. 这样的非零列向量 $\boldsymbol{P}_i$ 称为 $\boldsymbol{A}$ 的特征向量, 关于它的详细讨论参见下一节. □

6.4.6 设 $\mathbf{R}^2$ 的线性变换 $\mathcal{A}$ 在基 $\alpha_1=(1,-1)$, $\alpha_2=(1,1)$ 下的矩阵是 $\begin{pmatrix}2&3\\0&1\end{pmatrix}$, 求 $\mathcal{A}$ 在基 $\beta_1=(2,0),\beta_2=(-1,1)$ 下的矩阵.

解 由 $(\beta_1,\beta_2)=(\alpha_1,\alpha_2)\boldsymbol{P}$ 可求得过渡矩阵 $\boldsymbol{P}$:

$$\begin{pmatrix}2&-1\\0&1\end{pmatrix}=\begin{pmatrix}1&1\\-1&1\end{pmatrix}\boldsymbol{P},\quad \boldsymbol{P}=\begin{pmatrix}1&-1\\1&0\end{pmatrix}$$

由 $\mathcal{A}$ 在前一组基下的矩阵 $\boldsymbol{A}$ 求得在后一组基下的矩阵:

$$\boldsymbol{B}=\boldsymbol{P}^{-1}\boldsymbol{AP}=\begin{pmatrix}1&0\\-4&2\end{pmatrix}$$ □

6.4.7 设 $\boldsymbol{A}$ 可逆, 证明: $\boldsymbol{AB}$ 与 $\boldsymbol{BA}$ 相似.

证明 $\boldsymbol{BA}=\boldsymbol{A}^{-1}(\boldsymbol{AB})\boldsymbol{A}$. □

6.4.8 如果 $\boldsymbol{A}$ 与 $\boldsymbol{B}$ 相似,$\boldsymbol{C}$ 与 $\boldsymbol{D}$ 相似, 证明: $\begin{pmatrix}\boldsymbol{A}&0\\0&\boldsymbol{C}\end{pmatrix}$ 与 $\begin{pmatrix}\boldsymbol{B}&0\\0&\boldsymbol{D}\end{pmatrix}$ 相似.

证明 存在可逆方阵 $\boldsymbol{P}_1,\boldsymbol{P}_2$ 使 $\boldsymbol{B}=\boldsymbol{P}_1^{-1}\boldsymbol{AP}_1$, $\boldsymbol{D}=\boldsymbol{P}_2^{-1}\boldsymbol{CP}_2$, 于是:

$$\begin{pmatrix}\boldsymbol{B}&0\\0&\boldsymbol{D}\end{pmatrix}=\begin{pmatrix}\boldsymbol{P}_1^{-1}\boldsymbol{AP}_1&0\\0&\boldsymbol{P}_2^{-1}\boldsymbol{CP}_2\end{pmatrix}=\begin{pmatrix}\boldsymbol{P}_1&0\\0&\boldsymbol{P}_2\end{pmatrix}^{-1}\begin{pmatrix}\boldsymbol{A}&0\\0&\boldsymbol{C}\end{pmatrix}\begin{pmatrix}\boldsymbol{P}_1&0\\0&\boldsymbol{P}_2\end{pmatrix}$$ □

6.5 特征向量

知识导航

1. 特征值与特征向量的定义

线性变换 $\mathcal{A}$ 如果将某个一维子空间 $F\alpha$ 仍映到 $F\alpha$ 之中, 即 $\mathcal{A}(\alpha)=\lambda\alpha$ 对 $\alpha\neq\mathbf{0}$ 及某个 $\lambda\in F$ 成立, 就称 α 是 $\mathcal{A}$ 的特征向量, λ 是 $\mathcal{A}$ 的特征值, 并且说 α 是属于特征值 λ 的特征向量.

$\boldsymbol{A}$ 是方阵, 如果 $\boldsymbol{X}\neq\mathbf{0}$ 对某个 $\lambda\in F$ 满足 $\boldsymbol{AX}=\lambda\boldsymbol{X}$, 则 λ 称为 $\boldsymbol{A}$ 的特征值, $\boldsymbol{X}$ 称为属于特征值 λ 的特征向量. $\boldsymbol{X},\lambda$ 也就是 $\boldsymbol{A}$ 在 $F^{n\times 1}$ 上引起的线性变换 $\mathcal{A}:\boldsymbol{X}\mapsto\boldsymbol{AX}$ 的特征向量和特征值.

线性变换 $\mathcal{A}$ 在不同的基下有不同的矩阵 $\boldsymbol{A},\boldsymbol{B}$, 特征向量在不同的基下面有不同的坐标, 但在所有的基下的特征值不变. 相似方阵 $\boldsymbol{A},\boldsymbol{B}$ 可以看成同一线性变换在不同的基下的矩阵, 因而有同样的特征值.

重要例　(1) $\mathcal{A}$ 是三维几何空间 V 中绕某条过原点的直线 l 的旋转, 则旋转轴上每个非零向量在 $\mathcal{A}$ 作用下变到自身, 是属于特征值 1 的特征向量.

(2) $\mathcal{A}$ 是三维几何空间 V 上关于某个过原点的平面 π 的对称, 则平面 π 上每个非零向量在 $\mathcal{A}$ 作用下不变, 是属于特征值 1 的特征向量. 平面 π 过原点的垂线上的每个非零向量 α 被变到 $\mathcal{A}(\alpha)=-\alpha$, 是属于特征值 -1 的特征向量.

(3) 线性空间 V 上的纯量变换 $\mathcal{A}=\lambda\mathcal{I}$ 将每个向量 α 映到 $\lambda\alpha$, 所有的非零向量都是属于特征值 λ 的特征向量.

2. 特征值与特征向量的算法

将线性空间 V 在任一组基下写成列向量空间 $F^{n\times 1}$, 线性变换 $\mathcal{A}$ 用矩阵乘法实现: $\mathcal{A}(\boldsymbol{X})=\boldsymbol{AX}$. 特征向量 $\boldsymbol{X}$ 就是方程组 $\boldsymbol{AX}=\lambda\boldsymbol{X}$ 的非零解 $\boldsymbol{X}$. 方程组可整理为 $\lambda\boldsymbol{X}-\boldsymbol{AX}=\mathbf{0}$ 即 $(\lambda\boldsymbol{I}-\boldsymbol{A})\boldsymbol{X}=\mathbf{0}$. 有非零解的充分必要条件为系数行列式 $|\lambda\boldsymbol{I}-\boldsymbol{A}|=0$. $\varphi_{\boldsymbol{A}}(x)=|\lambda\boldsymbol{I}-\boldsymbol{A}|=\lambda^n+\cdots$ 是 λ 的 n 次多项式, 称为 $\boldsymbol{A}$ 的**特征多项式**. 由此得到算法:

(1) 求特征多项式 $\varphi_{\boldsymbol{A}}(x)=|\lambda\boldsymbol{I}-\boldsymbol{A}|$.

(2) 求一元 n 次方程 $\varphi_{\boldsymbol{A}}(\lambda)=0$ 的根 (称为 $\boldsymbol{A}$ 的特征根) $\lambda_1,\cdots,\lambda_t$, 就是 $\boldsymbol{A}$ 的特征值.

(3) 对每个特征值 λ_i, 求齐次线性方程组 $(\lambda_i\boldsymbol{I}-\boldsymbol{A})\boldsymbol{X}=\mathbf{0}$ 的非零解, 就是 $\boldsymbol{A}$ 的特征向量.

利用计算机软件, 按行输入方阵 $\boldsymbol{A}$ 之后, 计算特征值和特征向量的语句为:

Mathematica 语句:　　Eigensystem[A]

Matlab 语句: [lambda,e]=eig(A)

3. 特征多项式的初步性质

$\varphi_{\boldsymbol{A}}(\lambda)=|\lambda\boldsymbol{I}-\boldsymbol{A}|=\lambda^n+a_1\lambda^{n-1}+\cdots+a_{n-1}x+a_n$ 的 $n-1$ 次项系数 $a_1=-\mathrm{tr}\boldsymbol{A}$, 常数项 $a_n=(-1)^n\det\boldsymbol{A}$.

相似方阵 $\boldsymbol{A},\boldsymbol{B}$ 的特征多项式相同:

$$\begin{aligned}\varphi_{\boldsymbol{B}}(\lambda)&=|\lambda\boldsymbol{I}-\boldsymbol{B}|=|\lambda\boldsymbol{I}-P^{-1}\boldsymbol{A}\boldsymbol{P}|=|\boldsymbol{P}^{-1}(\lambda\boldsymbol{I}-\boldsymbol{A})\boldsymbol{P}|\\&=|\boldsymbol{P}|^{-1}|\lambda\boldsymbol{I}-\boldsymbol{A}||\boldsymbol{P}|=|\lambda\boldsymbol{I}-\boldsymbol{A}|=\varphi_{\boldsymbol{A}}(\lambda)\end{aligned}$$

因而 $\boldsymbol{A},\boldsymbol{B}$ 的特征值相同, 且迹、行列式也相等: $\mathrm{tr}\boldsymbol{A}=\mathrm{tr}\boldsymbol{B}$, $\det\boldsymbol{A}=\det\boldsymbol{B}$. 当然也可以直接计算得到 $\mathrm{tr}(\boldsymbol{P}^{-1}\boldsymbol{A}\boldsymbol{P})=\mathrm{tr}(\boldsymbol{A}\boldsymbol{P}\boldsymbol{P}^{-1})=\mathrm{tr}\boldsymbol{A}$, $|\boldsymbol{P}^{-1}\boldsymbol{A}\boldsymbol{P}|=|\boldsymbol{P}|^{-1}|\boldsymbol{A}||\boldsymbol{P}|=|\boldsymbol{A}|$.

例题分析与解答

6.5.1 求下列矩阵 $\boldsymbol{A}$ 的全部特征值和特征向量. 如果 $\boldsymbol{A}$ 可对角化, 求可逆方阵 $\boldsymbol{P}$ 使 $\boldsymbol{P}^{-1}\boldsymbol{A}\boldsymbol{P}$ 为对角阵.

(1) $\boldsymbol{A}=\begin{pmatrix}0&0&1\\0&2&0\\4&0&0\end{pmatrix}$; (2) $\boldsymbol{A}=\begin{pmatrix}1&1&1\\0&2&1\\0&0&3\end{pmatrix}$;

(3) $\boldsymbol{A}=\begin{pmatrix}1&1&1&1\\1&1&-1&-1\\1&-1&1&-1\\1&-1&-1&1\end{pmatrix}$; (4) $\boldsymbol{A}=\begin{pmatrix}1&1&1&1\\0&1&1&1\\0&0&2&1\\0&0&0&2\end{pmatrix}$.

解 (1) $\varphi_{\boldsymbol{A}}(\lambda)=|\lambda\boldsymbol{I}-\boldsymbol{A}|=(\lambda-2)(\lambda^2-4)=(\lambda-2)^2(\lambda+2)$. 特征值为 $2,-2$. 分别将 $\lambda=2,-2$ 代入方程组 $(\lambda\boldsymbol{I}-\boldsymbol{A})\boldsymbol{X}=\boldsymbol{0}$ 求非零解得:

$\lambda=2$, 方程组 $(2\boldsymbol{I}-\boldsymbol{A})\boldsymbol{X}=\boldsymbol{0}$ 的通解 $\boldsymbol{X}=\{(c_1,c_2,2c_1)\mid c_1,c_2\in F\}$, 当 $(c_1,c_2)\neq(0,0)$ 得到特征向量.

$\lambda=-2$, 方程组 $(-2\boldsymbol{I}-\boldsymbol{A})\boldsymbol{X}=\boldsymbol{0}$ 的通解 $\boldsymbol{X}=\{(c,0,-2c)\mid c\in F\}$, 当 $c\neq0$ 得到特征向量.

特征值为 $2,-2$. 属于 2 的特征向量为 $(c_1,c_2,2c_1)$ $((c_1,c_2)\neq(0,0))$. 属于 -2 的特征向量为 $(c,0,-2c)(c\neq0)$.

取线性无关的特征向量 $\boldsymbol{P}_1=(1,0,2)^{\mathrm{T}},\boldsymbol{P}_2=(0,1,0)^{\mathrm{T}},\boldsymbol{P}_3=(1,0,-2)^{\mathrm{T}}$ 排成矩阵:

$$\boldsymbol{P}=(\boldsymbol{P}_1,\boldsymbol{P}_2,\boldsymbol{P}_3)=\begin{pmatrix}1&0&1\\0&1&0\\2&0&-2\end{pmatrix}$$

则 $\boldsymbol{A}(\boldsymbol{P}_1,\boldsymbol{P}_2,\boldsymbol{P}_3)=(2\boldsymbol{P}_1,2\boldsymbol{P}_2,-2\boldsymbol{P}_3)=(\boldsymbol{P}_1,\boldsymbol{P}_2,\boldsymbol{P}_3)\boldsymbol{D}$ 对 $\boldsymbol{D}=\mathrm{diag}(2,2,-2)$ 成立. $\boldsymbol{P}^{-1}\boldsymbol{A}\boldsymbol{P}=\boldsymbol{D}$.

(2) 答案: 特征值 1,2,3. 属于它们的特征向量分别为 $(c,0,0),(c,c,0),(c,c,c)\quad(c\neq 0)$.

$$P=\begin{pmatrix}1&1&1\\0&1&1\\0&0&1\end{pmatrix},\quad P^{-1}AP=\begin{pmatrix}1&0&0\\0&2&0\\0&0&3\end{pmatrix}$$

(3) 答案: 特征值 -2 的特征向量 $c(-1,1,1,1)\ (c\neq 0)$, 特征值 2 的特征向量 $(c_1+c_2+c_3,c_1,c_2,c_3)\ ((c_1,c_2,c_3)\neq(0,0,0))$.

$$P=\begin{pmatrix}-1&1&1&1\\1&1&0&0\\1&0&1&0\\1&0&0&1\end{pmatrix},\quad P^{-1}AP=\begin{pmatrix}-2&0&0&0\\0&2&0&0\\0&0&2&0\\0&0&0&2\end{pmatrix}$$

(4) 答案: 特征值为 1,2. 属于特征值 1,2 的特征向量分别为 $(c,0,0,0)$, $(2c,c,c,0)$, $(c\neq 0)$. 方阵 A 不相似于对角阵. □

点评 求方阵的特征值和特征向量可以利用计算机软件来实现. 例如:

$$A=\begin{pmatrix}1&1&1&1\\1&1&-1&-1\\1&-1&1&-1\\1&1&-1&1\end{pmatrix}$$

在 Mathematica 中运行如下语句:

A={{1,1,1,1},{1,1,-1,-1},{1,-1,1,-1},{1,1,-1,1}}; Eigensystem[A]

运行结果为:

$\{\{2,2,-\sqrt{2},\sqrt{2}\},$

$\{\{1,0,0,1\},\ \{1,0,1,0\},\{-1-\sqrt{2},1+\sqrt{2},1+\sqrt{2},1\},\{-1+\sqrt{2},1-\sqrt{2},1-\sqrt{2},1\}\}\}$

这说明 A 的特征值为 $2,2,-\sqrt{2},\sqrt{2}$, 以下向量分别是属于这些特征值的特征向量:

$P_1=(1,0,0,1)^{\mathrm T}$, $P_2=(1,0,1,0)^{\mathrm T}$, $P_3=(-1-\sqrt{2},1+\sqrt{2},1+\sqrt{2},1)^{\mathrm T}$, $P_4=(-1+\sqrt{2},1-\sqrt{2},1-\sqrt{2},1)^{\mathrm T}$

注意特征值 2 出现了两次, 这表明 2 是 A 的特征多项式的 2 重根. 本题中求出了属于特征值 2 的两个线性无关的特征向量 P_1,P_2. 在一般情形下, 如果 λ_i 是特征多项式的 r 重根, 可以断定属于特征值 λ_i 的线性无关特征向量至少有一个, 不可能超过 r 个, 但不一定能达到 r 个而有可能少于 r 个.

属于特征值 2 的全部特征向量为 $c_1P_1+c_2P_2=(c_1+c_2,0,c_2,c_1)\ ((c_1,c_2)\neq(0,0))$, 属于特征值 $-\sqrt{2}$ 与 $\sqrt{2}$ 的全部特征向量分别为 cP_3, $cP_4(c\neq 0)$.

以 P_1,P_2,P_3,P_4 为各列排成矩阵 P, 则 $P^{-1}AP=\mathrm{diag}(2,2,-\sqrt{2},\sqrt{2})$. □

6.5.2 (1) 求证: $B=\begin{pmatrix}a_1&a_2&\cdots&a_{n-1}&a_n\\a_n&a_1&\cdots&a_{n-2}&a_{n-1}\\\vdots&\vdots&&\vdots&\vdots\\a_2&a_3&\cdots&a_n&a_1\end{pmatrix}$ 可以写成 $A=\begin{pmatrix}0&I_{(n-1)}\\1&0\end{pmatrix}$ 的多项式.

(2) 利用 $\boldsymbol{A}$ 的对角化将 $\boldsymbol{B}$ 相似于对角阵 $\boldsymbol{D}$.

(3) 利用 $\boldsymbol{D}$ 的行列式求 $\boldsymbol{B}$ 的行列式.

解 (1) 对每个正整数 k,

$$\boldsymbol{A}^k=\begin{pmatrix} \boldsymbol{O} & \boldsymbol{I}_{(n-k)} \\ \boldsymbol{I}_{(k)} & \boldsymbol{O} \end{pmatrix}$$

因此 $\boldsymbol{B}=a_1\boldsymbol{I}+a_2\boldsymbol{A}+a_3\boldsymbol{A}^2+\cdots+a_n\boldsymbol{A}^{n-1}=f(\boldsymbol{A})$ 对多项式 $f(x)=a_1+a_2x+a_3x^2+\cdots+a_nx^{n-1}$ 成立.

(2) $\varphi_{\boldsymbol{A}}(\lambda)=|\lambda\boldsymbol{I}-\boldsymbol{A}|=\lambda^n-1$ 的 n 个不同的根为 ω^k $(0\leqslant k\leqslant n-1)$, 其中 $\omega=\cos\dfrac{2\pi}{n}+\mathrm{i}\sin\dfrac{2\pi}{n}$. $\boldsymbol{P}_k=(1,\omega^k,\omega^{2k},\cdots,\omega^{(n-1)k})^{\mathrm{T}}$ 是属于特征值 ω^k 的特征向量. 依次以各 $\boldsymbol{P}_k$ 为各列排成矩阵 $\boldsymbol{P}=(\boldsymbol{P}_0,\boldsymbol{P}_1,\cdots,\boldsymbol{P}_{n-1})$. 则 $\boldsymbol{AP}=(\boldsymbol{AP}_0,\boldsymbol{AP}_1,\cdots,\boldsymbol{AP}_{n-1})=\boldsymbol{PD}$ 对 $\boldsymbol{D}=\mathrm{diag}(1,\omega,\omega^2,\cdots,\omega^{n-1})$ 成立, 从而 $\boldsymbol{P}^{-1}\boldsymbol{AP}=\boldsymbol{D}$ 是与 $\boldsymbol{A}$ 相似的对角阵. 进而:

$$\boldsymbol{P}^{-1}\boldsymbol{BP}=\boldsymbol{P}^{-1}f(\boldsymbol{A})\boldsymbol{P}=f(\boldsymbol{D})=\mathrm{diag}(f(1),f(\omega),f(\omega^2),\cdots,f(\omega^{n-1}))$$

是与 $\boldsymbol{B}$ 相似的对角阵.

(3)

$$\begin{aligned}\det\boldsymbol{B}&=\det(\boldsymbol{P}^{-1}f(\boldsymbol{D})\boldsymbol{P})=\det(f(\boldsymbol{D}))=f(1)f(\omega)f(\omega^2)\cdots f(\omega^{n-1})\\&=(a_1+\cdots+a_n)(a_1+a_2\omega+\cdots+a_n\omega^{n-1})\cdots(a_1+a_2\omega^{n-1}+\cdots+a_n\omega^{(n-1)^2}).\end{aligned}$$ □

点评 本题可以直接验证 $\boldsymbol{BP}_k=\omega^k\boldsymbol{P}_k$, 得出 $\boldsymbol{BP}=(\boldsymbol{P}_0,\omega\boldsymbol{P}_1,\cdots,\omega^{n-1}\boldsymbol{P}_{n-1})=\boldsymbol{PD}$ 从而 $\boldsymbol{P}^{-1}\boldsymbol{BP}=\boldsymbol{D}$, 教材 [2] 中计算 $\det\boldsymbol{B}$ 就是这样做的. 这在逻辑上没有问题, 但要猜到这个结论并不容易. 本题先对较简单的方阵 $\boldsymbol{A}$ 求特征值和特征向量, 将 $\boldsymbol{A}$ 相似于对角阵 $\boldsymbol{D}$, 自然得到 $\boldsymbol{B}=f(\boldsymbol{A})$ 相似于对角阵 $f(\boldsymbol{D})$.

6.5.3 设 $\boldsymbol{A}$ 是可逆阵, 证明:

(1) $\boldsymbol{A}$ 的特征值一定不为 0;

(2) 若 $\lambda(\neq 0)$ 是 $\boldsymbol{A}$ 的特征值, 则 $\dfrac{1}{\lambda}$ 是 $\boldsymbol{A}^{-1}$ 的特征值, 且 $\boldsymbol{A}$ 和 $\boldsymbol{A}^{-1}$ 的特征向量相同.

证明 (1) 0 是 $\boldsymbol{A}$ 的特征值 $\Leftrightarrow$ 0 是特征多项式 $|\lambda\boldsymbol{I}-\boldsymbol{A}|$ 的根 $\Leftrightarrow|0\boldsymbol{I}-\boldsymbol{A}|=(-1)^n|\boldsymbol{A}|=0$ $\Leftrightarrow|\boldsymbol{A}|=0\Leftrightarrow\boldsymbol{A}$ 不可逆. 反过来, $\boldsymbol{A}$ 可逆 $\Leftrightarrow$ 0 不是 $\boldsymbol{A}$ 的特征值.

(2) $\lambda\neq 0$ 是 $\boldsymbol{A}$ 的特征值 $\Leftrightarrow$ 存在 $\boldsymbol{X}\neq\boldsymbol{0}$ 满足 $\boldsymbol{AX}=\lambda\boldsymbol{X}\Rightarrow\lambda^{-1}\boldsymbol{X}=\boldsymbol{A}^{-1}\boldsymbol{X}\Rightarrow\lambda^{-1}$ 是 $\boldsymbol{A}^{-1}$ 的特征值, 且 $\boldsymbol{X}$ 是 $\boldsymbol{A}^{-1}$ 的属于特征值 λ^{-1} 的特征向量.

这证明了: $\lambda\neq 0$ 是 $\boldsymbol{A}$ 的特征值 $\Rightarrow\lambda^{-1}$ 是 $\boldsymbol{A}^{-1}$ 的特征值, 并且有: $\boldsymbol{X}$ 是 $\boldsymbol{A}$ 的特征向量 $\Rightarrow\boldsymbol{X}$ 是 $\boldsymbol{A}^{-1}$ 的特征向量. 反过来, $\boldsymbol{X}$ 是 $\boldsymbol{A}^{-1}$ 的特征向量 $\Rightarrow\boldsymbol{X}$ 是 $(\boldsymbol{A}^{-1})^{-1}=\boldsymbol{A}$ 的特征向量. 可见 $\boldsymbol{A}$ 与 $\boldsymbol{A}^{-1}$ 的特征向量相同. □

6.5.4 设 $f(\lambda)=\sum\limits_{k=0}^{n}a_k\lambda^k$, 证明: 如果 λ_0 是 $\boldsymbol{A}$ 的特征值, 则 $f(\lambda_0)$ 是 $f(\boldsymbol{A})$ 的特征值; 如果 $\boldsymbol{X}$ 是属于 λ_0 的特征向量, 则 $\boldsymbol{X}$ 也是矩阵 $f(\boldsymbol{A})$ 的属于特征值 $f(\lambda_0)$ 的特征向量, 即

$$f(\boldsymbol{A})\boldsymbol{X}=f(\lambda_0)\boldsymbol{X}$$

证明 λ_0 是 $\boldsymbol{A}$ 的特征值 $\Rightarrow$ 存在 $\boldsymbol{X}\neq\boldsymbol{0}$ 使 $\boldsymbol{AX}=\lambda_0\boldsymbol{X}$. 对 k 作数学归纳法可以证明 $\boldsymbol{A}^k\boldsymbol{X}=\lambda_0^k\boldsymbol{X}$ 对任意正整数 k 成立. 于是:

$$f(\boldsymbol{A})\boldsymbol{X}=\left(\sum_{k=0}^{n}a_k\boldsymbol{A}^k\right)\boldsymbol{X}=\sum_{k=0}^{n}a_k(\boldsymbol{A}^k\boldsymbol{X})=\sum_{k=0}^{n}a_k(\lambda_0^k\boldsymbol{X})=f(\lambda_0)\boldsymbol{X}$$

这证明了 $f(\lambda_0)$ 是 $f(\boldsymbol{A})$ 的特征值, $\boldsymbol{X}$ 是 $f(\boldsymbol{A})$ 的属于特征值 $f(\lambda_0)$ 的特征向量. □

6.5.5 证明: 设 n 阶方阵 $\boldsymbol{A}=(a_{ij})$ 的全部特征值为 λ_i $(1\leqslant i\leqslant n)$, 则:

$$\sum_{i=1}^{n}\lambda_i^2=\sum_{i,j=1}^{n}a_{ij}\,a_{ji}$$

证明 由 $\boldsymbol{A}$ 的全部特征值为 $\lambda_1,\cdots,\lambda_n$ 知 $\boldsymbol{A}^2$ 的全部特征值为 $\lambda_1^2,\cdots,\lambda_n^2$, 因此 $\boldsymbol{A}^2$ 的特征多项式

$$\varphi_{\boldsymbol{A}^2}(\lambda)=(\lambda-\lambda_1^2)\cdots(\lambda-\lambda_n^2)=\lambda^n-(\lambda_1^2+\cdots+\lambda_n^2)\lambda^{n-1}+\cdots$$

的 $n-1$ 次项系数的相反数

$$\sum_{i=1}^{n}\lambda_i^2=\mathrm{tr}\,(\boldsymbol{A}^2)=\sum_{i,j=1}^{n}a_{ij}a_{ji}$$ □

6.6 特征子空间

知识导航

1. 特征子空间

方阵 $\boldsymbol{A}\in F^{n\times n}$ 的属于特征值 λ_i 的特征向量是齐次线性方程组 $\boldsymbol{AX}=\lambda_i\boldsymbol{X}$ 即 $(\boldsymbol{A}-\lambda_i\boldsymbol{I})\boldsymbol{X}=\boldsymbol{0}$ 的非零解. 此方程组 $\boldsymbol{AX}=\lambda_i\boldsymbol{X}$ 的解集 V_{λ_i} 是 $V=F^{n\times 1}$ 的子空间, 称为 $\boldsymbol{A}$ 的属于特征值 λ_i 的**特征子空间**.

线性空间 V 上线性变换 $\mathcal{A}$ 的属于特征值 λ_i 的全体特征向量与零向量构成的集合 $V_{\lambda_i}=\{\alpha\in V\mid\mathcal{A}(\alpha)=\lambda_i\alpha\}=\mathrm{Ker}\,(\mathcal{A}-\lambda_i 1_V)$ 是 V 的子空间, 称为 $\mathcal{A}$ 的属于特征值 λ_i 的**特征子空间**.

只要求出了特征子空间的 V_{λ_i} 的一组基, 基向量的全体非零线性组合就是全体特征向量.

同一线性变换 $\mathcal{A}$ (或方阵 $\boldsymbol{A}$) 的属于不同特征值 $\lambda_1,\cdots,\lambda_t$ 的特征子空间 $V_{\lambda_1},\cdots,V_{\lambda_t}$ 之和是直和, 属于不同特征值的特征向量 $\boldsymbol{X}_1,\cdots,\boldsymbol{X}_t$ 线性无关.

2. 对角化条件

V 上线性变换 $\mathcal{A}$ 如果在某组基下的矩阵 $\boldsymbol{A}$ 是对角阵, 就称 $\mathcal{A}$ **可对角化**.

$\mathcal{A}$ 在基 M 下的矩阵是对角阵 $\Leftrightarrow$ M 的向量全部是 $\mathcal{A}$ 的特征向量 $\Leftrightarrow$ 各特征子空间的直和等于 V.

方阵 $\boldsymbol{A}$ 如果相似于对角阵, 就称 $\boldsymbol{A}$ **可对角化**.

$\boldsymbol{P}^{-1}\boldsymbol{A}\boldsymbol{P}=\boldsymbol{D}$ 是对角阵 $\mathrm{diag}(a_1,\cdots,a_n)$ $\Leftrightarrow$ $\boldsymbol{P}$ 的各列是 $\boldsymbol{A}$ 的特征向量: $\boldsymbol{A}\boldsymbol{P}_i=a_i\boldsymbol{P}_i$.

$\mathcal{A}$ 可对角化 $\Leftrightarrow$ $\mathcal{A}$ 在任何一组基下的矩阵可对角化.

3. 几何重数与代数重数

设 $\lambda_1,\cdots,\lambda_t$ 是方阵 $\boldsymbol{A}$ 的全部不同的特征值, 每个特征值 λ_i 在特征多项式 $\varphi_{\boldsymbol{A}}(\lambda)=(\lambda-\lambda_1)^{n_1}\cdots(\lambda-\lambda_t)^{n_t}$ 中的重数 n_i 称为 λ_i 的**代数重数**. 特征子空间 V_{λ_i} 的维数 m_i 称为 λ_i 几何重数. 每个特征值 λ_i 的几何重数 $\geqslant 1$ 且 $\leqslant$ 代数重数.

$\boldsymbol{A}$ 可对角化 $\Leftrightarrow$ 所有的特征值的几何重数等于代数重数.

特殊情形: 如果 n 阶方阵 $\boldsymbol{A}$ 有 n 个不同的特征值, 则每个特征值的代数重数和几何重数都等于 1, $\boldsymbol{A}$ 可对角化.

例题分析与解答

6.6.1 设 $n\geqslant 2$, $V=F^{n\times n}$, V 的线性变换 $\tau:\boldsymbol{X}\mapsto\boldsymbol{X}^{\mathrm{T}}$ 将 V 中每个方阵 $\boldsymbol{X}$ 送到它的转置 $\boldsymbol{X}^{\mathrm{T}}$. 求 τ 的特征值和特征向量. τ 是否可对角化?

解 对任意 $\boldsymbol{X}\in V$ 有 $\tau^2\boldsymbol{X}=(\boldsymbol{X}^{\mathrm{T}})^{\mathrm{T}}=\boldsymbol{X}$, 可见 $\tau^2=1_V$ 是 V 上的恒等变换. τ 的属于每个特征值 λ 的特征向量 $\boldsymbol{X}\neq\boldsymbol{0}$ 满足 $\tau\boldsymbol{X}=\lambda\boldsymbol{X}$ 从而 $\tau^2\boldsymbol{X}=\lambda^2\boldsymbol{X}$. 将 $\tau^2=1$ 代入得 $\boldsymbol{X}=\lambda^2\boldsymbol{X}$, 从而 $\lambda^2=1$, $\lambda=\pm1$.

$\boldsymbol{X}$ 是 τ 的属于特征值 1 的特征向量 $\Leftrightarrow$ $\boldsymbol{X}\neq\boldsymbol{O}$ 且 $\boldsymbol{X}^{\mathrm{T}}=\tau(\boldsymbol{X})=\boldsymbol{X}$ $\Leftrightarrow$ $\boldsymbol{X}$ 是非零对称方阵.

$\boldsymbol{X}$ 是 τ 的属于特征值 -1 的特征向量 $\Leftrightarrow$ $\boldsymbol{X}\neq\boldsymbol{O}$ 且 $\boldsymbol{X}^{\mathrm{T}}=\tau(\boldsymbol{X})=-\boldsymbol{X}$ $\Leftrightarrow$ $\boldsymbol{X}$ 是非零斜对称方阵.

V 存在一组由特征向量组成的基:

$$\left\{\boldsymbol{E}_{ii},\frac{1}{2}(\boldsymbol{E}_{kj}+\boldsymbol{E}_{jk}),\frac{1}{2}(\boldsymbol{E}_{kj}-\boldsymbol{E}_{jk})\mid 1\leqslant i\leqslant n,1\leqslant k<j\leqslant n\right\}$$

τ 在这组基下的矩阵是对角阵 $\mathrm{diag}(\boldsymbol{I}_{(\frac{n(n+1)}{2})},-\boldsymbol{I}_{(\frac{n(n-1)}{2})})$. □

6.6.2 设 λ_1,λ_2 是 n 阶方阵 $\boldsymbol{A}$ 的两个不同的特征值, $\boldsymbol{X}_1,\boldsymbol{X}_2$ 是分别属于 λ_1,λ_2 的特征向量, 证明: $\boldsymbol{X}_1+\boldsymbol{X}_2$ 不是 $\boldsymbol{A}$ 的特征向量.

证明 属于不同特征值 λ_1,λ_2 的特征向量 $\boldsymbol{X}_1,\boldsymbol{X}_2$ 线性无关. 如果 $\boldsymbol{X}_1+\boldsymbol{X}_2$ 也是特征向量, 则 $\boldsymbol{A}(\boldsymbol{X}_1+\boldsymbol{X}_2)=\lambda_0(\boldsymbol{X}_1+\boldsymbol{X}_2)$ 对某个 $\lambda_0\in F$ 成立. 另一方面, $\boldsymbol{A}(\boldsymbol{X}_1+\boldsymbol{X}_2)=\boldsymbol{A}\boldsymbol{X}_1+\boldsymbol{A}\boldsymbol{X}_2=\lambda_1\boldsymbol{X}_1+\lambda_2\boldsymbol{X}_2$. 于是

$$\boldsymbol{0}=\boldsymbol{A}(\boldsymbol{X}_1+\boldsymbol{X}_2)-\lambda_0(\boldsymbol{X}_1+\boldsymbol{X}_2)=(\lambda_1-\lambda_0)\boldsymbol{X}_1+(\lambda_2-\lambda_0)\boldsymbol{X}_2$$

由 $\boldsymbol{X}_1,\boldsymbol{X}_2$ 线性无关知 $\lambda_1-\lambda_0=0=\lambda_2-\lambda_0\Rightarrow\lambda_1=\lambda_0=\lambda_2$. 与原题条件 $\lambda_1\neq\lambda_2$ 矛盾.

这证明了 $\boldsymbol{X}_1+\boldsymbol{X}_2$ 不是 $\boldsymbol{A}$ 的特征向量. □

6.6.3　设方阵 $\boldsymbol{A}\in F^{n\times n}$ 满足条件 $\boldsymbol{A}^2=\boldsymbol{A}$, 求证:$\boldsymbol{A}$ 可对角化.

证明　由 $\boldsymbol{A}^2-\boldsymbol{A}=\boldsymbol{A}(\boldsymbol{A}-\boldsymbol{I})=\boldsymbol{O}$ 知道 $\operatorname{rank}\boldsymbol{A}+\operatorname{rank}(\boldsymbol{A}-\boldsymbol{I})\leqslant n$, 于是 $\boldsymbol{AX}=\boldsymbol{0}$ 与 $(\boldsymbol{A}-\boldsymbol{I})\boldsymbol{X}=\boldsymbol{0}$ 的解空间 $V_{\boldsymbol{A}}$ 与 $V_{\boldsymbol{A}-\boldsymbol{I}}$ 的维数之和

$$\begin{aligned}\dim V_{\boldsymbol{A}}+\dim V_{\boldsymbol{A}-\boldsymbol{I}}&=(n-\operatorname{rank}\boldsymbol{A})+(n-\operatorname{rank}(\boldsymbol{A}-\boldsymbol{I}))\\&=2n-(\operatorname{rank}\boldsymbol{A}+\operatorname{rank}(\boldsymbol{A}-\boldsymbol{I}))\geqslant n\end{aligned}$$

但 $V_{\boldsymbol{A}}$ 就是 $\boldsymbol{A}$ 的属于特征值 0 的特征子空间 V_0, $V_{\boldsymbol{A}-\boldsymbol{I}}$ 就是 $\boldsymbol{A}$ 的属于特征值 1 的特征子空间 V_1. $\boldsymbol{A}$ 的属于不同特征值的特征子空间之和 $U=V_1+V_0$ 是直和 $V_1\oplus V_0$, 维数 $\dim U=\dim V_1+\dim V_0\geqslant n$ 从而 $\dim U=n$, $V=U=V_1\oplus V_0$. 任取 V_1 的一组基与 V_0 的一组基, 则两组基的并集 M 是 V 的一组基. M 由 $\boldsymbol{A}$ 的特征向量组成, 线性变换 $\mathcal{A}:\boldsymbol{X}\mapsto\boldsymbol{AX}$ 在这组基下的矩阵 $\boldsymbol{B}=\boldsymbol{P}^{-1}\boldsymbol{AP}=\operatorname{diag}(1,\cdots,1,0,\cdots,0)$ 是对角阵, 其中 $\boldsymbol{P}$ 是以 M 中各向量为各列排成的矩阵. □

6.6.4　对给定的 $\boldsymbol{A}\in F^{n\times n}$, 在 $F^{n\times n}$ 上定义线性变换 $\mathcal{A}:\boldsymbol{X}\mapsto\boldsymbol{AX}-\boldsymbol{XA}$. 如果 $\boldsymbol{A}$ 可对角化, 问 $\mathcal{A}$ 是否也可对角化? 说明理由.

解　$\mathcal{A}$ 可以对角化.

设可逆方阵 $\boldsymbol{P}$ 将 $\boldsymbol{A}$ 相似于对角阵 $\boldsymbol{D}=\boldsymbol{P}^{-1}\boldsymbol{AP}=\operatorname{diag}(\lambda_1,\cdots,\lambda_n)$, 则 $\boldsymbol{A}=\boldsymbol{PDP}^{-1}$. 由 $F^{n\times n}$ 的自然基 $E=\{\boldsymbol{E}_{ij}\mid 1\leqslant i,j\leqslant n\}$ 构造出一组基 $M=\{\boldsymbol{X}_{ij}\mid 1\leqslant i,j\leqslant n\}$, 其中每个 $\boldsymbol{X}_{ij}=\boldsymbol{PE}_{ij}\boldsymbol{P}^{-1}$. 于是

$$\begin{aligned}\mathcal{A}(\boldsymbol{X}_{ij})&=\boldsymbol{AX}_{ij}-\boldsymbol{X}_{ij}\boldsymbol{A}=(\boldsymbol{PDP}^{-1})(\boldsymbol{PE}_{ij}\boldsymbol{P}^{-1})-(\boldsymbol{PE}_{ij}\boldsymbol{P}^{-1})(\boldsymbol{PDP}^{-1})\\&=\boldsymbol{P}(\boldsymbol{DE}_{ij}-\boldsymbol{E}_{ij}\boldsymbol{D})\boldsymbol{P}^{-1}=\boldsymbol{P}(\lambda_i\boldsymbol{E}_{ij}-\boldsymbol{E}_{ij}\lambda_j)\boldsymbol{P}^{-1}=(\lambda_i-\lambda_j)\boldsymbol{X}_{ij}\end{aligned}$$

这说明 M 中每个基向量 $\boldsymbol{X}_{ij}$ 是 $\mathcal{A}$ 的属于特征值 $\lambda_i-\lambda_j$ 的特征向量. $\mathcal{A}$ 在基 M 下的矩阵是对角阵. □

6.6.5　设 $\mathcal{A}$ 是线性空间 V 上的线性变换. 如果 V 中所有的非零向量都是 $\mathcal{A}$ 的特征向量, 求证: $\mathcal{A}$ 是纯量变换.

证明　V 的一组基 $M=\{\alpha_1,\cdots,\alpha_n\}$ 中的各向量 α_i 都是 $\mathcal{A}$ 的特征向量, $\mathcal{A}$ 在基 M 下的矩阵是对角阵 $\boldsymbol{A}=\operatorname{diag}(\lambda_1,\cdots,\lambda_n)$, 且每个非零列向量 $\boldsymbol{X}\in F^{n\times 1}$ 都是 $\boldsymbol{A}$ 的特征向量. 每个 $\boldsymbol{E}_1+\boldsymbol{E}_i$ $(2\leqslant i\leqslant n)$ 也是 $\boldsymbol{A}$ 的特征向量, $\boldsymbol{A}(\boldsymbol{E}_1+\boldsymbol{E}_i)=\lambda_0(\boldsymbol{e}_1+\boldsymbol{e}_i)=\lambda_0\boldsymbol{e}_1+\lambda_0\boldsymbol{e}_i$ 对某个 $\lambda_0\in F$ 成立. 另一方面, $\boldsymbol{A}(\boldsymbol{e}_1+\boldsymbol{e}_i)=\boldsymbol{Ae}_1+\boldsymbol{Ae}_i=\lambda_1\boldsymbol{e}_1+\lambda_i\boldsymbol{e}_i$. 由

$$\lambda_1\boldsymbol{e}_1+\lambda_i\boldsymbol{e}_i=\boldsymbol{A}(\boldsymbol{e}_1+\boldsymbol{e}_i)=\lambda_0\boldsymbol{e}_1+\lambda_0\boldsymbol{e}_i$$

得 $\lambda_1=\lambda_0=\lambda_i$. 这证明了 $\boldsymbol{A}=\operatorname{diag}(\lambda_1,\cdots,\lambda_1)=\lambda_1 I$ 是纯量阵, $\mathcal{A}=\lambda_1 1_V$ 是纯量变换. □

6.7 最小多项式

知识导航

1. 零化多项式与最小多项式

如果方阵 $\boldsymbol{A}$ 是非零多项式 $f(x)$ 的"根": $f(\boldsymbol{A})=\boldsymbol{O}$, 就称 $f(x)$ 是 $\boldsymbol{A}$ 的**零化多项式**.

$\boldsymbol{A}$ 的次数最低并且首项系数为 1 的零化多项式称为 $\boldsymbol{A}$ 的**最小多项式**, 记作 $d_{\boldsymbol{A}}(x)$.

$\boldsymbol{A}$ 的零化多项式都是最小多项式 $d_{\boldsymbol{A}}(x)$ 的倍式. 这也说明了 $\boldsymbol{A}$ 的最小多项式是唯一的.

如果 $\boldsymbol{A}$ 与 $\boldsymbol{B}$ 相似, 则由 $f(\boldsymbol{A})=\boldsymbol{O} \Leftrightarrow f(\boldsymbol{B})=\boldsymbol{O}$ 知 $\boldsymbol{A}$ 与 $\boldsymbol{B}$ 的零化多项式相同, 最小多项式也相同.

2. 凯莱 —哈密顿定理

任意方阵 $\boldsymbol{A}$ 的特征多项式 $\varphi_{\boldsymbol{A}}(x)$ 都是 $\boldsymbol{A}$ 的零化多项式.

因此, 最小多项式 $d_{\boldsymbol{A}}(\lambda)$ 一定存在, 并且是 $\varphi_{\boldsymbol{A}}(x)=(x-\lambda_1)^{n_1}\cdots(x-\lambda_t)^{n_t}$ 的因式, $d_{\boldsymbol{A}}(x)=(x-\lambda_1)^{d_1}\cdots(x-\lambda_t)^{d_t}$, 每个特征值 λ_i 的重数 $d_i\geqslant 1$ 且 $\leqslant n_i$.

3. 对角化与三角化

$\boldsymbol{A}$ 可对角化 $\Leftrightarrow$ 最小多项式 $d_{\boldsymbol{A}}(x)$ 没有重根.

一般的方阵 $\boldsymbol{A}$ 不一定相似于对角阵, 但复数域上一定能相似于三角阵 $\boldsymbol{T}$, $\boldsymbol{T}$ 的对角元就是 $\boldsymbol{A}$ 的全体特征值.

例题分析与解答

6.7.1 设 $\boldsymbol{A}$ 相似于上三角阵 $\boldsymbol{B}=\begin{pmatrix}\boldsymbol{B}_{11} & \boldsymbol{B}_{12}\\ 0 & \boldsymbol{B}_{22}\end{pmatrix}$, 其中 $\boldsymbol{B}_{11}$ 的对角元全等于 λ_1, $\boldsymbol{B}_{22}$ 的对角元全等于 λ_2, $\lambda_1\neq\lambda_2$. 设 $(\boldsymbol{A}-\lambda_1\boldsymbol{I})(\boldsymbol{A}-\lambda_2\boldsymbol{I})=0$, 求证:

(1) $\boldsymbol{B}_{11},\boldsymbol{B}_{22}$ 都是纯量阵;

(2) 存在 $\boldsymbol{P}=\begin{pmatrix}\boldsymbol{I} & \boldsymbol{S}\\ 0 & \boldsymbol{I}\end{pmatrix}$ 使 $\boldsymbol{P}^{-1}\boldsymbol{B}\boldsymbol{P}=\begin{pmatrix}\lambda_1\boldsymbol{I} & 0\\ 0 & \lambda_2\boldsymbol{I}\end{pmatrix}$, 从而 $\boldsymbol{A}$ 相似于对角阵;

(3) 将以上推理加以推广, 证明: 如果 $\boldsymbol{A}$ 的最小多项式没有重根, 则 $\boldsymbol{A}$ 可对角化.

证明 相似方阵 $\boldsymbol{A}$ 与 $\boldsymbol{B}$ 的零化多项式相同, 因此 $(\boldsymbol{A}-\lambda_1\boldsymbol{I})(\boldsymbol{A}-\lambda_2\boldsymbol{I})=\boldsymbol{O}\Leftrightarrow(\boldsymbol{B}-\lambda_1\boldsymbol{I})(\boldsymbol{B}-\lambda_2\boldsymbol{I})=\boldsymbol{O}$.

(1) $(\boldsymbol{B}-\lambda_1\boldsymbol{I})(\boldsymbol{B}-\lambda_2\boldsymbol{I})$

$$=\begin{pmatrix}\boldsymbol{B}_{11}-\lambda_1\boldsymbol{I} & \boldsymbol{B}_{12}\\ \boldsymbol{O} & \boldsymbol{B}_{22}-\lambda_1\boldsymbol{I}\end{pmatrix}\begin{pmatrix}\boldsymbol{B}_{11}-\lambda_2\boldsymbol{I} & \boldsymbol{B}_{12}\\ \boldsymbol{O} & \boldsymbol{B}_{22}-\lambda_2\boldsymbol{I}\end{pmatrix}$$
$$=\begin{pmatrix}(\boldsymbol{B}_{11}-\lambda_1\boldsymbol{I})(\boldsymbol{B}_{11}-\lambda_2\boldsymbol{I}) & *\\ \boldsymbol{O} & (\boldsymbol{B}_{22}-\lambda_1\boldsymbol{I})(\boldsymbol{B}_{22}-\lambda_2\boldsymbol{I})\end{pmatrix}=\boldsymbol{O}$$

$$\Rightarrow (\boldsymbol{B}_{11}-\lambda_1\boldsymbol{I})(\boldsymbol{B}_{11}-\lambda_2\boldsymbol{I})=\boldsymbol{O},\quad (\boldsymbol{B}_{22}-\lambda_1\boldsymbol{I})(\boldsymbol{B}_{22}-\lambda_2\boldsymbol{I})=\boldsymbol{O}$$

上三角阵

$$\boldsymbol{B}_{11}-\lambda_2\boldsymbol{I}=\begin{pmatrix}\lambda_1-\lambda_2 & \cdots & *\\ & \ddots & \vdots\\ \boldsymbol{O} & & \lambda_1-\lambda_2\end{pmatrix},\quad \boldsymbol{B}_{22}-\lambda_1\boldsymbol{I}=\begin{pmatrix}\lambda_2-\lambda_1 & \cdots & *\\ & \ddots & \vdots\\ \boldsymbol{O} & & \lambda_2-\lambda_1\end{pmatrix}$$

的主对角线元素 $\lambda_1-\lambda_2$ 或 $\lambda_2-\lambda_1$ 全都不为 0. $\boldsymbol{B}_{11}-\lambda_2\boldsymbol{I}$ 与 $\boldsymbol{B}_{22}-\lambda_1\boldsymbol{I}$ 的行列式分别等于它们各自的主对角线元素的乘积, 都不为 0, 可见 $\boldsymbol{B}_{11}-\lambda_2\boldsymbol{I}$ 与 $\boldsymbol{B}_{22}-\lambda_1\boldsymbol{I}$ 都是可逆方阵. 由 $(\boldsymbol{B}_{11}-\lambda_1\boldsymbol{I})(\boldsymbol{B}_{11}-\lambda_2\boldsymbol{I})=\boldsymbol{O}$ 与 $(\boldsymbol{B}_{22}-\lambda_1\boldsymbol{I})(\boldsymbol{B}_{22}-\lambda_2\boldsymbol{I})=\boldsymbol{O}$ 可断定 $\boldsymbol{B}_{11}-\lambda_1\boldsymbol{I}=\boldsymbol{O}$ 且 $\boldsymbol{B}_{22}-\lambda_2\boldsymbol{I}=\boldsymbol{O}$. 因而 $\boldsymbol{B}_{11}=\lambda_1\boldsymbol{I}$ 与 $\boldsymbol{B}_{22}=\lambda_2\boldsymbol{I}$ 都是纯量阵.

(2) 由 $\boldsymbol{B}_{11}=\lambda_1\boldsymbol{I}$ 及 $\boldsymbol{B}_{22}=\lambda_2\boldsymbol{I}$ 知:

$$\boldsymbol{P}^{-1}\boldsymbol{B}\boldsymbol{P}=\begin{pmatrix}\boldsymbol{I} & \boldsymbol{S}\\ \boldsymbol{O} & \boldsymbol{I}\end{pmatrix}^{-1}\begin{pmatrix}\lambda_1\boldsymbol{I} & \boldsymbol{B}_{12}\\ \boldsymbol{O} & \lambda_2\boldsymbol{I}\end{pmatrix}\begin{pmatrix}\boldsymbol{I} & \boldsymbol{S}\\ \boldsymbol{O} & \boldsymbol{I}\end{pmatrix}=\begin{pmatrix}\lambda_1\boldsymbol{I} & \boldsymbol{B}_{12}+(\lambda_1-\lambda_2)\boldsymbol{S}\\ \boldsymbol{O} & \lambda_2\boldsymbol{I}\end{pmatrix}$$

取 $\boldsymbol{S}=-(\lambda_1-\lambda_2)^{-1}\boldsymbol{B}_{12}$, 则 $\boldsymbol{P}^{-1}\boldsymbol{B}\boldsymbol{P}=\mathrm{diag}(\lambda_1\boldsymbol{I},\lambda_2\boldsymbol{I})$ 是对角阵, 与 $\boldsymbol{B}$ 相似从而与 $\boldsymbol{A}$ 相似.

(3) $\boldsymbol{A}$ 在复数域上相似于上三角阵 $\boldsymbol{B}$, 并且可以让相同的特征值在对角线上适当排列使相同的特征值排在一起, 成为如下形状:

$$\boldsymbol{B}=\begin{pmatrix}\boldsymbol{B}_{11} & \boldsymbol{B}_{12} & \cdots & \boldsymbol{B}_{1t}\\ \boldsymbol{O} & \boldsymbol{B}_{22} & \cdots & \boldsymbol{B}_{2t}\\ \vdots & \ddots & \ddots & \vdots\\ \boldsymbol{O} & \cdots & \boldsymbol{O} & \boldsymbol{B}_{tt}\end{pmatrix}$$

其中每个对角块 $\boldsymbol{B}_{ii}$ 是对角元全为 λ_i 的上三角阵, 不同对角块的对角元各不相同.

$\boldsymbol{A}$ 的每个特征值 λ_i 都是最小多项式 $d_{\boldsymbol{A}}(\lambda)$ 的根, 并且 $d_{\boldsymbol{A}}(\lambda)$ 没有重根, 因此 $d_{\boldsymbol{A}}(\lambda)=(\lambda-\lambda_1)\cdots(\lambda-\lambda_t)$. $\boldsymbol{B}$ 与 $\boldsymbol{A}$ 相似, 最小多项式相同, 因此 $d_{\boldsymbol{A}}(\boldsymbol{B})=(\boldsymbol{B}-\lambda_1\boldsymbol{I})(\boldsymbol{B}-\lambda_2\boldsymbol{I})\cdots(\boldsymbol{B}-\lambda_t\boldsymbol{I})=\boldsymbol{O}$, 它的每个对角块 $(\boldsymbol{B}_{ii}-\lambda_1\boldsymbol{I})\cdots(\boldsymbol{B}_{ii}-\lambda_t\boldsymbol{I})=\boldsymbol{O}$. 其中当 $k\neq i$ 时上三角阵 $\boldsymbol{B}_{ii}-\lambda_k\boldsymbol{I}$ 的对角元 $\lambda_i-\lambda_k\neq 0$, $\boldsymbol{B}_{ii}-\lambda_k\boldsymbol{I}$ 可逆. 将 $(\boldsymbol{B}_{ii}-\lambda_1\boldsymbol{I})\cdots(\boldsymbol{B}_{ii}-\lambda_t\boldsymbol{I})=\boldsymbol{O}$ 左右两边的可逆方阵 $(\boldsymbol{B}_{ii}-\lambda_1\boldsymbol{I})\cdots(\boldsymbol{B}_{ii}-\lambda_{i-1}\boldsymbol{I})$ 与 $(\boldsymbol{B}_{ii}-\lambda_{i+1}\boldsymbol{I})\cdots(\boldsymbol{B}_{ii}-\lambda_t\boldsymbol{I})$ 消去, 得到

$B_{ii}-\lambda_i I=O$, 从而 $B_{ii}=\lambda_i I$. 这证明了 B 中每个对角块 $B_{ii}=\lambda_i I$ 都是对角阵.

$$B=\begin{pmatrix}\lambda_1 I & B_{12} & \cdots & B_{1t}\\ O & \lambda_2 I & \cdots & B_{2t}\\ \vdots & \ddots & \ddots & \vdots\\ O & \cdots & O & \lambda_t I\end{pmatrix}=\begin{pmatrix}\tilde{B}_{11} & \tilde{B}_{12}\\ O & \lambda_t I_{(n_t)}\end{pmatrix}$$

其中 $\tilde{B}_{11}\in F^{(n-n_t)\times(n-n_t)}$ 是由 B 的左上角的 $(t-1)^2$ 个块 B_{ij} $(1\leqslant i,j\leqslant t-1)$ 组成的方阵, $\tilde{B}_{12}\in F^{(n-n_t)\times n_t}$ 是 B 的右上角的 $t-1$ 个块 B_{it} $(1\leqslant i\leqslant t-1)$ 组成的矩阵.

对 t 用数学归纳法证明 B 相似于对角阵 $D=\mathrm{diag}(\lambda_1 I_{(n_1)},\lambda_2 I_{(n_2)},\cdots,\lambda_t I_{(n_t)})$. $t=1$ 时显然. 设命题对 $t-1$ 成立, 则存在 $n-n_t$ 阶可逆方阵 $\tilde{P}_1$ 使

$$\tilde{P}_1^{-1}\tilde{B}_{11}\tilde{P}_1=\tilde{D}=\mathrm{diag}(\lambda_1 I_{(n_1)},\cdots,\lambda_{t-1}I_{(n_{t-1})})$$

是对角阵. 取 $P_1=\begin{pmatrix}\tilde{P}_1 & O\\ O & I_{(n_t)}\end{pmatrix}$, 则

$$B_1=P_1^{-1}BP_1=\begin{pmatrix}\tilde{D} & \tilde{C}_{12}\\ O & \lambda_t I_{(n_t)}\end{pmatrix}$$

其中 $\tilde{C}_{12}=\tilde{P}_1^{-1}\tilde{B}_{12}\in F^{(n-n_t)\times n_t}$. 取

$$P_2=\begin{pmatrix}I_{(n-n_t)} & S\\ O & I_{(t)}\end{pmatrix}$$

其中的块 $S\in F^{(n-n_t)\times n_t}$ 待定. 则

$$B_2=P_2^{-1}B_1P_2=\begin{pmatrix}\tilde{D} & \tilde{C}_{12}+(\tilde{D}-\lambda_t I_{(n-n_t)})S\\ O & \lambda_t I_{(n_t)}\end{pmatrix}$$

其中 $\tilde{D}-\lambda_t I_{(n-n_t)}=\mathrm{diag}((\lambda_1-\lambda_t)I_{(n_1)},\cdots,(\lambda_{t-1}-\lambda_t)I_{(n_{t-1})})$ 是对角元 $\lambda_1-\lambda_t,\cdots,\lambda_{t-1}-\lambda_t$ 全不为零的对角阵, 因此是可逆方阵. 取 $S=-(\tilde{D}-\lambda_t I_{(n-n_t)})^{-1}\tilde{C}_{12}$ 即可使 B_2 右上角的块为 O, $B_2=\mathrm{diag}(\tilde{D},\lambda_t I_{(n_t)})$ 是对角阵, 由 $B_2=P_2^{-1}P_1^{-1}BP_1P_2=(P_1P_2)^{-1}B(P_1P_2)$ 知 B 相似于对角阵 B_2, 从而 A 相似于对角阵 B_2. □

点评 大多数高等代数教材中都利用线性变换的几何观点证明了方阵 A 可对角化的充分必要条件: 最小多项式没有重根, 可参见教材 [1]. 本题通过矩阵运算给出了一个证明. 利用矩阵运算进行推理, 优点是不需要用到很多理论, 理由比较简单, 缺点是运算比较繁琐, 需要熟练掌握矩阵运算的基本功, 尤其是熟悉矩阵分块运算的基本功. 不过, 在本题中这个缺点也可以成为优点: 在运用过程中提高对矩阵运算基本功的熟练掌握程度.

另一方面, 对于方阵对角化条件, 最重要的还不是学会证明, 而是学会应用. □

6.7.2 在复数域上把下列矩阵 A 相似变形到上三角或对角阵 $P^{-1}AP$, 求出过渡矩阵 P, 并求出 A 的最小多项式.

(1) $\boldsymbol{A}=\begin{pmatrix}2&2&1\\-1&2&2\\1&-1&-1\end{pmatrix}$; (2) $\boldsymbol{A}=\begin{pmatrix}5&-2&-2\\-2&8&0\\-2&0&4\end{pmatrix}$.

解 (1) 求得方阵 $\boldsymbol{A}$ 只有一个特征值 1, 只有一个线性无关的特征向量 $\boldsymbol{P}_1=(1,-1,1)^{\mathrm{T}}$. 添加 $\boldsymbol{e}_2,\boldsymbol{e}_3$ 组成一组基, 得到可逆方阵 $\boldsymbol{P}_1=(\boldsymbol{P}_1,\boldsymbol{e}_2,\boldsymbol{e}_3)$ 将 $\boldsymbol{A}$ 相似到准上三角阵:

$$\boldsymbol{P}_1=\begin{pmatrix}1&0&0\\-1&1&0\\1&0&1\end{pmatrix},\quad \boldsymbol{A}_1=\boldsymbol{P}_1^{-1}\boldsymbol{A}\boldsymbol{P}_1=\begin{pmatrix}1&2&1\\0&4&3\\0&-3&-2\end{pmatrix}$$

$\boldsymbol{A}_1$ 右下角的 2 阶方阵的特征值仍只有 1, 算出特征向量 $\boldsymbol{X}_1=(1,-1)^{\mathrm{T}}$, 再添加 $\boldsymbol{e}_2=(0,1)^{\mathrm{T}}$ 扩充为 $F^{2\times1}$ 的一组基, 排成 2 阶可逆方阵 $\boldsymbol{Q}_2=(\boldsymbol{X}_1,\boldsymbol{e}_2)$. 取 3 阶可逆方阵 $\boldsymbol{P}_2=\mathrm{diag}(1,\boldsymbol{Q}_2)$ 将 $\boldsymbol{A}_1$ 相似于上三角阵:

$$\boldsymbol{P}_2=\begin{pmatrix}1&0&0\\0&1&0\\0&-1&1\end{pmatrix},\quad \boldsymbol{T}=\boldsymbol{P}_2^{-1}\boldsymbol{A}_1\boldsymbol{P}_2=\begin{pmatrix}1&1&1\\0&1&3\\0&0&1\end{pmatrix}$$

于是 $\boldsymbol{T}=\boldsymbol{P}_2^{-1}\boldsymbol{P}_1^{-1}\boldsymbol{A}\boldsymbol{P}_1\boldsymbol{P}_2=\boldsymbol{P}^{-1}\boldsymbol{A}\boldsymbol{P}$. 过渡矩阵

$$\boldsymbol{P}=\boldsymbol{P}_1\boldsymbol{P}_2=\begin{pmatrix}1&0&0\\-1&1&0\\1&-1&1\end{pmatrix}$$

将 $\boldsymbol{A}$ 相似到上三角阵 $\boldsymbol{T}$.

$\boldsymbol{A}$ 的最小多项式等于 $\boldsymbol{T}$ 的最小多项式 $d_{\boldsymbol{T}}(x)$, 是 $\boldsymbol{T}$ 的特征多项式 $\varphi_{\boldsymbol{T}}(x)=(x-1)^3$ 的因式. 计算得 $(\boldsymbol{T}-\boldsymbol{I})^2\neq\boldsymbol{O}$, $d_{\boldsymbol{A}}(x)$ 不整除 $(x-1)^2$, 因此 $d_{\boldsymbol{A}}(x)=(x-1)^3$.

(2) 在 Mathematica 中运行如下语句可得到特征值和特征向量. 注意其中将 5 写成 5.0 是让软件作数值计算求近似值. 如果将 5.0 改成 5, 则 Mathematica 软件将会求准确值, 你会发现由于计算过于复杂而得不出有用的结果.

```
A={{5.0,-2,-2},{-2,8,0},{-2,0,4}}; N[Eigensystem[A]]
```

运行结果为:

$\{\{9.17554,5.67267,2.15178\},\{\{-0.497279,0.846041,0.192165\},$

$\{-0.561818,-0.482801,0.671761\},\{0.661115,0.226091,0.715409\}\}\}$

其中第 1 组花括号 $\{9.17554,5.67267,2.15178\}$ 内的三个数是 $\boldsymbol{A}$ 的三个特征值 $\lambda_1,\lambda_2,\lambda_3$. 以后的三组花括号内的 3 维数组依次是属于这三个特征值的特征向量. 将这三个特征向量写成列向量排成方阵 $\boldsymbol{P}$, 则 $\boldsymbol{P}^{-1}\boldsymbol{A}\boldsymbol{P}$ 是以三个特征值为对角元的对角阵 $\boldsymbol{D}$, $\boldsymbol{A}$ 的最小多项式 $d_{\boldsymbol{A}}(x)$ 等于 $d_{\boldsymbol{A}}(x)=(x-\lambda_1)(x-\lambda_2)(x-\lambda_3)$, 等于 $\boldsymbol{A}$ 的特征多项式, 可以在 Mathematica 中运行如下语句得到, 其中 Indentity[3] 表示 3 阶单位方阵, 所求的就是行列式 $\det(x\boldsymbol{I}-\boldsymbol{A})$:

```
Det[x IdentityMatrix[3]-A]
```

运行结果为:

$-112+84x-17x^2+x^3$

因此 $d_{\boldsymbol{A}}(x)=\varphi_{\boldsymbol{A}}(x)=x^3-17x^2+84-112$. □

点评 本题第 (1) 小题中的算法实际上就是证明任何一个复方阵相似于上三角阵的方法. 通过本题的计算可以体会对一般的方阵的证明方法. 实际的计算过程大多需要借助于计算机才能实现. 下一章将看到, 还可以将三角阵相似到更简单的形式 ——若尔当标准形. □

6.7.3 求 3 阶方阵 $\boldsymbol{A}$, 使 $\boldsymbol{A}$ 的最小多项式是 λ^2.

解

$$\boldsymbol{A}=\begin{pmatrix}0&1&0\\0&0&0\\0&0&0\end{pmatrix}$$

以及所有的 $\boldsymbol{P}^{-1}\boldsymbol{AP}$ ($\boldsymbol{P}$ 是三阶可逆方阵) 都符合要求. □

点评 只要举出了一个例子 $\boldsymbol{A}$, 与 $\boldsymbol{A}$ 相似的所有的方阵都与 $\boldsymbol{A}$ 具有同样的最小多项式, 都符合要求. 利用下一章的若尔当标准形的知识可以证明, 这就是符合要求的全部方阵.

很容易构造出一个方阵 $\boldsymbol{A}_1$ 使它的最小多项式为 λ^2. 一般地, 要构造出最小多项式为 $(\lambda-a)^k$ 的方阵, 取 k 阶方阵

$$\boldsymbol{J}_k(a)=\begin{pmatrix}a&1&&\\&a&\ddots&\\&&\ddots&1\\&&&a\end{pmatrix}=a\boldsymbol{I}_{(k)}+\boldsymbol{N}$$

其中 $\boldsymbol{N}=\begin{pmatrix}\boldsymbol{0}&\boldsymbol{I}_{(k-1)}\\0&\boldsymbol{0}\end{pmatrix}$ 则易验证 $\boldsymbol{J}_k(a)$ 的最小多项式等于 $(\lambda-a)^k$. 这样的 k 阶方阵 $\boldsymbol{J}_k(a)$ 称为若尔当块. 要构造出最小多项式为 $(\lambda-a_1)^{k_1}\cdots(\lambda-a_t)^{k_t}$ 的方阵, 只要取若尔当块 $\boldsymbol{J}_{k_1}(a_1),\cdots,\boldsymbol{J}_{k_t}(a_t)$ 为对角块构造准对角阵 $\boldsymbol{J}=\mathrm{diag}(\boldsymbol{J}_{k_1}(a_1),\cdots,\boldsymbol{J}_{k_t}(a_t))$ 即可. 还可以将这样的 $\boldsymbol{J}$ 再增加任意多个若尔当块 $\boldsymbol{J}_{d_1}(a_1),\cdots,\boldsymbol{J}_{d_t}(a_t)$ 组成更大的准对角阵, 只要增加的每个若尔当块 $\boldsymbol{J}_{d_i}(a_i)$ 的阶数 $d_i\leqslant k_i$, 就不改变最小多项式. 例如, 本题中先取 2 阶方阵

$$\boldsymbol{J}_2(0)=\begin{pmatrix}0&1\\0&0\end{pmatrix}$$

的最小多项式为 λ^2. 为了得到 3 阶方阵 $\boldsymbol{A}$ 使最小多项式仍是 λ_2, 添加了一个一阶块 0 (即 $\boldsymbol{J}_1(0)$) 得到 $\boldsymbol{A}=\mathrm{diag}(\boldsymbol{J}_2(0),0)$.

按照上述方法, 可以对任意多项式 $d(x)$ 构造出阶数为任意 $n\geqslant\deg d(x)$ 的方阵, 使 $\boldsymbol{A}$ 的最小多项式为 $d(x)$. □

6.7.4 求证: 方阵 $\boldsymbol{A}$ 的最小多项式 $d_{\boldsymbol{A}}(\lambda)$ 的某次幂能被特征多项式 $\varphi_{\boldsymbol{A}}(\lambda)$ 整除.

证明　$\varphi_{\boldsymbol{A}}(\lambda)=(\lambda-\lambda_1)^{n_1}\cdots(\lambda-\lambda_t)^{n_t}$ 的每个根 λ_i 都是 $d_{\boldsymbol{A}}(\lambda)$ 的根, 因此 $d_{\boldsymbol{A}}(\lambda)=(\lambda-\lambda_1)^{d_1}\cdots(\lambda-\lambda_t)^{d_t}$, 其中每个指数 $d_i\geqslant 1$. 取 $\varphi_{\boldsymbol{A}}(\lambda)$ 的各个根的最高重数 $m\geqslant n_i$ $(\forall\ 1\leqslant i\leqslant t)$, 则 $d_{\boldsymbol{A}}(\lambda)^m=(\lambda-\lambda_1)^{md_1}\cdots(\lambda-\lambda_t)^{md_t}$ 中每个一次因式的幂 $(la-\lambda_i)^{mn_i}$ 的指数 mn_i 不低于 $\lambda-\lambda_i$ 在 $\varphi_{\boldsymbol{A}}(\lambda)$ 中的指数 n_i, 因此 $d_{\boldsymbol{A}}(\lambda)^m$ 被 $\varphi_{\boldsymbol{A}}(\lambda)$ 整除. □

6.7.5　已知 $\boldsymbol{A}=\begin{pmatrix}0&0&0&1\\1&0&0&2\\0&1&0&3\\0&0&1&4\end{pmatrix}$, 试求 $\boldsymbol{A}$ 的最小多项式, 并求 $\boldsymbol{A}^{-1}$.

解　$\boldsymbol{A}$ 的特征多项式 $\varphi_{\boldsymbol{A}}(x)=x^4-4x^3-3x^2-2x-1$ 与它的导数 $\varphi'_{\boldsymbol{A}}(x)=4x^3-12x^2-6x-2$ 的最大公因式 $(\varphi_{\boldsymbol{A}}(x),\varphi'_{\boldsymbol{A}}(x))=1$, 因此 $\varphi_{\boldsymbol{A}}(x)$ 没有重根, 4 个特征值 $\lambda_1,\lambda_2,\lambda_3,\lambda_4$ 两两不同, $\varphi_{\boldsymbol{A}}(x)=(x-\lambda_1)(x-\lambda_2)(x-\lambda_3)(x-\lambda_4)$. 最小多项式 $d_{\boldsymbol{A}}(x)=(x-\lambda_1)^{d_1}(x-\lambda_2)^{d_2}(x-\lambda_3)^{d_3}(x-\lambda_4)^{d_4}$ 中的每个指数 $d_i\geqslant 1$ 且 $\leqslant\lambda_i$ 在 $\varphi_{\boldsymbol{A}}(x)$ 中的重数 1, 因此 $d_i=1$. $\boldsymbol{A}$ 的最小多项式 $d_{\boldsymbol{A}}(x)=\varphi_{\boldsymbol{A}}(x)=x^4-4x^3-3x^2-2x-1$.

由 $d_{\boldsymbol{A}}(\boldsymbol{A})=\boldsymbol{A}^4-4\boldsymbol{A}^3-3\boldsymbol{A}^2-2\boldsymbol{A}-\boldsymbol{I}=\boldsymbol{O}$ 得 $\boldsymbol{A}(\boldsymbol{A}^3-4\boldsymbol{A}^2-3\boldsymbol{A}-2\boldsymbol{I})=\boldsymbol{I}$, 因此:

$$\boldsymbol{A}^{-1}=\boldsymbol{A}^3-4\boldsymbol{A}^2-3\boldsymbol{A}-2\boldsymbol{I}=\begin{pmatrix}-2&1&0&0\\-3&0&1&0\\-4&0&0&1\\1&0&0&0\end{pmatrix}$$ □

点评　本题中的各种运算可以运行如下 Mathematica 语句来完成:

```
A={{0,0,0,1},{1,0,0,2},{0,1,0,3},{0,0,1,4}}; H=IdentityMatrix[4];
f=Det[x H-A]; Print[f]; g=D[f,x];PolynomialGCD[f,g]
```

其中 g=D[f,x] 是将函数 f 对变量 x 求导得到 g. PolynomialGCD[f,g] 是求多项式 f,g 的最大公因式. Print[f] 是将求出的特征多项式 f 输出, 如果没有这句话, 将只输出最后一句 PolynomialGCD[f,g] 的运行结果而不输出前面的结果. 由特征多项式 $\varphi_{\boldsymbol{A}}(x)$ 得到 $\boldsymbol{A}^{-1}$ 等于 $\boldsymbol{B}=\boldsymbol{A}^3-4\boldsymbol{A}^2-3\boldsymbol{A}-2\boldsymbol{I}$ 之后, 通过如下语句算出 $\boldsymbol{B}$:

```
B=A.A.A-4A.A-3A-2H
```

其中 $\boldsymbol{H}$ 是前面由 H=IdentityMatrix[4] 定义的 4 阶单位阵. 注意在 Mathematica 中不能由 “A^3” 来算 A^3, 而可以用 MatrixPower[A,3]. 指数比较小如 $\boldsymbol{A}^3$ 可以直接写 “A.A.A” 表示 3 个 A 相乘, 指数较大如 A^{10} 还是用 MatrixPower[A,10] 较好. 不过, 这里通过计算 $\boldsymbol{B}$ 来计算 $\boldsymbol{A}^{-1}$ 只是一种验证, 在软件中仍可直接用 Inverse[A] 计算 $\boldsymbol{A}^{-1}$. □

6.7.6　设 n 阶复方阵 $\boldsymbol{A}$ 满足条件 $\det\boldsymbol{A}=0$ 且 $\boldsymbol{A}^2=a\boldsymbol{A}$, 其中 $a\neq 1$, 求方阵 $\boldsymbol{I}-\boldsymbol{A}$ 的逆方阵.

解法 1　记 $\boldsymbol{B}=\boldsymbol{I}-\boldsymbol{A}$, 则 $\boldsymbol{A}=\boldsymbol{I}-\boldsymbol{B}$, 代入 $\boldsymbol{A}^2=a\boldsymbol{A}$ 得 $(\boldsymbol{I}-\boldsymbol{B})^2=a(\boldsymbol{I}-\boldsymbol{B})$.

整理得

$$\boldsymbol{B}^2+(a-2)\boldsymbol{B}+(1-a)\boldsymbol{I}=\boldsymbol{O}\Rightarrow\boldsymbol{B}(\boldsymbol{B}+(a-2)\boldsymbol{I})=(a-1)\boldsymbol{I}$$
$$\Rightarrow\boldsymbol{B}^{-1}=\frac{1}{a-1}(\boldsymbol{B}+(a-2)\boldsymbol{I})$$

$$\Rightarrow\ (\boldsymbol{I}-\boldsymbol{A})^{-1}=\frac{1}{a-1}(\boldsymbol{I}-\boldsymbol{A}+(a-2)\boldsymbol{I})=\boldsymbol{I}-\frac{1}{a-1}\boldsymbol{A}$$

解法 2 求待定系数 x,y 使 $\boldsymbol{B}=x\boldsymbol{I}+y\boldsymbol{A}$ 满足 $(\boldsymbol{I}-\boldsymbol{A})\boldsymbol{B}=\boldsymbol{I}$, 但

$$\begin{aligned}(\boldsymbol{I}-\boldsymbol{A})\boldsymbol{B}&=(\boldsymbol{I}-\boldsymbol{A})(x\boldsymbol{I}+y\boldsymbol{A})=x\boldsymbol{I}+(y-x)\boldsymbol{A}-y\boldsymbol{A}^2\\&=x\boldsymbol{I}+(y-x)\boldsymbol{A}-ya\boldsymbol{A}=xI+(y-x-ay)\boldsymbol{A}\end{aligned}$$

取 $x=1,y-x-ay=0$ 即可满足要求. 解之得 $x=1,\ y=\dfrac{1}{1-a}$. 因此:

$$(\boldsymbol{I}-\boldsymbol{A})^{-1}=\boldsymbol{I}+\frac{1}{1-a}\boldsymbol{A}$$ □

6.7.7 证明: 准对角方阵的最小多项式等于各个对角块的最小多项式的最小公倍式.

证明 多项式 $f(x)$ 是准对角阵 $\boldsymbol{A}=\mathrm{diag}(\boldsymbol{A}_1,\cdots,\boldsymbol{A}_k)$ 的零化多项式的充分必要条件是:

$$f(\boldsymbol{A})=\mathrm{diag}(f(\boldsymbol{A}_1),\cdots,f(\boldsymbol{A}_k))=\boldsymbol{O}\quad\Leftrightarrow\quad f(\boldsymbol{A}_i)=\boldsymbol{O}\ \ (\forall\ 1\leqslant i\leqslant k)$$

$\Leftrightarrow f(x)$ 是每个块 $\boldsymbol{A}_i$ 的最小多项式 $d_{\boldsymbol{A}_i}(x)$ 的倍式 $\Leftrightarrow f(x)$ 是各个 $d_{\boldsymbol{A}_i}(x)$ 的公倍式.
$d_{\boldsymbol{A}}(x)$ 是满足此条件的最低次数的多项式, 因此是各 $d_{\boldsymbol{A}_i}(x)$ 的最小公倍式. □

6.7.8 举出两个方阵, 它们的特征多项式相等, 最小多项式也相等, 但它们不相似.

解 取

$$\boldsymbol{A}=\begin{pmatrix}0&1&0&0\\0&0&0&0\\0&0&0&1\\0&0&0&0\end{pmatrix},\quad \boldsymbol{B}=\begin{pmatrix}0&1&0&0\\0&0&0&0\\0&0&0&0\\0&0&0&0\end{pmatrix}$$

则 $\boldsymbol{A},\boldsymbol{B}$ 的特征多项式都是 λ^4, 最小多项式都是 λ^2.
但 $\mathrm{rank}\boldsymbol{A}=2\neq\mathrm{rank}\boldsymbol{B}=1$, 因此 $\boldsymbol{A}$ 与 $\boldsymbol{B}$ 不相似. □

6.8 更多的例子

6.8.1 求 n 阶行列式:

$$\Delta=\begin{vmatrix}a_1&a_2&a_3&\cdots&a_{n-1}&a_n\\a_nc&a_1&a_2&\cdots&a_{n-2}&a_{n-1}\\a_{n-1}c&a_nc&a_1&\cdots&a_{n-3}&a_{n-2}\\\vdots&\vdots&\vdots&&\vdots&\vdots\\a_2c&a_3c&a_4c&\cdots&a_nc&a_1\end{vmatrix}$$

解 取

$$\boldsymbol{K}=\begin{pmatrix}\boldsymbol{0}&\boldsymbol{I}_{(n-1)}\\c&\boldsymbol{0}\end{pmatrix}$$

则所求行列式 $\Delta=|A|$ 的矩阵 $A=a_1I+a_2K+a_3K^2+\cdots+a_nK^{n-1}=f(K)$, 其中 $f(x)=a_1+a_2x+\cdots+a_nx^{n-1}$. 分别求出 K 的各特征值 $\sqrt[n]{c}\omega^k$ $(0\leqslant k\leqslant n-1)$ 所属的特征向量 $P_k=(1,\sqrt[n]{c}\omega^{k-1},(\sqrt[n]{c}\omega^{k-1})^2,\cdots,(\sqrt[n]{c}\omega^{k-1})^{n-1})^{\mathrm{T}}$, 其中 $\omega=\cos\dfrac{2\pi}{n}+\mathrm{i}\sin\dfrac{2\pi}{n}$. 依次以 $P_1,P_2,\cdots,P_n$ 为各列排成矩阵 $P=(P_1,\cdots,P_n)$, 则 K 被 P 相似于对角阵 $P^{-1}JP=\mathrm{diag}(\sqrt[n]{c},\sqrt[n]{c}\omega,\sqrt[n]{c}\omega^2,\cdots,\sqrt[n]{c}\omega^{n-1})$.

于是 $A=f(K)$ 被 P 相似于对角阵:

$$P^{-1}AP=f(D)=\mathrm{diag}(f(\sqrt[n]{c}),f(\sqrt[n]{c}\omega),\cdots,f(\sqrt[n]{c}\omega^{n-1}))$$
$$\Delta=|A|=|f(D)|=f(\sqrt[n]{c})f(\sqrt[n]{c}\omega)\cdots f(\sqrt[n]{c}\omega^{n-1})$$ □

6.8.2 设 A,B 是 n 阶复方阵, 且 A 的特征多项式为 $\varphi_A(\lambda)$. 证明: $\varphi_A(B)$ 可逆的充分必要条件是 A 与 B 没有公共的特征值.

证明 $\varphi_A(\lambda)=(\lambda-\lambda_1)^{n_1}\cdots(\lambda-\lambda_t)^{n_t}$, 其中 $\lambda_1,\cdots,\lambda_t$ 是 A 的全部不同的特征值.

方阵 $\varphi_A(B)=(B-\lambda_1I)^{n_1}\cdots(B-\lambda_tI)^{n_t}$ 可逆的充分必要条件是它的行列式 $|\varphi_A(B)|=|B-\lambda_1I|^{n_1}\cdots|B-\lambda_tI|^{n_t}\neq0$, 即每个 $|B-\lambda_iI|\neq0$ $(\forall\ 1\leqslant i\leqslant t)$.

也就是: 每个 λ_i 不是多项式 $|B-\lambda I|=(-1)^n|\lambda I-B|=(-1)^n\varphi_B(\lambda)$ 的根, 不是 B 的特征值.

这就证明了: $\varphi_A(B)$ 可逆的充分必要条件是: A 的每个特征值 λ_i 都不是 B 的特征值, 即: A 与 B 没有公共的特征值. □

点评 a 是 B 的特征值 $\Leftrightarrow$ a 是多项式 $\varphi_B(\lambda)=|\lambda I-B|$ 的根 $\Leftrightarrow$ 行列式 $|aI-B|=0$ $\Leftrightarrow$ 方阵 $aI-B$ 不可逆.

反过来, a 不是 B 的特征值 $\Leftrightarrow$ $aI-B$ 可逆. □

6.8.3 如果 n 阶复方阵 B 相似于 $\mathrm{diag}\left(\begin{pmatrix}0&1\\1&0\end{pmatrix},1,\cdots,1\right)$, 就称 B 为反射. 求证: 如果 n 阶方阵 A 满足条件 $A^2=I$, 则 A 可以分解为不超过 n 个反射的乘积.

证明 由 $A^2-I=O$ 知 λ^2-1 是 A 的零化多项式. A 的最小多项式 $d_A(\lambda)$ 是零化多项式 λ^2-1 的因式. 再由 λ^2-1 没有重根知 $d_A(\lambda)$ 没有重根, 因而 A 相似于对角阵, 对角元是 A 的特征根, 也就是最小多项式 $d_A(\lambda)$ 的根, 必是 $d_A(\lambda)$ 的倍式 λ^2-1 的根, 只能为 ±1.

这证明了存在可逆方阵 P 将 A 相似于 $D=P^{-1}AP=\mathrm{diag}(-I_{(k)},I_{(n-k)})$.

记 $K=\mathrm{diag}\left(\begin{pmatrix}0&1\\1&0\end{pmatrix},1,\cdots,1\right)$, 则 $K^2=I$. 与 K 相似的任何一个反射 B 也满足 $B^2=I$.

如果 $k=0$, 则 $A=I$ 是任何一个反射 B 的平方, 因此 A 是两个反射的乘积.

设 $k\geqslant1$, 则 D 是 k 个对角阵 D_i 的乘积, 其中 $1\leqslant i\leqslant k$, 每个对角阵 D_i 的第 i 分量为 -1, 其余分量都等于 1. $A=PDP^{-1}$ 是 k 个方阵 $A_i=PD_iP^{-1}$ $(1\leqslant i\leqslant k)$. 我们证明每个 D_i 与 K 相似, 于是每个 A_i 也与 K 相似因而是反射, A 是 k 个反射 A_i $(1\leqslant i\leqslant k)$ 的乘积, 而 k 不超过 n.

D_i 在列向量空间 $V=F^{n\times1}$ 上的左乘作用将自然基向量 e_i 变到 $Ae_i=-e_i$, 而将其余

自然基向量 $\boldsymbol{e}_j$ $(1\leqslant j\leqslant n, j\neq i)$ 保持不动: $\boldsymbol{D}_i\boldsymbol{e}_j=\boldsymbol{e}_j$. 任意取定一个被 D_i 左乘保持不动的 $\boldsymbol{e}_t$ $(1\leqslant t\leqslant n, t\neq i)$, 取 $\boldsymbol{X}_1=\boldsymbol{e}_t+\boldsymbol{e}_i, \boldsymbol{X}_2=\boldsymbol{e}_t-\boldsymbol{e}_i$, 则 $\boldsymbol{D}_i\boldsymbol{X}_1=\boldsymbol{e}_t-\boldsymbol{e}_i=\boldsymbol{X}_2, \boldsymbol{D}_i\boldsymbol{X}_2=\boldsymbol{X}_1$. 将其余的 $\boldsymbol{e}_j(1\leqslant j\leqslant n, j\neq i, j\neq t)$ 按 j 从小到大的顺序依次取为 $\boldsymbol{X}_3,\cdots,\boldsymbol{X}_n$. 则 $\boldsymbol{X}_1,\boldsymbol{X}_2,\cdots,\boldsymbol{X}_n$ 组成列向量空间 $F^{n\times 1}$ 的一组基, 以它们为各列排成的方阵 $\boldsymbol{M}_i=(\boldsymbol{X}_1,\cdots,\boldsymbol{X}_n)$ 是可逆方阵.

$$\begin{aligned}\boldsymbol{D}_i\boldsymbol{M}_i&=\boldsymbol{D}_i(\boldsymbol{X}_1,\boldsymbol{X}_2,\boldsymbol{X}_3,\cdots,\boldsymbol{X}_n)=(\boldsymbol{X}_2,\boldsymbol{X}_1,\boldsymbol{X}_3,\cdots,\boldsymbol{X}_n)\\&=(\boldsymbol{X}_1,\boldsymbol{X}_2,\boldsymbol{X}_3,\cdots,\boldsymbol{X}_n)\begin{pmatrix}0&1&\\1&0&\\&&\boldsymbol{I}_{(n-2)}\end{pmatrix}=\boldsymbol{M}_i\boldsymbol{K}\end{aligned}$$

从而 $\boldsymbol{D}_i=\boldsymbol{M}_i\boldsymbol{K}\boldsymbol{M}_i^{-1}$ 与 $\boldsymbol{K}$ 相似, 进而 $\boldsymbol{A}_i=\boldsymbol{P}\boldsymbol{D}_i\boldsymbol{P}^{-1}=(\boldsymbol{P}\boldsymbol{M}_i)\boldsymbol{K}(\boldsymbol{P}\boldsymbol{M}_i)^{-1}$ 与 K 相似, $\boldsymbol{A}_i$ 是反射. $\boldsymbol{A}=\boldsymbol{A}_1\cdots\boldsymbol{A}_k$ 是 k 个反射的乘积, $k\leqslant n$. 如所欲证. □

点评 当 $n=3$ 时, 本题中的 3 阶方阵 $\boldsymbol{K}$ 在几何空间中引起的线性变换 $\tau:\boldsymbol{X}\mapsto\boldsymbol{K}\boldsymbol{X}$ 是关于平面 π 的对称, π 经过 Oz 轴并且平分 $\angle xOy$, τ 将 Ox 轴与 Oy 轴互换位置. 如果在 π 的位置放置一面镜子, 则镜子前面的每个图形 G 在镜子中的象就是 $\tau(G)$, τ 就是镜像反射, $\boldsymbol{P}^{-1}\boldsymbol{K}\boldsymbol{P}$ 是这个镜像反射在某一组基下的矩阵, 因此也称为反射, 并且推广到任意 n 维空间. □

6.8.4 证明: 同阶方阵 $\boldsymbol{A},\boldsymbol{B}$ 的特征值对应相等 $\Leftrightarrow$ $\mathrm{tr}\,\boldsymbol{A}^k=\mathrm{tr}\,\boldsymbol{B}^k$ 对所有的正整数 k 成立.

证明 $\boldsymbol{A}$ 相似于上三角阵 $\boldsymbol{T}$, $\boldsymbol{T}$ 的对角元 $\lambda_1,\cdots,\lambda_n$ 依次是 $\boldsymbol{A}$ 的全部特征值, $\boldsymbol{A}$ 的特征多项式为

$$\varphi_{\boldsymbol{A}}(\lambda)=(\lambda-\lambda_1)\cdots(\lambda-\lambda_n)=\lambda^n-\sigma_1\lambda^{n-1}+\cdots+(-1)^k\sigma_k\lambda^{n-k}+\cdots+(-1)^n\sigma_n$$

其中 σ_k 是 n 个根 $\lambda_1,\cdots,\lambda_n$ 中每次取 k 个相乘得到的所有乘积之和.

则 $\boldsymbol{T}^k$ 也是上三角阵, 它的全部对角元 $\lambda_1^k,\cdots,\lambda_n^k$ 就是 $\boldsymbol{A}^k$ 的全部不同的特征值, $\mathrm{tr}\,\boldsymbol{A}^k=s_k=\lambda_1^k+\cdots+\lambda_n^k$, 其中 s_k 表示各特征值 λ_i $(1\leqslant i\leqslant n)$ 的 k 次方和.

对每个 $1\leqslant k\leqslant n$, 各 σ_i 与 s_i $(1\leqslant i\leqslant k)$ 之间有如下关系式, 称为**牛顿公式**:

$$s_k-\sigma_1 s_{k-1}+\sigma_2 s_{k-2}-\cdots+(-1)^{k-1}\sigma_{k-1}s_1+(-1)^k k\sigma_k=0$$

如果 $s_k=\mathrm{tr}\,\boldsymbol{A}^k$ 已经确定, 则牛顿公式可以看成以 $\sigma_1,\cdots,\sigma_n$ 为未知数的一次方程, 写成:

$$s_{k-1}\sigma_1-s_{k-2}\sigma_2+\cdots+(-1)^{k-2}s_1\sigma_{k-1}+(-1)^{k-1}k\sigma_k=s_k$$

依次取 $k=1,2,\cdots,n$, 得到 n 个方程组成的线性方程组:

$$\begin{cases}\sigma_1=s_1\\ s_1\sigma_1-2\sigma_2=s_2\\ s_2\sigma_1-s_1\sigma_2+3\sigma_3=s_3\\ \quad\cdots\cdots\cdots\cdots\cdots\\ s_{n-1}\sigma_1-s_{n-2}\sigma_2+\cdots+(-1)^{n-1}n\sigma_n=s_n\end{cases}\tag{6.10}$$

方程组 (6.10) 的系数矩阵是下三角方阵:

$$\begin{pmatrix} 1 & & & & \\ s_1 & -2 & & & \\ s_2 & -s_1 & 3 & & \\ \vdots & \vdots & \vdots & \ddots & \\ s_{n-1} & -s_{n-2} & \cdots & & (-1)^{n-1}n \end{pmatrix}$$

行列式 $1\times(-2)\times 3\cdots(-1)^{n-1}n\neq 0$, 因此方程组 (6.10) 有唯一解. 这就是说: 方阵 $\boldsymbol{A}$ 的特征多项式 $\varphi_{\boldsymbol{A}}(\lambda)=\lambda^n-\cdots+(-1)^k\sigma_k\lambda^{n-k}+\cdots+(-1)^n\sigma_n$ 的各项系数 $(-1)^k\sigma_k$ 由方程组 (6.10) 的各系数 $s_k=\operatorname{tr}\boldsymbol{A}^k$ 唯一确定. 只要方阵 $\boldsymbol{B}$ 与 $\boldsymbol{A}$ 有同样的 $s_k=\operatorname{tr}\boldsymbol{A}^k=\operatorname{tr}\boldsymbol{B}^k$ $(1\leqslant k\leqslant n)$, 它们就有同样的特征多项式 $\varphi_{\boldsymbol{A}}(\lambda)=\varphi_{\boldsymbol{B}}(\lambda)$, 从而有同样的特征值 $\lambda_1,\cdots,\lambda_n$. □

6.8.5 已知 $\boldsymbol{A}$ 的最小多项式 $d_{\boldsymbol{A}}(\lambda)=(\lambda-a)^m$. 求 $\boldsymbol{B}=\begin{pmatrix}\boldsymbol{A} & \boldsymbol{I}\\ 0 & \boldsymbol{A}\end{pmatrix}$ 的最小多项式.

解 $\boldsymbol{A}$ 的特征值都是 $d_{\boldsymbol{A}}(\lambda)=(\lambda-a)^m$ 的根, 只能为 a. $\boldsymbol{B}$ 的特征值都是特征多项式

$$\varphi_{\boldsymbol{B}}(\lambda)=\begin{vmatrix}\lambda\boldsymbol{I}-\boldsymbol{A} & -\boldsymbol{I}\\ \boldsymbol{O} & \lambda\boldsymbol{I}-\boldsymbol{A}\end{vmatrix}=|\lambda\boldsymbol{I}-\boldsymbol{A}|^2=\varphi_{\boldsymbol{A}}(\lambda)^2$$

的根, 因此都是 $\varphi_{\boldsymbol{A}}(\lambda)$ 的根, 也只能为 a. 因此 $\boldsymbol{B}$ 的最小多项式 $d_{\boldsymbol{B}}(\lambda)=(\lambda-a)^d$, d 是使 $(\boldsymbol{B}-a\boldsymbol{I})^d=\boldsymbol{O}$ 的最小正整数. 我们有

$$\begin{aligned}(\boldsymbol{B}-a\boldsymbol{I})^d&=\begin{pmatrix}\boldsymbol{A}-a\boldsymbol{I} & \boldsymbol{I}\\ \boldsymbol{O} & \boldsymbol{A}-a\boldsymbol{I}\end{pmatrix}^d=\left(\begin{pmatrix}\boldsymbol{A}-a\boldsymbol{I} & \boldsymbol{O}\\ \boldsymbol{O} & \boldsymbol{A}-a\boldsymbol{I}\end{pmatrix}+\begin{pmatrix}\boldsymbol{O} & \boldsymbol{I}\\ \boldsymbol{O} & \boldsymbol{O}\end{pmatrix}\right)^d\\ &=\begin{pmatrix}\boldsymbol{A}-a\boldsymbol{I} & \boldsymbol{O}\\ \boldsymbol{O} & \boldsymbol{A}-a\boldsymbol{I}\end{pmatrix}^d+d\begin{pmatrix}\boldsymbol{A}-a\boldsymbol{I} & \boldsymbol{O}\\ \boldsymbol{O} & \boldsymbol{A}-a\boldsymbol{I}\end{pmatrix}^{d-1}\begin{pmatrix}\boldsymbol{O} & \boldsymbol{I}\\ \boldsymbol{O} & \boldsymbol{O}\end{pmatrix}\\ &=\begin{pmatrix}(\boldsymbol{A}-a\boldsymbol{I})^d & d(\boldsymbol{A}-a\boldsymbol{I})^{d-1}\\ \boldsymbol{O} & (\boldsymbol{A}-a\boldsymbol{I})^d\end{pmatrix}\end{aligned}$$

由 $d_{\boldsymbol{A}}(\lambda)=(\lambda-a)^m$ 知 $(\boldsymbol{A}-a\boldsymbol{I})^k=\boldsymbol{O}\Leftrightarrow k\geqslant m$, 因此:

$$(\boldsymbol{B}-a\boldsymbol{I})^d=\boldsymbol{O}\ \Leftrightarrow\ (\boldsymbol{A}-a\boldsymbol{I})^d=\boldsymbol{O}=(\boldsymbol{A}-a\boldsymbol{I})^{d-1}\ \Leftrightarrow d-1\geqslant m\ \Leftrightarrow\ d\geqslant m+1$$

这说明了 $\boldsymbol{B}$ 的最小多项式 $d_{\boldsymbol{B}}(\lambda)=(\lambda-a)^{m+1}$. □

6.8.6 已知 $\boldsymbol{A}$ 的最小多项式 $d_{\boldsymbol{A}}(\lambda)=\prod\limits_{i=1}^{t}(\lambda-\lambda_i)^{m_i}$, 求证: $\boldsymbol{B}=\begin{pmatrix}\boldsymbol{A} & \boldsymbol{I}\\ 0 & \boldsymbol{A}\end{pmatrix}$ 的最小多项式 $d_{\boldsymbol{B}}(\lambda)=\prod\limits_{i=1}^{t}(\lambda-\lambda_i)^{m_i+1}$.

解 $d_{\boldsymbol{B}}(\lambda)$ 是使 $f(\boldsymbol{B})=\boldsymbol{O}$ 且次数最低的首一多项式 $f(\lambda)$.

$\boldsymbol{B}$ 可以分解为两个方阵之和 $\boldsymbol{B}=\boldsymbol{D}+\boldsymbol{N}$, 其中:

$$\boldsymbol{D}=\begin{pmatrix}\boldsymbol{A} & \boldsymbol{O}\\ \boldsymbol{O} & \boldsymbol{A}\end{pmatrix},\quad \boldsymbol{N}=\begin{pmatrix}\boldsymbol{O} & \boldsymbol{I}\\ \boldsymbol{O} & \boldsymbol{O}\end{pmatrix}$$

满足 $\boldsymbol{DN}=\boldsymbol{ND}$ 及 $\boldsymbol{N}^2=\boldsymbol{O}$. 因此可在多项式 $f(x)$ 的泰勒展开式

$$f(c)=f(c)+f'(c)(x-a)+\frac{f''(c)}{2!}(x-c)^2+\cdots$$

中将 c 与 $x-c$ 分别替换成 $\boldsymbol{D},\boldsymbol{N}$, 得到

$$f(\boldsymbol{B})=f(\boldsymbol{D}+\boldsymbol{N})=f(\boldsymbol{D})+f'(\boldsymbol{D})\boldsymbol{N}=\begin{pmatrix} f(\boldsymbol{A}) & f'(\boldsymbol{A}) \\ \boldsymbol{O} & f(\boldsymbol{A}) \end{pmatrix}$$

由此可知 $f(\boldsymbol{B})=\boldsymbol{O} \Leftrightarrow f(\boldsymbol{A})=f'(\boldsymbol{A})=\boldsymbol{O} \Leftrightarrow d_{\boldsymbol{A}}(\lambda)$ 整除 $f(\lambda)$ 及 $f'(\lambda)$.

由 $d_{\boldsymbol{A}}(\lambda)$ 整除 $f(\lambda)$ 可写 $f(\lambda)=d_{\boldsymbol{A}}(\lambda)q(\lambda)$, 只需选 $q(\lambda)$ 使 $d_{\boldsymbol{A}}(\lambda)$ 整除 $f'(\lambda)=d_{\boldsymbol{A}}(\lambda)q'(\lambda)+d'_{\boldsymbol{A}}(\lambda)q(\lambda)$. 为此, 只需 $d'_{\boldsymbol{A}}(\lambda)q(\lambda)$ 被每个 $(\lambda-\lambda_i)^{m_i}$ $(1\leqslant i\leqslant t)$ 整除. 对每个 $1\leqslant i\leqslant t$, 记 $d_{\boldsymbol{A}}(\lambda)=(\lambda-\lambda_i)^{m_i}h_i(\lambda)$, 则 $h_i(\lambda)$ 是所有 $(\lambda-\lambda_j)^{m_j}$ $(j\neq i)$ 的乘积而与 $\lambda-\lambda_i$ 互素.

$$d'_{\boldsymbol{A}}(\lambda)q(\lambda)=((\lambda-\lambda_i)^{m_i}h'_i(\lambda)+m_i(\lambda-\lambda_i)^{m_i-1}h(\lambda))q(\lambda)$$

被 $(\lambda-\lambda_i)^{m_i}$ 整除当且仅当 $m_i(\lambda-\lambda_i)^{m_i-1}h(\lambda)q(\lambda)$ 被 $(\lambda-\lambda_i)^{m_i}$ 整除, 当且仅当 $q(\lambda)$ 被 $\lambda-\lambda_i$ 整除.

由此可知, $f'(\lambda)$ 被 $d_{\boldsymbol{A}}(\lambda)$ 整除的充分必要条件是 $f(\lambda)=d_{\boldsymbol{A}}(\lambda)q(\lambda)$ 中的 $q(\lambda)$ 被每个 $\lambda-\lambda_i$ 整除, $q(\lambda)=(\lambda-\lambda_1)\cdots(\lambda-\lambda_t)q_1(\lambda)$, $f(\lambda)=(\lambda-\lambda_1)^{m_1+1}\cdots(\lambda-\lambda_t)^{m_t+1}q_1(\lambda)$. 要使满足此条件的 $f(\lambda)$ 次数最低且首项系数为 1, 只需取 $q_1(\lambda)=1$. 这就得到

$$d_{\boldsymbol{B}}(\lambda)=(\lambda-\lambda_1)^{m_1+1}\cdots(\lambda-\lambda_t)^{m_t+1}$$ □

点评 6.8.5 是题 6.8.6 的特殊情形, 但题 6.8.6 用到了多项式的泰勒展开式来得到 $f(\boldsymbol{B})=f(\boldsymbol{D}+\boldsymbol{N})$, 题 6.8.5 看起来没有用泰勒展开. 但题 6.8.5 用了牛顿二项式定理来展开 $(\boldsymbol{D}+\boldsymbol{N})^d$, 牛顿二项式定理 $f(c+t)=(c+t)^d=c^d+dc^{d-1}t+\dfrac{d(d-1)}{2!}c^{d-2}t^2+\cdots$ 其实就是幂函数 $f(x)=x^d$ 的泰勒展开式.

题 6.8.5 通过 $\boldsymbol{B}$ 与 $\boldsymbol{A}$ 的特征多项式的关系先确定了 $d_{\boldsymbol{B}}(\lambda)$ 的大致形式为 $(\lambda-a)^d$, 因此才能够用牛顿二项式定理来展开 $(\boldsymbol{D}+\boldsymbol{N})^d$. 而题 6.8.6 利用的是一般的多项式的泰勒展开式来展开 $f(\boldsymbol{D}+\boldsymbol{N})$, 不需要预先确定 $d_{\boldsymbol{B}}(\lambda)$ 的形式. □

6.8.7 设 $\boldsymbol{A}=\begin{pmatrix} 1 & 2 & 3 & 4 \\ 0 & 1 & 2 & 3 \\ 0 & 0 & 2 & 3 \\ 0 & 0 & 0 & 2 \end{pmatrix}$, 试求可逆方阵 $\boldsymbol{P}$ 使 $\boldsymbol{P}^{-1}\boldsymbol{A}\boldsymbol{P}=\begin{pmatrix} 1 & 2 & 0 & 0 \\ 0 & 1 & 0 & 0 \\ 0 & 0 & 2 & 3 \\ 0 & 0 & 0 & 2 \end{pmatrix}$.

解法 1 将 $\boldsymbol{A}$ 写成分块形式:

$$\boldsymbol{A}=\begin{pmatrix} \boldsymbol{A}_1 & \boldsymbol{B}_1 \\ \boldsymbol{O} & \boldsymbol{A}_2 \end{pmatrix}$$

其中 $\boldsymbol{A}_1=\begin{pmatrix} 1 & 2 \\ 0 & 1 \end{pmatrix}$, $\boldsymbol{B}_1=\begin{pmatrix} 3 & 4 \\ 2 & 3 \end{pmatrix}$, $\boldsymbol{A}_2=\begin{pmatrix} 2 & 3 \\ 0 & 2 \end{pmatrix}$. 我们设法选 $\boldsymbol{P}=\begin{pmatrix} \boldsymbol{I} & \boldsymbol{X} \\ \boldsymbol{O} & \boldsymbol{I} \end{pmatrix}$, 使 $\boldsymbol{B}=\boldsymbol{P}^{-1}\boldsymbol{A}\boldsymbol{P}=\begin{pmatrix} \boldsymbol{A}_1 & \boldsymbol{Y} \\ \boldsymbol{O} & \boldsymbol{A}_2 \end{pmatrix}$ 中的 $\boldsymbol{Y}=\boldsymbol{B}_1+\boldsymbol{A}_1\boldsymbol{X}-\boldsymbol{X}\boldsymbol{A}_2=\boldsymbol{O}$, 也就是解矩阵方程 $\boldsymbol{X}\boldsymbol{A}_2-$

$\boldsymbol{A}_1\boldsymbol{X}=\boldsymbol{B}_1$ 来求 $\boldsymbol{X}$. 记

$$\boldsymbol{X}=\begin{pmatrix} x_1 & x_2 \\ x_3 & x_4 \end{pmatrix}$$

则 : $\boldsymbol{X}\boldsymbol{A}_2-\boldsymbol{A}_1\boldsymbol{X}=\begin{pmatrix} x_1-2x_3 & 3x_1+x_2-2x_4 \\ x_3 & 3x_3+x_4 \end{pmatrix}$ 与 $\boldsymbol{B}_1$ 比较对应元素得方程组:

$$\begin{cases} x_1-2x_3=3 \\ 3x_1+x_2-2x_4=4 \\ x_3=2 \\ 3x_3+x_4=3 \end{cases}$$

解之得 $(x_1,x_2,x_3,x_4)=(7,-23,2,-3)$, 因此:

$$\boldsymbol{X}=\begin{pmatrix} 7 & -23 \\ 2 & -3 \end{pmatrix}, \quad \boldsymbol{P}=\begin{pmatrix} 1 & 0 & 7 & -23 \\ 0 & 1 & 2 & -3 \\ 0 & 0 & 1 & 0 \\ 0 & 0 & 0 & 1 \end{pmatrix}$$ □

点评 本题将矩阵方程 $\boldsymbol{X}\boldsymbol{A}_2-\boldsymbol{A}_1\boldsymbol{X}=\boldsymbol{B}_1$ 化成 $\boldsymbol{X}$ 的元素满足的方程组来求解的方法是最容易想到的, 但却不能让人体会到这个方程对怎样的 $\boldsymbol{A}_1,\boldsymbol{A}_2,\boldsymbol{B}_1$ 有解, 在哪种情况下没有解.

将 $\boldsymbol{A}_1,\boldsymbol{A}_2$ 分解为

$$\boldsymbol{A}_1=\begin{pmatrix} 1 & 2 \\ 0 & 1 \end{pmatrix}=\boldsymbol{I}+2\boldsymbol{N}, \quad \boldsymbol{A}_2=\begin{pmatrix} 2 & 3 \\ 0 & 2 \end{pmatrix}=2\boldsymbol{I}+3\boldsymbol{N}$$

其中 $\boldsymbol{N}=\begin{pmatrix} 0 & 1 \\ 0 & 0 \end{pmatrix}$, 且 $\boldsymbol{N}^2=\boldsymbol{O}$, 则:

$$\begin{aligned} \boldsymbol{X}\boldsymbol{A}_2-\boldsymbol{A}_1\boldsymbol{X} &= \boldsymbol{X}(2\boldsymbol{I}+3\boldsymbol{N})-(\boldsymbol{I}+2\boldsymbol{N})\boldsymbol{X}=\boldsymbol{X}+3\boldsymbol{X}\boldsymbol{N}-2\boldsymbol{N}\boldsymbol{X} \\ &= (\mathcal{I}+3N_{\mathrm{R}}-2N_{\mathrm{L}})(\boldsymbol{X})=(\mathcal{I}+\mathcal{N})(\boldsymbol{X}) \end{aligned}$$

其中 $\mathcal{I}$ 是恒等变换, $N_{\mathrm{R}}:\boldsymbol{X}\mapsto\boldsymbol{X}\boldsymbol{N}$ 与 $N_{\mathrm{L}}:\boldsymbol{X}\mapsto\boldsymbol{N}\boldsymbol{X}$ 分别是用 $\boldsymbol{N}$ 右乘或左乘每个矩阵引起的变换, $\mathcal{N}=3N_{\mathrm{R}}-2N_{\mathrm{L}}$. 注意左乘变换 N_{L} 与右乘变换 N_{R} 相互交换. 且由 $\boldsymbol{N}^2=\boldsymbol{O}$ 知 $(N_{\mathrm{L}})^2$ 与 $(N_{\mathrm{R}})^2$ 都是零变换 $\mathcal{O}$, 因而:

$$\mathcal{N}^2=9(N_{\mathrm{R}})^2-12N_{\mathrm{R}}N_{\mathrm{L}}+4(N_{\mathrm{L}})^2=-12N_{\mathrm{R}}N_{\mathrm{L}}, \quad \mathcal{N}^3=\mathcal{O}.$$

在乘法公式 $(1+x)(1-x+x^2)=1+x^3$ 中将 $1,x$ 分别替换成线性变换 $\mathcal{I},\mathcal{N}$, 得到

$$\begin{aligned} &(\mathcal{I}+\mathcal{N})(\mathcal{I}-\mathcal{N}+\mathcal{N}^2)=\mathcal{I}+\mathcal{N}^3=\mathcal{I} \\ &(\mathcal{I}+\mathcal{N})^{-1}=\mathcal{I}-\mathcal{N}+\mathcal{N}^2 \\ &\qquad =\mathcal{I}-3N_{\mathrm{R}}+2N_{\mathrm{L}}-12N_{\mathrm{R}}N_{\mathrm{L}} \end{aligned}$$

由此可得方程 $(\mathcal{I}+\mathcal{N})\boldsymbol{X}=\boldsymbol{B}$ 的解为

$$\begin{aligned}\boldsymbol{X}&=(\mathcal{I}+\mathcal{N})^{-1}\boldsymbol{B}\\&=(I-3N_{\rm R}+2N_{\rm L}-12N_{\rm R}N_{\rm L})\boldsymbol{B}\\&=\boldsymbol{B}-3\boldsymbol{BN}+2\boldsymbol{NB}-12\boldsymbol{NBN}\\&=\begin{pmatrix}3&4\\2&3\end{pmatrix}+\begin{pmatrix}0&-9\\0&-6\end{pmatrix}+\begin{pmatrix}4&6\\0&0\end{pmatrix}+\begin{pmatrix}0&-24\\0&0\end{pmatrix}\\&=\begin{pmatrix}7&-23\\2&-3\end{pmatrix}\end{aligned}$$

只要 $\boldsymbol{A}_1=\lambda_1\boldsymbol{I}+\boldsymbol{N}_1,\boldsymbol{A}_2=\lambda_2\boldsymbol{I}+\boldsymbol{N}_2$ 的对角元 λ_1,λ_2 不相等, 且 $\boldsymbol{N}_1^d=\boldsymbol{O}$ 及 $\boldsymbol{N}_2^d=\boldsymbol{O}$ 对某个正整数 d 成立, 则类似地可得到

$$(\boldsymbol{A}_1\boldsymbol{X}-\boldsymbol{X}\boldsymbol{A}_2)\boldsymbol{X}=((\lambda_1-\lambda_2)\mathcal{I}+(N_1)_{\rm L}-(N_2)_{\rm R})\boldsymbol{X}=(\lambda_1-\lambda_2)(\mathcal{I}+\mathcal{N})\boldsymbol{X}$$

其中 $\mathcal{N}=(\lambda_1-\lambda_2)^{-1}((N_1)_{\rm L}-(N_2)_{\rm R})$ 满足 $\mathcal{N}^{2d}=\mathcal{O}$, 仍可得到 $(\mathcal{I}+\mathcal{N})^{-1}$. □

6.8.8 在计算机上做以下实验: 任取实系数 2 阶方阵 $\boldsymbol{A}$, 在 2 维实向量空间 $\mathbf{R}^{2\times1}$ 上定义线性变换 $\mathcal{A}:\boldsymbol{X}\mapsto\boldsymbol{AX}$. 将每个向量 $\begin{pmatrix}x\\y\end{pmatrix}$ 用直角坐标平面上的点 (x,y) 表示, 则 $\mathcal{A}$ 引起平面上的点的变换 $\mathcal{B}:(x,y)\mapsto(x',y')$ 使 $\begin{pmatrix}x'\\y'\end{pmatrix}=\boldsymbol{A}\begin{pmatrix}x\\y\end{pmatrix}$. 在区间 $D=\{(x,y)\mid -1\leqslant x,y\leqslant1\}$ 内随机地取 n 个点 (x_i,y_i) $(1\leqslant i\leqslant n)$, 将各个点依次用 $\mathcal{B},\mathcal{B}^2,\cdots,\mathcal{B}^{m-1}$ 作用, 连同原来的 n 个点在内一共得到 mn 个点 $\mathcal{B}^j(x_i,y_i)$ $(1\leqslant i\leqslant n,1\leqslant j\leqslant m)$. 用适当的计算机软件将所有这些点画出来, 观察所得的图形随着 m 的增加的变化趋势. 图 6.5 是取 $\boldsymbol{A}=\begin{pmatrix}1.1&0.3\\0.2&0.9\end{pmatrix}$, $n=200$, $m=10$ 得到的图形.

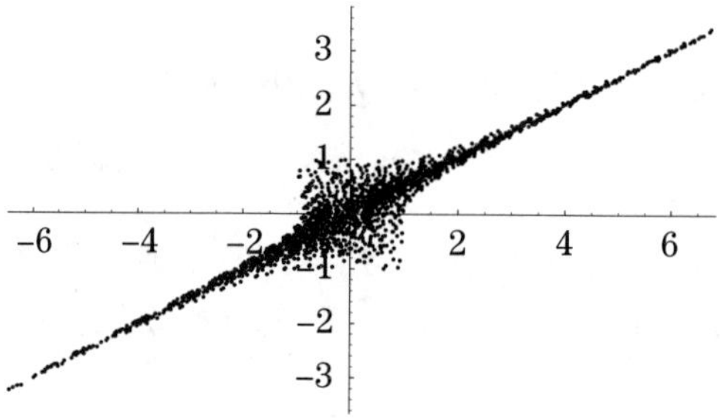

图 6.5

观察发现, 随着作用次数 j 的增加, 得到的点 $A^j(x_i,y_i)$ 趋向于同一条直线上的两个相反的方向 (图中的右上方和左下方). 试解释所观察到的现象. 是否在任何情况下都出现这一现象? 试先考虑以下特殊情形:

设 2 阶实方阵 $\boldsymbol{A}$ 有两个实特征值 λ_1,λ_2 且 $\lambda_1>|\lambda_2|$. 如果非零向量 $\boldsymbol{X}_0\in\mathbf{R}^{2\times1}$ 不是 $\boldsymbol{A}$ 的特征向量, 则极限 $X=\lim\limits_{j\to\infty}\dfrac{1}{|A^j\boldsymbol{X}_0|}A^j\boldsymbol{X}_0$ 存在, 并且是属于 λ_1 的特征向量. 这里, 当

$A^jX_0=(x_j,y_j)$ 时定义 $|A^jX_0|=|x_j|+|y_j|$. 此时用计算机很容易求得极限 X 从而得到一个特征向量. 如果 n 阶实方阵 $\boldsymbol{A}$ 有一个正实特征值 λ_0 大于所有其余特征值的模, 也可以用类似的算法来求属于 λ_0 的特征向量, 称为**幂方法** (method).

解　方阵 $\boldsymbol{A}$ 的特征多项式 $\varphi_{\boldsymbol{A}}(\lambda)=\lambda^2-2\lambda+0.93$ 有两个不同的正实根 $\lambda_1=1\pm\sqrt{0.07}\approx0.7354$ 和 $\lambda_2=1+\sqrt{0.07}\approx1.2646$, 各有一个特征向量 u,v 组成平面上的一组基. 平面上随机取的任意一点 $P_0(x_0,y_0)$ 对应的向量 $\overrightarrow{OP_0}=\boldsymbol{X}_0=(x_0,y_0)^{\mathrm{T}}$ 可以写成 u,v 的线性组合 $\boldsymbol{X}_0=a_0u+b_0v$. 用线性变换 $\mathcal{A}:\boldsymbol{X}\mapsto\boldsymbol{AX}$ 对 $\boldsymbol{X}_0$ 连续作用 n 次的效果是

$$\boldsymbol{X}_0\mapsto\boldsymbol{X}_n=\boldsymbol{A}^n\boldsymbol{X}_0=a_0\boldsymbol{A}^nu+b_0\boldsymbol{A}^nv=a_1\lambda_1^nu+a_2\lambda_2^nv$$

如果 $\boldsymbol{X}_0$ 正好是属于特征值 λ_1 或 λ_2 的特征向量, 无论 $\mathcal{A}$ 作用多少次得到的 $\boldsymbol{A}^n\boldsymbol{X}_0$ 仍在 $\boldsymbol{X}_0$ 原来的方向上伸长或缩短. 但是, 随机选取的 $\boldsymbol{X}_0$ 正好是特征向量的概率很小, 大多数情形下 $\boldsymbol{X}_0=a_0u+b_0v$ 不是特征向量, 两个系数 a_1,b_1 都不为 0, 此时:

$$\boldsymbol{X}_n=\boldsymbol{A}^n\boldsymbol{X}_0=a_1\lambda_1^nu+b_1\lambda_2^nv=a_2\lambda_2^n(\rho_nu+v)$$

与 ρ_nu+v 共线, 其中:

$$\rho_n=\frac{a_1\lambda_1^n}{b_1\lambda_2^n}=\frac{a_1}{b_1}\left(\frac{\lambda_1}{\lambda_2}\right)^n$$

由于 $0<\lambda_1<\lambda_2$, $0<\dfrac{\lambda_1}{\lambda_2}<1$, 当 $n\to\infty$ 时, $\rho_n\to0$, $\rho_nu+v\to v$. 因此, 当 n 无限增大时, $\boldsymbol{X}_n$ 的极限位置与 v 共线, $\boldsymbol{X}_n=\overrightarrow{OP_n}$ 所代表的点 P_n 的位置无限接近于特征向量 v 所决定的直线. 因此, 图上所观察到的点趋近的直线上的非零向量就是方阵 $\boldsymbol{A}$ 的特征向量, 它所属的特征值是两个特征值中绝对值较大的那一个. 一般地, 如果 2 阶实方阵有两个实特征值 λ_1,λ_2 的绝对值 $|\lambda_2|>|\lambda_1|$, 同理可证: 如果 $\boldsymbol{X}_0\neq\boldsymbol{0}$ 不是 $\boldsymbol{A}$ 的特征向量, 则当 $n\to\infty$ 时 $\boldsymbol{A}^n\boldsymbol{X}_0$ 无限接近于属于特征值 λ_2 的特征向量所在的直线. 如果实 2 阶方阵 $\boldsymbol{A}$ 的两个特征值的绝对值相等, 则 $\boldsymbol{A}$ 的连续作用不会将 $\boldsymbol{X}_0$ 趋近于一条直线. 例如, 当 $\boldsymbol{A}$ 的特征值是一对共轭虚根, 则 $\mathcal{A}:\boldsymbol{X}\mapsto\boldsymbol{AX}$ 的每次作用将 $\boldsymbol{X}_0$ 的方向旋转某个角度 α, $\mathcal{A}^n$ 将 $\boldsymbol{X}_0$ 的方向旋转 $n\alpha$, 当 $n\to\infty$ 时 $\boldsymbol{X}_0$ 不趋于一条直线.

同理可知, 如果 m 阶实方阵 $\boldsymbol{A}$ 有一个实特征值的绝对值 λ_i 大于其余所有的特征值, 并且特征子空间 W 的维数为 1, 只要 $\boldsymbol{X}_0\notin W$, 当 $n\to\infty$ 时 $\boldsymbol{A}^n\boldsymbol{X}_0$ 无限接近于直线 W. 对每个 n, 将 $\boldsymbol{X}_n=\boldsymbol{A}^n\boldsymbol{X}_0$ 除以各分量绝对值之和 s_n 得到 $\boldsymbol{Y}_n=s_n^{-1}\boldsymbol{X}_n$ 的各分量绝对值之和为 1. 则当 n 无限增大时 $\boldsymbol{Y}_n$ 的极限位置是属于这个特征值 λ_i 的特征向量. 例如:

求三阶方阵

$$\boldsymbol{A}=\begin{pmatrix}1&0.5&0.4\\2&1&0.7\\2.5&1.4&2\end{pmatrix}$$

的特征向量.

在 Mathematica 输入并运行如下程序语句:

```
A={{1,0.5,0.4},{2,1,0.7},{2.5,1.4,2}}; X={1,1,1};
Do[ X1 = A.X; c = Apply[Plus, X1]; X = X1/c; Print[c,X], {n,1,10}]
```

语句第一行是输入方阵 A, 并输入向量 $\boldsymbol{X}=(1,1,1)^{\mathrm{T}}$. 第二行的 Do 是循环语句. 每一次循环做的事情是: X1=A.X 是计算 $X_1=AX$. c=Apply[Plus,X1] 是将 X_1 的各分量相加得到 c. X=X1/c 是将 $\boldsymbol{X}_1$ 各分量同除以 c, 得到新的 $\boldsymbol{X}$ 的各分量和为 1. Print[X] 是将这次得到的 $\boldsymbol{X}$ 输出. 最后的{n,1,9} 表示将以上事情重复做 9 次.

最后两次输出的结果相同, 都是:

3.40869{0.152706, 0.289034, 0.55826}

得到特征值 3.40869, 特征向量 $(0.152706,0.289034,0.55826)^{\mathrm{T}}$. □

第 7 章　若尔当标准形

知识引入例

例　求函数组 $x=x(t),y=y(t),z=z(t)$ 满足方程组

$$\begin{cases}\dfrac{\mathrm{d}}{\mathrm{d}t}x=4x+3y-4z\\\dfrac{\mathrm{d}}{\mathrm{d}t}y=-x+2z\\\dfrac{\mathrm{d}}{\mathrm{d}t}z=x+y\end{cases}\tag{7.1}$$

分析　方程组的每个方程含有对函数求微商的运算，这样的方程称为微分方程，组成的方程组称为微分方程组. 记

$$\boldsymbol{X}=\begin{pmatrix}x\\y\\z\end{pmatrix},\quad \frac{\mathrm{d}}{\mathrm{d}t}\boldsymbol{X}=\begin{pmatrix}\dfrac{\mathrm{d}}{\mathrm{d}t}x\\\dfrac{\mathrm{d}}{\mathrm{d}t}y\\\dfrac{\mathrm{d}}{\mathrm{d}t}z\end{pmatrix},\quad \boldsymbol{A}=\begin{pmatrix}4&3&-4\\-1&0&2\\1&1&0\end{pmatrix}$$

则原微分方程组可以写为

$$\frac{\mathrm{d}}{\mathrm{d}t}\boldsymbol{X}=\boldsymbol{A}\boldsymbol{X}\tag{7.2}$$

x,y,z 都是可导函数，它们的导数又都是可导函数 x,y,z 的线性组合，仍是可导函数. 由此推知它们存在任意阶导数，并且任意阶导数也是可导函数因而在任意有限闭区间内有界. 这说明 x,y,z 都可以展开成泰勒级数:

$$x(t)=\sum_{k=0}^{\infty}x_kt^k,\quad y(t)=\sum_{k=0}^{\infty}y_kt^k,\quad z(t)=\sum_{k=0}^{\infty}z_kt^k$$

于是:

$$\boldsymbol{X}=\boldsymbol{X}_0+\boldsymbol{X}_1t+\cdots+\boldsymbol{X}_kt^k+\cdots\tag{7.3}$$

其中 $\boldsymbol{X}_k=(x_k,y_k,z_k)^{\mathrm{T}}$. 将等式 (7.3) 代入等式 (7.2) 得

$$\frac{\mathrm{d}}{\mathrm{d}t}\boldsymbol{X}=\boldsymbol{X}_1+2\boldsymbol{X}_2t+\cdots+k\boldsymbol{X}_kt^{k-1}+\cdots$$

$$= \boldsymbol{AX}_0 + \boldsymbol{AX}_1 t + \cdots + \boldsymbol{AX}_{k-1} t^{k-1} + \cdots$$

比较每个 t^k 的系数得

$$k\boldsymbol{X}_k = \boldsymbol{AX}_{k-1} \Rightarrow \boldsymbol{X}_k = \frac{1}{k}\boldsymbol{AX}_{k-1} \Rightarrow \boldsymbol{X}_k = \frac{1}{k!}\boldsymbol{A}^k \boldsymbol{X}_0$$

因此:

$$\boldsymbol{X} = \left(\sum_{k=0}^{\infty} \frac{1}{k!}\boldsymbol{A}^k t^k\right)\boldsymbol{X}_0 = \left(\boldsymbol{I} + t\boldsymbol{A} + \frac{1}{2!}(\boldsymbol{A}t)^2 + \cdots + \frac{1}{k!}(\boldsymbol{A}t)^k + \cdots\right)\boldsymbol{X}_0 \tag{7.4}$$

对任意实数 a, 有泰勒展开式:

$$\mathrm{e}^{at} = \sum_{k=0}^{\infty} \frac{1}{k!}(at)^k \tag{7.5}$$

并且可直接由这个展开式验证指数函数的性质, 如 $e^{at+bt} = e^{at}e^{bt}$, $\frac{\mathrm{d}}{\mathrm{d}t}e^{at} = ae^{at}$ 等. 验证过程中只用到实数的加减乘运算.

在展开式 (7.5) 中将实数 a 替换成任意实方阵 $\boldsymbol{A}$, 定义

$$e^{\boldsymbol{A}t} = \sum_{k=0}^{\infty} \frac{1}{k!}(\boldsymbol{A}t)^k \tag{7.6}$$

同样地可以由方阵的加减乘运算得到 $\frac{\mathrm{d}}{\mathrm{d}t}e^{t\boldsymbol{A}} = \boldsymbol{A}e^{\boldsymbol{A}t}$, 并且当 $\boldsymbol{AB} = \boldsymbol{BA}$ 时得到 $e^{\boldsymbol{A}t}e^{\boldsymbol{B}t} = e^{(\boldsymbol{A}+\boldsymbol{B})t}$. 将这个定义代入 (7.4) 可知微分方程组 $\frac{\mathrm{d}}{\mathrm{d}t}\boldsymbol{X} = \boldsymbol{AX}$ 的通解 $\boldsymbol{X} = e^{\boldsymbol{A}t}\boldsymbol{X}_0$, 其中 $\boldsymbol{X}_0$ 是由常数组成的列向量.

要由等式 (7.6) 计算 $e^{\boldsymbol{A}t}$, 就需要计算 $\boldsymbol{A}$ 的各次幂, 并且证明等式右边的无穷级数的收敛性. 为此, 可以将方阵 $\boldsymbol{A}$ 相似于尽可能简单的形式 $\boldsymbol{J} = \boldsymbol{P}^{-1}\boldsymbol{AP}$, 将 $\boldsymbol{A}^k = (\boldsymbol{PJP}^{-1})^k = \boldsymbol{PJ}^k\boldsymbol{P}^{-1}$ 转化为 J^k 来计算, 从而将 $e^{\boldsymbol{A}t} = \boldsymbol{P}e^{\boldsymbol{J}t}\boldsymbol{P}^{-1}$ 转化为 $e^{\boldsymbol{J}t}$ 来计算.

解 将方程组 (7.1) 写成等式 (7.2) 的形式 $\frac{\mathrm{d}}{\mathrm{d}t}\boldsymbol{X} = \boldsymbol{AX}$. 先将 $\boldsymbol{A}$ 相似到尽可能简单的形式.

求得 $\boldsymbol{A}$ 的特征多项式 $\varphi_{\boldsymbol{A}}(\lambda) = (\lambda-1)^2(\lambda-2)$.

解方程组分别求得方程组 $(\boldsymbol{A}-2\boldsymbol{I})\boldsymbol{X}=\boldsymbol{0}$ 与 $(\boldsymbol{A}-\boldsymbol{I})\boldsymbol{X}=\boldsymbol{0}$ 的基础解 $\boldsymbol{X}_1 = (2,0,1)^{\mathrm{T}}$, $\boldsymbol{X}_2 = (1,-1,0)^{\mathrm{T}}$, 满足条件:

$$\boldsymbol{AX}_1 = 2\boldsymbol{X}_1, \quad \boldsymbol{AX}_2 = \boldsymbol{X}_2$$

特征值 1 的代数重数为 2, 却只求出一个线性无关特征向量 $\boldsymbol{X}_2$. 再解方程组 $(\boldsymbol{A}-\boldsymbol{I})\boldsymbol{X} = \boldsymbol{X}_2$ 求得一个解 $\boldsymbol{X}_3 = (-1,0,-1)^{\mathrm{T}}$ 满足 $(\boldsymbol{A}-\boldsymbol{I})\boldsymbol{X}_3 = \boldsymbol{X}_2$ 即 $\boldsymbol{AX}_3 = \boldsymbol{X}_2 + \boldsymbol{X}_3$.

以 $\boldsymbol{X}_1,\boldsymbol{X}_2,\boldsymbol{X}_3$ 为各列排成可逆方阵 $\boldsymbol{P} = (\boldsymbol{X}_1,\boldsymbol{X}_2,\boldsymbol{X}_3)$, 则:

$$\begin{aligned}\boldsymbol{AP} &= (\boldsymbol{AX}_1,\boldsymbol{AX}_2,\boldsymbol{AX}_3) = (2\boldsymbol{X}_1,\boldsymbol{X}_2,\boldsymbol{X}_2+\boldsymbol{X}_3)\\ &= (\boldsymbol{X}_1,\boldsymbol{X}_2,\boldsymbol{X}_3)\begin{pmatrix}2 & 0 & 0\\ 0 & 1 & 1\\ 0 & 0 & 1\end{pmatrix} = \boldsymbol{PJ}\end{aligned}$$

$$\boldsymbol{J}=\begin{pmatrix}2&0&0\\0&1&1\\0&0&1\end{pmatrix}=\operatorname{diag}(2,\boldsymbol{J}_2(1))$$

$$\boldsymbol{J}_2(1)=\begin{pmatrix}1&1\\0&1\end{pmatrix}=\boldsymbol{I}+\boldsymbol{N},\quad \boldsymbol{N}=\begin{pmatrix}0&1\\0&0\end{pmatrix}$$

$e^{\boldsymbol{A}t}=\boldsymbol{P}e^{\boldsymbol{J}t}\boldsymbol{P}^{-1}$, $e^{\boldsymbol{J}t}=\operatorname{diag}(e^{2t},e^{(\boldsymbol{I}+\boldsymbol{N})t})$.

由 $\boldsymbol{IN}=\boldsymbol{NI}$ 及 $\boldsymbol{N}^2=\boldsymbol{O}$ 知 $e^{(\boldsymbol{I}+\boldsymbol{N})t}=e^{\boldsymbol{I}t}e^{\boldsymbol{N}t}=e^t(\boldsymbol{I}+\boldsymbol{N}t)=\begin{pmatrix}e^t&te^t\\0&e^t\end{pmatrix}$, 于是:

$$\begin{aligned}e^{\boldsymbol{A}t}&=\begin{pmatrix}2&1&-1\\0&-1&0\\1&0&-1\end{pmatrix}\begin{pmatrix}e^{2t}&0&0\\0&e^t&e^tt\\0&0&e^t\end{pmatrix}\begin{pmatrix}2&1&-1\\0&-1&0\\1&0&-1\end{pmatrix}^{-1}\\&=\begin{pmatrix}-e^t+2e^{2t}&-2e^t+2e^{2t}+e^tt&-2e^{2t}-2(-e^t+e^tt)\\-e^tt&e^t-e^tt&2e^tt\\-e^t+e^{2t}&-e^t+e^{2t}&2e^t-e^{2t}\end{pmatrix}\end{aligned}$$

□

7.1　若尔当形矩阵

知识导航

1. 若尔当标准形

设 a 是任意复数, m 是任意正整数, 形如

$$\begin{pmatrix}a&1&0&\cdots&0\\&a&1&\ddots&\vdots\\&&\ddots&\ddots&0\\&&&a&1\\&&&&a\end{pmatrix}_{m\times m}$$

的 m 阶方阵称为**若尔当块** (Jordan block), 记作 $\boldsymbol{J}_m(a)$, 其中 m 表示它的阶数, a 是它的对角线元素, 也就是它的特征值.

如果一个方阵 $\boldsymbol{J}$ 是准对角阵, 并且所有的对角块都是若尔当块, 就称这个准对角阵为**若尔当形矩阵** (matrix of Jordan type).

定理 7.1.1　每个复方阵 $\boldsymbol{A}$ 都能够被某个可逆方阵 $\boldsymbol{P}$ 相似于若尔当形矩阵 $\boldsymbol{J}=\boldsymbol{P}^{-1}\boldsymbol{AP}$.　□

与 $\boldsymbol{A}$ 相似的若尔当形矩阵 $\boldsymbol{J}$ 称为 $\boldsymbol{A}$ 的**若尔当标准形**.

每个复数 a 都可以看作一阶的若尔当块 $\boldsymbol{J}_1(a)$. 每个对角阵 $\text{diag}(\lambda_1,\cdots,\lambda_n)$ 都可以看作由一阶若尔当块 $\lambda_1,\cdots,\lambda_n$ 组成的准对角阵, 因此都是若尔当形矩阵.

2. 若尔当标准形算法

例 1 求

$$\boldsymbol{A}=\begin{pmatrix}1&1&1&1&1&1\\0&2&0&0&2&3\\0&0&2&0&1&-1\\0&0&0&2&1&2\\0&0&0&0&2&0\\0&0&0&0&0&2\end{pmatrix}$$

的若尔当标准形 $\boldsymbol{J}$.

分析 $\boldsymbol{J}=\boldsymbol{P}^{-1}\boldsymbol{A}\boldsymbol{P}$ 与 $\boldsymbol{A}$ 相似, 特征多项式相同, 等于 $\varphi_{\boldsymbol{J}}(\lambda)=\varphi_{\boldsymbol{A}}(\lambda)=(\lambda-1)(\lambda-2)^5$. $\boldsymbol{J}$ 是上三角阵, 对角元就是全体特征值, 为 1 个 1 与 5 个 2:

$$\boldsymbol{J}=\begin{pmatrix}1&&&&&\\&2&*&&&\\&&2&*&&\\&&&2&*&\\&&&&2&*\\&&&&&2\end{pmatrix}=\begin{pmatrix}1&&&\\&\boldsymbol{J}_{m_1}(2)&&\\&&\ddots&\\&&&\boldsymbol{J}_{m_d}(2)\end{pmatrix}$$

其中 $*$ 等于 1 或 0. $\boldsymbol{J}$ 是对角元为 1 或 2 的若尔当块组成的准对角阵. 其中对角元 1 只出现 1 次, 单独组成一个 1 阶若尔当块 $\boldsymbol{J}_1(1)$; 对角元 2 的若尔当块 $\boldsymbol{J}_{m_1}(2),\cdots,\boldsymbol{J}_{m_d}(2)$ 的总阶数 $m_1+\cdots+m_d=5$, 不妨适当排列这些若尔当块的顺序使 $m_1\geqslant\cdots\geqslant m_d$. 我们来看怎样选择这些 $m_1,\cdots,m_d$ 才能使 $\boldsymbol{J}=\boldsymbol{P}^{-1}\boldsymbol{A}\boldsymbol{P}$ 对某个可逆方阵 $\boldsymbol{P}$ 成立.

例如, 当 $m_1=3,m_2=2$ 得到 $\boldsymbol{J}=\text{diag}(1,\boldsymbol{J}_3(2),\boldsymbol{J}_2(2))$. 如果 $\boldsymbol{P}^{-1}\boldsymbol{A}\boldsymbol{P}=\boldsymbol{J}$, 则 $\boldsymbol{P}^{-1}(\boldsymbol{A}-2\boldsymbol{I})\boldsymbol{P}=\boldsymbol{J}-2\boldsymbol{I}=\text{diag}(-1,\boldsymbol{J}_3(0),\boldsymbol{J}_2(0))$. 可逆方阵 $\boldsymbol{P}=(\boldsymbol{P}_1,\boldsymbol{P}_2,\cdots,\boldsymbol{P}_6)$ 的各列 $\boldsymbol{P}_1,\boldsymbol{P}_2,\cdots,\boldsymbol{P}_6$ 组成 6 维列向量空间 $V=\mathbf{C}^{6\times1}$ 的一组基. 由 $(\boldsymbol{A}-2\boldsymbol{I})\boldsymbol{P}=\boldsymbol{P}(\boldsymbol{J}-2\boldsymbol{I})$ 知

$$(\boldsymbol{A}-2\boldsymbol{I})(\boldsymbol{P}_1,\boldsymbol{P}_2,\cdots,\boldsymbol{P}_6)=(\boldsymbol{P}_1,\boldsymbol{P}_2,\cdots,\boldsymbol{P}_6)\text{diag}(-1,\boldsymbol{J}_3(0),\boldsymbol{J}_2(0))$$

$$\begin{aligned}(\boldsymbol{A}-2\boldsymbol{I})(\boldsymbol{P}_2,\boldsymbol{P}_3,\boldsymbol{P}_4)&=(\boldsymbol{P}_2,\boldsymbol{P}_3,\boldsymbol{P}_4)\boldsymbol{J}_3(0)\\&=(\boldsymbol{P}_2,\boldsymbol{P}_3,\boldsymbol{P}_4)\begin{pmatrix}0&1&0\\0&0&1\\0&0&0\end{pmatrix}=(\boldsymbol{0},\boldsymbol{P}_2,\boldsymbol{P}_3)\end{aligned}$$

$$\begin{aligned}(\boldsymbol{A}-2\boldsymbol{I})(\boldsymbol{P}_5,\boldsymbol{P}_6)&=(\boldsymbol{P}_5,\boldsymbol{P}_6)\boldsymbol{J}_2(0)\\&=(\boldsymbol{P}_5,\boldsymbol{P}_6)\begin{pmatrix}0&1\\0&0\end{pmatrix}=(\boldsymbol{0},\boldsymbol{P}_5)\end{aligned}$$

将 $\boldsymbol{A}-2\boldsymbol{I}$ 左乘 $\boldsymbol{P}_2,\cdots,\boldsymbol{P}_6$ 的效果用箭头表示出来, 就是:

$$\begin{aligned}&\mathbf{0}\leftarrow\boldsymbol{P}_2\leftarrow\boldsymbol{P}_3\leftarrow\boldsymbol{P}_4\\&\mathbf{0}\leftarrow\boldsymbol{P}_5\leftarrow\boldsymbol{P}_6\end{aligned}\tag{7.7}$$

箭头图 (7.7) 中的 5 个向量排成 2 行 3 列, 每一列经过 $\boldsymbol{A}-2\boldsymbol{I}$ 的左乘变到前一列, 第 1 列的两个向量 $\boldsymbol{P}_2,\boldsymbol{P}_5$ 被变成 $\mathbf{0}$, 其余各列的 $\boldsymbol{P}_3,\boldsymbol{P}_4,\boldsymbol{P}_6$ 以及不在箭头图中的 $\boldsymbol{P}_1$ 经过 $\boldsymbol{A}-2\boldsymbol{I}$ 的左乘分别变到 $\boldsymbol{P}_2,\boldsymbol{P}_3,\boldsymbol{P}_5,-\boldsymbol{P}_1$, 仍线性无关. 这说明箭头图 (7.7) 的第 1 列的两个非零向量 $\boldsymbol{P}_2,\boldsymbol{P}_5$ 组成方程组 $(\boldsymbol{A}-2\boldsymbol{I})\boldsymbol{X}=\mathbf{0}$ 的解空间 $V_{\boldsymbol{A}-2\boldsymbol{I}}$ 的一组基, $\dim V_{\boldsymbol{A}-2\boldsymbol{I}}=2$. 类似地, 箭头图 (7.7) 的前两列 4 个非零向量 $\boldsymbol{P}_2,\boldsymbol{P}_5,\boldsymbol{P}_3,\boldsymbol{P}_6$ 组成方程组 $(\boldsymbol{A}-2\boldsymbol{I})^2\boldsymbol{X}=\mathbf{0}$ 的解空间 $V_{(\boldsymbol{A}-2\boldsymbol{I})^2}$ 的一组基, $\dim V_{(\boldsymbol{A}-2\boldsymbol{I})^2}=4$. 箭头图 (7.7) 前 3 列 5 个非零向量 $\boldsymbol{P}_2,\boldsymbol{P}_5,\boldsymbol{P}_3,\boldsymbol{P}_6,\boldsymbol{P}_4$ 组成方程组 $(\boldsymbol{A}-2\boldsymbol{I})^3\boldsymbol{X}=\mathbf{0}$ 的解空间 $V_{(\boldsymbol{A}-2\boldsymbol{I})^3}$ 的一组基, $\dim V_{(\boldsymbol{A}-2\boldsymbol{I})^3}=5$.

对本题中的方阵 $\boldsymbol{A}$ 计算出矩阵 $\boldsymbol{A}-2\boldsymbol{I},(\boldsymbol{A}-2\boldsymbol{I})^2,(\boldsymbol{A}-2\boldsymbol{I})^3$ 的秩分别为 3,1,1, 以这些矩阵为系数矩阵的齐次线性方程组的解空间的维数分别等于 3,5,5 而不是 2,4,5. 这说明若尔当形矩阵 $\mathrm{diag}(1,\boldsymbol{J}_3(2),\boldsymbol{J}_2(2))$ 与 $\boldsymbol{A}$ 不相似.

反过来, 要使 $\boldsymbol{J}$ 与本题中 $\boldsymbol{A}$ 相似, 将 $\boldsymbol{A}$ 相似到 $\boldsymbol{J}=\boldsymbol{P}^{-1}\boldsymbol{A}\boldsymbol{P}$ 的可逆方阵 $\boldsymbol{P}$ 的后 5 列在 $\boldsymbol{A}-2\boldsymbol{I}$ 的左乘作用的箭头图中的第 1 列非零向量应组成解空间 $V_{\boldsymbol{A}-2\boldsymbol{I}}$ 的一组基, 应包含 3 个向量. 前两列非零向量应组成解空间 $V_{(\boldsymbol{A}-2\boldsymbol{I})^2}$ 的一组基, 应包含 5 个向量. 箭头图应为:

$$\begin{aligned}&\mathbf{0}\leftarrow\boldsymbol{X}_1\leftarrow\boldsymbol{X}_4\\&\mathbf{0}\leftarrow\boldsymbol{X}_2\leftarrow\boldsymbol{X}_5\\&\mathbf{0}\leftarrow\boldsymbol{X}_3\end{aligned}\tag{7.8}$$

这说明:

$$\begin{aligned}(\boldsymbol{A}-2\boldsymbol{I})(\boldsymbol{X}_1,\boldsymbol{X}_4,\boldsymbol{X}_2,\boldsymbol{X}_5,\boldsymbol{X}_3)&=(\mathbf{0},\boldsymbol{X}_1,\mathbf{0},\boldsymbol{X}_2,\mathbf{0})\\&=(\boldsymbol{X}_1,\boldsymbol{X}_4,\boldsymbol{X}_2,\boldsymbol{X}_5,\boldsymbol{X}_3)\mathrm{diag}(\boldsymbol{J}_2(0),\boldsymbol{J}_2(0),0)\\\boldsymbol{A}(\boldsymbol{X}_1,\boldsymbol{X}_4,\boldsymbol{X}_2,\boldsymbol{X}_5,\boldsymbol{X}_3)&=(\boldsymbol{X}_1,\boldsymbol{X}_4,\boldsymbol{X}_2,\boldsymbol{X}_5,\boldsymbol{X}_3)\mathrm{diag}(\boldsymbol{J}_2(2),\boldsymbol{J}_2(2),2)\end{aligned}$$

任取方程组 $(\boldsymbol{A}-\boldsymbol{I})\boldsymbol{X}=\mathbf{0}$ 的非零解 $\boldsymbol{P}_1$ 作为第 1 列, $\boldsymbol{X}_1,\boldsymbol{X}_4,\boldsymbol{X}_2,\boldsymbol{X}_5,\boldsymbol{X}_3$ 依次为以后各列排成可逆方阵 $\boldsymbol{P}=(\boldsymbol{P}_1,\boldsymbol{X}_1,\boldsymbol{X}_4,\boldsymbol{X}_2,\boldsymbol{X}_5,\boldsymbol{X}_3)$, 则:

$$\boldsymbol{P}^{-1}\boldsymbol{A}\boldsymbol{P}=\boldsymbol{J}=\mathrm{diag}(1,\boldsymbol{J}_2(2),\boldsymbol{J}_2(2),2)$$

其中属于特征值 2 的各个若尔当块的阶数 2,2,1 就是箭头图 (7.8) 中各行所含非零向量的个数.

解　算出 $\boldsymbol{A}$ 的特征多项式 $\varphi_{\boldsymbol{A}}(\lambda)=(\lambda-1)(\lambda-2)^5$, 求出 $\boldsymbol{A}$ 的特征值 1(1 重),2(5 重), 也就是 $\boldsymbol{A}$ 的若尔当标准形的特征值.

属于特征值 1 的若尔当块为 1 阶, 为 $\boldsymbol{J}_1(1)=1$.

为了求出属于特征值 2 的各若尔当块 $\boldsymbol{J}_{m_i}(2)$ 的阶数 m_i, 依次计算 $\boldsymbol{A}-2\boldsymbol{I}$ 的各次幂 $(\boldsymbol{A}-2\boldsymbol{I})^k$ $(k=1,2,\cdots)$ 的秩 $\mathrm{rank}(\boldsymbol{A}-2\boldsymbol{I})^k$, 得到以 $(\boldsymbol{A}-2\boldsymbol{I})^k\boldsymbol{X}=\mathbf{0}$ 为系数矩阵的各个齐

次方程组 $(\boldsymbol{A}-2\boldsymbol{I})^k\boldsymbol{X}=\boldsymbol{0}$ 的解空间的维数 $d_k=6-\operatorname{rank}(\boldsymbol{A}-2\boldsymbol{I})^k$, 直到 $d_m=5$ 为止, 得到 $d_1=3<d_2=5$. 这说明表示 $\boldsymbol{A}-2\boldsymbol{I}$ 的左乘作用的箭头图第一列含 3 个非零向量, 前两列含 5 个非零向量, 由此画出箭头图:

$$\begin{aligned}&\boldsymbol{0}\leftarrow\boldsymbol{X}_1\leftarrow\boldsymbol{X}_4\\&\boldsymbol{0}\leftarrow\boldsymbol{X}_2\leftarrow\boldsymbol{X}_5\\&\boldsymbol{0}\leftarrow\boldsymbol{X}_3\end{aligned}\tag{7.9}$$

箭头图 (7.9) 中各行所含非零向量个数分别为 2,2,1. $\boldsymbol{J}$ 中属于特征值 2 的若尔当块的阶数分别为 2,2,1.

由此得到 $\boldsymbol{A}$ 的若尔当标准形 $\boldsymbol{J}=\operatorname{diag}(1,\boldsymbol{J}_2(2),\boldsymbol{J}_2(2),2)$. □

例 1 中只要求计算 $\boldsymbol{A}$ 的若尔当标准形 $\boldsymbol{J}=\boldsymbol{P}^{-1}\boldsymbol{A}\boldsymbol{P}$, 不要求计算过渡矩阵 $\boldsymbol{P}$, 因此不需要具体算出箭头图中的各个向量 $\boldsymbol{X}_1,\cdots,\boldsymbol{X}_5$, 只要知道箭头图的每列、每行各含几个向量就行了. 甚至不必将这些向量用字母 $\boldsymbol{X}_1,\boldsymbol{X}_2,\cdots,\boldsymbol{X}_5$ 表示, 只要用不同的数字 $1,2,\cdots,5$ 表示就行了. 根据 $\dim V_{\boldsymbol{A}-2\boldsymbol{I}}=3$ 在第 1 列从上到下写 3 个数字 1,2,3 代表 $V_{\boldsymbol{A}-2\boldsymbol{I}}$ 的 3 个基向量 $\boldsymbol{X}_1,\boldsymbol{X}_2,\boldsymbol{X}_3$, 再根据 $\dim V_{(\boldsymbol{A}-2\boldsymbol{I})^2}=5$ 在第 2 列继续写 4,5, 使前两列一共 5 个数字, 代表 $V_{(\boldsymbol{A}-2\boldsymbol{I})^2}$ 的 5 个基向量 $\boldsymbol{X}_1,\cdots,\boldsymbol{X}_5$, 得到如下的数字图:

$$\begin{bmatrix}1&4\\2&5\\3&\end{bmatrix}$$

数字图共有 3 行, 各行分别有 2,2,1 个数字. 由此可知属于特征值 2 的若尔当块共有 3 个, 阶数分别为 2,2,1. 就得到 $\boldsymbol{A}$ 的若尔当标准形 $\boldsymbol{J}=\operatorname{diag}(1,\boldsymbol{J}_2(2),\boldsymbol{J}_2(2),2)$.

一般算法 先计算出复方阵 $\boldsymbol{A}$ 的特征多项式 $\varphi_{\boldsymbol{A}}(\lambda)=(\lambda-\lambda_1)^{n_1}\cdots(\lambda-\lambda_t)^{n_t}$, 得到 t 个不同的特征值 $\lambda_1,\cdots,\lambda_t$ 及它们在特征多项式中的重数 $n_1,\cdots,n_t$. 其中每个重数 n_i 称为特征根 λ_i 的代数重数.

对每个特征值 λ_i, 依次计算出齐次线性方程组 $(\boldsymbol{A}-\lambda_i\boldsymbol{I})^k\boldsymbol{X}=\boldsymbol{0}$ $(k=1,2,\cdots)$ 的解空间 $V_{(\boldsymbol{A}-\lambda_i\boldsymbol{I})^k}$ 的维数 $d_{i1}<d_{i2}<\cdots<d_{im_i}$, 直到维数 $d_{im_i}=n_i$ 达到代数重数 n_i 为止. 画出箭头图使其中前 k 列含有 d_{ik} 个向量. 由箭头图中各行所含向量个数得出属于特征值 λ_i 的各若尔当块的阶. 再将属于各特征值 λ_i 的所有的若尔当块作为对角块组成准对角阵 $\boldsymbol{J}$, 就是 $\boldsymbol{A}$ 的若尔当标准形. □

方程组 $(\boldsymbol{A}-\lambda_i\boldsymbol{I})\boldsymbol{X}=\boldsymbol{0}$ 解空间的维数 d_{i1}, 也就是属于特征值 λ_i 的特征子空间的维数, 称为特征值 λ_i 的**几何重数**, 等于属于特征值 λ_i 的若尔当块的个数. λ_i 的代数重数 n_i 等于属于特征值 λ_i 的各个若尔当块的总阶数.

例 2 方阵 $\boldsymbol{A}$ 的特征多项式 $\varphi_{\boldsymbol{A}}(\lambda)=(\lambda+1)(\lambda-2)^7$, 且 $\operatorname{rank}(\boldsymbol{A}-2\boldsymbol{I})=5$, $\operatorname{rank}(\boldsymbol{A}-2\boldsymbol{I})^2=3$, $\operatorname{rank}(\boldsymbol{A}-2\boldsymbol{I})^3=2$, $\operatorname{rank}(\boldsymbol{A}-2\boldsymbol{I})^4=1$. 求 $\boldsymbol{A}$ 的若尔当标准形 $\boldsymbol{J}$.

解 $\boldsymbol{A}$ 是 8 阶方阵, 两个特征值 $-1,2$ 的代数重数分别为 1,7.

若尔当标准形 $\boldsymbol{J}$ 中属于特征值 -1 的若尔当块的总阶数为 1, 只能有一个若尔当块且阶数为 1, 为 $\boldsymbol{J}_1(-1)=-1$.

属于特征值 2 的若尔当块的总阶数为 7. 方程组 $(\boldsymbol{A}-2\boldsymbol{I})^k\boldsymbol{X}=\mathbf{0}$ $(k=1,2,\cdots)$ 的解空间维数 $d_k=8-\operatorname{rank}(\boldsymbol{A}-2\boldsymbol{I})^k$ 依次为 3,5,6,7. 箭头图的前 k 列所含非零向量个数分别为 3,5,6,7. 将这 7 个向量分别用数字 1,2,$\cdots$,7 表示, 在第 1 列从上到下填写 3 个数字 1,2,3, 第 2 列从上到下继续填写 4,5, 第 3 列填写 6, 第 4 列填写 7, 得到数字图:

$$\begin{bmatrix} 1 & 4 & 6 & 7 \\ 2 & 5 & & \\ 3 & & & \end{bmatrix}$$

其中共有 3 行, 代表属于特征值 2 的 3 个若尔当块. 第 1 行有 4 个数字, 代表 4 阶若尔当块 $\boldsymbol{J}_4(2)$; 第 2 行 2 个数字, 代表 2 阶若尔当块 $\boldsymbol{J}_2(2)$; 第 3 行 1 个数字, 代表 1 阶若尔当块 $\boldsymbol{J}_1(2)$.

由此得到 $\boldsymbol{A}$ 的若尔当标准形

$$\boldsymbol{J}=\operatorname{diag}(\boldsymbol{J}_1(-1),\boldsymbol{J}_4(2),\boldsymbol{J}_2(2),\boldsymbol{J}_1(2))=\begin{pmatrix} -1 & & & & & & & \\ & 2 & 1 & 0 & 0 & & & \\ & & 2 & 1 & 0 & & & \\ & & & 2 & 1 & & & \\ & & & & 2 & & & \\ & & & & & 2 & 1 & \\ & & & & & & 2 & \\ & & & & & & & 2 \end{pmatrix}$$ □

3. 根向量

如果可逆方阵 $\boldsymbol{P}$ 将 $\boldsymbol{A}$ 相似到若尔当标准形 $\boldsymbol{P}^{-1}\boldsymbol{A}\boldsymbol{P}=\boldsymbol{J}=\operatorname{diag}(\boldsymbol{J}_{m_1}(\lambda_1),\cdots,\boldsymbol{J}_{m_s}(\lambda_s))$ (各 $\lambda_1,\cdots,\lambda_s$ 不一定不相同), 则可按各若尔当块 $\boldsymbol{J}_{m_i}(\lambda_i)$ 的大小将 $\boldsymbol{P}$ 分块为 $\boldsymbol{P}=(\boldsymbol{\Pi}_1,\cdots,\boldsymbol{\Pi}_s)$, 其中 $\boldsymbol{\Pi}_i$ 由 $\boldsymbol{P}$ 中 m_i 个相邻列组成. 此时由 $\boldsymbol{AP}=\boldsymbol{PJ}$ 即

$$\boldsymbol{A}(\boldsymbol{\Pi}_1,\cdots,\boldsymbol{\Pi}_s)=(\boldsymbol{\Pi}_1,\cdots,\boldsymbol{\Pi}_s)\operatorname{diag}(\boldsymbol{J}_{m_1}(\lambda_1),\cdots,\boldsymbol{J}_{m_s}(\lambda_s))$$

得 $\boldsymbol{A}\boldsymbol{\Pi}_i=\boldsymbol{\Pi}_i\boldsymbol{J}_{m_i}(\lambda_i)$, 从而 $(\boldsymbol{A}-\lambda_i\boldsymbol{I})\boldsymbol{\Pi}_i=\boldsymbol{\Pi}_i\boldsymbol{J}_{m_i}(0)$, $(\boldsymbol{A}-\lambda_i\boldsymbol{I})^{m_i}\boldsymbol{\Pi}_i=\boldsymbol{O}$, $\boldsymbol{\Pi}_i$ 的每列都是方程组 $(\boldsymbol{A}-\lambda_i\boldsymbol{I})^{m_i}\boldsymbol{X}=\mathbf{0}$ 的非零解. 我们知道 $(\boldsymbol{A}-\lambda_i\boldsymbol{I})\boldsymbol{X}=\mathbf{0}$ 的非零解是属于特征值 λ_i 的特征向量. 一般地, 对任意正整数 k, 方程组 $(\boldsymbol{A}-\lambda_i\boldsymbol{I})^k\boldsymbol{X}=\mathbf{0}$ 的非零解称为属于特征值 λ_i 的根向量.

定义 7.1.1　设 V 是数域 F 上的线性空间, $\mathcal{A}$ 是 V 上的线性变换, a 是 $\mathcal{A}$ 的一个特征值, $0\neq\boldsymbol{\beta}\in V$. 如果存在正整数 k 使得

$$(\mathcal{A}-a\boldsymbol{I})^k(\boldsymbol{\beta})=0$$

就称 $\boldsymbol{\beta}$ 是 $\mathcal{A}$ 的属于特征值 a 的**根向量** (root vector). 此时必然存在使 $(\mathcal{A}-a\boldsymbol{I})^m(\boldsymbol{\beta})=0$ 的最小的正整数 m, 满足

$$(\mathcal{A}-a\boldsymbol{I})^m(\boldsymbol{\beta})=0 \text{ 且 } (\mathcal{A}-a\boldsymbol{I})^{m-1}(\boldsymbol{\beta})\neq 0$$

称 $\boldsymbol{\beta}$ 为 m 次根向量.

数域 F 上每个 n 阶方阵 $\boldsymbol{A}$ 在 n 维列向量空间 $F^{n\times 1}$ 上引起一个线性变换 $\mathcal{A}:\boldsymbol{X}\mapsto\boldsymbol{AX}$. $\mathcal{A}$ 的根向量也称为 $\boldsymbol{A}$ 的根向量, $\mathcal{A}$ 的 m 次根向量也称为 $\boldsymbol{A}$ 的 m 次根向量.

一次根向量就是特征向量. □

根向量是特征向量的推广. n 阶复方阵 $\boldsymbol{A}$ 的特征向量未必能组成 $\mathbf{C}^{n\times 1}$ 的基, 根向量却必定能够组成 $\mathbf{C}^{n\times 1}$ 的基. 将复方阵 $\boldsymbol{A}$ 相似到若尔当标准形 $\boldsymbol{P}^{-1}\boldsymbol{AP}=\boldsymbol{J}$ 的可逆方阵 $\boldsymbol{P}$ 的各列都是根向量. 求 $\boldsymbol{P}$, 也就是分别对各个特征值求根向量满足箭头图 (7.8), 以这些根向量为各列排成的方阵就是满足条件 $\boldsymbol{P}^{-1}\boldsymbol{AP}=\boldsymbol{J}$ 的 $\boldsymbol{P}$.

例题分析与解答

7.1.1 已知

$$\boldsymbol{A}=\begin{pmatrix}0&0&-2\\1&0&3\\0&1&0\end{pmatrix}$$

求 $\boldsymbol{A}^n$.

分析 求可逆方阵 $\boldsymbol{P}$ 将 $\boldsymbol{A}$ 相似到若尔当标准形 $\boldsymbol{P}^{-1}\boldsymbol{AP}=\boldsymbol{J}$, 则 $\boldsymbol{A}=\boldsymbol{PJP}^{-1}$, $\boldsymbol{A}^n=\boldsymbol{PJ}^n\boldsymbol{P}^{-1}$.

解 $\boldsymbol{A}$ 的特征多项式 $\varphi_{\boldsymbol{A}}(\lambda)=\lambda^3-3\lambda+2=(\lambda+2)(\lambda-1)^2$.

对特征值 -2, 解方程组 $(\boldsymbol{A}+2\boldsymbol{I})\boldsymbol{X}=\mathbf{0}$ 得基础解 $\boldsymbol{X}_1=(1,-2,1)^{\mathrm{T}}$ 满足 $\boldsymbol{AX}_1=2\boldsymbol{X}_1$.

对特征值 1, 计算得

$$\boldsymbol{A}-\boldsymbol{I}=\begin{pmatrix}-1&0&-2\\1&-1&3\\0&1&-1\end{pmatrix},\quad (\boldsymbol{A}-\boldsymbol{I})^2=\begin{pmatrix}1&-2&4\\-2&4&-8\\1&-2&4\end{pmatrix}$$

由 $\operatorname{rank}(\boldsymbol{A}-\boldsymbol{I})=2$ 知方程组 $(\boldsymbol{A}-\boldsymbol{I})\boldsymbol{X}=\mathbf{0}$ 的解空间 (特征子空间) 为 1 维, 只有一个属于特征值 1 的若尔当块, 阶数为 2, $\boldsymbol{A}$ 的若尔当标准形 $\boldsymbol{J}=\operatorname{diag}(2,\boldsymbol{J}_2(1))$.

方程组 $(\boldsymbol{A}-\boldsymbol{I})^2\boldsymbol{X}=\mathbf{0}$ 的解 $\boldsymbol{X}_3=(2,1,0)^{\mathrm{T}}$ 不是 $(\boldsymbol{A}-\boldsymbol{I})\boldsymbol{X}=\mathbf{0}$ 的解, $\boldsymbol{X}_2=(\boldsymbol{A}-\boldsymbol{I})\boldsymbol{X}_3=(-2,1,1)^{\mathrm{T}}\neq\mathbf{0}$ 满足 $(\boldsymbol{A}-\boldsymbol{I})\boldsymbol{X}_2=(\boldsymbol{A}-\boldsymbol{I})^2\boldsymbol{X}_3=\mathbf{0}$. $\boldsymbol{A}-\boldsymbol{I}$ 对 $\boldsymbol{X}_2,\boldsymbol{X}_3$ 的左乘作用满足箭头图:

$$\mathbf{0}\leftarrow\boldsymbol{X}_2\leftarrow\boldsymbol{X}_3$$

依次以 $\boldsymbol{X}_1,\boldsymbol{X}_2,\boldsymbol{X}_3$ 为各列排成可逆矩阵:

$$\boldsymbol{P}=(\boldsymbol{X}_1,\boldsymbol{X}_2,\boldsymbol{X}_3)=\begin{pmatrix}1&-2&2\\-2&1&1\\1&1&0\end{pmatrix}$$

则:

$$\boldsymbol{P}^{-1}\boldsymbol{AP}=\boldsymbol{J}=\begin{pmatrix}-2&0&0\\0&1&1\\0&0&1\end{pmatrix}$$

$$A^n=(PJP^{-1})^n=PJ^nP^{-1}=P\begin{pmatrix}(-2)^n&0&0\\0&1&n\\0&0&1\end{pmatrix}P^{-1}$$

$$=\begin{pmatrix}\frac{8}{9}-\frac{2}{3}n+\frac{(-2)^n}{9}&\frac{2}{9}-\frac{2}{3}n-\frac{2(-2)^n}{9}&-\frac{4}{9}-\frac{2}{3}n+\frac{4(-2)^n}{9}\\ \frac{2}{9}+\frac{n}{3}-\frac{2(-2)^n}{9}&\frac{5}{9}+\frac{n}{3}+\frac{4(-2)^n}{9}&\frac{8}{9}+\frac{n}{3}-\frac{8(-2)^n}{9}\\ -\frac{1}{9}+\frac{n}{3}+\frac{(-2)^n}{9}&\frac{2}{9}+\frac{n}{3}-\frac{2(-2)^n}{9}&\frac{5}{9}+\frac{n}{3}+\frac{4(-2)^n}{9}\end{pmatrix}$$ □

7.1.2 已知 5 阶方阵 $\boldsymbol{A}$ 相似于若尔当形矩阵 $\boldsymbol{J}$, 且满足条件:

$$\operatorname{rank}\boldsymbol{A}=3,\quad \operatorname{rank}\boldsymbol{A}^2=2,\quad \operatorname{rank}(\boldsymbol{A}+\boldsymbol{I})=4,\quad \operatorname{rank}(\boldsymbol{A}+\boldsymbol{I})^2=3$$

求 $\boldsymbol{J}$.

解 将系数矩阵为 $\boldsymbol{B}$ 的齐次线性方程组 $\boldsymbol{BX}=\boldsymbol{0}$ 的解空间记为 $V_{\boldsymbol{B}}$, 则:

$$\dim V_{\boldsymbol{A}}=5-\operatorname{rank}\boldsymbol{A}=2,\quad \dim V_{\boldsymbol{A}^2}=5-\operatorname{rank}\boldsymbol{A}^2=3$$

类似可得 $\dim V_{\boldsymbol{A}+\boldsymbol{I}}=1$, $\dim V_{(\boldsymbol{A}+\boldsymbol{I})^2}=2$.

由 $\dim V_{\boldsymbol{A}^2}+\dim V_{(\boldsymbol{A}+\boldsymbol{I})^2}=3+2=5$ 知 $\boldsymbol{J}$ 中属于特征值 0 的若尔当块总阶数为 3, 属于特征值 -1 的若尔当块总阶数为 2. 由 $\dim V_{\boldsymbol{A}}=2$ 知属于特征值 0 的若尔当块的个数为 2, 阶数只能分别为 2,1. 由 $\dim V_{\boldsymbol{A}+\boldsymbol{I}}=1$ 知属于特征值 -1 的若尔当块的个数为 1, 阶数为 2.

$$\boldsymbol{J}=\operatorname{diag}(\boldsymbol{J}_2(0),0,\boldsymbol{J}_2(-1))=\begin{pmatrix}0&1&0&0&0\\0&0&0&0&0\\0&0&0&0&0\\0&0&0&-1&1\\0&0&0&0&-1\end{pmatrix}$$ □

7.1.3 已知下面的矩阵 $\boldsymbol{A}$ 相似于若尔当形矩阵 $\boldsymbol{J}$. 根据 $\operatorname{rank}(\boldsymbol{A}-\lambda_i\boldsymbol{I})^k=\operatorname{rank}(\boldsymbol{J}-\lambda_i\boldsymbol{I})^k$ (λ_i 取遍 $\boldsymbol{A}$ 的各特征值, $k=1,2,\cdots$), 求 $\boldsymbol{J}$.

(1) $\begin{pmatrix}-2&1&3\\-22&11&33\\6&-3&-9\end{pmatrix}$; (2) $\begin{pmatrix}4&0&0&0\\0&4&0&0\\3&0&4&0\\2&3&0&4\end{pmatrix}$;

(3) $\begin{pmatrix}1&2&4&7\\0&1&3&6\\0&0&1&4\\0&0&0&3\end{pmatrix}$; (4) $\begin{pmatrix}4&-3&0&0\\3&-2&0&0\\1&2&-3&-2\\4&3&8&5\end{pmatrix}$.

解 (1) $\boldsymbol{A}$ 的特征多项式为 λ^3, 只有一个特征值 0. $\operatorname{rank}\boldsymbol{A}=1=\operatorname{rank}\boldsymbol{J}$. 因此 $\boldsymbol{J}$ 只能

有一个非零若尔当块 $\boldsymbol{J}_{m_i}(0)$ 且秩 $\operatorname{rank}\boldsymbol{J}_{m_i}(0)=1$, 因而 $m_i=2$.

$$\boldsymbol{J}=\operatorname{diag}(\boldsymbol{J}_2(0),0)=\begin{pmatrix}0&1&\\&0&\\&&0\end{pmatrix}$$

(2) $\boldsymbol{A}$ 只有一个特征值 4, 且 $\operatorname{rank}(\boldsymbol{A}-4\boldsymbol{I})=2$, $(\boldsymbol{A}-4\boldsymbol{I})^2=\boldsymbol{O}$. 方程组 $(\boldsymbol{A}-4\boldsymbol{I})\boldsymbol{X}=\boldsymbol{0}$ 与 $(\boldsymbol{A}-4\boldsymbol{I})^2\boldsymbol{X}=\boldsymbol{0}$ 的解空间维数分别为 $\dim V_{\boldsymbol{A}-4\boldsymbol{I}}=2$ 与 $\dim V_{(\boldsymbol{A}-4\boldsymbol{I})^2}=4$.

将 $\boldsymbol{A}$ 相似到若尔当标准形 $\boldsymbol{J}=\boldsymbol{P}^{-1}\boldsymbol{A}\boldsymbol{P}$ 的可逆方阵 $\boldsymbol{P}$ 的 4 列在 $\boldsymbol{A}-4\boldsymbol{I}$ 的左乘作用下形成的箭头图的第 1 列组成 $V_{\boldsymbol{A}-4\boldsymbol{I}}$ 的一组基, 含 2 个向量 $\boldsymbol{X}_1,\boldsymbol{X}_2$, 前两列组成 $V_{(\boldsymbol{A}-4\boldsymbol{I})^2}$ 的一组基, 含 4 个向量 $\boldsymbol{X}_1,\boldsymbol{X}_2,\boldsymbol{X}_3,\boldsymbol{X}_4$:

$$\boldsymbol{0}\leftarrow\boldsymbol{X}_1\leftarrow\boldsymbol{X}_3$$
$$\boldsymbol{0}\leftarrow\boldsymbol{X}_2\leftarrow\boldsymbol{X}_4$$

箭头图共有两行, 各含两个向量, 可见 $\boldsymbol{J}$ 有两个若尔当块, 阶数都是 2.

$$\boldsymbol{J}=\operatorname{diag}(\boldsymbol{J}_2(4),\boldsymbol{J}_2(4))=\begin{pmatrix}4&1&0&0\\0&4&0&0\\0&0&4&1\\0&0&0&4\end{pmatrix}$$

(3) 方阵 $\boldsymbol{A}$ 的特征多项式 $\varphi_{\boldsymbol{A}}(\lambda)=(\lambda-1)^3(\lambda-3)$, 有两个特征值 1(3 重),3(1 重).

易见 $\operatorname{rank}(\boldsymbol{A}-\boldsymbol{I})=3$, 方程组 $(\boldsymbol{A}-\boldsymbol{I})\boldsymbol{X}=\boldsymbol{0}$ 的解空间的维数为 $4-\operatorname{rank}(\boldsymbol{A}-\boldsymbol{I})=1$, 属于特征值 1 的若尔当块只有 1 个. 属于特征值 3 的若尔当块的总阶数为 1, 当然只有 1 个. 因此:

$$\boldsymbol{J}=\operatorname{diag}(\boldsymbol{J}_3(1),3)=\begin{pmatrix}1&1&0&0\\0&1&1&0\\0&0&1&0\\0&0&0&3\end{pmatrix}$$

(4) $\boldsymbol{A}$ 的特征多项式 $\varphi_{\boldsymbol{A}}(\lambda)=(\lambda-1)^4$, 只有一个特征值 1, 代数重数为 4.

易算出 $\operatorname{rank}(\boldsymbol{A}-\boldsymbol{I})=3$, 方程组 $(\boldsymbol{A}-\boldsymbol{I})\boldsymbol{X}=\boldsymbol{0}$ 的解空间维数为 $4-3=1$. 若尔当标准形 $\boldsymbol{J}$ 只有一个若尔当块 $\boldsymbol{J}_4(1)$.

$$\boldsymbol{J}=\boldsymbol{J}_4(1)=\begin{pmatrix}1&1&0&0\\0&1&1&0\\0&0&1&1\\0&0&0&1\end{pmatrix}$$ □

7.1.4 (1) 已知若尔当形矩阵 $\boldsymbol{J}$ 满足条件 $\operatorname{rank}\boldsymbol{J}^k=\operatorname{rank}\boldsymbol{J}^{k+1}=r$, 根据 $\boldsymbol{J}^k$ 所满足的条件, 对任意正整数 s 求 $\operatorname{rank}\boldsymbol{J}^{k+s}$.

(2) 已知方阵 $\boldsymbol{A}$ 相似于若尔当形矩阵 $\boldsymbol{J}$, 且 $\operatorname{rank}\boldsymbol{A}^k=\operatorname{rank}\boldsymbol{A}^{k+1}=r$. 对任意正整数 s 求 $\operatorname{rank}\boldsymbol{A}^{k+s}$.

解　(1) 设 $\boldsymbol{J}=\mathrm{diag}(\boldsymbol{J}_{m_1}(\lambda_1),\cdots,\boldsymbol{J}_{m_s}(\lambda_s))$, 则:

$$\mathrm{rank}\,\boldsymbol{J}^k-\mathrm{rank}\,\boldsymbol{J}^{k+1}=\sum_{i=1}^{s}(\mathrm{rank}\,\boldsymbol{J}_{m_i}(\lambda_i)^k-\mathrm{rank}\,\boldsymbol{J}_{m_i}(\lambda_i)^{k+1})$$

其中:

$$\mathrm{rank}\,\boldsymbol{J}_{m_i}(\lambda_i)^k-\mathrm{rank}\,\boldsymbol{J}_{m_i}(\lambda_i)^{k+1}=\begin{cases}0, & \text{当 } \lambda_i\neq 0 \text{ 或 } \boldsymbol{J}_{m_i}(\lambda_i)^k=\boldsymbol{O}\\ 1, & \text{当 } \lambda_i=0 \text{ 且 } \boldsymbol{J}_{m_i}(0)^k\neq\boldsymbol{O}\end{cases}$$

因此, $\mathrm{rank}\,\boldsymbol{J}_{m_i}(\lambda_i)^k-\mathrm{rank}\,\boldsymbol{J}_{m_i}(\lambda_i)^{k+1}$ 等于 $\boldsymbol{J}^k$ 中特征值为 0 的非零若尔当块 $\boldsymbol{J}_{m_i}(0)$ 的个数. $\mathrm{rank}\,\boldsymbol{J}^k=\mathrm{rank}\,\boldsymbol{J}^{k+1}\Rightarrow\boldsymbol{J}^k$ 中特征值为 0 的若尔当块 $\boldsymbol{J}_{m_i}(0)^k$ 全为 0. $\mathrm{rank}\,\boldsymbol{J}^k$ 等于 $\boldsymbol{J}$ 中属于非零特征值的若尔当块的阶数 m_i $(\lambda_i\neq 0)$ 的总和. 对任意正整数 s, $\mathrm{rank}\,\boldsymbol{J}^{k+s}$ 仍是属于非零特征值的阶数 m_i 的总和, $\mathrm{rank}\,\boldsymbol{J}^{k+s}=\mathrm{rank}\,\boldsymbol{J}^k$.

(2) 由 $\boldsymbol{A}$ 相似于 $\boldsymbol{J}=\boldsymbol{P}^{-1}\boldsymbol{A}\boldsymbol{P}$ 知 $\boldsymbol{J}$ 的任意正整数次幂 $\boldsymbol{J}^m=\boldsymbol{P}^{-1}\boldsymbol{A}^mP$ 相似于 $\boldsymbol{A}^m$, $\mathrm{rank}\,\boldsymbol{A}^m=\mathrm{rank}\,\boldsymbol{J}^m$. 由 $\mathrm{rank}\,\boldsymbol{J}^k=\mathrm{rank}\,\boldsymbol{A}^k=\mathrm{rank}\,\boldsymbol{A}^{k+1}=\mathrm{rank}\,\boldsymbol{J}^{k+1}$ 得 $\mathrm{rank}\,\boldsymbol{J}^k=\mathrm{rank}\,\boldsymbol{J}^{k+s}$. 从而:

$$\mathrm{rank}\,\boldsymbol{A}^k=\mathrm{rank}\,\boldsymbol{J}^k=\mathrm{rank}\,\boldsymbol{J}^{k+s}=\mathrm{rank}\,\boldsymbol{A}^{k+s}$$

□

7.1.5　已知 n 阶方阵 $\boldsymbol{A}\in F^{n\times n}$ 相似于若尔当形矩阵 $\boldsymbol{J}$, 且满足条件 $\boldsymbol{A}^n=0\neq\boldsymbol{A}^{n-1}$. 求 $\boldsymbol{J}$.

解法 1　由 $\boldsymbol{A}^n=\boldsymbol{O}$ 知 $\boldsymbol{A}$ 的唯一特征值是 0, $\boldsymbol{P}^{-1}\boldsymbol{A}\boldsymbol{P}=\boldsymbol{J}=\mathrm{diag}(\boldsymbol{J}_{m_1}(0),\cdots,\boldsymbol{J}_{m_s}(0))$. $\boldsymbol{J}^{n-1}=\mathrm{diag}(\boldsymbol{J}_{m_1}(0)^{n-1},\cdots,\boldsymbol{J}_{m_s}(0)^{n-1})=\boldsymbol{P}^{-1}\boldsymbol{A}^{n-1}\boldsymbol{P}\neq\boldsymbol{O}$, 至少有一个 $\boldsymbol{J}_{m_i}(0)^{n-1}\neq\boldsymbol{O}$, 这迫使 $m_i\geqslant n$. 但 $m_1+\cdots+m_s=n$, 于是只能 $s=1$, $m_1=n$.

$$\boldsymbol{J}=\boldsymbol{J}_n(0)=\begin{pmatrix}0 & 1 & & \\ & \ddots & \ddots & \\ & & 0 & 1\\ & & & 0\end{pmatrix}$$

解法 2　由 $\boldsymbol{A}^{n-1}\neq\boldsymbol{O}$ 知存在 n 维列向量 $\boldsymbol{P}_n$ 使 $\boldsymbol{P}_1=\boldsymbol{A}^{n-1}\boldsymbol{P}_n\neq\boldsymbol{0}$. 对 $1\leqslant k\leqslant n-1$, 记 $\boldsymbol{P}_k=\boldsymbol{A}^{n-k}\boldsymbol{P}_n$, 则 $\boldsymbol{A}$ 对 $\boldsymbol{P}_1,\cdots,\boldsymbol{P}_n$ 的左乘作用可表示为箭头图:

$$\boldsymbol{0}\leftarrow\boldsymbol{P}_1\leftarrow\boldsymbol{P}_2\leftarrow\cdots\leftarrow\boldsymbol{P}_n$$

$\boldsymbol{P}_1,\boldsymbol{P}_2,\cdots,\boldsymbol{P}_n$ 线性无关, 排成可逆方阵 $\boldsymbol{P}=(\boldsymbol{P}_1,\boldsymbol{P}_2,\cdots,\boldsymbol{P}_n)$ 满足 $\boldsymbol{A}\boldsymbol{P}=\boldsymbol{P}\boldsymbol{J}_n(0)$, $\boldsymbol{J}=\boldsymbol{P}^{-1}\boldsymbol{A}\boldsymbol{P}=\boldsymbol{J}_n(0)$.

□

7.2 根子空间分解

知识导航

1. 根子空间

定义 7.2.1 设 $\mathcal{A}$ 是 n 维复线性空间 V 上的线性变换, λ_i 是 $\mathcal{A}$ 的特征值, 则 $\mathcal{A}$ 的属于特征值 λ_i 的全体根向量再添上零向量共同组成的集合 $W_{\lambda_i}=\{\boldsymbol{\alpha}\in V\mid$ 存在正整数 k 使 $(\mathcal{A}-\lambda_i\mathcal{I})^k\boldsymbol{\alpha}=\mathbf{0}\}$ 是一个子空间, 称为 $\mathcal{A}$ 的属于特征值 λ_i 的**根子空间** (root subspace) . □

根子空间 W_{λ_i} 的维数等于特征值 λ_i 在特征多项式 $\phi_{\mathcal{A}}(\lambda)$ 中的重数 n_i, 且 $W_{\lambda_i}=\operatorname{Ker}(\mathcal{A}-\lambda_i\mathcal{I})^{n_i}$. 存在最小的正整数 $d\leqslant n_i$ 使 $W_{\lambda_i}=\operatorname{Ker}(\mathcal{A}-\lambda_i\mathcal{I})^d$.

在任意一组基下将 V 写成列向量空间 $F^{n\times 1}$, 线性变换 $\mathcal{A}:\boldsymbol{X}\mapsto\boldsymbol{A}\boldsymbol{X}$ 由矩阵 $\boldsymbol{A}$ 左乘实现, 则根子空间 W_{λ_i} 就是齐次线性方程组 $(\boldsymbol{A}-\lambda_i\boldsymbol{I})^{n_i}\boldsymbol{X}=\mathbf{0}$ 的解空间, 其维数等于特征值 λ_i 的代数重数. 特征子空间 V_{λ_i} (方程组 $(\boldsymbol{A}-\lambda_i\boldsymbol{I})\boldsymbol{X}=\mathbf{0}$ 的解空间) 是根子空间 W_{λ_i} 的子空间.

2. 根子空间分解

定理 7.2.1 $\mathcal{A}$ 作用的线性空间 V 等于 $\mathcal{A}$ 的各根子空间的直和:

$$V=W_{\lambda_1}\oplus\cdots\oplus W_{\lambda_t}$$

其中 $\lambda_1,\cdots,\lambda_t$ 是 $\mathcal{A}$ 的全部不同的特征值. □

3. 不变子空间

定义 7.2.2 设 $\mathcal{A}:V\to V$ 是线性变换. 如果 V 的子空间 W 被 $\mathcal{A}$ 的作用映到 W 中, 即

$$\mathcal{A}(W)=\{\mathcal{A}(\boldsymbol{\alpha})\mid\boldsymbol{\alpha}\in W\}\subseteq W$$

就称 W 是 $\mathcal{A}$ 的**不变子空间** (invaraint subspace), 也称 $\mathcal{A}$-不变子空间. □

重要例:

(1) $\boldsymbol{\alpha}$ 是 $\mathcal{A}$ 的特征向量 $\Leftrightarrow$ $\boldsymbol{\alpha}$ 生成一维不变子空间.

(2) $\operatorname{Ker}\mathcal{A},\operatorname{Im}\mathcal{A}$ 都是 $\mathcal{A}$ 的不变子空间.

(3) 对任意复数 a 与任意正整数 m, $\operatorname{Ker}(\mathcal{A}-a\mathcal{I})^m$ 是 $\mathcal{A}$ 的不变子空间. 特别地, $\mathcal{A}$ 的属于特征值 λ_i 的特征子空间 $\operatorname{Ker}(\mathcal{A}-\lambda_i\mathcal{I})$ 及根子空间 $\operatorname{Ker}(\mathcal{A}-\lambda_i\mathcal{I})^{\infty}$ 是 $\mathcal{A}$ 的不变子空间.

(4) 设 $\mathcal{A},\mathcal{B}$ 是同一线性空间 V 上的线性变换, 且 $\mathcal{A}\mathcal{B}=\mathcal{B}\mathcal{A}$, 则 $\operatorname{Im}\mathcal{B}$ 及任意 $\operatorname{Ker}(\mathcal{B}-a\mathcal{I})^m$ 是 $\mathcal{A}$ 的不变子空间.

4. 线性变换在不变子空间上的限制

设 $\mathcal{A}$ 是线性空间 V 上的线性变换, V 的子空间 W 是 $\mathcal{A}$ 的不变子空间, 即 $\mathcal{A}(W)\subseteq W$, 则 $\mathcal{A}$ 的作用引起 W 上的线性变换 $\mathcal{A}_W: W\to W, \boldsymbol{\alpha}\mapsto\mathcal{A}\boldsymbol{\alpha}$, 称为 $\mathcal{A}$ 在 W 上的限制.

注意: 如果将 $\mathcal{A}: V\to V$ 仅仅看成线性空间 V 到 V 的线性映射而不看成线性变换, 则 $\mathcal{A}$ 可以限制到 V 的任意子空间 U, 得到线性映射 $\mathcal{A}|_U: U\to V$, 称为线性映射 $\mathcal{A}$ 在 U 上的限制, 但如果 $\mathcal{A}(U)$ 不含于 U, 这样的 $\mathcal{A}|_U$ 就不能看成 U 上的线性变换.

定理 7.2.2　V 的 $\mathcal{A}$-不变子空间 W 的任意一组基 $S_1=\{\boldsymbol{\alpha}_1,\cdots,\boldsymbol{\alpha}_r\}$ 可以扩充为 V 的一组基 $S=\{\boldsymbol{\alpha}_1,\cdots,\boldsymbol{\alpha}_r,\cdots,\boldsymbol{\alpha}_n\}$. $\mathcal{A}$ 在基 S 下的矩阵是准上三角阵:

$$\boldsymbol{A}=\begin{pmatrix}\boldsymbol{A}_{11} & \boldsymbol{A}_{12}\\ \boldsymbol{O} & \boldsymbol{A}_{22}\end{pmatrix}$$

其中左上角的 r 阶块 $\boldsymbol{A}_{11}$ 是 $\mathcal{A}|_W$ 在基 S_1 下的矩阵.

如果 V 可以分解为两个 $\mathcal{A}$-不变子空间 W_1,W_2 的直和: $V=W_1\oplus W_2$, 任取 W_1 的基 $S_1=\{\boldsymbol{\alpha}_1,\cdots,\boldsymbol{\alpha}_r\}$ 与 W_2 的基 $S_2=\{\boldsymbol{\alpha}_{r+1},\cdots,\boldsymbol{\alpha}_n\}$ 合并为 V 的基 $S=S_1\cup S_2$, 则 $\mathcal{A}$ 在基 S 下的矩阵是准对角阵:

$$\boldsymbol{A}=\begin{pmatrix}\boldsymbol{A}_1 & \boldsymbol{O}\\ \boldsymbol{O} & \boldsymbol{A}_2\end{pmatrix}$$

其中 $\boldsymbol{A}_i\ (i=1,2)$ 是 $\mathcal{A}|_{W_i}$ 在基 S_i 下的矩阵. □

定理 7.2.3　将线性变换 $\mathcal{A}$ 作用的线性空间 V 分解为根子空间的直和 $V=W_{\lambda_1}\oplus\cdots\oplus W_{\lambda_t}$. 取每个根子空间 W_{λ_i} 的适当的基 S_i 使 $\mathcal{A}|_{W_{\lambda_i}}$ 在基 S_i 下的矩阵为上三角阵 $\boldsymbol{A}_i$, 对角元全为 λ_i, 则 $\mathcal{A}$ 在基 $S=S_1\cup S_2\cup\cdots\cup S_t$ 下的矩阵为上三角块组成的准对角阵 $\mathrm{diag}(\boldsymbol{A}_1,\cdots,\boldsymbol{A}_t)$. □

定理 7.2.4　V 上线性变换 $\mathcal{A}$ 可对角化 $\Leftrightarrow$ V 可分解为 1 维不变子空间的直和. □

例题分析与解答

7.2.1　设 V 的线性变换 $\mathcal{A}$ 的特征多项式 $\varphi_{\mathcal{A}}(\lambda)=(\lambda-\lambda_1)^{n_1}\cdots(\lambda-\lambda_t)^{n_t}$, 其中 $\lambda_1,\cdots,\lambda_t$ 两两不同. 求证: 每个 $\boldsymbol{\alpha}\in V$ 可写成 $\boldsymbol{\alpha}=\boldsymbol{\alpha}_1+\cdots+\boldsymbol{\alpha}_t$ 的形式使 $\boldsymbol{\alpha}_i\in\mathrm{Ker}\,(\mathcal{A}-\lambda_i\mathcal{I})^{n_i}$.

证明　对每个 $1\leqslant i\leqslant t$, 记

$$f_i(\lambda)=\frac{\varphi_{\mathcal{A}}(\lambda)}{(\lambda-\lambda_i)^{n_i}}=\prod_{j\neq i}(\lambda-\lambda_j)^{n_j}$$

则 $f_1(\lambda),\cdots,f_t(\lambda)$ 没有公共根, 最大公因式为 1. 存在 $u_1(\lambda),\cdots,u_t(\lambda)$ 使

$$f_1(\lambda)u_1(\lambda)+\cdots+f_t(\lambda)u_t(\lambda)=1$$

将 λ 替换成 $\mathcal{A}$ 得到 $f_1(\mathcal{A})u_1(\mathcal{A})+\cdots+f_t(\mathcal{A})u_t(\mathcal{A})=\mathcal{I}$, 于是对任意 $\boldsymbol{\alpha}\in V$ 有

$$\boldsymbol{\alpha}=\mathcal{I}\boldsymbol{\alpha}=f_1(\mathcal{A})u_1(\mathcal{A})\boldsymbol{\alpha}+\cdots+f_t(\mathcal{A})u_t(\mathcal{A})\boldsymbol{\alpha}=\boldsymbol{\alpha}_1+\cdots+\boldsymbol{\alpha}_t$$

其中 $\boldsymbol{\alpha}_i = f_i(\mathcal{A})u_i(\mathcal{A})\boldsymbol{\alpha}$ 对 $1 \leqslant i \leqslant t$ 成立. 我们有 $(\lambda-\lambda_i)^{n_i}f_i(\lambda)=\varphi_{\mathcal{A}}(\lambda)$ 且 $\varphi_{\mathcal{A}}(\mathcal{A})=\mathcal{O}$. 因而对 $1 \leqslant i \leqslant t$ 有

$$(\mathcal{A}-\lambda_i\mathcal{I})^{n_i}\boldsymbol{\alpha}_i=(\mathcal{A}-\lambda_i\mathcal{I})^{n_i}f_i(\mathcal{A})u_i(\mathcal{A})\boldsymbol{\alpha}=\varphi_{\mathcal{A}}(\mathcal{A})u_i(\mathcal{A})\boldsymbol{\alpha}=\mathcal{O}u_i(\mathcal{A})\boldsymbol{\alpha}=\mathbf{0}$$

从而 $\boldsymbol{\alpha}_i \in \mathrm{Ker}\,(\mathcal{A}-\lambda_i\mathcal{I})^{n_i}$. □

7.2.2 设 n 维复线性空间 V 上线性变换 $\mathcal{A}, \mathcal{B}$ 乘法可交换, 求证: $\mathcal{A}$ 的特征子空间和根子空间都是 $\mathcal{B}$ 的不变子空间.

证明 设 λ_i 是 $\mathcal{A}$ 的特征值, 代数重数为 n_i, 则 $\mathcal{A}$ 的属于特征值 λ_i 的特征子空间 $V_{\lambda_i}=\mathrm{Ker}\,(\mathcal{A}-\lambda_i\mathcal{I})$, 根子空间 $W_{\lambda_i}=\mathrm{Ker}\,(\mathcal{A}-\lambda_i\mathcal{I})^{n_i}$.

对任意 $\boldsymbol{\alpha}\in V_{\lambda_i}$ 有 $(\mathcal{A}-\lambda_i\mathcal{I})\mathcal{B}\boldsymbol{\alpha}=\mathcal{B}(\mathcal{A}-\lambda_i\mathcal{I})\boldsymbol{\alpha}=\mathcal{B}\mathbf{0}=\mathbf{0}$, 这说明 $\mathcal{B}\boldsymbol{\alpha}\in V_{\lambda_i}$. 这证明了 V_{λ_i} 是 $\mathcal{B}$ 的不变子空间.

对任意 $\boldsymbol{\beta}\in W_{\lambda_i}$ 有 $(\mathcal{A}-\lambda_i\mathcal{I})^{n_i}\mathcal{B}\boldsymbol{\beta}=\mathcal{B}(\mathcal{A}-\lambda_i\mathcal{I})^{n_i}\boldsymbol{\beta}=\mathcal{B}\mathbf{0}=\mathbf{0}$, 这说明 $\mathcal{B}\boldsymbol{\beta}\in W_{\lambda_i}$. 这证明了 W_{λ_i} 是 $\mathcal{B}$ 的不变子空间. □

7.2.3 设 $\mathcal{A},\mathcal{B}$ 是复线性空间上的线性变换且 $\mathcal{A}\mathcal{B}=\mathcal{B}\mathcal{A}$. 求证: $\mathcal{A},\mathcal{B}$ 有公共的特征向量.

证明 设 a 是 $\mathcal{A}$ 的任意一个特征值, $V_a=\mathrm{Ker}\,(\mathcal{A}-a\mathcal{I})$ 是属于特征值 a 的特征子空间, 则 $\boldsymbol{\alpha}\in V_a \Rightarrow (\mathcal{A}-a\mathcal{I})(\mathcal{B}\boldsymbol{\alpha})=\mathcal{B}(\mathcal{A}-a\mathcal{I})\boldsymbol{\alpha}=\mathbf{0}\Rightarrow \mathcal{B}\boldsymbol{\alpha}\in V_a$. 这证明了 V_a 是 $\mathcal{B}$ 的不变子空间, $\mathcal{B}$ 在 V_a 上的限制 $\mathcal{B}_{V_a}:\boldsymbol{\alpha}\mapsto\mathcal{B}\boldsymbol{\alpha}$ 是 V_a 的线性变换. $\mathcal{B}|_{V_a}$ 存在特征值 b 和特征向量 $\boldsymbol{\beta}\neq\mathbf{0}$ 满足 $\mathcal{B}\boldsymbol{\beta}=b\boldsymbol{\beta}$, 且由 $\boldsymbol{\beta}\in V_a$ 知 $\mathcal{A}\boldsymbol{\beta}=a\boldsymbol{\beta}$. $\boldsymbol{\beta}$ 是 $\mathcal{A},\mathcal{B}$ 的公共特征向量. □

7.2.4 (1) 设 $\mathcal{A},\mathcal{B}$ 是奇数维实线性空间 V 上线性变换且 $\mathcal{A}\mathcal{B}=\mathcal{B}\mathcal{A}$, 求证: $\mathcal{A},\mathcal{B}$ 有公共的特征向量.

(2) 设 $\mathcal{A}_i\ (i\in I)$ 是奇数维实线性空间 V 上一组两两可交换的线性变换, 求证: 所有的 $\mathcal{A}_i\ (i\in I)$ 有公共的特征向量.

证明 (1) 已知 $n=\dim V$ 是奇数. 将 $\mathcal{A}$ 的特征多项式 $\varphi_{\boldsymbol{A}}(\lambda)$ 在实数域上分解为不可约多项式的乘积:

$$\varphi_{\boldsymbol{A}}(\lambda)=(\lambda-\lambda_1)^{n_1}\cdots(\lambda-\lambda_d)^{n_d}(f_{d+1}(\lambda))^{n_{d+1}}\cdots(f_s(\lambda))^{n_s}$$

其中 $\lambda_1,\cdots,\lambda_d$ 是 $\varphi_{\boldsymbol{A}}(\lambda)$ 的实根, $f_j(\lambda)\ (d+1\leqslant j\leqslant s)$ 是无实根的不可约实系数多项式, 次数都是 2. 由 $n=n_1+\cdots+n_d+2n_{d+1}+\cdots+2n_s$ 是奇数知道至少有一个实根 λ_i 的代数重数 n_i 是奇数. 属于特征值 λ_i 的根子空间 $W_{\lambda_i}=\mathrm{Ker}\,(\mathcal{A}-\lambda_i\mathcal{I})^{n_i}$ 的维数 n_i 是奇数.

我们有

$$\boldsymbol{\alpha}\in W_{\lambda_i}\ \Rightarrow\ (\mathcal{A}-\lambda_i\mathcal{I})^{n_i}(\mathcal{B}\boldsymbol{\alpha})=\mathcal{B}(\mathcal{A}-\lambda_i\mathcal{I})^{n_i}\boldsymbol{\alpha}=\mathbf{0}\ \Rightarrow\ \mathcal{B}\boldsymbol{\alpha}\in W_{\lambda_i}$$

这证明 W_{λ_i} 是 $\mathcal{B}$ 的不变子空间. $\mathcal{B}$ 在 W_{λ_i} 上的限制 $\mathcal{B}_{W_{\lambda_i}}:\boldsymbol{\alpha}\mapsto\mathcal{B}\boldsymbol{\alpha}$ 是 n_i 维空间 W_{λ_i} 上的线性变换. $\mathcal{B}|_{W|\lambda_i}$ 的特征多项式的次数 n_i 是奇数, 有实特征根 b, 并且有属于实特征值 b 的特征向量 $\boldsymbol{\beta}\neq\mathbf{0}$ 满足条件 $\mathcal{B}\boldsymbol{\beta}=b\boldsymbol{\beta}$.

$\boldsymbol{\beta}\in W_{\lambda_i}$ 是 $\mathcal{A}$ 的属于特征值 λ_i 的根向量, 存在正整数 m 使 $(\mathcal{A}-\lambda_i\mathcal{I})^m\boldsymbol{\beta}=\mathbf{0}\neq(\mathcal{A}-\lambda_i\mathcal{I})^{m-1}\boldsymbol{\beta}=\boldsymbol{\beta}_1$. 由 $(\mathcal{A}-\lambda_i\mathcal{I})\boldsymbol{\beta}_1=(\mathcal{A}-\lambda_i\mathcal{I})^m\boldsymbol{\beta}=\mathbf{0}$ 知 $\mathcal{A}\boldsymbol{\beta}_1=\lambda_i\boldsymbol{\beta}_1$, $\boldsymbol{\beta}_1$ 是 $\mathcal{A}$ 的特征向量. 且 $\mathcal{B}\boldsymbol{\beta}_1=\mathcal{B}(\mathcal{A}-\lambda_i\mathcal{I})^{m-1}\boldsymbol{\beta}=(\mathcal{A}-\lambda_i\mathcal{I})^{m-1}\mathcal{B}\boldsymbol{\beta}=(\mathcal{A}-\lambda_i\mathcal{I})^{m-1}b\boldsymbol{\beta}=b\boldsymbol{\beta}_1$, 说明 $\boldsymbol{\beta}_1$ 也是 $\mathcal{B}$ 的特征向量, 因而是 $\mathcal{A},\mathcal{B}$ 的公共特征向量.

(2) n 维实线性空间 V 上的全体线性变换组成的实线性空间 $L(V)$ 的维数为 n^2, 其中的线性变换 $\mathcal{A}_i$ $(i\in I)$ 组成的集合的极大线性无关组 S 所含的 $\mathcal{A}_i$ 个数不超过 n^2, 不妨设为 $\mathcal{A}_1,\cdots,\mathcal{A}_s$, 其中 $1\leqslant s\leqslant n^2$. 只要证明 $\mathcal{A}_1,\cdots,\mathcal{A}_s$ 有公共的特征向量 $\boldsymbol{\beta}$ 满足 $\mathcal{A}_i\boldsymbol{\beta}=a_i\boldsymbol{\beta}$ $(\forall 1\leqslant i\leqslant s)$, 则每个 $\mathcal{A}_i$ $(i\in I)$ 都是 $\mathcal{A}_1,\cdots,\mathcal{A}_s$ 的线性组合 $\mathcal{A}_i=x_1\mathcal{A}_1+\cdots+x_s\mathcal{A}_s$, 因而 $\mathcal{A}_i\boldsymbol{\beta}=(x_1a_1+\cdots+x_sa_s)\boldsymbol{\beta}$, $\boldsymbol{\beta}$ 是 $\mathcal{A}_i$ 的属于特征值 $x_1a_1+\cdots+x_sa_s$ 的特征向量.

以下对 s 做数学归纳法证明 $n=\dim V$ 为奇数的实线性空间 V 上两两交换的实线性变换 $\mathcal{A}_1,\cdots,\mathcal{A}_s$ 存在公共特征向量. 当 $s=1$ 时, $\mathcal{A}_1$ 有实特征值 a 及特征向量 $\boldsymbol{\beta}$ 满足条件 $\mathcal{A}_1\boldsymbol{\beta}=a\boldsymbol{\beta}$. 设奇数维实线性空间上 $s-1$ 个两两交换的线性变换存在公共特征向量. 本题 (1) 中已经证明奇数维实线性空间 V 上的线性变换 $\mathcal{A}_s$ 存在某个特征值 a 的代数重数 p 是奇数, 根子空间 W_a 的维数 p 是奇数. 每个 $\mathcal{A}_k$ $(1\leqslant k\leqslant s-1)$ 与 $\mathcal{A}_s$ 交换, 因而 W_a 是 $\mathcal{A}_k$ 的不变子空间, $\mathcal{A}_k$ 在 W_a 上的限制 $(\mathcal{A}_k)|_{W_a}$ 是 W_a 的线性变换. 奇数维实线性空间 W_a 上的 $s-1$ 个线性变换 $(\mathcal{A}_k)|_{W_a}$ $(1\leqslant k\leqslant s-1)$ 两两交换, 由归纳假设知道它们有公共的特征向量 $\boldsymbol{\beta}\neq\mathbf{0}$, 对每个 $\mathcal{A}_k$ $(1\leqslant k\leqslant s-1)$ 有实数 a_k 使 $\mathcal{A}_k\boldsymbol{\beta}=a_k\boldsymbol{\beta}$. 由 $\boldsymbol{\beta}\in W_a$ 知存在正整数 m 使 $(\mathcal{A}_s-a\mathcal{I})^m\boldsymbol{\beta}=\mathbf{0}\neq(\mathcal{A}_s-a\mathcal{I})^{m-1}=\boldsymbol{\beta}_1$. 由 $(\mathcal{A}_s-a\mathcal{I})\boldsymbol{\beta}_1=(\mathcal{A}_s-a\mathcal{I})^m\boldsymbol{\beta}=\mathbf{0}$ 得 $\mathcal{A}_s\boldsymbol{\beta}_1=a\boldsymbol{\beta}_1$, $\boldsymbol{\beta}_1$ 是 $\mathcal{A}_s$ 的特征向量. 且对每个 $\mathcal{A}_k$ $(1\leqslant k\leqslant s-1)$ 有 $\mathcal{A}_k\boldsymbol{\beta}_1=\mathcal{A}_k(\mathcal{A}_s-a\mathcal{I})^{m-1}\boldsymbol{\beta}=(\mathcal{A}_s-a\mathcal{I})^{m-1}\mathcal{A}_k\boldsymbol{\beta}=(\mathcal{A}_s-a\mathcal{I})^{m-1}a_k\boldsymbol{\beta}=a_k\boldsymbol{\beta}_1$, $\boldsymbol{\beta}_1$ 也是 $\mathcal{A}_k$ 的特征向量. 因此 $\boldsymbol{\beta}_1$ 是 $\mathcal{A}_1,\cdots,\mathcal{A}_s$ 的公共特征向量, 也是所有 $\mathcal{A}_i$ $(i\in I)$ 的特征向量. □

7.2.5 设 $\boldsymbol{A}$ 是数域 F 上的 n 阶方阵. 求证: 存在 F 上的可逆方阵将 $\boldsymbol{A}$ 相似于 $\begin{pmatrix}\boldsymbol{B}&\boldsymbol{O}\\\boldsymbol{O}&\boldsymbol{C}\end{pmatrix}$, 其中 $\boldsymbol{B}$ 是可逆方阵, $\boldsymbol{C}$ 是幂零方阵.

证法 1 对 n 做数学归纳法. 当 $n=1$ 时 $\boldsymbol{A}$ 是一个数 a, 当 $a\neq 0$ 时 $\boldsymbol{A}=\boldsymbol{B}$ 可逆, 当 $a=0$ 时 $\boldsymbol{A}=\boldsymbol{C}$ 幂零, 都符合要求.

归纳假设 $n-1$ 阶方阵都能相似于所需形状, 证明 n 阶方阵 $\boldsymbol{A}$ 也能相似于所说形状.

如果 $\det\boldsymbol{A}\neq 0$, $\boldsymbol{A}=\boldsymbol{B}$ 可逆, 已经具有所需形状. 设 $\det\boldsymbol{A}=0$, 则齐次线性方程组 $\boldsymbol{A}\boldsymbol{X}_1=\mathbf{0}$ 有非零解 $\boldsymbol{X}_0$, 可以扩充为 F^n 的一组基 $\{\boldsymbol{X}_1,\cdots,\boldsymbol{X}_{n-1},\boldsymbol{X}_0\}$, 排成可逆方阵 $\boldsymbol{P}_1=(\boldsymbol{X}_1,\cdots,\boldsymbol{X}_{n-1},\boldsymbol{X}_0)$, 则:

$$\boldsymbol{P}_1^{-1}\boldsymbol{A}\boldsymbol{P}_1=\boldsymbol{A}_1=\begin{pmatrix}\boldsymbol{A}_{11}&\mathbf{0}\\\boldsymbol{A}_{21}&0\end{pmatrix}$$

其中 $\boldsymbol{A}_{11}$ 是 F 上 $n-1$ 阶方阵, 可被某个 $n-1$ 阶可逆方阵 $\boldsymbol{K}_2$ 相似到 $\boldsymbol{K}_2^{-1}\boldsymbol{A}_{11}\boldsymbol{K}_2=\mathrm{diag}(\boldsymbol{B},\boldsymbol{C}_1)$, 其中 $\boldsymbol{B}$ 可逆, $\boldsymbol{C}_1$ 幂零, 存在正整数 m 使 $\boldsymbol{C}_1^m=\boldsymbol{O}$. 取 $\boldsymbol{P}_2=\mathrm{diag}(\boldsymbol{K}_2,1)$, 则:

$$\boldsymbol{A}_2=\boldsymbol{P}_2^{-1}\boldsymbol{A}_1\boldsymbol{P}_2=\begin{pmatrix}\boldsymbol{B}&\boldsymbol{O}&\mathbf{0}\\\boldsymbol{O}&\mathrm{C}_1&\mathbf{0}\\\boldsymbol{B}_{31}&\boldsymbol{B}_{32}&0\end{pmatrix}$$

再取

$$\boldsymbol{P}_3=\begin{pmatrix}\boldsymbol{I}&\boldsymbol{O}&\mathbf{0}\\\boldsymbol{O}&\boldsymbol{I}&\mathbf{0}\\-\boldsymbol{B}_{31}\boldsymbol{B}^{-1}&\mathbf{0}&1\end{pmatrix}$$

则 $\boldsymbol{A}_3=\boldsymbol{P}_3\boldsymbol{A}_2\boldsymbol{P}_3^{-1}=\mathrm{diag}(\boldsymbol{B},\boldsymbol{C})$, 其中:

$$\boldsymbol{C}=\begin{pmatrix}\boldsymbol{C}_1 & \boldsymbol{0}\\ \boldsymbol{B}_{32} & 0\end{pmatrix},\quad \boldsymbol{C}^{m+1}=\boldsymbol{C}^m\boldsymbol{C}=\begin{pmatrix}\boldsymbol{O} & \boldsymbol{0}\\ \boldsymbol{\beta} & 0\end{pmatrix}\begin{pmatrix}\boldsymbol{O} & \boldsymbol{0}\\ \boldsymbol{B}_{32} & 0\end{pmatrix}=\boldsymbol{O}$$

符合要求.

证法 2 用 $\boldsymbol{A}$ 左乘 n 维列向量引起列向量空间 F^n 的线性变换 $\sigma:\boldsymbol{X}\mapsto\boldsymbol{AX}$. 对每个正整数 m, 考虑 $\sigma^m:\boldsymbol{X}\mapsto\boldsymbol{A}^m\boldsymbol{X}$ 的象空间 $\mathrm{Im}\,\sigma^m=\{\boldsymbol{A}^m\boldsymbol{X}\mid\boldsymbol{X}\in F^n\}$ 与核空间 $\mathrm{Ker}\,\sigma^m=\{\boldsymbol{X}\in F^n\mid\boldsymbol{A}^m\boldsymbol{X}=\boldsymbol{0}\}$. 易验证 $\mathrm{Im}\,\sigma^m\supseteq\mathrm{Im}\,\sigma^{m+1}$, 因此 $\dim(\mathrm{Im}\,\sigma^m)\geqslant\dim(\mathrm{Im}\,\sigma^{m+1})$. $\dim(\mathrm{Im}\,\sigma^m)$ 为非负整数, 不能无限递减, 必有一个最小的 m 使 $\dim(\mathrm{Im}\sigma^m)=\dim(\mathrm{Im}\sigma^{m+1})$, 因而 $W_1=\mathrm{Im}\sigma^m=\mathrm{Im}\sigma^{m+1}=\sigma(W_1)$. σ 在 W_1 上的限制可逆. 记 $W_2=\mathrm{Ker}\,\sigma^m$. 则 $\dim W_1+\dim W_2=\dim(\mathrm{Im}\sigma^m)+\dim(\mathrm{Ker}\,\sigma^m)=n$. 设 $\boldsymbol{\alpha}\in W_1\cap W_2$, 则由 $\boldsymbol{\alpha}\in W_2=\mathrm{Ker}\,\sigma^m$ 知 $\sigma^m\boldsymbol{\alpha}=\boldsymbol{0}$. 再由 $\sigma^m|_{W_1}$ 可逆知 $\sigma^m\boldsymbol{\alpha}=\boldsymbol{0}\Rightarrow\boldsymbol{\alpha}=\boldsymbol{0}$. 这证明了 $W_1\cap W_2=\{\boldsymbol{0}\}$. 因而 $\dim(W_1+W_2)=\dim(W_1\oplus W_2)=\dim W_1+\dim W_2=n$, $V=W_1\oplus W_2$.

W_1 的基 $M_1=\{\boldsymbol{X}_1,\cdots,\boldsymbol{X}_r\}$ 与 W_2 的基 $M_2=\{\boldsymbol{X}_{r+1},\cdots,\boldsymbol{X}_n\}$ 的并集 $M=\{\boldsymbol{X}_1,\cdots,\boldsymbol{X}_n\}$ 是 F^n 的一组基. 可逆变换 $\sigma|_{W_1}$ 在基 M_1 下的矩阵 $\boldsymbol{B}$ 可逆. 幂零变换 $\sigma|_{W_2}$ 在基 M_2 下的矩阵 $\boldsymbol{C}$ 幂零. σ 在基 M 下的矩阵 $\boldsymbol{A}_1=\mathrm{diag}(\boldsymbol{B},\boldsymbol{C})=\boldsymbol{P}^{-1}\boldsymbol{AP}$ 与 $\boldsymbol{A}$ 相似, 其中 $\boldsymbol{P}=(\boldsymbol{X}_1,\cdots,\boldsymbol{X}_n)$ 是以 M 中各个基向量为各列依次排成的可逆方阵.

证法 3 仍考虑列向量空间 $V=F^n$ 上的线性变换 $\sigma:\boldsymbol{X}\mapsto\boldsymbol{AX}$. 设 $d(\lambda)=\lambda^m+a_1\lambda^{m-1}+\cdots+a_{m-1}\lambda+a_m=\lambda^k(\lambda^{m-k}+\cdots+a_{m-k})$ 是 $\boldsymbol{A}$ 的最小多项式, k 是使 λ^k 整除 $d_{\boldsymbol{A}}(\lambda)$ 的最大非负整数, 也就是使 $a_{m-k}\neq 0$ 的最小非负整数, 则 $d(\lambda)$ 是两个互素的多项式 λ^k 与 $g(\lambda)=\lambda^{m-k}+\cdots+a_{m-k}$ 的乘积.

$g(\sigma)$ 与 σ^k 都与 σ 交换, 因而 $W_1=\mathrm{Ker}\,g(\sigma)$ 与 $W_2=\mathrm{Ker}\,\sigma^k$ 都是 σ 的不变子空间. 我们证明 $F^n=W_1\oplus W_2$.

由 λ^k 与 $g(\lambda)$ 互素知存在 F 上的多项式 $u(\lambda),v(\lambda)$ 使 $\lambda^k u(\lambda)+g(\lambda)v(\lambda)=1$, 从而 $\sigma^k u(\sigma)+g(\sigma)v(\sigma)=1_V$.

对任意 $\boldsymbol{\beta}\in V$ 有 $\boldsymbol{\beta}=(\sigma^k u(\sigma)+g(\sigma)v(\sigma))\boldsymbol{\beta}=\boldsymbol{\beta}_1+\boldsymbol{\beta}_2$, 其中 $\boldsymbol{\beta}_1=\sigma^k u(\sigma)\boldsymbol{\beta}$, $\boldsymbol{\beta}_2=g(\sigma)v(\sigma)\boldsymbol{\beta}$. 我们有 $d(\boldsymbol{A})=\boldsymbol{O}$ 从而 $d(\sigma)=g(\sigma)\sigma^k=0_V$.

$$g(\sigma)\boldsymbol{\beta}_1=g(\sigma)\sigma^k u(\sigma)\boldsymbol{\beta}=d(\sigma)u(\sigma)\boldsymbol{\beta}=0,\quad \sigma^k\boldsymbol{\beta}_2=\sigma^k g(\sigma)v(\sigma)\boldsymbol{\beta}=d(\sigma)v(\sigma)\boldsymbol{\beta}=0$$

这证明了 $\boldsymbol{\beta}_1\in\mathrm{Ker}\,g(\sigma)=W_1,\boldsymbol{\beta}_2\in\mathrm{Ker}\,\sigma^k=W_2$, V 中每个 $\boldsymbol{\beta}=\boldsymbol{\beta}_1+\boldsymbol{\beta}_2\in W_1+W_2$, $W=W_1+W_2$.

另一方面, 设 $\boldsymbol{\beta}_0\in W_1\cap W_2=\mathrm{Ker}\,g(\sigma)\cap\mathrm{Ker}\,\sigma^k$, 则由 $g(\sigma)\boldsymbol{\beta}_0=\sigma^k\boldsymbol{\beta}_0=0$ 知

$$\boldsymbol{\beta}_0=1_V\boldsymbol{\beta}_0=(\sigma^k u(\sigma)+g(\sigma)v(\sigma))\boldsymbol{\beta}_0=u(\sigma)\sigma^k\boldsymbol{\beta}_0+v(\sigma)g(\sigma)\boldsymbol{\beta}_0=0+0=0$$

这证明了 $W_1\cap W_2=0$, $V=W_1\oplus W_2$.

任取 W_1 的基 M_1 与 W_2 的基 M_2 合并得到 W 的基 $M=M_1\cup M_2$, 则 σ 在基 M 下的矩阵为 $\mathrm{diag}(\boldsymbol{B},\boldsymbol{C})$, 与 σ 在自然基下的矩阵 $\boldsymbol{A}$ 相似, 其中 $\boldsymbol{B},\boldsymbol{C}$ 分别是 $\sigma|_{W_1},\sigma|_{W_2}$ 在 M_1,M_2 下的矩阵. 由 $g(\sigma)W_1=0$ 知 $g(\sigma|_{W_1})=0$, 从而 $g(\boldsymbol{B})=\boldsymbol{B}^{m-k}+\cdots+a_{m-k-1}\boldsymbol{B}+a_{m-k}\boldsymbol{I}=\boldsymbol{O},\boldsymbol{B}(-a_{m-k}^{-1})(\boldsymbol{B}^{m-k-1}+\cdots+a_{m-k-1}\boldsymbol{I})=\boldsymbol{I}$, $\boldsymbol{B}$ 可逆. 又由 $\sigma^k W_2=0$ 知 $\boldsymbol{C}^k=\boldsymbol{O}$, $\boldsymbol{C}$ 幂零. 如所欲证. □

7.2.6　V 是复数域上 n 维线性空间. f,g 是 V 上线性变换, 且满足 $fg-gf=f$. 求证: f 的特征值都是 0, 且 f,g 有公共特征向量.

证明　设 $\boldsymbol{\eta}$ 是 f 的特征向量, 所属的特征值为 a, 即 $f(\boldsymbol{\eta})=a\boldsymbol{\eta}$. 设 d 是使 $S=\{\boldsymbol{\eta},g\boldsymbol{\eta},\cdots,g^{d-1}\boldsymbol{\eta}\}$ 线性无关的最大正整数, W 是 S 生成的子空间. W 是 g 作用下的不变子空间, S 是 W 的一组基. 我们证明 W 也是 f 的不变子空间, 并求出 f 在 W 上的限制 $f|_W$ 在基 S 下的矩阵.

对任意正整数 $k\leqslant d-1$, 由 $fg=gf+f=(g+1)f$ 得

$$f(g^k\boldsymbol{\eta})=(fg)(g^{k-1}\boldsymbol{\eta})=(g+1)(fg^{k-1}\boldsymbol{\eta})$$

对 k 做数学归纳法可得

$$\begin{aligned}f(g^k\boldsymbol{\eta})&=(g+1)^kf(\boldsymbol{\eta})=a(g+1)^k\boldsymbol{\eta}\\&=ag^k\boldsymbol{\eta}+a\mathrm{C}_k^1g^{k-1}\boldsymbol{\eta}+a\mathrm{C}_k^2g^{k-2}\boldsymbol{\eta}+\cdots+a\mathrm{C}_k^{k-1}g\boldsymbol{\eta}+a\boldsymbol{\eta}\in W\end{aligned}$$

由此可知 W 是 f 的不变子空间, 且 $f|_W$ 在基 S 下的矩阵具有形状:

$$\boldsymbol{A}=\begin{pmatrix}a&\cdots&*\\&\ddots&\vdots\\\boldsymbol{O}&&a\end{pmatrix}_{d\times d}$$

是主对角线全为 a 的上三角阵. 设 $g|_W$ 在基 S 下的矩阵为 $\boldsymbol{B}$, 则:

$$f=fg-gf\Rightarrow\boldsymbol{A}=\boldsymbol{AB}-\boldsymbol{BA}\Rightarrow da=\mathrm{tr}\,\boldsymbol{A}=\mathrm{tr}\,(\boldsymbol{AB})-\mathrm{tr}\,(\boldsymbol{BA})=0.$$

这证明了 f 的每个特征值 $a=0$.

d 维空间 W 上的线性变换 $g|_W$ 必有一个特征向量 $\boldsymbol{\alpha}\neq\boldsymbol{0}$ 满足 $g(\boldsymbol{\alpha})=\lambda\boldsymbol{\alpha}$, $\boldsymbol{\alpha}$ 是 g 的属于特征值 λ 的特征向量. 另一方面, 由于 $f|_W$ 的矩阵 $\boldsymbol{A}$ 满足 $\boldsymbol{A}^d=\boldsymbol{O}$, $f^d(\boldsymbol{\alpha})=\boldsymbol{0}$, 因此存在最小的正整数 $m\leqslant d$ 满足 $f^m(\boldsymbol{\alpha})=\boldsymbol{0}\neq f^{m-1}(\boldsymbol{\alpha})=\boldsymbol{\beta}$, 因而 $f(\boldsymbol{\beta})=\boldsymbol{0}$, $\boldsymbol{\beta}$ 是 f 的特征向量. 我们证明 $\boldsymbol{\beta}=f^{m-1}(\boldsymbol{\alpha})$ 也是 g 的特征向量, 从而是 f,g 的公共特征向量.

由 $fg-gf=f$ 得 $gf=fg-f$, $gf^2=fgf-f^2=f(fg-f)-f^2=f^2g-2f^2$. 对正整数 k 做数学归纳法可证明 $gf^k=f^kg-kf^k$, 因而 $g(f^k(\alpha))=f^kg(\alpha)-kf^k(\alpha)=(\lambda-k)f^k(\alpha)$. 只要 $f^k(\alpha)\neq 0$, 它就是 g 的属于特征值 $\lambda-k$ 的特征向量. 特别地, $\boldsymbol{\beta}=f^{m-1}(\boldsymbol{\alpha})$ 是 g 的属于特征值 $\lambda-m+1$ 的特征向量, 同时也是 f 的属于特征值 0 的特征向量, 因而是 f,g 的公共特征向量. □

7.3 循环子空间

知识导航

1. 循环子空间

定义 7.3.1 设 $\mathcal{A}$ 是数域 F 上线性空间 V 上的线性变换, $S\subseteq V$, 则 V 中包含 S 的全体 $\mathcal{A}$-不变子空间的交仍然是包含 S 的 $\mathcal{A}$-不变子空间, 因此是包含 S 的最小 $\mathcal{A}$-不变子空间, 称为由 S 生成的 $\mathcal{A}$-不变子空间. 特别地, 由 V 中一个向量 $\boldsymbol{\beta}$ 生成的 $\mathcal{A}$-不变子空间称为**循环子空间** (cyclic subspace) . □

定理 7.3.1 向量 $\boldsymbol{\beta}$ 生成的循环子空间由 $\boldsymbol{\beta}$ 及所有 $\mathcal{A}^k\boldsymbol{\beta}$ (k 为正整数) 的全体线性组合 $a_0\boldsymbol{\beta}+a_1\mathcal{A}\boldsymbol{\beta}+\cdots+a_m\mathcal{A}^m\boldsymbol{\beta}$ $(a_1,a_1,\cdots,a_m\in F)$ 组成, 等于

$$F[\mathcal{A}]\boldsymbol{\beta}=\{f(\mathcal{A})\boldsymbol{\beta}\mid f(x)\in F[x]\}$$

其中 $f(x)=a_0+a_1x+\cdots+a_mx^m\in F[x]$ 取遍数域 F 上所有的多项式, $f(\mathcal{A})\boldsymbol{\beta}=(a_0+a_1\mathcal{A}+\cdots+a_m\mathcal{A}^m)\boldsymbol{\beta}=a_0\boldsymbol{\beta}+a_1\mathcal{A}\boldsymbol{\beta}+\cdots+a_m\mathcal{A}^m\boldsymbol{\beta}$. □

2. 向量的最小多项式

非零向量 $\boldsymbol{\beta}$ 生成的循环子空间 $F[\mathcal{A}]\boldsymbol{\beta}\subseteq V$ 虽然是无穷集合 $M=\{\boldsymbol{\beta},\mathcal{A}\boldsymbol{\beta},\cdots,\mathcal{A}^m\boldsymbol{\beta},\cdots\}$ 在数域 F 上生成的子空间, 但由于 V 是有限维线性空间, 子空间 $F[\mathcal{A}]\boldsymbol{\beta}$ 的维数也是有限的, 存在最大的正整数 m 使 M 中前 m 个向量组成的集合 $M_1=\{\boldsymbol{\beta},\mathcal{A}\boldsymbol{\beta},\cdots,\mathcal{A}^{m-1}\boldsymbol{\beta}\}$ 线性无关, 前 $m+1$ 个向量 $\boldsymbol{\beta},\mathcal{A}\boldsymbol{\beta},\cdots,\mathcal{A}^m\boldsymbol{\beta}$ 线性相关, 存在 F 中不全为 0 的常数 $\lambda_0,\lambda_1,\cdots,\lambda_m$ 使

$$\lambda_0\boldsymbol{\beta}+\lambda_1\mathcal{A}\boldsymbol{\beta}+\cdots+\lambda_{m-1}\mathcal{A}^{m-1}\boldsymbol{\beta}+\lambda_m\mathcal{A}^m\boldsymbol{\beta}=\mathbf{0}$$

由 M_1 线性无关知 $\lambda_m\neq 0$, 且可将等式两边同乘 λ_m^{-1} 得到

$$\mathbf{0}=c_0\boldsymbol{\beta}+c_1\mathcal{A}\boldsymbol{\beta}+\cdots+c_{m-1}\mathcal{A}^{m-1}\boldsymbol{\beta}+\mathcal{A}^m\boldsymbol{\beta}=d(\mathcal{A})\boldsymbol{\beta}$$

其中 $c_i=\lambda_m^{-1}\lambda_i$ $(\forall\ 0\leqslant i\leqslant m-1)$, $d(x)=c_0+c_1x+\cdots+c_{m-1}x^{m-1}+x^m\in F[x]$ 是满足 $d(\mathcal{A})\boldsymbol{\beta}=\mathbf{0}$ 的次数最低的首一多项式.

定义 7.3.2 设 $\mathcal{A}$ 是数域 F 上线性空间 V 上的线性变换, $0\neq\boldsymbol{\beta}\in V$. 如果非零多项式 $f(x)\in F[x]$ 满足条件 $f(\mathcal{A})(\boldsymbol{\beta})=0$, 就称 $f(x)$ 为 $\boldsymbol{\beta}$ (相对于 $\mathcal{A}$) 的**化零多项式** (annihilator), 其中次数最低的首一的化零多项式称为 $\boldsymbol{\beta}$ (相对于 $\mathcal{A}$) 的**最小多项式** (minimal polynomial), 记作 $d_{\mathcal{A},\boldsymbol{\beta}}(\lambda)$, 在 $\mathcal{A}$ 给定之后也可简记为 $d_{\boldsymbol{\beta}}(\lambda)$. □

$\boldsymbol{\beta}$ 相对于 $\mathcal{A}$ 的所有的化零多项式都是最小多项式 $d_{\mathcal{A},\boldsymbol{\beta}}$ 的倍式. 特别地, 设 $\mathcal{A}$ 的最小多项式为 $d_{\mathcal{A}}(x)$, 则 $d_{\mathcal{A},\boldsymbol{\beta}}(x)$ 是 $d_{\mathcal{A}}(x)$ 的因式.

定理 7.3.2 设 $\mathcal{A}$ 是数域 F 上 n 维线性空间 V 的线性变换,

$$d_{\boldsymbol{\beta}}(\lambda)=a_0+a_1\lambda+\cdots+a_{m-1}\lambda^{m-1}+\lambda^m$$

是 $\boldsymbol{\beta}$ 相对于 $\mathcal{A}$ 的最小多项式, 则:

(1) $M_1=\{\boldsymbol{\beta},\mathcal{A}(\boldsymbol{\beta}),\mathcal{A}^2(\boldsymbol{\beta}),\cdots,\mathcal{A}^{m-1}(\boldsymbol{\beta})\}$ 是循环子空间 $U=F[\mathcal{A}]\boldsymbol{\beta}$ 的一组基.

(2) $\mathcal{A}|_U$ 在基 M_1 下的矩阵为

$$\boldsymbol{A}_1=\begin{pmatrix}0 & & & -a_0\\ 1 & \ddots & & -a_1\\ & \ddots & 0 & \vdots\\ & & 1 & -a_{m-1}\end{pmatrix}_{m\times m}$$

3. 由根向量生成的循环子空间

设 $\boldsymbol{\beta}$ 是 V 上线性变换 $\mathcal{A}$ 的属于特征值 a 的 m 次根向量, 即 $(\mathcal{A}-a\mathcal{I})^m\boldsymbol{\beta}=0\neq(\mathcal{A}-a\mathcal{I})^{m-1}\boldsymbol{\beta}$. 这就是说 $d_{\mathcal{A},\boldsymbol{\beta}}(\lambda)=(\lambda-a)^m$. 记 $\mathcal{B}=\mathcal{A}-a\mathcal{I}$, 则 $d_{\mathcal{B},\boldsymbol{\beta}}=\lambda^m$. 根据定理 7.3.2, $M_1=\{\boldsymbol{\beta},\mathcal{B}\boldsymbol{\beta},\cdots,\mathcal{B}^{m-1}\boldsymbol{\beta}\}$ 是 $\boldsymbol{\beta}$ 生成的循环子空间 $U=f[\mathcal{B}]\boldsymbol{\beta}$ 的一组基, $\mathcal{B}|_U$ 在这组基下的矩阵

$$\boldsymbol{B}_1=\begin{pmatrix}0 & & & 0\\ 1 & 0 & & 0\\ & \ddots & \ddots & \vdots\\ & & 1 & 0\end{pmatrix}_{m\times m}$$

将 M_1 中的基向量按相反顺序排列得到 $\tilde{M}_1=\{\mathcal{B}^{m-1}\boldsymbol{\beta},\cdots,\mathcal{B}\boldsymbol{\beta},\boldsymbol{\beta}\}$, 则 $\mathcal{B}=\mathcal{A}-a\mathcal{I}$ 在这组基 $\tilde{M}_1$ 下的矩阵为若尔当块 $\boldsymbol{J}_m(0)$, $\mathcal{A}$ 在基 $\tilde{M}_1$ 下的矩阵为 $a\boldsymbol{I}+\boldsymbol{J}_m(0)=\boldsymbol{J}_m(a)$. 由此得到:

定理 7.3.3 设 $\boldsymbol{\beta}$ 是线性变换 $\mathcal{A}$ 的属于特征值 a 的 m 次根向量. 对每个 $1\leqslant i\leqslant m$, 记 $\boldsymbol{\beta}_i=(\mathcal{A}-a\mathcal{I})^{m-i}(\boldsymbol{\beta})$, 则 $\{\boldsymbol{\beta}_1,\cdots,\boldsymbol{\beta}_m\}$ 是循环子空间 $U=F[\mathcal{A}]\boldsymbol{\beta}$ 的一组基, $\mathcal{A}|_U$ 在这组基下的矩阵等于若尔当块

$$\boldsymbol{J}_m(a)=\begin{pmatrix}a & 1 & & \\ & \ddots & \ddots & \\ & & a & 1\\ & & & a\end{pmatrix}$$ □

定理 7.3.3 中的 $\mathcal{A}-a\mathcal{I}$ 对循环子空间 U 的基 $\{\boldsymbol{\beta}_1,\cdots,\boldsymbol{\beta}_m\}$ 的作用可以用箭头图

$$\mathbf{0}\leftarrow\boldsymbol{\beta}_1\leftarrow\boldsymbol{\beta}_2\leftarrow\cdots\leftarrow\boldsymbol{\beta}_m$$

表示. 反过来, 线性变换 $\mathcal{A}$ 作用的空间中的向量组 $S=\{\boldsymbol{\beta}_1,\cdots,\boldsymbol{\beta}_m\}$ 被 $\mathcal{A}-a\mathcal{I}$ 的作用如果满足以上箭头图, 则 S 是 $\boldsymbol{\beta}_m$ 生成的循环子空间 $U=F[\mathcal{A}]\boldsymbol{\beta}_m$ 的一组基, $\mathcal{A}|_U$ 在这组基 S 下的矩阵等于若尔当块 $\boldsymbol{J}_m(a)$.

设 $\mathcal{A}$ 是复数域 $\mathbf{C}$ 上有限维线性空间 V 上的线性变换. 已经知道 V 可以分解为 $\mathcal{A}$ 的根子空间的直和 $V=W_{\lambda_1}\oplus\cdots\oplus W_{\lambda_t}$. 只要能够将每个根子空间 W_{λ_i} 分解为循环子空间 U_{ij} $(1\leqslant j\leqslant h_i)$ 的直和, 在每个循环子空间 U_{ij} 按定理 7.3.3 所说方式取基 M_{ij} 使 $\mathcal{A}|_{U_{ij}}$ 在这组基下的矩阵是若尔当块 $\boldsymbol{J}_{m_{ij}}(\lambda_i)$, 将各个 M_{ij} 合并成 V 的一组基 M, 则 $\mathcal{A}$ 在 M 下的矩阵为若尔当标准形, 是由所有的对角块 $\boldsymbol{J}_{m_{ij}}(\lambda_i)$ 组成的准对角阵.

例题分析与解答

7.3.1 设 $\mathcal{A}$ 是线性空间 V 的线性变换, U 是 $\boldsymbol{\beta}\neq 0$ 生成的 $\mathcal{A}$-循环子空间. 求证: $\boldsymbol{\beta}$ 相对于 $\mathcal{A}$ 的最小多项式 $d_{\mathcal{A},\boldsymbol{\beta}}(\lambda)$ 等于 $\mathcal{A}|_U$ 的最小多项式.

证明 设 $\mathcal{A}|_U$ 的最小多项式为 $d(\lambda)$. 由 $d(\mathcal{A}|_U)=\mathcal{O}_U$ 及 $\boldsymbol{\beta}\in U$ 知 $d(\mathcal{A})\boldsymbol{\beta}=d(\mathcal{A}|_U)\boldsymbol{\beta}=\mathbf{0}$. 这说明 $d(\lambda)$ 是 $\boldsymbol{\beta}$ 相对于 $\mathcal{A}$ 的化零多项式, $d_{\mathcal{A},\boldsymbol{\beta}}(\lambda)$ 整除 $d(\lambda)$.

反过来, 每个 $\boldsymbol{\alpha}\in U=F[\mathcal{A}]\boldsymbol{\beta}$ 能够写成 $\boldsymbol{\alpha}=f(\mathcal{A})\boldsymbol{\beta}$ 的形式, $f(\lambda)\in F[\lambda]$. 由 $d_{\mathcal{A},\boldsymbol{\beta}}(\mathcal{A})\boldsymbol{\beta}=\mathbf{0}$ 可得

$$d_{\mathcal{A},\boldsymbol{\beta}}(\mathcal{A})\boldsymbol{\alpha}=d_{\mathcal{A},\boldsymbol{\beta}}(\mathcal{A})f(\mathcal{A})\boldsymbol{\beta}=f(\mathcal{A})d_{\mathcal{A},\boldsymbol{\beta}}(\mathcal{A})\boldsymbol{\beta}=f(\mathcal{A})\mathbf{0}=\mathbf{0}$$

这证明了 $d_{\mathcal{A},\boldsymbol{\beta}}(\mathcal{A}|_U)=\mathcal{O}$, $d(\lambda)$ 整除 $d_{\mathcal{A},\boldsymbol{\beta}}(\lambda)$.

首一多项式 $d_{\mathcal{A},\boldsymbol{\beta}}(\lambda)$ 与 $d(\lambda)$ 相互整除, 因此相等, 这证明了 $d_{\mathcal{A},\boldsymbol{\beta}}(\lambda)$ 等于 $\mathcal{A}|_U$ 的最小多项式 $d(\lambda)$. □

7.3.2 设

$$\boldsymbol{A}=\begin{pmatrix}0 & & & -a_0\\ 1 & \ddots & & -a_1\\ & \ddots & 0 & \vdots\\ & & 1 & -a_{n-1}\end{pmatrix}_{n\times n}$$

利用矩阵运算直接证明: $\boldsymbol{A}$ 的最小多项式等于它的特征多项式.

证明 $\boldsymbol{A}$ 的特征多项式 $\varphi_{\boldsymbol{A}}(\lambda)=|\lambda\boldsymbol{I}-\boldsymbol{A}|=\lambda^n+a_{n-1}\lambda^{n-1}+\cdots+a_1\lambda+a_0$.

最小多项式 $d(\lambda)$ 是 $\varphi_{\boldsymbol{A}}(\lambda)$ 的因式. 如果 $d(\lambda)\neq\varphi_{\boldsymbol{A}}(\lambda)$, 则 $d(\lambda)=c_0+c_1\lambda+\cdots+c_{m-1}\lambda^{m-1}+\lambda^m$ 的次数 $m\leqslant n-1$. 对每个 $1\leqslant i\leqslant n$, 记 $\boldsymbol{e}_i$ 是第 i 分量为 1、其余分量为 0 的 n 维列向量, 则 $\boldsymbol{A}$ 的前 $n-1$ 列依次等于 $\boldsymbol{e}_2,\boldsymbol{e}_3,\cdots,\boldsymbol{e}_n$, 这说明线性变换 $\boldsymbol{X}\mapsto\boldsymbol{AX}$ 将 $\boldsymbol{e}_1,\boldsymbol{e}_2,\cdots,\boldsymbol{e}_{n-1}$ 分别变到 $\boldsymbol{e}_2,\boldsymbol{e}_3,\cdots,\boldsymbol{e}_n$, 用箭头图表示出来就是

$$\boldsymbol{e}_1\to\boldsymbol{e}_2\to\cdots\to\boldsymbol{e}_n$$

由此可见 $\boldsymbol{A}^k\boldsymbol{e}_1=\boldsymbol{e}_{k+1}$ 对 $1\leqslant k\leqslant n-1$ 成立, $\boldsymbol{A}^k$ 的第 1 列为 $\boldsymbol{e}_{k+1}$.

设 $f(\lambda)=c_0+c_1\lambda+\cdots+c_{n-1}\lambda^{n-1}$ 是次数 $<n$ 的非零多项式, 系数 $c_0,c_1,\cdots,c_{n-1}$ 不全为 0. 则方阵 $f(\boldsymbol{A})=c_0\boldsymbol{I}+c_1\boldsymbol{A}+\cdots+c_{n-1}\boldsymbol{A}^{n-1}$ 的第 1 列等于:

$$\begin{aligned}f(\boldsymbol{A})\boldsymbol{e}_1&=c_0\boldsymbol{e}_1+c_1\boldsymbol{A}\boldsymbol{e}_1+\cdots+c_{n-1}\boldsymbol{A}^{n-1}\boldsymbol{e}_1\\&=c_0\boldsymbol{e}_1+c_1\boldsymbol{e}_2+\cdots+c_{n-1}\boldsymbol{e}_n\end{aligned}$$

$$= (c_0, c_1, \cdots, c_{n-1})^{\mathrm{T}} \neq \mathbf{0}$$

可见 $f(\boldsymbol{A}) \neq \boldsymbol{O}$. 这说明 $\boldsymbol{A}$ 的最小多项式 $d_{\boldsymbol{A}}(\lambda)$ 的次数不能低于 n, 至少等于 n, 特征多项式 $\varphi_{\boldsymbol{A}}(\lambda)$ 就是 $\boldsymbol{A}$ 的最小多项式. □

点评　也可直接对正整数 $k \leqslant n-1$ 用数学归纳法证明 $\boldsymbol{A}^k$ 的前 $n-k$ 列依次等于 $\boldsymbol{e}_{k+1}, \cdots, \boldsymbol{e}_n$, 从而第 1 列等于 $\boldsymbol{e}_{k+1}$.

当 $k=1$ 时已经知道 $\boldsymbol{A}$ 的前 $n-1$ 列依次为 $\boldsymbol{e}_2, \cdots, \boldsymbol{e}_n$.

设 $\boldsymbol{A}^{k-1}$ 的前 $n-k+1$ 列依次为 $\boldsymbol{e}_k, \cdots, \boldsymbol{e}_n$, 则:

$$\boldsymbol{A}^k = \boldsymbol{A}^{k-1}\boldsymbol{A} = (\boldsymbol{e}_k, \boldsymbol{e}_{k+1}, \cdots, \boldsymbol{e}_n, *, \cdots, *)\begin{pmatrix} 0 & & & -a_0 \\ 1 & \ddots & & -a_1 \\ & \ddots & 0 & \vdots \\ & & 1 & -a_{n-1} \end{pmatrix}_{n\times n}$$

$$= (\boldsymbol{e}_{k+1}, \cdots, \boldsymbol{e}_n, *, \cdots, *, *)$$

的前 $n-k$ 列依次为 $\boldsymbol{e}_{k+1}, \cdots, \boldsymbol{e}_n$ (其中每个 $*$ 代表一个 n 维列向量).

这就对每个正整数 $k \leqslant n-1$ 证明了 $\boldsymbol{A}^k$ 的前 $n-k$ 列依次等于 $\boldsymbol{e}_{k+1}, \cdots, \boldsymbol{e}_n$, 第 1 列为 $\boldsymbol{e}_{k+1}$. 由此可知对次数 $<n$ 的非零多项式 $f(\lambda) = c_0 + c_1\lambda + \cdots + c_{n-1}\lambda^{n-1}$ 有 $f(\boldsymbol{A})\boldsymbol{e}_1 = c_0\boldsymbol{e}_1 + c_1\boldsymbol{e}_2 + \cdots + c_{n-1}\boldsymbol{e}_n \neq \mathbf{0}$ 从而 $f(\boldsymbol{A}) \neq \boldsymbol{O}$. □

7.3.3　设 $\mathcal{A}$ 是复线性空间 V 上的线性变换, $\boldsymbol{\beta}$ 是 $\mathcal{A}$ 的属于特征值 a 的 m 次根向量. 求 $\boldsymbol{\beta}$ 相对于 $\mathcal{A}$ 的最小多项式 $d_{\mathcal{A},\boldsymbol{\beta}}(\lambda)$.

解　$(\mathcal{A} - a\mathcal{I})^m\boldsymbol{\beta} = \mathbf{0} \neq (\mathcal{A} - a\mathcal{I})^{m-1}\boldsymbol{\beta} \Rightarrow d_{\mathcal{A},\boldsymbol{\beta}}(\lambda)$ 整除 $(\lambda - a)^m$ 而不整除 $(\lambda - a)^{m-1}$ $\Rightarrow d_{\mathcal{A},\boldsymbol{\beta}}(\lambda) = (\lambda - a)^m$. □

7.3.4　举出满足下面的条件的例子:

(1) 线性变换 $\mathcal{A}$ 的两个循环子空间 U_1, U_2, 其中 $0 \neq U_1 \subset U_2$ 且 $U_1 \neq U_2$.

(2) 非零向量 $\boldsymbol{\alpha}_1$ 生成线性变换 $\mathcal{A}$ 的循环子空间 U_1, $\boldsymbol{\alpha}_2 \notin U_1$, 但 $\boldsymbol{\alpha}_2$ 生成的循环子空间 U_2 与 U_1 的和不是直和.

解　2 维列向量空间 $V = F^{2\times 1}$ 中的线性变换

$$\mathcal{A}: \begin{pmatrix} x \\ y \end{pmatrix} \mapsto \begin{pmatrix} 0 & 1 \\ 0 & 0 \end{pmatrix}\begin{pmatrix} x \\ y \end{pmatrix} = \begin{pmatrix} y \\ 0 \end{pmatrix}$$

将 $\boldsymbol{e}_2 \mapsto \boldsymbol{e}_1 \mapsto \mathbf{0}$. $\boldsymbol{e}_1, \boldsymbol{e}_2$ 生成的 $\mathcal{A}$ 的循环子空间分别为 $U_1 = F\boldsymbol{e}_1$ 及 $U_2 = V$.

(1) $\mathbf{0} \neq U_1 \subset U_2$.

(2) $\boldsymbol{e}_2 \notin U_1$, 但 $\boldsymbol{e}_2$ 生成的循环子空间 $U_2 = V$, $U_2 + U_1 = U_2$ 不是直和. □

7.3.5　设 $\lambda_1, \cdots, \lambda_t$ 是线性变换 $\mathcal{A}$ 的不同的特征值, $\boldsymbol{\alpha}_1, \boldsymbol{\alpha}_2, \cdots, \boldsymbol{\alpha}_t$ 分别是属于这些特征值的特征向量. 求证: $\boldsymbol{\alpha}_1 + \cdots + \boldsymbol{\alpha}_t$ 生成的循环子空间 $U = F\boldsymbol{\alpha}_1 \oplus \cdots \oplus F\boldsymbol{\alpha}_t$.

证明　$\mathcal{A}$ 的特征向量 $\boldsymbol{\alpha}_1, \cdots, \boldsymbol{\alpha}_t$ 生成的一维子空间 $F\boldsymbol{\alpha}_1, \cdots, F\boldsymbol{\alpha}_t$ 都是 $\mathcal{A}$ 的不变子空间, 它们的和 $U = F\boldsymbol{\alpha}_1 \oplus \cdots \oplus F\boldsymbol{\alpha}_t$ 也是 $\mathcal{A}$ 的不变子空间. 显然 $\boldsymbol{\beta} = \boldsymbol{\alpha}_1 + \cdots + \boldsymbol{\alpha}_t$ 含于 U, 因此 $\boldsymbol{\beta}$ 生成的循环子空间 $F[\mathcal{A}]\boldsymbol{\beta}$ 含于 U.

对每个正整数 $i\leqslant t$, 记 $f_i(\lambda)$ 是除了 $\lambda-\lambda_i$ 之外其余所有的 $\lambda-\lambda_j$ $(j\neq i)$ 的乘积, 则 $f_i(\lambda_i)\neq 0$, 且对每个 $j\neq i$ 有 $f_i(\lambda_j)=0$. $\boldsymbol{\beta}$ 生成的循环子空间 $F[\mathcal{A}]\boldsymbol{\beta}$ 包含每个

$$f_i(\lambda_i)^{-1}f_i(\mathcal{A})(\boldsymbol{\alpha}_1+\cdots+\boldsymbol{\alpha}_t)=f_i(\lambda_i)^{-1}(f_i(\lambda_1)\boldsymbol{\alpha}_1+\cdots+f_i(\lambda_t)\boldsymbol{\alpha}_t)=\boldsymbol{\alpha}_i.$$

因而包含各个 $\boldsymbol{\alpha}_i$ $(1\leqslant i\leqslant t)$ 生成的子空间 $F\boldsymbol{\alpha}_1+\cdots+F\boldsymbol{\alpha}_t=U$.

$\boldsymbol{\beta}$ 生成的循环子空间 $F[\mathcal{A}]\boldsymbol{\beta}$ 与 U 相互包含, 因而 $F[\mathcal{A}]\boldsymbol{\beta}=U$, 如所欲证. □

7.3.6 设向量 $\boldsymbol{\alpha},\boldsymbol{\beta}$ 相对于线性变换 $\mathcal{A}$ 的最小多项式 $d_{\boldsymbol{\alpha}(\lambda)}$ 与 $d_{\boldsymbol{\beta}}(\lambda)$ 互素. 求证: $F[\mathcal{A}]\boldsymbol{\alpha}\oplus F[\mathcal{A}]\boldsymbol{\beta}=F[\mathcal{A}](\boldsymbol{\alpha}+\boldsymbol{\beta})$.

证明 先证 $F[\mathcal{A}]\boldsymbol{\alpha}\cap F[\mathcal{A}]\boldsymbol{\beta}=\mathbf{0}$, 从而 $F[\mathcal{A}]\boldsymbol{\alpha}+F[\mathcal{A}]\boldsymbol{\beta}=F[\mathcal{A}]\boldsymbol{\alpha}\oplus F[\mathcal{A}]\boldsymbol{\beta}$.

设 $\boldsymbol{\gamma}\in F[\mathcal{A}]\boldsymbol{\alpha}\cap F[\mathcal{A}]\boldsymbol{\beta}$, 即存在多项式 $f(\lambda),g(\lambda)\in F[\lambda]$ 使 $\boldsymbol{\gamma}=f(\mathcal{A})\boldsymbol{\alpha}=g(\mathcal{A})\boldsymbol{\beta}$. 由 $d_{\boldsymbol{\alpha}}(\lambda)$ 与 $d_{\boldsymbol{\beta}}(\lambda)$ 互素知存在 $u(\lambda),v(\lambda)\in F[\lambda]$ 使 $u(\lambda)d_{\boldsymbol{\alpha}}(\lambda)+v(\lambda)d_{\boldsymbol{\beta}}(\lambda)=1$, 从而 $u(\lambda)d_{\boldsymbol{\alpha}}(\lambda)=1-v(\lambda)d_{\boldsymbol{\beta}}(\lambda)$, 将等式 $u(\mathcal{A})d_{\boldsymbol{\alpha}}(\mathcal{A})=\mathcal{I}-v(\mathcal{A})d_{\boldsymbol{\beta}}(\mathcal{A})$ 两边的线性变换分别作用于等式 $f(\mathcal{A})\boldsymbol{\alpha}=g(\mathcal{A})\boldsymbol{\beta}$ 两边, 得到

$$u(\mathcal{A})f(\mathcal{A})d_{\boldsymbol{\alpha}}(\mathcal{A})\boldsymbol{\alpha}=g(\mathcal{A})\boldsymbol{\beta}-v(\mathcal{A})g(\mathcal{A})d_{\boldsymbol{\beta}}(\mathcal{A})\boldsymbol{\beta}$$

将 $d_{\boldsymbol{\alpha}}(\mathcal{A})\boldsymbol{\alpha}=\mathbf{0}=d_{\boldsymbol{\beta}}(\mathcal{A})\boldsymbol{\beta}$ 代入, 得 $g(\mathcal{A})\boldsymbol{\beta}=\mathbf{0}$. 即 $\boldsymbol{\gamma}=\mathbf{0}$. 这证明了 $F[\mathcal{A}]\boldsymbol{\alpha}\cap F[\mathcal{A}]\boldsymbol{\beta}$ 中的向量 $\boldsymbol{\gamma}$ 只能等于 $\mathbf{0}$, $F[\mathcal{A}]\boldsymbol{\alpha}\cap F[\mathcal{A}]\boldsymbol{\beta}=\mathbf{0}$, $F[\mathcal{A}]\boldsymbol{\alpha}+F[\mathcal{A}]\boldsymbol{\beta}=F[\mathcal{A}]\boldsymbol{\alpha}\oplus F[\mathcal{A}]\boldsymbol{\beta}$.

显然 $\boldsymbol{\alpha}+\boldsymbol{\beta}$ 含于不变子空间 $F[\mathcal{A}]\boldsymbol{\alpha}\oplus F[\mathcal{A}]\boldsymbol{\beta}$, 因此 $\boldsymbol{\alpha}+\boldsymbol{\beta}$ 所生成的循环子空间 $F[\mathcal{A}](\boldsymbol{\alpha}+\boldsymbol{\beta})\subseteq F[\mathcal{A}]\boldsymbol{\alpha}\oplus F[\mathcal{A}]\boldsymbol{\beta}$.

反过来再证明 $\boldsymbol{\alpha},\boldsymbol{\beta}$ 都含于 $F[\mathcal{A}](\boldsymbol{\alpha}+\boldsymbol{\beta})$ 从而 $F[\mathcal{A}]\boldsymbol{\alpha}\oplus F[\mathcal{A}]\boldsymbol{\beta}\subseteq F[\mathcal{A}](\boldsymbol{\alpha}+\boldsymbol{\beta})$. 同样取 $u(\lambda),v(\lambda)\in F[\lambda]$ 满足 $u(\lambda)d_{\boldsymbol{\alpha}}(\lambda)+v(\lambda)d_{\boldsymbol{\beta}}(\lambda)=1$ 得到等式 $u(\mathcal{A})d_{\boldsymbol{\alpha}}(\mathcal{A})=\mathcal{I}-v(\mathcal{A})d_{\boldsymbol{\beta}}(\mathcal{A})$, 循环子空间 $F[\mathcal{A}](\boldsymbol{\alpha}+\boldsymbol{\beta})$ 包含

$$u(\mathcal{A})d_{\boldsymbol{\alpha}}(\mathcal{A})(\boldsymbol{\alpha}+\boldsymbol{\beta})=u(\mathcal{A})d_{\boldsymbol{\alpha}}(\mathcal{A})\boldsymbol{\alpha}+(\mathcal{I}-v(\mathcal{A})d_{\boldsymbol{\beta}}(\mathcal{A}))\boldsymbol{\beta}=\mathbf{0}+\boldsymbol{\beta}+\mathbf{0}=\boldsymbol{\beta}$$

因而包含 $(\boldsymbol{\alpha}+\boldsymbol{\beta})-\boldsymbol{\beta}=\boldsymbol{\alpha}$, 进而包含 $\boldsymbol{\alpha}$ 与 $\boldsymbol{\beta}$ 生成的不变子空间 $F[\mathcal{A}]\boldsymbol{\alpha}\oplus F[\mathcal{A}]\boldsymbol{\beta}$.

这证明了不变子空间 $F[\mathcal{A}]\boldsymbol{\alpha}\oplus F[\mathcal{A}]\boldsymbol{\beta}$ 与 $F[\mathcal{A}](\boldsymbol{\alpha}+\boldsymbol{\beta})$ 相互包含, 欲证的等式成立. □

7.4 若尔当标准形

知 识 导 航

1. 算法例

例 1 求可逆方阵 $\boldsymbol{P}$ 将

$$A=\begin{pmatrix}1&1&1&1&1&1\\0&2&0&0&2&3\\0&0&2&0&1&-1\\0&0&0&2&1&2\\0&0&0&0&2&0\\0&0&0&0&0&2\end{pmatrix}$$

相似到若尔当标准形 $\boldsymbol{P}^{-1}\boldsymbol{A}\boldsymbol{P}=\boldsymbol{J}$.

分析　本题中的矩阵 $\boldsymbol{A}$ 就是 7.1 节例 1 中的 $\boldsymbol{A}$. 7.1 节例 1 中已经求出 $\boldsymbol{A}$ 的特征多项式 $\varphi_{\boldsymbol{A}}(\lambda)=(\lambda-1)(\lambda-2)^5$, 得到了 $\boldsymbol{A}$ 的特征根 1(1 重) 与 2(5 重). 并且由 $\text{rank}\,(\boldsymbol{A}-2\boldsymbol{I})=3$, $\text{rank}\,(\boldsymbol{A}-2\boldsymbol{I})^2=1$ 求出了齐次线性方程组 $(\boldsymbol{A}-2\boldsymbol{I})\boldsymbol{X}=\boldsymbol{0}$ 与 $(\boldsymbol{A}-2\boldsymbol{I})^2=\boldsymbol{0}$ 的解空间 $V_{\boldsymbol{A}-2\boldsymbol{I}},V_{(\boldsymbol{A}-2\boldsymbol{I})^2}$ 的维数分别为 3,5, 画出了 $\boldsymbol{P}=(\boldsymbol{P}_1,\boldsymbol{P}_2,\cdots,\boldsymbol{P}_6)$ 的后 5 列被 $\boldsymbol{A}-2\boldsymbol{I}$ 的左乘作用的箭头图:

$$\begin{aligned}&\boldsymbol{0}\leftarrow\boldsymbol{X}_1\leftarrow\boldsymbol{X}_4\\&\boldsymbol{0}\leftarrow\boldsymbol{X}_2\leftarrow\boldsymbol{X}_5\\&\boldsymbol{0}\leftarrow\boldsymbol{X}_3\end{aligned}\tag{7.10}$$

其中第 1 列 3 个非零向量 $\boldsymbol{X}_1,\boldsymbol{X}_2,\boldsymbol{X}_3$ 组成 $V_{\boldsymbol{A}-2\boldsymbol{I}}$ 的基, 前两列 5 个非零向量 $\boldsymbol{X}_1,\cdots,\boldsymbol{X}_5$ 组成 $V_{(\boldsymbol{A}-2\boldsymbol{I})^2}$ 的基. 求出 $(\boldsymbol{A}-\boldsymbol{I})\boldsymbol{X}=\boldsymbol{0}$ 的一个非零解作为 $\boldsymbol{P}$ 的第 1 列 $\boldsymbol{P}_1$, 再将满足箭头图 (7.10) 的 5 个非零向量从左到右排列依次作为 $\boldsymbol{P}$ 的后 5 列, 则得到的 $\boldsymbol{P}=(\boldsymbol{P}_1,\boldsymbol{X}_1,\boldsymbol{X}_4,\boldsymbol{X}_2,\boldsymbol{X}_5,\boldsymbol{X}_3)$ 将 $\boldsymbol{A}$ 相似到若尔当标准形 $\boldsymbol{P}^{-1}\boldsymbol{A}\boldsymbol{P}=\boldsymbol{J}=\text{diag}(1,\boldsymbol{J}_2(2),\boldsymbol{J}_2(2),2)$.

怎样求出在 $\boldsymbol{A}-2\boldsymbol{I}$ 左乘作用下满足箭头图 (7.10) 的 5 个线性无关向量 $\boldsymbol{X}_1,\cdots,\boldsymbol{X}_5$?

这 5 个向量满足如下 3 个条件: 第一, $S_1=\{\boldsymbol{X}_1,\boldsymbol{X}_2,\boldsymbol{X}_3\}$ 是方程组 $(\boldsymbol{A}-2\boldsymbol{I})\boldsymbol{X}=\boldsymbol{0}$ 的一组基础解系; 第二, S_1 添加 $\boldsymbol{X}_4,\boldsymbol{X}_5$ 扩充为 $(\boldsymbol{A}-2\boldsymbol{I})^2\boldsymbol{X}=\boldsymbol{0}$ 的基础解系 S_2; 第三, $\boldsymbol{A}-2\boldsymbol{I}$ 将 $\boldsymbol{X}_4,\boldsymbol{X}_5$ 分别映到 $\boldsymbol{X}_1,\boldsymbol{X}_2$.

这三个条件可以这样来满足:

第一步, 解方程组 $(\boldsymbol{A}-2\boldsymbol{I})\boldsymbol{X}=\boldsymbol{0}$ 得到一组基础解系 $T_1=\{\boldsymbol{Y}_1,\boldsymbol{Y}_2,\boldsymbol{Y}_3\}$.

第二步, 解方程组 $(\boldsymbol{A}-2\boldsymbol{I})^2\boldsymbol{X}=\boldsymbol{0}$ 得到一组基础解系 $T_2=\{\tilde{\boldsymbol{Y}}_1,\cdots,\tilde{\boldsymbol{Y}}_5\}$.

第三步, 求 $T_1\cup T_2$ 的极大线性无关组 $\tilde{S}_2=T_1\cup\Sigma_2=\{\boldsymbol{Y}_1,\boldsymbol{Y}_2,\boldsymbol{Y}_3,\boldsymbol{X}_4,\boldsymbol{X}_5\}$, 则 $\tilde{S}_2$ 是 T_1 添加 $\boldsymbol{X}_4,\boldsymbol{X}_5$ 得到的 $(\boldsymbol{A}-2\boldsymbol{I})^2\boldsymbol{X}=\boldsymbol{0}$ 的基础解系.

第四步, 如果 $\boldsymbol{A}-2\boldsymbol{I}$ 正好将 $\boldsymbol{X}_4,\boldsymbol{X}_5$ 映到 $\boldsymbol{Y}_1,\boldsymbol{Y}_2$, 取 $\boldsymbol{Y}_1,\boldsymbol{Y}_2,\boldsymbol{Y}_3$ 为 $\boldsymbol{X}_1,\boldsymbol{X}_2,\boldsymbol{X}_3$ 即符合要求. 这样的好运气很难碰上. 但我们可以强行取 $\boldsymbol{X}_1=(\boldsymbol{A}-2\boldsymbol{I})\boldsymbol{X}_4,\boldsymbol{X}_2=(\boldsymbol{A}-2\boldsymbol{I})\boldsymbol{X}_5$, 则由 $(\boldsymbol{A}-2\boldsymbol{I})^2\boldsymbol{X}_4=(\boldsymbol{A}-2\boldsymbol{I})^2\boldsymbol{X}_5=\boldsymbol{0}$ 知 $\boldsymbol{X}_1,\boldsymbol{X}_2$ 一定是 $(\boldsymbol{A}-2\boldsymbol{I})\boldsymbol{X}=\boldsymbol{0}$ 的解, 并且由 $\boldsymbol{X}_4,\boldsymbol{X}_5$ 与 T_1 线性无关知 $\boldsymbol{X}_1,\boldsymbol{X}_2$ 一定线性无关. 再求 $\{\boldsymbol{X}_1,\boldsymbol{X}_2\}\cup T_1$ 的极大线性无关组 $S_1=\{\boldsymbol{X}_1,\boldsymbol{X}_2,\boldsymbol{X}_3\}$, 则 S_1 是由 $(\boldsymbol{A}-2\boldsymbol{I})\boldsymbol{X}_4,(\boldsymbol{A}-2\boldsymbol{I})\boldsymbol{X}_5$ 添加某个 $\boldsymbol{X}_3=\boldsymbol{Y}_i\ (i=1,2,3)$ 得到的 $(\boldsymbol{A}-2\boldsymbol{I})\boldsymbol{X}=\boldsymbol{0}$ 的基础解系, 可以取代 T_1, 并且满足箭头图 (1) 的要求. 不难证明: 满足箭头图的 5 个向量中的第 1 列各个向量 $\boldsymbol{X}_1,\boldsymbol{X}_2,\boldsymbol{X}_3$ 线性无关 (组成方程组 $(\boldsymbol{A}-2\boldsymbol{I})\boldsymbol{X}=\boldsymbol{0}$ 的基础解系), 就可以保证箭头图中所有的向量线性无关.

以上四个步骤可以总结成两步:

(1) 求 $(\boldsymbol{A}-2\boldsymbol{I})^2\boldsymbol{X}=\boldsymbol{0}$ 的两个解 $\boldsymbol{X}_4,\boldsymbol{X}_5$ 使 $\boldsymbol{X}_1=(\boldsymbol{A}-2\boldsymbol{I})\boldsymbol{X}_4,\boldsymbol{X}_2=(\boldsymbol{A}-2\boldsymbol{I})\boldsymbol{X}_5$ 线性无关.

(2) 将 $\boldsymbol{X}_1,\boldsymbol{X}_2$ 扩充为 $(\boldsymbol{A}-2\boldsymbol{I})\boldsymbol{X}=\boldsymbol{0}$ 的基础解系 $S_1=\{\boldsymbol{X}_1,\boldsymbol{X}_2,\boldsymbol{X}_3\}$.

其中步骤 (1) 不一定要先求出 $(\boldsymbol{A}-2\boldsymbol{I})\boldsymbol{X}=\boldsymbol{0}$ 的基础解系再扩充, 只要先求出 $(\boldsymbol{A}-2\boldsymbol{I})^2\boldsymbol{X}=\boldsymbol{0}$ 的一组基础解系 $\{\boldsymbol{Y}_1,\cdots,\boldsymbol{Y}_5\}$, 再用 $\boldsymbol{A}-2\boldsymbol{I}$ 依次左乘这 5 个解, 只要得到两个线性无关的 $(\boldsymbol{A}-2\boldsymbol{I})\boldsymbol{Y}_i$ 即可作为 $\boldsymbol{X}_1,\boldsymbol{X}_2$.

步骤 (2) 可以先求出 $(\boldsymbol{A}-2\boldsymbol{I})\boldsymbol{X}=\boldsymbol{0}$ 的基础解系 $T_1=\{\boldsymbol{Y}_1,\boldsymbol{Y}_2,\boldsymbol{Y}_3\}$, 再求 $\{\boldsymbol{X}_1,\boldsymbol{X}_2,\boldsymbol{Y}_1,\boldsymbol{Y}_2,\boldsymbol{Y}_3\}$ 的极大线性无关组来完成. 如果能够猜出某个 $\boldsymbol{Y}_i$ 与 $\boldsymbol{X}_1,\boldsymbol{X}_2$ 线性无关, 直接取 $\boldsymbol{X}_3=\boldsymbol{Y}_i$ 即可.

解 求出 $\boldsymbol{A}$ 的特征多项式 $\varphi_{\boldsymbol{A}}(\lambda)=(\lambda-1)(\lambda-2)^5$, 得到特征根 1(1 重),2(5 重).

对特征值 1, 解方程组 $(\boldsymbol{A}-\boldsymbol{I})\boldsymbol{X}=0$ 得基础解 $\boldsymbol{P}_1=(1,0,0,0,0,0)^{\mathrm{T}}$. 作为 $\boldsymbol{P}=(\boldsymbol{P}_1,\boldsymbol{P}_2,\cdots,\boldsymbol{P}_6)$ 的第 1 列.

对特征值 2, 计算:

$$\boldsymbol{A}-2\boldsymbol{I}=\begin{pmatrix}-1&1&1&1&1&1\\0&0&0&0&2&3\\0&0&0&0&1&-1\\0&0&0&0&1&2\\0&0&0&0&0&0\\0&0&0&0&0&0\end{pmatrix},$$

$$(\boldsymbol{A}-2\boldsymbol{I})^2=\begin{pmatrix}1&-1&-1&-1&3&3\\0&0&0&0&0&0\\0&0&0&0&0&0\\0&0&0&0&0&0\\0&0&0&0&0&0\\0&0&0&0&0&0\end{pmatrix}$$

得到 $\dim V_{\boldsymbol{A}-2\boldsymbol{I}}=6-\operatorname{rank}(\boldsymbol{A}-2\boldsymbol{I})=3$, $\dim V_{(\boldsymbol{A}-2\boldsymbol{I})^2}=6-\operatorname{rank}(\boldsymbol{A}-2\boldsymbol{I})^2=5$.

$\boldsymbol{A}-2\boldsymbol{I}$ 左乘 $\boldsymbol{P}$ 的后 5 列的箭头图第 1 列有 3 个非零向量, 前两列共 5 个非零向量:

$$\begin{aligned}&\boldsymbol{0}\leftarrow\boldsymbol{X}_1\leftarrow\boldsymbol{X}_4\\&\boldsymbol{0}\leftarrow\boldsymbol{X}_2\leftarrow\boldsymbol{X}_5\\&\boldsymbol{0}\leftarrow\boldsymbol{X}_3\end{aligned}\tag{7.11}$$

取 $\boldsymbol{P}=(\boldsymbol{X}_1,\boldsymbol{X}_4,\boldsymbol{X}_2,\boldsymbol{X}_5,\boldsymbol{X}_3)$, 则 $\boldsymbol{P}^{-1}\boldsymbol{A}\boldsymbol{P}=\boldsymbol{J}=\operatorname{diag}(1,\boldsymbol{J}_2(2),\boldsymbol{J}_2(2),2)$ 为若尔当标准形.

易见 $\boldsymbol{X}_4=(0,0,0,3,1,0)^{\mathrm{T}},\boldsymbol{X}_5=(0,0,0,3,0,1)^{\mathrm{T}}$ 都是方程组 $(\boldsymbol{A}-2\boldsymbol{I})^2\boldsymbol{X}=\boldsymbol{0}$ 的解, 且 $\boldsymbol{X}_1=(\boldsymbol{A}-2\boldsymbol{I})\boldsymbol{X}_4=(4,2,1,1,0,0)^{\mathrm{T}},\boldsymbol{X}_2=(\boldsymbol{A}-2\boldsymbol{I})\boldsymbol{X}_5=(4,3,-1,2,0,0)^{\mathrm{T}}$ 线性无关. $\boldsymbol{X}_3=(1,1,0,0,0,0)^{\mathrm{T}}$ 是方程组 $(\boldsymbol{A}-2\boldsymbol{I})\boldsymbol{X}=\boldsymbol{0}$ 的解, 且 $\boldsymbol{X}_1,\boldsymbol{X}_2,\boldsymbol{X}_3$ 线性无关. 这样得到的

$\boldsymbol{X}_1,\cdots,\boldsymbol{X}_5$ 满足箭头图 (7.11) 的要求.

$$\boldsymbol{P}=(\boldsymbol{P}_1,\boldsymbol{X}_1,\boldsymbol{X}_4,\boldsymbol{X}_2,\boldsymbol{X}_5,\boldsymbol{X}_3)=\begin{pmatrix}1&4&0&4&0&1\\0&2&0&3&0&1\\0&1&0&-1&0&0\\0&1&3&2&3&0\\0&0&1&0&0&0\\0&0&0&0&1&0\end{pmatrix}$$

将 $\boldsymbol{A}$ 相似到若尔当标准形 $\boldsymbol{P}^{-1}\boldsymbol{A}\boldsymbol{P}=\boldsymbol{J}=\mathrm{diag}(1,\boldsymbol{J}_2(2),\boldsymbol{J}_2(2),2)$. □

例 2　求可逆方阵 $\boldsymbol{P}$ 将

$$\boldsymbol{A}=\begin{pmatrix}1&1&1&1&1&1\\0&2&0&1&2&3\\0&0&2&0&1&-1\\0&0&0&2&1&2\\0&0&0&0&2&0\\0&0&0&0&0&2\end{pmatrix}$$

相似到若尔当标准形 $\boldsymbol{P}^{-1}\boldsymbol{A}\boldsymbol{P}=\boldsymbol{J}$.

解　$\boldsymbol{A}$ 的特征多项式 $\varphi_{\boldsymbol{A}}(\lambda)=(\lambda-1)(\lambda-2)^5$, 特征根为 1(1 重),2(5 重).

解方程组 $(\boldsymbol{A}-\boldsymbol{I})\boldsymbol{X}=\boldsymbol{0}$ 得基础解 $\boldsymbol{P}_1=(1,0,0,0,0,0)^{\mathrm{T}}$ 作为 $\boldsymbol{P}$ 的第一列.

计算得 $\boldsymbol{A}-2\boldsymbol{I}$ 的各次幂:

$$\boldsymbol{A}-2\boldsymbol{I}=\begin{pmatrix}-1&1&1&1&1&1\\0&0&0&1&2&3\\0&0&0&0&1&-1\\0&0&0&0&1&2\\0&0&0&0&0&0\\0&0&0&0&0&0\end{pmatrix}$$

$$(\boldsymbol{A}-2\boldsymbol{I})^2=\begin{pmatrix}1&-1&-1&0&3&3\\0&0&0&0&1&2\\0&0&0&0&0&0\\0&0&0&0&0&0\\0&0&0&0&0&0\\0&0&0&0&0&0\end{pmatrix}$$

$$(\boldsymbol{A}-2\boldsymbol{I})^3=\begin{pmatrix}-1&1&1&0&-2&-1\\0&0&0&0&0&0\\0&0&0&0&0&0\\0&0&0&0&0&0\\0&0&0&0&0&0\\0&0&0&0&0&0\end{pmatrix}$$

的秩 $\mathrm{rank}(\boldsymbol{A}-2\boldsymbol{I})^k$ $(k=1,2,3)$ 依次为 4,2,1, 方程组 $(\boldsymbol{A}-2\boldsymbol{I})^k=\boldsymbol{0}$ 的解空间 $V_{(\boldsymbol{A}-2\boldsymbol{I})^k}$ 的维数 $d_k=6-\mathrm{rank}(\boldsymbol{A}-2\boldsymbol{I})^k$ $(k=1,2,3)$ 依次为 2,4,5. $\boldsymbol{P}$ 的后 5 列在 $\boldsymbol{A}-2\boldsymbol{I}$ 左乘下形成的箭头图的前 k 列所含非零向量个数依次为 2,4,5. 箭头图为:

$$\begin{aligned}&\boldsymbol{0}\leftarrow \boldsymbol{X}_1\leftarrow \boldsymbol{X}_3\leftarrow \boldsymbol{X}_5\\&\boldsymbol{0}\leftarrow \boldsymbol{X}_2\leftarrow \boldsymbol{X}_4\end{aligned}\tag{7.12}$$

只要找到满足箭头图的 5 个向量 $\boldsymbol{X}_1,\cdots,\boldsymbol{X}_5$, 并且其中第 1 列的两个向量 $\boldsymbol{X}_1,\boldsymbol{X}_2$ 线性无关 (组成 $(\boldsymbol{A}-2\boldsymbol{I})\boldsymbol{X}=\boldsymbol{0}$ 的基础解系), 则 5 个向量线性无关, 组成 $(\boldsymbol{A}-2\boldsymbol{I})^3\boldsymbol{X}=\boldsymbol{0}$ 的基础解系, 也就是属于特征值 2 的根子空间 W_2 的基. 将箭头图中各非零向量逐行排列作为 $\boldsymbol{P}$ 的后 5 列, 就得到可逆方阵 $\boldsymbol{P}=(\boldsymbol{P}_1,\boldsymbol{X}_1,\boldsymbol{X}_3,\boldsymbol{X}_5,\boldsymbol{X}_2,\boldsymbol{X}_4)$, 将 $\boldsymbol{A}$ 相似到若尔当标准形 $\boldsymbol{P}^{-1}\boldsymbol{A}\boldsymbol{P}=\boldsymbol{J}=\mathrm{diag}(1,\boldsymbol{J}_3(2),\boldsymbol{J}_2(2))$.

求 $\boldsymbol{X}_1,\cdots,\boldsymbol{X}_5$ 的步骤为:

(1) 解方程组 $(\boldsymbol{A}-2\boldsymbol{I})^3\boldsymbol{X}=\boldsymbol{0}$ 求出一个解 $\boldsymbol{X}_5$ 满足条件 $\boldsymbol{X}_1=(\boldsymbol{A}-2\boldsymbol{I})^2\boldsymbol{X}_5\neq\boldsymbol{0}$. 易见 $\boldsymbol{X}_5=(0,0,0,0,-1,2)^{\mathrm{T}}$ 满足 $(\boldsymbol{A}-2\boldsymbol{I})^3\boldsymbol{X}_5=\boldsymbol{0}$ 且 $\boldsymbol{X}_1=(\boldsymbol{A}-\boldsymbol{I})^2\boldsymbol{X}_5=(3,3,0,0,0,0)^{\mathrm{T}}\neq\boldsymbol{0}$, 符合要求. 再按箭头图要求算出 $\boldsymbol{X}_3=(\boldsymbol{A}-2\boldsymbol{I})\boldsymbol{X}_5=(1,4,-3,3,0,0)^{\mathrm{T}}$. 就得到满足箭头图 (7.12) 第 1 行的全部 3 个向量 $\boldsymbol{X}_1,\boldsymbol{X}_3,\boldsymbol{X}_5$.

(2) 解方程组 $(\boldsymbol{A}-2\boldsymbol{I})^2\boldsymbol{X}=\boldsymbol{0}$ 求出一个解 $\boldsymbol{X}_4$ 使 $\boldsymbol{X}_2=(\boldsymbol{A}-2\boldsymbol{I})\boldsymbol{X}_4$ 与已求出的 $\boldsymbol{X}_1$ 线性无关. 易见 $\boldsymbol{X}_4=(0,0,3,0,2,-1)^{\mathrm{T}}$ 满足 $(\boldsymbol{A}-2\boldsymbol{I})^2\boldsymbol{X}_4=\boldsymbol{0}$, 且 $\boldsymbol{X}_2=(\boldsymbol{A}-2\boldsymbol{I})\boldsymbol{X}_4=(4,1,3,0,0,0)^{\mathrm{T}}$ 与 $\boldsymbol{X}_1$ 线性无关. 这就得出了满足箭头图 (7.12) 的全部 5 个线性无关向量 $\boldsymbol{X}_1,\cdots,\boldsymbol{X}_5$. 代入 $\boldsymbol{P}=(\boldsymbol{P}_1,\boldsymbol{X}_1,\boldsymbol{X}_3,\boldsymbol{X}_5,\boldsymbol{X}_2,\boldsymbol{X}_4)$, 得到:

$$\boldsymbol{P}=\begin{pmatrix}1&3&1&0&4&0\\0&3&4&0&1&0\\0&0&-3&0&3&3\\0&0&3&0&0&0\\0&0&0&-1&0&2\\0&0&0&2&0&-1\end{pmatrix},\quad \boldsymbol{J}=\boldsymbol{P}^{-1}\boldsymbol{A}\boldsymbol{P}=\begin{pmatrix}1&&&&&\\&2&1&0&&\\&&2&1&&\\&&&2&&\\&&&&2&1\\&&&&&2\end{pmatrix}\qquad\square$$

2. 计算机语句

利用计算机软件求可逆方阵 $\boldsymbol{P}$ 将已知方阵 $\boldsymbol{A}$ 相似到若尔当标准形 $\boldsymbol{J}=\boldsymbol{P}^{-1}\boldsymbol{A}\boldsymbol{P}$.

(i) Mathematica 语句

以例 1 中的矩阵 $\boldsymbol{A}$ 为例, Mathematica 语句为:

```
A = {{1,1,1,1,1,1},{0,2,0,0,2,3},{0,0,2,0,1,-1},
     {0,0,0,2,1,2},{0,0,0,0,2,0},{0,0,0,0,0,2}};
{P,J} = JordanDecomposition[A]; MatrixForm /@{P,J}
```

运行结果为:

$$\{\begin{pmatrix}1&1&8&-6&4&-3\\0&0&5&0&3&0\\0&0&0&0&-1&0\\0&1&3&0&2&0\\0&0&0&1&0&0\\0&0&0&1&0&1\end{pmatrix},\begin{pmatrix}1&0&0&0&0&0\\0&2&0&0&0&0\\0&0&2&1&0&0\\0&0&0&2&0&0\\0&0&0&0&2&1\\0&0&0&0&0&2\end{pmatrix}\}$$

输出的以上两个矩阵分别为 $\boldsymbol{P},\boldsymbol{J}$, 满足 $\boldsymbol{P}^{-1}\boldsymbol{AP}=\boldsymbol{J}$.

以上第一个语句是输入矩阵 $\boldsymbol{A}$, 也就是逐行输入 $\boldsymbol{A}$ 的各元素. 后面的关键语句是 JordanDecomposition[A] 其作用是计算出可逆方阵 $\boldsymbol{P}$ 以及若当标准形 $\boldsymbol{J}=\boldsymbol{P}^{-1}\boldsymbol{AP}$. 关键语句前面的{P,J}= 是把求出的可逆方阵用字母 $\boldsymbol{P}$ 表示, 若尔当标准形用字母 $\boldsymbol{J}$ 表示, 以便应用. 后面一句 MatrixForm/@{P, J} 是将 $\boldsymbol{P},\boldsymbol{J}$ 以矩阵形式输出. 为了验证所得的可逆方阵 $\boldsymbol{P}$ 是否真的将 $\boldsymbol{A}$ 相似于若尔当标准形, 可以再运行如下语句:

Inverse[P]. A.P//MatrixForm

计算 $\boldsymbol{P}^{-1}\boldsymbol{AP}$, 将发现输出结果确实等于 $\boldsymbol{J}$.

将上述语句称为方案 1. 试将输入 $\boldsymbol{A}$ 之后的语句修改为如下各种方案:

方案 2:

JordanDecomposition[A]

方案 3:

MatrixForm/@ JordanDecomposition[A]

方案 4:

{K,B} = JordanDecomposition[A]; MatrixForm /@{K,B}

分别运行这些语句, 观察并比较运行结果, 将会发现, 方案 2 的运行结果是将过渡矩阵和若尔当标准形按逐行输出各元素的方式输出. 方案 3 与方案 4 则是将过渡矩阵和若尔当标准形按我们习惯的矩阵方式输出, 与前面的方案 1 的输出结果相同. 方案 2 与方案 1 的区别是, 方案 1,3,4 的输出结果虽然相同, 但方案 2 与方案 3 没有将过渡矩阵和若尔当标准形用字母命名 (也就是没有 "赋值" 于字母), 输出之后就不能再用来计算. 而方案 1 可以对 $\boldsymbol{P},\boldsymbol{J}$ 所代表的过渡矩阵与若尔当标准形进行计算, 例如算出 $\boldsymbol{P}^{-1}\boldsymbol{AP}$ 来验证它是否等于 $\boldsymbol{J}$. 方案 4 说明不一定要用 $\boldsymbol{P},\boldsymbol{J}$ 来表示过渡矩阵与若尔当标准形, 而可以用另外的字母. 但要注意, 某些字母在 Mathematica 中被用来表示某些特殊意义, 不能移作他用. 如果你误用了, 例如你误用了 $\boldsymbol{D}$, 运行之后就会出现警告: Symbol D is Protected. 这时你可换用其他字母, 直到不被警告为止.

由于 $\boldsymbol{A}$ 的特征值都是整数, 本题中的 $\boldsymbol{P}$ 与 $\boldsymbol{J}$ 都能求出精确值. 一般情形下, $\boldsymbol{A}$ 的特征值可能难以求出精确值, Mathematica 不能求出 $\boldsymbol{P},\boldsymbol{J}$ 的精确值, 得不出结果来. 此时可以将 $\boldsymbol{A}$ 中某个整数改成小数, 例如 1 改成 1.0, 则 Mathematica 可以求出 $\boldsymbol{P},\boldsymbol{J}$ 各元素的近似值.

(ii) MATLAB 语句

仍以例 1 中的方阵 $\boldsymbol{A}$ 为例, 在 MATLAB 中输入如下语句:

A=[1,1,1,1,1,1; 0,2,0,0,2,3; 0,0,2,0,1,-1;

```
        0,0,0,2,1,2; 0,0,0,0,2,0; 0,0,0,0,0,2];
    [P,J]=jordan(A)
```

运行得到如下结果:

```
P =

     4     4    -4     0     0     0
     0     3    -2     1    -1    -1
     0    -1     0    -2     0     0
     0     2     1     1     1     1
     0     0     0     0    -1     0
     0     0     1     0     1     0

J =

     1     0     0     0     0     0
     0     2     1     0     0     0
     0     0     2     0     0     0
     0     0     0     2     1     0
     0     0     0     0     2     0
     0     0     0     0     0     2
```

3. 算法原理

例 1 与例 2 的算法可以推广到任意 n 阶复方阵 $\boldsymbol{A}$, 求出 n 阶可逆复方阵 $\boldsymbol{P}$ 将 $\boldsymbol{A}$ 相似到若尔当标准形 $\boldsymbol{J}$.

任何复方阵 $\boldsymbol{A}$ 都存在特征多项式 $\varphi_{\boldsymbol{A}}(\lambda)$ 并可分解为一次因式的乘积, 得到 $\boldsymbol{A}$ 的各个特征值 a 及其代数重数 n_a. 实现这种分解可能是很困难的, 不过, 如何克服这种困难并不是线性代数课程的任务.

求出 $\boldsymbol{A}$ 的各个特征值 a 及其代数重数 n_a 后, 下一步就是求出属于每个特征值 a 的根子空间 W_a 的一组基在 $\boldsymbol{A}-a\boldsymbol{I}$ 的左乘作用下排成的箭头图:

$$\begin{array}{llllll}
\mathbf{0} \leftarrow & \boldsymbol{X}_{11} & \leftarrow \cdots \leftarrow & \boldsymbol{X}_{1,m-1} & \leftarrow & \boldsymbol{X}_{1m} \\
\vdots \ \cdots & \vdots & \cdots\ \cdots\ \cdots & \vdots & \cdots & \vdots \\
\mathbf{0} \leftarrow & \boldsymbol{X}_{\delta_m 1} & \leftarrow \cdots \leftarrow & \boldsymbol{X}_{\delta_m, m-1} & \leftarrow & \boldsymbol{X}_{\delta_m m} \\
\mathbf{0} \leftarrow & \boldsymbol{X}_{\delta_m+1,1} & \leftarrow \cdots \leftarrow & \boldsymbol{X}_{\delta_m+1,m-1} & & \\
\vdots \ \cdots & \vdots & \cdots\ \cdots\ \cdots & \cdots & & \\
\mathbf{0} \leftarrow & \boldsymbol{X}_{d_1 1} & & & &
\end{array} \tag{7.13}$$

箭头图 (7.13) 中第 1 列非零向量 $\boldsymbol{X}_{11},\cdots,\boldsymbol{X}_{d_1 1}$ 线性无关, 组成方程组 $(\boldsymbol{A}-a\boldsymbol{I})\boldsymbol{X}=\mathbf{0}$ 的解空间 $V_{\boldsymbol{A}-a\boldsymbol{I}}$ 的一组基. 记 $\mathcal{A}:\boldsymbol{X}\mapsto\boldsymbol{A}\boldsymbol{X}$ 是 $\boldsymbol{A}$ 的左乘作用在列向量空间 $V=\mathbf{C}^{n\times 1}$ 上引起的线性变换. 则解空间 $V_{\boldsymbol{A}-a\boldsymbol{I}}=\operatorname{Ker}(\mathcal{A}-a\mathcal{I})$ 就是线性变换 $\mathcal{A}$ 的属于特征值 a 的特征子

空间. 以箭头图中每行各非零向量 $\boldsymbol{X}_{i1},\cdots,\boldsymbol{X}_{is_i}$ 为基 $M_{a,i}$ 生成的子空间 $W_{a,i}$ 就是这一行最后一个向量 $\boldsymbol{X}_{i,s_i}$ 生成的循环子空间. 由

$$\begin{aligned}(\boldsymbol{A}-a\boldsymbol{I})(\boldsymbol{X}_{i1},\boldsymbol{X}_{i2},\cdots,\boldsymbol{X}_{is_i}) &= (\boldsymbol{0},\boldsymbol{X}_{i1},\cdots,\boldsymbol{X}_{i,s_i-1})\\ &= (\boldsymbol{X}_{i1},\boldsymbol{X}_{i2},\cdots,\boldsymbol{X}_{is_i})\begin{pmatrix}0 & 1 & & \\ & 0 & \ddots & \\ & & \ddots & 1\\ & & & 0\end{pmatrix}\\ &= (\boldsymbol{X}_{i1},\boldsymbol{X}_{i2},\cdots,\boldsymbol{X}_{is_i})\boldsymbol{J}_{s_i}(0)\end{aligned}$$

得 $\boldsymbol{A\Pi}_{a,i}=\boldsymbol{\Pi}_{a,i}\boldsymbol{J}_{s_i}(a)$, 其中 $\boldsymbol{\Pi}_{a,i}=(\boldsymbol{X}_{i1},\boldsymbol{X}_{i2},\cdots,\boldsymbol{X}_{is_i})$ 是以 $W_{a,i}$ 的基 $M_{a,i}$ 中各向量 $\boldsymbol{X}_{i1},\boldsymbol{X}_{i2},\cdots,\boldsymbol{X}_{is_i}$ 为各列排成的 $n\times s_i$ 矩阵. 这说明 $\mathcal{A}$ 在循环子空间 $W_{a,i}$ 上的作用在基 $M_{a,i}$ 下的矩阵是一个若尔当块 $\boldsymbol{J}_{s_i}(a)$. 将同一特征值 a 的箭头图中各行得到的 $\boldsymbol{\Pi}_{a,i}$ $(i=1,2,\cdots)$ 从左到右依次排成 $n\times n_a$ 矩阵 $\boldsymbol{\Pi}_a=(\boldsymbol{\Pi}_{a1},\boldsymbol{\Pi}_{a2},\cdots)$, 则 $\boldsymbol{\Pi}_a$ 的各列组成 $\mathcal{A}$ 的属于特征值的根子空间 W_a 的一组基. W_a 是各循环子空间 $W_{a,i}$ 的直和. 再将各不同特征值 a 得到的 $\boldsymbol{\Pi}_a$ 从左到右排成 n 阶方阵 $\boldsymbol{P}$, 则 $\boldsymbol{P}$ 的各列组成 n 维列向量空间 V 的一组基, 它由属于各个特征值 a 的各个循环子空间的基 $M_{a,i}$ 合并而成. $\boldsymbol{P}$ 是可逆方阵, 且 $\boldsymbol{AP}=\boldsymbol{PJ}$ 从而 $\boldsymbol{P}^{-1}\boldsymbol{AP}=\boldsymbol{J}$, 其中 $\boldsymbol{J}$ 是由所有各个循环子空间 $W_{a,i}$ 对应的若当块 $\boldsymbol{J}_{s_i}(a)$ 为对角块组成的若尔当标准形.

问题归结为: 对每个特征值 a 求出满足箭头图 (7.13) 的向量 $\boldsymbol{X}_{ij}$ 组成根子空间 W_a 的基. 为达到这个目的, 先分析箭头图每一列各向量 $\boldsymbol{X}_{ik}$ 满足什么性质.

箭头图 (7.13) 前 k 列所有非零向量 $\boldsymbol{X}_{ij}$ $(j\leqslant k)$ 组成方程组 $(\boldsymbol{A}-a\boldsymbol{I})^k\boldsymbol{X}=\boldsymbol{0}$ 的解空间 $\mathrm{Ker}\,(\mathcal{A}-a\mathcal{I})^k$ 的一组基, 共含 $d_k=\dim\mathrm{Ker}\,(\mathcal{A}-a\mathcal{I})^k=n-\mathrm{rank}\,(\boldsymbol{A}-a\boldsymbol{I})^k$ 个向量. 其中位于第 k 列的向量 $\boldsymbol{X}_{1k},\cdots,\boldsymbol{X}_{\delta_k k}$ 的个数 $\delta_k=d_k-d_{k-1}$. 设 m 是使 $\dim\mathrm{Ker}\,(\mathcal{A}-a\mathcal{I})^k=n_a$ 达到代数重数 n_a 的最小正整数, 也就是使 $\delta_m=d_m-d_{m-1}>0$ 的最大正整数, 也就是箭头图 (7.13) 中各行的最大长度. 我们有 $d_{m+1}=d_m=n_a$, 因而 $\delta_{m+1}=0$. 另一方面, 为叙述方便, 我们约定 $(\boldsymbol{A}-a\boldsymbol{I})^0$ 等于单位阵, 方程组 $(\boldsymbol{A}-a\boldsymbol{I})^0\boldsymbol{X}=\boldsymbol{0}$ 解空间维数 $d_0=0$, 因而 $\delta_1=d_1=\dim\mathrm{Ker}\,(\mathcal{A}-a\mathcal{I})$.

为了刻画箭头图 (7.13) 第 k 列的各向量 $\boldsymbol{X}_{ik}$ $(1\leqslant i\leq\delta_k)$ 的性质, 考虑 $(\boldsymbol{A}-a\boldsymbol{I})^{k-1}$ 在 $\mathrm{Ker}\,(\mathcal{A}-a\mathcal{I})^k$ 上的左乘作用, 也就是 $(\mathcal{A}-a\mathcal{I})^{k-1}$ 在 $\mathrm{Ker}\,(\mathcal{A}-a\mathcal{I})^k$ 上的限制 $\mathcal{B}_k:\boldsymbol{X}\mapsto(\boldsymbol{A}-a\boldsymbol{I})^{k-1}\boldsymbol{X}$, 则 $\mathcal{B}_k$ 将箭头图 (7.13) 前 $k-1$ 列所有向量 $\boldsymbol{X}_{ij}$ $(j\leqslant k-1)$ 全部变成$\boldsymbol{0}$, 将第 k 列的 δ_k 个向量 $\boldsymbol{X}_{1k},\cdots,\boldsymbol{X}_{\delta_k k}$ 变成第 1 列前 δ_k 个向量 $\boldsymbol{X}_{11},\cdots,\boldsymbol{X}_{\delta_k 1}$, 组成象空间 $\mathrm{Im}\,\mathcal{B}_k=(\mathcal{A}-a\mathcal{I})^{k-1}\mathrm{Ker}\,(\mathcal{A}-a\mathcal{I})^k$ 的一组基 M_k. $\mathcal{B}_k$ 的核 $\mathrm{Ker}\,\mathcal{B}_k=\mathrm{Ker}\,(\mathcal{A}-a\mathcal{I})^{k-1}$. 因而象空间 $\mathrm{Im}\,\mathcal{B}_k$ 的维数

$$\dim\mathrm{Im}\,\mathcal{B}_k=\dim\mathrm{Ker}\,(\mathcal{A}-a\mathcal{I})^k-\dim\mathrm{Ker}\,(\mathcal{A}-a\mathcal{I})^{k-1}=d_k-d_{k-1}=\delta_k$$

$\mathcal{B}_k$ 所作用的空间 $\mathrm{Ker}\,(\mathcal{A}-a\mathcal{I})^k$ 中所有的向量 $\boldsymbol{X}$ 被 $\boldsymbol{A}-a\boldsymbol{I}$ 左乘 k 次都变成$\boldsymbol{0}$, 而 $\mathcal{B}_k:\boldsymbol{X}\mapsto(\boldsymbol{A}-a\boldsymbol{I})^{k-1}\boldsymbol{X}$ 将其中每个 $\boldsymbol{X}$ 用 $\boldsymbol{A}-a\boldsymbol{I}$ 左乘了 $k-1$ 次, 再左乘一次一定变成$\boldsymbol{0}$, 这说明 $\mathrm{Im}\,\mathcal{B}_k$ 含于 $\mathrm{Ker}\,(\mathcal{A}-a\mathcal{I})$ 从而含于 $\mathrm{Im}\,\mathcal{B}_k\subseteq\mathrm{Ker}\,(\mathcal{A}-a\mathcal{I})\cap\mathrm{Im}\,(\mathcal{A}-a\mathcal{I})^{k-1}$. 反过来,

$\mathrm{Ker}(\mathcal{A}-a\mathcal{I})\cap\mathrm{Im}(\mathcal{A}-a\mathcal{I})^{k-1}$ 中每个向量 $\boldsymbol{Y}$ 可写成 $(\boldsymbol{A}-a\boldsymbol{I})^{k-1}\boldsymbol{X}$ 的形式并且被 $\boldsymbol{A}-a\boldsymbol{I}$ 左乘到 $(\boldsymbol{A}-a\boldsymbol{I})\boldsymbol{Y}=(\boldsymbol{A}-a\boldsymbol{I})^k\boldsymbol{X}=\boldsymbol{0}$, 这说明 $\boldsymbol{X}\in\mathrm{Ker}(\mathcal{A}-a\mathcal{I})^k$, 从而 $\boldsymbol{Y}=(\boldsymbol{A}-a\boldsymbol{I})^{k-1}\boldsymbol{X}=\mathcal{B}_k\boldsymbol{X}\in\mathrm{Im}\mathcal{B}_k$. 这证明了 $\mathrm{Im}\mathcal{B}_k=\mathrm{Ker}(\mathcal{A}-a\mathcal{I})\cap\mathrm{Im}(\mathcal{A}-a\mathcal{I})^{k-1}$. 于是可由各 $\mathrm{Im}(\mathcal{A}-a\mathcal{I})^k$ 的包含关系:

$$\mathrm{Im}(\mathcal{A}-a\mathcal{I})^k=(\mathcal{A}-a\mathcal{I})^{k-1}\mathrm{Im}(\mathcal{A}-a\mathcal{I})\subseteq\mathrm{Im}(\mathcal{A}-a\mathcal{I})^{k-1}$$

得到各 $\mathrm{Im}\mathcal{B}_k$ 的包含关系:

$$\mathrm{Im}\mathcal{B}_{k+1}=\mathrm{Ker}(\mathcal{A}-a\mathcal{I})\cap\mathrm{Im}(\mathcal{A}-a\mathcal{I})^k\subseteq\mathrm{Ker}(\mathcal{A}-a\mathcal{I})\cap\mathrm{Im}(\mathcal{A}-a\mathcal{I})^{k-1}=\mathrm{Im}\mathcal{B}_k$$

也就是

$$\mathrm{Im}\mathcal{B}_m\subseteq\mathrm{Im}\mathcal{B}_{m-1}\subseteq\cdots\subseteq\mathrm{Im}\mathcal{B}_{k+1}\subseteq\mathrm{Im}\mathcal{B}_k\subseteq\cdots\subseteq\mathrm{Im}\mathcal{B}_1=\mathrm{Ker}(\mathcal{A}-a\mathcal{I})$$

各个象空间 $\mathrm{Im}\mathcal{B}_k$ 的维数 δ_k 也就满足相应的不等式 $\delta_{k+1}\leqslant\delta_k$.

这就得到由 $\boldsymbol{A}$ 出发求各个向量 $\boldsymbol{X}_{ij}$ 组成箭头图 (7.13) 的方法:

先求 $\mathrm{Im}\mathcal{B}_m=\mathrm{Ker}(\mathcal{A}-a\mathcal{I})\cap\mathrm{Im}(\mathcal{A}-a\mathcal{I})^{m-1}$ 的一组基 $M_m=\{\boldsymbol{X}_{11},\cdots,\boldsymbol{X}_{\delta_m 1}\}$, 依次扩充为各个 $\mathrm{Im}\mathcal{B}_k$ 的基 M_k $(k=m-1,m-2,\cdots,2,1)$, 最后得到 $\mathrm{Im}\mathcal{B}_1=\mathrm{Ker}(\mathcal{A}-a\mathcal{I})$ 的基 $M_1=\{\boldsymbol{X}_{11},\cdots,\boldsymbol{X}_{d_1 1}\}$, 其中前 δ_k 个向量组成 $\mathrm{Im}\mathcal{B}_k$ 的基 M_k. 将 M_1 中各个向量依次从上到下排成一列, 作为箭头图 (7.13) 的第 1 列, 其中每个向量被 $\boldsymbol{A}-a\boldsymbol{I}$ 左乘都变成$\boldsymbol{0}$, 满足箭头图的要求. 我们按如下方式以其中每个向量 $\boldsymbol{X}_{i1}$ 作为第 i 行第 1 个向量, 往右边扩充尽可能多的向量组成箭头图的第 i 行:

$$\boldsymbol{0}\leftarrow\boldsymbol{X}_{i1}\leftarrow\boldsymbol{X}_{i2}\leftarrow\cdots\leftarrow\boldsymbol{X}_{is_i}$$

先考虑 $\mathrm{Im}\mathcal{B}_m$ 的基 $M_m=\{\boldsymbol{X}_{11},\cdots,\boldsymbol{X}_{\delta_m 1}\}$ 中的每个向量 $\boldsymbol{X}_{i1}$, 也就是 $\mathrm{Ker}(\mathcal{A}-a\mathcal{I})$ 的基 M_1 中的前 δ_m 个向量. 这些向量 $\boldsymbol{X}_{i1}\in\mathrm{Im}\mathcal{B}_m\subseteq\mathrm{Im}(\mathcal{A}-a\mathcal{I})^{m-1}$ 都是 $(\mathcal{A}-a\mathcal{I})^{m-1}$ 的象, 各有一个原象 $\boldsymbol{X}_{im}$ 满足 $(\boldsymbol{A}-a\boldsymbol{I})^{m-1}\boldsymbol{X}_{im}=\boldsymbol{X}_{i1}$. 用 $\boldsymbol{A}-a\boldsymbol{I}$ 对 $\boldsymbol{X}_{im}$ 连续左乘 $m-1$ 次, 得到 $m-1$ 个向量与 $\boldsymbol{X}_{im}$ 一起组成箭头图:

$$\boldsymbol{0}\leftarrow\boldsymbol{X}_{i1}\leftarrow\boldsymbol{X}_{i2}\leftarrow\cdots\leftarrow\boldsymbol{X}_{im}$$

作为箭头图 (7.13) 的第 i 行 $(1\leqslant i\leqslant\delta_m)$. 这就得到了箭头图 (7.13) 的前 δ_m 行, 每行由 m 个向量组成, 共有 $m\delta_m$ 个向量.

一般地, 设 $\boldsymbol{X}_{i1}$ $(\delta_{k+1}<i\leqslant\delta_k)$ 是由 $\mathrm{Im}\mathcal{B}_{k+1}$ 的基 M_{k+1} 扩充为 $\mathrm{Im}\mathcal{B}_k$ 的基 M_k 添加的 $\delta_k-\delta_{k+1}$ 个向量, 其中每个 $\boldsymbol{X}_{i1}\in\mathrm{Im}\mathcal{B}_k\subseteq\mathrm{Im}(\mathcal{A}-a\mathcal{I})^{k-1}$ 是 $(\mathcal{A}-a\mathcal{I})^{k-1}$ 的象, 存在原象 $\boldsymbol{X}_{ik}$ 满足 $(\boldsymbol{A}-a\boldsymbol{I})^{k-1}\boldsymbol{X}_{ik}=\boldsymbol{X}_{i1}$. 用 $\boldsymbol{A}-a\boldsymbol{I}$ 对 $\boldsymbol{X}_{ik}$ 连续左乘 $k-1$ 次, 得到的 $k-1$ 个向量与 $\boldsymbol{X}_{ik}$ 一起组成箭头图:

$$\boldsymbol{0}\leftarrow\boldsymbol{X}_{i1}\leftarrow\cdots\leftarrow\boldsymbol{X}_{ik}$$

作为箭头图 (7.13) 的第 i 行 $(\delta_{k+1}<i\leqslant\delta_k)$. 这就得到了箭头图 (7.13) 的第 $\delta_{k+1}+1\sim\delta_k$ 行, 每行由 k 个向量组成, 共有 $\delta_k-\delta_{k+1}$ 行, 包含 $k(\delta_k-\delta_{k+1})$ 个向量.

这就由第一列的每个向量 $\boldsymbol{X}_{i1}$ 往右 “生长” 出了箭头图的一行, 得到的所有各行组成箭头图.

我们对 k 用数学归纳法证明: 这样得到的箭头图中前 k 列向量组成 $\mathrm{Ker}(\mathcal{A}-a\mathcal{I})^k$ 的一组基 S_k, 从而前 m 列所有向量组成根子空间 $W_a=\mathrm{Ker}(\mathcal{A}-a\mathcal{I})^m$ 的基.

当 $k=1$ 时, 已经知道箭头图第 1 列组成 $\mathrm{Im}\,\mathcal{B}_1=\mathrm{Ker}\,(\mathcal{A}-a\mathcal{I})$ 的一组基 $M_1=S_1$.

设 $2\leqslant k\leqslant m$, 并假设箭头图前 $k-1$ 列的非零向量组成 $\mathrm{Ker}\,(\mathcal{A}-a\mathcal{I})^{k-1}$ 的一组基, 也就是线性变换 $\mathcal{B}_k$ 的核 $\mathrm{Ker}\,\mathcal{B}_k$ 的基. 已经知道箭头图第一列前 δ_k 个向量 $\boldsymbol{X}_{i1},\cdots,\boldsymbol{X}_{\delta_k 1}$ 组成 $\mathrm{Ker}\,(\mathcal{A}-a\mathcal{I})^k$ 上线性变换 $\mathcal{B}_k:\boldsymbol{X}\mapsto(\boldsymbol{A}-a\boldsymbol{I})^{k-1}\boldsymbol{X}$ 的象空间的一组基 M_k, 箭头图第 k 列各向量是 M_k 的原象, 因而这些原象与 $\mathrm{Ker}\,\mathcal{B}_k=\mathrm{Ker}\,(\mathcal{A}-a\mathcal{I})^{k-1}$ 的一组基 S_{k-1} 共同组成 $\mathrm{Ker}\,(\mathcal{A}-a\mathcal{I})^k$ 的一组基 (见本书 6.3 节知识导航　几何模型). 这就证明了: 箭头图前 k 列组成 $\mathrm{Ker}\,(\mathcal{A}-a\mathcal{I})^k$ 的一组基. 特别地, 前 m 列组成 $W_a=\mathrm{Ker}\,(\mathcal{A}-a\mathcal{I})^m$ 的一组基.

以上算法和推理适用于所有的复方阵 $\boldsymbol{A}$. 由此得到若尔当标准形的存在性定理:

定理 7.4.1　如果数域 F 上 n 阶方阵 $\boldsymbol{A}$ 所有的特征值 $\lambda_1,\cdots,\lambda_t$ 都含于 F, 则存在 F 上 n 阶可逆方阵 $\boldsymbol{P}$ 将 $\boldsymbol{A}$ 相似到若尔当标准形 $\boldsymbol{P}^{-1}\boldsymbol{A}\boldsymbol{P}=\boldsymbol{J}$. 不同的 $\boldsymbol{P}$ 可以导致 $\boldsymbol{J}$ 中若尔当块的排列顺序的任意改变, 但不能改变若尔当块. □

4. 算法的实现

以上算法原理将 $\mathrm{Ker}\,(\mathcal{A}-a\mathcal{I})$ 的子空间 $\mathrm{Im}\,\mathcal{B}_m$ 的基 M_m 一步步扩充得到各个 $\mathrm{Ker}\,(\mathcal{A}-a\mathcal{I})^k$ $(k=m,m-1,\cdots,2,1)$ 的 M_k, 并且 M_k 中的基向量 $\boldsymbol{X}_{i1}\in\mathrm{Im}\,(\mathcal{A}-a\mathcal{I})^{k-1}$, 求原象 $\boldsymbol{X}_{ik}$ 满足 $(\boldsymbol{A}-a\boldsymbol{I})^{k-1}\boldsymbol{X}_{ik}=\boldsymbol{X}_{i1}$, 得到了箭头图每行最后一个向量 $\boldsymbol{X}_{ik}$, 也就是循环子空间的生成元. 这样的基向量 $\boldsymbol{X}_{i1}$ 和原象 $\boldsymbol{X}_{ik}$ 在理论上是存在的, 由此证明了若尔当标准形的存在性. 但要真正找出这些 $\boldsymbol{X}_{i1}$ 和 $\boldsymbol{X}_{ik}$, 还需要给出可实现的算法.

要对每个正整数 $k\leqslant m$ 找出 $\mathrm{Im}\,\mathcal{B}_k=(\boldsymbol{A}-a\boldsymbol{I})^{k-1}\mathrm{Ker}\,(\mathcal{A}-a\mathcal{I})^k$ 的一组基, 最容易想到的笨办法是: 解方程组 $(\boldsymbol{A}-a\boldsymbol{I})^k\boldsymbol{X}=\boldsymbol{0}$ 求出 $\mathrm{Ker}\,(\mathcal{A}-a\mathcal{I})^k$ 的一组基 $T_k=\{\boldsymbol{Y}_{1k},\cdots,\boldsymbol{Y}_{d_k k}\}$, 用 $(\boldsymbol{A}-a\boldsymbol{I})^{k-1}$ 左乘 T_k 中所有的向量得到的向量集合 $(\boldsymbol{A}-a\boldsymbol{I})^{k-1}T_k=\{\boldsymbol{Y}_{i1}=(\boldsymbol{A}-a\boldsymbol{I})^{k-1}\boldsymbol{Y}_{ik}\mid 1\leqslant i\leqslant d_k\}$ 就是 $\mathrm{Im}\,\mathcal{B}_k$ 的一组生成元.

将各个 $(\boldsymbol{A}-a\boldsymbol{I})^{k-1}T_k$ 按 $k=m,m-1,\cdots,2,1$ 的顺序合并在一起, 求并集

$$T=(\boldsymbol{A}-a\boldsymbol{I})^{m-1}T_m\cup\cdots\cup(\boldsymbol{A}-a\boldsymbol{I})^{k-1}T_k\cup\cdots\cup(\boldsymbol{A}-a\boldsymbol{I})T_2\cup T_1$$

的极大线性无关组

$$T^*=(\boldsymbol{A}-a\boldsymbol{I})^{m-1}T_m^*\cup\cdots\cup(\boldsymbol{A}-a\boldsymbol{I})^{k-1}T_k^*\cup\cdots\cup(\boldsymbol{A}-a\boldsymbol{I})T_2^*\cup T_1^*$$

其中 $(\boldsymbol{A}-a\boldsymbol{I})^{k-1}T_k^*$ 是 $(\boldsymbol{A}-a\boldsymbol{I})^{k-1}T_k$ 中被录取进入极大线性无关组 T^* 的全体 $\boldsymbol{Y}_{i1}=(\boldsymbol{A}-a\boldsymbol{I})^{k-1}\boldsymbol{Y}_{ik}$ 组成的集合, 而 T_k^* 则是被录取的那些 $\boldsymbol{Y}_{i1}$ 的原象 $\boldsymbol{Y}_{ik}$ 组成的集合. $T^*=M_1$ 中的各向量组成箭头图的第 1 列, 各个 T_k^* 则是箭头图中长度为 k 的那些行的最后一个向量.

实际计算时, 还可以根据具体情况尽量简化计算过程. 以本节算法例两个例题中的方阵 $\boldsymbol{A}$ 为例:

对例 1 的 $\boldsymbol{A}$ 计算方程组 $(\boldsymbol{A}-2\boldsymbol{I})^k\boldsymbol{X}=\boldsymbol{0}$ 的解空间维数 d_k, 得到 $d_1=3,d_2=5$, $\dim\mathrm{Im}\,\mathcal{B}_2=\delta_2=d_2-d_1=2$. 箭头图形状为:

$$\begin{array}{l}\boldsymbol{0}\leftarrow\boldsymbol{X}_{11}\leftarrow\boldsymbol{X}_{12}\\ \boldsymbol{0}\leftarrow\boldsymbol{X}_{21}\leftarrow\boldsymbol{X}_{22}\\ \boldsymbol{0}\leftarrow\boldsymbol{X}_{31}\end{array}$$

不需要求出 $(\boldsymbol{A}-2\boldsymbol{I})^2\boldsymbol{X}=\boldsymbol{0}$ 的 5 个基础解再用 $\boldsymbol{A}-2\boldsymbol{I}$ 左乘, 只要求出两个解 $\boldsymbol{X}_{12},\boldsymbol{X}_{22}$ 使 $\boldsymbol{X}_{11}=(\boldsymbol{A}-2\boldsymbol{I})\boldsymbol{X}_{12}$ 与 $\boldsymbol{X}_{21}=(\boldsymbol{A}-2\boldsymbol{I})\boldsymbol{X}_{22}$ 线性无关, 就得到了 $\mathrm{Im}\mathcal{B}_2$ 的一组基 $M_2=\{\boldsymbol{X}_{11},\boldsymbol{X}_{21}\}$. 例 1 的解答中取 $(\boldsymbol{A}-2\boldsymbol{I})^2\boldsymbol{X}=\boldsymbol{0}$ 的两个解 $\boldsymbol{X}_{12}=(0,0,0,3,1,0)^{\mathrm{T}}$ 与 $\boldsymbol{X}_{22}=(0,0,0,3,0,1)^{\mathrm{T}}$, 用 $\boldsymbol{A}-2\boldsymbol{I}$ 左乘得到了 $\boldsymbol{X}_{11}=(4,2,1,1,0,0)^{\mathrm{T}}$ 与 $\boldsymbol{X}_{21}=(4,3,-1,2,0,0)^{\mathrm{T}}$ 线性无关, 组成了 $\mathrm{Im}\mathcal{B}_2$ 的基. 再添加 $(\boldsymbol{A}-2\boldsymbol{I})\boldsymbol{X}=\boldsymbol{0}$ 的解 $\boldsymbol{X}_{31}=(1,1,0,0,0,0)^{\mathrm{T}}$ 与 $\boldsymbol{X}_{11},\boldsymbol{X}_{21}$ 线性无关, 得到了 $\mathrm{Im}\mathcal{B}_1=\mathrm{Ker}(\mathcal{A}-2\mathrm{Im})$ 的基. 这就得到了箭头图中全部 5 个向量组成了根子空间 $W_2=\mathrm{Ker}(\mathcal{A}-2\mathcal{I})^2$ 的基.

对例 2 的 $\boldsymbol{A}$ 计算方程组 $(\boldsymbol{A}-2\boldsymbol{I})^k\boldsymbol{X}=\boldsymbol{0}$ 的解空间维数 d_k, 得到 $d_1=2,d_2=4,d_3=5$. $\delta_2=2,\delta_3=1$. 箭头图形如:

$$\boldsymbol{0}\leftarrow\boldsymbol{X}_{11}\leftarrow\boldsymbol{X}_{12}\leftarrow\boldsymbol{X}_{13}$$
$$\boldsymbol{0}\leftarrow\boldsymbol{X}_{21}\leftarrow\boldsymbol{X}_{22}$$

$\mathrm{Im}\mathcal{B}_3$ 的维数 $\delta_3=1$, 只要取 $(\boldsymbol{A}-2\boldsymbol{I})^3\boldsymbol{X}=\boldsymbol{0}$ 的一个解 $\boldsymbol{X}_{13}$ 使 $\boldsymbol{X}_{11}=(\boldsymbol{A}-2\boldsymbol{I})^2\boldsymbol{X}_{13}\neq\boldsymbol{0}$ 就得到了 $\mathrm{Im}\mathcal{B}_3$ 的基向量 $\boldsymbol{X}_{11}$. 例 2 的解答中取了 $\boldsymbol{X}_{13}=(0,0,0,0,-1,2)^{\mathrm{T}}$ 得到 $\boldsymbol{X}_{11}=(\boldsymbol{A}-2\boldsymbol{I})^2\boldsymbol{X}_{13}=(3,3,0,0,0,0)^{\mathrm{T}}\neq\boldsymbol{0}$, $\boldsymbol{X}_{11}$ 组成 $\mathrm{Im}\mathcal{B}_3$ 的基 M_3. 再求 $(\boldsymbol{A}-2\boldsymbol{I})^2\boldsymbol{X}=\boldsymbol{0}$ 的解 $\boldsymbol{X}_{22}$ 使 $(\boldsymbol{A}-2\boldsymbol{I})\boldsymbol{X}_{22}=\boldsymbol{X}_{21}$ 与 $\boldsymbol{X}_{11}$ 线性无关. 例 2 解答中取 $\boldsymbol{X}_{22}=(0,0,3,0,2,-1)^{\mathrm{T}}$ 得到 $\boldsymbol{X}_{21}=(\boldsymbol{A}-2\boldsymbol{I})\boldsymbol{X}_{22}=(4,1,3,0,0,0)^{\mathrm{T}}$ 与 $\boldsymbol{X}_{11}$ 线性无关, M_3 添加 $\boldsymbol{X}_{21}$ 组成 $\mathrm{Im}\mathcal{B}_2$ 的基 $M_2=\{\boldsymbol{X}_{11},\boldsymbol{X}_{21}\}$, 由 $d_1=2$ 知 M_2 不需再扩充已经是 $\mathrm{Im}\mathcal{B}_1=\mathrm{Ker}(\mathcal{A}-2\mathcal{I})$ 的基 M_1. 再由 $(\boldsymbol{A}-2\boldsymbol{I})\boldsymbol{X}_{13}=\boldsymbol{X}_{12}$ 得到 $\boldsymbol{X}_{12}$, 就得到了箭头图中全部 5 个向量.

一般地, $(\boldsymbol{A}-a\boldsymbol{I})^k\boldsymbol{X}=\boldsymbol{0}$ 的基础解系 T_k 有 d_k 个向量, 用 $(\boldsymbol{A}-a\boldsymbol{I})^{k-1}$ 左乘这 d_k 个向量只是为了从 $(\boldsymbol{A}-a\boldsymbol{I})^{k-1}T_k$ 的 d_k 个向量中取出至多 $\delta_k=d_k-d_{k-1}$ 个线性无关向量. 如果发现 $(\boldsymbol{A}-a\boldsymbol{I})^{k-1}$ 左乘 T_k 的某个子集 $\tilde{T}_k$ 就能得到 δ_k 个线性无关向量, T_k 中其余向量就都可以不计算了.

如果 $\delta_{k+1}=\delta_k$, 则 $\mathrm{Im}\mathcal{B}_{k+1}=\mathrm{Im}\mathcal{B}_k$, $\mathrm{Im}\mathcal{B}_{k+1}$ 的基 M_{k+1} 不需扩充就是 M_k, $(\boldsymbol{A}-a\boldsymbol{I})^{k-1}T_k$ 不会有任何向量入选极大线性无关组 T^*, 因此也不需要让 $(\boldsymbol{A}-a\boldsymbol{I})^{k-1}T_k$ 参加求极大线性无关组, 解方程组 $(\boldsymbol{A}-a\boldsymbol{I})^k\boldsymbol{X}=\boldsymbol{0}$ 求 T_k 这一步骤可以彻底取消.

例题分析与解答

7.4.1 求适当的可逆复方阵将下列复方阵 $\boldsymbol{A}$ 相似到若尔当标准形 $\boldsymbol{J}$:

(1) $\begin{pmatrix}-2&1&3\\-22&11&33\\6&-3&-9\end{pmatrix}$; (2) $\begin{pmatrix}6&5&-2\\-2&0&1\\-1&-1&3\end{pmatrix}$; (3) $\begin{pmatrix}1&-3&2\\4&-7&4\\12&-14&7\end{pmatrix}$;

(4) $\begin{pmatrix}4&0&0&0\\0&4&0&0\\3&0&4&0\\2&3&0&4\end{pmatrix}$; (5) $\begin{pmatrix}1&2&4&7\\0&1&3&6\\0&0&1&4\\0&0&0&3\end{pmatrix}$; (6) $\begin{pmatrix}4&3&0&0\\-3&-2&0&0\\1&2&-3&-2\\4&3&8&5\end{pmatrix}$;

(7) $\begin{pmatrix} 0 & 1 & & \\ & 0 & \ddots & \\ & & \ddots & 1 \\ 1 & & & 0 \end{pmatrix}_{n\times n}$; (8) $\begin{pmatrix} & & & a_1 \\ & & a_2 & \\ & \iddots & & \\ a_n & & & \end{pmatrix}$; (9) $\begin{pmatrix} 0 & 1 & & \\ & 0 & \ddots & \\ & & \ddots & 1 \\ & & & 0 \end{pmatrix}_{n\times n}^3$;

(10) $\begin{pmatrix} 0 & 0 & 0 & 0 & 0 \\ 4 & 0 & 0 & 0 & 0 \\ 3 & 4 & 0 & 0 & 0 \\ 2 & 3 & 0 & 0 & 0 \\ 1 & 2 & 3 & 0 & 0 \end{pmatrix}$;　(11) $\begin{pmatrix} 1 & -1 & & \\ & 1 & \ddots & \\ & & \ddots & -1 \\ & & & 1 \end{pmatrix}_{n\times n}^n$.

解 (1) 特征多项式 $\varphi_{\boldsymbol{A}}(\lambda)=\lambda^3$, 只有一个特征值 0. 且由 $\operatorname{rank}\boldsymbol{A}=1$ 知方程组 $\boldsymbol{AX}=\boldsymbol{0}$ 的解空间为 2 维, $\boldsymbol{P}^{-1}\boldsymbol{AP}=\boldsymbol{J}$ 有两个若尔当块, 只能 $\boldsymbol{J}=\operatorname{diag}(\boldsymbol{J}_2(0),\boldsymbol{J}_1(0))$, $\boldsymbol{P}=(\boldsymbol{P}_1,\boldsymbol{P}_2,\boldsymbol{P}_3)$ 的各列满足在 $\boldsymbol{A}$ 的左乘作用下的箭头图:

$$\boldsymbol{0}\leftarrow\boldsymbol{P}_1\leftarrow\boldsymbol{P}_2$$
$$\boldsymbol{0}\leftarrow\boldsymbol{P}_3$$

取 $\boldsymbol{P}_2=\boldsymbol{e}_2=(0,1,0)^{\mathrm{T}}$ 使 $\boldsymbol{P}_1=\boldsymbol{AP}_2=(1,11,-3)^{\mathrm{T}}\neq\boldsymbol{0}$, 则 $\boldsymbol{P}_1,\boldsymbol{P}_2$ 满足箭头图要求. 将 $\boldsymbol{P}_1$ 添加方程组 $\boldsymbol{AX}=\boldsymbol{0}$ 的一个解 $\boldsymbol{P}_3=(1,2,0)^{\mathrm{T}}$ 成为此方程组的基础解系, 则:

$$\boldsymbol{P}=(\boldsymbol{P}_1,\boldsymbol{P}_2,\boldsymbol{P}_3)=\begin{pmatrix} 1 & 0 & 1 \\ 11 & 1 & 2 \\ -3 & 0 & 0 \end{pmatrix},\quad \boldsymbol{P}^{-1}\boldsymbol{AP}=\boldsymbol{J}=\begin{pmatrix} 0 & 1 & 0 \\ 0 & 0 & 0 \\ 0 & 0 & 0 \end{pmatrix}$$

(2) 特征多项式 $\varphi_{\boldsymbol{A}}(\lambda)=(\lambda-3)^3$, 只有一个特征值 3. 且由 $\operatorname{rank}(\boldsymbol{A}-3\boldsymbol{I})=2$ 知方程组 $(\boldsymbol{A}-3\boldsymbol{I})\boldsymbol{X}=\boldsymbol{0}$ 解空间为 1 维, $\boldsymbol{P}^{-1}\boldsymbol{AP}=\boldsymbol{J}$ 只有一个若尔当块 $\boldsymbol{J}_3(3)$. $\boldsymbol{P}=(\boldsymbol{P}_1,\boldsymbol{P}_2,\boldsymbol{P}_3)$ 的 3 列应满足在 $\boldsymbol{A}-3\boldsymbol{I}$ 左乘作用下的箭头图:

$$\boldsymbol{0}\leftarrow\boldsymbol{P}_1\leftarrow\boldsymbol{P}_2\leftarrow\boldsymbol{P}_3$$

计算出:

$$\boldsymbol{A}-3\boldsymbol{I}=\begin{pmatrix} 3 & 5 & -2 \\ -2 & -3 & 1 \\ -1 & -1 & 0 \end{pmatrix},\quad (\boldsymbol{A}-3\boldsymbol{I})^2=\begin{pmatrix} 1 & 2 & -1 \\ -1 & -2 & 1 \\ -1 & -2 & 1 \end{pmatrix}$$

取 $\boldsymbol{P}_3=(0,0,1)^{\mathrm{T}}$ 使 $\boldsymbol{P}_1=(\boldsymbol{A}-3\boldsymbol{I})^2\boldsymbol{P}_3=(-1,1,1)^{\mathrm{T}}\neq\boldsymbol{0}$, 且取 $\boldsymbol{P}_2=(\boldsymbol{A}-3\boldsymbol{I})\boldsymbol{P}_3=(-2,1,0)^{\mathrm{T}}$, 则:

$$\boldsymbol{P}=\begin{pmatrix} -1 & -2 & 0 \\ 1 & 1 & 0 \\ 1 & 0 & 1 \end{pmatrix},\quad \boldsymbol{P}^{-1}\boldsymbol{AP}=\boldsymbol{J}=\begin{pmatrix} 3 & 1 & 0 \\ 0 & 3 & 1 \\ 0 & 0 & 3 \end{pmatrix}$$

(3) 特征多项式 $\varphi_{\boldsymbol{A}}(\lambda)=(\lambda-3)(\lambda+1)^2$ 有两个特征值 3(1 重),-1 (2 重). $\boldsymbol{P}^{-1}\boldsymbol{AP}=\boldsymbol{J}$

中属于特征值 3 的若尔当块只有 1 个 $\boldsymbol{J}_1(3)=3$. 对特征值 -1 计算出:

$$\boldsymbol{A}+\boldsymbol{I}=\begin{pmatrix}2&-3&2\\4&-6&4\\12&-14&8\end{pmatrix},\quad (\boldsymbol{A}+\boldsymbol{I})^2=\begin{pmatrix}16&-16&8\\32&-32&16\\64&-64&32\end{pmatrix}$$

由 $\mathrm{rank}(\boldsymbol{A}+\boldsymbol{I})=2$ 知方程组 $(\boldsymbol{A}+\boldsymbol{I})\boldsymbol{X}=\boldsymbol{0}$ 的解空间为 1 维, 属于特征值 -1 的若尔当块只有一个, 为 $\boldsymbol{J}_2(-1)$.

$$\boldsymbol{J}=\mathrm{diag}(3,\boldsymbol{J}_2(-1))$$

解方程组 $(\boldsymbol{A}-3\boldsymbol{I})\boldsymbol{X}=\boldsymbol{0}$ 求出基础解 $\boldsymbol{P}_1=(1,2,4)^{\mathrm{T}}$.

$\boldsymbol{P}_2,\boldsymbol{P}_3$ 在 $\boldsymbol{A}+\boldsymbol{I}$ 左乘作用下应满足箭头图 $\boldsymbol{0}\leftarrow\boldsymbol{P}_2\leftarrow\boldsymbol{P}_3$. 取方程组 $(\boldsymbol{A}+\boldsymbol{I})^2\boldsymbol{X}=\boldsymbol{0}$ 的解 $\boldsymbol{P}_3=(1,1,0)^{\mathrm{T}}$ 满足 $\boldsymbol{P}_2=(\boldsymbol{A}+\boldsymbol{I})\boldsymbol{P}_3=(-1,-2,-2)^{\mathrm{T}}\neq\boldsymbol{0}$, 则 $\boldsymbol{P}_2,\boldsymbol{P}_3$ 符合箭头图要求.

$$\boldsymbol{P}=\begin{pmatrix}1&-1&1\\2&-2&1\\4&-2&0\end{pmatrix},\quad \boldsymbol{P}^{-1}\boldsymbol{A}\boldsymbol{P}=\boldsymbol{J}=\begin{pmatrix}3&0&0\\0&-1&1\\0&0&-1\end{pmatrix}$$

(4) 特征多项式 $\varphi_{\boldsymbol{A}}(\lambda)=(\lambda-4)^4$ 只有一个特征值 4(4 重). $\mathrm{rank}(\boldsymbol{A}-4\boldsymbol{I})=2$, $(\boldsymbol{A}-4\boldsymbol{I})^2=\boldsymbol{O}$. 方程组 $(\boldsymbol{A}-4\boldsymbol{I})\boldsymbol{X}=\boldsymbol{0}$ 与 $(\boldsymbol{A}-4\boldsymbol{I})^2\boldsymbol{X}=\boldsymbol{0}$ 的解空间的维数分别是 2,4. $\boldsymbol{P}$ 的 4 列在 $\boldsymbol{A}-4\boldsymbol{I}$ 左乘作用下的箭头图的第 1 列有两个向量, 前两列共 4 个向量, 为:

$$\begin{aligned}&\boldsymbol{0}\leftarrow\boldsymbol{P}_1\leftarrow\boldsymbol{P}_2\\&\boldsymbol{0}\leftarrow\boldsymbol{P}_3\leftarrow\boldsymbol{P}_4\end{aligned}$$

此箭头图只有两行, 每行两个非零向量, 说明 $\boldsymbol{J}$ 共有两个若尔当块, 阶数都为 2, $\boldsymbol{J}=\mathrm{diag}(\boldsymbol{J}_2(4),\boldsymbol{J}_2(4))$.

由于 $(\boldsymbol{A}-4\boldsymbol{I})^2=\boldsymbol{O}$, 所有的 4 维列向量都是方程组 $(\boldsymbol{A}-4\boldsymbol{I})^2\boldsymbol{X}=\boldsymbol{0}$ 的解. 只要找到两个列向量 $\boldsymbol{P}_2,\boldsymbol{P}_4$ 被 $\boldsymbol{A}-4\boldsymbol{I}$ 左乘得到的 $\boldsymbol{P}_1,\boldsymbol{P}_3$ 线性无关, 则所得到的 4 个列向量 $\boldsymbol{P}_i$ $(1\leqslant i\leqslant 4)$ 符合箭头图要求.

$$\boldsymbol{A}-4\boldsymbol{I}=\begin{pmatrix}0&0&0&0\\0&0&0&0\\3&0&0&0\\2&3&0&0\end{pmatrix}$$

的前两列线性无关, 取 $\boldsymbol{P}_2=\boldsymbol{e}_1,\boldsymbol{P}_4=\boldsymbol{e}_2$, 则 $\boldsymbol{P}_1=(\boldsymbol{A}-4\boldsymbol{I})\boldsymbol{P}_2=(0,0,3,2)^{\mathrm{T}}$ 与 $\boldsymbol{P}_2=(\boldsymbol{A}-4\boldsymbol{I})\boldsymbol{P}_4=(0,0,0,3)^{\mathrm{T}}$ 就是 $\boldsymbol{A}-4\boldsymbol{I}$ 的前两列, 线性无关.

$$\boldsymbol{P}=\begin{pmatrix}0&1&0&0\\0&0&0&1\\3&0&0&0\\2&0&3&0\end{pmatrix},\quad \boldsymbol{P}^{-1}\boldsymbol{A}\boldsymbol{P}=\boldsymbol{J}=\begin{pmatrix}4&1&0&0\\0&4&0&0\\0&0&4&1\\0&0&0&4\end{pmatrix}$$

(5) 特征多项式 $\varphi_{\boldsymbol{A}}(\lambda)=(\lambda-1)^3(\lambda-3)$, 有两个特征值 3(1 重), 1(3 重).

$\boldsymbol{J}$ 中属于特征值 3 的若尔当块只有一个 $\boldsymbol{J}_1(3)=3$, 解方程组 $(\boldsymbol{A}-3\boldsymbol{I})\boldsymbol{X}=\boldsymbol{0}$ 求得基础解 $\boldsymbol{P}_1=(27,12,4,2)^{\mathrm{T}}$ 作为 $\boldsymbol{P}$ 的第 1 列.

对特征值 1 依次计算出 $\boldsymbol{A}-\boldsymbol{I},(\boldsymbol{A}-\boldsymbol{I})^2,(\boldsymbol{A}-\boldsymbol{I})^3$ 如下:

$$\begin{pmatrix}0&2&4&7\\0&0&3&6\\0&0&0&4\\0&0&0&2\end{pmatrix},\quad\begin{pmatrix}0&0&6&42\\0&0&0&24\\0&0&0&8\\0&0&0&4\end{pmatrix},\quad\begin{pmatrix}0&0&0&108\\0&0&0&48\\0&0&0&16\\0&0&0&8\end{pmatrix}$$

由 $\mathrm{rank}(\boldsymbol{A}-\boldsymbol{I})=3$ 知方程组 $(\boldsymbol{A}-\boldsymbol{I})\boldsymbol{X}=\boldsymbol{0}$ 的解空间为 1 维, 因此属于特征值 1 的若尔当块只有 1 块, 阶数为 3, 为 $\boldsymbol{J}_3(1)$.

$$\boldsymbol{J}=\mathrm{diag}(3,\boldsymbol{J}_3(1))$$

$\boldsymbol{P}$ 的后 3 列满足在 $\boldsymbol{A}-\boldsymbol{I}$ 的左乘作用下的箭头图 $\boldsymbol{0}\leftarrow\boldsymbol{P}_2\leftarrow\boldsymbol{P}_3\leftarrow\boldsymbol{P}_4$. 取 $(\boldsymbol{A}-\boldsymbol{I})^3\boldsymbol{X}=\boldsymbol{0}$ 的解 $\boldsymbol{P}_4=\boldsymbol{e}_3=(0,0,1,0)^{\mathrm{T}}$ 使 $\boldsymbol{P}_2=(\boldsymbol{A}-\boldsymbol{I})^2\boldsymbol{P}_4=(6,0,0,0)^{\mathrm{T}}\neq\boldsymbol{0}$, 并取 $\boldsymbol{P}_3=(\boldsymbol{A}-\boldsymbol{I})\boldsymbol{P}_4=(4,3,0,0)^{\mathrm{T}}$, 则 $\boldsymbol{P}_2,\boldsymbol{P}_3,\boldsymbol{P}_4$ 满足箭头图.

$$\boldsymbol{P}=\begin{pmatrix}27&6&4&0\\12&0&3&0\\4&0&0&1\\2&0&0&0\end{pmatrix},\quad\boldsymbol{P}^{-1}\boldsymbol{AP}=\boldsymbol{J}=\begin{pmatrix}3&0&0&0\\0&1&1&0\\0&0&1&1\\0&0&0&1\end{pmatrix}$$

(6) 特征多项式 $\varphi_{\boldsymbol{A}}(\lambda)=(\lambda-1)^4$, 只有一个特征值 1 (4 重). 由 $\mathrm{rank}(\boldsymbol{A}-\boldsymbol{I})=3$ 知方程组 $(\boldsymbol{A}-\boldsymbol{I})\boldsymbol{X}=\boldsymbol{0}$ 的解空间维数为 1, $\boldsymbol{J}$ 只有一个若尔当块 $\boldsymbol{J}_4(1)$. $\boldsymbol{P}$ 的 4 列在 $\boldsymbol{A}-\boldsymbol{I}$ 左乘作用下满足箭头图:

$$\boldsymbol{0}\leftarrow\boldsymbol{P}_1\leftarrow\boldsymbol{P}_2\leftarrow\boldsymbol{P}_3\leftarrow\boldsymbol{P}_4$$

依次计算出 $\boldsymbol{A}-\boldsymbol{I},(\boldsymbol{A}-\boldsymbol{I})^2,(\boldsymbol{A}-\boldsymbol{I})^3$ 如下:

$$\begin{pmatrix}3&3&0&0\\-3&-3&0&0\\1&2&-4&-2\\4&3&8&4\end{pmatrix},\quad\begin{pmatrix}0&0&0&0\\0&0&0&0\\-15&-17&0&0\\27&31&0&0\end{pmatrix},\quad\begin{pmatrix}0&0&0&0\\0&0&0&0\\6&6&0&0\\-12&-12&0&0\end{pmatrix}$$

由于 $(\boldsymbol{A}-\boldsymbol{I})^4=\boldsymbol{O}$, 所有的 4 维列向量都是方程组 $(\boldsymbol{A}-\boldsymbol{I})^4\boldsymbol{X}=\boldsymbol{0}$ 的解. 取 $\boldsymbol{P}_4=(1,0,0,0)^{\mathrm{T}}$ 不是 $(\boldsymbol{A}-\boldsymbol{I})^3\boldsymbol{X}=\boldsymbol{0}$ 的解, 即 $\boldsymbol{P}_1=(\boldsymbol{A}-\boldsymbol{I})^3\boldsymbol{P}_4=(0,0,6,-12)^{\mathrm{T}}\neq\boldsymbol{0}$, 再取 $\boldsymbol{P}_2=(\boldsymbol{A}-\boldsymbol{I})^2\boldsymbol{P}_4=(0,0,-15,27)^{\mathrm{T}}$, $\boldsymbol{P}_3=(\boldsymbol{A}-\boldsymbol{I})\boldsymbol{P}_4=(3,-3,1,4)^{\mathrm{T}}$, 则 $\boldsymbol{P}_i\ (1\leqslant i\leqslant 4)$ 符合箭头图要求.

$$\boldsymbol{P}=\begin{pmatrix}0&0&3&1\\0&0&-3&0\\6&-15&1&0\\-12&27&4&0\end{pmatrix},\quad\boldsymbol{J}=\begin{pmatrix}1&1&0&0\\0&1&1&0\\0&0&1&1\\0&0&0&1\end{pmatrix}$$

(7) 特征多项式 $\varphi_{\boldsymbol{A}}(\lambda)=\lambda^n-1$ 有 n 个不同的特征值 $1,\omega,\cdots,\omega^{n-1}$, 其中 $\omega=\cos\dfrac{2\pi}{n}+\mathrm{i}\sin\dfrac{2\pi}{n}$, 因此 $\boldsymbol{A}$ 相似于对角阵 $\boldsymbol{J}=\mathrm{diag}(1,\omega,\cdots,\omega^{n-1})$. 对每个特征值 ω^k $(0\leqslant k\leqslant n-1)$ 求出方程组 $(\boldsymbol{A}-\omega^k\boldsymbol{I})\boldsymbol{X}=\boldsymbol{0}$ 的一个基础解 (即特征向量) $\boldsymbol{P}_{k+1}=(1,\omega^k,\omega^{2k},\cdots,\omega^{(n-1)k})^{\mathrm{T}}$. 取 $\boldsymbol{P}=(\boldsymbol{P}_1,\boldsymbol{P}_2,\cdots,\boldsymbol{P}_n)$, 则对角阵 $\boldsymbol{P}^{-1}\boldsymbol{A}\boldsymbol{P}=\boldsymbol{J}$ 就是 $\boldsymbol{A}$ 的若尔当标准形, 其中:

$$\boldsymbol{P}=\begin{pmatrix}1&1&\cdots&1\\1&\omega&\cdots&\omega^{n-1}\\1&\omega^2&\cdots&\omega^{2(n-1)}\\\vdots&\vdots&&\vdots\\1&\omega^{n-1}&\cdots&\omega^{(n-1)^2}\end{pmatrix},\quad \boldsymbol{J}=\begin{pmatrix}1&&&\\&\omega&&\\&&\ddots&\\&&&\omega^{n-1}\end{pmatrix}$$

(8) $\boldsymbol{A}$ 在 n 维列向量空间 $V=F^{n\times 1}$ 上的左乘作用引起的线性变换 $\mathcal{A}:\boldsymbol{X}\mapsto\boldsymbol{A}\boldsymbol{X}$ 将自然基向量 $\boldsymbol{e}_i,\boldsymbol{e}_{n-i+1}$ 分别变到 $a_{n-i+1}\boldsymbol{e}_{n-i+1},a_i\boldsymbol{e}_i$, 这说明当正整数 $i\leqslant\dfrac{n}{2}$ 时 $\boldsymbol{e}_i,\boldsymbol{e}_{n-i+1}$ 生成的 2 维子空间 $U_i=F\boldsymbol{e}_i\oplus F\boldsymbol{e}_{n-i+1}$ 是 $\mathcal{A}$ 的不变子空间, $\mathcal{A}|_{U_i}$ 在基 $S_i=\{\boldsymbol{e}_i,\boldsymbol{e}_{n-i+1}\}$ 下的矩阵 $\boldsymbol{A}_i=\begin{pmatrix}0&a_i\\a_{n-i+1}&0\end{pmatrix}$. 只要选取每个 U_i 的基 M_i 使 $\mathcal{A}|_{U_i}$ 在 M_i 下的矩阵 $\boldsymbol{J}_i$ 为若尔当形, 则当 $n=2m$ 为偶数时 $\mathcal{A}$ 在 $V=U_1\oplus\cdots U_m$ 的基 $M=M_1\cup\cdots\cup M_m$ 下的矩阵 $\boldsymbol{J}=\mathrm{diag}(\boldsymbol{J}_1,\cdots,\boldsymbol{J}_m)$ 是若尔当形, 依次与 M 中的各个列向量为各列排成的可逆方阵 $\boldsymbol{P}$ 满足 $\boldsymbol{A}\boldsymbol{P}=\boldsymbol{P}\boldsymbol{J}$ 从而 $\boldsymbol{P}^{-1}\boldsymbol{A}\boldsymbol{P}=\boldsymbol{J}$. 当 $n=2m+1$ 为奇数时 $V=U_1\oplus\cdots\oplus U_m\oplus F\boldsymbol{e}_{m+1}$, $M=M_1\cup\cdots\cup M_m\cup\{\boldsymbol{e}_{m+1}\}$, 且 $\mathcal{A}\boldsymbol{e}_{m+1}=\boldsymbol{A}\boldsymbol{e}_{m+1}=a_{m+1}\boldsymbol{e}_{m+1}$, 因而 $\mathcal{A}$ 在 M 下的矩阵 $\boldsymbol{J}=\mathrm{diag}(\boldsymbol{J}_1,\cdots,\boldsymbol{J}_m,a_{m+1})$ 仍是若尔当形, 以 M 中各向量为各列排成的可逆方阵 $\boldsymbol{P}$ 仍将 $\boldsymbol{A}$ 相似到若尔当标准形 $\boldsymbol{P}^{-1}\boldsymbol{A}\boldsymbol{P}=\boldsymbol{J}$.

对每个正整数 $i\leqslant\dfrac{n}{2}$, 按照 $\boldsymbol{A}_i=\begin{pmatrix}0&a_i\\a_{n-i+1}&0\end{pmatrix}$ 的元素 a_i,a_{n-i+1} 是否等于 0 的 4 种不同情形分别讨论, 选择 U_i 的基 M_i 使 $\mathcal{A}|_{U_i}$ 的矩阵 $\boldsymbol{J}_i$ 是若尔当形.

情形 1 $a_i=a_{n-i+1}=0$. 取 $M_i=S_i$, 则 $\boldsymbol{J}_i=\boldsymbol{A}_i=\boldsymbol{O}$ 是对角阵因而是若尔当形.

情形 2 $a_{n-i+1}=0\neq a_i$. 在 $\mathcal{A}|_{U_i}$ 的作用下有箭头图 $\boldsymbol{0}\leftarrow a_i\boldsymbol{e}_i\leftarrow\boldsymbol{e}_{n-i+1}$, $\mathcal{A}|_{U_i}$ 在基 $M_i=\{a_i\boldsymbol{e}_i,\boldsymbol{e}_{n-i+1}\}$ 下的矩阵 $\boldsymbol{J}_i=\begin{pmatrix}0&1\\0&0\end{pmatrix}=\boldsymbol{J}_2(0)$ 是若尔当块.

情形 3 $a_i=0\neq a_{n-i+1}$, 在 $\mathcal{A}|_{U_i}$ 的作用下有箭头图 $\boldsymbol{0}\leftarrow a_{n-i+1}\boldsymbol{e}_{n-i+1}\leftarrow\boldsymbol{e}_i$, $\mathcal{A}|_{U_i}$ 在基 $M_i=\{a_{n-i+1}\boldsymbol{e}_{i-n+1},\boldsymbol{e}_i\}$ 下的矩阵 $\boldsymbol{J}_i=\boldsymbol{J}_2(0)$ 是若尔当块.

情形 4 a_i 与 a_{n-i+1} 都不为 0. 此时 $\boldsymbol{A}_i$ 的特征多项式 $\varphi_{\boldsymbol{A}_i}(\lambda)=\lambda^2-a_ia_{n-i+1}$ 有两个不同的根 $\pm\sqrt{a_ia_{n-i+1}}$, 分别求出属于这两个不同特征值的特征向量 $\boldsymbol{X}_i=\sqrt{a_i}\boldsymbol{e}_i+\sqrt{a_{n-i}}\boldsymbol{e}_{n-i}$ 与 $\boldsymbol{Y}_i=\sqrt{a_i}\boldsymbol{e}_i-\sqrt{a_{n-i}}\boldsymbol{e}_{n-i}$ 组成 U_i 的基 $M_i=\{\boldsymbol{X}_i,\boldsymbol{Y}_i\}$, 则 $\mathcal{A}|_{U_i}$ 在基 M_i 下的矩阵 $\boldsymbol{J}_i=\mathrm{diag}(\sqrt{a_ia_{n-i+1}},-\sqrt{a_ia_{n-i+1}})$ 是对角阵因而是若尔当形.

(注: 非零复数 a_i,a_{n-i+1} 各有两个不同的平方根. 当它们是正实数时, $\sqrt{a_i},\sqrt{a_{n-i+1}}$ 表示正的平方根. 在其余情况下, 本题中任意指定 a_i,a_{n-i+1} 的一个平方根记为 $\sqrt{a_i},\sqrt{a_{n-i+1}}$, 并且规定 $\sqrt{a_ia_{n-i+1}}=\sqrt{a_i}\sqrt{a_{n-i+1}}$, 则 $-\sqrt{a_i},-\sqrt{a_{n-i+1}},-\sqrt{a_ia_{n-i+1}}$ 分别是另一个平方根.)

对每个正整数 $i \leqslant \dfrac{n}{2}$ 按上述方法确定 M_i 与 $\boldsymbol{J}_i$.

当 $n=2m$ 为偶数时, 依次以 $M_1,\cdots,M_m$ 中各个基向量为各列排成可逆方阵 $\boldsymbol{P}$, 则 $\boldsymbol{P}^{-1}\boldsymbol{A}\boldsymbol{P}=\boldsymbol{J}=\operatorname{diag}(\boldsymbol{J}_1,\cdots,\boldsymbol{J}_m)$ 为 $\boldsymbol{A}$ 的若尔当标准形.

当 $n=2m+1$ 为偶数时, 依次以 $M_1,\cdots,M_m$ 中各个基向量及 $\boldsymbol{e}_{m+1}$ 为各列排成可逆方阵 $\boldsymbol{P}$, 则 $\boldsymbol{P}^{-1}\boldsymbol{A}\boldsymbol{P}=\boldsymbol{J}=\operatorname{diag}(\boldsymbol{J}_1,\cdots,\boldsymbol{J}_m,a_{m+1})$ 为 $\boldsymbol{A}$ 的若尔当标准形.

(9) $\boldsymbol{A}=\boldsymbol{J}_n(0)^3$. 由 $\boldsymbol{J}_n(0)\boldsymbol{e}_1=\boldsymbol{0}$ 及 $\boldsymbol{J}_n(0)\boldsymbol{e}_k=\boldsymbol{e}_{k-1}$ ($\forall\ 2\leqslant k\leqslant n$) 知 $\boldsymbol{J}_n(0)^3\boldsymbol{e}_k=\boldsymbol{0}$ (当 $k\leqslant 3$) 且 $\boldsymbol{J}_n(0)^3\boldsymbol{e}_k=\boldsymbol{e}_{k-3}$ (当 $4\leqslant k\leqslant n$). 自然基向量 $\boldsymbol{e}_k$ ($1\leqslant k\leqslant n$) 在 $\boldsymbol{A}=\boldsymbol{J}_n(0)^3$ 的左乘作用下的箭头图如下:

$$\begin{array}{l}
\boldsymbol{0}\leftarrow\boldsymbol{e}_1\leftarrow\cdots\leftarrow\boldsymbol{e}_{3q-2}\leftarrow\boldsymbol{e}_{3q+1}\leftarrow\cdots\leftarrow\boldsymbol{e}_{3m_1+1}\\
\boldsymbol{0}\leftarrow\boldsymbol{e}_2\leftarrow\cdots\leftarrow\boldsymbol{e}_{3q-1}\leftarrow\boldsymbol{e}_{3q+2}\leftarrow\cdots\leftarrow\boldsymbol{e}_{3m_2+2}\\
\boldsymbol{0}\leftarrow\boldsymbol{e}_3\leftarrow\cdots\leftarrow\boldsymbol{e}_{3q-3}\leftarrow\boldsymbol{e}_{3q}\quad\ \leftarrow\cdots\leftarrow\boldsymbol{e}_{3m_0}
\end{array}$$

其中 $m_k=\left[\dfrac{n-k}{3}\right]$ 是不超过 $\dfrac{n-k}{3}$ 的最大整数, $k=1,2,0$.

将箭头图的 3 行的各个列向量为各列排成矩阵块 $\boldsymbol{\Pi}_1=(\boldsymbol{e}_1,\cdots,\boldsymbol{e}_{3q+1},\cdots,\boldsymbol{e}_{3m_1+1}),\boldsymbol{\Pi}_2=(\boldsymbol{e}_2,\cdots,\boldsymbol{e}_{3q+2},\cdots,\boldsymbol{e}_{3m_2+2})$, $\boldsymbol{\Pi}_3=(\boldsymbol{e}_3,\cdots,\boldsymbol{e}_{3q},\cdots,\boldsymbol{e}_{3m_0})$, 再排成可逆方阵 $\boldsymbol{P}=(\boldsymbol{\Pi}_1,\boldsymbol{\Pi}_2,\boldsymbol{\Pi}_3)$, 则 $\boldsymbol{P}$ 将 $\boldsymbol{A}$ 相似到若尔当标准形 $\boldsymbol{P}^{-1}\boldsymbol{A}\boldsymbol{P}=\boldsymbol{J}=\operatorname{diag}(\boldsymbol{J}_{m_1}(0),\boldsymbol{J}_{m_2}(0),\boldsymbol{J}_{m_0}(0))$.

(10) 特征多项式 $\varphi_{\boldsymbol{A}}(\lambda)=\lambda^5$, 只有一个特征值 0 (5 重). 计算出:

$$\boldsymbol{A}^2=\begin{pmatrix}0&0&0&0&0\\0&0&0&0&0\\16&0&0&0&0\\12&0&0&0&0\\17&12&0&0&0\end{pmatrix},\quad \boldsymbol{A}^3=\begin{pmatrix}0&0&0&0&0\\0&0&0&0&0\\0&0&0&0&0\\0&0&0&0&0\\48&0&0&0&0\end{pmatrix},\quad \boldsymbol{A}^4=\boldsymbol{O}$$

由 $\operatorname{rank}\boldsymbol{A}=3,\operatorname{rank}\boldsymbol{A}^2=2,\operatorname{rank}\boldsymbol{A}^3=1,\operatorname{rank}\boldsymbol{A}^4=0$ 知方程组 $\boldsymbol{A}^k\boldsymbol{X}=\boldsymbol{0}$ ($k=1,2,3,4$) 的解空间的维数依次为 2,3,4,5. $\boldsymbol{P}$ 的各列在 $\boldsymbol{A}$ 的左乘作用下所满足的箭头图的前 k 列 ($k=1,2,3,4$) 所含向量个数依次为 2,3,4,5, 箭头图应为:

$$\begin{array}{l}
\boldsymbol{0}\leftarrow\boldsymbol{X}_1\leftarrow\boldsymbol{X}_3\leftarrow\boldsymbol{X}_4\leftarrow\boldsymbol{X}_5\\
\boldsymbol{0}\leftarrow\boldsymbol{X}_2
\end{array}$$

箭头图有两行, 说明 $\boldsymbol{J}$ 含两个若尔当块; 两行中向量个数分别为 4,1, 说明两个若尔当块的阶数分别为 4,1. $\boldsymbol{P}=(\boldsymbol{X}_1,\boldsymbol{X}_3,\boldsymbol{X}_4,\boldsymbol{X}_5,\boldsymbol{X}_2)$ 将 $\boldsymbol{A}$ 相似到 $\boldsymbol{P}^{-1}\boldsymbol{A}\boldsymbol{P}=\boldsymbol{J}=\operatorname{diag}(\boldsymbol{J}_4(0),0)$.

由 $\boldsymbol{A}^4=\boldsymbol{O}$ 知所有的 5 维列向量都是方程组 $\boldsymbol{A}^4\boldsymbol{X}=\boldsymbol{0}$ 的解. 从中选出 $\boldsymbol{X}_5=(1,0,0,0,0)^{\mathrm{T}}$ 不是 $\boldsymbol{A}^3\boldsymbol{X}=\boldsymbol{0}$ 的解, 即 $\boldsymbol{X}_1=\boldsymbol{A}^3\boldsymbol{X}_5=(0,0,0,0,48)^{\mathrm{T}}\neq\boldsymbol{0}$. 将 $\boldsymbol{X}_1$ 扩充为 $\boldsymbol{A}\boldsymbol{X}=\boldsymbol{0}$ 的基础解系, 添加与 $\boldsymbol{X}_1$ 线性无关的解 $\boldsymbol{X}_2=(0,0,0,1,0)^{\mathrm{T}}$. 取 $\boldsymbol{X}_3=\boldsymbol{A}^2\boldsymbol{X}_5=$

$(0,0,16,12,17)^{\mathrm{T}}$, $\boldsymbol{X}_4=\boldsymbol{A}\boldsymbol{X}_5=(0,4,3,2,1)^{\mathrm{T}}$, 则:

$$\boldsymbol{P}=\begin{pmatrix}0&0&0&1&0\\0&0&4&0&0\\0&16&3&0&0\\0&12&2&0&1\\48&17&1&0&0\end{pmatrix},\quad \boldsymbol{P}^{-1}\boldsymbol{A}\boldsymbol{P}=\boldsymbol{J}=\begin{pmatrix}0&1&0&0&0\\0&0&1&0&0\\0&0&0&1&0\\0&0&0&0&0\\0&0&0&0&0\end{pmatrix}$$

(11) 记 $\boldsymbol{N}=\boldsymbol{J}_n(0)$, 则 $\boldsymbol{A}=(\boldsymbol{I}-\boldsymbol{N})^n=\boldsymbol{I}-n\boldsymbol{N}+\mathrm{C}_n^2\boldsymbol{N}^2-\cdots+(-1)^{n-1}\mathrm{C}_n^{n-1}\boldsymbol{N}^{n-1}$ 是对角元全为 1 的上三角阵, 只有一个特征值 $1(n$ 重).

由 $\operatorname{rank}(\boldsymbol{A}-\boldsymbol{I})=-n\boldsymbol{N}+\mathrm{C}_n^2\boldsymbol{N}^2+\cdots=n-1$ 知方程组 $(\boldsymbol{A}-\boldsymbol{I})\boldsymbol{X}=\boldsymbol{0}$ 的解空间维数为 1, $\boldsymbol{A}$ 的若尔当标准形 $\boldsymbol{J}$ 只有一个若尔当块, $\boldsymbol{J}=\boldsymbol{J}_n(1)$.

取 n 维列向量 $\boldsymbol{P}_n=(0,\cdots,0,1)^{\mathrm{T}}$, 并对每个正整数 $j\leqslant n-1$ 取 $\boldsymbol{P}_j=(\boldsymbol{A}-\boldsymbol{I})^{n-j}\boldsymbol{P}_n$ 为 $(\boldsymbol{A}-\boldsymbol{I})^{n-j}$ 的第 n 列, 则 $(\boldsymbol{A}-\boldsymbol{I})\boldsymbol{P}_{j+1}=\boldsymbol{P}_j$, $(\boldsymbol{A}-\boldsymbol{I})\boldsymbol{P}_1=\boldsymbol{0}$. 依次以 $\boldsymbol{P}_1,\cdots,\boldsymbol{P}_n$ 为各列组成可逆方阵 $\boldsymbol{P}$, 则 $(\boldsymbol{A}-\boldsymbol{I})\boldsymbol{P}=\boldsymbol{P}\boldsymbol{J}_n(0)$, $\boldsymbol{A}\boldsymbol{P}=\boldsymbol{P}\boldsymbol{J}_n(1)$, $\boldsymbol{P}$ 将 $\boldsymbol{A}$ 相似到若尔当标准形 $\boldsymbol{P}^{-1}\boldsymbol{A}\boldsymbol{P}=\boldsymbol{J}_n(1)$.

为了算出 $\boldsymbol{P}=(p_{ij})_{n\times n}$, 需要算出 $(\boldsymbol{A}-\boldsymbol{I})^{n-j}$ 的第 n 列作为 $\boldsymbol{P}$ 的第 j 列 $\boldsymbol{P}_j=(p_{1j},\cdots,p_{nj})^{\mathrm{T}}$. 由

$$\boldsymbol{A}-\boldsymbol{I}=-n\boldsymbol{N}+\mathrm{C}_n^2\boldsymbol{N}^2-\cdots+(-1)^{n-1}\mathrm{C}_n^{n-1}\boldsymbol{N}^{n-1} \tag{7.14}$$

知 $(\boldsymbol{A}-\boldsymbol{I})^{n-j}=(-n)^{n-j}\boldsymbol{N}^{n-j}+(-n)^{n-j-1}(n-j)\mathrm{C}_n^2\boldsymbol{N}^{n-j+1}+\cdots$ 的第 n 列

$$\boldsymbol{P}_j=(p_{1j},\cdots,p_{j-2,j},(-n)^{n-j-1}(n-j)\mathrm{C}_n^2,(-n)^{n-j},0,\cdots,0)^{\mathrm{T}} \tag{7.15}$$

的最后 $n-j$ 个分量全为 0, $\boldsymbol{P}$ 是上三角阵:

$$\boldsymbol{P}=\begin{pmatrix}(-n)^{n-1}&\cdots&(-1)^{n-1}\mathrm{C}_n^{n-1}&0\\0&\ddots&\vdots&\vdots\\\vdots&\ddots&-n&0\\0&\cdots&0&1\end{pmatrix}$$

且由等式 (7.15) 知 $\boldsymbol{P}$ 的对角元 $p_{jj}=(-n)^{n-j}$ $(\forall\ 1\leqslant j\leqslant n)$.

由等式 (7.14) 和等式 (7.15) 还可知道 $\boldsymbol{P}$ 的第 $n-1$ 列 $\boldsymbol{P}_{n-1}$ 各元素 $p_{i,n-1}=(-1)^{n-i}\mathrm{C}_n^i$, 对角元上方的元素 $p_{j-1,j}=(-n)^{n-j-1}(n-j)\mathrm{C}_n^2$. 但 $\boldsymbol{P}$ 的其余非对角元 p_{ij} $(i<j-1)$ 不易由等式 (7.14) 代入 $(\boldsymbol{A}-\boldsymbol{I})^{n-j}$ 算出, 而可直接由 $\boldsymbol{A}=(\boldsymbol{I}-\boldsymbol{N})^n$ 得

$$\begin{aligned}(\boldsymbol{A}-\boldsymbol{I})^{n-j}&=((\boldsymbol{I}-\boldsymbol{N})^n-\boldsymbol{I})^{n-j}=(-1)^{n-j}(\boldsymbol{I}-(\boldsymbol{I}-\boldsymbol{N})^n)^{n-j}\\&=(-1)^{n-j}\left(\boldsymbol{I}+\sum_{k=1}^{n-j}(-1)^k\mathrm{C}_{n-j}^k(\boldsymbol{I}-\boldsymbol{N})^{nk}\right)\\&=(-1)^{n-j}\sum_{k=1}^{n-j}(-1)^k\mathrm{C}_{n-j}^k\sum_{t=1}^{n-1}n(-1)^t\mathrm{C}_{nk}^t\boldsymbol{N}^t\end{aligned}$$

$$=\sum_{t=1}^{n-1}(-1)^{n-j+t}\left(\sum_{k=1}^{n-j}(-1)^k\mathrm{C}_{n-j}^k\mathrm{C}_{nk}^t\right)\boldsymbol{N}^t \tag{7.16}$$

$\boldsymbol{P}$ 的第 j 列 $\boldsymbol{P}_j=(p_{1j},\cdots,p_{nj})^{\mathrm{T}}$ 是 $(\boldsymbol{A}-i)^{n-j}$ 最后一列, 其中第 i 行的元素 p_{ij} 等于等式 (7.16) 中 $\boldsymbol{N}^{n-i}$ 的系数, 也就是

$$p_{ij}=(-1)^{n-j+n-i}\sum_{k=1}^{n-j}(-1)^k\mathrm{C}_{n-j}^k\mathrm{C}_{nk}^{n-i}=(-1)^{i+j}\sum_{k=1}^{n-j}(-1)^k\mathrm{C}_{n-j}^k\mathrm{C}_{nk}^{n-i}$$

对 $1\leqslant i\leqslant j\leqslant n-1$ 成立. □

7.4.2 试按照如下步骤给出若尔当标准形存在定理和算法的证明:

(1) 设 $\mathcal{A}^m=\mathcal{O}\neq\mathcal{A}^{m-1}$, 则 $0\neq\mathrm{Im}\,\mathcal{A}^{m-1}\subseteq\mathrm{Ker}\,\mathcal{A}$. 将 $\mathrm{Im}\,\mathcal{A}^{m-1}$ 的基 K_m 依次扩张为 $\mathrm{Im}\,\mathcal{A}^{m-2}\cap\mathrm{Ker}\,\mathcal{A}$, $\mathrm{Im}\,\mathcal{A}^{m-3}\cap\mathrm{Ker}\,\mathcal{A}$, $\cdots$, $\mathrm{Im}\,\mathcal{A}\cap\mathrm{Ker}\,\mathcal{A}$, $\mathrm{Ker}\,\mathcal{A}$ 的基 $K_{m-1}\subseteq K_{m-2}\subseteq\cdots\subseteq K_2\subseteq K_1$.

(2) 约定零空间 $\mathrm{Im}\,\mathcal{A}^m$ 的基 $K_{m+1}=\phi$ 为空集. 对每个 $1\leqslant k\leqslant m$, 将由 K_{k+1} 扩充为 $K_k\subset\mathrm{Im}\,\mathcal{A}^{k-1}$ 所添加的每个基向量 $\boldsymbol{\beta}_i$ 写成 $\boldsymbol{\beta}_i=\mathcal{A}^{k-1}\boldsymbol{\alpha}_i$ 的形式, 得到一个 $\boldsymbol{\alpha}_i$, 则 $\boldsymbol{\alpha}_i$ 是 k 次根向量, 生成的循环子空间 $U_i=F[\mathcal{A}]\boldsymbol{\alpha}_i$ 的维数为 k, U_i 的一组基为 $M_i=\{\mathcal{A}^{k-1}\boldsymbol{\alpha}_i,\cdots,\mathcal{A}^2\boldsymbol{\alpha}_i,\mathcal{A}\boldsymbol{\alpha}_i,\boldsymbol{\alpha}_i\}$. $\boldsymbol{\alpha}_i$ 的个数等于 K_1 所含向量个数 $d=\dim\mathrm{Ker}\,\mathcal{A}$. 证明: $V=U_1\oplus\cdots\oplus U_d$. $M=M_1\cup\cdots\cup M_d$ 是 V 的基. $\mathcal{A}$ 在这组基下的矩阵是若尔当标准形.

证明 对每个 $1\leqslant k\leqslant m$, 记 H_k 为 K_{k+1} 扩充为 K_k 所添加的向量组成的集合, 则 $K_k=K_{k+1}\cup H_k$, $K_1=H_m\cup H_{m-1}\cup\cdots\cup H_1$. 每个 $\boldsymbol{\beta}_i\in H_k\subset\mathrm{Im}\,\mathcal{A}^{k-1}$ 可写成 $\boldsymbol{\beta}_i=\mathcal{A}^{k-1}\boldsymbol{\alpha}_i$ 的形式, 决定一个循环子空间 U_i 的一组基 $M_i=\{\boldsymbol{\beta}_{i1},\cdots,\boldsymbol{\beta}_{ik}\}$, 其中 $\boldsymbol{\beta}_{ik}=\boldsymbol{\alpha}_i$, $\boldsymbol{\beta}_{ij}=\mathcal{A}^{k-j}\boldsymbol{\alpha}_i$ ($\forall\ 1\leqslant j\leqslant k-1$). $M=M_1\cup\cdots\cup M_d$ 中所有向量可以排成如下的箭头图:

$$\begin{array}{c}\mathbf{0}\leftarrow\boldsymbol{\beta}_{11}\leftarrow\boldsymbol{\beta}_{12}\leftarrow\cdots\leftarrow\boldsymbol{\beta}_{1m}\\ \cdots\cdots\cdots\cdots\\ \mathbf{0}\leftarrow\boldsymbol{\beta}_{d1}\leftarrow\boldsymbol{\beta}_{d2}\leftarrow\cdots\leftarrow\boldsymbol{\beta}_{dm_d}\end{array} \tag{7.17}$$

图中的第 i 行由循环子空间 U_i 的基 M_i 中的向量组成, 箭头表示 $\mathcal{A}$ 的作用效果, 由每一行的箭头知 $\mathcal{A}|_{U_i}$ 在基 M_i 下的矩阵是若尔当块 $\boldsymbol{J}_{m_i}(0)$, 其中 $m_i=k$ 由 $\boldsymbol{\beta}_i$ 所在的 H_k 决定. 只要证明了箭头图中所有向量组成 V 的基, 则 $V=U_1\oplus\cdots\oplus U_d$, 且 $\mathcal{A}$ 在基 M 下的矩阵是由各 $\mathcal{A}|_{U_i}$ 在基 M_i 下的矩阵 $\boldsymbol{J}_{m_i}(0)$ 组成的若尔当标准形.

我们对正整数 $k\leqslant m$ 做数学归纳法, 证明箭头图 (7.17) 中前 k 列组成的集合 S_k 是 $\mathrm{Ker}\,\mathcal{A}^k$ 的一组基.

当 $k=1$, 由箭头图 (7.17) 的构造过程已经知道第 1 列组成 $\mathrm{Ker}\,\mathcal{A}$ 的基 K_1.

设已经知道箭头图前 $k-1$ 列组成 $\mathrm{Ker}\,\mathcal{A}^{k-1}$ 的基 S_{k-1}. 考虑 $\mathrm{Ker}\,\mathcal{A}^k$ 上的线性变换 $\mathcal{B}_{k-1}:\boldsymbol{\alpha}\mapsto\mathcal{A}^{k-1}(\boldsymbol{\alpha})$, 即 $\mathcal{A}^{k-1}$ 在 $\mathrm{Ker}\,\mathcal{A}^k$ 上的限制. 则 $\mathrm{Ker}\,\mathcal{B}_{k-1}=\mathrm{Ker}\,\mathcal{A}^{k-1}$. 箭头图第 k 列的向量组成的集合 T_k 在 $\mathcal{B}_{k-1}$ 下的像正是 $\mathrm{Im}\,\mathcal{B}_{k-1}=\mathrm{Im}\,\mathcal{A}^{k-1}\cap\mathrm{Ker}\,\mathcal{A}$ 的基 K_{k-1}. 因此 T_k 与 $\mathrm{Ker}\,\mathcal{B}_{k-1}$ 的基 S_k 的并集 $S_k=S_{k-1}\cup T_k$ 是 $\mathrm{Ker}\,\mathcal{A}^k$ 的基. S_{k-1} 由箭头图前 $k-1$ 列组成, T_k 由第 k 列组成, 因此它们的并集 S_k 由箭头图的前 k 列组成. 恰如所需.

根据数学归纳法原理, 箭头图前 k 列向量组成 $\mathrm{Ker}\,\mathcal{A}^k$ 的基. 特别地, 前 m 列向量组成的集合 S_m 是 $V-\mathrm{Ker}\,\mathcal{A}^m$ 的基. □

点评 如果有限维线性空间 V 上的线性变换 $\mathcal{A}$ 的某个正整数次幂 $\mathcal{A}^k=\mathcal{O}$, 则称 $\mathcal{A}$ 是幂零线性变换. 此时必然存在最小的正整数 m 使 $\mathcal{A}^m=\mathcal{O}$, $\mathcal{A}^{m-1}\neq\mathcal{O}$. 相应地, 如果方阵 $\boldsymbol{A}$ 的某个正整数次幂 $\boldsymbol{A}^k=\boldsymbol{O}$, 就称 $\boldsymbol{A}$ 是幂零方阵, 存在最小正整数 m 使 $\boldsymbol{A}^m=\boldsymbol{O}\neq\boldsymbol{A}^{m-1}$. 本题证明了幂零线性变换 $\mathcal{A}$ 在 V 的某组基下的方阵是特征值全为 0 的若尔当标准形 $\boldsymbol{J}$, 从而也证明了幂零方阵相似于对角元全为 0 的若尔当标准形 $\boldsymbol{J}$.

对于有限维线性空间 V 上任意线性变换 $\mathcal{A}$, 可以将 V 分解为属于 $\mathcal{A}$ 的不同特征值 λ_i 的根子空间 W_{λ_i} 的直和. 则 $\mathcal{A}-\lambda_i\mathcal{I}$ 在根子空间 W_{λ_i} 上的作用 $\mathcal{B}_i$ 是幂零线性变换. 根据本题所证明的结论, $\mathcal{B}_i$ 在 W_{λ_i} 的适当基 M_i 下的矩阵是特征值全为 0 的若尔当标准形 $\boldsymbol{J}_i=\mathrm{diag}(\boldsymbol{J}_{m_{i1}}(0),\cdots,\boldsymbol{J}_{m_{id}}(0)$, $\mathcal{A}=\mathcal{B}+\lambda_i\mathcal{I}$ 在这组基下的矩阵是特征值全为 λ_i 的若尔当标准形 $\boldsymbol{J}_i=\mathrm{diag}(\boldsymbol{J}_{m_{i1}}(\lambda_i),\cdots,\boldsymbol{J}_{m_{id}}(\lambda_i)$, 将各个根子空间 W_{λ_i} 的基 M_i 依次排列组成 V 的基 $M=M_1\cup\cdots\cup M_t$, 则 $\mathcal{A}$ 在这组基下的矩阵为以各 $\boldsymbol{J}_i$ 为对角块组成的准对角阵 $\boldsymbol{J}=\mathrm{diag}(\boldsymbol{J}_1,\cdots,\boldsymbol{J}_t)$, 也就是 $\mathcal{A}$ 的若尔当标准形.

按照这个结论, 任意 n 阶复方阵 $\boldsymbol{A}$ 在列向量空间 $V=\mathbf{C}^{n\times 1}$ 上的左乘作用 $\mathcal{A}:\boldsymbol{X}\mapsto\boldsymbol{AX}$ 在 V 的适当的基 M 下的矩阵是若尔当标准形 $\boldsymbol{J}$. 依次以 M 中各个基向量为各列排成可逆方阵 $\boldsymbol{P}$, 则 $\boldsymbol{P}$ 将 $\boldsymbol{A}$ 相似到若尔当标准形 $\boldsymbol{P}^{-1}\boldsymbol{AP}=\boldsymbol{J}$. □

7.4.3 证明: n 阶复方阵 $\boldsymbol{A},\boldsymbol{B}$ 相似 $\Leftrightarrow\mathrm{rank}\,f(\boldsymbol{A})=\mathrm{rank}\,f(\boldsymbol{B})$ 对所有复多项式 $f(\lambda)$ 成立.

证明 $\boldsymbol{A},\boldsymbol{B}$ 相似 $\Rightarrow$ 存在可逆方阵 $\boldsymbol{P}$ 使 $\boldsymbol{B}=\boldsymbol{P}^{-1}\boldsymbol{AP}\Rightarrow$ 对任意多项式 $f(\lambda)$ 有 $f(\boldsymbol{B})=f(\boldsymbol{P}^{-1}\boldsymbol{AP})=\boldsymbol{P}^{-1}f(\boldsymbol{A})\boldsymbol{P}\Rightarrow f(\boldsymbol{A})$ 与 $f(\boldsymbol{B})$ 相似.

以下设 $\mathrm{rank}\,f(\boldsymbol{A})=\mathrm{rank}\,f(\boldsymbol{B})$ 对任意多项式 $f(\lambda)$ 成立. 特别地, 对任意复数 a 和正整数 k 取 $f(\lambda)=(\lambda-a)^k$ 知 $\mathrm{rank}\,(\boldsymbol{A}-a\boldsymbol{I})^k=\mathrm{rank}\,f(\boldsymbol{A})=\mathrm{rank}\,f(\boldsymbol{B})=\mathrm{rank}\,(\boldsymbol{A}-a\boldsymbol{I})^k$ 成立. a 是 $\boldsymbol{A}$ 的特征值 $\Leftrightarrow\mathrm{rank}\,(\boldsymbol{A}-a\boldsymbol{I})<n\Leftrightarrow\mathrm{rank}\,(\boldsymbol{B}-a\boldsymbol{I})=\mathrm{rank}\,(\boldsymbol{A}-a\boldsymbol{I})<n\Leftrightarrow a$ 是 $\boldsymbol{B}$ 的特征值. 可见 $\boldsymbol{A},\boldsymbol{B}$ 的特征值相同.

设复方阵 $\boldsymbol{A},\boldsymbol{B}$ 分别相似于若尔当标准形 $\boldsymbol{J_A},\boldsymbol{J_B}$. 则对 $\boldsymbol{A},\boldsymbol{B}$ 的每个特征值 λ_i 有

$$\mathrm{rank}\,(\boldsymbol{J_A}-\lambda_i\boldsymbol{I})^k=\mathrm{rank}\,(\boldsymbol{A}-\lambda_i\boldsymbol{I})^k=\mathrm{rank}\,(\boldsymbol{B}-\lambda_i\boldsymbol{I})^k=\mathrm{rank}\,(\boldsymbol{J_B}-\lambda_i\boldsymbol{I})^k$$

$\delta_{i1}=n-\mathrm{rank}\,(\boldsymbol{J_A}-\lambda_i\boldsymbol{I})=n-\mathrm{rank}\,(\boldsymbol{J_B}-\lambda_i\boldsymbol{I})$ 既是 $\boldsymbol{J_A}$ 中属于特征值 λ_i 的若尔当块的个数, 也等于 $\boldsymbol{J_B}$ 中属于同一特征值 λ_i 的若尔当块的个数, 这说明 $\boldsymbol{J_A},\boldsymbol{J_B}$ 中属于同一个特征值 λ_i 的若尔当块的个数相等.

对任意正整数 $k\geqslant 2$, 有

$$\begin{aligned}\delta_{ik}&=\mathrm{rank}\,(\boldsymbol{J_A}-\lambda_i\boldsymbol{I})^{k-1}-\mathrm{rank}\,(\boldsymbol{J_A}-\lambda_i\boldsymbol{I})^k\\&=\mathrm{rank}\,(\boldsymbol{J_B}-\lambda_i\boldsymbol{I})^{k-1}-\mathrm{rank}\,(\boldsymbol{J_B}-\lambda_i\boldsymbol{I})^k\end{aligned}$$

δ_{ik} 等于 $\boldsymbol{J_A}$ 中阶数 $m_{ij}\geqslant k$ 的若尔当块 $\boldsymbol{J}_{m_{ij}}(\lambda_i)$ 的个数, 因而 $\Delta_{ik}=\delta_{ik}-\delta_{i,k+1}$ 等于若尔当块 $\boldsymbol{J}_k(\lambda_i)$ 在 $\boldsymbol{J_A}$ 中出现的次数, 同样也是 $\boldsymbol{J}_k(\lambda_i)$ 在 $\boldsymbol{J_B}$ 中出现的次数. 这证明了同一若尔当块 $\boldsymbol{J}_k(\lambda_i)$ 在 $\boldsymbol{J_A}$ 与 $\boldsymbol{J_B}$ 中出现的次数相同, $\boldsymbol{J_A}$ 与 $\boldsymbol{J_B}$ 相似, 从而 $\boldsymbol{A}$ 与 $\boldsymbol{B}$ 相似. □

点评 按照本书介绍的若尔当标准形的算法, $\boldsymbol{A}$ 的若尔当标准形 $\boldsymbol{J_A}$ 中属于每个特征值 a 的各若尔当块的阶数 $r_1,\cdots,r_d$ 由根子空间的基在 $\boldsymbol{A}-a\boldsymbol{I}$ 左乘作用下组成的箭头图的各行的长度决定. 而各行的长度可以由各列的长度 δ_k 决定, 每个 $\delta_k=d_k-d_{k-1}=\dim V_{(\boldsymbol{A}-a\boldsymbol{I})^k}-\dim V_{(\boldsymbol{A}-a\boldsymbol{I})^{k-1}}$ 由线性方程组 $(\boldsymbol{A}-a\boldsymbol{I})^k\boldsymbol{X}=\boldsymbol{0}$ 与 $(\boldsymbol{A}-a\boldsymbol{I})^{k-1}\boldsymbol{X}=\boldsymbol{0}$ 的解空间的维数 $d_k=n-\operatorname{rank}(\boldsymbol{A}-a\boldsymbol{I})^k$ 与 $d_{k-1}=n-\operatorname{rank}(\boldsymbol{A}-a\boldsymbol{I})^{k-1}$ 决定. 既然所有的 $\operatorname{rank}(\boldsymbol{A}-a\boldsymbol{I})^k=\operatorname{rank}(\boldsymbol{B}-a\boldsymbol{I})^k$ 相等, 由它们算出的属于特征值 a 的箭头图的各列长度相同, 各行长度也就相同, 也就是 $\boldsymbol{J_A}$ 与 $\boldsymbol{J_B}$ 的属于同一个特征值 a 的若当块 $\boldsymbol{J}_{r_i}(a)$ 的阶数对应相同, 因而若尔当标准形 $\boldsymbol{J_A}=\boldsymbol{J_B}$. $\boldsymbol{A},\boldsymbol{B}$ 相似于同一个若尔当标准形, 因此 $\boldsymbol{A},\boldsymbol{B}$ 相似.

□

7.4.4 求证: 方阵 $\boldsymbol{A}$ 的特征值全是 $1\Rightarrow\boldsymbol{A}$ 与所有的 $\boldsymbol{A}^k$ 相似 (k 是非零整数).

证明 存在可逆方阵 $\boldsymbol{P}_1$ 将 $\boldsymbol{A}$ 相似于若尔当标准形 $\boldsymbol{P}_1^{-1}\boldsymbol{A}\boldsymbol{P}_1=\boldsymbol{J}=\operatorname{diag}(\boldsymbol{J}_{m_1}(1),\cdots,\boldsymbol{J}_{m_d}(1))$, 从而 $\boldsymbol{A}^k$ 相似于 $\boldsymbol{P}_1^{-1}\boldsymbol{A}^k\boldsymbol{P}_1=\boldsymbol{J}^k=\operatorname{diag}(\boldsymbol{J}_{m_1}(1)^k,\cdots,\boldsymbol{J}_{m_d}(1)^k)$. 每个若尔当块 $\boldsymbol{J}_{m_i}(1)=\boldsymbol{I}_{(m_i)}+\boldsymbol{N}$, 其中 $\boldsymbol{N}=\boldsymbol{J}_{m_i}(0)$, 于是:

$$\boldsymbol{J}_{m_i}(1)^k=(\boldsymbol{I}_{(m_i)}+\boldsymbol{N})^k=\boldsymbol{I}+k\boldsymbol{N}+\mathrm{C}_k^2\boldsymbol{N}^2+\cdots=\begin{pmatrix}1&k&\cdots&*\\&\ddots&\ddots&\vdots\\&&1&k\\&&&1\end{pmatrix}_{m_i\times m_i}$$

$\boldsymbol{J}_{m_i}(1)^k$ 的特征值仍然全是 1, 且由 $\operatorname{rank}(\boldsymbol{J}_{m_i}(1)^k-\boldsymbol{I})=m_i-1$ 知齐次线性方程组 $(\boldsymbol{J}_{m_i}(1)^k-\boldsymbol{I})\boldsymbol{X}=\boldsymbol{0}$ 的解空间的维数为 $m_i-(m_i-1)=1$, $\boldsymbol{J}_{m_i}(1)^k$ 的若尔当标准形只有一个若尔当块 $\boldsymbol{J}_{m_i}(1)$, 存在 m_i 阶可逆方阵 K_i 将 $\boldsymbol{J}_{m_i}(1)^k$ 相似到 $\boldsymbol{P}^{-1}\boldsymbol{J}_{m_i}(1)^k\boldsymbol{P}=\boldsymbol{J}_{m_i}(1)$. $\boldsymbol{P}_2=\operatorname{diag}(\boldsymbol{K}_1,\cdots,\boldsymbol{K}_d)$ 将 $\boldsymbol{J}^k$ 相似到 $\boldsymbol{P}_2^{-1}\boldsymbol{J}^k\boldsymbol{P}_2=\boldsymbol{J}$.

于是 $\boldsymbol{P}=\boldsymbol{P}_1\boldsymbol{P}_2\boldsymbol{P}_1^{-1}$ 将 $\boldsymbol{A}^k$ 相似到 $\boldsymbol{P}_1\boldsymbol{J}\boldsymbol{P}_1^{-1}=\boldsymbol{A}$. □

7.4.5 求证: 可逆方阵 $\boldsymbol{A}$ 与所有的 $\boldsymbol{A}^k$ (k 为正整数) 相似 $\Rightarrow$ $\boldsymbol{A}$ 的特征值全为 1.

证明 设 $\boldsymbol{A}$ 的全部不同的特征值为 $\lambda_1,\cdots,\lambda_t$. 则每个特征值 λ_i 的任意正整数次幂 λ_i^k 是 $\boldsymbol{A}^k$ 的特征值. 由 $\boldsymbol{A}^k$ 与 $\boldsymbol{A}$ 相似知 $\boldsymbol{A}^k$ 的特征值 λ_i^k 仍是 $\boldsymbol{A}$ 的特征值, 至多只能取 t 个不同的值 $\lambda_1,\cdots,\lambda_t$. 因此 λ_i 的 $t+1$ 个不同次数的幂 $\lambda_i,\lambda_i^2,\cdots,\lambda_i^{t+1}$ 必有某两个相等: $\lambda_i^p=\lambda_i^q$, 其中 $p<q$. 由 $\boldsymbol{A}$ 可逆知特征值 λ_i 不为 0, $\dfrac{\lambda_i^q}{\lambda_i^p}=\lambda_i^{m_i}=1$ 对正整数 $m_i=q-p$ 成立. 这证明了 $\boldsymbol{A}$ 的每个根 λ_i 都有某个正整数次幂 $\lambda_i^{m_i}=1$.

设 m 是所有 $m_1,\cdots,m_t$ 的最小公倍数, 则 $\lambda_i^m=1$ 对 $\boldsymbol{A}$ 的所有的特征值 λ_i $(1\leqslant i\leqslant t)$ 成立. $\boldsymbol{A}^m$ 的全部特征值为 $\lambda_1^m=\lambda_2^m=\cdots=\lambda_t^m=1$. 但 $\boldsymbol{A}$ 与 $\boldsymbol{A}^m$ 相似, 特征值相同, $\boldsymbol{A}$ 的所有的特征值也只能都等于 1. □

7.5 多项式矩阵的相抵

知识导航

1. 多项式在向量空间上的作用

设 V 是数域 F 上的线性空间, 则 V 上任意线性变换 $\mathcal{A}$ 对任意 $\boldsymbol{u},\boldsymbol{v}\in V$ 和 $b\in F$ 满足:

(1) $\mathcal{A}(\boldsymbol{u}+\boldsymbol{v})=\mathcal{A}\boldsymbol{u}+\mathcal{A}\boldsymbol{v}$;

(2) $\mathcal{A}(b\boldsymbol{u})=b\mathcal{A}(\boldsymbol{u})$;

而数域 F 中的纯量 a 与向量的乘法具有同样的性质:

(1) $a(\boldsymbol{u}+\boldsymbol{v})=a\boldsymbol{u}+a\boldsymbol{v}$;

(2) $a(b\boldsymbol{u})=b(a\boldsymbol{u})$.

一方面, 这说明每个数 $a\in F$ 乘向量在 V 上引起的变换 $\sigma_a:\boldsymbol{u}\mapsto a\boldsymbol{u}$ 是线性变换. σ_a 也就是纯量变换 $a\mathcal{I}$. 另一方面, 也可以反过来将 V 上每个线性变换 $\mathcal{A}$ 看成某个“纯量” x 乘向量引起的, 即 $\mathcal{A}:\boldsymbol{u}\mapsto x\boldsymbol{u}$. 不过, $\mathcal{A}$ 不一定是纯量变换而可以是任意一个线性变换, 引起变换 $\mathcal{A}$ 的“纯量” x 也不是 F 中的数而是一个“字母”. 既然用“字母” x 乘向量引起线性变换 $\mathcal{A}$, x 的任意正整数次幂 x^k 也就可以乘任意向量 u 得到 $x^m\boldsymbol{u}=\mathcal{A}^m\boldsymbol{u}$, 在 V 上引起线性变换 $\mathcal{A}^k$. 更进一步, x 与 F 中的数经过加减乘运算得到的一元多项式环 $F[x]$ 中任何一个多项式 $f(x)=a_0+a_1x+\cdots+a_mx^m$ 就也可以乘任意向量 $\boldsymbol{u}$ 得到 $f(x)\boldsymbol{u}=a_0\boldsymbol{u}+a_1\mathcal{A}\boldsymbol{u}+\cdots+a_m\mathcal{A}^m\boldsymbol{u}=f(\mathcal{A})\boldsymbol{u}$, 在 V 上引起线性变换 $f(\mathcal{A})$.

这就将“纯量”的范围由数域 F 扩充到了多项式环 $F[x]$, 每个 $f(x)$ 都可以与任意 $\boldsymbol{u}\in V$ 相乘得到 $f(x)\boldsymbol{u}=f(\mathcal{A})\boldsymbol{u}$.

将多项式看作“纯量”与向量相乘, 不是数学家为了满足好奇心而做的无聊游戏, 而可以用来解决问题发挥巨大的威力.

2. 应用例: 凯莱 — 哈密顿定理

线性变换 $\mathcal{A}$ 在 n 维线性空间 V 上的作用可以通过在任意一组基 $S=\{\boldsymbol{u}_1,\cdots,\boldsymbol{u}_n\}$ 上的作用来描述:

$$\mathcal{A}\boldsymbol{u}_i=a_{1i}\boldsymbol{u}_1+\cdots+a_{ni}\boldsymbol{u}_n\quad(\forall\ 1\leqslant i\leqslant n)\tag{7.18}$$

其中的 n 个等式可以写成矩阵形式:

$$\mathcal{A}(\boldsymbol{u}_1,\cdots,\boldsymbol{u}_n)=(\boldsymbol{u}_1,\cdots,\boldsymbol{u}_n)\boldsymbol{A}\tag{7.19}$$

其中 $\boldsymbol{A}=(a_{ij})_{n\times n}$ 称为 $\mathcal{A}$ 在基 S 下的矩阵.

既然我们将 $\mathcal{A}$ 对任意向量 $\boldsymbol{u}\in V$ 的作用 $\mathcal{A}\boldsymbol{u}$ 看成某个纯量字母 x 与 $\boldsymbol{u}$ 的乘积 $x\boldsymbol{u}$, 等式组 (7.18) 中每个等式左边的 $\mathcal{A}\boldsymbol{u}_i$ 就是 $x\boldsymbol{u}_i$, 与右边的 $a_{jj}\boldsymbol{u}_i$ 就是同类项, 因此可以将等式右边移到左边, 合并同类项得到

$$-a_{1i}\boldsymbol{u}_1-\cdots-a_{i-1,i}\boldsymbol{u}_{i-1}+(x-a_{ii})\boldsymbol{u}_i-\cdots-a_{ni}\boldsymbol{u}_n=\mathbf{0}\quad(\forall\ 1\leqslant i\leqslant n)\tag{7.20}$$

$$(\boldsymbol{u}_1,\cdots,\boldsymbol{u}_n)(x\boldsymbol{I}-\boldsymbol{A})=(\mathbf{0},\cdots,\mathbf{0})\tag{7.21}$$

其中:

$$x\boldsymbol{I}-\boldsymbol{A}=\begin{pmatrix}x&&\\&\ddots&\\&&x\end{pmatrix}-\begin{pmatrix}a_{11}&\cdots&a_{1n}\\\vdots&&\vdots\\a_{n1}&\cdots&a_{nn}\end{pmatrix}$$
$$=\begin{pmatrix}x-a_{11}&-a_{12}&\cdots&-a_{1n}\\-a_{21}&x-a_{22}&\cdots&-a_{2n}\\\vdots&\vdots&&\vdots\\-a_{n1}&-a_{n2}&\cdots&x-a_{nn}\end{pmatrix}$$

$x\boldsymbol{I}-\boldsymbol{A}$ 是以 $F[x]$ 中的多项式为元素组成的矩阵, 称为**多项式矩阵**. 矩阵的乘法和行列式的定义都只用到矩阵元素的加减乘运算, 所得到的结果对于多项式矩阵仍成立. 特别地, $x\boldsymbol{I}-\boldsymbol{A}$ 与它的附属方阵 $(x\boldsymbol{I}-\boldsymbol{A})^*$ 的乘积 $(x\boldsymbol{I}-\boldsymbol{A})(x\boldsymbol{I}-\boldsymbol{A})^*=\varphi_{\boldsymbol{A}}(x)\boldsymbol{I}_{(n)}=\operatorname{diag}(\varphi_{\boldsymbol{A}}(x),\cdots,\varphi_{\boldsymbol{A}}(x))$ 是以 $\varphi_{\boldsymbol{A}}(x)=\det(x\boldsymbol{I}-\boldsymbol{A})$ 为对角元的纯量阵, $\varphi_{\boldsymbol{A}}(x)$ 是 $x\boldsymbol{I}-\boldsymbol{A}$ 的行列式, 也就是 $\boldsymbol{A}$ 的特征多项式. 将矩阵等式 (7.21) 两边右乘 $(x\boldsymbol{I}-\boldsymbol{A})^*$ 得到

$$(\boldsymbol{u}_1,\cdots,\boldsymbol{u}_n)(x\boldsymbol{I}-\boldsymbol{A})(x\boldsymbol{I}-\boldsymbol{A})^*=(\mathbf{0},\cdots,\mathbf{0})$$

即

$$(\boldsymbol{u}_1,\cdots,\boldsymbol{u}_n)\varphi_{\boldsymbol{A}}(x)\boldsymbol{I}_{(n)}=(\mathbf{0},\cdots,\mathbf{0})\tag{7.22}$$

即 $\varphi_{\boldsymbol{A}}(x)\boldsymbol{u}_i=\varphi_{\boldsymbol{A}}(\mathcal{A})\boldsymbol{u}_i=\mathbf{0}$ 对 $1\leqslant i\leqslant n$ 成立. 线性变换 $\varphi_{\boldsymbol{A}}(\mathcal{A})$ 将基向量 $\boldsymbol{u}_i$ 全部变成 $\mathbf{0}$, 因此 $\varphi_{\boldsymbol{A}}(\mathcal{A})=\mathcal{O}$ 是零变换, 它的矩阵 $\varphi_{\boldsymbol{A}}(\boldsymbol{A})$ 当然是零方阵 $\boldsymbol{O}$.

这就是凯莱 – 哈密顿定理.

将以上的矩阵等式 (7.21) 两边同时右乘 $(x\boldsymbol{I}-\boldsymbol{A})^*$ 得到了等式 (7.22). 如果 $(x\boldsymbol{I}-\boldsymbol{A})^*$ 可逆, 也就是存在由 $F[x]$ 中的多项式组成的矩阵 $\boldsymbol{P}(x)$ 使 $(x\boldsymbol{I}-\boldsymbol{A})^*\boldsymbol{P}(x)=\boldsymbol{I}$, 就可在等式 (7.22) 两边同时右乘 $\boldsymbol{P}(x)$ 反过来得到 (7.21), 从而得到 (7.19) 与 (7.18). 然而, 等式 (7.22) 只说明 $\boldsymbol{A}$ 的特征多项式 $\varphi_{\boldsymbol{A}}(\lambda)$ 满足 $\varphi_{\boldsymbol{A}}(\mathcal{A})=\mathcal{O}$, 是线性变换 $\mathcal{A}$ 的零化多项式. (7.19) 却说明了 $\boldsymbol{A}$ 是 $\mathcal{A}$ 在基 $\{\boldsymbol{u}_1,\cdots,\boldsymbol{u}_n\}$ 下的矩阵. 两个不同 (甚至不相似) 的方阵 $\boldsymbol{A},\boldsymbol{B}$ 可以有相同的特征多项式 $\varphi_{\boldsymbol{A}}(\lambda)=\varphi_{\boldsymbol{B}}(\lambda)$ 都满足 $\varphi_{\boldsymbol{A}}(\mathcal{A})=\varphi_{\boldsymbol{B}}(\mathcal{A})=\mathcal{O}$, 但不可能同时都是 $\mathcal{A}$ 在同一组基下的矩阵. 这说明由 (7.22) 推出 (7.21) 是荒唐的.

事实上, 如果多项式方阵 $\boldsymbol{A}(x)$ 可逆, 存在 $\boldsymbol{P}(x)$ 使 $\boldsymbol{A}(x)\boldsymbol{P}(x)=\boldsymbol{I}$, 两边取行列式必然得到 $(\det\boldsymbol{A}(x))(\det\boldsymbol{P}(x))=1$. 多项式矩阵的行列式 $\det\boldsymbol{A}(x),\det\boldsymbol{P}(x)$ 必然是多项式, 乘

积等于 1 仅当它们都是非零常数才有可能. 然而, 在 $(x\boldsymbol{I}-\boldsymbol{A})(x\boldsymbol{I}-\boldsymbol{A})^*=\varphi_{\boldsymbol{A}}(x)\boldsymbol{I}_{(n)}$ 两边取行列式可得 $\varphi_{\boldsymbol{A}}(x)\det(x\boldsymbol{I}-\boldsymbol{A})^*=(\varphi_{\boldsymbol{A}}(x))^n$, 从而 $\det(x\boldsymbol{I}-\boldsymbol{A})^*=(\varphi_{\boldsymbol{A}}(x))^{n-1}$ 是 $n(n-1)$ 多项式, 显然 $(x\boldsymbol{I}-\boldsymbol{A})^*$ 不可逆.

如果能够找到可逆的多项式方阵 $\boldsymbol{Q}(x),\boldsymbol{P}(x)$ 将 $x\boldsymbol{I}-\boldsymbol{A}$ 化成对角阵 $\boldsymbol{Q}(x)(x\boldsymbol{I}-\boldsymbol{A})\boldsymbol{P}(x)=\boldsymbol{D}(x)=\mathrm{diag}(d_1(x),\cdots,d_n(x))$, 则可在等式 (7.21) 两边右乘 $\boldsymbol{P}(x)$ 得到

$$(\boldsymbol{u}_1,\cdots,\boldsymbol{u}_n)(\boldsymbol{Q}(x))^{-1}\boldsymbol{Q}(x)(x\boldsymbol{I}-\boldsymbol{A})\boldsymbol{P}(x)=(\boldsymbol{0},\cdots,\boldsymbol{0})$$

即

$$(\boldsymbol{\beta}_1,\cdots,\boldsymbol{\beta}_n)\begin{pmatrix}d_1(x)&&\\&\ddots&\\&&d_n(x)\end{pmatrix}=(\boldsymbol{0},\cdots,\boldsymbol{0})$$

其中 $(\boldsymbol{\beta}_1,\cdots,\boldsymbol{\beta}_n)=(\boldsymbol{u}_1,\cdots,\boldsymbol{u}_n)(\boldsymbol{Q}(x))^{-1}$ 是 V 中的向量组, 满足条件 $d_i(x)\boldsymbol{\beta}_i=d_i(\mathcal{A})\boldsymbol{\beta}_i=\boldsymbol{0}$ $(1\leqslant i\leqslant n)$, 由这些条件就容易反过来得到 $\boldsymbol{A}$ 的相似标准形.

3. 多项式矩阵的相抵

定义 7.5.1 设 $F[\lambda]$ 是系数在数域 F 中, 以 λ 为字母的全体多项式组成的集合. $F[\lambda]$ 中的元素组成的矩阵 $\boldsymbol{A}=(a_{ij}(\lambda))_{m\times n}$ 称为**多项式矩阵**, 也称为 λ 矩阵.

λ 矩阵 $\boldsymbol{A}(\lambda)$ 中非零子式的最大阶数 r 称为 $\boldsymbol{A}(\lambda)$ 的秩, 记作 $\mathrm{rank}\boldsymbol{A}(\lambda)$.

设 $\boldsymbol{A}(\lambda)$ 是 $n\times n$ λ 矩阵, 如果存在 λ 矩阵 $\boldsymbol{B}(\lambda)$ 使 $\boldsymbol{A}(\lambda)\boldsymbol{B}(\lambda)=\boldsymbol{B}(\lambda)\boldsymbol{A}(\lambda)=\boldsymbol{I}$, 就称 $\boldsymbol{A}(\lambda)$ 是可逆的 λ 矩阵, $\boldsymbol{B}(\lambda)$ 是 $\boldsymbol{A}(\lambda)$ 的逆. □

(注: 一元多项式的字母可以用 λ, 也可以用 x 或者任何一个字母来代表. 但不论用什么字母, 它都称为**不定元**, 既可以代表任意数, 也可以代表线性变换或矩阵或者任何一个可以与数域 F 中的系数做加减乘运算的集合中的元素. 多项式矩阵中的元素 $f(\lambda)$, 当它们相互进行加减乘运算时, 按多项式运算的法则进行. 当它们与 V 中的向量相乘时, 其中的字母 λ 代表的就是线性变换 $\mathcal{A}$ 而不是代表纯量.)

定理 7.5.1 $n\times n$ λ 矩阵 $\boldsymbol{A}(\lambda)$ 可逆 $\Leftrightarrow$ 它的行列式 $|\boldsymbol{A}(\lambda)|$ 是 F 中不为零的数.

定义 7.5.2 如下变换称为 λ 矩阵的**初等变换** (elementary transformation):

(1) 互换某两行或某两列;

(2) 将某行或某列乘上 F 中某个非零的数;

(3) 将某行 (列) 乘上某个 $f(\lambda)\in F[\lambda]$ 加到另一行 (列).

由单位阵经过一次初等变换得到的如下方阵称为**初等 λ 方阵** (elementary λ matrix):

(1) 将单位阵的第 i,j 两行互换, 或将第 i,j 两列互换, 得到的方阵 $\boldsymbol{P}_{ij}=\boldsymbol{I}-\boldsymbol{E}_{ii}-\boldsymbol{E}_{jj}+\boldsymbol{E}_{ij}+\boldsymbol{E}_{ji}$;

(2) 将单位阵的第 i 行乘上非零数 a, 或将第 i 列乘上 a, 得到的方阵 $\boldsymbol{D}_i(a)=\boldsymbol{I}+(a-1)\boldsymbol{E}_{ii}$;

(3) 将单位阵的第 j 行的 $f(\lambda)$ 倍加到第 i 行, 或将第 i 列的 $f(\lambda)$ 倍加到第 j 列, 得到的方阵 $\boldsymbol{T}_{ij}(f(\lambda))=\boldsymbol{I}+f(\lambda)\boldsymbol{E}_{ij}$. □

定理 7.5.2 λ 矩阵的初等行变换可以通过左乘初等 λ 方阵来实现, 初等列变换可以通过右乘初等 λ 方阵实现:

$$\boldsymbol{A}(\lambda)\xrightarrow{(ij)}\boldsymbol{P}_{ij}\boldsymbol{A}(\lambda),\quad \boldsymbol{A}(\lambda)\xrightarrow{a(i)}\boldsymbol{D}_i(a)\boldsymbol{A}(\lambda),\quad \boldsymbol{A}(\lambda)\xrightarrow{f(\lambda)(j)+(i)}\boldsymbol{T}_{ij}(f(\lambda))\boldsymbol{A}(\lambda)$$

$$\boldsymbol{A}(\lambda)\xrightarrow[(ij)]{}\boldsymbol{A}(\lambda)\boldsymbol{P}_{ij},\quad \boldsymbol{A}(\lambda)\xrightarrow[a(i)]{}\boldsymbol{A}(\lambda)\boldsymbol{D}_i(a),\quad \boldsymbol{A}(\lambda)\xrightarrow[f(\lambda)(j)+(i)]{}\boldsymbol{T}_{ji}(f(\lambda))\boldsymbol{A}(\lambda)$$ □

定义 7.5.3　设 $\boldsymbol{A}(\lambda)$ 与 $\boldsymbol{B}(\lambda)$ 都是 $m\times n$ λ 矩阵. 如果存在 m 阶可逆 λ 方阵 $\boldsymbol{P}(\lambda)$ 和 n 阶可逆 λ 方阵 $\boldsymbol{Q}(\lambda)$, 使 $\boldsymbol{P}(\lambda)\boldsymbol{A}(\lambda)\boldsymbol{Q}(\lambda)=\boldsymbol{B}(\lambda)$, 也就是将 $\boldsymbol{A}(\lambda)$ 通过有限次初等行变换和初等列变换变成 $\boldsymbol{B}(\lambda)$, 就称 λ 矩阵 $\boldsymbol{A}(\lambda),\boldsymbol{B}(\lambda)$ **相抵** (equivalent). □

定理 7.5.3　秩为 r 的每个 $m\times n$ λ 矩阵 $\boldsymbol{A}(\lambda)$ 可以相抵于标准形:

$$\boldsymbol{P}(\lambda)\boldsymbol{A}(\lambda)\boldsymbol{Q}(\lambda)=\boldsymbol{S}(\lambda)=\begin{pmatrix}\boldsymbol{D}(\lambda) & \\ & \boldsymbol{O}\end{pmatrix}$$

其中 $\boldsymbol{D}(\lambda)=\mathrm{diag}(d_1(\lambda),d_2(\lambda),\cdots,d_r(\lambda))$, $d_i(\lambda)$ 是 $F[\lambda]$ 中的首一多项式, 且每个 $d_i(\lambda)$ 整除 $d_{i+1}(\lambda)$, $\forall\, 1\leqslant i\leqslant r-1$. □

定理 7.5.3 中的 λ 矩阵 $\boldsymbol{S}(\lambda)$ 由 $\boldsymbol{A}(\lambda)$ 唯一决定, 称为 $\boldsymbol{A}(\lambda)$ 的 Smith 标准形.

例题分析与解答

7.5.1　利用初等变换将下列 λ 矩阵 $\boldsymbol{A}(\lambda)$ 化成标准形:

(1) $\begin{pmatrix}\lambda^2-\lambda & \lambda^2-1\\ \lambda^2-2\lambda+1 & \lambda^3-\lambda\end{pmatrix}$;　(2) $\begin{pmatrix}\lambda^2+1 & \lambda & \lambda^2\\ -2\lambda & \lambda & -2\lambda\\ 2\lambda-1 & -\lambda & 2\lambda\end{pmatrix}$;

(3) $\begin{pmatrix}\lambda^2+\lambda & 0 & 0\\ 0 & \lambda^2-4\lambda & 0\\ 0 & 0 & (\lambda-4)^2\end{pmatrix}$;　(4) $\begin{pmatrix}\lambda & 2 & 0\\ 0 & \lambda & 2\\ 0 & 0 & \lambda\end{pmatrix}$;

(5) $\begin{pmatrix}\lambda & 2 & 2\\ 0 & \lambda & 2\\ 0 & 0 & \lambda\end{pmatrix}$;　(6) $\begin{pmatrix}\lambda & 1 & \cdots & 1 & 1\\ 0 & \lambda & \cdots & 1 & 1\\ \vdots & \vdots & & \vdots & \vdots\\ 0 & & \cdots & 0 & \lambda\end{pmatrix}$.

解　(1)

$$pmbA(\lambda)\xrightarrow{-(2)+(1)}\begin{pmatrix}\lambda-1 & -(\lambda-1)(\lambda^2-1)\\ (\lambda-1)^2 & \lambda(\lambda^2-1)\end{pmatrix}$$

$$\xrightarrow[(\lambda^2-1)(1)+(2)]{-(\lambda-1)(1)+(2)}\boldsymbol{S}(\lambda)=\begin{pmatrix}\lambda-1 & 0\\ 0 & (\lambda^2-\lambda+1)(\lambda+1)(\lambda-1)\end{pmatrix}$$

(2)

$$\boldsymbol{A}(\lambda)\xrightarrow[-(3)+(1)]{}\begin{pmatrix}1 & \lambda & \lambda^2\\ 0 & \lambda & -2\lambda\\ -1 & -\lambda & 2\lambda\end{pmatrix}\xrightarrow[-\lambda(1)+(2),-\lambda^2(1)+(3)]{(1)+(3)}\begin{pmatrix}1 & 0 & 0\\ 0 & \lambda & -2\lambda\\ 0 & 0 & \lambda^2+2\lambda\end{pmatrix}$$

$$\xrightarrow[2(2)+(3)]{}\boldsymbol{S}(\lambda)=\begin{pmatrix}1&0&0\\0&\lambda&0\\0&0&\lambda(\lambda+2)\end{pmatrix}$$

(3) 由 $\lambda^2+\lambda$ 与 $(\lambda-4)^2$ 互素知存在 $u(\lambda),v(\lambda)$ 满足 $u(\lambda)(\lambda^2+\lambda)+v(\lambda)(\lambda-4)^2=1$.

具体计算求得 $u(\lambda)=\dfrac{7}{50}-\dfrac{9\lambda}{400}$, $v(\lambda)=\dfrac{1}{16}+\dfrac{9\lambda}{400}$ 满足此要求.

$$\boldsymbol{A}(\lambda)\xrightarrow[v(\lambda)(3)+(1)]{u(\lambda)(1)+(3)}\begin{pmatrix}\lambda^2+\lambda&0&0\\0&\lambda^2-4\lambda&0\\1&0&(\lambda-4)^2\end{pmatrix}$$

$$\xrightarrow[-(\lambda-4)^2(1)+(3)]{-(\lambda^2+\lambda)(3)+(1)}\begin{pmatrix}0&0&-(\lambda^2+\lambda)(\lambda-4)^2\\0&\lambda^2-4\lambda&0\\1&0&0\end{pmatrix}$$

$$\xrightarrow[-(3)]{(1,3)}\boldsymbol{S}(\lambda)=\begin{pmatrix}1&0&0\\0&\lambda(\lambda-4)&0\\0&0&\lambda(\lambda+1)(\lambda-4)^2\end{pmatrix}$$

(4) $\boldsymbol{A}(\lambda)\xrightarrow[2(1),\frac{1}{2}(3)]{\frac{1}{2}(1),2(3)}\begin{pmatrix}\lambda&1&0\\0&\lambda&1\\0&0&\lambda\end{pmatrix}\xrightarrow[-\lambda(2)+(1)]{-\lambda(1)+(2)}\begin{pmatrix}0&1&0\\-\lambda^2&0&1\\0&0&\lambda\end{pmatrix}$

$$\xrightarrow[\lambda^2(3)+(1)]{-\lambda(2)+(3)}\begin{pmatrix}0&1&0\\0&0&1\\\lambda^3&0&0\end{pmatrix}\xrightarrow[(1,2),(2,3)]{}\boldsymbol{S}(\lambda)=\begin{pmatrix}1&0&0\\0&1&0\\0&0&\lambda^3\end{pmatrix}$$

(5) $\boldsymbol{A}\xrightarrow[2(1),\frac{1}{2}(3)]{\frac{1}{2}(1),2(3)}\begin{pmatrix}\lambda&1&\dfrac{1}{2}\\0&\lambda&1\\0&0&\lambda\end{pmatrix}\xrightarrow[-\lambda(2)+(1)]{-\lambda(1)+(2)}\begin{pmatrix}0&1&\dfrac{1}{2}\\-\lambda^2&0&1-\dfrac{1}{2}\lambda\\0&0&\lambda\end{pmatrix}\xrightarrow[-\frac{1}{2}(2)+(3)]{\frac{1}{2}(3)+(2)}$

$$\begin{pmatrix}0&1&0\\-\lambda^2&0&1\\0&0&\lambda\end{pmatrix}\xrightarrow[\lambda^2(3)+(1)]{-\lambda(2)+(3)}\begin{pmatrix}0&1&0\\0&0&1\\\lambda^3&0&0\end{pmatrix}\xrightarrow[(12),(23)]{}\boldsymbol{S}(\lambda)=\begin{pmatrix}1&0&0\\0&1&0\\0&0&\lambda^3\end{pmatrix}$$

(6)

$$\boldsymbol{A}(\lambda)\xrightarrow{-(i+1)+(i),(\forall\ i=1,2,\cdots,n-1)}\boldsymbol{B}_1(\lambda)=\begin{pmatrix}\lambda&1-\lambda&&O\\&\ddots&\ddots&\\&&\lambda&1-\lambda\\O&&&\lambda\end{pmatrix}$$

一般地, 对任意正整数 $k\leqslant n$, 记 $n-k+1$ 阶方阵

$$\boldsymbol{B}_k(\lambda)=\begin{pmatrix}\lambda^k & 1-\lambda & & \\ 0 & \lambda & \ddots & \\ & & \ddots & 1-\lambda \\ & & & \lambda\end{pmatrix}$$

则将 $\boldsymbol{B}_k(\lambda)$ 的第 2 列的 $1+\lambda+\cdots+\lambda^{k-1}$ 倍加到第 1 列得到

$$\begin{pmatrix}1 & 1-\lambda & & \\ \lambda(1+\lambda+\cdots+\lambda^{k-1}) & \lambda & \ddots & \\ & & \ddots & 1-\lambda \\ & & & \lambda\end{pmatrix}$$

再将所得矩阵的第 1 列的 $\lambda-1$ 倍加到第 2 列, 第 1 行的 $-\lambda(1+\lambda+\cdots+\lambda^{k-1})$ 倍加到第 2 行, 得到

$$\begin{pmatrix}1 & \\ & \boldsymbol{B}_{k+1}(\lambda)\end{pmatrix}$$

由此可将 $\boldsymbol{B}_1(\lambda)$ 依次相抵于 $\operatorname{diag}(\boldsymbol{I}_{(k)},\boldsymbol{B}_k(\lambda))$ $(k=2,3,\cdots,n)$, 最后得到 $\boldsymbol{A}(\lambda)$ 的相抵标准形 $\boldsymbol{S}(\lambda)=\boldsymbol{B}_n(\lambda)=\operatorname{diag}(1,\cdots,1,\lambda^n)$. □

7.5.2　证明: 数域 F 上任一 $p\times n$ λ 矩阵 $\boldsymbol{A}(\lambda)$ 可以写成 $\boldsymbol{A}(\lambda)=\lambda^m\boldsymbol{A}_m+\lambda^{m-1}\boldsymbol{A}_{m-1}+\cdots+\lambda\boldsymbol{A}_1+\boldsymbol{A}_0$, 其中 $\boldsymbol{A}_0,\boldsymbol{A}_1,\cdots,\boldsymbol{A}_m\in F^{p\times n}$.

证明　记 $\boldsymbol{A}(\lambda)=(a_{ij}(\lambda))_{p\times n}$ 的第 (i,j) 位置的多项式 $a_{ij}(\lambda)=a_{ij0}+a_{ij1}\lambda+\cdots+a_{ijk}\lambda^k+\cdots+a_{ijm}\lambda^m$ 的 k 次项系数为 $a_{ijk}\in F$, m 是所有位置的多项式 $a_{ij}(\lambda)$ 的最高次数. 对每个 $0\leqslant k\leqslant m$, 以各个位置的多项式 $a_{ij}(\lambda)$ 的 k 次项系数 a_{ijk} 为 (i,j) 分量组成方阵 $\boldsymbol{A}_k=(a_{ijk})_{n\times n}\in F^{p\times n}$, 则 $\boldsymbol{A}(\lambda)=\lambda^m\boldsymbol{A}_m+\lambda^{m-1}\boldsymbol{A}_{m-1}+\cdots+\lambda\boldsymbol{A}_1+\boldsymbol{A}_0$ 具有所要求的形状. □

7.5.3　设 $\boldsymbol{P}(\lambda)=\lambda^m\boldsymbol{P}_m+\cdots+\lambda\boldsymbol{P}_1+\boldsymbol{P}_0$ 与 $\boldsymbol{Q}(\lambda)=\lambda^k\boldsymbol{Q}_k+\cdots+\lambda\boldsymbol{Q}_1+\boldsymbol{Q}_0$ 是数域 F 上任意两个 $n\times n$ λ 矩阵. 将它们相乘得

$$\begin{aligned}\boldsymbol{D}(\lambda)&=\boldsymbol{P}(\lambda)\boldsymbol{Q}(\lambda)\\&=(\lambda^m\boldsymbol{P}_m+\cdots+\lambda\boldsymbol{P}_1+\boldsymbol{P}_0)(\lambda^k\boldsymbol{Q}_k+\cdots+\lambda\boldsymbol{Q}_1+\boldsymbol{Q}_0)\\&=\lambda^{m+k}\boldsymbol{D}_{m+k}+\cdots+\lambda\boldsymbol{D}_1+\boldsymbol{D}_0\end{aligned}\tag{7.23}$$

其中 $\boldsymbol{D}_i=\sum\limits_{j=0}^{i}\boldsymbol{P}_j\boldsymbol{Q}_{i-j}$.

能否将 n 维线性空间的线性变换 $\mathcal{A}$ 代入等式 (7.23) 得到 $\boldsymbol{D}(\mathcal{A})=\boldsymbol{P}(\mathcal{A})\boldsymbol{Q}(\mathcal{A})$?

能否将 F 上任意 n 阶方阵 $\boldsymbol{A}$ 代入 (1) 得到 $\boldsymbol{D}(\boldsymbol{A})=\boldsymbol{P}(\boldsymbol{A})\boldsymbol{Q}(\boldsymbol{A})$?

解　能够将任意线性变换 $\mathcal{A}$ 代入等式 (7.23), 但不能将任意方阵 $\boldsymbol{A}$ 代入等式 (7.23). 这是因为, 在等式 (7.23) 中将 $\boldsymbol{P}(\lambda)=\lambda^m\boldsymbol{P}_m+\cdots+\lambda\boldsymbol{P}_1+\boldsymbol{P}_0$ 与 $\boldsymbol{Q}(\lambda)=\lambda^k\boldsymbol{Q}_k+\cdots+\lambda\boldsymbol{Q}_1+$

Q_0 写成以矩阵 P_i,Q_j 为系数的两个多项式的乘积展开时, 利用了多项式的字母 λ 与各矩阵 P_i,Q_j 的乘法可交换性: $(\lambda^i P_i)(\lambda^j Q_j)=\lambda^{i+j}P_iQ_j$. 将 λ 替换成线性变换 $\mathcal{A}$ 时, $\mathcal{A}$ 与各矩阵 P_i,Q_j 仍然交换: $(\mathcal{A}^i P_i)(\mathcal{A}^j Q_j)=\mathcal{A}^{i+j}P_iQ_j$. 但将 λ 替换成任意方阵 A 时, 乘法交换性不一定成立, 当 $P_iA\neq AP_i$ 时 $(A^iP_i)(A^jQ_j)=A^{i+j}P_iQ_j$ 可能不成立. 因此, 可将线性变换 $\mathcal{A}$ 代入展开式 (7.23), 却不能将任意方阵 A 代入展开式.

但另一方面, 如果对某个具体的 $P(\lambda)=\lambda^m P_m+\cdots+\lambda P_1+P_0$, 某个方阵 A 正好与所有的 $P_m,\cdots,P_1,P_0$ 乘法可交换: $P_iA=AP_i$ $(\forall\ 0\leqslant i\leqslant m)$, 则将 A 代入 (7.23) 得到的结论 $D(A)=P(A)Q(A)$ 是正确的, 其中:

$$\begin{aligned}P(A)&=A^mP_m+\cdots+AP_1+P_0,\\ Q(A)&=A^kQ_k+\cdots+AQ_1+Q_0\\ D(A)&=A^{m+k}D_{m+k}+\cdots+AD_1+D_0\end{aligned}$$

类似地, 如果 A 与所有的 $Q(j)$ $(0\leqslant j\leqslant k)$ 乘法可交换, 则可将 A 代入展开式:

$$\begin{aligned}P(\lambda)Q(\lambda)&=(P_m\lambda^m+\cdots+P_1\lambda+P_0)(Q_k\lambda^k+\cdots+Q_1\lambda+Q_0)\\ &=D_{m+k}\lambda^{m+k}+\cdots+D_1\lambda+D_0\end{aligned}\tag{7.24}$$

得到另一个正确的等式 $\tilde{D}(A)=\tilde{P}(A)\tilde{Q}(A)$, 其中:

$$\begin{aligned}\tilde{P}(A)&=P_mA^m+\cdots+P_1A+P_0,\\ \tilde{Q}(A)&=Q_kA^k+\cdots+Q_1A+Q_0,\\ \tilde{D}(A)&=D_{m+k}A^{m+k}+\cdots+D_1A+D_0.\end{aligned}$$

□

点评 中学数学讲了乘法公式, 大学数学讲了泰勒展开式, 这些都是威力强大的运算公式. 当运算对象由数换成线性变换或矩阵时, 这些公式是否还能用? 这是线性代数中的重要问题. 盲目使用可能出错, 一概不用又太吃亏. 本题和下一个题强调的是: 这些公式是否成立, 与运算对象没有关系, 而是由运算律决定的. 只要这些公式所依赖的运算律仍成立, 公式就仍然成立. 正如欧几里得将复杂纷纭的几何现象归结为简单而显然的几何公理, 复杂纷纭的代数运算也可以归结为简单的公理 ——运算律.

矩阵乘法不满足交换律, 导致很多乘法公式不能用. 但某些具体的方阵做乘法时可以交换, 这些乘法公式对这些方阵就有可能成立. 我们既不应当盲目将乘法公式应用于矩阵运算, 也不应不分青红皂白一概不准用. 只要清楚把握住运算律这个关键, 公式的应用范围就一目了然了. □

7.5.4 设 $\mathcal{A}$ 是数域 F 上 n 维线性空间 V 的线性变换, $A\in F^{n\times n}$ 是 $\mathcal{A}$ 在基 $M=\{\alpha_1,\cdots,\alpha_n\}$ 下的矩阵. 将 $\lambda I_{(n)}-A$ 的附属方阵 $B(\lambda)=(\lambda I_{(n)}-A)^*$ 写成 $B(\lambda)=\lambda^mB_m+\lambda^{m-1}B_{m-1}+\cdots+\lambda B_1+B_0$ 的形式使 $B_0,B_1,\cdots,B_m\in F^{n\times n}$. 设 $\varphi(\lambda)=|\lambda I_{(n)}-A|=\lambda^n+a_1\lambda^{n-1}+\cdots+a_{n-1}\lambda+a_n$ 是 A 的特征多项式.

(1) 能否在等式

$$(\lambda I_{(n)}-A)B(\lambda)=(\lambda I_{(n)}-A)(\lambda^mB_m+\lambda^{m-1}B_{m-1}+\cdots+\lambda B_1+B_0)$$

$$=\varphi(\lambda)\boldsymbol{I}_{(n)}=\lambda^n\boldsymbol{I}_{(n)}+a_1\lambda^{n-1}\boldsymbol{I}_{(n)}+\cdots+\lambda a_{n-1}\boldsymbol{I}_{(n)}+a_n\boldsymbol{I}_{(n)} \tag{7.25}$$

两边将 λ 换成 $\mathcal{A}$ 得到 $(\mathcal{A}\boldsymbol{I}_{(n)}-\boldsymbol{A})\boldsymbol{B}(\mathcal{A})=\varphi(\mathcal{A})\boldsymbol{I}_{(n)}$, 再由 $(\boldsymbol{\alpha}_1,\cdots,\boldsymbol{\alpha}_n)(\mathcal{A}\boldsymbol{I}_{(n)}-\boldsymbol{A})\boldsymbol{B}(\mathcal{A})=(0,\cdots,0)$ 得到 $(\boldsymbol{\alpha}_1,\cdots,\boldsymbol{\alpha}_n)\varphi(\mathcal{A})\boldsymbol{I}_{(n)}=(0,\cdots,0)$ 从而 $\varphi(\mathcal{A})=\mathcal{O}$?

(2) 能否在等式 (7.25) 两边将 λ 换成 $\boldsymbol{A}$ 得到 $(\boldsymbol{A}-\boldsymbol{A})\boldsymbol{B}(\boldsymbol{A})=\varphi(\boldsymbol{A})$ 即 $\varphi(\boldsymbol{A})=0$?

解　将等式 (7.25) 左边展开得到右边时, 用到了多项式字母 λ 与第一个多项式 $\lambda\boldsymbol{I}-\boldsymbol{A}$ 的 "系数" $\boldsymbol{I}$, $\boldsymbol{A}$ 的乘法可交换性.

(1) 将 λ 替换成线性变换 $\mathcal{A}$ 时, 这种交换性仍成立, 因此得到的结论 $(\mathcal{A}\boldsymbol{I}_{(n)}-\boldsymbol{A})\boldsymbol{B}(\mathcal{A})=\varphi(\mathcal{A})\boldsymbol{I}_{(n)}$ 及 $\varphi(\mathcal{A})=\mathcal{O}$ 成立.

(2) 将 λ 替换成方阵 $\boldsymbol{A}$ 时, 由于 $\boldsymbol{A}$ 与 $\lambda\boldsymbol{I}-\boldsymbol{A}$ 的 "系数" $\boldsymbol{I},\boldsymbol{A}$ 做乘法仍可交换, 因此得到的结论 $\varphi(\boldsymbol{A})=(\boldsymbol{A}-\boldsymbol{A})\boldsymbol{B}(\boldsymbol{A})=\boldsymbol{O}$ 成立. □

点评　例 7.5.3 已经指出, 在一般的多项式矩阵等式

$$(\lambda^m\boldsymbol{P}_m+\cdots+\lambda\boldsymbol{P}_1+\boldsymbol{P}_0)(\lambda_k\boldsymbol{Q}_k+\cdots+\lambda\boldsymbol{Q}_1+\boldsymbol{Q}_0)=\lambda^{m+k}\boldsymbol{D}_{m+k}+\cdots+\lambda\boldsymbol{D}_1+\boldsymbol{D}_0$$

中不能将 λ 替换成任意方阵 $\boldsymbol{A}$, 但在本题的等式

$$(\lambda\boldsymbol{I}-\boldsymbol{A})(\lambda^{n-1}\boldsymbol{B}_{n-1}+\cdots+\lambda\boldsymbol{B}_1+\boldsymbol{B}_0)=\lambda^n\boldsymbol{I}+\cdots+\lambda(a_{n-1}\boldsymbol{I})+a_0\boldsymbol{I}$$

中, 由于 $\boldsymbol{A}$ 与 $\lambda\boldsymbol{I}-\boldsymbol{A}$ 的 "系数" $\boldsymbol{I}$ 与 $\boldsymbol{A}$ 都可交换, 将 λ 替换成 $\boldsymbol{A}$ 所得到的矩阵等式仍然成立. 由此得到凯莱–哈密顿定理的一个证明. 很多高等代数教材都采用了这个证明. 但为了避免论证将 λ 替换成 $\boldsymbol{A}$ 的合法性, 不是明目张胆将 λ 替换成方阵 $\boldsymbol{A}$, 而是采用如下巧妙的叙述方式悄悄地替换:

将等式

$$(\lambda\boldsymbol{I}-\boldsymbol{A})(\lambda^{n-1}\boldsymbol{B}_{n-1}+\cdots+\lambda\boldsymbol{B}_1+\boldsymbol{B}_0)=\lambda^n\boldsymbol{I}+\cdots+\lambda(a_{n-1}\boldsymbol{I})+a_0\boldsymbol{I} \tag{7.26}$$

左边展开得到

$$\begin{aligned}&\lambda^n\boldsymbol{B}_{n-1}+\lambda^{n-1}(-\boldsymbol{A}\boldsymbol{B}_{n-1}+\boldsymbol{B}_{n-2})+\cdots+\lambda(-\boldsymbol{A}\boldsymbol{B}_1+\boldsymbol{B}_0)+(-\boldsymbol{A}\boldsymbol{B}_0)\\&=\lambda^n\boldsymbol{I}+\cdots+\lambda(a_{n-1}\boldsymbol{I})+a_0\boldsymbol{I}\end{aligned} \tag{7.27}$$

比较等式两边对应项系数得到 $n+1$ 个等式:

$$\boldsymbol{B}_{n-1}=\boldsymbol{I},\quad -\boldsymbol{A}\boldsymbol{B}_{n-1}+\boldsymbol{B}_{n-2}=a_1\boldsymbol{I},\quad \cdots,\quad -\boldsymbol{A}\boldsymbol{B}_1+\boldsymbol{B}_0=a_{n-1}\boldsymbol{I},\quad -\boldsymbol{A}\boldsymbol{B}_0=a_0\boldsymbol{I}$$

将这 $n+1$ 个等式两边分别左乘 $\boldsymbol{A}$ 的各次幂 $\boldsymbol{A}^n,\boldsymbol{A}^{n-1},\cdots,\boldsymbol{A},\boldsymbol{I}$ 再相加得到等式

$$\begin{aligned}&\boldsymbol{A}^n\boldsymbol{B}_{n-1}+(-\boldsymbol{A}^n\boldsymbol{B}_{n-1}+\boldsymbol{A}^{n-1}\boldsymbol{B}_{n-2})+\cdots+(-\boldsymbol{A}^2\boldsymbol{B}_1+\boldsymbol{A}\boldsymbol{B}_0)+(-\boldsymbol{A}\boldsymbol{B}_0)\\&=\boldsymbol{A}^n+a_1\boldsymbol{A}^{n-1}+\cdots+a_{n-1}\boldsymbol{A}+a_n\boldsymbol{I}=\varphi(\boldsymbol{A})\end{aligned} \tag{7.28}$$

易见等式左边等于 $\boldsymbol{O}$, 由此得到 $\varphi(\boldsymbol{A})=\boldsymbol{O}$.

这样的证明的正确性不容置疑. 但为什么得到的等式 (7.28) 左边正好是零方阵? 这让人莫名其妙. 不过, 这其实也不神秘: 比较等式 (7.27) 两边 λ 的各次幂 λ^k 的系数得到 $n+1$ 个等式, 再将这些等式分别左乘 $\boldsymbol{A}$ 的各次幂再相加, 相当于在等式 (7.27) 左边先将

λ 的各次幂去掉, 再换成 $\boldsymbol{A}$ 的各次幂重新安装回去. 直接了当地说, 就是在等式 (7.27) 中将 λ 替换成方阵 $\boldsymbol{A}$. 为什么得到零方阵? 这是由将等式 (7.26) 左边的 λ 替换成方阵 $\boldsymbol{A}$ 得到的:

$$(\boldsymbol{A}-\boldsymbol{A})(\boldsymbol{A}^{n-1}\boldsymbol{B}_{n-1}+\boldsymbol{A}^{n-2}\boldsymbol{B}_{n-2}+\cdots+\boldsymbol{A}\boldsymbol{B}_1+\boldsymbol{B}_0)$$

显然等于零, 将它展开成 (7.28) 的左边:

$$\boldsymbol{A}^n\boldsymbol{B}_{n-1}+\boldsymbol{A}^{n-1}(-\boldsymbol{A}\boldsymbol{B}_{n-1}+\boldsymbol{B}_{n-2})+\cdots+\boldsymbol{A}(-\boldsymbol{A}\boldsymbol{B}_1+\boldsymbol{B}_0)+(-\boldsymbol{A}\boldsymbol{B}_0)$$

之后当然还是零. □

7.5.5 设 $\mathcal{A}$ 是数域 F 上 n 维线性空间 V 的线性变换, $F[\lambda]$ 是 F 上以 λ 为字母的一元多项式环. 对每个 $f(\lambda)\in F[\lambda]$ 和每个 $\boldsymbol{\alpha}\in V$, 定义 $f(\lambda)\boldsymbol{\alpha}=f(\mathcal{A})\boldsymbol{\alpha}\in V$, 则纯量集合由 F 扩大到 $F[\lambda]$. 由于 $F[\lambda]$ 对加减乘封闭而对除法不封闭, 不是域而是环, 我们不说 V 是 $F[\lambda]$ 上的空间而说 V 是 $F[\lambda]$ 上的**模** (module). V 的非空子集 W 如果对加法封闭 (即 $\boldsymbol{\alpha},\boldsymbol{\beta}\in V\Rightarrow\boldsymbol{\alpha}+\boldsymbol{\beta}\in V$), 对纯量乘法也封闭 ($\boldsymbol{\alpha}\in W, f(\lambda)\in F[\lambda]\Rightarrow f(\lambda)\boldsymbol{\alpha}\in W$), 就称 W 是 V 的**子模** (submodule). 一个向量 $\boldsymbol{\alpha}$ 生成的子模 $F[\lambda]\boldsymbol{\alpha}=\{f(\lambda)\boldsymbol{\alpha}\mid f(\lambda)\in F[\lambda]\}$ 称为**循环模** (cyclic module). 求证:

(1) W 是 V 的子模 $\Leftrightarrow$ W 是 $\mathcal{A}$ 的不变子空间.

(2) W 是 $\boldsymbol{\alpha}$ 生成的循环模 $\Leftrightarrow$ W 是 $\boldsymbol{\alpha}$ 生成的 $\mathcal{A}$ 循环子空间.

(3) 举例说明: 循环子模 $W\neq 0$ 可能含有更小的循环子模 $W_1\subset W$ 且 $0\neq W_1\neq W$.

证明 (1) 设 W 是 V 的子模, 即对任意 $w_1,w_2\in W$ 及 $f(\lambda)\in F[\lambda]$ 有 $w_1+w_2\in W$ 及 $f(\mathcal{A})w_1\in W$. 则 W 对加法封闭, 且对任意 $w\in W$ 及 $a\in F$ 有 $aw=f_1(\lambda)w\in W$, $\mathcal{A}w=f_2(\mathcal{A})w=f_2(\lambda)w\in W$, 其中 $f_1(\lambda)=a$ 及 $f_2(\lambda)=\lambda$ 都是 $F[\lambda]$ 中的多项式. 这证明了 W 是 $\mathcal{A}$ 的不变子空间.

反过来, 设 W 是 $\mathcal{A}$ 的不变子空间, 即 W 对向量加法封闭, 且对任意 $w\in W$ 及 $a\in F$ 有 $aw\in W$ 及 $\mathcal{A}w\in W$. 对任意多项式 $f(\lambda)=a_0+a_1\lambda+\cdots+a_m\lambda^m\in F[\lambda]$, 由 $\mathcal{A}w\in W$ 可推出 $\mathcal{A}^kw\in W$ 对任意正整数 k 成立, $f(\mathcal{A})=a_0w+a_1\mathcal{A}w+\cdots+a_m\mathcal{A}^mw$ 是子空间 W 中向量 $w,\mathcal{A}w,\cdots,\mathcal{A}^mw$ 的线性组合, 仍在 W 中. 这证明了 W 是 V 在 $F[\lambda]$ 上的子模.

(2) $\boldsymbol{\alpha}\in V$ 生成的 $\mathcal{A}$ 的循环子空间 $U=F[\mathcal{A}]\boldsymbol{\alpha}$ 由所有的 $f(\mathcal{A})\boldsymbol{\alpha}=f(\lambda)\boldsymbol{\alpha}$ 组成 ($f(\lambda)\in F[\lambda]$). U 就是 $\boldsymbol{\alpha}$ 生成的循环模.

(3) 设 $\mathcal{A}:\boldsymbol{X}\mapsto\boldsymbol{A}\boldsymbol{X}$ 是 2 维列向量空间 $V=F^{2\times 1}$ 上由矩阵 $\boldsymbol{A}=\begin{pmatrix}0&1\\0&0\end{pmatrix}$ 左乘引起的线性变换, 则 2 维空间 $V=F[\lambda]\boldsymbol{e}_2$ 是由 $\boldsymbol{e}_2=(0,1)^{\mathrm{T}}$ 生成的循环模. 但 $\boldsymbol{e}_1=(1,0)^{\mathrm{T}}$ 生成一个更小的循环模 $F\boldsymbol{e}_1$, 维数为 1. □

点评 将数域 F 上的线性空间 V 看成多项式环 $F[\lambda]$ 上的模, 纯量范围由 F 扩大到 $F[\lambda]$, 子空间、一维子空间等概念相应推广为子模、循环模, 本题第 (1),(2) 小题讲的是子模与子空间、循环模与一维子空间的类似之处. 但是, 由于多项式环 $F[\lambda]$ 不是域, 子模与子空间还是有重要的区别. 本题第 (3) 小题就是讲的循环模型与一维子空间的区别. 一维子空间 $F\boldsymbol{\alpha}$ 不可能包含更小的非零子空间, 由于 F 中每个非零的数 b 都可逆, 每个非零向量 $\boldsymbol{\beta}=b\boldsymbol{\alpha}$ 都可以将 $\boldsymbol{\alpha}$ 生成出来: $\boldsymbol{\alpha}=b^{-1}\boldsymbol{\beta}$, 从而生成整个一维子空间: $F\boldsymbol{\beta}=F\boldsymbol{\alpha}$. 但循环

模 $F[\lambda]\boldsymbol{\alpha}$ 中的非零向量 $\boldsymbol{\beta}=f(\lambda)\boldsymbol{\alpha}$ 的非零系数 $f(\lambda)$ 不见得可逆, 所代表的线性变换 $f(\mathcal{A})$ 不见得可逆, $\boldsymbol{\alpha}$ 有可能不能表示成 $\boldsymbol{\alpha}=g(\lambda)\boldsymbol{\beta}$ 的形式, 因此 $\boldsymbol{\beta}$ 有可能在 $F[\lambda]\boldsymbol{\alpha}$ 中生成更小的循环模. 如第 (3) 题所举的例子. 事实上, 如果 $\boldsymbol{\alpha}\neq\mathbf{0}$ 是 $\mathcal{A}$ 的属于特征值 a 的 m 次根向量, 则 $\boldsymbol{\beta}_k=(\mathcal{A}-a\mathcal{I})^{m-k}\boldsymbol{\alpha}$ $(0\leqslant k\leqslant m-1)$ 组成循环模 $F[\lambda]\boldsymbol{\alpha}$ 的一组基, 基向量在 $\mathcal{A}-a\mathcal{I}$ 的作用下有箭头图:

$$\mathbf{0}\leftarrow\boldsymbol{\beta}_1\leftarrow\boldsymbol{\beta}_2\leftarrow\cdots\leftarrow\boldsymbol{\beta}_k\leftarrow\cdots\leftarrow\boldsymbol{\beta}_m$$

其中每个 $\boldsymbol{\beta}_k$ 生成循环模 $F\boldsymbol{\beta}_1\oplus+\oplus F\boldsymbol{\beta}_k$ 的维数为 k, 只包含位于 $\boldsymbol{\beta}_k$ 左方的 $\boldsymbol{\beta}_i$ 而不包含右方的 $\boldsymbol{\beta}_i$, 越到左方的 $\boldsymbol{\beta}_k$ 生成的循环模越小. □

7.6　多项式矩阵的相抵不变量

知 识 导 航

1. 行列式因子

定义 7.6.1　对每个正整数 $k\leqslant\min\{m,n\}$, $m\times n$ λ 矩阵 $\boldsymbol{A}(\lambda)$ 中所有的 k 阶非零子式的最大公因式 $D_k(\lambda)$ 称为 $\boldsymbol{A}(\lambda)$ 的 k 阶**行列式因子** (determinant divisor), 记为 $D_k(\lambda)$. 如果 $k>\operatorname{rank}\boldsymbol{A}(\lambda)$, 则 $\boldsymbol{A}(\lambda)$ 的所有的 k 阶子式都等于零, 此时约定 $\boldsymbol{A}(\lambda)$ 的 k 阶行列式因子 $D_k(\lambda)=0$. □

定理 7.6.1　$m\times n$ λ 矩阵 $\boldsymbol{A}(\lambda)$ 与 $\boldsymbol{B}(\lambda)$ 相抵的充分必要条件是: 对每个正整数 $k\leqslant\min\{m,n\}$, $\boldsymbol{A}(\lambda),\boldsymbol{B}(\lambda)$ 的 k 阶行列式因子相同. □

2. 不变因子

定理 7.6.2　设 λ 矩阵 $\boldsymbol{A}(\lambda)$ 的行列式因子为 $D_k(\lambda)$ $(1\leqslant k\leqslant r=\operatorname{rank}\boldsymbol{A}(\lambda))$, 并约定 $D_0(\lambda)=1$, 则 $\boldsymbol{A}(\lambda)$ 相抵于如下的 Smith 标准形:

$$\boldsymbol{S}(\lambda)=\operatorname{diag}(d_1(\lambda),\cdots,d_r(\lambda),\boldsymbol{O})$$

其中每个 $d_i(\lambda)$ 整除 $d_{i+1}(\lambda)$, $\forall\,1\leqslant i\leqslant r-1$, 且

$$d_k(\lambda)=\frac{D_k(\lambda)}{D_{k-1}(\lambda)}\quad(\forall\,1\leqslant k\leqslant r)$$

由 $\boldsymbol{A}(\lambda)$ 唯一决定. □

定义 7.6.2　设 λ 矩阵 $\boldsymbol{A}(\lambda)$ 的秩为 r, 对每个 $1\leqslant k\leqslant r$, $\boldsymbol{A}(\lambda)$ 的 k 行列式因子为 $D_k(\lambda)$, 并约定 $D_0(\lambda)=1$, 则 $d_k(\lambda)=\dfrac{D_k(\lambda)}{D_{k-1}(\lambda)}$ $(1\leqslant k\leqslant r)$ 称为 $\boldsymbol{A}(\lambda)$ 的**不变因子** (invariant factor). □

3. 初等因子

对每个不等于常数的复系数多项式 $f(\lambda)\in C[\lambda]$, 将 $f(\lambda)$ 分解为一次因式的乘积:

$$f(\lambda)=(\lambda-\lambda_1)^{n_1}\cdots(\lambda-\lambda_t)^{n_t}$$

其中 $\lambda_1,\cdots,\lambda_t$ 两两不同, 则每个一次因式 $\lambda-\lambda_i$ 在 $f(\lambda)$ 的分解式中的最高次幂 $(\lambda-\lambda_i)^{n_i}$ 称为 $f(\lambda)$ 的一个**初等因子** (elementary divisor). $f(\lambda)$ 的所有的初等因子组成的集合

$$(\lambda-\lambda_1)^{n_1},\cdots,(\lambda-\lambda_t)^{n_t}$$

称为 $f(\lambda)$ 的**初等因子组** (elementary divisors).

λ 矩阵 $\boldsymbol{A}(\lambda)$ 的各个不等于常数的不变因子 $d_k(\lambda)$ 的初等因子组合并得到的集合称为 $\boldsymbol{A}(\lambda)$ 的**初等因子组**. □

(注: 将各个 $d_k(\lambda)$ 的初等因子组合并, 是指将各组中的所有的初等因子共同组成一个集合, 其中重复出现的初等因子也要重复计算. 例如 $\{\lambda,\lambda+1\}$ 与 $\{\lambda^2,\lambda+1\}$ 合并起来是 $\{\lambda,\lambda^2,\lambda+1,\lambda+1\}$, 而不是 $\{\lambda,\lambda^2,\lambda+1\}$.)

将 $\boldsymbol{A}(\lambda)$ 的不变因子 $d_i(\lambda)$ $(1\leqslant i\leqslant r)$ 在复数范围内分解为一次因式的乘积:

$$\begin{aligned}
d_1(\lambda)&=(\lambda-\lambda_1)^{n_{11}}(\lambda-\lambda_2)^{n_{12}}\cdots(\lambda-\lambda_t)^{n_{1t}}\\
d_2(\lambda)&=(\lambda-\lambda_1)^{n_{21}}(\lambda-\lambda_2)^{n_{22}}\cdots(\lambda-\lambda_t)^{n_{2t}}\\
&\cdots\cdots\cdots\cdots\\
d_r(\lambda)&=(\lambda-\lambda_1)^{n_{r1}}(\lambda-\lambda_2)^{n_{r2}}\cdots(\lambda-\lambda_t)^{n_{rt}}
\end{aligned}$$

其中 $\lambda_1,\lambda_2,\cdots,\lambda_t$ 是 $d_r(\lambda)$ 的全部不同的根, 因而 $n_{r1},\cdots,n_{rt}$ 都是正整数. 由于 $d_i(\lambda)$ 整除 $d_{i+1}(\lambda)$ $(\forall\, 1\leqslant i\leqslant r-1)$, 对每个根 λ_j 有 $0\leqslant n_{1j}\leqslant n_{2j}\leqslant\cdots\leqslant n_{rj}$, 则 $\boldsymbol{A}(\lambda)$ 的初等因子组为

$$\{(\lambda-\lambda_j)^{n_{kj}}\mid 1\leqslant k\leqslant r,\ 1\leqslant j\leqslant t,\ n_{kj}\geqslant 1\}$$

(注: 不变因子 $d_i(\lambda)$ 所含的每个初等因子 $(\lambda-\lambda_j)^{n_{ij}}$ 不允许等于 1, 指数 n_{ij} 不允许等于 0. 也就是说: $d_i(\lambda)$ 必须含有一次因子 $\lambda-\lambda_j$, 这个一次因子在 $d_i(\lambda)$ 分解式中的最高次幂 $(\lambda-\lambda_j)^{n_{ij}}$ 才是初等因子. 为了叙述方便起见, 在上述各分解式 $d_i(\lambda)=(\lambda-\lambda_1)^{n_{r1}}(\lambda-\lambda_2)^{n_{r2}}\cdots(\lambda-\lambda_t)^{n_{rt}}$ 的指数 n_{ij} 允许等于 0, 也就是允许 $\lambda-\lambda_j$ 不整除 $d_i(\lambda)$ 的情形, 但此时 $\lambda-\lambda_j$ 实际上并不是 $d_i(\lambda)$ 的因式, 最高次幂 $(\lambda-\lambda_j)^{n_{ij}}=1$ 并不是初等因子. 甚至有可能 $d_i(\lambda)=1$, 这样的不变因子不含任何初等因子.)

4. 相关算法

(i) 用初等变换计算标准形

用初等变换将多项式矩阵 $\boldsymbol{A}(\lambda)$ 化成 Smith 标准形 $\boldsymbol{S}=\mathrm{diag}(d_1(\lambda),\cdots,d_r(\lambda),\boldsymbol{O})$, 得到不变因子 $d_1(\lambda),\cdots,d_r(\lambda)$. 由 $D_k(\lambda)=d_1(\lambda)\cdots d_k(\lambda)$ 得到行列式因子. 将各 $d_k(\lambda)$ 因式分解得到初等因子.

(ii) 由初等因子计算不变因子

设 $\boldsymbol{A}(\lambda)$ 的秩为 r, 初等因子组为: $\{(\lambda-\lambda_j)^{m_{ij}} \mid 1\leqslant i\leqslant s_j, 1\leqslant j\leqslant t\}$, 其中各个根 $\lambda_1,\cdots,\lambda_t$ 两两不同, 将属于同一个根 λ_j 的初等因子按幂指数 m_{ij} 从大到小的顺序排列使 $m_{1j}\geqslant m_{2j}\geqslant\cdots\geqslant m_{s_jj}$.

取属于每个根 λ_j 的指数最大的初等因子 $(\lambda-\lambda_j)^{m_{ij}}$ $(1\leqslant i\leqslant t)$ 相乘得到最后一个不变因子 $d_r(\lambda)=(\lambda-\lambda_1)^{m_{11}}\cdots(\lambda-\lambda_t)^{m_{1t}}$. 在剩下的初等因子中取属于每个根 λ_j 的指数最大的初等因子 $(\lambda-\lambda_i)^{m_{2j}}$ 相乘得到倒数第 2 个 $d_{r-1}(\lambda)=(\lambda-\lambda_1)^{m_{21}}\cdots(\lambda-\lambda_t)^{m_{2t}}$, 如果属于某个根 λ_j 的初等因子的个数 $s_j<2$, 不存在初等因子 $(\lambda-\lambda_j)^{m_{2j}}$, 则取 $m_{2j}=0$, $(\lambda-\lambda_j)^{m_{2j}}=1$. 照此下去依次对 $k=r,r-1,\cdots,2,1$ 得到

$$d_{r-k+1}(\lambda)=(\lambda-\lambda_1)^{m_{1k}}\cdots(\lambda-\lambda_t)^{m_{tk}}$$

如果其中某个 $s_j<k$, 不存在初等因子 $(\lambda-\lambda_j)^{m_{kj}}$, 就取 $m_{kj}=0$, $(\lambda-\lambda_j)^{m_{kj}}=1$. 特别地, 如果 k 大于所有的 s_j, 也就是在计算不变因子 $d_{r-k+1}(\lambda)$ 时所有的初等因子 $(\lambda-\lambda_j)^{m_{ij}}$ 都已被取完了, 则所有的 $m_{kj}=0$, $d_{r-k+1}(\lambda)=1$.

(iii)　由行列式因子计算标准形

设 $\boldsymbol{A}(\lambda)$ 是 n 阶方阵且行列式 $|\boldsymbol{A}(\lambda)|\neq 0$, 则 n 阶行列式因子 $D_n(\lambda)=|\boldsymbol{A}(\lambda)|$. 如果某个 k 阶子式为非零常数, 或某几个 k 阶子式互素, 则 $D_i(\lambda)=1$ 对所有 $1\leqslant i\leqslant k$ 成立. 特别地, 当 $D_{n-1}(\lambda)=1$ 时, $d_k(\lambda)$ 对所有 $1\leqslant k\leqslant n-1$ 成立, $d_n(\lambda)=D_n(\lambda)=|\boldsymbol{A}(\lambda)|$.

(iv)　准对角阵的初等因子

准对角阵 $\boldsymbol{A}(\lambda)=\mathrm{diag}(\boldsymbol{A}_1(\lambda),\cdots,\boldsymbol{A}_k(\lambda))$ 的初等因子组由各对角块 $\boldsymbol{A}_i(\lambda)$ 的初等因子组合并而成. 特别地, 当 $\boldsymbol{A}(\lambda)=\mathrm{diag}(f_1(\lambda),\cdots,f_n(\lambda))$ 是对角阵但不是 Smith 标准形, 先求各对角元 $f_i(\lambda)$ 的初等因子合并得到 $\boldsymbol{A}(\lambda)$ 的初等因子组, 再求出不变因子, 得到 Smith 标准形.

例题分析与解答

7.6.1　求下列 λ 矩阵 $\boldsymbol{A}(\lambda)$ 的行列式因子、不变因子和初等因子组, 由此写出它们的 Smith 标准形:

(1) $\begin{pmatrix} \lambda^2+\lambda & 0 & 0 \\ 0 & \lambda^2-4\lambda & 0 \\ 0 & 0 & (\lambda-4)^2 \end{pmatrix}$;　(2) $\begin{pmatrix} \lambda & 2 & 0 \\ 0 & \lambda & 2 \\ 0 & 0 & \lambda \end{pmatrix}$;

(3) $\begin{pmatrix} \lambda & 2 & 2 \\ 0 & \lambda & 2 \\ 0 & 0 & \lambda \end{pmatrix}$;　(4) $\begin{pmatrix} \lambda & 1 & \cdots & 1 & 1 \\ 0 & \lambda & \cdots & 1 & 1 \\ \vdots & \vdots & & \vdots & \vdots \\ 0 & \cdots & \cdots & 0 & \lambda \end{pmatrix}$.

解　(1) 对角阵 $\boldsymbol{A}(\lambda)=\mathrm{diag}(\lambda^2+\lambda,\lambda^2-4\lambda,(\lambda-4)^2)$ 的初等因子组由各对角元的初等因子共同组成. $\lambda^2+\lambda=\lambda(\lambda+1)$ 的初等因子为 $\lambda,\lambda+1$. $\lambda^2-4\lambda=\lambda(\lambda-4)$ 的初等因子为 $\lambda,\lambda-4$. $(\lambda-4)^2$ 的初等因子为 $(\lambda-4)^2$. 因此 $\boldsymbol{A}(\lambda)$ 的初等因子组为

$$\{\lambda, \lambda+1, \lambda, \lambda-4, (\lambda-4)^2\}$$

不变因子:

$$d_3(\lambda)=\lambda(\lambda+1)(\lambda-4)^2, \quad d_2(\lambda)=\lambda(\lambda-4), \quad d_1(\lambda)=1$$

Smith 标准形 $\boldsymbol{S}(\lambda)=\mathrm{diag}(1,\lambda(\lambda-4),\lambda(\lambda+1)(\lambda-4)^2)$.

行列式因子 $D_1(\lambda)=d_1(\lambda)=1$, $D_2(\lambda)=d_1(\lambda)d_2(\lambda)=\lambda(\lambda-4)$, $D_3(\lambda)=d_1(\lambda)d_2(\lambda)d_3(\lambda)=\lambda^2(\lambda+1)(\lambda-4)^3$.

(2) 右上角的 2 阶子式 $\begin{vmatrix} 2 & 0 \\ \lambda & 2 \end{vmatrix}=4$ 为非零常数, 2 阶行列式因子 $D_2(\lambda)$ 是 4 的因子, 因此 $D_2(\lambda)=1$. $D_1(\lambda)$ 是 $D_2(\lambda)=1$ 的因子, 因此 $D_1(\lambda)=1$. $D_3(\lambda)=\det\boldsymbol{A}(\lambda)=\lambda^3$.

不变因子:

$$d_1(\lambda)=D_1(\lambda)=1, \quad d_2(\lambda)=\frac{D_2(\lambda)}{D_1(\lambda)}=1, \quad d_3(\lambda)=\frac{D_3(\lambda)}{D_2(\lambda)}=\lambda^3$$

Smith 标准形为 $\boldsymbol{D}(\lambda)=\mathrm{diag}(d_1(\lambda),d_2(\lambda),d_3(\lambda))=\mathrm{diag}(1,1,\lambda^3)$.

只有一个初等因子 λ^3 组成初等因子组.

(3) 3 阶行列式因子 $D_3(\lambda)=\det\boldsymbol{A}(\lambda)=\lambda^3$.

左上角的 2 阶子式 $\begin{vmatrix} \lambda & 2 \\ 0 & \lambda \end{vmatrix}=\lambda^2$, 右上角的 2 阶子式 $\begin{vmatrix} 2 & 2 \\ \lambda & 2 \end{vmatrix}=4-2\lambda$, 2 阶行列式因子 $D_2(\lambda)$ 是 λ^2 与 $4-2\lambda$ 的公因子, 只能 $D_2(\lambda)=1$. 1 阶行列式因子 $D_1(\lambda)$ 是 $D_2(\lambda)=1$ 的因子, 因此 $D_1(\lambda)=1$.

不变因子:

$$d_1(\lambda)=D_1(\lambda)=1, \quad d_2(\lambda)=\frac{D_2(\lambda)}{D_1(\lambda)}=1, \quad d_3(\lambda)=\frac{D_3(\lambda)}{D_2(\lambda)}=\lambda^3$$

Smith 标准形 $\boldsymbol{S}(\lambda)=\mathrm{diag}(1,1,\lambda^3)$.

只有一个初等因子 λ^3 组成初等因子组.

(4) n 阶行列式因子 $D_n(\lambda)=\det\boldsymbol{A}(\lambda)=\lambda^n$.

左上角的 $n-1$ 阶子式 $f_1(\lambda)=\lambda^{n-1}$. 右上角的 $n-1$ 阶子式

$$f_2(\lambda)=\begin{vmatrix} 1 & 1 & \cdots & 1 \\ \lambda & 1 & \cdots & 1 \\ & \ddots & \ddots & \vdots \\ O & & \lambda & 1 \end{vmatrix}$$

$f_1(\lambda)$ 与 $f_2(\lambda)$ 的最大公因子 $d(\lambda)$ 的复数根一定是 $f_1(\lambda),f_2(\lambda)$ 的公共根. $f_1(\lambda)=\lambda_1^{n-1}$ 只有唯一的复数根 0. 而将 $\lambda=0$ 代入行列式 $f_2(\lambda)$ 得到 $f_2(0)=1$. 这说明 $f_1(\lambda)$ 与 $f_2(\lambda)$ 没有公共的复数根, 它们的最大公因子 $d(\lambda)$ 没有复数根, 只能 $d(\lambda)=1$. 可见 $\boldsymbol{A}(\lambda)$ 的所有的 $n-1$ 阶子式的最大公因子 $D_{n-1}(\lambda)=1$. 所有的行列式因子 $D_k(\lambda)$ $(1\leqslant k\leqslant n-1)$ 都是 $D_{n-1}(\lambda)=1$ 的因子, 也都等于 1.

不变因子:

$$d_1(\lambda)=D_1(\lambda)=1, \quad d_k(\lambda)=\frac{D_k(\lambda)}{D_{k-1}(\lambda)}=1\ (\forall\ 2\leqslant k\leqslant n-1), \quad d_n(\lambda)=\frac{D_n(\lambda)}{D_{n-1}(\lambda)}=\lambda^n$$

Smith 标准形 $\boldsymbol{S}(\lambda)=\mathrm{diag}(1,\cdots,1,\lambda^n)$.

只有一个初等因子 λ^n 组成初等因子组. □

点评　本题的 4 个小题就是 7.5.1 的最后 4 个小题, 但解题方法比 7.5.1 直接用初等变换更简单些.

本题第 (4) 小题很容易算出左上角的 $n-1$ 子式 $f_1(\lambda)=\lambda^{n-1}$ 并且立即知道它只有唯一根 0. 计算右上角的 $n-1$ 阶子式 $f_2(\lambda)$ 没这么容易, 但这个子式当 $\lambda=0$ 时的值 $f_2(0)=1$ 却很容易计算出来, 由此立即知道 $f_1(\lambda),f_2(\lambda)$ 没有公共根, 最大公因子等于 1. 当然也可以利用初等变换将行列式 $f_2(\lambda)$ 直接算出来: 只要依次将它的第 2~ n 行的 -1 倍加到上一行, 就可以化成下三角行列式:

$$f_2(\lambda)=\begin{vmatrix}1&1&\cdots&1\\ \lambda&1&\cdots&1\\ &\ddots&\ddots&\vdots\\ \boldsymbol{O}&&\lambda&1\end{vmatrix}\xlongequal{-(i+1)+(i),(\forall i=1,2,\cdots,n-1)}\begin{vmatrix}1-\lambda&0&\cdots&0\\ \lambda&\ddots&\ddots&\vdots\\ &\ddots&1-\lambda&0\\ \boldsymbol{O}&&\lambda&1\end{vmatrix}$$

$$=(1-\lambda)^{n-2}$$

然后就可以知道 $f_1(\lambda)=\lambda^n$ 与 $f_2(\lambda)=(1-\lambda)^{n-2}$ 的最大公因子为 1. □

7.6.2　求下列矩阵 $\boldsymbol{A}$ 的特征方阵 $\lambda\boldsymbol{I}-\boldsymbol{A}$ 的行列式因子, 不变因子和初等因子组:

$$(1)\begin{pmatrix}0&1&&\\ &0&\ddots&\\ &&\ddots&1\\ 1&&&0\end{pmatrix}_{n\times n};\quad (2)\begin{pmatrix}0&&&-a_0\\ 1&\ddots&&-a_1\\ &\ddots&0&\vdots\\ &&1&-a_{n-1}\end{pmatrix}_{n\times n}.$$

解　(1)

$$\lambda\boldsymbol{I}-\boldsymbol{A}=\begin{pmatrix}\lambda&-1&&\\ &\lambda&\ddots&\\ &&\ddots&-1\\ -1&&&\lambda\end{pmatrix}_{n\times n}$$

的右上方的 $n-1$ 阶子式等于 $(-1)^{n-1}$, $n-1$ 阶行列式因子 $D_{n-1}(\lambda)$ 是非零常数 $(-1)^{n-1}$ 的因子, 只能 $D_{n-1}(\lambda)=1$. 从而 $D_k(\lambda)=1$ 对 $1\leqslant k\leqslant n-1$ 成立.

$D_n(\lambda)=|\lambda\boldsymbol{I}-\boldsymbol{A}|=\lambda^n-1$, 因此不变因子 $d_k(\lambda)=1$ $(\forall\ 1\leqslant k\leqslant n-1)$, $d_n(\lambda)=\lambda^n-1$. 初等因子组由 λ^n-1 在复数域上所有的一次因子组成, 为 $\{\lambda-\omega^k\mid 0\leqslant k\leqslant n-1\}$, 其中 $\omega=\cos\dfrac{2\pi}{n}+\mathrm{i}\sin\dfrac{2\pi}{n}$.

(2)

$$\lambda\boldsymbol{I}-\boldsymbol{A}=\begin{pmatrix}\lambda&&&a_0\\ -1&\ddots&&a_1\\ &\ddots&\lambda&\vdots\\ &&-1&\lambda+a_{n-1}\end{pmatrix}_{n\times n}$$

的左下角的 $n-1$ 阶子式为非零常数 $(-1)^{n-1}$, 行列式因子 $D_k(\lambda)=1\ (\forall\ 1\leqslant k\leqslant n-1)$, $D_n(\lambda)=|\lambda\boldsymbol{I}-\boldsymbol{A}|=\varphi_{\boldsymbol{A}}(\lambda)=\lambda^n+a_{n-1}\lambda^{n-1}+\cdots+a_1\lambda+a_0$.

不变因子:

$$d_k(\lambda)=1\ (\forall\ 1\leqslant k\leqslant n-1),\quad d_n(\lambda)=\frac{D_n(\lambda)}{D_{n-1}(\lambda)}=\lambda^n+a_{n-1}\lambda^{n-1}+\cdots+a_1\lambda+a_0$$

设 $\varphi_{\boldsymbol{A}}(\lambda)=(\lambda-\lambda_1)^{n_1}\cdots(\lambda-\lambda_t)^{n_t}$, 其中 $\lambda_1,\cdots,\lambda_t$ 是 $\boldsymbol{A}$ 的全部不同的特征值, 则 $\lambda\boldsymbol{I}-\boldsymbol{A}$ 的初等因子组为 $\{(\lambda-\lambda_1)^{n_1},\cdots,(\lambda-\lambda_t)^{n_t}\}$. □

7.7 特征方阵与相似标准形

知识导航

1. 特征方阵

设 $\boldsymbol{A}$ 是数域 F 上的方阵, 则 $\lambda\boldsymbol{I}-\boldsymbol{A}$ 称为 $\boldsymbol{A}$ 的特征方阵.

由 $\lambda\boldsymbol{I}-\boldsymbol{A}$ 的相抵标准形可以得到 $\boldsymbol{A}$ 的相似标准形.

2. 有理标准形

设 $\boldsymbol{A}$ 是数域 F 上的方阵, 特征方阵 $\lambda\boldsymbol{I}-\boldsymbol{A}$ 相抵于 Smith 标准形

$$\boldsymbol{S}(\lambda)=\operatorname{diag}(1,\cdots,1,d_{s+1}(\lambda),\cdots,d_n(\lambda))$$

其中

$$d_i(\lambda)=\lambda^{p_i}+a_{i,p_i-1}\lambda^{p_i-1}+\cdots+a_{i1}\lambda+a_{i0}\ (\forall\ s+1\leqslant i\leqslant n)$$

是 $\lambda\boldsymbol{I}-\boldsymbol{A}$ 的不等于 1 的全部不变因子, 则存在 F 上的可逆方阵 $\boldsymbol{P}$ 将 $\boldsymbol{A}$ 相似于准对角阵

$$\boldsymbol{B}=\operatorname{diag}(\boldsymbol{B}_{s+1},\cdots,\boldsymbol{B}_n)$$

每个对角块

$$\boldsymbol{B}_i=\begin{pmatrix}0 & & & -a_{i0}\\ 1 & \ddots & & -a_{i1}\\ & \ddots & 0 & \vdots\\ & & 1 & -a_{i,p_i-1}\end{pmatrix}_{p_i\times p_i}$$

的特征多项式和最小多项式都等于不变因子 $d_i(\lambda)$. $\boldsymbol{B}$ 称为 $\boldsymbol{A}$ 的有理标准形.

几何意义 设数域 F 上 n 维线性空间 V 上的线性变换 $\mathcal{A}$ 在某组基 $M=\{\boldsymbol{\alpha}_1,\cdots,\boldsymbol{\alpha}_n\}$ 下的矩阵等于 $\boldsymbol{A}$, $\lambda\boldsymbol{I}-\boldsymbol{A}$ 相抵于 Smith 标准形:

$$\boldsymbol{P}(\lambda)(\lambda\boldsymbol{I}-\boldsymbol{A})\boldsymbol{Q}(\lambda)=\boldsymbol{S}(\lambda)=\operatorname{diag}(1,\cdots,1,d_{s+1}(\lambda),\cdots,d_n(\lambda))$$

其中 $\deg d_i(\lambda)=p_i\geqslant 1\ (\forall\ s+1\leqslant i\leqslant n)$.

设 $(\boldsymbol{\alpha}_1,\cdots,\boldsymbol{\alpha}_n)\boldsymbol{P}(\mathcal{A})^{-1}=(\boldsymbol{\beta}_1,\cdots,\boldsymbol{\beta}_n)$, 则 $\boldsymbol{\beta}_1=\cdots=\boldsymbol{\beta}_s=\mathbf{0}$, $\boldsymbol{\beta}_i$ $(s+1\leqslant i\leqslant n)$ 相对于 $\mathcal{A}$ 的最小多项式 $d_{\mathcal{A},\boldsymbol{\beta}_i}=d_i(\lambda)$. $V=F[\mathcal{A}]\boldsymbol{\beta}_{s+1}\oplus\cdots\oplus F[\mathcal{A}]\boldsymbol{\beta}_n$ 是由各 $\boldsymbol{\beta}_i$ $(s+1\leqslant i\leqslant n)$ 生成的循环子空间 $F[\mathcal{A}]\boldsymbol{\beta}_i$ 的直和. $\mathcal{A}$ 在每个循环子空间 $F[\mathcal{A}]\boldsymbol{\beta}_i$ 上的限制在基 $M_i=\{\boldsymbol{\beta}_i,\mathcal{A}\boldsymbol{\beta}_i,\cdots,\mathcal{A}^{p_i-1}\boldsymbol{\beta}_i\}$ 下的矩阵等于上述 $\boldsymbol{B}_i$, $\mathcal{A}$ 在基 $M_{s+1}\cup\cdots\cup M_n$ 下的矩阵 $\boldsymbol{B}=\mathrm{diag}(\boldsymbol{B}_{s+1},\cdots,\boldsymbol{B}_n)$ 就是 $\boldsymbol{A}$ 的有理标准形.

推论 7.7.1　设 $\boldsymbol{A},\boldsymbol{B}$ 都是数域 F 上的 n 阶方阵, 则:

(1) $\boldsymbol{A}$ 与 $\boldsymbol{B}$ 在 F 上相似 $\Leftrightarrow$ 特征方阵 $\lambda\boldsymbol{I}-\boldsymbol{A}$ 与 $\lambda\boldsymbol{I}-\boldsymbol{B}$ 在 F 上相抵.

(2) 如果数域 K 包含 F, 则: $\boldsymbol{A}$ 与 $\boldsymbol{B}$ 在 F 上相似 $\Leftrightarrow$ $\boldsymbol{A}$ 与 $\boldsymbol{B}$ 在 K 上相似. □

例如, 实方阵 $\boldsymbol{A},\boldsymbol{B}$ 实相似 $\Leftrightarrow$ $\boldsymbol{A},\boldsymbol{B}$ 复相似. 有理系数方阵 $\boldsymbol{A},\boldsymbol{B}$ 在有理数域上相似 $\Leftrightarrow$ $\boldsymbol{A},\boldsymbol{B}$ 复相似.

3. 利用初等因子计算若尔当标准形

若尔当标准形 $\boldsymbol{J}=\mathrm{diag}(\boldsymbol{J}_{m_1}(\lambda_1),\cdots,\boldsymbol{J}_{m_d}(\lambda_d))$ 的特征方阵

$$\lambda\boldsymbol{I}-\boldsymbol{J}=\mathrm{diag}(\lambda\boldsymbol{I}_{(m_1)}-\boldsymbol{J}_{m_1}(\lambda_1),\cdots,\lambda\boldsymbol{I}_{(m_d)}-\boldsymbol{J}_{m_d}(\lambda_d))$$

的每个对角块 $\lambda\boldsymbol{I}_{(m_i)}-\boldsymbol{J}_{m_i}(\lambda_i)$ 恰有一个初等因子 $(\lambda-\lambda_i)^{m_i}$, $\lambda\boldsymbol{I}-\boldsymbol{J}$ 的初等因子组为 $\{(\lambda-\lambda_i)^{m_i}\mid 1\leqslant i\leqslant d\}$.

$\boldsymbol{A}$ 相似于 $\boldsymbol{J}\Leftrightarrow\lambda\boldsymbol{I}-\boldsymbol{A}$ 与 $\lambda\boldsymbol{I}-\boldsymbol{J}$ 的初等因子组相同.

只要算出 $\lambda\boldsymbol{I}-\boldsymbol{A}$ 的初等因子组 $(\lambda-\lambda_i)^{m_i}$ $(1\leqslant i\leqslant d)$, 由每个初等因子 $(\lambda-\lambda_i)^{m_i}$ 构造一个若尔当块 $\boldsymbol{J}_{m_i}(\lambda_i)$, 这些若尔当块组成的准对角阵 $\boldsymbol{J}=\mathrm{diag}(\boldsymbol{J}_{m_1}(\lambda_1),\cdots,\boldsymbol{J}_{m_d}(\lambda_d))$ 就是 $\boldsymbol{A}$ 的若尔当标准形.

4. 循环变换与单纯方阵

如果线性变换 $\mathcal{A}$ 所作用的空间 V 等于其中某个向量 $\boldsymbol{\beta}$ 生成的循环子空间: $V=F[\mathcal{A}]\boldsymbol{\beta}$, 则称 $\mathcal{A}$ 为**循环变换**.

如果方阵 $\boldsymbol{A}$ 的特征多项式 $\varphi_{\boldsymbol{A}}(\lambda)$ 等于最小多项式 $d_{\boldsymbol{A}}(\lambda)$, 就称 $\boldsymbol{A}$ 是**单纯方阵**.

设 $\mathcal{A}$ 在某组基下的矩阵是 $\boldsymbol{A}$. 则以下每个命题都是 $\mathcal{A}$ 是循环变换的充分必要条件:

(1) $\lambda\boldsymbol{I}-\boldsymbol{A}$ 的前 $n-1$ 个不变因子 $d_1(\lambda)=\cdots=d_{n-1}(\lambda)=1$, 最后一个不变因子 $d_n(\lambda)$ 等于 $\boldsymbol{A}$ 的特征多项式 $\varphi_{\boldsymbol{A}}(\lambda)=|\lambda\boldsymbol{I}-\boldsymbol{A}|$, 也等于 $\boldsymbol{A}$ 的最小多项式 $d_{\boldsymbol{A}}(\lambda)$.

(2) $\lambda\boldsymbol{I}-\boldsymbol{A}$ 各个初等因子 $(\lambda-\lambda_i)^{m_i}$ $(1\leqslant i\leqslant d)$ 的根 $\lambda_1,\cdots,\lambda_d$ 两两不同, 每个根 λ_i 只有一个初等因子.

(3) $\boldsymbol{A}$ 是单纯方阵, 特征多项式 $\varphi_{\boldsymbol{A}}(\lambda)$ 与最小多项式 $d_{\boldsymbol{A}}(\lambda)$ 相等.

(4) $\boldsymbol{A}$ 的若尔当标准形 $\boldsymbol{J}$ 中属于每个特征值 λ_i 的若尔当块 $\boldsymbol{J}_{m_i}(\lambda_i)$ 只有一个.

(5) 与 $\boldsymbol{A}$ 交换的方阵 $\boldsymbol{B}$ 一定是 $\boldsymbol{A}$ 的多项式: $\boldsymbol{B}=f(\boldsymbol{A})$, $f(\lambda)\in F[\lambda]$.

例题分析与解答

7.7.1　对例 7.4.1 (1)~(5) 的复方阵 $\boldsymbol{A}$ 的特征方阵 $\lambda\boldsymbol{I}-\boldsymbol{A}$ 求出初等因子组, 并由此写

出这些复方阵的若尔当标准形 $\boldsymbol{J}$.

解 (1)

$$\boldsymbol{A}=\begin{pmatrix}-2&1&3\\-22&11&33\\6&-3&-9\end{pmatrix},\quad \lambda\boldsymbol{I}-\boldsymbol{A}=\begin{pmatrix}\lambda+2&-1&-3\\22&\lambda-11&-33\\-6&3&\lambda+9\end{pmatrix}$$

$$\lambda\boldsymbol{I}-\boldsymbol{A}\xrightarrow[(\lambda+2)(2)+(1),-3(2)+(3)]{(\lambda-11)(1)+(2),3(1)+(3)}\begin{pmatrix}0&-1&0\\\lambda^2-9\lambda&0&-3\lambda\\3\lambda&0&\lambda\end{pmatrix}$$

$$\xrightarrow[-3(3)+(1)]{3(3)+(2)}\begin{pmatrix}0&-1&0\\\lambda^2&0&0\\0&0&\lambda\end{pmatrix}\xrightarrow[(1,2),(2,3)]{-1(1),(2,3)}\begin{pmatrix}1&0&0\\0&\lambda&0\\0&0&\lambda^2\end{pmatrix}$$

$\lambda\boldsymbol{I}-\boldsymbol{A}$ 的不变因子 $d_1(\lambda)=1$, $d_2(\lambda)=\lambda$, $d_3(\lambda)=\lambda^2$. 初等因子为 λ,λ^2, 对应的两个若尔当块 $\boldsymbol{J}_1(0),\boldsymbol{J}_2(0)$ 组成 $\boldsymbol{A}$ 的若尔当标准形:

$$\boldsymbol{J}=\operatorname{diag}(\boldsymbol{J}_1(0),\boldsymbol{J}_2(\lambda))=\begin{pmatrix}0&0&0\\0&0&1\\0&0&0\end{pmatrix}$$

(2)

$$\boldsymbol{A}=\begin{pmatrix}6&5&-2\\-2&0&1\\-1&-1&3\end{pmatrix},\quad \lambda\boldsymbol{I}-\boldsymbol{A}=\begin{pmatrix}\lambda-6&-5&2\\2&\lambda&-1\\1&1&\lambda-3\end{pmatrix}$$

$$\lambda\boldsymbol{I}-\boldsymbol{A}\xrightarrow[-(1)+(2),-(\lambda-3)(1)+(3)]{(13),-2(1)+(2),-(\lambda-6)(1)+(3)}\begin{pmatrix}1&0&0\\0&\lambda-2&-2\lambda+5\\0&-\lambda+1&-\lambda^2+9\lambda-16\end{pmatrix}$$

$$\xrightarrow[-(\lambda^2-7\lambda+11)(2)+(3)]{(3)+(2),-1(2),(\lambda-1)(2)+(3)}\begin{pmatrix}1&0&0\\0&1&0\\0&0&(\lambda-3)^3\end{pmatrix}$$

$\lambda\boldsymbol{I}-\boldsymbol{A}$ 的不变因子为 $1,1,(\lambda-3)^3$, 只有一个初等因子 $(\lambda-3)^3$, 对应的若尔当块

$$\boldsymbol{J}_3(\lambda)=\begin{pmatrix}3&1&0\\0&3&1\\0&0&3\end{pmatrix}$$

就是 $\boldsymbol{A}$ 的若尔当标准形.

(3)

$$\boldsymbol{A}=\begin{pmatrix}1&-3&2\\4&-7&4\\12&-14&7\end{pmatrix},\quad \lambda\boldsymbol{I}-\boldsymbol{A}=\begin{pmatrix}\lambda-1&3&-2\\-4&\lambda+7&-4\\-12&14&\lambda-7\end{pmatrix}$$

求 $\lambda\boldsymbol{I}-\boldsymbol{A}$ 的 k 阶行列式因子 $D_k(\lambda)$ $(k=1,2,3)$:

$\lambda\boldsymbol{I}-\boldsymbol{A}$ 的第 (1,2) 元素组成的 1 阶子式 3 为非零常数, $D_1(\lambda)$ 是它的因子, 因此 $D_1(\lambda)=1$.

$\lambda\boldsymbol{I}-\boldsymbol{A}$ 左下角的 2 阶子式 $28+12\lambda$ 与右上角的 2 阶子式 $2+2\lambda$ 互素, 2 阶行列式因子 $D_2(\lambda)$ 是它们的公因子, 因此

$$D_2(\lambda)=1,\quad D_3(\lambda)=|\lambda\boldsymbol{I}-\boldsymbol{A}|=(\lambda-3)(\lambda+1)^2$$

$\lambda\boldsymbol{I}-\boldsymbol{A}$ 的不变因子为 $1,1,(\lambda-3)(\lambda+1)^2$, 有两个初等因子 $\{\lambda-3,(\lambda+1)^2\}$, 对应的若尔当块 $\boldsymbol{J}_1(3),\boldsymbol{J}_2(-1)$ 组成 $\boldsymbol{A}$ 的若尔当标准形:

$$\boldsymbol{J}=\operatorname{diag}(3,\boldsymbol{J}_2(-1))=\begin{pmatrix}3&0&0\\0&-1&1\\0&0&-1\end{pmatrix}$$

(4)

$$\boldsymbol{A}=\begin{pmatrix}4&0&0&0\\0&4&0&0\\3&0&4&0\\2&3&0&4\end{pmatrix},\quad \lambda\boldsymbol{I}-\boldsymbol{A}=\begin{pmatrix}\lambda-4&0&0&0\\0&\lambda-4&0&0\\-3&0&\lambda-4&0\\-2&-3&0&\lambda-4\end{pmatrix}$$

$$\lambda\boldsymbol{I}-\boldsymbol{A}\xrightarrow[\frac{1}{3}(2),3(3)]{3(2),\frac{1}{3}(3)}\begin{pmatrix}\lambda-4&0&0&0\\0&\lambda-4&0&0\\-1&0&\lambda-4&0\\-2&-1&0&\lambda-4\end{pmatrix}$$

$$\xrightarrow[(\lambda-4)(1)+(3),2(4)+(3)]{(\lambda-4)(3)+(1),-2(3)+(4)}\begin{pmatrix}0&0&(\lambda-4)^2&0\\0&\lambda-4&0&0\\-1&0&0&0\\0&-1&0&\lambda-4\end{pmatrix}$$

$$\xrightarrow[(\lambda-4)(2)+(4)]{(\lambda-4)(4)+(2)}\begin{pmatrix}0&0&(\lambda-4)^2&0\\0&0&0&(\lambda-4)^2\\-1&0&0&0\\0&-1&0&0\end{pmatrix}$$

$$\xrightarrow{-1(3),-1(4),(13),(24)}\boldsymbol{S}(\lambda)=\begin{pmatrix}1&0&0&0\\0&1&0&0\\0&0&(\lambda-4)^2&0\\0&0&0&(\lambda-4)^2\end{pmatrix}$$

$\lambda\boldsymbol{I}-\boldsymbol{A}$ 的不变因子依次为 $1,1,(\lambda-4)^2,(\lambda-4)^2$. 有两个初等因子 $(\lambda-4)^2,(\lambda-4)^2$, 对

应于两个若尔当块 $\boldsymbol{J}_2(4),\boldsymbol{J}_2(4)$ 组成 $\boldsymbol{A}$ 的若尔当标准形:

$$\boldsymbol{J}=\mathrm{diag}(\boldsymbol{J}_2(4),\boldsymbol{J}_2(4))=\begin{pmatrix}4&1&0&0\\0&4&0&0\\0&0&4&1\\0&0&0&4\end{pmatrix}$$

(5)

$$\boldsymbol{A}=\begin{pmatrix}1&2&4&7\\0&1&3&6\\0&0&1&4\\0&0&0&3\end{pmatrix},\quad \lambda\boldsymbol{I}-\boldsymbol{A}=\begin{pmatrix}\lambda-1&-2&-4&-7\\0&\lambda-1&-3&-6\\0&0&\lambda-1&-4\\0&0&0&\lambda-3\end{pmatrix}$$

$\lambda\boldsymbol{I}-\boldsymbol{A}$ 的 4 阶行列式因子 $D_4(\lambda)=|\lambda\boldsymbol{I}-\boldsymbol{A}|=(\lambda-1)^3(\lambda-3)$.

$\lambda\boldsymbol{I}-\boldsymbol{A}$ 的 3 阶行列式因子 $D_3(\lambda)$ 是所有的 3 阶子式的最大公因式. 左上角的 3 阶子式 $(\lambda-1)^3$ 只有一个根 1. 右上角的 3 阶子式

$$f(\lambda)=\begin{vmatrix}-2&-4&-7\\\lambda-1&-3&-6\\0&\lambda-1&-4\end{vmatrix}$$

当 $\lambda=1$ 时的值 $f(1)=(-2)(-3)(-4)\neq0$. 可见 1 不是 $f(\lambda)$ 的根, $f(\lambda)$ 与 $(\lambda-1)^3$ 互素. $D_3(\lambda)$ 是 $(\lambda-1)^3$ 与 $f(\lambda)$ 的公因子, 只能 $D_3(\lambda)=1$. 所有 $D_k(\lambda)$ $(k=1,2)$ 是 $D_3(\lambda)$ 的因子, 也只能为 1.

于是得到 $\lambda\boldsymbol{I}-\boldsymbol{A}$ 的不变因子 $d_1(\lambda)=D_1(\lambda)=1$, $d_k(\lambda)=\dfrac{D_k(\lambda)}{D_{k-1}(\lambda)}=1$ $(k=2,3)$, $d_4(\lambda)=\dfrac{D_4(\lambda)}{D_3(\lambda)}=(\lambda-1)^3(\lambda-3)$.

$\lambda\boldsymbol{I}-\boldsymbol{A}$ 的初等因子为 $(\lambda-1)^3$, $\lambda-3$, 分别对应于若尔当块 $\boldsymbol{J}_3(1),\boldsymbol{J}_1(3)$, 组成 $\boldsymbol{A}$ 的若尔当标准形:

$$\boldsymbol{J}=\mathrm{diag}(\boldsymbol{J}_3(1),\boldsymbol{J}_1(3))=\begin{pmatrix}1&1&0&0\\0&1&1&0\\0&0&1&0\\0&0&0&3\end{pmatrix}$$ □

点评 利用特征方阵 $\lambda\boldsymbol{I}-\boldsymbol{A}$ 的相抵标准形 $\boldsymbol{S}(\lambda)=\boldsymbol{P}(\lambda)(\lambda\boldsymbol{I}-\boldsymbol{A})\boldsymbol{Q}(\lambda)$ 来计算复方阵 $\boldsymbol{A}$ 的若尔当标准形 $\boldsymbol{J}$, 是大多数线性代数教材介绍的方法. 本教材也在此做了介绍并且在本题中给出了计算例. 但是, 不难看出, 这样的算法既难懂又难算. 当 $\boldsymbol{A}$ 的阶数稍微高一些, 对一般情形的计算就变得几乎不可能. 并且还不能算出过渡矩阵 $\boldsymbol{P}$. 虽然有少数教材给出了利用 λ 矩阵相抵的过渡矩阵 $\boldsymbol{P}(\lambda),\boldsymbol{Q}(\lambda)$ 计算相似过渡矩阵 $\boldsymbol{P}$ 的方法, 但由于 $\boldsymbol{P}(\lambda),\boldsymbol{Q}(\lambda)$ 实际上很难求出, 这个算法也很难操作.

相比之下, 本章一开始就在 7.1 节中介绍的对各个特征值 λ_i 计算方程组 $(\boldsymbol{A}-\lambda_i\boldsymbol{I})^k\boldsymbol{X}=\mathbf{0}$ 解空间的维数来画出箭头图的方法则要简单可行得多. 并且还可以进一步通过解方程组和求极大线性无关组将满足箭头中的向量算出来排成过渡矩阵 $\boldsymbol{P}$. 可以说, 整个计算过程的唯一困难是求特征多项式 $\varphi_{\boldsymbol{A}}(\lambda)=|\lambda\boldsymbol{I}-\boldsymbol{A}|$ 的各个根 λ_i, 除此而外的运算全部都可以通过对复数组成的矩阵的初等变换和矩阵乘法来实现, 比起对多项式组成的矩阵的初等变换容易得多. 更何况, 即使通过对多项式矩阵 $\lambda\boldsymbol{I}-\boldsymbol{A}$ 的初等变换求得了相抵标准形 $\boldsymbol{S}(\lambda)=\mathrm{diag}(d_1(\lambda),\cdots,d_n(\lambda))$, 还需要将各个不变因子 $d_k(\lambda)$ 都分解为一次因子的乘积来求初等因子, 难度只可能比求一个多项式 $\varphi_{\boldsymbol{A}}(\lambda)$ 的根更高而不可能更低. □

7.7.2 求证: $\mathcal{A}$ 是循环变换的充分必要条件是, $\mathcal{A}$ 在任何一组基下的方阵的特征方阵 $\lambda\boldsymbol{I}-\boldsymbol{A}$ 的 $n-1$ 阶行列式因子 $D_{n-1}(\lambda)=1$.

证明 先设 $\mathcal{A}$ 与循环变换, $\mathcal{A}$ 作用的 n 维空间 $V=F[\mathcal{A}]\boldsymbol{\alpha}$ 是由一个向量 $\boldsymbol{\alpha}$ 生成的循环子空间, $\boldsymbol{\alpha},\mathcal{A}\boldsymbol{\alpha},\mathcal{A}^2\boldsymbol{\alpha},\cdots,\mathcal{A}^{n-1}\boldsymbol{\alpha}$ 组成 V 的一组基 M, $\boldsymbol{\alpha}$ 相对于 $\mathcal{A}$ 的最小多项式 $d_{\mathcal{A},\boldsymbol{\alpha}}(\lambda)=\lambda^n+a_{n-1}\lambda^{n-1}+\cdots+a_1\lambda+a_0$ 的次数等于 n. 由 $\mathcal{A}(\mathcal{A}^k\boldsymbol{\alpha})=\mathcal{A}^{k+1}\boldsymbol{\alpha}$ (当 $k\leqslant n-2$) 及 $\mathcal{A}(\mathcal{A}^{n-1}\boldsymbol{\alpha})=\mathcal{A}^n\boldsymbol{\alpha}=-a_0\boldsymbol{\alpha}-a_1\mathcal{A}\boldsymbol{\alpha}-a_2\mathcal{A}^2\boldsymbol{\alpha}-\cdots-a_{n-1}\mathcal{A}^{n-1}\boldsymbol{\alpha}$ 知 $\mathcal{A}$ 在基 M 下的矩阵及其特征方阵分别为:

$$\boldsymbol{A}=\begin{pmatrix}0&\cdots&0&-a_0\\1&\ddots&\vdots&-a_1\\&\ddots&0&\vdots\\&&1&-a_{n-1}\end{pmatrix},\quad \lambda\boldsymbol{I}-\boldsymbol{A}=\begin{pmatrix}\lambda&\cdots&0&a_0\\-1&\ddots&\vdots&a_1\\&\ddots&\lambda&\vdots\\&&-1&\lambda-a_{n-1}\end{pmatrix}$$

$\lambda\boldsymbol{I}-\boldsymbol{A}$ 左下角的 $n-1$ 阶子式等于非零常数 $(-1)^{n-1}$. $D_{n-1}(\lambda)$ 是 $(-1)^{n-1}$ 的因子, 只能 $D_{n-1}(\lambda)=1$. $\mathcal{A}$ 在任一组基 M_1 下的矩阵 $\boldsymbol{B}=\boldsymbol{P}^{-1}\boldsymbol{A}\boldsymbol{P}$ 与 $\boldsymbol{A}$ 相似, 其中 $\boldsymbol{P}$ 是可逆方阵. $\lambda\boldsymbol{I}-\boldsymbol{B}=\boldsymbol{P}^{-1}(\lambda\boldsymbol{I}-\boldsymbol{A})\boldsymbol{P}$ 与 $\lambda\boldsymbol{I}-\boldsymbol{A}$ 相抵, 行列式因子相同, 仍有 $D_{n-1}(\lambda)=1$.

反过来, 设 $\mathcal{A}$ 在某一组基下的矩阵 $\boldsymbol{A}$ 的特征方阵 $\lambda\boldsymbol{I}-\boldsymbol{A}$ 的行列式因子 $D_{n-1}(\lambda)=1$. 所有的 $D_k(\lambda)$ $(1\leqslant k\leqslant n-1)$ 是 $D_{n-1}(\lambda)$ 的因子, 只能 $D_k(\lambda)=1$. 而 $D_n(\lambda)=|\lambda\boldsymbol{I}-\boldsymbol{A}|=\varphi_{\boldsymbol{A}}(\lambda)$ 是 $\boldsymbol{A}$ 的特征多项式, 次数为 n. 设 $\varphi_{\boldsymbol{A}}(\lambda)=(\lambda-\lambda_1)^{n_1}\cdots(\lambda-\lambda_t)^{n_t}$, $\lambda_1,\cdots,\lambda_t$ 是 $\boldsymbol{A}$ 的不同的特征值, 则 $(\lambda-\lambda_1)^{n_1},\cdots,(\lambda-\lambda_t)^{n_t}$ 是 $\lambda\boldsymbol{I}-\boldsymbol{A}$ 的全部初等因子, 对应的若尔当块 $\boldsymbol{J}_{n_1}(\lambda_1),\cdots,\boldsymbol{J}_{n_t}(\lambda_t)$ 组成 $\boldsymbol{A}$ 的若尔当标准形:

$$\boldsymbol{J}=\mathrm{diag}(\boldsymbol{J}_{n_1}(\lambda_1),\cdots,\boldsymbol{J}_{n_t}(\lambda_t))$$

每个特征值 λ_i 只有一个若尔当块 $\boldsymbol{J}_{n_i}(\lambda_i)$, $\mathcal{A}$ 的属于特征值 λ_i 的根子空间 W_{λ_i} 是由一个根向量 $\boldsymbol{\alpha}_i$ 生成的循环子空间, $M_i=\{(\mathcal{A}-\lambda_i\mathcal{I})^{n_i-1}\boldsymbol{\alpha}_i,\cdots,(\mathcal{A}-\lambda_i\mathcal{I})\boldsymbol{\alpha}_i,\boldsymbol{\alpha}\}$ 是 W_{λ_i} 的一组基, $\boldsymbol{\alpha}_i$ 相对于 $\mathcal{A}$ 的最小多项式 $d_i(\lambda)=(\lambda-\lambda_i)^{n_i}$.

令 $\boldsymbol{\alpha}=\boldsymbol{\alpha}_1+\cdots+\boldsymbol{\alpha}_t$. 则对任意 $f(\lambda\in F[\lambda]$ 有 $f(\mathcal{A})\boldsymbol{\alpha}=f(\mathcal{A})\boldsymbol{\alpha}_1+\cdots+f(\mathcal{A})\boldsymbol{\alpha}_t$. 由于 $V=W_{\lambda_1}\oplus\cdots\oplus W_{\lambda_t}=F[\mathcal{A}]\boldsymbol{\alpha}_1\oplus\cdots\oplus F[\mathcal{A}]\boldsymbol{\alpha}_t$ 是各个循环子空间 $F[\mathcal{A}]\boldsymbol{\alpha}_i$ $(1\leqslant i\leqslant t)$ 的直和, $f(\mathcal{A})\boldsymbol{\alpha}=\mathbf{0}\Leftrightarrow f(\mathcal{A})\boldsymbol{\alpha}_i$ 对所有 $1\leqslant i\leqslant t$ 成立 $\Leftrightarrow f(\lambda)$ 被所有 $\boldsymbol{\alpha}_i$ 的最小多项式 $d_{\mathcal{A},\boldsymbol{\alpha}_i}(\lambda)=(\lambda-\lambda_i)^{n_i}$ 整除 $\Leftrightarrow f(\lambda)$ 被各 $(\lambda-\lambda_i)^{n_i}$ $(1\leqslant i\leqslant t)$ 的最小公倍式 $\varphi_{\boldsymbol{A}}(\lambda)=(\lambda-\lambda_1)^{n_1}\cdots(\lambda-\lambda_t)^{n_t}$ 整除. 因此 $\boldsymbol{\alpha}=\boldsymbol{\alpha}_1+\cdots+\boldsymbol{\alpha}_t$ 相对于 $\mathcal{A}$ 的最小多项式 $d_{\mathcal{A},\boldsymbol{\alpha}}(\lambda)=\varphi_{\boldsymbol{A}}(\lambda)$,

次数为 n, $\boldsymbol{\alpha}$ 在 V 中生成的循环子空间 $F[\mathcal{A}]\boldsymbol{\alpha}$ 的维数为 n, 只能等于 V. 这说明 $\mathcal{A}$ 是循环变换. □

7.7.3 方阵 $\boldsymbol{A}$ 的特征多项式与最小多项式都等于 $(\lambda-\lambda_1)^{n_1}\cdots(\lambda-\lambda_t)^{n_t}$, 其中 $\lambda_1,\cdots,\lambda_t$ 两两不同, 求 $\boldsymbol{A}$ 的若尔当标准形.

解 方阵 $\boldsymbol{A}$ 的特征多项式 $\varphi_{\boldsymbol{A}}(\lambda)$ 等于特征方阵 $\lambda\boldsymbol{I}-\boldsymbol{A}$ 的所有不变因子 $d_1(\lambda),\cdots,d_n(\lambda)$ 的乘积: $\varphi_{\boldsymbol{A}}(\lambda)=d_1(\lambda)\cdots d_n(\lambda)$, 最小多项式 $d_{\boldsymbol{A}}(\lambda)$ 则等于最后一个不变因子 $d_n(\lambda)$. $\varphi_{\boldsymbol{A}}(\lambda)=d_1(\lambda)\cdots d_n(\lambda)=d_{\boldsymbol{A}}(\lambda)=d_n(\lambda)\Leftrightarrow d_1(\lambda)\cdots d_{n-1}(\lambda)=1\Leftrightarrow d_1(\lambda)=\cdots=d_{n-1}(\lambda)=1$ $\Leftrightarrow$ $\lambda\boldsymbol{I}-\boldsymbol{A}$ 的初等因子就是 $d_n(\lambda)=(\lambda-\lambda_1)^{n_1}\cdots(\lambda-\lambda_t)^{n_t}$ 中每个一次因子的最高次幂 $(\lambda-\lambda_1)^{n_1},\cdots,(\lambda-\lambda_t)^{n_t}$, 对应的若尔当块 $\boldsymbol{J}_{n_1}(\lambda_1),\cdots,\boldsymbol{J}_{n_t}(\lambda_t)$ 组成 $\boldsymbol{A}$ 的若尔当标准形:

$$\boldsymbol{J}=\mathrm{diag}(\boldsymbol{J}_{n_1}(\lambda_1),\cdots,\boldsymbol{J}_{n_t}(\lambda_t))$$ □

7.7.4 (1) 方阵 $\boldsymbol{A}$ 的特征多项式 $\varphi_{\boldsymbol{A}}(\lambda)=(\lambda-1)^4(\lambda+1)^3\lambda^2$, 最小多项式 $d_{\boldsymbol{A}}(\lambda)=(\lambda-1)^3(\lambda+1)^2\lambda^2$, 求 $\boldsymbol{A}$ 的若尔当标准形.

(2) 方阵 $\boldsymbol{A}$ 的特征多项式 $\varphi_{\boldsymbol{A}}(\lambda)=(\lambda-1)^4(\lambda+1)^3\lambda^2$, 最小多项式 $d_{\boldsymbol{A}}(\lambda)=(\lambda-1)^2(\lambda+1)^2\lambda^2$, $\boldsymbol{A}$ 的若尔当标准形有哪些可能性?

解 $\boldsymbol{A}$ 的最小多项式 $d_{\boldsymbol{A}}(\lambda)$ 等于 $\lambda\boldsymbol{I}-\boldsymbol{A}$ 的最后一个不变因子 $d_n(\lambda)$, 特征多项式 $\varphi_{\boldsymbol{A}}(\lambda)$ 等于所有不变因子的乘积 $d_1(\lambda)\cdots d_n(\lambda)$. 因此:

$$d_1(\lambda)\cdots d_{n-1}(\lambda)=\frac{\varphi_{\boldsymbol{A}}(\lambda)}{d_{\boldsymbol{A}}(\lambda)}=\frac{(\lambda-1)^4(\lambda+1)^3\lambda^2}{(\lambda-1)^3(\lambda+1)^2\lambda^2}=(\lambda-1)(\lambda+1)$$

要把 $(\lambda-1)(\lambda+1)$ 写成满足 $d_k(\lambda)|d_{k+1}(\lambda)$ $(1\leqslant k\leqslant n-2)$ 的因子 $d_1(\lambda),\cdots,d_{n-1}(\lambda)$ 的乘积, 只能

$$d_{n-1}(\lambda)=(\lambda-1)(\lambda+1),\ d_1(\lambda)=\cdots=d_{n-2}(\lambda)=1$$

于是 $\lambda\boldsymbol{I}-\boldsymbol{A}$ 的初等因子为 $d_n(\lambda)=(\lambda-1)^3(\lambda+1)^2\lambda^2$ 与 $d_{n-1}(\lambda)=(\lambda-1)(\lambda+1)$ 中各个一次因子的最高次幂 $(\lambda-1)^3,(\lambda+1)^2,\lambda-1,\lambda+1,\lambda^2$, 对应的若尔当块组成 $\boldsymbol{A}$ 的若尔当标准形:

$$\boldsymbol{J}=\mathrm{diag}(\boldsymbol{J}_3(1),1,\boldsymbol{J}_2(-1),-1,\boldsymbol{J}_2(0))$$ □

(2) $\lambda\boldsymbol{I}-\boldsymbol{A}$ 的最后一个不变因子 $d_n(\lambda)=d_{\boldsymbol{A}}(\lambda)=(\lambda-1)^2(\lambda+1)^2\lambda^2$. 前 $n-1$ 个不变因子的乘积

$$d_1(\lambda)\cdots d_{n-1}(\lambda)=\frac{\varphi_{\boldsymbol{A}}(\lambda)}{d_{\boldsymbol{A}}(\lambda)}=\frac{(\lambda-1)^4(\lambda+1)^3\lambda^2}{(\lambda-1)^2(\lambda+1)^2\lambda^2}=(\lambda-1)^2(\lambda+1)$$

有两种可能性:

情况 1 $d_{n-1}(\lambda)=(\lambda-1)^2(\lambda+1)$, $d_1(\lambda)=\cdots=d_{n-2}(\lambda)$. $\lambda\boldsymbol{I}-\boldsymbol{A}$ 的初等因子为 $(\lambda-1)^2,(\lambda-1)^2,(\lambda+1)^2,\lambda+1,\lambda^2$, 对应的若尔当块组成若尔当标准形:

$$\boldsymbol{J}=\mathrm{diag}(\boldsymbol{J}_2(1),\boldsymbol{J}_2(1),\boldsymbol{J}_2(-1),-1,\boldsymbol{J}_2(0))$$

情况 2 $d_{n-1}(\lambda)=(\lambda-1)(\lambda+1),d_{n-2}(\lambda)=\lambda-1$, $d_1(\lambda)=\cdots=d_{n-3}(\lambda)=1$. $\lambda\boldsymbol{I}-\boldsymbol{A}$ 的初等因子为 $(\lambda-1)^2,\lambda-1,\lambda-1,(\lambda+1)^2,\lambda+1,\lambda^2$, 对应的若尔当块组成若尔当标准形:

$$\boldsymbol{J}=\mathrm{diag}(\boldsymbol{J}_2(1),1,1,\boldsymbol{J}_2(-1),-1,\boldsymbol{J}_2(0))$$ □

7.7.5 设复方阵 $\boldsymbol{A}$ 的最小多项式 $\varphi_{\boldsymbol{A}}(\lambda)$ 等于特征多项式, 求证: 与 $\boldsymbol{A}$ 交换的每个方阵 $\boldsymbol{B}$ 都可以写成 $\boldsymbol{A}$ 的多项式.

证明 考虑 $\boldsymbol{A}$ 的左乘作用在复数域上 n 维列向量空间 $V=\mathbf{C}^{n\times 1}$ 上引起的线性变换 $\sigma: \boldsymbol{X}\mapsto \boldsymbol{AX}$. $\boldsymbol{A}$ 的特征方阵 $\lambda\boldsymbol{I}-\boldsymbol{A}$ 相抵于 Smith 标准形 $\boldsymbol{S}(\lambda)=\mathrm{diag}(\boldsymbol{I}_{(s)},d_{s+1}(\lambda),\cdots,d_n(\lambda))$, 其中 $d_{s+1}(\lambda),\cdots,d_n(\lambda)$ 是次数 $\geqslant 1$ 的不变因子. V 可以分解为 $n-s$ 个向量 $\boldsymbol{\beta}_{s+1},\cdots,\boldsymbol{\beta}_n$ 生成的循环子空间的直和, 其中 $\boldsymbol{\beta}_i$ 的最小多项式为 $d_i(\lambda)$ $(s+1\leqslant i\leqslant n)$. $\boldsymbol{A}$ 的最小多项式 $d_{\boldsymbol{A}}(\lambda)=d_n(\lambda)$, 特征多项式 $\varphi_{\boldsymbol{A}}(\lambda)=d_{s+1}(\lambda)\cdots d_n(\lambda)$. 由 $d(\lambda)=\varphi(\lambda)$ 知 $n-s=1$, V 等于一个向量 $\boldsymbol{\beta}=\boldsymbol{\beta}_n$ 生成的循环子空间 $C[\sigma]\boldsymbol{\beta}$.

设 $\boldsymbol{B}$ 与 $\boldsymbol{A}$ 交换, 则 V 上线性变换 $\tau:\boldsymbol{X}\mapsto\boldsymbol{BX}$ 与 σ 交换.

由 $\tau\boldsymbol{\beta}\in V=C[\sigma]\boldsymbol{\beta}$ 知存在复系数多项式 $g(\lambda)$ 使 $\tau\boldsymbol{\beta}=g(\sigma)\boldsymbol{\beta}$. $V=C[\sigma]\boldsymbol{\beta}$ 中每个向量 $\boldsymbol{v}$ 可写成 $\boldsymbol{v}=h(\sigma)\boldsymbol{\beta}$ 的形式, 其中 $h(\lambda)\in C[\lambda]$ 是某个复系数多项式. 由 τ 与 σ 交换知道 τ 与 σ 的多项式 $h(\sigma)$ 交换. 因此:

$$\tau\boldsymbol{v}=\tau h(\sigma)\boldsymbol{\beta}=h(\sigma)\tau\boldsymbol{\beta}=h(\sigma)g(\sigma)\boldsymbol{\beta}=g(\sigma)h(\sigma)\boldsymbol{\beta}=g(\sigma)\boldsymbol{v}$$

这说明 $\tau\boldsymbol{v}=g(\sigma)\boldsymbol{v}$ 对所有的 $\boldsymbol{v}\in V$ 成立, 因而 $\tau=g(\sigma)$, 从而 $\boldsymbol{B}=g(\boldsymbol{A})$ 是 $\boldsymbol{A}$ 的多项式. □

7.7.6 设 $\mathbf{C}^{n\times n}$ 是复数域上全体 n 阶方阵在复数域上组成的线性空间.

$$\boldsymbol{A}=\begin{pmatrix} 0 & & & -a_0\\ 1 & \ddots & & -a_1\\ & \ddots & 0 & \vdots\\ & & 1 & -a_{n-1}\end{pmatrix}$$

(1) 设 $\boldsymbol{B}=(b_{ij})_{n\times n}$ 满足 $\boldsymbol{AB}=\boldsymbol{BA}$, 求证: $\boldsymbol{B}=b_{11}\boldsymbol{I}+b_{21}\boldsymbol{A}+\cdots+b_{n1}\boldsymbol{A}^{n-1}$.

(2) 求 $\mathbf{C}^{n\times n}$ 的子空间 $C(F)=\{\boldsymbol{B}\in\mathbf{C}^{n\times n}\mid \boldsymbol{AB}=\boldsymbol{XB}\}$ 的维数.

证明 (1) 记 $\boldsymbol{e}_i$ 为第 i 分量为 1、其余分量为 0 的 n 维列向量, 则 $\boldsymbol{E}=\{\boldsymbol{e}_i\mid 1\leqslant i\leqslant n\}$ 组成列向量空间 $\mathbf{C}^{n\times 1}$ 的自然基. $\boldsymbol{A}$ 的前 $n-1$ 列依次为 $\boldsymbol{e}_{i+1}=\boldsymbol{Ae}_i=\boldsymbol{A}^{i-1}\boldsymbol{e}_1$ $(1\leqslant i\leqslant n-1)$, 因此 $\boldsymbol{B}$ 的第 1 列

$$\begin{aligned}\boldsymbol{B}_1&=(b_{11},\cdots,b_{n1})^{\mathrm{T}}=b_{11}\boldsymbol{e}_1+\cdots+b_{n1}\boldsymbol{e}_n\\&=(b_{11}\boldsymbol{I}+b_{21}\boldsymbol{A}+\cdots+b_{n1}\boldsymbol{A}^{n-1})\boldsymbol{e}_1=g(\boldsymbol{A})\boldsymbol{e}_1\end{aligned}$$

其中 $g(\boldsymbol{A})=b_{11}\boldsymbol{I}+b_{21}\boldsymbol{A}+\cdots+b_{n1}\boldsymbol{A}^{n-1}$ 是 $\boldsymbol{A}$ 的多项式. 且 $\boldsymbol{B}$ 的第 k 列 $(2\leqslant k\leqslant n)$

$$\begin{aligned}\boldsymbol{B}_k&=\boldsymbol{Be}_k=\boldsymbol{BA}^{k-1}\boldsymbol{e}_1=\boldsymbol{A}^{k-1}\boldsymbol{Be}_1=\boldsymbol{A}^{k-1}\boldsymbol{B}_1\\&=\boldsymbol{A}^{k-1}g(\boldsymbol{A})\boldsymbol{e}_1=g(\boldsymbol{A})\boldsymbol{A}^{k-1}\boldsymbol{e}_1=g(\boldsymbol{A})\boldsymbol{e}_k\end{aligned}$$

等于 $g(\boldsymbol{A})$ 的第 k 列. $\boldsymbol{B}$ 的每一列 $\boldsymbol{B}_k$ $(1\leqslant k\leqslant n)$ 都等于 $g(\boldsymbol{A})$ 的同一列 $g(\boldsymbol{A})\boldsymbol{e}_k$. 因此:

$$\boldsymbol{B}=g(\boldsymbol{A})=b_{11}\boldsymbol{I}+b_{21}\boldsymbol{A}+\cdots+b_{n1}\boldsymbol{A}^{n-1}$$

(2) 由 (1) 所证知

$$C(\boldsymbol{A})=\{b_{11}\boldsymbol{I}+b_{21}\boldsymbol{A}+\cdots+b_{n1}\boldsymbol{A}^{n-1}\mid b_{ni}\in\boldsymbol{C},1\leqslant i\leqslant n\}\ ,$$

是由 n 个方阵 $\boldsymbol{I},\boldsymbol{A},\cdots,\boldsymbol{A}^{n-1}$ 生成的子空间. 这 n 个方阵的任意线性组合 $\boldsymbol{X}=\lambda_1\boldsymbol{I}+\lambda_2\boldsymbol{A}+\cdots+\lambda_n\boldsymbol{A}^{n-1}$ 的第 1 列为

$$\boldsymbol{X}\boldsymbol{e}_1=\lambda_1\boldsymbol{e}_1+\lambda_2\boldsymbol{A}\boldsymbol{e}_1+\cdots+\lambda_n\boldsymbol{A}^{n-1}\boldsymbol{e}_1=\lambda_1\boldsymbol{e}_1+\lambda_2\boldsymbol{e}_2+\cdots+\lambda_n\boldsymbol{e}_n=(\lambda_1,\cdots,\lambda_n)^{\mathrm{T}}$$

因此 $\boldsymbol{X}=\boldsymbol{0}\Rightarrow(\lambda_1,\cdots,\lambda_n)=(0,\cdots,0)$. 这证明了 $\boldsymbol{I},\boldsymbol{A},\cdots,\boldsymbol{A}^{n-1}$ 线性无关, 组成 $C(\boldsymbol{A})$ 的一组基. $C(\boldsymbol{A})$ 的维数等于 n.

点评 用 7.6.6 中的方阵 $\boldsymbol{A}$ 的各次幂左乘 $\boldsymbol{e}_1=(1,0,\cdots,0)^{\mathrm{T}}$ 得到其余各个自然基向量 $\boldsymbol{e}_i=\boldsymbol{A}^{i-1}\boldsymbol{e}_1$ $(2\leqslant i\leqslant n)$, 可见 $V=\mathbf{C}^{n\times 1}$ 是 $\boldsymbol{e}_1$ 在线性变换 $\sigma:\boldsymbol{X}\mapsto\boldsymbol{A}\boldsymbol{X}$ 作用下生成的循环子空间. 7.6.6 其实是 7.6.5 的特殊情形, 7.6.6 的证明方法实质上与 7.6.5 相同, 只不过是将 7.6.5 中对于 $\boldsymbol{\beta}$ 叙述的推理过程改用矩阵语言对 $\boldsymbol{e}_1$ 重新叙述一遍. □

7.8 实方阵的实相似

知识导航

1. 实相似的判定

实方阵 $\boldsymbol{A},\boldsymbol{B}$ 实相似: 存在实可逆方阵 $\boldsymbol{P}$ 使 $\boldsymbol{P}^{-1}\boldsymbol{A}\boldsymbol{P}=\boldsymbol{B}$.

以下每个命题都是实方阵 $\boldsymbol{A},\boldsymbol{B}$ 实相似的充分必要条件:

(1) 存在复方阵 $\boldsymbol{P}$ 使 $\boldsymbol{P}^{-1}\boldsymbol{A}\boldsymbol{P}=\boldsymbol{B}\Leftrightarrow\operatorname{rank}(\boldsymbol{A}-\lambda_i\boldsymbol{I})^k=\operatorname{rank}(\boldsymbol{B}-\lambda_i\boldsymbol{I})^k$ 对 $\boldsymbol{A}$ 的每个特征值 λ_i (包括实特征值与虚特征值) 及 $1\leqslant k\leqslant n_i$ 成立, 其中 n_i 是 λ_i 的代数重数.

(2) $\lambda\boldsymbol{I}-\boldsymbol{A}$ 与 $\lambda\boldsymbol{I}-\boldsymbol{B}$ 相抵.

2. 实相似标准形

算法 先将实方阵 $\boldsymbol{A}$ 相似于若尔当标准形 $\boldsymbol{J}$, 再将 $\boldsymbol{J}$ 中属于虚特征值 $\boldsymbol{J}$ 的若尔当块相似到尽可能简单的实标准形. 由

$$\begin{pmatrix}0&-1\\1&0\end{pmatrix}\begin{pmatrix}1&1\\-\mathrm{i}&\mathrm{i}\end{pmatrix}=\begin{pmatrix}1&1\\-\mathrm{i}&\mathrm{i}\end{pmatrix}\begin{pmatrix}\mathrm{i}&0\\0&-\mathrm{i}\end{pmatrix}$$

得

$$\begin{pmatrix}1&1\\-\mathrm{i}&\mathrm{i}\end{pmatrix}\begin{pmatrix}\mathrm{i}&0\\0&-\mathrm{i}\end{pmatrix}\begin{pmatrix}1&1\\-\mathrm{i}&\mathrm{i}\end{pmatrix}^{-1}=\begin{pmatrix}0&-1\\1&0\end{pmatrix}$$

$$\begin{aligned}&\begin{pmatrix}1&1\\-\mathrm{i}&\mathrm{i}\end{pmatrix}\begin{pmatrix}a+b\mathrm{i}&0\\0&a-b\mathrm{i}\end{pmatrix}\begin{pmatrix}1&1\\-\mathrm{i}&\mathrm{i}\end{pmatrix}^{-1}\\=&\begin{pmatrix}1&1\\-\mathrm{i}&\mathrm{i}\end{pmatrix}\left[a\begin{pmatrix}1&0\\0&1\end{pmatrix}+b\begin{pmatrix}\mathrm{i}&0\\0&-\mathrm{i}\end{pmatrix}\right]\begin{pmatrix}1&1\\-\mathrm{i}&\mathrm{i}\end{pmatrix}^{-1}\end{aligned}$$

$$=a\begin{pmatrix}1&0\\0&1\end{pmatrix}+b\begin{pmatrix}0&-1\\1&0\end{pmatrix}=\begin{pmatrix}a&-b\\b&a\end{pmatrix}$$

而 $\mathrm{diag}(\boldsymbol{J}_m(a+b\mathrm{i}),\boldsymbol{J}_m(a-b\mathrm{i}))$ 相似于 $\mathrm{diag}((a+b\mathrm{i})\boldsymbol{J}_m(1),(a-b\mathrm{i})\boldsymbol{J}_m(1))$, 再相似于

$$\begin{pmatrix}\boldsymbol{I}_{(m)}&\boldsymbol{I}\\-\mathrm{i}\boldsymbol{I}&\mathrm{i}\boldsymbol{I}_{(m)}\end{pmatrix}\begin{pmatrix}(a+b\mathrm{i})\boldsymbol{J}_m(1)&\boldsymbol{O}\\\boldsymbol{O}&(a-b\mathrm{i})\boldsymbol{J}_m(1)\end{pmatrix}\qquad\begin{pmatrix}\boldsymbol{I}_{(m)}&\boldsymbol{I}\\-\mathrm{i}\boldsymbol{I}&\mathrm{i}\boldsymbol{I}_{(m)}\end{pmatrix}$$

$$=\begin{pmatrix}a\boldsymbol{J}_m(1)&-b\boldsymbol{J}_m(1)\\b\boldsymbol{J}_m(1)&a\boldsymbol{J}_m(1)\end{pmatrix}$$

结论　设 n 阶实方阵 $\boldsymbol{A}$ 的全部初等因子为:

$$(\lambda-\lambda_k)^{n_k}\ (1\leqslant k\leqslant p),\qquad(\lambda-a_j-b_j\mathrm{i})^{m_j},(\lambda-a_j+b_j\mathrm{i})^{m_j}\ (1\leqslant j\leqslant q)$$

其中 λ_k,a_j,b_j 都是实数, b_j 都不为 0. 则 $\boldsymbol{A}$ 实相似于如下的标准形:

$$\mathrm{diag}(\boldsymbol{J}_1,\cdots,\boldsymbol{J}_p,\boldsymbol{L}_{m_1}(a_1+b_1\mathrm{i}),\cdots,\boldsymbol{L}_{m_q}(a_q+b_q\mathrm{i}))$$

其中:

$$\boldsymbol{J}_k=\boldsymbol{J}_{n_k}(0)\ (\text{当}\lambda_k=0),\quad\boldsymbol{J}_k=\lambda_k\boldsymbol{J}_{n_k}(1)\ (\text{当 }\lambda_k\neq 0)$$

$$\boldsymbol{L}_{m_j}(a_j+b_j\mathrm{i})=\begin{pmatrix}a_j\boldsymbol{J}_{m_j}(1)&-b_j\boldsymbol{J}_{m_j}(1)\\b_j\boldsymbol{J}_{m_j}(1)&a_j\boldsymbol{J}_{m_j}(1)\end{pmatrix}$$

每个 $\boldsymbol{J}_k$ 的初等因子为 $(\lambda-\lambda_k)^{n_k}$, 每个 $\boldsymbol{L}_{m_j}(a_j+b_j\mathrm{i})$ 的初等因子为 $(\lambda-(a_j+b_j\mathrm{i}))^{m_j},(\lambda-(a_j-a_j\mathrm{i}))^{m_j}$.

$\boldsymbol{A}$ 也可实相似于另一种标准形:

$$\mathrm{diag}(\boldsymbol{J}_{n_1}(\lambda_1),\cdots,\boldsymbol{J}_{n_p}(\lambda_p),\boldsymbol{K}_{m_1}(a_1+b_1\mathrm{i}),\cdots,\boldsymbol{K}_{m_q}(a_q+b_q\mathrm{i}))$$

其中:

$$\boldsymbol{K}_{m_j}(a_j+b_j\mathrm{i})=\begin{pmatrix}a_j&b_j&1&0&&&\\-b_j&a_j&0&1&&&\\&&a_j&b_j&&&\\&&-b_j&a_j&\ddots&&\\&&&&&1&0\\&&&&\ddots&0&1\\&&&&&a_j&b_j\\&&&&&-b_j&a_j\end{pmatrix}_{(2m_j)\times(2m_j)}$$

的初等因子为 $(\lambda-(a_j-b_j\mathrm{i}))^{m_j},(\lambda-(a_j-b_j\mathrm{i}))^{m_j}$.

注　以上 $2m_j$ 阶方阵 $\boldsymbol{K}_{m_j}(a_j+b_j\mathrm{i})$ 可以看成在 m_j 阶若尔当块

$$\boldsymbol{J}_{m_j}(a_j+b_j\mathrm{i})=\begin{pmatrix}a_j+b_j\mathrm{i}&1&&\\&\ddots&\ddots&\\&&a_j+b_j\mathrm{i}&1\\&&&a_j+b_j\mathrm{i}\end{pmatrix}$$

中将复数 $a_j+b_j\mathrm{i}$ 替换成 2 阶块:

$$\begin{pmatrix} a_j & b_j \\ -b_j & a_j \end{pmatrix}$$

将实数 1,0 分别替换成 2 阶单位阵 $\boldsymbol{I}_{(2)}$ 和零方阵 $\boldsymbol{O}_{(2)}$ 得到. □

例题分析与解答

7.8.1 实方阵 $\begin{pmatrix} 0 & 1 & 0 & 0 \\ 0 & 0 & 1 & 0 \\ 0 & 0 & 0 & 1 \\ 1 & 0 & 0 & 0 \end{pmatrix}$ 是否复相似于对角阵? 是否实相似于对角阵? 说明理由.

解 所给方阵 $\boldsymbol{A}$ 复相似于对角阵, 但不能实相似于对角阵.

方阵 $\boldsymbol{A}$ 的特征多项式 $\varphi_{\boldsymbol{A}}(\lambda)=\lambda^4-1$, 有 4 个不同的特征根 $1,-1,\mathrm{i},-\mathrm{i}$, 因此复相似于对角阵 $\boldsymbol{D}=\mathrm{diag}(1,-1,\mathrm{i},-\mathrm{i})$.

如果 $\boldsymbol{A}$ 实相似于对角阵 $\boldsymbol{D}=\boldsymbol{P}^{-1}\boldsymbol{AP}$, 其中 $\boldsymbol{P}$ 是实可逆方阵, 则 $\boldsymbol{D}$ 是实对角阵, 4 个对角元应是 $\boldsymbol{A}$ 的 4 个特征值. 但 $\boldsymbol{A}$ 有两个特征值 $\mathrm{i},-\mathrm{i}$ 是虚数而不是实数, 不能充当实对角阵的对角元. 因此 $\boldsymbol{A}$ 不能实相似于对角阵. □

7.8.2 实方阵 $\boldsymbol{A}=\begin{pmatrix} 2 & -1 & 1 & 0 \\ 1 & 2 & 0 & 1 \\ 0 & 0 & 2 & -1 \\ 0 & 0 & 1 & 2 \end{pmatrix}$ 与 $\boldsymbol{B}=\begin{pmatrix} 2 & 2 & -1 & -1 \\ 0 & 2 & 0 & -1 \\ 1 & 1 & 2 & 2 \\ 0 & 1 & 0 & 2 \end{pmatrix}$ 是否实相似? 说明理由.

解法 1 $\boldsymbol{A}$ 的特征多项式 $\varphi_{\boldsymbol{A}}(\lambda)=|\lambda\boldsymbol{I}-\boldsymbol{A}|=((\lambda-2)^2+1)^2$, 有两个特征值 $\lambda_1=2+\mathrm{i}$ 与 $\lambda_2=2-\mathrm{i}$, 代数重数都是 2. 计算得到 $\mathrm{rank}\,(\boldsymbol{A}-\lambda_1\boldsymbol{I})=\mathrm{rank}\,(\boldsymbol{A}-\lambda_2\boldsymbol{I})=3$, 齐次线性方程组 $(\boldsymbol{A}-\lambda_1\boldsymbol{I})\boldsymbol{X}=\boldsymbol{0}$ 与 $(\boldsymbol{A}-\lambda_2\boldsymbol{I})\boldsymbol{X}=\boldsymbol{0}$ 的解空间的维数都等于 1, $\boldsymbol{A}$ 中属于特征值 λ_1,λ_2 的若尔当块都只有一个, 阶数都等于代数重数 2. $\boldsymbol{A}$ 的若尔当标准形 $\boldsymbol{J}=\mathrm{diag}(\boldsymbol{J}_2(2+\mathrm{i}),\boldsymbol{J}_2(2-\mathrm{i}))$. 同样得到 $\boldsymbol{B}$ 的若尔当标准形也是 $\boldsymbol{J}=\mathrm{diag}(\boldsymbol{J}_2(2+\mathrm{i}),\boldsymbol{J}_2(2-\mathrm{i}))$.

实方阵 $\boldsymbol{A},\boldsymbol{B}$ 在复数域上相似, 因而在实数域上相似.

解法 2 分别将特征方阵 $\lambda\boldsymbol{I}-\boldsymbol{A},\lambda\boldsymbol{I}-\boldsymbol{B}$ 相抵到 Smith 标准形.

$$\lambda\boldsymbol{I}-\boldsymbol{A}=\begin{pmatrix} \lambda-2 & 1 & -1 & 0 \\ -1 & \lambda-2 & 0 & -1 \\ 0 & 0 & \lambda-2 & 1 \\ 0 & 0 & -1 & \lambda-2 \end{pmatrix}$$

的 4 阶行列式因子 $D_4(\lambda)=|\lambda\boldsymbol{I}-\boldsymbol{A}|=[(\lambda-2)^2+1]^2$. 左上角的 3 阶子式 $\Delta_3=[(\lambda-2)^2+$

$1](\lambda-2)$. 第 1,2,3 行与第 1,3,4 列交叉位置的元素组成的 3 阶子式:

$$\tilde{\Delta}_3=\begin{vmatrix}\lambda-2 & -1 & 0\\ -1 & 0 & -1\\ 0 & \lambda-2 & 1\end{vmatrix}=(\lambda-2)^2-1=(\lambda-1)(\lambda-3)$$

3 阶行列式因子 $D_3(\lambda)$ 整除 Δ_3 与 $\tilde{\Delta}_3$ 的公因子 1, 只能为 1. $D_k(\lambda)=1$ 对 $k\leqslant 3$ 成立.

$$\lambda\boldsymbol{I}-\boldsymbol{B}=\begin{pmatrix}\lambda-2 & -2 & 1 & 1\\ 0 & \lambda-2 & 0 & 1\\ -1 & -1 & \lambda-2 & -2\\ 0 & -1 & 0 & \lambda-2\end{pmatrix}\xrightarrow[-(\lambda-2)(4)+(2)]{-(2)+(1),2(2)+(3),-(\lambda-2)(2)+(4)}$$

$$\begin{pmatrix}\lambda-2 & -\lambda & 1 & 0\\ 0 & 0 & 0 & 1\\ -1 & 2\lambda-5 & \lambda-2 & 0\\ 0 & -(\lambda-2)^2-1 & 0 & 0\end{pmatrix}\xrightarrow[-(\lambda-2)(3)+(1),\lambda(3)+(2)]{-(\lambda-2)(1)+(3)}$$

$$\boldsymbol{B}(\lambda)=\begin{pmatrix}0 & 0 & 1 & 0\\ 0 & 0 & 0 & 1\\ -(\lambda-2)^2-1 & \lambda^2-5 & 0 & 0\\ 0 & -(\lambda-2)^2-1 & 0 & 0\end{pmatrix}$$

$\boldsymbol{B}(\lambda)$ 的 4 阶行列式因子为 $|\boldsymbol{B}(\lambda)|=[(\lambda-2)^2+1]^2$. 右上角的 3 阶子式 $D_3=\lambda^2-5$, 第 1,2,3 行与第 1,3,4 列交叉位置元素组成的 3 阶子式 $\tilde{D}_3=-(\lambda-2)^2-1$. $\boldsymbol{B}(\lambda)$ 的 3 阶行列式因子整除 D_3 与 $\tilde{D}_3$ 的公因子 1, 只能等于 1. $\lambda\boldsymbol{I}-\boldsymbol{B}$ 与 $\boldsymbol{B}(\lambda)$ 相抵, 行列式因子相同, 当 $k\leqslant 3$ 时 k 阶行列式因子为 1, 4 阶行列式因子为 $[(\lambda-2)^2+1]^2$.

这证明了 $\lambda\boldsymbol{I}-\boldsymbol{A}$ 与 $\lambda\boldsymbol{I}-\boldsymbol{B}$ 的行列式因子相同, 因而相抵, 由此可知 $\boldsymbol{A}$ 与 $\boldsymbol{B}$ 实相似.

□

7.8.3 设 $\boldsymbol{X}_1+\mathrm{i}\boldsymbol{X}_2$ 是 n 阶实方阵 $\boldsymbol{A}$ 的属于虚特征值 $a+b\mathrm{i}$ 的特征向量, 其中 $\boldsymbol{X}_1,\boldsymbol{X}_2\in\mathbf{R}^{n\times 1}$. 证明 $\boldsymbol{X}_1,\boldsymbol{X}_2$ 生成的子空间 W 是 $\mathbf{R}^{n\times 1}$ 的线性变换 $\mathcal{A}:\boldsymbol{X}\mapsto\boldsymbol{A}\boldsymbol{X}$ 的 2 维不变子空间, 并求出 $\mathcal{A}|_W$ 在基 $\{\boldsymbol{X}_1,\boldsymbol{X}_2\}$ 下的矩阵.

证明 如果 W 维数为 1, 则 $\boldsymbol{X}_1,\boldsymbol{X}_2$ 可以写成 W 中任意非零向量 $\boldsymbol{X}_0$ 的实数倍 $\boldsymbol{X}_1=c_1\boldsymbol{X}_0,\boldsymbol{X}_2=c_2\boldsymbol{X}_0$. $\boldsymbol{X}_1,\boldsymbol{X}_2$ 不全为 $\mathbf{0}$, 因而 c_1,c_2 不全为 0. 于是 $\boldsymbol{X}_1+\mathrm{i}\boldsymbol{X}_2=(c_1+c_2\mathrm{i})\boldsymbol{X}_0$, $\boldsymbol{A}(c_1+c_2\mathrm{i})\boldsymbol{X}_0=(a+b\mathrm{i})(c_1+c_2\mathrm{i})\boldsymbol{X}_0$, 两边同除以非零复数 $c_1+c_2\mathrm{i}$ 得 $\boldsymbol{A}\boldsymbol{X}_0=(a+b\mathrm{i})\boldsymbol{X}_0$. 但实方阵 $\boldsymbol{A}$ 乘实列向量 $\boldsymbol{X}_0$ 只能等于实列向量, 不可能等于虚的列向量 $(a+b\mathrm{i})\boldsymbol{X}_0$, 这证明了 W 的维数是 2, $\boldsymbol{X}_1,\boldsymbol{X}_2$ 线性无关.

$\boldsymbol{A}(\boldsymbol{X}_1+\mathrm{i}\boldsymbol{X}_2)=(a+b\mathrm{i})(\boldsymbol{X}_1+\mathrm{i}\boldsymbol{X}_2)=(a\boldsymbol{X}_1-b\boldsymbol{X}_2)+\mathrm{i}(b\boldsymbol{X}_1+a\boldsymbol{X}_2)\Rightarrow\boldsymbol{A}\boldsymbol{X}_1=a\boldsymbol{X}_1-b\boldsymbol{X}_2$, $\boldsymbol{A}\boldsymbol{X}_2=b\boldsymbol{X}_1+a\boldsymbol{X}_2$. 这证明了线性变换 $\mathcal{A}:\boldsymbol{X}\mapsto\boldsymbol{A}\boldsymbol{X}$ 将 $\boldsymbol{X}_1,\boldsymbol{X}_2$ 映到 W 中, 从而将 $\boldsymbol{X}_1,\boldsymbol{X}_2$ 生成的子空间 W 映到 W 中, W 是 $\mathcal{A}$ 的不变子空间. $\mathcal{A}|_W$ 在基 $\{\boldsymbol{X}_1,\boldsymbol{X}_2\}$ 下的矩阵为 $\begin{pmatrix}a & b\\ -b & a\end{pmatrix}$.

□

7.8.4 证明: 实数域上有限维线性空间的线性变换必有 1 维或 2 维的不变子空间.

证明 任意取定实数域 $\mathbf{R}$ 上 n 维线性空间 V 的一组基 S, 将 V 中每个向量 $\boldsymbol{\alpha}$ 用它在基 S 下的坐标 $\boldsymbol{X}$ (写成 n 维列向量) 表示, 则 V 上的线性变换 $\mathcal{A}$ 可以用某个实方阵 $\boldsymbol{A}$ 左乘来实现, $\mathcal{A}\boldsymbol{X}=\boldsymbol{A}\boldsymbol{X}$.

如果 $\mathcal{A}$ 存在实特征值 λ, 则属于这个特征值的特征向量 $\boldsymbol{X}$ 生成 $\mathcal{A}$ 的 1 维不变子空间. 反过来, 如果 $\mathcal{A}$ 在实线性空间 V 上有一维不变子空间 $U=\mathbf{R}\boldsymbol{\xi}$, 则其中的非零向量 $\boldsymbol{\xi}$ 被 $\mathcal{A}$ 送到 $\lambda\boldsymbol{\xi}\in U$, λ 是 $\mathcal{A}$ 的实特征值.

现在设 $\mathcal{A}$ 在 V 上不存在一维不变子空间, 则 $\mathcal{A}$ 没有实特征值, 但一定有虚特征值 $a+b\mathrm{i}$, a,b 都是实数且 $b\neq 0$. $a+b\mathrm{i}$ 也是实方阵 $\boldsymbol{A}$ 的虚特征值, 存在特征向量 $\xi\neq\mathbf{0}$ 满足条件 $\boldsymbol{A}\boldsymbol{\xi}=(a+b\mathrm{i})\boldsymbol{\xi}$. $\boldsymbol{\xi}$ 可写成 $\boldsymbol{X}_1+\mathrm{i}\boldsymbol{X}_2$ 的形式, 其中 $\boldsymbol{X}_1,\boldsymbol{X}_2$ 都是实列向量. 由 $\boldsymbol{A}(\boldsymbol{X}_1+\mathrm{i}\boldsymbol{X}_2)=(a+b\mathrm{i})(\boldsymbol{X}_1+\mathrm{i}\boldsymbol{X}_2)=(a\boldsymbol{X}_1-b\boldsymbol{X}_2)+\mathrm{i}(b\boldsymbol{X}_1+a\boldsymbol{X}_2)$ 得到 $\boldsymbol{A}\boldsymbol{X}_1=a\boldsymbol{X}_1-b\boldsymbol{X}_2,\boldsymbol{A}\boldsymbol{X}_2=b\boldsymbol{X}_1+a\boldsymbol{X}_2$, $\boldsymbol{X}_1,\boldsymbol{X}_2$ 在实数域上生成的子空间 U 是 $\mathcal{A}$ 的不超过 2 维的不变子空间. 由于 $\mathcal{A}$ 没有 1 维不变子空间, U 是 2 维不变子空间. □

7.8.5 设 $\{\boldsymbol{A}_i\}_{i\in I},\{\boldsymbol{B}_i\}_{i\in I}$ 是数域 F 上两个矩阵集合, 称它们在 F 上相似: 如果存在 F 上与 $i\in I$ 无关的可逆矩阵 $\boldsymbol{P}$ 使得 $\boldsymbol{P}^{-1}\boldsymbol{A}_i\boldsymbol{P}=\boldsymbol{B}_i,\forall i\in I$. 证明: 有理数域 $\mathbf{Q}$ 上两个矩阵集合 $\{\boldsymbol{A}_i\}_{\mathrm{i}\in I},\{\boldsymbol{B}_i\}_{\mathrm{i}\in I}$ 如果在实数域 $\mathbf{R}$ 上相似, 则它们在有理数域 $\mathbf{Q}$ 上相似.

证明 已经知道存在实数域上可逆方阵 $\boldsymbol{P}$ 使 $\boldsymbol{P}^{-1}\boldsymbol{A}_i\boldsymbol{P}=\boldsymbol{B}_i$ 从而 $\boldsymbol{A}_i\boldsymbol{P}=\boldsymbol{P}\boldsymbol{B}_i$ 对所有 $i\in I$ 成立. $\boldsymbol{P}=(p_{ij})_{n\times n}$ 可以写成有理系数矩阵 $\boldsymbol{E}_{ij}$ $(1\leqslant i,j\leqslant n)$ 的线性组合:

$$\boldsymbol{P}=\sum_{i,j}p_{ij}\boldsymbol{E}_{ij} \tag{7.29}$$

取 n^2 个系数 p_{ij} 组成的集合在有理数域 $\boldsymbol{Q}$ 上的极大线性无关组 $S=\{s_1,\cdots,s_r\}$, 则每个 p_{ij} 可以写成 S 的有理系数线性组合, 代入等式 (7.29), 经整理得到

$$\boldsymbol{P}=s_1\boldsymbol{P}_1+\cdots+s_r\boldsymbol{P}_r \tag{7.30}$$

其中 $\boldsymbol{P}_1,\cdots,\boldsymbol{P}_r$ 是有理系数 n 阶方阵. 将 (7.30) 代入等式 $\boldsymbol{A}_i\boldsymbol{P}=\boldsymbol{P}\boldsymbol{B}_i$ 得

$$s_1\boldsymbol{A}_i\boldsymbol{P}_1+s_2\boldsymbol{A}_i\boldsymbol{P}_2+\cdots+s_r\boldsymbol{A}_i\boldsymbol{P}_r=s_1\boldsymbol{P}_1\boldsymbol{B}_i+s_2\boldsymbol{P}_2\boldsymbol{B}_i+\cdots+s_r\boldsymbol{P}_r\boldsymbol{B}_i \tag{7.31}$$

由于 $\boldsymbol{A}_i\boldsymbol{P}_j,\boldsymbol{P}_j\boldsymbol{B}_i$ 都是有理系数矩阵, 且 s_j 在有理数域 $\boldsymbol{Q}$ 上线性无关, 等式 (7.31) 成立仅当 r 个等式 $\boldsymbol{A}_i\boldsymbol{P}_j=\boldsymbol{P}_j\boldsymbol{B}_i$ $(1\leqslant j\leqslant r)$ 分别成立. 将各等式分别乘不同的不定元 $\lambda_j(1\leqslant j\leqslant r)$ 再相加得到的等式:

$$\boldsymbol{A}_i\boldsymbol{K}(\boldsymbol{\Lambda})=\boldsymbol{K}(\boldsymbol{\Lambda})\boldsymbol{B}_i$$

成立, 其中 n 阶方阵 $\boldsymbol{K}(\boldsymbol{\Lambda})=\lambda_1\boldsymbol{P}_1+\cdots+\lambda_r\boldsymbol{P}_r$ 由 $\boldsymbol{\Lambda}=(\lambda_1,\cdots,\lambda_r)$ 决定, $\boldsymbol{K}(\boldsymbol{\Lambda})$ 的每个元素都是 $\boldsymbol{\Lambda}$ 的各分量 $\lambda_1,\cdots,\lambda_r$ 的有理系数线性组合, 行列式 $\det\boldsymbol{K}(\boldsymbol{\Lambda})=f(\boldsymbol{\Lambda})$ 是 $\lambda_1,\cdots,\lambda_r$ 的有理系数 r 元多项式. 只要能够找到适当的有理数 $t_1,\cdots,t_r\in\boldsymbol{Q}$ 使得将 $\lambda_1,\cdots,\lambda_r$ 分别用 $t_1,\cdots,t_r$ 替换后得到的有理系数方阵 $\boldsymbol{K}$ 的行列式 $\det\boldsymbol{K}=f(t_1,\cdots,t_r)\neq 0$, 则 $\boldsymbol{K}$ 可逆, 由 $\boldsymbol{A}_i\boldsymbol{K}=\boldsymbol{K}\boldsymbol{B}_i$ 得到 $\boldsymbol{K}^{-1}\boldsymbol{A}_i\boldsymbol{K}=\boldsymbol{B}_i$ 对所有的 $i\in I$ 成立.

有理系数多项式 $f(\boldsymbol{\Lambda})=\det\boldsymbol{K}(\boldsymbol{\Lambda})$ 也是实系数多项式. 当 $\boldsymbol{\Lambda}=(\lambda_1,\cdots,\lambda_r)$ 取实数值 $(s_1,\cdots,s_r)$ 得到的实方阵 $\boldsymbol{P}$ 可逆, 行列式 $\det\boldsymbol{P}=f(s_1,\cdots,s_r)\neq 0$. 这说明 r 元多项式 $f(\boldsymbol{\Lambda})$ 不是零多项式. 对 r 用数学归纳法证明存在有理数 $t_1,\cdots,t_r$ 使 $f(t_1,\cdots,t_r)\neq 0$.

当 $r=1$ 时, $f(\boldsymbol{\Lambda})=f(\lambda_1)$ 是有理系数一元非零多项式. 设 $f(\lambda_1)$ 的次数为 m, 则 $f(\lambda_1)$ 最多只有 m 个有理根, 除了这有限个有理根之外有无穷多个有理数 t 满足 $f(t)\neq 0$.

归纳假设: 对每个 $r-1$ 元有理系数非零多项式 $g(\lambda_2,\cdots,\lambda_r)$, 一定存在有理数值 $t_2,\cdots,t_r$ 使 $g(t_2,\cdots,t_r)\neq 0$. 在 r 元多项式 $f(\boldsymbol{\Lambda})=f(\lambda_1,\cdots,\lambda_r)$ 中将 λ_1 看成常数, 从而将 $f(\boldsymbol{\Lambda})$ 看成其余 $n-1$ 个字母 $\lambda_2,\cdots,\lambda_r$ 的多项式:

$$g(\lambda_2,\cdots,\lambda_r)=\sum_{n_2,\cdots,n_r}a_{n_2,\cdots,n_r}(\lambda_1)\lambda_2^{n_2}\cdots\lambda_r^{n_r}$$

其中每一项的系数 $a_{n_2,\cdots,n_r}(\lambda_1)$ 都是 λ_1 的有理系数一元多项式, 且不能全部是零多项式, 否则 $f(\boldsymbol{\Lambda})$ 是零多项式. 设某个系数 $a_{n_2,\cdots,n_r}(\lambda_1)$ 不是零多项式, 则它只有有限个有理根, 除此之外有无穷多个有理数 t_1 使 $a_{n_2,\cdots,n_r}(t_1)\neq 0$. 在 $f(\lambda_1,\cdots,\lambda_r)=g(\lambda_2,\cdots,\lambda_r)$ 中将 λ_1 替换成有理数 t_1, 得到有理系数 $r-1$ 元非零多项式:

$$g_1(\lambda_2,\cdots,\lambda_r)=\sum_{n_2,\cdots,n_r}a_{n_2,\cdots,n_r}(t_1)\lambda_2^{n_2}\cdots\lambda_r^{n_r}$$

根据归纳假设, 存在有理数 $t_2,\cdots,t_r$ 使 $g_1(t_2,\cdots,t_r)=f(t_1,\cdots,t_r)\neq 0$, 从而 $\boldsymbol{K}=\boldsymbol{K}(t_1,\cdots,t_r)$ 是有理数域上可逆方阵将 $\{\boldsymbol{A}_i\}_{i\in I}$ 相似到 $\{\boldsymbol{B}_i\}_{i\in I}$. □

7.9　更多的例子

7.9.1　设 $x=x(t),y=y(t),z=z(t)$. 求解常微分方程组:

$$\begin{cases}\dfrac{\mathrm{d}}{\mathrm{d}t}x=x-3y+2z\\ \dfrac{\mathrm{d}}{\mathrm{d}t}y=4x-7y+4z\\ \dfrac{\mathrm{d}}{\mathrm{d}t}z=12x-14y+7z\end{cases}$$

解　方程组可以写成矩阵形式 $\dfrac{\mathrm{d}}{\mathrm{d}t}\boldsymbol{X}=\boldsymbol{A}\boldsymbol{X}$, 其中:

$$\boldsymbol{X}=\begin{pmatrix}x\\y\\z\end{pmatrix},\quad \boldsymbol{A}=\begin{pmatrix}1&-3&2\\4&-7&4\\12&-14&7\end{pmatrix}$$

则通解为 $\boldsymbol{X}=\mathrm{e}^{\boldsymbol{A}t}\boldsymbol{C}$, 其中 $\boldsymbol{C}=(c_1,c_2,c_3)^{\mathrm{T}}$ 是任意 3 维实列向量. 求得实可逆方阵 $\boldsymbol{P}$ 将 $\boldsymbol{A}$

相似到若尔当标准形 $\boldsymbol{J}$ (计算过程参见 7.4.1 第 (3) 小题):

$$\boldsymbol{P}=\begin{pmatrix}1&-1&1\\2&-2&1\\4&-2&0\end{pmatrix},\quad \boldsymbol{P}^{-1}\boldsymbol{A}\boldsymbol{P}=\boldsymbol{J}=\begin{pmatrix}3&0&0\\0&-1&1\\0&0&-1\end{pmatrix}=\boldsymbol{D}+\boldsymbol{N}$$

$$\boldsymbol{D}=\mathrm{diag}(3,-1,-1),\quad \boldsymbol{N}=\begin{pmatrix}0&0&0\\0&0&1\\0&0&0\end{pmatrix}$$

于是 $\boldsymbol{A}=\boldsymbol{P}\boldsymbol{J}\boldsymbol{P}^{-1}$, $\mathrm{e}^{\boldsymbol{A}t}=\boldsymbol{P}\mathrm{e}^{\boldsymbol{J}t}\boldsymbol{P}^{-1}$, 其中:

$$\mathrm{e}^{\boldsymbol{J}t}=\mathrm{e}^{\boldsymbol{D}t+\boldsymbol{N}t}=\mathrm{e}^{\boldsymbol{D}t}\mathrm{e}^{\boldsymbol{N}t}=\mathrm{diag}(\mathrm{e}^{3t},\mathrm{e}^{-t},\mathrm{e}^{-t})(\boldsymbol{I}+\boldsymbol{N}t)$$

$$\mathrm{e}^{\boldsymbol{A}t}=\begin{pmatrix}1&-1&1\\2&-2&1\\4&-2&0\end{pmatrix}\begin{pmatrix}\mathrm{e}^{3t}&0&0\\0&\mathrm{e}^{-t}&t\mathrm{e}^{-t}\\0&0&\mathrm{e}^{-t}\end{pmatrix}\begin{pmatrix}1&-1&1\\2&-2&1\\4&-2&0\end{pmatrix}^{-1}$$
$$=\begin{pmatrix}\mathrm{e}^{3t}-2t\mathrm{e}^{-t}&-\mathrm{e}^{3t}+(1+t)\mathrm{e}^{-t}&\frac{1}{2}\mathrm{e}^{3t}-\frac{1}{2}\mathrm{e}^{-t}\\2\mathrm{e}^{3t}-(2+4t)\mathrm{e}^{-t}&-2\mathrm{e}^{3t}+(3+2t)\mathrm{e}^{-t}&\mathrm{e}^{3t}-\mathrm{e}^{-t}\\4\mathrm{e}^{3t}-(4+4t)\mathrm{e}^{-t}&-4\mathrm{e}^{3t}+(4+2t)\mathrm{e}^{-t}&2\mathrm{e}^{3t}-\mathrm{e}^{-t}\end{pmatrix}$$

通解:

$$\boldsymbol{X}=\mathrm{e}^{\boldsymbol{A}t}\boldsymbol{C}=\begin{pmatrix}\left(c_1-c_2+\frac{1}{2}c_3\right)\mathrm{e}^{3t}+\left(c_2-\frac{1}{2}c_3+(-2c_1+c_2)t\right)\mathrm{e}^{-t}\\(2c_1-2c_2+c_3)\mathrm{e}^{3t}+(-2c_1+3c_2-c_3+(-4c_1+2c_2)t)\mathrm{e}^{-t}\\(4c_1-4c_2+2c_3)\mathrm{e}^{3t}+(-4c_1+4c_2-c_3+(-4c_1+2c_2)t)\mathrm{e}^{-t}\end{pmatrix}$$

即

$$\begin{cases}x=\left(c_1-c_2+\frac{1}{2}c_3\right)\mathrm{e}^{3t}+\left(c_2-\frac{1}{2}c_3+(-2c_1+c_2)t\right)\mathrm{e}^{-t}\\y=(2c_1-2c_2+c_3)\mathrm{e}^{3t}+(-2c_1+3c_2-c_3+(-4c_1+2c_2)t)\mathrm{e}^{-t}\\z=(4c_1-4c_2+2c_3)\mathrm{e}^{3t}+(-4c_1+4c_2-c_3+(-4c_1+2c_2)t)\mathrm{e}^{-t}\end{cases}$$ □

点评 本题中可以利用 Mathematica 求 $\boldsymbol{A}$ 的若尔当标准形 $\boldsymbol{J}=\boldsymbol{P}^{-1}\boldsymbol{A}\boldsymbol{P}$ 及过渡矩阵 $\boldsymbol{P}$, 求出 $\mathrm{e}^{\boldsymbol{J}t}$ 之后再利用 Mathematica 求 $\mathrm{e}^{\boldsymbol{A}t}=\boldsymbol{P}\boldsymbol{A}^{\boldsymbol{J}t}\boldsymbol{P}^{-1}$. 求 $\boldsymbol{P},\boldsymbol{J}$ 的语句如下:

```
A={{1,-3,2},{4,-7,4},{12,-14,7}};
{P,J}=JordanDecomposition[A]; MatrixForm/@{P,J}
```

ddd 运行结果为:

$$\left\{\begin{pmatrix}1&-1&1\\2&-1&2\\2&0&4\end{pmatrix},\begin{pmatrix}-1&1&0\\0&-1&0\\0&0&3\end{pmatrix}\right\}$$

由 $\mathrm{e}^{\boldsymbol{J}t}$ 求 $\mathrm{e}^{\boldsymbol{A}t}=\boldsymbol{P}\mathrm{e}^{\boldsymbol{J}t}\boldsymbol{P}^{-1}$ 的语句如下:

B1={{Exp[-t], t Exp[-t], 0},{0,Exp[-t],0},{0,0,Exp[3t]}};

B=P.B1.Inverse[P]; Expand[B]//MatrixForm

运行结果为:

$$\begin{pmatrix} e^{3t}-2e^{-t}t & e^{-t}-e^{3t}+e^{-t}t & -\dfrac{e^{-t}}{2}+\dfrac{e^{3t}}{2} \\ -2e^{-t}+2e^{3t}-4e^{-t}t & 3e^{-t}-2e^{3t}+2e^{-t}t & -e^{-t}+e^{3t} \\ -4e^{-t}+4e^{3t}-4e^{-t}t & 4e^{-t}-4e^{3t}+2e^{-t}t & -e^{-t}+2e^{3t} \end{pmatrix}$$

注意: 如果在计算 $\boldsymbol{P},\boldsymbol{J}$ 时直接用语句{P, J}=MatrixForm/@JordanDecomposition[A] 仍能够得到矩阵形式的 $\boldsymbol{P}$ 与 $\boldsymbol{J}$, 但是这样得到的矩阵形式的 $\boldsymbol{P},\boldsymbol{J}$ 只能供显示而不能用来参加运算, 在后面再用语句 B=P.B1.Inverse[P] 计算 $\boldsymbol{B}$ 时就不能得到正确答案.

不过, 用 Mathematica 计算 $e^{\boldsymbol{A}t}$ 可以不必经过以上步骤, 在输入矩阵 $\boldsymbol{A}$ 之后直接运行语句 MatrixExp[A t] 就行了:

A={{1,-3,2},{4,-7,4},{12,-14,7}};

B=MatrixExp[A t]; Expand[B]//MatrixForm

运行这一语句得到与前面同样的 $e^{\boldsymbol{A}t}$.

注意: 本题的方阵 $\boldsymbol{A}$ 的特征值 $-1,-1,3$ 都是有理数, $\boldsymbol{A}$ 的若尔当标准形 $\boldsymbol{J}$ 及过渡矩阵 $\boldsymbol{P}$ 都比较简单, $e^{\boldsymbol{A}t}$ 还不算繁琐. 对一般的 n 阶方阵 $\boldsymbol{A}$, 求特征值就是解 n 次方程, 大多数情况下求不出精确解, 即使求出来也可能非常繁琐, 但用计算机求近似值却相对容易些. 例如, 如下语句中的元素都是简单整数:

A={{1,1,1},{1,2,3},{1,3,5}}; MatrixExp[A]

运行这一语句发现: 求出来的 $e^{\boldsymbol{A}}$ 的元素非常繁琐. 如果将 $\boldsymbol{A}$ 中的元素 1 改成 1.0, 则 Mathematica 认为 $\boldsymbol{A}$ 的所有元素都是近似值, 进行近似计算, 得出的 $e^{\boldsymbol{A}}$ 就比较正常了. □

7.9.2　设数列 $\{a_n\}$ 满足条件 $a_n=3a_{n-1}-3a_{n-2}+a_{n-3}$, $(\forall\ n\geqslant 4)$. 分别在如下初始条件下求通项公式:

(1) $a_1=a_2=a_3=1$;　(2) $(a_1,a_2,a_3)=(1,2,5)$.

分析　中学数学学过等差数列与等比数列, 数列的每一项 a_n 都是前一项的函数 $a_n=f(a_{n-1})$, 其中 $f(x)=x+k$ 或者 $f(x)=kx$, k 是常数. 很容易得出通项公式 $a_n=f^{n-1}(a_1)=a_1+(n-1)k$ 或 a_1k^{n-1}, f^{n-1} 表示将函数 f 重复作用 $n-1$ 次.

本题的数列的每一项 $a_n=3a_{n-1}-3a_{n-2}+a_{n-3}$ 不是由前一项算出来的, 而是由前面 3 项共同算出来, 是前面 3 项的 3 元函数, 看起来难度很大. 但如果将数列中每相邻 3 项组成一个数组 $\boldsymbol{\alpha}_n=(a_n,a_{n+1},a_{n+2})$, 看成 1 项, 组成序列 $\boldsymbol{\alpha}_1,\boldsymbol{\alpha}_2,\cdots,\boldsymbol{\alpha}_n$, 则每一项 $\boldsymbol{\alpha}_n=(a_n,a_{n+1},a_{n+2})$ 中每个分量都可以由前一项 $\boldsymbol{\alpha}_{n-1}=(a_{n-1},a_{n-2},a_{n-3})$ 的 3 个分量算出, 也就是由前一项 $\boldsymbol{\alpha}_{n-1}$ 算出, $\boldsymbol{\alpha}_n=f(\boldsymbol{\alpha}_{n-1})$ 就变成前面一项 $\boldsymbol{\alpha}_{n-1}$ 的"一元函数", 类似地可得到 $\boldsymbol{\alpha}_n=f^{n-1}(\boldsymbol{\alpha}_1)$, 用 f 将首项 $\boldsymbol{\alpha}_1$ 重复作用 $n-1$ 次得到第 n 项 $\boldsymbol{\alpha}_n$. f 的作用将三元数组 $\boldsymbol{\alpha}_{n-1}$ 变成三元数组 $\boldsymbol{\alpha}_n$, 严格说起来不是函数, 而是三元数组空间上的变换. 只要能求出 f 的 $n-1$ 次幂, 问题就解决了.

解　以数列相邻 3 项为分量组成 3 维行向量 $\boldsymbol{\alpha}_n=(a_n,a_{n+1},a_{n+2})$, 组成序列 $\boldsymbol{\alpha}_1,\boldsymbol{\alpha}_2,\cdots,\boldsymbol{\alpha}_n$, 则已知条件可写为

$$\begin{aligned}\boldsymbol{\alpha}_{n-2}&=(a_{n-2},a_{n-1},a_n)=(a_{n-2},a_{n-1},3a_{n-1}-3a_{n-2}+a_{n-3})\\&=(a_{n-3},a_{n-2},a_{n-1})\begin{pmatrix}0&0&1\\1&0&-3\\0&1&3\end{pmatrix}\\&=\boldsymbol{\alpha}_{n-3}\boldsymbol{A}=\boldsymbol{\alpha}_1\boldsymbol{A}^{n-3}\end{aligned}$$

其中:

$$\boldsymbol{A}=\begin{pmatrix}0&0&1\\1&0&-3\\0&1&3\end{pmatrix}$$

只要算出 $\boldsymbol{A}^{n-3}$, 就能由 a_1,a_2,a_3 算出 $(a_1,a_2,a_3)\boldsymbol{A}^{n-3}=(a_{n-2},a_{n-1},a_n)$, 得到 a_n.

为了计算 $\boldsymbol{A}^{n-3}$, 将 $\boldsymbol{A}$ 相似到若尔当标准形 $\boldsymbol{J}$.

$\boldsymbol{A}$ 的特征多项式 $\varphi_{\boldsymbol{A}}(\lambda)=|\lambda\boldsymbol{I}-\boldsymbol{A}|=(\lambda-1)^3$, 只有唯一的特征值 1. 方程组 $(\boldsymbol{A}-\boldsymbol{I})\boldsymbol{X}=\mathbf{0}$ 的解空间为 1 维, 若尔当标准形 $\boldsymbol{J}=\boldsymbol{J}_3(1)$ 由一个若尔当块组成. 我们有

$$\boldsymbol{A}-\boldsymbol{I}=\begin{pmatrix}-1&0&1\\1&-1&-3\\0&1&2\end{pmatrix},\ (\boldsymbol{A}-\boldsymbol{I})^2=\begin{pmatrix}1&1&1\\-2&-2&-2\\1&1&1\end{pmatrix}$$

取 $\boldsymbol{P}_3=(1,0,0)^{\mathrm{T}}$, $\boldsymbol{P}_2=(\boldsymbol{A}-\boldsymbol{I})\boldsymbol{P}_3=(-1,1,0)^{\mathrm{T}}$, $\boldsymbol{P}_1=(\boldsymbol{A}-\boldsymbol{I})^2\boldsymbol{P}_3=(1,-2,1)^{\mathrm{T}}$. 依次以 $\boldsymbol{P}_1,\boldsymbol{P}_2,\boldsymbol{P}_3$ 为各列组成可逆方阵 $\boldsymbol{P}=(\boldsymbol{P}_1,\boldsymbol{P}_2,\boldsymbol{P}_3)$, 则:

$$(\boldsymbol{A}-\boldsymbol{I})\boldsymbol{P}=(\boldsymbol{A}-\boldsymbol{I})(\boldsymbol{P}_1,\boldsymbol{P}_2,\boldsymbol{P}_3)=(\mathbf{0},\boldsymbol{P}_1,\boldsymbol{P}_2)=(\boldsymbol{P}_1,\boldsymbol{P}_2,\boldsymbol{P}_3)\boldsymbol{J}_3(0)=\boldsymbol{P}\boldsymbol{J}_3(0)$$

$\boldsymbol{P}^{-1}(\boldsymbol{A}-\boldsymbol{I})\boldsymbol{P}=\boldsymbol{J}_3(0)$, $\boldsymbol{A}=\boldsymbol{P}(\boldsymbol{I}+\boldsymbol{N})\boldsymbol{P}^{-1}$ 对 $\boldsymbol{N}=\boldsymbol{J}_3(0)$ 成立.

$$\begin{aligned}\boldsymbol{A}^{n-3}&=\boldsymbol{P}(\boldsymbol{I}+\boldsymbol{N})^{n-3}\boldsymbol{P}^{-1}=\boldsymbol{P}(\boldsymbol{I}+(n-3)\boldsymbol{N}+\frac{(n-3)(n-4)}{2}\boldsymbol{N}^2)\boldsymbol{P}^{-1}\\&=\begin{pmatrix}1&-1&1\\-2&1&0\\1&0&0\end{pmatrix}\begin{pmatrix}1&n-3&\dfrac{(n-3)(n-4)}{2}\\0&1&n-3\\0&0&1\end{pmatrix}\begin{pmatrix}1&-1&1\\-2&1&0\\1&0&0\end{pmatrix}^{-1}\\&=\begin{pmatrix}10-\dfrac{9n}{2}+\dfrac{n^2}{2}&6-\dfrac{7n}{2}+\dfrac{n^2}{2}&3-\dfrac{5n}{2}+\dfrac{n^2}{2}\\-15+8n-n^2&-8+6n-n^2&-3+4n-n^2\\6-\dfrac{7n}{2}+\dfrac{n^2}{2}&3-\dfrac{5n}{2}+\dfrac{n^2}{2}&1-\dfrac{3n}{2}+\dfrac{n^2}{2}\end{pmatrix}\end{aligned}$$

(1) $\boldsymbol{\alpha}_{n-2}=(1,1,1)\boldsymbol{A}^{n-3}=(*,*,1)$. $a_n=1$.

(2) $\boldsymbol{\alpha}_{n-2}=(1,2,5)\boldsymbol{A}^{n-3}=(*,*,2-2n+n^2)$. $a_n=2-2n+n^2$. □

点评 注意, 只需算出 $(a_1,a_2,a_3)\boldsymbol{A}^{n-3}=(a_{n-2},a_{n-1},a_n)$ 的第 3 分量就可得到 a_n, 前两个分量不需要计算. 实际上, $\boldsymbol{A}^{n-3}$ 也不需要算出前两列, 只要算出第 3 列就行了.

可以在 Mathematica 中直接运行如下语句计算 $(1,1,1)\boldsymbol{A}^{n-3}$ 和 $(1,2,5)\boldsymbol{A}^{n-3}$:

```
A={{0,0,1},{1,0,-3},{0,1,3}};
```

B=MatrixPower[A,n-3];Expand[{{1,1,1},{1,2,5}}.B]

运行结果为:

{{1,1,1},{10-6n+n^2,5-4n+n^2,2-2n+n^2}}

这说明: $(1,1,1)\boldsymbol{A}^{n-3}=(1,1,1)$, $(1,2,5)\boldsymbol{A}^{n-3}=(10-6n+n^2,5-4n+n^2,2-2n+n^2)$. 两小题的通项公式分别为 $a_n=1$ 和 $a_n=2-2n+n^2$.

语句中的 MatrixPower[A,n-3] 是算出方阵 $\boldsymbol{A}$ 的 $n-3$ 次幂 $\boldsymbol{A}^{n-3}$ 作为 $\boldsymbol{B}$. 后面一句则是以 $(1,1,1),(1,2,5)$ 为两行排成矩阵再与 $\boldsymbol{B}$ 相乘, 得到的矩阵的两行就分别是 $(1,1,1)\boldsymbol{B}$ 与 $(1,2,5)\boldsymbol{B}$. Expand 表示将方括号内的矩阵的各元素经过展开和合并同类项整理成标准形式. 如果没有这个命令, 得到的答案就可能非常繁琐, 不符合要求.

本题的目的是算出通项公式, 因此只算出了 $\boldsymbol{B}=\boldsymbol{A}^{n-3}$ 而没有将它输出. 如果需要用矩阵形式输出 $\boldsymbol{A}^{n-3}$, 只要再运行如下语句即可:

Expand[B]//MatrixForm

运行结果为:

$$\begin{pmatrix} 10-\dfrac{9n}{2}+\dfrac{n^2}{2} & 6-\dfrac{7n}{2}+\dfrac{n^2}{2} & 3-\dfrac{5n}{2}+\dfrac{n^2}{2} \\ -15+8n-n^2 & -8+6n-n^2 & -3+4n-n^2 \\ 6-\dfrac{7n}{2}+n^2 & 3-\dfrac{5n}{2}+\dfrac{n^2}{2} & 1-\dfrac{3n}{2}+\dfrac{n^2}{2} \end{pmatrix}$$

注意本题第 (1) 小题的结果非常简单: $(1,1,1)\boldsymbol{A}^{n-3}=(1,1,1)$, 因而 $a_n=1$. 如果只做第 (1) 小题而不做第 (2) 小题, 就不需用一般方法先求出 $\boldsymbol{A}^{n-3}$ 再求 $(1,1,1)\boldsymbol{A}^{n-3}$. 只要由 $(1,1,1)\boldsymbol{A}=(1,1,1)$ 就知道 $(1,1,1)\boldsymbol{A}^{n-3}=(1,1,1)$ 对任意正整数 $n>3$ 成立. 更进一步, 根本不需写出 $\boldsymbol{A}$, 只要看出当 $a_{n-1}=a_{n-2}=a_{n-3}=1$ 时有 $a_n=3a_{n-1}-3a_{n-2}+a_{n-3}=1$, 就得到 $(1,1,1)=(a_1,a_2,a_3)=(a_2,a_3,a_4)=\cdots=(a_{n-2},a_{n-1},a_n)$, 从而 $a_n=1$. □

7.9.3 求证: 任意复方阵 $\boldsymbol{A}$ 可以分解为两个方阵 $\boldsymbol{A_D},\boldsymbol{A_N}$ 的和 $\boldsymbol{A}=\boldsymbol{A_D}+\boldsymbol{A_N}$, 其中 $\boldsymbol{A_D}$ 可对角化, $\boldsymbol{A_N}$ 幂零, 且 $\boldsymbol{A_D}\boldsymbol{A_N}=\boldsymbol{A_N}\boldsymbol{A_D}$. 并证明这种分解是唯一的.

证明 设 $\lambda_1,\cdots,\lambda_t$ 是 $\boldsymbol{A}$ 的全部不同的特征值, $m_1,\cdots,m_t$ 分别是 $\boldsymbol{A}$ 的若尔当标准形中属于这些特征值的若尔当块的最大阶数, 则存在可逆复方阵 $\boldsymbol{P}$ 将 $\boldsymbol{A}$ 相似到若尔当标准形 $\boldsymbol{J}=\mathrm{diag}(\boldsymbol{J}_{m_1}(\lambda_1),\cdots,\boldsymbol{J}_{m_d}(\lambda_d))$, 其中 $j>t$ 的若尔当块 $\boldsymbol{J}_{m_j}(\lambda_j)$ 所属的特征值 λ_j 等于某个 λ_i $(1\leqslant i\leqslant t)$ 且阶数 $m_j\leqslant m_i$.

每个若尔当块 $\boldsymbol{J}_{m_i}(\lambda_i)=\lambda_i\boldsymbol{I}_{(m_i)}+\boldsymbol{J}_{m_i}(0)$ 可分解为同阶纯量阵 $\boldsymbol{D}_i=\lambda_i\boldsymbol{I}_{(m_i)}$ 与幂零阵 $\boldsymbol{N}_i=\boldsymbol{J}_{m_i}(0)$ 之和, 且 $\boldsymbol{D}_i\boldsymbol{N}_i=\boldsymbol{N}_i\boldsymbol{D}_i$. 因此 $\boldsymbol{J}=\boldsymbol{D}+\boldsymbol{N}$ 分解为对角阵 $\boldsymbol{D}=\mathrm{diag}(\boldsymbol{D}_1,\cdots,\boldsymbol{D}_d)$ 与幂零阵 $\boldsymbol{N}=\mathrm{diag}(\boldsymbol{N}_1,\cdots,\boldsymbol{N}_d)$ 之和, 且 $\boldsymbol{DN}=\boldsymbol{ND}$. 于是 $\boldsymbol{A}=\boldsymbol{PJP}^{-1}=\boldsymbol{P}(\boldsymbol{D}+\boldsymbol{N})\boldsymbol{P}^{-1}$ 是 $\boldsymbol{A_D}=\boldsymbol{PDP}^{-1}$ 与 $\boldsymbol{A_N}=\boldsymbol{PNP}^{-1}$ 之和. 其中 $\boldsymbol{A_D}$ 相似于对角阵 $\boldsymbol{D}$, 可对角化; 且由 $\boldsymbol{N}$ 幂零知存在正整数 m 使 $\boldsymbol{N}^m=\boldsymbol{O}$ 从而 $\boldsymbol{A}_{\boldsymbol{N}}^m=\boldsymbol{PN}^m\boldsymbol{P}^{-1}=\boldsymbol{O}$, $\boldsymbol{A_N}$ 幂零. 且 $\boldsymbol{A_D}\boldsymbol{A_N}=\boldsymbol{PDNP}^{-1}=\boldsymbol{PNDP}^{-1}=\boldsymbol{A_N}\boldsymbol{A_D}$.

为了证明分解的唯一性, 我们先证明前面得到的分解式 $\boldsymbol{A}=\boldsymbol{A_D}+\boldsymbol{A_N}$ 得到的 $\boldsymbol{A_D},\boldsymbol{A_N}$ 可以写成 $\boldsymbol{A}$ 的多项式 $\boldsymbol{A_D}=f(\boldsymbol{A})$ 及 $\boldsymbol{A_N}=g(\boldsymbol{A})$, 其中 $f(\lambda),g(\lambda)$ 是复系数多项式. $\boldsymbol{J}$ 的每个若尔当块 $\boldsymbol{J}_{m_i}(\lambda_i)=\boldsymbol{D}_i+\boldsymbol{N}_i$ 分解得到的对角阵 $\boldsymbol{D}_i=\lambda_i\boldsymbol{I}_{(m_i)}$ 是纯量阵, 可以看成在常数多项式 $f_i(\lambda)=\lambda_i$ 中将字母 λ 替换成矩阵 $\boldsymbol{J}_{(m_i)}(\lambda_i)$ 得到的 $f_i(\boldsymbol{J}_{m_i}(\lambda_i))$. 前 t 个

若尔当块 $\boldsymbol{J}_{m_i}(\lambda_i)$ $(1\leqslant i\leqslant t)$ 的特征值两两不同, 最小多项式 $(\lambda-\lambda_i)^{m_i}$ 两两互素, 由中国剩余定理知存在复系数多项式 $f(\lambda)\equiv\lambda_i \bmod ((\lambda-\lambda_i)^{m_i})$ 对 $1\leqslant i\leqslant t$ 成立从而也对 $1\leqslant i\leqslant d$ 成立. 设 $f(\lambda)$ 被 $(\lambda-\lambda_i)^{m_i}$ $(1\leqslant i\leqslant t)$ 除的商为 $q_i(\lambda)$, 则由余式为 λ_i 知 $f(\lambda)=q_i(\lambda)(\lambda-\lambda_i)^{m_i}+\lambda_i$ 从而 $f(\boldsymbol{J}_{m_i}(\lambda_i))=\lambda_i\boldsymbol{I}_{(m_i)}$, 且当 $j>t$ 时 $\lambda_j=\lambda_i$ 对某个 $1\leqslant i\leqslant t$ 成立, $(\lambda-\lambda_i)^{m_i}$ 也是 $\boldsymbol{J}_{m_j}(\lambda_j)$ 的零化多项式, 仍有 $f(\boldsymbol{J}_{m_j}(\lambda_j))=\lambda_j\boldsymbol{I}_{(m_j)}$. 这说明 $f(\boldsymbol{J})=\boldsymbol{D}=\mathrm{diag}(\lambda_1\boldsymbol{I}_{(m_1)},\cdots,\lambda_d\boldsymbol{I}_{(m_d)})$, 从而 $f(\boldsymbol{A})=\boldsymbol{P}f(\boldsymbol{J})\boldsymbol{P}^{-1}=\boldsymbol{A_D}$. 且 $\boldsymbol{A_N}=\boldsymbol{A}-\boldsymbol{A_D}=g(\boldsymbol{A})$ 对 $g(\lambda)=\lambda-f(\lambda)$ 成立.

设 $\boldsymbol{A}=\boldsymbol{A}_1+\boldsymbol{A}_2$ 是 $\boldsymbol{A}$ 的另一个分解式, 其中 $\boldsymbol{A}_1$ 可对角化, $\boldsymbol{A}_2$ 幂零, 且 $\boldsymbol{A}_1\boldsymbol{A}_2=\boldsymbol{A}_2\boldsymbol{A}_1$. 我们证明 $\boldsymbol{A}_1=\boldsymbol{A_D},\boldsymbol{A}_2=\boldsymbol{A_N}$. 首先, 由 $\boldsymbol{A}_1\boldsymbol{A}_2=\boldsymbol{A}_2\boldsymbol{A}_1$ 知 $\boldsymbol{A}_1(\boldsymbol{A}_1+\boldsymbol{A}_2)=(\boldsymbol{A}_1+\boldsymbol{A}_2)\boldsymbol{A}_1$, 即 $\boldsymbol{A}_1\boldsymbol{A}=\boldsymbol{A}\boldsymbol{A}_1$. 进而有 $\boldsymbol{A}_1f(\boldsymbol{A})=f(\boldsymbol{A})\boldsymbol{A}_1$ 即 $\boldsymbol{A}_1\boldsymbol{A_D}=\boldsymbol{A_D}\boldsymbol{A}_1$. 同理可知 $\boldsymbol{A}_2\boldsymbol{A_N}=\boldsymbol{A_N}\boldsymbol{A}_2$. 由 $\boldsymbol{A_D}+\boldsymbol{A_N}=\boldsymbol{A}=\boldsymbol{A}_1+\boldsymbol{A}_2$ 知 $\boldsymbol{A_D}-\boldsymbol{A}_1=\boldsymbol{A}_2-\boldsymbol{A_N}$. 记 $\boldsymbol{D}_0=\boldsymbol{A_D}-\boldsymbol{A}_1$, $\boldsymbol{N}_0=\boldsymbol{A}_2-\boldsymbol{A_N}$, 则 $\boldsymbol{D}_0=\boldsymbol{N}_0$.

我们证明可交换的两个可对角化矩阵 $\boldsymbol{A_D},\boldsymbol{A}_1$ 之差 $\boldsymbol{D}_0$ 仍可对角化, 可交换的两个幂零矩阵 $\boldsymbol{A_N},\boldsymbol{A}_2$ 之差 $\boldsymbol{N}_0$ 仍幂零.

由 $\boldsymbol{A_N},\boldsymbol{A}_2$ 幂零知存在正整数 k,k_1 使 $\boldsymbol{A_N}^k=\boldsymbol{O}=\boldsymbol{A}_2^{k_1}$, 由 $\boldsymbol{A_N}$ 与 $\boldsymbol{A}_2$ 乘法可交换知 $\boldsymbol{N}_0^{k+k_1}=(\boldsymbol{A}_2-\boldsymbol{A_N})^{k_1+k}$ 可用牛顿二项式定理展开为

$$(\boldsymbol{A}_2-\boldsymbol{A_N})^{k_1+k}=\sum_{i=0}^{k_1+k}\mathrm{C}_{k_1+k}^i\boldsymbol{A}_2^{k_1+k-i}\boldsymbol{A_N}^i$$

其中

$$\mathrm{C}_{k_1+k}^i=\frac{(k_1+k)(k_1+k-1)\cdots(k_1+k-i+1)}{i!}$$

展开式右边的每一项 $\mathrm{C}_{k_1+k}^i\boldsymbol{A}_2^{k_1+k-i}\boldsymbol{A_N}^i$ 中的指数 k_1+k-i 与 i 之和为 k_1+k, $k_1+k-i\geqslant k_1$ 与 $i\geqslant k$ 至少有一个成立, $\boldsymbol{A}_2^{k_1+k-i}=\boldsymbol{O}$ 与 $\boldsymbol{A_N}^i=\boldsymbol{O}$ 至少有一个成立, 因此总有 $\boldsymbol{A}_2^{k_1+k-i}\boldsymbol{A_N}^i=\boldsymbol{O}$, 从而 $\boldsymbol{N}_0^{k_1+k}=\boldsymbol{O}$, 这证明了 $\boldsymbol{N}_0$ 幂零.

$\boldsymbol{A_D}$ 可被可逆方阵 $\boldsymbol{P}_1$ 相似到对角阵 $\boldsymbol{P}_1^{-1}\boldsymbol{A_D}\boldsymbol{P}_1=\boldsymbol{D}_1=\mathrm{diag}(\boldsymbol{\lambda}_1\boldsymbol{I}_{(n_1)},\cdots,\lambda_t\boldsymbol{I}_{(n_t)})$, 其中 $\lambda_1,\cdots,\lambda_t$ 两两不同. $\boldsymbol{A}_1$ 被 $\boldsymbol{P}_1$ 相似到 $\boldsymbol{B}=\boldsymbol{P}_1^{-1}\boldsymbol{A}_1\boldsymbol{P}_1$, 由 $\boldsymbol{A}_1$ 可对角化及 $\boldsymbol{A_D}\boldsymbol{A}_1=\boldsymbol{A}_1\boldsymbol{A_D}$ 知 $\boldsymbol{B}$ 可对角化且 $\boldsymbol{D}_1\boldsymbol{B}=\boldsymbol{B}\boldsymbol{D}_1$. 由 $\boldsymbol{D}_1\boldsymbol{B}=\boldsymbol{B}\boldsymbol{D}_1$ 知 $\boldsymbol{B}=\mathrm{diag}(\boldsymbol{B}_1,\cdots,\boldsymbol{B}_t)$, 其中每个对角块 $\boldsymbol{B}_i\in F^{n_i\times n_i}$. $\boldsymbol{B}$ 的最小多项式 $d_{\boldsymbol{B}}(\lambda)$ 等于各对角块 $\boldsymbol{B}_i$ 的最小多项式的最小公倍式, 由 $\boldsymbol{B}$ 可对角化知 $d_{\boldsymbol{A}}(\lambda)$ 没有重根, 从而各对角块 $\boldsymbol{B}_i$ 的最小多项式都没有重根, 每个 $\boldsymbol{B}_i$ 都可对角化, 存在 n_i 阶可逆方阵 $\boldsymbol{Q}_i$ 将 $\boldsymbol{B}_i$ 相似到对角阵 $\boldsymbol{Q}_i^{-1}\boldsymbol{B}_i\boldsymbol{Q}_i=\boldsymbol{\Lambda}_i$, n 阶可逆方阵 $\boldsymbol{Q}=\mathrm{diag}(\boldsymbol{Q}_1,\cdots,\boldsymbol{Q}_t)$ 将 $\boldsymbol{B}$ 相似到对角阵 $\boldsymbol{\Lambda}=\mathrm{diag}(\boldsymbol{\Lambda}_1,\cdots,\boldsymbol{\Lambda}_t)$, 且 $\boldsymbol{Q}^{-1}\boldsymbol{D}_1Q=\boldsymbol{D}_1$ 仍是对角阵. 这证明了 $\boldsymbol{A_D}$ 与 $\boldsymbol{A}_1$ 可以被同一个可逆方阵 $\boldsymbol{P}_1\boldsymbol{Q}$ 同时相似到对角阵 $(\boldsymbol{P}_1\boldsymbol{Q})^{-1}\boldsymbol{A_D}(\boldsymbol{P}_1\boldsymbol{Q})=\boldsymbol{D}_1$ 与 $(\boldsymbol{P}_1\boldsymbol{Q})^{-1}\boldsymbol{A}_1(\boldsymbol{P}_1\boldsymbol{Q})=\boldsymbol{\Lambda}$, 因而 $\boldsymbol{P}_1\boldsymbol{Q}$ 将 $\boldsymbol{D}_0=\boldsymbol{A_D}-\boldsymbol{A}_1$ 相似到 $(\boldsymbol{P}_1\boldsymbol{Q})^{-1}(\boldsymbol{A_D}-\boldsymbol{A}_1)(\boldsymbol{P}_1\boldsymbol{Q})=\boldsymbol{D}_1-\boldsymbol{\Lambda}$. 两个对角阵 $\boldsymbol{D}_1,\Lambda$ 之差 $\boldsymbol{D}_1-\boldsymbol{\Lambda}$ 仍是对角阵. 这证明了 $\boldsymbol{D}_0=\boldsymbol{A_D}-\boldsymbol{A}_1$ 可对角化.

于是 $\boldsymbol{D}_0=\boldsymbol{A_D}-\boldsymbol{A}_1=\boldsymbol{A}_2-\boldsymbol{A_N}=\boldsymbol{N}_0$ 既可对角化也幂零. 存在正整数 d 使 $\boldsymbol{D}_0^d=\boldsymbol{N}_0^d=\boldsymbol{O}$, 从而 $(\boldsymbol{D}_1-\boldsymbol{\Lambda})^d=(\boldsymbol{P}_1\boldsymbol{Q})^{-1}\boldsymbol{D}_0^d(\boldsymbol{P}_1\boldsymbol{Q})=\boldsymbol{O}$. 对角阵 $\boldsymbol{D}_1-\boldsymbol{\Lambda}$ 的每个对角元的 d 次幂等于 0, 所有这些对角元也等于 0. 这证明了 $\boldsymbol{D}_0=\boldsymbol{A_D}-\boldsymbol{A}_1=\boldsymbol{A}_2-\boldsymbol{A_N}=\boldsymbol{O}$, $\boldsymbol{A_D}=\boldsymbol{A}_1$ 且 $\boldsymbol{A_N}=\boldsymbol{A}_2$

成立, 也就是证明了分解式 $\boldsymbol{A}=\boldsymbol{A}_{\boldsymbol{D}}+\boldsymbol{A}_{\boldsymbol{N}}$ 的唯一性. □

7.9.4 求证: 任意可逆复方阵 $\boldsymbol{A}$ 可以分解为 $\boldsymbol{A}=\boldsymbol{A}_{\boldsymbol{D}}\boldsymbol{A}_U$, 其中 $\boldsymbol{A}_{\boldsymbol{D}}$ 可对角化, $\boldsymbol{A}_U$ 的特征值全为 1, 且 $\boldsymbol{A}_{\boldsymbol{D}}\boldsymbol{A}_{\boldsymbol{U}}=\boldsymbol{A}_{\boldsymbol{U}}\boldsymbol{A}_{\boldsymbol{D}}$; 并且这种分解是唯一的.

证明 存在可逆方阵 $\boldsymbol{P}$ 将 $\boldsymbol{A}$ 相似于若尔当标准形 $\boldsymbol{J}=\mathrm{diag}(\boldsymbol{J}_{m_1}(\lambda_1),\cdots,\boldsymbol{J}_{m_d}(\lambda_d))$, 其中每个若尔当块 $\boldsymbol{J}_{(m_i)}(\lambda_i)=\lambda_i\boldsymbol{I}_{(m_i)}+\boldsymbol{N}_i$, $\boldsymbol{N}_i=\boldsymbol{J}_{m_i}(0)$ 是幂零阵且与同阶纯量阵 $\lambda_i\boldsymbol{I}_{(m_i)}$ 乘法可交换. 从而 $\boldsymbol{J}=\boldsymbol{D}+\boldsymbol{N}$, 其中 $\boldsymbol{D}=\mathrm{diag}(\lambda_1\boldsymbol{I}_{(m_1)},\cdots,\lambda_d\boldsymbol{I}_{(m_d)})$ 是对角阵, $\boldsymbol{N}=\mathrm{diag}(\boldsymbol{N}_1,\cdots,\boldsymbol{N}_d)$ 是幂零阵, 且 $\boldsymbol{DN}=\boldsymbol{ND}$.

由 $\boldsymbol{A}$ 可逆知所有的特征值 λ_i $(1\leqslant i\leqslant d)$ 都不为 0, 从而对角阵 $\boldsymbol{D}=\mathrm{diag}(\lambda_1\boldsymbol{I}_{(m_1)},\cdots,\lambda_d\boldsymbol{I}_{(m_d)})$ 可逆, $\boldsymbol{J}=\boldsymbol{DU}$ 对 $\boldsymbol{U}=\boldsymbol{D}^{-1}\boldsymbol{J}$ 成立. 且 $\boldsymbol{U}=\boldsymbol{D}^{-1}(\boldsymbol{D}+\boldsymbol{N})=\boldsymbol{I}+\boldsymbol{D}^{-1}\boldsymbol{N}=\mathrm{diag}(\boldsymbol{U}_1,\cdots,\boldsymbol{U}_d)$ 的每个对角块

$$\boldsymbol{U}_i=\boldsymbol{I}+\lambda_i^{-1}\boldsymbol{J}_{m_i}(0)=\begin{pmatrix}1 & \lambda_i^{-1} & & \\ & \ddots & \ddots & \\ & & 1 & \lambda_i^{-1}\\ & & & 1\end{pmatrix}$$

的特征值全为 1, 因此 $\boldsymbol{U}$ 的特征值全为 1. 且由 $\boldsymbol{DN}=\boldsymbol{ND}$ 知 $\boldsymbol{DU}=\boldsymbol{D}(\boldsymbol{I}+\boldsymbol{D}^{-1}\boldsymbol{N})=(\boldsymbol{I}+\boldsymbol{D}^{-1}\boldsymbol{N})\boldsymbol{D}=\boldsymbol{UD}$, 于是 $\boldsymbol{A}=\boldsymbol{PJP}^{-1}=\boldsymbol{A}_{\boldsymbol{D}}\boldsymbol{A}_{\boldsymbol{U}}$ 对 $\boldsymbol{A}_{\boldsymbol{D}}=\boldsymbol{PDP}^{-1}$ 与 $\boldsymbol{A}_{\boldsymbol{U}}=\boldsymbol{PUP}^{-1}$ 成立, 其中 $\boldsymbol{A}_{\boldsymbol{D}}\boldsymbol{A}_{\boldsymbol{U}}=\boldsymbol{PDUP}^{-1}=\boldsymbol{PUDP}^{-1}=\boldsymbol{A}_{\boldsymbol{U}}\boldsymbol{A}_{\boldsymbol{D}}$, 且 $\boldsymbol{A}_{\boldsymbol{D}}$ 相似于对角阵 $\boldsymbol{D}$, 由 $\boldsymbol{U}$ 的特征值全为 1 知 $\boldsymbol{A}_{\boldsymbol{U}}=\boldsymbol{PUP}^{-1}$ 的特征值全为 1.

设有 $\boldsymbol{A}=\boldsymbol{A}_{\boldsymbol{D}}\boldsymbol{A}_{\boldsymbol{U}}=\boldsymbol{A}_1\boldsymbol{A}_2$, 其中 $\boldsymbol{A}_{\boldsymbol{D}}\boldsymbol{A}_{\boldsymbol{U}}=\boldsymbol{A}_{\boldsymbol{U}}\boldsymbol{A}_{\boldsymbol{D}}, \boldsymbol{A}_1\boldsymbol{A}_2=\boldsymbol{A}_2\boldsymbol{A}_1$, $\boldsymbol{A}_{\boldsymbol{D}},\boldsymbol{A}_1$ 都相似于对角阵, $\boldsymbol{A}_{\boldsymbol{U}},\boldsymbol{A}_2$ 的特征值都全为 1. $\boldsymbol{A}_2$ 的最小多项式具有形式 $(\lambda-1)^d$, 从而 $(\boldsymbol{A}-\boldsymbol{I})^d=\boldsymbol{O}$, $\boldsymbol{A}_2-\boldsymbol{I}$ 幂零. 由 $\boldsymbol{A}$ 可逆知 $\boldsymbol{A}_1$ 可逆, $\boldsymbol{A}-\boldsymbol{A}_1=\boldsymbol{A}_1\boldsymbol{A}_2-\boldsymbol{A}_1=\boldsymbol{A}_1(\boldsymbol{A}_2-\boldsymbol{I})$, $(\boldsymbol{A}-\boldsymbol{A}_1)^d=\boldsymbol{A}_1^d(\boldsymbol{A}_2-\boldsymbol{I})^d=\boldsymbol{A}_1^D\boldsymbol{O}=\boldsymbol{O}$, 这说明 $\boldsymbol{A}=\boldsymbol{A}_1+(\boldsymbol{A}-\boldsymbol{A}_1)$ 被分解为可对角化的 $\boldsymbol{A}_1$ 与幂零方阵 $\boldsymbol{A}-\boldsymbol{A}_1$ 之和. 且由 $\boldsymbol{A}_1\boldsymbol{A}_2=\boldsymbol{A}_2\boldsymbol{A}_1$ 知 $\boldsymbol{A}_1\boldsymbol{A}=\boldsymbol{A}_1(\boldsymbol{A}_1\boldsymbol{A}_2)=\boldsymbol{A}_1\boldsymbol{A}_2\boldsymbol{A}_1=\boldsymbol{A}\boldsymbol{A}_1$, 因而 $\boldsymbol{A}_1(\boldsymbol{A}-\boldsymbol{A}_1)=(\boldsymbol{A}-\boldsymbol{A}_1)\boldsymbol{A}_1$. 同理可知 $\boldsymbol{A}-\boldsymbol{A}_{\boldsymbol{D}}$ 幂零且与 $\boldsymbol{A}$ 乘法可交换. 在 7.9.3 中已证明将 $\boldsymbol{A}$ 分解为乘法可交换的可对角化方阵 $\boldsymbol{A}_{\boldsymbol{D}}$ 与幂零方阵 $\boldsymbol{A}_{\boldsymbol{N}}$ 之和所得到的 $\boldsymbol{A}_{\boldsymbol{D}},\boldsymbol{A}_{\boldsymbol{N}}$ 是唯一的. 这证明了 $\boldsymbol{A}_{\boldsymbol{D}}=\boldsymbol{A}_1$, 因而 $\boldsymbol{A}_{\boldsymbol{U}}=\boldsymbol{A}_{\boldsymbol{D}}^{-1}\boldsymbol{A}=\boldsymbol{A}_1^{-1}\boldsymbol{A}=\boldsymbol{A}_2$. 证明了分解式 $\boldsymbol{A}=\boldsymbol{A}_{\boldsymbol{D}}\boldsymbol{A}_{\boldsymbol{U}}$ 也是唯一的. □

7.9.5 求证: 任一复方阵可以写成两个对称复方阵的乘积, 并且可以指定其中任意一个是可逆方阵.

证明 先证明任一复方阵 $\boldsymbol{A}$ 可以被可逆对称阵 $\boldsymbol{S}$ 相似到 $\boldsymbol{A}^{\mathrm{T}}=\boldsymbol{S}^{-1}\boldsymbol{AS}$.

$\boldsymbol{A}$ 可被可逆方阵 $\boldsymbol{P}$ 相似到若尔当标准形 $\boldsymbol{P}^{-1}\boldsymbol{AP}=\boldsymbol{J}=\mathrm{diag}(\boldsymbol{J}_{m_1}(\lambda_1),\cdots,\boldsymbol{J}_{m_d}(\lambda_d))$. 每个若尔当块 $\boldsymbol{J}_{m_i}(\lambda_i)$ 能被同阶对称方阵

$$\boldsymbol{S}_i=\begin{pmatrix} & & 1\\ & \cdot^{\cdot^{\cdot}} & \\ 1 & & \end{pmatrix}$$

相似到 $\boldsymbol{S}_i^{-1}\boldsymbol{J}_{m_i}(\lambda_i)\boldsymbol{S}_i=\boldsymbol{J}_{m_i}(\lambda_i)^{\mathrm{T}}$. 因而 $\boldsymbol{J}$ 被对称方阵 $\boldsymbol{\Sigma}=\mathrm{diag}(\boldsymbol{S}_1,\cdots,\boldsymbol{S}_d)$ 相似到 $\boldsymbol{\Sigma}^{-1}\boldsymbol{J\Sigma}=\boldsymbol{J}^{\mathrm{T}}$. 从而

$$A^{\mathrm{T}}=(PJP^{-1})^{\mathrm{T}}=(P^{\mathrm{T}})^{-1}J^{\mathrm{T}}(P^{\mathrm{T}})=(P^{\mathrm{T}})^{-1}\Sigma^{-1}J\Sigma(P^{\mathrm{T}})$$
$$=(P^{\mathrm{T}})^{-1}\Sigma^{-1}(P^{-1}AP)\Sigma(P^{\mathrm{T}})=(P\Sigma P^{\mathrm{T}})^{-1}A(P\Sigma P^{\mathrm{T}})$$

A 被可逆方阵 $S=P\Sigma P^{\mathrm{T}}$ 相似到 $A^{\mathrm{T}}=S^{-1}AS$. 且 $S^{\mathrm{T}}=P\Sigma^{\mathrm{T}}P^{\mathrm{T}}=P\Sigma P^{\mathrm{T}}=S$, 可见 S 是对称方阵.

由 $A^{\mathrm{T}}=S^{-1}AS$ 得 $S^{-1}A=A^{\mathrm{T}}S^{-1}=((S^{\mathrm{T}})^{-1}A)^{\mathrm{T}}=(S^{-1}A)^{\mathrm{T}}$. 可见 $S^{-1}A$ 是对称方阵, $A=S(S^{-1}A)$ 是对称方阵 S 与 $S^{-1}A$ 的乘积, 其中前一个对称方阵 S 可逆.

另一方面, $A^{\mathrm{T}}=S^{-1}AS\Rightarrow AS=SA^{\mathrm{T}}=(AS)^{\mathrm{T}}$, 可见 AS 也是对称方阵. 由 $(S^{-1})^{\mathrm{T}}=(S^{\mathrm{T}})^{-1}=S^{-1}$ 知 S^{-1} 是可逆对称方阵. $A=(AS)S^{-1}$ 是两个对称方阵 AS,S^{-1} 的乘积, 其中第 2 个对称方阵 S^{-1} 可逆. □

7.9.6 设 A,B 是 n 阶方阵, 且 $\mathrm{diag}(A,A)$ 与 $\mathrm{diag}(B,B)$ 相似, 求证 A 与 B 相似.

证明 存在 n 阶可逆方阵 P_A 将 A 相似到若尔当标准形 $P_A^{-1}AP_A=J_A=\mathrm{diag}(J_1,\cdots,J_d)$, 则 $\mathrm{diag}(P_A,P_A)$ 将 $\tilde{A}=\mathrm{diag}(A,A)$ 相似到若尔当标准形

$$\tilde{J}_A=\mathrm{diag}(J_A,J_A)=\mathrm{diag}(J_1,\cdots,J_d,J_1,\cdots,J_d)$$

$\tilde{J}_A$ 的每个若尔当块 J_i 都是 J_A 的一个若尔当块. J_A 的每个若尔当块 $J_m(a)$ 在 $\tilde{J}_A$ 中出现的次数 $n(A,m,a)$ 是 $J_m(a)$ 在 J_A 中出现的次数 $n_A(m,a)$ 的 2 倍: $n(A,m,a)=2n_A(m,a)$.

同理, 存在 n 阶可逆方阵 P_B 将 B 相似到若尔当标准形 J_B, $\mathrm{diag}(P_B,P_B)$ 将 $\tilde{B}=\mathrm{diag}(B,B)$ 相似到若尔当标准形 $\tilde{J}_B=\mathrm{diag}(J_B,J_B)$, $\tilde{J}_B$ 的每个若尔当块 $J_m(a)$ 在 $\tilde{J}_B$ 中出现的次数 $n(B,m,a)$ 是 $J_m(a)$ 在 J_B 中的次数 $n_B(m,a)$ 的 2 倍: $n(B,m,a)=2n_B(m,a)$.

由于 $\tilde{A}$ 与 $\tilde{B}$ 相似, 任何一个若尔当块 $J_m(a)$ 在 $\tilde{A}$ 中与 $\tilde{B}$ 中出现的次数 $n(A,m,a)$ 与 $n(B,m,a)$ 相同, 即 $2n_A(m,a)=n(A,m,a)=n(B,m,a)=2n_B(m,a)$, 从而 $n_A(m,a)=n_B(m,a)$. 这证明了同一个若尔当块 $J_m(a)$ 在 J_A,J_B 中出现的次数相同, 若尔当标准形 J_A 与 J_B 所含的若尔当块对应相同 (除了排列顺序可能不同), J_A 与 J_B 相似, 这证明了 A 与 B 相似. □

7.9.7 设方阵 B 与每个与方阵 A 可交换的方阵都可交换, 证明 B 可以表示成 A 的多项式.

证明 存在可逆方阵 P_1 将 A 相似到若尔当标准形 $P_1^{-1}AP_1=J=\mathrm{diag}(J_{m_1}(\lambda_1),\cdots,J_{m_d}(\lambda_d))$, 并且可适当排列各若尔当块 $J_{m_i}(\lambda_i)$ 的顺序使前 t 个若尔当块对应的特征值 $\lambda_1,\cdots,\lambda_t$ 就是 A 的全部不同的特征值, 且 m_p $(1\leqslant p\leqslant t)$ 是 J 中属于特征值 λ_p 的各若尔当块的最大阶数. 因此, 其余每个若尔当块 $J_{m_j}(\lambda_j)$ $(t<j\leqslant d)$ 所属的特征值 λ_j 等于某个 λ_p $(1\leqslant p\leqslant t)$, 且 $m_j\leqslant m_p$.

设与 A 交换的每个方阵 X 被 P_1 相似到 $P_1^{-1}XP_1=X_1$, 与所有这样的 X 交换的 B 被相似到 $P_1^{-1}BP_1=B_1$, 则:

$$\{XA=AX,BX=XB,B=f(A)\}\Leftrightarrow\{X_1J=JX_1,X_1B_1=B_1X_1,B_1=f(J)\}$$

只要证明每个这样的 B_1 可表示成 J 的多项式 $f(J)$, 则 $B=f(A)$ 是 A 的多项式.

将 B_1 与 J 做相应的分块 $B_1=(B_{ij})_{d\times d}$, 使每个块 B_{ij} 是 $m_i\times m_j$ 矩阵.

依次取纯量阵 $kI_{(m_k)}$ $(1\leqslant k\leqslant d)$ 组成对角阵 $D_1=\mathrm{diag}(I_{(m_1)},2I_{(m_2)},\cdots,dI_{(m_d)})$, 则易见 D_1 与 J 交换, B_1 应与 D_1 交换. 比较等式 $D_1B_1=B_1D_1$ 两边的第 (k,j) 块得到

$k\boldsymbol{B}_{kj}=j\boldsymbol{B}_{kj}$ 从而 $(k-j)\boldsymbol{B}_{ij}=\boldsymbol{O}$. 当 $k\neq j$ 时得到 $\boldsymbol{B}_{kj}=\boldsymbol{O}$. 这证明了 $\boldsymbol{B}_1$ 的非对角块 $\boldsymbol{B}_{kj}$ $(k\neq j)$ 全为 $\boldsymbol{O}$, $\boldsymbol{B}_1=\mathrm{diag}(\boldsymbol{B}_{11},\cdots,\boldsymbol{B}_{dd})$ 是准对角阵.

$\boldsymbol{J}$ 与自身可交换, 因此 $\boldsymbol{B}_1$ 应与 $\boldsymbol{J}$ 交换. 比较等式 $\boldsymbol{J}\boldsymbol{B}_1=\boldsymbol{B}_1\boldsymbol{J}$ 的第 (i,i) 块得到 $\boldsymbol{J}_{m_i}(\lambda_i)\boldsymbol{B}_{ii}=\boldsymbol{B}_{ii}\boldsymbol{J}_{m_i}(\lambda_i)$. 等式两边同减 $\lambda_i\boldsymbol{B}_{ii}$ 得到 $(\boldsymbol{J}_{m_i}(\lambda_i)-\lambda_i\boldsymbol{I})\boldsymbol{B}_{ii}=\boldsymbol{B}_{ii}(\boldsymbol{J}_{m_i}(\lambda_i)-\lambda_i\boldsymbol{I})$, 即 $\boldsymbol{J}_{m_i}(0)\boldsymbol{B}_{ii}=\boldsymbol{B}_{ii}\boldsymbol{J}_{m_i}(0)$. 记 $\boldsymbol{B}_{ii}$ 的第 (p,q) 元为 b_{pq}, $1\leqslant p,q\leqslant m_i$. 比较 $\boldsymbol{J}_{m_i}(0)\boldsymbol{B}_{ii}=\boldsymbol{B}_{ii}\boldsymbol{J}_{m_i}(0)$ 两边的第 (p,q) 元素, 当 $q=1$ 且 $p\geqslant 2$ 时得到 $b_{p1}=0$, 当 $p=m_i$ 且 $q\leqslant m_i-1$ 时得到 $b_{m_i,q}=0$, 当 $1\leqslant p,q\leqslant m_i-1$ 时得到 $b_{pq}=b_{p+1,q+1}$. 于是:

$$\boldsymbol{B}_{ii}=\begin{pmatrix} b_{11} & b_{12} & \cdots & b_{1,m_i}\\ 0 & \ddots & \ddots & \vdots\\ \vdots & \ddots & b_{11} & b_{12}\\ 0 & \cdots & 0 & b_{11}\end{pmatrix}$$

$$=b_{11}\boldsymbol{I}+b_{12}\boldsymbol{N}_i+b_{13}\boldsymbol{N}_i^2+\cdots+b_{1n}\boldsymbol{N}_i^{m_i-1}=f_i(\boldsymbol{J}_{m_i}(\lambda_i))$$

其中 $\boldsymbol{N}_i=\boldsymbol{J}_{m_i}(0)$, $f_i(\lambda)=b_{11}+b_{12}(\lambda-\lambda_i)+\cdots+b_{1,m_i}(\lambda-\lambda_i)^{m_i-1}$ 是 λ 的多项式.

$\boldsymbol{J}$ 的每个若尔当块 $\boldsymbol{J}_{m_q}(\lambda_q)$ $(q>t)$ 与唯一一个 $\boldsymbol{J}_{m_p}(\lambda_p)$ $(1\leqslant p\leqslant t)$ 所属的特征值相同: $\lambda_q=\lambda_p$, 且 $m_q\leqslant m_p$. 取 $\boldsymbol{X}_1=(\boldsymbol{X}_{ij})_{d\times d}$ 使它的第 (p,q) 块

$$\boldsymbol{X}_{pq}=\begin{pmatrix}\boldsymbol{I}_{(m_q)}\\ \boldsymbol{O}\end{pmatrix}\in\mathbf{C}^{m_p\times m_q}$$

的前 m_q 行组成单位阵, 以后的各行都为零, 且其余每个块 $\boldsymbol{X}_{ij}=\boldsymbol{O}$ $(i\neq p$ 或 $j\neq q)$ 为 $m_i\times m_j$ 零矩阵. 易验证 $\boldsymbol{X}_1$ 与 $\boldsymbol{J}$ 交换, 从而 $\boldsymbol{B}_1$ 与 $\boldsymbol{X}_1$ 交换. 比较等式 $\boldsymbol{B}_1\boldsymbol{X}_1=\boldsymbol{X}_1\boldsymbol{B}_1$ 两边的第 (p,q) 块得 $\boldsymbol{B}_{pp}\boldsymbol{X}_{pq}=\boldsymbol{X}_{pq}\boldsymbol{B}_{qq}$. 将 m_p 阶上三角方阵 $\boldsymbol{B}_{pp}=(b_{ij})_{m_p\times m_p}$ 分块为

$$\boldsymbol{B}_{pp}=\begin{pmatrix} b_{11} & \cdots & b_{1,m_p}\\ & \ddots & \vdots\\ & & b_{11}\end{pmatrix}=\begin{pmatrix}\boldsymbol{\Pi}_1 & \boldsymbol{\Pi}_2\\ \boldsymbol{O} & \boldsymbol{\Pi}_4\end{pmatrix}$$

使其中 $\boldsymbol{\Pi}_1=(b_{ij})_{1\leqslant i,j\leqslant m_q}$ 是由 $\boldsymbol{B}_{pp}$ 的前 m_q 行与前 m_q 列交叉位置组成的 m_q 阶方阵. 则:

$$\boldsymbol{B}_{pp}\boldsymbol{X}_{pq}=\begin{pmatrix}\boldsymbol{\Pi}_1\\ \boldsymbol{O}\end{pmatrix}=\boldsymbol{X}_{pq}\boldsymbol{B}_{qq}=\begin{pmatrix}\boldsymbol{B}_{qq}\\ \boldsymbol{O}\end{pmatrix}$$

可见:

$$\boldsymbol{B}_{qq}=\boldsymbol{\Pi}_1=(b_{ij})_{1\leqslant i,j\leqslant m_q}=b_{11}\boldsymbol{I}+b_{12}\boldsymbol{J}_{m_q}(0)+\cdots+b_{1,m_q}\boldsymbol{J}_{m_q}(0)^{m_q-1}$$

我们有

$$\boldsymbol{B}_{pp}=(b_{ij})_{m_p\times m_p}=b_{11}\boldsymbol{I}+b_{12}\boldsymbol{J}_{m_p}(0)+\cdots+b_{1,m_p}\boldsymbol{J}_{m_p}(0)^{m_p-1}=f_p(\boldsymbol{J}_{m_p}(\lambda_p))$$

对多项式 $f_p(\lambda)=b_{11}+b_{12}\lambda+\cdots+b_{1,m_p}\lambda^{m_p-1}$ 成立. 由于 $\lambda_q=\lambda_p$, 且当 $k\geqslant m_q$ 时有 $\boldsymbol{J}_{m_q}(0)^k=\boldsymbol{O}$, 因此也有 $\boldsymbol{B}_{qq}=f_p(\boldsymbol{J}_{m_q}(\lambda_q))$. 这证明了 $\boldsymbol{B}_{qq}=f_p(\boldsymbol{J}_{m_q}(\lambda_q))$ 对 $\boldsymbol{J}$ 中属于同

一个特征值 λ_p 的所有若尔当块 $\boldsymbol{J}_{m_q}(\lambda_q)$ 成立. 由于 $m_p \geqslant m_q$, $\boldsymbol{J}_{m_p}(\lambda_p)$ 的最小多项式 $(\lambda-\lambda_p)^{m_p}$ 也是所有的 $\boldsymbol{J}_{m_q}(\lambda_p)$ 的化零多项式. 只要多项式 $f(\lambda)$ 被 $(\lambda-\lambda_p)^{m_p}$ 除的余式等于 $f_p(\lambda)$, 则 $f(\boldsymbol{J}_{m_q}(\lambda_q))=\boldsymbol{B}_{qq}$ 也成立.

$\boldsymbol{J}$ 的前 t 个若尔当块 $\boldsymbol{J}_{m_p}(\lambda_p)$ $(1\leqslant p\leqslant t)$ 的最小多项式 $(\lambda-\lambda_p)^{m_p}$ 两两互素. 根据中国剩余定理, 存在多项式 $f(\lambda)$ 被每个 $(\lambda-\lambda_p)^{m_p}$ $(1\leqslant p\leqslant t)$ 除的余式等于 $f_p(\lambda)$. 于是 $f(\boldsymbol{J}_{m_i}(\lambda_i))=\boldsymbol{B}_{ii}$ 对 $\boldsymbol{J}$ 的所有的块 $\boldsymbol{J}_{m_i}(\lambda_i)$ 成立, $f(\boldsymbol{J})=\mathrm{diag}(\boldsymbol{B}_{11},\cdots,\boldsymbol{B}_{dd})=\boldsymbol{B}_1$, 从而 $f(\boldsymbol{A})=\boldsymbol{B}$ 成立. 如所欲证. □

7.9.8 设 n 阶方阵 $\boldsymbol{A}$ 不可逆. 求证: $\mathrm{rank}\,\boldsymbol{A}=\mathrm{rank}\,\boldsymbol{A}^2$ 的充分必要条件是, $\boldsymbol{A}$ 的属于特征值 0 的初等因子都是一次的.

证明 存在可逆方阵 $\boldsymbol{P}$ 将 $\boldsymbol{A}$ 相似到若尔当标准形 $\boldsymbol{P}^{-1}\boldsymbol{A}\boldsymbol{P}=\boldsymbol{J}=\mathrm{diag}(\boldsymbol{J}_{m_1}(\lambda_1),\cdots,\boldsymbol{J}_{m_d}(\lambda_d))$, 则 $\mathrm{rank}\,\boldsymbol{J}=\mathrm{rank}\,\boldsymbol{A}=\mathrm{rank}\,\boldsymbol{A}^2=\mathrm{rank}\,(\boldsymbol{P}^{-1}\boldsymbol{A}^2\boldsymbol{P})=\mathrm{rank}\,\boldsymbol{J}^2$.

$$0=\mathrm{rank}\,\boldsymbol{J}-\mathrm{rank}\,\boldsymbol{J}^2=\delta_1+\cdots+\delta_d$$

其中每个 $\delta_i=\mathrm{rank}\,\boldsymbol{J}_{m_i}(\lambda_i)-\mathrm{rank}\,(\boldsymbol{J}_{m_i}(\lambda_i))^2$, $(\forall\ 1\leqslant i\leqslant d)$

当 $\lambda_i\neq 0$ 时, $\boldsymbol{J}_{m_i}(\lambda_i)$ 与 $(\boldsymbol{J}_{m_i}(\lambda_i))^2$ 都可逆, 秩都等于 m_i, 秩之差 $\delta_i=m_i-m_i=0$.

当 $\lambda_i=0$ 且 $m_i=1$ 时, $\boldsymbol{J}_{m_i}(\lambda_i)=0=(\boldsymbol{J}_{m_i}(\lambda_i))^2$, 秩之差 $\delta_i=0-0=0$.

当 $\lambda_i=0$ 且 $m_i\geqslant 2$ 时,

$$\boldsymbol{J}_{m_i}(0)=\begin{pmatrix} & \boldsymbol{I}_{(m_i-1)}\\ 0 & \end{pmatrix},\quad (\boldsymbol{J}_{m_i}(0))^2=\begin{pmatrix} & \boldsymbol{I}_{(m_i-2)}\\ \boldsymbol{O}_{(2)} & \end{pmatrix}$$

秩之差 $\delta_i=(m_i-1)-(m_i-2)=1$.

因此:

$$\mathrm{rank}\,\boldsymbol{J}-\mathrm{rank}\,\boldsymbol{J}^2=\sum_{i=1}^{d}\delta_i=\sum_{\lambda_i=0,m_i\geqslant 2}1$$

等于 $\boldsymbol{J}$ 中所含若尔当块 $\boldsymbol{J}_{m_i}(0)$ $(m_i\geqslant 2)$ 的个数. $\mathrm{rank}\,\boldsymbol{A}=\mathrm{rank}\,\boldsymbol{A}^2\Leftrightarrow \boldsymbol{J}$ 不含阶数 $m_i\geqslant 2$ 的若尔当块 $\boldsymbol{J}_{m_i}(0)\Leftrightarrow \boldsymbol{J}$ 中属于特征值 0 的若尔当块 $\boldsymbol{J}_{m_i}(0)$ 的阶数 m_i 都等于 1.

$\boldsymbol{A}$ 的每个初等因子就是 $\boldsymbol{J}$ 的一个若尔当块 $\boldsymbol{J}_{m_i}(\lambda_i)$ 的初等因子 $(\lambda-\lambda_i)^{m_i}$. 因此 $\mathrm{rank}\,\boldsymbol{A}=\mathrm{rank}\,\boldsymbol{A}^2$ 的充分必要条件就成为: $\boldsymbol{A}$ 的属于特征值 0 的初等因子 λ^{m_i} 的次数 m_i 都是 1. □

7.9.9 设 n 阶可逆方阵 $\boldsymbol{A}$ 的最小多项式 $d_{\boldsymbol{A}}(\lambda)$ 等于它的特征多项式, 证明 $\boldsymbol{A}^{-1}$ 的最小多项式 $d_{\boldsymbol{A}^{-1}}(\lambda)=d_{\boldsymbol{A}}(0)^{-1}\lambda^n d_{\boldsymbol{A}}(\lambda^{-1})$.

证法 1 $\boldsymbol{A}$ 的最小多项式 $d_{\boldsymbol{A}}(\lambda)$ 等于特征多项式 $\varphi_{\boldsymbol{A}}(\lambda)$.

$\Rightarrow \boldsymbol{A}$ 的若尔当标准形 $\boldsymbol{J}=\boldsymbol{P}^{-1}\boldsymbol{A}\boldsymbol{P}$ 中属于每个特征值 λ_i 的若尔当块只有一个.

$\Rightarrow \boldsymbol{J}=\mathrm{diag}(\boldsymbol{J}_{n_1}(\lambda),\cdots,\boldsymbol{J}_{n_t}(\lambda_t))$, 其中 $\lambda_1,\cdots,\lambda_t$ 两两不同.

$\Rightarrow d_{\boldsymbol{A}}(\lambda)=(\lambda-\lambda_1)^{n_1}\cdots(\lambda-\lambda_t)^{n_t}=\varphi_{\boldsymbol{A}}(\lambda)$.

由于 $\boldsymbol{A}$ 可逆, $\lambda_1,\cdots,\lambda_t$ 都不为 0. $\boldsymbol{A}^{-1}=(\boldsymbol{P}\boldsymbol{J}\boldsymbol{P}^{-1})^{-1}=\boldsymbol{P}\boldsymbol{J}^{-1}\boldsymbol{P}^{-1}$ 相似于

$$\boldsymbol{J}^{-1}=\mathrm{diag}(\boldsymbol{J}_1^{-1},\cdots,\boldsymbol{J}_t^{-1})$$

其中 $\boldsymbol{J}_i=\boldsymbol{J}_{n_i}(\lambda_i)$. 由于 $\boldsymbol{J}_i=\lambda_i\boldsymbol{I}_{(n_i)}+\boldsymbol{N}_i=\lambda_i(\boldsymbol{I}+\lambda_i^{-1}\boldsymbol{N}_i)$, 其中 $\boldsymbol{N}_i=\boldsymbol{J}_{n_i}(0)$ 满足 $\boldsymbol{N}_i^{n_i}=\boldsymbol{O}$,

有

$$\begin{aligned}\boldsymbol{J}_i^{-1} &= \lambda_i^{-1}(\boldsymbol{I}+\lambda_i^{-1}\boldsymbol{N}_i)^{-1}\\ &= \lambda_i^{-1}[\boldsymbol{I}-\lambda_i^{-1}\boldsymbol{N}_i+\lambda_i^{-2}\boldsymbol{N}_i^2-\cdots+(-1)^{n_i-1}\lambda_i^{-(n_i-1)}\boldsymbol{N}_i^{n_i-1}]\\ &= \begin{pmatrix}\lambda_i^{-1} & -\lambda_i^{-2} & \cdots & (-1)^{n_i-1}\lambda_i^{-n_i}\\ 0 & \ddots & \ddots & \vdots\\ \vdots & \ddots & \lambda_i^{-1} & -\lambda_i^{-2}\\ 0 & \cdots & 0 & \lambda_i^{-1}\end{pmatrix}\end{aligned}$$

易见 $(\boldsymbol{J}_i^{-1}-\lambda_i^{-1}\boldsymbol{I})^{n_i}=\boldsymbol{O}\neq(\boldsymbol{J}_i^{-1}-\lambda_i^{-1}\boldsymbol{I})^{n_i-1}$, $\boldsymbol{J}_i^{-1}$ 的最小多项式 $d_{\boldsymbol{J}_i^{-1}}(\lambda)=(\lambda-\lambda_i^{-1})^{n_i}$. $\boldsymbol{J}^{-1}=\operatorname{diag}(\boldsymbol{J}_1^{-1},\cdots,\boldsymbol{J}_t^{-1})$ 的最小多项式 $d_{\boldsymbol{J}^{-1}}(\lambda)$ 等于各对角块 $\boldsymbol{J}_i^{-1}$ 的最小多项式的最小公倍式. 因此

$$\begin{aligned}d_{\boldsymbol{A}^{-1}}(\lambda) &= d_{\boldsymbol{J}^{-1}}(\lambda)=(\lambda-\lambda_1^{-1})^{n_1}\cdots(\lambda-\lambda_t^{-1})^{n_t}\\ &= ((-\lambda_1)^{n_1}\cdots(-\lambda_t)^{n_t})^{-1}\lambda^n(\lambda^{-1}-\lambda_1)^{n_1}\cdots(\lambda^{-1}-\lambda_t)^{n_t}\\ &= d_{\boldsymbol{A}}(0)\lambda^n d_{\boldsymbol{A}}(\lambda^{-1})\end{aligned}$$

证法 2　$\boldsymbol{A}$ 的最小多项式 $d_{\boldsymbol{A}}(\lambda)$ 等于特征多项式 $\varphi_{\boldsymbol{A}}(\lambda)=|\lambda\boldsymbol{I}-\boldsymbol{A}|$, 次数 $\deg d_{\boldsymbol{A}}(\lambda)=n$.

$\boldsymbol{A}^{-1}$ 的最小多项式 $d_{\boldsymbol{A}^{-1}}(\lambda)=\lambda^m+b_{m-1}\lambda^{m-1}+\cdots+b_1\lambda+b_0$ 的次数 m 不超过特征多项式 $\varphi_{\boldsymbol{A}^{-1}}(\lambda)=|\lambda\boldsymbol{I}-\boldsymbol{A}^{-1}|$ 的次数 n. 在等式 $d_{\boldsymbol{A}^{-1}}(\boldsymbol{A}^{-1})=\boldsymbol{O}$ 即

$$\boldsymbol{A}^{-m}+b_{m-1}\boldsymbol{A}^{-(m-1)}+\cdots+b_1\boldsymbol{A}^{-1}+b_0\boldsymbol{I}=\boldsymbol{O}$$

两边同乘 $\boldsymbol{A}^m$ 得到 $b_0\boldsymbol{A}^m+b_1\boldsymbol{A}^{m-1}+\cdots+b_{m-1}\boldsymbol{A}+\boldsymbol{I}=\boldsymbol{O}$, 这说明不超过 m 次的非零多项式 $f(\lambda)=b_0\lambda^m+b_1\lambda^{m-1}+\cdots+b_{m-1}\lambda+1$ 是 $\boldsymbol{A}$ 的零化多项式, 因而是 $\boldsymbol{A}$ 的最小多项式 $d_{\boldsymbol{A}}(\lambda)=\varphi_{\boldsymbol{A}}(\lambda)$ 的倍式. 这证明了 $m\geqslant\deg\varphi_{\boldsymbol{A}}(\lambda)=n$, 从而 $m=n$. 这证明了 $\boldsymbol{A}^{-1}$ 的最小多项式 $d_{\boldsymbol{A}^{-1}}(\lambda)$ 也等于特征多项式:

$$\begin{aligned}d_{\boldsymbol{A}}(\lambda) &= \varphi_{\boldsymbol{A}^{-1}}(\lambda)=|\lambda\boldsymbol{I}-\boldsymbol{A}^{-1}|=|-\boldsymbol{A}^{-1}|\lambda^n|\lambda^{-1}\boldsymbol{I}-\boldsymbol{A}|=|-\boldsymbol{A}|^{-1}\lambda^n\varphi_{\boldsymbol{A}}(\lambda^{-1})\\ &= \varphi_{\boldsymbol{A}}(0)^{-1}\lambda^n\varphi_{\boldsymbol{A}}(\lambda^{-1})=d_{\boldsymbol{A}}(0)^{-1}\lambda^n d_{\boldsymbol{A}}(\lambda^{-1})\end{aligned}$$

□

第 8 章　二　次　型

知识引入例

例　求以下实函数的最大值或最小值:

(1) $f(x,y,z)=x^2+5y^2+5z^2+4xy-2xz+4yz$

(2) $f(x,y,z)=x^2+5y^2+5z^2+4xy-2xz-2yz$

解　(1) 先将 y,z 看成常数, 将 $f(x,y,z)$ 看成自变量 x 的一元二次多项式, 配方得

$$\begin{aligned}f(x,y,z)&=x^2+2x(2y-z)+5y^2+4yz+5z^2\\&=(x+2y-z)^2-(2y-z)^2+5y^2+4yz+5z^2\\&=(x+2y-z)^2+y^2+8yz+4z^2\end{aligned}$$

再将其中不含 x 的项看成以 y 为自变量 (z 看成常数) 的二次多项式, 配方得

$$\begin{aligned}f(x,y,z)&=(x+2y-z)^2+(y+4z)^2-12z^2\\&=x'^2+y'^2-12z'^2\end{aligned}$$

其中:

$$\begin{pmatrix}x'\\y'\\z'\end{pmatrix}=\begin{pmatrix}x+2y-z\\y+4z\\z\end{pmatrix}=\boldsymbol{P}\begin{pmatrix}x\\y\\z\end{pmatrix},\quad \boldsymbol{P}=\begin{pmatrix}1&2&-1\\0&1&4\\0&0&1\end{pmatrix}$$

由于 $\boldsymbol{P}$ 可逆, 每个 $\boldsymbol{Y}=(x',y',z')^{\mathrm{T}}$ 对应于唯一的 $\boldsymbol{X}=(x,y,z)^{\mathrm{T}}=\boldsymbol{P}^{-1}\boldsymbol{Y}$, 函数 $g(x',y',z')=x'^2+y'^2-12z'^2$ 与 $f(x,y,z)$ 的值域相同.

当 $(x',y',z')=(x',0,0)$ $(x'\in[0,+\infty))$ 时 $g(x',0,0)=x'^2$ 取遍 $[0,+\infty)$. 当 $(x',y',z')=(0,0,z')$ $(z'\in[0,+\infty))$ 时 $g(0,0,z')=-12z'^2$ 取遍 $(-\infty,0]$.

因此 $g(x',y',z')$ 的值域为 $(-\infty,+\infty)$. $f(x,y,z)$ 也取遍 $(-\infty,+\infty)$ 中的全体实数, 没有最大值也没有最小值.

(2) 与第 (1) 小题类似地配方得

$$f(x,y,z)=(x+2y-z)^2+(y+z)^2+3z^2=g(x',y',z')=x'^2+y'^2+3z'^2$$

$g(x',y',z')$ 当 $(x',y',z')=(0,0,0)$ 时有最小值 0, 没有最大值. 可知 $f(x,y,z)$ 当 $(x,y,z)=(0,0,0)$ 时有最小值 0, 没有最大值. □

以上例中的函数 $f(x,y,z)$ 是三个自变量的二次多项式, 并且只含二次项不含一次项和常数项, 称为二次齐次多项式, 也称二次型.

二次型 (二次齐次多项式) 可以写成矩阵乘积的形式, 例如:

$$
\begin{aligned}
f(x,y,z) &= x^2+5y^2+5z^2+4xy-2xz+4yz \\
&= x(x+4y-2z)+y(5y+4z)+z\cdot 5z=(x,y,z)\begin{pmatrix} x+4y-2z \\ 5y+z \\ 5z \end{pmatrix} \\
&= (x,y,z)\begin{pmatrix} 1 & 4 & -2 \\ 0 & 5 & 1 \\ 0 & 0 & 5 \end{pmatrix}\begin{pmatrix} x \\ y \\ z \end{pmatrix} = \boldsymbol{X}^{\mathrm{T}}\boldsymbol{A}\boldsymbol{X} \qquad (8.1)
\end{aligned}
$$

其中 $\boldsymbol{X}=(x,y,z)^{\mathrm{T}}$ 是由自变量 x,y,z 组成的列向量, $\boldsymbol{A}$ 是各项系数组成的方阵. 通过变量代换将 $\boldsymbol{X}$ 换成 $\boldsymbol{Y}=\boldsymbol{P}_1\boldsymbol{X}$, 其中 $\boldsymbol{P}_1$ 是可逆方阵. 于是 $\boldsymbol{X}=\boldsymbol{P}\boldsymbol{Y}$ 对 $\boldsymbol{P}=\boldsymbol{P}_1^{-1}$ 成立. 代入二次型 $f(\boldsymbol{X})=\boldsymbol{X}^{\mathrm{T}}\boldsymbol{A}\boldsymbol{X}$ 得

$$f(\boldsymbol{X})=(\boldsymbol{P}\boldsymbol{Y})^{\mathrm{T}}\boldsymbol{A}(\boldsymbol{P}\boldsymbol{Y})=\boldsymbol{Y}^{\mathrm{T}}(\boldsymbol{P}^{\mathrm{T}}\boldsymbol{A}\boldsymbol{P})\boldsymbol{Y}$$

$f(\boldsymbol{X})$ 被化成了 $\boldsymbol{Y}=(x',y',z')^{\mathrm{T}}$ 的二次型 $g(\boldsymbol{Y})=\boldsymbol{Y}^{\mathrm{T}}\boldsymbol{B}\boldsymbol{Y}$, 其中的方阵 $\boldsymbol{B}=\boldsymbol{P}^{\mathrm{T}}\boldsymbol{A}\boldsymbol{P}$ 称为与 $\boldsymbol{A}$ **相合**. 如果能够选择适当的可逆方阵 $\boldsymbol{P}$ 使 $\boldsymbol{P}^{\mathrm{T}}\boldsymbol{A}\boldsymbol{P}$ 等于某个对角阵 $\boldsymbol{D}=\mathrm{diag}(b_1,b_2,b_3)$, 则二次型化成简单形式:

$$g(\boldsymbol{Y})=\boldsymbol{Y}^{\mathrm{T}}\boldsymbol{D}\boldsymbol{Y}=b_1x'^2+b_2y'^2+b_3z'^2$$

容易求出值域和最值.

但是等式 (8.1) 中的方阵 $\boldsymbol{A}$ 不可能相合到对角阵 $\boldsymbol{D}$. 这是因为 $\boldsymbol{D}=\boldsymbol{P}^{\mathrm{T}}\boldsymbol{A}\boldsymbol{P} \Leftrightarrow \boldsymbol{A}=\boldsymbol{P}_1^{\mathrm{T}}\boldsymbol{D}\boldsymbol{P}_1$, (其中 $\boldsymbol{P}_1=\boldsymbol{P}^{-1}$), 这迫使 $\boldsymbol{A}^{\mathrm{T}}=\boldsymbol{P}_1^{\mathrm{T}}\boldsymbol{D}^{\mathrm{T}}\boldsymbol{P}_1=\boldsymbol{P}_1^{\mathrm{T}}\boldsymbol{D}\boldsymbol{P}_1=\boldsymbol{A}$, 即: $\boldsymbol{A}$ 必须是对称方阵. 更具体地说: $\boldsymbol{D}^{\mathrm{T}}=\boldsymbol{D}$ ($\boldsymbol{D}$ 是对称方阵) 迫使 $\boldsymbol{A}=\boldsymbol{P}_1^{\mathrm{T}}\boldsymbol{D}\boldsymbol{P}_1$ 是对称方阵. 而等式 (8.1) 中的 $\boldsymbol{A}$ 不是对称方阵, 不可能相合到对角阵. 要选取对称方阵 $\boldsymbol{S}=(s_{ij})_{3\times 3}$ 使

$$
\begin{aligned}
\boldsymbol{X}^{\mathrm{T}}\boldsymbol{S}\boldsymbol{X} &= s_{11}x^2+s_{22}y^2+s_{33}z^2+2s_{12}xy+2s_{13}xz+2s_{23}yz \\
&= f(x,y,z)=a_{11}x^2+a_{22}y^2+a_{33}z^2+a_{12}xy+a_{13}xz+a_{23}yz
\end{aligned}
$$

只要取 $\boldsymbol{S}$ 的对角元 $s_{ii}=a_{ii}$, 非对角元 $s_{ij}=\dfrac{1}{2}a_{ij}$ 即可.

因此, 化简二次型 $f(\boldsymbol{X})=\boldsymbol{X}^{\mathrm{T}}\boldsymbol{S}\boldsymbol{X}$ 就归结为将对称方阵 $\boldsymbol{S}$ 相合到对角阵的问题.

8.1 用配方法化二次型为标准形

知识导航

1. 二次型的定义

n 元二次函数 $Q(x_1,\cdots,x_n)$ 如果只含二次项而不含一次项与常数项, 具有形式

$$Q(x_1,\cdots,x_n)=\sum_{1\leqslant i\leqslant j\leqslant n} a_{ij}x_ix_j$$

就称为**二次型** (quadratic form). □

二次型 $Q(x_1,\cdots,x_n)$ 既可以看成 n 个自变量 $x_1,\cdots,x_n$ 的函数, 也可以看成以 n 数组向量 $\boldsymbol{X}=(x_1,\cdots,x_n)^{\mathrm{T}}$ 为自变量的一元函数 $Q(\boldsymbol{X})$, 也就是看成 n 维向量空间 $\mathbf{R}^n$ 上的函数.

2. 二次型配方的步骤

(1) 如果某个字母的平方项 $a_{ii}x_i^2$ 的系数 $a_{ii}\neq 0$, 将其余字母 x_j $(j\neq i)$ 都看成常数, 二次型看成以 x_i 为自变量的一元二次函数 $f_i(x_i)=a_{ii}x_i^2+b_ix_i+c_i$, 其中 b_i,c_i 不含 x_i, 是其余 $n-1$ 个变量 x_j $(j\neq i)$ 的多项式, b_j 是这 $n-1$ 个变量的常系数线性组合, c_i 是这 $n-1$ 个变量的二次型. 将 $f_i(x_i)$ 看成 x_j 的二次三项式配方得

$$f_i(x_i)=a_{ii}x_i^2+b_ix_i+c_i=a_{ii}\left(x_i+\frac{b}{2a_{ii}}\right)^2+d_i$$

其中 d_i 是 $n-1$ 个变量 x_j $(j\neq i)$ 的二次型. 令 $y_1=x_i+\dfrac{b_i}{a_{ii}}$, $y_2,\cdots,y_n$ 依次为其余 $n-1$ 个 x_j $(j\neq i)$, 则 $Q(x_1,\cdots,x_n)$ 化为 $Q_1(y_1,\cdots,y_n)=a_{ii}y_1^2+Q_2(y_2,\cdots,y_n)$, 其中 $Q_2(y_2,\cdots,y_n)$ 为 $n-1$ 元二次型.

(2) 如果所有的平方项系数 $a_{ii}=0$, 则当二次型不恒等于 0 时必有某个交叉项 $a_{ij}x_ix_j$ 系数 $a_{ij}\neq 0$, $1\leqslant i<j\leqslant n$. 令 $x_i=y_1+y_2, x_j=y_1-y_2$, $y_3,\cdots,y_n$ 依次为其余 $n-2$ 个 x_k $(k\neq i,k\neq j)$. 则 $Q(x_1,\cdots,x_n)$ 化为 $y_1,\cdots,y_n$ 的二次型:

$$Q_1(y_1,\cdots,y_n)=a_{ij}y_1^2-a_{ij}y_2^2+\cdots$$

其中 y_1^2 的系数 $a_{ij}\neq 0$, 可按步骤 (1) 配方.

(3) 经过以上步骤总可将 $Q(x_1,\cdots,x_n)$ 化成 $c_iy_1^2+Q_2(y_2,\cdots,y_n)$ 的形式, 其中 $Q_2(y_2,\cdots,y_n)$ 是 $n-1$ 元二次型. 当 $Q_2(y_2,\cdots,y_n)\neq 0$ 时可重复步骤 (1),(2) 继续化简, 直到化为标准形:

$$\tilde{Q}(z_1,\cdots,z_n)=c_1z_1^2+\cdots+c_nz_n^2$$

其中每个 z_i 是 $x_1,\cdots,x_n$ 的线性组合, 每个 x_i 也是 $z_1,\cdots,z_n$ 的线性组合. 换言之, $(z_1,\cdots,z_n)^{\mathrm{T}}=\boldsymbol{P}(x_1,\cdots,x_n)^{\mathrm{T}}$ 是由某个可逆方阵 $\boldsymbol{P}$ 决定的可逆线性代换. □

例题分析与解答

8.1.1 用可逆实线性代换化下列二次型为标准形:

(1) $Q(x_1,x_2,x_3)=x_1^2+x_2^2-2x_3^2+2x_1x_2-4x_2x_3$;

(2) $Q(x_1,x_2,x_3)=-4x_1x_2+2x_1x_3+2x_2x_3$;

(3) $Q(x_1,x_2,x_3)=x_1^2+5x_2^2-4x_3^2+2x_1x_3-4x_2x_3$;

(4) $Q(x_1,x_2,x_3,x_4)=x_1x_2+x_2x_3+x_3x_4+x_4x_1$;

(5) $Q(x_1,\cdots,x_n)=\sum\limits_{1\leqslant i<j\leqslant n}x_ix_j$;

(6) $Q(x_1,\cdots,x_n)=\sum\limits_{1\leqslant i\leqslant n-1}x_ix_{i+1}$.

解 (1)
$$\begin{aligned}Q(x_1,x_2,x_3)&=(x_1+x_2)^2-4x_2x_3-2x_3^2\\&=(x_1+x_2)^2-2(x_3+x_2)^2+2x_2^2=y_1^2-2y_2^2+2y_3^2\end{aligned}$$

其中:

$$\begin{pmatrix}y_1\\y_2\\y_3\end{pmatrix}=\begin{pmatrix}x_1+x_2\\x_3+x_2\\x_2\end{pmatrix}=\begin{pmatrix}1&1&0\\0&1&1\\0&1&0\end{pmatrix}\begin{pmatrix}x_1\\x_2\\x_3\end{pmatrix}$$

(2) 令 $x_1=y_1+y_2,x_2=y_1-y_2$, 即 $y_1=\dfrac{1}{2}(x_1+x_2),y_2=\dfrac{1}{2}(x_1-x_2)$, 则:

$$\begin{aligned}Q(x_1,x_2,x_3)&=-4(y_1+y_2)(y_1-y_2)+2(y_1+y_2)x_3+2(y_1-y_2)x_3\\&=-4y_1^2+4y_2^2+4y_1x_3=-4\left(y_1-\frac{1}{2}x_3\right)^2+4y_2^2+x_3^2\\&=-4z_1^2+4z_2^2+z_3^2\end{aligned}$$

其中 $z_1=y_1-\dfrac{1}{2}x_3=\dfrac{1}{2}(x_1+x_2-x_3)$, $z_2=y_2=\dfrac{1}{2}(x_1-x_2)$, $z_3=x_3$. 即

$$\begin{pmatrix}z_1\\z_2\\z_3\end{pmatrix}=\begin{pmatrix}\frac{1}{2}&\frac{1}{2}&-\frac{1}{2}\\\frac{1}{2}&-\frac{1}{2}&0\\0&0&1\end{pmatrix}\begin{pmatrix}x_1\\x_2\\x_3\end{pmatrix}$$

(3)
$$\begin{aligned}Q(x_1,x_2,x_3)&=(x_1+x_3)^2+5x_2^2-4x_2x_3-5x_3^2\\&=(x_1+x_3)^2+5\left(x_2-\frac{2}{5}x_3\right)^2-\frac{29}{5}x_3^2\\&=y_1^2+5y_2^2-\frac{29}{5}y_3^2\end{aligned}$$

其中:

$$\begin{pmatrix}y_1\\y_2\\y_3\end{pmatrix}=\begin{pmatrix}x_1+x_3\\x_2-\frac{2}{5}x_3\\x_3\end{pmatrix}=\begin{pmatrix}1&0&1\\0&1&-\frac{2}{5}\\0&0&1\end{pmatrix}\begin{pmatrix}x_1\\x_2\\x_3\end{pmatrix}$$

(4) $Q(x_1,x_2,x_3,x_4)=x_1(x_2+x_4)+x_3(x_2+x_4)=(x_1+x_3)(x_2+x_4)$

令 $x_1+x_3=y_1+y_2$, $x_2+x_4=y_1-y_2$, 即 $y_1=\dfrac{1}{2}(x_1+x_2+x_3+x_4)$, $y_2=\dfrac{1}{2}(x_1-x_2+x_3-x_4)$. 再令 $y_3=x_3$, $y_4=x_4$, 则:

$$\begin{pmatrix} y_1\\ y_2\\ y_3\\ y_4\end{pmatrix}=\begin{pmatrix} \frac{1}{2} & \frac{1}{2} & \frac{1}{2} & \frac{1}{2}\\ \frac{1}{2} & -\frac{1}{2} & \frac{1}{2} & -\frac{1}{2}\\ 0 & 0 & 1 & 0\\ 0 & 0 & 0 & 1\end{pmatrix}\begin{pmatrix} x_1\\ x_2\\ x_3\\ x_4\end{pmatrix}$$

是可逆线性代换. 经过代换将原二次型 $Q(x_1,x_2,x_3,x_4)$ 化为标准形:

$$y=Q_1(y_1,y_2,y_3,y_4)=(y_1+y_2)(y_1-y_2)=y_1^2-y_2^2$$

(5) $Q(x_1,\cdots,x_n)=\dfrac{1}{2}(x_1+\cdots+x_n)^2-\dfrac{1}{2}(x_1^2+\cdots+x_n^2)$. 很自然想到取 $y_1=x_1+\cdots+x_n$, 也就是选 $\boldsymbol{X}=(x_1,\cdots,x_n)^{\mathrm{T}}$ 到 $\boldsymbol{Y}=(y_1,\cdots,y_n)^{\mathrm{T}}=\boldsymbol{PX}$ 的可逆线性代换 $y_i=p_{i1}x_1+\cdots+p_{in}x_n$ $(1\leqslant i\leqslant n)$ 使可逆方阵 $\boldsymbol{P}=(p_{ij})_{n\times n}$ 的第一行元素全为 1: $(p_{11},\cdots,p_{1n})=(1,\cdots,1)$. 由 $\boldsymbol{X}=\boldsymbol{P}^{-1}\boldsymbol{Y}$ 知:

$$x_1^2+\cdots+x_n^2=\boldsymbol{X}^{\mathrm{T}}\boldsymbol{X}=(\boldsymbol{P}^{-1}\boldsymbol{Y})^{\mathrm{T}}(\boldsymbol{P}^{-1}\boldsymbol{Y})=\boldsymbol{Y}^{\mathrm{T}}(\boldsymbol{PP}^{\mathrm{T}})^{-1}\boldsymbol{Y}$$

如果能够适当选取 $\boldsymbol{P}$ 使 $\boldsymbol{PP}^{\mathrm{T}}$ 等于某个对角阵 $\boldsymbol{D}=\mathrm{diag}(d_1,\cdots,d_n)$, 则 $x_1^2+\cdots+x_n^2=\boldsymbol{Y}^{\mathrm{T}}\boldsymbol{D}^{-1}\boldsymbol{Y}=d_1^{-1}y_1^2+\cdots+d_n^{-1}y_n^2$,

$$\begin{aligned} Q(x_1,\cdots,x_n)&=\frac{1}{2}y_1^2-\frac{1}{2}(d_1^{-1}y_1^2+\cdots+d_n^{-1}y_n^2).\\ &=\frac{1}{2}(1-d_1^{-1})y_1^2-\frac{1}{2}d_2^{-1}y_2^2-\cdots-\frac{1}{2}d_n^{-1}y_n^2\end{aligned}$$

化成了标准形.

记 $\boldsymbol{P}$ 的第 i 行为 $\pi_i=(p_{i1},\cdots,p_{in})$, 则 $\boldsymbol{PP}^{\mathrm{T}}=(c_{ij})_{n\times n}$ 的第 (i,j) 元素

$$c_{ij}=\pi_i\pi_j^{\mathrm{T}}=p_{i1}p_{j1}+\cdots+p_{in}p_{jn}$$

等于 $\boldsymbol{P}$ 的第 i,j 两行 π_i,π_j 对应元素乘积之和, 可以看成 π_i,π_j 这两个 n 维向量的内积. 我们希望 $\boldsymbol{PP}^{\mathrm{T}}$ 是对角阵, 也就是希望它的非对角元 $\pi_i\pi_j^{\mathrm{T}}=0$ $(\forall i\neq j)$, 也就是 $\boldsymbol{P}$ 的不同的行相互正交. 不难验证如下的方阵:

$$\boldsymbol{P}=\begin{pmatrix} 1 & 1 & 1 & \cdots & 1\\ 1 & -1 & 0 & \cdots & 0\\ 1 & 1 & -2 & \ddots & \vdots\\ \vdots & \vdots & \ddots & \ddots & 0\\ 1 & 1 & \cdots & 1 & -(n-1)\end{pmatrix}$$

符合要求, 它的第 1 行全为 1, 第 k 行 $(2\leqslant k\leqslant n)$ 前 $k-1$ 个元素全为 1, 第 k 元素为 $-(k-1)$, 以后的元素全为 0. 计算得 $\boldsymbol{PP}^{\mathrm{T}}=\mathrm{diag}(n,2,6,\cdots,k(k-1),\cdots,n(n-1))$. 取

$(y_1,\cdots,y_n)^{\mathrm{T}}=\boldsymbol{P}(x_1,\cdots,x_n)^{\mathrm{T}}$, 则:

$$Q(x_1,\cdots,x_n)=\frac{n-1}{2n}y_1^2-\frac{1}{4}y_2^2-\cdots-\frac{1}{2k(k-1)}y_k^2-\cdots-\frac{1}{2n(n-1)}y_n^2$$

(6) $Q(x_1,\cdots,x_n)$ 可写为

$$(x_1+x_3)x_2+(x_3+x_5)x_4+\cdots+(x_{n-2}+x_n)x_{n-1}\ (\text{当 } n \text{ 为奇数})$$

或

$$(x_1+x_3)x_2+(x_3+x_5)x_4+\cdots+(x_{n-3}+x_{n-1})x_{n-2}\ (\text{当 } n \text{ 为偶数})$$

当 i 为奇数且 $1\leqslant i\leqslant n-2$ 时令 $u_i=x_i+x_{i+2}$, 当 i 为偶数或者 $n-1\leqslant i\leqslant n$ 时令 $u_i=x_i$. 则从 $\boldsymbol{X}=(x_1,\cdots,x_n)^{\mathrm{T}}$ 到 $(u_1,\cdots,u_n)^{\mathrm{T}}=\boldsymbol{P}_1\boldsymbol{X}$ 的代换为可逆线性代换, ($\boldsymbol{P}_1$ 是对角元全为 1 的上三角方阵因而是可逆方阵). 原二次型 $y=Q(x_1,\cdots,x_n)$ 化为

$$y=Q_1(u_1,\cdots,u_n)=\begin{cases}u_1u_2+u_3u_4+\cdots+u_{n-2}u_{n-1}, & \text{当 } n \text{ 为奇数}\\ u_1u_2+u_3u_4+\cdots+u_{n-1}u_n, & \text{当 } n \text{ 为偶数.}\end{cases}$$

对每个奇数 $i\leqslant n-1$, 令 $u_i=y_i+y_{i+1}$ 及 $u_{i+1}=y_i-y_{i+1}$, 也就是令 $y_i=\frac{1}{2}(x_i+x_{i+1})$ 及 $x_{i+1}=\frac{1}{2}(x_i-x_{i+1})$, 且当 n 为奇数时令 $y_n=u_n$, 则二次型 $y=Q(x_1,\cdots,x_n)=Q_1(u_1,\cdots,u_n)$ 化为标准形:

$$y=Q_2(y_1,\cdots,y_n)=y_1^2-y_2^2+y_3^2-y_4^2+\cdots+y_{2m-1}^2-y_{2m}^2$$

其中 m 是不超过 $\frac{n}{2}$ 的最大整数. □

点评 本题前 3 个小题都用常规的配方法解答. 第 (4) 小题也可用常规方法解答如下: 令 $x_1=u_1+u_2,x_2=u_1-u_2$, 代入二次型的表达式, 整理后得到

$$\begin{aligned}Q(x_1,x_2,x_3,x_4)&=\left(u_1+\frac{1}{2}x_3+\frac{1}{2}x_4\right)^2-u_2^2-u_2x_3+u_2x_4-\frac{1}{4}x_3^2+\frac{1}{2}x_3x_4-\frac{1}{4}x_4^2\\&=\left(u_1+\frac{1}{2}x_3+\frac{1}{2}x_4\right)^2-\left(u_2+\frac{1}{2}x_3-\frac{1}{2}x_4\right)^2\end{aligned}$$

再令 $y_1=u_1+\frac{1}{2}x_3+\frac{1}{2}x_4$, $y_2=u_2+\frac{1}{2}x_3-\frac{1}{2}x_4$, $y_3=x_3$, $y_4=x_4$ 得到

$$Q_1(y_1,y_2,y_3,y_4)=y_1^2-y_2^2$$

题中的解法显然更简便, 不过具有偶然性, 可遇而不可求. 本书编者也是先经过了按部就班的常规计算得到格外简单的标准形 $y_1^2-y_2^2$, 发现它可以因式分解为 $(y_1+y_2)(y_1-y_2)$, 很自然想到原来的二次型也应当可以分解, 并非一开始就神机妙算知道简单解法, 也不是预先刻意编造简单数据人为使之简单.

本题第 (5),(6) 两小题难度较大, 如果用常规方法直接配方恐怕非常繁琐. 本题中都采用了特殊的巧妙的解法. 例如, 第 (5) 小题的关键是: 经过可逆变量替换 $\boldsymbol{Y}=\boldsymbol{P}\boldsymbol{X}$ 之后, 既要将 $x_1+\cdots+x_n$ 用一个新的变量 y_1 代替, 又要适当选择 $y_2,\cdots,y_n$ 使已经是标准形的

$x_1^2+\cdots+x_n^2$ 仍变成标准形 $c_1y_1^2+\cdots+c_ny_n^2$. 第 9 章学习了正交方阵之后就知道: 只要选择 $\boldsymbol{P}$ 为正交方阵, 满足条件 $\boldsymbol{P}\boldsymbol{P}^{\mathrm{T}}=\boldsymbol{I}$, 就可保证 $x_1^2+\cdots+x_n^2$ 变成 $y_1^2+\cdots+y_n^2$, 问题就归结为: 选择正交方阵 $\boldsymbol{P}$ 使它的第 1 行是 $(1,1,\cdots,1)^{\mathrm{T}}$ 的常数倍. 难度就不大了. □

8.1.2 x,y,z 是任意实数, A,B,C 是任意三角形的三个内角. 证明不等式

$$x^2+y^2+z^2\geqslant 2xy\cos A+2xz\cos B+2yz\cos C$$

证明 将 A,B,C 看成常数, 则不等式左右两边之差是 x,y,z 的二次型:

$$\begin{aligned}Q(x,y,z)&=x^2+y^2+z^2-2xy\cos A-2xz\cos B-2yz\cos C\\&=(x-y\cos A-z\cos B)^2+y^2+z^2-2yz\cos C\\&\quad-y^2\cos^2 A-z^2\cos^2 B-2yz\cos A\cos B\\&=(x-y\cos A-z\cos B)^2+y^2\sin^2 A+z^2\sin^2 B\\&\quad+2yz(\cos(A+B)-\cos A\cos B)\\&=(x-y\cos A-z\cos B)^2+y^2\sin^2 A+z^2\sin^2 B-2yz\sin A\sin B\\&=(x-y\cos A-z\cos B)^2+(y\sin A-z\sin B)^2\geqslant 0\end{aligned}$$

因此 $x^2+y^2+z^2\geqslant 2xy\cos A+2xz\cos B+2yz\cos C$. □

8.1.3 设 $n\geqslant 2$, $x_1,x_2,\cdots,x_n$ 均为实数, 且

$$\sum_{i=1}^{n}x_i^2+\sum_{i=1}^{n-1}x_ix_{i+1}=1$$

对于每一个固定的 k $(k\in\mathbf{N},1\leqslant k\leqslant n)$, 求 $|x_k|$ 的最大值.

解法 1 先将等号左边的二次型

$$u=\sum_{i=1}^{n}x_i^2+\sum_{i=1}^{n-1}x_ix_{i+1}=x_1^2+x_1x_2+x_2^2+\cdots$$

的前 3 项由 x_1,x_2 组成的二次型配方得

$$u=x_1^2+x_1x_2+x_2^2+\cdots=\left(x_1+\frac{1}{2}x_2\right)^2+\frac{3}{4}x_2^2+x_2x_3+x_3^2+\cdots$$

再将其中由 x_2,x_3 组成的二次型配方得

$$\frac{3}{4}x_2^2+x_2x_3+x_3^2=\frac{3}{4}\left(x_2+\frac{2}{3}x_3\right)^2+\frac{2}{3}x_3^2$$

一般地, 对 $a_ix_i^2+x_ix_{i+1}+x_{i+1}^2$ (其中 $0<a_i<1$) 配方得

$$a_ix_i^2+x_ix_{i+1}+x_{i+1}^2=a_i\left(x_i+\frac{1}{2a_i}x_{i+1}\right)^2+\left(1-\frac{1}{4a_i}\right)x_{i+1}^2$$

由此可知 u 的前 $2k-1$ 项组成的 $x_1,\cdots,x_k$ 的二次型可以配方为

$$u_k=x_1^2+x_1x_2+\cdots+x_{k-1}x_k+x_k^2=\sum_{i=1}^{k-1}a_i\left(x_i+\frac{1}{2a_i}x_{i+1}\right)^2+a_kx_k^2$$

其中 a_i $(1\leqslant i\leqslant k)$ 满足递推关系 $a_{i+1}=1-\dfrac{1}{4a_i}$ $(\forall\ 1\leqslant i\leqslant k-1)$ 且 $a_1=1$. 可依次算出 $a_2=1-\dfrac{1}{4}=\dfrac{3}{4}$, $a_3=1-\dfrac{1}{3}=\dfrac{2}{3}$, $a_4=1-\dfrac{3}{8}=\dfrac{5}{8}\cdots$ 可猜测出规律 $a_i=\dfrac{i+1}{2i}$ 并容易用数学归纳法证明其正确性. 由此得

$$u_1=\sum_{i=1}^{k-1}(x_i^2+x_ix_{i+1})+x_k^2=\sum_{i=1}^{k-1}\frac{i+1}{2i}\left(x_i+\frac{i}{i+1}x_{i+1}\right)^2+\frac{k+1}{2k}x_k^2$$

将其中的 k 个变量 $x_1,\cdots,x_k$ 依次替换成 $n-k+1$ 个变量 $x_n,x_{n-1},\cdots,x_{k+1},x_k$ 得

$$\begin{aligned}u_2&=\sum_{j=1}^{n-k}(x_{n-j+1}^2+x_{n-j+1}x_{n-j})+x_k^2\\&=\sum_{j=1}^{n-k}\frac{j+1}{2j}\left(x_{n-j+1}+\frac{j}{j+1}x_{n-j}\right)^2+\frac{n-k+2}{2(n-k+1)}x_k^2\end{aligned}$$

原题条件左边的二次型 u 经过配方化为 $u=u_1+u_2-x_k^2$, 其中 x_k^2 的系数为

$$\frac{k+1}{2k}+\frac{n-k+2}{2(n-k+1)}-1=\frac{1}{2k}+\frac{1}{2(n-k+1)}=\frac{n+1}{2k(n-k+1)}$$

因此, 原题条件 $u=1$ 成为

$$\begin{aligned}&\sum_{i=1}^{k-1}\frac{i+1}{2i}\left(x_i+\frac{i}{i+1}x_{i+1}\right)^2+\sum_{j=1}^{n-k}\frac{j+1}{2j}\left(x_{n-j+1}+\frac{j}{j+1}x_{n-j}\right)^2\\&+\frac{n+1}{2k(n-k+1)}x_k^2=1\end{aligned}\tag{8.2}$$

由此得到

$$\frac{n+1}{2k(n-k+1)}x_k^2\leqslant 1\Leftrightarrow |x_k|\leqslant\sqrt{\frac{2k(n-k+1)}{n+1}}$$

取 $|x_k|=\sqrt{\dfrac{2k(n-k+1)}{n+1}}$, 并对 $i=k-1,k-2,\cdots,2,1$ 依次取 $x_i=-\dfrac{i}{i+1}x_{i+1}$, 对 $j=n-k+1,\cdots,2,1$ 依次取 $x_{n-j+1}=-\dfrac{j}{j+1}x_{n-j}$, 则等式 (8.2) 成立, $|x_k|$ 达到最大值 $\sqrt{\dfrac{2k(n-k+1)}{n+1}}$.

解法 2 对任意实数 $a_1,\cdots,a_n$, 由柯西–施瓦兹不等式可得

$$(1^2+\cdots+1^2)(a_1^2+\cdots+a_n^2)\geqslant(1a_1+1a_2+\cdots+1a_n)^2$$

即

$$a_1^2+\cdots+a_n^2\geqslant\frac{1}{n}(a_1+a_2+\cdots+a_n)^2\tag{8.3}$$

等号当且仅当 $a_1=a_2=\cdots=a_n$ 时成立.

本题中的条件 $x_1^2+x_1x_2+x_2^2+x_2x_3+\cdots+x_{n-1}x_n+x_n^2=1$ 两边同乘 2 得

$$2x_1^2+2x_1x_2+2x_2^2+2x_2x_3+\cdots+2x_{n-1}x_n+2x_n^2=2$$

即

$$x_1^2+(x_1+x_2)^2+\cdots+(x_{n-1}+x_n)^2+x_n^2=2$$

由不等式 (8.3) 得

$$\begin{aligned}&x_1^2+(x_1+x_2)^2+\cdots+(x_{k-1}+x_k)^2\\&=x_1^2+(-x_1-x_2)^2+(x_2+x_3)^2+\cdots+[(-1)^{k-1}x_{k-1}+(-1)^{k-1}x_k]^2\\&\geqslant\frac{1}{k}[x_1+(-x_1-x_2)+\cdots+((-1)^{k-1}x_{k-1}+(-1)^{k-1}x_k]^2=\frac{1}{k}x_k^2\end{aligned}\tag{8.4}$$

同理得

$$x_n^2+(x_n+x_{n-1})^2+\cdots+(x_{k+1}+x_k)^2\geqslant\frac{1}{n-k+1}x_k^2\tag{8.5}$$

(8.4),(8.5) 两式相加, 得

$$2\geqslant\left(\frac{1}{k}+\frac{1}{n-k+1}\right)x_k^2=\frac{n+1}{k(n-k+1)}x_k^2\quad\Leftrightarrow\quad|x_k|\leqslant\sqrt{\frac{2k(n-k+1)}{n+1}}\tag{8.6}$$

不等式 (8.4) 中的等号成立的充分必要条件为

$$\begin{aligned}&x_1=-x_1-x_2=\cdots=(-1)^{k-1}x_{k-1}+(-1)^{k-1}x_k=\frac{(-1)^{k-1}}{k}x_k\\&\Leftrightarrow x_i=\frac{(-1)^{k-i}i}{k}x_k\quad(\forall\ 1\leqslant i\leqslant k-1)\end{aligned}\tag{8.7}$$

类似地, 不等式 (8.5) 的等号成立的充分必要条件为

$$x_j=\frac{(-1)^{j-k}(n+1-j)}{n-k+1}x_k\quad(\forall\ k+1\leqslant j\leqslant n)\tag{8.8}$$

对任意选取的 x_k 值, 按式 (8.7),(8.8) 选定其余各 x_i,x_j, 则不等式 (8.4),(8.5) 的等号都成立, 两式相加得到等式:

$$x_1^2+(x_1+x_2)^2+\cdots+(x_{n-1}+x_n)^2+x_n^2=\frac{n+1}{k(n-k+1)}x_k^2$$

只要取 $|x_k|=\sqrt{\dfrac{2k(n-k+1)}{n+1}}$ 就可使原题条件成立, 由式 (8.6) 知道 $|x_k|$ 的这个值达到最大值. □

借题发挥 8.1　分式线性递推关系式的求解

8.1.3 解法 1 中由递推关系 $a_{i+1}=1-\dfrac{1}{4a_i}$ 和初始值 $a_1=1$ 得出数列的通项公式 $a_i=\dfrac{i+1}{2i}$ 是先观察猜出规律再用数学归纳法证明. 不过, 靠观察猜出规律具有偶然性, 难以推广. 我们看能否通过对递推关系更仔细的分析找出适用范围更广的必胜的方法.

1. 用矩阵乘法求解

例 1 已知数列 $\{a_n\}$ 满足递推关系 $a_n=1-\dfrac{1}{4a_{n-1}}$, 且 $a_1=1$, 求 a_n.

分析 $a_n=\dfrac{4a_{n-1}-1}{4a_{n-1}}$ 是 a_{n-1} 的分式函数. 将数列的每一项都写成分式 $a_n=\dfrac{p_n}{q_n}$, 分子分母排成列向量 $\boldsymbol{X}_n=\begin{pmatrix}p_n\\q_n\end{pmatrix}$ 来表示 a_n, 看成 a_n 的坐标. 注意 a_n 的分子分母 p_n,q_n 可以同乘任意非零常数 λ, 也就是将坐标 $\boldsymbol{X}_n$ 乘 λ 变成 $\lambda\boldsymbol{X}_n$, 所表示的分数值 a_n 不变. 也就是说: $\boldsymbol{X}_n$ 生成的 1 维子空间中所有的非零向量 $\lambda\boldsymbol{X}_n$ 都是 a_n 的坐标, 称为**齐次坐标**. 任取其中一个坐标就可以用来表示和计算 a_n. 特别地, 由

$$a_n=\frac{p_n}{q_n}=\frac{4\dfrac{p_{n-1}}{q_{n-1}}-1}{4\dfrac{p_{n-1}}{q_{n-1}}}=\frac{4p_{n-1}-q_{n-1}}{4p_{n-1}}$$

可取 $p_n=4p_{n-1}-q_{n-1},q_n=4p_{n-1}$, 从而:

$$\boldsymbol{X}_n=\begin{pmatrix}p_n\\q_n\end{pmatrix}=\boldsymbol{A}\begin{pmatrix}p_{n-1}\\q_{n-1}\end{pmatrix}=\boldsymbol{A}\boldsymbol{X}_{n-1},\quad \boldsymbol{A}=\begin{pmatrix}4&-1\\4&0\end{pmatrix}$$

得到 $\boldsymbol{X}_n=\boldsymbol{A}^{n-1}\boldsymbol{X}_1$. 利用第 7 章的方法由 $\boldsymbol{A}$ 的若尔当标准形 $\boldsymbol{J}=\boldsymbol{P}^{-1}\boldsymbol{A}\boldsymbol{P}$ 算出 $\boldsymbol{A}^{n-1}=(\boldsymbol{P}\boldsymbol{J}\boldsymbol{P}^{-1})^{n-1}=\boldsymbol{P}\boldsymbol{J}^{n-1}\boldsymbol{P}^{-1}$, 就得到 $\boldsymbol{X}_n$ 从而得到 a_n.

解 将每个 a_n 写成分式 $a_n=\dfrac{p_n}{q_n}$ 并用列向量 $\boldsymbol{X}_n=\begin{pmatrix}p_n\\q_n\end{pmatrix}$ 表示, 则由

$$a_n=\frac{4a_{n-1}-1}{4a_{n-1}}=\frac{4p_{n-1}-q_{n-1}}{4p_{n-1}}$$

可取

$$\boldsymbol{X}_n=\begin{pmatrix}p_n\\q_n\end{pmatrix}=\boldsymbol{A}\begin{pmatrix}p_{n-1}\\q_{n-1}\end{pmatrix}=\boldsymbol{A}\boldsymbol{X}_{n-1},\quad \boldsymbol{A}=\begin{pmatrix}4&-1\\4&0\end{pmatrix}$$

从而 $\boldsymbol{X}_n=\boldsymbol{A}^{n-1}\boldsymbol{X}_1$.

求可逆方阵 $\boldsymbol{P}$ 将 $\boldsymbol{A}$ 相似于若尔当标准形 $\boldsymbol{P}^{-1}\boldsymbol{A}\boldsymbol{P}=\boldsymbol{J}$, 得到:

$$\boldsymbol{J}=\begin{pmatrix}2&1\\0&2\end{pmatrix}=2\begin{pmatrix}1&\dfrac{1}{2}\\0&1\end{pmatrix},\quad \boldsymbol{P}=\begin{pmatrix}-1&0\\-2&1\end{pmatrix}$$

$$\begin{aligned}\boldsymbol{A}^{n-1}&=(\boldsymbol{P}\boldsymbol{J}\boldsymbol{P}^{-1})^{n-1}=\boldsymbol{P}\boldsymbol{J}^{n-1}\boldsymbol{P}^{-1}\\&=\begin{pmatrix}-1&0\\-2&1\end{pmatrix}\cdot 2^{n-1}\begin{pmatrix}1&\dfrac{n-1}{2}\\0&1\end{pmatrix}\begin{pmatrix}-1&0\\-2&1\end{pmatrix}\\&=2^{n-1}\begin{pmatrix}n&-\dfrac{n-1}{2}\\2n-2&2-n\end{pmatrix}\end{aligned}$$

$$\boldsymbol{X}_n=\boldsymbol{A}^{n-1}\boldsymbol{X}_1=\boldsymbol{A}^{n-1}\begin{pmatrix}1\\1\end{pmatrix}=2^{n-1}\begin{pmatrix}\dfrac{n+1}{2}\\n\end{pmatrix}$$

$$a_n=\frac{\dfrac{n+1}{2}}{n}=\frac{n+1}{2n}$$ □

用以上方法求解 8.1.3 的递推关系式, 也许不比观察猜测的方法简便. 但这个方法却可以推广到更一般的由分式定义的递推关系式:

$$u_n=f(u_{n-1})=\frac{au_{n-1}+b}{cu_{n-1}+d}\tag{8.9}$$

递推函数 $f(x)=\dfrac{ax+b}{cx+d}$ 的分子分母都是 x 的一次函数. 如果 a,b 与 c,d 成比例, $(a,b)=\lambda(c,d)$ 对某个常数 λ 成立, 则 $f(x)=\lambda$ 取值为常数, 这样的 f 不予考虑. 因此我们要求 a,b 与 c,d 不成比例, 即 $ad-bc\neq 0$. 这样的分式函数 $f(x)=\dfrac{ax+b}{cx+d}$ $(ad-bc\neq 0)$ 称为**分式线性函数** (fractional linear function).

将分式线性函数的自变量 x 和因变量 y 都写成分数 $x=\dfrac{x_1}{x_2},y=\dfrac{y_1}{y_2}$, 分别用各自的分子分母组成的 2 维列向量 $\boldsymbol{X}=\begin{pmatrix}x_1\\x_2\end{pmatrix}$ 与 $\boldsymbol{Y}=\begin{pmatrix}y_1\\y_2\end{pmatrix}$ 表示, 称为 x,y 的**齐次坐标**, 则分式线性函数 $f:x\mapsto y=\dfrac{ax+b}{cx+d}$ 可以用 x,y 之间的齐次坐标的线性变换

$$f:\boldsymbol{X}\mapsto\boldsymbol{Y}=\begin{pmatrix}y_1\\y_2\end{pmatrix}=\boldsymbol{AX},\quad \boldsymbol{A}=\begin{pmatrix}a&b\\c&d\end{pmatrix}$$

表示, 通过矩阵乘法来实现. 可逆方阵 $\boldsymbol{A}$ 实现的分式线性函数也可逆. 如果数列 $\{u_n\}$ 相邻两项满足分式线性递推关系 $u_n=f(u_{n-1})$, 则相邻两项的齐次坐标满足线性变换关系 $\boldsymbol{X}_n=\boldsymbol{AX}_{n-1}$. 由此得到 $\boldsymbol{X}_n=\boldsymbol{A}^{n-1}\boldsymbol{X}_1$, 从而得到 u_n 的通项公式.

例 2 数列 $\{a_n\}$ 满足递推关系 $a_{n+1}=\dfrac{2a_n}{a_n+1}$, 首项 $a_1=\dfrac{1}{2}$, 求通项公式.

解 记 $a_n=\dfrac{p_n}{q_n}$, 则:

$$a_n=\frac{p_n}{q_n}=\frac{2p_{n-1}}{p_{n-1}+q_{n-1}},\quad \begin{pmatrix}p_n\\q_n\end{pmatrix}=\boldsymbol{A}\begin{pmatrix}p_{n-1}\\q_{n-1}\end{pmatrix}=\boldsymbol{A}^{n-1}\begin{pmatrix}1\\2\end{pmatrix},\quad \boldsymbol{A}=\begin{pmatrix}2&0\\1&1\end{pmatrix}$$

求可逆方阵 $\boldsymbol{P}$ 将 $\boldsymbol{A}$ 相似于若尔当标准形 $\boldsymbol{J}=\boldsymbol{P}^{-1}\boldsymbol{AP}$, 得

$$\boldsymbol{P}=\begin{pmatrix}1&0\\1&1\end{pmatrix},\quad \boldsymbol{J}=\begin{pmatrix}2&0\\0&1\end{pmatrix}$$

$$\begin{aligned}\boldsymbol{X}_n&=\boldsymbol{A}^{n-1}\boldsymbol{X}_1=\boldsymbol{PJ}^{n-1}\boldsymbol{P}^{-1}\boldsymbol{X}_1\\&=\begin{pmatrix}2^{n-1}&0\\2^{n-1}-1&1\end{pmatrix}\begin{pmatrix}1\\2\end{pmatrix}=\begin{pmatrix}2^{n-1}\\2^{n-1}+1\end{pmatrix}\end{aligned}$$

$$a_n=\frac{2^{n-1}}{2^{n-1}+1}$$ □

2. 化为等差数列或等比数列

如果数列 $\{u_n\}$ 的相邻两项 $u_n=\dfrac{p_n}{q_n}$ 与 $u_{n-1}=\dfrac{p_{n-1}}{q_{n-1}}$ 的齐次坐标 $\boldsymbol{X}_n=\begin{pmatrix}p_n\\q_n\end{pmatrix}$ 与 $\boldsymbol{X}_{n-1}=\begin{pmatrix}p_{n-1}\\q_{n-1}\end{pmatrix}$ 之间满足的线性变换关系 $\boldsymbol{X}_n=\boldsymbol{A}\boldsymbol{X}_{n-1}$ 的矩阵 $\boldsymbol{A}$ 本身就是若尔当形，则 u_n,u_{n-1} 之间的关系特别简单. 2 阶可逆若尔当形矩阵 $\boldsymbol{A}$ 只有两种情形:

情形 1 $\boldsymbol{A}=\begin{pmatrix}\lambda_1&0\\0&\lambda_2\end{pmatrix}$ 是对角阵，则:

$$\begin{pmatrix}p_n\\q_n\end{pmatrix}=\begin{pmatrix}\lambda_1p_{n-1}\\\lambda_2q_{n-1}\end{pmatrix},\quad u_n=\frac{\lambda_1p_{n-1}}{\lambda_2q_{n-1}}=\frac{\lambda_1}{\lambda_2}u_{n-1}$$

$\{u_n\}$ 是以 $q=\dfrac{\lambda_1}{\lambda_2}$ 为公比的等比数列.

情形 2 $\boldsymbol{A}=\begin{pmatrix}\lambda_1&1\\0&\lambda_1\end{pmatrix}$ 是一个若尔当块，则:

$$\boldsymbol{X}_n=\boldsymbol{A}\boldsymbol{X}_{n-1}=\begin{pmatrix}\lambda_1&1\\0&\lambda_1\end{pmatrix}\begin{pmatrix}p_{n-1}\\q_{n-1}\end{pmatrix}=\begin{pmatrix}\lambda_1p_{n-1}+q_{n-1}\\\lambda_1q_{n-1}\end{pmatrix}$$

$$u_n=\frac{\lambda_1p_{n-1}+q_{n-1}}{\lambda_1q_{n-1}}=u_{n-1}+\lambda_1^{-1}$$

$\{u_n\}$ 是以 $d=\lambda_1^{-1}$ 为公差的等差数列.

如果由齐次坐标的递推关系 $\boldsymbol{X}_n=\boldsymbol{A}\boldsymbol{X}_{n-1}$ 决定的数列 $\{a_n\}$ 既不是等差数列也不是等比数列，$\boldsymbol{A}$ 就不是若尔当形矩阵. 但是 $\boldsymbol{A}$ 可以被某个可逆方阵 $\boldsymbol{P}$ 相似于若尔当标准形 $\boldsymbol{J}=\boldsymbol{P}^{-1}\boldsymbol{A}\boldsymbol{P}$. 将 $\boldsymbol{A}=\boldsymbol{P}\boldsymbol{J}\boldsymbol{P}^{-1}$ 代入递推关系得 $\boldsymbol{X}_n=\boldsymbol{A}\boldsymbol{X}_{n-1}=\boldsymbol{P}\boldsymbol{J}\boldsymbol{P}^{-1}\boldsymbol{X}_{n-1}$，从而 $\boldsymbol{P}^{-1}\boldsymbol{X}_n=\boldsymbol{J}(\boldsymbol{P}^{-1}\boldsymbol{X}_{n-1})$. 用 $\boldsymbol{P}^{-1}$ 左乘每个 $\boldsymbol{X}_n$ 得到 $\boldsymbol{Y}_n=\boldsymbol{P}^{-1}\boldsymbol{X}_n$，则 $\boldsymbol{Y}_n=\boldsymbol{J}\boldsymbol{Y}_{n-1}$. 每个 $\boldsymbol{Y}_n=\begin{pmatrix}\rho_n\\\theta_n\end{pmatrix}$ 是分数 $v_n=\dfrac{\rho_n}{\theta_n}$ 的齐次坐标，这些分数组成的数列 $\{v_n\}$ 的相邻两项的齐次坐标满足递推关系 $\boldsymbol{Y}_n=\boldsymbol{J}\boldsymbol{Y}_{n-1}$，其中的矩阵 $\boldsymbol{J}$ 是若尔当标准形，因而数列 $\{v_n\}$ 是等差数列或等比数列，容易写出通项公式 $v_n=\varPhi(n)$，且

$$\boldsymbol{X}_n=\boldsymbol{P}\boldsymbol{Y}_n=\begin{pmatrix}a_1&b_1\\c_1&d_1\end{pmatrix}\begin{pmatrix}v_n\\1\end{pmatrix}=\begin{pmatrix}a_1v_n+b_1\\c_1v_n+d_1\end{pmatrix}\Rightarrow a_n=\frac{a_1v_n+b_1}{c_1v_n+d_1}$$

将 $v_n=\varPhi(n)$ 代入，就得到由 n 计算 a_n 的通项公式.

例 1 解法 2:

分析 相邻两项 a_n,a_{n-1} 的齐次坐标 $\boldsymbol{X}_n,\boldsymbol{X}_{n-1}$ 满足递推关系 $\boldsymbol{X}_n=\boldsymbol{A}\boldsymbol{X}_{n-1}$.

$$\boldsymbol{A}=\begin{pmatrix}4&-1\\4&0\end{pmatrix}=\boldsymbol{P}\begin{pmatrix}2&1\\0&2\end{pmatrix}\boldsymbol{P}^{-1},\quad \boldsymbol{P}=\begin{pmatrix}1&0\\2&-1\end{pmatrix}=\boldsymbol{P}^{-1}$$

取

$$\boldsymbol{Y}_n=\boldsymbol{P}^{-1}\boldsymbol{X}_n=\begin{pmatrix}1&0\\2&-1\end{pmatrix}\begin{pmatrix}a_n\\1\end{pmatrix}=\begin{pmatrix}a_n\\2a_n-1\end{pmatrix}$$

则 $v_n=\dfrac{a_n}{2a_n-1}$ 组成的数列是等差数列.

解 对每个正整数 n, 设

$$v_n=\frac{a_n}{2a_n-1} \tag{8.10}$$

将 v_n 当作已知数, 等式 (8.10) 看成以 a_n 为未知数的方程, 求解得 $a_n=\dfrac{v_n}{2v_n-1}$. 将

$$a_{n-1}=\frac{v_{n-1}}{2v_{n-1}-1} \tag{8.11}$$

代入递推关系式 $a_n=1-\dfrac{1}{4a_{n-1}}$ 得到由 v_{n-1} 计算 a_n 的关系式:

$$a_n=1-\frac{2v_{n-1}-1}{4v_{n-1}}=\frac{2v_{n-1}+1}{4v_{n-1}} \tag{8.12}$$

再代入式 (8.10) 得到由 v_{n-1} 计算 v_n 的递推关系式:

$$v_n=\frac{\dfrac{2v_{n-1}+1}{4v_{n-1}}}{2\dfrac{2v_{n-1}+1}{4v_{n-1}}-1}=\frac{2v_{n-1}+1}{2(2v_{n-1}+1)-4v_{n-1}}=v_{n-1}+\frac{1}{2}$$

可见 $\{v_n\}$ 是公差为 $\dfrac{1}{2}$ 的等差数列. 将 $a_1=1$ 代入式 (8.10) 得到 $v_1=1$, 于是:

$$v_n=v_1+(n-1)\frac{1}{2}=1+\frac{n-1}{2}=\frac{n+1}{2}$$

$$a_n=\frac{v_n}{2v_n-1}=\frac{\dfrac{n+1}{2}}{2\dfrac{n+1}{2}-1}=\frac{n+1}{2n}$$ □

以上解法的思路很简单: 等式 (8.10) 定义了一个函数 $g(x)=\dfrac{x}{2x-1}$, 将原来的数列 $\{a_n\}$ 的每一项 a_n 替换成 $v_n=g(a_n)$, 得到新的数列 $\{v_n\}$, 原来的递推关系 $a_n=f(a_{n-1})$ 变成新数列 $\{v_n\}$ 的递推关系 $v_n=f_1(v_{n-1})=v_{n-1}+\dfrac{1}{2}$, 新数列正好是等差数列, 可以立即写出通项公式 $v_n=v_1+\dfrac{1}{2}(n-1)$. 再由 $g(a_n)=v_n$ 算出 a_n.

中学生都可以懂这个思路, 也能够看懂甚至自己完成例 1 解法 2 中的计算和推理过程. 问题在于, 怎么能够找到这样的函数 g 正好使 $v_n=g(a_n)$ 的递推关系变成 $v_n=v_{n-1}+\dfrac{1}{2}$, 得到等差数列? 解法 2 是先将方阵 $\boldsymbol{A}$ 相似到若尔当标准形 $\boldsymbol{J}=\boldsymbol{P}^{-1}\boldsymbol{A}\boldsymbol{P}$, 再由 $\boldsymbol{P}^{-1}=\begin{pmatrix} a & b\\ c & d\end{pmatrix}$ 的系数 a,b,c,d 构造出 $g(x)=\dfrac{ax+b}{cx+d}$. 这需要用到大学线性代数的知识. 容易想到一个“最笨”的方法: 由待定系数 a,b,c,d 及原数列的递推关系 $a_n=f(a_{n-1})$ 直接算出新数列的递推关系 $v_n=f_1(v_{n-1})$, 再选择 a,b,c,d 使 $f_1(v_{n-1})=v_{n-1}+\beta$ 或 $f_1(v_{n-1})=qv_{n-1}$, 则 $\{v_n\}$ 是等差数列或等比数列.

例 1 解法 3:

设 $g(x)=\dfrac{\lambda x+\beta}{\mu x+\gamma}$ 是分式线性函数, λ,β,μ,γ 为待定常数且满足 $\lambda\gamma-\mu\beta\neq 0$. 将原数列各项 a_n 用 g 作用得到 $v_n=g(a_n)$ 组成的新数列 $\{v_n\}$, 由原数列的递推关系式 $a_n=f(a_{n-1})=\dfrac{4a_{n-1}-1}{4a_{n-1}}$ 得到新数列的递推关系式 $v_n=f_1(v_{n-1})$ 即 $f_1(g(a_{n-1}))=g(a_n)=g(f(a_{n-1}))$, 即 $f_1(g(x))=g(f(x))$ 对任意 $x=a_{n-1}$ 成立. 我们希望选择适当的 g 使 $f_1(t)=kt+b$ 为一次函数, 其中 $t=v_{n-1}$, 而 k,b 是常数, 则当 $k=1$ 时新数列的递推关系为 $v_n=v_{n-1}+b$, $\{v_n\}$ 为等差数列. 当 $k\neq 1$ 时再进一步要求 $b=0$, 从而 $v_n=kv_{n-1}$, $\{v_n\}$ 是等比数列. 根据 $\{v_n\}$ 的通项公式就可得到 a_n 的通项公式 $a_n=\varphi(v_n)$, 其中 φ 是 g 的反函数.

下面我们来推出由 $t=v_{n-1}$ 计算 v_n 的递推关系 $v_n=f_1(v_{n-1})=f_1(t)$. 在等式 $t=v_{n-1}=g(a_{n-1})=g(x)=\dfrac{\lambda x+\beta}{\mu x+\gamma}$ 中将 t 看成已知数, 将等式看成以 x 为未知数的方程, 解之得 $t(\mu x+\gamma)=\lambda x+\beta$, $x=\dfrac{\gamma t-\beta}{-\mu t+\lambda}=\varphi(t)$. 在等式 $v_n=g(a_n)$ 中将 $a_n=f(a_{n-1})=f(x)=\dfrac{4x-1}{4x}$ 代入得

$$v_n=\frac{\lambda a_n+\beta}{\mu a_n+\gamma}=\frac{\lambda\dfrac{4x-1}{4x}+\beta}{\mu\dfrac{4x-1}{4x}+\gamma}=\frac{(4\lambda+4\beta)x-\lambda}{(4\mu+4\gamma)x-\mu}\tag{8.13}$$

(注: 以上的计算中需要在分式线性函数 $v_n=g(a_n)=\dfrac{\lambda a_n+\beta}{\mu a_n+\gamma}$ 中将分式 $a_n=\dfrac{4x-1}{4x}$ 代入, 得到繁分式之后再化简. 一般地, 将分式 $t=\dfrac{t_1}{t_2}$ 代入分式线性函数 $g(t)$ 得到的分式

$$g(t)=\frac{\lambda\dfrac{t_1}{t_2}+\beta}{\mu\dfrac{t_1}{t_2}+\gamma}=\frac{\lambda t_1+\beta t_2}{\mu t_1+\gamma t_2}=\frac{u_1}{u_2}$$

的分子分母分别为 $u_1=\lambda t_1+\beta t_2,v=\mu t_1+\gamma t_2$, 都是 t 的分子分母的线性组合. 这个算法就是将每个分式 t 用它的分子分母组成坐标 (排成列向量)$\boldsymbol{X}$ 来代表, 则 t 的坐标到 $g(t)$ 的坐标的变换

$$g:\begin{pmatrix}t_1\\t_2\end{pmatrix}\mapsto\begin{pmatrix}u_1\\u_2\end{pmatrix}=\begin{pmatrix}\lambda t_1+\beta t_2\\\mu t_1+\gamma t_2\end{pmatrix}=\begin{pmatrix}\lambda&\beta\\\mu&\gamma\end{pmatrix}\begin{pmatrix}t_1\\t_2\end{pmatrix}$$

通过矩阵乘法实现. 中学生即使不懂矩阵运算, 也可以由 t 的分子分母 t_1,t_2 算出 $\lambda t_1+\beta t_2,\mu t_1+\gamma t_2$ 分别作为 $g(t)$ 的分子分母, 总比计算繁分式简单一些. 本题以下的运算都按这个方式进行.)

再将 $x=\varphi(t)=\dfrac{\gamma t-\beta}{-\mu t+\lambda}$ 代入 (8.13) 得

$$\begin{aligned}v_n&=\frac{(4\lambda+4\beta)(\gamma t-\beta)-\lambda(-\mu t+\lambda)}{(4\mu+4\gamma)(\gamma t-\beta)-\mu(-\mu t+\lambda)}\\&=\frac{[\lambda\mu+4\gamma(\lambda+\beta)]t-(\lambda+2\beta)^2}{(\mu+2\gamma)^2t-[\lambda\mu+4\beta(\mu+\gamma)]}\end{aligned}\tag{8.14}$$

要使数列 $\{v_n\}$ 是等差数列或等比数列, 相邻两项 v_n, v_{n-1} 之间的递推关系 $v_n = f_1(v_{n-1})$ 应具有形式 $v_n = v_{n-1} + b$ 或 $v_n = kv_{n-1}$, 等式 (8.14) 中得到的函数 $f(t)$ 应是一次函数 $f(t) = t + b$ 或 $f(t) = kt$, 等式 (8.13) 右边分式的分母的一次项系数 $(\mu+2\gamma)^2$ 应为 0. 为此, 可选 $\mu = 2, \gamma = -1$, 关系式 (8.14) 变成

$$v_n = \frac{-2(\lambda+2\beta)t - (\lambda+2\beta)^2}{-2(\lambda+2\beta)} = t - \frac{(\lambda+2\beta)^2}{2(\alpha+2\beta)} \tag{8.15}$$

分式线性函数 g 的系数 $\lambda, \beta, \mu, \gamma$ 满足条件 $\lambda\gamma - \mu\beta = -\lambda - 2\beta \neq 0$, 因而 $v_n = v_{n-1} + \dfrac{\lambda+2\beta}{2}$, $\{v_n\}$ 是等差数列.

例如, 取 $\lambda = 0, \beta = 1$, 也就是取 $g(x) = \dfrac{1}{2x-1}$, 则 $v_n = v_{n-1} + 1$. $\{v_n\}$ 是公差为 1 的等差数列, 首项 $v_1 = g(1) = 1$, 因而 $v_n = n$, $a_n = \varphi(v_n) = \dfrac{-v_n - 1}{-2v_n} = \dfrac{n+1}{2n}$. □

例 2 解法 3:

与例 1 解法 3 同样用分式线性函数 $g(x) = \dfrac{\lambda x + \beta}{\mu x + \gamma}$ 作用于数列 $\{a_n\}$ 的各项得到 $v_n = g(a_n)$ 组成新数列, 同样得到 g 的反函数 φ 使 $a_n = \varphi(v_n)$. 同样由原数列的递推关系 $a_n = f(a_{n-1}) = \dfrac{2a_{n-1}}{a_{n-1}+1}$ 得到

$$v_n = g(a_n) = \frac{\lambda \dfrac{2a_{n-1}}{a_{n-1}+1} + \beta}{\mu \dfrac{2a_{n-1}}{a_{n-1}+1} + \gamma} = \frac{(2\lambda+\beta)a_{n-1} + \beta}{(2\mu+\gamma)a_{n-1} + \gamma}$$

再将 $a_{n-1} = \varphi(v_{n-1}) = \dfrac{\gamma v_n - \beta}{-\mu v_n + \lambda}$ 代入得到新数列 $\{v_n\}$ 的递推关系:

$$\begin{aligned} v_n &= \frac{(2\lambda+\beta)\dfrac{\gamma v_{n-1} - \beta}{-\mu v_{n-1} + \lambda} + \beta}{(2\mu+\gamma)\dfrac{\gamma v_{n-1} - \beta}{-\mu v_{n-1} + \lambda} + \gamma} \\ &= \frac{[2\gamma\lambda + (\gamma-\mu)\beta]v_{n-1} - (\lambda+\beta)\beta}{(\mu+\gamma)\gamma v_{n-1} + \gamma\lambda - (2\mu+\gamma)\beta} \end{aligned}$$

取 $\mu = -1, \gamma = 1$ 使 $(\mu+\gamma)\gamma = 0$, 再取 $\lambda = 1, \beta = 0$ 使 $-(\lambda+\beta)\beta = 0$. 得到

$$g(x) = \frac{x}{-x+1}, \quad \varphi(x) = \frac{x}{x+1}, \quad v_n = 2v_{n-1}$$

$\{v_n\}$ 是公比为 2 的等比数列, $v_1 = g(a_1) = 1$, $v_n = 2^{n-1}$.

$$a_n = \varphi(v_n) = \frac{2^{n-1}}{2^{n-1}+1}$$ □

例 1 与例 2 的解法 3 适用于数列 $\{a_n\}$ 的递推关系 $a_n = f(a_{n-1})$ 的函数是任意分式线性函数 $f(x) = \dfrac{ax+b}{cx+d}$ 的情形. 同样地选取待定的分式线性函数 $g(x) = \dfrac{\lambda x + \beta}{\mu x + \gamma}$ 作用于数列 $\{a_n\}$ 的各项得到 $v_n = g(a_n)$ 组成新数列, 同样在 $v_n = g(a_n) = g(f(a_{n-1}))$ 中将 $a_{n-1} = \varphi(v_{n-1})$ 代入, 得到新数列的递推关系:

$$v_n = g(f(\varphi(v_{n-1}))) = f_1(v_{n-1}) = \frac{\lambda_1 v_{n-1} + b_1}{c_1 v_{n-1} + d_1}$$

其中各系数 λ_1,b_1,c_1,d_1 由 g 的各系数决定. 选择 g 的系数使 $c_1\neq 0$, $f_1(t)=kt+h$ 是一次函数, 且当 $k\neq 1$ 时进一步要求 $h=0$, 则 $\{v_n\}$ 是等差数列或等比数列, 容易求出通项公式 $v_n=\Phi(n)$, 代入 $a_n=\varphi(v_n)$ 得到 $\{a_n\}$ 的通项公式 $a_n=\varphi(\Phi(n))$.

3. 递推函数的不动点

例 1 与例 2 的解法 3 不需要高深的知识和巧妙的设计, 中学生都可以懂, 也不难想到, 按部就班死算就能成功, 是一种“愚公移山”的方法. 缺点是计算太繁琐. 能不能再改进一下, 保持易懂的优点, 让计算简便些? 为此, 研究分式线性函数 $f_1(t)=\dfrac{\lambda_1 t+b_1}{c_1 t+d_1}$ 的系数 $c_1=0$ 或 $b_1=0$ 时函数 f_1 及 g 具有什么性质, 根据这些性质更快地找到所需函数 g.

先考察当 $x\to\infty$ 时分式线性函数 $f_1(x)$ 的变化趋势:

如果 $c_1\neq 0$, 则当 $x\to\infty$ 时 $f_1(x)=\dfrac{\lambda_1+\dfrac{b_1}{x}}{c_1+\dfrac{d_1}{x}}\to\dfrac{\lambda_1}{c_1}$. 不妨记为 $f_1(\infty)=\dfrac{\lambda_1}{c_1}$, 理解为: 函数 f_1 将无穷大 ∞ 变成有限值 $\dfrac{\lambda_1}{c_1}$.

如果 $c_1=0$, 则 $f_1(x)=\dfrac{\lambda_1}{d_1}x+\dfrac{b_1}{d_1}$ 是一次函数, 当 $x\to\infty$ 时 $f_1(x)\to\infty$, 不妨记为 $f_1(\infty)=\infty$, 理解为: f_1 将 ∞ 仍变到 ∞, 保持不动.

一般地, 如果函数 $f_1(x_1)=x_1$ 对某个 x_1 成立, 就称 x_1 是 f_1 的不动点. 不妨将 ∞ 也看作变量的允许值, 当 $f_1(\infty)=\infty$ 时也称 ∞ 是 f_1 的不动点, 则以上结论就是:

分式线性函数 f_1 是一次函数 $f_1(x)=kx+h$ 的充分必要条件是: ∞ 是 f_1 的不动点.

如果一次函数 $f_1(x)=kx+h$ 的一次项系数 $k\neq 1$, 则方程 $f_1(x)=x$ 即 $kx+h=x$ 还有唯一的解 $x_2=\dfrac{h}{1-k}\neq\infty$, f_1 有两个不同的不动点 ∞ 与 x_2. 此时, $\{v_n\}$ 是等比数列的充分必要条件是: $h=f_1(0)=0$, 即 f_1 有两个不同的不动点 $\infty,0$.

$\{v_n\}$ 是等差数列的充分必要条件是: $f_1(x)=x+h$, 当 $h\neq 0$ 时方程 $x+h=x$ 无解, f_1 只有唯一的不动点 ∞. 如果此时还有 $h=0$, 则所有的 x 都是 $f_1(x)=x$ 的不动点. 不论 $\{a_n\}$ 的首项 a_1 取什么值, 数列 $\{v_n\}$ 都是由同一个数 $g(a_1)$ 组成的常数列, $\{a_n\}$ 则是由同一个数 $a_n=\varphi(v_n)=\varphi(v_1)=a_1$ 组成的常数列, 递推关系函数 f 必然也是 $f(x)=x$, 不需将 $\{a_n\}$ 变成 $\{v_n\}$ 来讨论.

一般地, 如果数列 $\{a_n\}$ 的递推关系 $v_n=f(v_{n-1})$ 的函数 f 是分式线性函数 $f(x)=\dfrac{ax+b}{cx+d}$, 解方程 $f(x)=x$ 可求出 f 的不动点. 如果 x_1 是 f 的不动点, 取数列首项 $a_1=x_1$, 则由递推关系 $a_2=f(a_1)=f(x_1)=x_1$. 依此类推, 由数列前一项 $a_{n-1}=x_1$ 得到下一项 $a_n=f(a_{n-1})=f(x_1)=x_1$, 以 x_1 为首项的数列 $\{a_n\}$ 的每一项都是 x_1, 用函数 g 作用得到的所有 $v_n=g(a_n)=g(x_1)$ 都等于同一个数 $g(x_1)$, 由新的递推关系 $v_n=f_1(v_{n-1})$ 成为 $g(x_1)=f_1(g(x_1))$, 这说明 g 将 f 的每个不动点 x_1 变成 f_1 的不动点 $g(x_1)$. 如果 f 只有唯一的不动点 x_1, 取 $g(x)=\dfrac{1}{x-x_1}$ 将 x_1 变成 f_1 的唯一不动点 $g(x_1)=\infty$, 则数列 $\{v_n\}=\{g(a_n)\}$ 是等差数列. 如果 f 有两个不同的不动点 x_1,x_2, 取 $g(x)=\dfrac{x-x_2}{x-x_1}$ 分别将 x_1,x_2 变到 f_1 的不动点 $\infty,0$, 则 $\{v_n\}=\{g(a_n)\}$ 是等比数列. 恰如所需.

例 1 解法 4:

由 $f(\infty)=1\neq\infty$ 知 ∞ 不是 f 的不动点. 解方程 $f(x)=\dfrac{4x-1}{4x}=x$ 得 $4x-1=4x^2$, $4x^2-4x+1=0$, 只有唯一解 $x_1=\dfrac{1}{2}$, 也就是 f 的唯一不动点.

取 $g(x)=\dfrac{1}{2x-1}$ 将 $x_1=\dfrac{1}{2}\to\infty$.

与解法 3 同样可求出 $g(x)$ 的反函数 $\varphi(x)=\dfrac{x+1}{2x}$. 同样对每个正整数 n 令 $v_n=g(a_n)=\dfrac{1}{2a_n-1}$, 将 $a_n=f(a_{n-1})=\dfrac{4a_{n-1}-1}{4a_{n-1}}$ 代入得

$$v_n=\frac{4a_{n-1}}{2(4a_{n-1}-1)-4a_{n-1}}=\frac{2a_{n-1}}{2a_{n-1}-1} \tag{8.16}$$

再将 $a_{n-1}=\varphi(v_{n-1})=\dfrac{v_{n-1}+1}{2v_{n-1}}$ 代入 (8.15) 得

$$v_n=\frac{2(v_{n-1}+1)}{2(v_{n-1}+1)-2v_{n-1}}=v_{n-1}+1=v_1+(n-1)$$

再将 $v_1=g(a_1)=\dfrac{1}{2a_1-1}=1$ 代入得 $v_n=n$. 于是 $a_n=\varphi(v_n)=\dfrac{n+1}{2n}$. □

例 2 解法 4:

解方程 $f(x)=\dfrac{2x}{x+1}=x$ 得 $x(x+1)=2x$, 得到两个解 $x_1=0,x_2=1$, 也就是 f 的两个不动点.

取 $g(x)=\dfrac{x}{x-1}$ 将 f 的两个不动点 0,1 分别变到 $0,\infty$, 则 g 的反函数 $\varphi(x)=\dfrac{x}{x-1}$. $v_n=g(a_n)$ $(n=1,2,\cdots)$ 组成的数列的递推关系 $v_n=f_1(v_{n-1})$ 函数 f_1 有两个不动点 $0,\infty$, 数列 $\{v_n\}$ 应是等比数列.

与解法 3 同样可具体计算出递推关系式 $v_n=f_1(v_{n-1})$: 在 $v_n=g(a_n)=\dfrac{a_n}{a_n-1}$ 中将 $a_n=f(a_{n-1})=\dfrac{2a_{n-1}}{a_{n-1}+1}$ 代入得

$$v_n=\frac{2a_{n-1}}{2a_{n-1}-(a_{n-1}+1)}=\frac{2a_{n-1}}{a_{n-1}-1}$$

再将 $a_{n-1}=\varphi(v_{n-1})=\dfrac{v_{n-1}}{v_{n-1}-1}$ 代入并整理得 $v_n=2v_{n-1}$, 从而 $v_n=2^{n-1}v_1$. 再将 $v_1=\varphi(a_1)=\dfrac{\frac{1}{2}}{\frac{1}{2}-1}=-1$ 代入得 $v_n=-2^{n-1}$. 于是:

$$a_n=\varphi(v_n)=\frac{-2^{n-1}}{-2^{n-1}+1}=\frac{2^{n-1}}{2^{n-1}-1}.$$ □

例 1 与例 2 的解法 4 与解法 3 由原数列的递推关系 $a_n=f(a_{n-1})$ 计算新数列 $\{v_n\}=\{g(a_n)\}$ 的递推关系的方法是相同的. 所不同的是: 解法 3 是由待定的分式线性函数 g 算 f_1, 再根据等差数列和等比数列的要求计算 $g(x)$ 的待定系数, 计算相当繁琐. 解法 3 则是由 f 的不动点 x_1 或 x_1,x_2 直接得到了 $g(x)=\dfrac{1}{x-x_1}$ 或 $g(x)=\dfrac{x-x_2}{x-x_1}$, 比解法 3 简便得多.

例 2 解法 4 是先求出 $g(x)$ 将 f 的不动点分别送到 ∞ 和 0, 再解出 g 的反函数 φ. 反过来, 可以按照 f 的两个不动点 $x_1=\dfrac{\lambda}{\mu}$, $x_2=\dfrac{\beta}{\gamma}$ 的分子分母 λ,μ,β,γ 直接构造函数 $x=\varphi(t)=\dfrac{\lambda t+\beta}{\mu t+\gamma}$ 将 $\infty,0$ 分别送到 x_1,x_2, 从而 φ 的反函数 $t=g(x)=\dfrac{\gamma x-\beta}{-\mu x+\lambda}$ 将 x_1,x_2 分别送到 $\infty,0$. 每个 x 可写成 $x=\varphi(t)$ 的形式, 其中 $t=g(x)$ 看成 x 的坐标, 则数列 $\{a_n\}$ 各项 $a_n=\varphi(t_n)$ 的坐标 $t_n=g(a_n)$ 组成等比数列, 递推关系 $t_n=f_1(t_{n-1})=kt_{n-1}$ 是正比例函数, 即 $f(\varphi(t_{n-1})=\varphi(t_n)=\varphi(kt_{n-1})$, f 的作用 $f(\varphi(t))=\varphi(kt)$ 是将坐标 t 乘常数 k. 特别地, $a_n=f^{n-1}(a_1)=f^{n-1}(\varphi(t_1))=\varphi(k^{n-1}t_1)$.

例 2 解法 5:

解方程 $f(x)=\dfrac{2x}{x+1}=x$ 求出函数 f 的两个不动点 0,1, 取函数 $x=\varphi(t)=\dfrac{t}{t+1}$ 分别将 $\infty,0$ 映到 1,0.

$$f(x)=f(\varphi(t))=\frac{2\dfrac{t}{t+1}}{\dfrac{t}{t+1}+1}=\frac{2t}{2t+1}=\varphi(2t)$$

将 t 看成 $x=\varphi(t)$ 的坐标, 则 f 对 $x=\varphi(t)$ 的作用是将坐标 t 乘 2. 将 a_1 写成 $a_1=f(t_1)$, 则 a_n 由 f 对 a_1 连续作用 $n-1$ 次得到, 因此 $a_n=f^{n-1}(\varphi(t_1))=\varphi(2^{n-1}t_1)$.

由 $a_1=\dfrac{1}{2}=\varphi(t_1)=\dfrac{t_1}{t_1+1}$ 易解出 $t_1=1$, 于是 $a_1=\varphi(1)$.

$a_n=f^{n-1}(\varphi(1))=\varphi(2^{n-1})=\dfrac{2^{n-1}}{2^{n-1}+1}$. □

例 1 解法 5:

解方程 $f(x)=\dfrac{4x-1}{4x}=x$ 得唯一解 $x_1=\dfrac{1}{2}$. 取函数 $x=\varphi(t)=\dfrac{t}{2t+1}$ 将 $\infty\to\dfrac{1}{2}$, 则:

$$f(x)=f(\varphi(t))=\frac{4t-(2t+1)}{4t}=\frac{2t-1}{4t}=\frac{t-\dfrac{1}{2}}{2(t-\dfrac{1}{2})+1}=\varphi\left(t-\frac{1}{2}\right)$$

由 $a_1=1=\varphi(t)=\dfrac{t}{2t+1}$ 解出 $t=-1$, 因此 $a_1=\varphi(-1)$.

$$\begin{aligned}a_n&=f^{n-1}(\varphi(-1))=\varphi\left(-1-\frac{n-1}{2}\right)\\&=\varphi\left(-\frac{n+1}{2}\right)=\frac{-(n+1)}{-2(n+1)+2}=\frac{n+1}{2n}\end{aligned}$$ □

例 1 和例 2 的解法 5 可以总结为一般的算法如下:

算法 (分式线性递推数列的通项公式) 设数列 $\{a_n\}$ 满足递推关系 $a_n=f(a_{n-1})$ ($\forall\ n\geqslant 2$), 其中:

$$f(x)=\frac{ax+b}{cx+d},\quad ad-bc\neq 0$$

求通项公式 $a_n=\Phi(n)$.

第一步, 解方程 $f(x)=x$ 求根, 就是 f 的不动点.

第二步, 如果 f 有两个不同的不动点 $x_1=\dfrac{\lambda}{\mu},x_2=\dfrac{\beta}{\gamma}$, 将每个 x 写成

$$x=\varphi(t)=\frac{\lambda t+\beta}{\mu t+\gamma}$$

如果 f 只有唯一的不动点 x_1, 任取 $x_2\neq x_1$ (为简单起见, 总可取 $x_2=\dfrac{0}{1}\neq x_1$ 或 $x_2=\dfrac{1}{0}\neq x_1$), 将每个 x 写成同样形式 $x=\varphi(t)$. t 可以看成 $x=\varphi(t)$ 的坐标.

第三步, 将 $x=\varphi(t)$ 代入 $f(x)$ 并整理, 得

$$f(\varphi(t))=\frac{a(\lambda t+\beta)+b(\mu t+\gamma)}{c(\lambda t+\beta)+d(\mu t+\gamma)}=\frac{\lambda_1 t+\beta_1}{\mu_1 t+\gamma_1}\tag{8.17}$$

必然发现 $f(\varphi(t))=\varphi(kt)$ (当 x_1,x_2 都是 f 的不动点) 或 $f(\varphi(t))=\varphi(t+k)$ (当 f 有唯一不动点 x_1) 对某个常数 k 成立. f 对 $x=\varphi(t)$ 的作用就是将它的坐标 t 乘某个常数或加某个常数.

第四步, 解方程 $a_1=\varphi(t_1)$ 求出 t_1, 则:

$$a_n=f^{n-1}(a_1)=\varphi(f_1^{n-1}(t_1))=\begin{cases}\varphi(k^{n-1}t_1), & \text{当 } f_1(t)=kt\\ \varphi(t_1+(n-1)k), & \text{当 } f_1(t)=t+k\end{cases}\qquad\square$$

为什么第三步得到的 $f(\varphi(t))$ 必然等于 $\varphi(kt)$ 或 $\varphi(t+k)$?

取 $x=\varphi(t)$ 的反函数 $t=g(x)=\dfrac{\gamma x-\beta}{-\mu x+\lambda}$. 记 $f_1(t)=g(f(\varphi(t)))$, 则 $f(\varphi(t))=\varphi(f_1(t))$ 也是分式线性函数. φ 将 $\infty,0$ 映到 $x_1=\dfrac{\lambda}{\mu},x_2=\dfrac{\beta}{\gamma}$, φ 的反函数 g 反过来将 x_1,x_2 映到 $\infty,0$. x_1 是 f 的不动点, 因此 $g(x_1)=\infty$ 是 f_1 的不动点, f_1 是一次函数. 如果 x_2 也是 f 的不动点, 则 $g(x_2)=0$ 也是 f_1 的不动点, $f_1(t)=kt$ 是正比例函数. 如果 x_1 是 f 的唯一不动点, 则 ∞ 是 f_1 的唯一不动点, $f_1(t)=x+k$.

以上结论也可不用不动点而直接证明如下:

首先, 在等式 (8.17) 两边令 $t\to\infty$, 则 $\varphi(t)$ 趋于极限 $\dfrac{\lambda}{\mu}=x_1$, 是 f 的不动点, 等式 (8.17) 左边趋于 $f(x_1)=x_1=\dfrac{\lambda}{\mu}$; 而等式 (8.17) 右边趋于极限 $\dfrac{\lambda_1}{\mu_1}$. 等式 (8.17) 成为 $\dfrac{\lambda}{\mu}=\dfrac{\lambda_1}{\mu_1}$, 因此 $(\lambda_1,\mu_1)=\rho_1(\lambda,\mu)$ 对某个常数 $\rho_1\neq 0$ 成立. 如果 $x_2=\dfrac{\beta}{\gamma}$ 也是 f 的不动点, 在等式 (9) 两边取 $t=0$ 得 $f(x_2)=\dfrac{\beta}{\gamma}=\dfrac{\beta_1}{\gamma_1}$, $(\beta_1,\gamma_1)=\rho_2(\beta,\gamma)$ 对某个常数 $\rho_2\neq 0$ 成立. 等式 (8.17) 成为

$$f(\varphi(t))=\frac{\rho_1\lambda t+\rho_2\beta}{\rho_1\mu t+\rho_2\gamma}=\frac{\dfrac{\rho_1}{\rho_2}\lambda t+\beta}{\dfrac{\rho_1}{\rho_2}\mu t+\gamma}=\varphi\left(\frac{\rho_1}{\rho_2}t\right)$$

现在设 f 只有唯一的不动点 $x_1=\dfrac{\lambda}{\mu}$, 则 $\dfrac{\beta}{\gamma}$ 不是 f 的不动点. 仍有 $(\lambda_1,\mu_1)=\rho_1(\lambda,\mu)$, 等式 (8.17) 成为

$$f(\varphi(t))=\frac{\rho_1\lambda t+\beta_1}{\rho_1\mu t+\gamma_1}=\frac{\lambda t+\beta_2}{\mu t+\gamma_2}\tag{8.18}$$

f 的不动点 $\varphi(t)$ 满足的充分必要条件为

$$0=\varphi(t)-f(\varphi(t))=\frac{\lambda t+\beta}{\mu t+\gamma}-\frac{\lambda t+\beta_2}{\mu t+\gamma_2}=\frac{[\lambda(\gamma_2-\gamma)-\mu(\beta_2-\beta)]t+\beta\gamma_2-\beta_2\gamma}{(\mu t+\gamma)(\mu t+\gamma_2)}$$

如果 $(\beta_2-\beta,\gamma_2-\gamma)$ 不是 (λ,μ) 的常数倍, 则 $\lambda(\gamma_2-\gamma)-\mu(\beta_2-\beta)\neq 0$, 存在 $t\neq\infty$ 使 $\varphi(t)-f(v(t))=0$, $v(t)\neq\varphi(\infty)$ 是 f 的第二个不动点, 与原假设矛盾. 因此存在常数 k 使 $(\beta_2-\beta,\gamma_2-\gamma)=k(\lambda,\mu)$. $\beta_2=\beta+k\lambda,\gamma_2=\gamma+k\mu$, 代入等式 (8.18) 得

$$f(\varphi(t))=\frac{\lambda t+\beta+k\lambda}{\mu t+\gamma+k\mu}=\frac{\lambda(t+k)+\beta}{\mu(t+k)+\gamma}=\varphi(t+k)$$

如所欲证.

4. 不动点与特征向量

例 1 与例 2 的解法 4 和解法 5 通过求原数列的递推关系函数 f 的不动点, 找到分式线性函数 g 将 f 的不动点变到 ∞ 或 0, 神机妙算地将原数列变成了等差或等比数列, 省掉了对 g 的待定系数的繁琐计算, 又避免了若当标准形等高深的专门知识, 中学生都能懂能算. 不过, 只要用线性代数的观点分析, 就发现专门知识并没有避免, 只不过将它们的学术名称隐藏起来, 换了一套中学生能懂能操作的名称, 换了一套新衣服将原来的老戏重新演了一遍, 可以说是换汤不换药, 或者叫做"随风潜入夜, 润物细无声"吧. 既然只需换汤不需换药, 换个名称就可以通俗易懂, 就说明原来的"药"本来就不可怕, 原来的专业知识其实并不难懂, 不难掌握. 以下我们将分式线性函数 $f(x)$ 的自变量 x 用它的分子分母组成的坐标来表示, 则 f 的作用就是用某个矩阵 $\boldsymbol{A}$ 左乘, 用 g 将 f 的不动点变到 ∞,0 就是用可逆方阵将 $\boldsymbol{A}$ 的特征向量变到自然基向量, 将 $\boldsymbol{A}$ 相似到若当标准形.

每个数 x 都可以写成分数形式 $x=\dfrac{x}{1}=\dfrac{\xi_1}{\xi_2}$ $(\xi_1=\xi_2 x)$, 将其中任一个分数的分子分母排成列向量 $\boldsymbol{X}=\begin{pmatrix}\xi_1\\ \xi_2\end{pmatrix}$, 都可以作为坐标来表示 x. $\boldsymbol{X}$ 的所有的非零常数倍 $\lambda\boldsymbol{X}$ 都表示同一个分数 $\dfrac{\lambda\xi_1}{\lambda\xi_2}=\dfrac{\xi_1}{\xi_2}=x$, 因此称为 x 的齐次坐标. 当分母 $\xi\to 0$ 时, 分数 $x=\dfrac{1}{\xi}\to\infty$, 坐标 $\begin{pmatrix}1\\ \xi\end{pmatrix}\to\begin{pmatrix}1\\ 0\end{pmatrix}=\boldsymbol{e}_1$, 因此, 自然基向量 $\boldsymbol{e}_1$ 的非零常数倍 $\lambda\boldsymbol{e}_1$ 是 ∞ 的齐次坐标. 另一个自然基向量 $\boldsymbol{e}_2=\begin{pmatrix}0\\ 1\end{pmatrix}$ 的常数倍 $\lambda\boldsymbol{e}_2$ 则是 $\dfrac{0}{\lambda}=0$ 的齐次坐标.

分式线性函数 $y=f(x)=\dfrac{ax+b}{cx+d}$ 将 $x=\dfrac{x_1}{x_2}\mapsto y=\dfrac{ax_1+bx_2}{cx_1+dx_2}$, 将 x 的齐次坐标

$$\boldsymbol{X}=\begin{pmatrix}x_1\\ x_2\end{pmatrix}\mapsto\lambda\begin{pmatrix}a & b\\ c & d\end{pmatrix}\begin{pmatrix}x_1\\ x_2\end{pmatrix}=\lambda\boldsymbol{A}\boldsymbol{X},\quad \boldsymbol{A}=\begin{pmatrix}a & b\\ c & d\end{pmatrix}$$

也就是用 $\boldsymbol{A}$ 左乘 x 的齐次坐标 $\boldsymbol{X}$ 得到 y 的齐次坐标. $\boldsymbol{A}$ 称为 f 的矩阵, 由 f 的分子分母的 4 个系数组成.

x 是 f 的不动点 $\Leftrightarrow f(x)=x\Leftrightarrow \boldsymbol{A}\boldsymbol{X}=\lambda\boldsymbol{X}\Leftrightarrow \boldsymbol{X}$ 是 $\boldsymbol{A}$ 的特征向量.

2 阶非单位方阵 $\boldsymbol{A}$ 至多只能有两个不共线的特征向量. 相应地, 只要分式线性函数 f 不是恒等变换, 它就至多有两个不同的不动点.

用分式线性函数 f 将原来数列 $\{a_n\}$ 从首项 a_1 开始依次作用得到以后各项 $a_n=f(a_{n-1})=f^{n-1}(a_1)$ $(n=2,3,\cdots)$, 相当于用 f 的矩阵 $\boldsymbol{A}$ 从 a_1 的齐次坐标 $\boldsymbol{X}_1$ 开始依次左乘得到以后各项的齐次坐标 $\boldsymbol{X}_n=\boldsymbol{A}\boldsymbol{X}_{n-1}=\boldsymbol{A}^{n-1}\boldsymbol{X}_1$.

用分式线性函数 g 将原来数列各项 a_n 变成新数列各项 $v_n=g(a_n)$, 相当于用 g 的矩阵 $\boldsymbol{P}$ 将 a_n 的齐次坐标 $\boldsymbol{X}_n$ 左乘得到 v_n 的齐次坐标 $\boldsymbol{Y}_n=\boldsymbol{P}\boldsymbol{X}_n$. 新数列的递推关系 $f_1:v_{n-1}\mapsto v_n$ 也就是 $g(a_{n-1})\mapsto g(a_n)=g(f(a_{n-1}))$, 用齐次坐标表示出来就是 $f_1:\boldsymbol{Y}_{n-1}=\boldsymbol{P}\boldsymbol{X}_{n-1}\mapsto \boldsymbol{Y}_n=\boldsymbol{P}\boldsymbol{X}_n=\boldsymbol{P}\boldsymbol{A}\boldsymbol{X}_{n-1}=(\boldsymbol{P}\boldsymbol{A}\boldsymbol{P}^{-1})\boldsymbol{Y}_{n-1}$. 因此 f_1 对齐次坐标的作用可以通过左乘 $\boldsymbol{B}=\lambda\boldsymbol{P}\boldsymbol{A}\boldsymbol{P}^{-1}$ 实现. 要想让新数列 $\{v_n\}$ 是等差数列或等比数列, 也就是让 $f_1(x)=x+h$ 或 $f_1(x)=kx$, 相当于选取 $\boldsymbol{P}$ 将 $\boldsymbol{A}$ 相似到

$$\boldsymbol{B}=\lambda\begin{pmatrix}1 & h\\ 0 & 1\end{pmatrix}\quad 或\quad \boldsymbol{B}=\lambda\begin{pmatrix}k & 0\\ 0 & 1\end{pmatrix}$$

也就是将 $\boldsymbol{A}$ 相似于若当标准形 $\boldsymbol{J}$ 的常数倍 $\boldsymbol{B}=\lambda\boldsymbol{J}$.

用 g 将 f 的不动点 x_1 变到 $g(x_1)$, 相当于左乘 $\boldsymbol{P}$ 将 $\boldsymbol{A}$ 的特征向量 $\boldsymbol{X}_1$ 变到 $\boldsymbol{P}\boldsymbol{X}_1$. 设 $\boldsymbol{A}\boldsymbol{X}_1=\lambda_1\boldsymbol{X}_1$, $\boldsymbol{B}=\boldsymbol{P}\boldsymbol{A}\boldsymbol{P}^{-1}$, 则 $\boldsymbol{B}(\boldsymbol{P}\boldsymbol{X}_1)=(\boldsymbol{P}\boldsymbol{A}\boldsymbol{P}^{-1})(\boldsymbol{P}\boldsymbol{X}_1)=\boldsymbol{P}\boldsymbol{A}\boldsymbol{X}_1=\boldsymbol{P}\lambda_1\boldsymbol{X}_1=\lambda_1(\boldsymbol{P}\boldsymbol{X}_1)$, $\boldsymbol{P}\boldsymbol{X}_1$ 是 $\boldsymbol{B}$ 的特征向量. 特别地, 如果 $g(x_1)=\infty$, 则 $\boldsymbol{P}\boldsymbol{X}_1=\lambda\boldsymbol{e}_1$ 是 $\boldsymbol{B}=\boldsymbol{P}\boldsymbol{A}\boldsymbol{P}^{-1}$ 的特征向量, $\boldsymbol{B}$ 是上三角阵 $\boldsymbol{B}=\begin{pmatrix}\lambda_1 & b_1\\ 0 & d_1\end{pmatrix}$, $f_1(x)=\dfrac{\lambda_1}{d_1}x+\dfrac{b_1}{d_1}$ 是一次函数. 如果 f 只有唯一的不动点 x_1, 则 $\boldsymbol{A}$ 只有一个线性无关的特征向量, 因此只能有一个特征值 λ_1, 上三角阵 $\boldsymbol{B}=\boldsymbol{P}\boldsymbol{A}\boldsymbol{P}^{-1}$ 也只能有一个特征值, 两个特征值 λ_1,d_1 相等, $f_1(x)=x+\dfrac{b_1}{d_1}$, 数列 $\{v_n\}$ 是等差数列. 如果 f 有两个不同的不动点 x_1,x_2, 它们的齐次坐标 $\boldsymbol{X}_1,\boldsymbol{X}_2$ 是 $\boldsymbol{A}$ 的线性无关特征向量. g 将 x_1,x_2 分别变到 $\infty,0$, 也就是 $\boldsymbol{P}$ 将 $\boldsymbol{X}_1,\boldsymbol{X}_2$ 分别变到自然基向量 $\boldsymbol{e}_1,\boldsymbol{e}_2$ 的非零常数倍, $\boldsymbol{e}_1,\boldsymbol{e}_2$ 是 $\boldsymbol{B}=\boldsymbol{P}\boldsymbol{A}\boldsymbol{P}^{-1}$ 的特征向量, $\boldsymbol{B}$ 是对角阵 $\mathrm{diag}(\lambda_1,d_1)$, $f_1(x)=\dfrac{\lambda_1}{d_1}x$ 是正比例函数, $\{v_n\}$ 是等比数列.

8.2 对称方阵的相合

知识导航

1. 二次型的矩阵

任意对称方阵 $\boldsymbol{S}=(s_{ij})_{n\times n}$ 决定 $\boldsymbol{X}=(x_1,\cdots,x_n)^{\mathrm{T}}$ 的一个二次型:

$$Q(\boldsymbol{X})=\boldsymbol{X}^{\mathrm{T}}\boldsymbol{S}\boldsymbol{X}=Q(x_1,\cdots,x_n)=\sum_{i=1}^{n}s_{ii}x_i^2+2\sum_{1\leqslant i<j\leqslant n}s_{ij}x_ix_j$$

反过来, 二次型

$$Q(x_1,\cdots,x_n)=\sum_{i=1}^{n}a_{ii}x_i^2+\sum_{1\leqslant i<j\leqslant n}a_{ij}x_ix_j$$

对应于唯一的对称方阵 $\boldsymbol{S}=(s_{ij})_{n\times n}$ 使 $Q(\boldsymbol{X})=\boldsymbol{X}^{\mathrm{T}}\boldsymbol{S}\boldsymbol{X}$, 其中 $s_{ii}=a_{ii}$, $s_{ij}=\dfrac{1}{2}a_{ij}$ $(\forall\ i<j)$.

注: 任意方阵 $\boldsymbol{A}=(a_{ij})_{n\times n}$ 也决定一个二次型:

$$Q(\boldsymbol{X})=\boldsymbol{X}^{\mathrm{T}}\boldsymbol{A}\boldsymbol{X}=\sum_{i=1}^{n}a_{ii}x_i^2+\sum_{1\leqslant i<j\leqslant n}(a_{ij}+a_{ji})x_ix_j$$

两个不同的方阵 $\boldsymbol{A}=(a_{ij})_{n\times n}$ 与 $\boldsymbol{B}=(b_{ij})_{n\times n}$ 也可能决定同一个二次型 $Q(\boldsymbol{X})=\boldsymbol{X}^{\mathrm{T}}\boldsymbol{A}\boldsymbol{X}=\boldsymbol{X}^{\mathrm{T}}\boldsymbol{B}\boldsymbol{X}$, 只要 $b_{ii}=a_{ii}$ 且 $a_{ij}+a_{ji}=b_{ij}+b_{ji}$ 即 $a_{ij}-b_{ij}=-(a_{ji}-b_{ji})$, 也就是 $(\boldsymbol{A}-\boldsymbol{B})^{\mathrm{T}}=-(\boldsymbol{A}-\boldsymbol{B})$, 即 $\boldsymbol{A}-\boldsymbol{B}$ 是斜对称方阵. □

2. 坐标变换公式

设 $Q(\boldsymbol{X})=\boldsymbol{X}^{\mathrm{T}}\boldsymbol{S}\boldsymbol{X}$ 是 $\boldsymbol{X}=(x_1,\cdots,x_n)^{\mathrm{T}}$ 的二次型. 经过可逆线性代换 $\boldsymbol{Y}=\boldsymbol{P}_1\boldsymbol{X}$ 将 $\boldsymbol{X}$ 换成另一组变量 $\boldsymbol{Y}=(y_1,\cdots,y_n)^{\mathrm{T}}$, 其中 $\boldsymbol{P}_1$ 是可逆方阵, 则 $\boldsymbol{X}=\boldsymbol{P}\boldsymbol{Y}$ 对 $\boldsymbol{P}=\boldsymbol{P}_1^{-1}$ 成立,

$$Q(\boldsymbol{X})=\boldsymbol{X}^{\mathrm{T}}\boldsymbol{S}\boldsymbol{X}=(\boldsymbol{P}\boldsymbol{Y})^{\mathrm{T}}\boldsymbol{S}(\boldsymbol{P}\boldsymbol{Y})=\boldsymbol{Y}^{\mathrm{T}}(\boldsymbol{P}^{\mathrm{T}}\boldsymbol{A}\boldsymbol{P})\boldsymbol{Y}$$

成为 $\boldsymbol{Y}$ 的二次型 $Q_1(\boldsymbol{Y})=\boldsymbol{Y}^{\mathrm{T}}\boldsymbol{S}_1\boldsymbol{Y}$, 其中 $\boldsymbol{S}_1=\boldsymbol{P}^{\mathrm{T}}\boldsymbol{S}\boldsymbol{P}$.

设 V 是数域 F 上的 n 维线性空间, 在基 $M=\{\boldsymbol{\alpha}_1,\cdots,\boldsymbol{\alpha}_n\}$ 下将每个向量 $\boldsymbol{\alpha}=x_1\boldsymbol{\alpha}_1+\cdots+x_n\boldsymbol{\alpha}_n$ 用坐标 $\boldsymbol{X}=(x_1,\cdots,x_n)^{\mathrm{T}}$ 表示, 则 $F^{n\times1}$ 上的二次型 $Q(\boldsymbol{X})=\boldsymbol{X}^{\mathrm{T}}\boldsymbol{S}\boldsymbol{X}$ 可以看成 V 上的二次型 $Q(\boldsymbol{\alpha})=\boldsymbol{X}^{\mathrm{T}}\boldsymbol{S}\boldsymbol{X}$, $\boldsymbol{S}$ 称为二次型在基 M 下的矩阵. 设 M 到另外一组基 M_1 的过渡矩阵为 $\boldsymbol{P}$, 则同一向量 $\boldsymbol{\alpha}$ 在两组基 M,M_1 下的坐标 $\boldsymbol{X},\boldsymbol{Y}$ 之间有变换关系 $\boldsymbol{X}=\boldsymbol{P}\boldsymbol{Y}$, 于是 $Q(\boldsymbol{\alpha})=\boldsymbol{X}^{\mathrm{T}}\boldsymbol{S}\boldsymbol{X}=\boldsymbol{Y}^{\mathrm{T}}\boldsymbol{S}_1\boldsymbol{Y}$, 其中 $\boldsymbol{S}_1=\boldsymbol{P}^{\mathrm{T}}\boldsymbol{S}\boldsymbol{P}$ 是 Q 在基 M_1 下的矩阵.

设 $\boldsymbol{A},\boldsymbol{B}$ 是同一数域 F 上两个 n 阶方阵. 如果存在 F 上 n 阶可逆方阵 $\boldsymbol{P}$ 使 $\boldsymbol{B}=\boldsymbol{P}^{\mathrm{T}}\boldsymbol{S}\boldsymbol{P}$, 则称 $\boldsymbol{A}$ 与 $\boldsymbol{B}$ **相合**.

与对称方阵 $\boldsymbol{S}$ 相合的 $\boldsymbol{S}_1=\boldsymbol{P}^{\mathrm{T}}\boldsymbol{S}\boldsymbol{P}$ 仍是对称方阵. 与反对称方阵 K 相合的方阵仍是反对称方阵.

同一空间 V 上同一二次型 Q 在两组不同的基 M,M_1 下的矩阵 $\boldsymbol{S},\boldsymbol{S}_1$ 相合: $\boldsymbol{S}_1=\boldsymbol{P}^{\mathrm{T}}\boldsymbol{S}\boldsymbol{P}$, 其中 $\boldsymbol{P}$ 是 M 到 M_1 的过渡矩阵.

方阵的相合是等价关系, 满足等价关系的三个条件:

(1) 自反性: $\boldsymbol{A}$ 相合于 $\boldsymbol{A}$.

(2) 对称性: 如果 $\boldsymbol{A}$ 相合于 $\boldsymbol{B}$, 则 $\boldsymbol{B}$ 相合于 $\boldsymbol{A}$.

(3) 传递性: $\boldsymbol{A}$ 相合于 $\boldsymbol{B}$, 且 $\boldsymbol{B}$ 相合于 $\boldsymbol{C}$, 则 $\boldsymbol{A}$ 相合于 $\boldsymbol{C}$.

3. 相合标准型　任意域 F 上任意对称方阵 $\boldsymbol{S}$ 可在 F 上相合于对角阵 $\boldsymbol{P}^{\mathrm{T}}\boldsymbol{S}\boldsymbol{P}=\boldsymbol{D}=\mathrm{diag}(d_1,\cdots,d_n)$, $\boldsymbol{D}$ 称为 $\boldsymbol{S}$ 的**相合标准型**.

相合标准型 $\boldsymbol{D}=\mathrm{diag}(d_1,\cdots,d_n)$ 可以被可逆对角阵 $\boldsymbol{\Lambda}=\mathrm{diag}(\lambda_1,\cdots,\lambda_n)$ 相合到 $\boldsymbol{D}_1=\mathrm{diag}(d_1\lambda_1^2,\cdots,d_n\lambda_n^2)$. 在复数域上, 当 $d_i\neq0$ 时可以取 $\lambda_i^2=d_i^{-1}$ 使 $d_i\lambda_i^2=1$, 因而可将 $\boldsymbol{S}$ 相合到 $\mathrm{diag}(\boldsymbol{I}_{(r)},\boldsymbol{O}_{(n-r)})$, 其中 $r=\mathrm{rank}\boldsymbol{S}$. 在实数域上, 当 $d_i\neq0$ 时可以取 $\lambda_i^2=|d_i|^{-1}$, 使 $d_i\lambda_i^2=\pm1$, 因而可将 $\boldsymbol{D}$ 相合到 $\mathrm{diag}(\boldsymbol{I}_{(p)},-\boldsymbol{I}_{(r-p)},\boldsymbol{O}_{(n-r)})$. 由此得到:

复对称方阵 $\boldsymbol{S}$ 在复数域上相合于唯一的**规范型** $\mathrm{diag}(\boldsymbol{I}_{(r)},\boldsymbol{O}_{(n-r)})$, 其中 $r=\mathrm{rank}\,S$.

实对称方阵 $\boldsymbol{S}$ 在实数域上相合于唯一的**规范型** $\mathrm{diag}(\boldsymbol{I}_{(p)},-\boldsymbol{I}_{(r-p)},\boldsymbol{O}_{(n-r)})$, $r=\mathrm{rank}\,S$.

4. 算法实现 —初等变换

利用初等矩阵 $\boldsymbol{P}$ 做相合 $\boldsymbol{A}\mapsto\boldsymbol{P}^{\mathrm{T}}\boldsymbol{A}\boldsymbol{P}$ 是同时对 $\boldsymbol{A}$ 进行初等行变换及相应的列变换:

$$\boldsymbol{A}\xrightarrow[(ij)]{(ij)}\boldsymbol{P}_{ij}^{\mathrm{T}}\boldsymbol{A}\boldsymbol{P}_{ij},\quad \boldsymbol{A}\xrightarrow[\lambda(i)]{\lambda(i)}\boldsymbol{D}_i(\lambda)^{\mathrm{T}}\boldsymbol{A}\boldsymbol{D}_i(\lambda),\quad \boldsymbol{A}\xrightarrow[\lambda(i)+(j)]{\lambda(i)+(j)}\boldsymbol{T}_{ij}(\lambda)^{\mathrm{T}}\boldsymbol{A}\boldsymbol{T}_{ij}(\lambda)$$

进行一系列以上变换可以将对称方阵 $\boldsymbol{S}=(s_{ij})_{n\times n}$ 相合于对角阵. 分情况进行如下步骤:

(1) 如果 $s_{11}\neq0$, 将 $\boldsymbol{S}$ 的第 1 列的 $-s_{11}^{-1}s_{1j}$ 倍加到第 j 列, 第 1 行的 $-s_{11}^{-1}s_{1j}$ 倍加到第 j 行 ($\forall\ 2\leqslant j\leqslant n$), 则:

$$\boldsymbol{S}\to\boldsymbol{S}_1=\boldsymbol{P}_1^{\mathrm{T}}\boldsymbol{S}\boldsymbol{P}_1=\begin{pmatrix}s_{11}&\boldsymbol{0}\\\boldsymbol{0}&B_{22}\end{pmatrix},\qquad \boldsymbol{P}_1=\boldsymbol{I}-\sum_{j=2}^{n}s_{11}^{-1}s_{1j}\boldsymbol{E}_{1j}$$

(2) 如果 $s_{11}=0$, 但另外某个对角元 $s_{ii}\neq0$, 将 $\boldsymbol{S}$ 的第 1 列与第 i 列互换, 第 1 行与第 i 行互换, 则 $\boldsymbol{S}$ 相合到 $\boldsymbol{B}=\boldsymbol{P}_{1i}^{\mathrm{T}}\boldsymbol{S}\boldsymbol{P}_{1i}=(b_{ij})_{n\times n}$, 其中 $b_{11}=s_{ii}\neq0$. 化为情况 (1).

(3) 如果所有的对角元 $s_{ii}=0$, 但 $\boldsymbol{S}$ 不是零方阵, 某一对非对角元 $s_{ij}=s_{ji}\neq0$ $(i<j)$, 将 $\boldsymbol{S}$ 的第 j 列加到第 i 列, 第 j 行加到第 i 行, 则 $\boldsymbol{S}$ 相合到 $\boldsymbol{B}=\boldsymbol{T}_{ji}(1)^{\mathrm{T}}\boldsymbol{S}\boldsymbol{T}_{ji}(1)=(b_{ij})_{n\times n}$, $b_{ii}=2s_{ij}\neq0$. 化为情况 (2).

按照以上步骤可以将任意 n 阶对称方阵 $\boldsymbol{S}$ 化成准对角阵 $\boldsymbol{S}_1=\mathrm{diag}(b_1,\boldsymbol{B}_2)$, 其中 $\boldsymbol{B}_2$ 是 $n-1$ 阶对称方阵. 再对 $\boldsymbol{B}_2$ 实行以上步骤可以将它相合到 $\mathrm{diag}(b_2,\boldsymbol{B}_3)$, 其中 $\boldsymbol{B}_3$ 是 $n-2$ 阶对称方阵, 从而 $\boldsymbol{S}_1$ 相合到 $\mathrm{diag}(b_1,b_2,\boldsymbol{B}_3)$. 重复这个过程可以将 $\boldsymbol{S}$ 相合到对角阵.

为了求出将 n 阶方阵 $\boldsymbol{S}$ 相合到对角阵 $\boldsymbol{D}=\boldsymbol{P}^{\mathrm{T}}\boldsymbol{S}\boldsymbol{P}$ 的可逆方阵 $\boldsymbol{P}$, 可以将 $\boldsymbol{S}$ 与同阶单位阵 I 共同组成 $n\times2n$ 矩阵 $\boldsymbol{M}=(\boldsymbol{S},\boldsymbol{I})$, 将 $\boldsymbol{M}$ 通过一系列初等行变换并对前 n 列做同样的列变换, 将前 n 列的对称方阵 $\boldsymbol{S}$ 相合到对角阵 $\boldsymbol{P}^{\mathrm{T}}\boldsymbol{S}\boldsymbol{P}=\boldsymbol{D}$, 则后 n 列的单位阵 $\boldsymbol{I}$ 被同样的行变换变到 $\boldsymbol{P}^{\mathrm{T}}\boldsymbol{I}=\boldsymbol{P}^{\mathrm{T}}$, 再将它转置就得到 $\boldsymbol{P}$.

例题分析与解答

8.2.1 求实对称方阵在实相合下的标准形:

(1) $\begin{pmatrix}2&4&-2\\4&5&-1\\-2&-1&0\end{pmatrix}$; (2) $\begin{pmatrix}1&2&3\\2&3&4\\3&4&6\end{pmatrix}$; (3) $\begin{pmatrix}\boldsymbol{O}_{(n)}&\boldsymbol{I}_{(n)}\\\boldsymbol{I}_{(n)}&\boldsymbol{I}_{(n)}\end{pmatrix}$;

(4) $\begin{pmatrix}&&&1\\&&1&\\&\unicode{x22F0}&&\\1&&&\end{pmatrix}_{n\times n}$; (5) $\begin{pmatrix}2&1&&\\1&2&\ddots&\\&\ddots&\ddots&1\\&&1&2\end{pmatrix}_{n\times n}$.

解 (1)

$$(\boldsymbol{S},\boldsymbol{I})=\begin{pmatrix}2&4&-2&1&0&0\\4&5&-1&0&1&0\\-2&-1&0&0&0&1\end{pmatrix}\xrightarrow[-2(1)+(2),(1)+(3)]{-2(1)+(2),(1)+(3)}$$

$$\begin{pmatrix}2&0&0&1&0&0\\0&-3&3&-2&1&0\\0&3&-2&1&0&1\end{pmatrix}\xrightarrow[(2)+(3)]{(2)+(3)}\begin{pmatrix}2&0&0&1&0&0\\0&-3&0&-2&1&0\\0&0&1&-1&1&1\end{pmatrix}$$

于是得可逆方阵 $\boldsymbol{P}$ 将 $\boldsymbol{S}$ 相合到标准型 $\boldsymbol{P}^{\mathrm{T}}\boldsymbol{S}\boldsymbol{P}=\boldsymbol{D}$:

$$\boldsymbol{P}=\begin{pmatrix}1&-2&-1\\0&1&1\\0&0&1\end{pmatrix},\quad \boldsymbol{D}=\begin{pmatrix}2&0&0\\0&-3&0\\0&0&1\end{pmatrix}$$

(2) 答案 (计算过程略):

$$\boldsymbol{P}=\begin{pmatrix}1&-2&1\\0&1&-2\\0&0&1\end{pmatrix},\quad \boldsymbol{P}^{\mathrm{T}}\boldsymbol{S}\boldsymbol{P}=\boldsymbol{D}=\begin{pmatrix}1&0&0\\0&-1&0\\0&0&1\end{pmatrix}$$

(3)

$$\begin{pmatrix}\boldsymbol{O}&\boldsymbol{I}&\boldsymbol{I}&\boldsymbol{O}\\\boldsymbol{I}&\boldsymbol{I}&\boldsymbol{O}&\boldsymbol{I}\end{pmatrix}\to\begin{pmatrix}\boldsymbol{I}&\boldsymbol{I}&\boldsymbol{O}&\boldsymbol{I}\\\boldsymbol{I}&\boldsymbol{O}&\boldsymbol{I}&\boldsymbol{O}\end{pmatrix}\to\begin{pmatrix}\boldsymbol{I}&\boldsymbol{O}&\boldsymbol{O}&\boldsymbol{I}\\\boldsymbol{O}&-\boldsymbol{I}&\boldsymbol{I}&-\boldsymbol{I}\end{pmatrix}$$

$$\boldsymbol{P}=\begin{pmatrix}\boldsymbol{O}_{(n)}&\boldsymbol{I}\\\boldsymbol{I}&-\boldsymbol{I}_{(n)}\end{pmatrix},\quad \boldsymbol{P}^{\mathrm{T}}\boldsymbol{S}\boldsymbol{P}=\boldsymbol{D}=\begin{pmatrix}\boldsymbol{I}_{(n)}&\boldsymbol{O}\\\boldsymbol{O}&-\boldsymbol{I}_{(n)}\end{pmatrix}$$

(4) 由

$$\begin{pmatrix}1&\frac{1}{2}\\-1&\frac{1}{2}\end{pmatrix}\begin{pmatrix}0&1\\1&0\end{pmatrix}\begin{pmatrix}1&-1\\\frac{1}{2}&\frac{1}{2}\end{pmatrix}=\begin{pmatrix}1&0\\0&-1\end{pmatrix}$$

知: 如下的可逆方阵 $\boldsymbol{P}$ 将 $\boldsymbol{S}$ 相合到标准形 $\boldsymbol{D}$.

当 $n=2m$ 为偶数,

$$\boldsymbol{P}=\begin{pmatrix}1&&&&&-1\\&\ddots&&&\iddots&\\&&1&-1&&\\&&\frac{1}{2}&\frac{1}{2}&&\\&\iddots&&&\ddots&\\\frac{1}{2}&&&&&\frac{1}{2}\end{pmatrix},\quad \boldsymbol{D}=\begin{pmatrix}\boldsymbol{I}_{(m)}&\boldsymbol{O}\\\boldsymbol{O}&-\boldsymbol{I}_{(m)}\end{pmatrix}$$

当 $n=2m+1$ 为奇数,

$$P=\begin{pmatrix}1&&&&&&-1\\&\ddots&&&&\iddots&\\&&1&0&-1&&\\&&0&1&0&&\\&&\frac{1}{2}&0&\frac{1}{2}&&\\&\iddots&&&&\ddots&\\\frac{1}{2}&&&&&&\frac{1}{2}\end{pmatrix},\quad D=\begin{pmatrix}I_{(m+1)}&O\\O&-I_{(m)}\end{pmatrix}$$

(5) 对任意实数 $a>1$, 用 $P=T_{12}\left(-\frac{1}{a}\right)$ 对如下形式的 m 阶方阵 $S_m(a)$ 作相合得

$$S_m(a)=\begin{pmatrix}a&1&&\\1&2&\ddots&\\&\ddots&\ddots&1\\&&1&2\end{pmatrix}\to P^{\mathrm{T}}S_m(a)P=\begin{pmatrix}a&\mathbf{0}\\\mathbf{0}&S_{m-1}(\tau(a))\end{pmatrix}$$

其中 $\tau(a)=2-\frac{1}{a}>1$. 用同样的方式再将 $S_{m-1}(\tau(a))$ 相合到准对角阵 $\mathrm{diag}(\tau(a),S_{m-2}(\tau^2(a)))$. 重复这个过程, 最后可将 $S_m(a)$ 相合到对角阵 $\mathrm{diag}(a,\tau(a),\cdots,\tau^{m-1}(a))$.

题目中的方阵 S 就是当 $a=2$ 且 $m=n$ 的情形, 因此可相合于对角阵 $P^{\mathrm{T}}SP=\mathrm{diag}(a_1,a_2,\cdots,a_n)$, 其中 $a_1=2$, $a_{i+1}=\tau(a_i)=2-\frac{1}{a_i}$ $(\forall\ 1\leqslant i\leqslant n-1)$,

$$P=T_{12}\left(-\frac{1}{a_1}\right)T_{23}\left(-\frac{1}{a_2}\right)\cdots T_{n-1,n}\left(-\frac{1}{a_{n-1}}\right)=(p_{ij})_{n\times n}$$

是上三角阵, 对角元 a_{ii} 全为 1, $p_{ij}=\frac{(-1)^{j-i}}{a_ia_{i+1}\cdots a_{j-1}}$ $(\forall\ i<j)$.

用数学归纳法易验证 $a_i=\frac{i+1}{i}$ 满足条件 $a_1=2$ 及 $a_{i+1}=2-\frac{1}{a_i}$, 当 $i<j$ 时有

$$a_ia_{i+1}\cdots a_{j-1}=\frac{i+1}{i}\frac{i+2}{i+1}\cdots\frac{j}{j-1}=\frac{j}{i},\ p_{ij}=(-1)^{j-i}\frac{i}{j}$$

于是得到

$$P=\begin{pmatrix}1&-\frac{1}{2}&\frac{1}{3}&\cdots&\frac{(-1)^{n-1}}{n}\\0&1&-\frac{2}{3}&\cdots&\frac{(-1)^{n-2}\times 2}{n}\\\vdots&&\ddots&&\vdots\\0&&&1&-\frac{n-1}{n}\\0&&\cdots&0&1\end{pmatrix},\quad P^{\mathrm{T}}SP=\begin{pmatrix}2&0&\cdots&0\\0&\frac{3}{2}&\ddots&\vdots\\\vdots&\ddots&\ddots&0\\0&\cdots&0&\frac{n+1}{n}\end{pmatrix}$$

直接做矩阵乘法计算 $\boldsymbol{P}^{\mathrm{T}}\boldsymbol{S}\boldsymbol{P}$ 可验证上述结果的正确性. □

8.2.2 利用实对称方阵的相合求例题分析与解答 8.1.1 中各个二次型的标准形.

解 (1)–(4) 略.

(5) 二次型 $Q(\boldsymbol{X})=\boldsymbol{X}^{\mathrm{T}}\boldsymbol{S}\boldsymbol{X}$, 其中

$$\boldsymbol{S}=\begin{pmatrix} 0 & \frac{1}{2} & \cdots & \frac{1}{2} \\ \frac{1}{2} & 0 & \ddots & \vdots \\ \vdots & \ddots & \ddots & \frac{1}{2} \\ \frac{1}{2} & \cdots & \frac{1}{2} & 0 \end{pmatrix}$$

的对角元全为 0, 其余元素全为 $\frac{1}{2}$. 对称方阵 $\boldsymbol{S}+\frac{1}{2}\boldsymbol{I}$ 的元素全为 $\frac{1}{2}$. 取

$$\boldsymbol{P}=\begin{pmatrix} 1 & 1 & 1 & \cdots & 1 \\ 1 & -1 & 1 & \cdots & 1 \\ 1 & 0 & -2 & \cdots & 1 \\ \vdots & \vdots & \ddots & \ddots & \vdots \\ 1 & 0 & \cdots & 0 & -(n-1) \end{pmatrix}$$

的第 1 列元素全为 1, 其余第 k 列 $(2\leqslant k\leqslant n)$ 的前 $k-1$ 个元素全为 1, 第 k 个元素为 $-(k-1)$, 以下元素全为 0, 则 $\left(S+\frac{1}{2}\boldsymbol{I}\right)\boldsymbol{P}$ 的每一列的每个元素都是 $\boldsymbol{P}$ 的这列所有元素之和的 $\frac{1}{2}$ 倍, 第 1 列全为 $\frac{n}{2}$, 其余各列全为 0, 由此可得

$$\boldsymbol{P}^{\mathrm{T}}\left(\boldsymbol{S}+\frac{1}{2}\boldsymbol{I}\right)\boldsymbol{P}=\begin{pmatrix} 1 & 1 & 1 & \cdots & 1 \\ 1 & -1 & 0 & \cdots & 0 \\ 1 & 1 & -2 & \ddots & \vdots \\ \vdots & \vdots & \ddots & \ddots & 0 \\ 1 & 1 & \cdots & 1 & -(n-1) \end{pmatrix}\begin{pmatrix} \frac{n}{2} & 0 & \cdots & 0 \\ \frac{n}{2} & 0 & \cdots & 0 \\ \vdots & \vdots & & \vdots \\ \frac{n}{2} & 0 & \cdots & 0 \end{pmatrix}$$

$$=\boldsymbol{D}_0=\operatorname{diag}\left(\frac{n^2}{2},0,\cdots,0\right)$$

又

$$\boldsymbol{P}^{\mathrm{T}}\left(\frac{1}{2}\boldsymbol{I}\right)\boldsymbol{P}=\frac{1}{2}\boldsymbol{P}^{\mathrm{T}}\boldsymbol{P}=\boldsymbol{D}_1=\operatorname{diag}\left(\frac{n}{2},1,3,\cdots,\frac{n(n-1)}{2}\right)$$

是对角阵, 第 k 个元素为 $\frac{k(k-1)}{2}$ $(\forall\ 2\leqslant k\leqslant n)$. 由此得到

$$\boldsymbol{P}^{\mathrm{T}}\boldsymbol{S}\boldsymbol{P}=\boldsymbol{D}_0-\boldsymbol{D}_1=\boldsymbol{D}=\operatorname{diag}\left(\frac{n(n-1)}{2},-1,-3,\cdots,-\frac{n(n-1)}{2}\right)$$

其中 $\boldsymbol{D}=\operatorname{diag}(d_1,\cdots,d_n)$ 的对角元 $d_1=\frac{n(n-1)}{2}$, $d_k=-\frac{k(k-1)}{2}$ $(2\leqslant k\leqslant n)$.

作可逆变量代换 $\boldsymbol{X}=\boldsymbol{P}\boldsymbol{Y}$, 即 $\boldsymbol{Y}=(y_1,\cdots,y_n)^{\mathrm{T}}=\boldsymbol{P}^{-1}\boldsymbol{X}$, 将原二次型 $Q(\boldsymbol{X})=\boldsymbol{X}^{\mathrm{T}}\boldsymbol{S}\boldsymbol{X}$ 化为 $Q_1(\boldsymbol{Y})=\boldsymbol{Y}^{\mathrm{T}}\boldsymbol{P}^{\mathrm{T}}\boldsymbol{S}\boldsymbol{P}\boldsymbol{Y}=\boldsymbol{Y}^{\mathrm{T}}\boldsymbol{D}\boldsymbol{Y}$, 即

$$Q_1(y_1,\cdots,y_n)=\frac{n(n-1)}{2}y_1^2-y_2^2-3y_3^2-\cdots-\frac{n(n-1)}{2}y_n^2$$

由 $\boldsymbol{P}^{\mathrm{T}}\boldsymbol{P}=2\boldsymbol{D}_1$ 知

$$\boldsymbol{P}^{-1}=(2\boldsymbol{D}_1)^{-1}\boldsymbol{P}^{\mathrm{T}}=\begin{pmatrix}\frac{1}{n} & \frac{1}{n} & \frac{1}{n} & \cdots & \frac{1}{n}\\ \frac{1}{2} & -\frac{1}{2} & 0 & \cdots & 0\\ \frac{1}{6} & \frac{1}{6} & -\frac{1}{3} & \ddots & \vdots\\ \vdots & \vdots & \ddots & \ddots & 0\\ \frac{1}{n(n-1)} & \frac{1}{n(n-1)} & \cdots & \frac{1}{n(n-1)} & -\frac{1}{n}\end{pmatrix}$$

变量代换 $\boldsymbol{Y}=\boldsymbol{P}^{-1}\boldsymbol{X}$ 就是

$$y_1=\frac{1}{n}(x_1+\cdots+x_n),\quad y_k=\frac{1}{k(k-1)}(x_1+\cdots+x_{k-1}-(k-1)x_k)\ (\forall\ 2\leqslant k\leqslant n)$$

(6) 二次型 $Q(\boldsymbol{X})=\boldsymbol{X}^{\mathrm{T}}\boldsymbol{S}\boldsymbol{X}$ 经过一系列初等行变换和相应的列变换变成准对角阵:

$$\boldsymbol{S}=\begin{pmatrix}0 & \frac{1}{2} & 0 & \cdots & 0\\ \frac{1}{2} & 0 & \frac{1}{2} & \ddots & \vdots\\ 0 & \frac{1}{2} & 0 & \ddots & 0\\ \vdots & \ddots & \ddots & \ddots & \frac{1}{2}\\ 0 & \cdots & 0 & \frac{1}{2} & 0\end{pmatrix}\xrightarrow[-(1)+(3),-(3)+(5),\cdots]{-(1)+(3),-(3)+(5),\cdots}\boldsymbol{S}_1=\begin{pmatrix}0 & \frac{1}{2} & & & \\ \frac{1}{2} & 0 & & & \\ & & 0 & \frac{1}{2} & \\ & & \frac{1}{2} & 0 & \\ & & & & \ddots\end{pmatrix}$$

也就是被 $\boldsymbol{P}_1=\boldsymbol{T}_{13}(-1)\boldsymbol{T}_{35}(-1)\cdots\boldsymbol{T}_{2m-1,2m+1}(-1)$ $\left(m\text{ 是不超过 }\frac{n-1}{2}\text{ 的最大整数}\right)$ 相合到 $\boldsymbol{P}_1^{\mathrm{T}}\boldsymbol{S}\boldsymbol{P}_1=\boldsymbol{S}_1=\mathrm{diag}(\boldsymbol{H},\boldsymbol{H},\cdots,\boldsymbol{H})$ (当 n 为偶数) 或 $\boldsymbol{S}_1=\mathrm{diag}(\boldsymbol{H},\boldsymbol{H},\cdots,\boldsymbol{H},0)$ (当 n 为奇数), $\boldsymbol{H}=\begin{pmatrix}0 & \frac{1}{2}\\ \frac{1}{2} & 0\end{pmatrix}$.

$\boldsymbol{H}$ 可通过初等行变换和列变换化为对角阵:

$$\boldsymbol{H}\xrightarrow[(2)+(1),2(2),-(1)+(2)]{(2)+(1),2(2),-(1)+(2)}\boldsymbol{P}_0^{\mathrm{T}}\boldsymbol{H}\boldsymbol{P}_0=\begin{pmatrix}1 & 0\\ 0 & -1\end{pmatrix},\quad \boldsymbol{P}_0=\boldsymbol{T}_{21}(1)\boldsymbol{D}_2(2)\boldsymbol{T}_{12}(-1)$$

取 $\boldsymbol{P}_2=\mathrm{diag}(\boldsymbol{P}_0,\boldsymbol{P}_0,\cdots,\boldsymbol{P}_0)$ (当 n 为偶数) 或 $\mathrm{diag}(\boldsymbol{P}_0,\boldsymbol{P}_0,\cdots,\boldsymbol{P}_0,1)$ (当 n 为奇数), 则 $\boldsymbol{P}_2$ 将 $\boldsymbol{S}_1$ 相合到对角阵 $\boldsymbol{D}=\mathrm{diag}(1,-1,1,-1,\cdots,1,-1)$ (当 n 为偶数) 或 $\boldsymbol{D}=\mathrm{diag}(1,-1,1,-1,\cdots,1,-1,0)$ (当 n 为奇数). $\boldsymbol{P}=\boldsymbol{P}_1\boldsymbol{P}_2$ 将 $\boldsymbol{S}$ 相合到 $\boldsymbol{P}^{\mathrm{T}}\boldsymbol{S}\boldsymbol{P}=\boldsymbol{D}$. 二次型 $Q(\boldsymbol{X})=\boldsymbol{X}^{\mathrm{T}}\boldsymbol{S}\boldsymbol{X}$ 被可逆线性代换 $\boldsymbol{X}=\boldsymbol{P}\boldsymbol{Y}$ 即 $\boldsymbol{Y}=\boldsymbol{P}^{-1}\boldsymbol{X}$ 化成标准形:

$$Q_1(\boldsymbol{Y})=y_1^2-y_2^2+y_3^2-y_4^2+\cdots+y_{2m-1}^2-y_{2m}^2$$

其中 m 是不超过 $\frac{n}{2}$ 的最大整数.

$$\boldsymbol{P}^{-1}=\boldsymbol{P}_2^{-1}\boldsymbol{P}_1^{-1}=\mathrm{diag}(\boldsymbol{P}_0^{-1},\cdots,\boldsymbol{P}_0^{-1},\cdots)\boldsymbol{P}_1^{-1}$$

$$P_0^{-1}=T_{12}(1)D_2\left(\frac{1}{2}\right)T_{21}(-1)=\begin{pmatrix}1&1\\0&1\end{pmatrix}\begin{pmatrix}1&0\\0&\frac{1}{2}\end{pmatrix}\begin{pmatrix}1&0\\-1&1\end{pmatrix}=\begin{pmatrix}\frac{1}{2}&\frac{1}{2}\\-\frac{1}{2}&\frac{1}{2}\end{pmatrix}$$

$$P_1^{-1}=T_{2m-1,2m+1}(1)\cdots T_{35}(1)T_{13}(1)=I+E_{13}+E_{35}+\cdots+E_{2m-1,2m+1}$$

$$\begin{pmatrix}y_1\\\vdots\\y_n\end{pmatrix}=P^{-1}X=\begin{pmatrix}\frac{1}{2}&\frac{1}{2}&&&\\-\frac{1}{2}&\frac{1}{2}&&&\\&&\frac{1}{2}&\frac{1}{2}&\\&&-\frac{1}{2}&\frac{1}{2}&\\&&&&\ddots\end{pmatrix}\begin{pmatrix}1&0&1&&&\\&1&0&&&\\&&1&0&1&\\&&&1&0&\\&&&&1&\\&&&&&\ddots\end{pmatrix}\begin{pmatrix}x_1\\\vdots\\x_n\end{pmatrix}$$

即 $y_{2k-1}=\frac{1}{2}x_{2k-1}+\frac{1}{2}x_{2k}+\frac{1}{2}x_{2k+1}$, $y_{2k}=-\frac{1}{2}x_{2k-1}+\frac{1}{2}x_{2k}-\frac{1}{2}x_{2k+1}$ $(\forall\ 1\leqslant k\leqslant m)$, m 是不超过 $\frac{n}{2}$ 的最大整数, 且当 n 为奇数时还有 $y_n=x_n$. □

点评　本题第 (5) 小题不容易用初等变换将 S 相合到对角阵, 但用正交方阵 P 将 S 相似到对角阵却不太困难: 只要先求 S 的特征向量, 再经过正交化方法求出由特征向量组成的标准正交基, 以这些基向量为各列排成的正交方阵 P 就能使 $P^{\mathrm T}SP=P^{-1}SP$ 是对角阵. 而且, 只要将更简单的秩 1 方阵 $S+\frac{1}{2}I$ 正交相似到了对角阵, S 也就正交相似到了对角阵. 由于本题中只要求相合而没有要求正交相似, 我们也只对特征向量作了正交化而没有作单位化, 得到的 P 只能使 $P^{\mathrm T}P$ 是对角阵而不是单位阵. 要将 P 进一步改造成正交方阵, 只要将 P 的各列分别除以它们的长度, 得到的

$$U=\begin{pmatrix}\frac{1}{\sqrt n}&\frac{1}{\sqrt2}&\frac{1}{\sqrt6}&\cdots&\frac{1}{\sqrt{n(n-1)}}\\\frac{1}{\sqrt n}&-\frac{1}{\sqrt2}&\frac{1}{\sqrt6}&\cdots&\frac{1}{\sqrt{n(n-1)}}\\\frac{1}{\sqrt n}&0&-\frac{2}{\sqrt6}&\cdots&\frac{1}{\sqrt{n(n-1)}}\\\vdots&\vdots&\ddots&\ddots&\vdots\\\frac{1}{\sqrt n}&0&\cdots&0&-\frac{n-1}{\sqrt{n(n-1)}}\end{pmatrix}$$

就是正交方阵, 满足 $U^{\mathrm T}U=I$, 将 $S+\frac{1}{2}I$ 相似 (且相合) 到 $U^{-1}\left(S+\frac{1}{2}I\right)U=\Lambda=\mathrm{diag}\left(\frac{n}{2},0,\cdots,0\right)$, 从而 $U^{\mathrm T}SU=U^{-1}SU=\Lambda-\frac{1}{2}I=\mathrm{diag}\left(\frac{n-1}{2},-\frac{1}{2},\cdots,-\frac{1}{2}\right)$. 二次型 $Q(x_1,\cdots,x_n)$ 在可逆线性代换 $X=UY$ 即 $Y=U^{\mathrm T}X$ 下化简为

$$Q_1(y_1,\cdots,y_n)=\frac{n-1}{2}y_1^2-\frac{1}{2}(y_2^2+\cdots+y_n^2)$$ □

8.2.3　试验证方阵相合关系的自反性、对称性和传递性.

证明 (1) 自反性: 单位阵 $\boldsymbol{I}$ 将每个 $\boldsymbol{A}$ 相合到 $\boldsymbol{I}^{\mathrm{T}}\boldsymbol{A}\boldsymbol{I}=\boldsymbol{A}$, 自反性成立.

(2) 对称性: $\boldsymbol{A}$ 相合于 $\boldsymbol{B} \Rightarrow$ 存在可逆方阵 $\boldsymbol{P}$ 使 $\boldsymbol{B}=\boldsymbol{P}^{\mathrm{T}}\boldsymbol{A}\boldsymbol{P} \Rightarrow \boldsymbol{A}=(\boldsymbol{P}^{-1})^{\mathrm{T}}\boldsymbol{B}(\boldsymbol{P}^{-1})$ 对可逆方阵 $\boldsymbol{P}^{-1}$ 成立 $\Rightarrow \boldsymbol{B}$ 相合于 $\boldsymbol{A}$. 对称性成立.

(3) 传递性: 设 $\boldsymbol{A}$ 相合于 $\boldsymbol{B}$, 且 $\boldsymbol{B}$ 相合于 $\boldsymbol{C}$, 则存在可逆方阵 $\boldsymbol{P}_1,\boldsymbol{P}_2$ 使 $\boldsymbol{B}=\boldsymbol{P}_1^{\mathrm{T}}\boldsymbol{A}\boldsymbol{P}_1$, $\boldsymbol{C}=\boldsymbol{P}_2^{\mathrm{T}}\boldsymbol{B}\boldsymbol{P}_2$. 于是 $\boldsymbol{C}=\boldsymbol{P}^{\mathrm{T}}\boldsymbol{A}\boldsymbol{P}$ 对可逆方阵 $\boldsymbol{P}=\boldsymbol{P}_1\boldsymbol{P}_2$ 成立. 这证明了 $\boldsymbol{A}$ 相合于 $\boldsymbol{C}$, 传递性成立. □

8.2.4 证明: n 阶可逆复对称方阵在复数域上相合于 $\begin{pmatrix} 0 & \boldsymbol{I}_{(m)} \\ \boldsymbol{I}_{(m)} & 0 \end{pmatrix}$ (当 $n=2m$)或 $\begin{pmatrix} 0 & \boldsymbol{I}_{(m)} & \\ \boldsymbol{I}_{(m)} & 0 & \\ & & 1 \end{pmatrix}$ (当 $n=2m+1$).

证明 n 复对称方阵 $\boldsymbol{S}$ 在复数域上都相合于对角阵 $\boldsymbol{D}=\mathrm{diag}(\boldsymbol{I}_{(r)},\boldsymbol{O}_{(n-r)})$, 其中 $r=\mathrm{rank}\boldsymbol{S}$. $\boldsymbol{S}$ 可逆 $\Leftrightarrow \mathrm{rank}\boldsymbol{S}=n \Leftrightarrow \boldsymbol{S}$ 相合于同一个规范形 $\boldsymbol{I}_{(n)}$. 这证明了同阶可逆复对称方阵相合.

特别地,

$$\boldsymbol{H}_{2m}=\begin{pmatrix} \boldsymbol{O} & \boldsymbol{I}_{(m)} \\ \boldsymbol{I}_{(m)} & \boldsymbol{O} \end{pmatrix}, \quad \boldsymbol{H}_{2m+1}=\begin{pmatrix} \boldsymbol{H}_{2m} & \boldsymbol{0} \\ \boldsymbol{0} & 1 \end{pmatrix}$$

都是可逆对称方阵. 因此, n 阶可逆复对称方阵都相合于 $\boldsymbol{H}_{2m}$ (当 $n=2m$) 或 $\boldsymbol{H}_{2m+1}$ (当 $n=2m+1$). □

8.2.5 证明: 秩等于 r 的对称矩阵可以表达成 r 个秩等于 1 的对称矩阵之和.

证明 设 $\boldsymbol{S}$ 是对称方阵, 且 $\mathrm{rank}\boldsymbol{S}=r$, 则存在可逆方阵 $\boldsymbol{P}$ 将 $\boldsymbol{S}$ 相合到标准形 $\boldsymbol{P}^{\mathrm{T}}\boldsymbol{S}\boldsymbol{P}=\boldsymbol{D}=\mathrm{diag}(d_1,\cdots,d_r,0,\cdots,0)=d_1\boldsymbol{E}_{11}+\cdots+d_r\boldsymbol{E}_{rr}$, 其中 $d_1,\cdots,d_r$ 都不为 0. 取 $\boldsymbol{P}_1=\boldsymbol{P}^{-1}$, 则 $\boldsymbol{S}=\boldsymbol{P}_1^{\mathrm{T}}\boldsymbol{D}\boldsymbol{P}_1=\boldsymbol{P}_1^{\mathrm{T}}(d_1\boldsymbol{E}_{11}+\cdots+d_n\boldsymbol{E}_{rr})\boldsymbol{P}_1=\boldsymbol{S}_1+\cdots+\boldsymbol{S}_r$, 其中每个 $\boldsymbol{S}_i=\boldsymbol{P}_1^{\mathrm{T}}(d_i\boldsymbol{E}_{ii})\boldsymbol{P}_1$ 与对称方阵 $d_i\boldsymbol{E}_{ii}$ 相合, 因而是对称方阵. 且 $\mathrm{rank}\boldsymbol{S}_i=\mathrm{rank}(d_i\boldsymbol{E}_{ii})=1$.

这就证明了 $\boldsymbol{S}$ 是 r 个秩 1 的对称方阵 $\boldsymbol{S}_i$ 之和. □

8.2.6 设 $\boldsymbol{A}$ 是 n 阶实对称矩阵, 且 $\det\boldsymbol{A}<0$, 证明: 必存在 n 维向量 $\boldsymbol{X}\neq 0$, 使 $\boldsymbol{X}^{\mathrm{T}}\boldsymbol{A}\boldsymbol{X}<0$.

证明 存在实可逆方阵 $\boldsymbol{P}$ 将 $\boldsymbol{A}$ 相合到对角阵 $\boldsymbol{D}=\boldsymbol{P}^{\mathrm{T}}\boldsymbol{A}\boldsymbol{P}=\mathrm{diag}(d_1,\cdots,d_n)$, 且 $\det\boldsymbol{D}=(\det\boldsymbol{P})^2\det\boldsymbol{A}$. 由 $\det\boldsymbol{P}\neq 0$ 知 $(\det\boldsymbol{P})^2>0$, 再由 $\det\boldsymbol{A}<0$ 知 $\det\boldsymbol{D}=d_1\cdots d_n<0$, 必有某个 $d_i<0$. 取 $\boldsymbol{X}=\boldsymbol{P}\boldsymbol{e}_i$, 则 $\boldsymbol{X}^{\mathrm{T}}\boldsymbol{A}\boldsymbol{X}=\boldsymbol{e}_i^{\mathrm{T}}\boldsymbol{P}^{\mathrm{T}}\boldsymbol{A}\boldsymbol{P}\boldsymbol{e}_i=\boldsymbol{e}_i^{\mathrm{T}}\boldsymbol{D}\boldsymbol{e}_i=d_i<0$. □

8.2.7 求整系数 2 阶方阵 $\boldsymbol{P}$ 使 $\boldsymbol{P}^{\mathrm{T}}\begin{pmatrix} 2 & 0 \\ 0 & 2 \end{pmatrix}\boldsymbol{P}=\begin{pmatrix} 10 & 0 \\ 0 & 10 \end{pmatrix}$.

解 将 $\boldsymbol{P}$ 按列分块为 $\boldsymbol{P}=(\boldsymbol{P}_1,\boldsymbol{P}_2)$, 则:

$$\boldsymbol{P}^{\mathrm{T}}\begin{pmatrix} 2 & 0 \\ 0 & 2 \end{pmatrix}\boldsymbol{P}=\begin{pmatrix} \boldsymbol{P}_1^{\mathrm{T}} \\ \boldsymbol{P}_2^{\mathrm{T}} \end{pmatrix}\begin{pmatrix} 2 & 0 \\ 0 & 2 \end{pmatrix}(\boldsymbol{P}_1,\boldsymbol{P}_2)=2\begin{pmatrix} \boldsymbol{P}_1^{\mathrm{T}}\boldsymbol{P}_1 & \boldsymbol{P}_1^{\mathrm{T}}\boldsymbol{P}_2 \\ \boldsymbol{P}_2^{\mathrm{T}}\boldsymbol{P}_1 & \boldsymbol{P}_2^{\mathrm{T}}\boldsymbol{P}_2 \end{pmatrix}=\begin{pmatrix} 10 & 0 \\ 0 & 10 \end{pmatrix}$$

的充分必要条件为

$$\boldsymbol{P}_1^{\mathrm{T}}\boldsymbol{P}_1=\boldsymbol{P}_2^{\mathrm{T}}\boldsymbol{P}_2^{\mathrm{T}}=5, \quad \boldsymbol{P}_1^{\mathrm{T}}\boldsymbol{P}_2=0$$

只要取 $\boldsymbol{P}_1=(x,y)^{\mathrm{T}}$, $\boldsymbol{P}_2=(-y,x)^{\mathrm{T}}$ 即可使 $\boldsymbol{P}_1^{\mathrm{T}}\boldsymbol{P}_2=0$, 再选 $\boldsymbol{P}_1^{\mathrm{T}}\boldsymbol{P}_1=\boldsymbol{P}_2^{\mathrm{T}}\boldsymbol{P}_2=x^2+y^2=5$ 即可. 易见 $(x,y)=(2,1)$ 满足要求. 易验证

$$\boldsymbol{P}=\begin{pmatrix}2 & -1\\ 1 & 2\end{pmatrix}$$

符合要求. □

点评 本题的要求就是 $\boldsymbol{P}^{\mathrm{T}}\boldsymbol{P}=5\boldsymbol{I}$. 如果 $\boldsymbol{P}$ 是实方阵, 它的每列 $\boldsymbol{P}_j=(p_{1j},p_{2j})$ 可以看成平面上坐标为 (p_{1j},p_{2j}) 的几何向量, $\boldsymbol{P}^{\mathrm{T}}\boldsymbol{P}$ 的第 (i,j) 元素 $\boldsymbol{P}_i^{\mathrm{T}}\boldsymbol{P}_j$ 就是几何向量 $\boldsymbol{P}_i,\boldsymbol{P}_j$ 的内积. 要求 $\boldsymbol{P}^{\mathrm{T}}\boldsymbol{P}=5\boldsymbol{I}$ 就是要求 $\boldsymbol{P}$ 的两列相互垂直并且长度都是 $\sqrt{5}$. 将任意非零向量 $\boldsymbol{P}_1=(x,y)^{\mathrm{T}}$ 旋转直角得到的 $\boldsymbol{P}_2=(-y,x)^{\mathrm{T}}$ 就与 $\boldsymbol{P}_1$ 垂直并且长度相等, 只要再选 $|\boldsymbol{P}_1|^2=x^2+y^2=5$ 即可. □

8.3 正定的二次型与方阵

知识导航

将实二次型 $u=Q(x_1,\cdots,x_n)$ 通过可逆线性代换化成标准形 $u=Q_1(y_1,\cdots,y_n)=d_1y_1^2+\cdots+d_ny_n^2$, 一个重要用途是便于判定它是否有最大值和最小值. 容易看出, 当 Q_1 中所有的系数 $d_1,\cdots,d_n$ 都 $\geqslant 0$ 时, 函数的值域为 $[0,+\infty)$, 当 $y_1=\cdots=y_n=0$ 从而 $x_1=\cdots=x_n=0$ 时有最小值 0. 如果所有的 $d_i>0$, 则当且仅当 $(x_1,\cdots,x_n)=(0,\cdots,0)$ 时 u 取最小值 0, 其余时候都有 $u>0$. 这样的二次型称为**正定的**.

定义 设 $Q(X)$ 是 n 元实二次型. 如果对 $\mathbf{R}^n$ 中所有的 $X\neq 0$ 都有 $Q(X)>0$, 就称 Q 是**正定的** (positive definite). 如果对所有的 $0\neq X\in\mathbf{R}^n$ 都有 $Q(X)<0$, 就称 Q 是**负定的** (negative definite). 如果对所有的 $0\neq X\in\mathbf{R}^n$ 都有 $Q(X)\geqslant 0$, 就称 Q 是**半正定的** (semi-positive definite). 如果对所有的 $0\neq X\in\mathbf{R}^n$ 都有 $Q(X)\leqslant 0$, 就称 Q 是**半负定的** (semi-negative definite).

如果实对称方阵 $\boldsymbol{S}$ 决定的二次型 $Q(\boldsymbol{X})=\boldsymbol{X}^{\mathrm{T}}\boldsymbol{S}\boldsymbol{X}$ 正定 (或负定, 半正定, 半负定), 即对任意 $\boldsymbol{X}\neq\boldsymbol{0}$ 有 $\boldsymbol{X}^{\mathrm{T}}\boldsymbol{S}\boldsymbol{X}>0$ (或 $<0,\geqslant 0,\leqslant 0$), 就称 $\boldsymbol{S}$ 正定 (或负定, 半正定, 半负定), 记作 $\boldsymbol{S}>0$ (或 $\boldsymbol{S}<\boldsymbol{0},\boldsymbol{S}\geqslant\boldsymbol{0},\boldsymbol{S}\leqslant\boldsymbol{0}$) . □

一般的函数 $u=f(x_1,\cdots,x_n)$ 不见得是二次多项式, 也不见得是多项式, 但其中很大一类很有用的函数可以在某点 $(c_1,\cdots,c_n)$ 附近用自变量增量 $\Delta\boldsymbol{X}=(\Delta x_1,\cdots,\Delta x_n)=(x_1-c_1,\cdots,x_n-c_n)$ 的二次多项式近似代替, 使误差为增量向量 $\Delta\boldsymbol{X}$ 的 "长度" $\rho=|\Delta\boldsymbol{X}|=\sqrt{(\Delta x_1)^2+\cdots+(\Delta x_n)^2}$ 的平方的高阶无穷小 $o(\rho^2)$, 则当

$$u=f(c_1,\cdots,c_n)+a_1\Delta x_1+\cdots+a_n\Delta x_n+Q(\Delta x_1,\cdots,\Delta x_n)+o(\rho^2)$$

的一次项系数 $a_1,\cdots,a_n$ (就是 u 在 $(c_1,\cdots,c_n)$ 对各自变量 x_i 的偏导数) 全为 0, 且二

次项部分 $Q(\Delta x_1,\cdots,\Delta x_n)$ 正定时, 函数在 $(\Delta x_1,\cdots,\Delta x_n)=(0,\cdots,0)$ 即 $(x_1,\cdots,x_n)=(c_1,\cdots,c_n)$ 取最小值. 类似地, 当 $a_1=\cdots=a_n=0$ 且 Q 负定时, 函数在 $(c_1,\cdots,c_n)$ 取最大值.

2. 正定方阵的判定和性质

(1) $\boldsymbol{S}>0$ (或 $<0,\geqslant 0,\leqslant 0$) $\Leftrightarrow$ 与 $\boldsymbol{S}$ 相合的方阵 $\boldsymbol{S}_1>0$ (或 $<0,\geqslant 0,\leqslant 0$).

$\boldsymbol{S}<0$ (或 $\leqslant 0$) $\Leftrightarrow$ $-\boldsymbol{S}>0$ (或 $\geqslant 0$). 因此, $\boldsymbol{S}$ 的负定、半负定可以通过 $-\boldsymbol{S}$ 的正定、半正定来判定.

(2) $\boldsymbol{S}>0 \Leftrightarrow \boldsymbol{S}$ 相合于单位阵 $\Leftrightarrow$ 存在可逆实方阵 $\boldsymbol{P}$ 使 $\boldsymbol{S}=\boldsymbol{P}^{\mathrm{T}}\boldsymbol{P} \Rightarrow$ 行列式 $|S|>0$.

$\boldsymbol{S}\geqslant 0 \Leftrightarrow \boldsymbol{S}$ 相合于 $\mathrm{diag}(\boldsymbol{I}_{(r)},\boldsymbol{O}) \Leftrightarrow$ 存在 $m\times n$ 矩阵 $\boldsymbol{P}$ 使 $\boldsymbol{S}=\boldsymbol{P}^{\mathrm{T}}\boldsymbol{P} \Rightarrow \det\boldsymbol{S}\geqslant 0$.

(3) 对称方阵 $\boldsymbol{S}=(s_{ij})_{n\times n}$ 正定 (或半正定) $\Rightarrow$ 以 $\boldsymbol{S}$ 的每一组对角元 $s_{i_1i_1},\cdots,s_{i_ki_k}$ 为对角元的子方阵 $\boldsymbol{S}_{i_1,\cdots,i_k}$ 正定 (或半正定) $\Rightarrow$ 行列式 $|\boldsymbol{S}_{i_1,\cdots,i_k}|>0$ (或 $\geqslant 0$). 这样的行列式 $|\boldsymbol{S}_{i_1,\cdots,i_k}|$ 也记作 $\boldsymbol{S}\begin{pmatrix} i_1 & \cdots & i_k \\ i_1 & \cdots & i_k \end{pmatrix}$, 称为 $\boldsymbol{S}$ 的 k 阶**主子式**, 由 $\boldsymbol{S}$ 的某 k 行 (第 $i_1,\cdots,i_k$) 及同样这 k 列交叉位置的元素组成. 特别地, 由 $\boldsymbol{S}$ 的前 k 行和前 k 列交叉位置的元素组成的 k 阶主子式称为**顺序主子式**.

因此我们有: $\boldsymbol{S}>0$ (或 $\geqslant 0$) $\Rightarrow \boldsymbol{S}$ 的所有的主子式 >0 (或 $\geqslant 0$).

$\boldsymbol{S}$ 的所有的顺序主子式都 $>0 \Rightarrow \boldsymbol{S}$ 正定.

不能由顺序主子式都 $\geqslant 0$ 判定 $\boldsymbol{S}\geqslant 0$. 但是, 如果前 $n-1$ 个顺序主子式 $|\boldsymbol{S}_k|>0$ $(\forall\ 1\leqslant k\leqslant n-1)$ 且最后一个顺序主子式 $|\boldsymbol{S}_n|=|\boldsymbol{S}|=0$, 则可断定 $\boldsymbol{S}\geqslant 0$.

(4) 实对称方阵 $\boldsymbol{S}$ 的特征值都是实数. $\boldsymbol{S}$ 正定 (或负定) $\Leftrightarrow \boldsymbol{S}$ 的所有的特征值都 >0 (都 <0). $\boldsymbol{S}$ 半正定 (半负定) $\Leftrightarrow \boldsymbol{S}$ 的所有的特征值都 $\geqslant 0$ (都 $\leqslant 0$).

例题分析与解答

8.3.1 设 $Q(x_1,x_2,x_3)=ax_1^2+bx_2^2+ax_3^2+2cx_1x_3$, 问 a,b,c 满足什么条件时, Q 为正定?

解 $Q(\boldsymbol{X})=\boldsymbol{X}^{\mathrm{T}}\boldsymbol{S}\boldsymbol{X}$ 对 $\boldsymbol{X}=(x_1,x_2,x_3)^{\mathrm{T}}$ 及

$$\boldsymbol{S}=\begin{pmatrix} a & 0 & c \\ 0 & b & 0 \\ c & 0 & a \end{pmatrix}$$

有: $\boldsymbol{S}>0 \Leftrightarrow \boldsymbol{S}$ 的三个顺序主子式 $a>0$ 且 $ab>0$ 且 $(a^2-c^2)b>0 \Leftrightarrow a>0,b>0$ 且 $a>|c|$. □

8.3.2 给出负定二次型 $Q(x_1,\cdots,x_n)=\boldsymbol{X}^{\mathrm{T}}\boldsymbol{A}\boldsymbol{X}$ 的方阵 $\boldsymbol{A}$ 的顺序主子式满足的充要条件.

解 记任意对称方阵 $\boldsymbol{S}$ 的前 k 行和前 k 列组成的方阵为 $\boldsymbol{S}_k$, 则 $\boldsymbol{S}_k$ 的行列式 $|\boldsymbol{S}_k|$ 就是 $\boldsymbol{S}_k$ 的 k 阶顺序主子式.

$\boldsymbol{A}$ 负定 $\Leftrightarrow -\boldsymbol{A}$ 正定 $\Leftrightarrow -\boldsymbol{A}$ 的所有的 k 阶顺序主子式 $|(-\boldsymbol{A})_k| = (-1)^k|\boldsymbol{A}_k| > 0$

$$\Leftrightarrow \boldsymbol{A}\text{的 } k \text{ 阶顺序主子式}\begin{cases} |\boldsymbol{A}_k| > 0, & \text{当 } k \text{ 为偶数;} \\ |\boldsymbol{A}_k| < 0, & \text{当 } k \text{ 为奇数.} \end{cases}$$

8.3.3 在二次型 $Q(x,y,z) = \lambda(x^2+y^2+z^2)+3y^2-4xy-2xz+4yz$ 中, 问:

(1) λ 取什么值时 Q 为正定矩阵?

(2) λ 取什么值时 Q 为半负定矩阵?

(3) λ 的什么值使 Q 为实一次多项式的完全平方?

解 记 $\boldsymbol{X} = (x,y,z)^{\mathrm{T}}$, 则 $Q(\boldsymbol{X}) = \boldsymbol{X}^{\mathrm{T}}\boldsymbol{S}\boldsymbol{X}$ 的矩阵

$$\boldsymbol{S} = \begin{pmatrix} \lambda & -2 & -1 \\ -2 & \lambda+3 & 2 \\ -1 & 2 & \lambda \end{pmatrix}$$

(1) $\boldsymbol{S}$ 正定 $\Leftrightarrow$ 各阶顺序主子式 $|\boldsymbol{S}_k| > 0\ (1 \leqslant k \leqslant 3)$, 即

$$\left.\begin{cases} |\boldsymbol{S}_1| = \lambda > 0 \\ |\boldsymbol{S}_2| = (\lambda+4)(\lambda-1) > 0 \\ |\boldsymbol{S}_3| = (\lambda-1)^2(\lambda+5) > 0 \end{cases}\right\} \Leftrightarrow \lambda > 1$$

(2) 先设行列式 $|\boldsymbol{S}| \neq 0$, 则 $\boldsymbol{S}$ 半负定 $\Leftrightarrow \boldsymbol{S}$ 负定 $\Leftrightarrow -\boldsymbol{S}$ 正定 $\Leftrightarrow$

$$\left.\begin{cases} |-\boldsymbol{S}_1| = -\lambda > 0 \\ |-\boldsymbol{S}_2| = (\lambda+4)(\lambda-1) > 0 \\ |-\boldsymbol{S}_3| = -(\lambda-1)^2(\lambda+5) > 0 \end{cases}\right\} \Leftrightarrow \lambda < -5$$

再设行列式 $|\boldsymbol{S}| = 0$, 则 $\lambda = -5$ 或 $\lambda = 1$.

当 $\lambda = 1$ 时, $\boldsymbol{S}$ 的第 $(1,1)$ 对角元为 1, $\boldsymbol{X}^{\mathrm{T}}\boldsymbol{S}\boldsymbol{X} = 1 > 0$ 对 $\boldsymbol{X} = (1,0,0)^{\mathrm{T}}$ 成立, $\boldsymbol{S}$ 不是半负定.

对每个固定的 $\boldsymbol{X} \neq \boldsymbol{0}$, $g(\lambda) = \boldsymbol{X}^{\mathrm{T}}\boldsymbol{S}\boldsymbol{X}$ 是 λ 的连续函数. 当 $\lambda < -5$ 时 $\boldsymbol{S} < 0$, 因此 $\boldsymbol{X}^{\mathrm{T}}\boldsymbol{S}\boldsymbol{X} < 0$. 让 λ 在区间 $(-\infty,-5)$ 递增趋于 -5, 则 $g(\lambda) = \boldsymbol{X}^{\mathrm{T}}\boldsymbol{S}\boldsymbol{X}$ 由 $g(\lambda) < 0$ 趋于极限值 $g(-5) \leqslant 0$. 这说明当 $\lambda = -5$ 时 $\boldsymbol{X}^{\mathrm{T}}\boldsymbol{S}\boldsymbol{X} \leqslant 0$ 对每个 $\boldsymbol{X} \neq \boldsymbol{0}$ 成立, $\boldsymbol{X}^{\mathrm{T}}\boldsymbol{S}\boldsymbol{X}$ 半负定.

Q 半负定的充分必要条件为 $\lambda \leqslant -5$.

(3) 如果 Q 是实一次多项式 $ax+by+cz$ 的完全平方, 即 $Q = (ax+by+cz)^2$, 将非零行向量 $\boldsymbol{\alpha}_1 = (a,b,c)$ 扩充成行向量空间 $\mathbf{R}^{1\times 3}$ 的一组基 $\boldsymbol{\alpha}_1,\boldsymbol{\alpha}_2,\boldsymbol{\alpha}_3$, 以它们为 3 行组成可逆方阵 $\boldsymbol{P}$, 令 $\boldsymbol{Y} = (x',y',z')^{\mathrm{T}} = \boldsymbol{P}\boldsymbol{X}$, 则 $x' = ax+by+cz$, 二次型 Q 化为 $Q_1(\boldsymbol{Y}) = x'^2$, 方阵 $\boldsymbol{S}$ 被相合到 $\boldsymbol{E}_{11} = \mathrm{diag}(1,0,0)$. 这说明 $\mathrm{rank}\boldsymbol{S} = \mathrm{rank}\boldsymbol{E}_{11} = 1$. 这必须 $\det\boldsymbol{S} = 0$, 从而 $\lambda = -5$ 或 1. 易见仅当 $\lambda = 1$ 时 $\mathrm{rank}\boldsymbol{S} = 1$, 此时:

$$\boldsymbol{S} = \begin{pmatrix} 1 & -2 & -1 \\ -2 & 4 & 2 \\ -1 & 2 & 1 \end{pmatrix} = \begin{pmatrix} 1 \\ -2 \\ -1 \end{pmatrix}(1,-2,-1)$$

$$Q = \boldsymbol{X}^{\mathrm{T}}\boldsymbol{S}\boldsymbol{X} = (x,y,z)\begin{pmatrix}1\\-2\\-1\end{pmatrix}(1,-2,-1)\begin{pmatrix}x\\y\\z\end{pmatrix} = (x-2y-z)^2$$

Q 确实是实一次多项式 $x-2y-z$ 的平方. □

点评 本题 (1),(2) 两小题还可以通过 $\boldsymbol{S}$ 的特征值判定正定和半负定. 记 $\boldsymbol{S}_0$ 为 $\lambda=0$ 时的 $\boldsymbol{S}$, 则 $\boldsymbol{S}_0$ 的特征多项式 $\varphi_{\boldsymbol{S}_0}(x)=|x\boldsymbol{I}-\boldsymbol{S}_0|=(x+1)^2(x-5)$, $\boldsymbol{S}_0$ 的特征值为 -1 与 5. $\boldsymbol{S}=\lambda\boldsymbol{I}+\boldsymbol{S}_0$ 的特征值为 $\lambda-1$ 与 $\lambda+5$. $\boldsymbol{S}$ 正定 $\Leftrightarrow \lambda-1>0$ 且 $\lambda+5>0 \Leftrightarrow \lambda>1$. $\boldsymbol{S}$ 半负定 $\Leftrightarrow \lambda-1\leqslant 0$ 且 $\lambda+5\leqslant 0 \Leftrightarrow \lambda\leqslant -5$.

本题第 (2) 小题用利用极限判定半负定的方法可以推广到一般的情形: 设实对称方阵 $\boldsymbol{S}(\lambda)=(s_{ij}(\lambda))_{n\times n}$ 的每个分量都是 λ 的连续函数. 如果 $a<\lambda<b$ 时 $\boldsymbol{S}(\lambda)\geqslant 0$ (或 $\leqslant 0$), 则当 $\lambda=a$ 或 b 时也有 $\boldsymbol{S}(\lambda)\geqslant 0$ (或 $\leqslant 0$).

根据这个原理, 由本题中当 $\lambda>1$ 时 $\boldsymbol{S}$ 正定可知当 $\lambda=1$ 时 $\boldsymbol{S}$ 半正定. 由于 $\boldsymbol{S}\neq\boldsymbol{O}$, 当它半正定时不可能半负定. □

8.3.4 设 $\boldsymbol{A}$ 是 n 阶实正定对称矩阵，证明 $\boldsymbol{A}^{-1}$ 正定.

证明 $\boldsymbol{A}^{-1}=(\boldsymbol{A}^{-1})^{\mathrm{T}}\boldsymbol{A}(\boldsymbol{A}^{-1})$ 与正定方阵 $\boldsymbol{A}$ 相合, 因而 $\boldsymbol{A}^{-1}$ 正定. □

8.3.5 在二次型 $Q=\boldsymbol{X}^{\mathrm{T}}\boldsymbol{A}\boldsymbol{X}$ 中，实对称 $\boldsymbol{A}=(a_{ij})_{n\times n}$，若

$$\begin{vmatrix}a_{11}&\cdots&a_{1k}\\\vdots&&\vdots\\a_{k1}&\cdots&a_{kk}\end{vmatrix}>0\ (\forall\ k=1,2,\cdots,n-1),\ \det\boldsymbol{A}=0$$

试证明: Q 为半正定.

证法 1 将 $\boldsymbol{A}$ 分块如下:

$$\boldsymbol{A}=\begin{pmatrix}\boldsymbol{A}_{11}&\boldsymbol{\alpha}^{\mathrm{T}}\\\boldsymbol{\alpha}&a_{nn}\end{pmatrix}$$

其中左上角的 $n-1$ 阶子方阵 $\boldsymbol{A}_{n-1}$ 由 $\boldsymbol{A}$ 的前 $n-1$ 行和前 $n-1$ 列交叉位置的元素组成. 已经知道 $\boldsymbol{A}_{n-1}$ 的所有的顺序主子式都 >0, 因此 $\boldsymbol{A}_{n-1}$ 正定, 存在 $n-1$ 阶可逆方阵 $\boldsymbol{P}_1$ 将 $\boldsymbol{A}_{n-1}$ 相合到 $n-1$ 阶单位阵 $\boldsymbol{I}_{(n-1)}$. 于是 $\boldsymbol{A}$ 被相合到

$$\boldsymbol{B}=\begin{pmatrix}\boldsymbol{P}_1^{\mathrm{T}}&\boldsymbol{0}\\\boldsymbol{0}&1\end{pmatrix}\boldsymbol{A}\begin{pmatrix}\boldsymbol{P}_1&\boldsymbol{0}\\\boldsymbol{0}&1\end{pmatrix}=\begin{pmatrix}\boldsymbol{I}_{(n-1)}&\boldsymbol{\beta}^{\mathrm{T}}\\\boldsymbol{\beta}&a_{nn}\end{pmatrix}$$

再相合到对角阵:

$$\boldsymbol{D}=\begin{pmatrix}\boldsymbol{I}&\boldsymbol{0}\\-\boldsymbol{\beta}&1\end{pmatrix}\boldsymbol{B}\begin{pmatrix}\boldsymbol{I}&-\boldsymbol{\beta}^{\mathrm{T}}\\\boldsymbol{0}&1\end{pmatrix}=\begin{pmatrix}\boldsymbol{I}_{(n-1)}&\boldsymbol{0}\\\boldsymbol{0}&d\end{pmatrix}$$

其中 $d=\det\boldsymbol{D}=\det\boldsymbol{B}=(\det\boldsymbol{A})(\det\boldsymbol{P}_1)^2=0$.

可见 $\boldsymbol{A}$ 相合于 $\mathrm{diag}(\boldsymbol{I}_{(n-1)},0)$, 这证明了 $\boldsymbol{A}$ 半正定.

证法 2 对实数 λ, 将实对称方阵 $\boldsymbol{A}=(a_{ij})_{n\times n}$ 的第 (n,n) 元素加 λ 变成 $a_{nn}+\lambda$, 将得到的方阵 $\boldsymbol{A}(\lambda)$ 的第 n 行 $(a_{n1},\cdots,a_{n,n-1},a_{nn}+\lambda)$ 拆成两个行向量之和 $(a_{n1},\cdots,a_{nn})+$

$(0,\cdots,0,\lambda)$, 行列式 $|\boldsymbol{A}(\lambda)|$ 相应地拆成两个行列式之和:

$$|\boldsymbol{A}(\lambda)| = \begin{vmatrix} a_{11} & \cdots & a_{1,n-1} & a_{1n} \\ \vdots & & \vdots & \vdots \\ a_{n-1,1} & \cdots & a_{n-1,n-1} & a_{n-1,n} \\ a_{n1} & \cdots & a_{n,n-1} & a_{nn} \end{vmatrix} + \begin{vmatrix} a_{11} & \cdots & a_{1,n-1} & a_{1n} \\ \vdots & & \vdots & \vdots \\ a_{n-1,1} & \cdots & a_{n-1,n-1} & a_{n-1,n} \\ 0 & \cdots & 0 & \lambda \end{vmatrix}$$

$$= |\boldsymbol{A}| + |\boldsymbol{A}_{n-1}|\lambda = 0 + |\boldsymbol{A}_{n-1}|\lambda = |\boldsymbol{A}_{n-1}|\lambda$$

其中 $|\boldsymbol{A}_{n-1}|$ 是 $\boldsymbol{A}$ 的 $n-1$ 阶顺序主子式, 取值 >0. 因而当 $\lambda>0$ 时 $|\boldsymbol{A}(\lambda)|>0$. 而 $\boldsymbol{A}(\lambda)$ 的前 $n-1$ 个顺序主子式也就是 $\boldsymbol{A}$ 的前 n 个顺序主子式, 取值都 >0. 因此当 $\lambda>0$ 时 $\boldsymbol{A}(\lambda)$ 的所有的顺序主子式都 >0, 因此 $\boldsymbol{A}(\lambda)$ 正定. 于是, 当 $\lambda>0$ 时对任意 $\boldsymbol{X}\neq\boldsymbol{0}$ 有 $\boldsymbol{X}^{\mathrm{T}}\boldsymbol{A}(\lambda)\boldsymbol{X}>0$, 令 λ 在区间 $(0,+\infty)$ 内趋于 0 得 $\boldsymbol{X}^{\mathrm{T}}\boldsymbol{A}\boldsymbol{X}\geqslant 0$. 这证明了 $\boldsymbol{A}$ 半正定. □

8.3.6　求实函数 $f(\boldsymbol{x})=\boldsymbol{x}\boldsymbol{S}\boldsymbol{x}^{\mathrm{T}}+2\boldsymbol{\beta}\boldsymbol{x}^{\mathrm{T}}+b$ 的最大值或最小值, 其中 $\boldsymbol{S}$ 是 n 阶正定实对称方阵, $\boldsymbol{\beta}=(b_1,b_2,\cdots,b_n)$ 与 $\boldsymbol{x}=(\boldsymbol{x}_1,\boldsymbol{x}_2,\cdots,\boldsymbol{x}_n)$ 是 n 维实行向量, b 是实数.

解

$$f(\boldsymbol{x}) = (\boldsymbol{x},1)\begin{pmatrix} \boldsymbol{S} & \boldsymbol{\beta}^{\mathrm{T}} \\ \boldsymbol{\beta} & b \end{pmatrix}\begin{pmatrix} \boldsymbol{x}^{\mathrm{T}} \\ 1 \end{pmatrix} \tag{8.19}$$

由 $\boldsymbol{S}>0$ 知 $\boldsymbol{S}$ 可逆,

$$\begin{pmatrix} I & \boldsymbol{0} \\ -\boldsymbol{\beta}\boldsymbol{S}^{-1} & 1 \end{pmatrix}\begin{pmatrix} \boldsymbol{S} & \boldsymbol{\beta}^{\mathrm{T}} \\ \boldsymbol{\beta} & b \end{pmatrix}\begin{pmatrix} \boldsymbol{I} & -\boldsymbol{S}^{-1}\boldsymbol{\beta}^{\mathrm{T}} \\ \boldsymbol{0} & 1 \end{pmatrix} = \begin{pmatrix} \boldsymbol{S} & \boldsymbol{0} \\ \boldsymbol{0} & b_1 \end{pmatrix}$$

其中 $b_1=b-\boldsymbol{\beta}\boldsymbol{S}^{-1}\boldsymbol{\beta}^{\mathrm{T}}$. 令

$$\begin{pmatrix} \boldsymbol{x}^{\mathrm{T}} \\ 1 \end{pmatrix} = \begin{pmatrix} \boldsymbol{I} & -\boldsymbol{S}^{-1}\boldsymbol{\beta}^{\mathrm{T}} \\ \boldsymbol{0} & 1 \end{pmatrix}\begin{pmatrix} \boldsymbol{y}^{\mathrm{T}} \\ 1 \end{pmatrix}$$

代入等式 (8.19), 得

$$f(\boldsymbol{x}) = (\boldsymbol{y},1)\begin{pmatrix} \boldsymbol{S} & \boldsymbol{0} \\ \boldsymbol{0} & b_1 \end{pmatrix}\begin{pmatrix} \boldsymbol{y}^{\mathrm{T}} \\ 1 \end{pmatrix} = \boldsymbol{y}\boldsymbol{S}\boldsymbol{y}^{\mathrm{T}} + b_1$$

由 $\boldsymbol{S}$ 正定知 $\boldsymbol{y}\boldsymbol{S}\boldsymbol{y}^{\mathrm{T}}\geqslant 0$, 因此 $f(\boldsymbol{x})\geqslant b_1$, 当且仅当 $\boldsymbol{y}^{\mathrm{T}}=\boldsymbol{0}$ 时 $f(\boldsymbol{x})$ 取得最小值 b_1. 也就是当

$$\begin{pmatrix} \boldsymbol{y}^{\mathrm{T}} \\ 1 \end{pmatrix} = \begin{pmatrix} \boldsymbol{I} & \boldsymbol{S}^{-1}\boldsymbol{\beta}^{\mathrm{T}} \\ \boldsymbol{0} & 1 \end{pmatrix}\begin{pmatrix} \boldsymbol{x}^{\mathrm{T}} \\ 1 \end{pmatrix} = \begin{pmatrix} \boldsymbol{x}^{\mathrm{T}}+\boldsymbol{S}^{-1}\boldsymbol{\beta}^{\mathrm{T}} \\ 1 \end{pmatrix} = \begin{pmatrix} \boldsymbol{0} \\ 1 \end{pmatrix}$$

即 $\boldsymbol{x}=-\boldsymbol{\beta}\boldsymbol{S}^{-1}$ 时, $f(\boldsymbol{x})$ 取最小值 $b_1=b-\boldsymbol{\beta}\boldsymbol{S}^{-1}\boldsymbol{\beta}^{\mathrm{T}}$. □

借题发挥 8.2　多元函数的极值

1. 二次函数的最大最小值

例题 8.3.6 解决的实际上是求 n 元二次函数 $f(\boldsymbol{x})$ 最小值的问题, 其中 $\boldsymbol{x}=(x_1,\cdots,x_n)$. $f(\boldsymbol{x})$ 由二次项、一次项、常数项组成, 可以写成

$$f(\boldsymbol{x})=Q(\boldsymbol{x})+L(\boldsymbol{x})+b=\boldsymbol{x}\boldsymbol{S}\boldsymbol{x}^{\mathrm{T}}+2\boldsymbol{\beta}\boldsymbol{x}^{\mathrm{T}}+b$$

的形式, 其中 $Q(\boldsymbol{x})=\boldsymbol{x}\boldsymbol{S}\boldsymbol{x}^{\mathrm{T}}$ 是由 $f(\boldsymbol{x})$ 的二次项组成的二次型; $L(\boldsymbol{x})=a_1x_1+\cdots+a_nx_n=2\boldsymbol{\beta}\boldsymbol{x}^{\mathrm{T}}$ 是由一次项组成的线性函数, 其中 $\boldsymbol{\beta}=\dfrac{1}{2}(a_1,\cdots,a_n)$ 是由一次项系数的一半组成的行向量; b 是常数项.

如果 $\boldsymbol{S}$ 正定, 按本题的结果得到 $f(\boldsymbol{x})$ 取最小值的条件.

如果 $\boldsymbol{S}$ 负定, 类似地可以得到 $f(\boldsymbol{x})$ 取最大值的条件.

如果 $\boldsymbol{S}$ 既不半正定也不半负定, 则二次型 $Q(\boldsymbol{x})=\boldsymbol{x}\boldsymbol{S}\boldsymbol{x}^{\mathrm{T}}$ 的值域为整个实数域 $\mathbf{R}=(-\infty,\infty)$, 既存在 $\boldsymbol{\alpha}_1$ 使 $\boldsymbol{\alpha}_1\boldsymbol{S}\boldsymbol{\alpha}_1^{\mathrm{T}}=1$ 也存在 $\boldsymbol{\alpha}_2$ 使 $\boldsymbol{\alpha}_2\boldsymbol{S}\boldsymbol{\alpha}_2^{\mathrm{T}}=-1$, 当 $\lambda\to\infty$ 时,

$$\begin{aligned}f(\lambda\boldsymbol{\alpha}_1)&=\lambda^2\boldsymbol{\alpha}_1\boldsymbol{S}\boldsymbol{\alpha}_1^{\mathrm{T}}+2\lambda\boldsymbol{\beta}\boldsymbol{\alpha}_1^{\mathrm{T}}+b=\lambda^2+\lambda c_1\to+\infty,\\ f(\lambda\boldsymbol{\alpha}_2)&=\lambda^2\boldsymbol{\alpha}_2\boldsymbol{S}\boldsymbol{\alpha}_2^{\mathrm{T}}+2\lambda\boldsymbol{\beta}\boldsymbol{\alpha}_2^{\mathrm{T}}+b=-\lambda^2+\lambda c_2\to-\infty\end{aligned}$$

其中 $c_1=2\boldsymbol{\beta}\boldsymbol{\alpha}_1^{\mathrm{T}}$ 与 $c_2=2\boldsymbol{\beta}\boldsymbol{\alpha}_2^{\mathrm{T}}$ 是常数. 此时 $f(\boldsymbol{x})$ 既无最大值也无最小值. 当 $S\geqslant 0$ 或 $S\leqslant 0$ 时, $f(\boldsymbol{x})$ 是否取最大或最小值不能由 $Q(\boldsymbol{x})$ 完全决定, 依赖于一次项部分 $L(\boldsymbol{x})=2\boldsymbol{\beta}\boldsymbol{x}^{\mathrm{T}}$. 如果 $Q(\boldsymbol{x})=0\Rightarrow L(\boldsymbol{x})=0$, 则当 $Q(\boldsymbol{x})$ 取最小值或最大值时 $f(\boldsymbol{x})$ 也如此. 如果存在某个 $\boldsymbol{\alpha}\neq\mathbf{0}$ 使 $Q(\boldsymbol{\alpha})=0\neq L(\boldsymbol{\alpha})$, 则当 λ 取遍全体实数时 $f(\lambda\boldsymbol{\alpha})=\lambda c+b$ 取遍全体实数, 没有最大值或最小值, 其中 $c=2\boldsymbol{\beta}\boldsymbol{\alpha}^{\mathrm{T}}\neq 0$.

例如, 函数 $f(x,y)=x^2+4xy+5y^2-6x+8y+9$ 可写成

$$f(\boldsymbol{X})=\boldsymbol{X}S\boldsymbol{X}^{\mathrm{T}}+2\boldsymbol{\beta}\boldsymbol{X}^{\mathrm{T}}+9$$

其中 $\boldsymbol{S}=\begin{pmatrix}1&2\\2&5\end{pmatrix}$, $\boldsymbol{X}=(x,y),\boldsymbol{\beta}=(-3,4),\boldsymbol{S}$ 正定. 按 8.3.6 的结果得到: 当 $(x,y)=-(-3,4)\boldsymbol{S}^{-1}=(23,-10)$ 时, $f(x,y)$ 取最小值 -100.

也可直接用配方法得到

$$\begin{aligned}f(x,y)&=x^2+2x(2y-3)+5y^2+8y+9\\&=(x+2y-3)^2+y^2+20y\\&=(x+2y-3)^2+(y+10)^2-100\end{aligned}$$

当 $y=-10$, $x=-2y+3=-2\times(-10)+3=23$ 时, $f(x,y)$ 取最小值 -100.

2. 求导与泰勒展开

按照微积分课程中的定理, 函数 $f(x,y)$ 仅当它对两个自变量的偏导数都等于 0 的时候有可能取得极大或极小值. 也就是说, 极值点 (x_0,y_0) 是线性方程组

$$\begin{cases} \dfrac{\partial f(x,y)}{\partial x}=2x+4y-6=0 \\ \dfrac{f(x,y)}{\partial y}=4x+10y+8=0 \end{cases}$$

的解. 解此方程组得 $(x_0,y_0)=(23,-10)$. 不过, 函数 $f(x,y)$ 在 (x_0,y_0) 的两个偏导数为 0 却不能保证在这点有极值. 为了判定 $f(x,y)$ 是否在这点有极值, 是极大值还是极小值, 还必须将 $f(x,y)$ 在这点展开成 $\Delta x=x-x_0,\Delta y=y-y_0$ 的多项式. 为此, 将 $x=x_0+\Delta x$, $y=y_0+\Delta y$ 代入 $f(x,y)$, 展开并整理得

$$\begin{aligned} f(x,y)&=f(x_0+\Delta x,y_0+\Delta y) \\ &=(x_0+\Delta x)^2+4(x_0+\Delta x)(y_0+\Delta y)+5(y_0+\Delta y)^2 \\ &\quad -6(x_0+\Delta x)+8(y_0+\Delta y)+9 \\ &=f(x_0,y_0)+(2x_0+4y_0-6)\Delta x+(4x_0+10y_0+8)\Delta y+Q(\Delta x,\Delta y) \end{aligned} \tag{8.20}$$

其中 $Q(\Delta x,\Delta y)=(\Delta x)^2+4(\Delta x)(\Delta y)+5(\Delta y)^2$ 是由展开式 (8.20) 中的二次项组成的二次型. 将 $(x_0,y_0)=(23,-10)$ 代入展开式 (8.20) 得到 $f(x,y)=-100+Q(\Delta x,\Delta y)$. 二次型 $Q(\Delta x,\Delta y)$ 正定, 当 $(\Delta x,\Delta y)=(0,0)$ 时取最小值 0. 因此 $f(x,y)$ 当 $(\Delta x,\Delta y)=(0,0)$ 即 $(x,y)=(23,-10)$ 时取最小值 -100.

不难看出, 将二次函数 $f(x,y)$ 展开成等式 (8.20) 并不需要预先求偏导数, 只要直接将 $x=x_0+\Delta x,y=y_0+\Delta y$ 代入 $f(x,y)$, 整理成 $\Delta x,\Delta y$ 的多项式就行了. 再求待定常数 x_0,y_0 使展开式 (8.20) 中的 $\Delta x,\Delta y$ 的一次项系数 $2x_0+4y_0-6$ 与 $4x_0+10y_0+8$ 都等于 0, 再根据二次型 $Q(\Delta x,\Delta y)$ 正定就能断定 $f(x_0,y_0)$ 达到最小值. 不过, 这样的解法其实并没有绕过偏导数: 展开式 (8.20) 中 $\Delta x,\Delta y$ 的一次项系数分别是 $f(x,y)$ 对 x,y 在 (x_0,y_0) 的偏导数.

以上方法不仅适用于二元二次多项式 $f(x,y)$, 也适用于任意次数的 n 元多项式 $f(x_1,\cdots,x_n)$. 对任意待定的点 $(c_1,\cdots,c_n)$ 令 $\Delta x_i=x_i-c_i\ (1\leqslant i\leqslant n)$, 将 $x_i=c_i+\Delta x_i$ 代入 f, 展开整理成 $\Delta_i\ (1\leqslant i\leqslant n)$ 的多项式:

$$g(\Delta x_1,\cdots,\Delta x_n)=a_0+a_1\Delta x_1+\cdots+a_n\Delta x_n+Q(\Delta x_1,\cdots,\Delta x_n)+o(\rho^2) \tag{8.21}$$

则其中的常数项 $a_0=g(0,\cdots,0)=f(c_1,\cdots,c_n)$, 每个一次项系数 a_i 等于 f 在 $(c_1,\cdots,c_n)$ 对 x_i 的偏导数. $Q(\Delta x_1,\cdots,\Delta x_n)$ 是展开式中的二次项组成的二次型, $o(\rho^2)$ 由展开式中高于二次的项组成, 是向量 $(\Delta x_1,\cdots,\Delta x_n)$ 长度平方 $\rho^2=(\Delta x_1)^2+\cdots+(\Delta x_n)^2$ 的高阶无穷小. 解线性方程组求 $(c_1,\cdots,c_n)$ 使 $(a_1,\cdots,a_n)=(0,\cdots,0)$. 如果二次型 Q 正定, 当所有 $\Delta x_i=0\ (1\leqslant i\leqslant n)$ 即 $(x_1,\cdots,x_n)=(c_1,\cdots,c_n)$ 时取最小值, 且当 ρ 足够小时高阶无穷小量 $o(\rho^2)$ 不足以影响二次型 Q 的正负号, 仍有 $Q>0$, 所以当 $\rho=0$ 时 f 取极小值 $a_0=f(c_1,\cdots,c_n)$. 类似地, 如果 Q 负定, 则当 $\rho=0$ 时 f 取极大值 a_0.

即使 $f(x_1,\cdots,x_n)$ 不是多项式函数, 也有可能在某区域内任何一点 $(c_1,\cdots,c_n)$ 展开成 (8.21) 的形式, 称为 f 在 $(c_1,\cdots,c_n)$ 的泰勒展开式. 此时不能将 $x_i=c_i+\Delta x_i$ 代入 f 的表达式得到展开式 (8.21), 而要通过求偏导数求泰勒展开式中的一次项系数 a_i 和二次型 Q 中的各项系数. 根据二次型 Q 的各项系数可以写出矩阵 $\boldsymbol{S}$, 判定它是否正定或负定, 例如可以根据 $\boldsymbol{S}$ 的各阶顺序主子式的符号来判定. □

8.3.7 设 $\boldsymbol{S}$ 是半正定 n 阶实对称方阵且 $\text{rank}\boldsymbol{S}=1$, 证明: 存在非零实行向量 $\boldsymbol{\alpha}$ 使 $\boldsymbol{S}=\boldsymbol{\alpha}^{\mathrm{T}}\boldsymbol{\alpha}$.

证明 $\boldsymbol{S}$ 相合于标准形 $\boldsymbol{D}=\text{diag}(\boldsymbol{I}_{(r)},\boldsymbol{O}_{(n-r)})$, 其中 $r=\text{rank}\boldsymbol{S}=1$, 因此 $\boldsymbol{D}=\text{diag}(1,0,\cdots,0)=e_1e_1^{\mathrm{T}}$, 其中 $e_1=(1,0,\cdots,0)$.

存在可逆方阵 $\boldsymbol{P}$ 使 $\boldsymbol{S}=\boldsymbol{P}^{\mathrm{T}}\boldsymbol{D}\boldsymbol{P}=\boldsymbol{P}^{\mathrm{T}}e_1^{\mathrm{T}}e_1\boldsymbol{P}=\boldsymbol{\alpha}\boldsymbol{\alpha}^{\mathrm{T}}$, 其中 $\boldsymbol{\alpha}=e_1\boldsymbol{P}$ 是可逆方阵 $\boldsymbol{P}$ 的第 1 行. □

8.3.8 $\boldsymbol{S}$ 是实对称正定矩阵，证明：存在上三角阵 $\boldsymbol{T}$, 使 $\boldsymbol{S}=\boldsymbol{T}^{\mathrm{T}}\boldsymbol{T}$.

证明 对 $\boldsymbol{S}$ 的阶数 n 做数学归纳法, 证明存在上三角阵 $\boldsymbol{T}$ 使 $\boldsymbol{S}=\boldsymbol{T}^{\mathrm{T}}\boldsymbol{T}$.

当 $n=1$ 时显然成立. 设命题对 $n-1$ 阶实对称正定方阵成立. 将 n 阶实对称正定方阵 $\boldsymbol{S}$ 写成分块形式:

$$\boldsymbol{S}=\begin{pmatrix}\boldsymbol{S}_{n-1} & \boldsymbol{\alpha}^{\mathrm{T}}\\ \boldsymbol{\alpha} & s_{nn}\end{pmatrix}$$

其中 $\boldsymbol{S}_{n-1}$ 由 $\boldsymbol{S}$ 的前 $n-1$ 行和 $n-1$ 列交叉位置的元素组成. 它的 $n-1$ 个顺序主子式 $|\boldsymbol{S}_k|\ (1\leqslant k\leqslant n-1)$ 就是 $\boldsymbol{S}$ 的前 $n-1$ 个顺序主子式, 由 $\boldsymbol{S}>0$ 知 $|\boldsymbol{S}_k|>0\ (1\leqslant k\leqslant n-1)$, 这说明 $\boldsymbol{S}_{n-1}$ 正定. 当然也可逆. $\boldsymbol{S}$ 可通过上三角阵相合于准对角阵:

$$\boldsymbol{B}=\boldsymbol{T}_1^{\mathrm{T}}\boldsymbol{S}\boldsymbol{T}_1=\begin{pmatrix}\boldsymbol{S}_{n-1} & \boldsymbol{0}\\ \boldsymbol{0} & d_n\end{pmatrix},\quad \boldsymbol{T}_1=\begin{pmatrix}\boldsymbol{I}_{(n-1)} & -\boldsymbol{S}_{n-1}^{-1}\boldsymbol{\alpha}^{\mathrm{T}}\\ \boldsymbol{0} & 1\end{pmatrix}$$

其中 $\boldsymbol{T}_1$ 是上三角阵且行列式 $|\boldsymbol{T}_1|=1$, 因此 $|\boldsymbol{S}_{n-1}|d_n=|\boldsymbol{B}|=|\boldsymbol{S}|>0$. 再由 $|\boldsymbol{S}_{n-1}|>0$ 得到 $d_n>0$.

由归纳假设知 $n-1$ 阶实对称正定方阵 $\boldsymbol{S}_{n-1}$ 可写成 $\boldsymbol{S}_{n-1}=\boldsymbol{T}_2^{\mathrm{T}}\boldsymbol{T}_2$, 其中 $\boldsymbol{T}_2$ 是 $n-1$ 阶上三角阵. 于是

$$\boldsymbol{S}=(\boldsymbol{T}_1^{-1})^{\mathrm{T}}\begin{pmatrix}\boldsymbol{T}_2^{\mathrm{T}}\boldsymbol{T}_2 & \boldsymbol{0}\\ \boldsymbol{0} & d_n\end{pmatrix}\boldsymbol{T}_1^{-1}=\boldsymbol{T}^{\mathrm{T}}\boldsymbol{T},\quad \boldsymbol{T}=\begin{pmatrix}\boldsymbol{T}_2 & \boldsymbol{0}\\ \boldsymbol{0} & \sqrt{d_n}\end{pmatrix}\boldsymbol{T}_1^{-1}$$

$\boldsymbol{T}$ 是上三角阵的乘积, 仍是上三角阵. □

8.3.9 求证: n 阶实对称方阵 $\boldsymbol{S}$ 半正定的充要条件是存在秩为 r 的 $r\times n$ 实矩阵 $\boldsymbol{A}$ 使 $\boldsymbol{S}=\boldsymbol{A}^{\mathrm{T}}\boldsymbol{A}$, 其中 $r=\text{rank}\boldsymbol{S}$.

证明 先设 $\boldsymbol{S}=\boldsymbol{A}^{\mathrm{T}}\boldsymbol{A}$, 则对任意 $\boldsymbol{X}\in\mathbf{R}^{n\times1}$ 有 $\boldsymbol{X}^{\mathrm{T}}\boldsymbol{S}\boldsymbol{X}=\boldsymbol{X}^{\mathrm{T}}\boldsymbol{A}^{\mathrm{T}}\boldsymbol{A}\boldsymbol{X}=\boldsymbol{Y}^{\mathrm{T}}\boldsymbol{Y}=y_1^2+\cdots+y_n^2\geqslant0$, 其中 $\boldsymbol{Y}=\boldsymbol{A}\boldsymbol{X}=(y_1,\cdots,y_n)^{\mathrm{T}}$. 这证明了 $\boldsymbol{S}$ 半正定.

反过来, 设 $\boldsymbol{S}$ 半正定, 且 $r=\text{rank}\boldsymbol{S}$, 则 $\boldsymbol{S}$ 相合于标准形

$$\boldsymbol{D}=\begin{pmatrix}\boldsymbol{I}_{(r)} & \boldsymbol{O}\\ \boldsymbol{O} & \boldsymbol{O}_{(n-r)}\end{pmatrix}=\boldsymbol{B}^{\mathrm{T}}\boldsymbol{B},\quad \boldsymbol{B}=\begin{pmatrix}\boldsymbol{I}_{(r)}\\ \boldsymbol{O}\end{pmatrix}\in\mathbf{R}^{n\times r}$$

存在可逆方阵 $\boldsymbol{P}$ 将 $\boldsymbol{D}$ 相合于 $\boldsymbol{S}=\boldsymbol{P}^{\mathrm{T}}\boldsymbol{D}\boldsymbol{P}=\boldsymbol{P}^{\mathrm{T}}\boldsymbol{B}^{\mathrm{T}}\boldsymbol{B}\boldsymbol{P}=\boldsymbol{A}^{\mathrm{T}}\boldsymbol{A}$, 其中 $\boldsymbol{A}=\boldsymbol{B}\boldsymbol{P}$ 是由可逆方阵 $\boldsymbol{P}$ 的前 r 列组成的 $n\times r$ 矩阵, 各列线性无关, 因此 $\operatorname{rank}\boldsymbol{A}=r=\operatorname{rank}\boldsymbol{S}$. □

8.3.10 设 $\boldsymbol{A},\boldsymbol{B}$ 均为 n 阶实对称阵, 其中 $\boldsymbol{A}$ 正定. 证明: 当实数 t 充分大后, $t\boldsymbol{A}+\boldsymbol{B}$ 亦正定.

证法 1 存在可逆方阵 $\boldsymbol{P}$ 将 $\boldsymbol{A}$ 相合到 $\boldsymbol{P}^{\mathrm{T}}\boldsymbol{A}\boldsymbol{P}=\boldsymbol{I}$, 记 $\boldsymbol{S}=\boldsymbol{P}^{\mathrm{T}}\boldsymbol{B}\boldsymbol{P}=(s_{ij})_{n\times n}$, 则 $\boldsymbol{P}^{\mathrm{T}}(t\boldsymbol{A}+\boldsymbol{B})\boldsymbol{P}=t\boldsymbol{I}+\boldsymbol{S}$. 对每个正整数 $k\leqslant n$, 记 $\boldsymbol{S}$ 的前 k 行和前 k 列交叉位置的元素组成的 k 阶方阵为 $\boldsymbol{S}_k$, 则 $t\boldsymbol{I}+\boldsymbol{S}$ 的 k 阶顺序主子式为 $|t\boldsymbol{I}+\boldsymbol{S}_k|=t^k+\cdots$ 是以 t 为字母的首项系数为 1 的 k 次多项式, 当 $t\to\infty$ 时 $|\lambda\boldsymbol{I}+\boldsymbol{S}_k|\to+\infty$, 存在实数 c_k 使 $t>c_k$ 时 $|t\boldsymbol{I}+\boldsymbol{S}_k|>0$. 取 c 为所有 c_k $(1\leqslant k\leqslant n)$ 中最大数, 则当 $t>c$ 时 $t\boldsymbol{I}+\boldsymbol{S}$ 的所有的顺序主子式都大于 0, $t\boldsymbol{I}+\boldsymbol{S}$ 正定, 与 $t\boldsymbol{I}+\boldsymbol{S}$ 相合的 $t\boldsymbol{A}+\boldsymbol{B}$ 也正定.

证法 2 存在可逆方阵 $\boldsymbol{P}_1$ 将正定实对称阵 $\boldsymbol{A}$ 相合到单位阵 $\boldsymbol{P}_1^{\mathrm{T}}\boldsymbol{A}\boldsymbol{P}_1=\boldsymbol{I}$. $\boldsymbol{B}_1=\boldsymbol{P}_1^{\mathrm{T}}\boldsymbol{B}\boldsymbol{P}_1$ 仍是实对称阵, 存在正交方阵 $\boldsymbol{U}$ 将 $\boldsymbol{B}_1$ 相似 (也是相合) 到对角阵 $\boldsymbol{U}^{\mathrm{T}}\boldsymbol{B}_1\boldsymbol{U}=\boldsymbol{D}=\operatorname{diag}(d_1,\cdots,d_n)$, 且 $\boldsymbol{U}^{\mathrm{T}}\boldsymbol{I}\boldsymbol{U}=\boldsymbol{I}$, 则可逆方阵 $\boldsymbol{P}=\boldsymbol{P}_1\boldsymbol{U}$ 将 $\boldsymbol{A},\boldsymbol{B}$ 同时相合到对角阵: $\boldsymbol{P}^{\mathrm{T}}\boldsymbol{A}\boldsymbol{P}=\boldsymbol{I}$, $\boldsymbol{P}^{\mathrm{T}}\boldsymbol{B}\boldsymbol{P}=\boldsymbol{D}$. 设 d 是 $\boldsymbol{D}$ 的所有对角元的绝对值 $|d_1|,\cdots,|d_n|$ 中的最大数, 则当 $t>d$ 时所有的 $t+d_i>0$, $t\boldsymbol{I}+\boldsymbol{D}$ 正定, 由 $\boldsymbol{P}^{\mathrm{T}}(t\boldsymbol{A}+\boldsymbol{B})\boldsymbol{P}=t\boldsymbol{I}+\boldsymbol{D}$ 知 $t\boldsymbol{A}+\boldsymbol{B}$ 相合于正定方阵 $t\boldsymbol{I}+\boldsymbol{D}$, 因而 $t\boldsymbol{A}+\boldsymbol{B}$ 正定. □

点评 证法 2 将 $\boldsymbol{A},\boldsymbol{B}$ 同时相合于对角阵 $\boldsymbol{I},\boldsymbol{D}$, 很容易判定对角阵 $t\boldsymbol{I}+\boldsymbol{D}$ 何时正定, 从而判定 $t\boldsymbol{A}+\boldsymbol{B}$ 正定. 不过, 这个方法需要用到关于实对称方阵正交相似于对角阵的定理, 如果还没有学过这个定理, 就不能用证法 2, 可以用证法 1. 学完线性代数之后, 用证法 2 更简单明了. □

8.4 相合不变量

知识导航

实对称方阵的相合规范形 每个实对称方阵 $\boldsymbol{S}$ 相合于唯一的规范形

$$\boldsymbol{\Lambda}=\operatorname{diag}(\boldsymbol{I}_{(p)},\boldsymbol{I}_{(r-p)},\boldsymbol{O}_{(n-r)})$$

其中 $r=\operatorname{rank}\boldsymbol{S}$ 是 $\boldsymbol{S}$ 的秩, p 称为 $\boldsymbol{S}$ 的正惯性指数, $q=r-p$ 称为 $\boldsymbol{S}$ 的负惯性指数, $p-q$ 称为 $\boldsymbol{S}$ 的符号差, 它们都由 $\boldsymbol{S}$ 唯一决定, 在相合过程中始终保持不变.

证明要点 设 $\boldsymbol{S}$ 相合于另一个规范形 $\boldsymbol{D}=\operatorname{diag}(\boldsymbol{I}_{(s)},-\boldsymbol{I}_{(t)},\boldsymbol{O}_{(n-s-t)})$. 由于相合也是相抵, 因此 $s+t=\operatorname{rank}S=r$, $t=r-s$. 只需证明 $p=s$. 若不然, 不妨设 $p>s$.

$\boldsymbol{\Lambda},\boldsymbol{D}$ 都与 $\boldsymbol{S}$ 相合, 因而存在可逆方阵 $\boldsymbol{P}$ 将 $\boldsymbol{\Lambda}=\operatorname{diag}(\boldsymbol{I}_{(p)},-\boldsymbol{I}_{(q)},\boldsymbol{O}_{(n-r)})$ 相合到 $\boldsymbol{D}=\boldsymbol{P}^{\mathrm{T}}\boldsymbol{\Lambda}\boldsymbol{P}=\operatorname{diag}(\boldsymbol{I}_{(s)},-\boldsymbol{I}_{(r-s)},\boldsymbol{O}_{(n-r)})$. 在列向量空间 $V=\mathbf{R}^{n\times 1}$ 上定义二次型 $Q(\boldsymbol{X})=\boldsymbol{X}^{\mathrm{T}}\boldsymbol{\Lambda}\boldsymbol{X}$, 则前 p 个自然基向量 $\boldsymbol{e}_1,\cdots,\boldsymbol{e}_p$ 生成的子空间 $V_+=\{\boldsymbol{X}=(x_1,\cdots,x_p,0,\cdots,0)\}$ 中的非零向量 $\boldsymbol{X}$ 满足 $Q(\boldsymbol{X})=x_1^2+\cdots+x_p^2>0$, 由 $\boldsymbol{P}=(\boldsymbol{P}_1,\cdots,\boldsymbol{P}_n)$ 的后 $n-s$ 列 $\boldsymbol{P}_{s+1},\cdots,\boldsymbol{P}_n$

生成的子空间

$$
\begin{aligned}
U_{-,0} &= \{y_{s+1}\boldsymbol{P}_{s+1}+\cdots+y_n\boldsymbol{P}_n \mid y_i\in\mathbf{R},\forall s+1\leqslant i\leqslant n\}\\
&= \{\boldsymbol{PY}\mid \boldsymbol{Y}=(0,\cdots,0,y_{s+1},\cdots,y_n)^{\mathrm{T}}\in\mathbf{R}^{(n-s)\times 1}
\end{aligned}
$$

中每个向量 $\boldsymbol{PY}$ 满足 $Q(\boldsymbol{PY})=(\boldsymbol{PY})^{\mathrm{T}}\boldsymbol{\Lambda}(\boldsymbol{PY})=\boldsymbol{Y}^{\mathrm{T}}\boldsymbol{DY}=-y_{s+1}^2-\cdots-y_r^2\leqslant 0$.

当 $p>s$ 时 $\dim V_+ + \dim U_{-,0}=p+(n-s)=n+(p-s)>n$, 两个空间 V_+ 与 $U_{-,0}$ 的交不为零, 包含非零向量 $\boldsymbol{X}$ 同时满足 $Q(\boldsymbol{X})>0$ 与 $Q(\boldsymbol{X})\leqslant 0$, 矛盾. 这证明了不能有 $p>s$. 同理可证不能有 $s>p$. 只能 $p=s$.

例题分析与解答

8.4.1 设 $\boldsymbol{S}$ 是 n 阶实对称方阵, V_0 是方程 $\boldsymbol{X}^{\mathrm{T}}\boldsymbol{SX}=0$ 的解集. 求证: V_0 是 $\mathbf{R}^{n\times 1}$ 的子空间 $\Leftrightarrow \boldsymbol{S}\geqslant 0$ 或 $\boldsymbol{S}\leqslant 0$. 且当 $\boldsymbol{S}\geqslant 0$ 或 $\boldsymbol{S}\leqslant 0$ 时 $\dim V_0=n-\operatorname{rank}\boldsymbol{S}$.

证明 设 $\boldsymbol{S}\geqslant 0$, 则存在矩阵 $\boldsymbol{A}$ 使 $\boldsymbol{S}=\boldsymbol{A}^{\mathrm{T}}\boldsymbol{A}$, 且 $\operatorname{rank}\boldsymbol{A}=r=\operatorname{rank}\boldsymbol{S}$. $\boldsymbol{X}^{\mathrm{T}}\boldsymbol{SX}=\boldsymbol{X}^{\mathrm{T}}\boldsymbol{A}^{\mathrm{T}}\boldsymbol{AX}=\boldsymbol{Y}^{\mathrm{T}}\boldsymbol{Y}$, 其中 $\boldsymbol{Y}=\boldsymbol{AX}=(y_1,\cdots,y_n)^{\mathrm{T}}$. 于是 $\boldsymbol{X}^{\mathrm{T}}\boldsymbol{SX}=\boldsymbol{Y}^{\mathrm{T}}\boldsymbol{Y}=y_1^2+\cdots+y_n^2=0\Leftrightarrow \boldsymbol{AX}=\boldsymbol{Y}=\boldsymbol{0}$. 可见 $\boldsymbol{X}^{\mathrm{T}}\boldsymbol{SX}=0$ 的解集 V_0 就是齐次线性方程组 $\boldsymbol{AX}=\boldsymbol{0}$ 的解集, 是 $\mathbf{R}^{n\times 1}$ 的子空间, 且维数 $\dim V_0=n-\operatorname{rank}\boldsymbol{A}=n-\operatorname{rank}\boldsymbol{S}$.

设 $\boldsymbol{S}\leqslant 0$. 由 $\boldsymbol{X}^{\mathrm{T}}\boldsymbol{SX}=0 \Leftrightarrow \boldsymbol{X}^{\mathrm{T}}(-\boldsymbol{S})\boldsymbol{X}=0$ 知 $\boldsymbol{X}^{\mathrm{T}}\boldsymbol{SX}=0$ 的解集就是 $\boldsymbol{X}^{\mathrm{T}}(-\boldsymbol{S})\boldsymbol{X}=0$ 的解集 V_0, 由 $-\boldsymbol{S}\geqslant 0$ 知 V_0 是子空间且 $\dim V_0=n-\operatorname{rank}(-\boldsymbol{S})=n-\operatorname{rank}\boldsymbol{S}$.

设 $\boldsymbol{S}\geqslant 0$ 与 $\boldsymbol{S}\leqslant 0$ 都不成立, 则 $\boldsymbol{S}$ 的相合规范形 $\boldsymbol{P}^{\mathrm{T}}\boldsymbol{SP}=\boldsymbol{\Lambda}=\operatorname{diag}(\boldsymbol{I}_{(p)},-\boldsymbol{I}_{(q)},\boldsymbol{O}_{(n-r)})$ 中的 $p>0$ 且 $q>0$. 取 $\boldsymbol{X}_1=\boldsymbol{P}(\boldsymbol{e}_1+\boldsymbol{e}_{p+1})$, $\boldsymbol{X}_2=\boldsymbol{P}(\boldsymbol{e}_1-\boldsymbol{e}_{p+1})$, 则 $\boldsymbol{X}_i^{\mathrm{T}}\boldsymbol{SX}_i=(\boldsymbol{e}_1\pm\boldsymbol{e}_{p+1})^{\mathrm{T}}\boldsymbol{\Lambda}(\boldsymbol{e}_1\pm\boldsymbol{e}_{p+1})=1^2-(\pm1)^2=0$ 对 $i=1,2$ 都成立, 但 $(\boldsymbol{X}_1+\boldsymbol{X}_2)^{\mathrm{T}}\boldsymbol{S}(\boldsymbol{X}_1+\boldsymbol{X}_2)=(2\boldsymbol{e}_1)^{\mathrm{T}}\boldsymbol{\Lambda}(2\boldsymbol{e}_1)=4\neq 0$. 这说明解集 V_0 对加法不封闭, 不是子空间.

这就证明了 V_0 是子空间的充分必要条件是 $\boldsymbol{S}\geqslant 0$ 或 $\boldsymbol{S}\leqslant 0$. □

8.4.2 通过方程 $Q(x_1,\cdots,x_n)=0$ 的解空间的维数计算下列半正定二次型的正惯性指数, 从而写出它的标准形.

$$
Q(x_1,\cdots,x_n)=\sum_{i=1}^{n}(x_i-s)^2
$$

其中 $s=\dfrac{1}{n}(x_1+\cdots+x_n)$.

证明 $Q(x_1,\cdots,x_n)$ 是实数的平方和, 取值总是 $\geqslant 0$, 由此可断定 Q 半正定.

$Q(x_1,\cdots,x_n)=0\Leftrightarrow\ x_i-s=0$ 对 $1\leqslant i\leqslant n$ 成立 $\Leftrightarrow x_1=\cdots=x_n \Leftrightarrow (x_1,\cdots,x_n)=t(1,\cdots,1)$, $\forall\, t\in\mathbf{R}$. 可见 $Q(x_1,\cdots,x_n)=0$ 的解空间 V_0 维数为 1. 由 $\dim V_0=n-p=1$ 知正惯性指数 $p=n-1$, 二次型的标准形为 $Q(y_1,\cdots,y_n)=y_1^2+\cdots+y_{n-1}^2$. □

8.4.3 求二次型 $Q(x,y,z)=x^2+y^2+z^2-xy-xz-yz$ 的秩、正惯性指数和符号差.

解 $Q(x,y,z)=\dfrac{1}{2}(x-y)^2+\dfrac{1}{2}(x-z)^2+\dfrac{1}{2}(y-z)^2\geqslant 0$ 对任意实数 x,y,z 成立, 因此 Q 半正定, 负惯性指数 $q=0$, Q 的秩 $r=$ 正惯性指数 $p=$ 符号差 $p-q$. $Q(x,y,z)=0$ 的解集

$V_0=\{(x,y,z)\mid x=y=z\}=\{t(1,1,1)\mid t\in\mathbf{R}\}$ 是 $\mathbf{R}^3$ 的一维子空间, 由 $\dim V_0=3-r=1$ 得 $r=2$, 从而 $p=p-q=2$.

秩、正惯性指数、符号差都等于 2. □

点评 本题当然也可以直接通过配方或矩阵相合化成标准形来求秩、正惯性指数和符号差. 但利用 $Q=0$ 的解空间维数显然是最简单的解法. □

8.4.4 设 $\boldsymbol{S}$ 是任意一个实对称可逆阵, 求证 $\boldsymbol{S}$ 相合于以下形式的矩阵:

$$\boldsymbol{H}=\begin{pmatrix}0&\boldsymbol{I}_{(\nu)}&0\\\boldsymbol{I}_{(\nu)}&0&0\\0&0&\rho\boldsymbol{I}_{(n-2\nu)}\end{pmatrix},$$

其中 $\rho=\pm1$, 并且 ν 与 ρ 由 $\boldsymbol{S}$ 唯一决定.

证明 记

$$\boldsymbol{H}_0=\begin{pmatrix}0&\boldsymbol{I}_{(\nu)}\\\boldsymbol{I}_{(\nu)}&0\end{pmatrix}$$

则 $\boldsymbol{H}=\mathrm{diag}(\boldsymbol{H}_0,\rho\boldsymbol{I}_{(n-2\nu)})$.

先将 $\boldsymbol{H}_0$ 相合到规范形. 为此, 先将 $\nu=1$ 时的 2 阶方阵 $\boldsymbol{H}_0$ 相合到规范形:

$$\begin{pmatrix}1&\dfrac{1}{2}\\-1&\dfrac{1}{2}\end{pmatrix}\begin{pmatrix}0&1\\1&0\end{pmatrix}\begin{pmatrix}1&-1\\\dfrac{1}{2}&\dfrac{1}{2}\end{pmatrix}=\begin{pmatrix}1&0\\0&-1\end{pmatrix}$$

将等式中各个 2 阶方阵的每个元素 a 替换成 ν 阶纯量阵 $a\boldsymbol{I}_{(\nu)}$, 得到

$$\begin{pmatrix}\boldsymbol{I}_{(\nu)}&\dfrac{1}{2}\boldsymbol{I}\\-\boldsymbol{I}&\dfrac{1}{2}\boldsymbol{I}_{(\nu)}\end{pmatrix}\begin{pmatrix}0&\boldsymbol{I}_{(\nu)}\\\boldsymbol{I}_{(\nu)}&0\end{pmatrix}\begin{pmatrix}\boldsymbol{I}_{(\nu)}&-\boldsymbol{I}\\\dfrac{1}{2}\boldsymbol{I}&\dfrac{1}{2}\boldsymbol{I}_{(\nu)}\end{pmatrix}=\begin{pmatrix}\boldsymbol{I}_{(\nu)}&0\\0&-\boldsymbol{I}_{(\nu)}\end{pmatrix}$$

这就证明了存在 2ν 阶可逆方阵 $\tilde{\boldsymbol{P}}_0$ 将 $\boldsymbol{H}_0$ 相合到 $\boldsymbol{D}_0=\mathrm{diag}(\boldsymbol{I}_{(\nu)},-\boldsymbol{I}_{(\nu)})$. 反过来, $\boldsymbol{P}_0=\tilde{\boldsymbol{P}}_0^{-1}$ 将 $\boldsymbol{D}_0$ 相合到 $\boldsymbol{P}_0^{\mathrm{T}}\boldsymbol{D}_0\boldsymbol{P}_0=\boldsymbol{H}_0$.

n 阶可逆实对称方阵 $\boldsymbol{S}$ 的秩 $\mathrm{rank}\boldsymbol{S}=n$. 存在实可逆方阵 $\boldsymbol{P}_1$ 将 $\boldsymbol{S}$ 相合到规范形

$$\boldsymbol{D}=\boldsymbol{P}_1^{\mathrm{T}}\boldsymbol{S}\boldsymbol{P}_1=\mathrm{diag}(\boldsymbol{I}_{(p)},-\boldsymbol{I}_{(q)})$$

其中 $p+q=n$.

如果 $p\leqslant q$, 取 $\nu=p$, 则 $\boldsymbol{D}=\mathrm{diag}(\boldsymbol{I}_{(p)},-\boldsymbol{I}_{(p)},-\boldsymbol{I}_{(q-p)})=\mathrm{diag}(\boldsymbol{\varLambda}_0,-\boldsymbol{I}_{(n-2\nu)})$, 其中 $\boldsymbol{\varLambda}_0=\mathrm{diag}(\boldsymbol{I}_{(\nu)},-\boldsymbol{I}_{(\nu)})$. 如前所证, 存在 $2p$ 阶可逆方阵 $\boldsymbol{P}_0$ 将 $\boldsymbol{\varLambda}_0$ 相合到 $\boldsymbol{H}_0$, 于是 $\boldsymbol{P}_2=\mathrm{diag}(\boldsymbol{P}_0,\boldsymbol{I}_{(n-2\nu)})$ 将 $\boldsymbol{D}=\mathrm{diag}(\boldsymbol{\varLambda},-\boldsymbol{I}_{(n-2\nu)})$ 相合到 $\boldsymbol{H}=\mathrm{diag}(\boldsymbol{H}_0,-\boldsymbol{I}_{(n-2\nu)})$.

如果 $p>q$, 取 $\nu=q$, 则 $\boldsymbol{D}$ 相合于 $\boldsymbol{D}_1=\mathrm{diag}(\boldsymbol{I}_{(q)},-\boldsymbol{I}_{(q)},\boldsymbol{I}_{(p-q)})=\mathrm{diag}(\boldsymbol{\varLambda}_0,\boldsymbol{I}_{(n-2\nu)})$, 仍可取 $\boldsymbol{P}_2=\mathrm{diag}(\boldsymbol{P}_0,\boldsymbol{I}_{(n-2\nu)})$ 将 $\boldsymbol{D}_1$ 相合到 $\boldsymbol{H}=\mathrm{diag}(\boldsymbol{H}_0,\boldsymbol{I}_{(n-2\nu)})$.

这就对所有的情况都证明了 $\boldsymbol{S}$ 可以相合于所说形状, 其中的 ν 与 $\rho=\pm1$ 由 $\boldsymbol{S}$ 的正惯性指数 p 与负惯性指数 $q=n-p$ 决定:

当 $p<q$ 时, $\rho=-1$, $\nu=p$; 当 $p>q$ 时, $\rho=1$, $\nu=q$; 当 $p=q=\dfrac{n}{2}$ 时, $\nu=p=q$, 此时 $n-2\nu=0$, ρ 不存在. 既然 p,q 由 $\boldsymbol{S}$ 唯一决定, ν,ρ 由 p,q 决定, ν,ρ 也就由 $\boldsymbol{S}$ 唯一决定. □

点评 在 n 维实列向量空间 $V=\mathbf{R}^{n\times 1}$ 中, 可以对任意两个向量 $\boldsymbol{X},\boldsymbol{Y}\in V$ 定义内积 $\boldsymbol{X}\cdot\boldsymbol{Y}=\boldsymbol{X}^{\mathrm{T}}\boldsymbol{Y}$, 特别地, 每个向量 $\boldsymbol{X}=(x_1,\cdots,x_n)^{\mathrm{T}}$ 与自己的内积 $Q(\boldsymbol{X})=\boldsymbol{X}^{\mathrm{T}}\boldsymbol{X}=x_1^2+\cdots+x_n^2$ 是一个正定的二次型, $|\boldsymbol{X}|=\sqrt{Q(\boldsymbol{X})}$ 就是向量 $\boldsymbol{X}$ 的 "长度".

二次型 $Q(\boldsymbol{X})=\boldsymbol{X}^{\mathrm{T}}\boldsymbol{X}=\boldsymbol{X}^{\mathrm{T}}\boldsymbol{I}\boldsymbol{X}$ 的矩阵是单位阵. 如果在列向量空间 V 中另外选取一组基将每个向量 $\boldsymbol{X}$ 写成坐标 $\boldsymbol{\xi}$, 则有坐标变换公式 $\boldsymbol{X}=\boldsymbol{P}\boldsymbol{\xi}$, 二次型 $Q(\boldsymbol{X})=(\boldsymbol{P}\boldsymbol{\xi})^{\mathrm{T}}\boldsymbol{P}\boldsymbol{\xi}=\boldsymbol{\xi}^{\mathrm{T}}\boldsymbol{P}^{\mathrm{T}}\boldsymbol{P}\boldsymbol{\xi}$ 的矩阵变成 $\boldsymbol{S}=\boldsymbol{P}^{\mathrm{T}}\boldsymbol{I}\boldsymbol{P}$.

一般地, 可以用任意实对称方阵 $\boldsymbol{S}$ 在 $V=\mathbf{R}^{n\times 1}$ 上定义 "内积" $\boldsymbol{X}\cdot\boldsymbol{Y}=\boldsymbol{X}^{\mathrm{T}}\boldsymbol{S}\boldsymbol{Y}$, 则 $Q(\boldsymbol{X})=\boldsymbol{X}^{\mathrm{T}}\boldsymbol{S}\boldsymbol{X}$ 就是向量 $\boldsymbol{X}$ 在这个 "内积" 下的 "长度" 的平方. 不过, 如果 $\boldsymbol{S}$ 不正定, 就会出现一些违反我们的习惯的现象, 例如, 非零向量 $\boldsymbol{X}$ 有可能满足 $Q(\boldsymbol{X})=\boldsymbol{X}^{\mathrm{T}}\boldsymbol{S}\boldsymbol{X}=0$ 因而 "长度" 为 0, 甚至 $Q(\boldsymbol{X})<0$ 因而 "长度" 为虚数.

既然长度为 0 的零向量 $\boldsymbol{X}=\boldsymbol{0}$ 没有固定的方向, 我们也将 "长度" 为 0 即满足条件 $Q(\boldsymbol{X})=\boldsymbol{X}^{\mathrm{T}}\boldsymbol{S}\boldsymbol{X}=0$ 的非零向量也为 "迷向向量".

如果 $\boldsymbol{S}$ 半正定或半负定, 负惯性指数或正惯性指数为 0, 则 $\boldsymbol{X}^{\mathrm{T}}\boldsymbol{S}\boldsymbol{X}=0\Leftrightarrow\boldsymbol{S}\boldsymbol{X}=\boldsymbol{0}$, 全体迷向向量 $\boldsymbol{X}$ 组成一个子空间 V_0, 称为全迷向子空间, 且当 $\boldsymbol{S}$ 可逆时 $V_0=\boldsymbol{0}$.

如果 $\boldsymbol{S}$ 既不半正定也不半负定, 负惯性指数与正惯性指数都不为 0, 则全体迷向向量组成的集合 K_0 不是子空间, 且当 $\boldsymbol{S}$ 可逆时 K_0 也不为 $\boldsymbol{0}$. 但 K_0 中可以包含全部由迷向向量组成的子空间, 也称为全迷向子空间. 例如, 用题目 8.4.4 中的可逆对称方阵 $\boldsymbol{H}$ 来定义内积 $\boldsymbol{X}\cdot\boldsymbol{Y}=\boldsymbol{X}^{\mathrm{T}}\boldsymbol{H}\boldsymbol{Y}$ 和 "长度平方" $Q(\boldsymbol{X})=\boldsymbol{X}^{\mathrm{T}}\boldsymbol{H}\boldsymbol{X}$, 则前 ν 个自然基向量 $\boldsymbol{e}_i$ $(1\leqslant i\leqslant\nu)$ 生成的子空间 $U_0=\{(x_1,\cdots,x_\nu,0,\cdots,0)^{\mathrm{T}}\in\mathbf{R}^{n\times 1}\}$ 是全迷向子空间, 第 $\nu+1$ 到 2ν 个自然基向量 $\boldsymbol{e}_i$ $(\nu+1\leqslant i\leqslant 2\nu)$ 生成的子空间 $V_0=\{(x_1,\cdots,x_n)^{\mathrm{T}}\mid x_1=\cdots=x_\nu=0=x_{2\nu+1}=\cdots=x_n\}$ 也是全迷向子空间. U_0,V_0 都是 V 所包含的维数最大的全迷向子空间. 按照 8.4.4 所证, 正负惯性指数 p,q 都不等于 0 的可逆实对称方阵 $\boldsymbol{S}$ 都可以相合到 $\boldsymbol{P}^{\mathrm{T}}\boldsymbol{S}\boldsymbol{P}=\boldsymbol{H}$, $\boldsymbol{P}=(\boldsymbol{P}_1,\cdots,\boldsymbol{P}_n)$ 的前 ν 列生成的子空间 U_0 和第 $\nu+1\sim 2\nu$ 列生成的子空间 V_0 就都是维数最大的全迷向子空间. 在矩阵群的研究和应用中用 $\boldsymbol{H}$ 而不是用对角阵作相合标准形, 就是为了充分利用全迷向子空间的性质.

8.4.5 设 $\boldsymbol{S}$ 是实对称方阵. 求证: 如果存在 $\boldsymbol{X}_1,\boldsymbol{X}_2$ 使 $\boldsymbol{X}_1^{\mathrm{T}}\boldsymbol{S}\boldsymbol{X}_1>0>\boldsymbol{X}_2^{\mathrm{T}}\boldsymbol{S}\boldsymbol{X}_2$, 则存在 $\boldsymbol{X}_0\neq 0$ 使 $\boldsymbol{X}_0^{\mathrm{T}}\boldsymbol{S}\boldsymbol{X}_0=0$.

证明 由 $\boldsymbol{X}_1^{\mathrm{T}}\boldsymbol{S}\boldsymbol{X}_1>0$ 知 $\boldsymbol{S}$ 不是半负定, 正惯性指数 $p>0$. 由 $\boldsymbol{X}_2^{\mathrm{T}}\boldsymbol{S}\boldsymbol{X}_2<0$ 知 $\boldsymbol{S}$ 不是半正定, 负惯性指数 $q>0$. 存在可逆实对称方阵 $\boldsymbol{P}$ 将 $\boldsymbol{S}$ 相合到规范形 $\boldsymbol{\Lambda}=\boldsymbol{P}^{\mathrm{T}}\boldsymbol{S}\boldsymbol{P}=\mathrm{diag}(\boldsymbol{I}_{(p)},-\boldsymbol{I}_{(q)},\boldsymbol{O}_{(n-r)})$. 取 $\boldsymbol{X}_0=\boldsymbol{P}_1+\boldsymbol{P}_{p+1}=\boldsymbol{P}(\boldsymbol{e}_1+\boldsymbol{e}_{p+1})=\boldsymbol{P}\boldsymbol{\xi}_0$ 等于 $\boldsymbol{P}$ 的第一列与第 $p+1$ 列之和, 其中 $\boldsymbol{\xi}_0=\boldsymbol{e}_1+\boldsymbol{e}_{p+1}$ 的第 $1,p+1$ 分量为 1, 其余分量都为 0. 由 $\boldsymbol{\xi}_0\neq\boldsymbol{0}$ 及 $\boldsymbol{P}$ 可逆知 $\boldsymbol{X}_0\neq\boldsymbol{0}$, 且 $\boldsymbol{X}_0^{\mathrm{T}}\boldsymbol{S}\boldsymbol{X}_0=\boldsymbol{\xi}_0^{\mathrm{T}}\boldsymbol{P}^{\mathrm{T}}\boldsymbol{S}\boldsymbol{P}\boldsymbol{\xi}_0=\boldsymbol{\xi}_0^{\mathrm{T}}\boldsymbol{\Lambda}\boldsymbol{\xi}_0=1-1=0$. 如所欲证. □

8.4.6 非零实二次型 Q 可以分解为两个实线性函数 f_1,f_2 的乘积的充分必要条件是: Q 的秩等于 2 且符号差等于 0, 或者 Q 的秩等于 1.

证明 先证明必要性. 设实 2 次型 $Q(\boldsymbol{X})=Q(x_1,\cdots,x_n)$ 能够分解为两个实线性函数 $f_1(\boldsymbol{X})=a_1x_1+\cdots+a_nx_n$ 与 $f_2(\boldsymbol{X})=b_1x_1+\cdots+b_nx_n$ 的乘积.

如果 n 维实行向量 $\boldsymbol{\alpha}_1=(a_1,\cdots,a_n),\boldsymbol{\alpha}_2=(b_1,\cdots,b_n)$ 线性无关, 则可扩充为 $\mathbf{R}^{1\times n}$ 的

一组基 $\boldsymbol{\alpha}_1,\boldsymbol{\alpha}_2,\cdots,\boldsymbol{\alpha}_n$, 以它们为各行组成的实 n 阶方阵 $\boldsymbol{P}$ 可逆.

$$\boldsymbol{Y}=\begin{pmatrix} y_1\\ y_2\\ \vdots \end{pmatrix}=\boldsymbol{PX}=\begin{pmatrix} a_1 & \cdots & a_n\\ b_1 & \cdots & b_n\\ \vdots & \cdots & \vdots \end{pmatrix}\begin{pmatrix} x_1\\ \vdots\\ x_n \end{pmatrix}=\begin{pmatrix} a_1x_1+\cdots+a_nx_n\\ b_1x_1+\cdots+b_nx_n\\ \vdots \end{pmatrix}$$

是可逆线性代换. 经过这个代换之后, 二次型 $Q(\boldsymbol{X})=f_1(x)f_2(x)$ 变成 $Q_1(\boldsymbol{Y})=y_1y_2$. 再经过可逆线性代换

$$y_1=u_1+u_2,y_2=u_1-u_2,y_k=u_k(\forall\ 3\leqslant k\leqslant n)$$

即 $u_1=\dfrac{1}{2}(y_1+y_2)$, $u_2=\dfrac{1}{2}(y_1-y_2)$, $u_k=y_k$ $(\forall\ 3\leqslant k\leqslant n)$ 将二次型化为规范形:

$$Q_2(u_1,\cdots,u_n)=u_1^2-u_2^2$$

Q_2 的秩为 2, 正负惯性指数 $p=q=1$, 符号差 $p-q=0$.

再设 $\boldsymbol{\alpha}_1$ 与 $\boldsymbol{\alpha}_2$ 线性相关, 且由 $Q=f_1f_2\neq 0$ 知 f_1,f_2 都不为零, $\boldsymbol{\alpha}_1,\boldsymbol{\alpha}_2$ 都不为零, $\boldsymbol{\alpha}_2=\lambda\boldsymbol{\alpha}_1$ 对某个非零实数 λ 成立. 将 $\boldsymbol{\alpha}_1$ 扩充为 $\mathbf{R}^{1\times n}$ 的一组基, 以各基向量为各行组成可逆方阵 $\boldsymbol{P}$, 作可逆线性代换 $\boldsymbol{Y}=a\boldsymbol{X}$, 则 $f_1(x)=y_1,f_2(x)=\lambda y_1$, 二次型 $Q(\boldsymbol{X})$ 化为 $Q_1(\boldsymbol{Y})=y_1(\lambda y_1)=\lambda y_1^2$, 其中 $\lambda\neq 0$ (且可进一步化为 $\lambda=1$ 或 $\lambda=-1$ 的情形), Q_1 的秩为 1, Q 的秩也为 1.

再证充分性. 设 $Q(\boldsymbol{X})=\boldsymbol{X}^{\mathrm{T}}\boldsymbol{S}\boldsymbol{X}$.

当 Q 的秩为 2 且符号差为 0 时, $\operatorname{rank}\boldsymbol{S}=2$, 且 $\boldsymbol{S}$ 相合于规范形 $\boldsymbol{\varLambda}=\operatorname{diag}(1,-1,0,\cdots,0)$. 存在可逆方阵 $\boldsymbol{P}=(p_{ij})_{n\times n}$ 使 $\boldsymbol{S}=\boldsymbol{P}^{\mathrm{T}}\boldsymbol{\varLambda}\boldsymbol{P}$. 于是对任意 $\boldsymbol{X}=(x_1,\cdots,x_n)^{\mathrm{T}}$ 有

$$Q(\boldsymbol{X})=\boldsymbol{X}^{\mathrm{T}}\boldsymbol{SP}=\boldsymbol{X}^{\mathrm{T}}\boldsymbol{P}^{\mathrm{T}}\boldsymbol{\varLambda}\boldsymbol{PX}=\boldsymbol{Y}^{\mathrm{T}}\boldsymbol{\varLambda}\boldsymbol{Y}=y_1^2-y_2^2=(y_1+y_2)(y_1-y_2)$$

其中 $\boldsymbol{Y}=\boldsymbol{PX}=(y_1,\cdots,y_n)^{\mathrm{T}}$, 每个 $y_i=p_{i1}x_1+\cdots+p_{in}x_n$ 是 $\boldsymbol{X}$ 的线性函数 $(\forall\ 1\leqslant i\leqslant n)$. $f_1(\boldsymbol{X})=y_1+y_2$ 与 $f_2(\boldsymbol{X})=y_1-y_2$ 也是 $\boldsymbol{X}$ 的线性函数, $Q(\boldsymbol{X})=f_1(\boldsymbol{X})f_2(\boldsymbol{X})$ 是两个线性函数 f_1,f_2 的乘积.

当 Q 的秩为 1 时, $\operatorname{rank}\boldsymbol{S}=1$, $\boldsymbol{S}$ 相合于规范形 $\boldsymbol{\varLambda}=\operatorname{diag}(\lambda,0,\cdots,0)$, 其中 $\lambda=1$ 或 -1. 存在可逆方阵 $\boldsymbol{P}$ 使 $\boldsymbol{S}=\boldsymbol{P}^{\mathrm{T}}\boldsymbol{\varLambda}\boldsymbol{P}$, 取 $\boldsymbol{Y}=(y_1,\cdots,y_n)^{\mathrm{T}}=\boldsymbol{PX}$, 则每个 y_i 是 $\boldsymbol{X}$ 的线性函数. 于是 $Q(\boldsymbol{X})=\boldsymbol{X}^{\mathrm{T}}\boldsymbol{SX}=\boldsymbol{X}^{\mathrm{T}}\boldsymbol{P}^{\mathrm{T}}\boldsymbol{\varLambda}\boldsymbol{PX}=\boldsymbol{Y}^{\mathrm{T}}\boldsymbol{\varLambda}\boldsymbol{Y}=\lambda y_1^2=f_1(\boldsymbol{X})f_2(\boldsymbol{X})$ 是线性函数 $f_1(\boldsymbol{X})=y_1$ 与 $f_2(\boldsymbol{X})=\lambda f_1(\boldsymbol{X})$ 的乘积. □

8.4.7 设 n 阶实对称阵 $\boldsymbol{A}=(a_{ij})_{n\times n}$ 可逆, $\boldsymbol{A}_{ij}$ 是 a_{ij} 的代数余子式. 求证: 二次型

$$Q_1=\sum_{i=1}^{n}\sum_{j=1}^{n}\frac{\boldsymbol{A}_{ij}}{|\boldsymbol{A}|}x_ix_j$$

与 $Q=\boldsymbol{X}^{\mathrm{T}}\boldsymbol{AX}$ 有相同的正、负惯性指数.

证明 $Q_1(\boldsymbol{X})=\boldsymbol{X}^{\mathrm{T}}\boldsymbol{BX}$ 的矩阵

$$\boldsymbol{B}=\frac{1}{|\boldsymbol{A}|}\begin{pmatrix} \boldsymbol{A}_{11} & \cdots & \boldsymbol{A}_{n1}\\ \vdots & & \vdots\\ \boldsymbol{A}_{1n} & \cdots & \boldsymbol{A}_{nn} \end{pmatrix}=\boldsymbol{A}^{-1}=(\boldsymbol{A}^{-1})^{\mathrm{T}}\boldsymbol{A}(\boldsymbol{A}^{-1})$$

与 $\boldsymbol{A}$ 相合, 因而正、负惯性指数都与 $\boldsymbol{A}$ 相同, 二次型 Q_1 的正负惯性指数也就与 $Q(\boldsymbol{X})$ 相同. □

8.5 更多的例子

8.5.1 在函数展开式

$$f(x_0+\Delta x,y_0+\Delta y)=f(x_0,y_0)+\frac{\partial f(x_0,y_0)}{\partial x}\Delta x+\frac{\partial f(x_0,y_0)}{\partial y}\Delta y$$
$$+\frac{1}{2}\left[\frac{\partial^2 f(x_0,y_0)}{\partial x^2}(\Delta x)^2+2\frac{\partial^2 f(x_0,y_0)}{\partial x\partial y}\Delta x\Delta y+\frac{\partial^2 f(x_0,y_0)}{\partial y^2}(\Delta y)^2\right]+\text{高次项}$$

中, 试给出 f 在 (x_0,y_0) 处取极大值的充分条件.

解 如果偏导数 $a_0=\partial f(x_0,y_0)x\neq 0$, 取 $\Delta y=0$, 则:

$$f(x_0+\Delta,y_0)=f(x_0,y_0)+a_0\Delta x+o(\Delta x)=f(x_0,y_0)+(a_0+\lambda(\Delta x))\Delta x$$

其中 $o(\Delta x)=\lambda(\Delta x)\Delta x$ 是 Δx 的高阶无穷小, 当 $\Delta x\to 0$ 时, $\lambda(\Delta x)\to 0$, 存在 $\varepsilon>0$ 使得当 $\Delta x\in(-\varepsilon,\varepsilon)$ 时, $|\lambda(\Delta x)|<\dfrac{1}{2}|a_0|$, $a_0+\lambda(\Delta x)$ 的正负号与 a_0 相同, 当 Δx 在区间 $(-\varepsilon,\varepsilon)$ 内单调递增时 $(a_0+\lambda(\Delta x))\Delta x$ 单调递增 (当 $a_0>0$) 或递减 (当 $a_0<0$), f 在 (x_0,y_0) 不取极大或极小值. 类似地, 当 $\dfrac{\alpha f(x_0,y_0)}{\partial y}\neq 0$ 时, f 在 (x_0,y_0) 也不取极大或极小值.

因此, 仅当 $\dfrac{\alpha f(x_0,y_0)}{\partial x}=\dfrac{\alpha f(x_0,y_0)}{\partial y}=0$ 时 $f(x,y)$ 在 (x_0,y_0) 有可能取极大值. 此时:

$$f(x_0+\Delta x,y_0+\Delta y)+Q(\Delta x,\Delta y)+o(\rho^2)$$

其中 $o(\rho^2)$ 是 $\rho^2=(\Delta x)^2+(\Delta y)^2$ 的高阶无穷小. 二次型

$$Q(\Delta x,\Delta y)=a(\Delta x)^2+2b(\Delta x)(\Delta y)+c(\Delta y)^2=(\Delta x,\Delta y)\begin{pmatrix}a & b\\ b & c\end{pmatrix}\begin{pmatrix}\Delta x\\ \Delta y\end{pmatrix}$$

其中 $a=\dfrac{\alpha^2 f(x_0,y_0)}{\partial x^2}$, $b=\dfrac{\partial^2 f(x_0,y_0)}{\partial x\partial y}$, $c=\dfrac{\alpha^2 f(x_0,y_0)}{\partial y^2}$.

如果二次型 Q 负定, 则当 $(\Delta x,\Delta y)\neq 0$ 时 $Q(\Delta x,\Delta y)<0$. 且当 $\rho^2=(\Delta x)^2+(\Delta y)^2$ 足够小时 $o(\rho^2)$ 不足以改变 $Q(\Delta x,\Delta y)$ 的符号, 仍有 $Q(\Delta x,\Delta y)+o(\rho^2)<0$. 这说明在 (x_0,y_0) 的足够小的邻域内 $f(x_0+\Delta x,y_0+\Delta y)<f(x_0,y_0)$, f 在 (x_0,y_0) 取极大值.

二次型 Q 负定的充分必要条件是它的矩阵 $\boldsymbol{S}$ 负定, $-\boldsymbol{S}$ 的两个顺序主子式都大于 0, 即 $-a>0$ 且 $ac-b^2>0$. 即 $a<0$ 且 $b^2<ac$.

由此给出 f 在 (x_0,y_0) 取极大值的充分条件:

$$\frac{\alpha f(x_0,y_0)}{\partial x}=\frac{\alpha f(x_0,y_0)}{\partial y}=0>\frac{\alpha^2 f(x_0,y_0)}{\partial x^2}$$

且

$$\left(\frac{\partial^2 f(x_0,y_0)}{\partial x\partial y}\right)^2 < \left(\frac{\partial^2 f(x_0,y_0)}{\partial x^2}\right)\left(\frac{\partial^2 f(x_0,y_0)}{\partial y^2}\right)$$ □

点评 本题中得出的只是充分条件, 还不能说是必要条件. 事实上, f 在 (x_0,y_0) 取极大值的一个必要条件是: 两个偏导数都等于 0 且二次型 Q 半负定. 但当 Q 半负定时可能有 $(\Delta x,\Delta y)\neq(0,0)$ 使 $Q(\Delta x,\Delta y)=0$, 此时 $Q(\Delta x,\Delta y)+o(\rho^2)$ 的正负号由高次项部分 $o(\rho^2)$ 决定, 不能断定它是负还是正. □

8.5.2 设 $\boldsymbol{A}=(a_{ij})_{n\times n}$ 是可逆的对称方阵, 求证二次型

$$Q(x_1,\cdots,x_n)=\begin{vmatrix} 0 & x_1 & \cdots & x_n \\ -x_1 & a_{11} & \cdots & a_{1n} \\ \vdots & \vdots & & \vdots \\ -x_n & a_{n1} & \cdots & a_{nn} \end{vmatrix}$$

的矩阵为 $\boldsymbol{A}$ 的附属方阵 $\boldsymbol{A}^*=(\boldsymbol{A}_{ji})_{n\times n}$.

证明 记 $\boldsymbol{X}=(x_1,\cdots,x_n)^{\mathrm{T}}$, 则

$$\begin{aligned} Q(\boldsymbol{X}) &= \begin{vmatrix} 0 & \boldsymbol{X}^{\mathrm{T}} \\ -\boldsymbol{X} & \boldsymbol{A} \end{vmatrix} = \left|\begin{pmatrix} 1 & -\boldsymbol{X}^{\mathrm{T}}\boldsymbol{A}^{-1} \\ 0 & I \end{pmatrix}\begin{pmatrix} 0 & \boldsymbol{X}^{\mathrm{T}} \\ -\boldsymbol{X} & \boldsymbol{A} \end{pmatrix}\right| \\ &= \begin{vmatrix} \boldsymbol{X}^{\mathrm{T}}\boldsymbol{A}^{-1}\boldsymbol{X} & \boldsymbol{0} \\ -\boldsymbol{X} & \boldsymbol{A} \end{vmatrix} = (\boldsymbol{X}^{\mathrm{T}}\boldsymbol{A}^{-1}\boldsymbol{X})|\boldsymbol{A}| = \boldsymbol{X}^{\mathrm{T}}(|\boldsymbol{A}|\boldsymbol{A}^{-1})\boldsymbol{X} \end{aligned}$$

由 $\boldsymbol{A}^{-1}=|\boldsymbol{A}|^{-1}\boldsymbol{A}^*$ 知 $|\boldsymbol{A}|\boldsymbol{A}^{-1}=\boldsymbol{A}^*$, 因此 $Q(\boldsymbol{X})=\boldsymbol{X}^{\mathrm{T}}\boldsymbol{A}^*\boldsymbol{X}$, 矩阵为 $\boldsymbol{A}^*$. □

8.5.3 设 $\boldsymbol{S}=(s_{ij})_{n\times n}$ 是正定实对称方阵, 求证:

$$Q(x_1,\cdots,x_n)=\begin{vmatrix} s_{11} & \cdots & s_{1n} & x_1 \\ \vdots & & \vdots & \vdots \\ s_{n1} & \cdots & s_{nn} & x_n \\ x_1 & \cdots & x_n & 0 \end{vmatrix}$$

是负定二次型.

证明 记 $\boldsymbol{X}=(x_1,\cdots,x_n)^{\mathrm{T}}$, 则二次型

$$\begin{aligned} Q(\boldsymbol{X}) &= \begin{vmatrix} \boldsymbol{S} & \boldsymbol{X} \\ \boldsymbol{X}^{\mathrm{T}} & 0 \end{vmatrix} = \left|\begin{pmatrix} I & \boldsymbol{0} \\ -\boldsymbol{X}^{\mathrm{T}}\boldsymbol{S}^{-1} & 1 \end{pmatrix}\begin{pmatrix} \boldsymbol{S} & \boldsymbol{X} \\ \boldsymbol{X}^{\mathrm{T}} & 0 \end{pmatrix}\right| \\ &= \begin{vmatrix} \boldsymbol{S} & \boldsymbol{X} \\ \boldsymbol{0} & -\boldsymbol{X}^{\mathrm{T}}\boldsymbol{S}^{-1}\boldsymbol{X} \end{vmatrix} = \boldsymbol{X}^{\mathrm{T}}(-|\boldsymbol{S}|\boldsymbol{S}^{-1})\boldsymbol{X} \end{aligned}$$

的矩阵 $\boldsymbol{B}=-|\boldsymbol{S}|\boldsymbol{S}^{-1}$. $\boldsymbol{S}^{-1}=(\boldsymbol{S}^{-1})^{\mathrm{T}}\boldsymbol{S}(\boldsymbol{S}^{-1})$ 与正定实对称方阵 $\boldsymbol{S}$ 相合, 因此正定. $|\boldsymbol{S}|>0$, 因此 $-|\boldsymbol{S}|<0$. 二次型 $Q(\boldsymbol{X})=\boldsymbol{X}^{\mathrm{T}}\boldsymbol{B}\boldsymbol{X}$ 的矩阵 $\boldsymbol{B}=-|\boldsymbol{S}|\boldsymbol{S}^{-1}$ 是正定实对称方阵 $\boldsymbol{S}^{-1}$ 的负实数倍, 因此 $\boldsymbol{B}$ 负定, $\boldsymbol{Q}$ 也就负定. □

8.5.4 设 $x_i \geqslant 0\ (i=1,2,\cdots,n)$, 且

$$\sum_{i=1}^{n} x_i^2 + 2\sum_{1\leqslant k<j\leqslant n}\sqrt{\frac{k}{j}}x_k x_j = 1 \tag{8.22}$$

求 $\sum\limits_{i=1}^{n} x_i$ 的最大值与最小值.

解 $\boldsymbol{X}=(x_1,\cdots,x_n)$ 所满足的等式 (8.22) 左边是 $\boldsymbol{X}$ 的二次型 $Q(\boldsymbol{X})=\boldsymbol{XSX}^{\mathrm{T}},\boldsymbol{S}=(\boldsymbol{S}_{kj})_{n\times n},\boldsymbol{S}_{kk}=1,\boldsymbol{S}_{kj}=\sqrt{\dfrac{k}{j}}$. 目标函数 $s=\sum\limits_{i=1} x_i = x_1+\cdots+x_n$ 是 $\boldsymbol{X}$ 的线性函数.

先求目标函数 s 的最小值.

由于所有的 $x_i\geqslant 0$, 所有的 $s_{kj}<1\ (1\leqslant k<j\leqslant n)$, 将等式 (8.22) 左边的 s_{kj} 全部换成 1, 得到不等式:

$$1=Q(\boldsymbol{X})\leqslant \sum_{i=1}^{n} x_i^2+2\sum_{1\leqslant k<j\leqslant n} x_k x_j=(x_1+\cdots+x_n)^2$$

因此 $s\geqslant 1$. 取 $\boldsymbol{X}=\boldsymbol{e}_1=(1,0,\cdots,0)$ 即 $x_1=1$ 且 $x_2=\cdots=x_n=0$ 满足条件 $Q(\boldsymbol{X})=1$, 则 $s=x_1+\cdots+x_n=1$ 取得最小值 1.

为了求 s 的最大值, 我们先把二次型 $Q(\boldsymbol{X})$ 经过可逆线性代换 $\boldsymbol{W}=\boldsymbol{PX}$ 化成标准型 $f(\boldsymbol{W})=w_1^2+\cdots+w_n^2$, 再将目标函数 s 写成 $\boldsymbol{W}$ 的线性组合 $s=a_1w_1+\cdots+a_nw_n$, 再根据柯西 – 施瓦兹不等式:

$$(a_1w_1+\cdots+a_nw_n)^2\leqslant(a_1^2+\cdots+a_n^2)(w_1^2+\cdots+w_n^2)=a_1^2+\cdots+a_n^2$$

得出 s 的最大值 $\sqrt{a_1^2+\cdots+a_n^2}$.

第一步, 先将等式 (8.22) 左边的二次型 $Q(\boldsymbol{X})$ 经过可逆线性代换化成标准形.

对 $1\leqslant k\leqslant n$, 令 $x_k=\sqrt{k}y_k$, 则 $y_k=\dfrac{1}{\sqrt{k}}x_k\geqslant 0$. $Q(\boldsymbol{X})$ 变成 $\boldsymbol{Y}=(y_1,\cdots,y_n)^{\mathrm{T}}$ 的二次型:

$$Q(\boldsymbol{X})=Q_1(\boldsymbol{Y})=\sum_{k=1}^{n} k y_k^2+2\sum_{1\leqslant k<j\leqslant n} k y_k y_j \tag{8.23}$$

配方得

$$Q_1(\boldsymbol{Y})=y_1^2+2y_1(y_2+\cdots+y_n)+\sum_{k=2}^{n}(k-1)y_k^2+2\sum_{2\leqslant k<j\leqslant n}(k-1)y_k y_j$$

二次型 $Q_2(y_2,\cdots,y_n)=\sum\limits_{k=1}^{n-1} k y_{k+1}^2+2\sum\limits_{1\leqslant k<j\leqslant n-1} k y_{k+1}y_{j+1}$ 具有与 $Q(\boldsymbol{Y})$ 完全同样的形式, 经过同样的配方化为

$$Q_2(y_2,\cdots,y_n)=(y_2+\cdots+y_n)^2+Q_3(y_3,\cdots,y_n)$$

其中:

$$Q_3(y_3,\cdots,y_n)=\sum_{k=1}^{n-2} k y_{k+2}^2+2\sum_{1\leqslant k<j\leqslant n-2} k y_{k+2}y_{j+2}$$

也具有与 $Q_1(\boldsymbol{Y})$ 同样的形式, 可以配方为 $(y_3+\cdots+y_n)^2+Q_4(y_4,\cdots,y_n)$.

依此类推, 最后得到

$$Q_1(\boldsymbol{Y})=f(\boldsymbol{W})=w_1^2+w_2^2+\cdots+w_n^2 \tag{8.24}$$

其中 $w_k=y_k+y_{k+1}+\cdots+y_n$, $(\forall\ 1\leqslant k\leqslant n)$. $W=(w_1,\cdots,w_n)^{\mathrm{T}}$.

第二步, 将目标函数 $s=\sum\limits_{i=1} x_i=x_1+\cdots+x_n$ 写成 $\boldsymbol{W}$ 的线性组合.

我们有 $y_k=w_k-w_{k+1}$, $x_k=\sqrt{k}y_k=\sqrt{k}(w_k-w_{k+1})$, 代入 s 得

$$\begin{aligned}s&=(w_1-w_2)+\sqrt{2}(w_2-w_3)+\cdots+\sqrt{n-1}(w_{n-1}-w_n)+\sqrt{n}w_n\\&=w_1+(\sqrt{2}-1)w_2+\cdots+(\sqrt{k}-\sqrt{k-1})w_k+\cdots+(\sqrt{n}-\sqrt{n-1})w_n\end{aligned}$$

第三步, 由柯西–施瓦兹不等式得

$$s\leqslant\sqrt{w_1^2+\cdots+w_n^2}\sqrt{1^2+\cdots+(\sqrt{k}-\sqrt{k-1})^2+\cdots+(\sqrt{n}-\sqrt{n-1})^2}$$

将 $w_1^2+\cdots+w_n^2=1$ 代入, 得到

$$s\leqslant p=\sqrt{\sum_{k=1}^{n}(\sqrt{k}-\sqrt{k-1})^2} \tag{8.25}$$

如果 $(w_1,\cdots,w_n)=\lambda(1,\sqrt{2}-1,\cdots,\sqrt{k}-\sqrt{k-1},\cdots,\sqrt{n}-\sqrt{n-1})$ 对某个 $\lambda\neq 0$ 成立, 则式 (8.25) 的等号成立, s 达到最大值 p. 要满足此条件, 需要:

$$1=w_1^2+\cdots+w_n^2=\lambda^2\left[\sum_{k=1}^{n}(\sqrt{k}-\sqrt{k-1})^2\right]=\lambda^2p^2,\quad \lambda=\frac{1}{p}$$

从而 $w_k=\dfrac{1}{p}(\sqrt{k}-\sqrt{k-1})$.

当 $1\leqslant k\leqslant n-1$, 由 $w_k=\dfrac{1}{p(\sqrt{k}+\sqrt{k-1})}$ 知 $w_k>w_{k+1}$, $y_k=w_k-w_{k+1}>0$.

$$x_k=\sqrt{k}y_k=\sqrt{k}(w_k-w_{k+1})=\frac{\sqrt{k}}{p}(2\sqrt{k}-\sqrt{k-1}-\sqrt{k+1})$$

而当 $k=n$ 时, 有 $x_n=\sqrt{n}w_n=\dfrac{\sqrt{n}}{p}(\sqrt{n}-\sqrt{n-1})$.

这一组 x_k 值满足条件 $Q(\boldsymbol{X})=1$, 且 $s=x_1+\cdots+x_n=p$ 达到最大值. □

点评　本题的解法是用配方法将二次型化成平方和, 中学生可以理解和掌握. 大学生则可以通过矩阵相合将二次型化为平方和:

二次型 $Q(\boldsymbol{X})=\boldsymbol{X}^{\mathrm{T}}\boldsymbol{S}\boldsymbol{X}$ 的矩阵 $\boldsymbol{S}=(s_{ij})_{n\times n}$ 的对角元 s_{ii} 全部等于 1, 非对角元 $s_{kj}=s_{jk}=\sqrt{\dfrac{k}{j}}$ $(1\leqslant k<j\leqslant n)$.

首先以 $\sqrt{k}$ $(k=1,2,\cdots,n)$ 为对角元组成对角阵 $\boldsymbol{D}=\mathrm{diag}(1,\sqrt{2},\cdots,\sqrt{n})$ 对 $\boldsymbol{S}$ 做相合变换, 将 $\boldsymbol{S}$ 的第 k 列乘 $\sqrt{k}$, 第 k 行也乘 $\sqrt{k}$, 则第 (k,j) 位置的非对角元 $\sqrt{\dfrac{k}{j}}$ 变成 k, 第

(k,k) 对角元变成 k. $\boldsymbol{S}$ 相合到

$$\boldsymbol{S}_1=\boldsymbol{D}^{\mathrm{T}}\boldsymbol{S}\boldsymbol{D}=\begin{pmatrix}1&1&1&\cdots&1&1\\1&2&2&\cdots&2&2\\1&2&3&\cdots&3&3\\\vdots&\vdots&\vdots&&\vdots&\vdots\\1&2&3&\cdots&n-1&n-1\\1&2&3&\cdots&n-1&n\end{pmatrix}$$

其中第 k 个对角元等于 k, 与它的同一行右方和同一列下方的元素全部等于 k.

取

$$\boldsymbol{P}_1=\boldsymbol{I}-\boldsymbol{E}_{12}-\boldsymbol{E}_{23}-\cdots-\boldsymbol{E}_{n-1,n}=\begin{pmatrix}1&-1&&\\&1&\ddots&\\&&\ddots&-1\\&&&1\end{pmatrix}$$

将 $\boldsymbol{S}_1$ 相合到 $\boldsymbol{P}_1^{\mathrm{T}}\boldsymbol{S}_1\boldsymbol{P}_1$, 也就是按 $k=n,n-1,\cdots,2$ 从大到小的顺序依次将第 $k-1$ 列的 -1 倍加到第 k 列, 将第 $k-1$ 行的 -1 倍加到第 k 行. $\boldsymbol{S}_1$ 被相合到单位阵 $\boldsymbol{P}_1^{\mathrm{T}}\boldsymbol{S}_1\boldsymbol{P}_1=\boldsymbol{I}$. 取 $\boldsymbol{P}=\boldsymbol{D}\boldsymbol{P}_1$, 则 $\boldsymbol{P}^{\mathrm{T}}\boldsymbol{S}\boldsymbol{P}=\boldsymbol{I}$. 令 $\boldsymbol{X}=\boldsymbol{P}\boldsymbol{Y}$, 则 $1=Q(\boldsymbol{X})=(\boldsymbol{P}\boldsymbol{Y})^{\mathrm{T}}\boldsymbol{S}(\boldsymbol{P}\boldsymbol{Y})=\boldsymbol{Y}^{\mathrm{T}}(\boldsymbol{P}^{\mathrm{T}}\boldsymbol{S}\boldsymbol{P})\boldsymbol{Y}=\boldsymbol{Y}^{\mathrm{T}}\boldsymbol{Y}$. 另一方面, $s=x_1+\cdots+x_n=(1,\cdots,1)\boldsymbol{X}=(1,\cdots,1)\boldsymbol{P}\boldsymbol{Y}=(a_1,\cdots,a_n)\boldsymbol{Y}$, 其中 $(a_1,\cdots,a_n)=(1,\cdots,1)P=(1,\cdots,\sqrt{k}-\sqrt{k-1},\cdots,\sqrt{n}-\sqrt{n-1})$. 于是可以利用柯西–施瓦兹不等式得到 s 的最大值.

本题的解法可以推广到更一般的情况: n 元实数组 $\boldsymbol{X}=(x_1,\cdots,x_n)^{\mathrm{T}}$ 的正定二次型 $Q(\boldsymbol{X})=a$ 恒等于某个正常数 a. 在此条件下求线性函数 $s=a_1x_1+\cdots+a_nx_n=\boldsymbol{\alpha}\boldsymbol{X}$ 的最大值和最小值, 其中 $\boldsymbol{\alpha}=(a_1,\cdots,a_n)$. 解答方法为: 用可逆线性代换 $\boldsymbol{X}=\boldsymbol{P}\boldsymbol{Y}$ 将 $Q(\boldsymbol{X})$ 化为平方和 $Q(\boldsymbol{Y})=\boldsymbol{Y}^{\mathrm{T}}\boldsymbol{Y}=y_1^2+\cdots+y_n^2$. 于是 $s=\boldsymbol{\alpha}\boldsymbol{X}=\boldsymbol{\alpha}\boldsymbol{P}\boldsymbol{Y}=\boldsymbol{\beta}\boldsymbol{Y}=b_1y_1+\cdots+b_ny_n$, 其中 $\boldsymbol{\beta}=\boldsymbol{\alpha}\boldsymbol{P}=(b_1,\cdots,b_n)$. 由柯西–施瓦兹不等式得到

$$|s|=|b_1y_1+\cdots+b_ny_n|^2\leqslant\sqrt{(b_1^2+\cdots+b_n^2)(y_1^2+\cdots+y_n^2)}=p=\sqrt{b_1^2+\cdots+b_n^2}$$

当 $(y_1,\cdots,y_n)=\lambda(b_1,\cdots,b_n)$ 时等号成立, $|s|$ 取最大值 p. 由 $y_1^2+\cdots+y_n^2=a$ 可求出 $|\lambda|=\dfrac{\sqrt{a}}{p}$. 取 $\boldsymbol{X}=\boldsymbol{P}\boldsymbol{Y}=\lambda\boldsymbol{P}\boldsymbol{\beta}^{\mathrm{T}}$, 则当 $\lambda=\pm\dfrac{\sqrt{a}}{p}$ 时 s 分别取最大值 p 和最小值 $-p$. □

8.5.5 $\boldsymbol{S}_i$ $(1\leqslant i\leqslant m)$ 是同阶实对称方阵, 求证: $\boldsymbol{S}_1^2+\cdots+\boldsymbol{S}_m^2=0 \Leftrightarrow \boldsymbol{S}_1=\cdots=\boldsymbol{S}_m=\boldsymbol{O}$.

证明 当 $\boldsymbol{S}_1=\cdots=\boldsymbol{S}_m=\boldsymbol{O}$ 时, 当然有 $\boldsymbol{S}_1^2+\cdots+\boldsymbol{S}_m^2=\boldsymbol{O}$.

设 $\boldsymbol{S}_1^2+\cdots+\boldsymbol{S}_m^2=\boldsymbol{O}$, 则等式左边的方阵的迹为 0: $\mathrm{tr}\,\boldsymbol{S}_1^2+\cdots+\mathrm{tr}\,\boldsymbol{S}_m^2=0$.

对每个矩阵 $\boldsymbol{A}=(a_{ij})_{m\times n}=(\boldsymbol{a}_1,\cdots,\boldsymbol{a}_n)$, $\boldsymbol{A}^{\mathrm{T}}\boldsymbol{A}$ 的第 k 个对角元是 $\boldsymbol{A}^{\mathrm{T}}$ 的第 k 行 $\boldsymbol{a}_k^{\mathrm{T}}$ 与 $\boldsymbol{A}$ 的第 k 列 $\boldsymbol{a}_k$ 的乘积:

$$\boldsymbol{a}_k^{\mathrm{T}}\boldsymbol{a}_k=(a_{1k},\cdots,a_{mk})\begin{pmatrix}a_{1k}\\\vdots\\a_{mk}\end{pmatrix}=a_{1k}^2+\cdots+a_{mk}^2$$

等于 $\boldsymbol{A}$ 的第 k 列各元素 a_{ik} 的平方和. $\mathrm{tr}(\boldsymbol{A}^{\mathrm{T}}\boldsymbol{A})$ 是所有这些对角元之和, 也就是 $\boldsymbol{A}$ 的各列元素平方和之和, 就是 $\boldsymbol{A}$ 的所有元素的平方和.

由此可知, 每个实对称方阵 $\boldsymbol{S}$ 的平方的迹 $\mathrm{tr}(\boldsymbol{S}^2)=\mathrm{tr}(\boldsymbol{S}^{\mathrm{T}}\boldsymbol{S})$ 等于 $\boldsymbol{S}$ 各元素的平方和. 因此 $\mathrm{tr}\boldsymbol{S}_1^2+\cdots+\mathrm{tr}\boldsymbol{S}_m^2$ 等于各实对称方阵 $\boldsymbol{S}_i\ (1\leqslant i\leqslant m)$ 所有元素的平方和. 这些实数的平方和等于 0 当且仅当所有这些实数等于 0, 也就是各 $\boldsymbol{S}_i$ 的所有元素都等于 0, 即 $\boldsymbol{S}_1=\cdots=\boldsymbol{S}_m=\boldsymbol{O}$. □

8.5.6 $\boldsymbol{A}$ 是 $m\times n$ 实矩阵, 求证: 方程组 $\boldsymbol{AX}=\boldsymbol{0}$ 与 $\boldsymbol{A}^{\mathrm{T}}\boldsymbol{AX}=\boldsymbol{0}$ 同解.

证明 将方程组 $\boldsymbol{AX}=\boldsymbol{0}$ 与 $\boldsymbol{A}^{\mathrm{T}}\boldsymbol{AX}=\boldsymbol{0}$ 的解集分别记为 $V_{\boldsymbol{A}}, V_{\boldsymbol{A}^{\mathrm{T}}\boldsymbol{A}}$, 则:

$\boldsymbol{X}\in V_{\boldsymbol{A}}\Rightarrow \boldsymbol{AX}=\boldsymbol{0}\Rightarrow \boldsymbol{A}^{\mathrm{T}}\boldsymbol{AX}=\boldsymbol{0}\Rightarrow \boldsymbol{X}\in V_{\boldsymbol{A}^{\mathrm{T}}\boldsymbol{A}}$. 这证明了 $V_{\boldsymbol{A}\subseteq V_{\boldsymbol{A}^{\mathrm{T}}\boldsymbol{A}}}$.

反过来, $\boldsymbol{X}\in V_{\boldsymbol{A}^{\mathrm{T}}\boldsymbol{A}}\Rightarrow \boldsymbol{A}^{\mathrm{T}}\boldsymbol{AX}=\boldsymbol{0}\Rightarrow \boldsymbol{X}^{\mathrm{T}}\boldsymbol{A}^{\mathrm{T}}\boldsymbol{AX}=0$ 即 $(\boldsymbol{AX})^{\mathrm{T}}(\boldsymbol{AX})=0$. 记 $\boldsymbol{Y}=\boldsymbol{AX}=(y_1,\cdots,y_m)$, 则 $\boldsymbol{Y}^{\mathrm{T}}\boldsymbol{Y}=y_1^2+\cdots+y_m^2=0\Leftrightarrow y_1=\cdots=y_m=0$. 也就是说 $(\boldsymbol{AX})^{\mathrm{T}}(\boldsymbol{AX})=0\Leftrightarrow \boldsymbol{AX}=\boldsymbol{0}$. 可见 $\boldsymbol{X}\in V_{\boldsymbol{A}^{\mathrm{T}}\boldsymbol{A}}\Rightarrow \boldsymbol{AX}=\boldsymbol{0}\Rightarrow \boldsymbol{X}\in V_{\boldsymbol{A}}$. $V_{\boldsymbol{ATA}}\subseteq V_{\boldsymbol{A}}$.

这证明了 $V_{\boldsymbol{A}=V_{\boldsymbol{A}^{\mathrm{T}}\boldsymbol{A}}}$, 方程组 $\boldsymbol{AX}=\boldsymbol{0}$ 与 $\boldsymbol{A}^{\mathrm{T}}\boldsymbol{AX}=\boldsymbol{0}$ 同解. □

8.5.7 设 $\boldsymbol{A}$ 是一个 n 阶方阵，证明:

(1) $\boldsymbol{A}$ 是反对称矩阵，当且仅当对任一个 n 维列向量 $\boldsymbol{X}$, 有 $\boldsymbol{X}^{\mathrm{T}}\boldsymbol{AX}=0$.

(2) 若 $\boldsymbol{A}$ 是对称矩阵，且对任一个 n 维列向量 $\boldsymbol{X}$, 有 $\boldsymbol{X}^{\mathrm{T}}\boldsymbol{AX}=0$, 那么 $\boldsymbol{A}=\boldsymbol{O}$.

证明 (1) 先设 $\boldsymbol{A}$ 是反对称方阵, $\boldsymbol{A}^{\mathrm{T}}=-\boldsymbol{A}$. 对任意 n 维列向量 $\boldsymbol{X}$, 由于 $\boldsymbol{X}^{\mathrm{T}}\boldsymbol{AX}$ 是一阶方阵, 转置之后等于自己, 因而 $\boldsymbol{X}^{\mathrm{T}}\boldsymbol{AX}=(\boldsymbol{X}^{\mathrm{T}}\boldsymbol{AX})^{\mathrm{T}}=\boldsymbol{X}^{\mathrm{T}}\boldsymbol{A}^{\mathrm{T}}\boldsymbol{X}=\boldsymbol{X}^{\mathrm{T}}(-\boldsymbol{A})\boldsymbol{X}=-\boldsymbol{X}^{\mathrm{T}}\boldsymbol{AX}$. 这证明了 $\boldsymbol{X}^{\mathrm{T}}\boldsymbol{AX}=0$.

再设 n 阶方阵 $\boldsymbol{A}=(a_{ij})_{n\times n}$ 对任意 n 维列向量 $\boldsymbol{X}=(x_1,\cdots,x_n)^{\mathrm{T}}$ 满足 $\boldsymbol{X}^{\mathrm{T}}\boldsymbol{AX}=0$, 即

$$Q(\boldsymbol{X})=\boldsymbol{X}^{\mathrm{T}}\boldsymbol{AX}=\sum_{1\leqslant i\leqslant n}a_{ii}x_i^2+\sum_{1\leqslant i<j\leqslant n}(a_{ij}+a_{ji})x_ix_j=0$$

对每个 $1\leqslant k\leqslant n$, 取 $\boldsymbol{X}=\boldsymbol{e}_k$ 的第 k 分量 $x_k=1$, 其余分量 $x_i=0\ (i\neq k)$. 得 $Q(\boldsymbol{e}_k)=a_{kk}=0$. 这证明了 $\boldsymbol{A}$ 的对角元 a_{kk} 全为 0.

对任意 $1\leqslant k<t\leqslant n$, 取 $\boldsymbol{X}=\boldsymbol{e}_k+\boldsymbol{e}_t$ 的第 k 分量与第 t 分量 $x_k=x_t=1$, 其余分量 $x_i=0\ (i\neq k,i\neq t)$. 得 $Q(\boldsymbol{e}_k+\boldsymbol{e}_t)=a_{kt}+a_{tk}=0$, $a_{tk}=-a_{kt}$. 这证明了 $\boldsymbol{A}$ 的每一个非对角元 $a_{tk}=-a_{kt}$. $\boldsymbol{A}^{\mathrm{T}}=-\boldsymbol{A}$, $\boldsymbol{A}$ 是反对称方阵.

这就证明了 $\boldsymbol{A}$ 是反对称方阵的充分必要条件是: 对任意 n 维列向量 $\boldsymbol{X}$ 有 $\boldsymbol{X}^{\mathrm{T}}\boldsymbol{AX}=0$.

(2) 本题第 (1) 小题已经证明: 如果对任意 n 维列向量 $\boldsymbol{X}$ 有 $\boldsymbol{X}^{\mathrm{T}}\boldsymbol{AX}=0$, 则 $\boldsymbol{A}^{\mathrm{T}}=-\boldsymbol{A}$. 按已知条件又有 $\boldsymbol{A}^{\mathrm{T}}=\boldsymbol{A}$. 于是 $\boldsymbol{A}=\boldsymbol{A}^{\mathrm{T}}=-\boldsymbol{A}$, $2A=\boldsymbol{O}$, $\boldsymbol{A}=\boldsymbol{O}$. □

点评 当 $\boldsymbol{A}$ 是 n 阶反对称方阵, 对任意 $n\times m$ 矩阵有 $(\boldsymbol{X}^{\mathrm{T}}\boldsymbol{AX})^{\mathrm{T}}=-\boldsymbol{X}^{\mathrm{T}}\boldsymbol{AX}$, 这说明 $\boldsymbol{X}^{\mathrm{T}}\boldsymbol{AX}$ 是反对称方阵. 如果 $\boldsymbol{X}$ 是 n 阶可逆方阵, 这就是说: $\boldsymbol{X}$ 将反对称方阵 $\boldsymbol{A}$ 相合到反对称方阵. 如果 $\boldsymbol{X}$ 只有一列, $\boldsymbol{X}^{\mathrm{T}}\boldsymbol{AX}$ 是一阶反对称方阵, 只能等于 0, 这就是说反对称方阵 $\boldsymbol{A}$ 定义的二次型 $Q(\boldsymbol{X})=\boldsymbol{X}^{\mathrm{T}}\boldsymbol{AX}=0$ 恒为 0. □

第 9 章　内　积

9.1　欧几里得空间

知识导航

1. 内积的定义

定义 9.1.1　设 V 是实数域 $\mathbf{R}$ 上线性空间. 如果给定了 V 上的 2 元实函数, 将 V 中任意两个向量 $\boldsymbol{\alpha},\boldsymbol{\beta}$ 对应到一个实数 $(\boldsymbol{\alpha},\boldsymbol{\beta})$, 并且满足如下条件:

(1) (双线性)　$(\boldsymbol{\alpha}_1+\boldsymbol{\alpha}_2,\boldsymbol{\beta})=(\boldsymbol{\alpha}_1,\boldsymbol{\beta})+(\boldsymbol{\alpha}_2,\boldsymbol{\beta})$,　$(\lambda\boldsymbol{\alpha}_1,\boldsymbol{\beta})=\lambda(\boldsymbol{\alpha}_1,\boldsymbol{\beta}),(\boldsymbol{\beta},\boldsymbol{\alpha}_1+\boldsymbol{\alpha}_2)=(\boldsymbol{\beta},\boldsymbol{\alpha}_1)+(\boldsymbol{\beta},\boldsymbol{\alpha}_2),(\boldsymbol{\beta},\lambda\boldsymbol{\alpha}_1)=\lambda(\boldsymbol{\beta},\boldsymbol{\alpha}_1)$ 对任意 $\boldsymbol{\alpha}_1,\boldsymbol{\alpha}_2,\boldsymbol{\beta}\in V$ 和 $\lambda\in F$ 成立;

(2) (对称性)　$(\boldsymbol{\alpha},\boldsymbol{\beta})=(\boldsymbol{\beta},\boldsymbol{\alpha})$ 对任意 $\boldsymbol{\alpha},\boldsymbol{\beta}\in V$ 成立;

(3) (正定性)　$(\boldsymbol{\alpha},\boldsymbol{\alpha})>0$ 对任意 $\mathbf{0}\neq\boldsymbol{\alpha}\in V$ 成立;

就称 $(\boldsymbol{\alpha},\boldsymbol{\beta})$ 为**内积** (inner product), V 为**欧几里得空间** (Euclid space), 简称欧氏空间. □

我们常用 $E(\mathbf{R})$ 来表示欧氏空间, 用 $E_n(\mathbf{R})$ 表示 n 维欧氏空间.

重要例　(1) n 维实数组空间 $\mathbf{R}^n$ 中定义任意两个向量 $\boldsymbol{X}=(x_1,\cdots,x_n),\boldsymbol{Y}=(y_1,\cdots,y_n)$ 的内积 $(\boldsymbol{X},\boldsymbol{Y})=x_1y_1+\cdots+x_ny_n$, 称为**标准内积**. 当 $n=2,3$ 时这就是平面直角坐标系或空间直角坐标中几何向量的内积计算公式.

如果将 $\mathbf{R}^n$ 写成列向量空间 $\mathbf{R}^{n\times1}$, 则标准内积可以用矩阵乘法表示为 $(\boldsymbol{X},\boldsymbol{Y})=\boldsymbol{X}^{\mathrm{T}}\boldsymbol{Y}$. 如果将 $\mathbf{R}^n$ 写成行向量空间 $\mathbf{R}^{1\times n}$, 则标准内积为 $(\boldsymbol{X},\boldsymbol{Y})=\boldsymbol{X}\boldsymbol{Y}^{\mathrm{T}}$.

(2) n 维列向量空间 $\mathbf{R}^{n\times1}$ 中, 任意取定正定实对称方阵 $\boldsymbol{S}$, 定义内积 $(\boldsymbol{X},\boldsymbol{Y})=\boldsymbol{X}^{\mathrm{T}}\boldsymbol{S}\boldsymbol{Y}$. $Q(\boldsymbol{X})=(\boldsymbol{X},\boldsymbol{X})$ 就是由 $\boldsymbol{S}$ 决定的二次型.

当 $\boldsymbol{S}=\boldsymbol{I}$ 时, 内积 $(\boldsymbol{X},\boldsymbol{Y})=\boldsymbol{X}^{\mathrm{T}}\boldsymbol{S}\boldsymbol{Y}$ 就是标准内积 $(\boldsymbol{X},\boldsymbol{Y})=\boldsymbol{X}^{\mathrm{T}}\boldsymbol{Y}$.

(3) V 是闭区间 $[a,b]$ 上连续函数组成的实向量空间 $C_{[a,b]}$. 对任意 $f(x),g(x)\in V$, 定义内积

$$(f(x),g(x))=\int_a^b f(x)g(x)\mathrm{d}x$$

2. 长度与角度

向量 $\boldsymbol{\alpha}$ 的长度 $|\boldsymbol{\alpha}|=\sqrt{\boldsymbol{\alpha}^2}$, 其中 $\boldsymbol{\alpha}^2=(\boldsymbol{\alpha},\boldsymbol{\alpha})$.

向量 $\boldsymbol{\alpha},\boldsymbol{\beta}$ 的夹角 θ 由 $\cos\theta=\dfrac{(\boldsymbol{\alpha},\boldsymbol{\beta})}{|\boldsymbol{\alpha}||\boldsymbol{\beta}|}$ 决定, $\theta=\arccos\dfrac{(\boldsymbol{\alpha},\boldsymbol{\beta})}{|\boldsymbol{\alpha}||\boldsymbol{\beta}|}\in[0,\pi]$.

3. 柯西–施瓦兹不等式

要由 $\cos\theta=\dfrac{(\boldsymbol{\alpha},\boldsymbol{\beta})}{|\boldsymbol{\alpha}||\boldsymbol{\beta}|}$ 算出欧氏空间中非零向量 $\boldsymbol{\alpha},\boldsymbol{\beta}$ 的夹角 θ, 必须保证这个 "余弦值" 的绝对值 $\left|\dfrac{(\boldsymbol{\alpha},\boldsymbol{\beta})}{|\boldsymbol{\alpha}||\boldsymbol{\beta}|}\right|\leqslant 1$, 也就是保证对任意 $\boldsymbol{\alpha},\boldsymbol{\beta}$ 成立不等式 $|(\boldsymbol{\alpha},\boldsymbol{\beta})|\leqslant|\boldsymbol{\alpha}||\boldsymbol{\beta}|$.

柯西–施瓦兹不等式　对任意 $\boldsymbol{\alpha},\boldsymbol{\beta}\in E_n(\mathbf{R})$, 有 $(\boldsymbol{\alpha},\boldsymbol{\beta})^2\leqslant(\boldsymbol{\alpha},\boldsymbol{\alpha})(\boldsymbol{\beta},\boldsymbol{\beta})$.

等号成立当且仅当 $\boldsymbol{\alpha},\boldsymbol{\beta}$ 线性相关.

分析　当 $\boldsymbol{\alpha},\boldsymbol{\beta}$ 是 3 维空间中的几何向量时, 柯西–施瓦兹不等式由几何不等式 $|\cos\theta|\leqslant 1$ 保证. 我们分析这个几何不等式成立的代数理由, 再把这些理由推广到任意 n 维欧氏空间.

为什么几何向量夹角 θ 的余弦的绝对值 $|\cos\theta|\leqslant 1$? 因为 $|\cos\theta|$ 是直角三角形中一条直角边与斜边长度之比. 直角边长 b 不能超过斜边长 c, 二者之比当然不超过 1. 为什么直角边长不能超过斜边长? 是因为勾股定理: 斜边长 c 的平方 $c^2=a^2+b^2$ 等于两条直角边长 a,b 的平方和, 当然 $c^2\geqslant b^2$, $c\geqslant b$.

图 9.1 中 $\boldsymbol{\alpha}=\overrightarrow{OA},\boldsymbol{\beta}=\overrightarrow{OB}$ 是由有向线段 OA,OB 表示的非零几何向量, $\theta=\angle AOB$. 过 B 作 OA 的垂线 BD 交 OA 于 D. 得到直角三角形 ODB, 则由勾股定理有

$$|OB|^2-|OD|^2=|BD|^2\geqslant 0\ \Rightarrow\ |OB|^2\geqslant|OD|^2\ \Rightarrow\ (\cos\theta)^2=\frac{|OB|^2}{|OD|^2}\leqslant 1$$

为了将这个推理推广到任意欧氏空间, 我们将其中涉及的线段长度都用向量 $\boldsymbol{\alpha},\boldsymbol{\beta}$ 计算出来.

D 在 OA 上, 就是说 $\overrightarrow{OD}=x\boldsymbol{\alpha}$ 对某个实数 x 成立. 且 $\overrightarrow{BD}=\overrightarrow{OD}-\overrightarrow{OB}=x\boldsymbol{\alpha}-\boldsymbol{\beta}$.

$DB\perp OA$ 刻画为 $\boldsymbol{\alpha}=\overrightarrow{OA}$ 与 $\overrightarrow{BD}=x\boldsymbol{\alpha}-\boldsymbol{\beta}$ 的内积为 0, 即 $(\boldsymbol{\alpha},x\boldsymbol{\alpha}-\boldsymbol{\beta})=x(\boldsymbol{\alpha},\boldsymbol{\alpha})-(\boldsymbol{\alpha},\boldsymbol{\beta})=0$, $x=\dfrac{(\boldsymbol{\alpha},\boldsymbol{\beta})}{(\boldsymbol{\alpha},\boldsymbol{\alpha})}$.

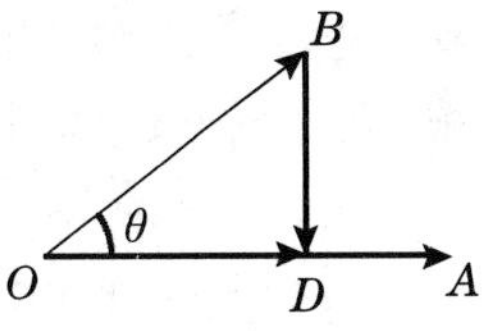

图 9.1

得出 $\cos^2\theta\leqslant 1$ 的关键不等式是 $|CB|^2\geqslant 0$, 就是

$$(x\boldsymbol{\alpha}-\boldsymbol{\beta})^2\geqslant 0 \tag{9.1}$$

不等号左边的平方 $(x\boldsymbol{\alpha}-\boldsymbol{\beta})^2$ 表示向量 $\overrightarrow{BD}=x\boldsymbol{\alpha}-\boldsymbol{\beta}$ 与自身的内积, 也等于这个向量长度的平方 $|BD|^2$. 可以仿照两数差的完全平方公式 $(a-b)^2=a^2-2ab+b^2$ 展开, 得到

$$x^2\boldsymbol{\alpha}^2-2x(\boldsymbol{\alpha},\boldsymbol{\beta})+\boldsymbol{\beta}^2\geqslant 0$$

再将 $x=\dfrac{(\boldsymbol{\alpha},\boldsymbol{\beta})}{\boldsymbol{\alpha}^2}$ 代入, 就得到柯西–施瓦兹不等式.

证明　$\boldsymbol{\alpha}=\mathbf{0}$ 时等号显然成立. 设 $\boldsymbol{\alpha}\neq\mathbf{0}$, 则 $(\boldsymbol{\alpha},\boldsymbol{\alpha})>0$. 对任意实数 x, 由内积正定性有

$$\begin{aligned}0&\leqslant(x\boldsymbol{\alpha}-\boldsymbol{\beta},x\boldsymbol{\alpha}-\boldsymbol{\beta})=(\boldsymbol{\alpha},\boldsymbol{\alpha})x^2-2(\boldsymbol{\alpha},\boldsymbol{\beta})x+(\boldsymbol{\beta},\boldsymbol{\beta})\\&=(\boldsymbol{\alpha},\boldsymbol{\alpha})\left[x-\frac{(\boldsymbol{\alpha},\boldsymbol{\beta})}{(\boldsymbol{\alpha},\boldsymbol{\alpha})}\right]^2+\frac{(\boldsymbol{\alpha},\boldsymbol{\alpha})(\boldsymbol{\beta},\boldsymbol{\beta})-(\boldsymbol{\alpha},\boldsymbol{\beta})^2}{(\boldsymbol{\alpha},\boldsymbol{\alpha})}\end{aligned} \tag{9.2}$$

取 $x=\dfrac{(\boldsymbol{\alpha},\boldsymbol{\beta})}{(\boldsymbol{\alpha},\boldsymbol{\alpha})}$ 代入, 得

$$\frac{(\boldsymbol{\alpha},\boldsymbol{\alpha})(\boldsymbol{\beta},\boldsymbol{\beta})-(\boldsymbol{\alpha},\boldsymbol{\beta})^2}{(\boldsymbol{\alpha},\boldsymbol{\alpha})}\geqslant 0 \tag{9.3}$$

由 $(\boldsymbol{\alpha},\boldsymbol{\alpha})>0$ 得 $(\boldsymbol{\alpha},\boldsymbol{\alpha})(\boldsymbol{\beta},\boldsymbol{\beta})-(\boldsymbol{\alpha},\boldsymbol{\beta})^2\geqslant 0$, 即 $(\boldsymbol{\alpha},\boldsymbol{\alpha})(\boldsymbol{\beta},\boldsymbol{\beta})\geqslant(\boldsymbol{\alpha},\boldsymbol{\beta})^2$.

等号成立 $\Leftrightarrow (x\boldsymbol{\alpha}-\boldsymbol{\beta},x\boldsymbol{\alpha}-\boldsymbol{\beta})=0\Leftrightarrow x\boldsymbol{\alpha}-\boldsymbol{\beta}=0\Leftrightarrow\boldsymbol{\beta}=x\boldsymbol{\alpha}$, $\boldsymbol{\alpha}$ 与 $\boldsymbol{\beta}$ 线性相关. □

点评 以上证明过程只有两个步骤: 先给出对所有实数 x 成立的不等式 $(x\boldsymbol{\alpha}-\boldsymbol{\beta},x\boldsymbol{\alpha}-\boldsymbol{\beta})\geqslant 0$, 再将 x 的特殊值 $\dfrac{(\boldsymbol{\alpha},\boldsymbol{\beta})}{(\boldsymbol{\alpha},\boldsymbol{\alpha})}$ 代入, 经过整理就得到柯西–施瓦兹不等式. 证明过程中是先展开和配方之后再代入. 当然也可以不配方, 直接将这个值代入, 展开和合并同类项得到所需结果. 但为什么用这个值代入而不用别的值, 就显得莫名其妙. 以上证明过程中的配方是为了找出使二次函数 $f(x)=(x\boldsymbol{\alpha}-\boldsymbol{\beta})^2$ 取最小值的 x 值, 代入之后得到的不等式 (9.3) 就是: $f(x)$ 的最小值 $\min\limits_{x\in\mathbf{R}}f(x)\geqslant 0$.

不论将 x 的哪个值代入不等式 (9.2), 得到的不等式都成立, 但只有将 $x=\dfrac{(\boldsymbol{\alpha},\boldsymbol{\beta})}{(\boldsymbol{\alpha},\boldsymbol{\alpha})}$ 代入不等式 (9.3) 才能 "恰好" 得到柯西–施瓦兹不等式? 这是为什么? 这是因为, 将 x 的其他值代入式 (9.2) 得到的不等式只是 (9.2) 成立的必要条件而不是充分条件, 不能反过来由得到的不等式 (2') 推出原来的 (1). 只有将这个值代入, 得到 $f(x)$ 的最小值 $\min\limits_{x\in\mathbf{R}}f(x)\geqslant 0$, 才能反过来保证 $f(x)$ 的所有的值 $f(x)\geqslant 0$ $(\forall\ x\in\mathbf{R})$, 才是 (9.2) 的充分必要条件,

在证明之前的分析中, 对于几何向量 $\boldsymbol{\alpha},\boldsymbol{\beta}$, 我们不是用代数方法配方, 而是用几何方法由 B 向 OA 作垂线 BD, 得到同样的 $x=\dfrac{(\boldsymbol{\alpha},\boldsymbol{\beta})}{(\boldsymbol{\alpha},\boldsymbol{\alpha})}$ 代入同样的不等式 (9.2). 注意到不等式 (9.2) 就是 $f(\lambda)=|BD|^2\geqslant 0$. 当 x 取任意实数时, D 是直线 OA 上任意一点, BD 是 B 到 OA 上任意一点 D 的距离. 如果也选 x 使 $f(x)=|BD|^2$ 取最小值, 也就是找 D 使 $|BD|$ 最短, 由几何知识知道最短的距离 $|BD|$ 应当是从 B 到直线 OA 的垂线段 BD 长, 满足 $BD\perp OA$ 即内积 $(\boldsymbol{\alpha},\lambda\boldsymbol{\alpha}-\boldsymbol{\beta})=0$. 按这个要求得到的 x 使 $f(x)$ 取最小值, 与证明过程中用配方得到的 x 值相同. 不过, 几何知识得到的结论只适合于几何向量. 利用代数方法配方找到的 $x=\dfrac{(\boldsymbol{\alpha},\boldsymbol{\beta})}{(\boldsymbol{\alpha},\boldsymbol{\alpha})}$ 不但使 $f(x)=(x\boldsymbol{\alpha}-\boldsymbol{\beta})^2$ 取最小值, 而且同样满足 $(\boldsymbol{\alpha},x\boldsymbol{\alpha}-\boldsymbol{\beta})=0$, 这就将几何空间中 "从给定点到给定直线的最短距离是垂线段长" 推广到了任意欧氏空间 $E_n(\mathbf{R})$.

柯西–施瓦兹不等式还可以用另一种方法证明: 不是将 x 的某个值代入不等式 $f(x)\geqslant 0$, 而是根据这个不等式判定一元二次方程 $f(x)=x^2(\boldsymbol{\alpha},\boldsymbol{\alpha})-2x(\boldsymbol{\alpha},\boldsymbol{\beta})+(\boldsymbol{\beta},\boldsymbol{\beta})=0$ 至多只有一个实根, 判别式 $4(\boldsymbol{\alpha},\boldsymbol{\beta})^2-4(\boldsymbol{\alpha},\boldsymbol{\alpha})(\boldsymbol{\beta},\boldsymbol{\beta})\leqslant 0$, 同样得到 $(\boldsymbol{\alpha},\boldsymbol{\beta})^2\leqslant(\boldsymbol{\alpha},\boldsymbol{\alpha})(\boldsymbol{\beta},\boldsymbol{\beta})$. 这个判据同样来自于配方:

$$f(x)=ax^2+bx+c=a\left(x+\frac{b}{2a}\right)^2-\frac{b^2-4ac}{4a}$$

当 $a>0$ 时, 取 $x=-\dfrac{b}{2a}$ 得到 $f(x)$ 的最小值 $-\dfrac{b^2-4ac}{4a}$, 与判别式 b^2-4ac 的符号相反. 因此, 判别式 $\leqslant 0$ 就是说 $f(x)$ 的最小值 $\geqslant 0$. 与我们的证明本质上是相同的. 不过, 取 $f(x)$

最小值的证明方法容易推广到复数域上定义了内积的酉空间, 而判别式只适用于实数域上的欧氏空间而不适用于复数域上的酉空间.

例题分析与解答

9.1.1　在欧氏空间 $\mathbf{R}^4$ 中求向量 $\boldsymbol{\alpha},\boldsymbol{\beta}$ 的长度和夹角:

(1) $\boldsymbol{\alpha}=(1,3,2,-1),\boldsymbol{\beta}=(-4,2,-3,1)$;

(2) $\boldsymbol{\alpha}=(1,2,0,2),\boldsymbol{\beta}=(3,5,-1,1)$.

解　(1) $\boldsymbol{\alpha}$ 的长度 $|\boldsymbol{\alpha}|=\sqrt{(\boldsymbol{\alpha},\boldsymbol{\alpha})}=\sqrt{1^2+3^2+2^2+(-1)^2}=\sqrt{15}$. $\boldsymbol{\beta}$ 的长度 $|\boldsymbol{\beta}|=\sqrt{(\boldsymbol{\beta},\boldsymbol{\beta})}=\sqrt{(-4)^2+2^2+(-3)^2+1^2}=\sqrt{30}$. $\boldsymbol{\alpha},\boldsymbol{\beta}$ 夹角 θ 的余弦 $\cos\theta=\dfrac{(\boldsymbol{\alpha},\boldsymbol{\beta})}{|\boldsymbol{\alpha}||\boldsymbol{\beta}|}=\dfrac{-5}{\sqrt{15}\sqrt{30}}=-\dfrac{\sqrt{2}}{6},\theta=\arccos\left(-\dfrac{\sqrt{2}}{6}\right)\approx 103^\circ 38'$.

(2) 答案: $|\boldsymbol{\alpha}|=3$, $|\boldsymbol{\beta}|=6$, 夹角 $\theta=\arccos\dfrac{5}{6}\approx 33^\circ 33' 26''$. □

9.1.2　利用 n 维欧氏空间 V 中的内积, 证明:

(1) (勾股定理) 向量 $\boldsymbol{\alpha},\boldsymbol{\beta}\in V$ 正交的充要条件是: $|\boldsymbol{\alpha}|^2+|\boldsymbol{\beta}|^2=|\boldsymbol{\alpha}+\boldsymbol{\beta}|^2$.

(2) (余弦定理) 设 θ 是向量 $\boldsymbol{\alpha},\boldsymbol{\beta}\in V$ 的夹角, 则 $|\boldsymbol{\alpha}-\boldsymbol{\beta}|^2=|\boldsymbol{\alpha}|^2+|\boldsymbol{\beta}|^2-2|\boldsymbol{\alpha}||\boldsymbol{\beta}|\cos\theta$.

(3) (平行四边形四边平方和等于对角线平方和) 设 $\boldsymbol{\alpha},\boldsymbol{\beta}\in V$, 则 $|\boldsymbol{\alpha}+\boldsymbol{\beta}|^2+|\boldsymbol{\alpha}-\boldsymbol{\beta}|^2=2|\boldsymbol{\alpha}|^2+2|\boldsymbol{\beta}|^2$.

(4) (菱形对角线互相垂直) 设 $\boldsymbol{\alpha},\boldsymbol{\beta}\in V$ 且 $|\boldsymbol{\alpha}|=|\boldsymbol{\beta}|$, 则 $(\boldsymbol{\alpha}+\boldsymbol{\beta})\perp(\boldsymbol{\alpha}-\boldsymbol{\beta})$.

(5) (三角形不等式) 对任意 $\boldsymbol{\alpha},\boldsymbol{\beta}\in V$ 定义距离 $d(\boldsymbol{\alpha},\boldsymbol{\beta})=|\boldsymbol{\alpha}-\boldsymbol{\beta}|$, 则:

$$d(\boldsymbol{\alpha},\boldsymbol{\gamma})\leqslant d(\boldsymbol{\alpha},\boldsymbol{\beta})+d(\boldsymbol{\beta},\boldsymbol{\gamma})$$

证明　对任意向量 $\boldsymbol{\alpha}$, 记 $\boldsymbol{\alpha}^2=(\boldsymbol{\alpha},\boldsymbol{\alpha})=|\boldsymbol{\alpha}|^2$, 则由内积的双线性和对称性得公式:

$$(\boldsymbol{\alpha}\pm\boldsymbol{\beta})^2=\boldsymbol{\alpha}^2+\boldsymbol{\beta}^2\pm 2(\boldsymbol{\alpha},\boldsymbol{\beta}) \tag{9.4}$$

即 $|\boldsymbol{\alpha}\pm\boldsymbol{\beta}|^2=|\boldsymbol{\alpha}|^2+|\boldsymbol{\beta}|^2\pm 2(\boldsymbol{\alpha},\boldsymbol{\beta})$.

(1) 由公式 (9.4) 得 $\boldsymbol{\alpha}\perp\boldsymbol{\beta}\Leftrightarrow(\boldsymbol{\alpha},\boldsymbol{\beta})=0\Leftrightarrow|\boldsymbol{\alpha}+\boldsymbol{\beta}|^2=|\boldsymbol{\alpha}|^2+|\boldsymbol{\beta}|^2$.

(2) θ 仅当 $|\boldsymbol{\alpha}||\boldsymbol{\beta}|\neq 0$ 时有意义, 此时 $(\boldsymbol{\alpha},\boldsymbol{\beta})=|\boldsymbol{\alpha}||\boldsymbol{\beta}|\dfrac{(\boldsymbol{\alpha},\boldsymbol{\beta})}{|\boldsymbol{\alpha}||\boldsymbol{\beta}|}=|\boldsymbol{\alpha}||\boldsymbol{\beta}|\cos\theta$. 代入公式 (9.4) 得

$$|\boldsymbol{\alpha}-\boldsymbol{\beta}|^2=|\boldsymbol{\alpha}|^2+|\boldsymbol{\beta}|^2-2(\boldsymbol{\alpha},\boldsymbol{\beta})=|\boldsymbol{\alpha}|^2+|\boldsymbol{\beta}|^2-2|\boldsymbol{\alpha}||\boldsymbol{\beta}|\cos\theta$$

(3) 由公式 (9.4) 得

$$\begin{aligned}|\boldsymbol{\alpha}+\boldsymbol{\beta}|^2+|\boldsymbol{\alpha}-\boldsymbol{\beta}|^2&=(|\boldsymbol{\alpha}|^2+|\boldsymbol{\beta}|^2+2(\boldsymbol{\alpha},\boldsymbol{\beta}))+(|\boldsymbol{\alpha}|^2+|\boldsymbol{\beta}|^2-2(\boldsymbol{\alpha},\boldsymbol{\beta}))\\&=2|\boldsymbol{\alpha}|^2+2|\boldsymbol{\beta}|^2\end{aligned}$$

(4) 当 $|\boldsymbol{\alpha}|=|\boldsymbol{\beta}|$ 时有

$$(\boldsymbol{\alpha}+\boldsymbol{\beta},\boldsymbol{\alpha}-\boldsymbol{\beta})=\boldsymbol{\alpha}^2-\boldsymbol{\beta}^2=|\boldsymbol{\alpha}|^2-|\boldsymbol{\beta}|^2=0\Rightarrow(\boldsymbol{\alpha}+\boldsymbol{\beta})\perp(\boldsymbol{\alpha}-\boldsymbol{\beta})$$

(5) 由公式 (9.4) 有

$$|\boldsymbol{\alpha}-\boldsymbol{\gamma}|^2=((\boldsymbol{\alpha}-\boldsymbol{\beta})+(\boldsymbol{\beta}-\boldsymbol{\gamma}))^2=|\boldsymbol{\alpha}-\boldsymbol{\beta}|^2+|\boldsymbol{\beta}-\boldsymbol{\gamma}|^2+2(\boldsymbol{\alpha}-\boldsymbol{\beta},\boldsymbol{\beta}-\boldsymbol{\gamma})$$

由柯西不等式有 $(\boldsymbol{\alpha}-\boldsymbol{\beta},\boldsymbol{\beta}-\boldsymbol{\gamma})\leqslant|\boldsymbol{\alpha}-\boldsymbol{\beta}||\boldsymbol{\beta}-\boldsymbol{\gamma}|$, 因此:

$$|\boldsymbol{\alpha}-\boldsymbol{\gamma}|^2\leqslant|\boldsymbol{\alpha}-\boldsymbol{\beta}|^2+|\boldsymbol{\beta}-\boldsymbol{\gamma}|^2+2|\boldsymbol{\alpha}-\boldsymbol{\beta}||\boldsymbol{\beta}-\boldsymbol{\gamma}|=(|\boldsymbol{\alpha}-\boldsymbol{\beta}|+|\boldsymbol{\beta}-\boldsymbol{\gamma}|)^2$$

$$|\boldsymbol{\alpha}-\boldsymbol{\gamma}|\leqslant|\boldsymbol{\alpha}-\boldsymbol{\beta}|+|\boldsymbol{\beta}-\boldsymbol{\gamma}|$$

也就是 $d(\boldsymbol{\alpha},\boldsymbol{\gamma})\leqslant d(\boldsymbol{\alpha},\boldsymbol{\beta})+d(\boldsymbol{\beta},\boldsymbol{\gamma})$. □

9.1.3 对欧氏空间 $E(\mathbf{R})$ 中任意一组向量 $\boldsymbol{\alpha}_1,\boldsymbol{\alpha}_2,\cdots,\boldsymbol{\alpha}_m$ 定义 Gram 方阵 $\boldsymbol{G}=(g_{ij})_{m\times m}$ 使 $g_{ij}=(\boldsymbol{\alpha}_i,\boldsymbol{\alpha}_j)$, $\forall\ 1\leqslant i,j\leqslant m$.

(1) 求证: $\boldsymbol{\alpha}_1,\boldsymbol{\alpha}_2,\cdots,\boldsymbol{\alpha}_m$ 线性无关 $\Leftrightarrow$ $\det\boldsymbol{G}\neq 0$.

(2) 将 $\boldsymbol{\alpha}_1,\cdots,\boldsymbol{\alpha}_n$ 在 $E(\mathbf{R})$ 的一组标准正交基下分别写成坐标 $\boldsymbol{X}_1,\boldsymbol{X}_2,\cdots,\boldsymbol{X}_n\in\mathbf{R}^{n\times 1}$, 求证: $\det\boldsymbol{G}=(\det(\boldsymbol{X}_1,\cdots,\boldsymbol{X}_n))^2$.

证明 (1) 设 $\boldsymbol{\alpha}_1,\cdots,\boldsymbol{\alpha}_m$ 线性相关, 则存在不全为 0 的实数 $\lambda_1,\cdots,\lambda_m$ 使 $\lambda_1\boldsymbol{\alpha}_1+\cdots+\lambda_m\boldsymbol{\alpha}_m=\mathbf{0}$.

$$0=(\boldsymbol{\alpha}_i,\mathbf{0})=(\boldsymbol{\alpha}_i,\lambda_1\boldsymbol{\alpha}_1+\cdots+\lambda_m\boldsymbol{\alpha}_m)=(\boldsymbol{\alpha}_i,\boldsymbol{\alpha}_1)\lambda_1+\cdots+(\boldsymbol{\alpha}_i,\boldsymbol{\alpha}_m)\lambda_m$$

即

$$g_{i1}\lambda_1+\cdots+g_{im}\lambda_m=0$$

对 $1\leqslant i\leqslant m$ 成立. 这说明以 $\boldsymbol{G}$ 为系数矩阵的齐次线性方程组

$$\begin{cases} g_{11}x_1+\cdots+g_{1m}x_m=0\\ \quad\cdots\cdots\cdots\cdots\\ g_{m1}x_1+\cdots+g_{mm}x_m=0\end{cases}$$

有非零解 $(x_1,\cdots,x_m)^{\mathrm{T}}=(\lambda_1,\cdots,\lambda_m)$. 系数矩阵的行列式 $\det\boldsymbol{G}=0$.

反过来, 设 $\det\boldsymbol{G}=0$, 则以 $\boldsymbol{G}$ 为系数矩阵的齐次线性方程组 $\boldsymbol{G}\boldsymbol{X}=\mathbf{0}$ 有非零解 $\boldsymbol{X}=(x_1,\cdots,x_m)^{\mathrm{T}}$. 进而 $\boldsymbol{X}^{\mathrm{T}}\boldsymbol{G}\boldsymbol{X}=0$, 即

$$\boldsymbol{X}^{\mathrm{T}}\boldsymbol{G}\boldsymbol{X}=\sum_{i,j=1}^{m}x_i(\boldsymbol{\alpha}_i,\boldsymbol{\alpha}_j)x_j=\left(\sum_{i=1}^{m}x_i\boldsymbol{\alpha}_i,\sum_{j=1}^{m}x_j\boldsymbol{\alpha}_j\right)=(\boldsymbol{\alpha},\boldsymbol{\alpha})=0$$

其中 $\boldsymbol{\alpha}=\sum\limits_{i=1}^{m}x_i\boldsymbol{\alpha}_i$. 这说明 $\boldsymbol{\alpha}=x_1\boldsymbol{\alpha}_1+\cdots+x_m\boldsymbol{\alpha}_m=\mathbf{0}$ 对不全为 0 的 $x_1,\cdots,x_m$ 成立, $\boldsymbol{\alpha}_1,\cdots,\boldsymbol{\alpha}_m$ 线性相关.

这证明了: $\boldsymbol{\alpha}_1,\cdots,\boldsymbol{\alpha}_m$ 线性相关 $\Leftrightarrow$ $\det\boldsymbol{G}=0$. $\boldsymbol{\alpha}_1,\cdots,\boldsymbol{\alpha}_m$ 线性无关 $\Leftrightarrow$ $\det\boldsymbol{G}\neq 0$.

(2) 将各向量 $\boldsymbol{\alpha}_i$ 在标准正交基下写成坐标 $\boldsymbol{X}_i$, 则两两的内积 $(\boldsymbol{\alpha}_i,\boldsymbol{\alpha}_j)=\boldsymbol{X}_i^{\mathrm{T}}\boldsymbol{X}_j$,

$$\boldsymbol{G}=\begin{pmatrix}\boldsymbol{X}_1^{\mathrm{T}}\boldsymbol{X}_1 & \cdots & \boldsymbol{X}_1^{\mathrm{T}}\boldsymbol{X}_n\\ \vdots & & \vdots\\ \boldsymbol{X}_n^{\mathrm{T}}\boldsymbol{X}_1 & \cdots & \boldsymbol{X}_n^{\mathrm{T}}\boldsymbol{X}_n\end{pmatrix}=\begin{pmatrix}\boldsymbol{X}_1^{\mathrm{T}}\\ \vdots\\ \boldsymbol{X}_n^{\mathrm{T}}\end{pmatrix}(\boldsymbol{X}_1,\cdots,\boldsymbol{X}_n)=\boldsymbol{A}^{\mathrm{T}}\boldsymbol{A}$$

其中 $\boldsymbol{A}=(\boldsymbol{X}_1,\cdots,\boldsymbol{X}_n)$. 于是 $\det\boldsymbol{G}=\det(\boldsymbol{A}^{\mathrm{T}}\boldsymbol{A})=(\det\boldsymbol{A}^{\mathrm{T}})(\det\boldsymbol{A})=(\det\boldsymbol{A})^2$. □

点评　本题也可以先证明 (2) 得到 $\det\boldsymbol{G}=(\det\boldsymbol{A})^2$, 从而得到 $\boldsymbol{\alpha}_1,\cdots,\boldsymbol{\alpha}_n$ 线性无关 $\Leftrightarrow$ 它们的坐标 $\boldsymbol{X}_1,\cdots,\boldsymbol{X}_n$ 线性无关 $\Leftrightarrow$ $\det\boldsymbol{A}=\det(\boldsymbol{X}_1,\cdots,\boldsymbol{X}_n)\neq 0\Leftrightarrow$ $\det\boldsymbol{G}=(\det\boldsymbol{A})^2\neq 0$. 这就证明了 (1) 的结论成立. □

9.1.4　设 $\boldsymbol{\alpha}_1,\cdots,\boldsymbol{\alpha}_n$ 是欧氏空间 $E_n(\mathbf{R})$ 的一组基, $\boldsymbol{\alpha},\boldsymbol{\beta}\in E_n(\mathbf{R})$. 求证:

(1) $\boldsymbol{\alpha}=0\Leftrightarrow(\boldsymbol{\alpha},\boldsymbol{\alpha}_i)=0$ 对所有 $1\leqslant i\leqslant n$ 成立.

(2) $\boldsymbol{\alpha}=\boldsymbol{\beta}\Leftrightarrow(\boldsymbol{\alpha},\boldsymbol{\alpha}_i)=(\boldsymbol{\beta},\boldsymbol{\alpha}_i)$ 对所有 $1\leqslant i\leqslant n$ 成立.

证明　(1) 显然 $\boldsymbol{\alpha}=\mathbf{0}\Rightarrow(\boldsymbol{\alpha},\boldsymbol{\alpha}_i)=0\ (\forall\ 1\leqslant i\leqslant n)$.

反过来, 设 $(\boldsymbol{\alpha},\boldsymbol{\alpha}_i)=0$ 对 $1\leqslant i\leqslant n$ 成立. $\boldsymbol{\alpha}$ 可写成基向量 $\boldsymbol{\alpha}_i\ (1\leqslant i\leqslant n)$ 的线性组合 $\boldsymbol{\alpha}=\sum_{i=1}^{n}x_i\boldsymbol{\alpha}_i$, 于是:

$$|\boldsymbol{\alpha}|^2=(\boldsymbol{\alpha},\boldsymbol{\alpha})=\left(\boldsymbol{\alpha},\sum_{i=1}^{n}x_i\boldsymbol{\alpha}_i\right)=\sum_{i=1}^{n}x_i(\boldsymbol{\alpha},\boldsymbol{\alpha}_i)=\sum_{i=1}^{n}x_i0=0\ \Rightarrow\ \boldsymbol{\alpha}=\mathbf{0}$$

(2) 由 (1) 知 $\boldsymbol{\alpha}=\boldsymbol{\beta}\Leftrightarrow\boldsymbol{\alpha}-\boldsymbol{\beta}=\mathbf{0}\Leftrightarrow(\boldsymbol{\alpha}-\boldsymbol{\beta},\boldsymbol{\alpha}_i)=0\ (\forall\ 1\leqslant i\leqslant n)$

$$\Leftrightarrow(\boldsymbol{\alpha},\boldsymbol{\alpha}_i)=(\boldsymbol{\beta},\boldsymbol{\alpha}_i)\ (\forall\ 1\leqslant i\leqslant n)$$ □

9.1.5　在 n 维欧氏空间 $E_n(\mathbf{R})$ 中两两成钝角的向量最多有几个? 试证明你的结论.

解　最多 $n+1$ 个. 证明如下:

证法 1　设 $\boldsymbol{\alpha}_1,\cdots,\boldsymbol{\alpha}_m\in V$ 两两成钝角, 则两两的内积 $(\boldsymbol{\alpha}_i,\boldsymbol{\alpha}_j)<0\ (\forall\ i<\neq j)$. 我们证明 $\boldsymbol{\alpha}_1,\cdots,\boldsymbol{\alpha}_{m-1}$ 一定线性无关, 从而 $m-1\leqslant n$, $m\leqslant n+1$.

若不然, 设 $\boldsymbol{\alpha}_1,\cdots,\boldsymbol{\alpha}_{m-1}$ 线性相关, 存在不全为零的实数 $x_1,\cdots,x_{m-1}$ 使 $x_1\boldsymbol{\alpha}_1+\cdots+x_{m-1}\boldsymbol{\alpha}_{m-1}=\mathbf{0}$. 不妨将等式中 $x_i\geqslant 0$ 的项留在等号左边, $x_j<0$ 的项移到等号右边, 得到

$$x_{i_1}\boldsymbol{\alpha}_{i_1}+\cdots+x_{i_k}\boldsymbol{\alpha}_{i_k}=-x_{j_1}\boldsymbol{\alpha}_{j_1}-\cdots-x_{j_s}\boldsymbol{\alpha}_{j_s}\tag{9.5}$$

等式 (9.5) 两边与 $\boldsymbol{\alpha}_m$ 做内积得

$$x_{i_1}(\boldsymbol{\alpha}_{i_1},\boldsymbol{\alpha}_m)+\cdots+x_{i_k}(\boldsymbol{\alpha}_{i_k},\boldsymbol{\alpha}_m)=-x_{j_1}(\boldsymbol{\alpha}_{j_1},\boldsymbol{\alpha}_m)-\cdots-x_{j_s}(\boldsymbol{\alpha}_{j_s},\boldsymbol{\alpha}_m)\tag{9.6}$$

等式 (9.6) 两边所有的内积 $(\boldsymbol{\alpha}_i,\boldsymbol{\alpha}_m)$ 与 $(\boldsymbol{\alpha}_j,\boldsymbol{\alpha}_m)$ 都 <0, 所有的系数 $x_i,-x_j$ 都 $\geqslant 0$, 其中至少有一个 $x_i>0$ 或 $-x_j>0$, 因此等式 (9.6) 两边至少有一边 <0, 从而两边都等于同一个负实数. 这证明等式 (9.5) 两边等于同一个非零向量 $\boldsymbol{\beta}$, 等式 (9.5) 左边与右边的内积

$$\left(\sum_{p=1}^{k}x_{i_p}\boldsymbol{\alpha}_{i_p},\sum_{q=1}^{s}(-x_{j_q})\boldsymbol{\alpha}_{j_q}\right)=(\boldsymbol{\beta},\boldsymbol{\beta})>0\tag{9.7}$$

等式 (9.7) 左边展开后等于

$$\sum_{p=1}^{k}\sum_{q=1}^{s}x_{i_p}(-x_{j_q})(\boldsymbol{\alpha}_{i_p},\boldsymbol{\alpha}_{j_q})\tag{9.8}$$

其中所有的 $(\boldsymbol{\alpha}_{i_p},\boldsymbol{\alpha}_{j_q})<0$, $x_{i_p}(-x_{j_q})\geqslant 0$, 因而 $x_{i_p}(-x_{j_q})(\boldsymbol{\alpha}_{i_p},\boldsymbol{\alpha}_{j_q})\leqslant 0$. 这说明等式 (9.7) 左边 $\leqslant 0$, 而右边 $(\boldsymbol{\beta},\boldsymbol{\beta})>0$, 矛盾.

这就证明了 $\boldsymbol{\alpha}_1,\cdots,\boldsymbol{\alpha}_{m-1}$ 线性无关, $m-1\leqslant n$, $m\leqslant n+1$. V 中两两成钝角的向量不超过 $n+1$ 个.

还需要证明 n 维欧氏空间 V 中存在 $n+1$ 个两两成钝角的向量. 在 V 中取两两正交的单位向量 $\{\boldsymbol{\alpha}_1,\cdots,\boldsymbol{\alpha}_n\}$ 组成一组基, 在这组基下将每个向量 $\boldsymbol{\alpha}=x_1\boldsymbol{\alpha}_1+\cdots+x_n\boldsymbol{\alpha}_n$ 用坐标 $\boldsymbol{X}=(x_1,\cdots,x_n)^{\mathrm{T}}$ 表示, 则坐标为 $\boldsymbol{X}=(x_1,\cdots,x_n)$ 与 $\boldsymbol{Y}=(y_1,\cdots,y_n)^{\mathrm{T}}$ 的向量的内积 $(\boldsymbol{X},\boldsymbol{Y})=x_1y_1+\cdots+x_ny_n=\boldsymbol{X}^{\mathrm{T}}\boldsymbol{Y}$. 取 $n+1$ 个坐标 $\boldsymbol{X}_k$ $(1\leqslant k\leqslant n+1)$:

$$\boldsymbol{X}_1=(-1,0,\cdots,0)^{\mathrm{T}},\ \cdots,\quad \boldsymbol{X}_k=(1,2,\cdots,2^{k-2},-2^{k-1},0,\cdots,0)^{\mathrm{T}},\ \cdots$$
$$\boldsymbol{X}_n=(1,2,\cdots,2^{n-2},-2^{n-1})^{\mathrm{T}},\quad \boldsymbol{X}_{n+1}=(1,2,\cdots,2^{n-1})^{\mathrm{T}}$$

则对 $2\leqslant k\leqslant n+1$ 有 $(\boldsymbol{X}_1,\boldsymbol{X}_k)=-1$, 且对 $2\leqslant k<j\leqslant n+1$ 有

$$(\boldsymbol{X}_k,\boldsymbol{X}_j)=1^2+2^2+\cdots+2^{2(k-2)}-2^{2(k-1)}=\frac{2^{2(k-1)}-1}{3}-2^{2(k-1)}<0$$

$n+1$ 个坐标 $\boldsymbol{X}_k$ 代表的向量两两不共线且两两内积 <0, 因此两两成钝角.

证法 2 对 n 用数学归纳法证明 $V=E_n(\mathbf{R})$ 中两两内积 <0 的向量最多只有 $n+1$ 个.

当 $n=1$ 时, 所有的 $\boldsymbol{\alpha}_i$ $(i\geqslant 2)$ 都是非零向量 $\boldsymbol{\alpha}_1$ 的非零常数倍: $\boldsymbol{\alpha}_i=\lambda_i\boldsymbol{\alpha}_1$, 且由 $(\boldsymbol{\alpha}_1,\boldsymbol{\alpha}_i)=(\boldsymbol{\alpha}_1,\lambda_i\boldsymbol{\alpha}_1)=\lambda_i(\boldsymbol{\alpha}_1,\boldsymbol{\alpha}_1)<0$ 及 $(\boldsymbol{\alpha}_1,\boldsymbol{\alpha}_1)>0$ 知所有的 $\lambda_i=\dfrac{(\boldsymbol{\alpha}_1,\boldsymbol{\alpha}_i)}{(\boldsymbol{\alpha}_1,\boldsymbol{\alpha}_1)}<0$ $(i\geqslant 2)$. 如果 $i\geqslant 3$, 则 $(\boldsymbol{\alpha}_2,\boldsymbol{\alpha}_3)=(\lambda_2\boldsymbol{\alpha}_1,\lambda_3\boldsymbol{\alpha}_1)=\lambda_2\lambda_3(\boldsymbol{\alpha}_1,\boldsymbol{\alpha}_1)$. 由 $(\boldsymbol{\alpha}_1,\boldsymbol{\alpha}_1)>0$, $\lambda_2<0$ 及 $\lambda_3<0$ 知 $(\boldsymbol{\alpha}_2,\boldsymbol{\alpha}_3)>0$, 矛盾. 这证明了两两内积 <0 的向量最多只能有两个.

归纳假设在 $n-1$ 维欧氏空间 $E_n(\mathbf{R})$ 中两两内积 <0 的向量最多只有 $(n-1)+1=n$ 个. 证明 n 维欧氏空间 $V=E_n(\mathbf{R})$ 中两两内积 <0 的向量 $\boldsymbol{\alpha}_1,\cdots,\boldsymbol{\alpha}_m$ 的个数 $m\leqslant n+1$. 对每个 $1\leqslant i\leqslant m-1$, 选取适当的实数 λ_i 使 $\boldsymbol{\beta}_i=\boldsymbol{\alpha}_i-\lambda_i\boldsymbol{\alpha}_m$ 满足

$$0=(\boldsymbol{\beta}_i,\boldsymbol{\alpha}_m)=(\boldsymbol{\alpha}_i-\lambda_i\boldsymbol{\alpha}_m,\boldsymbol{\alpha}_m)=(\boldsymbol{\alpha}_i,\boldsymbol{\alpha}_m)-\lambda_i(\boldsymbol{\alpha}_m,\boldsymbol{\alpha}_m)$$

由于 $\boldsymbol{\alpha}_m\neq\mathbf{0}$, $(\boldsymbol{\alpha}_m,\boldsymbol{\alpha}_m)>0$, 只要取 $\lambda_i=\dfrac{(\boldsymbol{\alpha}_i,\boldsymbol{\alpha}_m)}{(\boldsymbol{\alpha}_m,\boldsymbol{\alpha}_m)}$ 即可满足要求. 且由 $(\boldsymbol{\alpha}_i,\boldsymbol{\alpha}_m)<0<(\boldsymbol{\alpha}_m,\boldsymbol{\alpha}_m)$ 知 $\lambda_i<0$.

V 中与 $\boldsymbol{\alpha}_m$ 垂直的全体向量组成的集合 $\boldsymbol{\alpha}_m^{\perp}=\{\boldsymbol{\beta}\in V\mid(\boldsymbol{\beta},\boldsymbol{\alpha}_m)=0\}$ 是 $n-1$ 维欧氏空间, 上述每个 $\boldsymbol{\beta}_i=\boldsymbol{\alpha}_i-\dfrac{(\boldsymbol{\alpha}_i,\boldsymbol{\alpha}_m)}{(\boldsymbol{\alpha}_m,\boldsymbol{\alpha}_m)}\boldsymbol{\alpha}_m$ 含于 $\boldsymbol{\alpha}_m^{\perp}$, 是 $\boldsymbol{\alpha}_i$ 在 $\boldsymbol{\alpha}_m^{\perp}$ 内的投影. 对任意 $1\leqslant i<j\leqslant m-1$, 由 $\boldsymbol{\beta}_i=\boldsymbol{\alpha}_i-\lambda_i\boldsymbol{\alpha}_m,\boldsymbol{\beta}_j=\boldsymbol{\alpha}_j-\lambda_j\boldsymbol{\alpha}_m$ 有 $\boldsymbol{\alpha}_i=\lambda_i\boldsymbol{\alpha}_m+\boldsymbol{\beta}_i,\boldsymbol{\alpha}_j=\lambda_j\boldsymbol{\alpha}_m+\boldsymbol{\beta}_j$, 且由 $(\boldsymbol{\alpha}_m,\boldsymbol{\beta}_i)=(\boldsymbol{\alpha}_m,\boldsymbol{\beta}_j)=0$ 得

$$(\boldsymbol{\alpha}_i,\boldsymbol{\alpha}_j)=(\boldsymbol{\beta}_i+\lambda_i\boldsymbol{\alpha}_m,\boldsymbol{\beta}_j+\lambda_j\boldsymbol{\alpha}_m)=(\boldsymbol{\beta}_i,\boldsymbol{\beta}_j)+\lambda_i\lambda_j(\boldsymbol{\alpha}_m,\boldsymbol{\alpha}_m)$$

从而:

$$(\boldsymbol{\beta}_i,\boldsymbol{\beta}_j)=(\boldsymbol{\alpha}_i,\boldsymbol{\alpha}_j)-\lambda_i\lambda_j(\boldsymbol{\alpha}_m,\boldsymbol{\alpha}_m)$$

由 $\lambda_i<0,\lambda_j<0<(\boldsymbol{\alpha}_m,\boldsymbol{\alpha}_m)$ 知 $\lambda_i\lambda_j(\lambda_m,\boldsymbol{\alpha}_m)>0$. 又 $(\boldsymbol{\alpha}_i,\boldsymbol{\alpha}_j)<0$, 于是 $(\boldsymbol{\beta}_i,\boldsymbol{\beta}_j)$ 是两个负实数 $(\boldsymbol{\alpha}_i,\boldsymbol{\alpha}_j),-\lambda_i\lambda_j(\boldsymbol{\alpha}_m,\boldsymbol{\alpha}_m)$ 之和, $(\boldsymbol{\beta}_i,\boldsymbol{\beta}_j)<0$.

这证明了 $\boldsymbol{\beta}_1,\cdots,\boldsymbol{\beta}_{m-1}$ 是 $n-1$ 维欧氏空间 $\boldsymbol{\alpha}_m^{\perp}$ 中两两内积 <0 的 $m-1$ 个向量. 由归纳假设有 $m-1\leqslant n$, 即 $m\leqslant n+1$. 这就证明了 n 维欧氏空间中两两成钝角的向量不超

过 $n+1$ 个. 与证法 1 同样可在 V 中找出 $n+1$ 个两两成钝角的向量, 说明两两成钝角的向量最多有 $n+1$ 个.

证法 3 设 S 是由 V 中两两成钝角的向量组成的集合, 且所含向量个数达到最大值. 取 S 的极大线性无关组 $M_d=\{\boldsymbol{\beta}_1,\cdots,\boldsymbol{\beta}_d\}$, 则 $d\leqslant \dim V=n$. 对每个正整数 $k\leqslant d$, 记 V_k 为 S 中前 k 个向量 $\boldsymbol{\beta}_1,\cdots,\boldsymbol{\beta}_k$ 生成的子空间, 则存在 V_d 的一组基 $M_d=\{\boldsymbol{\alpha}_1,\cdots,\boldsymbol{\alpha}_d\}$ 由两两正交的单位向量组成: $(\boldsymbol{\alpha}_i,\boldsymbol{\alpha}_j)=0$ $(\forall\ 1\leqslant i<j\leqslant d)$, $(\boldsymbol{\alpha}_i,\boldsymbol{\alpha}_i)=1$ $(\forall 1\leqslant i\leqslant d)$, 并且其中前 k 个向量 $\boldsymbol{\alpha}_1,\cdots,\boldsymbol{\alpha}_k$ 组成 V_k 的基 M_k.

M_m 可由如下方法构造出来: 取与 $\boldsymbol{\beta}_1$ 同方向的单位向量 $\boldsymbol{\alpha}_1=\dfrac{1}{|\boldsymbol{\beta}_1|}$ 作为 $\boldsymbol{\alpha}_1$. 一般地, 设已构造出两两正交的单位向量 $\boldsymbol{\alpha}_1,\cdots,\boldsymbol{\alpha}_{k-1}$ 使其中前 i 个向量组成 V_i 的基 $(\forall\ 1\leqslant i\leqslant k-1)$, 则可选取适当的实数 $\lambda_{k1},\cdots,\lambda_{k,k-1}$ 使 $\tilde{\boldsymbol{\beta}}_k=\boldsymbol{\beta}_k-(\lambda_{k1}\boldsymbol{\alpha}_1+\cdots+\lambda_{k,k-1}\boldsymbol{\alpha}_{k-1})$ 与每个 $\boldsymbol{\alpha}_i$ $(1\leqslant i\leqslant k-1)$ 的内积

$$(\tilde{\boldsymbol{\beta}}_k,\boldsymbol{\alpha}_i)=0=(\boldsymbol{\beta}_k,\boldsymbol{\alpha}_i)-\sum_{j=1}^{k-1}\lambda_{kj}(\boldsymbol{\alpha}_j,\boldsymbol{\alpha}_i)=(\boldsymbol{\beta}_k,\boldsymbol{\alpha}_i)-\lambda_{ki}$$

只要取每个 $\lambda_{ki}=(\boldsymbol{\beta}_k,\boldsymbol{\alpha}_i)$ 即可满足要求. 再取与 $\tilde{\boldsymbol{\beta}}_k$ 同方向的单位向量 $\boldsymbol{\alpha}_k=\dfrac{1}{|\tilde{\boldsymbol{\beta}}_k|}\tilde{\boldsymbol{\beta}}_k$ 即可将 M_{k-1} 扩充为 V_k 的基 $M_k=M_{k-1}\cup\{\boldsymbol{\alpha}_k\}$, 由两两正交的单位向量组成. 重复这个过程, 可得到 V_d 的基 $M_d=\{\boldsymbol{\alpha}_1,\cdots,\boldsymbol{\alpha}_d\}$ 由两两正交的单位向量组成. S 中每个向量 $\boldsymbol{\beta}$ 可用它在这组基下的坐标 $\boldsymbol{X}=(x_1,\cdots,x_d)$ 表示, 直接写为 $\boldsymbol{\beta}=\boldsymbol{X}$. 特别地, M 中每个向量 $\boldsymbol{\beta}_i=(x_{i1},\cdots,x_{ii},0,\cdots,0)$ 的最后 $d-i$ 个坐标为 0, 且第 i 坐标 x_{ii} 等于非零向量 $\tilde{\boldsymbol{\beta}}_i$ 的长度 $|\tilde{\boldsymbol{\beta}}_i|$, 因而 $x_{ii}>0$.

S 中任意两个向量的内积可以由它们的坐标 $\boldsymbol{X}=(x_1,\cdots,x_d)$ 与 $\boldsymbol{Y}=(y_1,\cdots,y_d)$ 算出, 为 $(\boldsymbol{X},\boldsymbol{Y})=x_1y_1+\cdots+x_dy_d$.

对每个正整数 $k\leqslant d$, 记 $S_k=S\setminus\{\boldsymbol{\beta}_1,\cdots,\boldsymbol{\beta}_k\}$ 为 S 中除了 $\boldsymbol{\beta}_1,\cdots,\boldsymbol{\beta}_k$ 之外所有的向量组成的集合. 对 k 用数学归纳法证明: S_k 中所有的向量 $\boldsymbol{X}=(x_1,\cdots,x_d)$ 的前 k 个坐标 x_i $(1\leqslant i\leqslant k)$ 全部小于 0.

当 $k=1$, S_1 由 S 中除了 $\boldsymbol{\beta}_1=(x_{11},0,\cdots,0)$ 之外的所有向量 $\boldsymbol{X}=(x_1,\cdots,x_d)$ 组成, 其中每个 $\boldsymbol{X}$ 与 $\boldsymbol{\beta}_1=(x_{11},0,\cdots,0)$ 的内积 $(\boldsymbol{X},\boldsymbol{\beta}_1)=x_1x_{11}<0$, 因此 x_1 与 $x_{11}>0$ 异号, 这迫使 $x_1<0$.

对任意 $2\leqslant k\leqslant d$, 归纳假设 S_{k-1} 中所有的向量 $\boldsymbol{X}=(x_1,\cdots,x_d)$ 的前 $k-1$ 个坐标 $x_1,\cdots,x_{k-1}$ 都小于 0. 注意 $\boldsymbol{\beta}_k=(x_{k1},\cdots,x_{k,k-1},x_{kk},0,\cdots,0)$ 也含于 S_{k-1}, 前 $k-1$ 个坐标 $x_{k1},\cdots,x_{k,k-1}$ 也都 <0, 第 k 坐标 $x_{kk}>0$. 而 S_k 由 S_{k-1} 中除了 $\boldsymbol{\beta}_k$ 之外的其他向量 $\boldsymbol{X}=(x_1,\cdots,x_d)$ 组成. 这些向量与 $\boldsymbol{\beta}_k$ 的内积

$$(\boldsymbol{X},\boldsymbol{\beta}_k)=x_1x_{k1}+\cdots+x_{k-1}x_{k,k-1}+x_kx_{kk}<0$$

且 $\boldsymbol{\beta}_k,\boldsymbol{X}$ 的前 $k-1$ 个坐标 x_{kj} 与 x_j $(1\leqslant j\leqslant k-1)$ 都是负实数, 乘积 x_jx_{kj} 都为正实数, 它们的和 $x_1x_{k1}+\cdots+x_{k-1}x_{k,k-1}>0$, 加上最后一个乘积 x_kx_{kk} 变成负实数 $(\boldsymbol{X},\boldsymbol{\beta}_k)<0$, 这迫使 $x_kx_{kk}<0$, 由 $x_{kk}>0$ 知 $x_k<0$. 这就证明了 S_k 中所有的 $\boldsymbol{X}=(x_1,\cdots,x_d)$ 的前 k 个坐标 $x_1,\cdots,x_k$ 都 <0.

由数学归纳法原理知:S 中除了 $\boldsymbol{\beta}_1,\cdots,\boldsymbol{\beta}_d$ 之外所有的向量 $\boldsymbol{X}=(x_1,\cdots,x_d)\in S_d$ 的全部坐标 $x_1,\cdots,x_d$ 都是负实数. 如果 S_d 中存在两个不同的向量 $\boldsymbol{X}=(x_1,\cdots,x_d)$ 与 $\boldsymbol{Y}=(y_1,\cdots,y_d)$, 它们所有的坐标 x_i,y_i 都是负实数, 乘积 $x_iy_i>0$, 内积 $(\boldsymbol{X},\boldsymbol{Y})=x_1y_1+\cdots+x_dy_d>0$, $\boldsymbol{X},\boldsymbol{Y}$ 不成钝角, 与 S 的组成相矛盾. 这证明了 S 中除了极大线性无关组中的 d 个向量 $\boldsymbol{\beta}_1,\cdots,\boldsymbol{\beta}_d$ 之外至多只有一个向量, S 中的向量不超过 $d+1$ 个. 由 $d\leqslant n$ 知 S 中两两成钝角的向量个数 $\leqslant d+1\leqslant n+1$, 不超过 $n+1$ 个.

与证法 1 同样可构造出 $n+1$ 个两两成钝角的向量, 这证明了两两成钝角的向量最多只有 $n+1$ 个. □

点评 本题给出了三种证明方法. 证法 1 最巧妙, 但不容易想到. 一门更高深的代数课程《李代数》将本题的结论作为一个引理, 采用的就是这个证法.

证法 2 与证法 3 的思路都是对空间的维数进行归纳, 这个思路比较自然, 但要付诸实施仍需要突破某个关键点.

证法 2 的关键点是: 从 m 个两两成钝角的向量 $\boldsymbol{\alpha}_i$ 中任意选定一个 $\boldsymbol{\alpha}_m$, 将其余 $\boldsymbol{\alpha}_i$ 投影到与 $\boldsymbol{\alpha}_m$ 垂直的 $n-1$ 维子空间 $\boldsymbol{\alpha}_m^{\perp}$, 证明这 $m-1$ 个投影 $\boldsymbol{\beta}_i$ 两两的内积仍然小于 0, 归纳法就可以前进了.

证法 3 就是根据各向量的坐标直接计算两两的内积. 不过, 对任意坐标计算内积很难算出结果. 选取适当的基使两两成钝角的向量的坐标具有简单形式 $(x_{11},0,\cdots,0),(x_{21},x_{22},0,\cdots,0),(x_{31},x_{32},x_{33},0,\cdots,0),\cdots$, 就不难算出结果了. □

9.1.6 设 $\boldsymbol{S}$ 是 n 阶半正定实对称方阵, 则对任意两个 n 维实列向量 $\boldsymbol{X},\boldsymbol{Y}\in\mathbf{R}^{n\times 1}$, 如下不等式成立:

$$(\boldsymbol{X}^{\mathrm{T}}\boldsymbol{S}\boldsymbol{Y})^2\leqslant(\boldsymbol{X}^{\mathrm{T}}\boldsymbol{S}\boldsymbol{X})(\boldsymbol{Y}^{\mathrm{T}}\boldsymbol{S}\boldsymbol{Y})$$

证明 对任意实数 λ, 有

$$f(\lambda)=(\lambda\boldsymbol{X}+\boldsymbol{Y})^{\mathrm{T}}\boldsymbol{S}(\lambda\boldsymbol{X}+\boldsymbol{Y})=(\boldsymbol{X}^{\mathrm{T}}\boldsymbol{S}\boldsymbol{X})\lambda^2+2(\boldsymbol{X}^{\mathrm{T}}\boldsymbol{S}\boldsymbol{Y})\lambda+(\boldsymbol{Y}^{\mathrm{T}}\boldsymbol{S}\boldsymbol{Y})\geqslant 0$$

如果 $\boldsymbol{X}^{\mathrm{T}}\boldsymbol{S}\boldsymbol{X}\neq 0$, 则 $\boldsymbol{X}^{\mathrm{T}}\boldsymbol{S}\boldsymbol{X}>0$. $f(\lambda)$ 是 λ 的二次函数, 取值总是 $\geqslant 0$, 二次方程 $f(\lambda)=0$ 至多只有一个实根 λ, 判别式 $(2\boldsymbol{X}^{\mathrm{T}}\boldsymbol{S}\boldsymbol{Y})^2-4(\boldsymbol{X}^{\mathrm{T}}\boldsymbol{S}\boldsymbol{X})(\boldsymbol{Y}^{\mathrm{T}}\boldsymbol{S}\boldsymbol{Y})\leqslant 0$, 由此得到所需不等式 $(\boldsymbol{X}^{\mathrm{T}}\boldsymbol{S}\boldsymbol{Y})^2\leqslant(\boldsymbol{X}^{\mathrm{T}}\boldsymbol{S}\boldsymbol{X})(\boldsymbol{Y}^{\mathrm{T}}\boldsymbol{S}\boldsymbol{Y})$.

设 $\boldsymbol{X}^{\mathrm{T}}\boldsymbol{S}\boldsymbol{X}=0$. 如果 $\boldsymbol{X}^{\mathrm{T}}\boldsymbol{S}\boldsymbol{Y}\neq 0$, 则 $f(\lambda)$ 是 λ 的一次函数, 取遍全体实数值, 与 $f(\lambda)\geqslant 0$ 矛盾. 可见, 当 $\boldsymbol{X}^{\mathrm{T}}\boldsymbol{S}\boldsymbol{X}=0$ 时必有 $\boldsymbol{X}^{\mathrm{T}}\boldsymbol{S}\boldsymbol{Y}=0$, $(\boldsymbol{X}^{\mathrm{T}}\boldsymbol{S}\boldsymbol{Y})^2=0=(\boldsymbol{X}^{\mathrm{T}}\boldsymbol{S}\boldsymbol{X})(\boldsymbol{Y}^{\mathrm{T}}\boldsymbol{S}\boldsymbol{Y})$, 所需证明的结论中的等号成立.

点评 将内积所满足的条件中的正定改为半正定: $(\boldsymbol{\alpha},\boldsymbol{\alpha})\geqslant 0$ 对任意 $\boldsymbol{\alpha}\in V$ 成立, 则本题中的 $\boldsymbol{X}^{\mathrm{T}}\boldsymbol{S}\boldsymbol{Y}$ 可以看成 $\boldsymbol{X},\boldsymbol{Y}$ 的半正定内积, 本题所证明的结论就是: 柯西–施瓦兹不等式对半正定的内积成立. □

9.2　标准正交基

知识导航

1. 标准正交基的定义

定义 9.2.1　设 V 是欧氏空间.

如果 $\boldsymbol{\alpha},\boldsymbol{\beta}\in V$ 满足条件 $(\boldsymbol{\alpha},\boldsymbol{\beta})=0$, 就称 $\boldsymbol{\alpha},\boldsymbol{\beta}$ **正交** (orthogonal), 记为 $\boldsymbol{\alpha}\perp\boldsymbol{\beta}$.

V 中由两两正交的非零向量组成的向量组 $\boldsymbol{\alpha}_1,\cdots,\boldsymbol{\alpha}_k$ 称为**正交向量组** (orthogonal vectors). 如果 V 的基 M 是正交向量组, 就称 M 为**正交基** (orthogonal basis). 由两两正交的单位向量组成的基称为**标准正交基** (orthonormal basis).　□

引理 9.2.1　欧氏空间 V 中的正交向量组 $\boldsymbol{\alpha}_1,\cdots,\boldsymbol{\alpha}_k$ 线性无关.

2. Gram-Schmidt 正交化方法

定理 9.2.1　n 维欧氏空间 V 必然存在标准正交基.　□

正交化算法　将欧氏空间 $V=E_n(\mathbf{R})$ 任何一组基 $S=\{\boldsymbol{\alpha}_1,\cdots,\boldsymbol{\alpha}_n\}$ 改造成正交基 $M=\{\boldsymbol{\beta}_1,\cdots,\boldsymbol{\beta}_n\}$ 使每个 $\boldsymbol{\alpha}_k=\boldsymbol{\beta}_k+\lambda_{k1}\boldsymbol{\beta}_1+\cdots+\lambda_{k,k-1}\boldsymbol{\beta}_{k-1}$, 其中 $\lambda_{kj}\in\mathbf{R}\ (\forall\ 1\leqslant j\leqslant k-1)$.

已经求出 $\boldsymbol{\beta}_1,\cdots,\boldsymbol{\beta}_{k-1}$ 之后, 由 $\boldsymbol{\beta}_k=\boldsymbol{\alpha}_k-\lambda_{k1}\boldsymbol{\beta}_1-\cdots-\lambda_{k,k-1}\boldsymbol{\beta}_{k-1}$ 满足的条件:

$$(\boldsymbol{\beta}_k,\boldsymbol{\beta}_j)=(\boldsymbol{\alpha}_k,\boldsymbol{\beta}_j)-\lambda_{kj}(\boldsymbol{\beta}_j,\boldsymbol{\beta}_j)=0\quad(\forall\ 1\leqslant j\leqslant k-1)$$

可求得每个 $\lambda_{kj}=\dfrac{(\boldsymbol{\alpha}_k,\boldsymbol{\beta}_j)}{(\boldsymbol{\beta}_j,\boldsymbol{\beta}_j)}$, 从而:

$$\boldsymbol{\beta}_k=\boldsymbol{\alpha}_k-\sum_{j=1}^{k-1}\frac{(\boldsymbol{\alpha}_k,\boldsymbol{\beta}_j)}{(\boldsymbol{\beta}_j,\boldsymbol{\beta}_j)}\boldsymbol{\beta}_j \tag{9.9}$$

从 V 的任意一组基 $\boldsymbol{S}=\{\boldsymbol{\alpha}_1,\cdots,\boldsymbol{\alpha}_n\}$ 出发, 取 $\boldsymbol{\beta}_1=\boldsymbol{\alpha}_1$. 按照公式 (9.9) 由 $\boldsymbol{\beta}_1,\boldsymbol{\alpha}_2$ 求 $\boldsymbol{\beta}_2$, 由 $\boldsymbol{\beta}_1,\boldsymbol{\beta}_2,\boldsymbol{\alpha}_3$ 求 $\boldsymbol{\beta}_3$. 一般地, 由 $\boldsymbol{\beta}_1,\cdots,\boldsymbol{\beta}_{k-1},\boldsymbol{\alpha}_k$ 求 $\boldsymbol{\beta}_k$. 最后得到正交基 $M=\{\boldsymbol{\beta}_1,\cdots,\boldsymbol{\beta}_n\}$.

单位化　将正交基 $M=\{\boldsymbol{\beta}_1,\cdots,\boldsymbol{\beta}_n\}$ 中每个向量 $\boldsymbol{\beta}_i$ 替换成同方向的单位向量 $\boldsymbol{\varepsilon}_i=\dfrac{1}{|\boldsymbol{\beta}_i|}\boldsymbol{\beta}_i$, 就得到标准正交基 $\boldsymbol{E}=\{\boldsymbol{\varepsilon}_1,\cdots,\boldsymbol{\varepsilon}_n\}$.

3. 矩阵的相合

Gram 方阵　欧氏空间 V 的向量组 $S=\{\boldsymbol{\alpha}_1,\cdots,\boldsymbol{\alpha}_m\}$ 的两两内积 $g_{ij}=(\boldsymbol{\alpha}_i,\boldsymbol{\alpha}_j)\ (1\leqslant i,j\leqslant m)$ 组成的方阵 $\boldsymbol{G}=(g_{ij})_{m\times m}$ 称为 S 的 Gram 方阵.

S 线性无关 $\Leftrightarrow$ Gram 方阵可逆. S 是正交向量组 $\Leftrightarrow$ Gram 方阵是可逆对角阵.

S 是标准正交向量组 $\Leftrightarrow$ Gram 方阵是单位阵.

设 $S=\{\boldsymbol{\alpha}_1,\cdots,\boldsymbol{\alpha}_m\}$ 与 $B=\{\boldsymbol{\beta}_1,\cdots,\boldsymbol{\beta}_m\}$ 之间有线性关系 $(\boldsymbol{\beta}_1,\cdots,\boldsymbol{\beta}_m)=(\boldsymbol{\alpha}_1,\cdots,\boldsymbol{\alpha}_m)\boldsymbol{P}$, 则 S 与 B 的 Gram 方阵 $\boldsymbol{G}(S)$ 与 $\boldsymbol{G}(B)$ 之间有关系式 $\boldsymbol{G}(M)=\boldsymbol{P}^{\mathrm{T}}\boldsymbol{G}(S)P$. 特别地, 如果 S 与 B 等价, $\boldsymbol{P}$ 可逆, 则 Gram 方阵 $\boldsymbol{G}(S)$ 与 $\boldsymbol{G}(B)$ 相合.

度量矩阵 欧氏空间 $E_n(\mathbf{R})$ 的任一组基 $S=\{\boldsymbol{\alpha}_1,\cdots,\boldsymbol{\alpha}_n\}$ 的 Gram 方阵 $\boldsymbol{G}$ 称为 $E_n(\mathbf{R})$ 的内积在这组基下的度量矩阵.

将 $E_n(\mathbf{R})$ 中每个向量 $\boldsymbol{\alpha}=x_1\boldsymbol{\alpha}_1+\cdots+x_n\boldsymbol{\alpha}_n$ 用它在基 S 下的坐标 $\boldsymbol{X}=(x_1,\cdots,x_n)^{\mathrm{T}}$ 表示, 则由两个向量 $\boldsymbol{\alpha},\boldsymbol{\beta}$ 的坐标 $\boldsymbol{X}=(x_1,\cdots,x_n)^{\mathrm{T}},\boldsymbol{Y}=(y_1,\cdots,y_n)^{\mathrm{T}}$ 计算内积的公式为

$$(\boldsymbol{\alpha},\boldsymbol{\beta})=\boldsymbol{X}^{\mathrm{T}}\boldsymbol{G}\boldsymbol{Y}=\sum_{i,j=1}^{n}x_i g_{ij} y_j$$

其中 $g_{ij}=(\boldsymbol{\alpha}_i,\boldsymbol{\alpha}_j)$ 为度量矩阵 $\boldsymbol{G}=(g_{ij})_{n\times n}$ 的第 (i,j) 元.

特别地, S 是标准正交基 $\Leftrightarrow$ 度量矩阵 $\boldsymbol{G}=\boldsymbol{I}$ 是单位阵, 内积计算公式最简单, 为

$$(\boldsymbol{\alpha},\boldsymbol{\beta})=\boldsymbol{X}^{\mathrm{T}}\boldsymbol{Y}=x_1y_1+\cdots+x_ny_n$$

设基 $S=\{\boldsymbol{\alpha}_1,\cdots,\boldsymbol{\alpha}_n\}$ 到 $T=\{\boldsymbol{\beta}_1,\cdots,\boldsymbol{\beta}_n\}$ 的过渡矩阵为 $\boldsymbol{P}$, 即 $(\boldsymbol{\beta}_1,\cdots,\boldsymbol{\beta}_n)=(\boldsymbol{\alpha}_1,\cdots,\boldsymbol{\alpha}_n)\boldsymbol{P}$, 则内积在 S,T 下的度量矩阵 $\boldsymbol{G},\boldsymbol{G}_1$ 之间有相合关系式:

$$\boldsymbol{G}_1=\boldsymbol{P}^{\mathrm{T}}\boldsymbol{G}\boldsymbol{P}$$

利用矩阵相合求标准正交基 由 Gram-Schmidt 正交化方法将欧氏空间的一组基 $\boldsymbol{S}=\{\boldsymbol{\alpha}_1,\cdots,\boldsymbol{\alpha}_n\}$ 改造成一组标准正交基 $(\boldsymbol{\varepsilon}_1,\cdots,\boldsymbol{\varepsilon}_n)=(\boldsymbol{\alpha}_1,\cdots,\boldsymbol{\alpha}_n)\boldsymbol{P}$, 过渡矩阵 $\boldsymbol{P}$ 是可逆上三角方阵 $\boldsymbol{P}$. 这实际上就是将 S 的度量矩阵 $\boldsymbol{G}$ 通过上三角阵 $\boldsymbol{P}$ 相合到单位阵 $\boldsymbol{P}^{\mathrm{T}}\boldsymbol{G}\boldsymbol{P}=\boldsymbol{I}$. 这个相合过程可以通过对 $\boldsymbol{G}$ 进行一系列初等行变换和相应的列变换来实现, 操作方式如下:

将 S 的 Gram 方阵 $\boldsymbol{G}$ 与单位阵 $\boldsymbol{I}$ 排成 $n\times(2n)$ 矩阵 $(\boldsymbol{G},\boldsymbol{I})$, 经过一系列初等行变换及前 n 列的相应的列变换变到 $(\boldsymbol{I},\boldsymbol{X})$, 使前 n 列的 $\boldsymbol{G}$ 变到 $\boldsymbol{I}$, 则前 n 列的 $\boldsymbol{G}$ 被某个可逆方阵 $\boldsymbol{P}$ 相合到 $\boldsymbol{P}^{\mathrm{T}}\boldsymbol{G}\boldsymbol{P}=\boldsymbol{I}$, 而后 n 列的 $\boldsymbol{I}$ 只经过了行变换 (而没有经过列变换) 相抵到 $\boldsymbol{P}^{\mathrm{T}}\boldsymbol{I}=\boldsymbol{P}^{\mathrm{T}}=\boldsymbol{X}$. 这就可由 $\boldsymbol{X}=\boldsymbol{P}^{\mathrm{T}}$ 得到 $\boldsymbol{P}=\boldsymbol{X}^{\mathrm{T}}$, 从而得到标准正交基 $(\boldsymbol{\varepsilon}_1,\cdots,\boldsymbol{\varepsilon}_n)=(\boldsymbol{\alpha}_1,\cdots,\boldsymbol{\alpha}_n)\boldsymbol{P}$. 将 $\boldsymbol{G}$ 相合到单位阵时, 只需进行两种初等行变换和列变换:

(1) $\xrightarrow[\lambda(i)+(j)]{\lambda(i)+(j)}$ (其中 $i<j$): 将某行 (第 i 行) 的 λ 倍加到以下的某行 (第 j 行), 再将第 i 列的 λ 倍加到第 j 列.

(2) $\xrightarrow[\lambda(i)]{\lambda(i)}$: 将第 i 行同乘 λ, 第 i 列同乘 λ.

由于相合变换所进行的初等行变换与列变换相同, 可以只在箭头上方标出初等行变换, 将箭头下方的初等列变换略去, 将 $\xrightarrow[\lambda(i)+(j)]{\lambda(i)+(j)}$ 及 $\xrightarrow[\lambda(i)]{\lambda(i)}$ 简记为 $\xrightarrow{\lambda(i)+(j)}$, $\xrightarrow{\lambda(i)}$, 但需注意不要忘记进行相应的列变换.

标准正交基之间的过渡矩阵 如果 S,T 是同一个欧氏空间的两组标准正交基, 内积在这两组基下的度量矩阵都是单位阵 $\boldsymbol{I}$, S 到 T 的过渡矩阵 $\boldsymbol{P}$ 将单位阵相合到单位阵: $\boldsymbol{P}^{\mathrm{T}}\boldsymbol{I}\boldsymbol{P}=\boldsymbol{I}$, 满足条件 $\boldsymbol{P}^{\mathrm{T}}\boldsymbol{P}=\boldsymbol{I}$ 即 $\boldsymbol{P}^{\mathrm{T}}=\boldsymbol{P}^{-1}$, 这样的可逆方阵 $\boldsymbol{P}$ 称为正交方阵. 正交方阵 $\boldsymbol{P}$ 的行向量组和列向量组都是 $\mathbf{R}^{n\times 1}$ 的标准内积下的标准正交基.

例题分析与解答

9.2.1 设在三维欧氏空间 $E_3(\mathbf{R})$ 中，基 $\boldsymbol{\alpha}_1,\boldsymbol{\alpha}_2,\boldsymbol{\alpha}_3$ 的度量矩阵是

$$\boldsymbol{S}=\begin{pmatrix}1&0&-1\\0&2&0\\-1&0&2\end{pmatrix}$$

试求 $E_3(\mathbf{R})$ 中由 $\boldsymbol{\alpha}_1,\boldsymbol{\alpha}_2,\boldsymbol{\alpha}_3$ 给出的一组标准正交基.

解法 1 对 3×6 矩阵 $(\boldsymbol{S},\boldsymbol{I})$ 进行初等行变换并对前 3 列做相应的列变换, 将 $(\boldsymbol{S},\boldsymbol{I})\to(\boldsymbol{I},\boldsymbol{P}^{\mathrm{T}})$:

$$(\boldsymbol{S},\boldsymbol{I})\xrightarrow{(1)+(3)}\begin{pmatrix}1&0&0&1&0&0\\0&2&0&0&1&0\\0&0&1&1&0&1\end{pmatrix}\xrightarrow{\frac{1}{\sqrt{2}}}\begin{pmatrix}1&0&0&1&0&0\\0&1&0&0&\frac{1}{\sqrt{2}}&0\\0&0&1&1&0&1\end{pmatrix}$$

取

$$(\boldsymbol{\varepsilon}_1,\boldsymbol{\varepsilon}_2,\boldsymbol{\varepsilon}_3)=(\boldsymbol{\alpha}_1,\boldsymbol{\alpha}_2,\boldsymbol{\alpha}_3)\begin{pmatrix}1&0&1\\0&\frac{1}{\sqrt{2}}&0\\0&0&1\end{pmatrix}=\left(\boldsymbol{\alpha}_1,\frac{1}{\sqrt{2}}\boldsymbol{\alpha}_2,\boldsymbol{\alpha}_1+\boldsymbol{\alpha}_3\right)$$

则 $\boldsymbol{\varepsilon}_1=\boldsymbol{\alpha}_1,\boldsymbol{\varepsilon}_2=\dfrac{1}{\sqrt{2}}\boldsymbol{\alpha}_2,\boldsymbol{\varepsilon}_3=\boldsymbol{\alpha}_1+\boldsymbol{\alpha}_3$ 组成标准正交基.

解法 2 由 $\boldsymbol{S}=(s_{ij})_{3\times 3}$ 的 $s_{12}=(\boldsymbol{\alpha}_1,\boldsymbol{\alpha}_2)=0$ 知 $\boldsymbol{\alpha}_1\perp\boldsymbol{\alpha}_2$. 选择 λ_2,λ_3 使 $\boldsymbol{\beta}_3=\boldsymbol{\alpha}_3+\lambda_1\boldsymbol{\alpha}_1+\lambda_2\boldsymbol{\alpha}_2$ 满足:

$(\boldsymbol{\beta}_3,\boldsymbol{\alpha}_1)=(\boldsymbol{\alpha}_3,\boldsymbol{\alpha}_1)+\lambda_1(\boldsymbol{\alpha}_1,\boldsymbol{\alpha}_1)=-1+\lambda_1=0,\ \lambda_1=1;$

$(\boldsymbol{\beta}_3,\boldsymbol{\alpha}_2)=(\boldsymbol{\alpha}_3,\boldsymbol{\alpha}_2)+\lambda_2(\boldsymbol{\alpha}_2,\boldsymbol{\alpha}_2)=0+2\lambda_2=0,\ \lambda_2=0.$

于是 $\boldsymbol{\beta}_3=\boldsymbol{\alpha}_1+\boldsymbol{\alpha}_3$ 与 $\boldsymbol{\alpha}_1,\boldsymbol{\alpha}_3$ 都正交, 且 $\boldsymbol{\beta}_3^2=\boldsymbol{\alpha}_1^2+\boldsymbol{\alpha}_3^2+2(\boldsymbol{\alpha}_1,\boldsymbol{\alpha}_3)=1+2+2(-1)=1$.

$\boldsymbol{\alpha}_1,\boldsymbol{\alpha}_2,\boldsymbol{\beta}_3$ 组成正交基, 且 $|\boldsymbol{\alpha}_1|=|\boldsymbol{\beta}_3|=1$, $|\boldsymbol{\alpha}_2|=\sqrt{2}$. 取与 $\boldsymbol{\alpha}_2$ 同方向的单位向量 $\boldsymbol{\beta}_2=\dfrac{1}{|\boldsymbol{\alpha}_2|}\boldsymbol{\alpha}_2=\dfrac{1}{\sqrt{2}}\boldsymbol{\alpha}_2$. 则 $\boldsymbol{\alpha}_1,\dfrac{1}{\sqrt{2}}\boldsymbol{\alpha}_2,\boldsymbol{\alpha}_1+\boldsymbol{\alpha}_3$ 组成标准正交基. □

9.2.2 求齐次方程 $x_1-x_2+x_3-x_4=0$ 在实数域上的解空间的一组标准正交基.

解 求得方程的解 $\boldsymbol{X}_1=(1,1,0,0),\boldsymbol{X}_2=(0,0,1,1),\boldsymbol{X}_3=(1,-1,-1,1)$ 组成解空间 U 的一组正交基.

$$\boldsymbol{Y}_1=\frac{1}{|\boldsymbol{X}_1|}\boldsymbol{X}_1=\left(\frac{1}{\sqrt{2}},\frac{1}{\sqrt{2}},0,0\right),\quad \boldsymbol{Y}_2=\frac{1}{|\boldsymbol{X}_2|}=\left(0,0,\frac{1}{\sqrt{2}},\frac{1}{\sqrt{2}}\right),$$

$$\boldsymbol{Y}_3=\frac{1}{|\boldsymbol{X}_3|}\boldsymbol{X}_3=\left(\frac{1}{2},-\frac{1}{2},-\frac{1}{2},\frac{1}{2}\right)$$

组成 U 的标准正交基. □

9.2.3 求齐次线性方程组

$$\begin{cases}x_1+x_2+x_3+x_4+x_5=0\\2x_1+3x_2+5x_3+8x_4=0\end{cases}$$

的解空间的一组标准正交基. 再扩充为 $\mathbf{R}^5$ 的一组标准正交基.

解 (1) 求得方程组的解 $\boldsymbol{X}_1=(2,-3,1,0,0)^{\mathrm{T}},\boldsymbol{X}_2=(5,-6,0,1,0)^{\mathrm{T}},\boldsymbol{X}_3=(-3,2,0,0,1)^{\mathrm{T}}$ 组成解空间 U 的一组基. 以这 3 个解为 3 列排成 5×3 矩阵 $\boldsymbol{A}=(\boldsymbol{X}_1,\boldsymbol{X}_2,\boldsymbol{X}_3)$, 则:

$$\boldsymbol{S}=\boldsymbol{A}^{\mathrm{T}}\boldsymbol{A}=\begin{pmatrix}14&28&-12\\28&62&-27\\-12&-27&14\end{pmatrix}$$

的第 (i,j) 元 $\boldsymbol{X}_i^{\mathrm{T}}\boldsymbol{X}_j$ 就是 $\boldsymbol{X}_i,\boldsymbol{X}_j\in\mathbf{R}^5$ 的标准内积, $\boldsymbol{S}$ 就是 $\boldsymbol{A}$ 的列向量组的度量矩阵. 设可逆方阵 $\boldsymbol{P}$ 将 $\boldsymbol{S}$ 相合到单位阵 $\boldsymbol{I}=\boldsymbol{P}^{\mathrm{T}}\boldsymbol{S}\boldsymbol{P}=\boldsymbol{P}^{\mathrm{T}}\boldsymbol{A}^{\mathrm{T}}\boldsymbol{A}\boldsymbol{P}=(\boldsymbol{A}\boldsymbol{P})^{\mathrm{T}}(\boldsymbol{A}\boldsymbol{P})=\boldsymbol{B}^{\mathrm{T}}\boldsymbol{B}$, 其中 $\boldsymbol{B}=\boldsymbol{A}\boldsymbol{P}$ 的各列是 $\boldsymbol{A}$ 的 3 列 $\boldsymbol{X}_1,\boldsymbol{X}_2,\boldsymbol{X}_3$ 的线性组合, 组成解空间 U 的一组基 M. 且由 $\boldsymbol{B}^{\mathrm{T}}\boldsymbol{B}=\boldsymbol{I}$ 知 M 是 U 的标准正交基. 将 $\boldsymbol{S}$ 与 $\boldsymbol{A}^{\mathrm{T}}$ 排成 3×8 矩阵 $(S,\boldsymbol{A}^{\mathrm{T}})$, 经过一系列初等行变换并对前 3 列作相应的初等列变换, 将 $(\boldsymbol{S},\boldsymbol{A}^{\mathrm{T}})$ 变成 $(\boldsymbol{I},\boldsymbol{Y})$, 也就是将 $\boldsymbol{S}$ 相合到 $\boldsymbol{P}^{\mathrm{T}}\boldsymbol{S}\boldsymbol{P}=\boldsymbol{I}$, 则 $\boldsymbol{Y}=\boldsymbol{P}^{\mathrm{T}}\boldsymbol{A}^{\mathrm{T}}=(\boldsymbol{A}\boldsymbol{P})^{\mathrm{T}}=\boldsymbol{B}^{\mathrm{T}}$ 的各行组成解空间 U 的标准正交基 (写成行向量形式). 具体计算过程为:

$$(\boldsymbol{S},\boldsymbol{A}^{\mathrm{T}})=\begin{pmatrix}14&28&-12&2&-3&1&0&0\\28&62&-27&5&-6&0&1&0\\-12&-27&14&-3&2&0&0&1\end{pmatrix}\xrightarrow{-2(1)+(2),\,\frac{6}{7}(1)+(3)}$$

$$\begin{pmatrix}14&0&0&2&-3&1&0&0\\0&6&-3&1&0&-2&1&0\\0&-3&\dfrac{26}{7}&-\dfrac{9}{7}&-\dfrac{4}{7}&\dfrac{6}{7}&0&1\end{pmatrix}\xrightarrow{\frac{1}{2}(2)+(3)}$$

$$\begin{pmatrix}14&0&0&2&-3&1&0&0\\0&6&0&1&0&-2&1&0\\0&0&\dfrac{31}{14}&-\dfrac{11}{14}&-\dfrac{4}{7}&-\dfrac{1}{7}&\dfrac{1}{2}&1\end{pmatrix}\xrightarrow{\frac{1}{\sqrt{14}}(1),\,\frac{1}{\sqrt{6}}(2),\,\sqrt{\frac{14}{31}}(3)}$$

$$\begin{pmatrix}1&0&0&\dfrac{2}{\sqrt{14}}&-\dfrac{3}{\sqrt{14}}&\dfrac{1}{\sqrt{14}}&0&0\\0&1&0&\dfrac{1}{\sqrt{6}}&0&-\dfrac{2}{\sqrt{6}}&\dfrac{1}{\sqrt{6}}&0\\0&0&1&-\dfrac{11\sqrt{14}}{14\sqrt{31}}&-\dfrac{4\sqrt{14}}{7\sqrt{31}}&-\dfrac{\sqrt{14}}{7\sqrt{31}}&\dfrac{\sqrt{14}}{2\sqrt{31}}&\dfrac{\sqrt{14}}{\sqrt{31}}\end{pmatrix}$$

最后得到的矩阵 $(\boldsymbol{I},\boldsymbol{B}^{\mathrm{T}})$ 的后 5 列组成 $\boldsymbol{B}^{\mathrm{T}}=\boldsymbol{P}^{\mathrm{T}}\boldsymbol{A}^{\mathrm{T}}$, 它的 3 行:

$$Y_1=\left(\frac{2}{\sqrt{14}},-\frac{3}{\sqrt{14}},\frac{1}{\sqrt{14}},0,0\right),\quad Y_2=\left(\frac{1}{\sqrt{6}},0,-\frac{2}{\sqrt{6}},\frac{1}{\sqrt{6}},0\right),$$

$$Y_3=\left(-\frac{11\sqrt{14}}{14\sqrt{31}},-\frac{4\sqrt{14}}{7\sqrt{31}},-\frac{\sqrt{14}}{7\sqrt{31}},\frac{\sqrt{14}}{2\sqrt{31}},\frac{\sqrt{14}}{\sqrt{31}}\right)$$

组成解空间的标准正交基. □

方程组的解都与系数矩阵的两行 $X_1=(1,1,1,1,1),\alpha_2=(2,3,5,8,0)$ 正交. 将 α_1,α_2 正交化为 $\beta_1=\alpha_1$ 及 $\beta_2=\alpha_2-\dfrac{(\alpha_2,\beta_1)}{(\beta_1,\beta_1)}\beta_1=(2,3,5,8,0)-\dfrac{18}{5}(1,1,1,1,1)=\left(-\dfrac{8}{5},-\dfrac{3}{5},\dfrac{7}{5},\dfrac{22}{5},-\dfrac{18}{5}\right)$.

再化为同方向的单位向量

$$Y_4=\frac{1}{|\beta_1|}\beta_1=\left(\frac{1}{\sqrt{5}},\frac{1}{\sqrt{5}},\frac{1}{\sqrt{5}},\frac{1}{\sqrt{5}},\frac{1}{\sqrt{5}}\right),$$
$$Y_5=\frac{1}{|\beta_2|}\beta_2=\left(-\frac{8}{\sqrt{930}},-\frac{3}{\sqrt{930}},\frac{7}{\sqrt{930}},\frac{22}{\sqrt{930}},-\frac{18}{\sqrt{930}}\right).$$

则解空间的基 $\{Y_1,Y_2,Y_3\}$ 扩充为 R^5 的标准正交基 $\{Y_1,Y_2,Y_3,Y_4,Y_5\}$.

9.2.4 在次数低于 4 的实系数多项式组成的实线性空间 $\mathrm{R}_4[x]$ 中定义内积 $(f(x),g(x))=\int_{-1}^{1}f(x)g(x)\mathrm{d}x$. 试将 $\mathrm{R}_4[x]$ 的基 $\{1,x,x^2,x^3\}$ 作正交化得到一组标准正交基.

解 任何两个基向量 x^k,x^j $(0\leqslant k\leqslant j\leqslant 3)$ 的内积

$$(x^k,x^j)=\int_{-1}^{1}x^{k+j}\mathrm{d}x=\frac{1}{k+j+1}x^{k+j+1}\Big|_{-1}^{1}=\begin{cases}0, & k+j\text{ 为奇数}\\ \dfrac{2}{k+j+1}, & k+j\text{ 为偶数}\end{cases}$$

以基向量 $1,x,x^2,x^3$ 两两的内积为元素组成的 Gram 方阵

$$\boldsymbol{G}=\begin{pmatrix}2&0&\frac{2}{3}&0\\0&\frac{2}{3}&0&\frac{2}{5}\\\frac{2}{3}&0&\frac{2}{5}&0\\0&\frac{2}{5}&0&\frac{2}{7}\end{pmatrix}$$

$$(\boldsymbol{G},\boldsymbol{I})\xrightarrow{-\frac{1}{3}(1)+(3),-\frac{3}{5}(2)+(4)}\begin{pmatrix}2&0&0&0&1&0&0&0\\0&\frac{2}{3}&0&0&0&1&0&0\\0&0&\frac{8}{45}&0&-\frac{1}{3}&0&1&0\\0&0&0&\frac{8}{175}&0&-\frac{3}{5}&0&1\end{pmatrix}$$

$$\xrightarrow{\frac{\sqrt{2}}{2}(1),\frac{\sqrt{6}}{2}(2),\frac{3\sqrt{10}}{4}(3),\frac{5\sqrt{14}}{4}(4)}\begin{pmatrix}1&0&0&0&\frac{\sqrt{2}}{2}&0&0&0\\0&1&0&0&0&\frac{\sqrt{6}}{2}&0&0\\0&0&1&0&-\frac{\sqrt{10}}{4}&0&\frac{3\sqrt{10}}{4}&0\\0&0&0&1&0&-\frac{3\sqrt{14}}{4}&0&\frac{5\sqrt{14}}{4}\end{pmatrix}$$

$$(1,x,x^2,x^3)\begin{pmatrix}\frac{\sqrt{2}}{2}&0&-\frac{\sqrt{10}}{4}&0\\0&\frac{\sqrt{6}}{2}&0&-\frac{3\sqrt{14}}{4}\\0&0&\frac{3\sqrt{10}}{4}&0\\0&0&0&\frac{5\sqrt{14}}{4}\end{pmatrix}$$
$$=\left(\frac{\sqrt{2}}{2},\frac{\sqrt{6}}{2}x,\frac{\sqrt{10}}{4}(3x^2-1),\frac{\sqrt{14}}{4}(5x^3-3x)\right)$$

故 $\frac{\sqrt{2}}{2},\frac{\sqrt{6}}{2}x,\frac{\sqrt{10}}{4}(3x^2-1),\frac{\sqrt{14}}{4}(5x^3-3x)$ 组成 $R_4[x]$ 的一组标准正交基. □

9.2.5 在 $R_4[x]$ 中定义内积 $(f(x),g(x))=\int_0^1 f(x)g(x)\mathrm{d}x$, 求 $R_4[x]$ 的一组标准正交基.

解 基向量 $1,x,x^2,x^3$ 两两内积 $(x^k,x^j)=\int_0^1 x^{k+j}\mathrm{d}x=\frac{1}{k+j+1}$. 这组基的 Gram 方阵

$$\boldsymbol{G}=\begin{pmatrix}1&\frac{1}{2}&\frac{1}{3}&\frac{1}{4}\\ \frac{1}{2}&\frac{1}{3}&\frac{1}{4}&\frac{1}{5}\\ \frac{1}{3}&\frac{1}{4}&\frac{1}{5}&\frac{1}{6}\\ \frac{1}{4}&\frac{1}{5}&\frac{1}{6}&\frac{1}{7}\end{pmatrix}$$

$$(\boldsymbol{G},\boldsymbol{I})\xrightarrow{-\frac{1}{2}(1)+(2),-\frac{1}{3}(1)+(3),-\frac{1}{4}(1)+(4)}\begin{pmatrix}1&0&0&0&1&0&0&0\\ 0&\frac{1}{12}&\frac{1}{12}&\frac{3}{40}&-\frac{1}{2}&1&0&0\\ 0&\frac{1}{12}&\frac{4}{45}&\frac{1}{12}&-\frac{1}{3}&0&1&0\\ 0&\frac{3}{40}&\frac{1}{12}&\frac{9}{112}&-\frac{1}{4}&0&0&1\end{pmatrix}$$

$$\xrightarrow{-(2)+(3),-\frac{9}{10}(2)+(4)}\begin{pmatrix}1&0&0&0&1&0&0&0\\ 0&\frac{1}{12}&0&0&-\frac{1}{2}&1&0&0\\ 0&0&\frac{1}{180}&\frac{1}{120}&\frac{1}{6}&-1&1&0\\ 0&0&\frac{1}{120}&\frac{9}{700}&\frac{1}{5}&-\frac{9}{10}&0&1\end{pmatrix}$$

$$\xrightarrow{-\frac{3}{2}(3)+(4)}\begin{pmatrix}1&0&0&0&1&0&0&0\\ 0&\frac{1}{12}&0&0&-\frac{1}{2}&1&0&0\\ 0&0&\frac{1}{180}&0&\frac{1}{6}&-1&1&0\\ 0&0&0&\frac{1}{2800}&-\frac{1}{20}&\frac{3}{5}&-\frac{3}{2}&1\end{pmatrix}$$

$$\xrightarrow{2\sqrt{3}(2),6\sqrt{5}(3),20\sqrt{7}(4)}\begin{pmatrix}1&0&0&0&1&0&0&0\\ 0&1&0&0&-\sqrt{3}&2\sqrt{3}&0&0\\ 0&0&1&0&\sqrt{5}&-6\sqrt{5}&6\sqrt{5}&0\\ 0&0&0&1&-\sqrt{7}&12\sqrt{7}&-30\sqrt{7}&20\sqrt{7}\end{pmatrix}=(\boldsymbol{I},\boldsymbol{P}^{\mathrm{T}})$$

$$(1,x,x^2,x^3)\boldsymbol{P}=(1,\sqrt{3}(2x-1),\sqrt{5}(6x^2-6x+1),\sqrt{7}(20x^3-30x^2+12x-1)).$$

故 $1,\sqrt{3}(2x-1),\sqrt{5}(6x^2-6x+1),\sqrt{7}(20x^3-30x^2+12x-1)$ 组成 $R_4[x]$ 的标准正交基. □

9.2.6 在区间 $[0,2\pi]$ 上的全体连续函数组成的实线性空间 $C_{[0,2\pi]}$ 中定义内积

$(f(x),g(x))=\int_0^{2\pi}f(x)g(x)\mathrm{d}x$, 验证函数组 $\{1,\cos kx,\sin kx \mid \forall$ 正整数 $k\}$ 两两正交.

解 $(1,\cos kx)=\int_0^{2\pi}1\cos kx\mathrm{d}x=\frac{1}{k}\sin kx|_0^{2\pi}=0.$

$(1,\sin kx)=\int_0^{2\pi}1\sin kx\,\mathrm{d}x=-\frac{1}{k}\cos kx|_0^{2\pi}=0.$

$(\sin kx,\cos mx)=\int_0^{2\pi}\sin kx\cos mx\mathrm{d}x=\int_0^{2\pi}\frac{1}{2}(\sin(k+m)x+\sin(k-m)x)\mathrm{d}x=0.$

当 $k\neq m$ 时:

$(\sin kx,\sin mx)=\int_0^{2\pi}\sin kx\sin mx\mathrm{d}x=\int_0^{2\pi}\frac{1}{2}(\cos(k-m)\mathrm{d}x-\cos(k+m)x)\mathrm{d}x=0;$

$(\cos kx,\cos mx)=\int_0^{2\pi}\cos kx\cos mx\mathrm{d}x=\int_0^{2\pi}\frac{1}{2}(\cos(k-m)x+\cos(k+m))\mathrm{d}x=0.$

这证明了所给函数组中任意两个不同的函数相互正交. □

9.2.7 设 $\boldsymbol{e}_1,\boldsymbol{e}_2,\cdots,\boldsymbol{e}_n$ 是 $E_n(\mathbf{R})$ 的标准正交基, $\boldsymbol{\alpha}_1,\boldsymbol{\alpha}_2,\cdots,\boldsymbol{\alpha}_k$ 是 $E_n(\mathbf{R})$ 的任意 k 个向量, 试证: $\boldsymbol{\alpha}_1,\boldsymbol{\alpha}_2,\cdots,\boldsymbol{\alpha}_k$ 两两正交的充要条件是

$$\sum_{s=1}^{n}(\boldsymbol{\alpha}_i,\boldsymbol{e}_s)(\boldsymbol{\alpha}_j,\boldsymbol{e}_s)=0\quad(\forall\ 1\leqslant i<j\leqslant k)$$

证明 设向量 $\boldsymbol{\alpha}$ 在标准正交基 $E=\{\boldsymbol{e}_1,\cdots,\boldsymbol{e}_n\}$ 下的坐标为 $(x_1,\cdots,x_n)$, 即

$$\boldsymbol{\alpha}=x_1\boldsymbol{e}_1+\cdots+x_n\boldsymbol{e}_n$$

等式两边与同一个 $\boldsymbol{e}_i$ $(1\leqslant i\leqslant n)$ 作内积, 由 $(\boldsymbol{e}_i,\boldsymbol{e}_j)$ $(\forall\ i\neq j)$ 及 $(\boldsymbol{e}_i,\boldsymbol{e}_i)=1$ 得 $(\boldsymbol{\alpha},\boldsymbol{e}_i)=x_i(\boldsymbol{e}_i,\boldsymbol{e}_i)=x_i$. 可见 $\boldsymbol{\alpha}=(\boldsymbol{\alpha},\boldsymbol{e}_1)\boldsymbol{e}_1+\cdots+(\boldsymbol{\alpha},\boldsymbol{e}_n)\boldsymbol{e}_n$.

因此 $\boldsymbol{\alpha}_i=(\boldsymbol{\alpha}_i,\boldsymbol{e}_1)\boldsymbol{e}_1+\cdots+(\boldsymbol{\alpha}_i,\boldsymbol{e}_n)\boldsymbol{e}_n$, $\boldsymbol{\alpha}_j=(\boldsymbol{\alpha}_j,\boldsymbol{e}_1)\boldsymbol{e}_1+\cdots+(\boldsymbol{\alpha}_j,\boldsymbol{e}_n)\boldsymbol{e}_n$. 它们的内积 $(\boldsymbol{\alpha}_i,\boldsymbol{\alpha}_j)$ 等于对应坐标 $(\boldsymbol{\alpha}_i,\boldsymbol{e}_s),(\boldsymbol{\alpha}_i\boldsymbol{e}_s)$ 乘积之和, 两两正交的充要条件为

$$(\boldsymbol{\alpha}_i,\boldsymbol{\alpha}_j)=\sum_{k=1}^{n}(\boldsymbol{\alpha}_i,\boldsymbol{e}_s)(\boldsymbol{\alpha}_j,\boldsymbol{e}_s)=0\quad(\forall\ 1\leqslant i<j\leqslant n)$$ □

9.2.8 用向量的内积证明平面外一点到平面的线段长以垂线段最短, 并推广到 n 维欧氏空间:

(1) 取平面上任一点为原点 O, 将空间 V 每一点 P 用向量 $\overrightarrow{OP}$ 表示, 则平面是一个 2 维子空间 W. 设 A 是空间中给定的任一点, B 是平面内任一点, 分别对应于向量 $\boldsymbol{\alpha}=\overrightarrow{OA},\boldsymbol{\beta}=\overrightarrow{OB}$, 则 $|AB|=|\boldsymbol{\alpha}-\boldsymbol{\beta}|$. 求证: 当 $\boldsymbol{\alpha}-\boldsymbol{\beta}\in W^{\perp}$ 时 $|\boldsymbol{\alpha}-\boldsymbol{\beta}|$ 取最小值.

(2) 设 $E(\mathbf{R})$ 是欧氏空间, W 是它的任意子空间, $\boldsymbol{\alpha}$ 是 $E(\mathbf{R})$ 任意给定的向量. 求证: 当 $\boldsymbol{\alpha}-\boldsymbol{\beta}\in W^{\perp}$ 时 $|\boldsymbol{\alpha}-\boldsymbol{\beta}|$ $(\boldsymbol{\beta}\in W)$ 取最小值.

(3) 设 $E(\mathbf{R})$ 是欧氏空间, $\boldsymbol{\alpha}\in E(\mathbf{R})$, W 是由 $\boldsymbol{\alpha}_1,\cdots,\boldsymbol{\alpha}_k\in E(\mathbf{R})$ 生成的子空间. 当 $x_1,\cdots,x_k\in\mathbf{R}$ 满足什么条件时, $|\boldsymbol{\alpha}-(x_1\boldsymbol{\alpha}_1+\cdots+x_k\boldsymbol{\alpha}_k)|$ 取最小值?

证明 (1) 如图 9.2, 设 D 是由 A 到平面 W 所引垂线与 W 的交点, 由向量 $\boldsymbol{\beta}_0=\overrightarrow{OD}$ 表示, 则 $\boldsymbol{\alpha}-\boldsymbol{\beta}_0=\overrightarrow{DA}\in W^{\perp}$. 我们用向量内积证明由平面内任意一点 B 到 A 的距离 $|BA|=|\boldsymbol{\alpha}-\boldsymbol{\beta}|\geqslant|\boldsymbol{\alpha}-\boldsymbol{\beta}_0|=|DA|$.

先用几何语言叙述: 连接 BD, 则由 $DA\perp$ 平面 W 知 $DA\perp BD$, $\angle BDA$ 是直角. 由勾股定理得 $|BA|^2=|BD|^2+|DA|^2\geqslant|DA|^2$, 这就证明了 $|BA|\geqslant|DA|$.

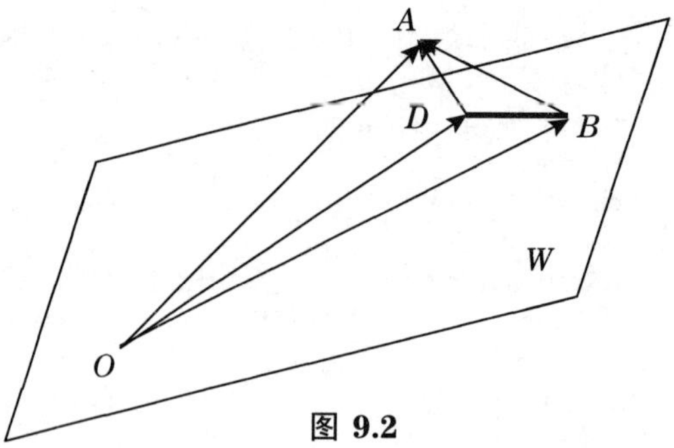

图 9.2

翻译成向量语言: $\overrightarrow{BA}=\boldsymbol{\alpha}-\boldsymbol{\beta}=(\boldsymbol{\alpha}-\boldsymbol{\beta}_0)+(\boldsymbol{\beta}_0-\boldsymbol{\beta})=\overrightarrow{DA}+\overrightarrow{BD}$. 且由 $\boldsymbol{\alpha}-\boldsymbol{\beta}_0\in W^{\perp}$ 及 $\boldsymbol{\beta}_0,\boldsymbol{\beta}\in W$ 知 $(\boldsymbol{\alpha}-\boldsymbol{\beta}_0,\boldsymbol{\beta}_0-\boldsymbol{\beta})=(\boldsymbol{\alpha}-\boldsymbol{\beta}_0,\boldsymbol{\beta}_0)-(\boldsymbol{\alpha}-\boldsymbol{\beta}_0,\boldsymbol{\beta})=0-0=0$, 因而:

$$|\boldsymbol{\alpha}-\boldsymbol{\beta}|^2=((\boldsymbol{\alpha}-\boldsymbol{\beta}_0)+(\boldsymbol{\beta}_0-\boldsymbol{\beta}))^2=(\boldsymbol{\alpha}-\boldsymbol{\beta}_0)^2+(\boldsymbol{\beta}_0-\boldsymbol{\beta})^2\geqslant(\boldsymbol{\alpha}-\boldsymbol{\beta}_0)^2=|\boldsymbol{\alpha}-\boldsymbol{\beta}_0|^2$$

这证明了 $|\boldsymbol{\alpha}-\boldsymbol{\beta}|\geqslant|\boldsymbol{\alpha}-\boldsymbol{\beta}_0|$. $|DA|=|\boldsymbol{\alpha}-\boldsymbol{\beta}_0|$ 是所有 $|BA|=|\boldsymbol{\alpha}-\boldsymbol{\beta}|$ 的最小值.

(2) (1) 中对向量 $\boldsymbol{\alpha},\boldsymbol{\beta},\boldsymbol{\beta}_0$ 的推理适合于任意欧氏空间 $E_n(\mathbf{R})$. 设 $\boldsymbol{\beta},\boldsymbol{\beta}_0$ 是子空间 W 中的向量, 且 $\boldsymbol{\alpha}-\boldsymbol{\beta}_0\in\perp W$, 则 $(\boldsymbol{\alpha}-\boldsymbol{\beta}_0,\boldsymbol{\beta}_0-\boldsymbol{\beta})=(\boldsymbol{\alpha}-\boldsymbol{\beta}_0,\boldsymbol{\beta}_0)-(\boldsymbol{\alpha}-\boldsymbol{\beta}_0,\boldsymbol{\beta})=0-0=0$.

$$|\boldsymbol{\alpha}-\boldsymbol{\beta}|^2=((\boldsymbol{\alpha}-\boldsymbol{\beta}_0)+(\boldsymbol{\beta}_0-\boldsymbol{\beta}))^2=(\boldsymbol{\alpha}-\boldsymbol{\beta}_0)^2+(\boldsymbol{\beta}_0-\boldsymbol{\beta})^2\geqslant(\boldsymbol{\alpha}-\boldsymbol{\beta}_0)^2=|\boldsymbol{\alpha}-\boldsymbol{\beta}_0|^2$$

这证明了 $|\boldsymbol{\alpha}-\boldsymbol{\beta}_0|\leqslant|\boldsymbol{\alpha}-\boldsymbol{\beta}|$. $|\boldsymbol{\alpha}-\boldsymbol{\beta}_0|$ 是所有 $|\boldsymbol{\alpha}-\boldsymbol{\beta}|$ $(\boldsymbol{\beta}\in W)$ 的最小值.

(3) $\boldsymbol{\alpha}_1,\cdots,\boldsymbol{\alpha}_k\in W\Rightarrow\boldsymbol{\beta}=x_1\boldsymbol{\alpha}_1+\cdots+x_k\boldsymbol{\alpha}_k\in W$. 按照 (2) 证明的结论, $|\boldsymbol{\alpha}-(x_1\boldsymbol{\alpha}_1+\cdots+x_k\boldsymbol{\alpha}_k)|=|\boldsymbol{\alpha}-\boldsymbol{\beta}|$ 取最小值的充分必要条件为 $\boldsymbol{\alpha}-\boldsymbol{\beta}\in W^{\perp}$, 也就是 $(\boldsymbol{\alpha}_i,\boldsymbol{\alpha}-\boldsymbol{\beta})=(\boldsymbol{\alpha}_i,\boldsymbol{\alpha})-(\boldsymbol{\alpha}_i,\boldsymbol{\beta})=0$ 即

$$(\boldsymbol{\alpha}_i,\boldsymbol{\alpha})=(\boldsymbol{\alpha}_i,\boldsymbol{\beta})=x_1(\boldsymbol{\alpha}_i,\boldsymbol{\alpha}_1)+\cdots+x_k(\boldsymbol{\alpha}_i,\boldsymbol{\alpha}_k)$$

对 $1\leqslant i\leqslant k$ 成立. 当 $(x_1,\cdots,x_k)$ 是线性方程组

$$\begin{cases}(\boldsymbol{\alpha}_1,\boldsymbol{\alpha}_1)x_1+\cdots+(\boldsymbol{\alpha}_1,\boldsymbol{\alpha}_k)x_k=(\boldsymbol{\alpha}_1,\boldsymbol{\alpha})\\(\boldsymbol{\alpha}_2,\boldsymbol{\alpha}_1)x_1+\cdots+(\boldsymbol{\alpha}_2,\boldsymbol{\alpha}_k)x_k=(\boldsymbol{\alpha}_2,\boldsymbol{\alpha})\\\cdots\cdots\\(\boldsymbol{\alpha}_k,\boldsymbol{\alpha}_1)x_1+\cdots+(\boldsymbol{\alpha}_k,\boldsymbol{\alpha}_k)x_k=(\boldsymbol{\alpha}_k,\boldsymbol{\alpha})\end{cases}$$

的解时, $|\boldsymbol{\alpha}-(x_1\boldsymbol{\alpha}_1+\cdots+x_k\boldsymbol{\alpha}_k)|$ 取最小值. □

点评 按照 (1) 的证明, 从平面 W 外一点 A 到平面的垂线段 AD 比斜线段 AB 短的原因是勾股定理: $|AB|^2=|AD|^2+|DB|^2>|AD|^2\Rightarrow|AB|>|AD|$. 用向量内积的语言来叙述, 勾股定理就是完全平方公式 $\overrightarrow{AB}^2=(\overrightarrow{AD}+\overrightarrow{DB})^2=\overrightarrow{AD}^2+\overrightarrow{DB}^2+2\overrightarrow{AD}\cdot\overrightarrow{DB}$ 当 $\overrightarrow{AD}\cdot\overrightarrow{DB}=0$ 时的特殊情形. 完全平方公式可由内积的运算律 (双线性, 对称性) 推出. 既然将内积的运算律推广到了 n 维欧氏空间 $E_n(\mathbf{R})$, 完全平方公式 $(\boldsymbol{\alpha}+\boldsymbol{\beta})^2=\boldsymbol{\alpha}^2+\boldsymbol{\beta}^2+2(\boldsymbol{\alpha},\boldsymbol{\beta})$ 也就推广到了 $E_n(\mathbf{R})$, 当 $(\boldsymbol{\alpha},\boldsymbol{\beta})=0$ 时就得到了 $(\boldsymbol{\alpha}+\boldsymbol{\beta})^2=\boldsymbol{\alpha}^2+\boldsymbol{\beta}^2\geqslant\boldsymbol{\alpha}^2$, 即 $|\boldsymbol{\alpha}+\boldsymbol{\beta}|\geqslant|\boldsymbol{\alpha}|$, 这就是垂线段最短的定理.

欧几里得的最重要贡献是将复杂纷纭的几何现象归结为少数显而易见的简单公理. 代数也是这样, 将复杂的运算和命题归结为少数简单公理 ——运算律.

本题第 (3) 小题的结论可以用来解决实系数非齐次线性方程组的最优解的问题. 非齐次线性方程组 $\boldsymbol{AX}=\boldsymbol{b}$ 有可能无解. 将系数矩阵 $\boldsymbol{A}$ 按列分块为 $\boldsymbol{A}=(\boldsymbol{a}_1,\cdots,\boldsymbol{a}_n)$, 将方程组 $\boldsymbol{AX}=\boldsymbol{b}$ 写成向量形式:

$$x_1\boldsymbol{a}_1+\cdots+x_n\boldsymbol{a}_n=\boldsymbol{b} \tag{9.10}$$

求解这个方程组, 就是将向量 $\boldsymbol{b}$ 写成 $\boldsymbol{a}_1,\cdots,\boldsymbol{a}_n$ 的线性组合, 求线性组合系数 $x_1,\cdots,x_n$. 仅当 $\boldsymbol{b}$ 含于 $\boldsymbol{a}_1,\cdots,\boldsymbol{a}_n$ 所生成的子空间 $W=L(\boldsymbol{a}_1,\cdots,\boldsymbol{a}_n)$ 时, 方程组才有解. 如果 $\boldsymbol{b}\notin W$, 方程组就没有解. 但此时我们可以在 W 内求出 $\boldsymbol{\beta}_0=x_1\boldsymbol{a}_1+\cdots+x_n\boldsymbol{a}_n=\boldsymbol{AX}_0$ 使它与 $\boldsymbol{b}$ 的距离 $|\boldsymbol{b}-\boldsymbol{b}_0|=|\boldsymbol{AX}_0-\boldsymbol{b}|$ 最短, 将这样得到的 $\boldsymbol{X}_0=(x_1,\cdots,x_n)^{\mathrm{T}}$ 作为方程组 $\boldsymbol{AX}=\boldsymbol{b}$ 的最优近似解. 按照本题第 (3) 小题的结论, 这样的 $\boldsymbol{\beta}_0=\boldsymbol{AX}_0$ 应当满足 $\boldsymbol{AX}_0-\boldsymbol{\beta}\in W^{\perp}$, 也就是 $(\boldsymbol{a}_i,\boldsymbol{AX}_0-\boldsymbol{b})=\boldsymbol{a}_i^{\mathrm{T}}(\boldsymbol{AX}_0-\boldsymbol{b})=0$ 对 $1\leqslant i\leqslant n$ 成立, 即

$$\begin{cases}\boldsymbol{a}_1^{\mathrm{T}}(\boldsymbol{AX}_0-\boldsymbol{b})=0\\ \cdots\cdots\\ \boldsymbol{a}_n^{\mathrm{T}}(\boldsymbol{AX}_0-\boldsymbol{b})=0\end{cases}$$

即

$$\begin{pmatrix}\boldsymbol{a}_1^{\mathrm{T}}\\ \vdots\\ \boldsymbol{a}_n^{\mathrm{T}}\end{pmatrix}(\boldsymbol{AX}_0-\boldsymbol{b})=\boldsymbol{0}$$

即$\boldsymbol{A}^{\mathrm{T}}\boldsymbol{AX}_0=\boldsymbol{A}^{\mathrm{T}}b$.

$\boldsymbol{X}_0$ 满足的方程组 $\boldsymbol{A}^{\mathrm{T}}\boldsymbol{AX}=\boldsymbol{A}^{\mathrm{T}}\boldsymbol{b}$ 由原方程组 $\boldsymbol{AX}=\boldsymbol{b}$ 两边左乘 $\boldsymbol{A}^{\mathrm{T}}$ 得到. 如果方程组 $\boldsymbol{AX}=\boldsymbol{b}$ 有解, 它的解一定是 $\boldsymbol{A}^{\mathrm{T}}\boldsymbol{AX}=\boldsymbol{A}^{\mathrm{T}}\boldsymbol{b}$ 的解. 反过来, 当方程组 $\boldsymbol{AX}=\boldsymbol{b}$ 无解时, 方程组 $\boldsymbol{A}^{\mathrm{T}}\boldsymbol{AX}=\boldsymbol{A}^{\mathrm{T}}\boldsymbol{b}$ 也一定有解, 它的解 $\boldsymbol{X}$ 就是使 $|\boldsymbol{AX}-\boldsymbol{b}|$ 最短的解. 既然不能求得 $\boldsymbol{X}$ 使 $\boldsymbol{AX}=\boldsymbol{b}$, 退而求其次, 求 $\boldsymbol{X}$ 使向量 $\boldsymbol{AX}$ 尽可能接近 $\boldsymbol{b}$, 也就是使 $|\boldsymbol{AX}-\boldsymbol{b}|$ 最短, 使 $|\boldsymbol{AX}-\boldsymbol{b}|^2$ 最小.

$$|\boldsymbol{AX}-\boldsymbol{b}|^2=\sqrt{(a_{11}x_1+\cdots+a_{1n}x_n-b_1)^2+\cdots+(a_{m1}x_1+\cdots+a_{mn}x_n-b_m)^2}$$

就是方程组 $\boldsymbol{AX}=\boldsymbol{b}$ 中各方程 $a_{i1}x_1+\cdots+a_{in}x_n=b_i$ $(\forall\ 1\leqslant i\leqslant m)$ 左右两边差的平方和. 使这个平方和最小的解 $\boldsymbol{X}$ 称为方程组的**最小二乘解**. □

9.2.9 (1) 设 W 是 $\mathbf{R}^3$ 中过点 $(0,0,0),(1,2,2),(3,4,0)$ 的平面, 求点 $A(5,0,0)$ 到平面 W 的最短距离.

(2) 求方程组

$$\begin{cases}0.39x-1.89y=1\\ 0.61x-1.80y=1\\ 0.93x-1.68y=1\\ 1.35x-1.50y=1\end{cases}$$

的最小二乘解. 也就是求 x,y 使 $\mathbf{R}^4$ 中的向量

$$\boldsymbol{\delta}=x(0.39,0.61,0.93,1.35)-y(1.89,1.80,1.68,1.50)-(1,1,1,1)$$

的长度的平方取最小值.

(3) 设 $\boldsymbol{A}\in\mathbf{R}^{m\times n}$, $\boldsymbol{X}=(x_1,\cdots,x_n)^{\mathrm{T}}$, $\boldsymbol{\beta}\in\mathbf{R}^{m\times 1}$. 如果实系数线性方程组 $\boldsymbol{AX}=\boldsymbol{\beta}$ 无解, 我们可以求 $\boldsymbol{X}$ 使 $\mathbf{R}^{m\times 1}$ 中的向量 $\boldsymbol{\delta}=\boldsymbol{A}x-\boldsymbol{\beta}$ 的长度 $|\boldsymbol{\delta}|$ 取最小值. 满足这个条件的解 $\boldsymbol{X}$ 称为方程组 $\boldsymbol{AX}=\boldsymbol{\beta}$ 的最小二乘解. 设 $\boldsymbol{A}$ 的各列依次为 $\boldsymbol{\alpha}_1,\cdots,\boldsymbol{\alpha}_n$, 则 $\boldsymbol{AX}=x_1\boldsymbol{\alpha}_1+\cdots+x_n\boldsymbol{\alpha}_n$. 求证:

$$|\boldsymbol{\delta}|\text{ 取最小值}\Leftrightarrow(\boldsymbol{\delta},\boldsymbol{\alpha}_i)=0\ (\forall\ 1\leqslant i\leqslant n)\quad\Leftrightarrow\boldsymbol{A}^{\mathrm{T}}\boldsymbol{AX}=\boldsymbol{A\beta}$$

解 (1) 从 A 向平面 W 作垂线与 W 相交于 D, 则 $|AD|$ 是 A 到平面的最短距离.

$D\in W\Leftrightarrow\overrightarrow{OD}=x\boldsymbol{\alpha}_1+y_1\boldsymbol{\alpha}_2=(\boldsymbol{\alpha}_1,\boldsymbol{\alpha}_2)\boldsymbol{X}=\boldsymbol{AX}$ 对某个二维实列向量 $\boldsymbol{X}=(x,y)^{\mathrm{T}}\in\mathbf{R}^{2\times 1}$ 成立, 其中 $\boldsymbol{A}=(\boldsymbol{\alpha}_1,\boldsymbol{\alpha}_2)$ 是以 $\boldsymbol{\alpha}_1=(1,2,2)^{\mathrm{T}},\boldsymbol{\alpha}_2=(3,4,0)^{\mathrm{T}}$ 为两列排成的矩阵. $\overrightarrow{AD}=\overrightarrow{OD}-\overrightarrow{OA}=\boldsymbol{AX}-\boldsymbol{\beta}$, 其中 $\boldsymbol{\beta}=\overrightarrow{OA}=(5,0,0)^{\mathrm{T}}$.

$AD\perp W\Leftrightarrow(\boldsymbol{\alpha}_i,\overrightarrow{AD})=\boldsymbol{\alpha}_i^{\mathrm{T}}(\boldsymbol{AX}-\boldsymbol{\beta})=0$ 对 $i=1,2$ 成立 $\Leftrightarrow\boldsymbol{A}^{\mathrm{T}}(\boldsymbol{AX}-\boldsymbol{\beta})=\mathbf{0}$ (其中 $\boldsymbol{A}^{\mathrm{T}}=\begin{pmatrix}\boldsymbol{\alpha}_1^{\mathrm{T}}\\\boldsymbol{\alpha}_2^{\mathrm{T}}\end{pmatrix}$) $\Leftrightarrow\boldsymbol{A}^{\mathrm{T}}\boldsymbol{AX}=\boldsymbol{A}^{\mathrm{T}}\boldsymbol{\beta}$.

方程组 $\boldsymbol{A}^{\mathrm{T}}\boldsymbol{AX}=\boldsymbol{A}^{\mathrm{T}}\boldsymbol{\beta}$ 即

$$\begin{pmatrix}1&2&2\\3&4&0\end{pmatrix}\begin{pmatrix}1&3\\2&4\\2&0\end{pmatrix}\begin{pmatrix}x\\y\end{pmatrix}=\begin{pmatrix}1&2&2\\3&4&0\end{pmatrix}\begin{pmatrix}5\\0\\0\end{pmatrix}\Leftrightarrow\begin{pmatrix}9&11\\11&25\end{pmatrix}\begin{pmatrix}x\\y\end{pmatrix}=\begin{pmatrix}5\\15\end{pmatrix}$$

解之得 $(x,y)=\left(-\dfrac{5}{13},\dfrac{10}{13}\right)$. 于是:

$$|AD|=|\boldsymbol{AX}-\boldsymbol{\beta}|=\sqrt{(x+3y-5)^2+(2x+4y)^2+(2x)^2}=10\sqrt{\frac{2}{13}}$$

是所求最短距离.

(2) 将方程组 $\boldsymbol{AX}=\boldsymbol{\beta}$ 写成向量形式 $x\boldsymbol{\alpha}_1+y\boldsymbol{\alpha}_2=\boldsymbol{\beta}$, 其中 $\boldsymbol{\alpha}_1,\boldsymbol{\alpha}_2$ 分别是系数矩阵 $\boldsymbol{A}=(\boldsymbol{\alpha}_1,\boldsymbol{\alpha}_2)$ 的两列. 设 $\boldsymbol{X}_0=(x_0,y_0)^{\mathrm{T}}$ 使 $\boldsymbol{\delta}_0=\boldsymbol{AX}_0-\boldsymbol{\beta}=x_0\boldsymbol{\alpha}_1+y_0\boldsymbol{\alpha}_2-\boldsymbol{\beta}$ 与 $\boldsymbol{\alpha}_1,\boldsymbol{\alpha}_2$ 都垂直, 即 $\boldsymbol{\alpha}_1^{\mathrm{T}}(\boldsymbol{AX}_0-\boldsymbol{\beta})=\boldsymbol{\alpha}_2^{\mathrm{T}}(\boldsymbol{AX}_0-\boldsymbol{\beta})=0$, 也就是 $\boldsymbol{A}^{\mathrm{T}}(\boldsymbol{AX}_0-\boldsymbol{\beta})=\mathbf{0}$ 即 $\boldsymbol{A}^{\mathrm{T}}\boldsymbol{AX}_0=\boldsymbol{A}^{\mathrm{T}}\boldsymbol{\beta}$, 则对任意 $\boldsymbol{\delta}=\boldsymbol{AX}-\boldsymbol{\beta}$ 有

$$(\boldsymbol{\delta}-\boldsymbol{\delta}_0,\boldsymbol{\delta}_0)=(\boldsymbol{AX}-\boldsymbol{AX}_0)^{\mathrm{T}}(\boldsymbol{AX}_0-\boldsymbol{\beta})=(\boldsymbol{X}-\boldsymbol{X}_0)^{\mathrm{T}}\boldsymbol{A}^{\mathrm{T}}(\boldsymbol{AX}_0-\boldsymbol{\beta})=0$$

因而:

$$|\boldsymbol{\delta}|^2=((\boldsymbol{\delta}-\boldsymbol{\delta}_0)+\boldsymbol{\delta}_0)^2=(\boldsymbol{\delta}-\boldsymbol{\delta}_0)^2+\boldsymbol{\delta}_0^2\geqslant\boldsymbol{\delta}_0^2=|\boldsymbol{\delta}_0|^2$$

这证明了 $|\boldsymbol{\delta}|$ 的最小值为 $|\boldsymbol{\delta}_0|$. 当且仅当 $\boldsymbol{\delta}-\boldsymbol{\delta}_0=\mathbf{0}$ 即 $\boldsymbol{\delta}=\boldsymbol{\delta}_0=\boldsymbol{AX}_0-\boldsymbol{\beta}$ 即 $\boldsymbol{A}^{\mathrm{T}}\boldsymbol{AX}=\boldsymbol{A}^{\mathrm{T}}\boldsymbol{\beta}$ 时 $|\boldsymbol{\delta}|=|\boldsymbol{AX}-\boldsymbol{\beta}|$ 取最小值.

本题中:

$$B=A^{\mathrm T}A=\begin{pmatrix}0.39&0.61&0.93&1.35\\-1.89&-1.80&-1.68&-1.50\end{pmatrix}\begin{pmatrix}0.39&-1.89\\0.61&-1.80\\0.93&-1.68\\1.35&-1.50\end{pmatrix}$$

$$=\begin{pmatrix}3.2116&-5.4225\\-5.4225&11.8845\end{pmatrix}$$

$$b=A^{\mathrm T}\beta=\begin{pmatrix}0.39&0.61&0.93&1.35\\-1.89&-1.80&-1.68&-1.50\end{pmatrix}\begin{pmatrix}1\\1\\1\\1\end{pmatrix}=\begin{pmatrix}3.28\\-6.87\end{pmatrix}$$

方程组 $(A^{\mathrm T}A)X=A^{\mathrm T}\beta$ 有唯一解 $X=(x,y)^{\mathrm T}=B^{-1}b=(0.19722,-0.488079)^{\mathrm T}$.

(3) 对每个正整数 $i\leqslant m$ 有: $(\alpha_i,\delta)=0\ \Leftrightarrow\ \alpha_i^{\mathrm T}\delta=\alpha_i^{\mathrm T}(AX-\beta)=0$.

$\alpha_i^{\mathrm T}$ 正是 $A^{\mathrm T}$ 的第 i 行, $\alpha_i^{\mathrm T}(AX-\beta)=0$ 是 $A^{\mathrm T}(AX-\beta)$ 的第 i 行.

因此, $(\alpha_i,\delta)=0\ (\forall\ 1\leqslant i\leqslant m)\ \Leftrightarrow\ A^{\mathrm T}(AX-\beta)$ 的各行 $\alpha_i^{\mathrm T}(AX-\beta)$ 全为 $0\Leftrightarrow A^{\mathrm T}(AX-\beta)=\mathbf 0\ \Leftrightarrow\ A^{\mathrm T}AX=A^{\mathrm T}\beta$.

设 $X_0\in\mathbf R^{n\times1}$ 满足 $A^{\mathrm T}AX_0=A^{\mathrm T}\beta$ 即 $A^{\mathrm T}(AX_0-\beta)=\mathbf 0$, 则对任意 $\delta=AX-\beta=(AX-AX_0)+(AX_0-\beta)$, 由

$$(AX-AX_0,AX_0-\beta)=(A(X-X_0))^{\mathrm T}(AX_0-\beta)=(X-X_0)^{\mathrm T}A^{\mathrm T}(AX_0-\beta)=0$$

得 $|\delta|^2=\delta^2=(AX-AX_0)^2+(AX_0-\beta)^2\geqslant(AX_0-\beta)^2=|AX_0-\beta|^2$.

这证明了 $|\delta|^2$ 的最小值为 $|AX_0-\beta|$.

$|\delta|$ 取最小值 $\Leftrightarrow AX-AX_0=\mathbf 0\Leftrightarrow\delta=AX-\beta=AX_0-\beta\ \Leftrightarrow\ A^{\mathrm T}(AX-\beta)=\mathbf 0\ \Leftrightarrow\ (\alpha_i,\delta)=0\ (\forall\ 1\leqslant i\leqslant m)$. □

点评 本题第 (2) 小题的计算可以借助于计算机来完成. 在 Mathematica 中输入如下语句:

```
A={{0.39,-1.89},{0.61,-1.80},{0.93,-1.68},{1.35,-1.50}}; b={1,1,1,1};
P=Transpose[A].A; B=Transpose[A].b; Inverse[P].B
```

运行得到输出结果: {0.19722,-0.488079} . □

9.2.10 设 $\alpha_1,\alpha_2,\cdots,\alpha_k$ 是欧氏空间 $E(\mathbf R)$ 中一组两两正交的单位向量, 生成 $E(\mathbf R)$ 的一个子空间 W. α 是 $E(\mathbf R)$ 中的任意向量. 试求 $x_1,\cdots,x_k\in\mathbf R$ 使 $\delta=\alpha-(x_1\alpha_1+\cdots+x_k\alpha_k)$ 的长度 $|\delta|$ 取最小值.

解 由 9.2.8 第 (3) 小题的结论知:

$|\delta|$ 长度最小 $\Leftrightarrow(\alpha_i,\delta)=(\alpha_i,\alpha)-x_i=0$ 即 $x_i=(\alpha_i,\alpha)\ (\forall\ 1\leqslant i\leqslant k)$.

因此, $(x_1,\cdots,x_k)=((\alpha_1,\alpha),\cdots,(\alpha_k,\alpha))$ 为所求. □

9.2.11 (Bessel 不等式) 设 $\alpha_1,\alpha_2,\cdots,\alpha_k$ 是欧氏空间 $E(\mathbf R)$ 中一组两两正交的单位向

量, $\boldsymbol{\alpha}$ 是 $E(\mathbf{R})$ 中的任意向量. 证明:

$$\sum_{i=1}^{k}(\boldsymbol{\alpha},\boldsymbol{\alpha}_i)^2 \leqslant |\boldsymbol{\alpha}|^2$$

而且向量 $\boldsymbol{\beta}=\boldsymbol{\alpha}-\sum\limits_{i=1}^{k}(\boldsymbol{\alpha},\boldsymbol{\alpha}_i)\boldsymbol{\alpha}_i$ 与每个 $\boldsymbol{\alpha}_i$ 都正交.

证明 记 $\boldsymbol{\delta}=(\boldsymbol{\alpha},\boldsymbol{\alpha}_1)\boldsymbol{\alpha}_1+\cdots+(\boldsymbol{\alpha},\boldsymbol{\alpha}_k)\boldsymbol{\alpha}_k$, $\boldsymbol{\beta}=\boldsymbol{\alpha}-\boldsymbol{\delta}$, 则对每个 $\boldsymbol{\alpha}_i$ 有

$$(\boldsymbol{\beta},\boldsymbol{\alpha}_i)=(\boldsymbol{\alpha},\boldsymbol{\alpha}_i)-\sum_{j=1}^{k}(\boldsymbol{\alpha},\boldsymbol{\alpha}_j)(\boldsymbol{\alpha}_i,\boldsymbol{\alpha}_j)=(\boldsymbol{\alpha},\boldsymbol{\alpha}_i)-(\boldsymbol{\alpha},\boldsymbol{\alpha}_i)=0$$

这证明了 $\boldsymbol{\beta}$ 与每个 $\boldsymbol{\alpha}_i$ 都正交. 从而 $(\boldsymbol{\beta},\boldsymbol{\delta})=\sum\limits_{i=1}^{k}(\boldsymbol{\alpha},\boldsymbol{\alpha}_i)(\boldsymbol{\beta},\boldsymbol{\alpha}_i)=0$. 于是:

$$|\boldsymbol{\alpha}|^2=(\boldsymbol{\beta}+\boldsymbol{\delta})^2=\boldsymbol{\beta}^2+\boldsymbol{\delta}^2\geqslant\boldsymbol{\delta}^2=\left(\sum_{i=1}^{k}(\boldsymbol{\alpha},\boldsymbol{\alpha}_i)\boldsymbol{\alpha}_i\right)^2=\sum_{i=1}^{k}(\boldsymbol{\alpha},\boldsymbol{\alpha}_i)^2$$

9.2.12 设 $\boldsymbol{\alpha}_1,\cdots,\boldsymbol{\alpha}_n$ 是 n 维欧氏空间 $E_n(\mathbf{R})$ 的一组向量, 证明下面的命题等价 (即: 两两互相为充分必要条件):

(1) $\boldsymbol{\alpha}_1,\cdots,\boldsymbol{\alpha}_n$ 是 $E_n(\mathbf{R})$ 的标准正交基;

(2) (Parseval 等式) 对任意 $\boldsymbol{\alpha},\boldsymbol{\beta}\in E_n(\mathbf{R})$, $(\boldsymbol{\alpha},\boldsymbol{\beta})=\sum\limits_{i=1}^{n}(\boldsymbol{\alpha},\boldsymbol{\alpha}_i)(\boldsymbol{\beta},\boldsymbol{\alpha}_i)$;

(3) 对任意 $\boldsymbol{\alpha}\in E_n(\mathbf{R})$, $|\boldsymbol{\alpha}|^2=\sum\limits_{i=1}^{n}(\boldsymbol{\alpha},\boldsymbol{\alpha}_i)^2$.

证明 (1) ⇒ (2): 已知 $\boldsymbol{\alpha}_1,\cdots,\boldsymbol{\alpha}_n$ 是 $E_n(\mathbf{R})$ 的标准正交基. 设向量 $\boldsymbol{\alpha},\boldsymbol{\beta}$ 的坐标分别为 $\boldsymbol{X}=(x_1,\cdots,x_n)^{\mathrm{T}}$ 与 $\boldsymbol{Y}=(y_1,\cdots,y_n)^{\mathrm{T}}$, 即

$$\boldsymbol{\alpha}=x_1\boldsymbol{\alpha}_1+\cdots+x_n\boldsymbol{\alpha}_n,\qquad \boldsymbol{\beta}=y_1\boldsymbol{\alpha}_1+\cdots+y_n\boldsymbol{\alpha}_n \tag{9.11}$$

$$(\boldsymbol{\alpha},\boldsymbol{\beta})=x_1y_1+\cdots+x_ny_n=\boldsymbol{X}^{\mathrm{T}}\boldsymbol{Y} \tag{9.12}$$

特别地, 基向量 $\boldsymbol{\alpha}_i$ 的坐标 $\boldsymbol{e}_i$ 的第 i 分量为 1, 其余分量全为 0, 于是 $(\boldsymbol{\alpha},\boldsymbol{\alpha}_i)=\boldsymbol{X}^{\mathrm{T}}\boldsymbol{e}_i=x_i$, $(\boldsymbol{\beta},\boldsymbol{\alpha}_i)=\boldsymbol{Y}^{\mathrm{T}}\boldsymbol{e}_i=y_i$, 代入 (9.12) 得

$$(\boldsymbol{\alpha},\boldsymbol{\beta})=\sum_{i=1}^{n}(\boldsymbol{\alpha},\boldsymbol{\alpha}_i)(\boldsymbol{\beta},\boldsymbol{\alpha}_i)$$

命题 (2) 成立.

(2) ⇒ (3): 已知命题 (2) 成立. 在命题 (2) 中取 $\boldsymbol{\beta}=\boldsymbol{\alpha}$ 即得

$$|\boldsymbol{\alpha}|^2=(\boldsymbol{\alpha},\boldsymbol{\alpha})=\sum_{i=1}^{n}(\boldsymbol{\alpha},\boldsymbol{\alpha}_i)^2$$

命题 (3) 成立.

(3) ⇒ (1): 已知命题 (3) 成立. 在欧氏空间 $E_n(\mathbf{R})$ 中任一组标准正交基下将每个向量 $\boldsymbol{\alpha}$ 用坐标 (写成 n 维列向量) $\boldsymbol{X}=(x_1,\cdots,x_n)^{\mathrm{T}}$ 表示, 由两个向量 $\boldsymbol{\alpha},\boldsymbol{\beta}$ 的坐标

$\boldsymbol{X}=(x_1,\cdots,x_n)^{\mathrm{T}},\boldsymbol{Y}=(y_1,\cdots,y_n)^{\mathrm{T}}$ 计算内积的公式为 $(\boldsymbol{\alpha},\boldsymbol{\beta})=\boldsymbol{X}^{\mathrm{T}}\boldsymbol{Y}=x_1y_1+\cdots+x_ny_n$. 设 $\boldsymbol{\alpha}_1,\cdots,\boldsymbol{\alpha}_n$ 的坐标分别为 $\boldsymbol{A}_1,\cdots,\boldsymbol{A}_n$, 则命题 (3) 成为

$$\boldsymbol{X}^{\mathrm{T}}\boldsymbol{X}=(\boldsymbol{X}^{\mathrm{T}}\boldsymbol{A}_1)^2+\cdots+(\boldsymbol{X}^{\mathrm{T}}\boldsymbol{A}_n)^2=(\boldsymbol{X}^{\mathrm{T}}\boldsymbol{A}_1,\cdots,\boldsymbol{X}^{\mathrm{T}}\boldsymbol{A}_n)(\boldsymbol{X}^{\mathrm{T}}\boldsymbol{A}_1,\cdots,\boldsymbol{X}^{\mathrm{T}}\boldsymbol{A}_n)^{\mathrm{T}}$$

记 $(\boldsymbol{X}^{\mathrm{T}}\boldsymbol{A}_1,\cdots,\boldsymbol{X}^{\mathrm{T}}\boldsymbol{A}_n)=\boldsymbol{X}^{\mathrm{T}}\boldsymbol{A}$, 其中 $\boldsymbol{A}=(\boldsymbol{A}_1,\cdots,\boldsymbol{A}_n)$ 是依次以 $\boldsymbol{A}_1,\cdots,\boldsymbol{A}_n$ 为各列排成的方阵, 则命题 (3) 成为

$$\boldsymbol{X}^{\mathrm{T}}\boldsymbol{X}=(\boldsymbol{X}^{\mathrm{T}}\boldsymbol{A})(\boldsymbol{X}^{\mathrm{T}}\boldsymbol{A})^{\mathrm{T}}=\boldsymbol{X}^{\mathrm{T}}\boldsymbol{A}\boldsymbol{A}^{\mathrm{T}}\boldsymbol{X}\Leftrightarrow \boldsymbol{X}^{\mathrm{T}}(\boldsymbol{A}\boldsymbol{A}^{\mathrm{T}}-\boldsymbol{I})\boldsymbol{X}=0\quad(\forall\ \boldsymbol{X}\in\mathbf{R}^{n\times 1})$$

实对称方阵 $\boldsymbol{A}\boldsymbol{A}^{\mathrm{T}}-\boldsymbol{I}$ 决定的二次型 $Q(\boldsymbol{X})=\boldsymbol{X}^{\mathrm{T}}(\boldsymbol{A}\boldsymbol{A}^{\mathrm{T}}-\boldsymbol{I})\boldsymbol{X}$ 恒等于 0 的充分必要条件是 $\boldsymbol{A}\boldsymbol{A}^{\mathrm{T}}-\boldsymbol{I}=\boldsymbol{O}$, 即 $\boldsymbol{A}\boldsymbol{A}^{\mathrm{T}}=\boldsymbol{I}$.

$\boldsymbol{A}\boldsymbol{A}^{\mathrm{T}}$ 的第 (i,j) 元 $\boldsymbol{X}_i^{\mathrm{T}}\boldsymbol{X}_j=(\boldsymbol{\alpha}_i,\boldsymbol{\alpha}_j)$, $\boldsymbol{G}=\boldsymbol{A}\boldsymbol{A}^{\mathrm{T}}$ 就是向量组 $\boldsymbol{\alpha}_1,\cdots,\boldsymbol{\alpha}_n$ 的 Gram 方阵. $\boldsymbol{G}=\boldsymbol{I}$ 说明 $\{\boldsymbol{\alpha}_1,\cdots,\boldsymbol{\alpha}_n\}$ 是标准正交基, 条件 (2) 成立.

以上的推理 (1) ⇒ (2) ⇒ (3) ⇒ (1) 证明了命题 (1),(2),(3) 等价. □

点评　本题前两步 (1) ⇒ (2) ⇒ (3) 都比较容易, 第三步 (3) ⇒ (1) 比较困难. 我们采用了最循规蹈矩、容易掌握、但也很有效的方法: 在任意一组标准正交基下将相关向量 $\boldsymbol{\alpha},\boldsymbol{\alpha}_1,\cdots,\boldsymbol{\alpha}_n$ 全部写成坐标, 利用矩阵运算来解决.

由命题 (3) 推出命题 (1) 也可以不另外选取标准正交基, 直接用 $\boldsymbol{\alpha}_1,\cdots,\boldsymbol{\alpha}_n$ 组成一组基来写出 $\boldsymbol{\alpha}$ 的坐标. 为此, 首先要证明 $\boldsymbol{\alpha}_1,\cdots,\boldsymbol{\alpha}_n$ 线性无关, 组成 $E_n(\mathbf{R})$ 的一组基. 若不然, $\boldsymbol{\alpha}_1,\cdots,\boldsymbol{\alpha}_n$ 线性相关, 生成的子空间 W 比 $E_n(\mathbf{R})$ 小, 则存在 $\mathbf{0}\neq\boldsymbol{\alpha}\in E_n(\mathbf{R})$ 与 W 垂直, 所有的 $(\boldsymbol{\alpha},\boldsymbol{\alpha}_i)=0\ (\forall\ 1\leqslant i\leqslant n)$, $(\boldsymbol{\alpha},\boldsymbol{\alpha}_1)^2+\cdots+(\boldsymbol{\alpha},\boldsymbol{\alpha}_n)^2=0$ 不可能等于 $(\boldsymbol{\alpha},\boldsymbol{\alpha})>0$, 与命题 (3) 矛盾. 这证明了 $\boldsymbol{\alpha}_1,\cdots,\boldsymbol{\alpha}_n$ 组成 $E_n(\mathbf{R})$ 的一组基 M. 每个向量 $\boldsymbol{\alpha}$ 可以在这组基下写成坐标 $\boldsymbol{X}=(x_1,\cdots,x_n)^{\mathrm{T}}$, 即 $\boldsymbol{\alpha}=x_1\boldsymbol{\alpha}_1+\cdots+x_n\boldsymbol{\alpha}_n$. $(\boldsymbol{\alpha},\boldsymbol{\alpha})=\boldsymbol{X}^{\mathrm{T}}\boldsymbol{G}\boldsymbol{X}$, 其中 $\boldsymbol{G}$ 是 M 的 Gram 方阵, 第 (i,j) 位置为 $(\boldsymbol{\alpha}_i,\boldsymbol{\alpha}_j)$. 而 $(\boldsymbol{\alpha}_i,\boldsymbol{\alpha})=x_1(\boldsymbol{\alpha}_i,\boldsymbol{\alpha}_1)+\cdots+x_n(\boldsymbol{\alpha}_i,\boldsymbol{\alpha}_n)$ 是 $\boldsymbol{G}\boldsymbol{X}$ 的第 i 分量, 因而 $\sum\limits_{i=1}^{n}(\boldsymbol{\alpha}_i,\boldsymbol{\alpha})^2=(\boldsymbol{G}\boldsymbol{X})^{\mathrm{T}}(\boldsymbol{G}\boldsymbol{X})=\boldsymbol{X}^{\mathrm{T}}\boldsymbol{G}^2\boldsymbol{X}$. 命题 (3) 就是 $\boldsymbol{X}^{\mathrm{T}}\boldsymbol{G}\boldsymbol{X}=\boldsymbol{X}^{\mathrm{T}}\boldsymbol{G}^2\boldsymbol{X}$, 即 $\boldsymbol{X}^{\mathrm{T}}(\boldsymbol{G}-\boldsymbol{G}^2)\boldsymbol{X}=0$ 对所有的 $\boldsymbol{X}$ 成立. 因此 $\boldsymbol{G}-\boldsymbol{G}^2=\boldsymbol{O}$, $\boldsymbol{G}=\boldsymbol{I}$, M 是标准正交基. □

9.3　正交变换

知识导航

1. 正交变换的定义

在平面几何和立体几何中, 十分关注保持图形全等的变换. 所谓保持图形的全等, 就是变换前后的长度、角度保持不变. 长度和角度都可以由内积来计算, 只要变换前后的内积保持不变, 就保持了图形的全等. 这可以推广到一般的欧氏空间.

定义 9.3.1 欧氏空间 V 上的线性变换 $\mathcal{A}$ 如果保持向量的内积不变, 也就是

$$(\mathcal{A}\boldsymbol{\alpha},\mathcal{A}\boldsymbol{\beta})=(\boldsymbol{\alpha},\boldsymbol{\beta})$$

对所有的 $\boldsymbol{\alpha},\boldsymbol{\beta}\in V$ 成立, 就称 $\mathcal{A}$ 是 V 上的**正交变换** (orthogonal transformation). □

保持内积不变一定保持向量的长度和角度不变. 反过来, 在平面几何中, 三边对应相等的两个三角形全等, 从而角度也对应相等, 这说明只要保持向量 $\boldsymbol{a},\boldsymbol{b},\boldsymbol{a}-\boldsymbol{b}$ 的长度就能保持角度从而保持内积 $\boldsymbol{a}\cdot\boldsymbol{b}$ 不变. 事实上, 内积 $(\boldsymbol{a},\boldsymbol{b})$ 可以通过长度 $|\boldsymbol{a}|,|\boldsymbol{b}|,|\boldsymbol{a}+\boldsymbol{b}|$ 算出来:

$$(\boldsymbol{a},\boldsymbol{b})=\frac{1}{2}(|\boldsymbol{a}+\boldsymbol{b}|^2-|\boldsymbol{a}|^2-|\boldsymbol{b}|^2)$$

只要线性变换保持长度 $|\boldsymbol{a}|,|\boldsymbol{b}|,|\boldsymbol{a}+\boldsymbol{b}|$ 不变, 就保持内积 $(\boldsymbol{a},\boldsymbol{b})$ 不变. 这就得到

定理 9.3.1 设 $\mathcal{A}$ 是欧氏空间 V 上的线性变换, 则:

$\mathcal{A}$ 是正交变换 $\Leftrightarrow$ $\mathcal{A}$ 保持所有的向量的长度不变, 即 $|\mathcal{A}\boldsymbol{\alpha}|=|\boldsymbol{\alpha}|,\ \forall\,\boldsymbol{\alpha}\in V$. □

2. 在标准正交基下的矩阵

一般的线性空间 V 上的线性变换 σ 由它在空间的一组基 $S=\{\boldsymbol{\alpha}_1,\cdots,\boldsymbol{\alpha}_n\}$ 下的作用效果 $\sigma(\boldsymbol{\alpha}_i)$ $(1\leqslant i\leqslant n)$ 唯一决定. 欧氏空间 $V=E_n(\mathbf{R})$ 上的线性变换 σ 是否正交变换也由它们是否保持任一组基 $\boldsymbol{S}$ 中的向量内积决定, 即

σ 是正交变换 $\Leftrightarrow(\sigma(\boldsymbol{\alpha}_i),\sigma(\boldsymbol{\alpha}_j))=(\boldsymbol{\alpha}_i,\boldsymbol{\alpha}_j)$, $(\forall\ 1\leqslant i,j\leqslant n)$

特别地, 取 S 为标准正交基, 则 σ 是正交变换 $\Leftrightarrow$ σ 将标准正交基仍变成标准正交基.

在任一组标准正交基 S_0 下将 $E_n(\mathbf{R})$ 中每个向量用坐标 (写成列向量) $\boldsymbol{X}$ 表示, 每个线性变换 σ 用它在 $\boldsymbol{S}_0$ 下的矩阵 $\boldsymbol{A}$ 表示, 则 $\sigma:\boldsymbol{X}\mapsto\boldsymbol{AX}$ 是正交变换的定义为: $(\boldsymbol{X},\boldsymbol{Y})=\boldsymbol{X}^{\mathrm{T}}\boldsymbol{Y}=(\boldsymbol{AX},\boldsymbol{AY})=(\boldsymbol{AX})^{\mathrm{T}}(\boldsymbol{AY})=\boldsymbol{X}^{\mathrm{T}}\boldsymbol{A}^{\mathrm{T}}\boldsymbol{AY}$ $(\forall\ \boldsymbol{X},\boldsymbol{Y}\in\mathbf{R}^{n\times1})\Leftrightarrow\boldsymbol{A}^{\mathrm{T}}\boldsymbol{A}=\boldsymbol{I}\Leftrightarrow\boldsymbol{A}$ 是正交方阵.

定理 9.3.2 设 $\mathcal{A}$ 是欧氏空间 V 上的线性变换, 则以下命题等价, 两两互为充分必要条件:

(1) $\mathcal{A}$ 是正交变换;

(2) $\mathcal{A}$ 将标准正交基仍变为标准正交基;

(3) $\mathcal{A}$ 在任意一组标准正交基下的矩阵是正交方阵. □

3. 特征值

正交变换 $\sigma:\boldsymbol{X}\mapsto\boldsymbol{AX}$ 及正交方阵 $\boldsymbol{A}$ 的实特征值 $\lambda=\pm1$, 复特征值 λ 的模 $|\lambda|=1$.

4. 正交方阵的正交相似

欧氏空间 $V=E_n(\mathbf{R})$ 上两组标准正交基 $S=\{\boldsymbol{\alpha}_1,\cdots,\boldsymbol{\alpha}_n\}$ 与 $T=\{\boldsymbol{\beta}_1,\cdots,\boldsymbol{\beta}_n\}$ 之间的过渡矩阵 $\boldsymbol{P}$ 是正交方阵, $(\boldsymbol{\beta}_1,\cdots,\boldsymbol{\beta}_n)=(\boldsymbol{\alpha}_1,\cdots,\boldsymbol{\alpha}_n)\boldsymbol{P}$. V 上同一个线性变换 σ 在这两组标准正交基 S,T 下的矩阵 $\boldsymbol{A},\boldsymbol{B}$ 之间通过正交方阵 $\boldsymbol{P}$ 相似: $\boldsymbol{P}^{-1}\boldsymbol{AP}=\boldsymbol{B}$.

定义 9.3.2 设 $\boldsymbol{A},\boldsymbol{B}$ 是同阶实方阵. 如果存在正交方阵 $\boldsymbol{P}$ 使 $\boldsymbol{B}=\boldsymbol{P}^{-1}\boldsymbol{AP}$, 就称 $\boldsymbol{A}$ 与 $\boldsymbol{B}$ **正交相似** (orthogonal similar). □

由于正交方阵 $\boldsymbol{P}$ 满足条件 $\boldsymbol{P}^{-1}=\boldsymbol{P}^{\mathrm{T}}$, 因此 $\boldsymbol{B}=\boldsymbol{P}^{-1}\boldsymbol{A}\boldsymbol{P}=\boldsymbol{P}^{\mathrm{T}}\boldsymbol{A}\boldsymbol{P}$, $\boldsymbol{A},\boldsymbol{B}$ 通过 $\boldsymbol{P}$ 正交相似 $\Leftrightarrow$ $\boldsymbol{A},\boldsymbol{B}$ 通过 $\boldsymbol{P}$ 相合. 正交相似同时也是相合, 同时具有相似和相合的性质.

定理 9.3.3　设 n 阶正交方阵 $\boldsymbol{A}$ 的全部特征值为 $\cos\alpha_k+\mathrm{i}\sin\alpha_k$ $(1\leqslant k\leqslant s)$, 1 ($t$ 重), -1 ($n-2s-t$ 重). 则 $\boldsymbol{A}$ 正交相似于如下形式的标准形:

$$\boldsymbol{B}=\mathrm{diag}(\boldsymbol{A}_1,\cdots,\boldsymbol{A}_s,\boldsymbol{I}_{(t)},-\boldsymbol{I}_{(n-2s-t)})$$

其中:

$$\boldsymbol{A}_k=\begin{pmatrix}\cos\alpha_k & -\sin\alpha_k\\ \sin\alpha_k & \cos\alpha_k\end{pmatrix}\quad(\forall\, 1\leqslant k\leqslant s)$$ □

例题分析与解答

9.3.1　证明两个同阶正交方阵的积仍为正交方阵，正交方阵的逆仍为正交方阵.

证明　$\boldsymbol{A},\boldsymbol{B}$ 是同阶正交方阵 $\Rightarrow \boldsymbol{A}\boldsymbol{A}^{\mathrm{T}}=\boldsymbol{B}\boldsymbol{B}^{\mathrm{T}}=\boldsymbol{I} \Rightarrow (\boldsymbol{A}\boldsymbol{B})(\boldsymbol{A}\boldsymbol{B})^{\mathrm{T}}=\boldsymbol{A}\boldsymbol{B}\boldsymbol{B}^{\mathrm{T}}\boldsymbol{A}^{\mathrm{T}}=\boldsymbol{A}\boldsymbol{I}\boldsymbol{A}^{\mathrm{T}}=\boldsymbol{I}\Rightarrow \boldsymbol{A}\boldsymbol{B}$ 是正交方阵.

$\boldsymbol{A}$ 是正交方阵 $\Rightarrow \boldsymbol{A}\boldsymbol{A}^{\mathrm{T}}=\boldsymbol{A}^{\mathrm{T}}\boldsymbol{A}=\boldsymbol{I}\Rightarrow \boldsymbol{A}^{-1}(\boldsymbol{A}^{-1})^{\mathrm{T}}=\boldsymbol{A}^{-1}(\boldsymbol{A}^{\mathrm{T}})^{-1}=(\boldsymbol{A}^{\mathrm{T}}\boldsymbol{A})^{-1}=\boldsymbol{I}^{-1}=\boldsymbol{I}$ $\Rightarrow \boldsymbol{A}^{-1}$ 是正交方阵. □

点评　全体 n 阶正交方阵的集合 $O(n,\mathbf{R})$ 对矩阵乘法和求逆运算封闭, 并且包含单位阵 $\boldsymbol{I}$. 一般地, 如果在一个非空集合 G 中以某种方式定义了乘法, 可以将 G 中任意两个元素相乘得出 G 中唯一一个元素, 满足乘法结合律, 存在单位元 $e\in G$ 与任意 $a\in G$ 相乘得到 $ea=ae=a$, 并且每个元素 $a\in G$ 存在逆元 $a^{-1}\in G$ 满足 $aa^{-1}=a^{-1}a=e$, 这个集合就称为群. 按照这个定义, 全体 n 阶方阵的集合对于矩阵乘法组成一个群, 称为正交群, 记作 $O(n,\mathbf{R})$. 本章借题发挥 9.2 典型群中对此有更多的介绍.

引进群的定义, 不是为了在考试中让学生死记硬背群的定义, 而是为了由群所满足的共同的运算律推出一系列有用的性质, 应用于所有的群. □

9.3.2　给出一个实方阵, 它的行两两正交, 列不是两两正交.

解　$\boldsymbol{A}=\begin{pmatrix}2 & 2\\ 1 & -1\end{pmatrix}$. □

点评　先构造出实方阵 $\boldsymbol{A}=(a_{ij})_{n\times n}$ 使它的行两两正交, 并且某一行有两个非零元素 a_{ij},a_{ik}. 如果这两个非零元素所在的两列正交, 将第 i 行乘非零常数 $\lambda\neq\pm1$, 所得方阵 $\boldsymbol{B}$ 的行仍然两两正交, 但这两个非零元素所在的第 j,k 两列的内积比原来增加 $(\lambda^2-1)a_{ij}a_{ik}$, 由正交变为不正交. □

9.3.3　如果 $\boldsymbol{A},\boldsymbol{B}$ 都是正交方阵, 且 $\det\boldsymbol{A}=-\det\boldsymbol{B}$, 求证: $\boldsymbol{A}+\boldsymbol{B}$ 是奇异方阵.

证明　$\det(\boldsymbol{A}+\boldsymbol{B})=\det\boldsymbol{A}(\boldsymbol{I}+\boldsymbol{A}^{-1}\boldsymbol{B})=\det\boldsymbol{A}\det(\boldsymbol{I}+\boldsymbol{A}^{-1}\boldsymbol{B})$. 由 $\boldsymbol{A},\boldsymbol{B}$ 是正交方阵知 $\boldsymbol{A}^{-1}\boldsymbol{B}$ 是正交方阵. 且 $\det(\boldsymbol{A}^{-1}\boldsymbol{B})=(\det\boldsymbol{A})^{-1}(\det\boldsymbol{B})=-1=\lambda_1\cdots\lambda_n$, 其中 $\lambda_1,\cdots,\lambda_n$ 是正交方阵 $\boldsymbol{A}^{-1}\boldsymbol{B}$ 的全部不同的特征值, $|\lambda_i|=1$ $(\forall\, 1\leqslant i\leqslant n)$, 且实特征值只能为 1 或 -1. 实方阵 $\boldsymbol{A}^{-1}\boldsymbol{B}$ 的虚特征值成对相互共轭: $\lambda_j=\overline{\lambda_i}$, 乘积 $\lambda_i\lambda_j=\lambda_i\overline{\lambda_i}=|\lambda_i|^2=1$. 因此 $\boldsymbol{A}$ 的实特征值的乘积为 -1, 其中必有一个为 -1. 这证明了 -1 是 $\boldsymbol{A}^{-1}\boldsymbol{B}$ 的

特征值, 也就是特征多项式 $\phi_{\boldsymbol{A}}(\lambda)=\det(\lambda\boldsymbol{I}-\boldsymbol{A}^{-1}\boldsymbol{B})$ 的根, $\det(-\boldsymbol{I}-\boldsymbol{A}^{-1}\boldsymbol{B})=0$, 从而 $\det(\boldsymbol{I}+\boldsymbol{A}^{-1}\boldsymbol{B})=(-1)^n\det(-\boldsymbol{I}-\boldsymbol{A}^{-1}\boldsymbol{B})=0$. $\det(\boldsymbol{A}+\boldsymbol{B})=(\det\boldsymbol{A})\det(\boldsymbol{I}+\boldsymbol{A}^{-1}\boldsymbol{B})=0$. 因此 $\boldsymbol{A}+\boldsymbol{B}$ 是奇异方阵. □

9.3.4 证明任何二阶正交矩阵, 必取下面两种形式之一:

$$\begin{pmatrix}\cos\theta & \sin\theta\\ -\sin\theta & \cos\theta\end{pmatrix},\quad \begin{pmatrix}\cos\theta & \sin\theta\\ \sin\theta & -\cos\theta\end{pmatrix}\quad(-\pi\leqslant\theta<\pi)$$

证明 二阶正交方阵 $\boldsymbol{A}=\begin{pmatrix}a_1 & b_1\\ a_2 & b_2\end{pmatrix}$ 的两列 $\boldsymbol{a}=(a_1,a_2)^{\mathrm{T}}$ 与 $\boldsymbol{b}=(b_1,b_2)^{\mathrm{T}}$ 是相互垂直的单位向量. 如图 9.3, 设 $\overrightarrow{OA}$ 是平面直角坐标系中以 $\boldsymbol{a}$ 为坐标的几何向量, $\theta=\angle XOA$, 则 $\boldsymbol{a}=(\cos\theta,\sin\theta)^{\mathrm{T}}$.

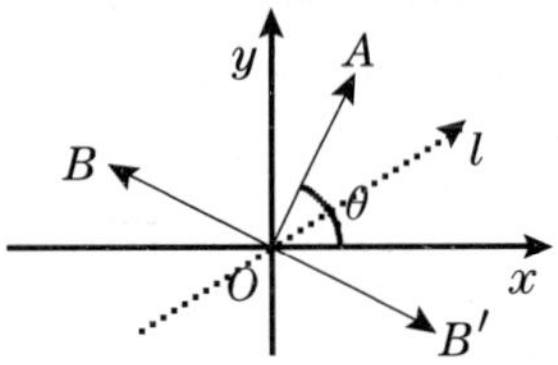

图 9.3

与 $\overrightarrow{OA}$ 垂直的单位向量有两个, 分别由 OA 绕 O 沿逆时针或顺时针方向旋转直角得到. 沿逆时针方向得到的 $\overrightarrow{OB}$ 的坐标为 $(-\sin\theta,\cos\theta)^{\mathrm{T}}$, 沿顺时针方向得到的 $\overrightarrow{OB'}$ 的坐标为 $(\sin\theta,-\cos\theta)^{\mathrm{T}}$. 相应的,

$$\boldsymbol{A}=(\boldsymbol{a},\boldsymbol{b})=\begin{pmatrix}\cos\theta & -\sin\theta\\ \sin\theta & \cos\theta\end{pmatrix}\ \text{或}\ \begin{pmatrix}\cos\theta & \sin\theta\\ \sin\theta & -\cos\theta\end{pmatrix}$$ □

点评 两种二阶正交方阵的行列式 $\det\boldsymbol{A}$ 分别等于 $1,-1$.

当 $\det\boldsymbol{A}=1$ 时, 所引起的线性变换 $\sigma:\boldsymbol{X}\mapsto\boldsymbol{AX}$ 表示将所有的点绕原点旋转角 θ. 所有的过原点的直线都旋转了角 θ, 当 $\theta\neq k\pi\ (k\in\mathbf{Z})$ 时没有一条直线保持不变, 因此 $\boldsymbol{A}$ 没有实特征向量, 也没有实特征值, 只有两个相互共轭的虚特征值 $\cos\theta\pm\mathrm{i}\sin\theta$.

当 $\det\boldsymbol{A}=-1$ 时, 所引起的线性变换 $\tau:\boldsymbol{X}\mapsto\boldsymbol{AX}$ 是关于过原点的直线 l 的对称, l 平分图 9.3 的角 $\angle XOA$, 由 $\boldsymbol{O}x$ 轴绕 O 沿逆时针方向旋转角 $\dfrac{\theta}{2}$ 得到. $\boldsymbol{A}$ 有两个实特征值 $1,-1$. 对称轴 l 上所有的点在 τ 的作用下不变, l 上所有的非零向量都是属于特征值 1 的特征向量. 与对称轴 l 垂直的所有非零向量 $\boldsymbol{v}$ 被 τ 变到 $-\boldsymbol{v}$, 是属于特征值 -1 的特征向量. □

9.3.5 设 $\boldsymbol{A}=(a_{ij})$ 是三阶正交矩阵, 且 $\det\boldsymbol{A}=1$, 求证:

(1) $\lambda=1$ 必为 $\boldsymbol{A}$ 的特征值.

(2) 存在正交阵 $\boldsymbol{T}$, 使 $\boldsymbol{T}^{\mathrm{T}}\boldsymbol{AT}=\begin{pmatrix}1 & 0 & 0\\ 0 & \cos\theta & -\sin\theta\\ 0 & \sin\theta & \cos\theta\end{pmatrix}$.

(3) $\theta=\arccos\dfrac{\mathrm{tr}\boldsymbol{A}-1}{2}$.

证明 (1) $\boldsymbol{A}$ 的特征多项式 $\varphi_{\boldsymbol{A}}(\lambda)$ 是实系数 3 次多项式, 至少有一个实根 λ_1. $\varphi_{\boldsymbol{A}}(\lambda)=(\lambda-\lambda_1)g(\lambda)$, $g(\lambda)$ 是实系数 2 次多项式, 两根 λ_2,λ_3 都为实数或为共轭虚数. 因此 $\boldsymbol{A}$ 的 3 个特征值 (也就是 $\boldsymbol{v}_{\boldsymbol{A}}(\lambda)$ 的 3 个根) $\lambda_1,\lambda_2,\lambda_3$ 或者都是实数, 或者 λ_1 是实数而 λ_2,λ_3 是共轭虚数. 在任何情况下, 三个特征值的乘积都等于行列式: $\lambda_1\lambda_2\lambda_3=\det\boldsymbol{A}=1$.

由于 $\boldsymbol{A}$ 是正交方阵, 每个特征值 λ_i 的模 $|\lambda_i|=1$ ($\forall\ 1\leqslant i\leqslant 3$).

如果 3 个根 $\lambda_1,\lambda_2,\lambda_3$ 都是实数, 都只能为 1 或 -1, 但不可能都等于 -1, 否则 $\lambda_1\lambda_2\lambda_3=(-1)^3=-1$, 与 $\lambda_1\lambda_2\lambda_3=1$ 矛盾. 因此至少有一个特征值为 1.

如果有两个根 λ_2,λ_3 是共轭虚数, 则 $\lambda_2\lambda_3=\lambda_2\overline{\lambda_2}=|\lambda_2|^2=1$, 代入 $\lambda_1\lambda_2\lambda_3=1$ 得 $\lambda_1 1=1$ 即 $\lambda_1=1$.

这就证明了 $\boldsymbol{A}$ 至少有一个特征值为 1.

(2) $\boldsymbol{A}$ 有特征值 1, 存在属于特征值 1 的特征向量 $\boldsymbol{X}_1$, 与 $\boldsymbol{X}_1$ 同方向的单位向量 $\boldsymbol{P}_1=\dfrac{1}{|\boldsymbol{X}_1|}\boldsymbol{X}_1$ 也是属于 1 的特征向量, 在线性变换 $\sigma:\boldsymbol{X}\mapsto\boldsymbol{AX}$ 下保持不动. 单位向量 $\boldsymbol{P}_1$ 可以扩充为定义了标准内积的欧氏空间 $\mathbf{R}^{3\times 1}$ 中的一组标准正交基 $\boldsymbol{S}=\{\boldsymbol{P}_1,\boldsymbol{P}_2,\boldsymbol{P}_3\}$, 依次以 $\boldsymbol{P}_1,\boldsymbol{P}_2,\boldsymbol{P}_3$ 为各列组成的可逆方阵 $\boldsymbol{T}=(\boldsymbol{P}_1,\boldsymbol{P}_2,\boldsymbol{P}_3)$ 是正交方阵, $\mathbf{R}^{3\times 1}$ 上线性变换 $\sigma:\boldsymbol{X}\mapsto\boldsymbol{AX}$ 在基 $\boldsymbol{S}$ 下的矩阵 $\boldsymbol{B}=\boldsymbol{T}^{-1}\boldsymbol{AT}$. $\boldsymbol{B}$ 的第 1 列为 $\boldsymbol{AP}_1=\boldsymbol{P}_1$ 在基 $\boldsymbol{S}$ 下的坐标, 等于 $(1,0,0)^{\mathrm{T}}$. 由 $\boldsymbol{A},\boldsymbol{T}$ 是正交方阵知

$$\boldsymbol{B}=\begin{pmatrix}1 & b_{12} & b_{13}\\ 0 & b_{22} & b_{23}\\ 0 & b_{32} & b_{33}\end{pmatrix}$$

也是正交方阵, 它的 3 列 $\boldsymbol{b}_1,\boldsymbol{b}_2,\boldsymbol{b}_3$ 是两两正交的单位向量. $\boldsymbol{b}_1=(1,0,0)$ 与 $\boldsymbol{b}_2,\boldsymbol{b}_3$ 的内积都等于零: $(\boldsymbol{b}_1,\boldsymbol{b}_2)=b_{12}=0$, $(\boldsymbol{b}_1,\boldsymbol{b}_3)=b_{13}=0$. 于是 $\boldsymbol{B}=\mathrm{diag}(1,\boldsymbol{B}_2)$, 其中 $\boldsymbol{B}_2\in\mathbf{R}^{2\times 2}$, 且由 $\boldsymbol{B}^{\mathrm{T}}\boldsymbol{B}=\mathrm{diag}(1,\boldsymbol{B}_2^{\mathrm{T}}\boldsymbol{B}_2)=\boldsymbol{I}$ 知 $\boldsymbol{B}_2^{\mathrm{T}}\boldsymbol{B}_2=\boldsymbol{I}$, $\boldsymbol{B}_2$ 是 2 阶正交方阵. 且 $1=\det\boldsymbol{B}=\det\boldsymbol{B}_2$. $\boldsymbol{B}_2$ 的第 1 列单位向量可以写成 $(\cos\theta,\sin\theta)^{\mathrm{T}}$, 第 2 列由第 1 列沿逆时针方向旋转直角得到, 为 $(-\sin\theta,\cos\theta)^{\mathrm{T}}$, 于是:

$$\boldsymbol{B}_2=\begin{pmatrix}\cos\theta & -\sin\theta\\ \sin\theta & \cos\theta\end{pmatrix},\qquad \boldsymbol{B}=\boldsymbol{T}^{-1}\boldsymbol{AT}=\begin{pmatrix}1 & 0 & 0\\ 0 & \cos\theta & -\sin\theta\\ 0 & \sin\theta & \cos\theta\end{pmatrix}$$

(3) 由 $\boldsymbol{B}$ 与 $\boldsymbol{A}$ 相似知:

$$\mathrm{tr}\boldsymbol{A}=\mathrm{tr}\boldsymbol{B}=1+2\cos\theta\Rightarrow\cos\theta=\frac{\mathrm{tr}\boldsymbol{A}-1}{2}\Rightarrow\theta=\arccos\frac{\mathrm{tr}\boldsymbol{A}-1}{2}$$ □

点评 空间绕轴的旋转是一类非常重要的线性变换. 本题虽然是证明题, 却给出了关于空间绕轴旋转的实用算法:

(1) 怎样判定三维几何空间中的线性变换 $\rho:\boldsymbol{X}\mapsto\boldsymbol{AX}$ 是否绕轴旋转? ρ 是绕轴旋转的充分必要条件为: $\boldsymbol{A}$ 是正交方阵 (满足 $\boldsymbol{A}^{\mathrm{T}}\boldsymbol{A}=\boldsymbol{I}$) 且行列式 $\det\boldsymbol{A}=1$.

(2) 怎样计算旋转轴? 方程组 $\boldsymbol{AX}=\boldsymbol{X}$ (即 $(\boldsymbol{A}-\boldsymbol{I})\boldsymbol{X}=\boldsymbol{0}$) 的非零解 $\boldsymbol{X}$ 所在的直线 $L=\{a\boldsymbol{X}\mid a\in\mathbf{R}\}$ 就是旋转轴.

(3) 怎样计算旋转角 θ? 由 $\cos\theta=\dfrac{\mathrm{tr}\boldsymbol{A}-1}{2}$ 计算.

旋转轴就是 $\boldsymbol{A}$ 的属于特征值 1 的特征向量所在的直线. 空间解析几何中有计算旋转角 θ 的如下方法: 取垂直于旋转轴的非零向量 $\boldsymbol{X}_1$, 计算出旋转前的 $\boldsymbol{X}_1$ 与旋转后的 $\boldsymbol{AX}_1$ 的夹角就是 θ. 这个方法虽然易懂, 计算过程却比较繁琐, 不如利用 $\mathrm{tr}\boldsymbol{A}$ 的算法简单. 利用 $\mathrm{tr}\boldsymbol{A}$ 的算法也不难懂: $\mathrm{tr}\boldsymbol{A}$ 等于三个特征值 $1,\cos\theta+\mathrm{i}\sin\theta,\cos\theta-\mathrm{i}\sin\theta$ 之和 $1+2\cos\theta$. 特征值不易计算, 计算 $\mathrm{tr}\boldsymbol{A}$ 却只是简单的加法, 解方程 $\mathrm{tr}\boldsymbol{A}=1+2\cos\theta$ 就可求出 $\cos\theta$ 从而得到 θ. □

9.3.6 给定 $0\neq\boldsymbol{\alpha}\in E_n(\mathbf{R})$. 定义 $E_n(\mathbf{R})$ 中的线性变换 $\tau_{\boldsymbol{\alpha}}:\boldsymbol{\beta}\mapsto\boldsymbol{\beta}-\dfrac{2(\boldsymbol{\beta},\boldsymbol{\alpha})}{(\boldsymbol{\alpha},\boldsymbol{\alpha})}\boldsymbol{\alpha}$, 求证:

(1) $\tau_{\boldsymbol{\alpha}}$ 是正交变换;

(2) $\tau_{\boldsymbol{\alpha}}$ 在适当的标准正交基下的矩阵为 $\mathrm{diag}(-1,1,\cdots,1)$.

证明 (1) 对任意 $\boldsymbol{\beta},\boldsymbol{\gamma}\in E_n(\mathbf{R})$, 直接计算 $(\tau_{\boldsymbol{\alpha}}(\boldsymbol{\beta}),\tau_{\boldsymbol{\alpha}}(\boldsymbol{\gamma}))$ 得

$$\begin{aligned}(\tau_{\boldsymbol{\alpha}}(\boldsymbol{\beta}),\tau_{\boldsymbol{\alpha}}(\boldsymbol{\gamma}))&=\left(\boldsymbol{\beta}-\frac{2(\boldsymbol{\beta},\boldsymbol{\alpha})}{(\boldsymbol{\alpha},\boldsymbol{\alpha})}\boldsymbol{\alpha},\boldsymbol{\gamma}-\frac{2(\boldsymbol{\gamma},\boldsymbol{\alpha})}{(\boldsymbol{\alpha},\boldsymbol{\alpha})}\boldsymbol{\alpha}\right)\\&=(\boldsymbol{\beta},\boldsymbol{\gamma})-\frac{2(\boldsymbol{\gamma},\boldsymbol{\alpha})(\boldsymbol{\beta},\boldsymbol{\alpha})}{(\boldsymbol{\alpha},\boldsymbol{\alpha})}-\frac{2(\boldsymbol{\beta},\boldsymbol{\alpha})(\boldsymbol{\alpha},\boldsymbol{\gamma})}{(\boldsymbol{\alpha},\boldsymbol{\alpha})}+\frac{4(\boldsymbol{\beta},\boldsymbol{\alpha})(\boldsymbol{\gamma},\boldsymbol{\alpha})(\boldsymbol{\alpha},\boldsymbol{\alpha})}{(\boldsymbol{\alpha},\boldsymbol{\alpha})^2}\\&=(\boldsymbol{\beta},\boldsymbol{\gamma})\end{aligned}$$

这证明了 $\tau_{\boldsymbol{\alpha}}$ 是正交变换.

(2) 取单位向量 $\boldsymbol{\alpha}_1=\dfrac{1}{|\boldsymbol{\alpha}|}$ 扩充为 $E_n(\mathbf{R})$ 的标准正交基 $S=\{\boldsymbol{\alpha}_1,\cdots,\boldsymbol{\alpha}_n\}$, 则:

$$\begin{aligned}\tau_{\boldsymbol{\alpha}}(\boldsymbol{\alpha}_1)&=\boldsymbol{\alpha}_1-\frac{2\left(\dfrac{1}{|\boldsymbol{\alpha}|}\boldsymbol{\alpha},\boldsymbol{\alpha}\right)}{(\boldsymbol{\alpha},\boldsymbol{\alpha})}\boldsymbol{\alpha}=\boldsymbol{\alpha}_1-\frac{2}{|\boldsymbol{\alpha}|}\boldsymbol{\alpha}=\boldsymbol{\alpha}_1-2\boldsymbol{\alpha}_1=-\boldsymbol{\alpha}_1\\\tau_{\boldsymbol{\alpha}}(\boldsymbol{\alpha}_i)&=\boldsymbol{\alpha}_i-\frac{2(\boldsymbol{\alpha}_i,\boldsymbol{\alpha})}{(\boldsymbol{\alpha},\boldsymbol{\alpha})}\boldsymbol{\alpha}=\boldsymbol{\alpha}_i-0\boldsymbol{\alpha}=\boldsymbol{\alpha}_i\quad(\forall\ 2\leqslant i\leqslant n)\end{aligned}$$

τ_α 在标准正交基 S 下的矩阵为 $\mathrm{diag}(-1,1,\cdots,1)$. □

点评 $\tau_{\boldsymbol{\alpha}}$ 将 $\boldsymbol{\alpha}$ 生成的一维子空间 $\mathbf{R}\boldsymbol{\alpha}$ 中所有向量 $\lambda\boldsymbol{\alpha}\mapsto-\lambda\boldsymbol{\alpha}$, 将 $n-1$ 维子空间 $\boldsymbol{\alpha}^{\perp}$ 中所有的向量保持不动. 当 $n=2$ 时, $\boldsymbol{\alpha}^{\perp}$ 是与 $\boldsymbol{\alpha}$ 垂直的直线, $\tau_{\boldsymbol{\alpha}}$ 就是关于这条直线的对称. 当 $n=3$ 时 $\boldsymbol{\alpha}^{\perp}$ 是与 $\boldsymbol{\alpha}$ 垂直的平面, $\tau_{\boldsymbol{\alpha}}$ 是关于这个平面的对称.

由于 $\mathbf{R}\boldsymbol{\alpha}\cap\boldsymbol{\alpha}^{\perp}=\mathbf{0}$, $E_n(\mathbf{R})=\mathbf{R}\boldsymbol{\alpha}\oplus\boldsymbol{\alpha}^{\perp}$, 每个向量 $\boldsymbol{\beta}\in E_n(\mathbf{R})$ 可以唯一地分解为 $\boldsymbol{\beta}=\boldsymbol{\beta}_0+\lambda\boldsymbol{\alpha}$ 的形式, 其中 $\boldsymbol{\beta}_0\in\boldsymbol{\alpha}^{\perp}$. 事实上, 由 $0=(\boldsymbol{\beta}_0,\boldsymbol{\alpha})=(\boldsymbol{\beta}-\lambda\boldsymbol{\alpha},\boldsymbol{\alpha})=(\boldsymbol{\beta},\boldsymbol{\alpha})-\lambda(\boldsymbol{\alpha},\boldsymbol{\alpha})$ 可求出 $\lambda=\dfrac{(\boldsymbol{\beta},\boldsymbol{\alpha})}{(\boldsymbol{\alpha},\boldsymbol{\alpha})}$, $\boldsymbol{\beta}_0=\boldsymbol{\beta}-\dfrac{(\boldsymbol{\beta},\boldsymbol{\alpha})}{(\boldsymbol{\alpha},\boldsymbol{\alpha})}$. 于是 $\tau_{\boldsymbol{\alpha}}(\boldsymbol{\beta})=\tau_{\boldsymbol{\alpha}}(\boldsymbol{\beta}_0+\lambda\boldsymbol{\alpha})=\tau_{\boldsymbol{\alpha}}(\boldsymbol{\beta}_0)+\lambda\tau_{\boldsymbol{\alpha}}(\boldsymbol{\alpha})=\boldsymbol{\beta}_0-\lambda\boldsymbol{\alpha}$. 类似地, 将任意 $\boldsymbol{\gamma}\in E_n(\mathbf{R})$ 分解为 $\boldsymbol{\gamma}=\boldsymbol{\gamma}_0+\mu\boldsymbol{\alpha}$ 的形式使 $\boldsymbol{\gamma}_0\in\boldsymbol{\alpha}^{\perp}$, 则 $\tau_{\boldsymbol{\alpha}}(\boldsymbol{\gamma})=\boldsymbol{\gamma}_0-\mu\boldsymbol{\alpha}$.

$$(\tau_{\boldsymbol{\alpha}}(\boldsymbol{\beta}),\tau_{\boldsymbol{\alpha}}(\boldsymbol{\gamma}))=(\boldsymbol{\beta}_0-\lambda\boldsymbol{\alpha},\boldsymbol{\gamma}_0-\mu\boldsymbol{\alpha})=(\boldsymbol{\beta}_0,\boldsymbol{\gamma}_0)+(\lambda\boldsymbol{\alpha},\mu\boldsymbol{\alpha})=(\boldsymbol{\beta},\boldsymbol{\gamma})$$

这是对本题第 (1) 小题的又一个证明. □

借题发挥 9.1 几何空间中的旋转变换

1. 旋转方阵

设三维几何空间中建立了直角坐标系. 将每个点 $P(x,y,z)$ 与从原点 $O(0,0,0)$ 到 P 的向量 $\overrightarrow{OP}$ 对应起来, 用列向量 $\boldsymbol{X}=(x,y,z)^{\mathrm{T}}$ 来表示, 则每个线性变换具有形式 $\sigma:\boldsymbol{X}\mapsto\boldsymbol{AX}$. σ 是以 O 为固定点的旋转变换的充分必要条件为: $\boldsymbol{A}$ 是正交方阵 $(\boldsymbol{A}^{\mathrm{T}}\boldsymbol{A}=\boldsymbol{I})$ 且行列式 $\det\boldsymbol{A}=1$. 我们称 $\det\boldsymbol{A}=1$ 的正交方阵为旋转矩阵. 显然, 旋转矩阵 $\boldsymbol{A}$ 与 $\boldsymbol{B}$ 的乘积 $\boldsymbol{BA}$ 仍是旋转矩阵. 很自然的问题是: 怎样由 $\sigma:\boldsymbol{X}\mapsto\boldsymbol{AX}$ 与 $\tau:\boldsymbol{X}\mapsto\boldsymbol{BX}$ 的转轴和转角求 $\tau\sigma:\boldsymbol{X}\mapsto\boldsymbol{BAX}$ 的转轴和转角?

$\tau\sigma$ 的转轴就是 $\boldsymbol{BA}$ 的属于特征值 1 的特征向量所决定的直线. $\boldsymbol{BA}$ 的三个特征值 $1,\cos\theta\pm i\sin\theta$ 之和 $1+2\cos\theta=\mathrm{tr}(\boldsymbol{BA})$, 由 $\cos\theta=\dfrac{\mathrm{tr}(\boldsymbol{BA})-1}{2}$ 可求出转角 θ.

例 1 写出空间中绕轴 L 旋转角 α 的变换 σ 的矩阵 $\boldsymbol{A}$, 旋转轴 L 由 z 轴在 $O-xz$ 平面内绕原点往 x 轴正方向旋转角 ω 得到.

解 将原来的坐标轴绕 Oy 轴旋转角 ω, 得到新的坐标轴 Ox',Oy',Oz', 建立新的坐标系 $O-x'y'z'$, 则新的 Oz' 轴就是旋转变换 σ 的旋转轴 L. 因此, σ 就是绕 Oz' 轴旋转角 α 的变换, σ 在新坐标系下的矩阵

$$\boldsymbol{B}=\begin{pmatrix}\cos\alpha & -\sin\alpha & 0\\ \sin\alpha & \cos\alpha & 0\\ 0 & 0 & 1\end{pmatrix}$$

$\boldsymbol{B}$ 的 3 列 $\boldsymbol{B}_1,\boldsymbol{B}_2,\boldsymbol{B}_3$ 分别是 $\sigma(\boldsymbol{e}_1'),\sigma(\boldsymbol{e}_2'),\sigma(\boldsymbol{e}_3')$ 在基 $\{\boldsymbol{e}_1',\boldsymbol{e}_2',\boldsymbol{e}_3'\}$ 下的坐标, 其中 $\boldsymbol{e}_1',\boldsymbol{e}_2',\boldsymbol{e}_3'$ 依次是新坐标系的 3 个坐标轴正方向上的单位向量, 也就是绕 y 轴旋转角 ω 的变换矩阵

$$\boldsymbol{U}=\begin{pmatrix}\cos\omega & 0 & \sin\omega\\ 0 & 1 & 0\\ -\sin\omega & 0 & \cos\omega\end{pmatrix}$$

的三列. 我们有 $\boldsymbol{AU}=\boldsymbol{UB}$, 从而:

$$\begin{aligned}\boldsymbol{A}&=\boldsymbol{UBU}^{-1}=\boldsymbol{UBU}^{\mathrm{T}}\\ &=\begin{pmatrix}\cos\omega & 0 & \sin\omega\\ 0 & 1 & 0\\ -\sin\omega & 0 & \cos\omega\end{pmatrix}\begin{pmatrix}\cos\alpha & -\sin\alpha & 0\\ \sin\alpha & \cos\alpha & 0\\ 0 & 0 & 1\end{pmatrix}\begin{pmatrix}\cos\omega & 0 & -\sin\omega\\ 0 & 1 & 0\\ \sin\omega & 0 & \cos\omega\end{pmatrix}\\ &=\begin{pmatrix}\cos^2\omega\cos\alpha+\sin^2\omega & -\cos\omega\sin\alpha & \sin\omega\cos\omega(1-\cos\alpha)\\ \cos\omega\sin\alpha & \cos\alpha & -\sin\omega\sin\alpha\\ \sin\omega\cos\omega(1-\cos\alpha) & \sin\omega\sin\alpha & \sin^2\omega\cos\alpha+\cos^2\omega\end{pmatrix}\end{aligned}$$ □

例 2 在三维空间中, 先绕 x 轴旋转角 α, 再绕 z 轴旋转角 β. 这两个旋转的复合变换是否仍是绕某条轴的旋转? 如果是, 找出旋转轴 L 和旋转角 θ .

解 复合变换是旋转：两个旋转变换 $\sigma_1:\boldsymbol{X}\mapsto\boldsymbol{AX}$ 与 $\sigma_2:\boldsymbol{X}\mapsto\boldsymbol{BX}$ 的复合变换 $\sigma_2\sigma_1:\boldsymbol{X}\mapsto(\boldsymbol{BA})\boldsymbol{X}$ 的矩阵

$$\boldsymbol{K}=\boldsymbol{BA}=\begin{pmatrix}\cos\beta & -\sin\beta & 0\\ \sin\beta & \cos\beta & 0\\ 0 & 0 & 1\end{pmatrix}\begin{pmatrix}1 & 0 & 0\\ 0 & \cos\alpha & -\sin\alpha\\ 0 & \sin\alpha & \cos\alpha\end{pmatrix}$$

$$=\begin{pmatrix}\cos\beta & -\sin\beta\cos\alpha & \sin\beta\sin\alpha\\ \sin\beta & \cos\beta\cos\alpha & -\cos\beta\sin\alpha\\ 0 & \sin\alpha & \cos\alpha\end{pmatrix}$$

由 $\boldsymbol{A},\boldsymbol{B}$ 是正交方阵知 $\boldsymbol{K}=\boldsymbol{BA}$ 是正交方阵. 由行列式 $|\boldsymbol{A}|=|\boldsymbol{B}|=1$ 知 $|\boldsymbol{K}|=|\boldsymbol{B}||\boldsymbol{A}|=1$. 因此 $\sigma_2\sigma_1:\boldsymbol{X}\mapsto\boldsymbol{KX}$ 仍是绕某条过原点 O 的直线 L 的旋转.

求旋转轴：旋转轴 L 上所有的点 $\boldsymbol{P}$ 在旋转变换 $\sigma_2\sigma_1$ 下都不动，L 上所有的 $\overrightarrow{OP}\neq\boldsymbol{0}$ 都是属于 $\boldsymbol{K}$ 的特征值 1 的特征向量. 解方程组 $(\boldsymbol{K}-\boldsymbol{I})\boldsymbol{X}=\boldsymbol{0}$ 求出非零解 $\boldsymbol{X}$，就得到旋转轴 $L=\{a\boldsymbol{X}\mid a\in\mathbf{R}\}$.

如果 $\cos\alpha=1$，则 $\boldsymbol{A}=\boldsymbol{I}$，$\sigma_2\sigma_1=\sigma_2$ 的旋转轴是 z 轴. 如果 $\cos\beta=1$，则 $\boldsymbol{B}=\boldsymbol{I}$，$\sigma_2\sigma_1=\sigma_1$ 的旋转轴是 x 轴. 以下设 $\cos\alpha\neq1$ 且 $\cos\beta\neq1$. 对 $\boldsymbol{K}-\boldsymbol{I}$ 做初等行变换得

$$\boldsymbol{K}-\boldsymbol{I}=\begin{pmatrix}\cos\beta-1 & -\sin\beta\cos\alpha & \sin\beta\sin\alpha\\ \sin\beta & \cos\beta\cos\alpha-1 & -\cos\beta\sin\alpha\\ 0 & \sin\alpha & \cos\alpha-1\end{pmatrix}$$

$$\xrightarrow{\frac{\sin\beta}{1-\cos\beta}(1)+(2)}\begin{pmatrix}\cos\beta-1 & -\sin\beta\cos\alpha & \sin\beta\sin\alpha\\ 0 & -1-\cos\alpha & \sin\alpha\\ 0 & \sin\alpha & \cos\alpha-1\end{pmatrix}$$

$$\xrightarrow{\frac{\sin\alpha}{1-\cos\alpha}(3)+(2),\ \frac{\sin\beta\sin\alpha}{1-\cos\alpha}(3)+(1)}\begin{pmatrix}\cos\beta-1 & \sin\beta & 0\\ 0 & 0 & 0\\ 0 & \sin\alpha & \cos\alpha-1\end{pmatrix}$$

求得齐次线性方程组 $(\boldsymbol{K}-\boldsymbol{I})\boldsymbol{X}=\boldsymbol{0}$ 的解空间为

$$L=\left\{\lambda\left(\frac{\sin\beta}{1-\cos\beta},1,\frac{\sin\alpha}{1-\cos\alpha}\right)^{\mathrm{T}}\middle|\ \lambda\in\mathbf{R}\right\}$$

$$=\left\{\lambda\left(\cot\frac{\beta}{2},1,\cot\frac{\alpha}{2}\right)^{\mathrm{T}}\middle|\ \lambda\in\mathbf{R}\right\}$$

直线 L 就是所求的旋转轴.

求旋转角 θ:

$$\cos\theta=\frac{\mathrm{tr}\,(\boldsymbol{BA})-1}{2}=\frac{\cos\beta+\cos\beta\cos\alpha+\cos\alpha-1}{2}$$

$$= \frac{(1+\cos\alpha)(1+\cos\beta)}{2} - 1 = 2\cos^2\frac{\alpha}{2}\cos^2\frac{\beta}{2} - 1$$

$$\cos\frac{\theta}{2} = \sqrt{\frac{1+\cos\theta}{2}} = \cos\frac{\alpha}{2}\cos\frac{\beta}{2}$$ □

例 2 中的两个旋转 σ_1,σ_2 的转轴 x 轴与 z 轴的夹角为直角. 在一般情形下, 可以设两个旋转变换 σ_1,σ_2 的转轴 L_1,L_2 相交于一点 O, 夹角为 $\omega\in\left[0,\frac{\pi}{2}\right]$, 则可建立适当的空间直角坐标系, 使 L_2 为 z 轴, L_1 由 Oz 轴在 Oxz 平面内往 Ox 轴方向旋转 ω 得到, 则绕 L_1 旋转角 α 的变换 σ_1 的矩阵 $\boldsymbol{A}$ 由例 1 求得, 绕 z 轴旋转角 β 的变换 σ_2 的矩阵 $\boldsymbol{B}$ 与例 2 相同. 将例 2 的 $\boldsymbol{B}$ 与例 1 的 $\boldsymbol{A}$ 相乘得到的 $\boldsymbol{BA}$ 就是复合变换 $\sigma_2\sigma_1$ 的矩阵, 可以采用与例 2 相同的方法求旋转轴和旋转角. 不过, 由于 $\boldsymbol{BA}$ 太繁琐, 计算的困难比较大, 我们采用另外的方法来解决这个问题.

2. 将旋转变换分解为关于平面的对称之积

在空间直角坐标系中, 每个非零列向量 $\boldsymbol{u}$ 决定一个关于平面 $\boldsymbol{u}^{\perp}$ 的对称:

$$\tau_u:\boldsymbol{X}\mapsto\boldsymbol{X}-\frac{2(\boldsymbol{X}\cdot\boldsymbol{u})}{(\boldsymbol{u}\cdot\boldsymbol{u})}\boldsymbol{u}=\boldsymbol{X}-\frac{2}{\boldsymbol{u}^{\mathrm{T}}u}\boldsymbol{u}\boldsymbol{u}^{\mathrm{T}}\boldsymbol{X}=\left(\boldsymbol{I}-\frac{2}{\boldsymbol{u}^{\mathrm{T}}\boldsymbol{u}}\boldsymbol{u}\boldsymbol{u}^{\mathrm{T}}\right)\boldsymbol{X}$$

可见, 对称变换 $\tau_{\boldsymbol{u}}$ 的矩阵 $\boldsymbol{S_u}=\boldsymbol{I}-\frac{2}{\boldsymbol{u}^{\mathrm{T}}\boldsymbol{u}}\boldsymbol{u}\boldsymbol{u}^{\mathrm{T}}$. 特别地, 可以将 $\boldsymbol{u}$ 乘适当实数化为单位向量, $\tau_{\boldsymbol{u}}$ 仍不变, 它的矩阵变成 $\boldsymbol{S_u}=\boldsymbol{I}-2\boldsymbol{u}\boldsymbol{u}^{\mathrm{T}}$.

例 3 三维几何空间中每个线性变换 σ 是旋转变换的充分必要条件是: σ 可以分解为两个关于平面 $\boldsymbol{u}^{\perp}$ 与 $\boldsymbol{v}^{\perp}$ 的对称 $\tau_{\boldsymbol{u}}$ 与 $\tau_{\boldsymbol{v}}$ 的乘积 $\sigma=\tau_{\boldsymbol{v}}\tau_{\boldsymbol{u}}$, 这两个平面有公共点, $\boldsymbol{u},\boldsymbol{v}$ 分别是它们的法向量. 旋转轴与 $\boldsymbol{u},\boldsymbol{v}$ 都垂直, 因而与 $\boldsymbol{u}\times\boldsymbol{v}$ 平行. 旋转角 θ 等于从 $\boldsymbol{u}$ 转到 $\boldsymbol{v}$ 所成的角 $\langle\boldsymbol{u},\boldsymbol{v}\rangle$ 的 2 倍.

解 设 σ 是旋转变换. 在旋转轴上任意取定一点 O、以旋转轴为 z 轴建立空间直角坐标系, 并且可以选择 z 轴的正方向使得正对 z 轴正方向看见的旋转角 θ 是沿逆时针方向上的 $[0,\pi]$ 范围内.

取 Ox 轴正方向上的单位向量 $\boldsymbol{u}=(1,0,0)^{\mathrm{T}}$, 将 $\boldsymbol{u}$ 在 Oxy 平面内向 y 轴正方向一侧旋转 $\frac{\theta}{2}$ 到 $\boldsymbol{v}=\left(\cos\frac{\theta}{2},\sin\frac{\theta}{2},0\right)^{\mathrm{T}}$, 则 $\tau_{\boldsymbol{u}},\tau_{\boldsymbol{v}}$ 的矩阵分别是:

$$\boldsymbol{S_u}=\boldsymbol{I}-2\begin{pmatrix}1\\0\\0\end{pmatrix}(1,0,0)=\begin{pmatrix}-1&0&0\\0&1&0\\0&0&1\end{pmatrix}$$

$$\boldsymbol{S_v}=\boldsymbol{I}-2\begin{pmatrix}\cos\frac{\theta}{2}\\ \sin\frac{\theta}{2}\\0\end{pmatrix}\left(\cos\frac{\theta}{2},\sin\frac{\theta}{2},0\right)=\begin{pmatrix}-\cos\theta&-\sin\theta&0\\-\sin\theta&\cos\theta&0\\0&0&1\end{pmatrix}$$

两个对称的乘积 $\tau_{\boldsymbol{v}}\tau_{\boldsymbol{u}}$ 的矩阵

$$\boldsymbol{S_vS_u}=\begin{pmatrix}-\cos\theta & -\sin\theta & 0\\ -\sin\theta & \cos\theta & 0\\ 0 & 0 & 1\end{pmatrix}\begin{pmatrix}-1 & 0 & 0\\ 0 & 1 & 0\\ 0 & 0 & 1\end{pmatrix}=\begin{pmatrix}\cos\theta & -\sin\theta & 0\\ \sin\theta & \cos\theta & 0\\ 0 & 0 & 1\end{pmatrix}$$

确实是绕 z 轴旋转角 θ 的变换 σ 的矩阵, 因而 $\sigma=\tau_{\boldsymbol{v}}\tau_{\boldsymbol{u}}$.

反过来, 设 $\tau_{\boldsymbol{u}},\tau_{\boldsymbol{v}}$ 是关于平面 $\boldsymbol{u}^{\perp},\boldsymbol{v}^{\perp}$ 的对称, 这两个平面有公共点. 取两个平面的公共点 O 为原点、公共直线为 z 轴、 $\boldsymbol{u}$ 所在的直线为 x 轴建立直角坐标系, 则 $\tau_{\boldsymbol{v}}\tau_{\boldsymbol{u}}$ 的矩阵 $\boldsymbol{S_vS_u}$ 如上所述, 是绕 Oz 轴旋转角 θ 的变换的矩阵,$\tau_{\boldsymbol{v}}\tau_{\boldsymbol{u}}$ 是旋转变换. □

注意, 对例 3 的变换 σ 建立直角坐标系时, 将旋转轴取作 z 轴, 任何一条与旋转轴垂直的直线都可以取作 x 轴, 任何一个与旋转轴垂直的非零向量都可以取作 $\boldsymbol{u}$, 再将 $\boldsymbol{u}$ 绕旋转轴沿 σ 的旋转方向旋转 $\dfrac{\theta}{2}$ 角得到 $\boldsymbol{v}$, 得到 σ 的一个分解式 $\sigma=\tau_{\boldsymbol{v}}\tau_{\boldsymbol{u}}$. 这说明 σ 的分解式并不唯一.

例 2 解法 2:

设 σ_1 与 σ_2 分别是绕 x 轴旋转角 α 和绕 z 轴旋转角 β 的变换. y 轴上的单位向量 $\boldsymbol{u}=(0,1,0)^{\mathrm{T}}$ 与 x,z 轴都垂直. 绕 x 轴将 $\boldsymbol{u}$ 旋转 $-\dfrac{\alpha}{2}$ 角到 $\boldsymbol{v}=\left(0,\cos\dfrac{\alpha}{2},-\sin\dfrac{\alpha}{2}\right)^{\mathrm{T}}$, 绕 z 轴将 $\boldsymbol{u}$ 旋转 $\dfrac{\beta}{2}$ 角到 $\boldsymbol{w}=\left(-\sin\dfrac{\beta}{2},\cos\dfrac{\beta}{2},0\right)^{\mathrm{T}}$, 则 $\sigma_1=\boldsymbol{S_uS_v}$, $\sigma_2=\boldsymbol{S_wS_u}$, 复合变换 $\sigma=\sigma_2\sigma_1=(\boldsymbol{S_wS_u})(\boldsymbol{S_uS_v})=\boldsymbol{S_wS_v}$ 仍是两个对称之积, 仍是旋转变换.

旋转变换 $\sigma=\boldsymbol{S_wS_v}$ 的旋转轴是 $\boldsymbol{v}=\left(0,\cos\dfrac{\alpha}{2},-\sin\dfrac{\alpha}{2}\right)^{\mathrm{T}}$ 与 $\boldsymbol{w}=\left(-\sin\dfrac{\beta}{2},\cos\dfrac{\beta}{2},0\right)^{\mathrm{T}}$ 的公垂线. $\boldsymbol{v}$ 与 $\boldsymbol{w}$ 的外积

$$\boldsymbol{v}\times\boldsymbol{w}=\left(\sin\frac{\alpha}{2}\cos\frac{\beta}{2},\sin\frac{\alpha}{2}\sin\frac{\beta}{2},\cos\frac{\alpha}{2}\sin\frac{\beta}{2}\right)^{\mathrm{T}}$$

与 $\boldsymbol{v},\boldsymbol{w}$ 都垂直, 它所在的直线 L 就是旋转轴. 当 α,β 都不为 0 时, 用 $\boldsymbol{v}\times\boldsymbol{w}$ 的 $\left(\sin\dfrac{\alpha}{2}\sin\dfrac{\beta}{2}\right)^{-1}$ 倍 $\left(\cot\dfrac{\beta}{2},1,\cot\dfrac{\alpha}{2}\right)^{\mathrm{T}}$ 代替 $\boldsymbol{v}\times\boldsymbol{w}$, 得到的答案与第一种解法相同.

$\boldsymbol{v}$ 与 $\boldsymbol{w}$ 的夹角 $\dfrac{\theta}{2}$ 等于旋转角 θ 的一半, 由 $\cos\dfrac{\theta}{2}=\boldsymbol{v}\cdot\boldsymbol{w}=\cos\dfrac{\alpha}{2}\cos\dfrac{\beta}{2}$ 可求出 θ. □

例 4 在空间直角坐标系中, σ_2 是绕 Oz 轴旋转角 β 的变换,σ_1 是绕轴 L 旋转角 α 的变换, L 由 Oz 轴在 Oxz 平面内绕原点向 Ox 轴正方向旋转角 ω 得到. 求复合变换 $\sigma_2\sigma_1$ 的旋转轴和旋转角 θ.

解 与例 2 解法 2 同样将 σ_1,σ_2 各分解为两个对称的乘积: $\sigma_1=\tau_{\boldsymbol{u}}\tau_{\boldsymbol{v}}$, $\sigma_2=\tau_{\boldsymbol{w}}\tau_{\boldsymbol{u}}$, 其中 $\boldsymbol{u},\boldsymbol{v},\boldsymbol{w}$ 是单位向量, 则 $\sigma=\sigma_2\sigma_1=(\tau_{\boldsymbol{w}}\tau_{\boldsymbol{u}})(\tau_{\boldsymbol{u}}\tau_{\boldsymbol{v}})=\tau_{\boldsymbol{w}}\tau_{\boldsymbol{v}}$, 与 $\boldsymbol{v},\boldsymbol{w}$ 都垂直的 $\boldsymbol{v}\times\boldsymbol{w}$ 所在直线就是复合变换 σ 的旋转轴, $\boldsymbol{v}$ 与 $\boldsymbol{w}$ 的夹角等于旋转角 θ 的一半, 其余弦值 $\cos\dfrac{\theta}{2}=\boldsymbol{v}\cdot\boldsymbol{w}$.

y 轴上的单位向量 $\boldsymbol{u}=(0,1,0)^{\mathrm{T}}$ 与两个旋转轴 Oz,L 都垂直. 绕 Oz 将 $\boldsymbol{u}$ 旋转角 $\dfrac{\beta}{2}$ 得到 $\boldsymbol{w}=\left(-\sin\dfrac{\beta}{2},\cos\dfrac{\beta}{2},0\right)^{\mathrm{T}}$, $\sigma_2=\tau_{\boldsymbol{w}}\tau_{\boldsymbol{u}}$. $\sigma_1=\tau_{\boldsymbol{u}}\tau_{\boldsymbol{v}}$ 中的 $\boldsymbol{u}$ 应当由 $\boldsymbol{v}$ 绕 L 轴旋转角 $\dfrac{\alpha}{2}$ 得到, 由 $\boldsymbol{u}$ 绕 L 旋转 $-\dfrac{\alpha}{2}$ 得到 $\boldsymbol{v}$. 例 1 的矩阵 $\boldsymbol{A}$ 的第 2 列是将 $\boldsymbol{u}$ 绕 L 旋转角 α 得到的向

量, 将其中的 α 改为 $-\dfrac{\alpha}{2}$ 就得到 $\boldsymbol{v}=\left(\cos\omega\sin\dfrac{\alpha}{2},\cos\dfrac{\alpha}{2},-\sin\omega\sin\dfrac{\alpha}{2}\right)^{\mathrm{T}}$.

复合变换 σ 的旋转角 θ 由

$$\begin{aligned}\cos\frac{\theta}{2}=\boldsymbol{v}\cdot\boldsymbol{w}&=\cos\frac{\alpha}{2}\cos\frac{\beta}{2}-\cos\omega\sin\frac{\alpha}{2}\sin\frac{\beta}{2}\\&=\cos\frac{\alpha+\beta}{2}+(1-\cos\omega)\sin\frac{\alpha}{2}\sin\frac{\beta}{2}\end{aligned}$$

决定.

向量

$$\boldsymbol{v}\times\boldsymbol{w}=\begin{pmatrix}\cos\omega\sin\dfrac{\alpha}{2}\\ \cos\dfrac{\alpha}{2}\\ -\sin\omega\sin\dfrac{\alpha}{2}\end{pmatrix}\times\begin{pmatrix}-\sin\dfrac{\beta}{2}\\ \cos\dfrac{\beta}{2}\\ 0\end{pmatrix}=\begin{pmatrix}\sin\omega\sin\dfrac{\alpha}{2}\cos\dfrac{\beta}{2}\\ \sin\omega\sin\dfrac{\alpha}{2}\sin\dfrac{\beta}{2}\\ \cos\omega\sin\dfrac{\alpha}{2}\cos\dfrac{\beta}{2}+\cos\dfrac{\alpha}{2}\sin\dfrac{\beta}{2}\end{pmatrix}$$

在旋转轴上. 当 $\boldsymbol{v}\times\boldsymbol{w}$ 不为零时, 所决定的直线就是旋转轴. 单位向量 $\boldsymbol{v},\boldsymbol{w}$ 的外积 $\boldsymbol{v}\times\boldsymbol{w}=\boldsymbol{0}$ 仅当它们的夹角 $\dfrac{\theta}{2}=0$ 从而 $\theta=0$, 此时 σ 是单位变换, 任何直线都是它的旋转轴. □

当 $\omega=0$ 时, 例 4 中的两个旋转轴重合, 都是 z 轴, σ 的旋转轴由 $\left(0,0,\sin\dfrac{\alpha+\beta}{2}\right)$ 决定, 也是 z 轴. 由 $\cos\dfrac{\theta}{2}=\dfrac{\alpha+\beta}{2}$ 决定的旋转角 $\theta=\alpha+\beta$ 是两个旋转轴之和.

当 $\omega=\dfrac{\pi}{2}$, 旋转轴由 $\boldsymbol{v}\times\boldsymbol{w}=\left(\sin\dfrac{\alpha}{2}\cos\dfrac{\beta}{2},\sin\dfrac{\alpha}{2}\sin\dfrac{\beta}{2},\cos\dfrac{\alpha}{2}\sin\dfrac{\beta}{2}\right)^{\mathrm{T}}$ 决定, 旋转角 θ 由 $\cos\dfrac{\theta}{2}=\cos\dfrac{\alpha}{2}\cos\dfrac{\beta}{2}$ 决定, 与例 2 的结论一致.

9.4　实对称方阵的正交相似

知识导航

1. 欧氏空间上的二次型

将欧氏空间 $V=E_n(\mathbf{R})$ 上的二次型 Q 在标准正交基 M 下写成矩阵形式 $Q(\boldsymbol{X})=\boldsymbol{X}^{\mathrm{T}}\boldsymbol{S}\boldsymbol{X}$, 其中 $\boldsymbol{S}$ 是实对称方阵, 则 Q 在另一组标准正交基 M_1 下的矩阵 $\boldsymbol{S}_1=\boldsymbol{P}^{\mathrm{T}}\boldsymbol{S}\boldsymbol{P}=\boldsymbol{P}^{-1}\boldsymbol{S}\boldsymbol{P}$ 与 $\boldsymbol{S}$ 正交相似且相合, 其中 $\boldsymbol{P}$ 是标准正交基 M 到 M_1 的过渡方阵, 是正交方阵.

2. 实对称方阵的正交相似标准形

定理 9.4.1　实对称方阵 $\boldsymbol{S}$ 的特征值全部是实数. 属于不同特征值的特征向量相互正交. □

定理 9.4.2 实对称方阵 $\boldsymbol{S}$ 可被正交方阵 $\boldsymbol{P}$ 相似于对角阵 $\boldsymbol{P}^{\mathrm{T}}\boldsymbol{S}\boldsymbol{P}=\boldsymbol{\Lambda}=\mathrm{diag}(\lambda_1,\cdots,\lambda_n)$, 对角元就是 $\boldsymbol{S}$ 的全体特征值, $\boldsymbol{P}$ 的各列分别是属于各特征值的特征向量. □

算法 按如下步骤进行:

(1) 求 $\boldsymbol{S}$ 的全部不同特征值 $\lambda_1,\cdots,\lambda_t$.

(2) 对每个特征值 λ_i 求方程组 $(\boldsymbol{S}-\lambda_i\boldsymbol{I})\boldsymbol{X}=\boldsymbol{0}$ 的基础解, 也就是特征子空间 V_{λ_i} 的基 M_i.

(3) 对每个 V_{λ_i} 的基 M_i 做正交化和单位化得到标准正交基 Π_i, 得到 V 的一组标准正交基 $\Pi=\Pi_1\cup\cdots\cup\Pi_t$. 以 Π 中各向量为各列排成正交方阵 $\boldsymbol{P}$, 则 $\boldsymbol{P}^{\mathrm{T}}\boldsymbol{S}\boldsymbol{P}$ 是对角阵, 也就是 $\boldsymbol{S}$ 的正交相似标准形. □

3. 应用例

(1) **二次形的主轴形式** 欧式空间上的二次型 Q 在适当的标准正交基下具有形式

$$Q(x_1,\cdots,x_n)=\lambda_1x_1^2+\cdots+\lambda_nx_n^2$$

称为 Q 的主轴形式.

(2) **两个实对称方阵同时相合对角化** 两个实对称方阵 $\boldsymbol{S}_1,\boldsymbol{S}_2$ 中如果有一个 (例如 $\boldsymbol{S}_1$) 正定, 则存在同一个可逆方阵 $\boldsymbol{P}$ 将它们同时相合到对角阵 $\boldsymbol{P}^{\mathrm{T}}\boldsymbol{S}_1\boldsymbol{P}=\boldsymbol{I}$, $\boldsymbol{P}^{\mathrm{T}}\boldsymbol{S}_2\boldsymbol{P}=\boldsymbol{D}=\mathrm{diag}(d_1,\cdots,d_n)$. (此结论的证明参见例 9.4.10.)

(3) **二次曲面化为标准方程** 记 $\boldsymbol{X}=(x,y,z)^{\mathrm{T}}$, 则三元二次方程 $f(x,y,z)=0$ 左边可以写成

$$f(\boldsymbol{X})=(\boldsymbol{X}^{\mathrm{T}},1)\boldsymbol{S}\begin{pmatrix}\boldsymbol{X}\\1\end{pmatrix},\quad \boldsymbol{S}=\begin{pmatrix}\boldsymbol{S}_1&\boldsymbol{\alpha}\\\boldsymbol{\alpha}^{\mathrm{T}}&a_0\end{pmatrix}$$

其中 $\boldsymbol{S}_1$ 是 3 阶实对称方阵, $\boldsymbol{\alpha}\in\mathbf{R}^{3\times1}$. 将坐标系绕原点 $\boldsymbol{O}$ 作适当旋转, 也就是用适当的正交方阵 $\boldsymbol{P}_1$ 将 $\boldsymbol{S}_1$ 相合到对角阵 $\boldsymbol{P}_1^{\mathrm{T}}\boldsymbol{S}_1\boldsymbol{P}_1=\boldsymbol{\Lambda}=\mathrm{diag}(\lambda_1,\lambda_2,\lambda_3)$, 从而将 $\boldsymbol{S}$ 化为

$$\tilde{\boldsymbol{S}}=\begin{pmatrix}\boldsymbol{P}_1&0\\0&1\end{pmatrix}^{\mathrm{T}}\begin{pmatrix}\boldsymbol{S}_1&\boldsymbol{\alpha}\\\boldsymbol{\alpha}^{\mathrm{T}}&a_0\end{pmatrix}\begin{pmatrix}\boldsymbol{P}_1&0\\0&1\end{pmatrix}=\begin{pmatrix}\boldsymbol{\Lambda}&\boldsymbol{\beta}\\\boldsymbol{\beta}^{\mathrm{T}}&a_0\end{pmatrix}$$

$f(x,y,z)$ 的二次项部分化为 $\lambda_1x'^2+\lambda_2y'^2+\lambda_3z'^2$. 如果 $\boldsymbol{\Lambda}$ 可逆 (特征值 $\lambda_1,\lambda_2,\lambda_3$ 全不为 0), 还可以将 $\tilde{\boldsymbol{S}}$ 进一步相合为对角阵

$$\begin{pmatrix}I&\boldsymbol{0}\\-\boldsymbol{\beta}^{\mathrm{T}}\boldsymbol{\Lambda}^{\mathrm{T}}&1\end{pmatrix}\tilde{\boldsymbol{S}}\begin{pmatrix}\boldsymbol{I}&-\boldsymbol{\Lambda}^{-1}\boldsymbol{\beta}\\\boldsymbol{0}&1\end{pmatrix}=\begin{pmatrix}\boldsymbol{\Lambda}&\boldsymbol{0}\\\boldsymbol{0}&b_0\end{pmatrix}$$

也就是通过坐标系的平移将方程化为 $\lambda_1x''^2+\lambda_2y''^2+\lambda_3z''^2+b_0=0$ 的形式, 再化为椭球面、单叶或双叶双曲面或锥面的标准方程. 当 $\boldsymbol{\Lambda}$ 不可逆, 可通过平移化为抛物面或柱面标准方程.

4. 对称变换

定义 9.4.1 设 $\mathcal{A}$ 是欧氏空间 V 上的线性变换, 并且

$$(\mathcal{A}(\boldsymbol{\alpha}),\boldsymbol{\beta})=(\boldsymbol{\alpha},\mathcal{A}(\boldsymbol{\beta}))$$

对任意 $\boldsymbol{\alpha},\boldsymbol{\beta}\in V$ 成立, 就称 $\mathcal{A}$ 是**对称变换**. □

定理 9.4.3 设 $\mathcal{A}$ 是欧氏空间 V 上的线性变换, 则:

$\mathcal{A}$ 是对称变换 $\Leftrightarrow \mathcal{A}$ 在 V 的任何一组标准正交基下的矩阵 $\boldsymbol{A}$ 是对称方阵. □

定理 9.4.4 欧氏空间上 V 上的对称变换 $\mathcal{A}$ 的属于不同特征值的特征子空间相互正交.

证明 设 $V_{\lambda_1},V_{\lambda_2}$ 分别是 $\mathcal{A}$ 的属于不同特征值 λ_1,λ_2 的特征子空间, $\boldsymbol{\alpha}\in V_{\lambda_1},\boldsymbol{\beta}\in V_{\lambda_2}$, 则:

$$(\mathcal{A}(\boldsymbol{\alpha}),\boldsymbol{\beta})=(\lambda_1\boldsymbol{\alpha},\boldsymbol{\beta})=\lambda_1(\boldsymbol{\alpha},\boldsymbol{\beta})=(\boldsymbol{\alpha},\mathcal{A}(\boldsymbol{\beta}))=(\boldsymbol{\alpha},\lambda_2\boldsymbol{\beta})=\lambda_2(\boldsymbol{\alpha},\boldsymbol{\beta})$$

因而

$$(\lambda_1-\lambda_2)(\boldsymbol{\alpha},\boldsymbol{\beta})=0,\text{由}\lambda_1-\lambda_2\neq 0\text{得}(\boldsymbol{\alpha},\boldsymbol{\beta})=0,\boldsymbol{\alpha}\perp\boldsymbol{\beta}.$$

这证明了 $V_{\lambda_1}\perp V_{\lambda_2}$. □

定理 9.4.5 欧氏空间上的对称变换 $\mathcal{A}$ 在适当的标准正交基下的矩阵是对角阵, 存在由 $\mathcal{A}$ 的特征向量构成的标准正交基. □

例题分析与解答

9.4.1 设

$$\boldsymbol{A}=\begin{pmatrix}1&-2&0\\-2&2&-2\\0&-2&3\end{pmatrix}$$

求正交矩阵 $\boldsymbol{T}$, 使 $\boldsymbol{T}^{-1}\boldsymbol{A}\boldsymbol{T}$ 是对角矩阵, 并求 $\boldsymbol{A}^k$ (k 是正整数).

解 $\boldsymbol{A}$ 的特征多项式 $\varphi_{\boldsymbol{A}}(\lambda)=(\lambda+1)(\lambda-2)(\lambda-5)$, 特征值为 $-1,2,5$. 分别解方程组 $(\boldsymbol{A}+\boldsymbol{I})\boldsymbol{X}=\boldsymbol{0}$, $(\boldsymbol{A}-2\boldsymbol{I})\boldsymbol{X}=\boldsymbol{0}$, $(\boldsymbol{A}-5\boldsymbol{I})\boldsymbol{X}=\boldsymbol{0}$ 求得基础解 $\boldsymbol{X}_1=(2,2,1)^{\mathrm{T}}$, $\boldsymbol{X}_2=(-2,1,2)^{\mathrm{T}}$, $\boldsymbol{X}_3=(1,-2,2)^{\mathrm{T}}$, 就是分别属于特征值 $-1,2,5$ 的特征向量组成 $\mathbf{R}^{3\times 1}$ 的正交基. 与它们同方向的单位向量 $\boldsymbol{P}_1=\left(\frac{2}{3},\frac{2}{3},\frac{1}{3}\right)^{\mathrm{T}}$, $\boldsymbol{P}_2=\left(-\frac{2}{3},\frac{1}{3},\frac{2}{3}\right)^{\mathrm{T}}$, $\boldsymbol{P}_3=\left(\frac{1}{3},-\frac{2}{3},\frac{2}{3}\right)^{\mathrm{T}}$ 组成标准正交基, 排成正交方阵

$$\boldsymbol{T}=\begin{pmatrix}\frac{2}{3}&-\frac{2}{3}&\frac{1}{3}\\\frac{2}{3}&\frac{1}{3}&-\frac{2}{3}\\\frac{1}{3}&\frac{2}{3}&\frac{2}{3}\end{pmatrix}$$

使 $\boldsymbol{T}^{-1}\boldsymbol{A}\boldsymbol{T}=\boldsymbol{D}=\mathrm{diag}(-1,2,5)$ 是对角阵. 由 $\boldsymbol{A}=\boldsymbol{T}\boldsymbol{D}\boldsymbol{T}^{-1}$ 得

$$\boldsymbol{A}^k=\boldsymbol{T}\boldsymbol{D}^k\boldsymbol{T}^{-1}=\boldsymbol{T}\boldsymbol{D}^k\boldsymbol{T}^{\mathrm{T}}$$

$$
= \begin{pmatrix} \dfrac{4(-1)^k+4\times 2^k+5^k}{9} & \dfrac{4(-1)^k-2\times 2^k-2\times 5^k}{9} & \dfrac{2(-1)^k-4\times 2^k+2\times 5^k}{9} \\ \dfrac{4(-1)^k-2\times 2^k-2\times 5^k}{9} & \dfrac{4(-1)^k+2^k+4\times 5^k}{9} & \dfrac{2(-1)^k+2\times 2^k-4\times 5^k}{9} \\ \dfrac{2(-1)^k-4\times 2^k+2\times 5^k}{9} & \dfrac{2(-1)^k+2\times 2^k-4\times 5^k}{9} & \dfrac{(-1)^k+4\times 2^k+4\times 5^k}{9} \end{pmatrix}
$$

□

9.4.2 设 $\boldsymbol{S}$ 是 n 阶实对称方阵. 求证: 定义在 $\mathbf{R}^{n\times 1}$ 的子集 $U=\{\boldsymbol{X}\in\mathbf{R}^{n\times 1}\mid |\boldsymbol{X}|=1\}$ 上的函数 $f(\boldsymbol{X})=\boldsymbol{X}^{\mathrm{T}}\boldsymbol{S}\boldsymbol{X}$ 的最大值和最小值分别是 $\boldsymbol{S}$ 的最大和最小的特征值.

证明 实对称方阵 $\boldsymbol{S}$ 的特征值 λ 都是实数, 可按从大到小的顺序排列为 $\lambda_1\geqslant\cdots\geqslant\lambda_n$. 存在正交方阵 $\boldsymbol{P}$ 将 $\boldsymbol{S}$ 相似到对角阵 $\boldsymbol{P}^{\mathrm{T}}\boldsymbol{S}\boldsymbol{P}=\boldsymbol{D}=\mathrm{diag}(\lambda_1,\cdots,\lambda_n)$. 每个 $\boldsymbol{X}\in U$ 可写成 $\boldsymbol{X}=\boldsymbol{P}\boldsymbol{Y}$ 的形式, 其中 $\boldsymbol{Y}=\boldsymbol{P}^{-1}\boldsymbol{X}$, 由 $\boldsymbol{P}^{\mathrm{T}}\boldsymbol{P}=\boldsymbol{I}$ 得 $|\boldsymbol{Y}|^2=\boldsymbol{Y}^{\mathrm{T}}\boldsymbol{Y}=\boldsymbol{Y}^{\mathrm{T}}\boldsymbol{P}^{\mathrm{T}}\boldsymbol{P}\boldsymbol{Y}=\boldsymbol{X}^{\mathrm{T}}\boldsymbol{X}=|\boldsymbol{X}|^2=1$, $\boldsymbol{Y}\in U$. 这说明 $\boldsymbol{Y}\mapsto\boldsymbol{X}=\boldsymbol{P}\boldsymbol{Y}$ 是集合 U 上的可逆变换. 对任意 $\boldsymbol{X}\in U$, 记 $\boldsymbol{Y}=\boldsymbol{P}^{-1}\boldsymbol{X}=(y_1,\cdots,y_n)^{\mathrm{T}}$, 则

$$|\boldsymbol{Y}|^2=y_1^2+\cdots+y_n^2=1$$

$$f(\boldsymbol{X})=\boldsymbol{Y}^{\mathrm{T}}\boldsymbol{P}^{\mathrm{T}}\boldsymbol{S}\boldsymbol{P}\boldsymbol{Y}=\boldsymbol{Y}^{\mathrm{T}}\boldsymbol{D}\boldsymbol{Y}=\lambda_1y_1^2+\cdots+\lambda_ny_n^2\geqslant\lambda_n(y_1^2+\cdots+y_n^2)=\lambda_n$$

且 $f(\boldsymbol{X})\leqslant\lambda_1(y_1^2+\cdots+y_n^2)=\lambda_1$.

并且可取 $\boldsymbol{Y}=(1,0,\cdots,0)^{\mathrm{T}}$ 得到 $f(\boldsymbol{P}_1)=\lambda_1$, 取 $\boldsymbol{Y}=(0,\cdots,0,1)^{\mathrm{T}}$ 得到 $f(\boldsymbol{P}_n)=\lambda_n$.

这证明了 $f(\boldsymbol{X})$ 的最大值等于最大特征值 λ_1, 最小值等于最小特征值 λ_n. □

9.4.3 证明：下列三个条件中只要有两个成立，另一个也必然成立.

(1) $\boldsymbol{A}$ 是对称的； (2) $\boldsymbol{A}$ 是正交的； (3) $\boldsymbol{A}^2=\boldsymbol{I}$.

证明 假定 (1) 与 (2) 成立, 即 $\boldsymbol{A}^{\mathrm{T}}=\boldsymbol{A}$ 且 $\boldsymbol{A}^{\mathrm{T}}\boldsymbol{A}=\boldsymbol{I}$. 将前一等式代入后一式得 $\boldsymbol{A}\boldsymbol{A}=\boldsymbol{I}$ 即 $\boldsymbol{A}^2=\boldsymbol{I}$. 这证明了 (3) 成立.

假定 (1) 与 (3) 成立, $\boldsymbol{A}=\boldsymbol{A}^{\mathrm{T}}$ 且 $\boldsymbol{A}\boldsymbol{A}=\boldsymbol{I}\Rightarrow\boldsymbol{A}\boldsymbol{A}^{\mathrm{T}}=\boldsymbol{I}$, $\boldsymbol{A}$ 是正交方阵, (3) 成立.

假定 (2) 与 (3) 成立, $\boldsymbol{A}^2=\boldsymbol{I}=\boldsymbol{A}\boldsymbol{A}^{\mathrm{T}}\Rightarrow\boldsymbol{A}=\boldsymbol{A}^{-1}=\boldsymbol{A}^{\mathrm{T}}$, $\boldsymbol{A}$ 是对称方阵, (1) 成立. □

9.4.4 用正交方阵化下列二次型为标准型:

(1) $Q(x_1,x_2,x_3)=2x_1^2+x_2^2-4x_1x_2-4x_2x_3$;

(2) $Q(x_1,x_2,x_3)=3x_1^2+4x_1x_2+8x_1x_3+4x_2x_3+3x_3^2$;

(3) $Q(x_1,x_2,x_3)=4x_1^2+x_2^2+9x_3^2-2x_1x_2-4x_1x_3+2x_2x_3$;

(4) $Q(x_1,x_2,x_3)=x_1x_2+x_1x_3+x_2x_3$.

解 求二次型 $Q(\boldsymbol{X})=\boldsymbol{X}^{\mathrm{T}}\boldsymbol{S}\boldsymbol{X}$ 对应的对称方阵 $\boldsymbol{S}$ 的特征向量 $\boldsymbol{P}_1,\boldsymbol{P}_2,\boldsymbol{P}_3$ 组成标准正交基, 排成正交方阵 $\boldsymbol{P}=(\boldsymbol{P}_1,\boldsymbol{P}_2,\boldsymbol{P}_3)$ 将 $\boldsymbol{S}$ 相似到对角阵 $\boldsymbol{P}^{\mathrm{T}}\boldsymbol{S}\boldsymbol{P}=\boldsymbol{D}=\mathrm{diag}(\lambda_1,\lambda_2,\lambda_3)$, 对角元 $\lambda_1,\lambda_2,\lambda_3$ 分别是 $\boldsymbol{P}$ 的 3 列所属的特征值, 则 $Q(\boldsymbol{X})$ 化为标准型 $\boldsymbol{Q}_1(\boldsymbol{Y})=(\boldsymbol{P}\boldsymbol{Y})^{\mathrm{T}}\boldsymbol{S}\boldsymbol{P}(\boldsymbol{Y})=\boldsymbol{Y}^{\mathrm{T}}\boldsymbol{D}\boldsymbol{P}=\lambda_1y_1^2+\lambda_2y_2^2+\lambda_3y_3^2$, 其中 $\boldsymbol{Y}=\boldsymbol{P}^{\mathrm{T}}\boldsymbol{X}=(y_1,y_2,y_3)^{\mathrm{T}}$. 具体计算结果如下:

(1)

$$\boldsymbol{S}=\begin{pmatrix}2&-2&0\\-2&1&-2\\0&-2&0\end{pmatrix}$$

的特征值为 $-2,1,4$. 分别解方程组 $(\boldsymbol{S}+2\boldsymbol{I})\boldsymbol{X}=\boldsymbol{0},(\boldsymbol{S}-\boldsymbol{I})\boldsymbol{X}=\boldsymbol{0},(\boldsymbol{S}-4\boldsymbol{I})\boldsymbol{X}=\boldsymbol{0}$ 求出特征向量 $\boldsymbol{X}_1=(1,2,2)^{\mathrm{T}},\boldsymbol{X}_2=(2,1,-2)^{\mathrm{T}},\boldsymbol{X}_3=(2,-2,1)^{\mathrm{T}}$. 取与它们同方向的单位向量 $\boldsymbol{P}_1=\left(\frac{1}{3},\frac{2}{3},\frac{2}{3}\right)^{\mathrm{T}},\boldsymbol{P}_2=\left(\frac{2}{3},\frac{1}{3},-\frac{2}{3}\right)^{\mathrm{T}},\boldsymbol{P}_3=\left(\frac{2}{3},-\frac{2}{3},\frac{1}{3}\right)^{\mathrm{T}}$ 为各列组成正交方阵 $\boldsymbol{P}$, 做可逆线性代换 $\boldsymbol{Y}=\boldsymbol{P}^{\mathrm{T}}\boldsymbol{X}$ 即

$$\begin{cases} y_1=\dfrac{1}{3}(x_1+2x_2+2x_3)\\ y_2=\dfrac{1}{3}(2x_1+x_2-2x_3)\\ y_3=\dfrac{1}{3}(2x_1-2x_2+x_3)\end{cases}$$

则原二次型化为标准形 $Q_1(y_1,y_2,y_3)=-2y_1^2+y_2^2+4y_3^2$.

(2)

$$\boldsymbol{S}=\begin{pmatrix}3&2&4\\2&0&2\\4&2&3\end{pmatrix}$$

特征值为 -1 (2 重), 8. 解方程组 $(\boldsymbol{S}+\boldsymbol{I})\boldsymbol{X}=\boldsymbol{0}$ 求得基础解 $\boldsymbol{X}_1=(1,-2,0)^{\mathrm{T}},\boldsymbol{X}_2=(1,0,-1)^{\mathrm{T}}$. 解方程组 $(\boldsymbol{S}-8\boldsymbol{I})\boldsymbol{X}=\boldsymbol{0}$ 求得基础解 $\boldsymbol{X}_3=(2,1,2)^{\mathrm{T}}$. 对 $\boldsymbol{X}_1,\boldsymbol{X}_2$ 作正交化, 用 $\tilde{\boldsymbol{X}}_1=\boldsymbol{X}_1-\dfrac{(\boldsymbol{X}_1,\boldsymbol{X}_2)}{(\boldsymbol{X}_2,\boldsymbol{X}_2)}\boldsymbol{X}_2=\left(\frac{1}{2},-2,\frac{1}{2}\right)^{\mathrm{T}}$ 代替 $\boldsymbol{X}_1$ 得正交向量组 $\{\tilde{\boldsymbol{X}}_1,\boldsymbol{X}_2\}$. 取与 $\tilde{\boldsymbol{X}}_1,\boldsymbol{X}_2,\boldsymbol{X}_3$ 同方向的单位向量 $\boldsymbol{P}_1=\left(\dfrac{1}{3\sqrt{2}},-\dfrac{2\sqrt{2}}{3},\dfrac{1}{3\sqrt{2}}\right)^{\mathrm{T}},\boldsymbol{P}_2=\left(\dfrac{1}{\sqrt{2}},0,-\dfrac{1}{\sqrt{2}}\right)^{\mathrm{T}},\boldsymbol{P}_3=\left(\dfrac{2}{3},\dfrac{1}{3},\dfrac{2}{3}\right)^{\mathrm{T}}$ 为各列组成正交方阵 $\boldsymbol{P}$, 作可逆线性代换 $\boldsymbol{Y}=\boldsymbol{P}^{\mathrm{T}}\boldsymbol{X}$ 即

$$\begin{cases} y_1=\dfrac{1}{3\sqrt{2}}(x_1-4x_2+x_3)\\ y_2=\dfrac{1}{\sqrt{2}}(x_1-x_3)\\ y_3=\dfrac{1}{3}(2x_1+x_2+2x_3)\end{cases}$$

则原二次型化为标准形 $Q_1(y_1,y_2,y_3)=-y_1^2-y_2^2+8y_3^2$.

(3)

$$\boldsymbol{S}=\begin{pmatrix}4&-1&-2\\-1&1&1\\-2&1&9\end{pmatrix}$$

在 Matlab 中输入如下语句求正交方阵 $\boldsymbol{P}$ 将 $\boldsymbol{S}$ 相似到对角阵 $\boldsymbol{D}$:

```
S=[4,-1,-2;-1,1,1;-2,1,9];[P,D]=eig(S)
```

运行得到:

```
P =

     0.2578     -0.9043     -0.3401
     0.9647      0.2213      0.1429
    -0.0540     -0.3649      0.9295
```

D =

0.6768	0	0
0	3.4376	0
0	0	9.8856

取可逆线性代换 $\boldsymbol{Y}=\boldsymbol{P}^{\mathrm{T}}\boldsymbol{X}$ 即

$$\begin{cases} y_1=0.2678x_1+0.9647x_2-0.0540x_3 \\ y_2=-0.9043x_1+0.2213x_2-0.3649x_3 \\ y_3=-0.3401x_1+0.1429x_2+0.9295x_3 \end{cases}$$

则原二次型化为标准形 $Q_1(y_1,y_2,y_3)=0.6768y_1^2+3.4376y_2^2+9.8856y_3^2$.

(4)

$$\boldsymbol{S}=\begin{pmatrix} 0 & \frac{1}{2} & \frac{1}{2} \\ \frac{1}{2} & 0 & \frac{1}{2} \\ \frac{1}{2} & \frac{1}{2} & 0 \end{pmatrix}$$

的特征值为 $-\frac{1}{2}$ (2 重), 1. 解方程组 $\left(S+\frac{1}{2}\boldsymbol{I}\right)\boldsymbol{X}=\boldsymbol{0}$ 求得 $\boldsymbol{X}_1=(1,-1,0)^{\mathrm{T}}$, $\boldsymbol{X}_2=(1,1,-2)^{\mathrm{T}}$ 组成解空间的正交基. 解方程组 $(\boldsymbol{S}-\boldsymbol{I})\boldsymbol{X}=\boldsymbol{0}$ 求得基础解 $\boldsymbol{X}_3=(1,1,1)^{\mathrm{T}}$. 取与 $\boldsymbol{X}_1,\boldsymbol{X}_2,\boldsymbol{X}_3$ 同方向的单位向量 $\boldsymbol{P}_1=\left(\frac{1}{\sqrt{2}},-\frac{1}{\sqrt{2}},0\right)^{\mathrm{T}}$,$\boldsymbol{P}_2=\left(\frac{1}{\sqrt{6}},\frac{1}{\sqrt{6}},-\frac{2}{\sqrt{6}}\right)^{\mathrm{T}}$,$\boldsymbol{P}_3=\left(\frac{1}{\sqrt{3}},\frac{1}{\sqrt{3}},\frac{1}{\sqrt{3}}\right)^{\mathrm{T}}$ 为各列组成正交方阵 $\boldsymbol{P}$. 做可逆线性代换 $\boldsymbol{Y}=\boldsymbol{P}^{\mathrm{T}}\boldsymbol{X}$ 即

$$\begin{cases} y_1=\frac{1}{\sqrt{2}}(x_1-x_2) \\ y_2=\frac{1}{\sqrt{6}}(x_1+x_2-2x_3) \\ y_3=\frac{1}{\sqrt{3}}(x_1+x_2+x_3) \end{cases}$$

则原二次型化为标准形 $Q_1(y_1,y_2,y_3)=-\frac{1}{2}y_1^2-\frac{1}{2}y_2^2+y_3^2$. □

点评 本题第 (3) 小题的方阵 $\boldsymbol{S}$ 的特征值都不是有理数, 用笔算求不出来, 因此这个题不能用手算解决. 按照课程作业和考试的要求, 这个题可以说是出"错"了. 但是, 在实际应用中遇到这样的题怎么办? 难道就不做了? 用计算机软件算就是了. 我们给出了用 Matlab 计算这个题的语句和运行结果. 也可以用别的软件来求解, 例如, 在 Mathematica 中输入以下语句:

```
S={{4,-1,-2},{-1,1,1},{-2,1,9}};Eigensystem[S]
```

运行之后得到非常复杂的结果. 这是因为, Mathematica 利用三次方程的求根公式 (卡旦公式) 求特征多项式的根, 将实根表示成了虚数之和. 将语句做一点小小的修改, 将矩阵的任

何一个分量写成小数的形式, 例如将 4 改写为 4.0, 把矩阵分量不是看成准确值而是看成近似值, 进行近似计算. 修改后的语句为:

S={{4.0,-1,-2},{-1,1,1},{-2,1,9}};Eigensystem[S]

运行结果为:

{{9.88559, 3.4376,0.676816}, {{-0.34012, 0.142881, 0.929464}, {0.904349, -0.221284, 0.364947}, {0.25782, 0.964686, -0.0539512}}}

其中第一个花括号内的三个数 9.88559,3.4376,0.676816 是 $\boldsymbol{S}$ 的 3 个特征值, 也就是与 $\boldsymbol{S}$ 正交相似的对角阵 $\boldsymbol{D}=\boldsymbol{P}^{\mathrm{T}}\boldsymbol{S}\boldsymbol{P}$ 的 3 个对角元. 以后三个花括号分别是 3 个特征向量, 而且已经单位化, 组成标准正交基. 以这 3 个特征向量为 3 行组成的正交方阵就是 $\boldsymbol{P}^{\mathrm{T}}$, 它的转置矩阵 $\boldsymbol{P}$ 的 3 列分别是属于 3 个特征值的特征向量, $\boldsymbol{P}$ 就是将 $\boldsymbol{S}$ 相似到对角阵 $\boldsymbol{D}$ 的正交方阵. Mathematica 得出的 $\boldsymbol{P}$ 和 $\boldsymbol{D}$ 略有不同: MATLAB 得出的 $\boldsymbol{D}$ 的 3 个对角元按从小到大的顺序排列, Mathematica 则是按从大到小的顺序排列. 相应地, 两个软件得出的正交方阵 $\boldsymbol{P}$ 的各列 (特征向量) 也正好相反. □

9.4.5 在建立了直角坐标系的 3 维几何空间中, 如下方程的图像是什么形状?

(1) $x^2+y^2+z^2-4xy-6xz+8yz=12$;

(2) $4x^2+y^2+9y^2-2xy-4xz+2yz=12$;

(3) $xy+yz+zx=5$;

(4) $xy+yz+zx=0$.

解 各小题方程左边都是二次型 $Q(\boldsymbol{X})=\boldsymbol{X}^{\mathrm{T}}\boldsymbol{S}\boldsymbol{X}$ (其中 $\boldsymbol{X}=(x,y,z)^{\mathrm{T}}$), $\boldsymbol{S}$ 是实对称方阵. 存在正交方阵 $\boldsymbol{P}_1$ 将 $\boldsymbol{S}$ 相似到对角阵 $\boldsymbol{P}_1^{-1}\boldsymbol{S}\boldsymbol{P}_1=\boldsymbol{\Lambda}=\mathrm{diag}(\lambda_1,\lambda_2,\lambda_3)$, 其中 $\lambda_1,\lambda_2,\lambda_3$ 是 $\boldsymbol{S}$ 的特征值, $\det\boldsymbol{P}=d=\pm1$. 将 $\boldsymbol{P}_1$ 的第 3 列乘 d, 得到的方阵 $\boldsymbol{P}=\boldsymbol{P}_1\mathrm{diag}(1,1,d)$ 仍是正交方阵且行列式 $\det\boldsymbol{P}=1$, 并且 $\boldsymbol{\Lambda}=\boldsymbol{P}^{-1}\boldsymbol{S}\boldsymbol{P}=\boldsymbol{P}^{\mathrm{T}}\boldsymbol{S}\boldsymbol{P}$.

$\boldsymbol{P}$ 的 3 列 $\boldsymbol{\varepsilon}_1,\boldsymbol{\varepsilon}_2,\boldsymbol{\varepsilon}_3$ 组成右手系标准正交基. 分别以这 3 列为 Ox',Oy',Oz' 轴上的单位向量建立新的直角坐标系 $O-x'y'z'$, 则同一点在原坐标系与新坐标系中的坐标 $\boldsymbol{X}=(x,y,z)^{\mathrm{T}}$ 与 $\boldsymbol{Y}=(x',y',z')$ 之间有变换公式 $\boldsymbol{X}=\boldsymbol{P}\boldsymbol{Y}$, 方程左边由 $\boldsymbol{X}^{\mathrm{T}}\boldsymbol{S}\boldsymbol{X}$ 变成 $(\boldsymbol{P}\boldsymbol{Y})^{\mathrm{T}}\boldsymbol{S}(\boldsymbol{P}\boldsymbol{Y})=\boldsymbol{Y}^{\mathrm{T}}\boldsymbol{\Lambda}\boldsymbol{Y}=\lambda_1x'^2+\lambda_2y'^2+\lambda_3z'^2$, 则原方程的图像在新的坐标系下的方程为 $\lambda_1x'^2+\lambda_2y'^2+\lambda_3z'^2=C$, 其中 C 是原方程等号右边的常数. 由 3 个特征值 $\lambda_1,\lambda_2,\lambda_3$ 中正数与负数的个数 p,q 即可判断原方程的图像的形状. 而 p,q 即是 $\boldsymbol{S}$ 的正负惯性指数. 甚至可以不计算 $\boldsymbol{S}$ 的特征值, 只要将 $\boldsymbol{S}$ 相合到对角阵 $\boldsymbol{D}=\mathrm{diag}(d_1,d_2,d_3)$, 3 个对角元中正数和负数的个数分别等于 p,q, 也就是 $\boldsymbol{S}$ 的特征值中正数与负数的个数.

各小题具体计算结果为:

(1)

$$\boldsymbol{S}=\begin{pmatrix}1&-2&-3\\-2&1&4\\-3&4&1\end{pmatrix}\xrightarrow[2(1)+(2),3(1)+(3)]{2(1)+(2),3(1)+(3)}\begin{pmatrix}1&0&0\\0&-3&-2\\0&-2&-8\end{pmatrix}\xrightarrow[-\frac{2}{3}(2)+(3)]{-\frac{2}{3}(2)+(3)}\begin{pmatrix}1&0&0\\0&-3&0\\0&0&-\dfrac{20}{3}\end{pmatrix}$$

将 $\boldsymbol{S}$ 经过相合变换化成对角阵, 对角元有 1 个正数、2 个负数, 可知 $\boldsymbol{S}$ 的特征值中也应有 1 个正数、2 个负数. 可适当排列特征值的顺序使 $\lambda_1<\lambda_2<0<\lambda_3$.

原方程可通过坐标变换变成 $-|\lambda_1|x'^2-|\lambda_2|y'^2+|\lambda_3|z'^2=12$, 两边同除以 -12 化成

$$\frac{x'^2}{a^2}+\frac{y'^2}{b^2}-\frac{z'^2}{c^2}=-1$$

其中 $a^2=\dfrac{12}{|\lambda_1|},b^2=\dfrac{12}{|\lambda_2|},c^2=\dfrac{12}{|\lambda_3|}$. 图像为双叶双曲面.

(2)

$$\boldsymbol{S}=\begin{pmatrix}4&-1&-2\\-1&1&1\\-2&1&9\end{pmatrix}\to\boldsymbol{D}=\begin{pmatrix}4&0&0\\0&\dfrac{3}{4}&0\\0&0&\dfrac{23}{3}\end{pmatrix}$$

将 $\boldsymbol{S}$ 相合到对角阵 $\boldsymbol{D}$, 对角元全为正, 可知 $\boldsymbol{S}$ 的特征值 $\lambda_1,\lambda_2,\lambda_3$ 都是正数. 原方程经过坐标变换后化成

$$|\lambda_1|x'^2+|\lambda_2|y'^2+|\lambda_3|z'^2=12\Leftrightarrow\frac{x'^2}{a^2}+\frac{y'^2}{b^2}+\frac{z'^2}{c^2}=1$$

其中 $a^2=\dfrac{12}{|\lambda_1|},b^2=\dfrac{12}{|\lambda_2|},c^2=\dfrac{12}{|\lambda_3|}$. 图像为椭球面.

(3)

$$\boldsymbol{S}=\begin{pmatrix}0&\dfrac{1}{2}&\dfrac{1}{2}\\\dfrac{1}{2}&0&\dfrac{1}{2}\\\dfrac{1}{2}&\dfrac{1}{2}&0\end{pmatrix}$$

特征值为 $-\dfrac{1}{2},-\dfrac{1}{2},1$. 原方程经过坐标变换化成

$$-\frac{1}{2}x'^2-\frac{1}{2}y'^2+z'^2=5\Leftrightarrow\frac{x'^2}{10}+\frac{y'^2}{10}-\frac{z'^2}{5}=-1$$

图像为双叶旋转双曲面.

(4) $\boldsymbol{S}$ 与第 (3) 小题相同. 原方程经过坐标变换化成

$$-\frac{1}{2}x'^2-\frac{1}{2}y'^2+z'^2=0\Leftrightarrow x'^2+y'^2=2z'^2$$

图像为圆锥面. □

点评 本题第 (1),(2) 小题的特征值都不是有理数, 不能用手工算出来. 但为了判断图像的形状, 只需知道特征值的正负号. 因此以上解法将 S 相合到对角阵, 由正负惯性指数知道了特征值的符号. 也可用 Mathematica 或 Matlab 直接计算特征值的近似值, 得到特征值的符号.

9.4.6 在建立了直角坐标系的 3 维几何空间中, 证明方程

$$2x^2+4y^2+8z^2-2xy+4xz+6yz-20=0$$

的图像是椭球面, 并求出这个椭球面所围成的立体的体积. $\left(\text{已知椭球面 }\dfrac{x^2}{a^2}+\dfrac{y^2}{b^2}+\dfrac{z^2}{c^2}=1\right.$ 所围成的立体体积为 $\left.\dfrac{4}{3}\pi abc.\right)$

证明 方程左边的二次项组成二次型 $(x,y,z)\boldsymbol{S}(x,y,z)^{\mathrm{T}}$, 其中:

$$\boldsymbol{S}=\begin{pmatrix}2 & -1 & 2\\ -1 & 4 & 3\\ 2 & 3 & 8\end{pmatrix}$$

的三个顺序主子式:

$$2>0,\qquad \begin{vmatrix}2 & -1\\ -1 & 4\end{vmatrix}=7>0,\qquad \det\boldsymbol{S}=10>0$$

这证明了 $\boldsymbol{S}$ 正定, 3 个特征值 λ_i $(i=1,2,3)$ 全为正. 存在行列式为 1 的正交方阵 $\boldsymbol{P}$ 将 $\boldsymbol{S}$ 相似到标准形 $\boldsymbol{\Lambda}=\mathrm{diag}(\lambda_1,\lambda_2,\lambda_3)$. $\boldsymbol{P}$ 的三列组成右手系标准正交基, 分别以这三列为 Ox',Oy',Oz' 轴正方向建立新的右手系直角坐标系 $O-x'y'z'$, 则原方程的图像在新坐标系下的方程为

$$\lambda_1x'^2+\lambda_2y'^2+\lambda_3z'^2=20\quad 即\quad \frac{x'^2}{a^2}+\frac{y'^2}{b^2}+\frac{z'^2}{c^2}=1$$

其中 $a=\sqrt{\dfrac{20}{\lambda_1}},b=\sqrt{\dfrac{20}{\lambda_2}},c=\sqrt{\dfrac{20}{\lambda_3}}$. 这个新方程的图像是椭球面, 原方程的图像是椭球面, 所围立体的体积

$$V=\frac{4}{3}\pi abc=\frac{4}{3}\pi\sqrt{\frac{20^3}{\lambda_1\lambda_2\lambda_3}}$$

$\boldsymbol{S}$ 的 3 个特征值之积 $\lambda_1\lambda_2\lambda_3=\det\boldsymbol{S}=10$, 因此 $V=\dfrac{4}{3}\pi\sqrt{\dfrac{20^3}{10}}=\dfrac{80}{3}\pi\sqrt{2}$, 方程图像所围的立体的体积为 $\dfrac{80}{3}\pi\sqrt{2}$. □

9.4.7 在建立了直角坐标系的 3 维几何空间中, 试利用坐标轴的旋转和平移将方程 $a_{11}x^2+a_{22}y^2+a_{33}z^2+2a_{12}xy+2a_{13}xz+2a_{23}yz+2a_1x+2a_2y+2a_3z+a_0=0$ 化简, 讨论它的图像的各种可能的形状. 特别地, 请给出图像是椭球面、单叶双曲面、双叶双曲面的条件.

解 记 $\boldsymbol{X}=(x,y,z)\in\mathbf{R}^{1\times3}$ 为任一点的坐标, 则曲线方程可以写成 $(\boldsymbol{X},1)S(\boldsymbol{X},1)^{\mathrm{T}}=0$ 也就是 $\boldsymbol{XAX}^{\mathrm{T}}+2\boldsymbol{\alpha X}^{\mathrm{T}}+a_0=0$ 的形式, 其中:

$$\boldsymbol{S}=\begin{pmatrix}a_{11} & a_{12} & a_{13} & a_1\\ a_{21} & a_{22} & a_{23} & a_2\\ a_{31} & a_{32} & a_{33} & a_3\\ a_1 & a_2 & a_3 & a_0\end{pmatrix}=\begin{pmatrix}\boldsymbol{A} & \boldsymbol{\alpha}^{\mathrm{T}}\\ \boldsymbol{\alpha} & a_0\end{pmatrix}$$

$\boldsymbol{A}$ 是 $\boldsymbol{S}$ 的左上角的 3 阶子方阵, $Q(\boldsymbol{X})=\boldsymbol{XAX}^{\mathrm{T}}$ 是方程左边的二次项组成的二次型, $\boldsymbol{\alpha}=(a_1,a_2,a_3)$, $f(\boldsymbol{X})=2\boldsymbol{\alpha X}^{\mathrm{T}}$ 是方程左边的一次项组成的线性函数.

坐标系的旋转将三条轴 Ox,Oy,Oz 绕某条过原点的直线分别旋转到 Ox',Oy',Oz' 轴, 原来坐标轴正方向上的单位向量 $\boldsymbol{e}_1,\boldsymbol{e}_2,\boldsymbol{e}_3$ 组成的右手系标准正交基旋转到新坐标轴正方向上的单位向量 $\boldsymbol{e}_1',\boldsymbol{e}_2',\boldsymbol{e}_3'$ 组成的右手系标准正交基, 两组基之间的过渡矩阵 $\boldsymbol{U}$ 是 3 阶正交

方阵且行列式 $\det\boldsymbol{U}=1$. 同一点在两个坐标系中的坐标 $\boldsymbol{X}=(x,y,z)$ 与 $\boldsymbol{\xi}=(x',y',z')$ 之间有变换公式 $\boldsymbol{X}^{\mathrm{T}}=U\boldsymbol{\xi}^{\mathrm{T}}$, 从而 $(\boldsymbol{X},1)^{\mathrm{T}}=\boldsymbol{P}_1(\boldsymbol{\xi},1)^{\mathrm{T}}$, 其中 $\boldsymbol{P}_1=\mathrm{diag}(\boldsymbol{U},1)$.

将坐标系 $O-x'y'z'$ 平移到 $O'-x''y''z''$, 原点 O 移到 O', 各坐标轴 $O'x'',O'y'',O'z''$ 正方向上的单位向量不变. 设新原点 O' 在原坐标系 $O-x'y'z'$ 下的坐标 $\boldsymbol{h}=(h_1,h_2,h_3)$, 则同一点在坐标轴平移前后的坐标 $\boldsymbol{\xi}=(x',y',z')$ 与 $\boldsymbol{\eta}=(x'',y'',z'')$ 之间有变换公式 $\boldsymbol{\xi}=\boldsymbol{\eta}+\boldsymbol{h}$, 即

$$\begin{pmatrix}\boldsymbol{\xi}^{\mathrm{T}}\\1\end{pmatrix}=\begin{pmatrix}\boldsymbol{\eta}^{\mathrm{T}}+\boldsymbol{h}^{\mathrm{T}}\\1\end{pmatrix}=\begin{pmatrix}\boldsymbol{I}_{(3)}&\boldsymbol{h}^{\mathrm{T}}\\\boldsymbol{0}&1\end{pmatrix}\begin{pmatrix}\boldsymbol{\eta}^{\mathrm{T}}\\1\end{pmatrix}$$

因此, 每一点原来的坐标 $\boldsymbol{X}=(x,y,z)$ 与经过坐标轴的旋转和平移之后的坐标 $\boldsymbol{\eta}=(x'',y'',z'')$ 之间的变换公式为 $(\boldsymbol{X},1)^{\mathrm{T}}=\boldsymbol{P}(\boldsymbol{\eta},1)^{\mathrm{T}}$, 其中:

$$\boldsymbol{P}=\begin{pmatrix}\boldsymbol{U}&\boldsymbol{0}\\\boldsymbol{0}&1\end{pmatrix}\begin{pmatrix}\boldsymbol{I}&\boldsymbol{h}^{\mathrm{T}}\\\boldsymbol{0}&1\end{pmatrix}=\begin{pmatrix}\boldsymbol{U}&\boldsymbol{k}^{\mathrm{T}}\\\boldsymbol{0}&1\end{pmatrix}$$

$\boldsymbol{U}$ 可取遍行列式 $\det\boldsymbol{U}=1$ 的 3 阶正交方阵, $k^{\mathrm{T}}=\boldsymbol{U}\boldsymbol{h}^{\mathrm{T}}$ 可取遍 $\mathbf{R}^{3\times1}$.

图像上的点的原坐标 $\boldsymbol{X}=(x,y,z)$ 满足的方程 $(\boldsymbol{X},1)\boldsymbol{S}(\boldsymbol{X},1)^{\mathrm{T}}=0$ 变成新坐标 $\boldsymbol{\eta}=(x'',y'',z'')$ 满足的方程 $(\boldsymbol{P}(\boldsymbol{\eta},1)^{\mathrm{T}})^{\mathrm{T}}\boldsymbol{S}\boldsymbol{P}(\boldsymbol{\eta},1)^{\mathrm{T}}=0$ 即 $(\boldsymbol{\eta},1)\boldsymbol{S}_0(\boldsymbol{\eta},1)^{\mathrm{T}}=0$, 其中

$$\boldsymbol{S}_0=\boldsymbol{P}^{\mathrm{T}}\boldsymbol{S}\boldsymbol{P}=\begin{pmatrix}\boldsymbol{U}^{\mathrm{T}}&\boldsymbol{0}\\\boldsymbol{k}&1\end{pmatrix}\begin{pmatrix}\boldsymbol{A}&\boldsymbol{\alpha}^{\mathrm{T}}\\\boldsymbol{\alpha}&a_0\end{pmatrix}\begin{pmatrix}\boldsymbol{U}&\boldsymbol{k}^{\mathrm{T}}\\\boldsymbol{0}&1\end{pmatrix}=\begin{pmatrix}\boldsymbol{U}^{\mathrm{T}}\boldsymbol{A}\boldsymbol{U}&\boldsymbol{\beta}^{\mathrm{T}}\\\boldsymbol{\beta}&d\end{pmatrix}$$

其中 $\boldsymbol{\beta}=(\boldsymbol{k}\boldsymbol{A}+\boldsymbol{\alpha})\boldsymbol{U}\in\mathbf{R}^{1\times3}$, $d=\boldsymbol{k}\boldsymbol{A}\boldsymbol{k}^{\mathrm{T}}+2\boldsymbol{\alpha}\boldsymbol{k}^{\mathrm{T}}+a_0\in\mathbf{R}$. 适当选择 $\boldsymbol{U}$ 与 $\boldsymbol{k}$ 使 $\boldsymbol{S}_0$ 尽可能简单, 可判定方程 $(\boldsymbol{\eta},1)\boldsymbol{S}_0(\eta,1)^{\mathrm{T}}=0$ 图像的形状.

首先, 可选择正交方阵 $\boldsymbol{U}_1$ 将实对称方阵 $\boldsymbol{A}$ 相合到对角阵 $\boldsymbol{U}_1^{\mathrm{T}}\boldsymbol{A}\boldsymbol{U}_1=\boldsymbol{\Lambda}=\mathrm{diag}(\lambda_1,\lambda_2,\lambda_3)$, 其中 λ_i $(1\leqslant i\leqslant 3)$ 是 $\boldsymbol{A}$ 的特征值, 且可通过调整 $\boldsymbol{U}_1$ 各列的排列顺序调整 λ_i 的排列顺序使非零的 λ_i 排在前 r 位 ($r=\mathrm{rank}\boldsymbol{A}$), 等于零的 λ_j 排在最后 $3-r$ 位. 如果 $\det\boldsymbol{U}_1=-1$, 则 $\det(-\boldsymbol{U}_1)=1$, 用 $-\boldsymbol{U}_1$ 代替 $\boldsymbol{U}_1$ 可化为 $\det\boldsymbol{U}_1=1$ 的情形. 这样就将 $\boldsymbol{S}$ 初步化简为

$$\boldsymbol{S}_1=\begin{pmatrix}\boldsymbol{U}_1&\boldsymbol{0}\\\boldsymbol{0}&1\end{pmatrix}^{\mathrm{T}}\begin{pmatrix}\boldsymbol{A}&\boldsymbol{\alpha}^{\mathrm{T}}\\\boldsymbol{\alpha}&a_0\end{pmatrix}\begin{pmatrix}\boldsymbol{U}_1&\boldsymbol{0}\\\boldsymbol{0}&1\end{pmatrix}=\begin{pmatrix}\boldsymbol{\Lambda}&\boldsymbol{\beta}_1^{\mathrm{T}}\\\boldsymbol{\beta}_1&a_0\end{pmatrix}$$

使 $\boldsymbol{\Lambda}$ 成为对角阵 $\mathrm{diag}(\lambda_1,\lambda_2,\lambda_3)$, 其中 $\boldsymbol{\beta}_1=(b_1,b_2,b_3)=\boldsymbol{\alpha}\boldsymbol{U}_1$.

以下对 $\mathrm{rank}\boldsymbol{A}=r$ 的不同值分别讨论, 将 $\boldsymbol{S}_1$ 继续化简.

情形 1 $\mathrm{rank}\boldsymbol{A}=3$, $\boldsymbol{A}$ 可逆从而 $\boldsymbol{\Lambda}$ 可逆, $\lambda_1,\lambda_2,\lambda_3$ 全不为 0. 此时可将坐标系作适当平移, 将 $\boldsymbol{S}_1$ 相合到对角阵

$$\boldsymbol{S}_0=\begin{pmatrix}\boldsymbol{I}&\boldsymbol{0}\\-\boldsymbol{\beta}_1\boldsymbol{\Lambda}^{-1}&1\end{pmatrix}\begin{pmatrix}\boldsymbol{\Lambda}&\boldsymbol{\beta}_1^{\mathrm{T}}\\\boldsymbol{\beta}_1&a_0\end{pmatrix}\begin{pmatrix}\boldsymbol{I}&-\boldsymbol{\Lambda}^{-1}\boldsymbol{\beta}^{\mathrm{T}}\\\boldsymbol{0}&1\end{pmatrix}=\begin{pmatrix}\boldsymbol{\Lambda}&\boldsymbol{0}\\\boldsymbol{0}&d\end{pmatrix}$$

其中 $d=a_0-\boldsymbol{\beta}_1\boldsymbol{\Lambda}^{-1}\boldsymbol{\beta}_1^{\mathrm{T}}\in\mathbf{R}$, 且由 $(\det\boldsymbol{\Lambda})d=\det\boldsymbol{S}_0=\det\boldsymbol{S}$ 知 $d=\dfrac{\det\boldsymbol{S}}{\det\boldsymbol{\Lambda}}=\dfrac{\det\boldsymbol{S}}{\det\boldsymbol{A}}$.

方程化简为 $(\boldsymbol{\eta},1)\boldsymbol{S}_0(\boldsymbol{\eta},1)^{\mathrm{T}}=0$, 即

$$\lambda_1x''^2+\lambda_2y''^2+\lambda_3z''^2+d=0 \tag{9.13}$$

情形 1.1: $\lambda_1,\lambda_2,\lambda_3,d$ 同为正实数或同为负实数, 也就是 $\boldsymbol{S}$ 正定或负定, 则方程 (9.13) 无实数解, 图像是空集.

情形 1.2: $d=0$, 即 $\det\boldsymbol{A}\neq 0=\det\boldsymbol{S}$.

如果 $\lambda_1,\lambda_2,\lambda_3$ 同为正实数或同为负实数, 也就是 $\boldsymbol{A}$ 正定或负定, 此时方程 (9.13) 的图像为一个点 O'.

其余情形下, $\boldsymbol{A}$ 的正惯性指数和负惯性指数都不为 0, 方程 (9.13) 的图像为二次锥面.

情形 1.3: $d\neq 0$, 且 $\boldsymbol{S}$ 的正惯性指数和负惯性指数都不为 0, 此时可以将方程 (9.13) 的常数项 d 移到右边成为 $-d$, 再将方程两边同乘 $-d^{-1}$ 化为 1, 方程化为

$$\frac{\boldsymbol{\varepsilon}_1 x''^2}{a^2}+\frac{\boldsymbol{\varepsilon}_2 y''^2}{b^2}+\frac{\boldsymbol{\varepsilon}_3 z''^2}{c^2}=1 \tag{9.14}$$

其中 a,b,c 分别等于 $\sqrt{\left|\dfrac{d}{\lambda_i}\right|}$ $(i=1,2,3)$, $\boldsymbol{\varepsilon}_i=-\dfrac{\lambda_i d}{|\lambda_i d|}\in\{1,-1\}$.

当 $\boldsymbol{A}$ 正定或负定时, 所有的 $\boldsymbol{\varepsilon}_i=1$, 图像为椭球面 (包括球面).

当 ε_i 中有两个 1 一个 -1 时, 图像为单叶双曲面.

当 ε_i 中有两个 -1 一个 1 时, 图像为双叶双曲面.

情形 2: $\boldsymbol{A}=\boldsymbol{O}\neq\boldsymbol{S}$. 原方程为 $2a_1x+2a_2y+2a_3z+a_0=0$, 其中 a_i 不全为 0, 图像为平面.

情形 3: $\operatorname{rank}\boldsymbol{A}=2$, $\lambda_1\lambda_2\neq 0=\lambda_3$. 此时可通过坐标轴的平移, 将 $\boldsymbol{S}_1$ 相合到

$$\boldsymbol{S}_0=\boldsymbol{P}_2\begin{pmatrix}\lambda_1&0&0&b_1\\0&\lambda_2&0&b_2\\0&0&0&b_3\\b_1&b_2&b_3&a_0\end{pmatrix}\boldsymbol{P}_2^{\mathrm{T}}=\begin{pmatrix}\lambda_1&0&0&0\\0&\lambda_2&0&0\\0&0&0&b_3\\0&0&b_3&d+2b_3t\end{pmatrix},\quad \boldsymbol{P}_2=\begin{pmatrix}\boldsymbol{I}&\boldsymbol{0}\\\boldsymbol{h}&1\end{pmatrix}$$

其中 $\boldsymbol{h}=(-b_1\lambda_1^{-1},-b_2\lambda_2^{-1},t)$, $d=a_0-b_1^2\lambda_1^{-1}-b_2^2\lambda_2^{-1}$, 当 $b_3\neq 0$ 时取 $t=-\dfrac{d}{2b_3}$ 使 $d+2b_3t=0$.

情形 3.1: $b_3=0$. 此时方程 $(\boldsymbol{\eta},1)\boldsymbol{S}_2(\boldsymbol{\eta},1)^{\mathrm{T}}=0$ 即

$$\lambda_1x''^2+\lambda_2y''^2+d=0 \tag{9.15}$$

如果 $d\neq 0$, 且 λ_1,λ_2,d 同号, 则方程 (9.15) 的图像是空集. 其余情形下, 方程 (9.15) 的图像是它与坐标面 $O'x''y''$ 的交集沿与 $O'x''y''$ 垂直的方向平行移动形成的柱面, 包括如下类型:

当 $d=0$ 且 λ_1,λ_2 同号时, 方程 (9.15) 在平面 $O'x''y''$ 上的图像只有一个点 (原点 O'), 在整个空间的图像是一条直线 ($O'z''$ 轴).

当 $d=0$ 且 λ_1,λ_2 异号时, 方程 (9.15) 可以化为

$$|\lambda_1|x''^2-|\lambda_2|y''^2=0 \quad 即 \quad \sqrt{|\lambda_1|}x''\pm\sqrt{|\lambda_2|}y''=0$$

在平面 $O'x''y''$ 上的图像是过原点的两条相交直线, 在整个空间的图像是分别过这两条直线及 $O'z''$ 轴的两个平面.

当 $d\neq 0$ 且 λ_1,λ_2,d 不全同号时, 将方程 (9.15) 的常数项 d 移到右边变成 $-d$, 再将两边同乘 $-d^{-1}$ 化成 1, 方程 (9.15) 化为

$$\frac{\varepsilon_1 x''^2}{a^2}+\frac{\varepsilon_2 y''^2}{b^2}=1 \tag{9.16}$$

其中 $\varepsilon_1,\varepsilon_2$ 为 1 或 -1 且至少有一个为 1. 方程 (9.16) 在平面 $O'x''y''$ 上的图像是椭圆 (当 $\varepsilon_1=\varepsilon_2=1$) 或双曲线 (当 $\varepsilon_1\varepsilon_2=-1$), 在空间的图像是椭圆柱面或双曲柱面.

情形 3.2: $b_3\neq 0$. 选取 $t=-\dfrac{d}{2b_3}$ 使 $d+2b_3t=0$, 方程 $(\boldsymbol{\eta},1)\boldsymbol{S}_0(\boldsymbol{\eta},1)^{\mathrm{T}}=0$ 为

$$\lambda_1x''^2+\lambda_2y''^2+2b_3z''=0$$

将一次项 $2b_3z''$ 移到等号右边, 再将方程两边同乘 $-(2b_3)^{-1}$ 将右边的一次项系数化为 1, 将方程化为

$$\frac{\varepsilon_1 x''^2}{a^2}+\frac{\varepsilon_2 y''^2}{b^2}=z'' \tag{9.17}$$

的形式, 其中 $a=\sqrt{\left|\dfrac{2b_3}{\lambda_1}\right|}$, $b=\sqrt{\left|\dfrac{2b_3}{\lambda_2}\right|}$, $\varepsilon_i\in\{1,-1\}$, 则方程 (9.17) 的图像为椭圆抛物面 (当 $\varepsilon_1=\varepsilon_2$) 或双曲抛物面 (当 $\varepsilon_1=-\varepsilon_2$).

情形 4: $\mathrm{rank}\boldsymbol{S}=1$, $\lambda_1\neq 0=\lambda_2=\lambda_3$.

$$\boldsymbol{S}_1=\begin{pmatrix}\lambda_1&0&0&b_1\\0&0&0&b_2\\0&0&0&b_3\\b_1&b_2&b_3&a_0\end{pmatrix}$$

情形 4.1: $b_2=b_3=0$. 此时方程 $(x',y',z',1)\boldsymbol{S}_1(x',y',z',1)^{\mathrm{T}}=0$ 成为 $\lambda_1x'^2+2b_1x'+a_0=0$, 是只含一个未知数 x' 的二次方程. 当判别式 $\Delta=4(b_1^2-\lambda_1a_0)<0$ 即 $b_1^2<\lambda_1a_0$ 时无实数解, 图像为空集. 当 $\Delta=0$ 即 $b_1^2=\lambda_1a_0$ 时有唯一解 $x'=-\dfrac{b_1}{\lambda_1}$, 图像为过 $\left(-\dfrac{b_1}{\lambda_1},0,0\right)$ 且与 Ox' 垂直的平面. 当 $\Delta>0$ 即 $b_1^2>\lambda_1a_0$ 时有两个解 x_1,x_2 分别等于 $\dfrac{-b_1\pm\sqrt{b_1^2-\lambda_1a_0}}{\lambda_1}$, 图像是直角坐标系 $O-x'y'z'$ 中垂直于 Ox' 的两个平面, 分别过点 $(x_1,0,0)$ 与 $(x_2,0,0)$.

情形 4.2: $(b_2,b_3)\neq(0,0)$. 将坐标系 $O-x'y'z'$ 绕轴 Ox' 旋转某个角度得到新坐标系 $O-x'y''z''$, 也就是选择某个 2 阶旋转矩阵 U_2, 用 4 阶方阵 $\boldsymbol{P}_2=\mathrm{diag}(1,\boldsymbol{U}_2,1)$ 将 $\boldsymbol{S}_1$ 相合到

$$\boldsymbol{S}_0=\boldsymbol{P}_2^{\mathrm{T}}\boldsymbol{S}_1\boldsymbol{P}_2=\begin{pmatrix}\lambda_1&0&0&b_1\\0&0&0&c_2\\0&0&0&c_3\\b_1&c_2&c_3&a_0\end{pmatrix}$$

其中 $\begin{pmatrix}c_1\\c_2\end{pmatrix}=\boldsymbol{U}_2\begin{pmatrix}b_3\\b_3\end{pmatrix}$. 我们希望适当选择 $\boldsymbol{U}_2$ 使 $c_3=0$. 容易凑出与 $(b_2,b_3)^{\mathrm{T}}$ 正交的

列向量 $(-b_3,b_2)^{\mathrm{T}}$. 将它们单位化得到 $\mathbf{R}^{2\times 1}$ 的标准正交基组成酉方阵

$$\boldsymbol{U}_2=\begin{pmatrix}\dfrac{b_2}{r} & -\dfrac{b_3}{r}\\ \dfrac{b_3}{r} & \dfrac{b_2}{r}\end{pmatrix}$$

则 $\det\boldsymbol{U}_2=1$, $\boldsymbol{U}_2\begin{pmatrix}b_2\\ b_3\end{pmatrix}=\begin{pmatrix}r\\ 0\end{pmatrix}$, 其中 $r=\sqrt{b_2^2+b_3^2}$, 则 $\boldsymbol{P}_2=\mathrm{diag}(1,\boldsymbol{U}_2,1)$ 将 $\boldsymbol{S}_1$ 相合到 $\boldsymbol{S}_0$ 使其中的 $c_2=r\neq 0=c_3$. 图像上的点在坐标系 $O-x'y''z''$ 下的坐标满足的方程 $(x',y'',z'',1)\boldsymbol{S}_0(x',y'',z'',1)^{\mathrm{T}}=0$ 为

$$\lambda_1x'^2+2b_1x'+2ry''+a_0=0$$

即

$$y''=-\frac{\lambda_1}{2r}x'^2-\frac{b_1}{r}x'-\frac{a_0}{2r} \tag{9.18}$$

它在坐标平面 $Ox'y''$ 内的图像是抛物线, 在整个空间中的图像是这条抛物线沿与平面 $Ox'y''$ 垂直的方向平行移动形成的柱面. □

9.4.8 设 $\boldsymbol{A}$ 是 n 阶实对称矩阵, 且 $\boldsymbol{A}^2=\boldsymbol{I}$, 证明: 存在正交矩阵 $\boldsymbol{T}$, 使得

$$\boldsymbol{T}^{-1}\boldsymbol{A}\boldsymbol{T}=\begin{pmatrix}\boldsymbol{I}_r & 0\\ 0 & -\boldsymbol{I}_{n-r}\end{pmatrix}\quad(0\leqslant r\leqslant n)$$

证明 存在正交方阵 $\boldsymbol{P}$ 将实对称方阵 $\boldsymbol{A}$ 相似到实对角阵 $\boldsymbol{P}^{-1}\boldsymbol{A}\boldsymbol{P}=\boldsymbol{D}=\mathrm{diag}(\lambda_1,\cdots,\lambda_n)$. λ_i 是 $\boldsymbol{A}$ 的特征值, $\boldsymbol{P}$ 的第 i 列 $\boldsymbol{P}_i$ 是属于特征值 λ_i 的特征向量, 满足 $\boldsymbol{A}\boldsymbol{P}_i=\lambda_i\boldsymbol{P}_i$. 由 $\boldsymbol{D}^2=\mathrm{diag}(\lambda_1^2,\cdots,\lambda_n^2)=(\boldsymbol{P}^{-1}\boldsymbol{A}\boldsymbol{P})^2=\boldsymbol{P}^{-1}\boldsymbol{A}^2\boldsymbol{P}=\boldsymbol{P}^{-1}\boldsymbol{I}\boldsymbol{P}=\boldsymbol{I}$ 知每个 $\lambda_i^2=1$ 从而 $\lambda_i=\pm 1$, $\boldsymbol{A}\boldsymbol{P}_i=\boldsymbol{P}_i$ 或 $\boldsymbol{A}\boldsymbol{P}_i=-\boldsymbol{P}_i$. 将 $\boldsymbol{P}=(\boldsymbol{P}_1,\cdots,\boldsymbol{P}_n)$ 的各列重新排列顺序组成新的方阵 $\boldsymbol{T}=(\boldsymbol{P}_{i_1},\cdots,\boldsymbol{P}_{i_n})$, 使其中前 r 列 $\boldsymbol{P}_i$ 满足 $\boldsymbol{A}\boldsymbol{P}_i=\boldsymbol{P}_i$, 后 $n-r$ 列 $\boldsymbol{P}_j$ 满足 $\boldsymbol{A}\boldsymbol{P}_j=-\boldsymbol{P}_j$. 正交方阵 $\boldsymbol{P}=(\boldsymbol{P}_1,\cdots,\boldsymbol{P}_n)$ 的各列是两两正交的单位向量, 重新排列之后得到的 $\boldsymbol{T}$ 的各列仍然是两两正交的正交向量, 仍组成标准正交基, $\boldsymbol{T}$ 仍是正交方阵, 且

$$\begin{aligned}\boldsymbol{A}\boldsymbol{T}&=(\boldsymbol{P}_{i_1},\cdots,\boldsymbol{P}_{i_r},-\boldsymbol{P}_{i_{r+1}},\cdots,-\boldsymbol{P}_{i_n})=\boldsymbol{T}\,\mathrm{diag}(\boldsymbol{I}_{(r)},-\boldsymbol{I}_{(n-r)})\\ \boldsymbol{T}^{-1}\boldsymbol{A}\boldsymbol{T}&=\mathrm{diag}(\boldsymbol{I}_{(r)},-\boldsymbol{I}_{(n-r)})\end{aligned}$$

□

9.4.9 设 $\boldsymbol{A}$ 是 n 阶实对称矩阵, 且 $\boldsymbol{A}^2=\boldsymbol{A}$, 证明: 存在正交矩阵 T, 使得

$$\boldsymbol{T}^{-1}\boldsymbol{A}\boldsymbol{T}=\begin{pmatrix}\boldsymbol{I}_r & 0\\ 0 & 0\end{pmatrix}\quad(0\leqslant r\leqslant n)$$

证明 存在正交方阵 $\boldsymbol{P}$ 将实对称方阵 $\boldsymbol{A}$ 相似到对角阵 $\boldsymbol{P}^{-1}\boldsymbol{A}\boldsymbol{P}=\mathrm{diag}(\lambda_1,\cdots,\lambda_n)$, 每个 λ_i 是 $\boldsymbol{A}$ 的一个特征值, $\boldsymbol{P}=(\boldsymbol{P}_1,\cdots,\boldsymbol{P}_n)$ 的第 i 列 $\boldsymbol{P}_i$ 满足 $\boldsymbol{A}\boldsymbol{P}_i=\lambda_i\boldsymbol{P}_i$. 由 $\boldsymbol{A}^2=\boldsymbol{A}$ 知 $\lambda_i^2=\lambda_i(\forall 1\leqslant i\leqslant n)$, $\lambda_i=1$ 或 0. 将 $\boldsymbol{P}$ 的各列顺序重新排列得到正交方阵 $\boldsymbol{T}=(\boldsymbol{P}_{i_1},\cdots,\boldsymbol{P}_{i_n})$, 其中前 r 列 $\boldsymbol{P}_i$ 满足 $\boldsymbol{A}\boldsymbol{P}_i=\boldsymbol{P}_i$, 后 $n-r$ 列 $\boldsymbol{P}_j$ 满足 $\boldsymbol{A}\boldsymbol{P}_j=0\boldsymbol{P}_j$. 于是:

$$\boldsymbol{A}\boldsymbol{T}=(\boldsymbol{P}_{i_1},\cdots,\boldsymbol{P}_{i_r},\boldsymbol{0},\cdots,\boldsymbol{0})=\boldsymbol{T}\mathrm{diag}(\boldsymbol{I}_{(r)},\boldsymbol{O}_{(n-r)})$$

$$T^{-1}AT = \mathrm{diag}(\boldsymbol{I}_{(r)}, \boldsymbol{O}_{(n-r)})$$ □

9.4.10 设 $\boldsymbol{A},\boldsymbol{B}$ 都是 n 阶实对称方阵, 且 $\boldsymbol{A}$ 正定. 求证: 存在 n 阶可逆方阵 $\boldsymbol{P}$ 将 $\boldsymbol{A},\boldsymbol{B}$ 同时相合于对角阵 $\boldsymbol{P}^{\mathrm{T}}\boldsymbol{AP},\boldsymbol{P}^{\mathrm{T}}\boldsymbol{BP}$.

证明 存在可逆方阵 $\boldsymbol{P}_1$ 将正定方阵 $\boldsymbol{A}$ 相合到 $\boldsymbol{I}=\boldsymbol{P}_1^{\mathrm{T}}\boldsymbol{AP}_1$. $\boldsymbol{S}=\boldsymbol{P}_1^{\mathrm{T}}\boldsymbol{BP}_1$ 仍是实对称方阵. 存在正交方阵 $\boldsymbol{U}$ 将 $\boldsymbol{S}$ 相合到对角阵 $\boldsymbol{D}=\boldsymbol{U}^{\mathrm{T}}\boldsymbol{SU}=\mathrm{diag}(d_1,\cdots,d_n)$, $\boldsymbol{U}^{\mathrm{T}}\boldsymbol{IU}=\boldsymbol{I}$. 于是 $\boldsymbol{P}=\boldsymbol{P}_1\boldsymbol{U}$ 将 $\boldsymbol{A},\boldsymbol{B}$ 分别相合到 $\boldsymbol{P}^{\mathrm{T}}\boldsymbol{AP}=\boldsymbol{I}$, $\boldsymbol{P}^{\mathrm{T}}\boldsymbol{BP}=\boldsymbol{D}$, 都是对角阵. □

9.4.11 设 $\boldsymbol{A},\boldsymbol{B}$ 均为 n 阶实对称正定矩阵，证明：如果 $\boldsymbol{A}-\boldsymbol{B}$ 正定, 则 $\boldsymbol{B}^{-1}-\boldsymbol{A}^{-1}$ 亦正定.

证明 与例题 9.4.10 同样可证明存在可逆方阵 $\boldsymbol{P}$ 将正定方阵 $\boldsymbol{A},\boldsymbol{B}$ 相合到 $\boldsymbol{I}=\boldsymbol{P}_1^{\mathrm{T}}\boldsymbol{BP}_1$, $\boldsymbol{D}=\boldsymbol{P}_1^{\mathrm{T}}\boldsymbol{AP}_1=\mathrm{diag}(d_1,\cdots,d_n)$. 于是 $\boldsymbol{A}-\boldsymbol{B}$ 相合到 $\boldsymbol{P}^{\mathrm{T}}(\boldsymbol{A}-\boldsymbol{B})\boldsymbol{P}=\boldsymbol{D}-\boldsymbol{I}=\mathrm{diag}(d_1-1,\cdots,d_n-1)$. 由 $\boldsymbol{A}-\boldsymbol{B}>0$ 知 $\boldsymbol{D}-\boldsymbol{I}>0$, 从而 $d_i-1>0$ 即 $d_i>1$ 对所有的 $1\leqslant i\leqslant n$ 成立. 因而 $0<d_i^{-1}<1$ 对所有的 $1\leqslant i\leqslant n$ 成立, $\boldsymbol{I}-\boldsymbol{D}^{-1}=\mathrm{diag}(1-d_1^{-1},\cdots,1-d_n^{-1})$ 正定, 即 $(\boldsymbol{P}^{\mathrm{T}}\boldsymbol{BP})^{-1}-(\boldsymbol{P}^{\mathrm{T}}\boldsymbol{AP})^{-1}$ 正定, 也就是 $\boldsymbol{P}^{-1}(\boldsymbol{B}^{-1}-\boldsymbol{A}^{-1})(\boldsymbol{P}^{-1})^{\mathrm{T}}$ 正定, 与之相合的 $\boldsymbol{B}^{-1}-\boldsymbol{A}^{-1}$ 也正定. □

9.4.12 设 $\boldsymbol{A},\boldsymbol{B}$ 均为 n 阶实对称阵, 其中 $\boldsymbol{A}$ 正定. 证明: 当实数 t 充分大后， $t\boldsymbol{A}+\boldsymbol{B}$ 亦正定.

证明 与例题 9.4.10 同样可证明存在可逆方阵 $\boldsymbol{P}$ 将 $\boldsymbol{A},\boldsymbol{B}$ 分别相合到 $\boldsymbol{P}^{\mathrm{T}}\boldsymbol{AP}=\boldsymbol{I}$, $\boldsymbol{P}^{\mathrm{T}}\boldsymbol{P}=\boldsymbol{D}=\mathrm{diag}(d_1,\cdots,d_n)$, 于是 $\boldsymbol{P}^{\mathrm{T}}(t\boldsymbol{A}+\boldsymbol{B})\boldsymbol{P}=t\boldsymbol{P}^{\mathrm{T}}\boldsymbol{AP}+\boldsymbol{P}^{\mathrm{T}}\boldsymbol{BP}=t\boldsymbol{I}+\boldsymbol{D}=\mathrm{diag}(t+d_1,\cdots,t+d_n)$. 设 d 是 $\boldsymbol{D}$ 的所有的对角元 d_i 中的最小数. 取 $t>-d$, 则 $t+d_i>t+d>0$ 对所有的 $1\leqslant i\leqslant n$ 成立, 对角阵 $t\boldsymbol{I}+\boldsymbol{D}$ 的所有对角元 $t+d_i>0$, $t\boldsymbol{I}+\boldsymbol{D}$ 正定, 与之相合的 $t\boldsymbol{A}+\boldsymbol{B}$ 也正定. □

9.4.13 设 $\boldsymbol{A},\boldsymbol{B}$ 都是 n 阶半正定实对称方阵, 且 $\mathrm{rank}\,\boldsymbol{A}\geqslant n-1$. 求证: 存在同一个可逆方阵 $\boldsymbol{P}$ 同时将 $\boldsymbol{A},\boldsymbol{B}$ 相合到对角阵 $\boldsymbol{P}^{\mathrm{T}}\boldsymbol{AP},\boldsymbol{P}^{\mathrm{T}}\boldsymbol{BP}$.

证明 当 $\mathrm{rank}\,\boldsymbol{A}=n$ 时 $\boldsymbol{A}$ 可逆, $\boldsymbol{A}$ 正定. 与 9.4.10 同样可证存在可逆方阵 $\boldsymbol{P}$ 使 $\boldsymbol{P}^{\mathrm{T}}\boldsymbol{AP}=\boldsymbol{I}$ 与 $\boldsymbol{P}^{\mathrm{T}}\boldsymbol{BP}=\boldsymbol{D}$ 都是对角阵.

以下设 $\mathrm{rank}\,\boldsymbol{A}=n-1$. 存在可逆方阵 $\boldsymbol{P}_1$ 将 $\boldsymbol{A}$ 相合于标准形 $\boldsymbol{D}=\mathrm{diag}(\boldsymbol{I}_{(n-1)},0)$, 将 $\boldsymbol{B}$ 相合到 $\boldsymbol{H}=\boldsymbol{P}_1^{\mathrm{T}}\boldsymbol{BP}_1$, 仍是半正定实对称方阵. 将 H 写成分块形式:

$$\boldsymbol{H}=(h_{ij})_{n\times n}=\begin{pmatrix} H_1 & \boldsymbol{\eta} \\ \boldsymbol{\eta}^{\mathrm{T}} & h_{nn} \end{pmatrix}$$

其中 $\boldsymbol{H}_1$ 是 $n-1$ 阶半正定对称方阵, $\boldsymbol{\eta}=(h_{1n},\cdots,h_{n-1,n})^{\mathrm{T}}$ 是 $n-1$ 维列向量, $h_{nn}\geqslant 0$.

如果 $h_{nn}>0$, 则:

$$\boldsymbol{P}_2=\begin{pmatrix} \boldsymbol{I} & 0 \\ -h_{nn}^{-1}\boldsymbol{\eta}^{\mathrm{T}} & 1 \end{pmatrix}$$

将 $\boldsymbol{H}$ 相合到准对角阵

$$\boldsymbol{K}=\boldsymbol{P}_2^{\mathrm{T}}\boldsymbol{HP}_2=\begin{pmatrix} \boldsymbol{H}_1-\boldsymbol{\eta}h_{nn}\boldsymbol{\eta}^{\mathrm{T}} & \boldsymbol{0} \\ \boldsymbol{0} & h_{nn} \end{pmatrix}=\begin{pmatrix} \boldsymbol{K}_1 & \boldsymbol{0} \\ \boldsymbol{0} & h_{nn} \end{pmatrix}$$

其中 $\boldsymbol{K}_1=\boldsymbol{H}_1-\boldsymbol{\eta}h_{nn}\boldsymbol{\eta}^{\mathrm{T}}$ 仍是半正定实对称方阵. 存在正交方阵 $\boldsymbol{U}$ 将 $\boldsymbol{K}_1$ 相合到对角阵 $\boldsymbol{\Lambda}_1=\boldsymbol{U}^{\mathrm{T}}\boldsymbol{K}_1\boldsymbol{U}=\mathrm{diag}(\lambda_1,\cdots,\lambda_{n-1})$. 于是 $\boldsymbol{P}_3=\mathrm{diag}(\boldsymbol{U},1)$ 将 $\boldsymbol{K}$ 相合到对角阵 $\boldsymbol{\Lambda}=\mathrm{diag}(\lambda_1,\cdots,\lambda_{n-1},h_{nn})$. 且 $\boldsymbol{P}_3^{\mathrm{T}}\boldsymbol{D}\boldsymbol{P}_3=\mathrm{diag}(\boldsymbol{U}^{\mathrm{T}}\boldsymbol{U},0)=\mathrm{diag}(\boldsymbol{I},0)=\boldsymbol{D}$, 保持不变. 取 $\boldsymbol{P}=\boldsymbol{P}_1\boldsymbol{P}_2\boldsymbol{P}_3$, 则 $\boldsymbol{P}$ 将 $\boldsymbol{A},\boldsymbol{B}$ 分别相合到 $\boldsymbol{P}^{\mathrm{T}}\boldsymbol{A}\boldsymbol{P}=\boldsymbol{D}$ 和 $\boldsymbol{P}^{\mathrm{T}}\boldsymbol{B}P=\boldsymbol{\Lambda}$, 都是对角阵.

以下设 $h_{nn}=0$, 我们证明 $\boldsymbol{\eta}=\mathbf{0}$. 若不然, 设 $\boldsymbol{\eta}$ 有某个分量 $h_{in}\neq 0$, 取 n 维列向量 $\boldsymbol{X}=\boldsymbol{e}_i+x\boldsymbol{e}_n$ 的第 i 分量为 1, 第 n 分量为 x, 其余分量都为 0, 则 $\varphi(x)=\boldsymbol{X}^{\mathrm{T}}\boldsymbol{H}\boldsymbol{X}=h_{ii}+2h_{in}x$, 其中 h_{ii},h_{in} 是常数且 $h_{in}\neq 0$. $\varphi(x)$ 是 x 的一次函数, 取遍全体实数, 因此可以取负实数. 也就是说: 可以选择适当的 x 使 $\boldsymbol{X}^{\mathrm{T}}\boldsymbol{H}\boldsymbol{X}<0$, 与 $\boldsymbol{H}$ 半正定矛盾. 这证明了: 如果半正定实对称方阵 $\boldsymbol{H}$ 的第 (n,n) 元素 $h_{nn}=0$, 必然有 $\boldsymbol{\eta}=\mathbf{0}$. $\boldsymbol{H}=\mathrm{diag}(\boldsymbol{H}_1,0)$ 是准对角阵. 存在正交方阵 $\boldsymbol{U}$ 将 $\boldsymbol{H}_1$ 相合到对角阵 $\boldsymbol{\Lambda}_1=\mathrm{diag}(\lambda_1,\cdots,\lambda_{n-1})$, 且 $\boldsymbol{U}^{\mathrm{T}}\boldsymbol{I}\boldsymbol{U}=\boldsymbol{I}$. 于是 $\boldsymbol{P}=\boldsymbol{P}_1\mathrm{diag}(\boldsymbol{U},1)$ 将 $\boldsymbol{A},\boldsymbol{B}$ 分别相合到 $\boldsymbol{D}=\boldsymbol{P}^{\mathrm{T}}\boldsymbol{A}\boldsymbol{P}=\mathrm{diag}(\boldsymbol{I}_{(n-1)},0)$ 与 $\boldsymbol{\Lambda}=\boldsymbol{P}^{\mathrm{T}}\boldsymbol{B}\boldsymbol{P}=\mathrm{diag}(\boldsymbol{\Lambda}_1,0)$, 都是对角阵.

□

9.5 规范变换与规范方阵

知识导航

1. 伴随变换

在任一组标准正交基 M 下将欧氏空间 V 中的每个向量 $\boldsymbol{\alpha}$ 用坐标 $\boldsymbol{X}\in\mathbf{R}^{n\times 1}$ 表示, 则 V 上每个线性变换 $\mathcal{A}$ 具有形式 $\mathcal{A}:\boldsymbol{X}\mapsto\boldsymbol{A}\boldsymbol{X}$, $\boldsymbol{A}$ 是 $\mathcal{A}$ 在基 M 下的矩阵. 对任意 $\boldsymbol{\alpha},\boldsymbol{\beta}\in V$, 设 $\boldsymbol{\alpha},\boldsymbol{\beta}$ 的坐标分别为 $\boldsymbol{X},\boldsymbol{Y}$, 则:

$$(\mathcal{A}\boldsymbol{\alpha},\boldsymbol{\beta})=(\boldsymbol{A}\boldsymbol{X})^{\mathrm{T}}\boldsymbol{Y}=\boldsymbol{X}^{\mathrm{T}}(\boldsymbol{A}^{\mathrm{T}}\boldsymbol{Y})=(\boldsymbol{\alpha},\mathcal{A}^*\boldsymbol{\beta})$$

其中 $\mathcal{A}^*:\boldsymbol{Y}\mapsto\boldsymbol{A}^{\mathrm{T}}\boldsymbol{Y}$ 是 V 上的线性变换, 它在基 M 下的矩阵是 $\boldsymbol{A}^{\mathrm{T}}$.

定义 9.5.1 设 $\mathcal{A}$ 为欧氏空间 V 上的线性变换, 则存在满足条件

$$(\mathcal{A}\boldsymbol{\alpha},\boldsymbol{\beta})=(\boldsymbol{\alpha},\mathcal{A}^*\boldsymbol{\beta}),(\forall\alpha,\beta\in V)$$

的唯一的线性变换 $\mathcal{A}^*$, 称为 $\mathcal{A}$ 的**伴随变换** (adjoint transformation). □

$\mathcal{A}$ 与 $\mathcal{A}^*$ 在同一组标准正交基 M 下的矩阵 $\boldsymbol{A},\boldsymbol{A}_1$ 互为转置: $\boldsymbol{A}_1=\boldsymbol{A}^{\mathrm{T}}$.

由转置矩阵的性质 $(\boldsymbol{A}^{\mathrm{T}})^{\mathrm{T}}=\boldsymbol{A}$, $(\boldsymbol{A}+\boldsymbol{B})^{\mathrm{T}}=\boldsymbol{A}^{\mathrm{T}}+\boldsymbol{B}^{\mathrm{T}}$, $(\lambda\boldsymbol{A})^{\mathrm{T}}=\lambda\boldsymbol{A}^{\mathrm{T}}$, $(\boldsymbol{A}\boldsymbol{B})^{\mathrm{T}}=\boldsymbol{B}^{\mathrm{T}}\boldsymbol{A}^{\mathrm{T}}$ 知伴随变换有相应的性质:

(1) $(\mathcal{A}^*)^*=\mathcal{A}$.

(2) $(\mathcal{A}+\mathcal{B})^*=\mathcal{A}^*+\mathcal{B}^*$.

(3) $(\lambda\mathcal{A})^*=\lambda\mathcal{A}^*$.

(4) $(\mathcal{A}\mathcal{B})^*=\mathcal{B}^*\mathcal{A}^*$.

2. 规范变换与规范方阵

定义 9.5.2 如果欧氏空间 V 上的线性变换 $\mathcal{A}$ 满足条件 $\mathcal{A}^*\mathcal{A}=\mathcal{A}\mathcal{A}^*$, 就称 $\mathcal{A}$ 是**规范变换** (normal transformation). 如果实方阵 $\boldsymbol{A}$ 满足条件 $\boldsymbol{A}^{\mathrm{T}}\boldsymbol{A}=\boldsymbol{A}\boldsymbol{A}^{\mathrm{T}}$, 就称 $\boldsymbol{A}$ 是**规范方阵** (normal matrix). □

线性变换 $\mathcal{A}$ 与其伴随变换 $\mathcal{A}^*$ 在同一组基下的矩阵互为转置, 因此:

$\mathcal{A}$ 是规范变换 $\Leftrightarrow \mathcal{A}$ 在标准正交基下的矩阵是规范方阵.

与规范方阵 $\boldsymbol{A}$ 正交相似的方阵 $\boldsymbol{B}$ 仍是规范方阵.

重要例 (1) 正交变换: $\mathcal{A}^*=\mathcal{A}^{-1}$. 正交方阵: $\boldsymbol{A}^{\mathrm{T}}=\boldsymbol{A}^{-1}$.

(2) 对称变换 (自伴变换): $\mathcal{A}^*=\mathcal{A}$. 对称方阵: $\boldsymbol{A}^{\mathrm{T}}=\boldsymbol{A}$.

(3) 斜对称变换 (斜自伴变换): $\mathcal{A}^*=-\mathcal{A}$. 斜对称方阵: $\boldsymbol{A}^{\mathrm{T}}=-\boldsymbol{A}$.

3. 规范方阵的正交相似标准形

相关性质 (1) 准三角阵

$$\boldsymbol{A}=\begin{pmatrix}\boldsymbol{A}_1 & \boldsymbol{A}_2\\ 0 & \boldsymbol{A}_3\end{pmatrix} \quad 或 \quad \boldsymbol{A}=\begin{pmatrix}\boldsymbol{A}_1 & 0\\ \boldsymbol{A}_2 & \boldsymbol{A}_3\end{pmatrix}$$

(其中 $\boldsymbol{A}_1,\boldsymbol{A}_3$ 是方阵) 是规范方阵 $\Leftrightarrow \boldsymbol{A}_2=0$, 且 $\boldsymbol{A}_1,\boldsymbol{A}_3$ 是规范方阵.

(2) 设 W 是欧氏空间 V 上的规范变换 $\mathcal{A}$ 的不变子空间, 则 $W^{\perp}$ 也是 $\mathcal{A}$ 的不变子空间.

正交相似标准形:

定理 9.5.1 设虚数 $a_1\pm b_1\mathrm{i},\cdots,a_s\pm b_s\mathrm{i}$ (所有的 $b_k>0, \forall\, 1\leqslant k\leqslant s$) 及实数 $\lambda_{2s+1},\cdots,\lambda_n$ 是 n 阶实规范方阵 $\boldsymbol{A}$ 的全部特征值, 则 $\boldsymbol{A}$ 正交相似于如下的标准形:

$$\boldsymbol{D}=\mathrm{diag}\left(\begin{pmatrix}a_1 & b_1\\ -b_1 & a_1\end{pmatrix},\cdots,\begin{pmatrix}a_s & b_s\\ -b_s & a_s\end{pmatrix},\lambda_{2s+1},\cdots,\lambda_n\right)$$

重要例 (1) 正交方阵: 特征值 λ_k 满足 $|\lambda_k|=1$, $\lambda_k=\cos\alpha\pm\mathrm{i}\sin\alpha$. 标准形为

$$\mathrm{diag}\left(\begin{pmatrix}\cos\alpha_1 & \sin\alpha_1\\ -\sin\alpha_1 & \cos\alpha_1\end{pmatrix},\cdots,\begin{pmatrix}\cos\alpha_s & \sin\alpha_s\\ -\sin\alpha_s & \cos\alpha_s\end{pmatrix},\boldsymbol{I}_{(t)},-\boldsymbol{I}_{(n-2s-t)}\right)$$

(2) 对称方阵: 特征值 λ_k 为实数. 标准形为对角阵 $\mathrm{diag}(\lambda_1,\cdots,\lambda_n)$.

(3) 斜对称方阵: 特征值 λ_k 实部为 0, 为纯虚数 $\pm b\mathrm{i}$ 或 0. 标准形为

$$\mathrm{diag}\left(\begin{pmatrix}0 & b_1\\ -b_1 & 0\end{pmatrix},\cdots,\begin{pmatrix}0 & b_s\\ -b_s & 0\end{pmatrix},\boldsymbol{O}_{(n-2s)}\right)$$

4. 内积与线性函数的对应关系

定理 9.5.2 设 V 是 n 维欧氏空间, 则:

(1) 对每个给定的 $\boldsymbol{\alpha}\in V$, 映射 $f_{\boldsymbol{\alpha}}:V\to\mathbf{R},\boldsymbol{\beta}\mapsto(\boldsymbol{\alpha},\boldsymbol{\beta})$ 是 V 上的线性函数, 因而是 V 的对偶空间 V^* 中的一个元素.

(2) 映射 $\sigma: V \to V^*, \boldsymbol{\alpha} \mapsto f_{\boldsymbol{\alpha}}$ 是 n 维线性空间 V 到 V^* 的同构映射.

(3) 对每个 $f \in V^*$, 存在 $\boldsymbol{\alpha} \in V$ 使 $f(\boldsymbol{\beta}) = (\boldsymbol{\alpha}, \boldsymbol{\beta})$ 对所有的 $\boldsymbol{\beta} \in V$ 成立.

例题分析与解答

9.5.1 利用伴随变换的定义证明伴随变换的如下性质:

(1) $(\mathcal{A}+\mathcal{B})^* = \mathcal{A}^* + \mathcal{B}^*$; (2) $(\lambda\mathcal{A})^* = \lambda\mathcal{A}^*$, $\forall\ \lambda \in \mathbf{R}$; (3) $(\mathcal{A}\mathcal{B})^* = \mathcal{B}^*\mathcal{A}^*$.

证明 对任意 $\boldsymbol{\alpha}, \boldsymbol{\beta} \in V$ 有:

$$\begin{aligned}(1)\ (\boldsymbol{\alpha}, (\mathcal{A}+\mathcal{B})^*\boldsymbol{\beta}) &= ((\mathcal{A}+\mathcal{B})\boldsymbol{\alpha}, \boldsymbol{\beta}) = (\mathcal{A}\boldsymbol{\alpha} + \mathcal{B}\boldsymbol{\alpha}, \boldsymbol{\beta}) = (\mathcal{A}\boldsymbol{\alpha}, \boldsymbol{\beta}) + (\mathcal{B}\boldsymbol{\alpha}, \boldsymbol{\beta}) \\ &= (\boldsymbol{\alpha}, \mathcal{A}^*\boldsymbol{\beta}) + (\boldsymbol{\alpha}, \mathcal{B}^*\boldsymbol{\beta}) = (\boldsymbol{\alpha}, \mathcal{A}^*\boldsymbol{\beta} + \mathcal{B}^*\boldsymbol{\beta}) = (\boldsymbol{\alpha} + (\mathcal{A}^* + \mathcal{B}^*)\boldsymbol{\beta})\end{aligned}$$

这证明了 $(\mathcal{A}+\mathcal{B})^* = \mathcal{A}^* + \mathcal{B}^*$.

(2) $((\lambda\mathcal{A})\boldsymbol{\alpha}, \boldsymbol{\beta}) = \lambda(\mathcal{A}\boldsymbol{\alpha}, \boldsymbol{\beta}) = \lambda(\boldsymbol{\alpha}, \mathcal{A}^*\boldsymbol{\beta}) = (\boldsymbol{\alpha}, (\lambda\mathcal{A}^*)\boldsymbol{\beta})$.

这证明了 $(\lambda\mathcal{A})^* = \lambda\mathcal{A}^*$.

(3) $((\mathcal{A}\mathcal{B})\boldsymbol{\alpha}, \boldsymbol{\beta}) = (\mathcal{A}(\mathcal{B}\boldsymbol{\alpha}), \boldsymbol{\beta}) = (\mathcal{B}\boldsymbol{\alpha}, \mathcal{A}^*\boldsymbol{\beta}) = (\boldsymbol{\alpha}, \mathcal{B}^*(\mathcal{A}^*\boldsymbol{\beta})) = (\boldsymbol{\alpha}, (\mathcal{B}^*\mathcal{A}^*)\boldsymbol{\beta})$.

这证明了 $(\mathcal{A}\mathcal{B})^* = \mathcal{B}^*\mathcal{A}^*$. □

9.5.2 设 $\boldsymbol{A}$ 是 n 阶斜对称实方阵.

(1) 求证: $\boldsymbol{A}^2$ 的特征值都是实数且 $\leqslant 0$.

(2) 设 $\boldsymbol{X}_1$ 是 $\boldsymbol{A}^2$ 的属于特征值 λ_1 的特征向量, 则当 $\lambda_1 = 0$ 时 $\boldsymbol{A}\boldsymbol{X}_1 = 0$; 当 $\lambda_1 \neq 0$ 时 $\boldsymbol{X}_1$ 与 $\boldsymbol{A}\boldsymbol{X}_1$ 生成的子空间 W 是 $\mathcal{A}: \boldsymbol{X} \mapsto \boldsymbol{A}\boldsymbol{X}$ 的不变子空间, $\mathcal{A}|_W$ 在 W 的任何一组标准正交基下的矩阵为 $\begin{pmatrix} 0 & b_1 \\ -b_1 & 0 \end{pmatrix}$, 其中 $\pm b_1\mathrm{i}$ 是 $\mathcal{A}|_W$ 的特征值且 $\lambda_1 = -b_1^2$.

证明 (1) $\boldsymbol{S} = \boldsymbol{A}^{\mathrm{T}}\boldsymbol{A} = -\boldsymbol{A}\boldsymbol{A} = -\boldsymbol{A}^2$ 是半正定实对称方阵, $\boldsymbol{A}^2 = -\boldsymbol{S}$ 是半负定实对称方阵, 特征值都是实数且 $\leqslant 0$.

(2) $\boldsymbol{A}^2\boldsymbol{X}_1 = \lambda_1\boldsymbol{X}_1$.

当 $\lambda_1 = 0$ 时有 $\boldsymbol{A}^2\boldsymbol{X}_1 = \mathbf{0}$. 令 $\boldsymbol{Y}_1 = \boldsymbol{A}\boldsymbol{X}_1 = (y_1, \cdots, y_n)^{\mathrm{T}}$, 则:

$$y_1^2 + \cdots + y_n^2 = \boldsymbol{Y}_1^{\mathrm{T}}\boldsymbol{Y}_1 = \boldsymbol{X}_1^{\mathrm{T}}\boldsymbol{A}^{\mathrm{T}}\boldsymbol{A}\boldsymbol{X}_1 = -\boldsymbol{X}_1^{\mathrm{T}}\boldsymbol{A}^2\boldsymbol{X}_1 = 0 \Rightarrow \boldsymbol{A}\boldsymbol{X}_1 = \boldsymbol{Y}_1 = \mathbf{0}$$

设 $\lambda_1 \neq 0$, 则 $\mathcal{A}$ 将任意 $a\boldsymbol{X}_1 + b\boldsymbol{A}\boldsymbol{X}_1 \in W$ 映到 $a\boldsymbol{A}\boldsymbol{X}_1 + b\boldsymbol{A}^2\boldsymbol{X}_1 = b\lambda_1\boldsymbol{X}_1 + a\boldsymbol{A}\boldsymbol{X}_1 \in W$, 可见 W 是 $\mathcal{A}$ 的不变子空间.

由 $\boldsymbol{A}^{\mathrm{T}} = -\boldsymbol{A}$ 知 $(\boldsymbol{X}_1^{\mathrm{T}}\boldsymbol{A}\boldsymbol{X}_1)^{\mathrm{T}} = \boldsymbol{X}_1^{\mathrm{T}}\boldsymbol{A}^{\mathrm{T}}\boldsymbol{X}_1 = -\boldsymbol{X}_1\boldsymbol{A}\boldsymbol{X}_1$, 1 阶方阵 $\boldsymbol{X}_1^{\mathrm{T}}\boldsymbol{A}\boldsymbol{X}_1$ 是斜对称方阵, 只能 $\boldsymbol{X}_1^{\mathrm{T}}\boldsymbol{A}\boldsymbol{X}_1 = 0$, 这就是说 $\mathbf{R}^{n\times 1}$ 中的列向量 $\boldsymbol{X}_1$ 与 $\boldsymbol{A}\boldsymbol{X}_1$ 的标准内积 $(\boldsymbol{X}_1, \boldsymbol{A}\boldsymbol{X}_1) = \boldsymbol{X}_1^{\mathrm{T}}(\boldsymbol{A}\boldsymbol{X}_1) = 0$. 由 $\boldsymbol{A}(\boldsymbol{A}\boldsymbol{X}_1) = \boldsymbol{A}^2\boldsymbol{X}_1 = \lambda_1\boldsymbol{X}_1 \neq \mathbf{0}$ 知 $\boldsymbol{A}\boldsymbol{X}_1 \neq \mathbf{0}$, $\boldsymbol{X}_1$ 与 $\boldsymbol{A}\boldsymbol{X}_1$ 是 W 的正交基. 与 $\boldsymbol{X}_1$ 同方向的单位向量 $\boldsymbol{\xi}_1 = \dfrac{1}{|\boldsymbol{X}_1|}$ 仍是 $\boldsymbol{A}^2$ 的属于特征值 λ_1 的特征向量. $\boldsymbol{\xi}_1$ 与 $\boldsymbol{A}\boldsymbol{\xi}_1$ 仍组成 W 的正交基. 记 $b = |\boldsymbol{A}\boldsymbol{\xi}_1|$, 则 $\boldsymbol{\xi}_2 = b^{-1}\boldsymbol{A}\boldsymbol{\xi}_1$ 是单位向量, $\boldsymbol{\xi}_1, \boldsymbol{\xi}_2$ 组成 W 的标准正交基 M_0, 且 $\boldsymbol{A}\boldsymbol{\xi}_1 = b\xi_2$, $\boldsymbol{A}\boldsymbol{\xi}_2 = b^{-1}\boldsymbol{A}^2\boldsymbol{\xi}_1 = b^{-1}\lambda_1\boldsymbol{\xi}_1$, $\mathcal{A}|_W$ 在基 M_0 下的矩阵为

$$\boldsymbol{B}_0 = \begin{pmatrix} 0 & b^{-1}\lambda_1 \\ b & 0 \end{pmatrix}$$

M_0 可以扩充为 $\mathbf{R}^{n\times 1}$ 的标准正交基 $M_1=\{\boldsymbol{\xi}_1,\boldsymbol{\xi}_2,\cdots,\boldsymbol{\xi}_n\}$. 依次以 $\boldsymbol{\xi}_1,\cdots,\boldsymbol{\xi}_n$ 为各列排成正交方阵 $\boldsymbol{P}$, 则

$$\boldsymbol{B}=\boldsymbol{P}^{-1}\boldsymbol{AP}=\begin{pmatrix}\boldsymbol{B}_0 & \boldsymbol{B}_{12}\\ \boldsymbol{O} & \boldsymbol{B}_{22}\end{pmatrix}$$

是线性变换 $\mathcal{A}:\boldsymbol{X}\mapsto\boldsymbol{AX}$ 在标准正交基 M_1 下的矩阵. 且由 $\boldsymbol{B}=\boldsymbol{P}^{\mathrm{T}}\boldsymbol{AP}$ 相合于斜对称方阵 $\boldsymbol{A}$ 知 $\boldsymbol{B}$ 仍是斜对称方阵. 因此 $\boldsymbol{B}_0$ 与 $\boldsymbol{B}_{22}$ 都是斜对称方阵, 且 $\boldsymbol{B}_{12}=\boldsymbol{O}$. 于是 $\boldsymbol{B}_0$ 的第 $(1,2)$ 元素 $b^{-1}\lambda_1=-b$,

$$\boldsymbol{B}_0=\begin{pmatrix}0 & -b\\ b & 0\end{pmatrix},\quad \boldsymbol{B}=\begin{pmatrix}\boldsymbol{B}_0 & \boldsymbol{O}\\ \boldsymbol{O} & \boldsymbol{B}_{22}\end{pmatrix}$$

$\boldsymbol{B}_{22}$ 是 $n-2$ 阶斜对称方阵. $\boldsymbol{B}_0$ 的特征多项式 $\varphi_{\boldsymbol{B}_0}(\lambda)=\lambda^2+b^2$, 特征值为 $\pm b\mathrm{i}$, 这也就是 $\mathcal{A}|_W$ 的特征值. $\mathcal{A}|_W$ 在任何一组标准正交基下的矩阵 $\tilde{\boldsymbol{B}}_0$ 与 $\boldsymbol{B}_0$ 正交相似, 同样地是斜对称方阵, 具有形式

$$\tilde{\boldsymbol{B}}_0=\begin{pmatrix}0 & b_1\\ -b_1 & 0\end{pmatrix}$$

具有与 $\boldsymbol{B}_0$ 同样的特征多项式 $\varphi_{\tilde{\boldsymbol{B}}_0}(\lambda)=\lambda^2+b_1^2=\lambda^2+b^2$, 特征值为 $\pm b_1\mathrm{i}$, $\lambda_1=-b^2=-b_1^2$. □

9.5.3 设 $\boldsymbol{A}=\begin{pmatrix}0 & 1 & 1 & 1\\ -1 & 0 & 1 & 1\\ -1 & -1 & 0 & 1\\ -1 & -1 & -1 & 0\end{pmatrix}$, 求正交方阵 $\boldsymbol{P}$ 使 $\boldsymbol{P}^{-1}\boldsymbol{AP}$ 为标准形.

分析 按照例题 9.5.2 的论证, 先对 $\boldsymbol{A}^2$ 的每个特征值 λ_i 求出一个特征向量 $\boldsymbol{X}_i$. 各个 $\boldsymbol{X}_i,\boldsymbol{AX}_i$ 组成 $\mathbf{R}^{4\times 1}$ 的一组正交基, 经过单位化得到标准正交基排成所需的正交方阵 $\boldsymbol{P}$.

解

$$\boldsymbol{A}^2=\begin{pmatrix}-3 & -2 & 0 & 2\\ -2 & -3 & -2 & 0\\ 0 & -2 & -3 & -2\\ 2 & 0 & -2 & -3\end{pmatrix}$$

的特征多项式 $\varphi_{\boldsymbol{A}^2}(\lambda)=(\lambda^2+6\lambda+1)^2$, 有两个不同的特征值 $-3\pm 2\sqrt{2}$.

求得属于 $\boldsymbol{A}^2$ 的特征值 $\lambda_1=-3+2\sqrt{2}$ 的一个特征向量 $\boldsymbol{X}_1=(\sqrt{2},-1,0,1)^{\mathrm{T}}$, 属于特征值 $\lambda_2=-3-2\sqrt{2}$ 的一个特征向量 $\boldsymbol{X}_2=(-\sqrt{2},-1,0,1)^{\mathrm{T}}$. 再算出:

$$\boldsymbol{AX}_1=(0,1-\sqrt{2},2-\sqrt{2},1-\sqrt{2})^{\mathrm{T}},\quad \boldsymbol{AX}_2=(0,1+\sqrt{2},2+\sqrt{2},1+\sqrt{2})^{\mathrm{T}}$$

它们也都是 $\boldsymbol{A}^2$ 的特征向量, 分别属于特征值 λ_1,λ_2. 对每个 $i=1,2$, $\boldsymbol{X}_i,\boldsymbol{AX}_i$ 组成 $\boldsymbol{A}^2$ 的特征子空间 V_{λ_i} 的一组正交基, $\boldsymbol{X}_1,-\boldsymbol{AX}_1,\boldsymbol{X}_2,-\boldsymbol{AX}_2$ 组成 $\mathbf{R}^{4\times 1}$ 的正交基, 将它们单位化

之后得到标准正交基, 排成正交方阵

$$\boldsymbol{P}=\begin{pmatrix}\frac{1}{\sqrt{2}} & 0 & -\frac{1}{\sqrt{2}} & 0\\ -\frac{1}{2} & \frac{1}{2} & -\frac{1}{2} & -\frac{1}{2}\\ 0 & -\frac{1}{\sqrt{2}} & 0 & -\frac{1}{\sqrt{2}}\\ \frac{1}{2} & \frac{1}{2} & \frac{1}{2} & -\frac{1}{2}\end{pmatrix}$$

将 $\boldsymbol{A}$ 相似到标准形:

$$\boldsymbol{P}^{-1}\boldsymbol{AP}=\begin{pmatrix}0 & -1+\sqrt{2} & 0 & 0\\ 1-\sqrt{2} & 0 & 0 & 0\\ 0 & 0 & 0 & 1+\sqrt{2}\\ 0 & 0 & -1-\sqrt{2} & 0\end{pmatrix}$$ □

点评 例题 9.5.2 的理论推导和例题 9.5.3 的具体实例给出了将实数域上斜对称方阵 $\boldsymbol{A}$ 正交相似于标准形的算法:

对半负定对称方阵 $\boldsymbol{A}^2$ 的每个实特征值 λ_i, 求特征子空间 V_{λ_i} 的一组正交基 $M_i=\{\boldsymbol{X}_{i1},\boldsymbol{AX}_{i1},\cdots,\boldsymbol{X}_{ik},\boldsymbol{AX}_{ik}\}$. 将各个基向量单位化, 共同组成 $\mathbf{R}^{n\times 1}$ 的一组标准正交基, 排成正交方阵 $\boldsymbol{P}$ 将 $\boldsymbol{A}$ 相似到标准形:

$$\boldsymbol{P}^{-1}\boldsymbol{AP}=\mathrm{diag}(\boldsymbol{B}_1,\cdots,\boldsymbol{B}_s,\boldsymbol{O}_{(n-2s)})$$

其中每个

$$\boldsymbol{B}_k=\begin{pmatrix}0 & b_k\\ -b_k & 0\end{pmatrix}\quad(\forall\ 1\leqslant k\leqslant s)$$

对应于 $\boldsymbol{A}$ 的一组共轭纯虚数特征值 $\pm b_k\mathrm{i}$.

以上算法的正确性和可行性依赖于如下事实:

(1) 属于实对称方阵 $\boldsymbol{S}$ 的不同特征值 λ_i,λ_j 的特征子空间 $V_{\lambda_i},V_{\lambda_j}$ 相互正交. 这是因为, 对任意 $\boldsymbol{X}_1\in V_{\lambda_i},\boldsymbol{X}_2\in V_{\lambda_j}$, 由 $\boldsymbol{X}_1^{\mathrm{T}}\boldsymbol{SX}_2=\boldsymbol{X}_1^{\mathrm{T}}\lambda_2\boldsymbol{X}_2$ 及 $\boldsymbol{X}_1^{\mathrm{T}}\boldsymbol{SX}_2=(\boldsymbol{SX}_1)^{\mathrm{T}}\boldsymbol{X}_2=\lambda_1\boldsymbol{X}_1^{\mathrm{T}}\boldsymbol{X}_2$ 得 $\boldsymbol{X}_1^{\mathrm{T}}\lambda_2\boldsymbol{X}_2=\lambda_1\boldsymbol{X}_1^{\mathrm{T}}\boldsymbol{X}_2\Rightarrow(\lambda_2-\lambda_1)\boldsymbol{X}_1^{\mathrm{T}}\boldsymbol{X}_2=0\Rightarrow 0=\boldsymbol{X}_1^{\mathrm{T}}\boldsymbol{X}_2=(\boldsymbol{X}_1,\boldsymbol{X}_2)$. 因此, 属于实对称方阵 $\boldsymbol{A}^2$ 的不同特征值的特征子空间相互正交.

(2) 当 $\boldsymbol{A}$ 是斜对称方阵时, 每个 $\boldsymbol{X}_i$ 与 $\boldsymbol{AX}_i$ 的内积 $(\boldsymbol{X}_i,\boldsymbol{AX}_i)=\boldsymbol{X}_i^{\mathrm{T}}\boldsymbol{AX}_i=0$. □

9.5.4 证明: n 维欧氏空间 V 的线性变换 $\mathcal{A}$ 的不变子空间 W 的正交补 $W^{\perp}$ 是 $\mathcal{A}$ 的伴随变换 $\mathcal{A}^*$ 的不变子空间.

证明 对任意 $\boldsymbol{\alpha}\in W$ 与 $\boldsymbol{\beta}\in W^{\perp}$, 有 $\mathcal{A}\boldsymbol{\alpha}\in W$, 因而:

$$(\boldsymbol{\alpha},\mathcal{A}^*\boldsymbol{\beta})=(\mathcal{A}\boldsymbol{\alpha},\boldsymbol{\beta})=0$$

这证明了 $\mathcal{A}^*\boldsymbol{\beta}\in W^{\perp}$, 可见 $W^{\perp}$ 是 $\mathcal{A}^*$ 的不变子空间. □

9.5.5 设 $\mathcal{A}$ 是 n 维欧氏空间 V 的线性变换, $\mathcal{A}^*$ 是 $\mathcal{A}$ 的伴随变换. 证明: $\mathrm{Im}\,\mathcal{A}^*$ 是 $\mathrm{Ker}\,\mathcal{A}$ 的正交补.

证明 对任意 $\boldsymbol{\alpha}\in \operatorname{Ker}\mathcal{A}$, $\mathcal{A}^*(\boldsymbol{\beta})\in \operatorname{Im}\mathcal{A}^*$ $(\boldsymbol{\beta}\in V)$, 有

$$(\boldsymbol{\alpha},\mathcal{A}^*(\boldsymbol{\beta}))=(\mathcal{A}(\boldsymbol{\alpha}),\boldsymbol{\beta})=(\mathbf{0},\boldsymbol{\beta})=0$$

这证明了 $\operatorname{Ker}\mathcal{A}\perp \operatorname{Im}\mathcal{A}^*$, $\operatorname{Im}\mathcal{A}^*\subseteq(\operatorname{Ker}\mathcal{A})^{\perp}$.

在任意一组标准正交基 M 下将每个 $\boldsymbol{\alpha}\in V$ 用它的坐标 $\boldsymbol{X}\in\mathbf{R}^{n\times 1}$ 来表示, 则 $\mathcal{A}:\boldsymbol{X}\mapsto \boldsymbol{AX}$, $\mathcal{A}^*:\boldsymbol{X}\mapsto\boldsymbol{A}^{\mathrm{T}}\boldsymbol{X}$, 其中 $\boldsymbol{A}$ 是 $\mathcal{A}$ 在基 M 下的矩阵, 则 $\dim\operatorname{Ker}\mathcal{A}=n-\operatorname{rank}\boldsymbol{A}=n-\operatorname{rank}\boldsymbol{A}^{\mathrm{T}}=n-\dim\operatorname{Im}\mathcal{A}^*$, $\dim(\operatorname{Im}\mathcal{A}^*)=n-\dim(\operatorname{Ker}\mathcal{A})=\dim(\operatorname{Ker}\mathcal{A})^{\perp}$. $\operatorname{Im}\mathcal{A}^*$ 含于 $(\operatorname{Ker}\mathcal{A})^{\perp}$, 并且维数与 $(\operatorname{Ker}\mathcal{A})^{\perp}$ 相等. 这就证明了

$$\operatorname{Im}\mathcal{A}^*=(\operatorname{Ker}\mathcal{A})^{\perp}$$

9.5.6 证明: $\mathcal{A}$ 是规范变换 $\Leftrightarrow |\mathcal{A}(\boldsymbol{\alpha})|=|\mathcal{A}^*(\boldsymbol{\alpha})|$ 对所有的 $\boldsymbol{\alpha}\in V$ 成立.

证明 在 V 的任一组标准正交基下将每个向量 $\boldsymbol{\alpha}$ 用坐标 $\boldsymbol{X}\in\mathbf{R}^{n\times 1}$ 表示, 线性变换 $\mathcal{A}$ 用矩阵 $\boldsymbol{A}$ 作乘法表示: $\mathcal{A}(\boldsymbol{X})=\boldsymbol{AX}$, 则 $\mathcal{A}^*(\boldsymbol{X})=\boldsymbol{A}^{\mathrm{T}}\boldsymbol{X}$, $|\mathcal{A}(\boldsymbol{\alpha})|^2=(\boldsymbol{AX})^{\mathrm{T}}(\boldsymbol{AX})=\boldsymbol{X}^{\mathrm{T}}\boldsymbol{A}^{\mathrm{T}}\boldsymbol{AX}$, $|\mathcal{A}^*(\boldsymbol{\alpha})|^2=(\boldsymbol{A}^{\mathrm{T}}\boldsymbol{X})^{\mathrm{T}}(\boldsymbol{A}^{\mathrm{T}}\boldsymbol{X})=\boldsymbol{X}^{\mathrm{T}}\boldsymbol{AA}^{\mathrm{T}}\boldsymbol{X}$. 于是有:

$\mathcal{A}$ 是规范变换 $\Leftrightarrow \boldsymbol{A}^{\mathrm{T}}\boldsymbol{A}=\boldsymbol{AA}^{\mathrm{T}}\Rightarrow \boldsymbol{X}^{\mathrm{T}}\boldsymbol{A}^{\mathrm{T}}\boldsymbol{AX}=\boldsymbol{X}^{\mathrm{T}}\boldsymbol{AA}^{\mathrm{T}}\boldsymbol{X}\Leftrightarrow|\mathcal{A}(\boldsymbol{\alpha})|^2=|\mathcal{A}^*(\boldsymbol{\alpha})|^2\Leftrightarrow |\mathcal{A}(\boldsymbol{\alpha})|=|\mathcal{A}^*(\boldsymbol{\alpha})|$ 对所有的 $\boldsymbol{\alpha}\in V$ 成立.

反过来, 设 $|\mathcal{A}(\boldsymbol{\alpha})|=|\mathcal{A}^*(\boldsymbol{\alpha})|$ 对所有的 $\boldsymbol{\alpha}\in V$ 成立, 则对任意 $\boldsymbol{\alpha},\boldsymbol{\beta}\in V$ 有

$$\begin{aligned}(\mathcal{A}(\boldsymbol{\alpha}),\mathcal{A}(\boldsymbol{\beta}))&=\frac{|\mathcal{A}(\boldsymbol{\alpha}+\boldsymbol{\beta})|^2-|\mathcal{A}(\boldsymbol{\alpha})|^2-|\mathcal{A}(\boldsymbol{\beta})|^2}{2}\\&=\frac{|\mathcal{A}^*(\boldsymbol{\alpha}+\boldsymbol{\beta})|^2-|\mathcal{A}^*(\boldsymbol{\alpha})|^2-|\mathcal{A}^*(\boldsymbol{\beta})|^2}{2}=(\mathcal{A}^*(\boldsymbol{\alpha}),\mathcal{A}^*(\boldsymbol{\beta}))\end{aligned}$$

也就是对任意 $\boldsymbol{X},\boldsymbol{Y}\in\mathbf{R}^{n\times 1}$ 有

$$\boldsymbol{X}^{\mathrm{T}}\boldsymbol{A}^{\mathrm{T}}\boldsymbol{AY}=(\boldsymbol{AX})^{\mathrm{T}}(\boldsymbol{AY})=(\boldsymbol{A}^{\mathrm{T}}\boldsymbol{X})^{\mathrm{T}}(\boldsymbol{A}^{\mathrm{T}}\boldsymbol{Y})=\boldsymbol{X}^{\mathrm{T}}\boldsymbol{AA}^{\mathrm{T}}\boldsymbol{Y}$$

特别地, 对任意 $1\leqslant i,j\leqslant n$ 取 $\mathbf{R}^{n\times 1}$ 的自然基向量 $\boldsymbol{e}_i,\boldsymbol{e}_j$ 得

$$(\boldsymbol{A}^{\mathrm{T}}\boldsymbol{A})(i,j)=\boldsymbol{e}_i^{\mathrm{T}}\boldsymbol{A}^{\mathrm{T}}\boldsymbol{Ae}_j=\boldsymbol{e}_i^{\mathrm{T}}(\boldsymbol{AA}^{\mathrm{T}})\boldsymbol{e}_j=(\boldsymbol{AA}^{\mathrm{T}})(i,j)$$

其中 $(\boldsymbol{A}^{\mathrm{T}}\boldsymbol{A})(i,j)$ 与 $(\boldsymbol{AA}^{\mathrm{T}})(i,j)$ 分别是 $\boldsymbol{A}^{\mathrm{T}}\boldsymbol{A}$ 与 $\boldsymbol{AA}^{\mathrm{T}}$ 的第 (i,j) 元素. $\boldsymbol{A}^{\mathrm{T}}\boldsymbol{A}$ 与 $\boldsymbol{AA}^{\mathrm{T}}$ 的对应分量相等, 因而 $\boldsymbol{A}^{\mathrm{T}}\boldsymbol{A}=\boldsymbol{AA}^{\mathrm{T}}$, $\boldsymbol{A}$ 是规范方阵, $\mathcal{A}$ 是规范变换. □

9.5.7 举出这样的实方阵 $\boldsymbol{A}$, $\boldsymbol{A}$ 不是规范方阵, 但 $\boldsymbol{A}^2$ 是规范方阵.

解

$$\boldsymbol{A}=\begin{pmatrix}0&1\\0&0\end{pmatrix}$$

$\boldsymbol{A}$ 不是规范方阵, 但 $\boldsymbol{A}^2=\mathbf{0}$ 是规范方阵. □

9.5.8 实方阵 $\boldsymbol{A}$ 与 $\boldsymbol{A}^{\mathrm{T}}\boldsymbol{A}$ 可交换, 这样的方阵 $\boldsymbol{A}$ 是否一定是规范的?

分析 如果 $\boldsymbol{A}$ 可逆, 在等式 $\boldsymbol{A}(\boldsymbol{A}^{\mathrm{T}}\boldsymbol{A})=(\boldsymbol{A}^{\mathrm{T}}\boldsymbol{A})\boldsymbol{A}$ 两边同时右乘 $\boldsymbol{A}^{-1}$ 得到 $\boldsymbol{AA}^{\mathrm{T}}=\boldsymbol{A}^{\mathrm{T}}\boldsymbol{A}$, 这证明 $\boldsymbol{A}$ 是规范的. 当 $\boldsymbol{A}$ 不可逆, 用正交方阵 $\boldsymbol{P}$ 将半正定实对称方阵 $\boldsymbol{A}^{\mathrm{T}}\boldsymbol{A}$ 相似到对角阵 $\boldsymbol{P}^{-1}\boldsymbol{A}^{\mathrm{T}}\boldsymbol{AP}=\boldsymbol{D}=\operatorname{diag}(\boldsymbol{D}_1,\boldsymbol{O})$, 其中 $\boldsymbol{D}_1=\operatorname{diag}(d_1,\cdots,d_r)$ 可逆, 同时将 $\boldsymbol{A}$ 相似到

$B=P^{-1}AP$ 与 $B^{\mathrm{T}}B=D$ 交换. 易证明 $B=\mathrm{diag}(B_1,O)$ 是准对角阵, B_1 可逆且与 $B_1^{\mathrm{T}}B_1$ 交换, 从而 B_1 规范 $\Rightarrow$ B 规范 $\Rightarrow$ A 规范.

解　$A^{\mathrm{T}}A$ 是半正定实对称方阵, 可被某个正交方阵 P 相似到对角阵 $P^{-1}A^{\mathrm{T}}AP=D=\mathrm{diag}(d_1,\cdots,d_r,0,\cdots,0)=\mathrm{diag}(D_1,O)$. 其中 $D_1=\mathrm{diag}(d_1,\cdots,d_r)$ 是由 D 的非零对角元组成的可逆对角阵. 令 $B=P^{-1}AP=P^{\mathrm{T}}AP$, 则 $B^{\mathrm{T}}B=(P^{\mathrm{T}}AP)^{\mathrm{T}}(P^{\mathrm{T}}AP)=P^{-1}(A^{\mathrm{T}}A)P=D$. 由 $A(A^{\mathrm{T}}A)=(A^{\mathrm{T}}A)A$ 知 $B(B^{\mathrm{T}}B)=(B^{\mathrm{T}}A)B$, 即

$$\begin{aligned}BD=\begin{pmatrix}B_{11}&B_{12}\\B_{21}&B_{22}\end{pmatrix}\begin{pmatrix}D_1&O\\O&O\end{pmatrix}&=\begin{pmatrix}B_{11}D_1&O\\B_{21}D_1&O\end{pmatrix}\\&=DB=\begin{pmatrix}D_1B_1&D_1B_{12}\\O&O\end{pmatrix}\end{aligned}$$

其中 B_{11},B_{22} 分别是 r 阶和 $n-r$ 方阵. 比较等式两边矩阵的对应块得 $B_{21}D_1=O,D_1B_{12}=O$, 再由 D_1 可逆知 $B_{12}=O$, $B_{21}=O$. 从而 $B=\mathrm{diag}(B_{11},B_{22})$.

$$B^{\mathrm{T}}B=\mathrm{diag}(B_{11}^{\mathrm{T}}B_{11},B_{22}^{\mathrm{T}}B_{22})=\mathrm{diag}(D_1,O)$$

于是 $B_{11}^{\mathrm{T}}B_{11}=D_1$ 可逆, $B_{22}^{\mathrm{T}}B_{22}=O$, 从而 B_{11} 可逆, $B_{22}=O$. $B=\mathrm{diag}(B_{11},O)$.

由 B 与 $B^{\mathrm{T}}B=\mathrm{diag}(B_{11}^{\mathrm{T}}B_{11},O)$ 交换知 B_{11} 与 $B_{11}^{\mathrm{T}}B_{11}$ 交换: $B_{11}(B_{11}^{\mathrm{T}}B_{11})=(B_{11}^{\mathrm{T}}B_{11})B_{11}$. 两边同时右乘 B_{11}^{-1} 得 $B_{11}B_{11}^{\mathrm{T}}=B_{11}^{\mathrm{T}}B_{11}$. 从而 $BB^{\mathrm{T}}=B^{\mathrm{T}}B$, $AA^{\mathrm{T}}=A^{\mathrm{T}}A$. 这证明了 A 是规范方阵. □

9.5.9　实数域 $\mathbf{R}$ 上全体 n 阶方阵构成 $\mathbf{R}$ 上 n^2 维线性空间 $V=\mathbf{R}^{n\times n}$, 在 V 中定义了内积 $(X,Y)=\mathrm{tr}(XY^{\mathrm{T}})$ 之后成为欧氏空间. 对 V 上如下的线性函数 f, 求 $B\in V$ 使 $f(X)=(X,B)$.

(1) $f(X)=\mathrm{tr}X$;

(2) 对给定的 $A,D\in\mathbf{R}^{n\times n}$, $f(X)=\mathrm{tr}(AXD)$;

(3) 对给定的 $A,D\in\mathbf{R}^{n\times n}$, $f(X)=\mathrm{tr}(AX-XD)$;

(4) 对给定的 $\alpha,\beta\in\mathbf{R}^{1\times n}$, $f(X)=\alpha X\beta^{\mathrm{T}}$.

解　(1) 取 $B=I$ 为 n 阶单位阵, 则 $f(X)=\mathrm{tr}X=\mathrm{tr}(XI^{\mathrm{T}})=(X,B)$.

(2) 取 $B=(DA)^{\mathrm{T}}$, 则 $f(X)=\mathrm{tr}(A(XD))=\mathrm{tr}(XDA)=(X,B)$.

(3) 取 $B=(A-D)^{\mathrm{T}}$, 则

$$f(X)=\mathrm{tr}(AX-XD)=\mathrm{tr}(AX)-\mathrm{tr}(XD)=\mathrm{tr}(XA)-\mathrm{tr}(XD)=(X,B).$$

(4) 取 $B=(\beta^{\mathrm{T}}\alpha)^{\mathrm{T}}=\alpha^{\mathrm{T}}\beta$, 则由 $\alpha X\beta^{\mathrm{T}}$ 是 1 阶方阵知

$$f(X)=\alpha X\beta^{\mathrm{T}}=\mathrm{tr}(\alpha X\beta^{\mathrm{T}})=\mathrm{tr}(X\beta^{\mathrm{T}}\alpha)=(X,B)$$

9.6 酉空间

知识导航

1. 酉空间的定义

定义 9.6.1 设在复数域 $\mathbf{C}$ 上线性空间 V 上定义了 2 元复函数, 将每一对向量 $\boldsymbol{\alpha},\boldsymbol{\beta}$ 对应到一个复数 $(\boldsymbol{\alpha},\boldsymbol{\beta})$, 并且满足如下条件:

(1) (共轭双线性) $(\boldsymbol{\alpha}_1+\boldsymbol{\alpha}_2,\boldsymbol{\beta})=(\boldsymbol{\alpha}_1,\boldsymbol{\beta})+(\boldsymbol{\alpha}_2,\boldsymbol{\beta})$, $(\lambda\boldsymbol{\alpha}_1,\boldsymbol{\beta})=\overline{\lambda}(\boldsymbol{\alpha}_1,\boldsymbol{\beta})$; $(\boldsymbol{\beta},\boldsymbol{\alpha}_1+\boldsymbol{\alpha}_2)=(\boldsymbol{\beta},\boldsymbol{\alpha}_1)+(\boldsymbol{\beta},\boldsymbol{\alpha}_2)$, $(\boldsymbol{\beta},\lambda\boldsymbol{\alpha}_1)=\lambda(\boldsymbol{\beta},\boldsymbol{\alpha}_1)$, 对任意 $\boldsymbol{\alpha}_1,\boldsymbol{\alpha}_2,\boldsymbol{\beta}\in V$ 和 $\lambda\in F$ 成立.

(2) (共轭对称性) $(\boldsymbol{\alpha},\boldsymbol{\beta})=\overline{(\boldsymbol{\beta},\boldsymbol{\alpha})}$ 对任意 $\boldsymbol{\alpha},\boldsymbol{\beta}\in V$ 成立.

(3) (正定性) $(\boldsymbol{\alpha},\boldsymbol{\alpha})>0$ 对任意 $0\neq\boldsymbol{\alpha}\in V$ 成立.

就称 $(\boldsymbol{\alpha},\boldsymbol{\beta})$ 为**内积** (inner product), V 为**酉空间** (unitary space). □

注: 酉空间内积的共轭双线性条件中的 $(\lambda\boldsymbol{\alpha},\boldsymbol{\beta})=\overline{\lambda}(\boldsymbol{\alpha},\boldsymbol{\beta})$ 与 $(\boldsymbol{\alpha},\lambda\boldsymbol{\beta})=\lambda(\boldsymbol{\alpha},\boldsymbol{\beta})$ 也可改为

$$(\lambda\boldsymbol{\alpha},\boldsymbol{\beta})=\lambda(\boldsymbol{\alpha},\boldsymbol{\beta}) \text{ 与 } (\boldsymbol{\alpha},\lambda\boldsymbol{\beta})=\overline{\lambda}(\boldsymbol{\alpha},\boldsymbol{\beta}).$$ □

重要例 在 n 维复数组空间 $\mathbf{C}^n$ 中, 对任意 $\boldsymbol{X}=(x_1,\cdots,x_n),\boldsymbol{Y}=(y_1,\cdots,y_n)$ 定义

$$(\boldsymbol{X},\boldsymbol{Y})=\overline{x_1}y_1+\cdots+\overline{x_n}y_n$$

称为 $\mathbf{C}^n$ 中的标准内积. 如果将 $\boldsymbol{X},\boldsymbol{Y}$ 都写成列向量, 则 $(\boldsymbol{X},\boldsymbol{Y})=\boldsymbol{X}^*\boldsymbol{Y}$, 其中 $\boldsymbol{X}^*=\overline{\boldsymbol{X}}^{\mathrm{T}}$. 行向量空间 $\mathbf{C}^{1\times n}$ 中的标准内积则定义为 $(\boldsymbol{X},\boldsymbol{Y})=\boldsymbol{X}\boldsymbol{Y}^*=x_1\overline{y_1}+\cdots+x_n\overline{y_n}$. □

一般地, 将任意复矩阵 $\boldsymbol{B}$ 的共轭转置 $\overline{\boldsymbol{B}}^{\mathrm{T}}$ 记为 $\boldsymbol{B}^*$, 容易验证 $(\boldsymbol{B}^*)^*=\boldsymbol{B}$ 及 $(\boldsymbol{B}_1\boldsymbol{B}_2)^*=\boldsymbol{B}_2^*\boldsymbol{B}_1^*$ 成立.

定理 9.6.1 (Cauchy-Schwatz 不等式) 对酉空间 V 中任意 $\boldsymbol{\alpha},\boldsymbol{\beta}\in V$,

$$|(\boldsymbol{\alpha},\boldsymbol{\beta})|^2\leqslant(\boldsymbol{\alpha},\boldsymbol{\alpha})(\boldsymbol{\beta},\boldsymbol{\beta})$$

成立, 其中的等号仅当 $\boldsymbol{\alpha},\boldsymbol{\beta}$ 线性相关时成立.

证明 当 $\boldsymbol{\alpha}=\mathbf{0}$ 时等号显然成立. 设 $\boldsymbol{\alpha}\neq\mathbf{0}$, 则 $(\boldsymbol{\alpha},\boldsymbol{\alpha})>0$, 对任意复数 λ 有

$$\begin{aligned}(\lambda\boldsymbol{\alpha}+\boldsymbol{\beta},\lambda\boldsymbol{\alpha}+\boldsymbol{\beta})&=\overline{\lambda}\lambda(\boldsymbol{\alpha},\boldsymbol{\alpha})+\overline{\lambda}(\boldsymbol{\alpha},\boldsymbol{\beta})+\lambda(\boldsymbol{\beta},\boldsymbol{\alpha})+(\boldsymbol{\beta},\boldsymbol{\beta})\\&=(\boldsymbol{\alpha},\boldsymbol{\alpha})\left[\overline{\lambda}+\frac{(\boldsymbol{\beta},\boldsymbol{\alpha})}{(\boldsymbol{\alpha},\boldsymbol{\alpha})}\right]\left[\lambda+\frac{(\boldsymbol{\alpha},\boldsymbol{\beta})}{(\boldsymbol{\alpha},\boldsymbol{\alpha})}\right]+\frac{(\boldsymbol{\alpha},\boldsymbol{\alpha})(\boldsymbol{\beta},\boldsymbol{\beta})-(\boldsymbol{\alpha},\boldsymbol{\beta})\overline{(\boldsymbol{\alpha},\boldsymbol{\beta})}}{(\boldsymbol{\alpha},\boldsymbol{\alpha})}\geqslant 0\end{aligned}$$

取 $\lambda=-\dfrac{(\boldsymbol{\alpha},\boldsymbol{\beta})}{(\boldsymbol{\alpha},\boldsymbol{\alpha})}=-\dfrac{\overline{(\boldsymbol{\beta},\boldsymbol{\alpha})}}{(\boldsymbol{\alpha},\boldsymbol{\alpha})}$ 即得所需不等式 $(\boldsymbol{\alpha},\boldsymbol{\alpha})(\boldsymbol{\beta},\boldsymbol{\beta})\geqslant|(\boldsymbol{\alpha},\boldsymbol{\beta})|^2$. □

2. 矩阵算法

在酉空间 V 的一组基 $M=\{\boldsymbol{\alpha}_1,\cdots,\boldsymbol{\alpha}_n\}$ 下将每个向量 $\boldsymbol{\alpha}=x_1\boldsymbol{\alpha}_1+\cdots+x_n\boldsymbol{\alpha}_n$ 用坐标 $\boldsymbol{X}=(x_1,\cdots,x_n)^{\mathrm{T}}\in\mathbf{C}^{n\times 1}$ 表示, 则两个向量 $\boldsymbol{\alpha},\boldsymbol{\beta}$ 的内积

$$(\boldsymbol{\alpha},\boldsymbol{\beta})=\left(\sum_{i=1}^{n}x_i\boldsymbol{\alpha}_i,\sum_{j=1}^{n}y_j\boldsymbol{\alpha}_j\right)=\sum_{i,j=1}^{n}\overline{x_i}(\boldsymbol{\alpha}_i,\boldsymbol{\alpha}_j)y_j=\boldsymbol{X}^*\boldsymbol{A}\boldsymbol{Y}$$

由它们的坐标 $\boldsymbol{X},\boldsymbol{Y}$ 通过矩阵乘法算出, 其中 $\boldsymbol{A}=(a_{ij})_{n\times n}$ 的第 (i,j) 元 $a_{ij}=(\boldsymbol{\alpha}_i,\boldsymbol{\alpha}_j)$, 称为向量组 M 的 Gram 方阵, 也称为 V 的内积的度量矩阵.

由酉空间内积的共轭对称性知 $(\boldsymbol{\alpha}_j,\boldsymbol{\alpha}_i)=\overline{(\boldsymbol{\alpha}_i,\boldsymbol{\alpha}_j)}$, 因而 $\boldsymbol{A}^*=\boldsymbol{A}$. 由酉空间内积的正定性知对任意 $\boldsymbol{\alpha}\neq\mathbf{0}$ 有 $(\boldsymbol{\alpha},\boldsymbol{\alpha})=\boldsymbol{X}^*\boldsymbol{A}\boldsymbol{X}>0$.

一般地, 满足条件 $\boldsymbol{H}^*=\boldsymbol{H}$ 的复方阵 $\boldsymbol{H}$ 称为 **Hermite 方阵**. 每个 n 阶 Hermite 方阵 $\boldsymbol{H}$ 可以在 $\mathbf{C}^{n\times 1}$ 上定义一个函数 $\boldsymbol{H}(\boldsymbol{X})=\boldsymbol{X}^*\boldsymbol{H}\boldsymbol{X}$. 每个 $\boldsymbol{X}^*\boldsymbol{H}\boldsymbol{X}$ 都是一阶方阵且满足 $(\boldsymbol{X}^*\boldsymbol{H}\boldsymbol{X})^*=\boldsymbol{X}^*\boldsymbol{H}\boldsymbol{X}$, 因而是 1 阶 Hermite 方阵, 也就是实数. 特别地, 如果对所有的 $\boldsymbol{X}\neq\mathbf{0}$ 都有 $\boldsymbol{X}^*\boldsymbol{H}\boldsymbol{X}>0$, 就称 Hermite 方阵 $\boldsymbol{H}$ 正定, 记为 $\boldsymbol{H}>0$. 类似地, 如果对所有的 $\boldsymbol{X}\neq\mathbf{0}$ 都有 $\boldsymbol{X}^*\boldsymbol{H}\boldsymbol{X}\geqslant 0$ 或都有 $\boldsymbol{X}^*\boldsymbol{H}\boldsymbol{X}<0$ 或都有 $\boldsymbol{X}^*\boldsymbol{H}\boldsymbol{X}\leqslant 0$, 就分别称 $\boldsymbol{H}$ 半正定或负定或半负定, 分别记为 $\boldsymbol{H}\geqslant 0$ 或 $\boldsymbol{H}<0$ 或 $\boldsymbol{H}\leqslant 0$.

特别地, 酉空间 V 的任何一组基的 Gram 方阵是正定 Hermite 方阵.

设酉空间 V 的基 $M=\{\boldsymbol{\alpha}_1,\cdots,\boldsymbol{\alpha}_n\}$ 到另一组基 $M_1=\{\boldsymbol{\beta}_1,\cdots,\boldsymbol{\beta}_n\}$ 的过渡矩阵为 $\boldsymbol{P}$, 则 $\boldsymbol{P}=(\boldsymbol{P}_1,\cdots,\boldsymbol{P}_n)$ 的第 j 列是 $\boldsymbol{\beta}_j$ 在基 M 下的坐标, M_1 的 Gram 方阵 $\boldsymbol{B}=(b_{ij})_{n\times n}$ 的第 (i,j) 元 $b_{ij}=(\boldsymbol{\beta}_i,\boldsymbol{\beta}_j)=\boldsymbol{P}_i^*\boldsymbol{A}\boldsymbol{P}_j$, 因此:

$$\boldsymbol{B}=\begin{pmatrix}\boldsymbol{P}_1^*\boldsymbol{A}\boldsymbol{P}_1 & \cdots & \boldsymbol{P}_1^*\boldsymbol{A}\boldsymbol{P}_n\\ \vdots & & \vdots\\ \boldsymbol{P}_n^*\boldsymbol{A}\boldsymbol{P}_1 & \cdots & \boldsymbol{P}_n^*\boldsymbol{A}\boldsymbol{P}_n\end{pmatrix}=\begin{pmatrix}\boldsymbol{P}_1^*\\ \vdots\\ \boldsymbol{P}_n^*\end{pmatrix}\boldsymbol{A}(\boldsymbol{P}_1,\cdots,\boldsymbol{P}_n)=\boldsymbol{P}^*\boldsymbol{A}\boldsymbol{P}$$

一般地, 如果存在可逆复方阵 $\boldsymbol{P}$ 使 $\boldsymbol{B}=\boldsymbol{P}^*\boldsymbol{A}\boldsymbol{P}$, 就称方阵 $\boldsymbol{A}$ 与 $\boldsymbol{B}$ 共轭相合. 以上推出的结论是: 同一个酉空间的任意两组基的 Gram 方阵共轭相合.

3. 标准正交基

正交 酉空间 V 中两个向量 $\boldsymbol{\alpha},\boldsymbol{\beta}$ 正交 $\Leftrightarrow(\boldsymbol{\alpha},\boldsymbol{\beta})=0\Leftrightarrow(\boldsymbol{\beta},\boldsymbol{\alpha})=0$.

正交向量组 两两正交的非零向量线性无关.

标准正交基 酉空间中两两正交的单位向量组成的基.

将每个向量 $\boldsymbol{\alpha}$ 用它在标准正交基下的坐标 $\boldsymbol{X}\in\mathbf{C}^{n\times 1}$ 表示, 则 $(\boldsymbol{\alpha},\boldsymbol{\beta})=\boldsymbol{X}^*\boldsymbol{Y}$.

算法 将酉空间的任意一组基 $M=\{\boldsymbol{\alpha}_1,\cdots,\boldsymbol{\alpha}_n\}$ 改造成标准正交基.

(1) 共轭相合: 设 M 的 Gram 方阵为 $\boldsymbol{A}$. 求可逆方阵 $\boldsymbol{P}$ 将正定 Hermite 方阵 $\boldsymbol{A}$ 共轭相合到单位阵 $\boldsymbol{P}^*\boldsymbol{A}\boldsymbol{P}=\boldsymbol{I}$, 则 $(\boldsymbol{\beta}_1,\cdots,\boldsymbol{\beta}_n)=(\boldsymbol{\alpha}_1,\cdots,\boldsymbol{\alpha}_n)\boldsymbol{P}$ 是 V 的标准正交基.

(2) Gram-Schimidt 正交化: 取 $\boldsymbol{\beta}_1=\boldsymbol{\alpha}_1$, 选择待定参数 λ_{21} 使 $\boldsymbol{\beta}_2=\boldsymbol{\alpha}_2-\lambda_{21}\boldsymbol{\beta}_1$ 与 $\boldsymbol{\beta}_1$ 正交, 由 $(\boldsymbol{\beta}_2,\boldsymbol{\beta}_1)=(\boldsymbol{\alpha}_2,\boldsymbol{\beta}_1)-\lambda_{21}(\boldsymbol{\beta}_1,\boldsymbol{\beta}_1)=0$ 知 $\lambda_{21}=\dfrac{(\boldsymbol{\alpha}_2,\boldsymbol{\beta}_1)}{(\boldsymbol{\beta}_1,\boldsymbol{\beta}_1)}$. 一般地, 设已求出正交向

量组 $\{\boldsymbol{\beta}_1,\cdots,\boldsymbol{\beta}_k\}$ 使每个 $\boldsymbol{\beta}_i=\boldsymbol{\alpha}_i-\lambda_{i1}\boldsymbol{\beta}_1-\cdots-\lambda_{i,i-1}\boldsymbol{\beta}_{i-1}$ ($\forall\ 1\leqslant i\leqslant k$), 则可进一步求出 $\boldsymbol{\beta}_{k+1}=\boldsymbol{\alpha}_{k+1}-\lambda_{k+1,1}\boldsymbol{\beta}_1-\cdots-\lambda_{k+1,k}\boldsymbol{\beta}_k$ 对每个 $1\leqslant j\leqslant k$ 满足

$$(\boldsymbol{\beta}_{k+1},\boldsymbol{\beta}_j)=(\boldsymbol{\alpha}_{k+1},\boldsymbol{\beta}_j)-\lambda_{k+1,j}(\boldsymbol{\beta}_j,\boldsymbol{\beta}_j)=0,\quad \lambda_{k+1,j}=\frac{(\boldsymbol{\alpha}_{k+1},\boldsymbol{\beta}_j)}{(\boldsymbol{\beta}_j,\boldsymbol{\beta}_j)}$$

定理 9.6.2 酉空间存在标准正交基. 任一组两两正交的单位向量可以扩充为标准正交基. □

定理 9.6.3 任一正定的 Hermite 方阵 $\boldsymbol{H}$ 可以通过上三角可逆方阵 $\boldsymbol{T}$ 共轭相合于单位阵: $\boldsymbol{T}^*\boldsymbol{H}\boldsymbol{T}=\boldsymbol{I}$. □

标准正交基之间的过渡矩阵:

定理 9.6.4 酉空间中两组标准正交基之间的过渡矩阵 $\boldsymbol{P}$ 满足条件 $\boldsymbol{P}^*\boldsymbol{P}=\boldsymbol{I}$. □

定义 9.6.2 如果复方阵 $\boldsymbol{U}$ 满足条件 $\boldsymbol{U}^*\boldsymbol{U}=\boldsymbol{I}$, 即 $\boldsymbol{U}^*=\boldsymbol{U}^{-1}$, 就称 $\boldsymbol{U}$ 为**酉方阵** (unitary matrix). □

定理 9.6.4 就是: 酉空间中标准正交基之间的过渡矩阵是酉方阵.

定理 9.6.5 $\boldsymbol{U}$ 是酉方阵 $\Leftrightarrow$ $\boldsymbol{U}$ 的列向量构成 $\mathbf{C}^{n\times 1}$ 在标准内积下的一组标准正交基 $\Leftrightarrow$ $\boldsymbol{U}$ 的行向量构成 $\mathbf{C}^{1\times n}$ 在标准内积下的一组标准正交基. □

例题分析与解答

9.6.1 在复数域上 2 维数组空间 $\mathbf{C}^2$ 上定义函数

$$f(\boldsymbol{X},\boldsymbol{Y})=ax_1\overline{y_1}+bx_1\overline{y_2}+cx_2\overline{y_1}+\mathrm{d}x_2\overline{y_2}$$

当复数 a,b,c,d 满足什么样的条件时, f 是 $\mathbf{C}^2$ 上的内积?

解 将 $\mathbf{C}^2$ 写成 2 维行向量空间 $\mathbf{C}^{1\times 2}$ 的形式, 则 $\boldsymbol{X}=(x_1,x_2),\boldsymbol{Y}=(y_1,y_2)$. $f(\boldsymbol{X},\boldsymbol{Y})=\boldsymbol{X}\boldsymbol{A}\boldsymbol{Y}^*$, 其中

$$\boldsymbol{A}=\begin{pmatrix} a & b\\ c & d\end{pmatrix}$$

f 已满足共轭双线性.

f 满足共轭对称性的充分必要条件是 $\boldsymbol{A}^*=\boldsymbol{A}$, a,d 是实数, 且 $c=\bar{b}$.

f 满足正定性的充分必要条件是: $a>0$, 且

$$\begin{pmatrix} 1 & 0\\ -\bar{b}a^{-1} & 1\end{pmatrix}\boldsymbol{A}\begin{pmatrix} 1 & -a^{-1}b\\ 0 & 1\end{pmatrix}=\begin{pmatrix} a & 0\\ 0 & d-\bar{b}a^{-1}b\end{pmatrix}$$

的对角元都为正, 即 $d-\bar{b}a^{-1}b>0$, $\det\boldsymbol{A}=ad-\bar{b}b>0$.

综上所述, a,b,c,d 满足的条件是: a,d 都是正实数, $c=\bar{b}$, 且 $ad-bc>0$. □

9.6.2 在复数域 $\mathbf{C}$ 上 3 维行向量空间 $V=\mathbf{C}^{1\times 3}$ 中定义标准内积 $(\boldsymbol{X},\boldsymbol{Y})=\boldsymbol{X}\boldsymbol{Y}^*$ 使 V 成为酉空间. 对向量组 $\boldsymbol{\alpha}_1=(1,\mathrm{i},0),\boldsymbol{\alpha}_2=(1,1+\mathrm{i},1-\mathrm{i}),\boldsymbol{\alpha}_3=(0,\mathrm{i},1)$ 作正交化求出 V 的一组标准正交基.

解法 1(Gram-Schmidt 正交化) 令 $\boldsymbol{\beta}_1=\boldsymbol{\alpha}_1=(1,\mathrm{i},0)$.

选 λ_{21} 使 $\boldsymbol{\beta}_2=\boldsymbol{\alpha}_2-\lambda_{21}\boldsymbol{\beta}_1$ 满足 $(\boldsymbol{\beta}_2,\boldsymbol{\beta}_1)=(\boldsymbol{\alpha}_2,\boldsymbol{\beta}_1)-\lambda_{21}(\boldsymbol{\beta}_1,\boldsymbol{\beta}_1)=0$, 则 $\lambda_{21}=\dfrac{(\boldsymbol{\alpha}_2,\boldsymbol{\beta}_1)}{(\boldsymbol{\beta}_1,\boldsymbol{\beta}_1)}=\dfrac{2-\mathrm{i}}{2}$, $\boldsymbol{\beta}_2=(1,1+\mathrm{i},1-\mathrm{i})-\dfrac{2-\mathrm{i}}{2}(1,\mathrm{i},0)=\left(\dfrac{\mathrm{i}}{2},\dfrac{1}{2},1-\mathrm{i}\right)$.

选 $\lambda_{31},\lambda_{32}$ 使 $\boldsymbol{\beta}_3=\boldsymbol{\alpha}_3-\lambda_{31}\boldsymbol{\beta}_1-\lambda_{32}\boldsymbol{\beta}_2$ 满足 $(\boldsymbol{\beta}_3,\boldsymbol{\beta}_1)=(\boldsymbol{\alpha}_3,\boldsymbol{\beta}_1)-\lambda_{31}(\boldsymbol{\beta}_1,\boldsymbol{\beta}_1)=0$ 且 $(\boldsymbol{\beta}_3,\boldsymbol{\beta}_2)=(\boldsymbol{\alpha}_3,\boldsymbol{\beta}_2)-\lambda_{32}(\boldsymbol{\beta}_2,\boldsymbol{\beta}_2)=0$, 则 $\lambda_{31}=\dfrac{(\boldsymbol{\alpha}_3,\boldsymbol{\beta}_1)}{(\boldsymbol{\beta}_1,\boldsymbol{\beta}_1)}=\dfrac{1}{2}$, $\lambda_{32}=\dfrac{(\boldsymbol{\alpha}_3,\boldsymbol{\beta}_2)}{(\boldsymbol{\beta}_2,\boldsymbol{\beta}_2)}=\dfrac{2+3\mathrm{i}}{5}$, $\boldsymbol{\beta}_3=(0,\mathrm{i},1)-\dfrac{1}{2}(1,\mathrm{i},0)-\dfrac{2+3\mathrm{i}}{5}\left(\dfrac{\mathrm{i}}{2},\dfrac{1}{2},1-\mathrm{i}\right)=\left(-\dfrac{1+\mathrm{i}}{5},\dfrac{-1+\mathrm{i}}{5},-\dfrac{\mathrm{i}}{5}\right)$.

则 $\boldsymbol{\beta}_1,\boldsymbol{\beta}_2,\boldsymbol{\beta}_3$ 是 V 的一组正交基.

分别取与各 $\boldsymbol{\beta}_i$ 同方向的单位向量:

$$\boldsymbol{\gamma}_1=\frac{1}{|\boldsymbol{\beta}_1|}\boldsymbol{\beta}_1=\frac{1}{\sqrt{2}}(1,\mathrm{i},0)=\left(\frac{1}{\sqrt{2}},\frac{\mathrm{i}}{\sqrt{2}},0\right),$$

$$\boldsymbol{\gamma}_2=\frac{1}{|\boldsymbol{\beta}_2|}\boldsymbol{\beta}_2=\sqrt{\frac{2}{5}}\left(\frac{\mathrm{i}}{2},\frac{1}{2},1-\mathrm{i}\right)=\left(\frac{\mathrm{i}}{\sqrt{10}},\frac{1}{\sqrt{10}},\frac{2-2\mathrm{i}}{\sqrt{10}}\right).$$

$$\boldsymbol{\gamma}_3=\frac{1}{|\boldsymbol{\beta}_3|}\boldsymbol{\beta}_3=\sqrt{5}\left(-\frac{1+\mathrm{i}}{5},\frac{-1+\mathrm{i}}{5},-\frac{\mathrm{i}}{5}\right)=\left(-\frac{1+\mathrm{i}}{\sqrt{5}},\frac{-1+\mathrm{i}}{\sqrt{5}},-\frac{\mathrm{i}}{\sqrt{5}}\right)$$

则 $\{\boldsymbol{\gamma}_1,\boldsymbol{\gamma}_2,\boldsymbol{\gamma}_3\}$ 是 V 的标准正交基.

解法 2 (矩阵的共轭相合) 依次以 $\boldsymbol{\alpha}_1,\boldsymbol{\alpha}_2,\boldsymbol{\alpha}_3$ 为各行排成方阵 $\boldsymbol{A}$, 则 $\boldsymbol{H}=\boldsymbol{A}\boldsymbol{A}^*$ 为 $\boldsymbol{A}$ 的行向量组的 Gram 方阵. 求可逆下三角复方阵 $\boldsymbol{P}$ 将 $\boldsymbol{A}\boldsymbol{A}^*$ 共轭相合到单位阵 $\boldsymbol{I}=\boldsymbol{P}\boldsymbol{H}\boldsymbol{P}^*=\boldsymbol{P}\boldsymbol{A}\boldsymbol{A}^*\boldsymbol{P}^*=(\boldsymbol{P}\boldsymbol{A})(\boldsymbol{P}\boldsymbol{A})^*$, 则 $\boldsymbol{B}=\boldsymbol{P}\boldsymbol{A}$ 的各行 β_1,β_2,β_3 是 $\boldsymbol{A}$ 的各行的线性组合, 组成 V 的标准正交基.

将 $\boldsymbol{H}$ 与 $\boldsymbol{A}$ 排成 3×6 矩阵 $\boldsymbol{M}=(\boldsymbol{H},\boldsymbol{A})$, 对 $\boldsymbol{M}$ 作初等行变换、并对前三列作相共轭的初等列变换 $\boldsymbol{M}=(\boldsymbol{H},\boldsymbol{A})\xrightarrow[\bar{\lambda}(i)+(j)]{\lambda(i)+(j)}\boldsymbol{M}_1=(\boldsymbol{T}_{ji}(\lambda)\boldsymbol{M}T_{ij}(\bar{\lambda}),\boldsymbol{T}_{ji}(\lambda)\boldsymbol{A})$, (其中 $1\leqslant i<j\leqslant 3$), 通过一系列这样的初等行变换和列变换将 $\boldsymbol{M}$ 的前 3 列共轭相合到对角阵再变成单位阵, 将 $\boldsymbol{M}$ 变成 $(I,\boldsymbol{B})$, 则后三列组成的方阵 $\boldsymbol{B}$ 的三行组成所求的标准正交基. 具体计算过程为:

$$(\boldsymbol{H},\boldsymbol{A})=\begin{pmatrix}2&2+\mathrm{i}&1&1&\mathrm{i}&0\\2-\mathrm{i}&5&2-2\mathrm{i}&1&1+\mathrm{i}&1-\mathrm{i}\\1&2+2\mathrm{i}&2&0&\mathrm{i}&1\end{pmatrix}\xrightarrow[-\frac{2+\mathrm{i}}{2}(1)+(2),-\frac{1}{2}(1)+(3)]{-\frac{2-\mathrm{i}}{2}(1)+(2),-\frac{1}{2}(1)+(3)}$$

$$\begin{pmatrix}2&0&0&1&\mathrm{i}&0\\0&\frac{5}{2}&\frac{2-3\mathrm{i}}{2}&\frac{\mathrm{i}}{2}&\frac{1}{2}&1-\mathrm{i}\\0&\frac{2+3\mathrm{i}}{2}&\frac{3}{2}&-\frac{1}{2}&\frac{\mathrm{i}}{2}&1\end{pmatrix}\xrightarrow[-\frac{2-3\mathrm{i}}{5}(2)+(3)]{-\frac{2+3\mathrm{i}}{5}(2)+(3)}$$

$$\begin{pmatrix}2&0&0&1&\mathrm{i}&0\\0&\frac{5}{2}&0&\frac{\mathrm{i}}{2}&\frac{1}{2}&1-\mathrm{i}\\0&0&\frac{1}{5}&-\frac{1+\mathrm{i}}{5}&\frac{-1+\mathrm{i}}{5}&-\frac{\mathrm{i}}{5}\end{pmatrix}\xrightarrow[\frac{1}{\sqrt{2}}(1),\frac{\sqrt{2}}{\sqrt{5}}(2),\sqrt{5}(3)]{\frac{1}{\sqrt{2}}(1),\frac{\sqrt{2}}{\sqrt{5}}(2),\sqrt{5}(3)}$$

$$\begin{pmatrix} 1 & 0 & 0 & \frac{1}{\sqrt{2}} & \frac{\mathrm{i}}{\sqrt{2}} & 0 \\ 0 & 1 & 0 & \frac{\mathrm{i}}{\sqrt{10}} & \frac{1}{\sqrt{10}} & \frac{2-2\mathrm{i}}{\sqrt{10}} \\ 0 & 0 & 1 & -\frac{1+\mathrm{i}}{\sqrt{5}} & \frac{-1+\mathrm{i}}{\sqrt{5}} & -\frac{\mathrm{i}}{\sqrt{5}} \end{pmatrix} = (\boldsymbol{I},\boldsymbol{B}).$$

$\boldsymbol{B}$ 的 3 行 $\left(\frac{1}{\sqrt{2}},\frac{\mathrm{i}}{\sqrt{2}},0\right),\left(\frac{\mathrm{i}}{\sqrt{10}},\frac{1}{\sqrt{10}},\frac{2-2\mathrm{i}}{\sqrt{10}}\right),\left(-\frac{1+\mathrm{i}}{\sqrt{5}},\frac{-1+\mathrm{i}}{\sqrt{5}},-\frac{\mathrm{i}}{\sqrt{5}}\right)$ 组成所求的标准正交基. □

9.6.3 证明: 酉空间 V 中的向量 $\boldsymbol{\alpha},\boldsymbol{\beta}$ 正交的充分必要条件是, 对任意复数 x,y, $|x\boldsymbol{\alpha}+y\boldsymbol{\beta}|^2=|x\boldsymbol{\alpha}|^2+|y\boldsymbol{\beta}|^2$ 成立.

证明 对任意复数 x,y, 有

$$\begin{aligned}|x\boldsymbol{\alpha}+y\boldsymbol{\beta}|^2&=(x\boldsymbol{\alpha}+y\boldsymbol{\beta},x\boldsymbol{\alpha}+y\boldsymbol{\beta})=(x\boldsymbol{\alpha},x\boldsymbol{\alpha})+(y\boldsymbol{\beta},y\boldsymbol{\beta})+(x\boldsymbol{\alpha},y\boldsymbol{\beta})+(y\boldsymbol{\beta},x\boldsymbol{\alpha})\\&=|x\boldsymbol{\alpha}|^2+|y\boldsymbol{\beta}|^2+\overline{x}y(\boldsymbol{\alpha},\boldsymbol{\beta})+\overline{\overline{x}y(\boldsymbol{\alpha},\boldsymbol{\beta})}\end{aligned}$$

显然有 $\boldsymbol{\alpha}\perp\boldsymbol{\beta}\Rightarrow(\boldsymbol{\alpha},\boldsymbol{\beta})=0\Rightarrow|x\boldsymbol{\alpha}+y\boldsymbol{\beta}|^2=|x\boldsymbol{\alpha}|^2+|y\boldsymbol{\beta}|^2$.

反过来, 当 $(\boldsymbol{\alpha},\boldsymbol{\beta})\neq 0$ 时, 取 $x=1$, $y=(\boldsymbol{\alpha},\boldsymbol{\beta})^{-1}$, 则 $\overline{x}y(\boldsymbol{\alpha},\boldsymbol{\beta})=1$, $\overline{x}y(\boldsymbol{\alpha},\boldsymbol{\beta})+\overline{\overline{x}y(\boldsymbol{\alpha},\boldsymbol{\beta})}=1+\overline{1}=2\neq 0$, 从而 $|x\boldsymbol{\alpha}+y\boldsymbol{\beta}|^2=|x\boldsymbol{\alpha}|^2+|y\boldsymbol{\beta}|^2+2\neq|x\boldsymbol{\alpha}|^2+|y\boldsymbol{\beta}|^2$.

这证明了: $\boldsymbol{\alpha}\perp\boldsymbol{\beta}\Leftrightarrow|x\boldsymbol{\alpha}+y\boldsymbol{\beta}|^2=|x\boldsymbol{\alpha}|^2+|y\boldsymbol{\beta}|^2$ 对所有复数 x,y 成立. □

点评 当 V 是欧氏空间时, 本题所证明的结论就是勾股定理, 只要 $|x\boldsymbol{\alpha}+y\boldsymbol{\beta}|^2=|x\boldsymbol{\alpha}|^2+|y\boldsymbol{\beta}|^2$ 对一组非零实数 x,y 成立就可断定 $\boldsymbol{\alpha}\perp\boldsymbol{\beta}$. 而当 V 是酉空间时则不然, 即使 $(\boldsymbol{\alpha},\boldsymbol{\beta})\neq 0$, 也可选取 $x=1$ 及 $y=\mathrm{i}(\boldsymbol{\alpha},\boldsymbol{\beta})^{-1}$ 使 $\overline{x}y(\boldsymbol{\alpha},\boldsymbol{\beta})+\overline{\overline{x}y(\boldsymbol{\alpha},\boldsymbol{\beta})}=\mathrm{i}+\overline{\mathrm{i}}=0$ 从而 $|x\boldsymbol{\alpha}+y\boldsymbol{\beta}|^2=|x\boldsymbol{\alpha}|^2+|y\boldsymbol{\beta}|^2$. 只有当 $|x\boldsymbol{\alpha}+y\boldsymbol{\beta}|^2=|x\boldsymbol{\alpha}|^2+|y\boldsymbol{\beta}|^2$ 对所有的复数 x,y 成立才能断定 $\boldsymbol{\alpha}\perp\boldsymbol{\beta}$. □

9.6.4 在 $m\times n$ 复矩阵构成的复线性空间 $V=\mathbf{C}^{m\times n}$ 上定义函数 $f(\boldsymbol{X},\boldsymbol{Y})=\mathrm{tr}(\boldsymbol{X}\boldsymbol{Y}^*)$, 求证:

(1) f 是内积, $\mathbf{C}^{m\times n}$ 在 f 下成为酉空间.

(2) 如果 $\boldsymbol{U}_1,\boldsymbol{U}_2$ 分别是 m 阶和 n 阶酉方阵, 则 V 上的线性变换 $\boldsymbol{X}\mapsto\boldsymbol{U}_1\boldsymbol{X}\boldsymbol{U}_2$ 是酉变换.

证明 (1) 在 V 的基

$$\begin{aligned}E&=\{\boldsymbol{E}_{ij}\mid 1\leqslant i\leqslant m,1\leqslant j\leqslant n\}\\&=\{\boldsymbol{E}_{11},\boldsymbol{E}_{12},\cdots,\boldsymbol{E}_{1n},\boldsymbol{E}_{21},\cdots,\boldsymbol{E}_{2n},\cdots,\boldsymbol{E}_{m1},\cdots,\boldsymbol{E}_{mn}\}\end{aligned}$$

下将每个 $\boldsymbol{X}=(x_{ij})_{m\times n}$ 用坐标 $\boldsymbol{\xi}=(x_{11},\cdots,x_{1n},\cdots,x_{m1},\cdots,x_{mn})\in\mathbf{C}^{1\times mn}$ 表示, 写成行向量的形式. 设 $\boldsymbol{X}=(x_{ij})_{m\times n}$ 与 $\boldsymbol{Y}=(y_{ij})_{m\times n}$ 的坐标分别为行向量 $\boldsymbol{\xi},\boldsymbol{\eta}$, 则:

$$f(\boldsymbol{X},\boldsymbol{Y})=\mathrm{tr}(\boldsymbol{X}\boldsymbol{Y}^*)=\sum_{i=1}^m\sum_{j=1}^n x_{ij}\overline{y_{ij}}=\boldsymbol{\xi}\boldsymbol{\eta}^*$$

就是酉空间 $\mathbf{C}^{1\times mn}$ 中的标准内积, 满足内积的三条公理. 因此 f 满足内积的三条公理, 是 V 上的内积, V 在 f 下成为酉空间.

(2) 记 $\sigma: \boldsymbol{X} \mapsto \boldsymbol{U}_1\boldsymbol{X}\boldsymbol{U}_2$ 为 V 上的线性变换, 则对任意 $\boldsymbol{X},\boldsymbol{Y} \in V$ 有

$$\begin{aligned} f(\sigma(\boldsymbol{X}),\sigma(\boldsymbol{Y})) &= \mathrm{tr}\,((\boldsymbol{U}_1\boldsymbol{X}\boldsymbol{U}_2)(\boldsymbol{U}_1\boldsymbol{Y}\boldsymbol{U}_2)^*) = \mathrm{tr}\,(\boldsymbol{U}_1\boldsymbol{X}\boldsymbol{U}_2\boldsymbol{U}_2^*\boldsymbol{Y}^*\boldsymbol{U}_1^*) \\ &= \mathrm{tr}\,(\boldsymbol{U}_1\boldsymbol{X}\boldsymbol{Y}^*\boldsymbol{U}_1^{-1}) = \mathrm{tr}\,(\boldsymbol{X}\boldsymbol{Y}^*) = f(\boldsymbol{X},\boldsymbol{Y}). \end{aligned}$$

这证明了 σ 保持 V 中任意两个向量的内积不变, 是 V 上的酉变换. □

9.6.5 在 n 阶复方阵构成的复线性空间 $V = \mathbf{C}^{n\times n}$ 中定义内积 $(\boldsymbol{X},\boldsymbol{Y}) = \mathrm{tr}(\boldsymbol{X}\boldsymbol{Y}^*)$. 求 V 中所有的对角阵构成的子空间 W 的正交补.

解 V 中每个对角阵 $\boldsymbol{D} = \mathrm{diag}(a_1,\cdots,a_n) = a_1\boldsymbol{E}_{11} + \cdots + a_n\boldsymbol{E}_{nn}$ 可以唯一地写成 $\boldsymbol{\Lambda} = \{\boldsymbol{E}_{ii} \mid 1 \leqslant i \leqslant n\}$ 的线性组合, $\boldsymbol{\Lambda}$ 是 W 的一组基. $\boldsymbol{Y} = (y_{ij})_{n\times n} \in W^{\perp}$ 的充分必要条件是 $y_{ii} = f(\boldsymbol{Y},\boldsymbol{E}_{ii}) = 0$ 对所有 $1 \leqslant i \leqslant n$ 成立, $W^{\perp}$ 由对角元全为 0 的的方阵组成. □

9.6.6 $\boldsymbol{A} \in \mathbf{C}^{m\times n}$, 证明: $\mathrm{rank}\,\boldsymbol{A} = \mathrm{rank}\,\boldsymbol{A}^*\boldsymbol{A}$; 特别地, $\boldsymbol{A}^*\boldsymbol{A} = 0 \Leftrightarrow \boldsymbol{A} = 0$.

证明 对任意 $\boldsymbol{X} \in \mathbf{C}^{m\times 1}$, $\boldsymbol{A}\boldsymbol{X} = \boldsymbol{0} \Rightarrow \boldsymbol{A}^*\boldsymbol{A}\boldsymbol{X} = \boldsymbol{0} \Rightarrow (\boldsymbol{A}\boldsymbol{X})^*(\boldsymbol{A}\boldsymbol{X}) = \boldsymbol{X}^*\boldsymbol{A}^*\boldsymbol{A}\boldsymbol{X} = 0 \Rightarrow \boldsymbol{A}\boldsymbol{X} = \boldsymbol{0}$. 这证明了 $\boldsymbol{A}\boldsymbol{X} = \boldsymbol{0} \Leftrightarrow \boldsymbol{A}^*\boldsymbol{A}\boldsymbol{X} = \boldsymbol{0} \Rightarrow$ 方程组 $\boldsymbol{A}\boldsymbol{X} = \boldsymbol{0}$ 与 $\boldsymbol{A}^*\boldsymbol{A}\boldsymbol{X} = \boldsymbol{0}$ 同解, 解空间维数 $\dim V_{\boldsymbol{A}} = n - \mathrm{rank}\,\boldsymbol{A} = \dim V_{\boldsymbol{A}^*\boldsymbol{A}} = n - \mathrm{rank}\,(\boldsymbol{A}^*\boldsymbol{A}) \Rightarrow \mathrm{rank}\,\boldsymbol{A} = \mathrm{rank}\,\boldsymbol{A}^*\boldsymbol{A}$.

特别地, $\boldsymbol{A}^*\boldsymbol{A} = \boldsymbol{O} \Leftrightarrow \mathrm{rank}\,\boldsymbol{A} = \mathrm{rank}\,(\boldsymbol{A}^*\boldsymbol{A}) = 0 \Leftrightarrow \boldsymbol{A} = \boldsymbol{O}$. □

9.6.7 复方阵 $\boldsymbol{U} = \boldsymbol{A} + \mathrm{i}\boldsymbol{B}$, 其中 $\boldsymbol{A},\boldsymbol{B}$ 是实方阵. 求证: $\boldsymbol{U}$ 是酉方阵的充分必要条件是, $\boldsymbol{A}^{\mathrm{T}}\boldsymbol{B}$ 对称, 且 $\boldsymbol{A}^{\mathrm{T}}\boldsymbol{A} + \boldsymbol{B}^{\mathrm{T}}\boldsymbol{B} = \boldsymbol{I}$.

证明 $\boldsymbol{U} = \boldsymbol{A} + \mathrm{i}\boldsymbol{B}$ 是酉方阵的充分必要条件是:

$\boldsymbol{I} = (\boldsymbol{A} + \mathrm{i}\boldsymbol{B})^*(\boldsymbol{A} + \mathrm{i}\boldsymbol{B}) = (\boldsymbol{A}^{\mathrm{T}} - \mathrm{i}\boldsymbol{B}^{\mathrm{T}})(\boldsymbol{A} + \mathrm{i}\boldsymbol{B}) = \boldsymbol{A}^{\mathrm{T}}\boldsymbol{A} + \boldsymbol{B}^{\mathrm{T}}\boldsymbol{B} + \mathrm{i}(\boldsymbol{A}^{\mathrm{T}}\boldsymbol{B} - \boldsymbol{B}^{\mathrm{T}}\boldsymbol{A})$

即: $\boldsymbol{A}^{\mathrm{T}}\boldsymbol{A} + \boldsymbol{B}^{\mathrm{T}}\boldsymbol{B} = \boldsymbol{I}$, 且 $\boldsymbol{A}^{\mathrm{T}}\boldsymbol{B} = \boldsymbol{B}^{\mathrm{T}}\boldsymbol{A} = (\boldsymbol{A}^{\mathrm{T}}\boldsymbol{B})^{\mathrm{T}}$ 即 $\boldsymbol{A}^{\mathrm{T}}\boldsymbol{B}$ 对称. □

9.7 复方阵的酉相似

知识导航

1. 酉相似

定义 9.7.1 如果存在酉方阵 $\boldsymbol{U}$ 将复方阵 $\boldsymbol{A}$ 相似到 $\boldsymbol{B} = \boldsymbol{U}^{-1}\boldsymbol{A}\boldsymbol{P}$, 就称 $\boldsymbol{A}$ 与 $\boldsymbol{B}$ 酉相似. □

酉方阵 $\boldsymbol{U}$ 满足 $\boldsymbol{U}^{-1} = \boldsymbol{U}^*$. 因此, $\boldsymbol{B}$ 与 $\boldsymbol{A}$ 酉相似 $\Leftrightarrow \boldsymbol{B} = \boldsymbol{U}^{-1}\boldsymbol{A}\boldsymbol{U} = \boldsymbol{U}^*\boldsymbol{A}\boldsymbol{U}$ 与 $\boldsymbol{A}$ 通过酉方阵 $\boldsymbol{U}$ 共轭相合.

定理 9.7.1 任一复方阵 $\boldsymbol{A}$ 酉相似于上三角阵.

2. 规范方阵的酉相似标准形

定义 9.7.2 满足条件 $\boldsymbol{AA}^* = \boldsymbol{A}^*\boldsymbol{A}$ 的复方阵 $\boldsymbol{A}$ 称为**规范方阵** (normal matrix). □

引理 9.7.1 (1) 与规范方阵 $\boldsymbol{A}$ 酉相似的方阵 $\boldsymbol{B}$ 仍是规范方阵.

(2) 如果上三角阵 $\boldsymbol{T}$ 是规范方阵, 则 $\boldsymbol{T}$ 是对角阵. □

定理 9.7.2 复方阵 $\boldsymbol{A}$ 是规范阵 $\Leftrightarrow \boldsymbol{A}$ 酉相似于对角阵. □

重要例 酉相似标准形决定于它们的特征值.

Hermite 方阵 特征值全为实数, 酉相似标准形为实对角阵.

酉方阵 特征值模为 1, 具有形式 $\cos\alpha + \mathrm{i}\sin\alpha$. 酉相似标准形为:

$$\mathrm{diag}(\cos\alpha_1 + \mathrm{i}\sin\alpha_1, \cdots, \cos\alpha_n + \mathrm{i}\sin\alpha_n)$$

重要推论 (1) 满足条件 $\boldsymbol{K}^* = -\boldsymbol{K}$ 的方阵 $\boldsymbol{K}$ 称为斜 Hermite 方阵.

$\boldsymbol{K}$ 是斜 Hermite 方阵 $\Rightarrow \mathrm{i}\boldsymbol{K}$ 是 Hermite 方阵 $\Rightarrow$ 存在酉方阵 $\boldsymbol{U}$ 将 $\mathrm{i}\boldsymbol{K}$ 相似于实对角阵 $\boldsymbol{D} = \boldsymbol{U}^{-1}(\mathrm{i}\boldsymbol{K})\boldsymbol{U}$, $\boldsymbol{U}^{-1}\boldsymbol{K}\boldsymbol{U} = -\mathrm{i}\boldsymbol{D} \Rightarrow$ 斜对称方阵 $\boldsymbol{K}$ 的酉相似标准形为实对角阵的 i 倍 $\Rightarrow$ 斜对称方阵的特征值实部为 0, 为纯虚数或 0.

(2) Hermite 方阵共轭相合于标准形 $\mathrm{diag}(\boldsymbol{I}_{(p)}, -\boldsymbol{I}_{(r-p)}, \boldsymbol{O}_{(n-r)})$.

(3) 如果 $\boldsymbol{H}_1, \boldsymbol{H}_2$ 是同阶 Hermite 方阵, 且 $\boldsymbol{H}_1 > 0$, 则存在可逆复方阵 $\boldsymbol{P}$ 将 $\boldsymbol{H}_1, \boldsymbol{H}_2$ 共轭相合于对角阵 $\boldsymbol{P}^*\boldsymbol{H}_1\boldsymbol{P} = \boldsymbol{I}$, $\boldsymbol{P}^*\boldsymbol{H}_2\boldsymbol{P} = \boldsymbol{D} = \mathrm{diag}(\lambda_1, \cdots, \lambda_n)$, 其中 $\lambda_1, \cdots, \lambda_n$ 是 $\boldsymbol{H}_1^{-1}\boldsymbol{H}_2$ 的全体特征值, 都是实数.

(4) 复规范方阵 $\boldsymbol{A}$ 的属于不同特征值的特征向量正交. □

3. 规范变换

定义 9.7.3 (酉变换) 设酉空间 V 上的线性变换 $\mathcal{A}$ 保持向量的内积不变, 即 $(\mathcal{A}\boldsymbol{\alpha}, \mathcal{A}\boldsymbol{\beta}) = (\boldsymbol{\alpha}, \boldsymbol{\beta})$ 对任意的 $\boldsymbol{\alpha}, \boldsymbol{\beta} \in V$ 成立, 就称 $\mathcal{A}$ 是**酉变换** (unitary transformation). □

定理 9.7.3 设 $\mathcal{A}$ 是酉空间 V 上的线性变换, 则:

$\mathcal{A}$ 是酉变换 $\Leftrightarrow \boldsymbol{A}$ 在任何一组标准正交基下的方阵是酉方阵 □

命题 9.7.1 设 $\mathcal{A}$ 是酉空间 V 上的线性变换, 则存在唯一的线性变换 $\mathcal{A}^*$ 使

$$(\mathcal{A}\boldsymbol{\alpha}, \boldsymbol{\beta}) = (\boldsymbol{\alpha}, \mathcal{A}^*\boldsymbol{\beta})$$

对所有的 $\boldsymbol{\alpha}, \boldsymbol{\beta} \in V$ 成立. 设 $\mathcal{A}$ 在标准正交基 M 下的矩阵为 $\boldsymbol{A}$, 则 $\mathcal{A}^*$ 在同一组基 M 下的矩阵是 $\boldsymbol{A}^*$. □

定义 9.7.4 设 $\mathcal{A}$ 是酉空间 V 上的线性变换. V 上满足条件

$$(\mathcal{A}\boldsymbol{\alpha}, \boldsymbol{\beta}) = (\boldsymbol{\alpha}, \mathcal{A}^*\boldsymbol{\beta}) \quad (\forall\, \boldsymbol{\alpha}, \boldsymbol{\beta} \in V)$$

的线性变换 $\mathcal{A}^*$ 称为 $\mathcal{A}$ 的**伴随变换** (adjoint transformation).

如果 $\mathcal{A}^*\mathcal{A} = \mathcal{A}\mathcal{A}^*$ 成立, 就称 $\mathcal{A}^*$ 是**规范变换** (normal transformation). □

命题 9.7.2 $\mathcal{A}$ 是酉空间 V 上的规范变换 $\Leftrightarrow \mathcal{A}$ 在 V 的任意一组标准正交基下的矩阵是规范方阵. □

重要例 (1) 酉变换: 对任意 $\boldsymbol{\alpha}, \boldsymbol{\beta} \in V$ 满足 $(\mathcal{A}\boldsymbol{\alpha}, \boldsymbol{\beta}) = (\mathcal{A}\boldsymbol{\alpha}, \mathcal{A}(\mathcal{A}^{-1}\boldsymbol{\beta})) = (\boldsymbol{\alpha}, \mathcal{A}^{-1}\boldsymbol{\beta})$, 可见 $\mathcal{A}^* = \mathcal{A}^{-1}$. 在标准正交基下的矩阵 $\boldsymbol{A}$ 满足 $\boldsymbol{A}^* = \boldsymbol{A}^{-1}$, 为酉方阵.

(2) Hermite 变换: $\mathcal{A}^* = \mathcal{A}$, 对任意 $\boldsymbol{\alpha},\boldsymbol{\beta} \in V$ 满足 $(\mathcal{A}\boldsymbol{\alpha},\boldsymbol{\beta}) = (\boldsymbol{\alpha},\mathcal{A}\boldsymbol{\beta})$. 在标准正交基下的矩阵 $\boldsymbol{A}$ 满足 $\boldsymbol{A}^* = \boldsymbol{A}$, 是 Hermite 方阵. □

例题分析与解答

9.7.1 证明: (1) 酉方阵的不同特征值所对应的特征向量是正交的;

(2) Hermite 方阵的不同特征值所对应的特征向量是正交的.

证明 设 $\boldsymbol{X}_1,\boldsymbol{X}_2$ 是方阵 $\boldsymbol{A}$ 的属于不同特征值 λ_1,λ_2 的特征向量, 则 $\boldsymbol{AX}_1 = \lambda_1\boldsymbol{X}_1$, $\boldsymbol{AX}_2 = \lambda_2\boldsymbol{X}_2$. 我们证明: 当 $\boldsymbol{A}$ 是酉方阵或 Hermite 方阵时 $\boldsymbol{X}_1$ 与 $\boldsymbol{X}_2$ 的内积 $(\boldsymbol{X}_1,\boldsymbol{X}_2) = \boldsymbol{X}_1^*\boldsymbol{X}_2 = 0$, 就得到 $\boldsymbol{X}_1 \perp \boldsymbol{X}_2$.

(1) 设 $\boldsymbol{A}$ 是酉方阵, $\boldsymbol{A}^* = \boldsymbol{A}^{-1}$, 则特征值 $|\lambda_i| = 1$, $\overline{\lambda_i} = \lambda_i^{-1}$. 由 $\boldsymbol{AX}_1 = \lambda_1\boldsymbol{X}_1$ 得 $\boldsymbol{A}^{-1}\boldsymbol{X}_1 = \lambda_1^{-1}\boldsymbol{X}_1$, 即 $\boldsymbol{A}^*\boldsymbol{X}_1 = \overline{\lambda_1}\boldsymbol{X}_1$. 于是得

$$
\begin{aligned}
0 &= \boldsymbol{X}_1^*\boldsymbol{AX}_2 - \boldsymbol{X}_1^*\boldsymbol{AX}_2 = (\boldsymbol{A}^*\boldsymbol{X}_1)^*\boldsymbol{X}_2 - \boldsymbol{X}_1^*(\boldsymbol{AX}_2) \\
&= (\overline{\lambda_1}\boldsymbol{X}_1)^*\boldsymbol{X}_2 - \boldsymbol{X}_1^*(\lambda_2\boldsymbol{X}_2) = (\lambda_1 - \lambda_2)\boldsymbol{X}_1^*\boldsymbol{X}_2 \quad \Rightarrow \quad \boldsymbol{X}_1^*\boldsymbol{X}_2 = 0
\end{aligned}
$$

(2) 设 $\boldsymbol{A}$ 是 Hermite 方阵, $\boldsymbol{A}^* = \boldsymbol{A}$, 则特征值 λ_1,λ_2 都是实数.

$$
\begin{aligned}
0 &= \boldsymbol{X}_1^*\boldsymbol{AX}_2 - \boldsymbol{X}_1^*\boldsymbol{AX}_2 = (\boldsymbol{AX}_1)^*\boldsymbol{X}_2 - \boldsymbol{X}_1^*(\boldsymbol{AX}_2) \\
&= (\lambda_1\boldsymbol{X}_1)^*\boldsymbol{X}_2 - \boldsymbol{X}_1^*(\lambda_2\boldsymbol{X}_2) = (\lambda_1 - \lambda_2)\boldsymbol{X}_1^*\boldsymbol{X}_2 \quad \Rightarrow \quad \boldsymbol{X}_1^*\boldsymbol{X}_2 = 0
\end{aligned}
$$

□

9.7.2 (1) 设 $\boldsymbol{H}$ 为可逆 Hermite 方阵, 则 $\boldsymbol{H}^{-1}$ 为可逆 Hermite 方阵.

(2) 设 $\boldsymbol{A},\boldsymbol{B}$ 都是 n 阶 Hermite 方阵, 则: $\boldsymbol{AB}$ 也是 Hermite 方阵 $\Leftrightarrow \boldsymbol{AB} = \boldsymbol{BA}$.

证明 (1) 等式 $\boldsymbol{HH}^{-1} = \boldsymbol{I}$ 两边取共轭转置得 $(\boldsymbol{H}^{-1})^*\boldsymbol{H}^* = \boldsymbol{I}$. 将 $\boldsymbol{H}^* = \boldsymbol{H}$ 代入得 $(\boldsymbol{H}^{-1})^*\boldsymbol{H} = \boldsymbol{I}$, 从而 $(\boldsymbol{H}^{-1})^* = \boldsymbol{H}^{-1}$, 这证明了 $\boldsymbol{H}^{-1}$ 是可逆 Hermite 方阵.

(2) 已知 $\boldsymbol{A}^* = \boldsymbol{A}$ 且 $\boldsymbol{B}^* = \boldsymbol{B}$, 于是有: $\boldsymbol{AB}$ 是 Hermite 方阵 $\Leftrightarrow \boldsymbol{AB} = (\boldsymbol{AB})^* = \boldsymbol{B}^*\boldsymbol{A}^* = \boldsymbol{BA}$. □

9.7.3 设 Hermite 方阵

$$
\boldsymbol{H} = \begin{pmatrix} \dfrac{1}{3} & -\dfrac{1}{3\sqrt{2}} & -\dfrac{\mathrm{i}}{\sqrt{6}} \\ -\dfrac{1}{3\sqrt{2}} & \dfrac{1}{6} & \dfrac{\mathrm{i}}{2\sqrt{3}} \\ \dfrac{\mathrm{i}}{\sqrt{6}} & -\dfrac{\mathrm{i}}{2\sqrt{3}} & \dfrac{1}{2} \end{pmatrix}
$$

求酉方阵 $\boldsymbol{U}$ 使 $\boldsymbol{U}^{-1}\boldsymbol{HU}$ 为对角阵, 并求 $\boldsymbol{H}^k$ (k 为自然数).

解 特征多项式 $\varphi_{\boldsymbol{H}}(\lambda) = \lambda^2(\lambda - 1)$. 特征值为 1, 0(2 重).

求出属于特征值 1 的特征向量 $\boldsymbol{X}_1 = (\sqrt{2},-1,\mathrm{i}\sqrt{3})^{\mathrm{T}}$. 求出属于特征值 0 的特征向量 $\boldsymbol{X}_2 = (1,\sqrt{2},0)^{\mathrm{T}},\boldsymbol{X}_3 = (\mathrm{i}\sqrt{3},0,\sqrt{2})^{\mathrm{T}}$, 组成特征子空间 V_0 的一组基. 用 $\boldsymbol{\xi}_3 = \boldsymbol{X}_3 - \dfrac{(\boldsymbol{X}_3,\boldsymbol{X}_2)}{(\boldsymbol{X}_2,\boldsymbol{X}_2)}\boldsymbol{X}_2 = \boldsymbol{X}_3 - \dfrac{\mathrm{i}\sqrt{3}}{3}\boldsymbol{X}_2 = \dfrac{1}{3}(2\sqrt{3}\mathrm{i},-\sqrt{6}\mathrm{i},3\sqrt{2})^{\mathrm{T}}$ 代替 $\boldsymbol{X}_3$, 得到 V 的正交基

$\{\boldsymbol{X}_1,\boldsymbol{X}_2,\boldsymbol{\xi}_3\}$. 取与 $\boldsymbol{X}_1,\boldsymbol{X}_2,\boldsymbol{\xi}_3$ 分别同方向的单位向量 $\boldsymbol{P}_1=\frac{1}{\sqrt{6}}\boldsymbol{X}_1,\boldsymbol{P}_2=\frac{1}{\sqrt{3}}\boldsymbol{X}_2,\boldsymbol{P}_3=\frac{1}{2}\boldsymbol{\xi}_3$ 为各列排成酉方阵:

$$\boldsymbol{U}=\begin{pmatrix}\frac{1}{\sqrt{3}} & \frac{1}{\sqrt{3}} & \frac{\mathrm{i}}{\sqrt{3}}\\ -\frac{1}{\sqrt{6}} & \frac{2}{\sqrt{6}} & -\frac{\mathrm{i}}{\sqrt{6}}\\ \frac{\mathrm{i}}{\sqrt{2}} & 0 & \frac{1}{\sqrt{2}}\end{pmatrix},$$

则

$$\boldsymbol{U}^{-1}\boldsymbol{H}\boldsymbol{U}=\boldsymbol{D}=\begin{pmatrix}1&0&0\\0&0&0\\0&0&0\end{pmatrix}$$

由 $\boldsymbol{D}^k=\boldsymbol{D}$ 及 $\boldsymbol{H}=\boldsymbol{U}\boldsymbol{D}\boldsymbol{U}^{-1}$ 知 $\boldsymbol{H}^k=\boldsymbol{U}\boldsymbol{D}^k\boldsymbol{U}^{-1}=\boldsymbol{U}\boldsymbol{D}\boldsymbol{U}^{-1}=\boldsymbol{H}$. □

9.7.4 设 $\boldsymbol{U}$ 为酉方阵, 且 -1 不是 $\boldsymbol{U}$ 的特征值. 证明:

(1) $\boldsymbol{I}+\boldsymbol{U}$ 为可逆阵;

(2) $\boldsymbol{H}=(\boldsymbol{I}-\boldsymbol{U})(\boldsymbol{I}+\boldsymbol{U})^{-1}$ 为斜 Hermite 方阵.

证明 (1) -1 不是 $\boldsymbol{U}$ 的特征值 $\Leftrightarrow$ -1 不是特征多项式 $\det(\lambda\boldsymbol{I}-\boldsymbol{U})$ 的根 $\Leftrightarrow$ $\det(-\boldsymbol{I}-\boldsymbol{U})\neq0$ $\Leftrightarrow$ $\det(\boldsymbol{I}+\boldsymbol{U})=(-1)^n\det(-\boldsymbol{I}-\boldsymbol{U})\neq0$ $\Leftrightarrow$ $\boldsymbol{I}+\boldsymbol{U}$ 可逆.

(2) 由 $\boldsymbol{H}=(\boldsymbol{I}-\boldsymbol{U})(\boldsymbol{I}+\boldsymbol{U})^{-1}$ 得 $\boldsymbol{H}(\boldsymbol{I}+\boldsymbol{U})=\boldsymbol{I}-\boldsymbol{U}$. 两边同时取共轭转置得 $(\boldsymbol{I}+\boldsymbol{U}^*)\boldsymbol{H}^*=\boldsymbol{I}-\boldsymbol{U}^*$ 即 $(\boldsymbol{I}+\boldsymbol{U}^{-1})\boldsymbol{H}^*=\boldsymbol{I}-\boldsymbol{U}^{-1}$.

两边同时左乘 $\boldsymbol{U}$ 得 $(\boldsymbol{U}+\boldsymbol{I})\boldsymbol{H}^*=\boldsymbol{U}-\boldsymbol{I}$, 从而:

$$\boldsymbol{H}^*=(\boldsymbol{U}+\boldsymbol{I})^{-1}(\boldsymbol{U}-\boldsymbol{I})=(\boldsymbol{U}-\boldsymbol{I})(\boldsymbol{I}+\boldsymbol{U})^{-1}=-\boldsymbol{H}.$$

这证明了 $\boldsymbol{H}$ 是斜 Hermite 方阵. □

9.7.5 设 $\boldsymbol{A}$ 为规范阵, $\boldsymbol{U}$ 为酉方阵，证明：$\boldsymbol{U}^{-1}\boldsymbol{A}\boldsymbol{U}$ 是规范阵.

证明 记 $\boldsymbol{B}=\boldsymbol{U}^{-1}\boldsymbol{A}\boldsymbol{U}=\boldsymbol{U}^*\boldsymbol{A}\boldsymbol{U}$, 则 $\boldsymbol{B}^*=\boldsymbol{U}^*\boldsymbol{A}^*\boldsymbol{U}$.

$$\boldsymbol{B}\boldsymbol{B}^*=\boldsymbol{U}^*\boldsymbol{A}\boldsymbol{U}\boldsymbol{U}^*\boldsymbol{A}^*\boldsymbol{U}=\boldsymbol{U}^*\boldsymbol{A}\boldsymbol{A}^*\boldsymbol{U}=\boldsymbol{U}^*\boldsymbol{A}^*\boldsymbol{A}\boldsymbol{U}=(\boldsymbol{U}^*\boldsymbol{A}^*\boldsymbol{U})(\boldsymbol{U}^*\boldsymbol{A}\boldsymbol{U})=\boldsymbol{B}^*\boldsymbol{B}$$

这证明了 $\boldsymbol{B}=\boldsymbol{U}^{-1}\boldsymbol{A}\boldsymbol{U}$ 是规范阵. □

9.7.6 若 $\boldsymbol{A}^*=-\boldsymbol{A}$, 证明: $\boldsymbol{A}\pm\boldsymbol{I}$ 为可逆阵.

证明 $\boldsymbol{A}$ 是斜 Hermite 方阵, 特征值为纯虚数或 0. 因而 ±1 不是 $\boldsymbol{A}$ 的特征值, 不是特征多项式 $\det(\lambda\boldsymbol{I}-\boldsymbol{A})$ 的根. 当 $\lambda=\pm1$ 时 $\det(\lambda\boldsymbol{I}-\boldsymbol{A})\neq0$ 从而 $\det(\boldsymbol{A}-\lambda\boldsymbol{I})=(-1)^n\det(\lambda\boldsymbol{I}-\boldsymbol{A})\neq0$, 即 $\det(\boldsymbol{A}\pm\boldsymbol{I})\neq0$, $\boldsymbol{A}\pm\boldsymbol{I}$ 可逆. □

9.7.7 设 $\lambda_1,\lambda_2,\cdots,\lambda_n$ 是 n 阶规范阵 $\boldsymbol{A}$ 的特征值, $\mu_1,\mu_2,\cdots,\mu_n$ 是 $\boldsymbol{A}^*\boldsymbol{A}$ 的特征值，证明:

$$\sum_{i=1}^n\mu_i=\sum_{i=1}^n|\lambda_i|^2$$

证明 存在酉方阵 $\boldsymbol{U}$ 将规范阵 $\boldsymbol{A}$ 相似于对角阵 $\boldsymbol{\Lambda}=\boldsymbol{U}^{-1}\boldsymbol{A}\boldsymbol{U}=\mathrm{diag}(\lambda_1,\cdots,\lambda_n)$, λ_i $(1\leqslant i\leqslant n)$ 是 $\boldsymbol{A}$ 的特征值, 于是 $\boldsymbol{A}=\boldsymbol{U}\boldsymbol{\Lambda}\boldsymbol{U}^{-1}=\boldsymbol{U}\boldsymbol{\Lambda}\boldsymbol{U}^*$, $\boldsymbol{A}^*=\boldsymbol{U}\boldsymbol{\Lambda}^*\boldsymbol{U}^*$.

$$\boldsymbol{A}^*\boldsymbol{A}=(\boldsymbol{U}\boldsymbol{\Lambda}^*\boldsymbol{U}^*)(\boldsymbol{U}\boldsymbol{\Lambda}\boldsymbol{U}^*)=\boldsymbol{U}(\boldsymbol{\Lambda}\boldsymbol{\Lambda}^*)\boldsymbol{U}^{-1}$$

相似于对角阵 $\boldsymbol{\Lambda\Lambda}^* = \text{diag}(\lambda_1\overline{\lambda_1},\cdots,\lambda_n\overline{\lambda_n}) = \text{diag}(|\lambda_1|^2,\cdots,|\lambda_n|^2)$, $\boldsymbol{\Lambda\Lambda}^*$ 的全部特征值 $|\lambda_1|^2,\cdots,|\lambda_n|^2$ 就是 $\boldsymbol{A}^*\boldsymbol{A}$ 的全部特征值 $\mu_1,\cdots,\mu_n$ 的某个排列, 因此:

$$\sum_{i=1}^n \mu_i = \sum_{i=1}^n |\lambda_i|^2$$

□

9.7.8 设 $\boldsymbol{U}$ 为酉方阵, 且 $\boldsymbol{U}^{-1}\boldsymbol{AU} = \boldsymbol{B}$, 证明: $\text{tr}(\boldsymbol{A}^*\boldsymbol{A}) = \text{tr}(\boldsymbol{B}^*\boldsymbol{B})$.

证明 $\boldsymbol{B}^*\boldsymbol{B} = (\boldsymbol{U}^*\boldsymbol{AU})^*(\boldsymbol{U}^{-1}\boldsymbol{AU}) = (\boldsymbol{U}^*\boldsymbol{A}^*\boldsymbol{U})(\boldsymbol{U}^{-1}\boldsymbol{AU}) = \boldsymbol{U}^{-1}\boldsymbol{A}^*\boldsymbol{AU}$. 因此

$$\text{tr}\,(\boldsymbol{B}^*\boldsymbol{B}) = \text{tr}\,(\boldsymbol{U}^{-1}\boldsymbol{A}^*\boldsymbol{AU}) = \text{tr}\,(\boldsymbol{A}^*\boldsymbol{AUU}^{-1}) = \text{tr}\,(\boldsymbol{A}^*\boldsymbol{A})$$

9.7.9 设 $\boldsymbol{H}_1,\boldsymbol{H}_2$ 都是 n 阶正定 Hermite 方阵, 且 $\boldsymbol{H}_1-\boldsymbol{H}_2$ 正定, 求证: $\boldsymbol{H}_2^{-1}-\boldsymbol{H}_1^{-1}$ 正定.

证明 先证明存在同一个可逆方阵 $\boldsymbol{P}$ 将 $\boldsymbol{H}_1,\boldsymbol{H}_2$ 共轭相合到对角阵:

首先, 存在可逆方阵 $\boldsymbol{P}_1$ 将正定 Hermite 方阵 $\boldsymbol{H}_1$ 共轭相合到单位阵: $\boldsymbol{P}_1^*\boldsymbol{H}_1\boldsymbol{P}_1 = \boldsymbol{I}$. $\boldsymbol{H}_3 = \boldsymbol{P}_1^*\boldsymbol{H}_2\boldsymbol{P}_1$ 仍是正定 Hermite 方阵, 可被酉方阵 $\boldsymbol{U}_1$ 相似到对角阵 $\boldsymbol{D} = \boldsymbol{U}_1^{-1}\boldsymbol{H}_3\boldsymbol{U}_1 = \boldsymbol{U}_1^*\boldsymbol{H}_3\boldsymbol{U}_1 = \boldsymbol{P}^*\boldsymbol{H}_2\boldsymbol{P}$, 其中 $\boldsymbol{P} = \boldsymbol{P}_1\boldsymbol{U}_1$. 且 $\boldsymbol{P}^*\boldsymbol{H}_1\boldsymbol{P} = \boldsymbol{U}_1^*\boldsymbol{P}_1^*\boldsymbol{H}_1\boldsymbol{P}_1\boldsymbol{U}_1 = \boldsymbol{U}_1^*\boldsymbol{IU}_1 = \boldsymbol{I}$.

这就证明了: 存在可逆方阵 $\boldsymbol{P}$ 将 $\boldsymbol{H}_1,\boldsymbol{H}_2$ 同时共轭相似到对角阵: $\boldsymbol{P}^*\boldsymbol{H}_1\boldsymbol{P} = \boldsymbol{I}$, $\boldsymbol{P}^*\boldsymbol{H}_2\boldsymbol{P} = \boldsymbol{D} = \text{diag}(d_1,\cdots,d_n)$, 其中 $d_i > 0$ $(\forall\ 1 \leqslant i \leqslant n)$.

$\boldsymbol{P}$ 将 $\boldsymbol{H}_1-\boldsymbol{H}_2$ 共轭相合到对角阵 $\boldsymbol{P}^*(\boldsymbol{H}_1-\boldsymbol{H}_2)\boldsymbol{P} = \boldsymbol{P}^*\boldsymbol{H}_1\boldsymbol{P} - \boldsymbol{P}^*\boldsymbol{H}_2\boldsymbol{P} = \boldsymbol{I}-\boldsymbol{D} = \text{diag}(1-d_1,\cdots,1-d_n)$. 于是:

$$\boldsymbol{H}_1-\boldsymbol{H}_2 \text{ 正定} \Rightarrow \boldsymbol{I}-\boldsymbol{D} \text{ 正定} \Rightarrow \text{对角元 } 1-d_i > 0 \text{ 从而 } d_i < 1\ (\forall\ 1 \leqslant i \leqslant n)$$

由 $\boldsymbol{H}_1 = (\boldsymbol{P}^*)^{-1}\boldsymbol{P}^{-1}$ 及 $\boldsymbol{H}_2 = (\boldsymbol{P}^*)^{-1}\boldsymbol{DP}^{-1}$ 知

$$\boldsymbol{H}_2^{-1}-\boldsymbol{H}_1^{-1} = \boldsymbol{PD}^{-1}\boldsymbol{P}^* - \boldsymbol{PP}^* = \boldsymbol{P}(\boldsymbol{D}^{-1}-\boldsymbol{I})\boldsymbol{P}^*$$

其中 $\boldsymbol{D}^{-1}-\boldsymbol{I} = \text{diag}(d_1^{-1}-1,\cdots,d_n^{-1}-1)$. 由 $0 < d_i < 1$ 知 $d_i^{-1} > 1$ 对所有 $1 \leqslant i \leqslant n$ 成立, 从而对角阵 $\boldsymbol{D}^{-1}-\boldsymbol{I}$ 的所有对角元 $d_i^{-1}-1 > 0$, $\boldsymbol{D}^{-1}-\boldsymbol{I}$ 正定. $\boldsymbol{H}_2^{-1}-\boldsymbol{H}_1^{-1}$ 与 $\boldsymbol{D}^{-1}-\boldsymbol{I}$ 共轭相合, 因此也正定. □

9.7.10 设 $\boldsymbol{H}_1,\boldsymbol{H}_2$ 都是 n 阶 Hermite 方阵, 且 $\boldsymbol{H}_1$ 正定. 求证: $\boldsymbol{H}_1+\boldsymbol{H}_2$ 正定的充分必要条件是, 方阵 $\boldsymbol{H}_1^{-1}\boldsymbol{H}_2$ 的特征值都大于 -1.

证明 与 9.7.9 同样可证明存在可逆方阵 $\boldsymbol{P}$ 同时满足:

$$\boldsymbol{P}^*\boldsymbol{H}_1\boldsymbol{P} = \boldsymbol{I},\ \boldsymbol{P}^*\boldsymbol{H}_2\boldsymbol{P} = \boldsymbol{D} = \text{diag}(d_1,\cdots,d_n).$$

$\boldsymbol{H}_1+\boldsymbol{H}_2$ 正定 $\Leftrightarrow$ $\boldsymbol{P}^*(\boldsymbol{H}_1+\boldsymbol{H}_2)\boldsymbol{P} = \boldsymbol{I}+\boldsymbol{D} = \text{diag}(1+d_1,\cdots,1+d_n)$ 正定 $\Leftrightarrow$ 所有的 $1+d_i > 0$ 即 $d_i > -1$ $(\forall\ 1 \leqslant i \leqslant n)$.

由 $\boldsymbol{H}_1 = (\boldsymbol{P}^*)^{-1}\boldsymbol{P}^{-1}, \boldsymbol{H}_2 = (\boldsymbol{P}^*)^{-1}\boldsymbol{DP}^{-1}$ 得 $\boldsymbol{H}_1^{-1}\boldsymbol{H}_2 = \boldsymbol{PDP}^{-1}$ 相似于 $\boldsymbol{D}$. $\boldsymbol{D}$ 的全体特征值 d_i 也就是 $\boldsymbol{H}_1^{-1}\boldsymbol{H}_2$ 的全体特征值. 由此得到:

$\boldsymbol{H}_1+\boldsymbol{H}_2$ 正定的充分必要条件是, $\boldsymbol{H}_1^{-1}\boldsymbol{H}_2$ 的所有特征值 $d_i > -1$ $(1 \leqslant i \leqslant n)$. □

点评 将复杂矩阵 $\boldsymbol{A}$ 通过相抵或相似或相合变换化成简单的标准形 $\boldsymbol{S}$, 将 $\boldsymbol{A}$ 的相关问题简化为对简单矩阵 $\boldsymbol{S}$ 的研究, 有可能使问题变得更容易.

如果能将两个复杂矩阵 $\boldsymbol{A},\boldsymbol{B}$ 同时化成简单的标准形, 也有可能使问题变得更容易. 9.7.9 与 9.7.10 就是这样, 同一个可逆方阵 $\boldsymbol{P}$ 将两个 Hermite 方阵 $\boldsymbol{H}_1,\boldsymbol{H}_2$ (其中至少一个

正定) 同时共轭相合到对角阵, 问题就变得容易了. 这个方法在研究实对称方阵时也采用过: 如果两个实对称方阵 $\boldsymbol{S}_1,\boldsymbol{S}_2$ 中至少有一个正定, 也可以用同一个可逆方阵 $\boldsymbol{P}$ 将 $\boldsymbol{S}_1,\boldsymbol{S}_2$ 同时相合到对角阵 $\boldsymbol{P}^{\mathrm{T}}\boldsymbol{S}_1\boldsymbol{P}=\boldsymbol{I}$ 与 $\boldsymbol{P}^{\mathrm{T}}\boldsymbol{S}_2\boldsymbol{P}=\boldsymbol{D}$.

9.7.10 还有一个关键点值得注意: 将两个方阵 $\boldsymbol{H}_1,\boldsymbol{H}_2$ 同时共轭相合到对角阵 $\boldsymbol{P}^*\boldsymbol{H}_1\boldsymbol{P}=\boldsymbol{I}$ 与 $\boldsymbol{P}^*\boldsymbol{H}_2\boldsymbol{P}=\boldsymbol{D}$ 之后, 将两式相 "除" 得到 $\boldsymbol{P}^{-1}\boldsymbol{H}_1^{-1}\boldsymbol{H}_2\boldsymbol{P}=\boldsymbol{D}$, 可知 $\boldsymbol{H}_1,\boldsymbol{H}_2$ 之商 $\boldsymbol{H}_1^{-1}\boldsymbol{H}_2$ 与 $\boldsymbol{D}$ 相似. □

9.8 双线性函数

知识导航

1. 双线性函数的定义及矩阵

定义 9.8.1 设 V 是数域 F 上线性空间. V 上的二元函数 f 将 V 中任意两个向量 $\boldsymbol{\alpha},\boldsymbol{\beta}$ 对应到 F 中唯一一个数 $f(\boldsymbol{\alpha},\boldsymbol{\beta})$. 如果对任意 $\boldsymbol{\alpha}_1,\boldsymbol{\alpha}_2,\boldsymbol{\beta}\in V$ 和 $\lambda\in F$ 有:

$$f(\boldsymbol{\alpha}_1+\boldsymbol{\alpha}_2,\boldsymbol{\beta})=f(\boldsymbol{\alpha}_1,\boldsymbol{\beta})+f(\boldsymbol{\alpha}_2,\boldsymbol{\beta}),\quad f(\lambda\boldsymbol{\alpha}_1,\boldsymbol{\beta})=\lambda f(\boldsymbol{\alpha}_1,\boldsymbol{\beta})$$
$$f(\boldsymbol{\beta},\boldsymbol{\alpha}_1+\boldsymbol{\alpha}_2)=f(\boldsymbol{\beta},\boldsymbol{\alpha}_1)+f(\boldsymbol{\beta},\boldsymbol{\alpha}_2),\quad f(\boldsymbol{\beta},\lambda\boldsymbol{\alpha}_1)=\lambda f(\boldsymbol{\beta},\boldsymbol{\alpha}_1)$$

则 f 称为 V 上的**双线性函数** (bilinear function). □

定理 9.8.1 设 F 上的线性空间 V 上定义了二元函数 f, $M=\{\boldsymbol{\alpha}_1,\cdots,\boldsymbol{\alpha}_n\}$ 是 V 的任意一组基, 则 f 是双线性函数的充分必要条件是:

$$f(\boldsymbol{\alpha},\boldsymbol{\beta})=\boldsymbol{X}^{\mathrm{T}}\boldsymbol{A}\boldsymbol{Y}$$

其中 $\boldsymbol{X},\boldsymbol{Y}\in F^{n\times 1}$ 是 $\boldsymbol{\alpha},\boldsymbol{\beta}$ 在基 M 下的坐标, $\boldsymbol{A}=(a_{ij})_{n\times n}$ 由 $a_{ij}=f(\boldsymbol{\alpha}_i,\boldsymbol{\alpha}_j)$ 组成, 称为 f 在基 M 下的矩阵. □

任意数域 F 上任意 n 阶方阵都可以在 $F^{n\times 1}$ 上定义双线性函数 $f(\boldsymbol{X},\boldsymbol{Y})=\boldsymbol{X}^{\mathrm{T}}\boldsymbol{A}\boldsymbol{Y}$. 特别地, 如果 F 是实数域, 且 $\boldsymbol{A}$ 是正定实对称方阵, 则 f 是欧氏空间上的内积.

设 V 上定义了双线性函数 f, $\boldsymbol{A},\boldsymbol{B}$ 分别是 f 在两组基 M,M_1 下的矩阵, $\boldsymbol{P}$ 是基 M 到 M_1 的过渡矩阵, 则任意 $\boldsymbol{\alpha},\boldsymbol{\beta}\in V$ 在 M 下的坐标 $\boldsymbol{X},\boldsymbol{Y}$ 与在 M_1 下的坐标 $\boldsymbol{\xi},\boldsymbol{\eta}$ 之间有变换公式 $\boldsymbol{X}=\boldsymbol{P}\boldsymbol{\xi},\boldsymbol{Y}=\boldsymbol{P}\boldsymbol{\eta}$, 代入 $f(\boldsymbol{\alpha},\boldsymbol{\beta})=\boldsymbol{X}^{\mathrm{T}}\boldsymbol{A}\boldsymbol{Y}=\boldsymbol{\xi}^{\mathrm{T}}\boldsymbol{B}\boldsymbol{\eta}$ 得到

$$f(\boldsymbol{\alpha},\boldsymbol{\beta})=(\boldsymbol{P}\boldsymbol{\xi})^{\mathrm{T}}\boldsymbol{A}(\boldsymbol{P}\boldsymbol{\eta})=\boldsymbol{\xi}^{\mathrm{T}}(\boldsymbol{P}^{\mathrm{T}}\boldsymbol{A}\boldsymbol{P})\boldsymbol{\eta}=\boldsymbol{\xi}^{\mathrm{T}}\boldsymbol{B}\boldsymbol{\eta}\quad(\forall\boldsymbol{\xi},\boldsymbol{\eta}\in F^{n\times 1})$$

从而 $\boldsymbol{B}=\boldsymbol{P}^{\mathrm{T}}\boldsymbol{A}\boldsymbol{P}$. 这说明同一个双线性函数 f 在两组基下的矩阵 $\boldsymbol{A},\boldsymbol{B}$ 相合.

2. 正交性

定义 9.8.2 设线性空间 V 上定义了双线性函数 f. 如果向量 $\boldsymbol{\alpha},\boldsymbol{\beta}\in V$ 满足条件 $f(\boldsymbol{\alpha},\boldsymbol{\beta})=0$, 就称 $\boldsymbol{\alpha}$ 关于 f **左正交于** $\boldsymbol{\beta}$, 记为 $\boldsymbol{\alpha}\perp_{\mathrm{L}}\boldsymbol{\beta}$; 同时也称 $\boldsymbol{\beta}$ 关于 f **右正交于** $\boldsymbol{\alpha}$, 记

为 $\boldsymbol{\beta} \perp_{\mathrm{R}} \boldsymbol{\alpha}$. 设 S_1, S_2 是 V 的子集. 如果对每个 $\boldsymbol{\alpha} \in S_1$ 和 $\boldsymbol{\beta} \in S_2$ 都成立 $f(\boldsymbol{\alpha},\boldsymbol{\beta}) = 0$, 就称 S_1 关于 f 左正交于 S_2, S_2 关于 f 右正交于 S_1, 分别记为 $S_1 \perp_{\mathrm{L}} S_2$, $S_2 \perp_{\mathrm{R}} S_1$. □

定义 9.8.3　对 V 的任意子集 S, 定义 $S^{\perp_{\mathrm{L}}}$ 为 V 中所有的左正交于 S 的向量组成的集合, $S^{\perp_{\mathrm{R}}}$ 为 V 中所有的右正交于 S 的向量组成的集合, 即:

$$S^{\perp_{\mathrm{L}}} = \{\boldsymbol{\beta} \in V \mid \boldsymbol{\beta} \perp_{\mathrm{L}} S\}, \quad S^{\perp_{\mathbf{R}}} = \{\boldsymbol{\beta} \in V \mid S \perp_{\mathrm{L}} \boldsymbol{\beta}\}.$$

特别地, $V^{\perp_{\mathrm{L}}}$ 与 $V^{\perp_{\mathbf{R}}}$ 分别称为 V 在 f 下的**左根基** (left radical) 和**右根基** (right radical). □

在 V 的任一组基 M 下将每个向量用坐标 $\boldsymbol{X} \in F^{n\times 1}$ 表示, 将双线性函数 f 写成矩阵乘法 $f(\boldsymbol{X},\boldsymbol{Y}) = \boldsymbol{X}^{\mathrm{T}}\boldsymbol{A}\boldsymbol{Y}$ 的形式, 则:

$$\boldsymbol{X} \perp_{\mathrm{L}} \boldsymbol{Y} \Leftrightarrow \boldsymbol{Y} \perp_{\mathbf{R}} \boldsymbol{X} \Leftrightarrow f(\boldsymbol{X},\boldsymbol{Y}) = \boldsymbol{X}^{\mathrm{T}}\boldsymbol{A}\boldsymbol{Y} = 0 = (\boldsymbol{X}^{\mathrm{T}}\boldsymbol{A}\boldsymbol{Y})^{\mathrm{T}} = \boldsymbol{Y}^{\mathrm{T}}\boldsymbol{A}^{\mathrm{T}}\boldsymbol{X}$$

任取 V 的子集 S 的极大线性无关组 $\boldsymbol{B}_1, \cdots, \boldsymbol{B}_r$ 为各列排成矩阵 $\boldsymbol{B} = (\boldsymbol{B}_1, \cdots, \boldsymbol{B}_r)$ 来表示 S, 则:

$$\boldsymbol{X} \in S^{\perp_{\mathrm{L}}} \;\Leftrightarrow\; \boldsymbol{X}^{\mathrm{T}}\boldsymbol{A}\boldsymbol{B}_j = \boldsymbol{B}_j^{\mathrm{T}}\boldsymbol{A}^{\mathrm{T}}\boldsymbol{X} = 0 (\forall\ 1 \leqslant j \leqslant r) \;\Leftrightarrow\; \boldsymbol{B}^{\mathrm{T}}\boldsymbol{A}^{\mathrm{T}}\boldsymbol{X} = 0$$
$$\boldsymbol{X} \in S^{\perp_{\mathbf{R}}} \;\Leftrightarrow\; \boldsymbol{B}_i^{\mathrm{T}}\boldsymbol{A}\boldsymbol{X} = 0 (\forall\ 1 \leqslant i \leqslant r) \;\Leftrightarrow\; \boldsymbol{B}^{\mathrm{T}}\boldsymbol{A}\boldsymbol{X} = 0$$

定理 9.8.2　设 f 是数域 F 上 n 维线性空间 V 上的双线性函数, 任取一组基将 V 中每个向量用坐标 $\boldsymbol{X} \in F^{n\times 1}$ 表示, 将 f 写成矩阵乘法 $f(\boldsymbol{X},\boldsymbol{Y}) = \boldsymbol{X}^{\mathrm{T}}\boldsymbol{A}\boldsymbol{Y}$ 的形式. 取 V 的子集 S 的一组极大线性无关组为各列组成矩阵 $\boldsymbol{B}$, 则:

(1) $S^{\perp_{\mathbf{R}}}$ 是齐次线性方程组 $\boldsymbol{B}^{\mathrm{T}}\boldsymbol{A}\boldsymbol{X} = \boldsymbol{0}$ 的解空间, 维数等于 $n - \operatorname{rank}\boldsymbol{B}^{\mathrm{T}}\boldsymbol{A}$;

(2) $S^{\perp_{\mathrm{L}}}$ 是齐次线性方程组 $\boldsymbol{B}^{\mathrm{T}}\boldsymbol{A}^{\mathrm{T}}\boldsymbol{X} = \boldsymbol{0}$ 的解空间, 维数等于 $n - \operatorname{rank}\boldsymbol{A}\boldsymbol{B}$;

(3) 设 W 是 S 生成的子空间, 则 $W^{\perp_{\mathbf{R}}} = S^{\perp_{\mathrm{R}}}$, $W^{\perp_{\mathrm{L}}} = S^{\perp_{\mathrm{L}}}$.

(4) $V^{\perp_{\mathrm{R}}}$ 与 $V^{\perp_{\mathrm{L}}}$ 分别是齐次线性方程组 $\boldsymbol{A}\boldsymbol{X} = \boldsymbol{0}$ 和 $\boldsymbol{A}^{\mathrm{T}}\boldsymbol{X} = \boldsymbol{0}$ 的解空间, 维数都等于 $n - \operatorname{rank}\boldsymbol{A}$. □

定理 9.8.2 将 $S^{\perp_{\mathrm{R}}}$ 与 $S^{\perp_{\mathrm{L}}}$ 归结为齐次线性方程组 $\boldsymbol{B}^{\mathrm{T}}\boldsymbol{A}\boldsymbol{X} = \boldsymbol{0}$ 与 $\boldsymbol{B}^{\mathrm{T}}\boldsymbol{A}^{\mathrm{T}}\boldsymbol{X} = \boldsymbol{0}$ 的解空间来研究和求解. 不但这两个解空间 $W^{\perp_{\mathrm{R}}}$ 与 $W^{\perp_{\mathrm{L}}}$ 可能不相等, 它们的维数都可能不相等. 另一方面, 虽然 $V^{\perp_{\mathrm{R}}}$ 与 $V^{\perp_{\mathrm{L}}}$ 可能不相等, 但它们的维数一定相等. 特别地, 我们有:

$V^{\perp_{\mathrm{R}}} = V^{\perp_{\mathrm{L}}} = 0 \Leftrightarrow \boldsymbol{A}$ 可逆 $\Rightarrow \dim W^{\perp_{\mathbf{R}}} = \dim W^{\perp_{\mathrm{L}}} = n - \dim W$

定义 9.8.4　设 f 是数域 F 上 n 维线性空间 V 上的双线性函数, $\boldsymbol{A}$ 是 f 在 V 的任意一组基下的矩阵, 则 $\operatorname{rank}\boldsymbol{A}$ 称为 f 的**秩** (rank), 记为 $\operatorname{rank} f$. 如果 $\operatorname{rank} f = \dim V$, 则称 f 为**非退化的** (nondegenerate) 双线性函数. □

推论 9.8.1　设 f 是有限维线性空间 V 上的非退化双线性函数, W 是 V 的任何一个子空间 W, 则以下结论成立:

(1) $\dim W^{\perp_{\mathrm{L}}} = \dim W^{\perp_{\mathrm{R}}} = \dim V - \dim W$;

(2) $(W^{\perp_{\mathrm{L}}})^{\perp_{\mathrm{R}}} = W = (W^{\perp_{\mathrm{R}}})^{\perp_{\mathrm{L}}}$. □

定理 9.8.3　设 f 是有限维线性空间 V 上的双线性函数, 则以下每一个命题都是 f 非退化的充分必要条件:

(1) $V^{\perp_{\mathrm{L}}} = 0$;

(2) $V^{\perp_{\mathrm{R}}}=0$;

(3) 对每个 $\boldsymbol{\alpha}$ 定义线性函数 $f_{\boldsymbol{\alpha}}:\boldsymbol{\beta}\mapsto f(\boldsymbol{\alpha},\boldsymbol{\beta})$ 和 $\varphi_{\boldsymbol{\alpha}}:\boldsymbol{\beta}\mapsto f(\boldsymbol{\beta},\boldsymbol{\alpha})$, 则 $\boldsymbol{\alpha}\mapsto f_{\boldsymbol{\alpha}}$ 与 $\boldsymbol{\alpha}\mapsto \varphi_{\boldsymbol{\alpha}}$ 都是线性空间 V 到 V^* 的同构.

(4) 对每个 V 上每个线性函数 φ, 存在唯一的 $\boldsymbol{\alpha}_1,\boldsymbol{\alpha}_2\in V$ 使 $\varphi(\boldsymbol{\beta})=(\boldsymbol{\alpha}_1,\boldsymbol{\beta})=(\boldsymbol{\beta},\boldsymbol{\alpha}_2)$ 对所有 $\boldsymbol{\beta}\in V$ 成立. □

如果 V 的子空间 W 满足两个条件 $W\cap W^{\perp_{\mathrm{L}}}=\mathbf{0}$, $W\cap W^{\perp_{\mathrm{R}}}=\mathbf{0}$ 中的一个, 必然满足另一个, 此时称 W 为**非退化子空间**.

3. 正交关系的对称性

设在线性空间 V 上定义了双线性函数 f. 如果对任意的 $\boldsymbol{\alpha},\boldsymbol{\beta}\in V$ 有 $\boldsymbol{\alpha}\perp_{\mathrm{L}}\boldsymbol{\beta} \Leftrightarrow \boldsymbol{\beta}\perp_{\mathrm{L}}\boldsymbol{\alpha}$, 也就是 $f(\boldsymbol{\alpha},\boldsymbol{\beta})=0 \Leftrightarrow f(\boldsymbol{\beta},\boldsymbol{\alpha})$, 就称 f 定义的正交关系是**对称的** (symmetric).

将 f 写成矩阵形式 $f(\boldsymbol{X},\boldsymbol{Y})=\boldsymbol{X}^{\mathrm{T}}\boldsymbol{A}\boldsymbol{Y}$, 则正交关系对称的充分必要条件是: $\boldsymbol{X}^{\mathrm{T}}\boldsymbol{A}\boldsymbol{Y}=0 \Leftrightarrow \boldsymbol{Y}^{\mathrm{T}}\boldsymbol{A}\boldsymbol{X}=\boldsymbol{X}^{\mathrm{T}}\boldsymbol{A}^{\mathrm{T}}\boldsymbol{Y}=0$. 也就是说: 任意取定 $\boldsymbol{X}\in F^{n\times 1}$, 以 $\boldsymbol{Y}$ 为未知量的方程 $\boldsymbol{X}^{\mathrm{T}}\boldsymbol{A}\boldsymbol{Y}=0$ 与 $\boldsymbol{X}^{\mathrm{T}}\boldsymbol{A}^{\mathrm{T}}\boldsymbol{Y}=0$ 同解. 这迫使两个方程的系数矩阵 $\boldsymbol{X}^{\mathrm{T}}\boldsymbol{A}$ 与 $\boldsymbol{X}^{\mathrm{T}}\boldsymbol{A}^{\mathrm{T}}$ 互为常数倍, $\boldsymbol{X}^{\mathrm{T}}\boldsymbol{A}^{\mathrm{T}}=\lambda_{\boldsymbol{X}}\boldsymbol{X}^{\mathrm{T}}\boldsymbol{A}$, $\lambda_{\boldsymbol{X}}$ 是由 $\boldsymbol{X}$ 决定的常数. 可以证明 $\lambda_{\boldsymbol{X}}$ 是与 $\boldsymbol{X}$ 无关的常数 λ. 从而 $\boldsymbol{A}^{\mathrm{T}}=\lambda\boldsymbol{X}$, $\boldsymbol{A}=(\boldsymbol{A}^{\mathrm{T}})^{\mathrm{T}}=\lambda^2\boldsymbol{A}$, $\lambda^2=1$, $\lambda=\pm1$. 得到:

定理 9.8.4 设 $f(\boldsymbol{X},\boldsymbol{Y})=\boldsymbol{X}^{\mathrm{T}}\boldsymbol{A}\boldsymbol{Y}$ 是线性空间上的双线性函数, 则:

f 定义的正交关系对称 $\Leftrightarrow$ $\boldsymbol{A}$ 是对称或斜对称方阵 $\Leftrightarrow$ f 是对称或斜对称双线性函数. □

定理 9.8.5 设数域 F 上 n 维线性空间上定义了对称双线性函数 f, 则 V 中存在正交基 $M=\{\boldsymbol{\alpha}_1,\cdots,\boldsymbol{\alpha}_n\}$, 使 f 在 M 下的矩阵为对角阵

$$\boldsymbol{A}=\mathrm{diag}(a_1,\cdots,a_r,0,\cdots,0)$$

其中 $r=\mathrm{rank}\,f$, $a_i\neq 0$, $\forall\, 1\leqslant i\leqslant r$.

当 F 是实数域 $\mathbf{R}$ 时, 可以进一步使

$$\boldsymbol{A}=\mathrm{diag}(\boldsymbol{I}_{(p)},-\boldsymbol{I}_{(r-p)},\boldsymbol{O}_{(n-r)})$$

当 F 是复数域时, 可以进一步使

$$\boldsymbol{A}=\mathrm{diag}(\boldsymbol{I}_{(r)},\boldsymbol{O}_{(b-r)}).$$ □

定理 9.8.6 设 f 是数域 F 上线性空间 V 上的斜对称双线性函数, 则存在 V 的基 M 使 f 在 M 下的矩阵为准对角阵:

$$\boldsymbol{D}=\mathrm{diag}\left(\begin{pmatrix}0&1\\-1&0\end{pmatrix},\cdots,\begin{pmatrix}0&1\\-1&0\end{pmatrix},0,\cdots,0\right)$$

F 上任意斜对称方阵 $\boldsymbol{A}$ 相合于以上形式的准对角形. □

例题分析与解答

9.8.1 求证: 线性空间 V 上每个双线性函数 f 都可以写成对称双线性函数与斜对称

双线性函数之和.

证明　对任意 $\boldsymbol{\alpha},\boldsymbol{\beta}\in V$, 定义

$$f_1(\boldsymbol{\alpha},\boldsymbol{\beta})=\frac{1}{2}(f(\boldsymbol{\alpha},\boldsymbol{\beta})+f(\boldsymbol{\beta},\boldsymbol{\alpha})),\quad f_{-1}(\boldsymbol{\alpha},\boldsymbol{\beta})=\frac{1}{2}(f(\boldsymbol{\alpha},\boldsymbol{\beta})-f(\boldsymbol{\beta},\boldsymbol{\alpha}))$$

则 f_1,f_{-1} 都是 V 上双线性函数, 且对任意 $\boldsymbol{\alpha},\boldsymbol{\beta}\in V$, 有

$$f(\boldsymbol{\alpha},\boldsymbol{\beta})=f_1(\boldsymbol{\alpha},\boldsymbol{\beta})+f_{-1}(\boldsymbol{\alpha},\boldsymbol{\beta}),\quad f_1(\boldsymbol{\alpha},\boldsymbol{\beta})=f_1(\boldsymbol{\beta},\boldsymbol{\alpha}),\quad f_{-1}(\boldsymbol{\alpha},\boldsymbol{\beta})=-f_{-1}(\boldsymbol{\beta},\boldsymbol{\alpha})$$

这证明了 f 是对称双线性函数 f_1 与斜对称双线性函数 f_{-1} 之和. □

9.8.2　设 Q 是线性空间 V 上的二次型. 在 V 上定义 $f(\boldsymbol{\alpha},\boldsymbol{\beta})=Q(\boldsymbol{\alpha}+\boldsymbol{\beta})-Q(\boldsymbol{\alpha})-Q(\boldsymbol{\beta})$, 求证:

(1) $f(\boldsymbol{\alpha},\boldsymbol{\beta})$ 是 V 上的对称双线性函数.

(2) $Q(\boldsymbol{\alpha})=\dfrac{1}{2}f(\boldsymbol{\alpha},\boldsymbol{\alpha})$ 对所有的 $\boldsymbol{\alpha}\in V$ 成立.

(3) 设 $\mathcal{A}$ 是 V 上的线性变换, 则 $f(\mathcal{A}\boldsymbol{\alpha},\mathcal{A}\boldsymbol{\beta})=f(\boldsymbol{\alpha},\boldsymbol{\beta})$ $(\forall\ \boldsymbol{\alpha},\boldsymbol{\beta}\in V)$ 的充分必要条件是 $Q(\mathcal{A}\boldsymbol{\alpha})=Q(\boldsymbol{\alpha})$ $(\forall\ \boldsymbol{\alpha}\in V)$.

证明　任意取定 V 的一组基 M, 将 V 中每个向量 $\boldsymbol{\alpha}$ 用它在这组基下的坐标 $\boldsymbol{X}\in\mathbf{R}^{n\times 1}$ 表示, 则存在唯一的实对称方阵 $\boldsymbol{S}$ 使 $Q(\boldsymbol{\alpha})=\boldsymbol{X}^{\mathrm{T}}\boldsymbol{S}\boldsymbol{X}$ 对所有的 $\boldsymbol{\alpha}\in V$ 成立.

(1) 设 $\boldsymbol{\alpha},\boldsymbol{\beta}$ 的坐标分别是 $\boldsymbol{X},\boldsymbol{Y}$, 则:

$$\begin{aligned}f(\boldsymbol{\alpha},\boldsymbol{\beta})&=Q(\boldsymbol{\alpha}+\boldsymbol{\beta})-Q(\boldsymbol{\alpha})-Q(\boldsymbol{\beta})=(\boldsymbol{X}+\boldsymbol{Y})^{\mathrm{T}}\boldsymbol{S}(\boldsymbol{X}+\boldsymbol{Y})-\boldsymbol{X}^{\mathrm{T}}\boldsymbol{S}\boldsymbol{X}-\boldsymbol{Y}^{\mathrm{T}}\boldsymbol{S}\boldsymbol{Y}\\&=\boldsymbol{X}^{\mathrm{T}}\boldsymbol{S}\boldsymbol{Y}+\boldsymbol{Y}^{\mathrm{T}}\boldsymbol{S}\boldsymbol{X}=\boldsymbol{X}^{\mathrm{T}}\boldsymbol{S}\boldsymbol{Y}+(\boldsymbol{Y}^{\mathrm{T}}\boldsymbol{S}\boldsymbol{X})^{\mathrm{T}}=\boldsymbol{X}^{\mathrm{T}}\boldsymbol{S}\boldsymbol{Y}+\boldsymbol{X}^{\mathrm{T}}\boldsymbol{S}\boldsymbol{Y}=2\boldsymbol{X}^{\mathrm{T}}\boldsymbol{S}\boldsymbol{Y}\end{aligned}$$

其中 $\boldsymbol{Y}^{\mathrm{T}}\boldsymbol{S}\boldsymbol{X}=(\boldsymbol{Y}^{\mathrm{T}}\boldsymbol{S}\boldsymbol{X})^{\mathrm{T}}$ 是因为 $\boldsymbol{Y}^{\mathrm{T}}\boldsymbol{S}\boldsymbol{X}$ 是 1 阶方阵因此是对称方阵.

这证明了 $f(\boldsymbol{\alpha},\boldsymbol{\beta})=\boldsymbol{X}^{\mathrm{T}}(2\boldsymbol{S})\boldsymbol{Y}$ 是由实对称方阵 $2\boldsymbol{S}$ 决定的对称双线性函数.

(2) 由 $f(\boldsymbol{\alpha},\boldsymbol{\alpha})=2\boldsymbol{X}^{\mathrm{T}}\boldsymbol{S}\boldsymbol{X}=2Q(\boldsymbol{\alpha})$ 知 $Q(\boldsymbol{\alpha})=\dfrac{1}{2}f(\boldsymbol{\alpha},\boldsymbol{\alpha})$ 对所有的 $\boldsymbol{\alpha}\in V$ 成立.

(3) 设对任意 $\boldsymbol{\alpha},\boldsymbol{\beta}\in V$ 有 $f(\mathcal{A}\boldsymbol{\alpha},\mathcal{A}\boldsymbol{\beta})=f(\boldsymbol{\alpha},\boldsymbol{\beta})$, 取 $\boldsymbol{\beta}=\boldsymbol{\alpha}$ 即得

$$Q(\mathcal{A}\boldsymbol{\alpha})=\frac{1}{2}f(\mathcal{A}\boldsymbol{\alpha},\mathcal{A}\boldsymbol{\alpha})=\frac{1}{2}f(\boldsymbol{\alpha},\boldsymbol{\alpha})=Q(\boldsymbol{\alpha})$$

反过来, 设对任意 $\boldsymbol{\alpha}\in V$ 有 $Q(\mathcal{A}\boldsymbol{\alpha})=Q(\boldsymbol{\alpha})$, 则对任意 $\boldsymbol{\alpha},\boldsymbol{\beta}\in V$ 有

$$\begin{aligned}f(\mathcal{A}\boldsymbol{\alpha},\mathcal{A}\boldsymbol{\beta})&=Q(\mathcal{A}\boldsymbol{\alpha}+\mathcal{A}\boldsymbol{\beta})-Q(\mathcal{A}\boldsymbol{\alpha})-Q(\mathcal{A}\boldsymbol{\beta})\\&=Q(\mathcal{A}(\boldsymbol{\alpha}+\boldsymbol{\beta}))-Q(\mathcal{A}\boldsymbol{\alpha})-Q(\mathcal{A}\boldsymbol{\beta})\\&=Q(\boldsymbol{\alpha}+\boldsymbol{\beta})-Q(\boldsymbol{\alpha})-Q(\boldsymbol{\beta})=f(\boldsymbol{\alpha},\boldsymbol{\beta})\end{aligned}$$

□

点评　本题讨论的是同一个线性空间 V 上的二次型 Q 和对称双线性函数 f 的关系, 以及 V 上的线性变换 $\mathcal{A}$ 保持二次型 Q 不变 (即 $Q(\mathcal{A}\boldsymbol{\alpha})=Q(\boldsymbol{\alpha}),\forall\ \boldsymbol{\alpha}\in V$) 与保持双线性函数 f 不变 (即 $f(\mathcal{A}\boldsymbol{\alpha},\mathcal{A}\boldsymbol{\beta})=f(\boldsymbol{\alpha},\boldsymbol{\beta}),\forall\boldsymbol{\alpha},\boldsymbol{\beta}\in V$) 之间的关系.

对称双线性函数 $f(\boldsymbol{\alpha},\boldsymbol{\beta})$ 是 V 上的二元函数, 二次型 $Q(\boldsymbol{\alpha})$ 是 V 上的一元函数. 在双线性函数 $f(\boldsymbol{\alpha},\boldsymbol{\beta})$ 中取 $\boldsymbol{\beta}=\boldsymbol{\alpha}$ 得到一个二次型 $Q(\boldsymbol{\alpha})=f(\boldsymbol{\alpha},\boldsymbol{\alpha})$. 由每个二次型 Q 也可以反过来得到双线性函数 $f(\boldsymbol{\alpha},\boldsymbol{\beta})=Q(\boldsymbol{\alpha}+\boldsymbol{\beta})-Q(\boldsymbol{\alpha})-Q(\boldsymbol{\beta})$, 不过, 在这个双线性函数 $f(\boldsymbol{\alpha},\boldsymbol{\beta})$ 中再取 $\boldsymbol{\beta}=\boldsymbol{\alpha}$ 得到的二次型 $Q_1(\boldsymbol{\alpha})=f(\boldsymbol{\alpha},\boldsymbol{\alpha})=Q(\boldsymbol{\alpha}+\boldsymbol{\alpha})-Q(\boldsymbol{\alpha})-Q(\boldsymbol{\alpha})$ 不是原来的 $Q(\boldsymbol{\alpha})$ 而是 $2Q(\boldsymbol{\alpha})$. 取 $Q(\boldsymbol{\alpha})=\dfrac{1}{2}f(\boldsymbol{\alpha},\boldsymbol{\alpha})$ 才是原来的二次型 Q.

既然双线性函数 $f(\boldsymbol{\alpha},\boldsymbol{\beta})=Q(\boldsymbol{\alpha}+\boldsymbol{\beta})-Q(\boldsymbol{\alpha})-Q(\boldsymbol{\beta})$ 与二次型 $Q(\boldsymbol{\alpha})=\dfrac{1}{2}f(\boldsymbol{\alpha},\boldsymbol{\alpha})$ 可以相互决定, 线性变换 $\mathcal{A}$ 保持 f 与保持 Q 就互为充分必要条件. 保持二次型 Q 不变的线性变换称为正交变换. 但由于保持双线性函数 f 不变也就保持二次型 $Q(\boldsymbol{\alpha})=\dfrac{1}{2}f(\boldsymbol{\alpha},\boldsymbol{\alpha})$ 不变, 因此保持 f 不变的线性变换也是正交变换. 一个直观的例子是: V 是欧氏空间, 双线性函数 $f(\boldsymbol{\alpha},\boldsymbol{\beta})$ 是 V 中向量 $\boldsymbol{\alpha},\boldsymbol{\beta}$ 的内积, 则二次型 $Q(\boldsymbol{\alpha})=\dfrac{1}{2}f(\boldsymbol{\alpha},\boldsymbol{\alpha})$ 就是 $\boldsymbol{\alpha}$ 的长度平方的两倍. 如果线性变换 $\mathcal{A}$ 保持 $Q(\boldsymbol{\alpha})$ 不变, 也就是保持长度 $|\boldsymbol{\alpha}|=\sqrt{2Q(\boldsymbol{\alpha})}$ 不变, 按第 (3) 小题所证, $\mathcal{A}$ 也就保持内积 $f(\boldsymbol{\alpha},\boldsymbol{\beta})$ 不变, 从而保持 $\boldsymbol{\alpha},\boldsymbol{\beta}$ 的夹角不变. □

9.8.3 求证: 线性空间 V 上的非零双线性函数 $f(\boldsymbol{\alpha},\boldsymbol{\beta})$ 可以写成线性函数 f_1,f_2 之积 $f(\boldsymbol{\alpha},\boldsymbol{\beta})=f_1(\boldsymbol{\alpha})f_2(\boldsymbol{\beta})$ 的充分必要条件是 $\operatorname{rank}f=1$.

证明 在 V 的任一组基 M 下将每个向量 $\boldsymbol{\alpha}\in V$ 用坐标 $\boldsymbol{X}\in F^{n\times 1}$ 表示.

设 $f(\boldsymbol{\alpha},\boldsymbol{\beta})=f_1(\boldsymbol{\alpha})f_2(\boldsymbol{\beta})$, f_1,f_2 是 V 上线性函数, $\boldsymbol{X},\boldsymbol{Y}$ 分别是 $\boldsymbol{\alpha},\boldsymbol{\beta}\in V$ 的坐标, 则线性函数 $f_1(\boldsymbol{\alpha})=\boldsymbol{A}_1\boldsymbol{X}$, $f_2(\boldsymbol{\beta})=\boldsymbol{A}_2\boldsymbol{Y}$, 其中 $\boldsymbol{A}_1=(a_1,\cdots,a_n)$ 与 $\boldsymbol{A}_2=(b_1,\cdots,b_n)$ 是常数 a_i,b_i $(1\leqslant i\leqslant n)$ 组成的非零行向量. 于是双线性函数

$$f(\boldsymbol{\alpha},\boldsymbol{\beta})=(\boldsymbol{A}_1\boldsymbol{X})^{\mathrm{T}}(\boldsymbol{A}_2\boldsymbol{Y})=\boldsymbol{X}^{\mathrm{T}}\boldsymbol{A}_1^{\mathrm{T}}\boldsymbol{A}_2\boldsymbol{Y}$$

在基 M 下的矩阵 $\boldsymbol{A}_1^{\mathrm{T}}\boldsymbol{A}_2$ 为非零的列向量 $\boldsymbol{A}_1^{\mathrm{T}}$ 与行向量 $\boldsymbol{A}_2$ 的乘积, $\operatorname{rank}f=\operatorname{rank}(\boldsymbol{A}_1^{\mathrm{T}}\boldsymbol{A}_2)$ $=1$.

反过来, 设 $\operatorname{rank}f=1$, 则 $f(\boldsymbol{\alpha},\boldsymbol{\beta})=\boldsymbol{X}^{\mathrm{T}}\boldsymbol{A}\boldsymbol{Y}$ 在基 M 下的矩阵的秩 $\operatorname{rank}\boldsymbol{A}=\operatorname{rank}f=1$, $\boldsymbol{A}=\boldsymbol{A}_1^{\mathrm{T}}\boldsymbol{A}_2$ 对非零列向量 $\boldsymbol{A}_1^{\mathrm{T}}$ 和行向量 $\boldsymbol{A}_2$ 成立. 于是:

$$f(\boldsymbol{\alpha},\boldsymbol{\beta})=\boldsymbol{X}^{\mathrm{T}}\boldsymbol{A}_1^{\mathrm{T}}\boldsymbol{A}_2\boldsymbol{Y}=(\boldsymbol{A}_1\boldsymbol{X})^{\mathrm{T}}(\boldsymbol{A}_2\boldsymbol{Y})=f_1(\boldsymbol{\alpha})f_2(\boldsymbol{\beta})$$

其中 $f_1(\boldsymbol{\alpha})=\boldsymbol{A}_1\boldsymbol{X}$ 与 $f_2(\boldsymbol{\beta})=\boldsymbol{A}_2\boldsymbol{Y}$ 都是 V 上的线性函数. □

9.8.4 设 $V=\mathbf{R}^{1\times 2}$ 是实数域 $\mathbf{R}$ 上 2 维行向量空间, 向量 $\boldsymbol{X}=(x_1,x_2),\boldsymbol{Y}=(y_1,y_2)\in V$. 在 V 上定义的下列函数是否是双线性函数? 是否是对称或斜对称双线性函数?

(1) $f(\boldsymbol{X},\boldsymbol{Y})=\begin{vmatrix} x_1 & y_1\\ x_2 & y_2\end{vmatrix}$.

(2) $f(\boldsymbol{X},\boldsymbol{Y})=(\boldsymbol{X}-\boldsymbol{Y})(\boldsymbol{X}-\boldsymbol{Y})^{\mathrm{T}}$.

(3) $f(\boldsymbol{X},\boldsymbol{Y})=Q(\boldsymbol{X}+\boldsymbol{Y})-Q(\boldsymbol{X})-Q(\boldsymbol{Y})$, 其中 $Q(\boldsymbol{X})=\boldsymbol{X}\boldsymbol{X}^{\mathrm{T}}$ $(\forall\ \boldsymbol{X}\in V)$.

解 (1) $f(\boldsymbol{X},\boldsymbol{Y})=x_1y_2-x_2y_1=\boldsymbol{X}\boldsymbol{A}\boldsymbol{Y}^{\mathrm{T}}$ 对

$$\boldsymbol{A}=\begin{pmatrix} 0 & 1\\ -1 & 0\end{pmatrix}$$

成立. f 是由斜对称方阵 $\boldsymbol{A}$ 决定的斜对称双线性函数.

(2) 双线性函数 $f(\boldsymbol{X},\boldsymbol{Y})$ 当 $\boldsymbol{Y}=\boldsymbol{0}$ 时对任意 $\boldsymbol{X}$ 有 $f(\boldsymbol{X},\boldsymbol{0})=f(\boldsymbol{X},0\boldsymbol{0})=0f(\boldsymbol{X},\boldsymbol{0})=0$. 本小题当 $\boldsymbol{Y}=\boldsymbol{0}\neq\boldsymbol{X}$ 时有 $f(\boldsymbol{X},\boldsymbol{0})=\boldsymbol{X}^{\mathrm{T}}\boldsymbol{X}=x_1^2+x_2^2>0$, 可见 f 不是双线性函数.

(3) $f(\boldsymbol{X},\boldsymbol{Y})=(\boldsymbol{X}+\boldsymbol{Y})(\boldsymbol{X}+\boldsymbol{Y})^{\mathrm{T}}-\boldsymbol{X}\boldsymbol{X}^{\mathrm{T}}-\boldsymbol{Y}\boldsymbol{Y}^{\mathrm{T}}=\boldsymbol{X}\boldsymbol{Y}^{\mathrm{T}}+\boldsymbol{Y}\boldsymbol{X}^{\mathrm{T}}=2\boldsymbol{X}\boldsymbol{Y}^{\mathrm{T}}=2x_1y_1+2x_2y_2$ 是由对称方阵 $2\boldsymbol{I}$ 决定的双线性函数. □

点评 一般地, 行向量空间 $F^{1\times n}$ 上的二元函数 $f(\boldsymbol{X},\boldsymbol{Y})$ 如果能够写成 $f(\boldsymbol{X},\boldsymbol{Y})=$

$\boldsymbol{XAY}^{\mathrm{T}}$ 的形式, $\boldsymbol{A}$ 是常系数方阵, 则 f 是双线性函数, f 对称或斜对称由方阵 $\boldsymbol{A}$ 对称或斜对称决定. 本题第 (1),(3) 小题就是这样判定的.

$f(\boldsymbol{X},\boldsymbol{Y})$ 也是 $\boldsymbol{X}$ 与 $\boldsymbol{Y}$ 的 $2n$ 个分量 x_i,y_j $(1\leqslant i,j\leqslant n)$ 的 $2n$ 元函数. $f(\boldsymbol{X},\boldsymbol{Y})$ 是双线性函数的充分必要条件是: f 是 x_i,y_j $(1\leqslant i,j\leqslant n)$ 的二次齐次多项式, 每项 $a_{ij}x_iy_j$ 包含一个 x_i 和一个 y_j 的乘积, 但不能是两个 x_i 或两个 y_j 的乘积. 第 (1) 小题的 $x_1y_2-x_2y_1$ 与第 (3) 小题的 $2x_1y_1+2x_2y_2$ 都符合这个要求. 第 (2) 小题中:

$$f(\boldsymbol{X},\boldsymbol{Y})=(x_1-y_1)^2+(x_2-y_2)^2=x_1^2-2x_1y_1+y_1^2+x_2^2-2x_2y_2+y_2^2$$

虽然是二次齐次多项式, 但其中的二次项 x_1^2,x_2^2,y_1^2,y_2^2 不符合要求, 所以不是双线性函数.

由行列式的性质就可知道 2 阶行列式 $f(\boldsymbol{X},\boldsymbol{Y})=\det(\boldsymbol{X},\boldsymbol{Y})$ 满足双线性函数的条件:

$$\det(\lambda\boldsymbol{X}_1+\boldsymbol{X}_2,\boldsymbol{Y})=\lambda\det(\boldsymbol{X}_1,\boldsymbol{Y})+\det(\boldsymbol{X}_2,\boldsymbol{Y})$$

$$\det(\boldsymbol{X},\lambda\boldsymbol{Y}_1+\boldsymbol{Y}_2)=\lambda\det(\boldsymbol{X},\boldsymbol{Y}_1)+\det(\boldsymbol{X},\boldsymbol{Y}_2)$$

并且 $\det(\boldsymbol{X},\boldsymbol{Y})=-\det(\boldsymbol{Y},\boldsymbol{X})$, 这说明 $f(\boldsymbol{X},\boldsymbol{Y})=\det(\boldsymbol{X},\boldsymbol{Y})$ 是斜对称双线性函数. □

9.8.5 证明: 如果 $V=F^{2\times1}$ 上的斜对称双线性函数 f 满足条件 $f\left(\begin{pmatrix}1\\0\end{pmatrix},\begin{pmatrix}0\\1\end{pmatrix}\right)=1$, 则 f 就是行列式函数 $f(\boldsymbol{X},\boldsymbol{Y})=\det(\boldsymbol{X},\boldsymbol{Y})$, 其中 $(\boldsymbol{X},\boldsymbol{Y})$ 是依次以 $\boldsymbol{X},\boldsymbol{Y}$ 为列组成的矩阵.

证明　已知 $f(\boldsymbol{e}_1,\boldsymbol{e}_2)=1$ 对 $\boldsymbol{e}_1=\begin{pmatrix}1\\0\end{pmatrix},\boldsymbol{e}_2=\begin{pmatrix}0\\1\end{pmatrix}$ 成立.

由 f 斜对称知 $f(\boldsymbol{e}_2,\boldsymbol{e}_1)=-f(\boldsymbol{e}_1,\boldsymbol{e}_2)=-1$. 且对任意 $\boldsymbol{X}$ 有 $f(\boldsymbol{X},\boldsymbol{X})=-f(\boldsymbol{X},\boldsymbol{X})\Rightarrow f(\boldsymbol{X},\boldsymbol{X})=0$. 特别地, $f(\boldsymbol{e}_1,\boldsymbol{e}_1)=f(\boldsymbol{e}_2,\boldsymbol{e}_2)=0$.

对任意 $\boldsymbol{X}=\begin{pmatrix}x_1\\x_2\end{pmatrix}=x_1\boldsymbol{e}_1+x_2\boldsymbol{e}_2$, $\boldsymbol{Y}=\begin{pmatrix}y_1\\y_2\end{pmatrix}=y_1\boldsymbol{e}_1+y_2\boldsymbol{e}_2$, 由 f 双线性得

$$\begin{aligned}f(\boldsymbol{X},\boldsymbol{Y})&=x_1y_1f(\boldsymbol{e}_1,\boldsymbol{e}_1)+x_1y_2f(\boldsymbol{e}_1,\boldsymbol{e}_2)+x_2y_1f(\boldsymbol{e}_2,\boldsymbol{e}_1)+x_2y_2f(\boldsymbol{e}_2,\boldsymbol{e}_2)\\&=x_1y_1\times0+x_1y_2\times1+x_2y_1\times(-1)+x_2y_2\times0\\&=x_1y_2-x_2y_1=\det\begin{pmatrix}x_1&y_1\\x_2&y_2\end{pmatrix}=\det(\boldsymbol{X},\boldsymbol{Y})\end{aligned}$$

□

9.8.6 在数域 F 上 2 维列向量空间 $V=F^{2\times1}$ 上定义函数 $f(\boldsymbol{X},\boldsymbol{Y})=\boldsymbol{X}^{\mathrm{T}}\begin{pmatrix}0&1\\-1&0\end{pmatrix}\boldsymbol{Y}$.

(1) 证明 $f(\boldsymbol{X},\boldsymbol{Y})=\det(\boldsymbol{X},\boldsymbol{Y})$.

(2) 当 $f(\boldsymbol{X},\boldsymbol{Y})=0$ 时定义 $\boldsymbol{X}\perp\boldsymbol{Y}$. 证明 $\boldsymbol{X}\perp\boldsymbol{Y}\Leftrightarrow\boldsymbol{Y}\perp\boldsymbol{X}\Leftrightarrow\boldsymbol{X}$ 与 $\boldsymbol{Y}$ 线性相关.

(3) 如果 V 上线性变换 $\mathcal{A}:\boldsymbol{X}\mapsto\boldsymbol{AX}$ 满足条件

$$f(\mathcal{A}\boldsymbol{X},\mathcal{A}\boldsymbol{Y})=f(\boldsymbol{X},\boldsymbol{Y})\ (\forall\quad\boldsymbol{X},\boldsymbol{Y}\in V)$$

就称 $\mathcal{A}$ 是 V 上的**辛变换** (symplectic transformation). 证明:

$$\mathcal{A}\text{ 是辛变换}\Leftrightarrow\boldsymbol{A}^{\mathrm{T}}\begin{pmatrix}0&1\\-1&0\end{pmatrix}\boldsymbol{A}=\begin{pmatrix}0&1\\-1&0\end{pmatrix}\Leftrightarrow\det\boldsymbol{A}=1$$

证明 (1) 记 $\boldsymbol{X}=(x_1,x_2)^{\mathrm{T}},\boldsymbol{Y}=(y_1,y_2)^{\mathrm{T}}$, 则:

$$f(\boldsymbol{X},\boldsymbol{Y})=(x_1,x_2)\begin{pmatrix}0&1\\-1&0\end{pmatrix}\begin{pmatrix}y_1\\y_2\end{pmatrix}=x_1y_2-x_2y_1=\det(\boldsymbol{X},\boldsymbol{Y})$$

(2) $\boldsymbol{X}\perp\boldsymbol{Y}\Leftrightarrow f(\boldsymbol{Y},\boldsymbol{X})=-f(\boldsymbol{X},\boldsymbol{Y})=0\Leftrightarrow\boldsymbol{Y}\perp\boldsymbol{X}\Leftrightarrow\det(\boldsymbol{X},\boldsymbol{Y})=f(\boldsymbol{X},\boldsymbol{Y})=0\Leftrightarrow\boldsymbol{X}$ 与 $\boldsymbol{Y}$ 线性相关.

(3) 对任意 $\boldsymbol{X},\boldsymbol{Y}\in F^{2\times1}$, 有 $f(\boldsymbol{X},\boldsymbol{Y})=\boldsymbol{X}^{\mathrm{T}}\boldsymbol{H}\boldsymbol{Y}$, 其中 $\boldsymbol{H}=\begin{pmatrix}0&1\\-1&0\end{pmatrix}$.

对 $F^{2\times1}$ 上线性变换 $\mathcal{A}:\boldsymbol{X}\mapsto\boldsymbol{A}\boldsymbol{X}$, 有 $f(\mathcal{A}\boldsymbol{X},\mathcal{A}\boldsymbol{Y})=(\boldsymbol{A}\boldsymbol{X})^{\mathrm{T}}\boldsymbol{H}(\boldsymbol{A}\boldsymbol{Y})=\boldsymbol{X}^{\mathrm{T}}\boldsymbol{A}^{\mathrm{T}}\boldsymbol{H}\boldsymbol{A}\boldsymbol{Y}$.

如果 $\boldsymbol{A}^{\mathrm{T}}\boldsymbol{H}\boldsymbol{A}=\boldsymbol{H}$, 则对任意 $\boldsymbol{X},\boldsymbol{Y}\in F^{2\times1}$ 有 $f(\mathcal{A}\boldsymbol{X},\mathcal{A}\boldsymbol{Y})=\boldsymbol{X}^{\mathrm{T}}(\boldsymbol{A}^{\mathrm{T}}\boldsymbol{H}\boldsymbol{A})\boldsymbol{Y}=\boldsymbol{X}^{\mathrm{T}}\boldsymbol{H}\boldsymbol{Y}=f(\boldsymbol{X},\boldsymbol{Y})$, $\mathcal{A}$ 是辛变换.

如果已知 $\mathcal{A}:\boldsymbol{X}\mapsto\boldsymbol{A}\boldsymbol{X}$ 是辛变换, 则对任意 $\boldsymbol{X},\boldsymbol{Y}\in F^{2\times1}$ 有 $\boldsymbol{X}^{\mathrm{T}}(\boldsymbol{A}^{\mathrm{T}}\boldsymbol{H}\boldsymbol{A})\boldsymbol{Y}=f(\mathcal{A}\boldsymbol{X},\mathcal{A}\boldsymbol{Y})=f(\boldsymbol{X},\boldsymbol{Y})=\boldsymbol{X}^{\mathrm{T}}\boldsymbol{H}\boldsymbol{Y}$. 对每个 $1\leqslant i\leqslant2$ 记 $\boldsymbol{e}_i\in F^{2\times1}$ 的第 i 分量为 1, 其余分量为 0. 对任意 $i,j\in\{1,2\}$ 取 $\boldsymbol{X}=\boldsymbol{e}_i,\boldsymbol{Y}=\boldsymbol{e}_j$, 则 $\boldsymbol{e}_i^{\mathrm{T}}(\boldsymbol{A}^{\mathrm{T}}\boldsymbol{H}\boldsymbol{A})\boldsymbol{e}_j=\boldsymbol{e}_i^{\mathrm{T}}\boldsymbol{H}\boldsymbol{e}_j$, 且等式两边分别等于矩阵 $\boldsymbol{A}^{\mathrm{T}}\boldsymbol{H}\boldsymbol{A}$ 与 $\boldsymbol{H}$ 的第 (i,j) 分量. 这证明了 $\boldsymbol{A}^{\mathrm{T}}\boldsymbol{H}\boldsymbol{A}$ 与 H 的对应分量相等, $\boldsymbol{A}^{\mathrm{T}}\boldsymbol{H}\boldsymbol{A}=\boldsymbol{H}$. 于是证明了: $\mathcal{A}:\boldsymbol{X}\mapsto\boldsymbol{A}\boldsymbol{X}$ 是辛变换 $\Leftrightarrow\boldsymbol{A}^{\mathrm{T}}\boldsymbol{H}\boldsymbol{A}=\boldsymbol{H}$.

另一方面, 由 $f(\boldsymbol{X},\boldsymbol{Y})=\det(\boldsymbol{X},\boldsymbol{Y})$ 及 $f(\boldsymbol{A}\boldsymbol{X},\boldsymbol{A}\boldsymbol{Y})=\det(\boldsymbol{A}\boldsymbol{X},\boldsymbol{A}\boldsymbol{Y})=\det(\boldsymbol{A}(\boldsymbol{X},\boldsymbol{Y}))=(\det\boldsymbol{A})\det(\boldsymbol{X},\boldsymbol{Y})$ 知道: 当 $\det\boldsymbol{A}=1$ 时, $f(\boldsymbol{A}\boldsymbol{X},\boldsymbol{A}\boldsymbol{Y})=\det(\boldsymbol{X},\boldsymbol{Y})=f(\boldsymbol{X},\boldsymbol{Y})$ 对任意 $\boldsymbol{X},\boldsymbol{Y}\in F^{n\times1}$ 成立, $\mathcal{A}:\boldsymbol{X}\mapsto\boldsymbol{A}\boldsymbol{X}$ 是辛变换.

反过来, 设 $\mathcal{A}:\boldsymbol{X}\mapsto\boldsymbol{A}\boldsymbol{X}$ 是辛变换, 则对任意 $\boldsymbol{X},\boldsymbol{Y}\in F^{2\times1}$ 有 $(\det\boldsymbol{A})\det(\boldsymbol{X},\boldsymbol{Y})=f(\boldsymbol{A}\boldsymbol{X},\boldsymbol{A}\boldsymbol{Y})=f(\boldsymbol{X},\boldsymbol{Y})=\det(\boldsymbol{X},\boldsymbol{Y})$. 特别地, 取 $(\boldsymbol{X},\boldsymbol{Y})=(\boldsymbol{e}_1,\boldsymbol{e}_2)=\boldsymbol{I}$ 代入得 $\det\boldsymbol{A}=1$.

这证明了: $\mathcal{A}$ 是辛变换 $\Leftrightarrow\det\boldsymbol{A}=1$. □

9.8.7 证明: 设数域 F 上 n 维线性空间 V 上定义了非退化斜对称双线性函数 f.

(1) 证明: n 是偶数.

(2) 证明: f 在 V 的适当的基 M 下的矩阵是 $\boldsymbol{H}=\begin{pmatrix}\boldsymbol{O}&\boldsymbol{I}_{(m)}\\-\boldsymbol{I}_{(m)}&\boldsymbol{O}\end{pmatrix}$, 其中 $m=\dfrac{n}{2}$.

(3) 证明: $\mathcal{A}$ 是 V 上的辛变换 $\Leftrightarrow\mathcal{A}$ 在基 M 下的矩阵 $\boldsymbol{A}$ 满足条件 $\boldsymbol{A}^{\mathrm{T}}\boldsymbol{H}\boldsymbol{A}=\boldsymbol{H}$.

(4) 满足条件 $\boldsymbol{A}^{\mathrm{T}}\boldsymbol{H}\boldsymbol{A}=\boldsymbol{H}$ 的方阵称为辛方阵. 要使以下方阵:

$$\begin{pmatrix}\boldsymbol{P}&\boldsymbol{O}\\\boldsymbol{O}&\boldsymbol{Q}\end{pmatrix},\quad\begin{pmatrix}\boldsymbol{I}&\boldsymbol{X}\\\boldsymbol{O}&\boldsymbol{I}\end{pmatrix},\quad\begin{pmatrix}\boldsymbol{I}&\boldsymbol{O}\\\boldsymbol{X}&\boldsymbol{I}\end{pmatrix}$$

是辛方阵, 其中的 m 阶块 $\boldsymbol{P},\boldsymbol{Q},\boldsymbol{X}$ 应当满足什么样的充分必要条件?

证明 (1) 在 V 的任一组基 $\boldsymbol{S}=\{\boldsymbol{\alpha}_1,\cdots,\boldsymbol{\alpha}_n\}$ 下将每个向量 $\boldsymbol{\alpha}=x_1\boldsymbol{\alpha}_1+\cdots+x_n\boldsymbol{\alpha}_n\in V$ 用它在基 S 下的坐标 $\boldsymbol{X}=(x_1,\cdots,x_n)^{\mathrm{T}}\in F^{n\times1}$ 表示, 则双线性函数 $f(\boldsymbol{X},\boldsymbol{Y})=\boldsymbol{X}^{\mathrm{T}}\boldsymbol{B}\boldsymbol{Y}$, 其中 $\boldsymbol{B}=(b_{ij})_{n\times n}$ 是 f 在 S 下的矩阵, 由 $b_{ij}=f(\boldsymbol{\alpha}_i,\boldsymbol{\alpha}_j)$ $(1\leqslant i,j\leqslant n)$ 组成.

f 斜对称 $\Leftrightarrow$ 矩阵 $\boldsymbol{B}$ 斜对称: $\boldsymbol{B}^{\mathrm{T}}=-\boldsymbol{B}$. f 非退化 $\Leftrightarrow\boldsymbol{B}$ 可逆: $\det\boldsymbol{B}\neq0$.

如果 n 为奇数, 则斜对称方阵 $\boldsymbol{B}$ 的行列式 $\det\boldsymbol{B}=\det\boldsymbol{B}^{\mathrm{T}}=\det(-\boldsymbol{B})=(-1)^n\det\boldsymbol{B}=-\det\boldsymbol{B}\Rightarrow\det\boldsymbol{B}=0\Rightarrow f$ 退化. 矛盾. 因此, f 非退化仅当 n 是偶数.

(2) 需要证明: 存在 V 的基 $M=\{\boldsymbol{\beta}_1,\cdots,\boldsymbol{\beta}_n\}$ 满足

$$\boldsymbol{H}=(h_{ij})_{n\times n}=\begin{pmatrix} \boldsymbol{O} & \boldsymbol{I}_{(m)} \\ -\boldsymbol{I}_{(m)} & \boldsymbol{O} \end{pmatrix},$$

其中:

$$h_{ij}=f(\boldsymbol{\beta}_i,\boldsymbol{\beta}_j)=\begin{cases} 1, & j=i+m \\ -1, & j=i-m \\ 0, & \text{其余情形} \end{cases}$$

由于 f 非退化, 对任意 $\mathbf{0}\neq\boldsymbol{\beta}_1\in V$ 存在 $\boldsymbol{\alpha}_{m+1}$ 与 $\boldsymbol{\beta}_1$ 不正交, $f(\boldsymbol{\beta}_1,\boldsymbol{\alpha}_{m+1})=a_1\neq 0$. 取 $\boldsymbol{\beta}_{m+1}=a_1^{-1}\boldsymbol{\alpha}_{m+1}$, 则 $f(\boldsymbol{\beta}_1,\boldsymbol{\beta}_{m+1})=1$, $f(\boldsymbol{\beta}_{m+1},\boldsymbol{\beta}_1)=-1$. 如果 $\boldsymbol{\beta}_1$ 与 $\boldsymbol{\beta}_{m+1}$ 线性相关, 则 $\boldsymbol{\beta}_{m+1}=b\boldsymbol{\beta}_1$, $f(\boldsymbol{\beta}_1,\boldsymbol{\beta}_{m+1})=f(\boldsymbol{\beta}_1,b\boldsymbol{\beta}_1)=bf(\boldsymbol{\beta}_1,\boldsymbol{\beta}_1)=0$, 矛盾. 因此, $M_1=\{\boldsymbol{\beta}_1,\boldsymbol{\beta}_{m+1}\}$ 生成 V 的 2 维子空间 W_1, M_1 是 W_1 的一组基.

如果 $n=2$, $m=1$, 则 $W_1=V$, f 在基 M_1 下的矩阵 $\boldsymbol{H}_1=\begin{pmatrix} 0 & 1 \\ -1 & 0 \end{pmatrix}$ 符合要求.

设 $n=2m>2$, 对 m 作数学归纳法, 假定命题已对 $n=2(m-1)$ 的情形成立. 设 $W_1^{\perp}=\{\boldsymbol{\alpha}\in V\mid \boldsymbol{\alpha}\perp W_1\}$, 则由 f 非退化知 $\dim W_1^{\perp}=n-\dim W_1=2m-2$. f 在 2 维子空间 W_1 上的限制 f_1 在基 M_1 下的矩阵 $\boldsymbol{H}_1$ 可逆, 因而 f_1 非退化, $W_1\cap W_1^{\perp}=\mathbf{0}$. 因此 $V=W_1\oplus W_1^{\perp}$. $W_1^{\perp}$ 的任一组基 $\tilde{M}_2$ 与 M_1 的并集 $\tilde{M}=M_1\cup\tilde{M}_2$ 是 V 的一组基, f 在这组基下的矩阵

$$\boldsymbol{B}=\begin{pmatrix} \boldsymbol{H}_1 & \boldsymbol{O} \\ \boldsymbol{O} & \boldsymbol{B}_2 \end{pmatrix}$$

是准对角阵且可逆, 因此 $\boldsymbol{B}_2$ 可逆, f 在 $W_1^{\perp}$ 上的限制 f_2 是非退化斜对称双线性函数. 由归纳假设知存在 $W_1^{\perp}$ 的基 $M_2=\{\boldsymbol{\beta}_2,\cdots,\boldsymbol{\beta}_m,\boldsymbol{\beta}_{m+2},\cdots,\boldsymbol{\beta}_{2m}\}$ 使 $f_2(\boldsymbol{\beta}_k,\boldsymbol{\beta}_{m+k})=1=-f(\boldsymbol{\beta}_{m+k},\boldsymbol{\beta}_k)$ ($\forall\ 2\leqslant k\leqslant m$), 且对其余任意一对 $\boldsymbol{\beta}_i,\boldsymbol{\beta}_j\in M_2$ 有 $f(\boldsymbol{\beta}_i,\boldsymbol{\beta}_j)=0$. $M_1\cup M_1$ 是 V 的一组基, 重新排列顺序为 $M=\{\boldsymbol{\beta}_1,\cdots,\boldsymbol{\beta}_{2m}\}$, 则 f 在 M 下的矩阵 $\boldsymbol{H}$ 满足要求.

(3) 设 f 在 V 的基 M 下的矩阵为 $\boldsymbol{H}$, V 上线性变换 $\mathcal{A}$ 在基 M 下的矩阵为 $\boldsymbol{A}$. 在基 M 下将 V 中向量用坐标 $\boldsymbol{X}\in F^{n\times 1}$ 表示, 则 $f(\boldsymbol{X},\boldsymbol{Y})=\boldsymbol{X}^{\mathrm{T}}\boldsymbol{H}\boldsymbol{Y}$, $\mathcal{A}\boldsymbol{X}=\boldsymbol{A}\boldsymbol{X}$.

$\mathcal{A}$ 是辛变换 $\Leftrightarrow$ 任意 $\boldsymbol{X},\boldsymbol{Y}\in F^{n\times 1}$ 满足

$$\boldsymbol{X}^{\mathrm{T}}\boldsymbol{H}\boldsymbol{Y}=f(\boldsymbol{X},\boldsymbol{Y})=f(\boldsymbol{A}\boldsymbol{X},\boldsymbol{A}\boldsymbol{Y})=(\boldsymbol{A}\boldsymbol{X})^{\mathrm{T}}\boldsymbol{H}(\boldsymbol{A}\boldsymbol{Y})=\boldsymbol{X}^{\mathrm{T}}\boldsymbol{A}^{\mathrm{T}}\boldsymbol{H}\boldsymbol{A}\boldsymbol{Y}$$

显然, 当 $\boldsymbol{A}^{\mathrm{T}}\boldsymbol{H}\boldsymbol{A}=H$ 时所有的 $\boldsymbol{X}^{\mathrm{T}}\boldsymbol{H}\boldsymbol{Y}=\boldsymbol{X}^{\mathrm{T}}\boldsymbol{A}^{\mathrm{T}}\boldsymbol{H}\boldsymbol{A}\boldsymbol{Y}$, $\mathcal{A}$ 是辛变换.

反过来, 设 $\mathcal{A}$ 是辛变换, 取 $\boldsymbol{X}=\boldsymbol{e}_i,\boldsymbol{Y}=\boldsymbol{e}_j$ 为任意两个自然基向量, 其中 $\boldsymbol{e}_i$ 的第 i 分量为 1、其余分量全为 0, 则 $\boldsymbol{H}(i,j)=\boldsymbol{e}_i^{\mathrm{T}}\boldsymbol{H}\boldsymbol{e}_j=\boldsymbol{e}_i^{\mathrm{T}}\boldsymbol{A}^{\mathrm{T}}\boldsymbol{H}\boldsymbol{A}\boldsymbol{e}_j=(\boldsymbol{A}^{\mathrm{T}}\boldsymbol{H}\boldsymbol{A})(i,j)$, 其中 $H(i,j)$ 与 $(\boldsymbol{A}^{\mathrm{T}}\boldsymbol{H}\boldsymbol{A})(i,j)$ 分别是矩阵 $\boldsymbol{H}$ 与 $\boldsymbol{A}^{\mathrm{T}}\boldsymbol{H}\boldsymbol{A}$ 的第 (i,j) 分量. $\boldsymbol{H}$ 与 $\boldsymbol{A}^{\mathrm{T}}\boldsymbol{H}\boldsymbol{A}$ 的每个对应分量相等, 因此 $\boldsymbol{H}=\boldsymbol{A}^{\mathrm{T}}\boldsymbol{H}\boldsymbol{A}$.

这证明了: $\mathcal{A}$ 是辛变换 $\Leftrightarrow$ $\boldsymbol{A}^{\mathrm{T}}\boldsymbol{H}\boldsymbol{A}=\boldsymbol{H}$.

(4) 记

$$\boldsymbol{A}_1=\begin{pmatrix} \boldsymbol{P} & \boldsymbol{O} \\ \boldsymbol{O} & \boldsymbol{Q} \end{pmatrix},\quad \boldsymbol{A}_2=\begin{pmatrix} \boldsymbol{I} & \boldsymbol{X} \\ \boldsymbol{O} & \boldsymbol{I} \end{pmatrix},\quad \boldsymbol{A}_3=\begin{pmatrix} \boldsymbol{I} & \boldsymbol{O} \\ \boldsymbol{X} & \boldsymbol{I} \end{pmatrix}$$

则:

$$A_1^{\mathrm{T}}HA_1=\begin{pmatrix} O & P^{\mathrm{T}}Q \\ -Q^{\mathrm{T}}P & O \end{pmatrix}=H \Leftrightarrow P^{\mathrm{T}}Q=I \Leftrightarrow Q=(P^{\mathrm{T}})^{-1}$$

$$A_2^{\mathrm{T}}HA_2=\begin{pmatrix} O & I_{(m)} \\ -I_{(m)} & X^{\mathrm{T}}-X \end{pmatrix}=H \Leftrightarrow X^{\mathrm{T}}-X=O \Leftrightarrow X^{\mathrm{T}}=X$$

$$A_3^{\mathrm{T}}HA_3=\begin{pmatrix} X-X^{\mathrm{T}} & I_{(m)} \\ -I_{(m)} & O \end{pmatrix}=H \Leftrightarrow X-X^{\mathrm{T}}=O \Leftrightarrow X^{\mathrm{T}}=X$$

P,Q,X 满足的充分必要条件为: P 可逆, $Q=(P^{\mathrm{T}})^{-1}$, X 是对称方阵: $X^{\mathrm{T}}=X$. □

借题发挥 9.2　典型群

1. 一般线性群

同一数域 F 上全体 n 阶可逆方阵组成的集合记作 $\mathrm{GL}(n,F)$, 其中任意两个可逆方阵的乘积仍可逆, 每个可逆方阵的逆仍可逆, 也就是说: 集合 $\mathrm{GL}(n,F)$ 对于矩阵乘法和求逆运算封闭, 并且包含单位阵, 称为 F 上的 n 级**一般线性群**.

数域 F 上同一个线性空间 V 上全体可逆线性变换组成的集合记作 $\mathrm{GL}(V)$, 它对变换乘法 (复合) 和求逆运算封闭, 并且包含单位变换, 称为 V 上的**一般线性群**.

一般地, 如果一个非空集合 G 上按照某个法则定义了乘法, 按照这个法则可以将 G 中任何两个元素 g,h 相乘得到唯一的乘积 $gh\in G$, 并且要求:

(1) 乘法满足结合律;

(2) 存在单位元 $e\in G$ 与每个 $g\in G$ 相乘得到 $eg=g=ge$;

(3) 每个元素 $g\in G$ 存在逆元 g^{-1} 满足 $gg^{-1}=g^{-1}g=e$. 满足以上条件的集合 G 称为**群**.

按照这个定义, $\mathrm{GL}(n,F)$ 与 $\mathrm{GL}(V)$ 都是群.

$\mathrm{GL}(n,F)$ 中每个可逆方阵 A 引起 $V=F^{n\times 1}$ 上一个可逆线性变换 $A_{\mathrm{L}}:X\mapsto AX$. 映射 $\varphi:A\mapsto A_{\mathrm{L}}$ 是 A_{L} 的对应是 $\mathrm{GL}(n,F)$ 到 $\mathrm{GL}(V)$ 的一一对应, 并且矩阵乘法对应于变换乘法: $\varphi(AB)=\varphi(A)\varphi(B)$. 在这个意义上, 可以将 $\mathrm{GL}(n,F)$ 中每个矩阵 A 与 $\mathrm{GL}(V)$ 的变换 $A_{\mathrm{L}}=\varphi(A)$ 等同起来, 从而将 $\mathrm{GL}(n,F)$ 与 $\mathrm{GL}(V)$ 等同起来. 称 $\mathrm{GL}(n,F)$ 与 $\mathrm{GL}(V)$ **同构**, φ 是 $\mathrm{GL}(n,F)$ 到 $\mathrm{GL}(V)$ 的**同构映射**.

反过来, 在 F 上 n 维线性空间 V 中任意取定一组基, 可以将每个 $v\in V$ 用唯一的坐标 X (列向量) 表示, $\mathrm{GL}(V)$ 中每个可逆线性变换 g 对应于唯一的矩阵 A 使 $g(v)$ 的坐标 $Y=AX$, 由 v 的坐标 X 左乘 A 得到. $\tau:g\mapsto A$ 是 $\mathrm{GL}(V)$ 到 $\mathrm{GL}(n,F)$ 的一一映射并且保乘法: $\tau(gh)=\tau(g)\tau(h)$, 是 $\mathrm{GL}(V)$ 到 $\mathrm{GL}(n,F)$ 的同构映射.

可见, 由可逆方阵组成的 $\mathrm{GL}(n,F)$ 与由可逆线性变换组成的 $\mathrm{GL}(V)$ 实质上是一样的. 当 V 是数域 F 上的 n 维线性空间时, 也把 $\mathrm{GL}(V)$ 记作 $\mathrm{GL}(n,F)$.

一般线性群 $\mathrm{GL}(n,F)$ 的非空子集 S 如果也对乘法和求逆运算封闭, 并且包含单位阵,

则 $\boldsymbol{S}$ 也是一个群, 称为 $\mathrm{GL}(n,F)$ 的**子群**. 如下是几类重要的子群.

2. 特殊线性群

$\mathrm{GL}(n,F)$ 中行列式等于 1 的全体矩阵组成的集合 $\mathrm{SL}(n,F)=\{\boldsymbol{A}\in F^{n\times n}\mid \det\boldsymbol{A}=1\}$ 是 $\mathrm{GL}(n,F)$ 的一个子群, 称为**特殊线性群.**

在研究线性空间的结构的时候, 我们将所有的向量写成一组基的线性组合, 由少数基向量经过数乘与加法运算得出所有的向量. 类似地, 在研究群的结构的时候, 也希望由少数简单元素经过求逆与乘法运算得出所有的元素.

$\mathrm{GL}(n,F)$ 中每个可逆方阵 $\boldsymbol{A}$ 可以经过有限次第三类初等行变换变成对角阵 $\boldsymbol{D}_n(\lambda)=\mathrm{diag}(1,\cdots,1,\lambda)$ 的形式, 其中 $\lambda=\det\boldsymbol{A}$. 每个第三类初等行变换可以用某个第三类初等方阵 $\boldsymbol{T}_{ij}(s)=\boldsymbol{I}+s\boldsymbol{E}_{ij}$ 左乘实现, 其中 $i\neq j$, $0\neq s\in F$. 因此, 存在有限个第三类初等方阵 $\boldsymbol{T}_{i_1j_1}(s_1),\cdots,\boldsymbol{T}_{i_kj_k}(s_k)$ 满足 $\boldsymbol{T}_{i_kj_k}(s_k)\cdots\boldsymbol{T}_{i_1j_1}(s_1)\boldsymbol{A}=\boldsymbol{D}_n(\lambda)$.

$$\boldsymbol{A}=\boldsymbol{T}_{i_1j_1}(-s_1)\cdots\boldsymbol{T}_{i_kj_k}(-s_k)\boldsymbol{D}_n(\lambda)$$

特别地, 当 $\boldsymbol{A}\in\mathrm{SL}(n,F)$ 即 $\lambda=\det\boldsymbol{A}=1$ 时 $\boldsymbol{D}_n(\lambda)=\boldsymbol{I}$, $\boldsymbol{A}$ 是有限个第三类初等方阵 $\boldsymbol{T}_{i_1j_1}(-s_1),\cdots,\boldsymbol{T}_{i_kj_k}(-s_k)$ 的乘积.

一般地, 如果 S 是群 G 的子集, 并且 G 中每个元素都可以写成 S 中有限个元素及它们的逆的乘积, 就称 S 是 G 的一组生成元. 以上证明的结论是:

全体第三类初等方阵 $\boldsymbol{T}_{ij}(s)$ $(i\neq j,0\neq s\in F)$ 组成 $\mathrm{SL}(n,F)$ 的一组生成元.

全体第三类初等方阵与形如 $\boldsymbol{D}_n(\lambda)=\mathrm{diag}(1,\cdots,1,\lambda)$ $(0\neq\lambda\in F)$ 的第二类初等方阵共同组成 $\mathrm{GL}(n,F)$ 的一组生成元.

3. 保内积的群

设数域 F 上 n 维线性空间 V 上定义了双线性函数 f, 看成 V 上的一个内积, 则 $\mathrm{GL}(V)$ 中保持这个内积 f 不变, 也就是满足条件 $f(gu,gv)=(u,v)$ $(\forall\ u,v\in V)$ 的全体变换 $g\in(V)$ 组成一个子群. 不同的 f 决定不同的群:

正交群 实数域 $\mathbf{R}$ 上 n 维欧氏空间 V 上定义了正定对称双线性内积, 保持这个内积不变的线性变换称为**正交变换**. V 上全体正交变换组成的群记作 $O(V)$, 也记作 O_n, 称为**正交群**.

在 V 上任意取定一组标准正交基, 则 $O(V)$ 中全体正交变换 g 对应的全体方阵 $\boldsymbol{A}$ 就是全体正交方阵, 组成的集合 $O_n=\{\boldsymbol{A}\in\mathrm{GL}(n,\mathbf{R})\mid\boldsymbol{A}^{\mathrm{T}}\boldsymbol{A}=\boldsymbol{I}\}$ 也是正交群.

每个正交方阵 (正交变换) 的行列式等于 1 或 -1. 其中行列式等于 1 的正交方阵 (正交变换) 组成子群, 记为 O_n^+, 称为**旋转群**.

辛群 数域 F 上 $2m$ 维线性空间 V 上定义了非退化反对称双线性函数 f. 保持 f 不变的线性变换 g 称为**辛变换**. V 上全体辛变换组成的群记作 $\mathrm{Sp}(V)$, 称为**辛群**. 在任一组基下将 V 中每个向量用坐标 $\boldsymbol{X}$ 表示 (写成列向量), 则 $f(\boldsymbol{X},\boldsymbol{Y})=\boldsymbol{X}^{\mathrm{T}}\boldsymbol{H}\boldsymbol{Y}$, 其中 $\boldsymbol{H}^{\mathrm{T}}=-\boldsymbol{H}$ 是可逆斜对称方阵, 辛变换对应的方阵 $\boldsymbol{A}$ 满足条件 $\boldsymbol{A}^{\mathrm{T}}\boldsymbol{H}\boldsymbol{A}=\boldsymbol{H}$, 称为**辛方阵**. 全体辛方阵组成子群 $\mathrm{Sp}(2m,F)=\{\boldsymbol{A}\in(2m,F)\mid\boldsymbol{A}^{\mathrm{T}}\boldsymbol{H}\boldsymbol{A}=\boldsymbol{H}\}$, 也称为辛群. 9.8.7 讨论的就是当 $\boldsymbol{H}$ 具有标准形式时辛方阵的形状.

酉群 复数域 $\mathbf{C}$ 上 n 维酉空间 V 上定义了正定 Hermite 内积, 保持这个内积不变的线性变换称为酉变换, V 上酉变换的全体组成群 U_n, 称为**酉群**. 任取 V 的标准正交基将每个向量用坐标表示, 线性变换用矩阵表示, 则酉变换对应的矩阵 $\boldsymbol{A}$ 满足条件 $\overline{\boldsymbol{A}^{\mathrm{T}}}\boldsymbol{A}=\boldsymbol{I}$, 称为**酉方阵**. 全体 n 阶酉方阵组成 $\mathrm{GL}(n,C)$ 的子群, 也记为 U_n, 称为酉群.

一般线性群、特殊线性群、辛群、正交群、酉群都称为典型群. □

9.8.8 设 $M_n(F)$ 是数域 F 上全体 n 阶方阵组成的集合, 看成 F 上 n^2 线性空间. $\varphi: M_n(F)\to F$ 是 $M_n(F)$ 上的非零线性函数, 满足 $\varphi(\boldsymbol{XY})=\varphi(\boldsymbol{YX})$, $\forall\ \boldsymbol{X},\boldsymbol{Y}\in M_n(F)$. 在 $M_n(F)$ 上定义双线性型 $f(\boldsymbol{X},\boldsymbol{Y})=\varphi(\boldsymbol{XY})$.

(1) 证明这个双线性型 f 是非退化的，即若 $f(\boldsymbol{X},\boldsymbol{Y})=0$ 对所有的 $\boldsymbol{Y}\in M_n(F)$ 成立, 则 $\boldsymbol{X}=0$.

(2) 设 $\boldsymbol{A}_1,\cdots,\boldsymbol{A}_{n^2}$ 是 $M_n(F)$ 的一组基, $\boldsymbol{B}_1,\cdots,\boldsymbol{B}_{n^2}$ 是相应的对偶基, 即 $f(\boldsymbol{A}_i,\boldsymbol{B}_j)=\boldsymbol{\delta}_{ij}=\begin{cases}0, & 当 i\neq j\\ 1, & 当 i=j\end{cases}$. 证明 $\sum\limits_{i=1}^{n^2}\boldsymbol{A}_i\boldsymbol{B}_i$ 是数量矩阵.

证明 首先证明 $\varphi(\boldsymbol{X})=c(\mathrm{tr}\boldsymbol{X})$, c 是某个常数. 为此, 先对每个 $\boldsymbol{E}_{ij}$ 计算 $\varphi(\boldsymbol{E}_{ij})$.

设 $c=\varphi(\boldsymbol{E}_{11})$, 则对每个 $1\leqslant i\leqslant n$ 有

$$\varphi(\boldsymbol{E}_{ii})=\varphi(\boldsymbol{E}_{i1}\boldsymbol{E}_{1i})=\varphi(\boldsymbol{E}_{1i}\boldsymbol{E}_{i1})=\varphi(\boldsymbol{E}_{11})=c$$

当 $i\neq j$ 时有

$$\varphi(\boldsymbol{E}_{ij})=\varphi(\boldsymbol{E}_{ii}\boldsymbol{E}_{ij})=\varphi(\boldsymbol{E}_{ij}\boldsymbol{E}_{ii})=\varphi(\boldsymbol{O})=0$$

于是对任意 $\boldsymbol{X}=(x_{ij})_{n\times n}=\sum\limits_{i,j=1}^{n}x_{ij}\boldsymbol{E}_{ij}$ 有

$$\varphi(\boldsymbol{X})=\sum_{i,j=1}^{n}x_{ij}\varphi(\boldsymbol{E}_{ij})=cx_{11}+\cdots+cx_{nn}=c(\mathrm{tr}\boldsymbol{X})$$

(1) 设 $\boldsymbol{X}=(x_{ij})_{n\times n}\neq 0$, 其中某个分量 $x_{ij}\neq 0$, 则 $f(\boldsymbol{E}_{ji},\boldsymbol{X})=c(\mathrm{tr}(\boldsymbol{E}_{ji}\boldsymbol{X}))=cx_{ij}\neq 0$. 可见, 如果 $\boldsymbol{X}$ 对所有的 $\boldsymbol{Y}$ 满足条件 $f(\boldsymbol{X},\boldsymbol{Y})=0$, 则 $\boldsymbol{X}=0$. 这证明了 $f(\boldsymbol{X},\boldsymbol{Y})=\varphi(\boldsymbol{XY})$ 非退化.

(2) 记 $\boldsymbol{H}=\sum\limits_{i=1}^{n^2}\boldsymbol{A}_i\boldsymbol{B}_i$. 先证明 $\boldsymbol{H}$ 与所有的 $\boldsymbol{X}\in M_n(F)$ 作乘法可交换, 即满足 $\boldsymbol{HX}=\boldsymbol{XH}$, 由此可推出 $\boldsymbol{H}$ 是数量阵 (参见第 4.1 节例题分析与解答的证明).

$$\boldsymbol{XH}=\sum_{i=1}^{n^2}(\boldsymbol{XA}_i)\boldsymbol{B}_i,\quad \boldsymbol{HX}=\sum_{i=1}^{n^2}\boldsymbol{A}_i(\boldsymbol{B}_i\boldsymbol{X})$$

将每个 $\boldsymbol{XA}_i$ 写成 $M_n(\mathbf{R})$ 的基 $\{\boldsymbol{A}_1,\cdots,\boldsymbol{A}_{n^2}\}$ 的线性组合 $\boldsymbol{XA}_i=a_{i1}\boldsymbol{A}_1+\cdots+a_{i,n^2}\boldsymbol{A}_{n^2}$, 则 $f(\boldsymbol{XA}_i,\boldsymbol{B}_j)=\sum\limits_{k=1}^{n^2}a_{ik}f(\boldsymbol{A}_k,\boldsymbol{B}_j)=a_{ij}$. 因此 $\boldsymbol{XA}_i=\sum\limits_{i=1}^{n^2}f(\boldsymbol{XA}_i,\boldsymbol{B}_j)\boldsymbol{A}_j$,

$$\boldsymbol{XH}=\sum_{i=1}^{n^2}\sum_{j=1}^{n^2}f(\boldsymbol{XA}_i,\boldsymbol{B}_j)\boldsymbol{A}_j\boldsymbol{B}_i \tag{9.19}$$

类似地, 将每个 $\boldsymbol{B}_i\boldsymbol{X}$ 写成 $M_n(\mathbf{R})$ 的基 $\{\boldsymbol{B}_1,\cdots,\boldsymbol{B}_{n^2}\}$ 的线性组合 $\boldsymbol{B}_i\boldsymbol{X}=b_{i1}\boldsymbol{B}_1+\cdots+b_{i,n^2}\boldsymbol{B}_{n^2}$. 则 $f(\boldsymbol{A}_j,\boldsymbol{B}_i\boldsymbol{X})=b_{ij}$. 因此 $\boldsymbol{B}_i\boldsymbol{X}=\sum\limits_{j=1}^{n^2}f(\boldsymbol{A}_j,\boldsymbol{B}_i\boldsymbol{X})\boldsymbol{B}_j$,

$$\boldsymbol{H}\boldsymbol{X}=\sum_{i=1}^{n^2}\sum_{j=1}^{n^2}f(\boldsymbol{A}_j,\boldsymbol{B}_i\boldsymbol{X})\boldsymbol{A}_i\boldsymbol{B}_j=\sum_{j=1}^{n^2}\sum_{i=1}^{n^2}f(\boldsymbol{A}_i,\boldsymbol{B}_j\boldsymbol{X})\boldsymbol{A}_j\boldsymbol{B}_i \tag{9.20}$$

对任意一对 i,j, 有

$$\begin{aligned}f(\boldsymbol{X}\boldsymbol{A}_i,\boldsymbol{B}_j)&=\varphi((\boldsymbol{X}\boldsymbol{A}_i)\boldsymbol{B}_j)=\varphi(\boldsymbol{X}(\boldsymbol{A}_i\boldsymbol{B}_j))=\varphi((\boldsymbol{A}_i\boldsymbol{B}_j)\boldsymbol{X})\\&=\varphi(\boldsymbol{A}_i(\boldsymbol{B}_j\boldsymbol{X}))=f(\boldsymbol{A}_i,\boldsymbol{B}_j\boldsymbol{X})\end{aligned}$$

等式 (9.19),(9.20) 的右边都是 $\boldsymbol{A}_j\boldsymbol{B}_i$ 的线性组合, 且对应系数相等, 所得的线性组合 $\boldsymbol{X}\boldsymbol{H}=\boldsymbol{H}\boldsymbol{X}$. 这证明了 $\boldsymbol{H}$ 与 $M_n(\mathbf{R})$ 中所有的方阵 $\boldsymbol{X}$ 乘法可交换. 因此 $\boldsymbol{H}$ 是数量矩阵.

□

9.9 更多的例子

知 识 导 航

本节通过例题的形式介绍了一些重要的知识, 其实是别的教材或课程的重要定理.

1. Schur 不等式

定理 9.9.1 设 $\lambda_1,\cdots,\lambda_n$ 是复方阵 $\boldsymbol{A}=(a_{ij})_{n\times n}$ 的全部特征值, 则

$$\operatorname{tr}(\boldsymbol{A}^*\boldsymbol{A})=\sum_{1\leqslant i,j\leqslant n}|a_{ij}|^2\geqslant\sum_{i=1}^{n}|\lambda_i|^2$$

其中的等号成立当且仅当 $\boldsymbol{A}$ 是规范方阵.

证明 存在酉方阵 $\boldsymbol{U}$ 将 $\boldsymbol{A}$ 相似到上三角阵 $\boldsymbol{U}^*\boldsymbol{A}\boldsymbol{U}=\boldsymbol{T}$, $\boldsymbol{T}=(t_{ij})_{n\times n}$ 的对角元 $t_{11},\cdots,t_{nn}$ 就是 $\boldsymbol{A}$ 的全部特征值. $\boldsymbol{T}^*\boldsymbol{T}=\boldsymbol{U}^*\boldsymbol{A}^*\boldsymbol{A}\boldsymbol{U}$ 与 $\boldsymbol{A}^*\boldsymbol{A}$ 相似, 迹相等:

$$\operatorname{tr}(\boldsymbol{A}^*\boldsymbol{A})=\sum_{1\leqslant i,j\leqslant n}|a_{ij}|^2=\operatorname{tr}(\boldsymbol{T}^*\boldsymbol{T})=\sum_{1\leqslant i,j\leqslant n}|t_{ij}|^2\geqslant\sum_{i=1}^{n}|t_{ii}|^2=\sum_{i=1}^{n}|\lambda_i|^2$$

等号成立 $\Leftrightarrow t_{ij}=0\ (\forall\ 1\leqslant i<j\leqslant n)\Leftrightarrow \boldsymbol{T}$ 为对角阵 $\Leftrightarrow \boldsymbol{A}=\boldsymbol{U}\boldsymbol{T}\boldsymbol{U}^*$ 为规范阵. □

2. 半正定 Hermite 方阵的 "算术平方根"

每个非负实数 a 存在唯一的非负实数 b 满足 $b^2=a$, b 称为 a 的算术平方根.

非负实数就是 1 阶半正定 Hermite 方阵. 类似地, 任意 n 半正定 Hermite 方阵也有唯一的半正定 Hermite 方阵作为 "算术平方根":

定理 9.9.2 设 $\boldsymbol{H}$ 是半正定 Hermite 方阵, 则存在唯一的半正定 Hermite 方阵 $\boldsymbol{H}_1$ 满足条件 $\boldsymbol{H}=\boldsymbol{H}_1^2$.

证明 存在酉方阵 $\boldsymbol{U}$ 将 $\boldsymbol{H}$ 相似到对角阵

$$\boldsymbol{D}=\boldsymbol{U}^*\boldsymbol{H}\boldsymbol{U}=\operatorname{diag}(\lambda_1\boldsymbol{I}_{n_1},\cdots,\lambda_t\boldsymbol{I}_{(n_t)},\boldsymbol{O}_{(n_0)})$$

其中 $\lambda_1>\cdots>\lambda_t>0$, $n_1+\cdots+n_t+n_0=n$. 取每个 λ_i 的算术平方根 $\mu_i=\sqrt{\lambda_i}\geqslant 0$ (满足 $\mu_i^2=\lambda_i$), 则 $\mu_1>\cdots>\mu_t>0$. 取 $\boldsymbol{D}_1=\operatorname{diag}(\mu_1\boldsymbol{I}_{(n_1)},\cdots,\mu_t\boldsymbol{I}_{(n_t)},\boldsymbol{O}_{(m)})$, $\boldsymbol{H}_1=\boldsymbol{U}\boldsymbol{D}_1\boldsymbol{U}^*$, 则 $\boldsymbol{H}_1$ 是半正定 Hermite 方阵且满足 $\boldsymbol{H}_1^2=\boldsymbol{U}\boldsymbol{D}_1^2\boldsymbol{U}^*=\boldsymbol{U}\boldsymbol{D}\boldsymbol{U}^*=\boldsymbol{H}$.

设 $\boldsymbol{H}_2$ 也是满足条件 $\boldsymbol{H}_2^2=\boldsymbol{H}$ 的半正定 Hermite 方阵, 则 $\boldsymbol{\Lambda}_2=\boldsymbol{U}^*\boldsymbol{H}_2\boldsymbol{U}$ 满足 $\boldsymbol{\Lambda}_2^2=\boldsymbol{U}^*\boldsymbol{H}_2^2\boldsymbol{U}=\boldsymbol{U}^*\boldsymbol{H}\boldsymbol{U}=\boldsymbol{D}$. $\boldsymbol{\Lambda}_2$ 仍是半正定 Hermite 方阵, 可被某个酉方阵 $\boldsymbol{U}_2$ 相似到对角阵 $\boldsymbol{U}_2^*\boldsymbol{\Lambda}_2\boldsymbol{U}_2=\boldsymbol{D}_2=\operatorname{diag}(d_1,\cdots,d_n)$, 对角元是从大到小排列的非负实数: $d_1\geqslant\cdots\geqslant d_n\geqslant 0$. 于是 $\boldsymbol{\Lambda}_2=\boldsymbol{U}_2\boldsymbol{D}_2\boldsymbol{U}_2^*$. 对角阵 $\boldsymbol{D}=\boldsymbol{\Lambda}_2^2=\boldsymbol{U}_2\boldsymbol{D}_2^2\boldsymbol{U}_2^*=\boldsymbol{U}_2\operatorname{diag}(d_1^2,\cdots,d_n^2)\boldsymbol{U}_2^*$ 与 $\boldsymbol{D}_2^2$ 相似, 具有同样的特征值, 对角元同样按从大到小的顺序排列, 因而 $\boldsymbol{D}_2^2=\boldsymbol{D}=\operatorname{diag}(\lambda_1\boldsymbol{I}_{(n_1)},\cdots,\lambda_t\boldsymbol{I}_{(n_t)},\boldsymbol{O}_{(n_0)})$. $\boldsymbol{D}_2=\operatorname{diag}(\sqrt{\lambda_1}\boldsymbol{I}_{(n_1)},\cdots,\sqrt{\lambda_t}\boldsymbol{I}_{(n_t)},\boldsymbol{O}_{(n_0)})=\boldsymbol{D}_1$. 由 $\boldsymbol{D}=\boldsymbol{U}_2\boldsymbol{D}_2^2\boldsymbol{U}_2^*=\boldsymbol{U}_2\boldsymbol{D}\boldsymbol{U}_2^{-1}$ 知 $\boldsymbol{D}\boldsymbol{U}_2=\boldsymbol{U}_2\boldsymbol{D}$, 这迫使 $\boldsymbol{U}_2$ 是准对角阵 $\boldsymbol{U}_2=\operatorname{diag}(\boldsymbol{B}_1,\cdots,\boldsymbol{B}_t,\boldsymbol{B}_0)$, 其中每个 $\boldsymbol{B}_i$ 是 n_i 阶正交方阵, $(\forall\ 0\leqslant i\leqslant t)$. 于是同样有 $\boldsymbol{D}_1\boldsymbol{U}_2=\boldsymbol{U}_2\boldsymbol{D}_1$, $\boldsymbol{\Lambda}_2=\boldsymbol{U}_2\boldsymbol{D}_2\boldsymbol{U}_2^{-1}=\boldsymbol{U}_2\boldsymbol{D}_1\boldsymbol{U}_2^{-1}=\boldsymbol{D}_1$. $\boldsymbol{H}_2=\boldsymbol{U}\boldsymbol{\Lambda}_2\boldsymbol{U}^*=\boldsymbol{U}\boldsymbol{D}_1\boldsymbol{U}^*=\boldsymbol{H}_1$. 这就证明了满足条件 $\boldsymbol{H}_1^2=\boldsymbol{H}$ 的半正定 Hermite 方阵的唯一性. □

定理 9.9.2 中由半正定 Hermite 方阵 $\boldsymbol{H}$ 唯一决定的满足条件 $\boldsymbol{H}_1^2=\boldsymbol{H}$ 的半正定 Hermite 方阵 $\boldsymbol{H}_1$ 记作 $\boldsymbol{H}^{\frac{1}{2}}$.

3. 矩阵的酉相抵与奇异值

任意 $m\times n$ 复矩阵 $\boldsymbol{A}$ 可以被适当的可逆方阵 $\boldsymbol{P},\boldsymbol{Q}$ 相抵于标准形 $\boldsymbol{S}=\boldsymbol{P}\boldsymbol{A}\boldsymbol{Q}=\begin{pmatrix}\boldsymbol{I}_{(r)} & \boldsymbol{O}\\ \boldsymbol{O} & \boldsymbol{O}\end{pmatrix}$, 其中 $r=\operatorname{rank}\boldsymbol{A}$ 是 $\boldsymbol{A}$ 的秩.

在某些情况下, 需要用酉方阵 $\boldsymbol{U}_1,\boldsymbol{U}$ 将任意矩阵 $\boldsymbol{A}$ 相抵到尽可能简单的标准形 $\boldsymbol{S}_1=\boldsymbol{U}_1\boldsymbol{A}\boldsymbol{U}$, 此时的标准形 $\boldsymbol{S}_1$ 一般不能像以上的 $\boldsymbol{P}\boldsymbol{A}Q$ 那样简单, 而必须满足 $\boldsymbol{S}_1^*\boldsymbol{S}_1=(\boldsymbol{U}_1\boldsymbol{A}\boldsymbol{U})^*(\boldsymbol{U}_1\boldsymbol{A}\boldsymbol{U})=\boldsymbol{U}^*\boldsymbol{A}^*\boldsymbol{U}_1^*\boldsymbol{U}_1\boldsymbol{A}\boldsymbol{U}=\boldsymbol{U}^*(\boldsymbol{A}^*\boldsymbol{A})\boldsymbol{U}$. 也就是说: $\boldsymbol{S}_1^*\boldsymbol{S}_1$ 必须与 $\boldsymbol{A}^*\boldsymbol{A}$ 酉相似. 与半正定 Hermite 方阵 $\boldsymbol{A}^*\boldsymbol{A}$ 酉相似的最简单的方阵是对角阵 $\boldsymbol{D}=\operatorname{diag}(s_1,\cdots,s_n)$, 其中 $s_1\geqslant\cdots\geqslant s_n$ 是 $\boldsymbol{A}^*\boldsymbol{A}$ 的特征值, 全部是非负实数, 按从大到小顺序排列, 因而 $s_1\geqslant\cdots\geqslant s_r>0=s_{r+1}=\cdots=s_n$. 我们有:

定理 9.9.3 对任意 $m\times n$ 复矩阵 $\boldsymbol{A}$, 存在 m 阶酉方阵 $\boldsymbol{U}_1$ 和 n 阶酉方阵 $\boldsymbol{U}$ 使

$$\boldsymbol{S}=\boldsymbol{U}_1\boldsymbol{A}\boldsymbol{U}=\begin{pmatrix}\mu_1 & & & \\ & \ddots & & \\ & & \mu_r & \\ & & & \boldsymbol{O}\end{pmatrix}$$

其中 $r=\operatorname{rank}\boldsymbol{A}$, $\mu_1,\cdots,\mu_r$ 是 $\boldsymbol{A}^*\boldsymbol{A}$ 的各个非零特征值 $s_1,\cdots,s_r$ 的算术平方根, 称为矩阵 $\boldsymbol{A}$ 的**奇异值** (singular values), $\boldsymbol{S}$ 称为 $\boldsymbol{A}$ 的酉相抵标准形.

证明 存在酉方阵 $\boldsymbol{U}$ 将半正定 Hermite 方阵 $\boldsymbol{A}^*\boldsymbol{A}$ 相似到对角阵 $\boldsymbol{D}=\boldsymbol{U}^{-1}\boldsymbol{A}^*\boldsymbol{A}\boldsymbol{U}=\operatorname{diag}(\boldsymbol{\Lambda},\boldsymbol{O}_{(n-r)})$, 其中 $\boldsymbol{\Lambda}\operatorname{diag}(s_1,\cdots,s_r)$ 的对角元是 $\boldsymbol{A}^*\boldsymbol{A}$ 的全体非零特征值, 全部是正实数, 按从大到小顺序排列. $\boldsymbol{D}=\boldsymbol{U}^*\boldsymbol{A}^*\boldsymbol{A}\boldsymbol{U}=\boldsymbol{B}^*\boldsymbol{B}$, $\boldsymbol{B}=\boldsymbol{A}\boldsymbol{U}=(\boldsymbol{b}_1,\cdots,\boldsymbol{b}_n)$ 的各列 $\boldsymbol{b}_i\in\mathbf{C}^{m\times 1}$ 的标准内积 $d_{ij}=\boldsymbol{b}_i^*\boldsymbol{b}_j$ 等于 $\boldsymbol{D}$ 的第 (i,j) 元, 除了 $\boldsymbol{b}_i^*\boldsymbol{b}_i=s_i>0$ $(1\leqslant i\leqslant r)$ 之外其余 $\boldsymbol{b}_i^*\boldsymbol{b}_j=0$. 特别地, 当 $i>r$ 时由 $\boldsymbol{b}_i^*\boldsymbol{b}_i=0$ 知 $\boldsymbol{b}_i=\mathbf{0}$. $\boldsymbol{b}_1,\cdots,\boldsymbol{b}_r$ 是 $\mathbf{C}^{n\times 1}$ 中两两正交的非零向量, 分别除以各自的长度 $\mu_i=|\boldsymbol{b}_i|=\sqrt{\boldsymbol{b}_i^*\boldsymbol{b}_i}=\sqrt{s_i}$ $(1\leqslant i\leqslant r)$ 得到两两正交的单位向量 $\boldsymbol{v}_i=\mu_i^{-1}\boldsymbol{b}_i$ $(1\leqslant i\leqslant r)$, 可以扩充为 $\mathbf{C}^{m\times 1}$ 的一组标准正交基 $\{\boldsymbol{v}_1,\cdots,\boldsymbol{v}_m\}$, 排成 m 阶酉方阵 $\boldsymbol{V}_1=(\boldsymbol{v}_1,\cdots,\boldsymbol{v}_m)$.

$$\begin{aligned}\boldsymbol{B}=(\boldsymbol{b}_1,\cdots,\boldsymbol{b}_n)&=(\mu_1\boldsymbol{v}_1,\cdots,\mu_r\boldsymbol{v}_r,\mathbf{0},\cdots,\mathbf{0})\\&=(\boldsymbol{v}_1,\cdots,\boldsymbol{v}_m)\begin{pmatrix}\mu_1&&&\\&\ddots&&\\&&\mu_r&\\&&&\boldsymbol{O}_{(m-r)\times(n-r)}\end{pmatrix}=\boldsymbol{V}_1\boldsymbol{S}\end{aligned}$$

其中 $\boldsymbol{S}$ 就是定理中所说的标准形, 由 $\boldsymbol{B}=\boldsymbol{A}\boldsymbol{U}=\boldsymbol{V}_1\boldsymbol{S}$ 得 $\boldsymbol{S}=\boldsymbol{V}_1^{-1}\boldsymbol{A}\boldsymbol{U}=\boldsymbol{U}_1\boldsymbol{A}\boldsymbol{U}$, 其中 $\boldsymbol{U}_1=\boldsymbol{V}_1^{-1}$ 与 $\boldsymbol{U}$ 都是酉方阵, 如所欲证. □

容易看出, $\boldsymbol{A}$ 的酉相抵标准形 $\boldsymbol{S}$ 是满足条件 $\boldsymbol{S}^*\boldsymbol{S}=\boldsymbol{D}=\operatorname{diag}(s_1,\cdots,s_r,0,\cdots,0)$ 的最简单的矩阵.

注意复矩阵 $\boldsymbol{A}$ 的酉相抵标准形 $\boldsymbol{S}$ 的元素都是非负实数. 如果 $\boldsymbol{A}$ 是实矩阵, 则定理 9.9.3 中的酉方阵 $\boldsymbol{U}_1,\boldsymbol{U}$ 的元素都可以全部取实数, 也就是取正交方阵 $\boldsymbol{U}_1,\boldsymbol{U}$ 将 $\boldsymbol{A}$ 相似到标准形 $\boldsymbol{S}=\boldsymbol{U}_1\boldsymbol{A}\boldsymbol{U}$.

4. 奇异值分解与极分解

根据复矩阵 $\boldsymbol{A}$ 的酉相抵标准形可以导出 $\boldsymbol{A}$ 的如下两种重要分解:

定理 9.9.4 (矩阵的奇异值分解) $m\times n$ 复矩阵 $\boldsymbol{A}$ 可以分解为酉方阵 $\boldsymbol{V}_1,\boldsymbol{V}$ 与简单方阵 $\boldsymbol{S}$ 的乘积 $\boldsymbol{A}=\boldsymbol{V}_1\boldsymbol{S}\boldsymbol{V}$, 其中:

$$\boldsymbol{S}=\begin{pmatrix}\mu_1&&&\\&\ddots&&\\&&\mu_r&\\&&&\boldsymbol{O}\end{pmatrix}$$

仅有的非零元 $\mu_1,\cdots,\mu_r$ 是 $\boldsymbol{S}$ 的前 r 个对角元, 是 $\boldsymbol{A}$ 的全部奇异值.

证明 存在酉方阵 $\boldsymbol{U}_1,\boldsymbol{U}$ 将 $\boldsymbol{A}$ 相抵到标准形 $\boldsymbol{S}=\boldsymbol{U}_1\boldsymbol{A}\boldsymbol{U}$, 于是 $\boldsymbol{A}=\boldsymbol{V}_1\boldsymbol{S}\boldsymbol{V}$, 其中 $\boldsymbol{V}_1=\boldsymbol{U}_1^{-1},\boldsymbol{V}=\boldsymbol{U}^{-1}$ 是酉方阵. □

如果 $\boldsymbol{A}$ 是实矩阵, 则可以要求奇异值分解 $\boldsymbol{A}=\boldsymbol{V}_1\boldsymbol{S}\boldsymbol{V}$ 中的 $\boldsymbol{V}_1,\boldsymbol{V}$ 为正交方阵.

定理 9.9.5 (矩阵的极分解) 任意 n 阶复方阵 $\boldsymbol{A}$ 都可以分解为一个半正定 Hermite 方阵 $\boldsymbol{H}$ (或者 $\boldsymbol{H}_1$) 与一个酉方阵 $\boldsymbol{U}$ 的乘积:

$$\boldsymbol{A}=\boldsymbol{H}\boldsymbol{U} \quad \text{或者} \quad \boldsymbol{A}=\boldsymbol{U}\boldsymbol{H}_1$$

而且其中的半正定 Hermite 方阵 $\boldsymbol{H}$ (或者 $\boldsymbol{H}_1$) 由方阵 $\boldsymbol{A}$ 唯一确定.

证明 存在酉方阵 $\boldsymbol{U}_1,\boldsymbol{U}_2$ 将复方阵 $\boldsymbol{A}$ 相抵到对角阵 $\boldsymbol{U}_1\boldsymbol{A}\boldsymbol{U}_2=\boldsymbol{S}=\mathrm{diag}(\mu_1,\cdots,\mu_r,0,\cdots,0)$, 其中 $\mu_1\geqslant\cdots\geqslant\mu_r$ 是正实数. 因而

$$\boldsymbol{A}=\boldsymbol{U}_1^{-1}\boldsymbol{S}\boldsymbol{U}_2^{-1}=(\boldsymbol{U}_1^*\boldsymbol{S}\boldsymbol{U}_1)(\boldsymbol{U}_1^{-1}\boldsymbol{U}_2^{-1})=\boldsymbol{H}\boldsymbol{U},\ \boldsymbol{A}=(\boldsymbol{U}_1^{-1}\boldsymbol{U}_2^{-1})(\boldsymbol{U}_2\boldsymbol{S}\boldsymbol{U}_2^*)=\boldsymbol{U}\boldsymbol{H}_1$$

其中 $\boldsymbol{U}=\boldsymbol{U}_1^{-1}\boldsymbol{U}_2^{-1}$ 是酉方阵, $\boldsymbol{H}=\boldsymbol{U}_1^*\boldsymbol{S}\boldsymbol{U}_1$ 与 $\boldsymbol{H}_1=\boldsymbol{U}_2\boldsymbol{S}\boldsymbol{U}_2^*$ 都与半正定 Herimite 方阵 $\boldsymbol{S}$ 共轭相合, 因而都是半正定 Hermite 方阵.

如果 $\boldsymbol{A}=\boldsymbol{H}\boldsymbol{U}$ 分解为半正定 Hermite 方阵 $\boldsymbol{H}$ 与酉方阵 $\boldsymbol{U}$ 的乘积, 则 $\boldsymbol{A}\boldsymbol{A}^*=\boldsymbol{H}\boldsymbol{U}\boldsymbol{U}^*\boldsymbol{H}^*=\boldsymbol{H}^2$ 是半正定 Hermite 方阵, 由定理 9.9.2 知满足此条件的半正定 Hermite 方阵 $\boldsymbol{H}=(\boldsymbol{A}\boldsymbol{A}^*)^{\frac{1}{2}}$ 唯一.

类似地, 如果酉方阵 $\boldsymbol{U}$ 与半正定 Hermite 方阵 $\boldsymbol{H}_1$ 的乘积 $\boldsymbol{U}\boldsymbol{H}_1=\boldsymbol{A}$, 则 $\boldsymbol{A}^*\boldsymbol{A}=\boldsymbol{H}_1^*\boldsymbol{U}^*\boldsymbol{U}\boldsymbol{H}_1=\boldsymbol{H}_1^2$, 满足此条件的 $\boldsymbol{H}_1=(\boldsymbol{A}^*\boldsymbol{A})^{\frac{1}{2}}$ 唯一. □

如果 $\boldsymbol{A}$ 是实方阵, 则极分解式 $\boldsymbol{A}=\boldsymbol{H}\boldsymbol{U}=\boldsymbol{U}\boldsymbol{H}_1$ 中的 $\boldsymbol{U}$ 是正交方阵, $\boldsymbol{H},\boldsymbol{H}_1$ 是半正定实对称方阵.

5. Witt 扩张定理

酉空间 V 上的酉变换 $\mathcal{A}$ 保持向量的内积不变, 对任意一组向量 $\boldsymbol{\alpha}_1,\cdots,\boldsymbol{\alpha}_m$, 有 $(\mathcal{A}\boldsymbol{\alpha}_i,\mathcal{A}\boldsymbol{\alpha}_j)=(\boldsymbol{\alpha}_i,\boldsymbol{\alpha}_j)$ 对所有的 $1\leqslant i,j\leqslant m$ 成立. 反过来, 我们有:

定理 9.9.6 如果 V 中任意两组向量 $S=\{\boldsymbol{\alpha}_1,\cdots,\boldsymbol{\alpha}_m\}$ 与 $T=\{\boldsymbol{\beta}_1,\cdots,\boldsymbol{\beta}_m\}$ 满足条件 $(\boldsymbol{\alpha}_i,\boldsymbol{\alpha}_j)=(\boldsymbol{\beta}_i,\boldsymbol{\beta}_j)$ $(\forall\, 1\leqslant i,j\leqslant m)$, 则存在酉变换 $\mathcal{A}$ 将 $\boldsymbol{\alpha}_i\mapsto\boldsymbol{\beta}_i$, $\forall\, 1\leqslant i\leqslant m$.

证明 在 V 的任一组标准正交基 M 下将 V 中的每个向量 $\boldsymbol{\alpha}$ 用坐标 $\boldsymbol{X}\in\mathbf{C}^{n\times 1}$ 写成列向量形式. 将各 $\boldsymbol{\alpha}_i$ $(1\leqslant i\leqslant m)$ 的坐标 $\boldsymbol{A}_i$ 排成矩阵 $\boldsymbol{A}=(\boldsymbol{A}_1,\cdots,\boldsymbol{A}_m)$, 各 $\boldsymbol{\beta}_i$ 的坐标 $\boldsymbol{B}_i$ 排成 $n\times m$ 矩阵 $\boldsymbol{B}=(\boldsymbol{B}_1,\cdots,\boldsymbol{B}_m)$, 则 $\boldsymbol{A}^*\boldsymbol{A}$ 的第 (i,j) 元素等于 $\boldsymbol{A}_i^*\boldsymbol{A}_j=(\boldsymbol{\alpha}_i,\boldsymbol{\alpha}_j)$, $\boldsymbol{B}^*\boldsymbol{B}$ 的第 (i,j) 元等于 $\boldsymbol{B}_i^*\boldsymbol{B}_j=(\boldsymbol{\beta}_i,\boldsymbol{\beta}_j)$. 由 $(\boldsymbol{\alpha}_i,\boldsymbol{\alpha}_j)=(\boldsymbol{\beta}_i,\boldsymbol{\beta}_j)$ $(\forall\ 1\leqslant i,j\leqslant m)$ 知 $\boldsymbol{A}^*\boldsymbol{A}$ 与 $\boldsymbol{B}^*\boldsymbol{B}$ 的对应元素相等, 因此 $\boldsymbol{A}^*\boldsymbol{A}=\boldsymbol{B}^*\boldsymbol{B}$.

由定理 9.9.4 知 $\boldsymbol{A},\boldsymbol{B}$ 可以分解成 $\boldsymbol{A}=\boldsymbol{U}_1\boldsymbol{H}_1$ 和 $\boldsymbol{B}=\boldsymbol{U}_2\boldsymbol{H}_2$ 的形式, 其中 $\boldsymbol{H}_1,\boldsymbol{H}_2$ 是半正定 Hermite 方阵, $\boldsymbol{U}_1,\boldsymbol{U}_2$ 是酉方阵. 于是:

$$\boldsymbol{A}^*\boldsymbol{A}=\boldsymbol{H}_1^*\boldsymbol{U}_1^*\boldsymbol{U}_1\boldsymbol{H}_1=\boldsymbol{H}_1^2,\quad \boldsymbol{B}^*\boldsymbol{B}=\boldsymbol{H}_2^*\boldsymbol{U}_2^*\boldsymbol{U}_2\boldsymbol{H}_2=\boldsymbol{H}_2^2$$

由 $\boldsymbol{A}^*\boldsymbol{A}=\boldsymbol{B}^*\boldsymbol{B}$ 得 $\boldsymbol{H}_1^2=\boldsymbol{H}_2^2$, 再由定理 9.9.2 知 $\boldsymbol{H}_1=\boldsymbol{H}_2$, 因而 $\boldsymbol{B}\boldsymbol{A}^{-1}=(\boldsymbol{U}_2\boldsymbol{H}_1)(\boldsymbol{U}_1\boldsymbol{H}_1)^{-1}=\boldsymbol{U}_2\boldsymbol{U}_1^{-1}=\boldsymbol{U}$ 是酉方阵. $\boldsymbol{B}=\boldsymbol{U}\boldsymbol{A}$, $\boldsymbol{B}_i=\boldsymbol{U}\boldsymbol{A}_i$. $\mathbf{C}^{n\times 1}$ 上的酉变换 $\boldsymbol{X}\mapsto\boldsymbol{U}\boldsymbol{X}$ 代表了 V 上的酉变换 $\mathcal{A}$, 将坐标为 $\boldsymbol{X}$ 的向量映到坐标为 $\boldsymbol{U}\boldsymbol{X}$ 的向量. 特别地, $\boldsymbol{B}_i=\boldsymbol{U}\boldsymbol{A}_i$ 代表了 $\boldsymbol{\beta}_i=\mathcal{A}(\boldsymbol{\alpha}_i)$. 酉变换 $\mathcal{A}$ 将 $\boldsymbol{\alpha}_1,\cdots,\boldsymbol{\alpha}_m$ 分别映到 $\boldsymbol{\beta}_1,\cdots,\boldsymbol{\beta}_m$, 如所欲证. □

定理 9.9.5 的结论说明: 酉空间 V 中两组向量 $\{\boldsymbol{\alpha}_1,\cdots,\boldsymbol{\alpha}_m\}$ 与 $\{\boldsymbol{\beta}_1,\cdots,\boldsymbol{\beta}_m\}$ 之间保内积的对应关系 $\boldsymbol{\alpha}_i\mapsto\boldsymbol{\beta}_i$ 可以扩充为 V 上的酉变换. 这个结论称为 **Witt 扩张定理** (Witt's extension theorem). 类似的结论对于欧氏空间也成立: 欧氏空间 V 中两组向量之间保内积的对应关系可以扩充为 V 上的正交变换. 用矩阵语言叙述就是: $n\times m$ 实矩阵 $\boldsymbol{A},\boldsymbol{B}$ 如果满足 $\boldsymbol{A}^{\mathrm{T}}\boldsymbol{A}=\boldsymbol{B}^{\mathrm{T}}\boldsymbol{B}$, 则存在 n 阶正交方阵 $\boldsymbol{U}$ 满足 $\boldsymbol{U}\boldsymbol{A}=\boldsymbol{B}$.

例题分析与解答

9.9.1 设 $\boldsymbol{H}_1,\boldsymbol{H}_2$ 都是 n 阶正定 Hermite 方阵, 求证: $\boldsymbol{H}_1\boldsymbol{H}_2$ 的特征值都是正的.

证明 只要证明存在可逆方阵 $\boldsymbol{P}$ 将 $\boldsymbol{H}_1^{-1}$ 共轭相合到单位阵 $\boldsymbol{P}^*\boldsymbol{H}_1^{-1}\boldsymbol{P}=\boldsymbol{I}$, 并且将 $\boldsymbol{H}_2$ 共轭相合到对角阵 $\boldsymbol{P}^*\boldsymbol{H}_2\boldsymbol{P}=\boldsymbol{D}=\mathrm{diag}(d_1,\cdots,d_n)$, 则:

$$\boldsymbol{D}=\boldsymbol{I}^{-1}\boldsymbol{D}=(\boldsymbol{P}^*\boldsymbol{H}_1^{-1}\boldsymbol{P})^{-1}(\boldsymbol{P}^*\boldsymbol{H}_2\boldsymbol{P})=\boldsymbol{P}^{-1}\boldsymbol{H}_1\boldsymbol{H}_2\boldsymbol{P}$$

与 $\boldsymbol{D}$ 相似, $\boldsymbol{D}$ 的全部对角元 d_i 就是 $\boldsymbol{H}_1\boldsymbol{H}_2$ 的全部特征值. $\boldsymbol{D}$ 与正定 Hermite 方阵 $\boldsymbol{H}_2$ 共轭相合, 仍然正定, 所有的对角元 d_i 是正实数, 这就是说 $\boldsymbol{H}_1\boldsymbol{H}_2$ 的全部特征值都是正实数.

只需再证明存在同一个可逆方阵 $\boldsymbol{P}$ 将 $\boldsymbol{H}_1^{-1},\boldsymbol{H}_2$ 分别相合到对角阵 $\boldsymbol{I}$ 与 $\boldsymbol{D}$. 首先, 存在可逆方阵 $\boldsymbol{P}_1$ 将正定 Hermite 方阵 $\boldsymbol{H}_1$ 共轭相合到单位阵 $\boldsymbol{P}_1^*\boldsymbol{H}_1\boldsymbol{P}_1=\boldsymbol{I}$, 两边取逆得到 $\boldsymbol{P}_1^{-1}\boldsymbol{H}_1^{-1}(\boldsymbol{P}_1^{-1})^*=\boldsymbol{I}$, 说明 $\boldsymbol{H}_1^{-1}$ 共轭相合于 $\boldsymbol{I}$. $\boldsymbol{H}_3=\boldsymbol{P}_1^{-1}\boldsymbol{H}_2(\boldsymbol{P}_1^{-1})^*$ 共轭相合于正定 Hermite 方阵 $\boldsymbol{H}_2$, 仍是正定 Hermite 方阵. 存在酉方阵 $\boldsymbol{U}$ 将 $\boldsymbol{H}_3$ 相似 (也是共轭相合) 于对角阵 $\boldsymbol{U}^{-1}\boldsymbol{H}_3\boldsymbol{U}=\boldsymbol{D}=\mathrm{diag}(d_1,\cdots,d_n)$. 记 $\boldsymbol{P}=(\boldsymbol{P}_1^{-1})^*\boldsymbol{U}$, 则 $\boldsymbol{P}^*\boldsymbol{H}_2\boldsymbol{P}=\boldsymbol{D}$, 且 $\boldsymbol{P}^*\boldsymbol{H}_1^{-1}\boldsymbol{P}=\boldsymbol{U}^{-1}\boldsymbol{I}\boldsymbol{U}=\boldsymbol{I}$. 恰如所需. □

点评 例题分析与解答 9.7.9 中证明了: 如果 $\boldsymbol{H}_1,\boldsymbol{H}_2$ 是 Hermite 方阵且 $\boldsymbol{H}_1$ 正定, 则存在同一个可逆方阵 $\boldsymbol{P}$ 将 $\boldsymbol{H}_1,\boldsymbol{H}_2$ 同时共轭相合到对角阵 $\boldsymbol{P}^*\boldsymbol{H}_1\boldsymbol{P}=\boldsymbol{I},\boldsymbol{P}^*\boldsymbol{H}_2P=D$. 9.7.10 中还利用这个结论证明了 $\boldsymbol{H}_1^{-1}\boldsymbol{H}_2=\boldsymbol{P}^{-1}\boldsymbol{D}\boldsymbol{P}$ 与 $\boldsymbol{D}$ 相似, $\boldsymbol{D}$ 的对角元 $d_1,\cdots,d_n$ 就是 $\boldsymbol{H}_1^{-1}\boldsymbol{H}_2$ 的全部特征值. 如果 $\boldsymbol{H}_2$ 也正定, 则 $\boldsymbol{D}$ 也正定, 对角元全为正, $\boldsymbol{H}_1^{-1}\boldsymbol{H}_2$ 的特征值全部为正. 本题中不是要证明 $\boldsymbol{H}_1^{-1}\boldsymbol{H}_2$ 的特征值全为正, 而是要证明 $\boldsymbol{H}_1\boldsymbol{H}_2$ 的特征值全为正. 只要稍加变通, 在 $\boldsymbol{H}_1^{-1}\boldsymbol{H}_2$ 中将 $\boldsymbol{H}_1$ 替换成 $\boldsymbol{H}_1^{-1}$, 则 $\boldsymbol{H}_1^{-1}\boldsymbol{H}_2$ 变成 $\boldsymbol{H}_1\boldsymbol{H}_2$. 由 $\boldsymbol{H}_1^{-1}=\boldsymbol{H}_1^{-1}\boldsymbol{H}_1\boldsymbol{H}_1=\boldsymbol{H}_1^*\boldsymbol{H}_1\boldsymbol{H}_1$ 与 $\boldsymbol{H}_1$ 共轭相合知 $\boldsymbol{H}_1^{-1}$ 同样也是正定 Hermite 方阵, 同样存在可逆方阵 $\boldsymbol{P}$ 将 $\boldsymbol{H}_1^{-1},\boldsymbol{H}_2$ 同时共轭相合到对角阵: $\boldsymbol{P}^*\boldsymbol{H}_1^{-1}\boldsymbol{P}=\boldsymbol{I},\boldsymbol{P}^*\boldsymbol{H}_2\boldsymbol{P}=\boldsymbol{D}$. 两式相 "除" 得到 $\boldsymbol{I}^{-1}\boldsymbol{D}=\boldsymbol{P}^{-1}\boldsymbol{H}_1\boldsymbol{H}_2\boldsymbol{P}$, 可知 $\boldsymbol{H}_1\boldsymbol{H}_2$ 与正定对角阵 $\boldsymbol{D}$ 相似, 特征值全为正. □

9.9.2 设 n 阶 Hermite 方阵 $\boldsymbol{H}$ 的秩为 r, 证明: $r\geqslant\dfrac{(\mathrm{tr}\boldsymbol{H})^2}{\mathrm{tr}(\boldsymbol{H}^2)}$.

证明 存在酉方阵 $\boldsymbol{U}$ 将 $\boldsymbol{H}$ 相似于实对角阵 $\boldsymbol{U}^{-1}\boldsymbol{H}\boldsymbol{U}=\boldsymbol{\Lambda}=\mathrm{diag}(\lambda_1,\cdots,\lambda_r,0,\cdots,0)$, 其中 $\lambda_1,\cdots,\lambda_r$ 是 $\boldsymbol{H}$ 的全体非零特征值, $\mathrm{tr}\boldsymbol{H}=\mathrm{tr}\boldsymbol{\Lambda}=\lambda_1+\cdots+\lambda_r$. 而 $\boldsymbol{\Lambda}^2=\mathrm{diag}(\lambda_1^2,\cdots,\lambda_r^2,0,\cdots,0)=\boldsymbol{U}^{-1}\boldsymbol{H}^2\boldsymbol{U}$ 与 $\boldsymbol{H}^2$ 相似, 它的对角元 $\lambda_1^2,\cdots,\lambda_r^2$ 就是 $\boldsymbol{H}^2$ 的全体非零特征值, $\mathrm{tr}\boldsymbol{H}^2=\mathrm{tr}\boldsymbol{\Lambda}^2=\lambda_1^2+\cdots+\lambda_r^2$.

对实 r 维向量 $(\mu_1,\cdots,\mu_r)$ 与 $(\lambda_1,\cdots,\lambda_r)$ 利用柯西–施瓦兹不等式, 得

$$(\mu_1^2+\cdots+\mu_n^2)(\lambda_1^2+\cdots+\lambda_r^2)\geqslant(\mu_1\lambda_1+\cdots+\mu_r\lambda_r)^2$$

特别地, 取 $\mu_1=\cdots=\mu_r=1$ 得 $r\cdot\mathrm{tr}\,(\boldsymbol{H}^2)\geqslant(\mathrm{tr}\boldsymbol{H})^2$, $r\geqslant\dfrac{(\mathrm{tr}\boldsymbol{H})^2}{\mathrm{tr}\,(\boldsymbol{H}^2)}$. □

9.9.3 设 $\boldsymbol{H}=(h_{ij})_{n\times n}$ 是正定 Hermite 方阵, 求证: $\det\boldsymbol{H}\leqslant h_{11}\cdots h_{nn}$.

证明 对 n 做数学归纳法. 当 $n=1$ 时正定 Hermite 方阵 $\boldsymbol{H}=(h_{11})$ 就是正实数 $h_{11}>0$, $\det\boldsymbol{H}=h_{11}$ 满足 $\det\boldsymbol{H}\geqslant h_{11}$.

设命题对 $n-1$ 阶正定 Hermite 方阵成立, 将 $\boldsymbol{H}$ 分块为

$$\boldsymbol{H}=\begin{pmatrix}\boldsymbol{H}_{n-1} & \boldsymbol{\beta}\\ \boldsymbol{\beta}^* & h_{nn}\end{pmatrix}$$

将任意 $n-1$ 维非零列向量 $\boldsymbol{\xi}\in\mathbf{C}^{(n-1)\times 1}$, 添加第 n 分量 0 得到非零 n 维列向量 $\boldsymbol{X}=\begin{pmatrix}\boldsymbol{\xi}\\ 0\end{pmatrix}$, 由 $\boldsymbol{H}$ 正定知 $0<\boldsymbol{X}^*\boldsymbol{H}\boldsymbol{X}=\boldsymbol{\xi}^*\boldsymbol{H}_{n-1}\boldsymbol{\xi}$, 这说明 $\boldsymbol{H}_{n-1}=(h_{ij})_{1\leqslant i,j\leqslant n-1}$ 是 $n-1$ 阶正定 Hermite 方阵, 是可逆方阵. 将 $\boldsymbol{H}$ 共轭相合到准对角阵

$$\tilde{\boldsymbol{H}}=\begin{pmatrix}\boldsymbol{I}_{(n-1)} & \boldsymbol{0}\\ -\boldsymbol{\beta}^*\boldsymbol{H}_{n-1}^{-1} & 1\end{pmatrix}\boldsymbol{H}\begin{pmatrix}\boldsymbol{I}_{(n-1)} & -\boldsymbol{H}_{n-1}^{-1}\boldsymbol{\beta}\\ \boldsymbol{0} & 1\end{pmatrix}=\begin{pmatrix}\boldsymbol{H}_{n-1} & \boldsymbol{0}\\ \boldsymbol{0} & d_{nn}\end{pmatrix}$$

其中 $d_{nn}=h_{nn}-\boldsymbol{\beta}^*\boldsymbol{H}_{n-1}^{-1}\boldsymbol{\beta}$, 则 $\det\boldsymbol{H}=\det\boldsymbol{H}_{n-1}d_{nn}$, 由 $\boldsymbol{H},\boldsymbol{H}_{n-1}$ 正定知 $\det\boldsymbol{H}>0$ 且 $\det\boldsymbol{H}_{n-1}>0$, 因而 $d_{nn}=\dfrac{\det\boldsymbol{H}}{\det\boldsymbol{H}_{n-1}}>0$. 且由 $\boldsymbol{H}_{n-1}$ 正定知 $\boldsymbol{\xi}^*\boldsymbol{H}_{n-1}\boldsymbol{\xi}\geqslant 0$ 对复数域上任意 $n-1$ 维列向量 $\boldsymbol{\xi}$ 成立. 特别地, 取 $\boldsymbol{\xi}=\boldsymbol{H}_{n-1}^{-1}\boldsymbol{\beta}$ 得 $\boldsymbol{\beta}^*(\boldsymbol{H}_{n-1}^{-1})^*\boldsymbol{H}_{n-1}\boldsymbol{H}_{n-1}^{-1}\boldsymbol{\beta}=\boldsymbol{\beta}^*\boldsymbol{H}_{n-1}^{-1}\boldsymbol{\beta}\geqslant 0$, 从而 $0<d_{nn}=h_{nn}-\boldsymbol{\beta}^*\boldsymbol{H}_{n-1}^{-1}\boldsymbol{\beta}\leqslant h_{nn}$. 由归纳假设知 $\det\boldsymbol{H}_{n-1}\leqslant h_{11}\cdots h_{n-1,n-1}$, 从而:

$$\det\boldsymbol{H}=(\det\boldsymbol{H}_{n-1})d_{nn}\leqslant(h_{11}\cdots h_{n-1,n-1})d_{nn}\leqslant h_{11}\cdots h_{n-1,n-1}h_{nn}$$

9.9.4 设 $\boldsymbol{A}=(a_{ij})_{n\times n}$ 是 n 阶复方阵, 求证:

$$|\det\boldsymbol{A}|^2\leqslant\prod_{j=1}^{n}\sum_{i=1}^{n}|a_{ij}|^2$$

证明 不等式右边显然 $\geqslant 0$, 当 $\det\boldsymbol{A}=0$ 时不等式显然成立.

设 $\det\boldsymbol{A}\neq 0$, $\boldsymbol{A}$ 可逆, $\boldsymbol{H}=\boldsymbol{A}^*\boldsymbol{A}=(h_{ij})_{n\times n}$ 是正定 Hermite 方阵, 其中 $h_{jj}=\sum\limits_{i=1}^{n}\overline{a_{ij}}a_{ij}=\sum\limits_{i=1}^{n}|a_{ij}|^2$. 对 $\boldsymbol{H}=\boldsymbol{A}^*\boldsymbol{A}$ 应用 9.9.4 所证结论得到

$$|\det\boldsymbol{A}|^2=\det\boldsymbol{H}\leqslant\prod_{i=1}^{n}h_{jj}=\prod_{i=1}^{n}\sum_{j=1}^{n}|a_{ij}|^2.$$ □

点评 如果 $\boldsymbol{A}$ 是实方阵, 则当 $n=2,3$ 时 $|\det\boldsymbol{A}|$ 就是平行四边形面积或平行六面体体积, 本题的不等式就是说这个面积或体积不超过同一顶点出发的两条边或三条棱的乘积, 这是众所周知的几何事实.

9.9.5 证明: 复方阵 $\boldsymbol{A}$ 是规范阵 $\Leftrightarrow$ 存在复系数多项式 $f(\lambda)$ 使 $\boldsymbol{A}^*=f(\boldsymbol{A})$.

证明 如果存在复系数多项式 $f(\lambda)$ 使 $\boldsymbol{A}^*=f(\boldsymbol{A})$, 则 $\boldsymbol{A}^*\boldsymbol{A}=f(\boldsymbol{A})\boldsymbol{A}=\boldsymbol{A}f(\boldsymbol{A})=\boldsymbol{A}\boldsymbol{A}^*$, $\boldsymbol{A}$ 是规范阵.

反过来, 设 $\boldsymbol{A}$ 是规范阵, 则存在酉方阵 $\boldsymbol{U}$ 将 $\boldsymbol{A}$ 相似到对角阵

$$\boldsymbol{U}^{-1}\boldsymbol{A}\boldsymbol{U}=\boldsymbol{U}^*\boldsymbol{A}\boldsymbol{U}=\boldsymbol{D}=\mathrm{diag}(\lambda_1\boldsymbol{I}_{(n_1)},\cdots,\lambda_t\boldsymbol{I}_{(n_t)})$$

其中 $\lambda_1,\cdots,\lambda_t$ 是 $\boldsymbol{A}$ 的全部不同的特征值.

$$\boldsymbol{D}^*=\mathrm{diag}(\overline{\lambda_1}\boldsymbol{I}_{(n_1)},\cdots,\overline{\lambda_t}\boldsymbol{I}_{(n_t)})=(\boldsymbol{U}^*\boldsymbol{A}\boldsymbol{U})^*=\boldsymbol{U}^*\boldsymbol{A}^*\boldsymbol{U}=\boldsymbol{U}^{-1}\boldsymbol{A}^*\boldsymbol{U}$$

对每个 $1\leqslant i\leqslant t$, 取 $f_i(\lambda)=\prod\limits_{j\neq i}(\lambda-\lambda_j)$ 为除了 $\lambda-\lambda_i$ 之外所有的 $\lambda-\lambda_j$ $(1\leqslant j\leqslant t, j\neq i)$ 的乘积, 则存在拉格朗日插值多项式

$$f(\lambda)=\sum_{i=1}^{n}\frac{\overline{\lambda_i}}{f_i(\lambda_i)}f_i(\lambda)$$

满足条件 $f(\lambda_i)=\overline{\lambda_i}$ $(\forall\ 1\leqslant i\leqslant t)$. 从而 $f(\boldsymbol{D})=\boldsymbol{D}^*$,

$$f(\boldsymbol{A})=f(\boldsymbol{U}\boldsymbol{D}\boldsymbol{U}^{-1})=\boldsymbol{U}f(\boldsymbol{D})\boldsymbol{U}^{-1}=\boldsymbol{U}\boldsymbol{D}^*\boldsymbol{U}^{-1}=\boldsymbol{A}^*$$ □

9.9.6 证明: 实方阵的每个奇异值都是特征值的充分必要条件, $\boldsymbol{A}$ 是半正定对称方阵.

证明 设 $\lambda_1,\cdots,\lambda_n$ 是 $\boldsymbol{A}$ 的全体特征值. 根据 Schur 不等式,

$$\mathrm{tr}\,(\boldsymbol{A}^*\boldsymbol{A})=\mathrm{tr}\,(\boldsymbol{A}^{\mathrm{T}}\boldsymbol{A})\geqslant\sum_{i=1}^{n}|\lambda_i|^2$$

等号成立的充分必要条件是 $\boldsymbol{A}$ 是规范方阵.

$\mathrm{tr}\,(\boldsymbol{A}^{\mathrm{T}}\boldsymbol{A})=\mu_1^2+\cdots+\mu_r^2$ 等于 $\boldsymbol{A}^{\mathrm{T}}\boldsymbol{A}$ 的各非零特征值 μ_i^2 之和, 其中各 $\mu_i>0$ $(1\leqslant i\leqslant r)$ 就是 $\boldsymbol{A}$ 的全部奇异值. 如果 $\boldsymbol{A}$ 的奇异值 $\mu_1,\cdots,\mu_r$ 都是 $\boldsymbol{A}$ 的特征值, 不妨假定它们是 $\boldsymbol{A}$ 的前 r 个特征值 $\lambda_1,\cdots,\lambda_r$, 则由 Schur 不等式得

$$\mathrm{tr}\,(\boldsymbol{A}^{\mathrm{T}}\boldsymbol{A})\geqslant|\lambda_1|^2+\cdots+|\lambda_r|^2+\sum_{r<i\leqslant n}|\lambda_i|^2\geqslant\lambda_1^2+\cdots+\lambda_r^2=\mathrm{tr}\,(\boldsymbol{A}^{\mathrm{T}}\boldsymbol{A})$$

这迫使 Schur 不等式中的等号成立, 且 $\sum\limits_{r<i\leqslant n}|\lambda_i|=0$, $\boldsymbol{A}$ 是规范阵且全体奇异值 $\lambda_1,\cdots,\lambda_r$ 就是 $\boldsymbol{A}$ 的全部非零特征值, $\boldsymbol{A}$ 的全部特征值 $\lambda_1,\cdots,\lambda_r,0,\cdots,0$ 全部是非负实数. 存在正交方阵 $\boldsymbol{U}$ 将 $\boldsymbol{A}$ 相似于标准形 $\boldsymbol{U}^{-1}\boldsymbol{A}\boldsymbol{U}=\boldsymbol{D}=\mathrm{diag}(\lambda_1,\cdots,\lambda_r,0,\cdots,0)$, $\boldsymbol{A}=\boldsymbol{U}\boldsymbol{D}\boldsymbol{U}^{-1}=\boldsymbol{U}\boldsymbol{D}\boldsymbol{U}^{\mathrm{T}}$ 相合于半正定对角阵 $\boldsymbol{D}$, 因而 $\boldsymbol{A}$ 是半正定对称方阵.

反过来, 设实方阵 $\boldsymbol{A}$ 是半正定对称方阵, 则存在正交方阵 $\boldsymbol{U}$ 将 $\boldsymbol{A}$ 相似于对角阵 $\boldsymbol{U}^{-1}\boldsymbol{A}\boldsymbol{U}=\boldsymbol{U}^{\mathrm{T}}\boldsymbol{A}\boldsymbol{U}=\boldsymbol{D}=\mathrm{diag}(\lambda_1,\cdots,\lambda_r,0,\cdots,0)$, 其中 $\lambda_1\geqslant\cdots\geqslant\lambda_r>0$ 是 $\boldsymbol{A}$ 的非零特征值.

$$\boldsymbol{D}^{\mathrm{T}}\boldsymbol{D}=\mathrm{diag}(\lambda_1^2,\cdots,\lambda_r^2,0,\cdots,0)=(\boldsymbol{U}^{\mathrm{T}}\boldsymbol{A}^{\mathrm{T}}\boldsymbol{U})(\boldsymbol{U}^{\mathrm{T}}\boldsymbol{A}\boldsymbol{U})=\boldsymbol{U}^{-1}(\boldsymbol{A}^{\mathrm{T}}\boldsymbol{A})\boldsymbol{U}.$$

与 $\boldsymbol{A}^{\mathrm{T}}\boldsymbol{A}$ 相似的对角阵 $\boldsymbol{D}^{\mathrm{T}}\boldsymbol{D}$ 的非零对角元 $\lambda_1^2,\cdots,\lambda_r^2$ 就是 $\boldsymbol{A}^{\mathrm{T}}\boldsymbol{A}$ 的全部非零特征值, 它们的算术平方根 $\lambda_1,\cdots,\lambda_r$ 就是 $\boldsymbol{A}$ 的全体奇异值, 正好是 $\boldsymbol{A}$ 的全部非零特征值. □

9.9.7 设 n 阶正定 Hermite 方阵 $\boldsymbol{H}=\boldsymbol{A}+\mathrm{i}\boldsymbol{B}$, 其中 $\boldsymbol{A},\boldsymbol{B}$ 是 n 阶实方阵, $\mathrm{i}^2=-1$. 证明 $\det\boldsymbol{A}\geqslant\det\boldsymbol{H}$, 其中的等号成立当且仅当 $\boldsymbol{B}=\boldsymbol{0}$.

证明 由 $\boldsymbol{H}^*=(\boldsymbol{A}+\mathrm{i}\boldsymbol{B})^*=\boldsymbol{A}^{\mathrm{T}}-\mathrm{i}\boldsymbol{B}^{\mathrm{T}}=\boldsymbol{H}=\boldsymbol{A}+\mathrm{i}\boldsymbol{B}$ 知 $\boldsymbol{A}^{\mathrm{T}}=\boldsymbol{A}$, $\boldsymbol{B}^{\mathrm{T}}=-\boldsymbol{B}$. 如果 $\boldsymbol{B}=\boldsymbol{O}$, 则 $\boldsymbol{H}=\boldsymbol{A}$, $\det\boldsymbol{A}=\det\boldsymbol{H}$ 成立.

以下假定 $\boldsymbol{B}\neq\boldsymbol{O}$, 证明 $\det\boldsymbol{A}>\det\boldsymbol{H}$.

对任意非零 n 维实列向量 $\boldsymbol{X}\in\mathbf{R}^{n\times 1}$, 由 $\boldsymbol{B}$ 斜对称知 $\boldsymbol{X}^{\mathrm{T}}\boldsymbol{B}\boldsymbol{X}=0$, 再由 $\boldsymbol{H}$ 正定知 $0<\boldsymbol{X}^*\boldsymbol{H}\boldsymbol{X}=\boldsymbol{X}^{\mathrm{T}}(\boldsymbol{A}+\mathrm{i}\boldsymbol{B})\boldsymbol{X}=\boldsymbol{X}^{\mathrm{T}}\boldsymbol{A}\boldsymbol{X}+\mathrm{i}\boldsymbol{X}^{\mathrm{T}}\boldsymbol{B}\boldsymbol{X}=\boldsymbol{X}^{\mathrm{T}}\boldsymbol{A}\boldsymbol{X}$. 这证明了 $\boldsymbol{A}$ 是正定实对称方阵. 存在可逆方阵 $\boldsymbol{P}_1$ 将 $\boldsymbol{A}$ 相合到单位阵 $\boldsymbol{P}_1^{\mathrm{T}}\boldsymbol{A}\boldsymbol{P}_1=\boldsymbol{I}$. $\boldsymbol{B}_1=\boldsymbol{P}_1^{\mathrm{T}}\boldsymbol{B}\boldsymbol{P}_1$ 仍是斜对称方阵, 存在正交方阵 $\boldsymbol{U}$ 将 $\boldsymbol{B}_1$ 相似到标准形 $\boldsymbol{U}^{-1}\boldsymbol{B}_1\boldsymbol{U}=\boldsymbol{U}^{\mathrm{T}}\boldsymbol{B}_1\boldsymbol{U}=\boldsymbol{K}=\mathrm{diag}(\boldsymbol{K}_1,\cdots,\boldsymbol{K}_s,\boldsymbol{O}_{(n-2s)})$, 其中每个

$$\boldsymbol{K}_j=\begin{pmatrix}0 & b_j\\ -b_j & 0\end{pmatrix}$$

对应于 $\boldsymbol{B}_1$ 的一对共轭虚根 $\pm b_j\mathrm{i}$. 令 $\boldsymbol{P}=\boldsymbol{P}_1\boldsymbol{U}$, 则 $\boldsymbol{P}^{\mathrm{T}}\boldsymbol{B}\boldsymbol{P}=\boldsymbol{K}$, $\boldsymbol{P}^{\mathrm{T}}\boldsymbol{A}\boldsymbol{P}=\boldsymbol{U}^{\mathrm{T}}\boldsymbol{I}\boldsymbol{U}=\boldsymbol{I}$,

$$\boldsymbol{P}^{\mathrm{T}}\boldsymbol{H}\boldsymbol{P}=\boldsymbol{P}^{\mathrm{T}}\boldsymbol{A}\boldsymbol{P}+\mathrm{i}\boldsymbol{P}^{\mathrm{T}}\boldsymbol{B}\boldsymbol{P}=\boldsymbol{I}+\mathrm{i}\boldsymbol{K}=\mathrm{diag}(\boldsymbol{T}_1,\cdots,\boldsymbol{T}_s,\boldsymbol{I}_{(n-2s)})$$

与正定 Hermite 方阵共轭相合, 因而也正定, 从而它的各个 2 阶对角块

$$\boldsymbol{T}_j=\boldsymbol{I}_{(2)}+\boldsymbol{K}_j=\begin{pmatrix}1 & b_j\mathrm{i}\\ -b_j\mathrm{i} & 1\end{pmatrix},\ (\forall\ 1\leqslant j\leqslant s)$$

正定, 行列式 $\det\boldsymbol{T}_j=1-b_j^2>0$. 且由 $b_j^2\geqslant 0$ 知 $\det\boldsymbol{T}_j\leqslant 1$, 从而

$$\det(\boldsymbol{I}+\mathrm{i}\boldsymbol{K})=(\det\boldsymbol{T}_1)\cdots(\det\boldsymbol{T}_s)\leqslant 1.$$

另一方面, 由 $\boldsymbol{I}=\boldsymbol{P}^{\mathrm{T}}\boldsymbol{A}\boldsymbol{P}$ 及 $\boldsymbol{I}+\mathrm{i}\boldsymbol{K}=\boldsymbol{P}^{\mathrm{T}}\boldsymbol{H}\boldsymbol{P}$ 得

$$\det\boldsymbol{I}=(\det\boldsymbol{P})^2(\det\boldsymbol{A})=1\geqslant\det(\boldsymbol{I}+\mathrm{i}\boldsymbol{K})=(\det\boldsymbol{P})^2(\det\boldsymbol{H}).$$

此不等式两边同除以正实数 $(\det\boldsymbol{P})^2$ 即得 $\det\boldsymbol{A}\geqslant\det\boldsymbol{H}$. □

点评 本题也是将 $\boldsymbol{A},\boldsymbol{B}$ 同时相合于简单形状 $\boldsymbol{P}^{\mathrm{T}}\boldsymbol{A}\boldsymbol{P}=\boldsymbol{I},\boldsymbol{P}^{\mathrm{T}}\boldsymbol{B}\boldsymbol{P}=\boldsymbol{K}$, 只不过斜对称实方阵 $\boldsymbol{B}$ 不能相合于对角阵, 只能化成由不超过 2 阶的对角块组成的准对角阵, 这已经足以使问题迎刃而解. □

9.9.8 (复系数线性方程组的最小二乘解) 设 $\boldsymbol{A}\in\mathbf{C}^{m\times n}$, $\boldsymbol{\beta}\in\mathbf{C}^{m\times 1}$. 如果非齐次线性方程组 $\boldsymbol{A}\boldsymbol{X}=\boldsymbol{\beta}$ 无解, 我们求 $\boldsymbol{X}_0\in\mathbf{C}^{n\times 1}$ 使 $|\boldsymbol{A}\boldsymbol{X}_0-\boldsymbol{\beta}|$ 最小, 这样的 $\boldsymbol{X}_0$ 称为 $\boldsymbol{A}\boldsymbol{X}=\boldsymbol{\beta}$ 的最小二乘解. 求证: $\boldsymbol{X}_0$ 是 $\boldsymbol{A}\boldsymbol{X}=\boldsymbol{\beta}$ 的最小二乘解 $\Leftrightarrow\boldsymbol{X}_0$ 是方程组 $\boldsymbol{A}^*\boldsymbol{A}\boldsymbol{X}=\boldsymbol{A}^*\boldsymbol{\beta}$ 的解.

证明 方程组 $\boldsymbol{A}^*\boldsymbol{A}\boldsymbol{X}=\boldsymbol{A}^*\boldsymbol{\beta}$ 的解 $\boldsymbol{X}_0$ 满足 $\boldsymbol{A}^*(\boldsymbol{A}\boldsymbol{X}_0-\boldsymbol{\beta})=\boldsymbol{0}$. 对任意 $\boldsymbol{X}\in\mathbf{C}^{n\times 1}$, 将 $u=\boldsymbol{A}\boldsymbol{X}-\boldsymbol{\beta}\in\mathbf{C}^{m\times 1}$ 分解为 $\mathbf{C}^{m\times 1}$ 中两个向量 $u_1=\boldsymbol{A}(\boldsymbol{X}-\boldsymbol{X}_0)$ 与 $\boldsymbol{u}_2=\boldsymbol{A}\boldsymbol{X}_0-\boldsymbol{\beta}$ 之和, 它们的标准内积

$$(\boldsymbol{u}_1,\boldsymbol{u}_2)=(\boldsymbol{A}(\boldsymbol{X}-\boldsymbol{X}_0))^*(\boldsymbol{A}\boldsymbol{X}_0-\boldsymbol{\beta})=(\boldsymbol{X}-\boldsymbol{X}_0)^*\boldsymbol{A}^*(\boldsymbol{A}\boldsymbol{X}_0-\boldsymbol{\beta})=0$$

当然也有 $(\boldsymbol{u}_2,\boldsymbol{u}_1)=\overline{(\boldsymbol{u}_1,\boldsymbol{u}_2)}=0$. 于是:

$$\begin{aligned}|\boldsymbol{A}\boldsymbol{X}-\boldsymbol{\beta}|^2&=|\boldsymbol{u}|^2=(\boldsymbol{u}_1+\boldsymbol{u}_2,\boldsymbol{u}_1+\boldsymbol{u}_2)=(\boldsymbol{u}_1,\boldsymbol{u}_1)+(\boldsymbol{u}_2,\boldsymbol{u}_2)\\&=|\boldsymbol{u}_1|^2+|\boldsymbol{u}_2|^2\geqslant|\boldsymbol{u}_2|^2=|\boldsymbol{A}\boldsymbol{X}_0-\boldsymbol{\beta}|^2\end{aligned}$$

这证明了 $\boldsymbol{A}^*\boldsymbol{A}\boldsymbol{X}=\boldsymbol{A}^*\boldsymbol{\beta}$ 的解 $\boldsymbol{X}_0$ 使 $|\boldsymbol{A}\boldsymbol{X}_0-\boldsymbol{\beta}|$ 达到最小值, $\boldsymbol{X}_0$ 是方程组 $\boldsymbol{A}\boldsymbol{X}=\boldsymbol{\beta}$ 的最小二乘解. □

点评　本题中证明的 $(\boldsymbol{u}_1,\boldsymbol{u}_2)=0 \Rightarrow |\boldsymbol{u}_1+\boldsymbol{u}_2|^2=|\boldsymbol{u}_1|^2+|\boldsymbol{u}_2|^2$ 就是酉空间中的勾股定理. 由此得到的 $|\boldsymbol{u}_1+\boldsymbol{u}_2|\geqslant|\boldsymbol{u}_2|$ 的几何意义是: 任一点 P 到子空间 W 的最短距离是垂线段 PD 的长度. 设 W 是 $\boldsymbol{A}$ 的各列 $\boldsymbol{A}_i$ 生成的子空间, P 是 $\overrightarrow{OP}=\boldsymbol{\beta}$ 所代表的点, 则 P 到 W 的垂线段 PD 的垂足 D 由 $\overrightarrow{OD}=\boldsymbol{A}\boldsymbol{X}_0$ 代表, $\overrightarrow{PD}=(\boldsymbol{A}\boldsymbol{X}_0-\boldsymbol{\beta})\perp W \Leftrightarrow \overrightarrow{PD}$ 与 $\boldsymbol{A}$ 的每列 $\boldsymbol{A}_i$ 的内积 $\boldsymbol{A}_i^*(\boldsymbol{A}\boldsymbol{X}_0-\boldsymbol{\beta})=0 \Leftrightarrow \boldsymbol{A}^*(\boldsymbol{A}\boldsymbol{X}_0-\boldsymbol{\beta})=\boldsymbol{0} \Leftrightarrow \boldsymbol{A}^*\boldsymbol{A}\boldsymbol{X}_0=\boldsymbol{A}^*\boldsymbol{\beta}$. □

9.9.9 (M-P 广义逆)　设 $\boldsymbol{A}$ 是 $m\times n$ 复矩阵. 如果 $n\times m$ 复矩阵 $\boldsymbol{B}$ 同时满足以下 4 个条件, 就称 $\boldsymbol{B}$ 是 $\boldsymbol{A}$ 的一个 Morre-Penrose 广义逆, 简称 M-P 广义逆:

(1) $\boldsymbol{ABA}=\boldsymbol{A}$;　(2) $\boldsymbol{BAB}=\boldsymbol{B}$;　(3) $(\boldsymbol{AB})^*=\boldsymbol{AB}$;　(4) $(\boldsymbol{BA})^*=\boldsymbol{BA}$.

试通过以下步骤研究 Morre-Penrose 逆的存在性, 唯一性及与解方程组的关系.

(1) 选择 m 阶酉方阵 $\boldsymbol{U}_1$ 和 n 阶酉方阵 $\boldsymbol{U}_2$ 将 $\boldsymbol{A}$ 酉相抵到标准形:

$$\boldsymbol{A}_1=\boldsymbol{U}_1\boldsymbol{A}\boldsymbol{U}_2=\begin{pmatrix}\mu_1 & & & \\ & \ddots & & \\ & & \mu_r & \\ & & & \boldsymbol{O}_{(m-r)\times(n-r)}\end{pmatrix}$$

其中 $\mu_1\geqslant\cdots\geqslant\mu_r>0$. 令 $\boldsymbol{B}_1=\boldsymbol{U}_2^*\boldsymbol{B}\boldsymbol{U}_1^*$, 求证: $\boldsymbol{B}$ 是 $\boldsymbol{A}$ 的 M-P 广义逆 $\Leftrightarrow \boldsymbol{B}_1$ 是 $\boldsymbol{A}_1$ 的 M-P 广义逆.

(2) 证明: A_1 存在唯一的 M-P 广义逆, 从而 A 存在唯一的 M-P 广义逆. 我们将 A 的唯一的 M–P 广义逆记作 A^+.

(3) 对任意 $\beta\in\mathbf{C}^{m\times 1}$, 求证: $\boldsymbol{X}=\boldsymbol{A}^+\beta$ 是线性方程组 $\boldsymbol{AX}=\beta$ 的最小二乘解. 如果最小二乘解不唯一, 则 $\boldsymbol{X}=\boldsymbol{A}^+\beta$ 还是模 $|\boldsymbol{X}|$ 最小的最小二乘解.

(4) 设 $\boldsymbol{A}\in F^{m\times n}$ 的秩为 r, 则可写 $\boldsymbol{A}=\boldsymbol{BC}$ 使 $\boldsymbol{B}\in F^{m\times r},\mathbf{C}^{r\times n}$, $\operatorname{rank}\boldsymbol{B}=\operatorname{rank}C=r$. 已经知道 $\boldsymbol{B}^*\boldsymbol{B},\boldsymbol{CC}^*$ 可逆, 试验证

$$\boldsymbol{A}^+=\boldsymbol{C}^*(\boldsymbol{C}\mathbf{C}^*)^{-1}(\boldsymbol{B}^*\boldsymbol{B})^{-1}\boldsymbol{B}^*$$

满足 M-P 广义逆的 4 个条件.

证明　(1) 设 $\boldsymbol{U}_1,\boldsymbol{U}_2$ 分别是 m 阶和 n 阶酉方阵, $\boldsymbol{A}_1=\boldsymbol{U}_1\boldsymbol{A}\boldsymbol{U}_2$, $\boldsymbol{B}_1=\boldsymbol{U}_2^*\boldsymbol{B}\boldsymbol{U}_1^*=\boldsymbol{U}_2^{-1}\boldsymbol{B}\boldsymbol{U}_1^{-1}$, 则:

$\boldsymbol{B}$ 是 $\boldsymbol{A}$ 的 M-P 广义逆

$$\Leftrightarrow \left\{\begin{array}{lll}\boldsymbol{ABA}=\boldsymbol{A} & \Leftrightarrow & \boldsymbol{A}_1\boldsymbol{B}_1\boldsymbol{A}_1=\boldsymbol{U}_1\boldsymbol{ABA}\boldsymbol{U}_2=\boldsymbol{U}_1\boldsymbol{A}\boldsymbol{U}_2=\boldsymbol{A}_1\\ \boldsymbol{BAB}=\boldsymbol{B} & \Leftrightarrow & \boldsymbol{B}_1\boldsymbol{A}_1\boldsymbol{B}_1=\boldsymbol{U}_2^{-1}\boldsymbol{BAB}\boldsymbol{U}_1^{-1}=\boldsymbol{U}_2^{-1}\boldsymbol{B}\boldsymbol{U}_1^{-1}=\boldsymbol{B}_1\\ (\boldsymbol{AB})^*=\boldsymbol{AB} & \Leftrightarrow & (\boldsymbol{A}_1\boldsymbol{B}_1)^*=(\boldsymbol{U}_1\boldsymbol{AB}\boldsymbol{U}_1^*)^*=\boldsymbol{U}_1(\boldsymbol{AB})^*\boldsymbol{U}_1^*=\boldsymbol{U}_1\boldsymbol{AB}\boldsymbol{U}_1^*=\boldsymbol{A}_1\boldsymbol{B}_1\\ (\boldsymbol{BA})^*=\boldsymbol{BA} & \Leftrightarrow & (\boldsymbol{B}_1\boldsymbol{A}_1)^*=(\boldsymbol{U}_1\boldsymbol{BA}\boldsymbol{U}_1^*)^*=\boldsymbol{U}_1(\boldsymbol{BA})^*\boldsymbol{U}_1^*=\boldsymbol{U}_1\boldsymbol{BA}\boldsymbol{U}_1^*=\boldsymbol{B}_1\boldsymbol{A}_1\end{array}\right\}$$

$\Leftrightarrow$ $\boldsymbol{B}_1$ 是 $\boldsymbol{A}_1$ 的 M-P 广义逆.

(2) 设 $\boldsymbol{A}_1$ 存在 M-P 广义逆 $\boldsymbol{B}_1\in\mathbf{C}^{n\times m}$. 将 $\boldsymbol{A}_1,\boldsymbol{B}_1$ 分块为

$$\boldsymbol{A}_1=\begin{pmatrix}\boldsymbol{\Lambda}_1 & \boldsymbol{O}\\ \boldsymbol{O} & \boldsymbol{O}\end{pmatrix},\quad \boldsymbol{B}_1=\begin{pmatrix}\boldsymbol{B}_{11} & \boldsymbol{B}_{12}\\ \boldsymbol{B}_{21} & \boldsymbol{B}_{22}\end{pmatrix}$$

其中 $\boldsymbol{\Lambda}_1=\mathrm{diag}(\mu_1,\cdots,\mu_r)$ 及 $\boldsymbol{B}_{11}$ 分别是 $\boldsymbol{A}_1,\boldsymbol{B}_1$ 左上角的 r 阶方阵, 则 $\boldsymbol{\Lambda}_1$ 是 r 阶可逆对角阵, $\boldsymbol{B}_{12}\in\mathbf{C}^{r\times(m-r)},\boldsymbol{B}_{21}\in\mathbf{C}^{(n-r)\times r},\boldsymbol{B}_{22}\in\mathbf{C}^{(n-r)\times(m-r)}$, 则由

$$\boldsymbol{A}_1\boldsymbol{B}_1=\begin{pmatrix}\boldsymbol{\Lambda}_1\boldsymbol{B}_{11} & \boldsymbol{\Lambda}_1\boldsymbol{B}_{12}\\ \boldsymbol{O} & \boldsymbol{O}\end{pmatrix}=(\boldsymbol{A}_1\boldsymbol{B}_1)^*,\quad \boldsymbol{B}_1\boldsymbol{A}_1=\begin{pmatrix}\boldsymbol{B}_{11}\boldsymbol{\Lambda}_1 & \boldsymbol{O}\\ \boldsymbol{B}_{21}\boldsymbol{\Lambda}_1 & \boldsymbol{O}\end{pmatrix}=(\boldsymbol{B}_1\boldsymbol{A}_1)^*$$

知 $\boldsymbol{\Lambda}_1\boldsymbol{B}_{12}=\boldsymbol{O}$, $\boldsymbol{B}_{21}\boldsymbol{\Lambda}_1=\boldsymbol{O}$, 从而 $\boldsymbol{B}_{12}=\boldsymbol{O},\boldsymbol{B}_{21}=\boldsymbol{O}$, 于是:

$$\boldsymbol{B}_1=\begin{pmatrix}\boldsymbol{B}_{11} & \boldsymbol{O}\\ \boldsymbol{O} & \boldsymbol{B}_{22}\end{pmatrix},\quad \boldsymbol{B}_1\boldsymbol{A}_1\boldsymbol{B}_1=\begin{pmatrix}\boldsymbol{B}_{11}\boldsymbol{\Lambda}_1\boldsymbol{B}_{11} & \boldsymbol{O}\\ \boldsymbol{O} & \boldsymbol{O}\end{pmatrix}=\boldsymbol{B}_1=\begin{pmatrix}\boldsymbol{B}_{11} & \boldsymbol{O}\\ \boldsymbol{O} & \boldsymbol{B}_{22}\end{pmatrix}$$

这迫使 $\boldsymbol{B}_{22}=\boldsymbol{O}$. 于是由

$$\boldsymbol{A}_1\boldsymbol{B}_1\boldsymbol{A}_1=\begin{pmatrix}\boldsymbol{\Lambda}_1\boldsymbol{B}_{11}\boldsymbol{\Lambda}_1 & \boldsymbol{O}\\ \boldsymbol{O} & \boldsymbol{O}\end{pmatrix}=\boldsymbol{A}_1=\begin{pmatrix}\boldsymbol{\Lambda}_1 & \boldsymbol{O}\\ \boldsymbol{O} & \boldsymbol{O}\end{pmatrix}$$

得 $\boldsymbol{\Lambda}_1\boldsymbol{B}_{11}\boldsymbol{\Lambda}_1=\boldsymbol{\Lambda}_1\Rightarrow\boldsymbol{\Lambda}_1\boldsymbol{B}_{11}=\boldsymbol{I}\Rightarrow\boldsymbol{B}_{11}=\boldsymbol{\Lambda}_1^{-1}$.

$$\boldsymbol{B}_1=\begin{pmatrix}\boldsymbol{\Lambda}_1^{-1} & \boldsymbol{O}\\ \boldsymbol{O} & \boldsymbol{O}\end{pmatrix}=\begin{pmatrix}\mu_1^{-1} & & & \\ & \ddots & & \\ & & \mu_r^{-1} & \\ & & & \boldsymbol{O}_{(n-r)\times(m-r)}\end{pmatrix}$$

易验证这个 $\boldsymbol{B}_1$ 满足 $\boldsymbol{A}_1\boldsymbol{B}_1\boldsymbol{A}_1=\boldsymbol{A}_1$, $\boldsymbol{B}_1\boldsymbol{A}_1\boldsymbol{B}_1=\boldsymbol{B}_1$, $(\boldsymbol{A}_1\boldsymbol{B}_1)^*=\boldsymbol{A}_1\boldsymbol{B}_1$, $(\boldsymbol{B}_1\boldsymbol{A}_1)^*=\boldsymbol{B}_1\boldsymbol{A}_1$ 等 4 个条件, 因此是 $\boldsymbol{A}_1$ 的唯一的 M-P 广义逆. 由此可知 $\boldsymbol{A}=\boldsymbol{U}_1^*\boldsymbol{A}_1\boldsymbol{U}_2^*$ 有唯一的 M-P 广义逆 $\boldsymbol{B}=\boldsymbol{U}_2\boldsymbol{B}_1\boldsymbol{U}_1$, 记作 $\boldsymbol{A}^+$.

(3) $\boldsymbol{AX}=\boldsymbol{\beta}$ 的最小二乘解就是方程组 $\boldsymbol{A}^*\boldsymbol{AX}=\boldsymbol{A}^*\boldsymbol{\beta}$ 的解. $\boldsymbol{A}$ 的 M-P 广义逆 $\boldsymbol{A}^+$ 满足 $\boldsymbol{AA}^+=(\boldsymbol{AA}^+)^*$ 及 $\boldsymbol{AA}^+\boldsymbol{A}=\boldsymbol{A}$. 取 $\boldsymbol{X}_1=\boldsymbol{A}^+\boldsymbol{\beta}$, 则:

$$\boldsymbol{A}^*\boldsymbol{AX}_1=\boldsymbol{A}^*\boldsymbol{AA}^+\boldsymbol{\beta}=\boldsymbol{A}^*(\boldsymbol{AA}^+)^*\boldsymbol{\beta}=(\boldsymbol{AA}^+\boldsymbol{A})^*\boldsymbol{\beta}=\boldsymbol{A}^*\boldsymbol{\beta}$$

这证明了 $\boldsymbol{X}_1=\boldsymbol{A}^+\boldsymbol{\beta}$ 是方程组 $\boldsymbol{A}^*\boldsymbol{AX}=\boldsymbol{A}^*\boldsymbol{\beta}$ 的解, 从而是方程组 $\boldsymbol{AX}=\boldsymbol{\beta}$ 的最小二乘解.

设 $\boldsymbol{X}_2$ 也是 $\boldsymbol{AX}=\boldsymbol{\beta}$ 的最小二乘解. 将等式 $\boldsymbol{A}^*\boldsymbol{AX}_2=\boldsymbol{A}^*\boldsymbol{\beta}$ 与 $\boldsymbol{A}^*\boldsymbol{AX}_1=\boldsymbol{A}^*\boldsymbol{\beta}$ 相减得

$$\boldsymbol{A}^*\boldsymbol{A\xi}=\boldsymbol{0}$$

其中 $\boldsymbol{\xi}=\boldsymbol{X}_2-\boldsymbol{X}_1$. 于是 $\boldsymbol{X}_2=\boldsymbol{X}_1+\boldsymbol{\xi}$. 只要证明 $\boldsymbol{\xi}$ 与 $\boldsymbol{X}_1$ 在 $\mathbf{C}^{n\times1}$ 的标准内积下正交: $(\boldsymbol{X}_1,\boldsymbol{\xi})=(\boldsymbol{A}^+\boldsymbol{\beta})^*\boldsymbol{\xi}=0$, 则由勾股定理 $|\boldsymbol{X}_2|^2=|\boldsymbol{X}_1|^2+|\boldsymbol{\xi}|^2\geqslant|\boldsymbol{X}_1|^2$ 知 $\boldsymbol{X}_1=\boldsymbol{A}^+\boldsymbol{\beta}$ 是模 $|\boldsymbol{X}_1|$ 最小的最小二乘解.

我们有

$$\boldsymbol{A}^*\boldsymbol{A\xi}=\boldsymbol{0}\ \Rightarrow\ \boldsymbol{\xi}^*\boldsymbol{A}^*\boldsymbol{A\xi}=(\boldsymbol{A\xi})^*(\boldsymbol{A\xi})=0\ \Rightarrow\ \boldsymbol{A\xi}=\boldsymbol{0}$$

及

$$(\boldsymbol{A}^+\boldsymbol{\beta},\boldsymbol{\xi})=(\boldsymbol{A}^+\boldsymbol{\beta})^*\boldsymbol{\xi}=\boldsymbol{\beta}^*(\boldsymbol{A}^+)^*\boldsymbol{\xi}=\boldsymbol{\beta}^*(\boldsymbol{A}^+\boldsymbol{AA}^+)^*\boldsymbol{\xi}$$

$$= \beta^*(A^+)^*(A^+A)^*\xi = \beta^*(A^+)^*(A^+A)\xi = \beta^*(A^+)^*A^+(A\xi)$$

将 $A\xi = 0$ 代入即得 $(A^+\beta,\xi) = 0$, 从而可对 $X_2 = A^+\beta + \xi$ 用勾股定理得 $|X_2|^2 = |A^+\beta|^2 + |\xi|^2 \geqslant |A^+\beta|^2$, $X_1 = A^+\beta$ 是模最小的最小二乘解.

(4) 设 $A = BC \in \mathbf{C}^{m\times n}$, $B \in \mathbf{C}^{m\times r}, C \in \mathbf{C}^{r\times n}, r = \operatorname{rank} A$. 取 $A^+ = C^*(CC^*)^{-1}(B^*B)^{-1}B^*$, 则:

$$\begin{aligned}
AA^+A &= (BC)(C^*(CC^*)^{-1}(B^*B)^{-1}B^*)(BC) \\
&= B(CC^*)(CC^*)^{-1}(B^*B)^{-1}(B^*B)C = BC = A; \\
A^+AA^+ &= (C^*(CC^*)^{-1}(B^*B)^{-1}B^*)(BC)(C^*(CC^*)^{-1}(B^*B)^{-1}B^*) \\
&= C^*(CC^*)^{-1}(B^*B)^{-1}(B^*B)(CC^*)(CC^*)^{-1}(B^*B)^{-1}B^* = A^+; \\
AA^+ &= (BC)(C^*(CC^*)^{-1}(B^*B)^{-1}B^*) = B(B^*B)^{-1}B^* = (AA^+)^*; \\
A^+A &= (C^*(CC^*)^{-1}(B^*B)^{-1}B^*)(BC) = C^*(CC^*)^{-1}C = (A^+A)^*.
\end{aligned}$$

这验证了 A^+ 满足 M-P 逆的 4 个条件. A^+ 是 A 的 M-P 逆. □

借题发挥 9.3 广义逆与酉相抵

我们已经知道, 当线性方程组 $AX = \beta$ 的系数矩阵是可逆方阵时, 方程组有唯一解 $X = A^{-1}\beta$ 可以由 A 的逆方阵 A^{-1} 与常数项列 β 相乘得到. 例 9.9.9 将这个算法推广到 A 不是可逆方阵 (包括 A 不是方阵) 的情形, 对每个矩阵 A 定义了一种唯一的广义逆 A^+ (称为 M-P 广义逆), 使得当方程组 $AX = \beta$ 无解时 $A^+\beta$ 是这个方程组的最小二乘解, 也就是 $A^*AX = A^*\beta$ 的解, 当最小二乘解不唯一时 $A^+\beta$ 是模最小的最小二乘解. 例 9.9.9 给出了 A^+ 满足的 4 个条件, 并且给出了先将 A 分解成列满秩矩阵 B 和行满秩矩阵的乘积 $A = BC$ 再由 B,C 求 A^+ 的公式 $A^+ = C^*(CC^*)^{-1}(B^*B)^{-1}B^*$. 虽然在例 9.9.9 的解答中对所有的结论都给出了完整的解答, 但还是有些问题令人迷惑不解: 为什么要规定广义逆满足这些条件? 为什么满足这些条件的广义逆 A^+ 恰好就存在且唯一, 并且能得出方程组的最好的最小二乘解 $A^+\beta$? 由分解式 $A = BC$ 计算 A^+ 的公式又是怎样想出来的?

我们尝试自己来解决这些疑问而不是被动地接受前人的现成结论. 我们从如下的问题出发: 求出由方程组 $AX = \beta$ 的系数矩阵 A 和常数项列 β 计算最小二乘解 (即 $A^*AX = A^*\beta$ 的解) 的公式.

首先, 存在可逆方阵 P,Q 将 A 相抵到标准形

$$S = PAQ = \begin{pmatrix} I_{(r)} & O \\ O & O \end{pmatrix} = \begin{pmatrix} I_{(r)} \\ O_{((m-r)\times r)} \end{pmatrix} \begin{pmatrix} I_{(r)} & O_{(r\times(n-r))} \end{pmatrix},$$

于是:

$$A = P^{-1}\begin{pmatrix} I_{(r)} \\ O_{((m-r)\times r)} \end{pmatrix} \begin{pmatrix} I_{(r)} & O_{(r\times(n-r))} \end{pmatrix} Q^{-1} = BC$$

其中:

$$B=P^{-1}\begin{pmatrix} I_{(r)} \\ O_{((m-r)\times r)} \end{pmatrix},C=\begin{pmatrix} I_{(r)} & O_{(r\times(n-r))} \end{pmatrix}Q^{-1}$$

B 是由可逆方阵 P^{-1} 的前 r 列组成的 $m\times r$ 矩阵, C 是由可逆方阵 Q^{-1} 的前 r 行组成的 $r\times n$ 矩阵, 它们的秩 $\operatorname{rank}B=\operatorname{rank}C=r$ 都为 r, 分别是列满秩和行满秩矩阵. 方程组 $AX=\beta$ 成为 $BCX=\beta$.

我们有

$$BCX=\beta \Rightarrow B^*BCX=B^*\beta \Rightarrow C^*B^*BCX=C^*B^*\beta$$

将 $BC=A$, $C^*B^*=A^*$ 及 $C^*B^*BC=(BC)^*(BC)=A^*A$ 代入得:

$$AX=\beta\Rightarrow B^*BCX=B^*\beta\Rightarrow A^*AX=A^*\beta.$$

这说明: 原方程组 $AX=\beta$ 的所有的解都是 $B^*BCX=B^*\beta$ 的解. 而 $B^*BCX=B^*\beta$ 所有的解都是 $AX=\beta$ 的最小二乘解.

我们有 $\operatorname{rank}(B^*B)=\operatorname{rank}B=r$, 因而 r 阶方阵 B^*B 可逆,

$$B^*BCX=B^*\beta\Leftrightarrow CX=\gamma,$$

其中 $\gamma=(B^*B)^{-1}B^*\beta$.

类似地, r 阶方阵 CC^* 可逆, $CC^*(CC^*)^{-1}=I$, $CC^*(CC^*)^{-1}\gamma=\gamma$, 这说明

$$X_1=C^*(CC^*)^{-1}\gamma=C^*(CC^*)^{-1}(B^*B)^{-1}B^*\beta$$

是 $CX=\gamma$ 的解, 因而是原方程组 $AX=\beta$ 的最小二乘解. 取 $A^+=C^*(CC^*)^{-1}(B^*B)^{-1}B^*$, 则 $X_1=A^+\beta$ 是 $AX=\beta$ 的最小二乘解.

线性方程组解的进一步讨论:

将线性方程组 $AX=b$ 的系数矩阵 $A\in\mathbf{C}^{m\times n}$ 按列分块为 $A=(a_1,\cdots,a_n)$, 其中 a_j 是 A 的第 j 列, 则方程组可以写成向量形式:

$$x_1a_1+\cdots+x_na_n=b$$

其几何意义是: 将 m 维列向量空间 $\mathbf{C}^{m\times 1}$ 中的向量 b 表示成 n 个已知向量 $a_1,\cdots,a_n$ 的线性组合, 求系数 $x_1,\cdots,x_n$.

如果 $m=n$, 且 A 是可逆方阵, 则:

(1) $AX=b\Rightarrow A^{-1}(AX)=A^{-1}b\Leftrightarrow X=A^{-1}b$. 方程组如果有解, 只能是 $A^{-1}b$.

(2) $A(A^{-1}b)=b\Rightarrow X=A^{-1}b$ 确实是方程组的解, 因此是唯一解.

满足条件 $BA=I$ 的矩阵 B 称为 A 的左逆, 满足条件 $AB=I$ 的 B 称为 A 的右逆. 以上论证的第 (1) 步证明解的唯一性, 用到的是 $A^{-1}A=I$, A^{-1} 是 A 的左逆. 第 (2) 步验证 $A^{-1}\beta$ 是方程组的解, 用到的是 $AA^{-1}=I$, A^{-1} 是 A 的右逆. 可逆方阵 A 的逆 A^{-1} 既是左逆又是右逆, 因此方程组 $AX=\beta$ 存在唯一的解 $A^{-1}\beta$. 但也有些矩阵 A 只有左逆没有右逆, 或者只有右逆没有左逆. 举例如下:

例 1 A 是 $m\times n$ 行满秩矩阵, $\operatorname{rank}A=m<n$. 此时 $\operatorname{rank}(AA^*)=\operatorname{rank}A=m$, AA^* 是 m 阶可逆方阵, $AA^*(AA^*)^{-1}=I$, $A_{(r)}^{-1}=A^*(AA^*)^{-1}$ 是 A 的右逆但不是左逆. 此时

$\boldsymbol{X}_1=\boldsymbol{A}_{(r)}^{-1}\beta$ 是方程组 $\boldsymbol{AX}=\beta$ 的解但不是唯一解. 方程组 $\boldsymbol{AX}=\beta$ 的通解为 $\boldsymbol{X}=\boldsymbol{X}_1+\boldsymbol{\xi}$, 其中 $\boldsymbol{\xi}$ 满足 $\boldsymbol{A\xi}=\mathbf{0}$, 因而 $\boldsymbol{\xi}^*\boldsymbol{A}^*=\mathbf{0}$, $(\boldsymbol{\xi},\boldsymbol{X}_1)=\boldsymbol{\xi}^*\boldsymbol{A}^*(\boldsymbol{AA}^*)^{-1}\beta=0$. 这说明 $\boldsymbol{X}_1,\boldsymbol{\xi}$ 在 $C^{n\times 1}$ 的标准内积下相互正交, $|\boldsymbol{X}|^2=|\boldsymbol{X}_1|^2+|\boldsymbol{\xi}|^2\geqslant|\boldsymbol{X}_1|^2$, $\boldsymbol{X}_1=\boldsymbol{A}_{(r)}^{-1}\beta$ 是方程组 $\boldsymbol{AX}=\beta$ 的具有最小模 $|\boldsymbol{X}_1|$ 的解. □

例 2　$\boldsymbol{A}$ 是列满秩 $m\times n$ 矩阵, $\operatorname{rank}\boldsymbol{A}=n<m$. 此时 $\operatorname{rank}(\boldsymbol{A}^*\boldsymbol{A})=\operatorname{rank}\boldsymbol{A}=n$, $\boldsymbol{A}^*\boldsymbol{A}$ 是 n 阶可逆方阵, $(\boldsymbol{A}^*\boldsymbol{A})^{-1}\boldsymbol{A}^*\boldsymbol{A}=\boldsymbol{I}$, $\boldsymbol{A}_{(l)}^{-1}=(\boldsymbol{A}^*\boldsymbol{A})^{-1}\boldsymbol{A}^*$ 是 $\boldsymbol{A}$ 的左逆但不是右逆. 如果方程组 $\boldsymbol{AX}=\beta$ 有解 $\boldsymbol{X}_1$, 则 $\boldsymbol{AX}_1=\beta\Rightarrow\boldsymbol{A}_{(l)}^{-1}\boldsymbol{AX}_1=\boldsymbol{A}_{(l)}^{-1}\beta\Rightarrow\boldsymbol{X}_1=\boldsymbol{A}_{(l)}^{-1}\beta=(\boldsymbol{A}^*\boldsymbol{A})^{-1}\boldsymbol{A}^*\beta$.

$\boldsymbol{AX}=\beta$ 有可能无解. 但此时 $\boldsymbol{X}_1=(\boldsymbol{A}^*\boldsymbol{A})^{-1}\boldsymbol{A}^*\beta$ 满足 $\boldsymbol{AA}^*\boldsymbol{X}_1=\boldsymbol{A}^*\beta$, $\boldsymbol{X}_1$ 恰是方程组 $\boldsymbol{A}^*\boldsymbol{AX}=\boldsymbol{A}^*\beta$ 的解, 也就是 $\boldsymbol{AX}=\beta$ 的最小二乘解. 反过来, 由 $\boldsymbol{A}^*\boldsymbol{A}$ 可逆知方程组 $\boldsymbol{A}^*\boldsymbol{AX}=\boldsymbol{A}^*\beta$ 有唯一解 $\boldsymbol{X}=(\boldsymbol{A}^*\boldsymbol{A})^{-1}\boldsymbol{A}^*\beta=\boldsymbol{A}_{(l)}^{-1}\beta$. □

例 3　设 $\boldsymbol{A}\in\mathbf{C}^{m\times n}$ 是任意复矩阵, $\operatorname{rank}\boldsymbol{A}=r$, 则 A 可以相抵于标准形, 进而分解为列满秩矩阵 $\boldsymbol{B}\in\mathbf{C}^{m\times r}$ 与行满秩矩阵 $\boldsymbol{C}\in\mathbf{C}^{r\times n}$ 的乘积:

$$\boldsymbol{A}=\boldsymbol{P}\begin{pmatrix}\boldsymbol{I}_{(r)} & \boldsymbol{O}\\ \boldsymbol{O} & \boldsymbol{O}\end{pmatrix}\boldsymbol{Q}=\boldsymbol{P}\begin{pmatrix}\boldsymbol{I}_{(r)}\\ \boldsymbol{O}\end{pmatrix}\begin{pmatrix}\boldsymbol{I}_{(r)} & \boldsymbol{O}\end{pmatrix}\boldsymbol{Q}=\boldsymbol{BC}$$

其中 $\boldsymbol{B}$ 由可逆方阵 $\boldsymbol{P}$ 的前 r 列组成, $\boldsymbol{C}$ 由可逆方阵 $\boldsymbol{Q}$ 的前 r 行组成. 方程组 $\boldsymbol{AX}=\beta$ 即 $\boldsymbol{BCX}=\beta$. 两边同时左乘 $\boldsymbol{B}_{(l)}^{-1}=(\boldsymbol{B}^*\boldsymbol{B})^{-1}\boldsymbol{B}^*$ 消去 $\boldsymbol{B}$, 得 $\boldsymbol{CX}=\boldsymbol{B}_{(l)}^{-1}\beta$. 取 $\mathrm{C}_{\mathrm{r}}^{-1}=\boldsymbol{C}^*(\boldsymbol{CC}^*)^{-1}$, 则 $\boldsymbol{X}_1=\boldsymbol{C}_{(r)}^{-1}\boldsymbol{B}_{(l)}^{-1}\beta=$ 满足 $\boldsymbol{CX}_1=\boldsymbol{B}_{(l)}^{-1}\beta$ 且具有最小模 $|\boldsymbol{X}_1|$. 易验证

$$\boldsymbol{X}_1=\boldsymbol{C}^*(\boldsymbol{CC}^*)^{-1}(\boldsymbol{B}^*\boldsymbol{B})^{-1}\boldsymbol{B}^*\beta$$

满足方程组 $\boldsymbol{A}^*\boldsymbol{AX}=\boldsymbol{A}^*\beta$ 即 $\boldsymbol{C}^*\boldsymbol{B}^*\boldsymbol{BCX}=\boldsymbol{C}^*\boldsymbol{B}^*\beta$, 是 $\boldsymbol{AX}=\beta$ 的最小二乘解, 并且在所有最小二乘解中具有最小的模 $|\boldsymbol{X}_1|$.

$\boldsymbol{C}^*(\boldsymbol{CC}^*)^{-1}(\boldsymbol{B}^*\boldsymbol{B})^{-1}\boldsymbol{B}^*$ 就是 9.9.9 中定义并在第 (4) 小题中验证的 M-P 逆 $\boldsymbol{A}^+$, $\boldsymbol{X}_1=\boldsymbol{A}^+\beta$. 而 $\boldsymbol{B}^+=\boldsymbol{B}_{(l)}^{-1}=(\boldsymbol{B}^*\boldsymbol{B})^{-1}\boldsymbol{B}^*$, $\boldsymbol{C}^+=\boldsymbol{C}_{(r)}^{-1}=\boldsymbol{C}^*(\boldsymbol{CC}^*)^{-1}$, $(\boldsymbol{BC})^+=\boldsymbol{C}^+\boldsymbol{B}^+$, 正如 $(\boldsymbol{BC})^{-1}=\boldsymbol{C}^{-1}\boldsymbol{B}^{-1}$. □

参 考 文 献

[1] 李尚志. 线性代数: 数学专业用 [M]. 北京: 高等教育出版社, 2006.

[2] 李尚志. 线性代数 [M]. 北京: 高等教育出版社, 2011.